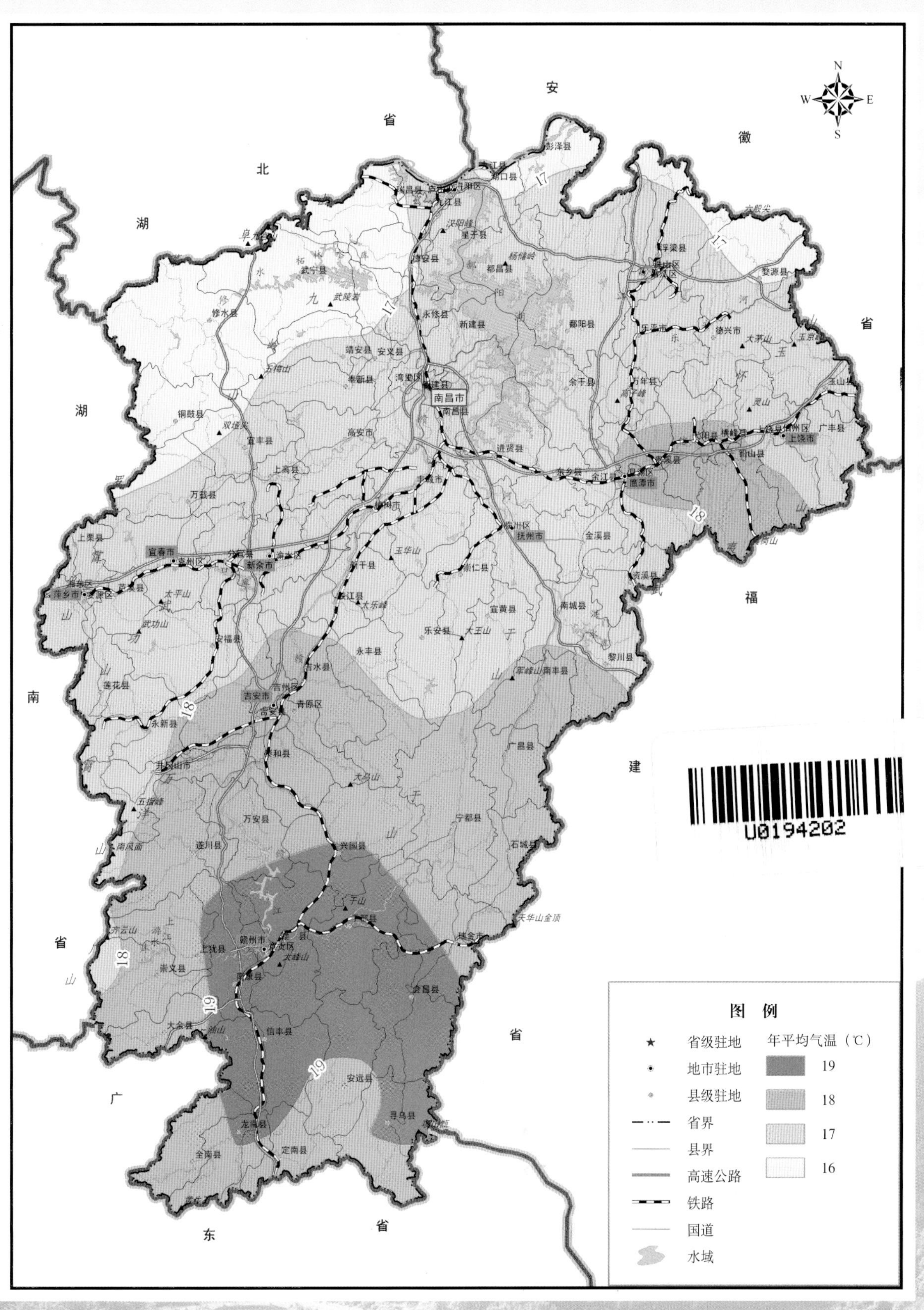

江西省全年平均气温分布示意图

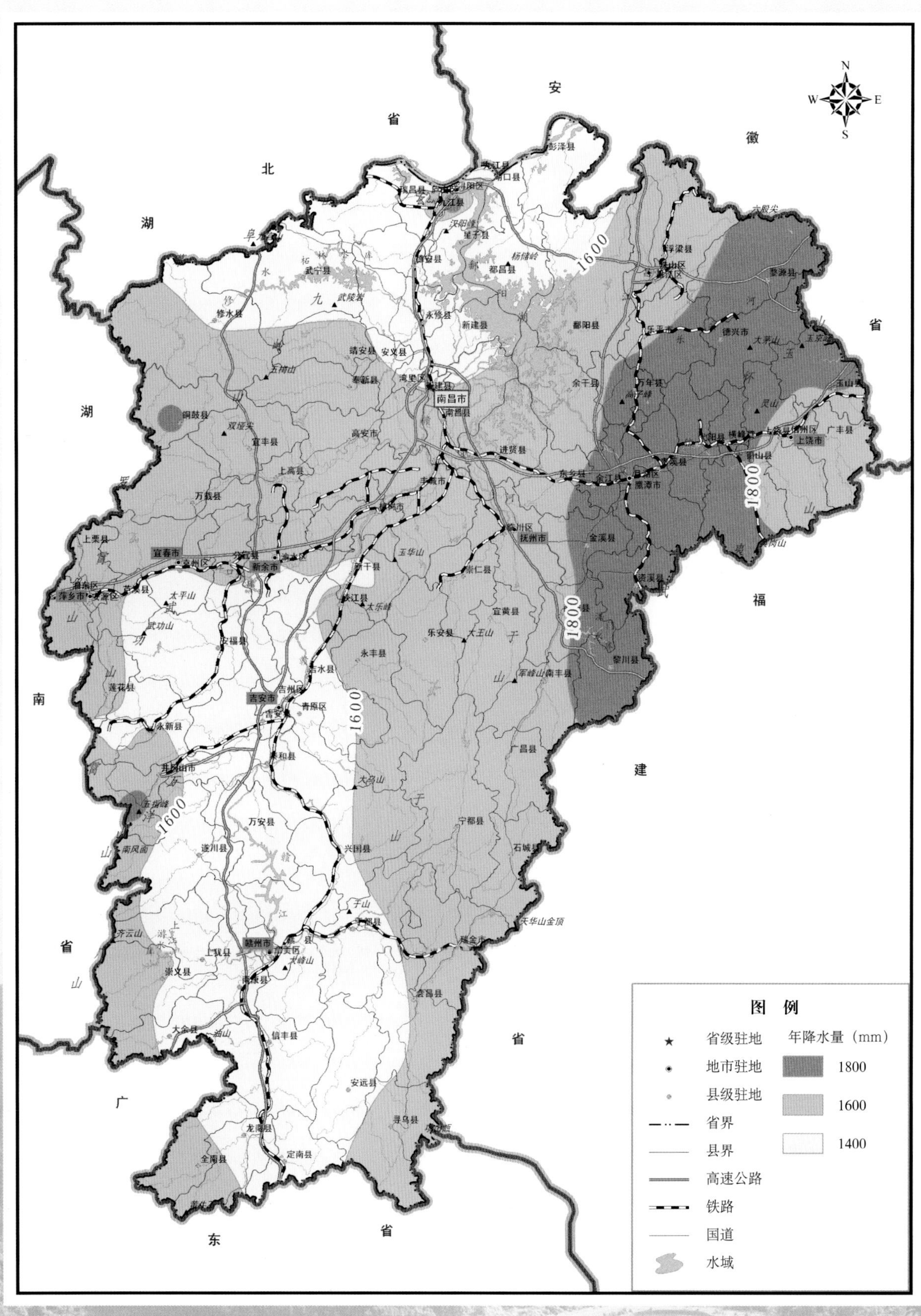

江西省全年降水量示意图

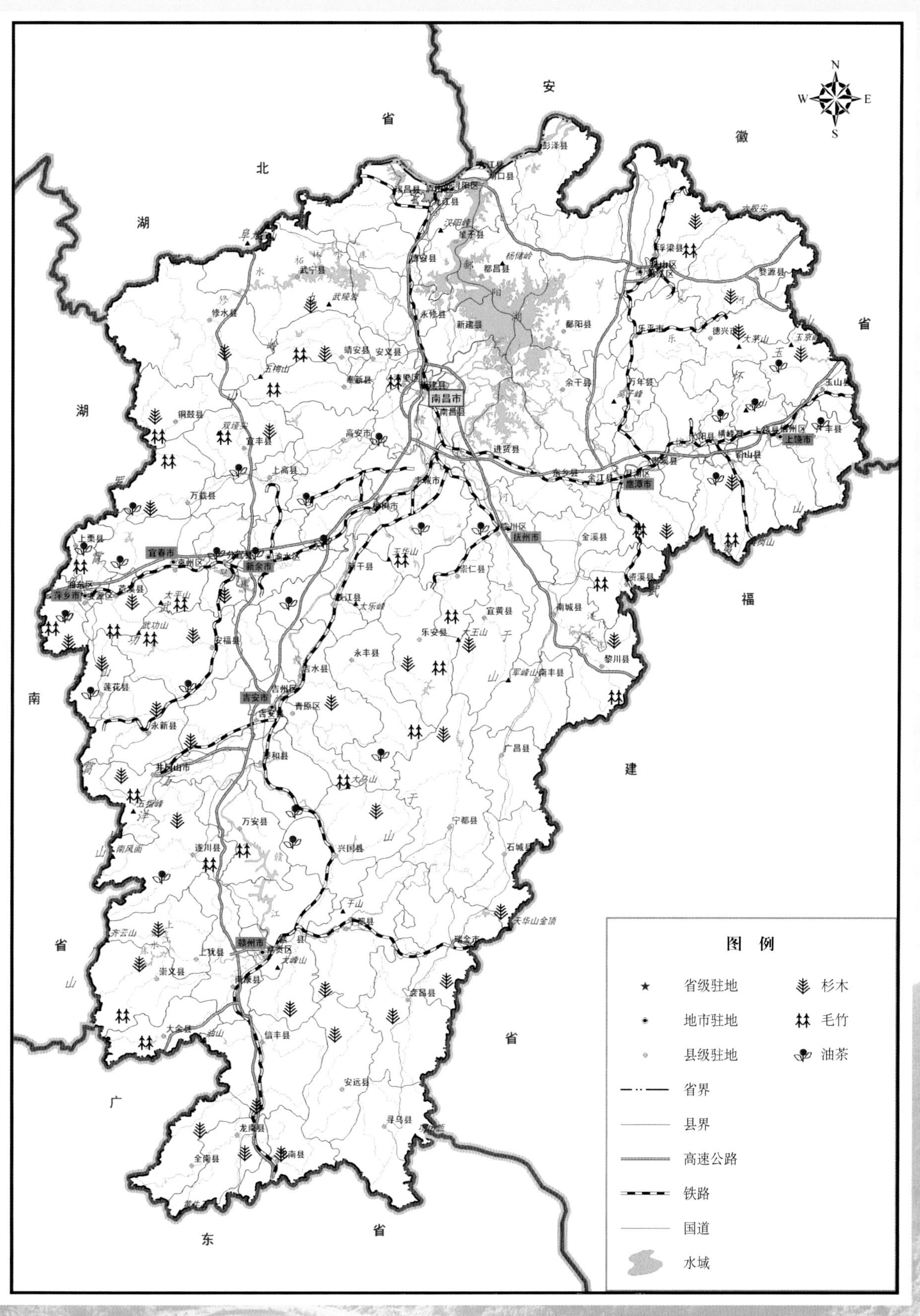

江西省主要树种种质资源分布图之一

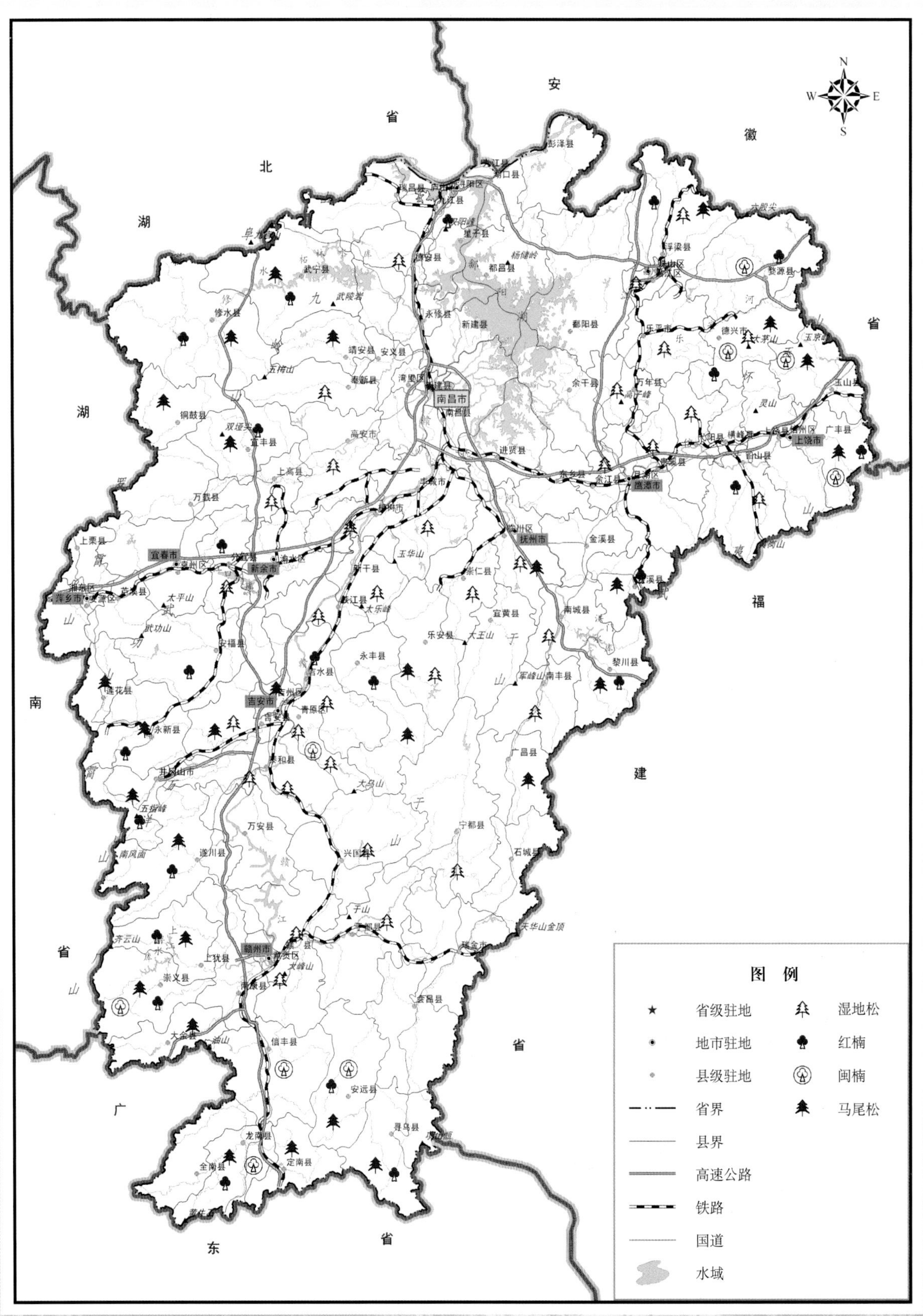

江西省主要树种种质资源分布图之二

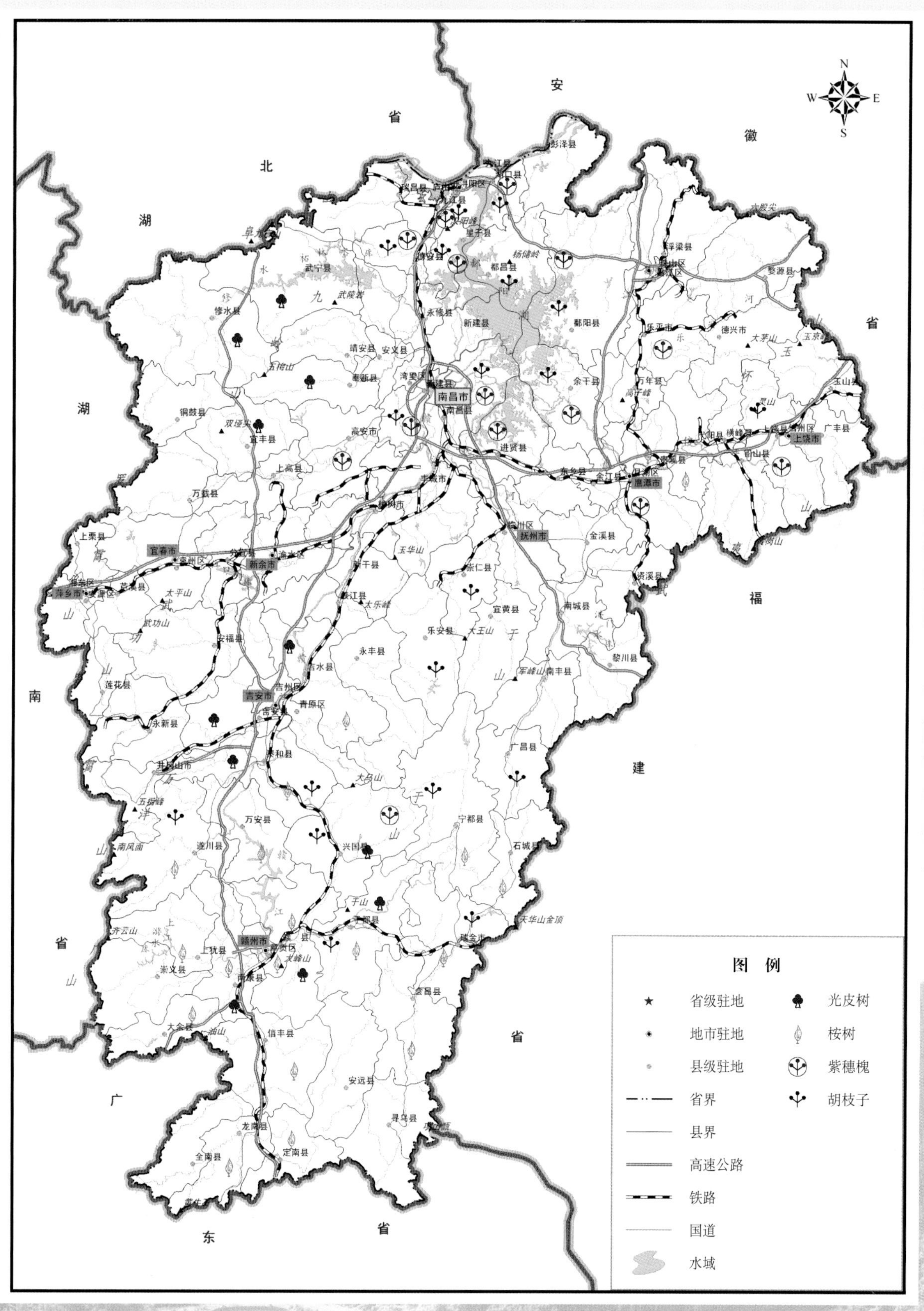

江西省主要树种种质资源分布图之三

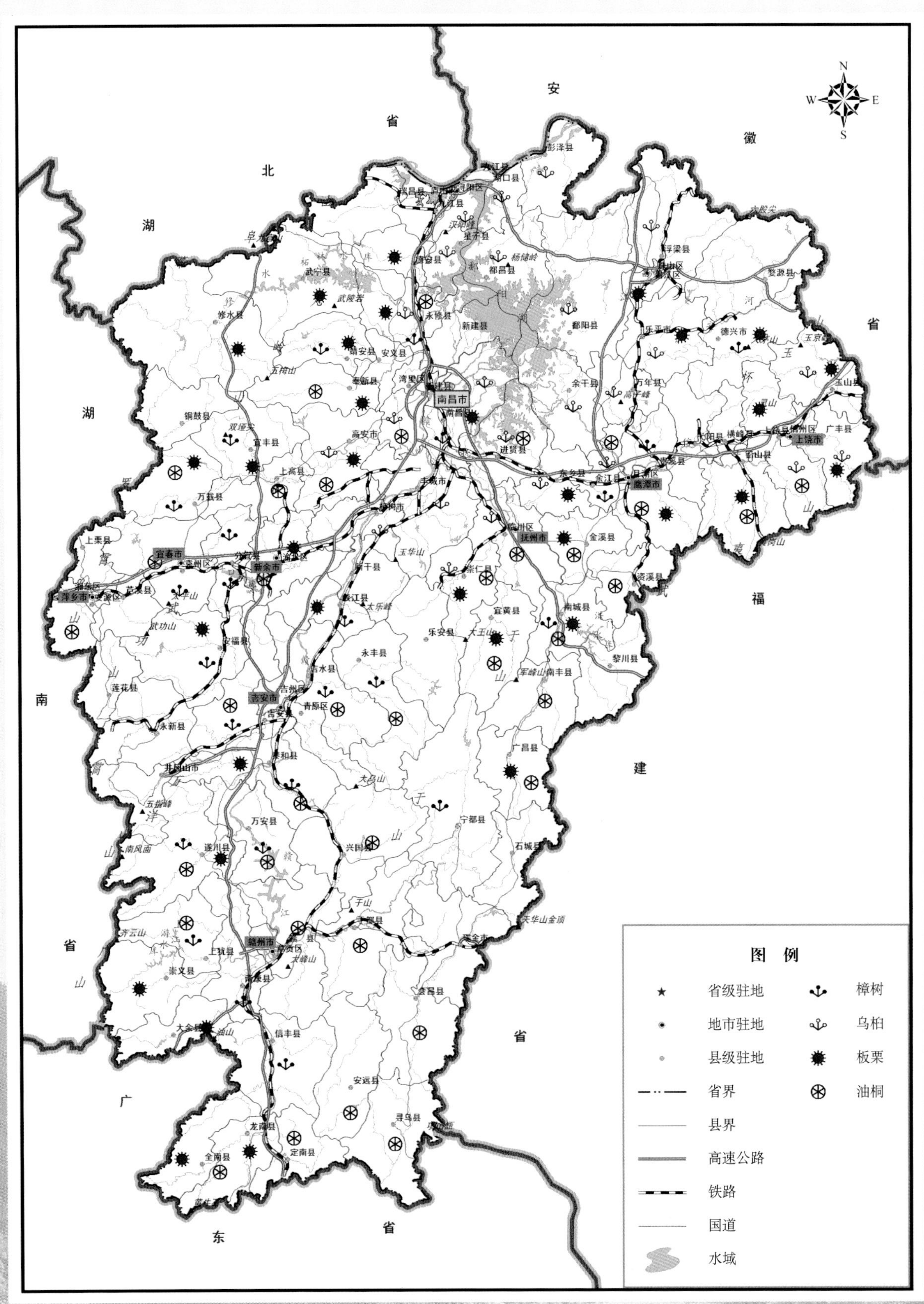

江西省主要树种种质资源分布图之四

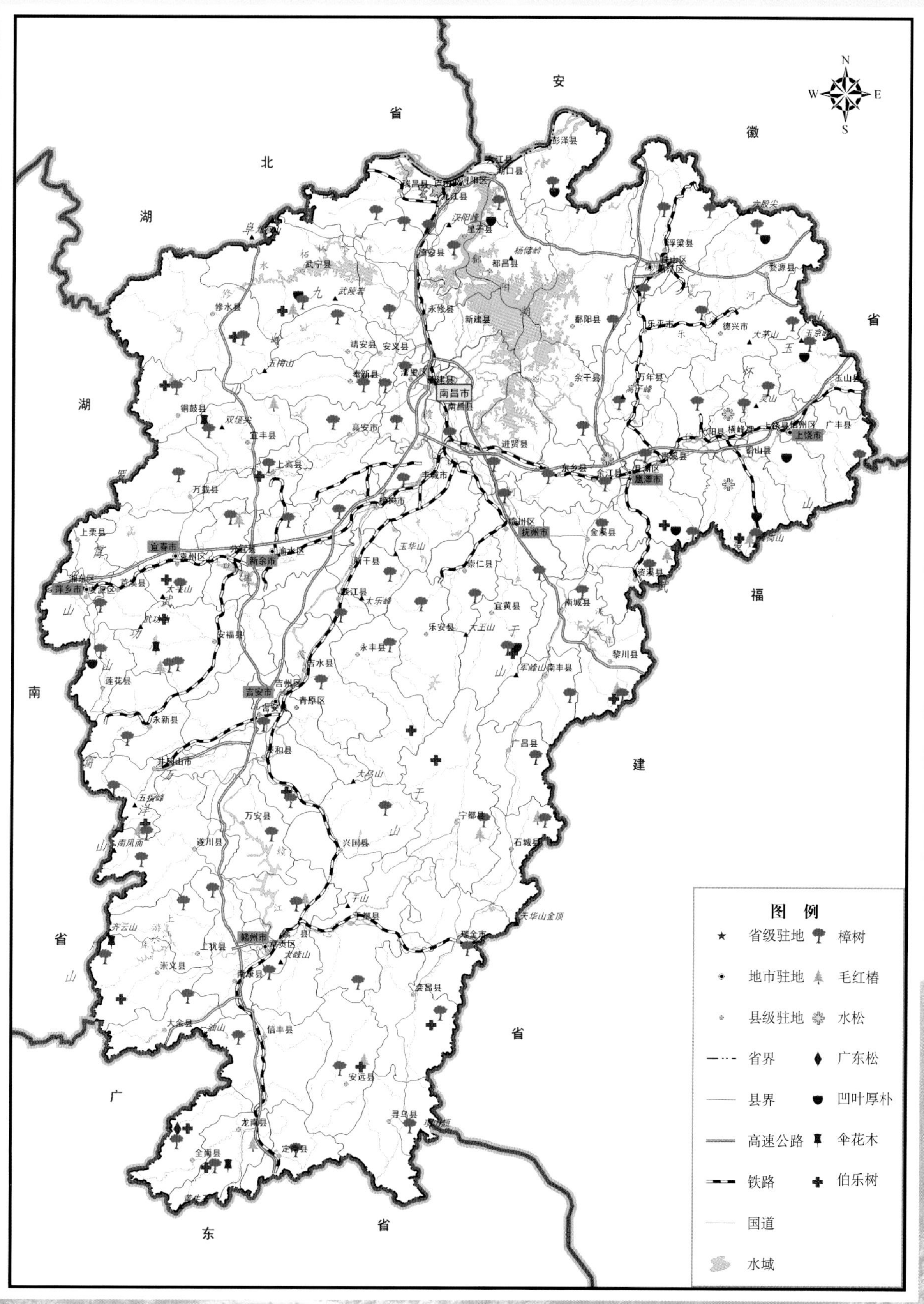

江西省主要野生树种分布图之一

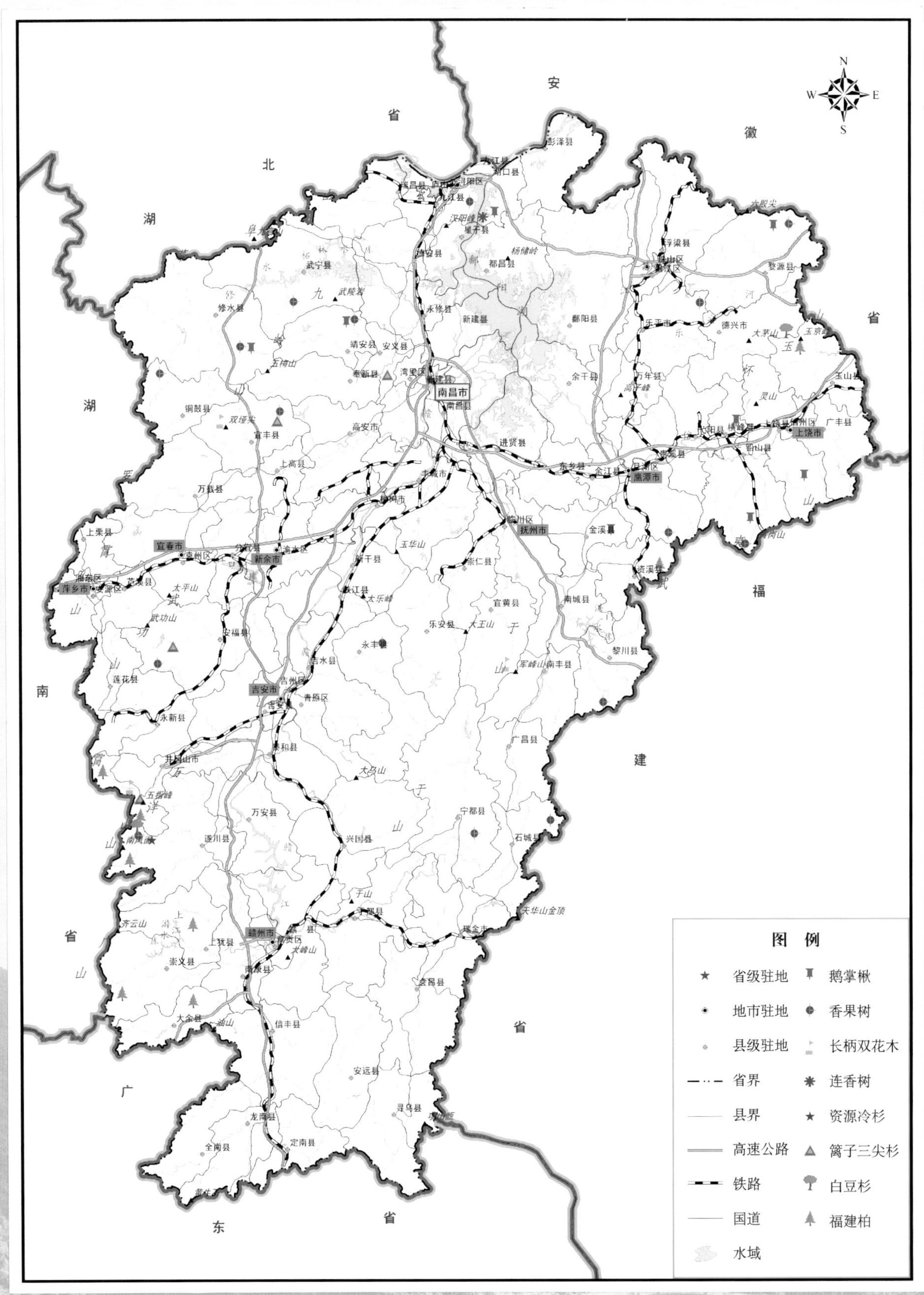

江西省主要野生树种分布图之二

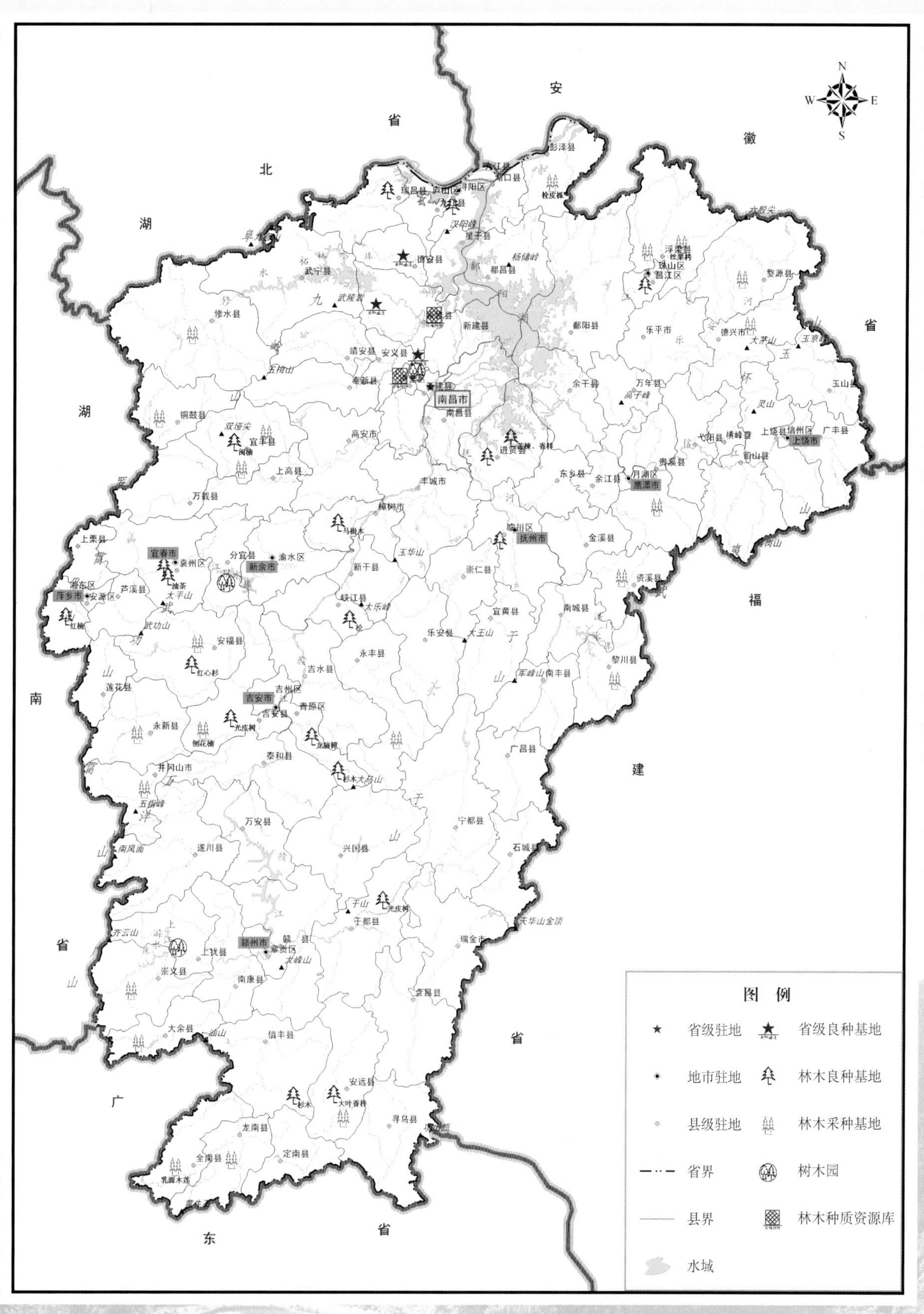

江西省林木良种基地分布图

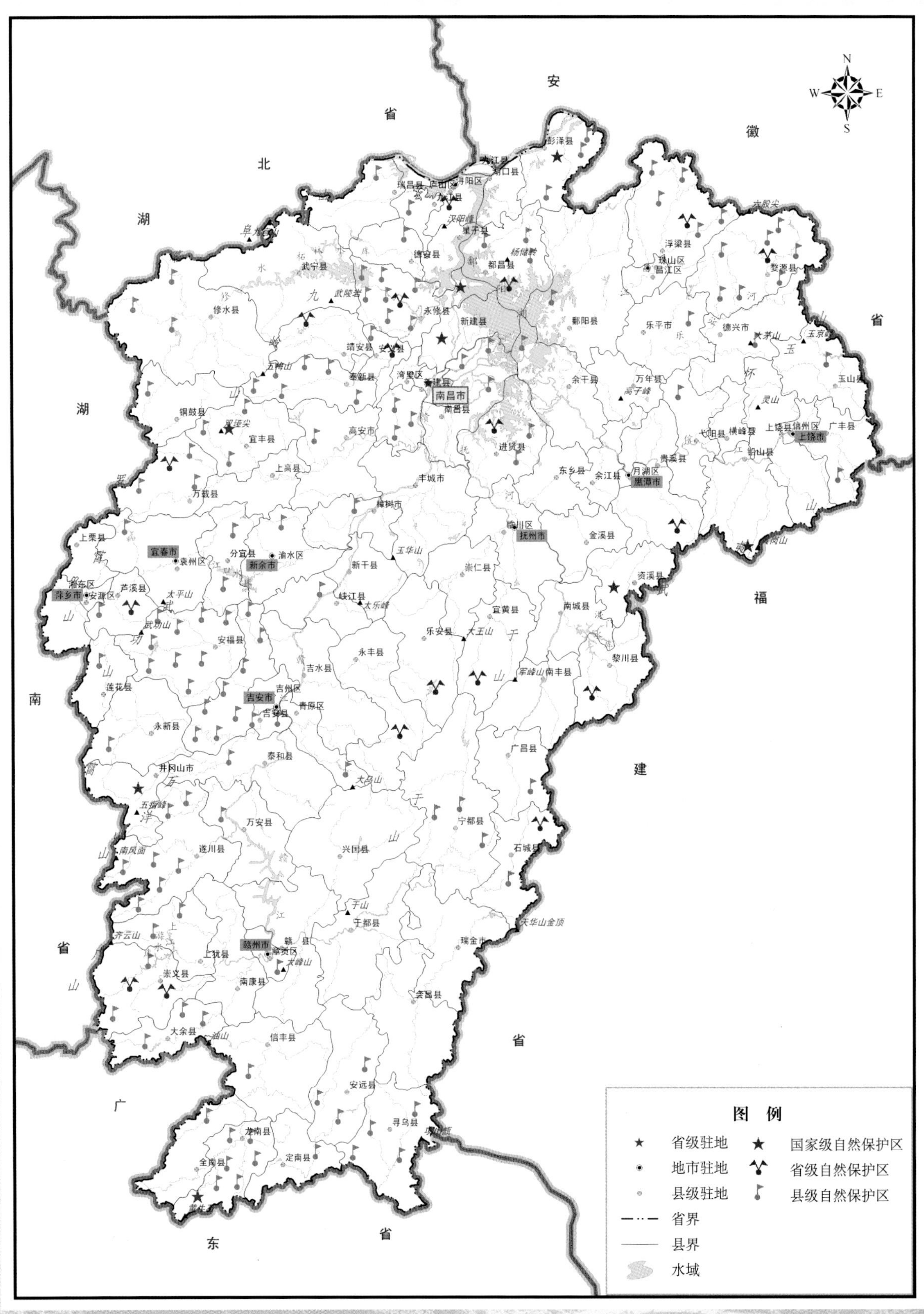

江西省自然保护区分布图

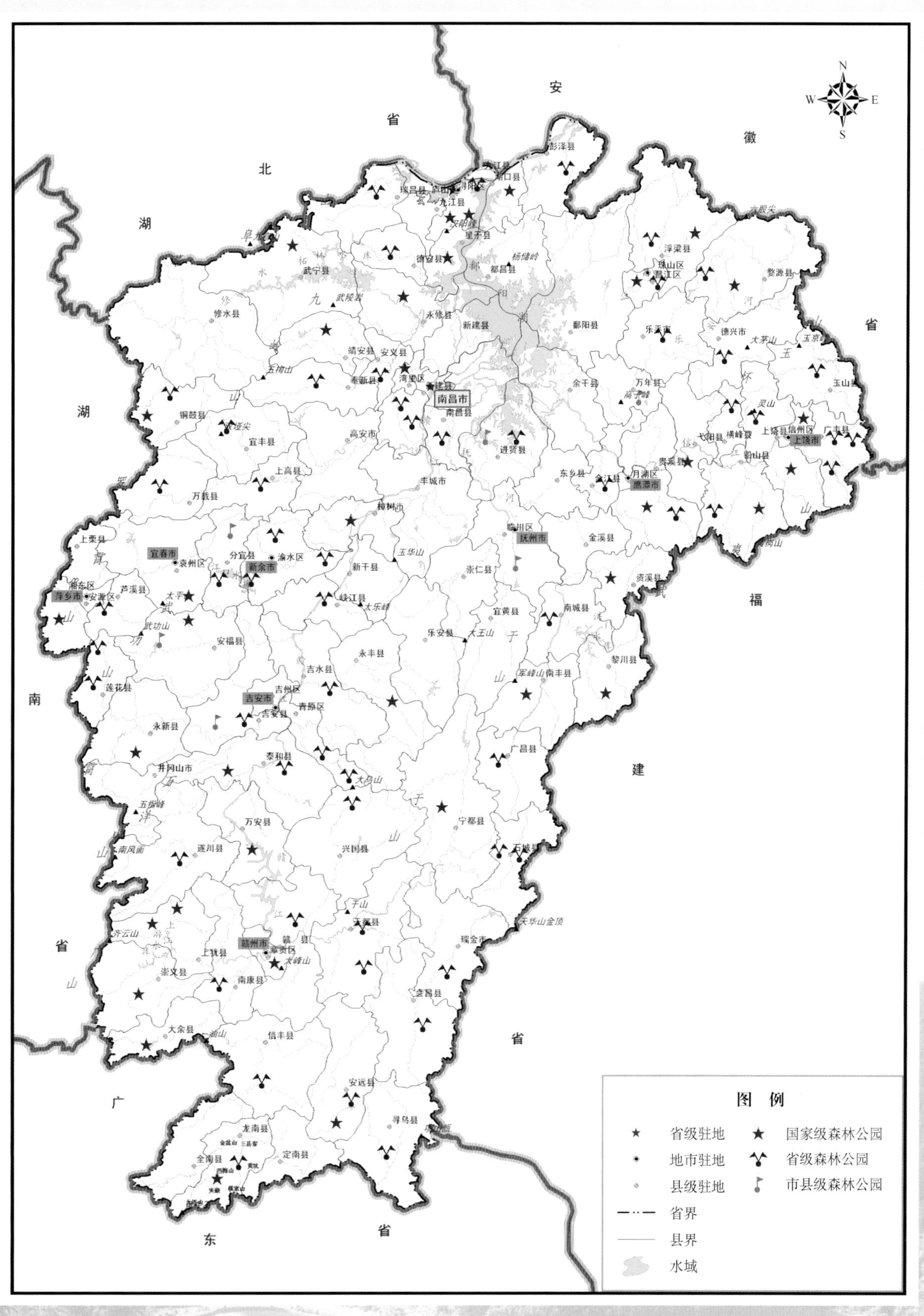

安徽省
湖北省
湖南省
福建省
广东省
南昌市
图例
省级驻地
地市驻地
县级驻地
省界
县界
水域
国家级森林公园
省级森林公园
市县级森林公园

江西省森林公园分布图

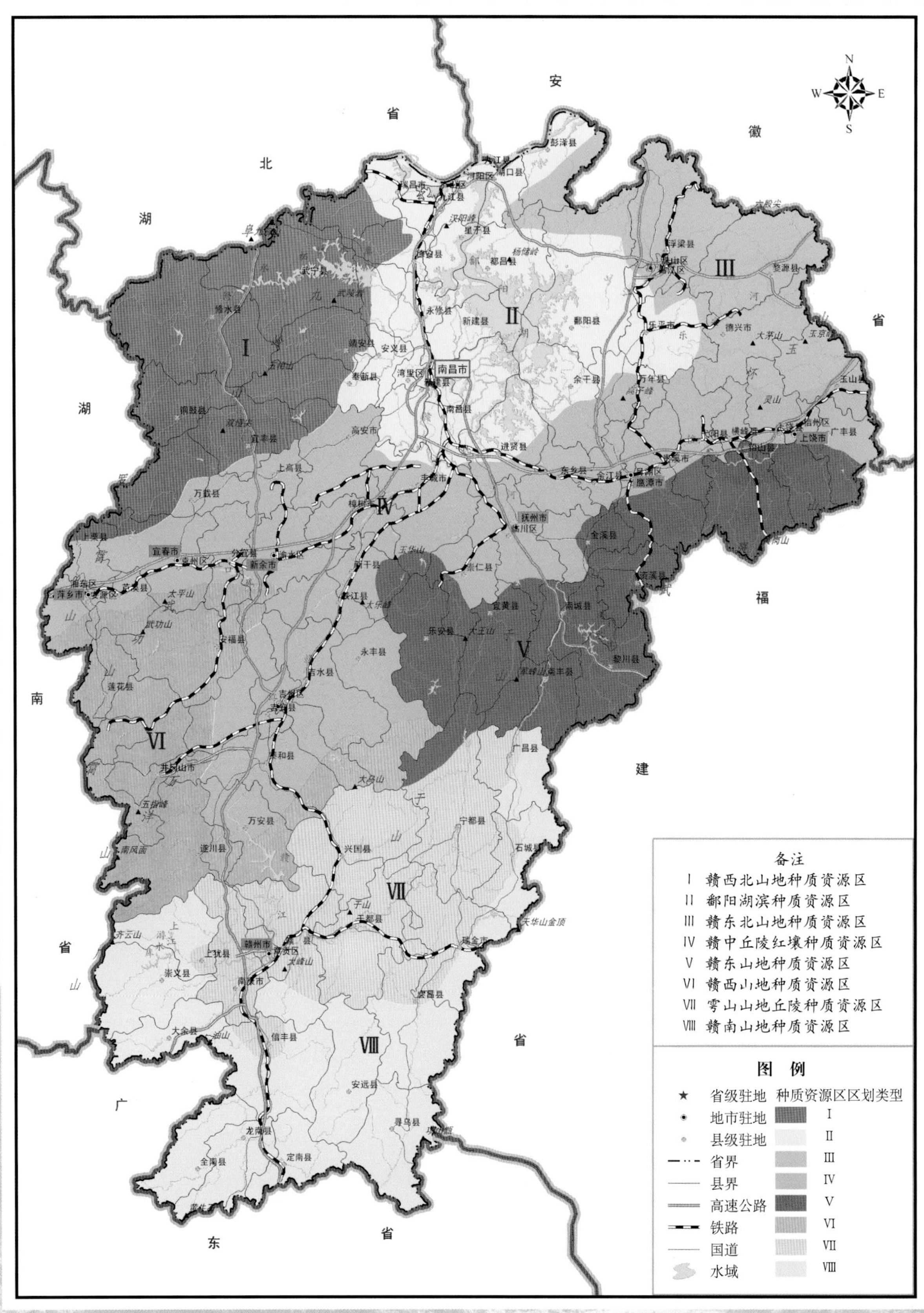

江西省主要树种种质资源区划图

安福县陈山林区红心杉木优良林分（陈山红心杉为江西杉木特有优良种源）

安福县陈山林场培育的陈山红心杉幼苗

江西省官山自然保护区保存了丰富的林木种质资源

红心杉平均红心比率50.5%

资溪县马头山自然保护区的天然常绿阔叶林

赣南树木园是我国南方树种的重要基因库

武夷山的南方铁杉为江西保存的珍贵种质资源

九连山自然保护区的红豆杉

中国毛竹之乡——宜丰县毛竹林

南昌市梅岭太平村树龄1400余年的银杏（栽于南北朝）

永丰县官山林场使用良种营建的杉木人工林

吉安县湿地松人工林（从美国引种的湿地松已成为江西主要造林树种）

吉安县油田乡龙州桥宋代所植罗汉松，胸径3.4m，高10m，树龄千年以上

吉安市武功山林场营建的火炬松种子园

吉安市武功山林场的阔叶天然次生林

吉安市武功山林场营建的马尾松地理种源种子园，全园共收集了全国第二次选优的64个地理种源

上栗县福田镇桃花村生物质能源树种——黄连木

萍乡市莲花县荷塘乡文塘村湿地松优良林分

悬铃木——萍乡市引进树种

萍乡市开发区鹅湖管理处杉树优良林分

樟树——主要乡土树种，江西省省树

上栗县鸡冠山垦殖场引进的日本柳杉

雪松——萍乡市引进树种

古榕树（于吉安市江边码头，为明朝万历年间所植，是江西境内分布最北的一株）

龙南县九连山国家森林公园

抚州市林业科学研究所营建的马尾松种子园

安远县三百山国家森林公园——福鳌塘

丰城市袁渡镇油茶采穗圃

丰城市杜市乡农田防护林

靖安县三爪仑国家示范森林公园——红枫

靖安县三爪仑国家示范森林公园——竹林

广丰县铜钹山国家森林公园——南方红豆杉

江西省林业科学院选育的赣抚20油茶无性系

江西省林业科学院选育的赣石83–4油茶无性系

中国林业科学研究院亚热带林业实验中心选育的长林53号油茶无性系

中国林业科学研究院亚热带林业实验中心选育的长林18号油茶无性系

赣州林业科学研究所选育的油茶无性系赣州油2号

赣州林业科学研究所选育的油茶无性系GLS赣州油1号

上饶县五府山国家森林公园——古红枫群

信丰县林木良种场繁育的桃金娘扦插苗

上饶县五府山国家森林公园——原始森林

信丰县林木良种场营建的深山含笑母树林

信丰县林木良种场营建的湿地松示范林

信丰县林木良种场营建的喜树母树林

资溪县清凉山国家森林公园——原始森林风貌

赣州市信丰县嘉定镇镇江村谷口坝——榕树

赣州市赣县王母渡镇寨下村——樟树

吉安市白云山林场营建的湿地松种子园

崇义阳岭国家森林公园——常绿阔叶林

赣州有色冶金研究所（赣州市花园塘1号，蒋经国旧居）——白兰花名木

江西林木种质资源

Tree Germplasm Resources in Jiangxi

江西省林木种苗和林场管理局 ◎ 编著

中国林业出版社

内容简介

本书在江西主要树种种质资源调查的基础上，旨在通过对江西丰富的林木种质资源的系统分类，使广大林业工作者加深了解科学保存和合理利用林木种质资源在维护林木遗传多样性和国家生态安全、促进林业可持续发展上具有重大意义。本书汇集了目前活跃在江西林业行业及科研第一线专家学者的独到见解，翔实地记录了江西省主要树种种质资源的分布、生长和保存状况；介绍了各类种质资源的保存技术与评价方法，为江西林业建设，尤其是生态林业建设提供了重要的信息资料；与此同时，本书在种质资源调查的基础上，结合江西生态区域的特征进行了种质资源区划，为江西林木种质资源的科学保存和可持续利用提供了政策框架和基本模式，是一本不可多得的林业科技工具书。对建立林木种质资源信息管理系统及其安全预警机制，全面推进江西省林木种质资源的保存和利用工作的开展，提供了依据。

图书在版编目(CIP)数据

江西林木种质资源／江西省林木种苗和林场管理局. －北京：中国林业出版社，2011.3
ISBN 978-7-5038-6114-7
Ⅰ. ①江… Ⅱ. ①江… Ⅲ. ①林木－种质资源－江西省 Ⅳ. ①S722
中国版本图书馆 CIP 数据核字（2011）第 046288 号

出版 中国林业出版社（100009 北京西城区刘海胡同 7 号）
网址 http://lycb.forestry.gov.cn
E-mail：lmbj@163.com **电话**：010-83225764
发行 中国林业出版社
印刷 北京中科印刷有限公司
版次 2011 年 10 月第 1 版
印次 2011 年 10 月第 1 次
开本 889mm×1194mm
印张 49
彩插 24 面
字数 1432 千字
印数 1～1500 册
定价 180.00 元

主要撰写人简介

沈彩周 男，生于1966年，福建省诏安人。曾先后在江西省林业调查规划研究院、江西省林业厅利用外资项目办公室、江西省林木种苗和林场管理局、江西省林业有害生物防治检疫局工作。在担任江西省林木种苗和林场管理局局长期间，全面负责林木种苗、林场和森林公园的行业管理工作，并在江西省林木种质资源调查项目中负责协调指导工作。

曾承担主持完成多项国家和省级林业科技推广项目，撰写并发表了多篇论文和研究报告。其研究成果曾获江西省科技进步一等奖、中国林业优秀工程咨询成果一等奖、江西省优秀工程咨询成果一等奖、国家林业局优秀工程勘察设计二等奖和江西省林学会林业科学技术奖二等奖等；个人被授予“全国生态建设突出贡献奖——林木种苗先进个人”、“江西省抗冰救灾先进个人”、“江西省绿化奖章”、“江西省农科教突出贡献二等奖”、“江西省林业厅直属单位领导干部优秀个人”和“江西省林业厅社会治安综合治理先进个人”等荣誉称号。

游环宇 男，生于1943年，江西省宁都人，江西省第八届政协常委，教授级高级工程师。曾任江西省林木种苗站（现江西省林木种苗和林场管理局）总工程师、副站长。退休后主持完成江西省林木种质资源调查和本书的编撰工作，并担任江西省老科技工作者协会林业分会理事和江西省林学会林木遗传育种顾问。

从事林木种苗行业管理和良种繁育工作40余年，曾主持完成多项省部级种苗项目的实施，发表论文和研究报告20多篇；担任了《江西省林木种子管理条例》和《江西省林业志》的起草与编撰工作。其良种繁育研究成果获江西省科技进步二等奖和江西省林学会林业科学技术奖二等奖，个人被授予“江西省农科教突出贡献二等奖”和“江西省绿化奖章”。

《江西林木种质资源》编委会

胡晓健（江西省林木种苗和林场管理局）
杨刚华（江西省宜春市林业局森林病虫害防治站）
罗晓春（江西省林木种苗和林场管理局）
欧森洪（江西省萍乡市林业局林木种苗站）
徐志文（江西省林木种苗和林场管理局）
徐振宇（江西省上饶市林业局林木种苗站）
游环宇（江西省林木种苗和林场管理局）
游松涛（江西省林木种苗和林场管理局）

校审人员名单

总　校　审：杜天真（江西农业大学）

校 审 人 员：（按姓氏笔画顺序）

王青春（江西省林业调查规划研究院）
朱云贵（江西省野生动植物保护管理局）
刘仁林（赣南师范学院）
江香梅（江西省林业科学院）
胡松竹（江西农业大学）
胡晓健（江西省林木种苗和林场管理局）
张　露（江西农业大学）
徐林初（江西省林业科学院）
俞东波（江西省绿化委员会办公室）
曾志光（江西省林业科学院）
彭九生（江西省林业科学院）
游环宇（江西省林木种苗和林场管理局）
游竹轩（江西省林木种苗和林场管理局）

序 一

近年来，江西省委、省政府大力实施“生态立省、绿色发展”战略，全面推进造林绿化“一大四小”工程建设，全省城乡绿化面貌发生了喜人变化，为加速城乡绿化一体化进程，巩固和发展江西生态优势，推动鄱阳湖生态经济区建设发挥了重要作用。在造林绿化工作中，大家普遍感到，要提升造林绿化水平，打造富有江西特色的城乡绿化体系，树种选择至关重要。尤其要选择适合江西气候特点和土壤条件的乡土树种，选择树形好、生长快、具有季相变化的绿化树种，这样不仅丰富绿化景观，而且有利于展示江西生态文化。因此，进一步加强江西造林绿化树种研究，不仅是当前造林绿化“一大四小”工程建设面临的重大现实问题，更是关系到全省森林资源培育和林业长远发展的一件大事。

江西地理环境优越，气候温和湿润，水热资源充裕，植物种类繁多，生物多样性丰富，可供选择的造林绿化树种很多。从 2004 年开始，江西省林木种苗和林场管理局组织全省林木种苗行业广大科技人员，在全省范围内开展了林木种质资源调查，并编辑整理出版《江西林木种质资源》一书。这本书通过大量的图表和文字，翔实地记录了江西省主要树种种质资源的分布、生长和保存状况，同时还结合江西省生态区域特征进行了林木种质资源区划，不仅对今后的造林绿化工作以及林木种苗生产、科研和教学具有积极的指导意义，同时也为江西林木种质资源的科学保存和可持续利用提供了科学依据。这本书的出版，凝聚了江西省林木种苗工作者多年的劳动成果和辛勤汗水，饱含了广大林业专家学者和科技人员的聪明才智。在此，我代表江西省林业厅向他们表示热烈的祝贺和衷心的感谢！

林木种质资源是森林资源的重要组成部分，是加快国土绿化，发展现代林业，推动江西由林业大省向林业强省转变的重要基础资源，更是国家生态建设的宝贵财富。各级林业部门要牢固树立“种苗为先”的理念，充分利用好这次林木种质资源调查的成果，切实加强林木种质资源的保护，特别要加强天然阔叶林资源的保护；要抓住造林绿化“一大四小”工程建设的重大机遇，大力开展优良林木种质资源的收集、选育和繁殖，加快江西省林木种苗产业的发展，把江西省打造成为华东地区乃至全国绿化苗木的重要基地，成为促进地方经济发展和农民增收的支柱产业；要充分发挥林木种质资源在推进造林绿化中的重要作用，科学搭配造林绿化树种，丰富城乡绿化景观，绿化美化江西大地，为实现江西科学发展、进位赶超、绿色崛起作出新贡献。

江西省林业厅厅长

刘礼祖

2010 年 12 月

序 二

"江西省主要树种种质资源保存与利用"项目是根据国家林业局场圃总站的统一部署，在江西省林业厅和全省各市林业局的重视和支持下，由江西省林木种苗和林场管理局精心组织，并在沈彩周、游环宇两位先生的主持下，历时5年，经全省11个市1600余位专业技术工作者的共同努力，通过外业调查、内业整理、综合分析、论证总结等一系列工作，已圆满完成，其成果通过了技术鉴定，《江西林木种质资源》一书是由该成果编著而成。这是一部集全省几代林业工作者在林木种质资源和林木良种领域长期艰苦努力工作和凝炼智慧之大成的力作。

该项工作一开始，我就有幸参与讨论和部分业务咨询工作，也参加过多次活动，阅读过部分市的调查资料，因此，对工作的全过程有深入的了解，对工作的难度和调查人员的艰辛有切身体验。全书编著完成后，我又优先拜读了初稿，对该项工作和论著的意义、内容有较为深刻的认识和领会。

林木种质资源是具有现实和潜在利用价值的以物种为单元的森林植物遗传多样性资源，是在特定地理生态空间和时间上形成的种内全部基因的遗传载体材料。因此，它是国家重大的战略资源，也是国家自然科学资源必不可少的物质基础条件，更是全人类的宝贵自然资源。长期以来，由于人类的活动和对森林的过度采伐，导致了全球性的森林面积锐减，许多物种已经灭绝或面临灭绝。鉴于种质资源具有可再生和易遭破坏而丢失的双重特性，世界上许多林业发达国家，高度重视林木种质资源保存、种子基地建设和良种选育推广等基础性工作，系统地研究并形成了林木种质资源保护、保存和利用的技术路线，通过原地保存和异地保存等方法，为保护物种多样性和生态系统多样性，取得了显著成效，有效地提高了林木种质资源保存率，也提供了许多成功的经验。

江西省是世界上常绿阔叶林物种最丰富、保存最完好、面积最大的生物多样性分布中心。丰富的林木种质资源是实现林业可持续发展和生态环境建设的重要物质基础。该书在全省主要树种种质资源调查的基础上，通过对江西丰富的林木种质资源的系统分析和评价，对加深理解科学保存和合理利用林木种质资源在维护生物遗传多样性和国家生态安全、促进可持续发展有重大意义，从而提高对林木种质资源评价、保护和利用的认识水平，推进林木种质资源信息管理系统及其安全预警机制的建立和健全，有效提高江西省林木种质资源保存和利用工作的水平。以一个省的区域开展林木种质资源保存与利用的调查、整理、分析、综合有着现实和深远的影响，对当前的林业生产和资源有效利用也有着很强的指导意义，为直接利用优质种质资源提供了条件和物质基础。

该书从分析江西的自然地理与森林植被情况着手，介绍林木种质资源的评定方法；林木种质资源分类及其分布、生长、管护情况；收集保存与利用的历史和现状；林木种质资源保存的原则与方法；引进树种与珍稀濒危树种遗传资源的保存与利用；对自然保护区、树木园等良种基地保存的林木种质资源现状进行分析；介绍了在种苗生产中保存利用林木种质资源方法与技术；对林木种质资源进行区划并分区简述保存的林木种质资源概况，对保存利用提出策略性建议和保障性措施。介绍和论述的内容系统、全面、完整。它丰富了林木种质资源调查、评价、分类、收集、保存与利用的方法和理论，特别是对中亚热带区域林木种质资源收集保存与利用有特殊的意义和作用。

该书论述了江西省从新中国成立以来在林木良种研究，良种基地建设，珍贵、稀有、濒危树种和古树名木保护等领域所作的工作和取得的成效以及存在的问题。资料的搜集和调查的内容是历史的、客观的。

林木种质资源是大自然或大自然和人为力量共同创造而形成的，保存与利用林木种质资源是人类利用自然资源和自然力的最直接、最简捷、最有效的方法之一。因此，该项工作和该论著不仅对当今当地的相关科学研究和生产实践有直接应用和指导价值，而且更有着深远的历史意义和保存价值，它反映了这个历史时期的林木种质资源状况和人们对它的认识程度和所作的工作，也为后人提供了物质基础和理论、方法上的借鉴和参考。

该项工作在林木种质资源调查、收集、保存与利用的整体要求下，又充分考虑江西省的实际和充分考虑生产的需要而制定调查提纲和工作方案，例如：在调查中着重于江西省的乡土树种；重点研究生产中的主要树种；根据树种的应用效益采用用材型、经济型、生态型、园林绿化型的分类系统；对林木种质资源的保存和利用进行区划并提出分区的利用策略等，使成果具有很强的区域性、实践性和生产的针对性、指导性。本书配制了丰富的相应图片资料，图文并茂，有很强的可读性，也便于对照阅读和使用。

林木种质资源是人类未来的宝贵遗产，作为自然资源，它有着动态变化的特征，在自然和人为活动，特别是人类不合理的生产、生活方式作用下，将会严重影响林木种质资源的消长趋势和变化结果。因此，我们必须深化林木种质资源价值的认知意识，强化保护保存意识；严格保存制度，完善保存方法，创造保存条件，确保有效利用。使林木种质资源成为林木良种、森林培育、林业发展和生态环境建设的坚实物质基础，成为生物多样性的重要宝库。

在本书出版之际，我作为一名老林业工作者，谨向本书作者，并向所有参加该项工作的同行们表示衷心祝贺，诚挚地感谢他们卓有成效、极有价值的艰苦和出色的工作。我深信，这部著作将为江西省乃至全国的生态建设和林业生产产生不可低估的作用和作出应有的贡献。

江西农业大学教授　博士生导师
江西省林学会副理事长

杜天真

2010 年 10 月 10 日

前 言

林木种质资源（the tree germplasm resources）是以物种为单元的遗传多样性的全部样本，而遗传多样性是物种多样性和生态系统多样性的前提和基础。长期以来，由于人类的活动和掠夺性的采伐，导致了全球性的森林面积缩减，现有物种的灭绝速度是自然速度的1000倍，全世界的物种正面临着前所未有的灭绝危机。在我国，由于森林生态系统不断遭到破坏，导致生态环境日益恶化，水土流失、沙尘暴、干旱洪涝等自然灾害频繁发生，已经严重威胁到我国的生态安全和国民经济的可持续发展。鉴于种质资源具有可再生性和易遭破坏而丢失的双重特性，世界上许多林业发达国家，高度重视林木种质资源保存、种子基地建设和良种选育推广等基础性工作，系统地形成了林木种质资源保护和利用的技术路线，并取得了许多研究成果。他们通过原地保存和异地保存等方法，努力保存了一大批备受关注的珍贵种质资源，为保护物种多样性和生态系统多样性，实现林业的可持续发展，提供了许多成功的经验。

江西省位于我国东南部，地理环境优越，气候温和湿润，水热资源充裕，土壤肥沃，有丰富的林木种质资源。江西以中亚热带地带性植被——常绿阔叶林举世闻名，是世界上常绿阔叶林物种最丰富、保存最完好、面积最大的生物多样性分布中心。据统计，江西省有高等植物5000余种，其中木本植物2000种以上，隶属于120余科390余属，有200余种为国家级和省级的保护树种。如此众多的林木种质资源是江西实现林业可持续发展的巨大财富。本书在全省主要树种种质资源调查成果的基础上，通过对江西丰富的林木种质资源的系统分析和评价，使广大林业工作者加深理解科学保存和合理利用林木种质资源在维护林木遗传多样性和国家生态安全，促进林业可持续发展的重大意义。从而提高对林木种质资源保护、评价和利用的认识水平。进而建立林木种质资源信息管理系统及其安全预警机制，全面推进江西省林木种质资源保存和利用工作的开展。为江西省生态建设、造林绿化、种苗建设，以及教学科研等事业的发展提供决策服务。

本书共分三大部分。第1部分12章，重点介绍江西省主要树种种质资源分类评价、保存原则与方法以及江西省主要树种种质资源的区划与保存利用策略。其中第1章至第2章介绍江西的自然地理与森林植被情况；第3章介绍林木种质资源的评定方法；第4章对江西的林木种质资源分类，并分别论述其分布、生长、管护情况，以及目前收集保存与利用情况；第5章介绍了林木种质资源保存的原则与方法；第6章和第7章具体叙述了引进树种与珍稀濒危树种遗传资源的保存方法与利用原则；第8章至第10章分别对江西自然保护区、树木园和良种基地保存的林木种质资源现状进行描述；第11章介绍了在种苗生产中保存利用林木种质资源的方法与技术；第12章对江西省的林木种质资源进行区划，分区简述其中保存的林木种质资源状况，对今后的保存利用提出了策略性建议，并对实施保存利用策略提出了保障性措施。第2部分汇总了江西省主要树种种质资源的分类统计资料，该资料来自1600余位专业技术工作者历经5年，对全省1669个乡（镇、场）、136个自然保护区、100个森林公园、467个国有林场、86个苗圃、3个树木园、1个植物园进行种质资源调查的工作成果。在调查期间，共设立标准地6239个，调查面积215 314hm^2，获取数据131 931个，为本书评价各类种质资源及保存利用原则的确定，提供了最权威的基础信息。第3部分为附录，附录收集了国家与省级主管部门公布的重点保护的野生植物与珍稀濒危树种名录，意在为各地从事林木种质资源收集、保存、利用的人们提供参考依据。

全书由沈彩周、游环宇等人组织稿件，各章校审人员如下：

游竹轩：第1章（江西自然地理）、第2章（江西森林植被）、附图

王青春：第3章（林木种质资源的评定）

曾志光：第4章4.1（用材型树种种质资源）

徐林初：第4章4.2（经济型树种种质资源）

胡松竹：第4章4.3（园林绿化树种种质资源）、第4章4.7（引种驯化与野生树种驯化种质资源）、第6章（引进树种遗传资源的保存与利用）

彭九生：第4章4.4（江西竹类种质资源及主要经济竹种）

张　露：第4章4.5（生态型树种种质资源）

俞东波：第4章4.6（珍稀濒危及古树名木种质资源）

江香梅：第5章（林木种质资源保存原则与利用）

朱云贵：第7章（珍稀濒危树种遗传资源的保存与利用）、第8章（自然保护区林木种质资源的保存）

刘仁林：第9章（区域性林木种质资源的保存）

游环宇：前言、第10章（林木良种基地的种质资源保存）、第11章（种苗生产中种质资源的保存与利用）、第12章（林木种质资源区划与保存利用策略）

胡晓健：江西省主要树种种质资源汇总表、附录

本书各章节内容，由国家级教学名师、江西农业大学博士生导师杜天真教授总校审，在此表示衷心感谢。

在书稿编撰过程中，得到国家林业局国有林场和林木种苗工作总站、江西农业大学林学院、江西省林业厅科学技术与国际合作处、江西省野生动植物保护管理局等有关部门的大力支持与帮助，在此一并表示感谢。

书中难免有错漏与不当之处，恳请读者批评指正。

编　者

2010年12月于南昌

目　录

第1部分 主要树种种质资源的保存与利用

第1章 江西自然地理概况

江西地处我国东部稍偏东南，长江中下游的南岸，位于北纬24°29′~30°05′、东经113°34′~118°29′。北起长江之滨，与湖北、安徽两省相邻；南至南岭山脉的九连山、大庾岭，与广东接壤；东倚武夷山、怀玉山，与福建、浙江、安徽3省交界；西至罗霄山脉(诸广山、万洋山、武功山总称为罗霄山脉)，与湖南毗邻。

江西南北长约620km，东西宽约490km，总面积16.69万km^2，约占全国总面积的1.7%。江西山地面积辽阔，水热条件优越，成为亚热带植物区系发展历史特别悠久的有利自然地理条件，而且在植物区系组成上，显示出从北亚热带至中亚热带向南亚热带树种逐渐过渡的基本特征，即森林植被由北亚热带常绿与落叶阔叶混交林到中亚热带常绿阔叶林，并逐渐过渡到南亚热带季雨常绿阔叶林。从地质年代的第三纪以来，我国亚热带地区直接受第四纪大陆冰川的影响较小，所以江西不仅保存着第三纪遗留下来的古第三纪植物类型，而且这种优越的山岳环境也是亚洲东部的“温带—亚热带植物区系”的重要集散地和许多东亚植物的发源地。

1.1 地形地貌

江西是江南丘陵的重要组成部分，地形复杂多样，平原、盆地、丘陵和山地皆有。省境周围多山地，中部是丘陵，北部是平原。在地形上包括3种类型：第一，沿赣江等大河有连续不断的小型冲积平原与第四纪红土砾石台地；第二，在这些平原与台地的两侧，是相对高度为数十米至二三百米破碎分散的丘陵地带，占地最广；第三，海拔1000m以上的中山地，为幕阜山、九岭山、万洋山、诸广山、大庾岭、九连山、武夷山、怀玉山等和庐山。

江西省地形上的特点是三面环山，北濒江湖，中部散布着几个大盆地。全境周围环绕着高峻的山岳。东部有武夷山脉，南部有南岭山脉的大庾山、九连山、西部有罗霄山脉所属的武功山、万洋山、诸广山，北部有幕阜山、九岭山、怀玉山以及黄山余脉，形成北宽南窄、南高北低、周高中低，朝北开口的地形地势，境内河流分别从东、南、西三面流经丘陵和谷间盆地，向中北部注入鄱阳湖。

江西地形大致可分为边缘山地，中南部丘陵和鄱阳湖平原3个地形区域，其中山地(包括中山和低山)占全省土地总面积35.9%，丘陵(包括高丘和低丘)占42.3%，平原占21.8%，“六山一水两分田，一分道路和庄园”，概括了江西的地貌特征。

1.1.1 东南西部边缘山地

江西山岭主要属南岭山系，山脉多作东北—西南走向，一般海拔高度在1000m左右。高大山地多环绕于省境边陲成为与邻省的分界线。江西的森林主要集中分布在这些山地，植被的类型多，种质资源比较丰富。重要的山脉分布情况如下：

1.1.1.1 武夷山脉

位于江西东部，耸峙在赣闽边界，绵延500余千米，介于江西省的广丰、铅山、贵溪、资溪、黎川、南丰、广昌、石城、瑞金、会昌、寻乌，福建省的崇安、光泽、邵武、建宁、宁化、长汀、上杭之间，成为赣江和闽江分水岭。武夷山脉自北向南伸至九连山，一般海拔1000~1500m，主峰黄岗山，耸立于铅山县南部的赣、闽两省交界处，海拔2157.7m，是江西省第一高峰。赣东、闽西，山岭纵横，都以这条山脉为主脉，其地势由武夷山脉向东西两侧逐渐低下。但赣闽两省边境地形缓慢陡峻断然不同。从杉岭山脉向西，除主干山势稍为高峻之外，其余山岭一般都不甚高大，地势缓慢倾斜，多为低丘平原。这与杉岭山脉以东的高峻地势大有区别。

西部雩山与武夷山平行，盘旋于宁都和赣县之间，海拔500~800m，经西逐渐过渡到丘陵地带。

武夷山地区孕育着丰富的森林资源，植物区系繁多，区系成分复杂，是江西具有典型中亚热带森林植被的宝地和生物物种的基因库，至今还保存有大面积的柳杉林、铁杉林、黄杨矮曲林等原始天然林。

1.1.1.2 怀玉山脉

位于赣东北和浙皖两省交界处，是信江和乐安河的分水岭。主峰玉京峰，海拔1816.9m，是赣东北较高点，位于德兴、玉山、婺源与浙江开化、常山五县之间。构成这一带山丘的主体多为红色砂岩，由于岩性较软，风化成不少的大拱洞和石林，很像砂岩喀斯特地形。

玉京峰一带森林稠密，海拔800m以下为常绿阔叶林，800m以上为广阔的针阔叶混交林及台湾松林所分布，保存有华东地区仅有的面积最大的珍稀树种华东黄杉林。

1.1.1.3 大庾岭和九连山

均属于南岭山脉的分支，蜿蜒于赣粤边界，为赣江与北江、东江流域的分水岭。大庾岭又名梅岭，为南岭中的“五岭”(大庾岭、萌渚岭、都庞岭、越城岭、骑田岭)之一。山体大体呈东北—西南走向，沿省境绵亘经信丰后折向东南斜走，入全南境内与九连山衔接。大部分地区海拔600~800m，主峰帽子峰，海拔1360m，位于大余县与广东省交界处。山体比较破碎，多为花岗岩造成，山岭间有许多大小不等的红色盆地和谷地，地势较低，海拔300~400m。九连山介于江西省全南、龙南、定南、寻乌县和广东省翁源、连平、和平、龙川、兴宁等县之间，为赣粤两省的天然分界线。主峰黄牛石，海拔1780m，位于龙南县境内。

九连山位于我国南亚热带的北缘，森林植被起源古老，植物区系特别丰富，具有更多的热带东南亚成分，是温带—亚热带植物区系的摇篮，也是东亚植物区系的发源地。近年来，一些大型林业企业，在赣南注资兴办林场，大面积营造以桉树为主的短周期工业原料林，取得了很好的经济效益。

1.1.1.4 罗霄山脉

江西西部边缘的武功山、万洋山、诸广山等总称为罗霄山脉。它是南岭山脉向北延伸的支脉，绵亘于赣、湘边界，为赣江、湘江的分水岭。山势高峻，峰峦叠嶂，海拔均在1000m以上。主峰仙人脑，海拔2128m，为江西第二高峰。

武功山是罗霄山脉的北段，是袁水和禾水的分水岭，绵延200km多。山体主要由较古老的坚硬岩石组成，地势峻拔。主峰高天岩，在安福、莲花两县之间，海拔2020m，是江西省最高的山峰之一。在古老的地质年代，大约2亿年之前，江西西南曾是一片大海，并与湖南的海区相连接，海中岛屿星罗棋布，地质学上名为“赣湘岛海”，当时，武功山是海中的孤岛，后来，周围海区隆起为陆地时，它又跟着上升为山地。

万洋山是罗霄山脉的中段，井冈山是万洋山的分支。井冈山位于江西省宁冈、遂川、永新和湖南酃县等县交界处。东西长约50km，南北宽达35km，面积1021.34km^2。主峰坪水山，海拔1778m，山脉呈东北—西南走向，山体蜿蜒曲折，错综复杂，整个地势中部突起，山体和河流均呈辐射状，由中间向周围延伸。

1.1.1.5 九岭山和幕阜山

九岭山位于江西西北部，分布范围较广，一般海拔1000m左右，主峰五梅山，在修水、奉新两县交界处，海拔1687m。山体主要由古老岩层组成，地势高峻，为修水与锦江的分水岭。

幕阜山位于赣、鄂两省之交，山体呈东北—西南走向，向西蜿蜒入湘、鄂境内，海拔500~1500m。主峰三峰尖，位于武宁县与湖北省通山县的交界处，海拔1516.7m。庐山位于幕阜山余脉的东端，耸立于鄱阳湖畔，北濒长江，主峰汉阳峰，海拔1474m，为我国著名风景区。

1.1.2 中南部丘陵

罗霄山脉以东，鄱阳湖平原以南，武夷山脉以西，九连山脉以北的广大地区，多为海拔100~500m的丘陵。其中以雩山分布较广，南北长达200km，为宜黄、崇仁、南城、临川等县之间，都是岗阜低丘，交互更替，一般高度在400~500m。黎川东部的鹅峰岭，北部的鸡冠岭，和南城附近的白云峰、麻姑山、界山岭等都高出南昌平原约600m；临川、丰城间的储山，临川、进贤间的小岭、铁岭高出南昌平原约500m；临川南境的大和岭、应华山、状元峰、团箕山、瑶岭、许君山等，也高于南昌平原。这里的岗阜低丘，红岩广布，整个丘陵地区，山上山下，从石头到泥土多呈红色，故有"红色丘陵"之称。丘陵中还有许多盆地，地势低平，海拔均在50~100m，面积大小不一，比较著名的有吉泰盆地、赣州盆地、瑞金盆地、兴国盆地、南丰盆地等。河流穿过盆地内，形成缓坡宽谷，发育着冲积平原。

"红色丘陵"是江西面积广大的地区，人为活动频繁，原生森林植被几乎破坏殆尽。现存的林分多为人工栽培的杉木林、马尾松林、毛竹林、油茶林、油桐林、针阔混交林，以及飞机播种的马尾松、木荷等林分。

1.1.3 北部鄱阳湖平原

鄱阳湖平原位于江西北部，为长江中下游平原的一部分，是长江和鄱阳湖水系，赣江、抚河、信江、饶河、修河等河流冲积而成的三角洲平原。其范围以鄱阳湖为中心，北起九江、都昌，西至新余、上高，南达新干、临川，东至弋阳，东北至景德镇，面积约2万km^2。鄱阳湖平原地势低平，大部分地区海拔在50m以下，河渠交错，港汊纵横。

湖区残丘和小山，如湖口的石钟山，都昌的大矶山等地尚有局部的马尾松林，常绿阔叶林或竹林分布。20世纪80年代开始，一些滨湖地区引种了水杉、池杉等耐水湿的树种，近年来，一些林纸一体化的大型企业在该平原地区种植了成片的杨树基地，获得了明显的生态效益和经济效益。

1.1.4 地形与森林分布的关系

江西陆地表面复杂的地形，为森林提供了多种多样的生境条件，影响着森林的分布。地形的变化对森林分布的影响主要决定了它的垂直高度，因为随着海拔的增高，气候条件呈现规律性变化。同时，局部地形和坡向的不同，以及离海岸线的远近，又使环境条件的变化愈趋复杂，因而森林类型、植物种属及其垂直分布均有显著差异，形成了不同的森林植被特征。

山坡的倾斜度对森林的影响，主要表现为土壤冲刷和水分流失现象。山坡越陡，土壤和水分就越难保持，直接影响着森林的生长和分布。

山坡的坡向对森林的分布和生长的影响也很显著。北坡光照条件较差，温度较低，多为中型耐荫性植物所分布，植物种类较少。南坡光照条件较好，温度较高，多为喜光植物所分布，植物种类也较多。高大的山系，南北坡森林植被类型的差异更加显著。

1.2 河川湖泊

江西全境是一个大盆地地形，盆地中心偏于北部。海拔最低，也是江西水系的主要集结地。江西的水系除定南、寻乌二水是广东省东江的上源，萍乡的渌水流入湖南省的湘江，瑞昌、彭泽的部分水流直接入长江以外，均属于鄱阳湖水系，流域面积16.22万km^2，占江西国土面积的97.2%。该水系所有河流都向北流，河流分别发源于东、南、西山地，流经丘陵低山地带，汇入盆地北部的鄱阳湖，经湖口县注入长江。

江西主要河流有赣江、抚河、信江、饶河、修河五大河，其次为章江、贡江、袁水、锦江、乐安江、昌江等支流。

1.2.1 赣江

江西第一大河，自南向北流，纵贯全省，全长827km，流域面积8.3万km^2。约占鄱阳湖水系面积的52%，是江西最重要的水道，也是长江的重要支流之一。上源有贡水、章水两条主要支流。贡水发源于福建长汀县，全长315km，支流有雁门水、梅江、琴江、濊江、桃江等，集水面积2.7万km^2，为赣江正流。章水全长232km，集水面积0.77万km^2，分为南北两源，南为池江，北为上犹江，在赣州与贡水汇合。

贡、章两水在赣州汇合后始称赣江，开始迂回北流，进入吉泰盆地，先后接纳许多大支流，其中在万安、吉水之间，西岸有出自万洋山的遂江、蜀水，来自莲花县武功山的禾水，以及来自安福的泸水；东岸主要有乌江、富水和孤江。自峡江到樟树一段，主要支流为袁水，源自萍乡武功山北麓，在清江汇入赣江；发源于湘赣边境的九岭山的锦江，流经万载、宜丰、上高、高安、丰城、新建等县(市)，于南昌县的市汉街对岸注入赣江。

赣江流域是江西森林分布面积最大，资源最多的地域，其森林面积占全省林分总面积的59.4%，同时也是主要的水源林地域。

1.2.2 抚河

即盱江，亦称汝水，为江西第二大河。全长480km，流域面积为1.84万km^2。发源于武夷山西麓，广昌县南境的驿前，自南向北流。抚河至临川进入赣抚平原后，西岸宜黄水和东岸东乡水注入，往西北流至王家洲，抚河又分为两支，一支在南昌流入赣江，另一支经青岚湖注入鄱阳湖。抚河流域水源丰富，森林资源也比较多，森林面积约占全省林分面积的11.1%。

1.2.3 信江

信江亦称上饶江。位于江西东部，为江西第三大河，全长约400km，流域面积1.67万km^2。发源于赣东北的怀玉山，自东向西流，经上饶、铅山、弋阳、贵溪后折向西北，在余干大溪渡分为两支，南支由余干注入鄱阳湖，北支在鄱阳县境内与饶河相汇入湖。森林资源主要分布在这一流域的上游，林分面积约占全省林地面积的8.9%。

1.2.4 饶河

又名鄱江，为昌江、乐安江两条河流在鄱阳县饶公渡汇合后的总称，长约322km，流域面积1.55万km^2。昌江流程较长，发源于安徽祁门县北部，自北向西南流，经景德镇，在鄱阳县和乐安江汇合。乐安江上游名婺江，发源于婺源县东北，经婺源、乐平到鄱阳县和昌江合流入鄱阳湖。森林资源主要分布在这一流域的上游，面积约占全省林分面积的7.2%。

1.2.5 修河

位于江西西北部，全长326km，流域面积1.46万km^2，上源名武宁水，源出自铜鼓县西南部，经修水、武宁、永修等县，在吴城流入鄱阳湖。主要支流有潦水，潦水有南、中、北三条，以来自奉新的南潦水最长，自西南向东北流，至永修山下渡流入修河。这一地域是江西与北亚热带相连接地带，因此，这一地带的森林植被有着重要的价值。然而森林植被破坏严重，现有林地仅占全省林分面积的7.6%。

1.2.6 鄱阳湖

位于江西北部，是我国最大的淡水湖泊，它接纳江西各河流水，构成一个放射状水系，成为江西大小河流的总汇处。鄱阳湖北狭南宽，长达80km余，宽70km多，面积2780km^2，最高洪水位水面达5100km^2，最深10m左右，可容纳363亿m^{3}水量。沿岸有九江、南昌、星子、德安、永修、新建、进贤、余干、鄱阳、都昌、湖口等十余县(市)。鄱阳湖北部有一个804m的狭口与长江相通，湖水经湖口县城边上流入长江，遇长江水发生倒灌或顶托现象时，可分洪一部分江水或滞留赣江等河流的洪水，对缓和长江下游水势、调节长江水流有重要作用。

1.3 气候条件

江西属中亚热带温暖湿润气候，孕育了极为丰富的森林资源和生物种属，形成了多种类型的森林植被和复杂的结构。

1.3.1 光照

江西光能资源比较丰富。太阳总辐射为405 623～479 297J/(cm^2·a)，以都昌县最多，铜鼓县最少，其他县份多在418 600～468 832J/(cm^2·a)之间。

全省日照时数较长。年平均日照时数1474～2086h，以7月日照时数208～282h为最多，2月日照时数62～112h为最少。多日照中心在都昌县、鄱阳县、乐平市和景德镇市，年平均日照时数在2000h以上，少日照中心则在铜鼓县和崇义县，年平均日照时数在1500h以下。全省平均日照率34%～47%。

1.3.2 热量

全省年平均气温16.3～19.7℃，基本上是赣南高于赣北，平原河谷高于丘陵山地。气温的季节变化比较明显。最冷月出现在1月，平均气温3.7～8.6℃，以彭泽县最低，寻乌县最高。极端最低气温一般出现在1月至2月上半月，鼓泽县1969年2月6日曾出现极端低温-18.9℃，为全省之冠；最热月则出现在7月，平均气温为27.0～29.9℃，以全南县和崇义县最低，进贤县和余干县最高。极端最高温出现在7～8月，修水县1953年8月15日曾出现极端高温44.9℃的最高记录，其次是玉山县1953年8月10日的43.3℃，其余各县的极端高温均在40℃左右。

全省霜期较短，平均初霜日出现在11月中下旬至12月初，平均终霜日出现在2～3月中旬。无霜期平均241～304d，以瑞昌市最短，崇义县和大余县一带最长。

日温稳定通过5℃平均初日，一般认为是植物开始萌芽或休眠期结束。全省日温稳定通过5℃平均初日为1月29日至2月27日，南北相差达30d。以于都县最早，彭泽县最迟。日温稳定通过5℃平均终日，一般认为是植物进入越冬期。全省稳定通过5℃平均终日为12月8日至翌年1月7日，南北相差31d。以彭泽县最早，寻乌县最迟。全省初终日期间隔日数达284～330d，以彭泽县最短，于都县最长。

日温稳定通过10℃平均初日，一般认为是植物积极生长期，也是春天的开始。全省日温稳定通过10℃平均初日为3月7～27日，南北相差20d。以寻乌县最早，铜鼓县和彭泽县最迟。日温稳定通过10℃平均终日，定为秋季结束期。日温稳定通过10℃的积温是表示当地热量资源的重要标志。全省10℃积温有5044～6339℃，以铜鼓县最低，于都县最高。

江西热量南高北低，森林植物也呈现南北差异，北纬27°以南，热带植物区系成分多，尤以赣南热量最为丰富，是发展亚热带树种和引种热带树种的主要地区。北纬27°以北地区，热量渐减，温带植物区系成分增多，并逐渐向接近于北亚热带的常绿阔叶树与落叶树混交类型过渡，也是江西引种温带和寒温带树种的主要地区。

1.3.3 降水

江西年平均降水量为1341～1939mm。多雨中心在武夷山西麓中段、怀玉山和九岭山南麓，少雨中心在长江南岸至鄱阳湖北岸和吉泰盆地。降水量在地区的分布上体现了东多西少，山区多、盆地少的特征。在季节分配上也很不均匀，10月至翌年2月5个月的降水量只占年降雨量的25%左右，且多北风。"雨水"前后开始，冷暖气候经常交绥在南岭至长江之间，全省降水量猛增，4～6月的降水量占全年降水量的50%左右，为580～1040mm，这时，全省进入春雨和梅雨季节。7～9月高温少雨，降水量占全年降水量的20%。

在雨季，多雨的月份一般为5～6月，月平均降水量一般为180～350mm，个别地方在多雨年份的月降水量可达700mm，少雨月份出现在12月或1月，月平均降水量为30～74mm，少雨年份有的地方全月无雨。全省降水量的年际变化也很明显，1954年降水量为1429～2736mm，而1963年降水量为866～1484mm，几乎相差1倍。汛期降水(4～7月)差异更加明显。汛期降水最多的是丰城市，1973年为1850mm；降水量最少的是遂川县，1963年只有263mm，两者相差1587mm。

由于各地降水不均匀，土壤中含水量多少亦不同，影响了森林植物的生长、发育和分布。以马尾松、黄檀、侧柏、栓皮栎等树种吸水能力特别强，抗脱水能力高，所以抗旱能力强，适于干燥土壤生长；而枫杨、垂柳、水松、水杉、落羽杉等树种根系不发达，根毛较少，根茎组织疏松，渗透压小，能够在含水量很高的土壤中生长；板栗、椴、枫香、槭等树种则介于旱生树种和湿生树种之间，适于中等湿润地区生长。

1.3.4 相对湿度

全省年平均相对湿度较大，为75%～83%。一般说，山区年平均相对湿度大，都在80%或以上，以婺源和崇义最大；滨湖河谷附近的年平均相对湿度较小，为75%～79%。全省气候干湿两季较分明，春夏季阴雨天较多，月平均相对湿度多在80%以上；秋冬季天气干爽，月平均相对湿度多在70%～75%。

1.3.5 蒸发量与干燥度

全省平均蒸发量最高值为1956mm，出现在南昌市，最低值为1171mm，出现在铜鼓县。资料表明，年平均蒸发量在1500mm以上的地方，多在温高、风大的滨湖河谷；年平均蒸发量在1500mm以下的地方，多在温低、风小的丘陵山地。

干燥度是衡量干湿度的另一标志，即可能蒸发量与降水量的比值。据计算，全省以赣州盆地的年平均干燥度最大，为0.75，赣北山区的婺源县、铜鼓县与赣东山区的资溪县最小，为0.38～0.39，其他地区都在0.4～0.7。全省一年四季平均干燥度分布如下。

第一季度平均干燥度分布，以信丰县、寻乌县最大为0.78，大余、遂川、兴国、会昌县以南为0.60，星子县和湖口县也为0.60，其他地区为0.30～0.59的低值湿润区。

第二季度平均干燥度分布，除赣州、九江，南康、于都、遂川、万安等县(市)为0.40～0.44外，其他各地都在0.20～0.39，说明江西春雨、梅雨期间非常潮湿。

第三季度平均干燥度分布，除山区在0.70～0.99外，全省大部分地区都在1.00～2.00，表明伏旱、秋旱比较明显。

第四季度平均干燥度分布，除罗霄山脉一带和宜黄县附近为0.70~0.99外，其他大部分地区为1.00~2.12，以星子县最大，说明了江西秋旱、冬干的气候特征。

1.4 山地土壤

江西的土壤在中亚热带气候条件和生物因子的长期作用下，岩石和各种原生矿物受到高度风化，形成了多种多样的土壤类型，这些土壤类型反映了江西某些森林类型分布区的土壤条件特点。随着海拔高度的增加，土壤形成的生物条件也发生相应的变化，土壤也具有明显的垂直带分布的规律性。

江西山地土壤的主要类型有6种，分布在不同海拔的山地。

1.4.1 红壤

红壤是亚热带地区典型的地带性土壤类型。在江西主要分布在海拔150m以下的低丘岗地，在海拔500m以下的山地也有红壤分布。其面积约占全省土地总面积的60%。现状植被以荒山灌木草丛为主，其次是低山丘陵人工针叶林、次生常绿阔叶林或常绿与落叶阔叶混交林。

红壤由于分布不同，可分为丘陵红壤和山地红壤。

1.4.1.1 丘陵红壤

主要分布于江西广大的丘陵和岗地，成土母质有第四纪红黏土母质、红砂岩母质、花岗岩、片麻岩母质，石灰岩母质及千枚岩母质等，除石灰岩母质发育的红壤呈中性或微碱性外，其他均为酸性，pH值4.5~5.5。第四纪红黏土母质的红壤，土层深厚，有的可达10余米；而红砂岩母质的红壤，通常只有50~60cm；发育于花岗岩、片麻岩母质的红壤，土层浅薄，容易发生冲刷而引起水土流失。红壤有机质含量一般为1%~2%，含氮0.05%~0.08%，含磷在0.05%上下，含钾0.5%~2%。现状植被以马尾松林及荒山灌木草丛为主，有的种植经济林(油茶、油桐、桑树等)和用材林(马尾松、杉木、湿地松)。

1.4.1.2 山地红壤

主要分布在低山区海拔500~600m以下的山麓和部分高丘地区。成土母质为花岗岩、片麻岩、砂页岩等岩石的残存—坡积物。现状植被为松杉林、毛竹林和油茶林等。在生长较好，郁闭度大的次生林地，土层厚度多在1m以上，水土流失轻微；腐殖质层厚度20~30cm，屑粒状结构；心土淡红色、质地黏重，小块状结构；含较多半风化母质碎块，上层有机质含量3%~6%；含氮约0.3%，含磷约0.1%，含钾约1.6%。在植被破坏较严重的地区，土壤面蚀、沟蚀比较严重，土层浅薄，粗骨性增强，表层浅棕灰带红，为砂质轻壤土；亚表层浅红棕逐渐过渡到棕红色，心土底土较坚实，红棕色，为砂质重壤；底上层以下即为深厚的半风化体。土壤呈酸性，pH值4.5~5.0，有机质含量低。

红壤具有土层深厚、保肥力强、土壤中物质的生物学循环快等特点，具有发展人工林的有利条件，但如果植被遭到破坏，土壤裸露，便会引起严重的水土流失。

1.4.2 山地黄红壤

主要分布在山地海拔500~800m的地段，是山地红壤与山地黄壤之间的过渡类型。母质为花岗岩、砂页岩等的残积—坡积物。现状植被为常绿阔叶林和马尾松林、杉木林、油茶林和毛竹林等。土层厚度1m左右，地表有1~2cm的枯枝落叶层，其下为腐殖质层，有机质含量较高，一般为5%~7%，含氮约0.3%，含磷约0.1%，含钾约2.4%。pH值5.2~5.9。

1.4.3 山地黄壤

在江西主要分布在海拔800~1400m的山地，如武夷山、九连山、罗霄山及赣东北部分低山地区，尤以赣南山地分布较广。母质主要有花岗岩、片岩和砂页岩，其次为片麻岩、千枚岩等。现状植被主要为常绿阔叶林、针阔叶混交林、低山丘陵针叶林和竹林，郁闭度一般在0.7以上。土层一般在60cm左右，土色蛋黄，表土深厚，带暗灰至黑灰色，质地砂壤至重壤。腐殖质层20~30cm，有机质含量一般在5%以上，高的可达10%左右。含氮约0.3%，含磷0.1%上下，100g干土含有效钾20mg以上。自然肥力高。

1.4.4 山地黄棕壤

主要分布在海拔1400m以上的山地，如赣西北的幕阜山、九岭山、武功山等山地，成土母质为花岗岩、片麻岩、片岩、砂页岩、砾岩、千枚岩等残积—坡积物。现状植被有常绿与落叶阔叶混交林、针阔叶混交林及落叶阔叶林等，生长茂密，郁闭度大。土层厚薄不一，一般在60cm左右，土色灰黄棕至暗黄棕。表土深厚，有机质含量高，多在7%~8%，屑粒状结构，疏松多孔。地表常有半腐烂的枯枝落叶层。pH值5.5左右，含氮在0.3%以上，质地轻壤至重壤，自然肥力高。

1.4.5 山地草甸土

主要分布在中山顶部，成土母质与山地黄棕壤相似。现状植被以山顶矮林、灌丛或以草本植物和苔藓植物为主。土层较薄，厚50cm左右，表土根系交织，团粒结构，质地轻壤至中壤，夹有砾石，pH值5.0左右，有机质在10%以上，含氮0.30%~0.48%。土壤潜在肥力很高。

1.4.6 紫色土

江西山丘局部地方还有紫色土分布，成土母质为紫色砂页岩，主要分布在赣南、赣东北和吉泰盆地高中丘陵区。现状植被与红壤相似，主要为马尾松林、荒山灌木草丛。但由于覆盖度低，冲刷严重，土层浅薄，往往基岩裸露地面。土壤质地良好，多为沙壤或中壤土，少数为重壤至黏土，大部分有石灰反应，pH值5.5~7.5，有机质和含氮量一般比红壤更低，红磷、钾含量较多，保肥供肥力强。

第2章 江西森林植被

2010年江西森林植被覆盖率已达63.01%，是全国生物多样性最丰富的省份之一。据统计，目前江西省有各类植物5115种，被列入《国家重点野生植物名录(第一批)》的植物有55种，国家一级保护植物9种，蕴藏着丰富的林木种质资源。本章针对江西的森林植被特点、分布和类型进行阐述。

2.1 森林植被区系

江西省位于中亚热带区域，三面有山地丘陵分布，一面面水。这一独特的地理位置、充沛的水热条件和丰富的土壤资源，孕育了缤纷多彩的森林植被。

2.1.1 起源古老，特有种属多，孑遗植物多

形形色色的植被类型承载着大量起源古老的特有种、孑遗种和多区系成分的植物种类。据资料记载，在江西分布的裸子植物很多发源于中生代，种类繁多复杂的被子植物在江西大量出现在新生代早期，其中有很多是单种属和孑遗植物，多数为珍贵稀有树种。

2.1.1.1 裸子植物

江西现有裸子植物9科20属约29种(不包括引种栽培的100多种针叶树种)。苏铁科植物远在中生代侏罗纪以前就已经存在(萍乡煤矿有古代苏铁的化石标本)。银杏科多见于侏罗纪的地层中(庐山黄龙寺保存有上千年的栽培银杏大树)。亚热带扁平型的针叶树如紫杉科及罗汉松科等在白垩纪就已经发展起来了。江西的扁平型针叶树比较多，绝大部分与常绿阔叶树伴生或组成混交林，如南方红豆杉、白豆杉、穗花杉、香榧、竹柏、三尖杉、粗榧，以及松科的铁杉、南方铁杉、长苞铁杉、华东黄杉、油杉，杉科的杉木等。

2.1.1.2 被子植物

被子植物区系成分在江西最为复杂，种类繁多。如常绿阔叶林中的优势树种多是壳斗科、樟科和木兰科等的乔灌木，这些树种在白垩纪就已经存在。壳斗科已知有6属60多种，樟科有11属60多种，木兰科也有6属28种之多。又如榆科、杜英科也是在白垩纪后期分化发展起来的树种，已知榆科有6属约20种，杜英科有2属约10种。亚热带特有的山茶科、厚皮香科计有9属约60多种，桃金娘科是热带植物区系，有3属4种。此外，金缕梅科、枫香科、红苞木科以及大风子科等等，也是新生代第三纪初期已经出现的树种。这些古老植物区系计有67科，占江西木本植物科数的56.3%。

江西省种子植物中，木本植物已知有120科390属，其中有大洋洲、热带美洲、热带非洲、东南亚和北美洲所共有的植物区系约105属，这些属中有许多是亚热带常绿阔叶林中的主要组成部分。而且，特产于我国的单种属中，有77属分布于我国亚热带地区，如裸子植物的银杏、金钱松、水松、白豆杉，以及被子植物的青钱柳、香果树、杜仲、枸枳等。久已闻名于世界的我

国著名的孑遗植物，如银杏、水松、鹅掌楸、金钱松、杜仲、喜树等，其中多数都是珍贵稀有树种。

2.1.2 森林植被组成成分丰富，热带性科多

江西的许多树木种类是我国热带所共有的，如众所周知的含笑、木兰、樟树、枫香等都属于这一范畴；再如桑科无花果属的异叶榕、天仙果等是常见的热带性灌木和藤本植物，这些都体现了江西森林植被中蕴藏的热带成分。

2.1.2.1 森林植被组成

江西木本植物种类已知有2000种以上，其中裸子植物(针叶树)9科20属约29种，木本被子植物(阔叶树)111科370属约2000种。有许多树木种类是我国热带地区所共有的，如观光木、含笑、乐东木兰、木莲、冷饭团、鹰爪花、瓜馥木，以及樟树、琼楠、紫楠、刨花楠、枫香、阿丁枫、东京白克木等，约在100种以上。

2.1.2.2 木本植物

在江西的木本植物中，热带性科相当多，计有56科，包括苏铁科、罗汉松科、买麻藤科、番荔枝科、山龙眼科、樟科、夹竹桃科、桑科、野牡丹科、紫金牛科、山矾科、葡萄科、苏木科、梧桐科、椴树科、清风藤科、泡花树科、锦葵科、藤黄科、猕猴桃科、桑寄生科、槲寄生科、桃金娘科、棕榈科、防己科、楝科、杜英科、大风子科、天料木科、无患子科、远志科、醉鱼草科、含羞草科、海桐花科、使君子科、茶茱萸科、厚壳树科、省沽油科、大戟科、交让木科、重阳木科、山柳科、鼠刺科、胡蔓藤科、古柯科等。以上这些热带性科，在南部的南岭山地具有较多的热带植物区系成分，在北纬26°以南，有亚热带沟谷雨林层片存于低山丘陵的亚热带常绿阔叶林内。越往北部，或者随着海拔增高，热带植物区系成分也就逐渐减少。

2.2 森林植被类型与分布

江西存在着各类地质、地貌及多样的土壤类型和丰富的植物种类，由于海拔高度的影响，植被的分布有明显的垂直变化：常绿阔叶林在南部分布一般可达海拔1500m，而北部只限于海拔600~800m及以下；在此以上则随高度增高依次出现常绿阔叶林、山地针阔混交林、台湾松林和山地落叶矮林，以至山地草甸等植被类型，局部山地间盆地还有沼泽分布。在纬度分布上，森林植物也表现出由南向北逐渐过渡的规律，即从南亚热带和热带植物区系成分逐渐向接近北亚热带的常绿阔叶与落叶阔叶林类型过渡。

2.2.1 森林植被类型

江西森林植被类型多种多样，植物种属繁多。但由于人类长期进行活动，地带性植被常绿阔叶林和一些原生种、特有林遭受严重破坏，保存下来的很少。如金钱松是我国长江以南的特产种，是亚热带稀有的孑遗树种，又是世界上名贵的观赏树种，在18世纪，鄱阳湖滨曾广泛分布，而当今仅庐山等地有残存零星分布。

2.2.1.1 针叶林

低山、丘陵针叶林。主要类型分布于海拔1000m以下的低山、丘陵马尾松林和杉木林。在村庄或庙宇附近还见有柏木林、南方红豆杉林、竹柏林；在丘陵针阔混交林中有三尖杉、刺柏分布。

山地针叶林。主要有黄山松(台湾松)林、柳杉林，南方铁杉林等。黄山松林分布在海拔1000m以上的赣中和赣北山地；南方铁杉林分布在赣东北山地，而赣西山地则有小片铁杉林分

布。柳杉林仅分布于武夷山区海拔1000～2000m地段，尚有半原始林存在。还有一些零星分布的山地针叶树，如赣东北山地的香榧，赣南和赣西山地的福建柏，赣南山地的江南油杉、长苞铁杉，九岭山地的穗花杉。

2.2.1.2 常绿阔叶林

森林类型最多，主要建群种有青冈栎、苦槠、栲树、甜槠、米槠、长叶石栎、南岭栲、红钩栲、红楠、木荷等。

2.2.1.3 竹林

类型较少，多分布于海拔1000m以下的丘陵、低山地区，建群种以毛竹为主，次为淡竹、刚竹、硬头黄竹、苦竹、水竹、紫竹、方竹等。

2.2.1.4 针叶与阔叶混交林

主要有杉竹混交林，杉木、马尾松与阔叶树混交林，以及刺柏、南方红豆杉、三尖杉、福建柏、油杉、长苞铁杉、竹柏与阔叶树混交林等。在海拔1400m以上的中山，还有南方铁杉、柳杉与云山椆、猴头杜鹃混交林。

2.2.1.5 带绿与落叶阔叶混交林

带绿与落叶阔叶混交林是中亚热带过渡到北亚热带地带性森林植被的代表类型，主要分布于赣北丘陵、山地。建群种有长叶石栎、青冈、甜槠、木荷、锥栗、短柄枹树、山合欢、黄檀、拟赤杨、椴树、光叶糯米椴、化香树、白蜡树等。

2.2.1.6 山地矮林

山地矮林是江西省南、东、西边界中山地区常见的森林植被类型，主要分布于丘陵或山地人为影响较大的地区。组成种类有大叶胡枝子、美丽胡枝子、茅栗、尖叶黄端木、乌饭树、枸骨、黄栀子、杜鹃、马氏杜鹃、檵木、白栎、圆锥绣球、山胡椒、三桠乌药、乌药等。

2.2.2 森林植物的分布

江西地跨纬度5°36″，森林植物表现出随纬度地带性由南向北逐渐过渡的规律。赣南与广东交界，森林植物具有较多的南亚热带和热带植物区系成分，即印度—马来西亚成分，直到北纬27°的赣中地带。植物群落比较复杂，立地的水热条件比较优越，群落的生物量也比较高。赣北则掺入有暖温带植物区系(落叶阔叶树)成分，并逐渐向接近北亚热带的常绿阔叶与落叶阔叶林类型过渡。

2.2.2.1 森林的水平分布

江西森林分布不平衡，主要分布在东、南、西部的中山和丘陵，以及赣江、抚河、信江、饶河、修水五大内河的上游及其沿岸地区，且绝大部分分布在河流上游的边缘山区，下游各地和鄱阳湖地区的赣抚平原则多见稀疏残林或散生植株。

在五大内河中，赣江流域森林面积占全省森林面积的59.4%，地带性植被常绿阔叶林组成以壳斗科常绿种类为主，其次为樟科。南亚热带暖性树种也越过南岭山地向北延伸，榕树见于吉安市，岗松见于永丰，乐安的芒箕—岗松—马尾松林中，且生长发育良好。遂川江以南各县是杉木中心产区，杉木树干通直，材质优良。地处武功山的安福县盛产红心杉木，曾经为建设北京毛主席纪念堂提供栋梁之材，有很高的商业价值。赣南的马尾松生长迅速，苍劲挺拔，即使在混交林中也“鹤立鸡群”。吉泰盆地樟树分布很广，独占鳌头。

抚河流域的赣东地区，森林群落分布，以常绿阔叶林为主。资溪、乐安两县森林资源丰富，是江西的重点产材县。黎川县与福建省交界处的岩前，有乐东木兰和乳源木兰分布，还有大片的天然樟树林。

信江流域森林分布比较零散，蕴藏不多。但武夷山、三清山、龙虎山的森林资源相对丰富，上饶的五府山和广丰的铜钹山次之。

地处赣东北的饶河流域森林资源分布集中，古树名木繁多，婺源县称之为集古树名木之大成。该县石城村有近百亩古松，近百株的枫香、白玉兰、山樱花、银杏、香榧、红豆杉、三尖杉、楠木、槐树、青栲等古树，尤以17株玉兰树最为醒目。通源村的刨花楠，卿云洞的南方红豆杉、段莘的"夫妻"银杏、文公山的古杉群、珊厚的柳杉、篁村与游汀的罗汉松、方思山的黄檀等，古老奇特，蔚为壮观。

修河流域的赣西北森林以铜鼓县比较丰富，木材产量居宜春市之首。武宁县瓜源曾是老林区，出产的杉木称为"瓜源"木，颇负盛名。奉新县则以毛竹著称。赣西北山地、丘陵的地带性森林植被基本还是常绿阔叶林，主要是苦槠林和青冈林。

2.2.2.2 森林的垂直分布

森林植被受海拔高度的影响有着明显的垂直变化。江西南部海拔500~700m以下的沟谷和低山、丘陵，分布着以南岭栲为主的常绿阔叶林；海拔500~700m以上渐次出现的多脉青冈林、银木荷林、甜槠林等为主的常绿阔叶林；海拔1500~2000m之处，常出现有常绿阔叶树或落叶阔叶树组成的山顶矮林。江西北部地区常绿阔叶林主要为苦槠林和青冈林，随着海拔升高，依次出现栲树林和黄槠林；海拔600~800m以上便过渡到常绿与落叶的混交林；海拔1000~1500m，也常有小面积落叶阔叶林分布，多与山地针叶林的黄山松相交错。

东部的武夷山，沿赣闽省界延伸绵亘500km，是我国亚热带中山森林景观保存比较完整的地带，森林植物资源丰富，起源古老，特有植物比较多。柳杉林分布在海拔800~1000m，铁杉林分布在海拔1500~1900m，黄杨林分布在海拔1700~1900m。鹅掌楸是我国特有的残遗树种，在武夷山海拔1200~1700m的猪母坑尚保存有胸径1m，树高30m的大树。

南部的九连山是我国中亚热带南缘东部自然生态系统保存最完整的地段，植物种类特别丰富。常绿阔叶林是该地主要植被，分布于海拔300~400m的丘陵、山地、沟谷和山坡。南岭山地的特有种观光木，半枫荷和荔枝科的瓜馥木、天料木科的天料木和桑科的白桂木等热带性树种，在九连山也常见到，分布在不同的海拔地带。

西部的罗霄山脉是武功山、万洋山和九岭山的总称，耸峙于赣湘边境，主峰仙人脑落在遂川县西境，海拔2120m。荆竹山、井冈山、五指峰、河西垄、湘州一带山区，还保存有半原始森林。木兰科是被子植物的开宗元祖，在江西分布的6属28种，井冈山就有6属24种。

九岭山主峰五梅山，在修水、奉新两县交界处，海拔1516m。这条山脉的石花尖南坡官山，是江西北部常绿阔叶林与落叶阔叶林森林生态系统互相交错的典型地段，植被类型丰富。如穗花杉是行将灭绝的古代裸子植物，是我国极为罕见的孑遗树种，而在官山自然保护区小西坑海拔500m左右的阴湿沟谷中却分布着20hm^2多的穗花杉林。

幕阜山主峰三尖峰位于武宁县和湖北省通山县交界处，海拔1516.7m。幕阜山东延余脉庐山是一座因断层作用而上升的块状山，有冰川遗迹，主峰大汉阳峰海拔1474m。庐山植物当中有第三纪残留的古老稀有种，有我国中亚热带东部的特有种，也有来自北美、日本、欧洲的外来种，共同组成了不同的森林植被类型。

怀玉山蜿蜒于省境东北，主峰玉京峰海拔1817m，是鄱阳水系与钱塘水系的分水岭。地带性森林植被为常绿阔叶林，组成种类以青冈、米槠、铁杉、钩栲、木兰、云山槠、曼青冈、华东铁杉为代表。在海拔1000m以上，还有半原始的针、阔混交林和黄山松林分布。玉京峰有以南方铁杉、华东黄杉与曼青冈、猴头杜鹃等组成的半原始针叶与阔叶树混交林。

第3章 林木种质资源的评定

作为林木种质资源的载体，优良林分和优树的选择和测定是利用种质资源提高林业生产力的一项关键性措施，所以有必要对各种形式存在的林木种质资源进行了评定和选择，期望能更准确、更可靠地为今后的良种培育提供优良的繁殖材料。

3.1 优良林分的评定

优良林分是具有优良遗传性状的一个群体。天然林通过长期的自然选择形成了较为稳定的种群。开展优良林分调查，主要是依照林分的表型，按照一定的标准选择优良林分群体。如果在现有的天然林、人工林中选择优良林分建立母树林，建成时间短、投产早，能迅速改良生产用种品质；如果用作林木品质改良研究，能立即获得所用种源的遗传效果。因此，优良林分的选择对快速扭转种子生产落后状态，满足生产对造林良种的需求，对提高新一代人工林的生产力和林分稳定性，充分发挥其生态效益，具有十分重要的意义。

3.1.1 优良林分选择条件

一个树种的林分是否优良，主要根据其分布、地理适宜性、面积、林龄、林相和生长发育情况来判断。优良林分通常是从该树种的主产区生长良好的林分中选取。

3.1.1.1 林分地点选择

①某一树种的优良种源区或适宜种源区；

②某一树种集中分布区或原定采种区，气候生态与土壤条件与用种区相同或接近；

③地形较平缓、背阴向阳；

④交通方便，面积相对集中。杉木、马尾松、柳杉、湿地松、火炬松、水杉、枫香、木荷、杜英、鹅掌楸等主要造林树种林分的面积在 $2hm^2$ 以上，其他优良针、阔叶林面积在 $0.33hm^2$ 以上；

⑤原则上在国有林场(科研所、苗圃)和基础较好的集体林场内通过群众报优及林分档案分析的方法进行选择。

3.1.1.2 林分选择

①林分处于结实盛期或进入结实期；

②宜选同龄林或相差 2 个龄级以内的异龄林；

③没有经过人为破坏或未进行上层疏伐的林分；

④林木生长整齐，生长量及其他经济性状明显优良；

⑤密度适宜，郁闭度不低于 0.6；

⑥无病虫害感染；

⑦林分为实生起源的天然林或种源清楚的人工林。

3.1.2　优良林分选择的标准和方法

优良林分选择主要是根据林分生长条件和表型指标按优劣等级来认定。本节介绍了一般用材树种林分和其他树种的优良林分选择的标准和办法及如何确立优良林分的步骤和要求。

3.1.2.1　一般用材林树种优良林分选择标准

按优良母树所占比例将林分划分为优良、中等、劣质3种类型。即一般用材树种林分中优良母树株数占20%以上，疏伐改造后，能在林分中占绝大多数的为优良林分，劣树占50%以上的为劣等林分，介于两者之间的为中等林分。

(1)针叶树优良母树标准

①生长迅速，树体高大，单株材积大于同龄、同等立地条件林分平均单株材积的15%以上；

②树干通直圆满，木材纹理通直；

③冠幅较窄，冠型匀整，侧枝较细；

④无病虫害，无机械损伤，无大的死节与枯顶；

⑤能正常结实。

如果有明显类型变化，应从优良类型中选择母树。

(2)劣树的认定

①树势衰退，生长缓慢；

②树干弯曲，木材纹理扭曲，尖削度大；

③树冠发育不规整；

④有明显病虫害感染或机械损伤；

⑤有枯梢、折顶等现象。

3.1.2.2　其他树种优良林分选择标准

(1)林分条件　发育健壮，品质良好，优良木占总株数20%以上，劣质木占30%以下，生产力水平优于同等立地条件下多数林分。

(2)立木等级指标

①优良木：生长迅速，树体高大，品质良好，树干通直、圆满，树冠发育完整，侧枝较细，无病虫感染，在同龄林中树高大于林分平均值5%以上，胸径大于林分平均值10%以上，能正常开花结实。

②劣等木：生长不良，品质低劣，树干明显弯曲，冠形残缺，枯顶，病虫害感染较严重，在同龄林中高、径生长低于林分平均值10%以上。

③中等木：介于优良木和劣质木之间，生长较快、品质良好的树木。

3.1.2.3　评定步骤

(1)选择林分　充分利用现有森林资源调查、树种资源调查、规划设计等图面、文字资料，进行座谈走访，深入实地调查，进行图面勾绘。然后根据上述条件进行选择，并在规定的调查表格中记录位置、范围、面积，作为优良林分的候选林分。调查中采用万分之一地形图。

(2)标准地调查

①在候选林分中有代表性地段设置标准地：标准地形状一般为正方形或长方形，标准地调查面积应占候选林分总面积的3%～4%；林相整齐，地形变化小的林分标准地调查面积可减至1%～2%。标准地面积一般为0.04～0.067hm^2。在林分中透视条件比较好的情况下也可采用圆形标准地调查。

②每木调查：对标准地内的每一株树木，实测胸径，目测树干通直圆满度、树皮厚度、冠

形宽窄完整情况，侧枝粗细和健康状况。对标准地对角线上的树木实测树高、枝下高、冠幅等因子，数量一般不少于20株。同时调查林分面积、地形、树种起源、林龄及郁闭度等。

③母树评级：标准地调查结束后进行母树评级。母树树干通直圆满、树皮较薄、冠形完整、侧枝较细、无病虫害，材积比林分单株平均值大15%，胸径大10%～15%(杉木大15%，马尾松和其他用材树种大10%以上)的单株为Ⅰ级母树；树干明显弯曲，冠形残缺或冠幅极宽，树皮较厚，侧枝极粗，枯顶或双叉，病虫危害严重，胸径低于林分平均值90%的单株为Ⅲ级母树；介于两者之间的单株为Ⅱ级母树。

④对照标准地调查：在与候选林分立地条件相似，树种、林龄和候选林分相同，株间距、经营措施与候选林分相近的林分中，选取典型地段设置对照标准地，按上述要求测定平均胸径、树高。

⑤确定优良林分：将候选林分与对照标准地进行比较，凡平均胸径大于10%以上。平均树高大于5%以上者，可划为该目的树种的优良林分。

如果两个标准地林木生长量相近，但具有某种优良性状的亦可划为优良林分：Ⅰ级母树占林分目的树种总株数20%以上。Ⅱ级母树占70%以上，经改造后Ⅰ级母树占保留母树的70%以上，幼林经改造后基本上为Ⅰ级母树的候选林分可定为优良林分。在天然林中，可以通过对林分郁闭度、根系、腐殖质厚度等因子的观测，选择林木与下层植物生存比较稳定，生态环境相对平衡的林分，确定为优质生态林分。

3.1.3 注意事项

①无性起源的林分不进行优良林分调查。

②林分内个别单株性状显著的可进行优良单株或优良类型调查，但由于营林措施的改善而生长优良的林分一般不宜选择为优良林分。

③在踏查或调查中发现有价值的以珍稀及乡土树种为主的小面积林分，可设置小块标准地进行调查，调查面积在0.013hm^{2}以上，记载立地因子，每木调查胸径、树高、枝下高，计算每公顷株数，估计结实量，折算总株数和总结实量。

④在以阔叶树为主的混交林内设置标准地时，标准地内目的树种应不少于30株。

⑤优良林分的选择，除依靠基层选报外，还可请熟悉情况的人员拟定一条贯穿全林的踏查线路，对调查因子进行目测，或者通过条状机械抽样检尺的办法进行调查，加以确定。

⑥对林相整齐的连片优良林分，拍摄全景照片。

3.2 优良单株(类型)的评定

优树是指在同一树种中某些性状或某一性状(如生长量、形质、品质和抗性、适应性等)，远远超出相同立地条件下周围同龄植株的树。优树的选择、测定，是利用优良种质资源提高林业生产力的一项关键性措施。优树是依据树木表型的优劣而选择的，表型的优劣很可能受所处环境优劣的影响。所以，要判断它的基因型的优劣，还必须进行子代测定工作，特别是采用自由授粉半同胞子代的测定方法来判断优树性状遗传品质的优劣。通过无性或子代的表型测定，进一步选出遗传品质确属优良的单株。选择的优树是优良的育种材料，用来建立无性系采穗圃或种子园，为造林提供繁殖材料，可以在一定程度上得到较高的遗传增益。

优树选择的方法较多，选择的标准不一，因树种、选择目的和地区条件不同而异，但从选择育种的角度考虑，离不开对生长量、形质指标和抗性这三方面的具体性状指标的选择与评价。凡是有代表性的优良单株(类型)都应该提供相关照片建立档案。

3.2.1 用材树种的优树标准

3.2.1.1 对林分的要求

①宜在适生种源和优良种源区的优良林分中或是其他表型良好的林分中进行优树选择；

②林龄一般以中龄林或近熟林为好；

③林分起源以实生为好，不宜在无性繁殖或萌芽林中选择；

④凡是经过上层择伐、过度采脂以及人为破坏的林分不宜选择；

⑤林分郁闭度应在0.6以上，林相整齐。林缘木、孤立木一般具有边缘优势，选择时应特别慎重；

⑥林分无病虫感染，生长良好。

3.2.1.2 优树选择的步骤

①根据基层的初报优树进行实地调查各项因子，依照优树选择的标准确定弃留。如果生长量、形质指标都达到了标准，即可进行土壤等因子的调查。

②如没有初报材料，可在林分中作"N"字形踏查，发现优异的单株即可按标准进行调查。

3.2.1.3 优树评选方法和内容

(1)材积评定

①优势木对比法：以候选树为中心，在立地条件相对一致的10～25m半径范围内(应包括30株以上目的树种)，目测选出仅次于候选树的5株优势木(不包括候选树)，并尽量照顾东、南、西、北4个方向都有对照树。实测候选树的生长量及形态特征，用实测数据与5株优势木对比，如果优树高大于优势木的5%，胸径大于20%，材积大于50%，而且形质指标符合要求的均可入选。

②小标准地法：以候选树为中心，逐步向四周展开，长轴为水平方向，在坡上可呈椭圆形，实测30株以上树高、胸径，求出材积，再计算各指标平均值，把候选树与平均值比较，符合标准的即可入选。

③绝对值评选法：利用生长过程表进行比较。

(2)形质评定　根据树种特征和选择目标确定。

(3)综合评定　候选树的材积和形质指标经调查和评定后，便可以对候选树作出全面权衡，然后决定合理的取舍。

如生长量与形质指标均达到标准，土壤无特殊条件，认定可以当选时，可在当选树干高1.5m处涂上白漆环，并编上号，然后描述和记载形态特征。

3.2.2 经济树种优树选择方法

经济树种的优树着重优良类型和农家品系的选择。选择指标包括目的树种产品产量、品质和抗性。选优方法可用丰产林比较法、平均木产量比较法(相当于优势木对比法和平均木法)或绝对产量评选法(单位树冠面积产量)。具体的数量指标，因树种和地区条件而有很大的差异。

3.2.3 阔叶树优树选择方法

阔叶树可在优良林分中采用优势木对比法或平均木法选择优树。

在天然阔叶树混交林中调查时，可采用单株木选择法。按照要求性状选出预选木，单株木法的预选木不直接与同一树种的相邻木比较，根据生长过程表，确定一个"选择基准"，只要预选木的数值超过这个基准，即可入选。

3.2.4 四旁树木的优树选择

四旁树木的生长环境条件较好，分布广，树种(品种)资源多，种源混杂，变异复杂，在选择时，以形质指标为主，辅以年平均生长量绝对值为对照，从严掌握。

一般行道树、林网树可采用以预选树为中心，两侧各10～15株(20～30株)树为对照树的方法进行比较选择。质量指标与一般用材树相同，数量指标也可参考用材树优树指标比较(树高大于或等于105%～110%，胸径大于或等于115%～120%，材积大于或等于150%)的办法进行评定。

散生木难以找到对照树，选择时多以形质指标为主，辅以该树种年平均生长量绝对值的比较，确定是否入选。

散生木和行道树候选树应是实生起源的树木，树龄10～30a生；候选树周围(半径10m以内)没有特殊优越的土壤水肥(粪坑、水湾、河溪、猪圈等)环境，候选树所在的土壤条件能在附近村庄、农舍、农田具有一定的代表性。

3.2.5 单特征植株的选择

树木性状的变异在自然界中大量而普遍存在，有些植株生长量虽然不大，然而都具有某些特异性状，其表现超出了常见范围。这些独有特征可能直接为生产所利用，也可能暂时不能判断它的直接用途，但可能在今后会成为改变树木遗传特性的珍贵育种材料，可在选优中予以调查与汇集。

3.2.5.1 选择的条件及范围

单特征植株选择可以不受林分起源、分布状况(林分或散生)的限制，引进树种及乡土树种均可选择。

3.2.5.2 选择的目标

①抗病虫害：对成灾病虫有明显抗性，对专食性虫害、专主寄生病虫害有明显抗性的单株；

②抗逆性：在同树种内特别抗盐碱、抗干旱、抗低温、耐瘠薄、耐水湿的单株，抗工业废水、废气、粉尘能力较强的树种。

根据以上要求，可以在具有蓄水、保土、抗风、固沙、抗污染等功能的树种中选择无病虫害、生长健壮、树型完好的单株为生态功能优树。

③形态特异：大冠树种中树冠窄狭，平顶树种中主干明显，雌雄异株树种中两性同株树，雌雄同株树种中雌雄异株树，插条繁殖困难树种中易生根植株，多籽树种无花或无籽植株，叶形、花序、花型、花色、果型、树皮异常而稳定的植株，枝条、叶序、芽的形态明显异常的植株，均可入选。

④物候期异常：发芽、开花、结实、落叶比同树种物候期明显提前或错后，或花期特别长的植株。

⑤高径生长特异的植株，矮生、花蜜腺丰富、香味浓郁的植株。

⑥叶、花、果、木材、树皮、根皮以及分泌物、内含物有特殊利用价值的植株。

属于上述情形之一，经多方查证核实无误，并且有相对稳定性的植株即可入选。

3.2.6 马尾松优树选择

马尾松人工林优树选择多采用五株优势木法，而天然异龄林则一般采用标准线法选择。

3.2.6.1 形质指标

树干通直圆满无分叉，皮薄，树皮无机械损伤，树冠完整、较窄，无病虫害，树体发育良好，结实正常。

3.2.6.2 数量指标

(1)五株优势木法　在同等条件下，优树胸径大于10～15m半径范围内5株优势木平均胸径的15%以上，树高大于10%以上，材积大于50%以上。

(2)标准线法　优树等于或大于用12株优势木所定的树高和胸径的标准线。

标准线的确定：选择具有代表性的两个优良林分(Ⅰ、Ⅱ地位级)，各实测6株优势木的胸径、树高，计算这12株的优势木胸径、树高平均值和标准差，根据平均值、标准差和年龄定出标准线。

①当12株优势木的年龄相等时，标准线＝(平均值＋1个标准差)÷年龄。

②当12株优势木的年龄不相等时，标准线＝优势木年生长量的平均值＋1个标准差。凡预选树的胸径和树高的年生长量达到标准线而形质指标又符合要求，则可选为优树。

3.2.6.3 注意事项

马尾松优树树龄一般达20a以上。为避免近亲繁殖，每一个林分只选1株优树。

3.2.7 天然次生林中优良乡土树种调查

3.2.7.1 线路调查

一般从山脚到山顶选择有代表性的线路，按海拔100m划分成段，作带状标准地调查。调查时，在沿线路区分段内，用测绳量出67m的水平距，记载该段线路两侧各2.5m范围内所有乔木树种($67m \times 5m = 335m^2$，约为$0.03hm^2$)，实测胸径、树高、枝下高和结实量，记录立地因子，测算出各海拔范围内主要树种组成、数量与产种量。

将各主要树种株数除以调查总株数得出树种组成比例，各主要树种总株数乘以30即为各主要树种每公顷株数，各主要树种每株产量相加得出主要树种每公顷产量。用各主要树种每公顷平均株数和产量乘以林分总面积，得出全林分各主要树种的株数和产种量。

以上方法适用于未经破坏，林相整齐，林分组成基本一致和天然次生林分的调查。对已经破坏、林相不整齐、组成混乱的林分，可采取沿路、沿山脊和沿山沟进行线路调查，目测能见范围内各树种的有关因子，按实际调查数量进行汇总。

3.2.7.2 小块状标准地调查

在踏查和线路调查中如发现有以珍稀优良乡土树种为主的小面积林分，可进行小块标准地调查。调查面积不小于$0.013hm^2$，记载立地因子，实测每株胸径、树高、枝下高，估计结实量，计算每公顷株数和结实量，并推算林分总株数和总结实量。

3.2.7.3 单株调查

对散生或面积不足$0.067hm^2$的珍稀优良乡土树种应进行单株调查，记载立地因子、实测生长指标，目测形质指标和结实量。

3.3 林木良种基地调查

林木良种基地是优良种质资源保存与利用的重要场所。对现有林木良种基地和采种基地的布局、规模、繁殖材料、良种产量与质量等情况进行调查与登记，将为今后调整林木良种基地布局，提高其建设水平提供依据。

3.3.1 调查内容

3.3.1.1 收集区

记载优树无性系名称、种源、数量、栽植面积等。

3.3.1.2 种子园

记载树种、世代、无性系数量、排列方式、隔离条件、结实情况、历年产量、种子品质、供种范围等。

3.3.1.3 测定林

包括无性系测定林、家系子代测定林、种源试验林等。调查并记载树种、排列方式、隔离条件、林龄、面积、对照等。

3.3.1.4 采穗圃

记载树种、无性系号、来源、面积、建圃时间、穗条产量、供条范围、目前经营状况等。

3.3.1.5 母树林

记载树种、起源、密度、树龄、面积、产种时间、产种量、病虫危害情况等。

3.3.1.6 示范林

记载树种、造林时间、造林面积、平均年生长量、长势等。

3.3.1.7 采种基地

记载目的树种、地址、面积、常年采种量、供种范围等。

3.3.2 调查方法

①由各林木种子生产基地调查记录各项因子。

②由设区市林木种苗站组织力量根据种子生产基地提供的地形图、区划图、定植图等档案资料到现场核实。

3.3.3 精度要求

面积准确，家系、无性系来源清楚，有据可查，田间设计属实，技术设计与现场一致。

3.3.4 注意事项

对经省级和国家级林木品种审定委员会审定(认定)通过的林木良种要如实登记相关指标，并收集相关照片。

3.4 珍稀、濒危、古树调查

通过对珍稀、濒危、古树的调查，摸清其种类、数量、分布、立地条件、生长状况和利用价值，充分发掘优良种质资源，为种质资源保存和林木良种基地建设提供材料。

3.4.1 调查对象

①形体特异、林产品名贵的树木；

②分布区狭窄、数量稀少、濒于灭绝消亡的树种；

③可考证树龄在200a以上的古树；

④在人文历史、社会文化或者生态环境方面有研究价值的树木。

3.4.2 调查方法

①利用当地现有的相关成果资料核对被调查树木的名称、树龄、地点，并对其长势、频度、病虫害、树体、花期、结实，以及历史上对灾害环境的抗性等有关情况进行描述。

②通过咨询访问、实地考察、查阅资料等途径对珍稀、濒危树种进行调查登记。

3.4.3 精度要求

被调查登记的树木必须有据可查，有处可找，有图可辨。

3.4.4 注意事项

①附相关位置图及照片。

②生长势用旺盛、较旺、中等、较差、差5级评定。

③频度以县为单位，用极多、尚多、不多、稀有4级表示。

3.5 引进树种调查

通过了解引进树种在江西省各地的生长情况，为选择适合生产上推广的引进树种以及进一步开展引种试验提供依据。

3.5.1 调查对象

凡在江西无自然分布的外来树种均在调查之列。

①能正常越冬、越夏，完成年生长周期的树种，树龄在5a以上的应作重点调查。

②树龄在5a以下，或尚在育苗阶段的引进树种，只作一般性登记。

3.5.2 调查方法

①散生种植的引进树种，以县为单位，在每个种植地点调查最大植株的生长量和病虫害发生情况，同时记载种植地点的立地条件、小气候特点等。机械抽样调查5~10株的生长量。

②成片种植的引进树种，除要求调查最大植株之外，还要选择有代表性的地块，设置小样地(应包括30株以上植株)进行每木调查，并描述立地条件和小气候。

③对引进树种的抗逆性及引种效果作出综合评价。

3.5.3 引种成功的标准

衡量一个树种引种是否成功的标准需要从引进树种在引种地的长期性状表现加以判断。

3.5.3.1 适应性

引进树种能适应引入地区的环境，在常规栽培技术条件下，不需要特殊的保护措施能正常发育，并无严重的病虫害。

3.5.3.2 引种效益

引进树种是否达到原定引种目的，其经济效益、生态效益和社会效益高于或明显高于对照树种(品种)，并无环境污染等不良生态后果。

3.5.3.3 繁殖能力

该树种通过有性或无性繁殖能正常繁衍后代，并能保持其优良性状。

3.5.4 精度要求

①引种材料(包括种子、穗条及其他繁殖材料)的来源及引种的方法与步骤必须调查清楚。

②正确描述生长量、立地条件及小气候，客观进行综合评价。

3.5.5 注意事项

尽可能提供引进树种的相关照片，确认引种失败的树种应分析失败原因。

第 4 章 林木种质资源分类

林木种质资源是指森林生态系统空间上所有生物的种质资源，包括乔灌草植物以及花卉、药材、动物、微生物、资源昆虫、野生动物等种质资源。因涵盖面广，本书只对江西主要树种的种质资源进行描述和分类。主要树种种质资源具体指林木种、种以下分类单位及各个具有不同遗传基础，当前或未来可能用于树种改良或营林生产的林木个体或群体的总称。

林木种质资源是林木遗传多样性的载体，而遗传多样性又是生物多样性和生态系统多样性的前提和基础。同时，林木种质资源是培育良种和繁殖材料的来源，一方面可以为生态环境的治理和改善提供充分必要的基础种质资源；另一方面，还可以为速生丰产用材林、经济林、木本花卉等提供种质。

基于以上的思路和基本概念，根据江西林木种质资源的特点，将江西省主要树种种质资源区分为用材型树种种质资源、经济型树种种质资源、园林绿化树种种质资源、竹类种质资源、生态型树种种质资源、珍稀濒危及古树名木种质资源和引种驯化与野生树种驯化种质资源。

4.1 用材型树种种质资源

本节对江西主要的用材型树种进行了逐一梳理，叙述了各树种的资源分布和生物学特性，并根据经济意义对其资源保存利用进行了点评，对符合条件的一些用材树种在全省范围内评选出优树和优良林分。

4.1.1 马尾松 *Pinus massoniana*(松科)

马尾松是我国南方主要造林树种和重要的工业树种，也是江西分布最广、面积最大、蓄积量最多的主要造林树种，在用材、造纸、薪炭及采脂等多方面有着重要的用途。江西马尾松的栽培历史悠久，明代的《便民图纂》记载了“松、杉、桧、柏俱三月下种，次年三月分栽”，写的是江西瑞州(今江西高安市)和江苏苏州培育马尾松苗木的经验。

➢生物学特性　江西气候温暖，雨量充沛，适宜于马尾松的生长。马尾松不耐盐、碱和积水，属强喜光树种，主根发达，并有菌种；适应性强，耐瘠薄，耐干旱，耐酸性土壤；种子具翅，利于风播，所以在水土流失的荒山陡坡和全光照的裸露地上均能下籽成林，正常生长，是荒山造林的先锋树种。

➢资源分布　马尾松在江西广大丘陵、低山和中山分布极为广泛，南部可分布到海拔1500m，北部则分布在800m以下。马尾松在海拔300~800m范围内，生长迅速、林相整齐、生长量大，材质优良。

➢经济意义　马尾松木材硬度中等，具有纹理直、易加工、钉着力强、抗压力强、不裂等优点。入水经久不腐，有“水浸千年松”之称，是水下工程建筑的优良用材。其木材纤维长，平均约2.3mm，既是造纸工业的主要原料，也是人造纤维的良好原料。马尾松松脂含量丰富，胸径超过20cm的林木开始采脂，一般单株年产脂量高达5~7.5kg，采脂年限15a左右。马尾松柴易燃、火力旺，是山区群众喜爱的薪炭燃料。马尾松对二氧化碳、氯气反应敏感，可以作为监测大气中主要有毒气体的指示植物。

➢资源保存与利用　马尾松在长期的自然选择作用下，不同地理区域形成了形态特征、生物学习性和生产力等方面都不同的地理类型。在各种类型中，选择适宜的马尾松种源进行造林是在短时期内快速提高林木产量和质量的重要途径。专家认为，优良种源的种源增益平均可以达到46.2%。20世纪70年代开始，我国南方14省(自治区)组成协作网，开展了马尾松种源试验，筛选出一批生产力较高的优良种源，其中适应江西栽培的马尾松优良种源有广西宁明的桐棉松、忻城的古蓬松，广东信宜、高州的黄鳞松以及江西省寻乌、崇义、安远、吉安等县(市)的马尾松。试验表明：江西吉安以南的种源，年生长周期长，年抽梢2次以上，吉安以北的种源，年抽梢仅1次。1984年以来，江西在种源和林分选择的基础上，收集了速生、丰产的优树384个，其中省内收集144个，省外收集240个(贵州25个、广东47个、广西168个)。利用这些材料营建嫁接种子园200hm^2(安远县牛犬山林场33.3hm^2，广昌县盱江林场33.3hm^2，上高县林业科学研究所33.3hm^2，抚州市林业科学研究所66.7hm^2，弋阳县林业科学研究所33.3hm^2)，种源种子园66.7hm^2(安远县牛犬山林场33.3hm^2，广昌县盱江林场33.3hm^2)，并在赣州市林业科学研究所和抚州市林业科学研究所营建了采穗圃6.7hm^2，保存了相当数量的马尾松优良无性系，其中有许多属于高产脂无性系。2010年开始，峡江县林木良种场和江西林木育种中心营建二代马尾松种子园20hm^2。

选择优良种源造林，马尾松材积平均生长量与普通种源比较可提高20%～30%。永丰县官山岭林场使用广西桐棉松优良种源营造速生丰产林，据12块试验样地实测样株1200株，结果表明：1～5a生幼林的树高生长量超过国家行业标准13.1%～32.0%；4～5a生幼树的胸径生长量超过国家行业标准31.6%～32.0%；5a生幼林材积每公顷生长量超过国家行业标准440.0%。与江西省马尾松比较，5a生树高、年高、胸径、单株材积，分别大于江西省吉安种源的20.4%、14.7%、18.2%、225.4%。即使在立地条件相对较差的环境下，优良种源同样能显示出很好的增产效果。

2008年完成的林木种质资源调查在江西境内选择出马尾松优良林分239块，优良单株230株。

4.1.1.1 马尾松主要立地类型

马尾松是江西的乡土树种之一，在全省分布甚广，根据其立地类型可分为丘陵马尾松和岗地马尾松。

(1)丘陵马尾松　是江西丘陵地区的主要代表性森林植被类型。丘陵地区立地条件比较好，适宜马尾松生长。土壤一般为砂岩发育的砂质红壤，土层深厚，腐殖质层较薄。林下灌木有檵木、菝葜、乌饭树等，草本植物有芒萁、禾本科草类等。据调查，丘陵马尾松23a生平均树高13.65m，平均胸径12.7cm。树高生长初期比较缓慢，4～10a为速生阶段，第6年高生长最大，12a以后生长速度开始缓慢，20a以后进入缓慢生长期。胸径生长与树高生长趋势基本一致。

(2)岗地马尾松　也是江西的一个主要森林植被类型。岗地土壤肥力较低，林下灌木有乌饭树、木莓、茅栗、菝葜等，草本植物有芒萁和蕨类等。据调查，岗地马尾松19a生平均树高8.1m，平均胸径10.6cm。也具有前期速生的特点，树高生长最快年龄为4～6a，胸径生长最快年龄为6～10a，材积生长最快年龄为16～18a，但是从生长过程分析可以看出，丘陵马尾松的胸径、树高、材积生长量均显著大于岗地马尾松。

4.1.1.2 马尾松优良类型

马尾松普遍存在着薄皮和厚皮两种类型，相同胸径的林木，薄皮类型的去皮材积要比厚皮类型大20%～25%，例如永丰县水浆自然保护区以及靖安县三爪仑森林公园内的马尾松便属于此类型。另外，马尾松疏枝宽冠的高产脂类型，其松脂、松节油含量高，松脂黏度小，流动快，加工的松香品质好，同时结实量也较紧密型的马尾松丰富。

黄山松与马尾松天然杂交种是江西马尾松的一个优良类型。该类型木材色泽与质地极似杉木，产于武宁县，故名“武宁杉松”。

武宁杉松主要分布于江西武宁县南部九岭山脉中段的罗溪至石门一带海拔400～900m的坡上，位于马尾松与黄山松垂直分布带的过渡地段。在垂直分布带的下半部(海拔400～800m)杉木与马尾松混生，在上半部(700～900m)则与黄山松混生。据有关资料报道，除武宁外在邻近的修水县黄沙岗也有分布。

武宁县年平均气温为16℃，1月平均气温4℃，7月平均气温29℃，最高气温达42℃。年均降水量1400～1800mm，无霜期250d，气候温和湿润。林地土壤属于中亚热带常绿阔叶林红壤和黄壤，有灰化现象。海拔400m以下为红壤，400m以上为山地黄壤。组成杉松杂种林分的伴生树种，除马尾松与黄山松外，还有杉木、毛竹、苦槠、枫香、油茶等。林下灌木有柃木、冬青、乌饭、杜鹃、檵木、胡枝子等。草本植物以铁芒萁、五节芒、白茅等较为常见。

(1)生长特性

①速生：武宁杉松生长迅速，具有杂种优势，比亲本生长快，在土壤贫瘠的立地条件下尤为显著。在通过武宁杉松与马尾松的生长比较中发现，武宁杉松的高生长比马尾松高19%(在主产区的武宁白桥一处武宁杉松与马尾松混生的林分中，随机选取10a的20株样本，测量自树顶向下第5轮的节间长度。结果马尾松平均数58cm，武宁杉松为69cm)。另外，同龄的武宁杉松生长量也比黄山松大(在同一地区的石门钨矿附近，海拔1150m，一株伐倒的黄山松，树龄120a，树高13m，胸径36cm，树干形数0.69，单株材积0.91m^3；在南岭海拔650m处，一株伐倒的武宁杉松，也是120a生，树高16.5m，胸径37cm，树干形数0.61，单株材积1.08m^3，武宁杉松比黄山松材积大19%。虽然两地海拔不同，但武宁杉松所处土壤条件较差，这说明武宁杉松在适应性上明显优于黄山松)。

②干形：2a年生去枝杂种松树干形数为0.71，同龄马尾松为0.49；120a生武宁杉松干形数为0.61，同龄马尾松0.37，这说明武宁杉松干形比亲本饱满。120年生黄山松形数为0.69，同龄杂武宁杉松只有0.61，不如亲本干形好。由此可见，武宁杉松干形饱满度介于两亲本之间，而武宁杉松的通直度比亲本马尾松、黄山松都优异。

③树皮：武宁杉松树皮比两亲本的树皮都薄得多。武宁杉松的树皮常见为0.5～1cm，黄山松为2cm，马尾松为2.8cm。

④抗性：在岩石裸露、土层瘠薄、立地条件很差的山地，武宁杉松的生长与黄山松相近，但优于马尾松。武宁杉松苗期抗立枯病能力也比马尾松强。武宁杉松与其两个亲本一样，都具有较好的天然更新能力。

⑤材性：武宁杉松木材纹理细致通直，含脂率低，容重比亲本大。120a生武宁杉松木材容重为0.65，同龄黄山松为0.61；29a生武宁杉松木材容重为0.54，而30a生马尾松为0.52，可见武宁杉松木材材性比两亲本优异。

(2)经济性状　武宁杉松是天然杂种，具有很强的杂种优势，形态特点介于两个亲本之间。生长与木材性状优于亲本，与同龄亲本相比较，树高与材积生长比亲本大19%。

①通过两亲本的种间杂交所得的武宁杉松，使黄山松的优良性状与马尾松相融合，使原来存在于高海拔的优良基因向低海拔渗透，从而丰富了低海拔地区的优良遗传基因，增加了有价值的造林树种。

②武宁杉松树皮薄，木材容重大。树皮厚度仅是黄山松的1/2、马尾松的1/3，同样大小的树木，武宁杉松的去皮材积要高得多。由于木材容重大，木材质量优异，作为造纸材制浆得率高。

③武宁杉松具有干形好、树皮薄、含脂少、生长快和材质优良经济性状，这对于发掘造林树种、改良林木质量、提高木材产量，都具有重要的实际意义。

本树种也是生物能源树种之一，被收录在本书的“4.5　生态型树种种质资源”章节内，详见4.5.6.1。

4.1.2　湿地松 *Pinus elliottii*(松科)

湿地松是我国从美国引进的一种国外松。原产地主要为美国南部6个州，因此美国把它和火炬松、长叶松、晚松等一起统称为南方松。

➢生物学特性　湿地松是一种强喜光树种，可以耐一定的水湿，但不耐荫，在江西各地均能栽植。但以年均气温18℃以上的吉泰盆地，赣东、赣西、赣南与农田接壤的海拔200m以下的岗地、连片面积不太大的丘陵地等最适宜于生长。

➢资源分布　湿地松天然分布在美国东南部海岸平原的低海拔地区，集中分布在佐治亚州，其天然分布的最南限在佛罗里达州中部(北纬28°10′)，北限在南卡罗来纳州(约北纬33°30′)，垂直分布一般在海拔600m以下，分布区南部的年平均气温为22.2℃，北部为18.9℃。

江西于1947年引种湿地松，栽植在吉安青原山和南昌县莲塘两地。自1973年以来，江西大力开展速生丰产林基地建设和大规模开展宜林荒山造林，湿地松的种植有很大的发展。截止于2004年，全省湿地松成林面积达80万hm^2，已成为江西造林的主要树种之一。

➢经济意义　湿地松是美国南方松中生长最快的树种之一，造林成材率高，木材质量好，可用作制浆、造纸、建筑、家具、装修等。湿地松还是松脂产量最高、质量最好的树种。松脂成分以β-蒎烯为主，加工后产生的松香、松节油是重要的工业原料，其精细加工产品多达90余种和400余种，相关工业涉及国民经济的各个领域，经济效益显著。

➢资源保存与利用　赣南山地是湿地松松针褐斑病的疫区，不宜栽植湿地松。

2008年完成的林木种质资源调查在全省境内共选择了湿地松优良林分140块，优良单株97株。

4.1.2.1　种源选择和优良单株

江西在20世纪80年代初期，先后于1981年和1983年开展了湿地松地理种源试验研究。江西省林业科学院为选育出更适合建筑、纸浆用材的湿地松繁殖材料，于20世纪90年代初，在地理种源试验研究的基础上，对湿地松种源间和种源内材性性状的遗传变异规律和模式进行了研究，确定了早期选择的最适年龄和育种策略。研究表明，湿地松种源试验林的决选年龄，树高从5a生开始，胸径从4a生开始，而湿地松天然林的早期选择年龄则在8a左右。参加评定优良种源的性状包括树高、胸径、材积、生物量、密度、管胞长等因子。

1981年参试的湿地松材料由美国爱达荷大学王启元教授提供，共有湿地松种源13个，造林地设在乐平市白土峰林木良种场。试验结果，生长量最大的种源为密西西比种源，其实际增益树高为10.79%，胸径为10.78%，材积为21.13%。较优种源为阿拉巴马种源，其实际增益树高为5.26%，胸径7.27%，材积为10.78%。根据生长、产量和密度选出的优良单株共有19株，其选出实际增益值：树高为14.42%～32.72%，胸径为16.32%～46.97%，材积为43.68%～141.18%，密度为-16.63%～24.19%。平均遗传增益分别为树高7.52%。胸径13.02%，材积32.02%。

1983年参试的湿地松为美国林务局提供的16个种源，加上广东台山、湖北武当的湿地松18个种源，造林地设在临川县荣山垦殖场。根据生长量选出的优良种源为阿拉巴马种源、佛罗里达麦迪逊种源，路易斯安娜种源，佛罗里达爱斯堪比亚种源和佛罗里达种源。根据材积、生物量、基本密度，管胞长度选出的优良单株共有33株，其实际增益，树高为14.6%～66.36%，胸径为9.31%～70.79%，密度为-11.86%～34.16%，管胞长为-5.9%～23.28%，材积为68.17%～292.11%，生物量为75.00%～265.63%。遗传增益分别为树高0.28%～11.82%，胸径4.26%～20.19%，材积16.53%～70.81%，生物量7.82%～27.71%，平均遗传增益分别为树高9.10%、胸径9.82%、材积31.68%和生物量14.42%。

以上两次种源试验根据遗传增益(详见表 4-1)共选出的优良单株 52 株，可用于营造湿地松种子园。

表 4-1　湿地松地理种源试验增益比较

试验年份	种源株数	优良单株										
		个数	实际增益(%)						平均遗传增益(%)			
			树高	胸径	密度	管胞长	材积	生物量	树高	胸径	材积	生物量
1981	13	19	14.42 ~ 32.72	16.32 ~ 46.97	-16.63 ~ 24.19		43.68 ~ 141.18		7.52	13.02	32.02	
1983	18	33	14.6 ~ 66.36	9.31 ~ 70.79	-11.86 ~ 34.16	-5.9 ~ 23.28	68.17 ~ 292.11	75.00 ~ 265.63	9.10	9.82	31.68	14.42

2009 年和 2010 年，江西省老科技工作者协会在全省湿地松主要造林区域和在国外引入的优良家系试验林中选择优树 59 株，峡江县林木良种场利用这些无性系建立了采穗圃，营建种子园 13.3hm^2。

4.1.2.2　优良家系选择

为了获得适合江西推广栽种的湿地松优良家系。江西农业大学林学院在湿地松种源、种间试验和湿地松种源试验基础上选择性引进了美国 3 个州(A：佐治亚州 1－12 号；B：密西西比州 14－63 号；C：佛罗里达州 64－113 号)种子园单亲子代 111 个，1990 年开始分别在江西省赣南的九龙林场、赣中的白云山林场和赣北的枫树山林场进行多点多年份遗传测定。经对三地选出的优良家系与对照家系的树高和胸径生长量进行统计分析，发现树高与胸径均有大于 10% 的增益，具体结果如表 4-2。

表 4-2　湿地松优良家系与对照家系的树高和胸径生长量统计分析

试验地	地理位置	入选的优良家系		6a 生的平均增量	
		个数	家系号	树高(%)	胸径(%)
九龙林场	赣南	18	98，49，38，19，65，63，6，113，64，77，101，23，67，24，105，106，108，104	11.94	28.46
白云山林场	赣中	18	66，110，104，106，38，67，68，84，108，11，41，93，102，17，15，64，23，69	22.97	12.83
枫树山林场	赣北	22	12，21，23，24，30，42，48，52，61，63，64，81，83，84，88，100，104，105，106，108，111，113	13.3	16.2

4.1.2.3　优良种源综合评价

由江西省林业科学院牵头的国外松种源试验协作组采用多维空间(欧几米德)E^{n}多向量的理论综合评定的数学模型，综合树高、胸径、材积、枝盘数、虫害等级、感病指数等性状对参试种源进行评定，得出湿地松表现最优的前 5 名种源分别为佛罗里达麦迪逊种源、路易斯安娜种源、佛罗里达种源、佛罗里达杰克逊种源和佛罗里达爱斯堪比亚种源。这些种源材积遗传增益幅度为 26.85% ~43.72%。

1998 年，经江西省林木品种审定委员会审定通过的林木良种为峡江县林木良种场生产的湿地松种子，命名为赣 S－CSO(1)－PE－005－2003(原 GLS 赣湿 1 号)。该良种具有明显的生长快、材质优良、抗性强等特点，1a 生苗与普通松苗相比，苗高超过 88.1%，地径超过 34.4%；用该良种造林，28 个月后与普通松苗造林相比，幼树高超过 64.04%，地径超过 113.16%。

除此以外，经江西省林木品种审定委员会审定的湿地松种子园、母树林生产的良种也可以选用。目前江西生产湿地松种子的良种基地有樟树市试验林场、乐平市林木良种场、高安市荷岭林场和高安县林业科学研究所。

本树种也是外来树种之一，被收录在本书的“4.7 引种驯化与野生树种驯化种质资源”章节内，详见4.7.3.2。

4.1.3 火炬松 *Pinus taeda*（松科）

火炬松是从美国引进的一种国外松，美国把它和湿地松、长叶松、晚松等一起统称为南方松。

➤生物学特性　火炬松对土壤要求不严，耐旱耐瘠。但怕水湿，更不耐盐碱。与马尾松相比，抗松毛虫的能力较强。

➤资源分布　火炬松天然分布于美国的整个南部和东南部，涉及14个州，从山区到平原，从北纬28°到北纬40°都有分布，垂直分布可达海拔450m。其分布区内的气候、地形、地貌条件差异极大，说明火炬适宜各种立地条件。就江西而言，凡海拔600m以下的山地、丘陵，立地指数14以下杉木生长不良的立地上，无论强光照或弱光照，都可以选用火炬松造林。

➤经济意义　火炬松是美国南方松分布区中最重要、材积生长量最大的用材树种。其木材主要用作制浆、造纸和建筑材料。

➤资源保存与利用　1973年以来，江西推广种植火炬松，但面积总量仅为湿地松种植面积的10%。在赣南的于都县银坑林场、赣中的吉安市武功山林场、樟树市试验林场以及赣北的景德镇市枫树山林场等地营建了成片的火炬松母树林。

2008年完成的林木种质资源调查，共选出火炬松优良林分21块。

4.1.3.1 种源选择

江西在1983年开展了火炬松地理种源试验(1984年曾营造过一片火炬松种源试验林，但因病虫害危害严重，致使林相不齐，不具代表性，未进行深入研究)，在此基础上，江西省林业科学院对火炬松种源间和种源内材性性状的遗传变异规律和模式进行研究，为选育建筑、纸浆用材的繁殖材料确定了早期选择的最适年龄和育种策略。研究表明，火炬松种源试验林的决选年龄，树高从7a生开始，胸径从5a生开始。参加评定优良种源的性状包括树高、胸径、材积、生物量、密度、管胞长度和干形等因子。

1983年火炬松种源试验的试验材料为美国林务局提供，参试种源为19个，加上广东台山、安徽马鞍山种源共21个，造林地设在抚州市临川区。根据参评因子综合评定结果：路易斯安娜利文斯通种源、佐治亚比布种源、阿拉巴马门罗种源为材质性状兼优的首选种源；佐治亚斯图尔特种源、南卡乔治城种源和南卡格林伍德种源为较优种源，其中南卡乔治城种源为速生型种源，佐治亚斯图尔特种源和南卡格林伍德种源为材质优良型种源。研究表明，首选的材质性状兼优的3个种源，其主要经济性状的现实增益：树高为3.5%～17.71%，胸径为3.55%～6.00%，材积为11.88%～22.56%，生物量为13.29%～20.89%，密度为-1.15%～3.15%，管胞长为-2.79%～4.33%。

4.1.3.2 优良单株选择

火炬松优良种源中选出优良单株16株，其主要经济性状的现实增益，材积为5.46%～114.01%，生物量为12.03%～113.92%，密度为-2.7%～20.92%，管胞长度为-6.5%～26.63%，平均遗传增益生物量为10.48%，基本密度为1.37%，管胞长度为1.12%。

1992年，吉安市武功山林场根据表型值对1973～1978年引种栽培的火炬松林进行了优树选择，选择的方法采用常规的5株优势木对比法，干形通直完满，无病虫害，材积生长量大于5株优势木平均值30%以上的林木即入选为候选树；然后采用两两对比法从候选树中评选出优树，即材积大于对照40%以上，林木生物量大于对照35%以上，密度和管胞长有一定程度改良的候选优树即入选为优树。采用以上的方法，经过筛选，共评出优树23株，其中速生型优树9株，生长材质性状兼优型优树14株。选出的优树的实际增益值：树高为6.90%～53.06%，胸径为9.43%～61.80%，材积为36.85%～195.71%，生物量为46.53%～195.71%，密度为-10.73%～43.04%，管胞长为-15.31%～13.64%。

4.1.3.3 优良种源综合评价

根据火炬松种源试验结果分析及应用多维空间(欧几米德)E^n多向量的理论对试验点(抚州市临川区荣山垦殖场)火炬松的树高、胸径、材积、盘枝数、病虫害等项指标进行综合评定，认定火炬松表现最优的前5名种源分别是南卡乔治城种源、佛罗里达纳索种源、路易斯安娜利文斯通种源、阿拉巴马门罗种源和南卡格林伍德种源。这些火炬松优良种源材积遗传增益幅度为29.78%～46.18%。

1998年，吉安市武功山林场选育的火炬松母树林种子经江西省林木品种审定委员会认定通过为良种，命名为赣R-SS-PT-003-2003(GLR赣火1号)，但5a认定期限已满，目前未被重新审定；由于都县银坑林场选育的火炬松母树林种子当时也认定通过为良种，被命名为GLR赣火2号，但该良种于2003年江西省林木品种审定委员会清理良种时被取消。

本树种也是外来树种之一，被收录在本书的“4.7 引种驯化与野生树种驯化种质资源”章节内，详见4.7.3.2。

4.1.4 金钱松 *Pseudolarix amabilis*(松科)

松科金钱松属树种，是我国特有的孑遗植物，又是我国东部亚热带中低山地有代表性的珍贵速生针叶树种之一。

➢生物学特性　金钱松为落叶乔木，高达40m，胸径可达1m。金钱松适生于酸性(pH值4.8～5.0)、土层深厚、肥沃、湿润、排水良好的山地黄棕壤和山地棕壤。原生植被为亚热带山地落叶阔叶林，下木主要有茅栗、化香、四照花、鸡爪槭、野茉莉、山胡椒、映山红、野珠兰等。

➢资源分布　金钱松的自然分布区比较狭窄，东起浙江杭州、天目山等地，西到湖北利川和四川万县，南至福建北部、湖南中部，中国香港亦有分布，北抵长江。垂直分布于海拔100～1500m。江西庐山、幕阜山有野生，其中以庐山较多，零星生长于海拔900～1100m的落叶阔叶林中。100多年前，庐山脚下和鄱阳湖滨的丘陵地区曾有大面积的金钱松林，由于乱砍滥伐，低山丘陵地区已经绝迹。

金钱松由野生驯化为栽培树种始于20世纪30年代中期，庐山植物园和庐山林场是栽培最早的单位，并营造了小面积试验林，生长良好。南京中山陵和江苏、浙江、湖南等省以及江西的其他地方进行了引种。

➢经济意义　金钱松的木材结构略粗，纹理直，较耐水湿，可供建筑、桥梁、船舶、家具等用材。松皮供药用，有止痒、杀虫与抗霉菌作用，浸酒外用，可治癣症。树形和叶片排列优美，秋季叶色金黄，宛如一个个圆形的金钱悬挂枝头，令人赏心悦目，流连忘返，与雪松、南洋杉、银杏并列为世界四大园林观赏树种。

➢资源保存与利用　江西南北部都有引种栽培，一般栽培在海拔300m以下的红壤或红黄壤上，生长表现良好。但在过于干燥瘠薄或排水不良的土壤上则生长不好。根据江西半个世纪的栽培实践证明，江西中、北部地区，是其自然分布区的中部地带，具有推广栽培的优越条件，选择海拔400～1100m的山谷、平缓的山坡和溪流沿岸为最好。

金钱松是我国特有的古老稀有珍贵树种之一，其自然分布狭窄，种群数量很少。因此，保存和利用金钱松种质资源，保护和人工栽培金钱松具有重要的科学意义和经济价值。为扩大苗木来源，可以在10a生以内的幼树上采取穗条，扦插育苗，成活率可高达70% ~80%，还可在生长良好的母树上采取接穗营建种子园，以望提早结实。

该树种也是园林绿化树种之一，被收录在本书的“4.3　园林绿化树种种质资源”章节内，详见4.3.1。

4.1.5　杉木 *Cunninghamia lanceolata*（杉科）

杉木是江西省主要用材树种。早在1000多年前，江西就已经人工栽培杉木，至今全省尚多处保存有直径1m以上的古树。据对婺源县文公山宋代理学家朱熹祖坟周围保存的杉木古树群调查，面积0.2 ~0.27hm^2，保存有10余株，与青冈、木荷等常绿阔叶树混生，其中最大一株直径为1m，树高42.5m，现在仍年年开花结实，并有天然下种能力，林窗尚有天然更新幼苗出现。

➢*生物学特性*　杉木在自然条件、异花授粉和人工栽培的长期影响下，发生了许多变异，形成了许多类型，根据枝叶的色泽形态分为黄杉、灰杉和青杉；根据球果的果型、苞鳞的形状，反翘、紧包和松张的程度，黄杉类又可分为翘鳞、松鳞、长鳞紧包、宽鳞紧包黄杉等类型。灰杉类又可分为翘鳞、松鳞、长鳞紧包、宽鳞紧包灰杉、黄灰杉、季杉、泡杉等类型。此外，杉木人工林中还有宽冠、窄冠、疏冠、密冠等个体。

➢*资源分布*　江西全省各地都有杉木的分布和栽培，杉木产区多集中分布在全省五大水系上游和中游的山区，而以南岭山脉、罗霄山脉、武功山脉、武夷山脉、幕阜山脉、怀玉山脉、九岭山脉等山区为最著名，其中以赣江水系的杉木面积最大，生长最好，产量最高。从垂直分布考虑，全省杉木产区主要集中在低山区和高丘陵区，生长情况以海拔800m以下的低山区较好，以常绿阔叶林区的生态条件最适宜杉木生长，产量高，材质好。

➢*经济意义*　杉木广泛用于建筑、桥梁、造船、电杆、家具、器具等各方面。树皮可盖屋顶，单宁含量达10%。侧板可制木桶及桶柄，根、皮、果、叶均可药用，有祛风燥湿收敛止血之效。

➢*资源保存与利用*　20世纪70年代，全国杉木种源试验协作组在南方14省(自治区)进行了2次全分布区地理种源试验，着重研究了杉木种源的丰产性、稳定性、抗旱性、抗寒性、抗病性及材性差异，确定了包括江西铜鼓在内的42个优良种源，其中适宜江西造林推广的有广西融水、贵州锦屏、湖南会同、福建建瓯等优良种源，它们要比江西本地种源的材积生长量大27%以上。除此之外，江西还有地方的优良杉木类型，如武宁产的“瓜源木”，遂川产的“龙泉木”，安福产的红心杉，以及全南产的黄田江杉木等。其中安福陈山红心杉早期生长较慢，后期生长快，在第一批种源试验林中，26a生时的生长量仅次于广西融水种源。

目前，信丰县林木良种场杉木种子园的一代、二代种子，吉安市青原区白云山林场杉木种源种子园(陈山红心杉一代种子园)，以及其他杉木二代种子园生产的种子；安远县牛犬山林场、广昌县盱江林场种子园生产的杉木一代种子都是江西杉木造林推广的重要良种。另外，信丰县林木良种场营建的杉木三代种子园及吉安市青原区白云山林场与安福县陈山林场营建的二代红心杉种子园，即将在2012年开始生产种子。

2008年完成的林木种质资源调查中，全省共选出杉木优良林分422块，选出杉木优良单株408株。

4.1.5.1　杉木优良无性系的选育成果

江西省林业科学院1988年开始通过两个层次选择杉木优良无性系，即在种源、林分和个体选择的基础上，分别在永丰县官山林场的瑶岭分场和九峰分场，通过13a的测定，选出了一批生产力高、成本低而又宜于生长的优良无性系；并通过材性测定比较，选择出一批不仅生长快，而且材质好的优良无性系，供生产上推广应用。

(1)筛选出18个速生优良杉木无性系。入选无性系的平均树高为9.63 ~11.03m，平均胸径

14.92～16.98cm，平均单株材积0.093～0.136m^3。与对照相比，树高、胸径和单株材积的平均增益依次为：9.15%～15.01%、25.60%～45.09%、88.20%～113.08%；与国标相比，树高、胸径和单株材积的平均增益依次为4.71%～14.4%、37.00%～45.09%、91.10%～142.92%。

(2)筛选出16个木材比重改良效果较好的杉木无性系。入选无性系比重与对照相比，遗传增益平均为7.95%～9.80%，现实增益为12.29%～15.21%。

(3)筛选出16个木材纤维长度遗传改良较好的杉木无性系。入选无性系与对照相比，遗传增益平均为4.96%～6.64%，现实增益为7.00%～8.92%。

(4)采用综合评分法，筛选出8个生长、材性兼优的杉木无性系。其中3个12a生的无性系平均胸径、树高、单株材积和木材比重、纤维长分别为16.8cm、11.0m、0.1331m^3、0.3193 g/cm^3、3317μm。与对照相比，各指标相应的遗传增益分别为36.5%、10.5%、109.6%、6.72%、5.27%，现实增益分别为45.8%、14.0%、135.5%、10.4%、7.44%；胸径、树高和单株材积与国标相比，现实增益分别为43.3%、11.1%和87.5%。其中5个11a生的无性系平均胸径、树高、单株材积和木材比重、纤维长分别为15cm、10.2m、0.0977m^3、0.2956g/cm^3、3256μm，与对照相比，各指标相应的遗传增益分别为24%、12.5%、73.1%、13%、4%，现实增益分别为42.9%、24.4%、144.6%、22.4%、5.49%；胸径、树高和单株材积与国标相比，现实增益分别为37.6%、10.9%和54.4%。

4.1.5.2 陈山红心杉木

罗霄山脉中段的武功山，安福、永新、莲花三县交界的陈山林区是江西省的红心杉木产区，俗称"陈山红心杉木"，因其髓心的木质部相当大的比例且呈油亮的栗褐色而得名。陈山红心杉的栽培始于唐朝中期，至今已有1000多年历史。由于长期以来在优良生态条件下自然选择，陈山红心杉形成了外观圆满通直、纹理美观、红心芳香、色泽独特、木材密度大、抗逆性强、不翘不裂、生长速度快、红心比率高等优良品质。陈山红心杉的最大特点是棵棵红心，在前清时期被誉为江西"关上木"，成为朝廷贡品。此外，还远销到东南亚许多国家，有"闻名全国，甲于东南"的美称。1959年，新中国成立10周年大庆，陈山红心杉作为我国优质木材之珍品在北京农业展览馆首次展示，受到中外人士的赞誉。1977年，为兴建毛泽东纪念堂，中央又特地选陈山红心杉100m^3送往北京；2002年国家林业局又指定陈山红心杉送北京展览。

江西省林业科学院1996年开始，对1981年在浙江等7省(自治区)营造的安福陈山红心杉10个种源试验点进行了一系列的采样测定比较与统计分析，陈山红心杉具有以下明显特性。

(1)陈山红心杉(安福种源)在全国种源试验中共布造林试验点55个，丰产性在43个种源中排列第15位，属丰产平稳类型。据27a生种源调查，安福陈山红心杉排名第4位，说明红心杉有前期生长较缓慢，到后期生长快的特性。但在原产地(安福)生长较为突出，树高、胸径、材积均超过国家标准。当地海拔750m处一株"陈山杉木王"，样芯测定树龄为91a，胸径处红心比率高达65%；胸径、树高、材积年平均生长量分别为0.73cm、0.33m、0.0547m^3；树皮薄，枝干青翠茂盛，树干未空腐。

(2)陈山红心杉同建瓯、锦屏、会同、铜鼓、融水5个优良种源比较，在木材材性的纤维长度、晚材率、基本密度三方面都无显著差异，3项指标在6个种源中分别名列第3、第1和第2位，属于材性优良种源。而木材的特殊性质是红心比率，以陈山红心杉最大，平均为50.5%，比其他5种源大28.2%～40.0%，而且红心比率的变异系数以陈山红心杉为最小，为7.8%，比其他5种源小40.3%～266.8%。

(3)陈山红心杉在7省(自治区)10个试验点中材性生长较稳定，纤维长度、晚材率、基本密度及红心比率四者均无显著差异，而且红心比率这一性状遗传力较高，广义遗传力达0.67～0.87，充分证明陈山红心杉材性生长较为稳定，为在杉木适生区大面积推广具有地方特色的优质陈山红心杉提供了理论依据和保障。当前红心杉造林范围除江西本省外，还辐射到福建、广东、浙江、江苏等省。

2005～2007年，陈山红心杉列入国家科技部农业科技转化项目，江西开展了陈山红心杉造林区域示范，营造示范林406.4hm^2。同时，在陈山红心杉中龄林、成熟林和采伐迹地林分中选择红心比率大的优树1132株，移蔸建立无性系采穗圃0.3hm^2，在第1代种子园优树中通过子代测定选择了32个无性系营建第2代种子园采穗圃0.3hm^2。2008年，陈山红心杉已初审成为国家地理标志产品；通过国家商标局注册了"陈山"牌木材及其产品商标；制定了江西省地方标准《地理标志产品——陈山红心杉》；陈山红心杉母树林种子通过了国家林业局品种审定委员会林木良种认定(国R-SS-CL-001-2007，认定期5a)。

4.1.5.3 审定与认定的杉木良种

(1)国家林木品种审定委员会认定以下杉木良种

①信丰杉一代种子园种子认定编号：国R-CSO(1)-CL-001-2002。该良种由信丰县林木良种场选育，2002年通过认定，认定期限5a，目前认定期已满。

其品种特性：出籽率2.2%～3.3%，发芽率45%～46%，净度97%以上，千粒重7.54g。与一般种子相比，发芽率提高11%，千粒重提高15%～20%，育苗播种量减少50%以上。苗期比对照增高12.4%，幼苗期高生长增益15.3%，抗逆性良好。

种植范围：江西南部和广东北部及江西其他气候相似地区。

②白云山杉木种子园种子认定编号：国R-CSO(1)-CL-002-2002。该良种由吉安市青原区白云山林场选育，2002年通过认定，认定期限5a，目前认定期已满。

其品种特性为：木材生长迅速，干形通直，树形圆满，成材期早。木材纹理通直，结构均匀，早晚材界限不明显，强度相差小，干缩率小，尖削度小，木质轻韧。无性繁殖能力强，造林成活率高。但种子产量大小年明显。

种植范围：江西、广东、贵州、福建等地的杉木适生区。

③陈山红心杉母树林种子认定编号：国R-SS-CL-001-2007。该良种由安福县陈山林场选育，2007年通过认定，认定期限5a。

其品种特性为：前期生长缓慢，后期生长快，8～31a生林分的树高、胸径均超过国家速生丰产林标准。木材基本密度0.324g/cm^3，纤维长3602μm，心材比例占50%，材色红润，香气浓。是民用实木和板材、装饰用材的优良材料。

④陈山红心杉初级无性系种子园种子认定编号：国R-SC-CL-003-2009。该良种由吉安市青原区白云山林场选育，2009年通过认定，认定期限5a。

其品种特性为：树干圆满通直，尖削度小。木材密度大，抗压性强，不翘不裂，坚韧耐腐。木材纹理美观，色泽独特，边材少，红心材比例高。24a生平均树高15.2m，平均胸径24.4cm，平均单株材积0.3646m^3。

(2)江西省林木品种审定委员会审定以下杉木良种

①信丰杉木一代种子园种子审定编号：赣S-CSO(1)-CL-001-2003(原命名：GLS赣杉1号)。该良种由信丰县林木良种场选育，1998年通过审定。

其品种特性为：种子品质好，比照一般杉木种子发芽率提高11%，千粒重提高15%～20%，播种量30～37.5kg/hm^2，比一般杉木育苗播种量减少50%以上；苗木平均高达40cm，比对照增高12.4%。

②牛犬山杉一代种子园种子审定编号：赣S-CSO(1)-CL-003-2003(原命名：GLS赣杉3号)。该良种由安远县牛犬山林场选育，1998年通过审定。

其品种特性为：种子平均出籽率4.78%，净度92%，千粒重7.3g，发芽势47%，发芽率52%，该种子用于育苗可减少播种量50%，苗木出土整齐，长势旺盛，抗病虫害能力较强，一级苗率高。

③白云山杉一代种子园种子审定编号：赣S－CSO(1)－CL－004－2003(原命名：GLS赣杉5号)。该良种由吉安市青原区白云山林场选育，1998年通过审定。

其品种特性为：木材生长迅速，干形通直，树形圆满，成材期早。其后代群体效益在种源选择的基础上再提高39.66%。无性繁殖能力强，造林成活率高。但种子产量大小年明显。

④陈山红心杉母树林种子审定编号：赣S－SS－CL－001－2008。由安福县陈山林场选育，江西省林木品种审定委员会2008年审定通过。

其品种特性详见上节国家品种审定委员认定的良种中的陈山红心杉母树林种子(国R－SS－CL－001－2007)。

(3)江西省林木品种审定委员会认定的杉木良种

①陈山杉木优良种源种子认定编号：赣R－SP－CL－002－2003(原命名：GLR陈山杉1号)。该良种由安福县陈山林场选育，1998年通过认定，认定期限为5a，目前认定期已满。

②陈山红心杉一代种子园种子认定编号：赣R－CSO(1)－CL－001－2009。由江西省林业科学院和吉安市青原区白云山林场选育，江西省林木品种审定委员会2009年认定通过。

其品种特性：该品种在形态学上与其他杉木种子相同，鲜果出籽率达3.8%，千粒重7.03～8.42g，播种量为45kg/hm^2。材色美观、材质优良、材性稳定。广义遗传力达0.67～0.87；子代树红心比例68%，平均材积生长量提高18.7%。红心，具工艺价值高，硬度比其他杉木品种好。

(4)被取消的审(认)定的杉木良种　安远县牛犬山林场选育的杉木改良代种子(命名为GLS赣杉4号)1998年通过审定，于2003年江西省林木品种审定委员会清理良种时被取消；由安远县试验林场选育的安远杉木一代种子园种子(命名为GLS赣杉2号)审定通过为良种，因种子园已毁而被除名。同时，1998年认定的由全南县小叶崇林场选育的杉木初级良种(GLR全小1号)和峡江县林木良种场选育的杉木初级良种(GLR峡杉1号)，于2003年被取消认定资格。

4.1.6　秃杉 *Taiwania cryptomerioides*（杉科）

秃杉起源古老，为第三纪古热带植物区系的孑遗植物，是国家一级珍贵保护树种。

➢生物学特性　秃杉系杉科台湾杉属，为世界稀有珍贵树种，高大常绿乔木。秃杉生态适应范围比较宽，从海拔10m多的滩涂地带，到海拔2700m的高山地区均能生长。对立地条件要求低于杉木，在土层厚度不适于杉木生长的地方，秃杉却能生长良好。在杉木多代连栽，地力衰退的迹地，改为轮栽秃杉，其生长远远超过杉木。因此，秃杉是杉木迹地更新的优良树种。

➢资源分布　现存秃杉原生种地理分布极为狭窄，数量较少，仅天然分布于滇西、川东、鄂西及黔东的低中山地，在福建省鹫峰山脉中南段的屏南、古田两县也有自然分布。

➢经济意义　秃杉生长快，树干通直挺拔，树叶茂密翠绿。不仅材质优良，出材率高，用途广泛，而且树形优美，酷似雪松，颇有观赏价值，是值得推广的优良树种。

➢资源保存与利用　1989年春，江西省林业科学院从云南和贵州引入7个种源27个家系，1991年春在乐安县实验林场育苗，1992年栽植，历经13a的观测与选择，筛选出适合江西省栽培的优良种源和优良家系。

(1)速生型优良种源3个(云南龙陵、贵州台江、贵州剑河)，优良家系5个(云南龙陵－L12，贵州雷山－格7，贵州台江－交1，贵州榕江－丹6，贵州榕江－丹8)。入选种源平均树高8.12m，平均胸径12.49cm，平均单株材积0.0552m^3；入选家系平均树高8.1m，平均胸径16.5cm，平均单株材积0.1132m^3。

(2)按比重选择，有4个种源(云南龙陵、贵州台江、贵州榕江和贵州剑河)入选，有7个家系(昌宁－C9、云南龙陵－L12、贵州台江－交2、贵州雷山－格5、贵州剑河－昂4、贵州剑河－昂9、贵州剑河－昂10)入选。入选种源平均比重0.3252g/cm^3，平均遗传增益2.54%；入选家系平均比重0.3404g/cm^3，平均遗传增益5.08%。

(3)按纤维长度，有5个种源(云南昌宁、贵州台江、贵州雷山、贵州榕江、贵州剑河)入选，有7个家系(贵州台江－交3、贵州榕江－丹5、贵州榕江－丹8、贵州剑河－昂2、贵州剑河－昂3、贵州剑河－昂9、贵州剑河－昂10)入选。入选种源平均纤维长3160μm，平均遗传增益3.47%；入选家系平均纤维长3254μm，平均遗传增益5.64%.

(4)按综合评价法选择出速生优质种源1个(贵州剑河)，其平均胸径11.5cm，平均树高8.1m，平均单株材积0.0497m^3，平均木材比重0.3286g/cm^3，平均纤维长3312μm；速生优质家系4个(贵州雷山－格5、贵州剑河－昂10、贵州榕江－丹8、贵州剑河－昂9)，其平均胸径13.6cm。平均树高8.6m，平均单株材积0.0855m^3，平均木材比重0.3390g/cm^3，平均纤维长3193μm。

(5)通过对秃杉种源(家系)变异的研究，初步筛选出适宜江西可用于工业用材造林的秃杉优良种源1个，即贵州剑河种源。

4.1.7 水杉 *Metasequoia glyptostroboides*(杉科)

水杉为国家一级保护树种，为世界著名孑遗植物，被誉为"活化石"，是我国特有的珍贵用材树种。

➢生物学特性　水杉速生、喜光、耐湿、适应性强，为针叶用材树中生长最快的树种之一。

➢资源分布　原产湖北利川市、四川省万县、石柱县和湖南省龙山县相毗邻的地区。湖北是水杉的故乡，利川市则是水杉原生母树的所在地。1984年，湖北省在利川市小河设立水杉母树管理站，对原生母树进行挂牌登记，共计5426株，其中胸径200cm以上的有4株，100cm以上的35株，80cm以上的157株。从20世纪70年代开始，湖北省先后选出优树109株，并筛选出水杉优良无性系8个。1988年湖北省林木种质资源普查中选择优良林分21块141.1hm^2。

➢经济意义　水杉木材轻软，纹理通直，气干容重0.29～0.38g/cm^3，干缩差异小，易加工，是优良的用材。水杉的材积生长量是杉木的两倍，有较高的经济效益。其木材的管胞长达1.66±0.59mm，纤维素含量高，是造纸、人造板的良好原料。

➢资源保存与利用　江西于1948年开始引种水杉，20世纪60年代后期，水杉引种的范围逐渐扩大，并作为防护林和用材林栽培，从海拔20m左右的江河冲积平原和滨湖滩地到海拔1100m的山地都有水杉栽植，而以平原地区较为广泛，但在地下水位过高，长期积水的低湿地生长不良。

2008年完成的林木种质资源调查，全省选出水杉优良林分5块，优良单株24株。

4.1.8 池杉 *Taxodium ascendens*(杉科)

池杉系杉科落羽杉属的一种，常生于池沼湿地故称之为池杉或沼杉。它与水杉一样是古老的孑遗植物，比水杉更有耐水淹抗风强的优点。

➢生物学特性　池杉速生、喜光、喜温暖、湿润环境，亦耐干旱。

➢资源分布　原产美国东南部及墨西哥湾沿海地带，于20世纪初期引入我国，近年来在我国发展很快，现我国长江流域均有引种栽培。

➢经济意义　池杉木材变形小，不易翘曲开裂，韧性强，硬度适中，耐腐蚀，材质较好，适合作建筑、枕木、电杆、造船、家具等用。池杉耐水湿性强，九江县团结乡营造的池杉幼林，1980年遇洪水，持续被淹40余天，且水淹过顶2m，成活率仍达90%以上。现在池杉已成为江西平原湖区农田林网、四旁植树和城镇庭园绿化的优良树种。

➢资源保存与利用　20世纪70年代，湖北省林业科学院曾选出池杉优树38株，并按其用途、经济性状和树冠的形状大小，分为窄冠型、中冠型和宽冠型3个类型。20世纪90年代，湖北省开展林木种质资源调查，又选出池杉优树 23 株。优树树龄 14 ~ 27a，树高 14 ~ 23m，胸径 31.5 ~ 44cm，年平均高生长 0.74 ~ 1.31m，年平均胸径生长 1.41 ~ 2.52cm。其中公安县三台林场池杉优树，14a 生树高 18.4m，胸径 35cm，年平均高生长 1.31m，径生长 2.5cm；新洲县林业科学研究所池杉优树，17a 生树高 19.5m，胸径 42.6cm，年平均高生长 1.15m，年平均胸径生长 2.52cm。

由于池杉引种与推广造林时间不长，我国现有遗传基础材料基因还是比较窄。2008 年完成的林木种质资源调查，江西共选出池杉优良林分 3 块，优良单株 9 株。

本树种也是外来树种之一，同时被收录在本书的"4.7　引种驯化与野生树种驯化种质资源"章节内，详见 4.7.3.7。

4.1.9　南方红豆杉 *Taxus chinensis*（红豆杉科）

南方红豆杉是我国亚热带至暖温带特有树种之一，别名美丽红豆杉、红榧、紫杉，为国家Ⅰ级重点保护野生植物。

➢生物学特性　南方红豆杉是常绿乔木，高达 20 余米，胸径可达 1m。枝叶浓密，四季常青。南方红豆杉具有较强的萌芽能力，树干上多见萌芽小枝，但生长比较缓慢。属耐荫树种，喜阴湿环境，喜温暖湿润的气候。自然生长在山谷、溪边、缓坡腐殖质丰富的酸性土壤中，中性土、钙质土也能生长。不耐干旱瘠薄，不耐低洼积水。很少有病虫害，生长缓慢，寿命长。

➢资源分布　南方红豆杉产台湾、福建、浙江、安徽、湖南、湖北、陕西南部、四川、云南、贵州、广西、广东等地。江西省各地均有分布，多生于海拔 1300m 以下的山区、丘陵沟谷和较阴湿的山坡；常与刺栲、丝栗栲、甜槠、木荷、玉兰、杜英、薯豆、枫香、杉木、毛竹等混生。

➢经济意义　南方红豆杉是一种优良珍贵的用材树种。其心材与边材区别明显，心材宽，为淡红褐色；边材窄，淡黄白色。木材结构致密，坚重，富有弹性，不开裂，少反翘；刨削面光滑，色纹美观，为家庭用具、室内装饰的上等木材；又因其耐水湿，不易腐朽，为水土工程的优良用材。红豆杉还是提取高效抗癌物质紫杉醇（Taxol）的理想树种。

南方红豆杉种子含油率高，种仁出油率 69.1%，可供制皂和滑润用油。种子还可入药，有治食积、驱蛔虫之效。

➢资源保存与利用　2008 年完成的林木种质资源调查中，全省共选出南方红豆杉优良林分 19 块，优良单株 12 株。贵溪市海拔 600m 的茶山林区，南方红豆杉生长在立地条件较好的山坳沟谷旁的天然阔叶混交林中。其中树龄 49a 生的一株南方红豆杉，树高 12.4m，胸径 26.6cm，单株材积 0.2996m^3。

4.1.10　竹柏 *Podocarpus nagi*（罗汉松科）

竹柏为裸子植物，起源中生代白垩纪，被人们称为"活化石"，是珍贵稀有濒危树种。

➢生物学特性　竹柏为常绿乔木，可高达 20m，胸径 80cm。竹柏耐荫，在适生范围内，天然阔叶林下竹柏幼苗甚为普遍，天然更新良好。在阳光强烈的阳坡，竹柏根颈处常发生由于日灼而导致枯死的现象。

➢资源分布　主要分布于我国广东、广西、福建、浙江、台湾、江西、四川等地，约位于北纬 21° ~ 28°、东经 105° ~ 120°。垂直分布多在山地丘陵海拔 800m 以下的中下坡和沟谷两旁，往往混生于常绿阔叶林中。江西省南北均有栽培，生长良好。南昌地区过冬稍有冻害。

竹柏对土壤要求较严。在砂页岩、花岗岩、变质岩等母岩发育的深厚、疏松、湿润、腐殖质层厚，呈酸性的沙壤土至轻黏土上均适宜生长，尤以在砂质壤土上生长迅速，而在贫瘠干旱、浅薄的土壤上则生长极缓慢。

➢经济意义 竹柏是我国南方优良用材树种之一，材质好，纹理通直，结构细致，加工性能良好，可作门、窗、地板、车轮，尤适宜作家具、文具、乐器、雕刻等；竹柏还是一种木本油料树种，种子含油率达30%，种仁含油率50%～55%，属于不干性油，工业上用途很广；竹柏枝叶翠绿，四季常青，树形美观，是四旁和城镇绿化的良好树种。

➢资源保存与利用 赣南天然阔叶林内，如九连山自然保护区分布较多，赣南树木园有人工栽培，近年一些城市绿化常采用竹柏点缀景点，收到很好的效果。

2008年完成的林木种质资源调查中，全省共选择竹柏优良林分6块，优良单株8株。

4.1.11 乐昌含笑 *Michelia chapensis*(木兰科)

乐昌含笑是1929年英国植物学家恩第在乐昌市两江镇上茶坪村发现，并因此而得名。乐昌含笑是少有的以地方名称命名的一种植物。

➢生物学特性 乐昌含笑生长速度较快，常绿乔木，适应性强，乐昌含笑树高可达30m，胸径50cm。

➢资源分布 乐昌含笑产于江西、湖南南部、广东、广西，海拔1200m以下的山地丘陵均有分布，稍耐荫，大树喜光。

➢经济意义 乐昌含笑是优良的工业用材树种，也是优良的园林绿化树种。乐昌含笑的花可以提取香精，用于化妆品工业。其材质韧性好，可用于雕刻和纤维板制造。

➢资源保存与利用 江西省罗霄山脉及九岭山脉的山麓丘陵常绿阔叶林中分布有自然生长的乐昌含笑树。井冈山海拔350m处残存乐昌含笑古树4株，最大的1株胸围4.5m，树高29m，树龄约400a。崇义县海拔380m的溪流两边群生乐昌含笑古树18株，胸围1.5～3.35m，树高41m，树龄300a左右。信丰、宜丰、全南、龙南等地均分布有树龄100a以上的乐昌含笑。

本树种也是观赏树种之一，同时被收录在本书的“4.3 园林绿化树种种质资源”章节内，详见4.3.6。

4.1.12 深山含笑 *Michelia maudiae*(木兰科)

别名光叶白兰、莫氏含笑。该树种材质好、适应性强、繁殖容易，病虫害少，是一种速生常绿阔叶用材树种。

➢生物学特性 深山含笑是优良的乡土树种资源，常绿乔木，高可达20m，胸径45cm。全株无毛。树皮浅灰或灰褐色，平滑不裂。花单生于枝梢叶腋，花白色，有芳香，直径10～12cm。聚合果7～15cm，种子红色。花期2～3月，果期9～10月。喜温暖、湿润环境，有一定耐寒能力。喜光，幼时较耐荫。自然更新能力强，生长快，适应性广，4～5a生即可开花。抗干热，对二氧化硫的抗性较强。喜土层深厚、疏松、肥沃而湿润的酸性砂质土。根系发达，萌芽力强。其枝叶茂密，冬季翠绿不凋，树形优美。

➢资源分布 深山含笑产于南方各地，海拔500～1500m的山区山谷、沟边等地均有分布。在天然林中，常与红楠、木荷、虎皮楠、薯豆、槠栲类等阔叶混生。

➢经济意义 深山含笑木材纹理通直，结构颇细，加工容易，刨面光滑，是优良农具、工艺品、胶合板、缝纫机台板、房屋门窗、室内装饰、车厢等用材。其花可供药用，还可以提取芳香油。

➢资源保存与利用 2008年完成的林木种质资源调查，全省选出深山含笑优良林分4块，优良单株7株。

4.1.13 火力楠 *Michelia macclurei*(木兰科)

火力楠又名醉香含笑，是中亚热带常绿、落叶阔叶林区和南亚热带常绿阔叶林区的主要树种之一。

➢生物学特性　是南亚热带的一种常绿阔叶乔木，高达 35m，胸径 1m 以上。树冠圆伞形，花白色，繁密，芳香。火力楠耐寒性较强，能耐 -7℃的低温。耐旱、耐瘠、抗风火。

➢资源分布　火力楠以残留的野生状态分布在广东、广西两省，以广东的高州、信宜，广西的岑溪、苍梧、博白、龙州等县及十万大山地区分布较多。

火力楠在自然分布区内常与马尾松、油茶等树种混生；在海拔 500m 以下的丘陵地带，不论在山脚、山腰或山顶均能正常生长。但在赣中以南温暖湿润，光照中等偏阴、土层深厚的酸性壤土上生长最好。

➢经济意义　火力楠是速生用材树种，木材有光泽，耐腐性较好，纤维得率高，可与针叶木浆抄成优质铜版纸，是建筑、装修、制浆、造纸材的好树种。

火力楠栽培香菇，不仅产量高，而且品质好，营养成分高。

火力楠萌芽力强，树冠宽大，侧根发达，容易繁殖，病虫害少，是优良的生态造林树种。

➢资源保存与利用　20 世纪 70 年代，江西赣州市和分宜县开始引入种植火力楠，国有林场多以人工林形式栽培。目前在全省丘陵、岗地或坡耕地上均有栽培。2008 年完成的林木种质资源调查，全省选出火力楠优良林分 2 块。

4.1.14　杂交马褂木 *Liriodendron chinense* × *L. tulipifera*（木兰科）

我国已故的著名林木遗传育种学家叶培忠教授于 1961 年利用 20 世纪 30 年代引种在明孝陵内的一株北美鹅掌楸（*Liriodendron tulipifera*）与中国马褂木即鹅掌楸（*L. chinense*）进行人工杂交试验，并获得了鹅掌楸属的种间杂种。

➢生物学特性　杂交马褂木树形高大，叶形奇特，花色艳丽，速生，适应性广，抗逆性强，几乎没有病虫害。杂交马褂木比中国马褂木生长期长，生长量大；它是强喜光树种，由于叶片大，一定要有足够的阳光和营养空间才能生长迅速。

➢资源分布　杂交马褂木需要排水良好，怕积水；它不仅适于平原地区栽种，也是山地造林绿化的优良树种之一。

➢经济意义　杂交马褂木的呈木材淡黄色，纹理直，结构细密，不变形、韧性强，刨面光滑，适用于制浆造纸和制造胶合板及其他工业用材。树皮可入药，祛风去湿。每年大量纸质叶片凋落林地，分解迅速，有改良土壤的效果。杂交马褂木也是优良的庭园绿化树种和行道树种。

➢资源保存与利用　1976～1977 年，叶培忠先生通过杂交制种，培育出一批杂种苗木，先后分送给江苏、浙江、福建、江西、安徽、山东、湖南、湖北、北京等省（直辖市）试种。在我省景德镇市枫树山林林场和地处分宜县的中国林科院亚热带林业实验林中心均设置了试验林，到 20 世纪 80 年代，这一批杂交马褂木已长成大树并进入开花结实年龄。进入本世纪以来，杂交马褂木的推广应用正向着品种化、标准化和产业化发展。2003 年 1 月杂交马褂木通过江苏省林木品种审定委员会审定为良种。

目前，杂交马褂木成年母树在全国数量十分有限，种子发芽率极低，苗木分化严重，人工杂交受到亲本和高成本的制约；嫁接成活率虽可达 80% 以上，但嫁接苗用于培育用材林，其杂种优势的固定难以长期得到保证；扦插苗必须采用全光照喷雾和相应的药剂处理，生根率可达 70%～90%。江西省林业科技推广总站和江西省林业科学院合作培育优良杂种 F_1 代扦插苗，年产苗8 万～10 万株。

4.1.15　楠木 *Phoebe zhennan*（樟科）

别名楠树、雅楠、桢楠，樟科楠木属，为常绿乔木树种。古代称“柟”，清代称“大木”，楠木属国家二级保护植物，是我国中亚热带特有的珍贵树种。

➢生物学特性　中性树种，幼时耐荫性较强，喜温暖湿润气候及肥沃、湿润而排水良好之中性或微酸性土壤。在土层深厚、肥沃、排水良好的中性或微酸性冲积土或壤质土上生长最好；在干燥瘠薄或排水不良之处，则生长不良。楠木为中性偏阴的深根性树种，寿命长，300a 生尚未见明显衰退；主根明显，侧根发达，根部萌蘖能长成大径材。幼年期耐荫蔽，每年抽 3 次新梢。楠木生长速度中等，50 ~ 60a 达生长旺盛期。

➢资源分布　楠木主要分布在长江以南各省(自治区)海拔 1000m 以下的山地。江西的赣南和赣东北海拔 500 ~ 600m 的低山和 300 ~ 500m 的高丘常绿阔叶林中常有天然散生的楠木。

在适生条件下，楠木天然下种更新和萌芽更新能力强，常与栎、栗、樟、南酸枣、椤木、白桂木、木荷、杉木、竹柏、毛竹等树种混生在一起，组成以楠木为优势树种的常绿阔叶林。其适宜生长的主要立地类型有：

(1)丘陵类型　上犹县犹江林场，海拔 386m，坡向北，坡度平缓，轻壤质黄红壤，土层深厚肥沃。15a 生楠木平均树高 8.5m，平均胸径 9.9cm。

(2)低山类型　崇义县林业科学研究所，海拔 500m，坡向北偏西，坡度 30°，山脚下部，土壤肥沃深厚，5a 生平均树高 2.35m，平均胸径 2.4cm。

➢经济意义　楠木材质细致，香气四溢，强度中等，削面光滑美观，遇火难燃，防腐防朽性能强。楠木还是制作家具的优良木材，江西群众喜欢做楠木的碗柜和床板等，相传在炎夏里将食物置于柜中隔夜而不馊，睡楠木床板能抗风湿病。楠木又是制作精密木模、精密仪器、胶合板面板、漆器、木胎、造船等的优良用材。

➢资源保存与利用　2008 年，江西靖安县高湖乡发现有一片 3.3hm^2 以上范围的楠木分布，是我国南方至今为止发现的楠木最大的集中分布点。

江西楠木天然资源少，砍伐过多，且后备资源没有得到有效的保护与发展，楠木优良资源面临枯竭。保护与发展楠木重点是解决难育苗，难成活、难造林和难成材的技术关键，同时要选择好适生地点和楠木的伴生树种，营造混交林。

4.1.16　樟树 *Cinnamomum camphora*（樟科）

樟树是我国亚热带常绿阔叶林的主要组成树种之一，也是江西的重要用材和经济树种，现已成为江西省的省树。据文献记载，江西栽培利用樟树已有两千多年的历史，汉高祖(公元前 202 年)时期，汉官仪曰："豫章郡(樟)树生庭中，故以名郡"。说明那时江西樟树很多。唐末宋初，群众利用河滩沙洲有利于樟树天然更新的自然条件，封洲育林，繁殖了大面积的樟树林。人工栽培樟树的记载，始见于明朝弘治年间，至于营造成片的樟树林最早的记载在光绪三十年(公元 1904 年)。

➢生物学特性　樟树喜光，稍耐荫，萌芽力强，喜欢温暖湿润气候，对土壤要求不严，但以肥沃、深厚的微酸性山地黄壤最适宜。

➢资源分布　江西水热资源丰富，生境条件优越，适于樟树生长，尤以赣南、赣中分布较为广泛，垂直分布一般在海拔 500 ~ 600m 以下。分布的状况大致有以下几种类型：

(1)块状分布　多为樟树纯林或以樟树为优势树种的常绿阔叶林。面积大小不等，少则 0.27 ~ 0.33hm^2，多则 6.67 ~ 13.33hm^2。主要分布在赣江上游及其支流中下游两岸，立地条件优越，材质好，空腐木相对少。

(2)带状分布　多分布于山区小溪两岸，间或与枫杨相间组成林带。一般干形弯曲，树干偏斜，树体矮小，材质较差。

(3)团状分布　多分布于丘陵、岗地的村前屋后，三五成群，构成团状林分，粗枝叶茂，树冠扩张，易空心，材质较差，群众将此类樟树作为风景林及耕牛憩息地予以保护。

(4)零星单株　多分布于名胜古迹，庙宇祠堂，路边桥头。一般树龄老，主干短，树体大，叶小粒多，根脉裸露。

➢经济意义　樟树木材柔韧致密，纹理美观，硬度中等，切面光滑，易于加工，有特殊香气，耐腐祛虫，保存期长，是造船、建筑、贵重家具，雕刻的上等用材。樟树的根茎、叶、枝都可提炼樟油，油中含有樟脑、桉叶素、黄樟素、芳樟醇、松油醇、柠檬醛等多种重要成分。樟树种子榨油可供制皂、作润滑油用。樟叶除含有高量的挥发油外，还含有鞣质，可作栲胶原料。樟叶养蚕，蚕丝不仅是钓鱼制网材料，还是外科手术的缝合线。此外，樟树姿态绚丽，四季青翠，绿荫面积大，树势雄伟，抗烟除尘，是美化环境、净化空气、庭院绿化的重要树种。

➢资源保存与利用　樟树在长期的自然选择下，产生了许多变异，以心材色泽分，有红心樟、白心樟、青心樟、鹅黄樟等，其材质有明显的差别。以新叶色泽分，有红色与绿色之别，其抗虫力有所不同。从樟脑、樟油含量的不同来看，有本樟、芳樟、脑樟之分，其经济价值差异很大。在优树选择中，主干长、抗病虫害能力强，木材品质好等条件是重要的经济指标。目前樟树以青樟品种类型较为优良，其次为赤樟品种类型。据试验，青樟比赤樟生长快20%，是培育丰产用材林的较好类型。吉安市林业科学研究所，在20世纪60年代中期已建立香樟优良母树林基地19.47hm^2，可选用其优良种子或种条繁殖，以期获得好的经济效益。2008年完成的林木种质资源调查，全省共选择樟树优良林分58块，优良单株203株。

龙脑樟是本树种的类型之一，同时被收录在本书的“4.2　经济型树种种质资源”章节内，详见4.2.7。

4.1.17　檫树 *Sassafras tzumu*(樟科)

樟科檫树属落叶阔叶树种，通称梓木、落木樟。是我国南方优良速生用材树种。

➢生物学特性　喜温暖湿润气候。喜光，不耐荫。深根性，萌芽性强，生长快。在土层深厚，排水良好的酸性红壤或黄壤上均能生长良好，陡坡土层浅薄处亦能生长，西坡树干易遭日灼。喜与其他树种混种，但水湿或低洼地不能生长。

➢资源分布　檫树为亚热带树种，分布范围在北纬24°～32°、东经102°～121°20′。江西以武夷山、九岭山、武功山、罗霄山脉一带为檫树的中心产区。垂直分布一般在海拔800m以下，海拔700m以上往往生长不正常。天然檫树多伴生于常绿针、阔叶林中，常与马尾松、杉木、毛竹、樟树、栲树等阔叶树及针叶树混生。檫树生长的主要立地类型：

(1)山洼类型　主要在海拔200～300m的山洼和山坡下部，原生植物为常绿或落叶阔叶林。土层深厚，一般厚度在100cm以上，腐殖质层厚20cm，土壤多团粒结构，疏松、湿润、肥沃，pH值5～5.5。立地条件好，檫树生长迅速。乐平市五峰山林场17a生胸径26～28cm，树高年平均生长可达1m左右，冠幅发达，叶色浓绿。

(2)坡地类型　多见于海拔100～200m的山坡中下部或缓坡地，土层厚50～100cm，粒状或块状结构，稍松，潮湿，pH值5.0。分宜县6a生檫树纯林树高年平均生长量1.5m，胸径年平均生长量1.7cm。

(3)山脊类型　主要在山坡上部至分水岭地带。土层浅薄，干燥贫瘠，坡向多为阳坡。水肥条件差，檫树生长不良，叶片常呈枯黄。乐平市五峰山林场一片属于本类型的檫树纯林，树龄11a，平均树高7.4m，平均胸径10cm，且部分植株死亡。

(4)岗地类型　多为第四纪纪黏土母质的红壤，水肥条件差，光照强，林缘木常出现日灼。由于7、8月气温高雨水少的原因，常发生大量落叶，易遭早霜为害。

➢经济意义　檫树生长迅速，材质优良，木材坚硬细致，纹理美观，不翘不裂，富有弹性，抗压性强。用途广泛。是优良的造船用材，也是建筑、桥梁、家具和农具的上等用材种子梓油含量高(20%)，可用于制造油漆和作为聚氯乙烯塑料配方，增加耐热，耐光等性能。树皮和根含有5%～8%的鞣质，可供鞣皮制革。檫树树形高大挺拔，晚秋红叶悦目，是理想的风景树种。

➢资源保存与利用　檫树是一个生长快、材质好的速生、优质、高产的优良树种，枝叶繁茂、落叶量大，对改善生态环境，恢复地力有着良好的作用。江西是檫树的中心分布区之一，有适合檫树的生长环境，发展潜力很大。靖安县雷公尖垦殖场有成片天然檫树林。乐平市五峰山林场8a生檫树，平均树高14.85m，平均胸径12cm，单株优势木高达15.61m，胸径16cm。

发展檫树，首要条件必须提供足够种子数量和提高种子质量。檫树种子成熟期不一致，采种十分困难。20世纪70年代，江西省各地选出一批檫树优树，陆续营建母树林66.67hm^2多，并提高了檫树种实的处理与贮藏水平，对发展檫树人工林起了积极的推动作用。江西的檫树种子成熟期一般在7月上中旬，且成熟期很不一致，成熟一批脱落一批，又易遭鸟类啄食，因此要及时分批采种，及时处理种子，并置于低温高湿条件下进行贮藏。

营建檫树母树林要选择光照条件好，土壤深厚、肥沃、排水良好，交通方便的地方。2008年完成的林木种质资源调查，全省共选出檫树优良林分3块，优树8株。

4.1.18　闽楠 *Phoebe bournei*（樟科）

闽楠是一种珍贵的速生用材树种，常绿乔木，高可达40余米，胸径1.5m，被列为国家二级保护植物。

➢生物学特性　闽楠为亚热带常绿阔叶树种，喜湿耐荫。寿命长、病虫害少。要求温暖、湿度大，风小、雨水丰沛的气候条件和土层深厚、肥沃、湿润、排水良好的土壤，能耐间隙性的短期水浸。

闽楠为耐荫性树种，特别是在幼龄期隐藏在荫暗的杂木林林冠下，生长很慢，到后期生长迅速。幼年期顶芽发达，顶端优势显著，至壮年期顶端优势逐渐减弱，树高生长减缓，侧枝向外扩展，树冠变为钟形。

深根性树种，根系较发达，根部有较强的萌生力。萌芽力较强，主干受损伤后，常形成分叉木。

➢资源分布　闽楠在浙江、福建、湖南、贵州、四川等省海拔1000m以下的沟谷、山坡及河边台地，呈零星及小片分布。江西省赣南和赣东北山区海拔500～600m处有零星分布。多生于沟谷、溪旁或山坳阔叶树林中，常与糙叶树、红皮树、青冈、杭州榆、三角枫等树种混生。

➢经济意义　闽楠树干通直，心材狭，淡灰绿色；边材宽，淡黄或黄褐色，木材芳香而耐久，四季常青，是优良的四旁绿化树种。闽楠的木材加工容易，切面光滑，色纹美观，油漆、胶黏性能良好。为上等建筑、家具及装饰用材，并适合于胶合板、造船、车辆、文体用具、仪器箱盒等用途。

➢资源保存与利用　2008年完成的林木种质资源调查，全省共选出闽楠优良林分7块，优树9株。

4.1.19　木荷 *Schima superba*（山茶科）

亦称荷木，属山茶科，有红荷木、银荷木、竹叶荷木等品种，夏天开白花、芳香四溢。

➢生物学特性　木荷适应春夏间多梅雨、夏季炎热多雨、冬季温暖的气候。它对土壤的适应性强，凡酸性土壤，如红壤、红黄壤、黄壤、黄棕壤均可正常生长。在土层较疏松，呈酸性的沙壤土生长良好，在肥厚的土地上生长迅速，但也耐瘠。幼树耐荫、大树喜光。

➢资源分布　常绿乔木，高达30m，胸径1m。江西省各地广有分布，在海拔150～1500m

的山谷、林地均有种植及自然分布。多见于低山丘陵，常与马尾松或壳斗科、樟科等常绿阔叶树种混生。

➢经济意义　木荷为我国珍贵的用材树种，树干通直，材质坚韧，结构细致，耐久用，易加工，是纺织工业中制作纱锭、纱管的上等材料；又是桥梁、船舶、车辆、建筑、农具、家具、胶合板等的优良用材；树皮、树叶含鞣质，可以提取单宁。树冠浓密，叶片厚革质，可以阻隔树冠火，是林区防火线的主要造林树种。

➢资源保存与利用　江西全省均有天然分布或人工栽植(作为林区防火线或与马尾松混交)。宜春市、鹰潭市、吉安市等木荷中心产区，每年可提供大量木荷种子。

根据种源试验初步结果，木荷苗期与幼林生长量，不同种源之间差异非常显著，低纬度的南部种源生长速度要大于高纬度的北部，所以在选择种源时，应尽量选择南部种源的种子，以期提高生长量。

2008 年完成的林木种质资源调查，全省共选择木荷优良林分 117 块，优树 108 株。

4.1.20　桉树 *Eucalyptus* spp.(桃金娘科)

桉树系桃金娘科桉属常绿乔木树种，原产大洋洲，计有 700 余种(包括变种)。是世界上最高的树。

➢生物学特性　喜光，喜湿，耐旱，耐热，畏寒，对低温很敏感。有些种起源于热带，不耐 0℃以下低温；有些种原生于温暖气候地带，能耐 -10℃低温。大多数要求年平均气温 15℃以上，最冷月不低于 7~8℃。

➢资源分布　我国引种桉树已有百余年历史，江西引种有 110 多种。主要分布在吉安以南的地区。

➢经济意义　桉树生长快，适应性强，材质好，用途广，经济价值高的有 60 多种。有的木材坚硬而耐久，加工性能良好，可作建筑、家具等用材；有的是庭园绿化的良好树种，由于种类繁多，花期各异，是很好的蜜源植物；不少种类的叶子可以蒸油和浸提栲胶，提炼黄酮类化合物——生长激素。

➢资源保存与利用　早在 1914 年，南昌市东湖附近的一批私人庭院开始种植桉树，后因冻害而没有存活。1915 年，赣州市和南康、大余等县(市)的天主堂开始在院内作为观赏树栽培。由于生长迅速，树姿优美，很快为人们所青睐，陆续在一些公路、医院、公园、学校、住宅以及河流两岸、乡村道路种植。据调查，目前江西引种栽培桉树的有 40 多个县(市)，包括赣州市、上饶市和新余市各县，吉安市的万安、遂川、泰和县，宜春市的清江、高安、万载县，抚州市的东乡、临川县(区)，九江市的永修县，还有景德镇市和鹰潭市，种植数量最多的是南康市和贵溪市。2008 年完成的林木种质资源调查，全省共选出桉树优良林分 3 块，优树 41 株。

4.1.20.1　在江西表现良好的桉树种类

为了了解各种桉树的适应性和生长表现，赣南树木园从 1977 年 8 月开始陆续引入桉树 100 多种，现保存 88 种，面积约 1.33hm^2。据调查，生长表现良好的有 8 种：斜脉胶桉 *Eucalyptus kirtoniana*、柳叶桉 *E. saligna*、纤脉桉 *E. leptophleba*、多花桉 *E. polyanthermos*、赤桉 *E. camaldulensis*、细叶桉 *E. tereticornis*、粉花细叶桉和朴鲁莱桉。赣州市林业科学研究所还对桉树的抗寒性进行了调查，认为在江西抗寒性能较强，生长较快，干型较直的有赤桉、渐尖赤桉、垂枝赤桉、短咀赤桉、钝盖赤桉、白皮桉、斜脉胶桉、直杆蓝桉 *E. maideni*、蓝桉 *E. globulus*、阔叶赤桉、广叶桉 *E. amplifolia*、细叶桉、海绿细叶桉、阿尔及利桉、大余 5 号桉和池江 8 号桉等。

4.1.20.2　江西桉树主要立地类型

(1)平原桉树　贵溪市林业科学研究所 1966 年在平坦的万亩山营造赤桉、渐尖赤桉 64hm^2

(现存13.3余公顷)。土壤为红砂岩发育的厚层红壤。林龄15a，平均树高14.5m，平均胸径20.1cm，最高20m，最粗28cm，活立木蓄积217.5m^3/hm^2。林内灌木和杂草稀少，主要有黄栀子、算盘子、马兰、六月雪、画眉草、白茅、八月草和鹧鸪草等。

(2)低丘桉树 赣州市(章贡区)峰山林场1978年在海拔200m的山坡中下部营造以赤桉为主的桉树林1.3hm^2多，坡向南，坡度25°，土壤为千枚岩发育的厚层山地红壤。林龄4a调查，赤桉平均高4.5m，平均胸径4.4cm。林冠下有零星分布的菝葜、金樱子、算盘子、芒萁、铁扫帚、八月草、画眉草、芒和白茅等。

从"十五"期间开始，一些拥有经济实力和技术实力的大型人造板企业以实施"林纸一体化"的经营模式，在赣南一些有条件的县租赁山场，大规模营造桉树林，总面积规划为66.7万hm^2，其中金光集团、阳光集团、绿源人造板有限公司和江西高峰生态农林开发有限公司等占有主要的造林份额。金光集团将赣南18个县(市、区)区划为8个基地林场，全面实施40万hm^2桉树造林计划。用于造林的桉树主要具有耐寒性和速生性，经过试验选择出从四川省林业科学研究院和福建的漳州、永安引入的巨桉、邓恩桉和柳叶桉，其中巨桉高平均年生长量超过3.5m，最高达5m，主伐期为6~7a，2006年开始全面推行组培苗造林。

(3)四旁桉树 四旁种植桉树，在江西南部、东北部地区比较普遍。据赣州市林业科学研究所调查，贵溪市在机耕道两旁单行种植的赤桉和渐尖赤桉，15a生，平均树高12m，平均胸径28.6cm。赣州市公路一侧种植的细叶桉、渐尖赤桉和窿缘桉，15a生平均树高15.2m，平均胸径19.8cm。经过几十年的引种驯化，赤桉和窿缘桉已成为赣南桉树四旁造林的当家树种。

本树种也是外来树种之一，同时被收录在本书的"4.7 引种驯化与野生树种驯化种质资源"章节内，详见4.7.3.24中对桉属的详细描述及其在江西的引种驯化情况；本树种也可作生物能源树种，同时被收录在本书的"4.5 生态型树种种质资源"章节内，详见4.5.6.3。

4.1.21 枫香 *Liquidambar formosana*(金缕梅科)

别名有枫香树、枫树、红枫和路路通。枫香树高可达30m，胸径可达1m。

➢生物学特性 枫香生长迅速，平均每年高生长0.7~1.2m，深根性，性喜阳光，也能耐荫，抗风、抗寒。喜生于肥沃、湿润的中性及酸性土壤，宜微酸性至中性的土壤，但在瘠薄沙砾土或黏重黄泥土上也能生长。耐最低温度-18℃，萌芽力及天然更新能力强。

➢资源分布 广布于黄河以南，西至四川、贵州，南至广东，东至台湾。江西省山区、丘陵、平原均有分布，村旁、路边到处可见。在山区海拔1200m以下的山坡，山脊或沟谷地带均有生长，常与马尾松、栎类、鹅耳枥、苦槠等混生，偶有片状优势林分。古庙和林旁亦常保留有枫香古木。

➢经济意义 枫香树形高大美观，枝叶浓密，生长迅速，主根深扎，根系发达，适应性与马尾松相似，是阔叶树中优良的造林先锋树种。

枫香木材旋切可作胶合板及供茶叶箱、食品箱、家具等用。叶可饲天蚕和樟蚕。树皮可割取枫脂作香料，又可供药用。枫香果具有祛风除湿功效，又治腰腿痛、荨麻疹等病症。枫香耐火，可作防火林带；秋季叶片红色，是良好的园林绿化树种。

➢资源保存与利用 目前，南京林业大学在国内首次开展中国枫香用材和观赏性新品种选育研究，花费6a多时间，选育出新品种75个，优良家系30多个。江西省枫香多为四旁散生，或天然混交状态，应建立基因保存库，有计划地进行遗传改良。2008年完成的林木种质资源调查，全省共选出优良枫香林分62块，优良单株136株。

4.1.22 杨树(加杨) *Populus × canadensis*(杨柳科)

杨柳科杨属植物落叶乔木的通称。全属有100多种，主要分布在中国(江苏大丰杨树基地)，欧洲(东非林场)，亚洲，北美洲的温带、寒带以及地中海沿岸国家与中东地区。中国有50多种。杨属中又分为5个派：胡杨派、白杨派、青杨派、黑杨派、大叶杨派。加杨属黑杨派。

➤生物学特性　加杨为美洲黑杨×欧洲黑杨的杂交后代。喜光，要求温带气候，具有一定的耐寒能力。对水分要求十分严格，因其光合作用和蒸腾作用比其他阔叶树均高。杨树种子极易丧失发芽力，宜随采随播。在含腐殖质多的砂壤土上播种育苗。杨树育苗更多的是无性繁殖法。欧美杨为容易生根品系，宜扦插育苗。

➤资源分布　杨树在我国分布很广，从新疆到东部沿海，北起黑龙江、内蒙古到长江流域都有分布。不论营造防护林还是用材林，杨树都是主要的造林树种。尤其近10a来，我国杨树造林面积不断扩大，已成为世界上杨树人工林面积最大的国家。

➤经济意义　杨树是我国栽培历史悠久的乡土树种，它易繁殖、易栽植、成林快、轮伐期短，木材用途广泛，防护功能强。杨树作为一种常见绿化树种和短周期工业原料树种，被认为是再生工业能源最有前途的树种之一，以其适种区域广，见效快，效益高等优点，深受广大生产者和经营者的青睐。

➤资源保存与利用　适于江西发展的杨树品种：

(1)美洲黑杨 *Populus deltoides* 品种

①南林351杨：生长快，树干通直圆满，材质优良，抗病性和适应性强。在江苏泗阳，5a生树高达19.7m，胸径27.3cm，平均单株材积可达0.4513m^3，超过I-69杨26.1%。树冠窄，为单板用材优良品种。

②中林725杨：生长快，干形通直圆满，抗溃疡病和天牛，耐水淹。5a生树高达15.8m，胸径20.7cm，平均单株材积可达0.2057m^3。树冠窄，侧枝细，是纸浆材、板材的优良品种。

(2)欧美杨 *P. euramericana* 品种

①南林895杨：生长快，干形通直圆满，木材品质优良，耐瘠薄，耐盐碱，抗褐斑病和溃疡病，适应性和遗传稳定性较强。7a生树高24.1m，胸径32cm，单株材积0.4613m^3，超过I-69杨53.2%，为目前理想的单板用材新品种。

②南林95杨：类似于南林895杨，也是单板用材新品种。但生长量略次，而育苗成活率和造林成活率略高于南林895杨。

③南林447杨：类似于南林895杨，也是单板用材新品种，生长速度与南林95杨相当，耐水性高于南林95杨。湿心材比例小，是目前所有杨树栽培树种中最低的一个品种，比I-69杨低30%。

杨树种植应选择湖滩、河滩地及河流、渠道两岸和地下水位1.5~2m，最高地下水位不应超过0.8m；土壤有效层厚度应大于50cm，最好在80cm以上；土壤质地以壤土或砂壤土为好。林地最好没有季节性淹水或积水，以利于杨树速生性状的发挥。

通过施肥、抚育及病虫害防治等措施，杨树7a生树高可达24m，胸径为32cm，单株材积为0.4613m^3。纤维用材林可以主伐，10a一个轮伐期，可产优质单板杨木1~1.2m^3/hm^2。2008年完成的林木种质资源调查，全省共选出意杨优树28株。

本树种也是外来树种之一，同时被收录在本书的“4.7　引种驯化与野生树种驯化种质资源”章节内，详见4.7.3.31。

4.1.23　柳 *Salix* spp.(杨柳科)

杨柳科柳属植物的通称。全属有500多种，主要分布在北半球温带地区。中国有257种120个变种和33个变型，以西南高山地区和东北3省种类最多，其次是华北和西北，纬度越低种类越少。造林树种主要有旱柳、垂柳和白柳等。

➢生物学特性　柳树，枝条细长而低垂，褐绿色，耐寒，耐旱，喜温暖至高温，日照要充足。

➢资源分布　柳树是我国平原地区重要的造林绿化树种，已有3000多年的栽培历史。江西赣中地区是柳树的适生地，但是柳树种类较多，立地条件要求各异。

➢经济意义　乔木柳主要用于营造用材林，农田防护林，江河、湖滨洪水泛滥的防浪林；柳树还是重要的造园观赏和四旁绿化优良树种。值得一提的是柳树的抗逆性很强，有些立地条件恶劣，难以为工业、建筑、农业等利用的土地，都能正常生长发育。

➢资源保存与利用　江苏省林业科学院经过数十年对柳树种间、种内不同地理种源杂交，属间远缘杂交与回交，并经过杂种第一代实生群体的表型选择、无性系测定和无性系区域试验研究，选育出了冠窄、枝叶浓密具有强壮主干生长优势、材积生长量遗传增益高且耐水湿的若干乔木柳优良无性系。其中适宜江西的江、河、湖滨、滩地、平原地区推广栽培的无性系有以下3个：

(1)苏柳172　苏柳172是(垂柳×白柳)×漳河旱柳的杂种无性系，雌株，枝叶浓密，早期速生。5a生平均树高9.17m，平均胸径16.16cm，材积年平均生长量1.2m^3/hm^2，材积遗传增益达100%。

(2)苏柳194　苏柳194是(旱柳×钻天柳)×漳河旱柳的杂种无性系，雄株，分枝斜上，冠窄，主干通直。5a生平均树高8.83m，平均胸径11.9cm，材积年平均生长量0.75m^3/hm^2，材积遗传增益为57.54%。此无性系的木材力学性质较好。

(3)苏柳333　苏柳333是垂柳×漳河旱柳的杂种无性系，雌株，枝叶浓密，小枝略下垂，早期速生。5a生平均树高12.3m，平均胸径13.7cm，材积年平均生长量0.89m^3/hm^2。

在长江沿岸，鄱阳湖滨海拔16～18m的低湿沼泽地、常被洪水淹没的滩地，实践证明不适宜栽种杨树，而栽植乔木柳却能正常生长。

4.1.24　拟赤杨 *Alniphyllum fortunei*(安息香科)

安息香科赤杨叶属，别名水冬瓜。

➢生物学特性　属落叶乔木植物、高达15m。树皮暗灰色，其上多灰白色的块斑。叶椭圆形至矩圆状椭圆形、有时略带倒卵形，边缘具细锯齿，老叶无毛或下面密生星状短毛。花白色带粉红色，多朵成总状或圆锥花序，具长4～5mm的梗。蒴果长10～18mm，成熟时5瓣开裂。种子两端有翅，连翅长6～9mm。

➢资源分布　拟赤杨主要分布于江西、浙江、福建、湖南、湖北、四川、广东、广西、云南、贵州及台湾等地。江西省婺源、德兴、铜鼓、宜丰、靖安、资溪、上犹、龙南等地有较多分布。常与青冈、泡花树、杜英、枫香、栲类、南酸枣、木荷、光皮桦等阔叶树混生，是亚热带常绿阔叶林中常见的落叶树种。海拔300m以下的山洼、山谷、水沟旁、边坡地带常有天然下种的小片纯林。在拟赤杨的自然分布区，主要是天然下种更新。

➢经济意义　拟赤杨是亚热带树种，生长快，干形通直，材质轻软，切削容易，胶黏性能好，是胶合板和造纸的优良原料；也是制造火柴杆、冰棒棍、板料、铅笔杆、包装箱等的良好用材。

➢资源保存与利用　近20a来，江西省吉安、德兴、婺源，浙江建德、福建松溪、建瓯等地在海拔500m以下的低山丘陵地区，营造了一定面积的拟赤杨人工林。江西武功山28a生拟赤杨林木，树高21.3m，胸径34cm，单株材积0.8m^3。

2008年完成的林木种质资源调查，全省选出拟赤杨优良林分37块，优良单株15株。

4.1.25　桤木 *Alnus cremastogyme*(桦木科)

➢生物学特性　桤木喜温、喜光、喜湿、耐水，根上着生根瘤，生长迅速，能耐－13℃的低温，在土壤和空气温度大的地方生长良好，在土质较干燥的荒山、荒地亦能生长。对土壤酸碱度要求不严，砂岩、石灰岩发育的酸性黄壤，紫色砂页岩发育的酸性、中性和微碱性紫色土壤均能适应。桤木结实量大，种子飞散广，一般散落在100m内，遇风可达500m，发芽快，天然更新能力强。

➢资源分布　桤木自然分布于四川盆地，常见于海拔1200m以下的丘陵地和平原区。安徽、湖南、湖北、江西、广东、江苏及陕西等地均有栽培。

➢经济意义　桤木木材淡红褐色，心材边材区别不显著，材质松软，纹理通直，耐水湿，是水工设施、坑木、矿柱、胶合板、中纤板的良好用材，亦可用作民用建筑、家具、农具、火柴梗、铅笔杆等；树皮果实富含单宁，可提取栲胶。还可以代替青冈繁殖食用菌；桤木叶、嫩尖有治腹泻、出血的功效。

桤木根系发达，根瘤多，最大的根瘤束有小瘤30多个，最大根瘤直径5cm，重8g。经分离，多数为固氮杆菌。根瘤中含氮3.07%，每100株桤木的根瘤平均每年能给土壤增加相当于15kg左右的硫酸铵肥效的氮素。有试验表明，用桤木叶压田，用嫩叶250～300kg/hm^2，可增产30%～40%。

➢资源保存与利用　江西宜春市、上饶市、九江市和吉安市的许多县(区)种植了桤木人工林。江西省铜鼓县20世纪80年代初期从四川引种，经过20多年的栽培推广，表现了桤树在原产地的优良特性，生长良好。铜鼓县还在退耕还林工程项目中大力推广桤木，积极发展工业原料林、食用菌林和水土保持林等重点项目，许多地方还用桤木营造行道树，收到很好效果。

2008年完成的林木种质资源调查，全省选出桤木优良林分6块，优良单株2株。

4.1.26　栲树 *Castanopsis fargesii*(壳斗科)

壳斗科栲属，为常绿阔叶树种。常被称为“栲槠”，德兴市称为“黄鳝栲”，赣南称为“叶下黄”。

➢生物学特性　落叶乔木，高达25m，胸径1m。树皮灰褐色，鳞状开裂。芽有短柄，小枝无毛。叶长椭圆形，边缘有疏锯齿。喜光和温暖气候，适生于年平均气温15～18℃，降水量900～1400mm的丘陵及平原。对土壤适应性强，喜水湿，多生于河滩低湿地。根系发达有根瘤，固氮能力强，速生。春季开花，雌雄同株，柔荑花序单生于新枝叶腋。果穗悬垂，构造略同赤杨。

➢资源分布　栲树是我国南部起源古老的树种之一，也是组成江西地带性植被常绿阔叶林的主要树种。以栲树为优势树种的栲树林分布遍及江西全境，以中部和南部最为普遍。垂直分布在海拔100～1000m的丘陵和山地，多生长于山坡、沟谷。其主要立地类型有：

(1)低丘类型　德兴市大茅山八十源林场，海拔300m，坡度20°～25°。土壤为页岩发育的厚层红壤，潮润肥沃，排水良好。21a生平均树高16.9m，平均胸径23cm。伴生树种有甜槠、乌楣栲、木荷、虎皮楠等。

(2)岗地类型　海拔100m以下，土壤为砂岩发育的厚层红壤，排水良好，土壤较肥沃。5a生平均树高4.5m，平均胸径6cm，生长一般良好。

➢经济意义　栲树干形通直圆满，尖削度小，木材材质中庸，纹理通直，加工容易，刨面光滑，有光泽，是建筑、家具、农具等良好用材；枝干、木屑又是培养食用菌类的优良材料。栲树种子富含淀粉，味甘甜，可供食用，酿酒或加工食品。

➢资源保存与利用　栲树生长迅速，分布范围广，适应性较强，木材材质好，是良好的用材树种。果实富含淀粉，是很好的木本粮食。特别是栲树树势高大，枝繁叶茂，在保持水土、水源涵养、改善自然环境、维护生态平衡方面有着重要的作用，应积极保护好现有的天然栲树林。2008年完成的林木种质资源调查，全省选出栲树优良林分58块，优良单株39株。

4.1.27 麻栎 *Quercus acutissima*(壳斗科)

壳斗科栎属落叶阔叶树种，寿命长，可达500~600a。

➢生物学特性　喜光树种。不能在林冠下生长，在混交林及密林中生长迅速，干形良好。深根，抗风能力强。能在干旱瘠薄的山地生长，在湿润、肥沃、深厚和排水良好的中性至微酸性土壤上生长最好。与其他树种混交能形成良好的干形，深根性，萌芽力强，但不耐移植。抗污染、抗尘土、抗风能力都较强。花期3~4月，果期翌年9~10月。麻栎在平均气温10~16℃，年降水量500~1500mm的气候条件下均能生长。不耐水湿，抗火、耐烟能力强。萌芽性强，萌蘖留养4~6a后即能郁闭成林。在山区或丘陵，常与马尾松、枫香、栓皮栎、柏木、槲树和酸枣等形成混交林，或形成小面积纯林。

➢资源分布　江西北部山区、丘陵均有分布，海拔800m以下较为常见。其主要立地类型有：

(1)丘陵类型　玉山县东塔山，海拔145m，坡度5°~25°。土壤为千枚岩发育的山地红壤，含石砾较多，表土层薄，呈酸性反应。立地条件的差异对麻栎生长的影响较为显著。在相同海拔的情况下，位于山下部土层深厚的麻栎，10a生平均树高9.3m，平均胸径9.1cm，而生长在山坡上部，土层较瘠薄的麻栎，10a生平均树高仅6.6m，平均胸径5.6cm。

(2)四旁类型　江西铁路部门曾于20世纪50年代在浙赣线的上饶和鹰潭路段，沿铁路两侧成带状种植麻栎护路。由于生境条件好，保护得当，28a生麻栎平均树高17.6m，平均胸径18cm(优势木胸径为22~25cm)。

➢经济意义　麻栎木材优良，用途广泛，是我国著名的硬木阔叶树用材。木材气干容重0.916~0.956g/cm^3，顺纹压力极限强度566~791kg/cm^2。材质坚硬，抗弯强度和弯曲弹性模量都很高，耐腐、耐湿、耐磨，材色悦目，花纹美观，尤宜作车轴、枕木、器械把柄等用材。枝桠、木屑可培养香菇、木耳、银耳、灵芝等珍贵食用菌及药材。壳斗与树皮含鞣质，可提取栲胶。种子富含淀粉，每100kg种子可酿酒35kg，作饲料每100kg栎实相当于80kg玉米的育肥效果。嫩叶可饲养榨蚕。种子、叶片和树皮可入药。

➢资源保存与利用　麻栎木材强度高，用途广，经济价值大，在江西分布广泛，亦有一定的栽培试验，具备良好的发展麻栎的条件。麻栎根深叶茂，根系发达，萌芽力强，既可抗风、抗烟及抗火力强，又可保持水土，是营造防护林的优良树种。此外，还可以培育矮林，饲养榨蚕，亦可经营疏林，扩大冠幅，生产果实。在丘陵缺薪地区，可以营造薪材两用林。

本树种也是生物能源树种之一，同时被收录在本书的“4.5　生态型树种种质资源”章节内，详见4.5.6.2。

4.1.28 栓皮栎 *Quercus variabilis*(壳斗科)

栓皮栎又称软木栎，以树皮具有发达的栓皮层而得名。是我国重要的用材树种。

➢生物学特性　栓皮栎，落叶乔木，高达25m，胸径1m；树冠广卵形。树干多，灰褐色，深纵裂，木栓层特厚。小枝淡褐色，无毛；冬芽圆锥形，叶长椭圆状披针形，长8~15cm，先端渐尖，基部楔形，缘有芒状锯齿，背面被灰白色星状毛，雄花序生于当年生枝下部，雌花单生或双生与当年生枝叶腋。总苞杯状，鳞片反卷，有毛。坚果卵球形或椭圆形。花期5月；果翌年9~10月成熟。

➢资源分布　栓皮栎遍布于我国秦岭以南、五岭以北各地。是我国暖温带落叶阔叶林、亚热带常绿阔叶林的主要组成树种之一。栓皮栎对气候适应性广，在分布区内，能耐绝对低温-18℃。对土壤要求不严，酸性土、中性土、钙质土，pH值在4~8之间均能生长。以向阳缓坡或山坳，土层深厚肥沃，排水良好的壤土和砂壤土生长最好。

➢经济意义　栓皮栎是我国重要的用材树种，树皮为木栓，可制软木，是工业的重要原料；栎炭火力强且耐久，是良好的薪炭材；根系发达，适应性强，能改良土壤；栓皮栎具有抗旱、抗火、抗风的特性，树皮不易燃烧，是营造水源涵养林和防火林的优良树种；枝干可培养食用菌；种实是良好的饲料；种壳可制活性炭，壳斗含单宁，是栲胶和提取黑色染料的原料；叶可养蚕。

➢资源保存与利用　栓皮栎在江西省天然混交林中，多与其他栎类混生，石灰岩山地较为常见。栓皮栎萌芽力强，至老龄而不衰退，经3次砍伐的根株仍能更新成林。樟树市试验林场栽培有小面积栓皮栎人工林，其他地方栽培较少，天然林内往往有栓皮栎散生其中。

4.1.29　格氏栲 *Castanopsis kawakamii*(壳斗科)

别名青钩栲、赤枝栲、吊皮锥、赤栲，分布在我国东起台湾，西至广西的地带。20世纪30年代，英国人格瑞米从我国广东采集到标本，定名为格氏栲。

➢生物学特性　为常绿乔木，树冠浓密，开黄花。

➢资源分布　格氏栲为我国南方一种速生珍贵树种，江西省各地均有分布，海拔200～1000m的天然林内，常有木荷伴生，其他还有酸枣、枫香、甜槠、米槠、槠树等混生。

➢经济意义　格氏栲材质好，宜培育大材，很耐腐蚀水湿，是造船、桥梁、坑柱、水工、枕木和家具的上等材；坚果可食，种子含淀粉35%～40%。壳斗和树皮富含单宁，为栲胶原料。

➢资源保存与利用　格氏栲萌芽能力强，有的伐根上2～3根萌条均长成大树。格氏栲适应性强，对土壤要求不严，一般杂木林采伐迹地，大芒地、苦竹山及凡可栽杉木的立地条件均可种格氏栲。江西省的自然保护区及国有林场的天然混交林中多有格氏栲散生。一些荒废的竹林、油茶林和撩荒地上经过天然下种也会逐渐形成以格氏栲为主的天然林分。2008年完成的林木种质资源调查，江西选出格氏栲优良林分12块，优良单株11株。

4.1.30　山杜英 *Elaeocarpus sylvestris*(杜英科)

山杜英为常绿大乔木，适用性强，生长快，繁殖容易，病虫害少，是优良的速生阔叶树种。别名羊屎树、胆八树、杜莺等。

➢生物学特性　常绿乔木，高达10m。树皮灰褐色，通常条裂(杜英不裂)。小枝无毛，红褐色。叶片纸质，倒卵形。稍耐荫，喜温暖湿润气候，耐寒性不强，根系发达；萌芽力强，耐修剪；生长速度中等偏快。对二氧化硫抗性强。

➢资源分布　山杜英分布于热带、亚热带地区。在我国南方海拔1000m以下的肥沃黄棕壤或红黄壤上，常与杨桐、木荷、白栎、钩栗、米槠、山矾等混生。若在平原栽植，必须排水良好。

➢经济意义　山杜英木材暗棕红色，材质坚韧，纹理通直，结构细密，可供制作各种用具和室内装饰等用材；果可食用，种子可榨油，供制肥皂和润滑油；树皮可造纸，也可提取栲胶。因其树体一年四季常挂几片红叶，一株树叶红红相映，颇具特色，增添了树态的美色和喜气，是庭园观赏和四旁绿化的优良树种。

➢资源保存与利用　根据采自江西14个(德兴、修水、婺源、贵溪、资溪、乐安、安福、永新、遂川、上犹、崇义、信丰、龙南和全南)不同产地的山杜英种源，分别在赣南的信丰、赣中的安福、赣东北的德兴育苗结果来看，3个育苗点都以赣中以南的龙南、全南、信丰、遂川4个种源生长最快。所以选择山杜英种子育苗时，应尽量选用南部种源。

4.1.31　臭椿 *Ailanthus altissima*(苦木科)

别名椿树、樗，因叶基部腺点发散臭味而得名。属于苦木科，原产于中国东北部、中部和台湾。生长在气候温和的地带。这种树木生长迅速，可以在25a内达到15m的高度。但寿命较短，极少生存超过50a。

➤生物学特性　臭椿为落叶乔木，树高可达30m，胸径达1m以上。它是深根性树种，主根发达，极喜光，喜干燥温凉气候，能耐47.8℃的高温和-35℃的低温。

➤资源分布　臭椿不耐水湿，平原、丘陵、山地土层深厚，微酸性、中性和石灰性土壤，排水良好的中、沙、壤土生长最好，沙土次之，能耐盐碱，重黏土和水湿地生长不良。分布几乎遍及全国各地，江西各地有分布，如武夷山、怀玉山海拔200~1400m的山沟谷、溪旁有生长，常与冬青、木荷、青冈、紫楲、楠木等树种混生。

➤经济意义　臭椿对病虫害的抗性较强，病虫害较少，对烟尘和二氧化硫等有害气体具有很强的抗性，为世界上有名的抗污染树种；臭椿树冠开张，叶大荫浓，生长快，秋季红果满树，树冠高大通直，有"天堂树"之称，是优良的观赏树种；臭椿木材轻韧，有弹性，纹理美观，易加工，耐腐蚀，可作家具、农具及建筑材料等；木材纤维含量约占总干重的40%，纤维长，是优良的造纸原料；叶可养樗蚕和作饲料；种子榨油，含油率30%~35%，可用于制皂、油漆和防腐；根皮种实均可入药，有利湿、清热、收敛止泻之功效。

➤资源保存与利用　臭椿目前在江西少有规模性造林，一般采用带干造林或截干造林技术。混生或散生的状态居多。

本树种也是野生乡土树种之一，同时被收录在本书的"4.7　引种驯化与野生树种驯化种质资源"章节内，详见4.7.4.8。

4.1.32　苦楝 *Melia azedarach*（楝科）

苦楝为楝科落叶乔木植物，高10~20m。树皮暗褐色，纵裂，老枝紫色，有多数细小皮孔。生于旷野或路旁，常栽培于屋前房后。

➤生物学特性　苦楝喜光，不耐庇荫，喜暖不耐寒，对土壤要求不严，在酸性土、中性土、钙质土以及含盐量在0.46%以下的盐碱土上都能生长。耐干旱、瘠薄，侧根发达，防风固沙能力强。

➤资源分布　苦楝在我国黄河流域以南，长江流域各地，以及福建、广东、广西和台湾等省（自治区）均有栽培或野生，低山、丘陵、平原多见。江西各地均有分布，是优良的乡土树种。海拔200m以下的丘陵、岗地、河滩地、坡耕地、盐碱地、石灰地都有苦楝栽植。

➤经济意义　苦楝材质轻软坚韧，纹理粗而美丽，有光泽，为制造家具及建筑、农具、栓柄、船舶和乐器等用材。果肉含岩藻糖，可酿酒，果核出油率17.4%，种子含油率42.17%，可榨油，供制油漆，润滑油，肥皂等；果实入药，还可作为羊饲料，种子随粪便排出仍可发芽；树皮可提取苦楝素，可驱蛔虫和蛲虫；树皮含鞣质7%，叶亦含鞣质，可提制栲胶，树皮纤维可制人造棉及造纸。

➤资源保存与利用　苦楝在江西省多在四旁及山脚、低丘和田边等地以散生的状态人工栽植或天然生长。赣州市林木种苗站曾开展过苦楝（小范围）种源试验，中国林业科学研究院林业研究所2005年开展全国性苦楝种源试验，曾在江西省南昌县采集苦楝种源家系30个。

4.1.33　南酸枣 *Choerospondias axillaris*（漆树科）

南酸枣是漆树科的一种生长快速的用材树种。别名五眼果、四眼果、酸枣树、货郎果、连麻树、山枣树、鼻涕果、五眼铃子、花心木、啃死仔、山枣子。

➤生物学特性　落叶乔木、高达27m。杂性，雌雄异株，圆锥花序，花期4~5月，果期9~11月。果熟呈土（金）黄色，成熟后自动掉落，可存放20~40d。果核与果皮间有较薄白色果肉可食用，果肉酸带甜，靠果核处酸，黏滑黏稠(鼻涕果)。果核的顶端有五小孔(五眼果、四眼果)，核坚硬。种植时让果实平放，5个孔中在下方的会长出根，在上方的会长出茎。

➢资源分布　南酸枣在江西各地均有分布，多散生于土壤比较潮湿、肥沃的山谷或山脚阔叶林中，常与青冈、枫香、木荷、杜英、丝栗栲等树种混生。

➢经济意义　心材宽，边材狭，灰白色或浅黄褐色至浅红褐色。木材材质略轻软，强度中等，收缩率小，气干容重0.589g/cm^3，色纹美观，加工性质好，可供制农具、家具、乐器、车厢和一般建筑用材。

南酸枣果味酸甜，可生食，亦可酿酒。江西大余和万载等县利用南酸枣制成食品，开辟了良好的销售渠道，取得了显著的经济效益。南酸枣的种壳可做活性炭原料，树叶树皮可以提取栲胶。树皮和果还可以入药，消炎解毒，供火烫伤外用。茎皮纤维性好，可供造纸或制作绳索。

本树种也是野生乡土树种之一，同时被收录在本书的“4.7　引种驯化与野生树种驯化种质资源”章节内，详见4.7.4.10。

4.1.34　香椿 *Toona sinensis*(楝科)

别名为香椿树、香椿芽、香椿头、椿树芽等，是落叶乔木，树高可达25m，胸径75cm。

➢生物学特性　香椿喜温，适宜在平均气温8～10℃的地区栽培，抗寒能力随苗龄的增加而提高。用种子直播的1a生幼苗在8～10℃左右可能受冻。香椿喜光，较耐湿，适宜生长于河边、宅院周围肥沃湿润的土壤中，一般以砂壤土为好。适宜的土壤酸碱度为pH值5.5～8.0。

➢资源分布　香椿为暖温带及亚热带树种，生长迅速。它分布广泛，以河南、山东、河北各省栽培最多，江西各地均有分布。香椿对土壤要求不甚严格，在多种土壤立地条件下均可生长，但以土层深厚、肥沃湿润的砂质土壤上生长最快。香椿树耐水湿，多分布于溪谷、宅旁、冲积平原等土壤水分条件好的地方。

➢经济意义　香椿是群众熟知和喜爱的特有树种，栽培历史悠久。速生树种，木材纹理直而美观、坚直富有弹性，可供建筑、农具、家具等用。树冠庞大，枝叶繁茂、树干通直，可用于四旁绿化；也是优良的造船和建筑材料，有“中国桃花心木”之称。嫩芽幼叶营养丰富，具有香味，可供食用。其苗、根、树皮及果实均可入药，有收敛止血、去湿止痛之效。对葡萄球菌、肺炎球菌、伤寒杆菌、甲型副伤寒杆菌和大肠杆菌等均有抑制作用。根、皮有祛风利湿、止血镇痛的功能，对赤白久痢、痔漏出血和泌尿道感染等有明显疗效。也是抗肿瘤的良药之一。叶煮水能治疥疮风疹。种子含油率达38.5%。

➢资源保存与利用　江西成片栽培香椿很少，多为零星散生，近年来部分地方采用矮化密植的栽培方法营造香椿菜用林。根据香椿初出芽苞和幼叶的颜色可分为红香椿、褐香椿和绿香椿3种类型。红香椿和褐香椿树冠开张直立，树皮灰褐色，有光泽，香味浓郁，纤维少，油脂丰富，品味佳，是较好的菜用品种，也是主要材用树种。绿香椿树冠直立，树皮青灰或绿褐色，叶香味淡，含油脂较少，品质稍差。这些品种的椿芽具备脆嫩多汁、含油脂高、味甜、无渣，生食无苦涩味或轻苦涩味等特点。目前，生产蔬菜用的主要品种有红香椿、红芽绿、黑油椿、红油椿、苔椿、褐香椿、青油椿、红叶棒等。如营造短期用材林，5～6a可间伐生产小径材，同时，每株可收获椿芽3～5kg。8～10a可继续培育萌芽林，10～15a可长成高25～30m，胸径30cm。2008年完成的林木种质资源调查，全省共选出香椿优良林分3块，优良单株9株。

本树种也是野生乡土树种之一，同时被收录在本书的“4.7　引种驯化与野生树种驯化种质资源”章节内，详见4.7.4.9。

4.1.35 枫杨 *Pterocarya stenoptera*（胡桃科）

枫杨落叶乔木，高达30m，胸径达1m；幼树树皮平滑，浅灰色，老时则深纵裂；小枝灰色至暗褐色，具灰黄色皮孔；芽具柄，密被锈褐色盾状着生的腺体。

➢生物学特性　枫杨属深根性树种，主根明显，侧根发达，在肥沃的壤沙土上生长良好。枫杨萌芽力很强。但对有害气体二氧化硫及氯气的抗性弱，受害后叶片迅速由绿色变为红褐色至紫褐色，易脱落，二氧化硫危害严重时，叶片可在几小时内全部脱光。

➢资源分布　枫杨是我国长江中下游广泛分布的一种重要的乡土树种，垂直分布一般在海拔500m以下。枫杨对各种气候土壤条件的适应性较强，喜光、耐湿、喜温暖湿润环境，能耐贫瘠土壤，在酸性至微碱性土壤中均能生长。

➢经济意义　枫杨是经济价值和生态效益较高的速生用材树种。枫杨全身都是宝，其树体高大，姿态优美独特，枝繁叶茂，根系发达，可作行道树、庭荫树、公路绿化及固堤护岸防风树；枫杨木材色浅、质轻、少翘裂、易加工，可作家具、茶叶箱、火柴杆；树皮可提取栲胶，纤维可制麻袋、绳索、造纸，树皮和叶可作药用或制成农药，用于解毒、杀菌及灭钉螺等；果实可作饲料或酿酒，种子含油率28.83%，可榨制工业用油；其苗木还可用作核桃的嫁接砧木。

➢资源保存与利用　江西各地均有栽培，生长良好，河岸、溪滩、堤岸、水渠两旁及村宅、公路旁均有种植，但规模造林及产业化利用尚未多见。2008年完成的林木种质资源调查，全省共选出枫杨优良林分6块，优良单株28株。

4.1.36 喜树 *Camptotheca acuminata*（蓝果树科）

本属仅有1种，为我国特产，是一种暖地速生树种。

➢生物学特性　喜树为落叶乔木，性喜温暖湿润，不耐严寒干燥。在酸性、中性、弱碱性土上均能生长。喜树幼苗、幼树期耐荫，萌芽力强，生长迅速，抗病虫害能力较强，耐烟性不强。

➢资源分布　喜树主要分布于长江流域及南方各省（自治区），垂直分布多在1000m以下的山坡谷地，在石灰岩风化的土壤及冲积土上均生长良好。但在肥力较差的粗砂土、石砾土、干燥瘠薄的薄层石质山地便生长不良。

➢经济意义　喜树树干高大通直，树形美观，树冠宽阔，枝叶繁茂，花似小莲花，多用作四旁绿化树种。其木材结构细密均匀，材质轻软，可做食品包装箱、火柴梗、胶合板、家具、造纸等用材。

喜树全身含喜树碱，具有抗癌活性，是继红豆杉之后又一个重要的木本抗癌药用植物。其特点是组织越幼嫩，喜树碱含量越高，随着树龄增大，叶片中喜树碱的含量迅速降低；不同种源之间，喜树碱含量差异显著。

➢资源保存与利用　江西省多见于行道树，或四旁散生状态。据浙江省初步研究，萌芽能力强弱依次排列为浙江临安、开化、丽水，江苏南京林业大学，安徽东至等种源；幼树高生长量的大小依次为湖南长沙、福建南屏、武昌、浙江丽水、临安等种源。但喜树碱含量及其与树龄相关等尚未见系统报道。

2008年完成的林木种质资源调查，江西全省共选出喜树优良单株12株。

4.1.37 蓝果树 *Nyssa sinensis*（蓝果树科）

别名紫树，紫树属，是蓝果树科的一种生长较快的速生用材树种，落叶乔木，高达30m。

➢生物学特性　为喜光树种，喜温暖湿润气候，耐干旱瘠薄，生长快。树皮灰褐色，纵裂，成薄片状剥落；小枝紫褐色，有明显皮孔。叶纸质，椭圆形或卵状椭圆形，边缘全缘或微波状，表面暗绿色，背面脉上有柔毛。聚伞总状花序腋生，花小，绿白色。花期4～5月，核果矩圆形，蓝黑色。果期8～9月。

➤资源分布　蓝果树主要分布在长江以南地区的中亚热带常绿、落叶阔叶林内。

➤经济意义　蓝果树木材呈白色，带淡黄或浅黄褐带灰，在空气中久露则材色转深，心材与边材无甚区别。蓝果树木材纹理通直，结构颇细，质地轻软适中，收缩率小，气干容重0.519～0.615g/cm^3，不反翘，少开裂，切削容易，刨面光滑。适于农具、家具、箱板、食品容器、胶合板、造纸、车辆用材、室内饰修和一般建筑用材。

➤资源保存与利用　蓝果树在我国南方各地均有分布，安徽黄山、大别山、九华山、四川峨眉山、广西十万大山等地有天然分布。江西各地山区海拔300～1300m地带常见，在沟谷、溪边、坡地、山岭等类型地段，所见与马尾松、木荷、青冈、四照花等树种混生。

本树种也是野生乡土树种之一，同时被收录在本书的“4.7　引种驯化与野生树种驯化种质资源”章节内，详见4.7.4.11。

4.1.38　泡桐 *Paulownia fortunei*（玄参科）

别名为白花泡桐、大果泡桐、毛桐，系玄参科泡桐属，为落叶乔木，原产我国。

➤生物学特性　泡桐是著名的速生树种，群众用“一年一根干，三年像把伞，五年可锯板”的俗语来形容泡桐的速生性。

➤资源分布　泡桐分布很广，大致位于北纬20°～40°、东经98°～125°，在海拔1200m以下的山地、丘陵、岗地、平原都有分布。泡桐喜光，不耐蔽荫，多栽于四旁。

➤经济意义　泡桐木材利用渊源很早，远古时期有神农削桐为琴的传说。其材质轻韧，纹理通直，结构均匀，不翘不裂，变形小，工艺性能高，而且具有隔潮、耐酸、耐燃烧等特点，是家具、航模、乐器、建筑和工艺品的优良用材。泡桐根深叶茂，花大果硕，具有防风防尘、保持水土、美化环境、净化空气、改良土壤等功能。泡桐花、果、叶还可作药材、饲料、肥料等多种用途。

➤资源保存与利用　江西栽植泡桐至少有1100a以上的历史。现在全省各地广泛种植的白花泡桐，是四旁绿化的优良品种。庐山林场于1929年引进的兰考泡桐，已经适应江西的栽培环境。

2008年完成的林木种质资源调查，全省共选出泡桐优良单株18株。

4.1.38.1　泡桐根据江西立地类型分类

泡桐在赣北土壤肥沃，深厚、湿润，但不积水的阳坡或平原岗地、丘陵山区，均生长良好。江西全境均有分布，垂直分布可达海拔800m左右。根据江西的立地类型可分为：

（1）丘陵泡桐　主要分布于赣江、抚河、信江中下游海拔300m以下的广大丘陵地区，面积约为江西泡桐的80%～90%。本类型以白花泡桐和兰考泡桐为主。抚州市林业科学研究所1977年在丘陵地营造白花泡桐试验林1.4hm^2，840株/hm^2，1978年截干，并集约管理。截干3a年后林分平均胸径9.8cm，最大胸径14.8cm，平均树高7.4m，最高9.5m。

（2）山地泡桐　本类型分布于江西各地山区，多为兰考泡桐和紫花泡桐。奉新县甘坊林场1975年在山地营造兰考泡桐13.3hm^2，1320株/hm^2，1976年截干，林木生长旺盛，5a林分平均胸径17.92cm，最大胸径33.7cm，平均树高11.2m，最高16.5m。

（3）四旁泡桐　本类型分布于宅旁、林旁、路旁、水旁，多为白花泡桐、兰考泡桐和毛泡桐。四旁水肥条件好，土壤有机质含量高，适于泡桐生长。抚州市林业科学研究所宅旁13a生泡桐，最大植株胸径51cm，树高15.3m。

4.1.38.2　江西栽植的泡桐主要种类

分布在江西的泡桐有白花泡桐、毛泡桐（紫花泡桐）*Paulownia duclouxii*、台湾泡桐 *Paulownia kawakamii* 及南方泡桐 *Paulownia australis* 等 4 种，此外，还从外省引种了兰考泡桐 *Paulownia elongata*。

(1)白花泡桐　为江西优良树种。据调查，在立地条件好的情况下，15a 生白花泡桐，胸径年平均生长量可达 2.85cm，最大胸径年平均生长量为 7.4cm；树高年平均生长量 1.03m，最大树高年生长量 3.2m；材积年平均生长量 0.047 39m^3，最大材积年生长量达 0.063 15m^3。白花泡桐最适江西气候条件，在海拔 500m 以下的丘陵、岗地、平原均可发展。

据抚州市林业科学研究所试验，广西乐业种源苗木生长期和高峰生长期较长，生长量较大，比江西种源可获 24% 的增益，是适合江西栽培的较佳种源。1977 年，江西省参加全国泡桐种源试验，对来自全国的 28 个泡桐种源共 235 个泡桐家系进行了比较测定和区域性试验。1985 年，抚州市林业科学研究所和江西省林业科学院从中筛选出 17 个优良无性系进行对比测定，培育出了 31 号、159 号、201 号、202 号、208 号等 5 个增产效益均达 25% 以上的优良无性系。可作为短周期工业原料林建设的首选材料。

(2)兰考泡桐　本种为外省引进而且适应性强的树种，在岗地、丘陵、山地小面积种植，生长表现良好。在适宜条件下，9a 生胸径年平均生长量达 3.72cm，最大年生长量 6.05cm；树高年平均生长量 1.25m，最大年生长量达 2.9m；材积年平均生长量 0.0456m^3，最大年生长量达 0.0973m^3。

(3)毛泡桐　原为野生种，现为人工栽培。5a 生胸径年平均生长量 2.88cm，树高年平均生长量 1.4m，材积年平均生长量 0.0047m^3。

(4)台湾泡桐　野生引种为人工栽培。据上饶市林业科学研究所调查，8a 生胸径年平均生长量 1.99cm，最大 4.65cm；树高年平均生长量 1.38m，最高 2.9m；材积年平均生长量 0.0119m^3，最大年生长量 0.0257m^3。

4.1.38.3　通过认定的泡桐良种

抚州市林业科学研究所和江西省林业科学院在 1977 年江西省参加全国泡桐种源试验的基础上，筛选出 5 个最优的无性系，其中桐优 1、桐优 2 和桐优 3 无性系经江西省林木品种审定委员会 2008 年认定通过为泡桐良种，认定期限 5 年。

①桐优 1(无性系)认定命名：赣 R－SC－PT－001－2008(5)。

生长迅速，材性优良，木材基本密度 252kg/m^3，纤维长度 724μm，纤维宽度 48μm。气干密度 305kg/m^3，体积干缩系数 0.323%，顺纹抗压强度 24.9MPa，弯曲强度 46.6MPa，变曲强性模量 6076MPa，冲击韧度 17.1kJ/m^3；适应性强。

②桐优 2(无性系)认定命名：赣 R－SC－PT－002－2008(5)。

生长迅速，材性优良，木材基本密度 246kg/m^3，纤维长度 803μm，纤维宽度 52μm。

③桐优 3(无性系)认定命名：赣 R－SC－PT－002－2008(5)。

生长迅速，材性优良，木材基本密度 225kg/m^3，纤维长度 933μm，纤维宽度 62μm。

4.2　经济型树种种质资源

经济型树种是指以生产果品、食用油料、工业原料和药材为主要目的的树木。保存和利用经济型优良树种种质资源，发展经济型树种是开发山区、壮大集体经济、增加农民收入的重要途径。江西省有丰富的经济树种资源，本节选择江西省重要的经济树种种质资源作简要介绍。

4.2.1　银杏 *Ginkgo biloba*(银杏科)

俗称白果，是现存种子植物中最古老的种类，被称为“活化石”。

➢生物学特性　银杏雌雄异株，实生银杏树结实非常迟，民间有"公孙树"之称，但采用嫁接繁殖可以大大提前开花结果。

➢资源分布　银杏分布于全国21个省(自治区、直辖市)，其中山东与江苏交界处、江苏、浙江、江西、河南、湖北、湖南、广西为主产区。它适应性很广，有较强的抗逆性，在各种土壤类型中栽培均能生存。但银杏喜肥，不耐积水和盐碱，在土层深厚，排水良好的条件下生长旺盛；在贫瘠干燥、板结或排水不良的土壤中不能正常发育。

➢经济意义　银杏材质优良，为上等家具、文具、仪器用品、室内装饰等用材。种子为著名干果，为滋补品，供食用，入药有润肺止咳之功效；种皮可制农药杀虫；叶镇咳止喘、清热利湿，叶提取黄酮类可治冠心病及心脑血管病。银杏叶形奇特，秋叶金黄，为优良的庭园绿化树种。银杏树根系深、广，树冠大，抗风、耐火、抗大气污染，是生态防护与治理的理想树种之一。野生状态的银杏为国家重点保护树种。

➢资源保存与利用　银杏野生资源少，多为栽培，散生于寺庙、庭园及村旁路边，大树古木屡见不鲜。目前我国表现较好的银杏果用型优良品种有山东郯城的大金坠、广西灵川的金果大佛手、江苏泰兴的大佛指和七星果、邳州大佛手、大马铃、广西灵川的海洋皇、浙江长兴的CY_4、诸暨市优05、浙江大龙眼等。

江西境内平缓低山中、下坡位和低丘岗地均可栽培。江西省林业科学院筛选出的新优大白果、丰优大白果、丰优1号、5号等12个品种(品系)以及江西农业大学选育的赣农大选16号均是上乘的银杏果用型优良品种，主要特点为果大、壳薄、味甜、产量高，非常适合在江西种植推广。

银杏丰产林培育。

(1)叶用林　结合整地施入厩肥、土杂肥、复合肥，追施尿素、人粪尿，良种壮苗造林，密植，平均1.59万株/hm^2(带距1.0m，株行距0.9m×0.7m)至2.4万株/hm^2(0.5m×0.8m或0.4m×1.0m)；定植当年在40cm高处截干，保留3~5个健壮侧芽，新枝20~30cm时摘心，可萌侧芽，经3~5次摘心，最后形成丛状形树冠，总高度控制1.8~2m，冬季修剪，产青干叶3750~4500kg/hm^2。

(2)果用林　矮干密植园：初植1665~4995株/hm^2，定干40cm高度，截干，保留3~4个壮芽，培养成紧凑开心形树冠；乔干稀植园：栽植密度平均345~840株/hm^2，在树干1.8m以下部位保留3~4个壮芽培养主侧枝。

(3)果材兼用林　选用优良品种，定植660~840株/hm^2，主干自然生长，30a后保存330株/hm^2，盛果期产种核7500kg/hm^2以上。40a左右产木材300~450m^3/hm^2。

4.2.2　厚朴 *Magnolia officinalis*(木兰科)

别名厚皮、重皮、赤朴、烈朴、川朴、紫油厚朴，为国家二级重点保护野生植物。

➢生物学特性　厚朴性喜凉爽、潮湿气候，宜栽培于雾气重、相对湿度稍大，而又阳光充足的地方。适宜于pH值4.0~5.5、海拔800m以下、肥力中等的山地红壤，或pH值4.9~6.5、海拔800m以上、肥力较高的山地黄壤，或pH值6.0~8.0、土层深厚、肥力较好的石灰岩土壤生长。厚朴生长快，侧根发达，萌芽力强。

➢资源分布　我国秦岭以南多数省份均有厚朴分布，江西以庐山厚朴(凹叶型)为主要栽培类型。垂直分布在海拔500~1500m。

➢经济意义　厚朴为我国特有珍贵药材和木材两用树种，为国家二级保护中药材。其树皮、花、果均为常用重要药材，具有抗菌、抗溃疡、抗痉挛、抗过敏、松弛肌肉等作用。目前利用厚朴配方的中成药达200多种。

厚朴干材通直，材质轻韧，纹理细密，为板料、家具、乐器、船只等优良用材；又因树态雅致，叶大荫浓，可作优良园林观赏树种。

➢资源保存利用　江西省一些自然保护区有自然分布，多数生于天然混交林中。近年来有部分林场营建厚朴人工林，鉴于江西凹叶厚朴的厚朴酚含量较低，多推荐选择湖北五峰、鹤峰和恩施3个小凸尖型的优良种源进行栽培。2008年完成的林木种质资源调查在全省共选出厚朴优良林分2块，优良单株3株。

本树种也是野生乡土树种之一，同时被收录在本书的“4.7　引种驯化与野生树种驯化种质资源”章节内，详见4.7.4.2。

4.2.3　油茶　*Camellia oleifera*(山茶科)

油茶系山茶科山茶属油料植物，其栽培历史已有2300a以上，公元前3世纪战国时的《山海经》已介绍油茶是南方的油料树种。江西是我国油茶的主要产区之一，公元621年唐代武德四年，油茶已引种到广丰县的许多丘陵地区，公元1514年明代正德年间，宜春市就有大面积的小果油茶。

➢生物学特性　油茶性喜温，怕寒冷，要求年平均气温16～18℃，花期平均气温为3～12℃。突然的低温或晚霜会造成落花、落果。要求有较充足的阳光，否则只长枝叶，结果少，含油率低。要求水分充足，年降水量一般在1000mm以上，但花期连续降雨，影响授粉。要求在坡度和缓、侵蚀作用弱的地方栽植，对土壤要求不甚严格，一般适宜土层深厚的酸性土，而不适于石块多和土质坚硬的地方。

➢资源分布　油茶喜温暖、喜湿润、畏忌恶寒霜冻，生长有芒箕、白茅、乌饭树、杜鹃花的山地、丘陵，即使土质干燥、瘠薄或风化不全，都可种植油茶。

➢经济意义　油茶经济价值大，全株是宝，每100kg茶籽一般可榨茶油25kg以上，茶油理化常数：折光率(25℃)1.4688，皂化率191，碘价81～84.83，脂价5.8，醋质186.1，比重0.901 18～0.918 90。茶油不含芥酸、山俞酸，也没有黄曲霉素，色清味香，营养丰富，是天然无污染优质食用油，长期食用对降低人体甘油三脂有着显著作用，也不会增加血液中胆固醇含量。还能改善心脑血管、防治高血压、高血脂，延缓动脉粥样硬化，增强抗衰老能力，具有良好的保健作用。茶油不仅是一种优质耐贮藏的食用油料，也是许多工业的重要原料，在国际贸易上占有重要的地位。榨油后的枯饼，可提取粗茶油、燃烧液体、皂素，又可作有机肥料，还可制作农药，防治病虫害，杀灭钉螺效果好，且无残毒。油茶的果壳可提制栲胶、糠醛、活性炭、碳酸钾、木糖醇等。在建筑工程方面还可用茶壳作为黏合剂以提高混凝土的凝结性。油茶根也可入药，治疗骨折及水、火烫伤。

➢资源保存与利用　油茶适应性和抗逆性强，生长期长，一次种植，多年受益。投入少、收益大，不与农作物争地，是红壤丘陵低山上的“铁杆庄稼”和“绿色油库”。江西省林业科学院1980年调查，赣西北边缘的修水县溪口乡还有200多年生的结果油茶古树。据2002年调查统计，全省现有油茶面积约74.67万hm^2，占全省林业用地面积的7.14%，常年茶油产量1480万kg，已成为江西省林业的支柱产业之一，油茶林面积和茶油产量均居全国第二。2008年完成的林木种质资源调查，全省共选出油茶优良林分16块，优良单株35株。

4.2.3.1　江西各地在油茶林中选出的优良农家品种及类型

(1)宜春三角枫　属“霜降籽”中的优良品种类型，树冠开张，分枝均匀，叶面指数大，花期早，结果力强，抗病抗虫，生产力高。其最大特点是果大皮薄，一般果径3cm，果皮厚2mm以下，鲜果出籽率60%多，种子出仁率72%～73.3%，种仁含油率51%，茶子出油率35%，产量较稳，大小年变幅在35%以下。

宜春三角枫油茶主要分布在宜春市温汤、三阳、柏木、彬江、新坊等乡，适宜生长在海拔110～500m的红壤或黄壤的砂质壤土。林下植物多为白茅、狗尾草、蕨类、柃木、乌饭树、杜鹃花等灌木草丛。该类型适生区的年平均气温16.7～17.6℃，最高气温38.3℃，最低气温-2.4～4.8℃，年降水量1235～1923mm，日照时数1490～1824h，无霜期240～295d。

(2)二水桃　在收获寒露子后开始采收，故名“二水桃”。主要分布在吉安、赣州市部分县的丘陵地区。因开花和果熟期处在寒露和霜降之间，该类型孕蕾、开花、结果多，落蕾、落花、落果少，果多而大，鲜出籽率44%，种仁含油率45%，产量高，大小年不明显，抗病力强。

通过多次选择与测定，在二水桃油茶中选出了一种果皮粉红略带浅黄，似“观音”面色的“观音桃”优良类型。多分布在永丰县龙岗、沙溪、君埠等乡的低丘陵地区。“观音桃”盛花期集中在11月上旬，气候条件好，着果率高，产量高。据多年测定，平均鲜果出籽率45.3%，平均种仁含油率为47.98%，平均产量比其他类型高30%，产量变幅小于20%。

(3)茅岗大果　进贤县茅岗垦殖场从霜降红皮果类型中选出来的优良类型。主要特点为果大皮薄，出籽率40%以上，出仁率69.5%，种仁含油率49%左右。树冠球形，分枝习性好，孕蕾力强，产油量高，产油210kg/hm^2。

上饶市林业科学研究所有两种红皮果类型，即为“红皮果头”和“红皮尖头”，生长表现较好，10～24个茶果/kg，鲜出籽率40%，种仁含油率39%左右，树冠(投影)平均产果量在1kg/m^{2}以上。

(4)宜春白皮中籽　该类型果皮青白色，种子黄褐色，千粒重978～1426g，鲜出籽率68%～70%，种子含油率36%左右，土榨出油率23%～26%。早熟丰产，优良单株4a平均产果量达10.5kg，据宜春市油茶试验林场测定，试验林6a平均产茶油达634.05kg/hm^2，最高年份平均产茶油840kg/hm^2。

该类型多分布于海拔200m以下低丘，年平均气温17.5℃，花期平均气温14℃左右，最低气温-2.4～4.3℃，年降水量1400mm。在一般经营管理条件下，产油可达20kg/hm^{2}左右。

(5)红皮中籽　树冠矮小，多为伞形或卵状球形，抗病性强，产量高而稳，优树树冠(投影)面积产果达1.2kg/m^2。果长2.3cm，果径2.2cm，果壳厚0.08～0.15cm，种子千粒重750～1016g，鲜果出籽率70%以上，种仁含油率47.6%，出油率26%～28%。

(6)赣萍茶　赣萍茶属普通油茶的一个类型，其树形圆形，枝条开张，叶片长圆形，叶尖渐尖，枝叶较软。主要分布江西萍乡市的腊市麻山、下埠、排上、东桥、青山等乡镇。成片的栽培不多，常与普通油茶混生，可能属于普通油茶内一个变种，早在2002年前就有栽培。群众对赣萍茶的评价很高，普遍反映此类型具有成熟早，含油率高，病虫害少，大小年不明显的特点。

(7)红皮霜降子　霜降红皮是普通油茶霜降种群的一个类型，主要分布于江西横峰等地，鲜出籽率40%，种子含油率39%左右，树冠平均产量在1kg/m^{2}以上。果皮鲜红色，霜降成熟，是上饶市推广的优良地方品种之一。

(8)石城寒露子(珍珠子)　石城寒露子，主要分布在石城县，在赣南各县市的低丘陵地区也有栽培。其经济性状：鲜出籽372个/kg。鲜果出籽率26.7%，种子含油率35.7%，种子出仁率67.8%。种仁油率高，深受群众欢迎，是赣州市推广的优良农家品种之一。

(9)遂中子　遂中子是普通油茶中的一个小种群。中心产区在遂川县中石乡，散生在普通油茶其他物候林分内，中石乡东坑村有较大面积的成片分布。

遂中子树体结构多为开展型，分布角度40°～50°；树高3m以下，比观音桃稍矮，主枝和小枝细长，柔软，着生密集；叶色深绿，叶片较小，叶面光滑无毛；花芽黄绿色，1～5个顶生；果实中等偏小，光滑无毛，橄榄形或桃形，果色黄略带红，果实成熟在寒露和霜降之间，当地群众习惯称为“夹二木梓”。因中心产区在遂川中石，故称为遂中子。

遂中子是一个较好的地方品种小种群，遂川县均以该种群为推广品种，近年来吉安市部分县也开始引种栽培。

(10)石市红皮　石市油茶属普通油茶霜降种群。原产于江西省宜春市宜丰县石市乡石门村，分布在海拔100m以下的丘陵红壤岗上，集中成片。栽后3a可开花，4a始果。石市油茶花期比较整齐集中，10月下旬始花，11月上旬盛花。果实有球形，橘形，鸡心形为多，霜降成熟。果色划分为红、黄、青三大类型。宜丰县林业科学研究所驯化的石市油茶，7a生单株结果量高达2kg，经济生产期在70a以上。

石市油茶的主要经济性状为：鲜出籽率为43%，鲜出仁率为70.4%，种仁含油率为50.39%，果油率为10.33%，酸值为0.517%，碘值为81.49。其中红皮类型种仁含油率高达52.72%。

4.2.3.2　江西科研部门和油茶生产单位选育的油茶优良无性系

油茶优良无性系是经过优树选择、采穗圃观测和子代测定的系统程序选育出来的，采用无性繁殖又能充分保持亲本优良性状，具有早实、丰产和稳产的特点。从20世纪80年代初开始，在油茶优树选择的基础上，通过布置各种无性系测定林开始了油茶优良无性系的鉴定选育工作，经过十多年的不懈努力，按照全国油茶攻关协作组制订的选育程序和标准，先后选育出了200多个油茶优良无性系。现在油茶优良无性系已成为我国油茶生产上最重要的良种资源，如湖南省的“湘林系列”、江西省的“赣无系列”、“赣州油系列”、中国林业科学研究院亚热带林业实验中心“长林系列”等等。这些优良无性系经连续4a测产，平均产油均超过参试无性系或家系的平均产量的20%以上，大部分达到产油750kg/hm^2，比一般丰产林的产量高出3～5倍。目前，从已推广的几十个无性系来看，都获得了明显的增产效果和巨大的经济效益。现将江西省选育并较大面积推广的优良无性系简介如下。

(1)通过国家审定的油茶优良无性系

①GLS赣州油1号(无性系)审定编号：国S-SC-CO-012-2002。

生长快，结实早，产量高，树冠产果量2.356kg/m^2，鲜果出籽率41.09%，种仁含油率达48.47%，连续4a平均产茶油达1008.72kg/hm^2。果皮红色，皮薄，抗性强，树冠开张，分枝均匀。

该无性系由赣州市林业科学研究所选育，2002年通过审定，在江西全省各地(市)及南方油茶中心产区均适宜种植。

②GLS赣州油2号(无性系)审定编号：国S-SC-CO-013-2002。

生长快，结实早，产量高，树冠产果量1.501kg/m^2，鲜果出籽率42.09%，种仁含油率达58.325%，连续4a平均产茶油达966.69kg/hm^2，果实红球形，皮薄，抗性强，树冠开张，分枝均匀。

该无性系由赣州市林业科学研究所选育，2002年通过审定，在江西全省各地(市)及南方油茶中心产区均适宜种植。

③GLS赣州油3号(无性系)审定编号：国S-SC-CO-008-2007。

树冠开张，分枝均匀，栽植10a后进入盛果丰产期，产油750kg/hm^{2}以上，果皮红色，鲜果出籽率49.2%，干果出籽率48.78%，种仁含油率52.02%。该无性系由赣州市林业科学研究所选育，2007年通过审定，用于食用植物油生产。

④GLS赣州油4号(无性系)审定编号：国S-SC-CO-009-2007。

树冠开张，分枝均匀，栽植10a后进入盛果丰产期，产油750kg/hm^{2}以上，果皮红色，鲜果出籽率45.8%，干果出籽率52.4%，种仁含油率50.66%。该无性系由赣州市林业科学研究所选育，2007年通过审定，用于食用植物油生产。

⑤GLS赣州油5号(无性系)审定编号：国S-SC-CO-010-2007。

树冠开张，分枝均匀，栽植10a后进入盛果丰产期，产油750kg/hm^{2}以上，果皮红色，鲜果出籽率45.0%，干果出籽率57.33%，种仁含油率48.81%。该无性系由赣州市林业科学研究所选育，2007 年通过审定，用于食用植物油生产。

⑥赣石 84－8(无性系)审定编号：国 S－SC－CO－003－2007。

树体生长旺盛，树冠紧凑。果皮红色，平均冠幅产果量 0.26kg/m^2，鲜果大小为 110 个/kg，鲜果出籽率 56.0%，干籽出仁率 71.4%，干仁含油率 62.7%，鲜果含油率 17.2%，连续 4a 平均产油量达 1842kg/hm^2。该无性系由江西省林业科学院选育，2007 年通过审定。

⑦赣抚 20(无性系)审定编号：国 S－SC－CO－004－2007。

树体生长旺盛，树冠紧凑。果皮红色，平均冠幅产果量 0.17kg/m^2，鲜果大小为 88 个/kg，鲜果出籽率 30.8%，干籽出仁率 60.1%，干仁含油率 62.7%，鲜果含油率 11.8%，连续 4a 平均产油量达 1188kg/hm^2。该无性系由江西省林业科学院选育，2007 年通过审定。

⑧赣永 6(无性系)审定编号：国 S－SC－CO－005－2007。

树体生长旺盛，树冠紧凑。果皮红色，平均冠幅产果量 0.12kg/m^2，鲜果大小为 124 个/kg，鲜果出籽率 63.0%，干籽出仁率 35.7%，干仁含油率 44.1%，鲜果含油率 9.3%，连续 4a 平均产油量达 879kg/hm^2。该无性系由江西省林业科学院选育，2007 年通过审定。

⑨赣兴 48(无性系)审定编号：国 S－SC－CO－006－2007。

树体生长旺盛，树冠紧凑。果皮红色，平均冠幅产果量 0.16kg/m^2，鲜果大小为 128 个/kg，鲜果出籽率 40.5%，干籽出仁率 26.61%，干仁含油率 56.7%，鲜果含油率 10.1%，连续 4a 平均产油量达 1089kg/hm^2。该无性系由江西省林业科学院选育，2007 年通过审定。

⑩赣无 1 号(无性系)审定编号：国 S－SC－CO－007－2007。

树体生长旺盛，树冠紧凑。果皮红色，平均冠幅产果量 0.13kg/m^2，鲜果大小为 88 个/kg，鲜果出籽率 56.0%，干籽出仁率 37.7%，干仁含油率 54.4%，鲜果含油率 13.4%，连续 4a 平均产油量达 1009.5kg/hm^2。该无性系由江西省林业科学院选育，2007 年通过审定。

⑪赣州油 1 号(无性系)审定编号：国 S－SC－CO－014－2008。

树冠开张，分枝均匀，果桃形，果皮青色。鲜果出籽率 35.15%，种仁含油率 49.67%。油酸含量 82.18%，亚油酸含量 8.99%。栽植 10a 后进入盛产期，产油 750kg/hm^{2}左右。该无性系由赣州市林业科学研究所选育，2008 年通过审定。

⑫赣州油 2 号(无性系)审定编号：国 S－SC－CO－015－2008。

树冠开张，分枝均匀，果楔形，果皮红色。鲜果出籽率 37.51%，种仁含油率 48.45%。油酸含量 80.45%，亚油酸含量 7.62%。栽植 10a 后进入盛产期，产油 50kg/hm^{2}左右。该无性系由赣州市林业科学研究所选育，2008 年通过审定。

⑬赣州油 6 号(无性系)审定编号：国 S－SC－CO－016－2008。

树冠开张，分枝均匀，果皮黄色。鲜果出籽率 44.02%，种仁含油率 49.75%。油酸含量 85.56%，亚油酸含量 4.54%。栽植 10a 后进入盛产期，产油 750kg/hm^{2}左右。该无性系由赣州市林业科学研究所选育，2008 年通过审定。

⑭赣州油 7 号(无性系)审定编号：国 S－SC－CO－017－2008。

树冠开张，分枝均匀，果皮青色。鲜果出籽率 39.19%，种仁含油率 54.86%。油酸含量 81.3%，亚油酸含量 7.95%。栽植 10a 后进入盛产期，产油 750kg/hm^{2}以上。该无性系由赣州市林业科学研究所选育，2008 年通过审定。

⑮赣州油 8 号(无性系)审定编号：国 S－SC－CO－018－2008。

树冠开张，分枝均匀，果球形，皮红色。鲜果出籽率 38.93%，种仁含油率 50.61%。油酸含量 82.73%，亚油酸含量 8.27%。栽植 10a 后进入盛果期，产油 750kg/hm^{2}以上。该无性系由赣州市林业科学研究所选育，2008 年通过审定。

⑯赣州油 9 号(无性系)审定编号：国 S－SC－CO－019－2008。

树冠开张，分枝均匀，果橘形，皮红色。鲜果出籽率 40.57%，种仁含油率 49.41%。油酸含量74%，亚油酸含量13.21%。栽植10a后进入盛产期，产油750kg/hm^{2}左右。该无性系由赣州市林业科学研究所选育，2008年通过审定。

⑰赣8号(无性系)审定编号：国S－SC－CO－020－2008。

树体旺盛，树冠紧凑，果皮红色，平均冠幅产果量0.16kg/m^2，鲜果大小为70个/kg，鲜出籽率47.9%，干籽出仁率57.5%。干仁含油率53.9%。鲜果含油率8.1%。盛产期连续4a平均产油1089kg/hm^2。该无性系由江西省林业科学院选育，2008年通过审定。

⑱赣190(无性系)审定编号：国S－SC－CO－021－2008。

树体旺盛，树冠紧凑，果皮红色，平均冠幅产果量0.11kg/m^2，鲜果大小为94个/kg，鲜出籽率44.6%，干籽出仁率55.6%。干仁含油率49.1%。鲜果含油率7.1%。盛产期连续4a平均产油811.5kg/hm^2。该无性系由江西省林业科学院选育，2008年通过审定。

⑲赣447(无性系)审定编号：国S－SC－CO－022－2008。

树体旺盛，树冠紧凑，果皮青色，平均冠幅产果量0.17kg/m^2，鲜果大小为88个/kg，鲜出籽率46.7%，干籽出仁率30.8%。干仁含油率60.1%。鲜果含油率11.8%。盛产期连续4a平均产油1087.5kg/hm^2。该无性系由江西省林业科学院选育，2008年通过审定。

⑳赣石84－3(无性系)审定编号：国S－SC－CO－023－2008。

树体旺盛，树冠紧凑，果皮红色，平均冠幅产果量0.13kg/m^2，鲜果大小为98个/kg，鲜出籽率42.5%，干籽出仁率67.5%。干仁含油率55.7%。鲜果含油率10.8%。盛产期连续4a平均产油913.5kg/hm^2。该无性系由江西省林业科学院选育，2008年通过审定。

㉑赣石83－1(无性系)审定编号：国S－SC－CO－024－2008。

树体旺盛，树冠紧凑，果皮红色，平均冠幅产果量0.13kg/m^2，鲜果大小为72个/kg，鲜出籽率50.7%，干籽出仁率32.4%。干仁含油率52.3%。鲜果含油率11.1%。盛产期连续4a平均产油945kg/hm^2。该无性系由江西省林业科学院选育，2008年通过审定。

㉒赣石83－4(无性系)审定编号：国S－SC－CO－025－2008。

树体旺盛，树冠紧凑，果皮红色，平均冠幅产果量0.11kg/m^2，鲜果大小为88个/kg，鲜出籽率48.3%，干籽出仁率65.6%。干仁含油率59.6%。鲜果含油率11.9%。盛产期连续4a平均产油820.5kg/hm^2。该无性系由江西省林业科学院选育，2008年通过审定。

㉓赣无2(无性系)审定编号：国S－SC－CO－026－2008。

树体旺盛，树冠紧凑，果皮黄色，平均冠幅产果量0.09kg/m^2，鲜果大小为82个/kg，鲜出籽率48.1%，干籽出仁率27.8%。干仁含油率49.4%。鲜果含油率8.1%。盛产期连续4a平均产油735kg/hm^2。油酸含量85%，亚油酸含量6.36%。该无性系由江西省林业科学院选育，2008年通过审定。

㉔赣无11(无性系)审定编号：国S－SC－CO－027－2008。

树体旺盛，树冠紧凑，果皮红色，平均冠幅产果量0.18kg/m^2，鲜果大小为72个/kg，鲜出籽率51.4%，干籽出仁率30.5%。干仁含油率57.8%。鲜果含油率12.4%。盛产期连续4a平均产油量达1383kg/hm^2。油酸含量78.73%，亚油酸含量11.34%。该无性系由江西省林业科学院选育，2008年通过审定。

㉕赣兴46(无性系)审定编号：国S－SC－CO－028－2008。

树体旺盛，树冠紧凑，果皮黄色，平均冠幅产果量0.14kg/m^2，鲜果大小为130个/kg，鲜出籽率52.1%，干籽出仁率28.6%。干仁含油率45.1%。鲜果含油率8.1%。盛产期连续4a平均产油量952.5kg/hm^2。油酸含量79.24%，亚油酸含量10.4%。该无性系由江西省林业科学院选育，2008年通过审定。

㉖赣永5(无性系)审定编号：国S－SC－CO－029－2008。

树体旺盛，树冠紧凑，果皮青色，平均冠幅产果量0.14kg/m^2，鲜果大小为110个/kg，鲜出籽率50.1%，干籽出仁率61.8%。干仁含油率48.2%。鲜果含油率7.4%。盛产期连续4a均产油量996kg/hm^2。油酸含量82.7%，亚油酸含量8.15%。该无性系由江西省林业科学院选育，2008年通过审定。

㉗长林3号(无性系)审定编号：国S-SC-CO-005-2008。

树体长势中等偏强，枝叶稍开张，枝条细长散生；叶近柳叶形；果桃形或近橄榄形，青偏黄。6a生单株产果量4kg以上，产油可以超过300kg/hm^2；盛产期产油可达819kg/hm^2；干籽出仁率24%，干仁含油率46.8%；油酸含量82.15%，亚油酸含量6.7%。可作为食用油、化妆品原料。该无性系由中国林业科学研究院亚热带林业实验中心选育，2008年通过审定。

㉘长林4号(无性系)审定编号：国S-SC-CO-006-2008。

长势旺，枝叶茂密；果桃形，青带红；叶宽卵形。6a生单株产果量5~6kg以上，产油可以超过525kg/hm^2；盛产期产油可达900kg/hm^2；干籽出仁率54%，干仁含油率46%；油酸含量83.09%，亚油酸含量7.07%。可作为食用油、化妆品原料。该无性系由中国林业科学研究院亚热带林业实验中心选育，2008年通过审定。

㉙长林18号(无性系)审定编号：国S-SC-CO-007-2008。

长势旺，枝叶茂密；果球形至橘形，红色，俗称大红袍；叶面平，花有红斑。6a生单株产果量3kg以上，产油可以超过300kg/hm^2；盛产期产油能达到624kg/hm^2；干籽出仁率61.8%，干仁含油率48.6%；油酸含量85.51%，亚油酸含量3.99%。可作为食用油、化妆品原料。该无性系由中国林业科学研究院亚热带林业实验中心选育，2008年通过审定。

㉚长林21号(无性系)审定编号：国S-SC-CO-008-2008。

长势中等，枝叶茂密；果近橘形，黄绿色；叶背灰白。6a生单株产果量3kg以上，产油可以超过285kg/hm^2；盛产期产油可达1063.5kg/hm^2；干籽出仁率69.3%，干仁含油率53.5%；油酸含量82.88%，亚油酸含量5.21%。可作为食用油、化妆品原料。该无性系由中国林业科学研究院亚热带林业实验中心选育，2008年通过审定。

㉛长林23号(无性系)审定编号：国S-SC-CO-009-2008。

长势旺，枝叶茂密；果球形，黄带橙色，叶短矩形。6a生单株产果量3kg以上，产油可以超过450kg/hm^2；盛产期产油可达924kg/hm^2；干籽出仁率57.2%，干仁含油率49.7%；油酸含量85.24%，亚油酸含量4.07%。可作为食用油、化妆品原料。该无性系由中国林业科学研究院亚热带林业实验中心选育，2008年通过审定。

㉜长林27号(无性系)审定编号：国S-SC-CO-010-2008。

枝条粗壮直立，叶宽卵形；果球形，皮红色。平均冠幅产果量1.33kg/m^2，鲜果大小为74个/kg，6a生单株产果量4kg以上，产油可以超过375kg/hm^2；盛产期产油能达到1056kg/hm^2；鲜出籽率63%，干籽出仁率21.4%，干仁含油率48.6%，鲜果含油率9.3%；油酸含量82.26%，亚油酸含量7.29%。可作为食用油、化妆品原料。该无性系由中国林业科学研究院亚热带林业实验中心选育，2008年通过审定。

㉝长林40号(无性系)审定编号：国S-SC-CO-011-2008。

长势旺，枝叶茂密；果有棱，青色；叶矩卵形。6a生单株产果量8kg以上，产油可以超过600kg/hm^2；盛产期产油能达到988.5kg/hm^2；干籽出仁率63.1%，干仁含油率50.3%；油酸含量82.12%，亚油酸含量7.34%。可作为食用油、化妆品原料。该无性系由中国林业科学研究院亚热带林业实验中心选育，2008年通过审定。

㉞长林53号(无性系)审定编号：国S-SC-CO-012-2008。

树体矮壮，粗枝，枝条硬，叶子浓密；果梨形，黄带红。6a生单株产果量5kg以上，产油可以超过375kg/hm^2；盛产期产油能达到1056kg/hm^2；干籽出仁率59.2%，干仁含油率45%；油酸含量86.23%，亚油酸含量3.18%；可作为食用油、化妆品原料。该无性系由中国林业科学研究院亚热带林业实验中心选育，2008 年通过审定。

㉟长林 55 号(无性系)审定编号：国 S－SC－CO－013－2008。

长势较强，枝条细长密生；果桃形，青色为主，略带红；叶宽矩卵形。6a 生单株产果量 1.5kg 以上，产油可以超过 225kg/hm^2；盛产期产油能达到 883.5kg/hm^2；干籽出仁率 68.2%，干仁含油率 53.5%；油酸含量 84.33%，亚油酸含量 5.64%。可作为食用油、化妆品原料。该无性系由中国林业科学研究院亚热带林业实验中心选育，2008 年通过审定。

㊱赣 70(无性系) 审定编号：国 S－SC－CO－025－2010。

树体生长旺盛，树冠紧凑；鲜果大小为 56 个/ kg，鲜出籽率 49.2%，干籽出仁率 29.1%，干仁含油率 65.1%，种仁含油率 50.5%，鲜果含油率 9.6%，连续 4a 产油量可达 792kg/hm^2。茶油油酸含量 82.53%，亚油酸含量 7.27%。可用于食用植物油生产。该无性系由江西省林业科学院选育，2010 年通过审定。

㊲赣无 12(无性系) 审定编号：国 S－SC－CO－026－2010。

树体生长旺盛，树冠紧凑；鲜果大小为 84 个/ kg，鲜出籽率 40.3%，干籽出仁率 24.2%，干仁含油率 61.4%，种仁含油率 52.1%，鲜果含油率 7.8%，连续 4a 产油量可达 1033.5kg/hm^2。茶油油酸含量 80.1%，亚油酸含量 8.66%。可用于食用植物油生产。该无性系由江西省林业科学院选育，2010 年通过审定。

㊳赣无 24(无性系) 审定编号：国 S－SC－CO－027－2010。

树体生长旺盛，树冠紧凑；鲜果大小为 66 个/kg，鲜出籽率 51.9%，干籽出仁率 29.8%，干仁含油率 66.2%，种仁含油率 50.9%，鲜果含油率 10.1%，连续 4a 产油量可达 939kg/hm^2。茶油油酸含量 85%，亚油酸含量 6.36%。可用于食用植物油生产。该无性系由江西省林业科学院选育，2010 年通过审定。

(2)经江西省林木品种审定委员会审定通过，江西省林业厅于 1998 年和 2008 年先后发布的油茶优良无性系。

①赣州油 3 号(无性系)审定命名：赣 S－SC－CO－009－2003(原 GLS 赣州油 3 号)。

生长快，结实早，树冠产果 1.32kg/m^2，鲜果出籽率 46%，种仁含油率 52.6%，果皮红色，皮薄，抗性强。该无性系由赣州市林业科学研究所选育，1998 年通过审定，2003 年重新编号。

②赣州油 4 号(无性系)审定命名：赣 S－SC－CO－010－2003 (原 GLS 赣州油 4 号)。

生长快，结实早，树冠产果 1.42 kg/m^2，鲜果出籽率 37.8%，种仁含油率 56.7%，果皮红色，皮薄，抗性强。该无性系由赣州市林业科学研究所选育，1998 年通过审定，2003 年重新编号。

③赣州油 5 号(无性系)审定命名：赣 S－SC－CO－011－2003 (原 GLS 赣州油 5 号)。

生长快，结实早，树冠产果 1.58kg/m^2，鲜果出籽率 37%，种仁含油率 54.9%，果皮红色，皮薄，抗性强。该无性系由赣州市林业科学研究所选育，1998 年通过审定，2003 年重新编号。

④赣州油 10 号(无性系)审定命名：赣 S－SC－CO－016－2003 (原 GLS 赣州油 10 号)。

生长快，结实早，树冠产果 1.18kg/m^2，鲜果出籽率 42.7%，种仁含油率 52.9%，果皮红色，皮薄，抗性强。该无性系由赣州市林业科学研究所选育，1998 年通过审定，2003 年重新编号。

⑤赣州油 11 号(无性系)审定命名：赣 S－SC－CO－017－2003(原 GLS 赣州油 11 号)。

生长快，结实早，树冠产果 0.87kg/m^2，鲜果出籽率 44.5%，种仁含油率 56.8%，果皮红色，皮薄，抗性强。该无性系由赣州市林业科学研究所选育，1998 年通过审定，2003 年重新编号。

⑥赣州油 12 号(无性系)审定命名：赣 S－SC－CO－018－2003(原 GLS 赣州油 12 号)。

生长快，结实早，树冠产果 1.22kg/m^2，鲜果出籽率 43.8%，种仁含油率 52.8%，果皮黄色，皮薄，抗性强。该无性系由赣州市林业科学研究所选育，1998 年通过审定，2003 年重新编号。

⑦油茶观音桃(无性系)审定命名：赣 S－SC－CO－006－2003 (GLS 永丰油 1 号)。

果皮粉红略带浅黄，似“观音”面色；着果率高，产量高；多年测定，平均鲜果出籽率

45.3%，平均种仁含油量47.98%，单位平均产量比其他类型高30%，产量变幅小于20%。该无性系由永丰县古县林场选育，但被毁。1998年通过审定，2003年重新编号。

⑧长林8号(亚油3号)(无性系)审定命名：赣S-SC-CO-013-2008。

早实丰产、稳产、出籽率高，含油率高，抗炭疽病能力强。成熟期中，果椭圆形，浅红色，鲜果46个/kg，鲜出籽率46%，干出籽率27%，种仁含油率42.84%，平均产油量571.95kg/hm^2。该无性系由中国林业科学研究院亚热带林业实验中心选育，2008年审定通过。

⑨长林17号(亚油4号)(无性系)审定命名：赣S-SC-CO-014-2008。

成熟期特早，果球形，浅绿色，鲜果94个/kg，鲜果出籽率49%，干出籽率27.4%，种仁含油率53.7%，平均产油量618.6kg/hm^2。该无性系由中国林业科学研究院亚热带林业实验中心选育，2008年审定通过。

⑩长林20号(亚油6号)(无性系)审定命名：赣S-SC-CO-016-2008。

成熟期早，果橘形，黄绿色，鲜果48个/kg，鲜果出籽率53%，干出籽率31%，种仁含油率41.29%，平均产油量578.25kg/hm^2。该无性系由中国林业科学研究院亚热带林业实验中心选育，2008年审定通过。

⑪长林22号(亚油8号)(无性系)审定命名：赣S-SC-CO-018-2008。

成熟期早，果近球形，红绿色，鲜果56个/kg，鲜果出籽率50%，干出籽率28.1%，种仁含油率41.1%，平均产油量804.45kg/hm^2。该无性系由中国林业科学研究院亚热带林业实验中心选育，2008年审定通过。

⑫长林56号(亚油15号)(无性系)审定命名：赣S-SC-CO-025-2008。

成熟期早，果似球形，红黄色，鲜果48个/kg，鲜果出籽率56%，干出籽率33%，种仁含油率42.96%，平均产油量589.35kg/hm^2。该无性系由中国林业科学研究院亚热带林业实验中心选育，2008年通过审定。

⑬长林59号(亚油16号)(无性系)审定命名：赣S-SC-CO-026-2008。

成熟期早，果葫芦形，黄绿色，鲜果58个/kg，鲜果出籽率49%，干出籽率25.7%，种仁含油率39.96%，平均产油量740.1kg/hm^2。该无性系由中国林业科学研究院亚热带林业实验中心选育，2008年审定通过。

⑭长林61号(亚油17号)(无性系)审定命名：赣S-SC-CO-027-2008。

成熟期早，果球形，红黄色，鲜果60个/kg，鲜果出籽率49%，干出籽率26%，种仁含油率52.03%，平均产油量766.8kg/hm^2。该无性系由中国林业科学研究院亚热带林业实验中心选育，2008年通过审定。

⑮长林66号(亚油18号)(无性系)审定命名：赣S-SC-CO-028-2008。

成熟期特早，果桃形，黄绿色，鲜果108个/kg，鲜果出籽率46%，干出籽率27.5%，种仁含油率46.71%，平均产油量669.3kg/hm^2。该无性系由中国林业科学研究院亚热带林业实验中心选育，2008年审定通过。

⑯长林166号(亚油19号)(无性系)审定命名：赣S-SC-CO-029-2008。

成熟期早，果似橄榄，果色鲜红，鲜果96个/kg，鲜果出籽率46.8%，干出籽率17.2%，种仁含油率51%，平均产油量525.15kg/hm^2。该无性系由中国林业科学研究院亚热带林业实验中心选育，2008年审定通过。

⑰茅岗大果2号(无性系)审定命名：赣S-SC-CO-030-2008。

结实早，果球形，大青黄色，单果重18.1g，鲜果出籽率40.2%，干仁含油率57.3%，鲜果产量1.08kg/株，产油量0.084 82kg/株，单位冠幅产油量72.16g/m^2，6a生坐果率31.7%。该无性系由中国林业科学研究院亚热带林业研究所和进贤县林木良种场选育，2008年通过审定。

⑱茅岗大果3号(无性系)审定命名：赣S-SC-CO-031-2008。

结实早，果桃形，大紫红色，单果重 0.0245kg，鲜果出籽率 40.3%，干仁含油率 53.9%，鲜果产量 1.32kg/株，产油量 0.091 65kg/株，单位冠幅产油量 65.87g/m²，6a 生坐果率 32.2%。该无性系由中国林业科学研究院亚热带林业研究所和进贤县林木良种场选育，2008 年通过审定。

⑲茅岗大果 7 号(无性系)审定命名：赣 S－SC－CO－032－2008。

结实早，果桃形，大紫红色，单果重 0.0185kg，鲜果出籽率 50.1%，干仁含油率 53.2%，鲜果产量 1.09kg/株，产油量 0.096 62kg/株，单位冠幅产油量 0.065 87kg/m²，6a 生坐果率 35.6%。该无性系由中国林业科学研究院亚热带林业研究所和进贤县林木良种场选育，2008 年通过审定。

(3)经江西省林木品种审定委员会认定但过期的品系

1996 年 2 月和 1998 年 6 月，江西省林业厅先后印发公告，由中国林业科学研究院亚热带林业实验中心长埠油茶良种基地选育的“长林 53 号”等 18 个油茶无性系和由赣州市林业科学研究所选育的“丰 579 号”等 11 个油茶无性系，经江西省林木品种审定委员会认定通过，被命名为 GLR 长油 1－18 号和 GLR 赣州油 1－11 号，认定优良油茶无性系期限为5a，目前以上 29 个油茶优良无性系认定期已满。

(4)其他品系　江西省林业科学院以“赣石 848”等 25 个油茶高产无性系为试验材料，自 1999～2002 年对参试无性系的产果量、产油量及各项主要经济性状指标进行了复测和分析评价。最后根据产油量和茶油的油脂成分特点以及当前油茶生产对产量和品质的需求目标，在茶油产量(750kg/hm²以上)和油脂品质(不饱和脂肪酸含量 90%以上，亚油酸含量必须在 8.5%以上)双重质量指标体系控制下，筛选出 11 个高产、高品质(高亚油酸含量)的油茶无性系(赣石 848、赣无 11、赣 71、赣 6、赣无 1、赣无 16、赣石 834、赣无 24、赣兴 46、赣 68、赣无 15)。

入选的无性系平均产油 1030.5kg/hm²，鲜果出籽率 50.5%，干果出籽率 32.4%，种仁含油率 53.0%，鲜果含油率 14.1%，以上性状指标分别高于现行全国油茶选优标准的 2.29、1.26、1.3、1.3 和 2.35 倍。另外，油酸平均含量 80.4%，亚油酸平均含量 9.9%。

4.2.4 乌桕 *Sapium sebiferum*(大戟科)

乌桕系大戟科乌桕属油料树种，又名桕籽、木籽，是我国四大木本油料植物之一，其利用和栽培始于南北朝的北魏末期。我国杰出的农学家贾思勰著的《齐民要术》一书中曾记述了乌桕的形态和用途。江西栽培和利用历史也很悠久，早在宋、元代，“众所贵者曰乌桕，冬月结白实，可以压油浇烛，一名木油，处处种之”，可见那时已为农家所栽培。据《江西通志》第二十七卷土产篇记载，广信府(今上饶市)、饶州府(今上饶市和景德镇市)、九江府(今九江市)出产乌桕油脂，说明在三四百年以前，赣北、赣东、赣中地区栽培乌桕已较普遍。

➢生物学特性　乌桕是异花授粉植物。喜光，耐寒性不强，年均气温 15℃以上，年降水量 750mm 以上地区都可生长。对土壤适应性较强，沿河两岸冲积土、平原水稻土、低山丘陵黏质红壤、山地红黄壤都能生长。以深厚湿润肥沃的冲积土生长最好。土壤水分条件好生长旺盛。能耐短期积水，亦耐旱，对酸性土、钙质土、盐碱土均能适应。寿命较长。

➢资源分布　乌桕在四川有自然分布，地理位置为北纬 32°30′以南，东经 101°40′以东，为全国乌桕分布的西北沿。垂直分布范围，在东部盆地为海拔 80～900m，在川西南山地为海拔 1000～1800m。主要分布于中国黄河以南各地，北达陕西、甘肃。日本、越南、印度也有；此外，欧洲、美洲和非洲亦有栽培。

➢经济意义　乌桕是生产果实的经济树种。据化验，桕籽含油率高达 51%，出油率达 40%以上，通常每 100kg 桕籽表面的白色蜡质层，可提取桕脂(又称皮油)25～26kg，除去蜡皮的种仁，能榨取桕油(又称水油)16～17kg。我国在 1903 年创办制皂工业后，乌桕便成为重要的轻工业原料。由于桕油碘值高，是良好的干性油之一。随着科学技术的发展，乌桕油脂的用途越来越大，价值越来越高，除广泛应用于军事、化工工业外，还用来制造高级喷漆、油墨，同时还在制造绝缘油漆、人造橡胶、人造皮革等方面开辟了新用途。

乌桕花是良好的蜜源树种，叶可抑制钉螺的繁殖，因此乌桕被列入国家血防林主要树种；鲜叶还可制杀蚜虫和防治鱼病的农药；木材纹理致密，材质轻软，易加工，是家具、农具、玩具、雕刻的优良用材。乌桕具有耐水湿和抗有毒气体的特性，也是很好的防护树种，在九江、永修、余干、鄱阳、南昌等县(市)都曾营造乌桕防护林。乌桕树对氟化氢(HF)、氯气(Cl_2)有较强的吸滤作用。据调查，距离产生氟化氢气体的工厂高炉40m处，每千克干叶中含氟化氢达0.84g，每千克干重乌桕叶片吸氯量达393g，其吸氯能力比慈竹、海桐、旱柳、桑树等高出1倍，乌桕对二氧化硫(SO_2)也有较强的抗性。乌桕树姿潇洒，叶形别致，到了晚秋，叶色呈现浅黄、橙黄、大红、水红，璀璨夺目，是理想的风景树。

➢*资源保存与利用*　在长期的自然杂交和人工选择下形成了许多品种(类型)，乌桕在不同生态地理等因素下，产生了一些特殊的优良的性状变异。目前全省各地均有种植，以地处滨湖地区的九江、星子、都昌、彭泽、湖口、永修、东乡、进贤、临川、余干、余江、鄱阳、万年、乐平、丰城、高安、清江、崇仁、南昌、新建等县(市、区)栽植比较集中，产量也多。从垂直分布来看，在海拔600m的低山有小片乌桕林，生长良好，结实正常，但多数种植在海拔300m以下地区。

乌桕能产生两种油，一种为种皮(白色蜡层)加工的固体桕油，俗称皮油；一种为种仁加工的液态青油，又称梓油。二者化学组成不同，化学成分多种多样，用途各异。

2008年完成的林木种质资源调查，江西共选出乌桕优良单株26株。

4.2.4.1　乌桕优良无性系的选择

江西省乌桕良种选育课题组在“乌桕品种及其化学组成”和“江西省乌桕品种调查研究”的成果基础上，开展了乌桕皮油、梓油高含量品种(类型)的选择。前后历经8a，通过选优、优株无性系和优良无性系3轮的选择与测定，从74个优株和30个优良无性系中，筛选出新桕6、13、12、20、4、3、11和10号等8个产量高而稳，皮油、梓油含量高，皮油熔点较低(与天然可可脂接近)的优良新品种。8个乌桕新品种的平均产量达到2442kg/hm^2，比实生植株产量高69.96%，皮油含量平均为72.31%，梓油含量平均为62.01%。其中新桕3、4、20和13号4个新品种的皮油含量特别高，平均为74.5%；新桕6、12、11和10号等4个新品种的梓油含量特别高，平均为64.7%；8个新品种的皮油熔点较低，平均为35.7℃，其中新桕12、4、10号的皮油熔点分别为33.1℃、35.5℃和32.1℃，均与天然可可脂的熔点(32～35℃)十分接近，其中POP(棕榈酸—油酸—棕榈酸三苷脂，即POP型三苷脂)含量较高，宜作可可脂原料林种植，在巧克力专用油脂生产方面有很好的应用前景。

以上8个新品种曾在广丰、余干、九江、修水、上饶等县(市)推广，在大树上采用高冠换种的办法进行嫁接。广丰、余干二县共高接近万株，成活率90%以上。新品种嫁接后第3年平均株产2.75kg，第5年平均株产6.08kg，其中新品种新桕6号第五年产株产高达15.63kg，在产量、产值方面，比一般实生的乌桕树，分别提高40.0%和76.02%，其中新品种皮油提高41.2%和86.5%，梓油提高42.1%和72.3%。

4.2.4.2　乌桕优良品种类型

乌桕在长期的栽培过程中，通过自然选择和人工选择，形成了葡萄桕和鸡脚桕两个变种，也产生了许多变异类型。江西发现的高产变异类型有狗尾桕、棒槌桕(又称真桕)、大粒鸡脚桕(又称老鸦桕)、小粒鸡脚桕(又称莲花桕)等。这些优良类型一般具有枝条粗壮，枝梢均匀，芽大饱满，叶大肉厚，结果枝多，大小年变幅小，单株产量和含油率高等特点。目前在生产上推广栽培的有：

(1)狗尾桕　适应性强，在低湿的滨湖、河洲和在海拔600m以下的低山均生长良好，以土壤深厚、肥沃、湿润的地方最为适宜。该品种树冠上部和朝南的果穗多细长，平均长26cm，最长37cm。每穗平均有果蒲43个，最多达108个。一般壮年树单株产量可达20kg，最高达50kg。全籽含油率46.83%，桕籽千粒量145g。脱壳整齐，蜡白色。但由于果实多而密，易遭蛀虫为害和腐烂等病害。

(2)棒槌桕　适应性强，耐干旱瘠薄，适宜在丘陵岗地红壤及水分不足的沙地造林，在寒冷山地亦能生长良好。一般壮年树单株产量可达20kg，最高可达40kg。果穗平均长14cm，最长15cm。每穗平均有果蒲29个，最多达47个。全籽含油率50.73%，桕籽千粒重167g。脱壳整齐，蜡色洁白。

(3)鸡脚桕　喜生于土层深厚、湿润、肥沃之处，喜光怕阴，适宜在滨湖沙壤及梯差大的水稻田田坎上造林。在其他立地条件下营造乌桕林，可选择鸡脚桕作授粉树少量配置。鸡脚桕壮年树单株产量一般可达25kg，最高可达40kg。果叉多，每果枝有5~7个果穗，每穗平均有果蒲8个，最多达10个，每果枝平均有果蒲40个。颗粒大，脱壳齐，蜡色白。全籽含油率46%，千粒重263g。

本树种也是生物能源树种之一，同时被收录在本书的“4.5　生态型树种种质资源”章节内，详见4.5.6.8。

4.2.5　油桐 *Vernicia fordii*(大戟科)

油桐系大戟科油桐属。落叶乔木，远在1200多年前，我国就已发现油桐。唐代陈藏器《本草拾遗》中说“罂子生山中，树似梧”。明代《食货志》载：“洪武时命种桐、漆、棕于朝阳门外，钟山之阳，总计万余株，……桐周岁得油百五十觔”。到了清末，许多书报有“桐油功用日宏，种植者渐众”，“妇孺皆知其利”等记载。20世纪30年代，当时江西省农业院制订全省植桐计划，号召民众团体领荒植桐，并给予贷款扶植。据1942年统计，全省油桐造林面积0.68万hm^2，占全国第9位。1946年全省生产油桐2040t，占全国产量1.7%，是新中国成立前江西桐油产量最高的一年。

➢生物学特性　油桐喜光、喜温暖、忌严寒。冬季短暂的低温(－10～－8℃)有利于油桐发育，但长期处在－10℃以下会引起冻害。适生于缓坡及向阳谷地，盆地及河床两岸台地。富含腐殖质、土层深厚、排水良好、中性至微酸性砂质壤土最适油桐生长。油桐栽培方式有桐农间作、营造纯林、零星种植和林桐间作等。

➢资源分布　油桐主要分布在欧亚大陆东南部及日本亚热带地区，江西省80多个县都有栽种。一般在海拔800m以下的丘陵地区生长良好，而在海拔1000m以上的山区，由于低温冻害，不能正常开花结实。

➢经济意义　栽培油桐以取果榨油为主要目的。桐油是重要的工业原料，是良好的干性油之一，具有干燥快、光泽好，比重轻，附着力强，以及抗冷、抗热、耐酸、耐碱、防腐、防锈等许多优点，用途十分广泛。桐枯是长效性的有机肥料，据测定，含有机质77.6%、氮3.6%、磷1.3%、钾0.6%。桐枯经干馏、裂化和分馏，可以制取汽油、煤油、柴油和沥青。桐蒲(桐壳)含粗蛋白2.5%、碳水化合物27.62%、粗纤维50.64%、灰分4.8%、粗脂肪0.04%。产区群众历来有用桐蒲熬碱的习惯，桐碱可作食用碱或肥皂工业用碱。

➢资源保存与利用　江西是油桐的适宜生长区，大量栽培的有三年桐和千年桐。

4.2.5.1　三年桐

三年桐又称光桐，起源于我国长江中游的川、黔、湘、鄂边界地区，属湿润亚热带树种。

由于长期人工栽培驯化，其适生范围已扩大至黄河以南的16个省(自治区)、500多个县(市)，在北纬22°~33°、东经102°~122°的200万km^2的国土上都有栽植。三年桐在江西的栽培区基本上与油茶、杉木相适应。

三年桐种仁(全干)含油率52%~64%；树皮含鞣质18.3%，桐枯含有机质75%~85%，氮素3.8%，磷酸1.3%，氧化钾1.3%。在长期的人工栽培和驯化下，江西选育了一批三年桐的地方优良品种(类型)。20世纪30年代，宜春市发现有一种丛生果型的油桐品种，每丛平均着果16个之多，每果有籽5~6粒。玉山、遂川、黎川等杉木产区的群众，在长期的"桐杉混交"作业中，选出了适宜于混交的周岁桐。据江西省林业科学院调查全省栽种的三年桐地方品种(类型)，可归纳如下5种。

(1)周岁桐(又叫对年桐)　小乔木，主干早期停止生长，分枝点低，播种当年或次年发生侧枝，第2年开花结果，3~5a进入盛果期，寿命短，衰老快。果实丛生，扁球或圆球形，每果含籽4~5粒，皮薄，出籽率高。本品种适宜与其他树种混种，玉山、黎川、婺源、德兴、鄱阳、安福、遂川等县(市)群众，历来都选用该品种与杉木作早期混交，或与油茶混交。

(2)小米桐(又叫挂桐或串桐)　是江西的主栽品种，遍及全省各地。该品种树体较矮，分枝多而细软，树冠平展呈伞形。果丛生，柄细长，常五六个，多则十几个，二三十个丛生成串下垂。果较小，但出籽率高。该品种具有高产性能，在立地条件好，经营管理水平较高的条件下，能充分发挥其增产潜力。本品种最适于长期桐农间作。但在经营粗放，栽培条件差的情况下，产量大小年明显，且易感染病害。

(3)五爪桐(又叫大米桐)　树高5~8m，分枝高，枝粗壮，节间较长。果大，每果有籽3~5粒，成熟期较晚。本品种适应性较强，丰产性能较好，盛果期株产2.5~5kg，高者达50kg，产量较稳，经济生产期较长。适用于四旁植树和纯林作业。

(4)鸡咀桐(又叫柴桐)　乔木型，树势较高大，主干明显，分枝高而均匀稀疏。本品种幼龄期阶段较长，栽后一般4~5a才开花结实。果大皮厚，圆球形或扁球形，外显棱纹，果项狭长而带弯曲，形似鸡咀。种子发育饱满，出籽率、含油率较高。产量虽不高，但较稳，适应性强，抗枯萎病(Fusarium oxysporum)较强，是抗病育种的好材料，也是嫁接的好砧木。本品种是三年桐中寿命最长的一种，常见五六十年而不衰。

(5)蟠桐(又叫柿饼桐)　树高4~5m，属中干型，分枝少，常见偏干并生的变态枝。果实以单生型为主，果大扁平似蟠桃或柿饼状，皮厚，每果含籽多于其他品种，一般8粒，多则20余粒。但产量低，不宜作大面积生产用种。江西各地栽培也较少。

除以上地方品种外，还有外省选育的一些优良品种，也适应江西栽培。

(1)四川小米桐　多为丛生果序，果园球形至扁球形，单果重50~60g，平均每果含籽数4.65粒。在桐农间种条件下，单株年产油1~2kg，多达5~7kg；纯林一般年产油240~300 kg/hm^2，多达390~495kg/hm^2，气干果平均出籽率58.5%，出仁率62.5%，干仁含油率65%。要求立地条件好，各地有引种。

(2)四川大米桐　果球形，鲜果均重62.2g，平均每果含籽数4.7粒。盛果期单株产油量2~3kg，多达10~15kg，年产油量195~345kg/hm^2。气干果平均出籽率53.4%，出仁率59%，干籽重3.1g，干仁含油率63.7%。3~5a始果，7~8a进入盛产期。产量不及小米桐，但适应性广，抗性强，较耐瘠薄，是我国优良品种，各地有引种。

(3)湖南葡萄桐　果实丛生，形似一串葡萄，果球形，单果重52.3g，含籽数4.8粒。一般条件下，盛果期年产油450kg/hm^2以上，气干果平均出籽率54.5%，出仁率59.3%。籽重约2g。干仁含油率53.5%。3a始果，4~5a进入盛果期，持续8~10a，条件好可持续15a。

(4)浙江桃形桐　丛生果序，果壳桃形，有突出果尖。中小果型，单果重64~75g，每果含籽4.6粒。零星种植一般单株产油2.5~3.0kg，盛果期年平均产油195~240kg/hm^2。气干果平均出籽率51.73%，出仁率64.5%，籽重3.6g。干仁含油率67.01%。3～4a始果，6～7a进入盛果期，经济寿命30a。

(5)湘桐中南林37号无性系　果实扁球形，单果重52.7g，含籽数4.9粒。嫁接后3a进入盛果期，持续10～15a。盛果期年产油195kg/hm^{2}左右，多达450kg/hm^2；气干果平均重18.1g，出籽率54.5%，籽粒重1.8g，出仁率59.3%。干仁含油率54.5%。

(6)湘桐中南林23号无性系　果实球形，鲜果均重47.8g，含籽数4.5粒。嫁接后次年挂果，4a进入盛果期，持续15a，年平均产油240kg/hm^{2}左右，高产达300kg/hm^{2}以上。气干果出仁率54.8%，籽重2g，出仁率58.9%，干仁含油率57.7%。

在小米桐品种群中还选出有黔桐1号、桐2号、光桐3号、光桐4号、光桐7号等优良无性系。

4.2.5.2　千年桐 *Vernicia montana*

千年桐又名皱桐、皱皮桐、观音桐、木油桐。原产我国西南，分布于广东、广西、福建、贵州以及浙江、江西、湖南的南部地区。江西主要分布在浙赣线以南，赣南是主要产区，以寻乌、安远、龙南、定南、上犹、会昌、于都、兴国、赣县等县为最多，赣西、赣东及赣中地区次之，赣北较少。垂直分布多在海拔200m以下的红壤低丘和岗地以及四旁。在赣南深山老林中，偶见有野生千年桐散生于常绿阔叶树的林缘。

千年桐树形高大，产量较高，单株可产桐子5～50kg，结实寿命长达四五十年。因其树形亭亭如盖，落叶季节很短，常被选为绿化树种，在四旁广为种植。

千年桐是一种有很大增产潜力的油料树种。全干种仁含油率达57.8%，树皮枝条含鞣质18.26%。寻乌县和乐平市选出千年桐优树42株，单株产桐籽40kg。其4a生千年桐无性系产桐油375kg/hm^2。乐平市梅岩垦殖场建立了采穗圃13.3hm^2，品种园13.3hm^2，种子园90hm^2。用优良无性系嫁接改造千年桐，3a开花结果，4a嫁接单株平均产桐籽6kg，最多9.5kg。

适应江西栽培的千年桐优良品种有"江西四季皱桐"。它具有多次开花结果的特殊性状。一年中开4次花结4次果，但也有只开花3次或2次。春果鲜重45.60g，含籽2.6粒，鲜果皮厚0.3～0.5cm，气干果平均出籽率42.3%，出仁率55.2%，干仁含油率59.6%～61.7%。6～7a进入盛果期，实生林分年产油195kg/hm^{2}左右，优良单株产油可达3～5kg。经济寿命30～40a，江西宜春、赣州广为栽植。

适应江西栽培的千年桐优良无性系有：

(1)桂皱20号　结实早、产量高、适应性广、抗性强。果丛生，每序4～8果。果重54g，含籽数3粒。5～6a进入盛果期，持续15～20a，年产桐油300～450kg/hm^2，高的达750kg/hm^2，气干果平均重20.7g，出籽率42.7%，籽重3g，出仁率56.9%，干仁含油率56.9%。

(2)浙皱7号　适应性广、抗性强。5～6a进入盛果期，年产桐油450kg/hm^{2}左右，高的达750kg/hm^{2}以上。鲜果重46.6g，气干果平均出籽率45.76%，出仁率55.64%，籽粒重2.7g，干仁含油率64.86%。

除以上外，还有桂皱1号、桂皱2号、桂皱6号等优良无性系亦可选用。

千年桐是雌雄异株的树种，如用实生苗造林，常有一半以上的植株为不结实的雄株，雌株中结果的情况也是良莠不齐，产量高低悬殊。应该推行嫁接苗造林，促进开花结实。江西从20世纪70年代开始，选择了一批油桐优良单株，建立采穗圃，营建种子园，推广嫁接苗造林，同时在造林时配置5%的雄株，可以取得很好的效果。

本树种也是生物能源树种之一，同时被收录在本书的"4.5　生态型树种种质资源"章节内，详见4.5.6.9。

4.2.6　杜仲 *Eucommia ulmoides*(杜仲科)

➢生物学特性　杜仲对气候适应幅度较广，性喜气候温和，雨量充沛的生态条件，但有很强的耐寒能力，能耐 -15 ~ -10℃的低温。

杜仲是深根性树种，根系庞大，适应环境能力强，可保持水土。杜仲对土壤的适应性也很强，在酸性红壤和黄壤，中性、微碱性及钙质土壤中均能生长。最适宜杜仲生长的土壤是土层深厚、疏松、肥沃、湿润、排水良好，pH 值 5 ~7.5 的坡耕地，土壤过于贫瘠、干燥的地方不宜栽植。

杜仲萌芽力强，特别是壮、幼年树，冬季采伐，翌年春天即萌芽，当年秋季即可木质化，可利用这一特性实行无性更新和矮林作业。

➢*资源分布区域*　杜仲在我国分布区域很广，自然分布大体在黄河以南，五岭以北。从地理位置看，北纬 22° ~42°，东经 100° ~120°，垂直分布一般在海拔 300 ~1300m。江西省是杜仲适生区域，各地均有栽培。如九连山自然保护区 1978 年引种的杜仲，14a 生树高 11.59m，胸径 12.38cm。

➢*经济意义*　杜仲为一种名贵中药材，能补肝肾、强筋骨、益腰膝，久服能健身去乏，延年益寿；杜仲种子含油率高达 27% ~30%，是高级食用油和工业用油；杜仲的叶、皮、及果实均含丰富的杜仲胶，适于制作电工绝缘材料及高级黏合剂；杜仲木材洁白，材质坚韧，纹理细致匀称，是制作家具、农具、舟车和建筑的良好材料。

➢*资源保存与利用*　江西省各自然保护区天然混交林中均有散生，九江、瑞昌等县有小面积人工林栽培。杜仲主要分为粗皮杜仲和光皮杜仲两大类型。江西多从湖南引进光皮杜仲类型，生长良好，较适合江西推广。2008 年完成的林木种质资源调查，全省共选出杜仲优良林分 7 块，优良单株 14 株。

本树种也是野生乡土树种之一，同时被收录在本书的“4.7　引种驯化与野生树种驯化种质资源”章节内，详见 4.7.4.6。

4.2.7　龙脑樟(樟科)

龙脑樟别名龙脑型樟树、吉安香樟，叶油富含天然右旋龙脑(D-bomeol)。高大乔木，叶具龙脑味。

➢*生物学特性*　龙脑樟属深根性树种，喜光，要求温暖湿润气候。适生于年平均气温 16℃以上，年降水量 1000mm 以上，土层深厚肥沃湿润的土壤。生长快，寿命长，萌芽能力强。

➢*资源分布*　江西范围内，目前仅在吉安市的吉水、泰和、永丰、遂川、峡江等县发现有龙脑樟。

➢*经济意义*　龙脑樟与樟树其他类型在形态上难以区别，初步鉴别采用气味辨别的办法，即摘取叶片揉碎品香，如有龙脑味的即为龙脑樟。选择龙脑樟优树，可以在选出的龙脑类型樟树上采摘树叶，用水蒸气蒸馏提取叶精油，并采用气相色谱/质谱联用仪器分析精油化学成分及含量。龙脑樟叶精油含量一般在 1.5% ~2.0%。精油中主要成分右旋龙脑一般在 67.1% ~81.8%，少量单株达 90% 以上。

➢*资源保存与利用*　2008 年，江西省林木品种审定委员会审定通过由吉安市林业科学研究所选育的龙脑樟优良家系水上 18 号为良种，命名为赣 S - SC - CC - 033 - 2008。主要特点：母树叶油含量 1.93%，油中主成分右旋龙脑含量 81.78%。龙脑樟具生长快、寿命长、树冠和根系发达、萌发枝生长极速、叶油富含右旋龙脑等特性。可营建原料林基地，采用矮林作业利用鲜枝叶提取生产天然冰片(右旋龙脑)。营建的原料林子代叶油平均含量 1.53% ~2.0%，油中龙脑含量67.06% ~88.62%。

本树种也是樟树的类型之一，同时被收录在本书的“4.1　用材型树种种质资源”章节内，详见 4.1.16。

4.2.8 板栗 *Castanea mollissima*(壳斗科)

板栗系栗属，约11种，遍布亚洲、欧洲、北美洲和非洲北部各地。

➢生物学特性 板栗喜光，光照不足引起枝条枯死或不结果。对土壤要求不严，喜肥沃温润、排水良好的砂质或砂质壤土。对有害气体抗性强。忌积水，忌土壤黏重。深根性，根系发达，萌芽力强，耐修剪，虫害较多。另外，各品种耐寒、耐旱能力不同。寿命长达300a以上。

➢资源分布 我国板栗分布最北达吉林的永吉，约北纬43°55′，最南至海南岛苗族自治州，约北纬18°30′，南北纬度相距25°25′，跨暖带和亚热带。主要分布在黄河流域的华北和长江流域各省。板栗从平原到海拔2800m的山地均有分布。江西板栗一般栽种在海拔50～1100m的地带，绝大部分栽种在海拔100～500m的丘陵红壤地区。

➢经济意义 板栗是重要的木本粮食树种，寿命长，经济价值很高，种仁肥厚甘美，富含蛋白质(5.7%～10.7%)、脂肪(2%～7.4%)、多种维生素(A、B、B_2、C)和矿物质(钙、磷、钾)等，尤其含淀粉多(51%～60%)，可以代替粮食，加工食品。

板栗材质坚硬，纹理通直，比重0.67，耐湿防腐，是做枪托、船舵、车轮、桥板、乐器等的重要材料。木材浸入水中呈黑色花纹，是良好的工艺雕刻材料，木材还可以培养香菇。树皮、枝叶和总苞富含单宁，可以提炼栲胶。据分析：壳斗含鞣质3.7%，非鞣质2.9%，不溶物0.9%，纯度56%；木材含水分11.66%，鞣质8.53%，非鞣质2.72%，纯度78.93%；嫩枝含鞣质6.21%。叶可以饲养樟蚕和柞蚕。花是蜜源，雄花序燃烧可驱赶蚊虫。

➢资源保存与利用 江西板栗栽培面积大，分布广，全省大约60多个县(市)都有种植，比较集中城片种植的有龙南、全南、玉山、德兴、东乡、贵溪、铅山、崇仁、高安、宜丰、靖安、修水、武宁、泰和、安福、南城、景德镇、南昌等县(市)。2008年完成的林木种质资源调查，全省共选出板栗优良林分4块，优良单株28株。

4.2.8.1 江西省板栗品种分布区域

(1)丘陵板栗区 一般分布在海拔100～500m，如高安市杨圩林场、宜黄县青年垦殖场、安福县武功山林场、峡江县金坪华侨农场等。其中高安市杨圩林场是丘陵板栗林的代表类型，地势较平缓，平均坡度10°以下，红壤土，有机质较少，植株为实生后代，密度为420株/hm^2，16a生平均树高4.2m，冠幅5.5m。

(2)平原和河滩板栗区 分布海拔在400m以下，面积较大的有龙南县渡江乡、靖安县仁首乡、周坊乡、宜黄县桃皮乡等。其中龙南县渡江乡为冲积轻壤土，有机质含量较高，该乡下坝有6.67hm^2多板栗纯林，品种为油栗和毛栗，树龄40a，密度180株/hm^2，平均树高9.5m，冠幅13.7m，年产果1万～1.5万kg。

(3)山地板栗区 分布海拔在500m以上，面积较大的有玉山怀玉山县垦殖场和德兴市大茅山垦殖场等，其中怀玉山垦殖场为黄红壤，有机质含量2.8%，该场166.67hm^2人工实生纯林，品种为油栗，树龄18a，平均420株/hm^2，平均树高7.5m，冠幅5.13m，历年平均产达750～1125kg/hm^2。

4.2.8.2 江西板栗品种类别

(1)根据栗果茸毛的多少、果皮的颜色和光泽可分为毛栗、油栗和铁栗。

①毛栗类型：全果密被茸毛，无油脂光泽，较耐贮藏，外观较差。代表性地方品种有金坪矮垂栗、靖安灰毛栗、龙南薄皮大毛栗、厚皮铁毛栗、贵溪腐板栗、东乡小毛栗、泰和白毛栗等。

②油栗类型：果皮黄褐色至紫红色，有明显油脂光泽，果顶部具较多茸毛，肩部以下茸毛稀疏或基本无毛，外观美。部分品种耐贮性差，如靖安灰黄油栗、棕黄油栗、桂花栗，龙南薄皮浅刺油栗、东乡油光栗、酱色小油栗(小油光)、团盘栗、奉新冬栗、德安磨溪栗。还有从外

省引入的品种焦扎、处暑红、青扎、薄壳、大红袍、大底青、重阳蒲、猪咀蒲、毛板红、罗田早栗、中迟栗等均属此类。

③铁栗类型：果皮酱色或暗紫铜色，果面毛茸极少，光泽暗亮耐贮藏，代表品种有宜黄铁栗、龙南厚皮大果铁栗以及从安徽广德引入的迟栗等。

(2)根据果实成熟期可分为早熟栗、中熟栗和晚熟栗。

①早熟栗：在江西的气候条件下，8月下旬至9月上旬成熟，多数品种不耐贮藏，如靖安中秋栗及从江苏引入的处暑红等。

②中熟栗：9月中下旬成熟。属此类的有龙南薄皮浅刺油栗、薄皮大毛栗，德安磨溪栗，东乡浅刺板栗、油光栗、小油光、团盘栗，靖安灰黄油栗、棕黄油栗、桂花栗，奉新冬栗，还有从外省引入的焦扎、九家种、薄壳、大红袍、铁粒头、花兴5号和罗田早栗等。

③晚熟栗：9月底至10月上中旬成熟，如宜黄柴油光栗，龙南薄皮铁毛栗，东乡小毛栗、枫子栗，贵溪独角龙，靖安灰毛栗，金坪矮垂栗等。还有从外省引入的青扎、大底青、重阳蒲、大板红、迟栗亦属此类。

(3)根据果实的风味和用途可分为糖栗和菜栗

①糖栗：含糖量高，肉质细，偏糯性，适于生食或炒食。如靖安桂花栗、金坪矮垂栗以及从外省引入的九家种、铁粒头等。

②菜栗：坚果大，淀粉含量高，肉质糯性，含糖量低，适于菜食。江西省绝大部分品种属于此类，从外省引入的有处暑红、猪咀蒲、青扎、焦扎、大红袍、大底青、重阳蒲等。

4.2.8.3 适应江西栽培的板栗优良品种(无性系)

根据江西农业大学研究及在各地栽培反映，下列品种(无性系)受到群众的青睐。

(1)赣农77-01号　从原短毛焦扎品种中选出的优株系。该品种树势强旺，果实总苞大，椭圆形，出籽率45%。坚果大，单果均重18g，最大粒重可达26g以上；果皮紫褐色，有油光泽，果肉甜糯，微香。9月下旬成熟。红壤丘陵地栽培，可实现丰产、稳产。品质较佳。

(2)赣农77-02号　从原青扎品种中选出的优株系。该品种树势强旺，分枝性强，总苞大小中等，椭圆形。出籽率43%。单果均重15g，最大粒重20g。果皮紫红色，有光泽，果肉甜糯，有微香。10月上旬成熟。红壤丘陵地栽培。品质较佳。

(3)赣农77-03号　从原处暑红品种中选出的优株系。该品种树势中等，总苞大，椭圆形。出籽率35%，坚果大，单果均重21.4g。果皮深赤褐色，有光泽，果肉甜糯，有微香，9月上旬成熟。红壤丘陵地栽培可稳产、丰产。

(4)赣农77-04号　从原九家种品种中选出的优株系。该品种树势旺，较直立。总苞大小中等，椭圆形。出籽率36%。坚果圆形，单果均重10.2g，果皮赤褐色，有光泽。果实10月中旬成熟。树形小，紧凑，宜密植，可稳产、丰产。

(5)赣农77-05号　从原大红袍品种中选出的优株系。该品种树势旺，总苞大小中等，出籽率41.4%。坚果色红艳有光泽，单果均重15.1g。果肉偏糯性，甜而具微香。10上旬成熟。红壤丘陵地栽培表现稳产、丰产，品质优良。

(6)赣农77-06号　从原罗田早熟品种中选出的优株系。该品种树势中等。总苞大小中等，椭圆形，出籽率38.8%，单果均重15.5g。果皮暗紫红色，有油光泽。果肉偏糯性，较甜有微香。9月中旬成熟。红壤丘陵地栽培可稳产、丰产。

(7)赣农77-08　从原毛板红品种中选出的优株系。该品种树势中等。总苞圆形，较大，出籽率37.4%。坚果椭圆形，赤褐色，有油光泽，单果均重14.3g，甜糯微香。10月上旬成熟。红壤丘陵地栽培表现稳产、丰产。

(8)德安磨溪板栗(别名双季板栗)　原产江西德安。第一季9月上旬成熟，坚果果皮紫红色，有光泽，单果均重20~25g；第二季11月上旬左右成熟，空壳率高，果粒小，单果均重

12~16g。果实品质较佳。

(9)金垂栗　20 世纪 70 年代初从峡江县金坪华侨农场实生板栗林中选出的一株特异单株，因树冠低矮，枝叶倒披下垂似龙爪槐，1985 年定名“金坪矮垂栗”，简称“金垂栗”。该品种植后 2~3a 结果，总苞圆形，出籽率 37.8%，单果重 10g 左右，暗红色，有油光泽，肉质香甜偏糯，品质较佳。红壤丘陵地栽培，丰产稳产性好，且管理方便。既可观赏，亦可作矮化砧木。

(10)天师一号　由鹰潭市龙虎山农业开发总公司选育，经江西省林木品种审定委员会 2008 年认定为优良品种(无性系)，品种编号为赣 R-SC-CM-009-2008(5)，认定期限 5a。

该品种主要特性：树枝紧密，新梢短粗，节间短、总苞扁而薄、出籽率很高。坚果光泽中等、中等大小、平均重 16g。该品种适应性强，产量高而稳定。

4.2.8.4　江西实生群体品种中的优良单株

在推广板栗良种过程中，必须在板栗实生群体里面选择出优良单株，采用无性繁殖的方法进行选育，才能保持该品种的优良性状稳定地遗传下去。江西农业大学从 20 世纪 70 年代开始与庐山植物园、省林业科学院联合组织专业队伍深入产地，通过群众选优报优，参照全国板栗产地选优的标准，结合板栗的丰产性、品质、贮藏性、抗逆性等，共选择出板栗优良单株 15 株，经过 3a 的连续观察、分析、鉴定、筛选，认定其中 7 个优良单株可以繁殖推广。

(1)薄皮大油栗(75-1)　位于龙南县渡江乡红星村，树龄 40a 左右，历年单株平均产量 75kg。9 月中旬成熟，果大，40 粒/kg，油脂光泽，出籽率 48%。

(2)毛栗(75-2)　位于龙南县渡江乡红星村，树龄 35a 左右，历年单株平均产量 60~75kg。9 月中旬成熟，果大，60~70 粒/kg，果面具灰白茸毛，出籽率 35%。

(3)大油栗(75-3)　位于龙南县渡江乡象坝村，树龄 20a 左右，历年单株平均产量 65~75kg。9 月上旬成熟，果大，50 粒/kg 左右，油脂光泽，出籽率 30%。

(4)毛栗(75-11)　位于宜黄县桃陂乡大港村，树龄 100a 左右，历年单株平均产量 50~60kg。9 月中旬成熟，果中大，果面有较多茸毛，出籽率 50%。

(5)油栗(75-12)　位于宜黄县桃陂乡大港村，树龄 40a 左右，历年单株平均产量 60~75kg。10 月初成熟，果中大，具油脂光泽，质中上。

(6)油栗(75-13)　位于宜黄县桃陂乡大劳村，树龄 30a 左右，历年单株平均产量 75kg 左右。9 月中旬成熟，果中大，酱红色，质中、出籽率 40%。

(7)油栗(仁和 75-1)　位于宜黄县仁和乡下坊村，树龄 100a 左右，历年单株平均产量40~60kg。9 月中旬成熟，果中大，80 粒/kg，具油脂光泽，质中上，出籽率 41%。

4.2.8.5　在江西表现较佳的引入品种

江西农大对近年来引入江西省栽培的 30 余个品种进行了比较和分析，初步结论是：凡从长江流域引入的良种均表现良好，其中突出的有：

(1)焦扎　原产江苏宜丰，果皮紫褐色，有油脂光泽，坚果大，均重 18g，最大粒重为 26g。果顶部茸毛多，质粗味甜，品质优良，丰产稳产。9 月下旬成熟，在红壤丘陵地区栽培表现佳。

(2)青扎(又名青毛软刺)　原产江苏宜兴，果皮紫红色，有光泽，栗果中等大，均粒重 13g，果肉粉质，味道较甜。10 月上旬成熟，较耐贮藏。

(3)长兴 5 号　原产浙江长兴，果皮暗褐色，有油脂光泽，肉质细较甜，质良，平均每粒重 15.2g，较丰产。9 月下旬成熟，红壤丘陵上栽培良好。

(4)处暑红　原产江苏宜兴，果皮深赤褐色，有光泽，坚果平均粒重 20g 左右，丰产稳产。品质佳，出籽率 35%。9 月上旬成熟，不耐贮藏。

(5)大底青　原产江苏宜兴，果皮深赤褐色，有光泽，肉质细，味较甜，出籽率 36%。9 月下旬成熟，红壤丘陵地引种表现良好。

(6)九家种　原产江苏吴县洞庭山，果皮赤褐色，出籽率高，坚果圆形，平均粒重 10g 左右，果肉质糯味甜，品质佳。9 月下旬成熟，丰产，树形小，适于密植。

(7)薄壳　原产江苏南京，总苞薄，出籽率高达 50%，坚果平均粒重16～20g，红壤丘陵地试栽表现良好。

(8)罗田早栗　原产江苏宜兴，果皮暗赤褐色，稍有油脂光泽，坚果平均粒重 15.5g。9 月中旬成熟，红壤丘陵地试栽表现良好。

(9)大红袍　原产安徽广德，果皮呈红艳色，有光泽，色美，丰产，果大，坚果平均粒重 17～20g。9 月下旬成熟，红壤丘陵地试栽表现良好。

4.2.9　锥栗 *Castanea henryi*(壳斗科)

锥栗是我国名特优经济林干果，是我国重要木本粮食植物之一。果实可制成栗粉或罐头。木材坚实，可供枕木、建筑等用。壳斗木材和树皮含大量鞣质，可提制栲胶。

➢生物学特性　落叶乔木，高达 30m，胸径达 1m。锥栗喜湿润温暖气候环境，要求年平均气温 11～20℃，年降水量 500～1000mm，平均相对湿度75%～85%，日照时数 1500h 左右，无霜期 280d 以上，耐寒，－16℃的低温也能生长。适应性强，喜光，耐干旱瘠薄，在 pH 值 5～5.5、排水良好的肥沃砂质壤土上生长良好。病虫害少，生长较快。

➢资源分布　锥栗在江西的山区和低山丘陵地区均可种植。海拔 1000m 以下可以栽培，但以海拔 300～800m 较合适。

➢经济意义　锥栗既是优良的果树，又是传统的用材树种，其坚果富含人体所需要的胡萝卜素、17 种氨基酸、各种生物酶、糖类、脂肪、蛋白质等营养物质，营养价值高于大米、小麦和薯类。锥栗木材纹理通直，色泽柔和，韧性好，可用于中纤板、刨花板、纸浆等工业。由于锥栗种植于山区，污染极少，是名副其实的绿色食品。

➢资源保存与利用　锥栗的许多优良品种来源于福建的建瓯、浦城、建阳、政和、武夷山和浙江的庆元、兰溪、缙云、仙居、安吉等地，可按不同的经济性状划分优良品种。按成熟期分，建瓯 14、庆元 7 等(9 月上旬成熟)为早熟优良品种：乌壳长芒、猴嘴榛等(9 月 15 日左右成熟)为中熟优良品种；黄榛、油榛、穗榛、材榛等(10 月上旬成熟)为迟熟优良品种。按果实大小划分，乌壳长芒、温洋红、黄榛、建瓯 15 等为大果类优良品种，其坚果平均粒重 10g 以上，温洋红达 13.7g，平均单株产量 10kg 以上；中果类型：红紫榛、大尖嘴、浦城油栗、庆元栗等，坚果平均粒重 8g 以上。油榛、蔓榛等为丰产稳产类优良品种，连续 2a 以上母枝结果率达 85%以上。温洋红、牛角榛等为耐储藏的优良品种。

2008 年完成的林木种质资源调查，江西共选出锥栗优良林分 8 块，优良单株 3 株。

4.2.10　漆树　*Toxicodendron vernicifluum*(漆树科)

我国漆树利用历史非常久远，考古研究证明，在新石器时代的晚期，氏族社会解体到奴隶社会兴起时，人们便开始使用漆涂用具。漆树的栽培也有悠久的历史，战国时代，我国已采用园艺形式栽培漆树。据考证，江西在明代，农家已广为种植漆树。清代《古今图书集成·职方典》记载：清代产漆之地有“江西南昌府武宁县”，即今武宁县。彭泽县志有“彭漆陕引”的记载。

➢生物学特性　漆树为落叶乔木，高达 20m，有乳汁。

➢资源分布　我国漆树分布广泛，大体在北纬 25°～42°、东经 95°～125°的山区。秦巴山地和云贵高原为漆树分布集中的地区。云南、四川、贵州三省的产量最多，福建是我国著名漆器产区。江西从南到北，从东到西，均有漆树的自然分布，垂直分布一般在海拔 50～1500m。

➢经济意义　漆树原产我国，是经济价值很高的经济树种。其主要产品生漆，是性能很好的天然漆料，素有“涂料之王”的美誉。漆树干材通直，硬度适中，纹理美观，耐腐抗蛀，是建筑、交通、器具的良好用材。漆树籽可榨油，花是良好的蜜源，树皮可提取单宁，树叶又是良好的饲料。

➢资源保存与利用　江西漆树大部分属人工栽培的小木漆，主要栽植在海拔100～800m的丘陵山地。

漆树在长期的人工栽培驯化下，形成了具有一定区域性的地方品种。依据形态特征、生物学特性、开割期、漆液管道、产漆量等，全国漆树农家品种鉴定会1981年12月鉴定江西的主要品种为小木漆品种群和大木漆品种群。

（1）小木漆品种群　该品种主要分布在赣西北、赣东北和赣北。

①黄荆柴（小叶黄荆柴、大叶黄荆柴）：小乔木，高3.6m，树冠钟形，分枝较低，枝下高0.65～1.8m，分枝夹角45°左右，树皮厚5～8mm。漆液管道小而多，树皮横切面具漆液管道10.2个/mm^2，有1～2层石细胞，无石细胞厚度为1.101mm。本品种主要分布于萍乡、宜春、万载等市（县），抗病虫害能力强，是当地的当家品种。定植后3～5a就可开割，单株年产量0.1～0.15kg，可连续割漆12～15a，寿命达20多年。

②水柳子：树高5～8m，树冠椭圆形或塔形，分枝较高，通常1.8～2.1m，分枝夹角较小，一般30°左右，树皮厚7～8mm，漆液管道较大，横切面具漆液管道6.6个/mm^2。树皮中有3～4层石细胞，无石细胞厚度0.0621mm。本品种仅开花不结实，产漆量仅次于黄荆柴。但漆质佳，干燥性强，割漆期13～16a，寿命20多年。

③玉山小木：树高6～8m，树冠椭圆形，分枝较高，通常2.5～3.5m，主干不明显，分枝不规则。树皮厚6～10mm，漆液管道较大，横切面具漆液管道6.1个/mm^2。树皮中含石细胞层较多，无石细胞区较厚，达1.382mm。本品种不结果，产漆量较高，单株年最高产漆量可达0.5kg左右，是值得推广的优良品种。

④彭泽小木：分布于彭泽、修水等县。树高7～10m，树冠尖塔形，分枝较高，树皮厚6～8mm，横切面具漆液管道7个/mm^2，树皮中含石细胞层较多。单株年产量可达0.2～0.3kg，定植后3～5a就可开割，可连续割漆12～15a。

⑤景德镇小木（南安小木）：树高3～5m，树冠塔形，分枝较低，通常0.4～1.0m。树皮厚4～6mm，横切面漆液管道较小，8.2个/mm^2。石细胞不明显，仅1层，无石细胞层厚0.949mm，本品种寿命长，可达35a之久。定植后3～6a就可开割，单株年产漆量0.1～0.15kg。主要分布在景德镇的案滩、南安、江村等地。

⑥大红袍：树高10m左右，树冠钟形，枝下高2m左右。树皮厚而松软，裂纹紫红色，故而得名。树皮横切面有漆液管道7～8个/mm^2，石细胞4～5层。本品种产漆量高，单株年产漆量0.25～0.5kg，漆液好。在修水、萍乡等县（市）种植，长势和流漆量均好。

⑦阳高小木：树高7～8m，分枝较低、树冠卵形，枝条稠密，节间短。树皮厚约1cm，裂纹较大。本品种产漆量较高，平均单株产漆0.35kg，在低山区长势很好。

⑧酉阳小木：树高约7m，树冠团扇形，枝条稠密，树皮厚约2cm。8～9a生开割，平均单株产漆量0.2～0.25kg。抗病虫力强。主要分布在赣西北、赣北等地。

（2）大木漆品种群　该品种在江西栽培不多，有不少是外来种，主要有：

①遂川大木：分布在江西遂川县。树高约12m，树冠钟形，冠幅7m×8m，漆液管道大而稀少，树皮横切面仅有漆液管道3.7个/mm^2，石细胞层明显，常3～4层。单株年产漆量2.2kg，是有发展前途的品种。

②红尖大木：从贵州引种，栽培于萍乡。树高可达15m。树冠卵形，枝条较稀，芽和新梢红

棕色，故得名。植株寿命长，可割漆 20a 以上。平均单株年产漆 0.15～0.2kg。该品种耐割漆，漆质好，抗旱力强。

③阳高大木：树形高大，可达 12m 多，树冠大而开阔，主干不明显，常为双叉分枝，枝下高 1m 左右。本品种耐割漆、漆质好，可在江西发展。

4.2.11 薄壳山核桃 *Carya illinoensis*(胡桃科)

薄壳山核桃又名长山核桃、美国山核桃。落叶大乔木，树高可达 55m，胸径 2.5m。

➤生物学特性　薄壳山核桃喜温暖湿润的气候。适宜的温湿条件为平均气温 15～20℃，无霜期 80～200d 以上；年降水量 1000～2000mm。能耐绝对高温 41.7℃，绝对低温 -15℃。能耐短期水淹，耐旱能力差，特别是苗期更不耐旱，成年树因结实需要充足的阳光，但在向阳干旱贫瘠的坡面生长不良。薄壳山核桃深根性，在以石灰岩发育的黄泥土及砂岩、板岩、页岩上发育的黄泥土最适合其生长，红壤黏土、砂土不适合生长。

➤资源分布　薄壳山核桃原产美国和墨西哥。江西全境均适合薄壳山核桃的栽培。

➤经济意义　为速生珍贵用材和优良坚果及油料树种，木材结构细密，材质优良，纹理变化丰富，色泽美观典雅，是家具、胶合板及工艺品的上等用材。实生薄壳山核桃 15～16a 始果，嫁接 5～6a 可开花结果。薄壳山核桃果大壳薄，出仁率 50%～70%，产量 1500～2250kg/hm^2。果仁无涩味，100g 果仁平均含蛋白质 12.1g，脂肪 70.7g，碳水化合物 12.2g；氨基酸含量高，富含维生素 B_1 和 B_2，营养丰富；可生食、炒食、制糕点或榨油用。油的主要成分是不饱和酸，其中油酸为 75.1%～76.1%，亚油酸 17.4%～20.0%，是理想的保健食品和食品添加剂。果具有收敛止血功效，对治疗消化不良、肝炎、流感发烧、妇女白带增多、疟疾及胃病均有一定疗效。长期食用有乌发、防秃、补肾、健脑等功效。薄壳山核桃树形美观，很少感染病虫害，是庭院美化和城市绿化的优良树种。

➤资源保存与利用　1980～1985 年，浙江省科学院亚热带作物研究所和长乐林场，在全国 14 个省进行了优良单株普选调查。对初选的 70 个优良单株进行嫁接繁殖，建立了良种收集圃，筛选出 4 个树势生长旺盛，抗性强，结实早，产量稳定，种实品种好的优良单株。目前推广的优良品种(无性系)分为国产和国外品种两类。

4.2.11.1 国产品种

(1)石城(南京 148)　1979 年产由南京林业大学从实生苗中选出。坚果卵圆形，基部圆，先端略向一边歪斜。果仁浅黄色，香气浓。128 粒/kg，出仁率 56.7%，出油率 72.5%。品质极佳，丰产性好。

(2)鼓楼　1957 年由前浙江农学院选出并命名繁殖推广。坚果长椭圆形，果壳淡色，极薄。肉质细、味甜、香气浓。130 粒/kg，出仁率 50.6%。含油率 63.9%。质优、丰产。

(3)莫愁　1957 年由前浙江农学院选出并命名繁殖推广。坚果广椭圆形，壳稍厚，果仁丰肥，香气中等，味尚甜，品质佳。128 粒/kg，出仁率 42.3%，含油率 68.4%。

(4)钟山　1957 年由前浙江农学院选出并命名繁殖推广。坚果长卵形，壳甚薄，表面淡紫褐色，仁极肥厚，味甜香浓，品质优良。143 粒/kg，出仁率 54.3%，出油率 73.4%。

(5)黄山 1 号　由安徽黄山林业科学研究所从实生林中选出。坚果长椭圆形，128 粒/kg，出仁率 46%。

(6)江西选育的品种　江西省林业科学院 1994 年开始对全省及浙江等地的薄壳山核桃进行了调查和果实品质测定，初步选出 5 株单果在 7g 以上，出仁率在 50% 以上的优良品种单株，可在江西省吉安以北，特别是适宜在九江、上饶、景德镇、宜春等地栽培。

4.2.11.2 国外品种

(1)马汉(Mahan) 原产美国密西西比州，由雪莱(*Schley*)实生苗中选出；1965 年自西欧引入中国，坚果长椭圆，极大，品质、香气均好，70 粒/kg，出仁率 53.4%，出油率 66%。

(2)斯道脱(Stuart) 为美国薄壳山核桃中最著名的品种，坚果卵圆，100 ~ 136 粒/kg，壳较厚，出仁率 46%，但内隔壁不太发达。

(3)西雪莱(Western Schley) 起源于德克萨斯州，于 1924 年命名推出。果形倒卵，早果性强，在良好的管理条件下定植后第 6 年结果。在标准定植密度下产量 1680 ~ 2235kg/hm^2，而且连续结果能力强。果形不大，141 粒/kg，壳薄，出仁率 57% ~ 60%，种仁耐贮藏性优良。由于其进入休眠期较早，可以抵遇初冬冻害，对引种有重要价值。

(4)满意(Desirable) 本品种是美国山核桃中首批人工杂交品种之一，20 世纪 60 年代大量推广。果实椭圆，果大，90 ~ 102 粒/kg，果壳中厚，易取仁，出仁率 52% ~ 54%。带壳贮藏效果好。

(5)威奇塔(Wichita) 1940 年由美国农业部长山核桃试验站用杂交方法育出，1959 年大量推广。坚果长椭圆形，果尖，种仁金黄色。95 粒/kg，出仁率 62%，是出仁率最高的品种。

本树种也是外来树种之一，同时被收录在本书的“4.7 引种驯化与野生树种驯化种质资源”章节内，详见 4.7.3.37。

4.2.12 黄栀子 *Gardenia jasminoides*(茜草科)

黄栀子又称栀子，属茜草科常绿灌木。原产于中国，分布于中国、日本、越南等热带、亚热带地区。常做庭园花木栽植。

➢生物学特性 常绿灌木或小乔木。黄栀子树高可达 2m，茎多分枝，树冠圆球形，花大，白色，有香气，单生于枝端或叶腋，花冠开放后呈脚碟状，果实倒卵形，熟时橙黄色，种子多为鲜黄色。喜温暖湿润气候，又耐寒，较耐旱，耐肥，耐修剪，喜光照，适生于肥沃，湿润，排水良好的酸性土壤，忌积水，盐碱地。定植后 2 ~ 3a 结果，6 ~ 7a 进入盛果期，挂果年限一般为 25a。

➢资源分布 原产于我过长江流域以南各地，主产于江西抚州。

➢经济意义 黄栀子为我国传统中药材。是生产“安宫牛黄丸”、“龙胆泻肝丸”、“清热解毒颗粒”等几十种中成药的重要原料；还是提取食用色素添加剂“黄色素”的天然优质材料，其色素色泽鲜艳，无毒副作用，且营养物质含量高。

➢资源保存与利用 栀子在江西全省各地均有种植，以抚州市种植面积最多，至 2004 年，全市种植面积已达 1.3 万 hm^2。

栀子分大小两个栽培类型，主要是果实大小不同，一般大果栀子的果比小果栀子的果大 1/3 ~ 2/3，大果栀子果大肉厚、产量高，栽培时应选大果为宜。

栀子的品种比较多，目前，江西栽培的品种主要有赣湘 1 号、赣湘 2 号、湘栀子 18 号、秀峰 1 号和早红 98 号等 5 个品种。

4.3 园林绿化树种种质资源

园林绿化树种是城乡文明建设的一张重要名片。人们在长期的生产实践中，通过引种和驯化野生资源，选择了大量的用作园林绿化的优良树种，在美化环境、净化空气、改善生态方面发挥了巨大作用。江西省水热条件优越，用于园林绿化的林木种质资源非常丰富。本节对常见的园林绿化树种和部分尚处在野生状态有待于科学驯化的树种种质资源作一简单介绍。

4.3.1 金钱松(松科)

➢生物学特性　高大落叶针叶树，高达40m，胸径可达1.5m。树干通直圆满，大枝不规则轮生，平展像圆盘。针叶细条形，扁平、柔软，在长枝上螺旋状散生，在短枝上簇生，平展而圆。深秋季节叶色金黄，像一个个金圆悬挂枝头，故而得名金钱松。为国家二级保护植物。喜光爱肥，适宜酸性土壤。

➢资源分布　分布于江苏南部、安徽南部、浙江西部、江西北部、福建北部、四川东部和湖南、湖北等地。多生长于低海拔山区或丘陵地带，适宜温凉湿润气候。

➢经济意义　该树种是集树形美、叶形美、叶色美为一体的著名观叶、观姿树种。与雪松、南洋杉、银杏并列为世界四大园林树种，主要用于行道、庭院和景点的绿化美化。

➢资源保存与利用　金钱松分布在江西庐山、铜鼓、修水等地，散生在海拔100～1500m的针阔叶林中，江西农业大学校园中有多处已长成大树的金钱松。

本树种也是用材树种之一，同时被收录在本书的“4.1　用材型树种种质资源”章节内，详见4.1.4。

4.3.2 罗汉松 *Podocarpus macrophyllus* （罗汉松科）

➢生物学特性　常绿乔木针叶树，别名罗汉杉、土杉。高能长到20m，粗可达0.7m。树干较通直圆满，树皮呈灰白色，浅裂，薄鳞片状剥落。枝短而横展密生。叶线状披针形，螺旋状互生。

➢资源分布　罗汉松原产云南，多在海拔2600～3300m的山地与其他常绿阔叶树混生。江西有零星天然分布，现已在各地引种栽培。

➢经济意义　罗汉松树冠为广卵形，树形优雅，叶密集，四季常青。10月种子成熟后，满树绿叶丛中紫红点点，颇富情趣。同时，因罗汉松抗病虫能力和抗有毒气体能力较强，故是工、矿区绿化的首选树种之一，用作景区道路两旁绿篱栽培亦很美观。

➢资源保存与利用　在江西境内，据县志及史料记载初步统计，树龄在1000a左右的罗汉松保留有20余处。如星子县詹家崖一株罗汉松古树，胸径1.85m，高17m，树龄1500a以上，居我国罗汉松报告中之首位；东乡县杨桥殿秋源村一株罗汉松，胸径1.75m，高17.5m，树龄1300余年；庐山东林寺一株罗汉松古树，胸径1.5m，高17m，树龄1600余年。传为东晋僧人慧远和尚手植，唐代大诗人芦雁曾赞为“庐山第一松”、“独树自成林”。

4.3.3 桂花 *Osmanthus fragrans* （木犀科）

➢生物学特性　桂花别名木犀、丹桂。桂花是亚热带喜光常绿树种，喜温暖湿润的气候，适生于温带，耐高温而不甚耐寒，但有一定的耐寒性。

➢资源分布　桂花原产我国西南和中部，现广泛栽种于淮河流域及以南地区，其适生区北可抵黄河下游，南可至广西、广东、海南。中国西南部、四川、云南、广西、广东和湖北等地均有野生，印度、尼泊尔、柬埔寨也有分布。

➢经济意义　桂花为我国十大名花之一，是我国特有的园林绿化树种，栽培历史达2000余年。其树姿典雅，树冠园整，枝叶繁茂，碧叶如云，四季常青。每当花开时节，满树的花朵簇簇点点，浓郁的花香沁人心脾，倍受人们青睐。

➢资源保存与利用　桂花在长期的自然杂交、人工选择和环境影响下，产生了多种变异，形成了丰富的品种。江西一般将桂花分为月月桂和八月桂两大类。在南京地区还按花色将桂花分为银桂类、金桂类和丹桂类。其中银桂类有早银桂、大叶黄、籽银桂、柳叶桂、晚银桂；金桂类有大花金桂、多牙金桂、金桂；丹桂类有籽丹桂、大花丹桂、丹桂、齿丹桂等。

由南昌市湾里区绿地苗圃和南昌市林木种苗站共同选育的柳叶金桂，经江西省林木品种审定委员会2008年认定为优良品种，命名为赣 R－SV－OF－005－2008，认定期限5a。该优良品种的主要特性：植株生长旺盛，叶色浓绿，呈柳叶披针形，分枝均匀，树冠浓密，树势丰满，紧凑，株形近圆球形，姿态秀丽，四季翠绿。花期着花繁密，浓香致远，单株产花量高，树体繁花迸放，景观价值高。

桂花在江西各地均有种植。2008年完成的林木种质资源中江西境内共选出桂花优良单株31株。

4.3.4 红楠 *Machilus thunbergii* （樟科）

➤生物学特性　红楠系樟科润楠属，又名红润楠。常绿乔木，高可达20m，胸径1m。树皮黄褐色，枝叶无毛，叶革质，倒卵形或卵披针形。适应性强，能耐－10℃的短期低温。

➤资源分布　红楠在海拔200～1200m亚热带常绿阔叶树木中，常与青冈栎、紫楠、细柄阿丁枫、山杜英、苦槠、桢楠、木荷等混生。

➤经济意义　红楠果梗红色，果实黑色，在绿叶衬托下，非常美丽，有较高的观赏价值；树形高大，枝叶浓密，是理想的街道、公园、庭院绿化树种。

➤资源保存与利用　在江西安福、遂川、永新、上犹、龙南、婺源、资溪等林区的山谷、山洼、溪旁均有散生分布。

4.3.5 红叶石楠 *Photinia* × *fraseri*（蔷薇科）

➤生物学特性　红叶石楠为蔷薇科石楠属植物杂交或选育栽培种的总称，并因其新叶鲜红亮丽而得名。常绿小乔木，株型紧凑，树冠园球形。浆果红色，10月果熟，观果期可持续至冬季。它喜温暖、潮湿、阳光充足的环境。耐寒性强，能耐最低温度－18℃。适宜各类中肥土质。耐土壤瘠薄，有一定的耐盐碱性和耐干旱能力。不耐水湿。

红叶石楠生长速度快，易于移植，成形。性喜强光照，也有很强的耐荫能力，但在直射光照下，色彩更为鲜艳。

➤资源分布　华东、华南、西南及黄河以南大部分地区都适宜种植，尤其长江流域生长良好。

➤经济意义　红叶石楠生长旺盛，适应性强，萌枝力强，极耐修剪，对二氧化硫、一氧化碳等有毒气体的耐性较强。在园林绿化方面用途广泛，可作绿篱、绿墙、造型、孤植、片植、隔离带等，效果俱佳。

➤资源保存与利用　近年来，我国从日本、美国、新西兰和荷兰等国分别引入品种化的红叶石楠栽培品种。目前市场上流行的有以下几个主要品种。

（1）红罗宾（*Red robin*）　该品种是石楠和光叶石楠的杂交种。1998年引入我国，叶缘锯齿明显。嫩枝、新叶均呈鲜红色，直至5月中旬。9月下旬秋叶萌发，再呈鲜红色，红叶期长，仅次于鲁宾斯。其植株高大，一般可达5～8m。生长速度较其他品种快，枝干粗壮，株型紧凑，耐修剪，能耐最低温度－15℃，适合黄河流域以南的地区栽植。

（2）红唇（*Red lips*）　该品种系石楠和光叶石楠的杂交种。其叶椭圆状圆形，新叶红色，株高3～6m，冠幅约是株高的一半。总体上红唇与红罗宾的性状非常相近，是美国栽培量最大的品种，其耐寒性相对较差。

（3）强健（*Robusta*）　该品种因长势特别强健而得名。株高约8m，冠幅5～6m，1a生枝条较绿，萌芽能力强，极耐修剪。与其他品种相比，生长更快，枝条更粗壮，叶片更大，花叶繁茂。

但叶片红色的持续时间较其他品种短，且叶的红色较淡，为带粉的橙红色。该品种抗性强，宜作乔木，培育成高篱。

(4)鲁宾斯(*Rubens*)　该品种是日本园艺家在光叶石楠中选育而成，是日本应用最广泛的品种。鲁宾斯株型较小，一般高3m。与杂交品种比，叶片表面角质层较薄，叶色亮红，但光亮程度不如红罗宾。春季叶片显红的时间比其他品种要早7～10d，红叶的时间也比其他品种长10d左右。新叶红似火漆，秋叶经冬鲜红。抗性比其他品种强，相对较耐寒，最低可耐－18℃的低温。品种特性稳定。

4.3.6　乐昌含笑(木兰科)

➢生物学特性　乐昌含笑又名景烈含笑、大叶含笑、南方白兰花等，为木兰科含笑属的常绿高大乔木。树高达30m，胸径50cm。

➢资源分布　适生于温暖湿润的气候环境，江西各地均有分布。

➢经济意义　乐昌含笑树体高大，挺拔壮丽，枝叶紧凑稠密，四季葱绿；花色黄白带绿，花香幽雅，抗污性能好，是城市绿化、公园景观、绿色走廊的优良观赏绿化阔叶树种。

➢资源保存与利用　2008年完成的林木种质资源调查，江西境内共选出乐昌含笑优良林分6块，优良单株19株。

本树种也是用材树种之一，同时被收录在本书的“4.1　用材型树种种质资源”章节内，详见4.1.11。

4.3.7　金边瑞香 *Daphne odora*（瑞香科）

➢生物学特性　金边瑞香又称为睡香、千里香。常绿小灌木。单叶互生，革质，轮状集生枝顶，长5～8cm，宽2～3cm，两面无毛，表面深绿色，叶背淡绿，叶缘金黄色，全缘，叶柄粗短。顶生头状花序，由几朵或数十朵小花组成，香味浓郁。

金边瑞香喜半阴，但冬、春应放在有阳光照到的环境中，生长期间如光照充足，肥效相宜，能使枝肉叶黛，花艳香浓，夏季应放在通风良好的阴凉处，炎热时要喷水降温。金边瑞香较喜肥，萌发力较强，耐修剪。

➢资源分布　金边瑞香原产长江流域，生长在低山丘陵阴蔽湿润地带。

➢经济意义　金边瑞香在我国栽培的历史有近千年。树体潇洒，自然园整，四季常青，为著名的园林常绿花木。金边瑞香花期适逢春节，香浓宜人，紫色的花朵族生枝头，花期较长。叶色亮绿，叶边金黄，若盆栽观赏，尤显得碧叶葱绿，金光闪烁。

➢资源保存与利用　由于金边瑞香的观赏价值很高，已被南昌市和赣州市选为市花。在江西大余县，金边瑞香的苗木培育技术相当成熟，已形成规模栽培，花卉产品远销国内外，成了大余县发展庭园经济的一项重要产业。

4.3.8　猴欢喜 *Sloanea sinensis*（杜英科）

➢生物学特性　猴欢喜是杜英科常绿阔叶树，乔木。为偏阳性树种，喜温暖湿润气候，在深厚、肥沃排水良好的酸性或偏酸性土壤上生长良好。

➢资源分布　分布于中国广东、广西、贵州、湖南、江西、福建、台湾。

➢经济意义　树形高大优美，枝叶浓密，树冠呈卵形，常年可见有零星红叶，秋季满树的红果，其果实颜色紫红，果形奇特，紫红色成毛球状，如猴头；果实开裂后，橙黄色的假种皮，黑褐色的种子交相映衬，观赏价值很高，是优良的园林绿化树种。

➢资源保存与利用　猴欢喜在江西的井冈山、遂川、永新、崇义、上犹、德兴、婺源、贵溪等地均有分布。生于海拔 300～1500m 的山坡沟谷、小溪旁常绿阔叶林中，常与栲类、栎类、木荷、枫香、拟赤杨、细柄阿丁枫、大叶楠等树种混生形成群落。

4.3.9 香港四照花 *Dendrobenthemia hongkongensis*（山茱萸科）

➢生物学特性　该树种为四照花属的常绿乔木，高 5～15m，老枝黑褐色，具皮孔。聚合果状核果，红色。喜温暖湿润气候，有一定耐寒力。

➢资源分布　产于长江流域诸省，自然分布于浙江、江西、湖南、福建等省海拔 350～1700m 常绿乔木及杂木林中。

➢经济意义　香港四照花是优良的园林观赏树种。枝叶繁茂，常绿，树高中等，很适合城市街道绿化。春天洁白如玉的花序总苞片，犹如一群白鸽玉立在树枝上，到了金秋季节，橘红色的果实展现一片丰收的景象。

➢资源保存与利用　野生的香港四照花遍布江西全省各地，一般生长在海拔 200～1000m 稀疏的常绿阔叶林中、林缘或林隙中。

4.3.10 厚叶厚皮香 *Ternstroemia gymnanthera*（山茶科）

➢生物学特性　厚叶厚皮香是山茶科厚皮香属的常绿小乔木，又称广东厚皮香、井冈山厚皮香，高 2～8m。喜温暖、湿润和背阴潮湿环境，阳光直射之地生长不良。喜排水良好、湿润肥沃的土壤。根系发达，萌芽力弱，不耐修剪。

➢资源分布　分布于湖北、湖南、贵州、云南、广西、福建、广东、台湾等省。日本、柬埔寨、印度也有分布。多生于酸性黄壤、黄棕壤的常绿阔叶林中或林缘，垂直分布海拔 700～3500m。

➢经济意义　厚叶厚皮香的叶形、叶色颇具特色，树枝近轮生，层次分明，是理想的观叶、观形树种。若盆栽，修剪造型，放置室内观赏，颇受人们青睐。

➢资源保存与利用　野生的厚叶厚皮香在江西的井冈山、齐云山有分布，一般生长在海拔 650～1500m，深厚、肥沃、微酸性的土壤中。

4.3.11 乳源木莲 *Manglietia yuyuanesis*（木兰科）

➢生物学特性　乳源木莲为常绿乔木，高可达 20m。花单生于小枝顶端，4～5 月开花。喜温暖湿润气候环境，偏阴性，幼树耐荫。天然更新良好。适宜土层深厚、潮润、肥沃或中庸的排水良好的酸性黄壤土上生长。自然生长在海拔 1300m 以下沟谷台地，山沟中下部的山坡，常与红楠、杜英、木荷、槠栲类等常绿阔叶林混生。

➢资源分布　原产于美国南部。

➢经济意义　其木材色质兼优。纹理直，结构甚细，均匀。质轻柔，强度中，不翘不裂。加工容易，刨面光滑，油漆后光亮性良好。可供上等家具、工艺品、文具、仪器箱盒及胶合板、车船等用材。成熟干燥后的果实称“木莲果”，可治肝胃气痛、脘胁作胀、便秘、老年干咳等。花可提取芳香油。树皮含厚朴酚及厚朴碱，可作为厚朴中药代用品。乳源木莲为常绿乔木，树干通直，树冠浓郁优美，四季翠绿，花如莲花，色白清香，是优良庭园观赏和四旁绿化树种。

➢资源保存与利用　江西的乳源木莲主要分布在井冈山、九连山、诸广山等。

4.3.12 圆齿野鸦椿 *Euscaphis konishii*（省沽油科）

➢生物学特性　该树种为省沽油科野鸦椿属的常绿小乔木，树高 5～10m，是我国特有树种。

➢资源分布　圆齿野鸦椿分布于我国南方广东、广西、江西、福建、湖南、云南、贵州等地。

➢经济意义　圆齿野鸦椿树姿优美，秋冬季节，红果满树，在绿叶衬托下，妍艳一片。红色的果实成熟时，沿腹缝浅开裂，其种子着生于果壳边沿，黑色光亮形如鸟眼，其魅力大增。果期从9月下旬至翌年3月初，都是红果累累。宜在园林草坪孤植或小面积块植，亦可作行道树。圆齿野鸦椿种子可以榨油，为制肥皂原料，树皮可提制栲胶，根果可入药，特别是对漆过敏疗效甚好。

➢资源保存与利用　在江西的九连山自然保护区、信丰县金盆山林场、资溪县马头山林场的沿河沟两侧及台地有零星或小面积分布。多生于海拔600m以下的沟谷、溪边的常绿阔叶林中，常与红翅槭、深山含笑、含笑、苦槠、木荷、枫香、檵木等树种混生。

4.3.13　观光木 *Tsoongiodendron odorum*(木兰科)

➢生物学特性　观光木又名香花木、香花楠、宿轴木兰，是木兰科观光木属中唯一品种，系国家二级保护珍稀濒危树种。

➢资源分布　观光木主要分布在热带至亚热带的广大地区，其产区东起福建，经江西南部、湖南南部与西南部、广东、广西、海南、贵州南部、西至云南东南部，垂直分布于海拔300～1000m的常绿阔叶林中。

➢经济意义　观光木为高大常绿乔木，树干挺拔俊秀，分枝整齐，花大美丽，芳香扑鼻，盛果时满树硕果下垂，煞是好看，是优良的赏花观果类园林绿化树种。

➢资源保存与利用　2008年完成林木种质资源调查，江西共选出观光木优良单株4株。

4.3.14　长红檵木 *Loropetalum chinense* var. *semper-rubrum*(金缕梅科)

➢生物学特性　长红檵木为金缕梅科檵木属中檵木的一个新变种，适应性强，容易栽培，耐修剪，病虫害相对少。

➢资源分布　长红檵木在我国南方各地，园林栽培表现好。

➢经济意义　其花色为玫瑰红，满树是花，非常艳丽。长红檵木易造型，是栽培花篱，以及制作树桩盆景、盆花的好材料。

➢资源保存　长红檵木是江西省特有的珍贵园林树种。其特点是红花、绿叶，新生嫩叶呈暗红色后变翠绿。开花期较长，每年除5月中旬至8月上旬无花处，其余时间均可见花。

4.3.15　富贵籽 *Ardisia crenata*(紫金牛科)

➢生物学特性　富贵籽又名朱砂根、红凉伞、大罗伞，为紫金牛紫金牛属观果花卉。常绿小乔木，株高30～150cm。

➢资源分布　富贵籽野生于我国南方的山谷林下和丘陵荫蔽湿润的灌木丛中。

➢经济意义　富贵籽树姿优美，四季常青，秋冬红果串串，红艳亮丽，颇为迷人。更为奇特的是，其上一年结的果尚未脱落，又呈现下一年开的花，所以植株上一年四季都有果。红果观赏期长达数月之久，配上吉祥富贵的商品名称"富贵籽"，更受人们青睐。

➢资源保存与利用　江西各地花卉市场均有盆栽富贵籽供应。

4.3.16　多花勾儿茶 *Berchemia floribunda*(鼠李科)

➢生物学特性　鼠李科勾儿茶属，落叶灌木，高2～6m，全株无毛。多花勾儿茶萌芽能力强，耐修剪。阳生山谷、山坡林缘、林下、灌丛中或阴湿近水处。

➢资源分布　主要分布在山西、河南、陕西、甘肃、安徽、江苏、浙江、江西、湖南、湖北、四川、贵州、福建、广东、广西、云南、西藏海拔2600m以下的林地中。

➢经济意义 其枝叶光亮，柔软轻盈，颇具特色。金秋季节，硕果累累，红艳缤纷，是优良的观果树种。公园点缀、花坛造景等均可使用。根可入药。

➢资源保存与利用 多花勾儿茶目前仍处野生状态，华东各省区海拔200m以下有分布。

4.3.17 罗浮槭 *Acer fabri*(槭树科)

➢生物学特性 又名红翅槭，为槭树科槭树属植物。耐寒，耐荫能力强，但在光照充足处，结果多，光照不足处，结果较少。它在肥沃、湿润的微酸性土壤中，生长较快。

➢资源分布 原分布在四川、湖北、湖南、广东、广西、江西等地的常绿阔叶林中。

➢经济意义 罗浮槭树形优美，冠形饱满，主干通直，叶形秀丽。单叶对生、革质、矩圆状披针形，全缘无光，深绿色，嫩果紫红色，果形美观。一年新发两次红色嫩叶，彩叶期较长，是园林绿化常绿彩叶树种，作第二层林冠配置最为理想，宜作风景林、生态林、四旁绿化树种。

罗浮槭，其木材为散孔材，心、边材区别不明显，木材淡黄色略红。纹理斜，结构细而均匀，质重、硬、耐腐、耐久性中等，加工易，切面光滑，弹性强，油漆性能好，钉着力强。花纹美，具乌眼、琴背花纹，是做高档家具、乐器、农具、胶合板的上好材料。

➢资源保存与利用 罗浮槭在江西省各主要天然林区都有分布，一般生于海拔500~1000m的山坡、谷地，常与甜槠、云山椆、多穗柯、山矾、拐枣、青钱柳、光皮桦、浙江柿等混生。主要种源来自武夷山自然保护区和井冈山自然保护区。

4.4 江西竹类种质资源及主要经济竹种

江西是中国重点产竹省区之一，竹种之全、竹林面积之大、立竹量之多居全国前列。竹产业是江西林业经济的支柱产业之一，竹产业的荣衰对全省林业经济以及不少地方的财政收入有重要影响。但长期以来无论是资源培育还是产品加工开发主要偏重于毛竹，忽略了中小型竹类资源的合理开发利用，导致江西竹产业结构单一及竹业经济发展缓慢。江西竹类种质资源丰富，具有较高经济价值的优良种类众多，科学开发利用好这部分资源将促进江西竹产业和林业经济的长足发展。

4.4.1 江西竹类种质资源概况

江西具有独特的地理环境和完整的鄱阳湖水系，境内气候条件优越，水热资源充沛，立地复杂，生境多样，极宜竹类植物生长，竹类种质资源广布于全省99个县(市、区)，材用、笋用、观赏、纸浆林及水土保持林等各类用途竹种齐全。丰富的竹种资源为促进江西竹产业的可持续发展奠定了坚实基础。

4.4.1.1 江西竹类种质资源与区系特征

据调查统计，江西全省拥有竹类种质资源多，共有22属179种(含种下等级)，竹种拥有量占全国竹种总数的1/3以上，其中自然分布种19属117种，分别占总属、种数的86.4%和65.4%；引进外来种3属62种，分别占总属、种数的13.6%和34.6%。全省现有竹林92.4万hm^2，占林业用地的7.1%，占全国竹林总面积的17.4%，总蓄积量达45.7亿根。丰富的种质和竹林资源是江西竹产业发展的重要基础。

江西竹类种质资源地理成分丰富，区系特征复杂多样，从泛热带分布型、亚热带分布型、东亚热带分布型到东亚—北美间断分布型和中国特有成分各类地理成分具备，相互共存，区系多样化。同时竹种成分表现明显的过渡特点，既是一些华北竹类区系成分向南发展的南界和一些华南区系成分向北扩展的北限，又是华东区系成分向华中、华南延伸和华中、西南区系成分向东过渡的交汇点。

4.4.1.2 江西竹类种质资源特点

江西竹类种质资源南北广布，资源特有成分较多，优良经济类型较多，大多具有较高的科研和经济价值。特点表现在：

(1)资源分布广，竹种分布具有明显的"南丛北散"规律　江西竹类种质资源南北广布，从南至北随着纬度的增高，竹种分布呈现丛生型竹种逐渐减少，而散生型竹种逐渐增多的规律，以年均气温18℃等温线为界，总体上可将中小型竹类植物分布区划分为南北两区，即丛生竹散生竹混生区和散生竹区。其中丛生竹散生竹混生区又可分为丛生竹自然分布亚区和丛生竹栽培亚区两个亚区，散生竹区又可分为西部山区散生竹亚区、东部散生竹亚区和鄱阳湖平原及低丘散生竹亚区3个亚区。

(2)竹种成分复杂，属间分布相对集中，特有成分比重较大　江西竹类种质资源地理成分多样，区系特征复杂，且以散生型竹种占主导地位，种类多达16属144种，分别占总属、种数的72.7%和80.4%，主要集中在刚竹属 *Phyllostachys* 内，多达64种。丛生型竹种有6属35种，分别占总属、种数的27.3%和19.9%，其中簕竹属 *Bambusa* 竹种占绝对优势，多达28种。尤其竹类种质资源特有成分较多，江西特有种有14种，占自然分布种的12%。

(3)竹类优良种类多，具有较大的科研和产业开发利用价值　江西竹类种类资源中优良经济类型较多，大多具有较高的科研和经济价值。其中毛竹是江西最重要的经济竹种，是江西竹产业中的基础资源；厚皮毛竹是江西的特有资源，其用途和开发价值不亚于毛竹。此外有笋质鲜嫩、味美可口的优良笋用竹种20余种，如毛金竹(全省南北均产)、早园竹、水竹(面积1万 hm^2 以上)、篌竹(全省南北均产)、淡竹(野生资源面积达1.5万 hm^2 以上)和白夹竹(仅宁都县野生资源面积达1000hm^2)等；姿形优雅、体态独特的优良观赏竹种近20余种，如龟甲竹、花毛竹、梅花毛竹、方竹(全省南北广布，野生资源较多)、紫竹、罗汉竹、斑竹、大佛肚(产赣南)、井冈寒竹(产井冈山)等；材质上乘，蔑性优或纤维质量好的优良用材竹种30余种，如刚竹、桂竹、青皮竹、硬头黄等。这些均具有较大开发潜力和较高经济价值，可大力发展栽培利用。

4.4.1.3 江西竹林结构及资源分布

江西竹林的最主要成分是毛竹林，面积达84万 hm^2，占全省竹林总面积的90.3%，占全国毛竹林总面积的25.2%，蓄积量15.7亿根，占全国毛竹总蓄积的23.4%。其他竹类林分面积约8.4万 hm^2，蓄积量30.0亿根。江西竹林资源主要集中分布在几个区内，其中毛竹林主要分布在3个集中分布区内：第一个分布区为赣西—赣西南，北起武宁，经修水、靖安、奉新、铜鼓、宜丰、万载、宜春、分宜、萍乡、安福、永新、泰和、井冈山、遂川至赣南的上犹、崇义和大余等县(市、区)。约在北纬25°20′~29°00′、东经114°~115°。第二个分布区位于赣东北。北起浮梁、婺源县，往南经德兴、万年、弋阳、上饶、广丰至贵溪和铅山县，约在北纬28°00′~29°30′、东经119°10′~118°20′。第三个分布区位于江西东部，包括抚州市的临川区和金溪南部、崇仁、乐安、宜黄、南城、资溪和黎川县，约在北纬27°20′~27°40′、东经115°40′~117°10′。3个分布区包含36个县(市)，这些县(市)毛竹资源占森林资源比重较大。3个分布区之外的县(市)毛竹资源相对较少。毛竹资源最少的是鄱阳湖滨湖地区及赣江中下游低丘平原区。全省5000hm^2以上的县市有42个，其面积占全省毛竹林总面积的88.1.0%，10 000hm^2以上的毛竹产区县市有26个，占全省毛竹林总面积的73.0%，20 000hm^2以上的县市有15个，占全省毛竹面积的54.4%。

其他中小型竹类资源主要集中在赣北、赣东、赣西、赣南等6个集中分布区内，每一个集中分布区内，不仅种类较丰富，且有一个或几个竹种相应较集中连片，面积较大。大多中小型竹类种质资源多与其他林种混生或零星分布于林下、灌丛和四旁，资源分散，经营管理有相当难度。1000hm^2以上的中小型竹类资源产区县市有17个，占全省中小型竹种林分总面积的86.9%。立竹量在1.0亿根以上的有6个县市，1000万根以上的有28个县市。

4.4.1.4 竹类种质资源在江西林业中的战略地位

竹类植物是一类特殊的森林资源，与人们的生活密切相关，具有独特的科研、经济、生态与社会价值。竹产业是江西林业经济的传统与支柱产业，近年来江西通过采取整合、调整产业结构、科技创新、政策扶持以及规范市场等举措，使竹产业得到了快速发展，竹林资源培育、综合利用和深度加工得到了全面提高，从竹蔸到竹梢，从竹根到竹叶，基本上实现了综合利用，提高了竹林的附加值。竹产品加工产值近3a来每年以40%的速度增长，竹产品加工日益产业化、规模化。竹产业持续快速发展，为林农增收和地方发展提供了平台。江西丰富的竹类种质基因为竹类科研及竹种遗传改良提供得天独厚的有利条件，众多的优良经济竹种资源不仅为竹产品开发的多样化提供了丰厚的物质储备，也为江西竹产业发展奠定了良好基础。随着科学技术的日益发达和社会经济的高速发展，竹类种质资源的用途将不断拓展，对繁荣江西竹产业的作用将日益扩大，其战略位置将日益凸现。

4.4.2 江西主要经济竹种及其利用价值

江西竹子种类比较多，资源也很丰富，竹子产业发展很快。本节按竹子的用途分类叙述了江西主要经济竹种和其利用价值。

4.4.2.1 笋材两用竹类

(1)毛竹 *Phyllostachys edulis*

别名：茅竹、楠竹、猫竹、江南竹、孟宗竹

毛竹是江西省分布范围最广、经济价值最高、竹林面积最大的优良大型经济竹种(表4-3)，秆高达20m多，径粗可达20cm余，笋期3月下旬至4月中旬。具有适应强、分布广、繁殖力强，栽培易成林、生长快、投产早、产量高、材性好、笋质优良、用途广、经济价值高等众多优良特性，集材用、食用、观赏、药用等众多用途于一体，并具有良好的固土防风作用，广泛应用于建材、建筑、造纸、绿色食品、医疗保健、家具农具、日用品、旅游工艺品、文体文艺器材以及城乡绿化等各个领域。毛竹竹秆高大通直，材性优良，材质坚硬，收缩性小，弹性和刚性强，纹理直，纤维长，具高度的劈裂性、弹性和韧性。顺纹抗拉、抗压强度为一般木材的2~2.5倍和1.5~2倍。毛竹春笋、冬笋和鞭笋均鲜美可口，富含蛋白质和可食性纤维素，同时含有大量的维生素、多种矿物质营养元素、糖分和脂肪等，是我国传统的佐餐蔬菜和保健食品，尤其毛竹冬笋享有"天下第一笋"的美誉。同时，竹笋、竹茹、竹实、竹叶、竹根及其提取物都具有较高的药用价值，能抑制内脂质过氧化的作用和提高免疫能力，有较好的防疲劳抗衰老和增强智能等作用。

毛竹分布广，适应性强，在我国年均气温12~22℃、年均降水量500~2000mm、年均相对湿度65%~85%和海拔1350m以下中山、低山、丘陵岗地及沿海地带的广大地域均有毛竹分布，毛竹能耐-20℃的极端最低气温，对土壤要求不严，在壤土、砂壤土、黏壤土、重黏土和石砾土上均能适应，但以具有良好理化性质、疏松深厚肥沃的乌砂土上生长最好，江西南北均宜栽培。

由于毛竹生长对水湿条件及≥10℃有效积温要求较严，各地发展毛竹资源应尽量满足毛竹适宜的立地条件。要大面积发展毛竹或营建毛竹丰产林基地，应选择年均气温15~20℃、1月月均气温1~8℃、年降水量1000~2000mm、年均相对湿度70%~85%、海拔300~800m的区域，并选择不旱不涝，土层深厚疏松肥沃，有良好的有机质组成和较多的矿质营养元素，孔隙度、透气性、持水和吸收能力等物理性状良好，pH值在5.0~6.5的壤土(乌砂土、香灰土)、砂质壤土和轻黏壤土为宜。

江西省林业科学院2001~2006年通过对不同地理分布的毛竹林分自然优良度、竹材表型性状和主要理化力学性质指标综合分析比较，根据产量目标、竹材加工利用目标，初步筛选出了表型性状良好，丰产力较高和材性上乘的7个毛竹材用优良无性系。其中：产量目标优良型1

表 4-3 江西省主要产竹县毛竹资源

hm², 万株

序号	县市	面积	立竹量	序号	县市	面积	立竹量
1	宜丰县	55993.3	7278.19	22	泰和县	12046.7	2788.73
2	奉新县	42193.3	6476.35	23	婺源县	11826.7	2121.26
3	崇义县	38086.7	7303.96	24	井冈山市	11546.7	2576.38
4	铅山县	32666.7	5654.04	25	武宁县	11100.0	2360.35
5	万载县	31740.0	4770.88	26	永丰县	10120.0	1768.07
6	资溪县	31286.7	5730.99	27	南城县	9646.7	1173.31
7	宜黄县	26960.0	5367.14	28	弋阳县	9460.0	2268.01
8	袁州区	26046.7	3626.78	29	上犹县	9373.3	2110.97
9	铜鼓县	24753.3	4495.34	30	湘东区	8993.3	1763.47
10	靖安县	23940.0	3618.9	31	临川区	8853.3	1807.93
11	贵溪市	23733.3	5019.49	32	广丰县	8760.0	1263.42
12	安福县	23673.3	3075.59	33	丰城市	8146.7	1202.55
13	上饶县	21500.0	2567.31	34	浮梁县	8040.0	1662.88
14	遂川县	20660.0	4654.33	35	定南县	8040.0	1622.27
15	崇仁县	20166.7	3638.09	36	分宜县	7426.7	1917.31
16	大余县	18480.0	3213.84	37	瑞昌市	7400.0	406.13
17	乐安县	17840.0	4328.16	38	南丰县	5980.0	1384.23
18	黎川县	16233.3	4135.3	39	吉水县	5766.7	865.25
19	万安县	15080.0	3154.65	40	龙南县	5686.7	973.98
20	芦溪县	14400.0	2482.41	41	上栗县	5593.3	789.91
21	德兴市	13440.0	2633.1	42	宁都县	5293.3	1254.37

个，其表型性状综合水平高于平均值 20.3%；竹材加工利用优良型 1 个，其表现性状、物理力学性质综合水平高于总体平均值 12.2%；纸浆利用优良型 2 个，其物理、化学性质综合水平比总体平均值提高 10.8%、10.5%；综合目标优良型 3 个，其表型性状和理化力学性质综合水平总体水平分别提高了 11.0%、10.3% 和 8.9%。以上 7 个无性系的选育，为提高竹林产量和质量提供了可选择的良种。

(2)厚皮毛竹 *Phyllostachys edulis* f. *pachyloen*

别名：厚壁毛竹

厚皮毛竹是江西特有的一种具较高经济价值的毛竹优良栽培变种，是一种非常优良的笋材两用和观赏竹种。主要分布于万载县境内，资源处于极度濒危状态，被列为江西省珍稀濒危保护植物。厚皮毛竹竹秆端直，秆高达 12m，胸径 9cm。竹秆略呈椭圆或方形、竹壁特厚，腔径小或近实心。材性与毛竹相当，但竹壁远厚于毛竹，基部竹壁厚达 3～4cm，中部壁厚也达 1.4～1.8cm。竹材坚重，竹秆比同径级的毛竹重 0.5～1 倍，鲜材沉水，竹材纸浆得率、材质坚韧度和抗腐、抗压、抗拉力性能和竹笋均营养品质优于毛竹。其竹笋营养成分与毛竹比较，除水分略低和可溶性糖与毛竹持平外，其粗蛋白、粗纤维、磷、灰分、脂肪含量和蛋白质水解氨基酸总量分别比毛竹高 48.74%、14.04%、45.36%、9.87%、10.0% 和 67.9%，水解氨基酸中除蛋氨酸和组氨酸含量略低于毛竹外，其余氨基酸含量均高于毛竹笋。同时厚皮毛竹发笋无较大的大小年变化，退笋率较低，平均为 33.6%，成竹率较高，具有较好的丰产和稳产性能。

厚皮毛竹壁坚厚，材质优良，竹笋营养丰富，速生丰产，适应性强，经济性状稳定，其用途与毛竹相同，拥有材用、食用、药用、观赏、饲用、环保等众多功能，其早产稳定性、抗逆性、材性和竹材加工得率等均优于毛竹，有着极高的经济和推广利用价值，是一种极具地方特色的珍贵种质资源。江西是毛竹的中心产区，而厚皮毛竹是江西特有的优良竹种，发展和利用好这一优良资源，有着广阔的市场前景。

厚皮毛竹抗性好，适应性强。厚皮毛竹壁厚，材质坚韧，其抵抗风害、冻雨雪压和病虫害等自然灾害的能力优于毛竹。其适应性也较强，对土壤要求不甚严格，在毛竹的栽培范围内均能适应，在壤土、砂壤土、黏壤土和石砾土上均能生长。在毛竹分布区域内海拔600m以下酸性、微酸性、通透性能良好、深厚疏松的砂质壤土或壤土区域均可推广栽培。

厚皮毛竹是一种具有较高利用价值的珍贵种质资源。据称厚皮毛竹在江西的栽培已有上百年历史，由于人们过度利用，目前种群稀少，野生资源处于濒危状态，种源奇缺。亟应制定相关措施，在产地建立厚皮毛竹保护小区，防止乱砍滥伐，规划这一珍贵种质资源的经营利用。因此，一要要加大科研力度，促进资源发展。厚皮毛竹自1980年发现以来，迄今仅在植物形态、资源分布、生长特性、竹材纤维、竹笋营养成分和异地栽培表现等方面进了初步研究，其余均为空白。要有效保护和发展利用好这一优良资源，还应对其资源快繁、大径材培育、丰产林经营、适生环境、竹材材性、产品开发等进行深入系统的研究，促进其种群数量迅速扩大并得到较好的开发利用。二要建立厚皮毛竹种源基地，加速推广应用进程。在江西省不同区域建立一批厚皮毛竹优质种源基地和丰产示范林分，以利大面积推广应用保障种源供给。

(3)毛金竹 *Phyllostachys nigra* var. *henonis*

别名：毛巾竹、金毛竹、小毛竹、白竹

毛金竹是江西一种非常优良的乡土中型笋材两用竹种，具有适应性广、耐瘠耐旱性强、笋期长、丰产性好，竹笋营养成分丰富等多种优良特性，集笋用、材用、药用于一体，具有较高利用和经济价值。毛金竹竿高可达7~18m，径粗7~8cm，笋期4~6月。毛金竹竹秆节间细长，材性优，质地坚韧，篾性好，竹材可替代毛竹，整秆或劈秆使用均佳，用于编织、建筑、农具柄、晒衣竿、钓鱼竿等。其竹笋营养成分丰富，笋味鲜美可口，可鲜食和制罐头、笋干。竹笋营养品质优于雷竹和毛竹，笋体所含8种人体必需氨基酸含量分别比黄甜竹、毛竹冬笋高34.2%和37.1%，2种人体半需氨基酸含量分别比雷竹、毛竹冬笋高109.4%和271.4%。且具较高药用价值，其提取物益智防疲抗衰老功效可与银杏提取物媲美，中药“竹茹”、“竹沥”的原料基本取自本种，其药用功效其他竹种无法可比。毛金竹丰产性好，对其天然林分略加抚育，竹笋产量达7500kg/hm^{2}以上。新造林分3a内可郁闭投产，第五年可达丰产结构，丰产林分鲜笋产量可达15 000~22 500kg/hm^{2}以上。

毛金竹适应性广、耐瘠耐旱性强、丰产性好，对土壤要求不严，江西南北及海拔1400m以下均有毛金竹分布，野生资源有明显优势，其中尤以铅山、遂川资源较多。毛金竹新造林分经受60多天连续高温干旱天气成活率仍可达95%以上。毛金竹的多种功用性、良好的适应性、耐瘠耐旱性及丰产性均优于雷竹和黄甜竹，适宜江西各地尤其低山丘陵地区推广栽培。

(4)篌竹 *Phyllostachys nidularia*

别名：花竹、油竹、白竹、笼竹、枪刀竹

秆高10m，径粗4cm，竹秆劲直，节间长可达30cm，壁厚3mm，笋期4~5月。竹秆可以作篱笆、棚架，劈篾可以制竹编。笋味鲜美可口，产量高，可鲜食和制笋干。丰产林分鲜笋产量可达15 000kg/hm^{2}以上，笋质好，是一种非常优良的小型笋材两用竹种。植株分枝斜上举，冠辐狭而挺立，叶下倾，株型呈尖塔形，秆环显著隆起，体态优雅，亦是一种优良的园林绿化竹种。

篌竹分布于长江领域及其以南广大地区，江西南北均产，野生资源较多。篌竹适应性强，对土壤要求不严，在中山、低山、丘陵岗地及平原均可种植，江西各地均可推广栽培。

(5)实肚竹 *Phyllostachys nidularia* f. *farcta*

别名：实心花竹

为篌竹之变型，不同之处在于秆实心，江西主产赣南，用途与篌竹同。

(6)淡竹 *Phyllostachys glauca*

别名：花干淡竹、麻壳淡竹、粉绿竹、洛宁淡竹

秆高 10 ~ 12m，径粗 2 ~ 5cm 或更粗，中部节间长 30 ~ 40cm。竹材纤维长 2009μm，纤维含量44.3%。笋期 4 月中旬至 5 月底。淡竹竿形通直、材质好、韧性强、篾性好，可生产竹编胶合板、编制品、工艺品、农具柄、晒衣竿、棚架等。淡竹笋味鲜美，可鲜食或作罐头、笋干，是山珍中的佳品，竹叶、竹液均可入药。是一种优良的笋材两用竹种。

淡竹分布广，黄河流域及长江流域各地均有分布。垂直分布可达海拔 1640m，但仍以海拔 600m 以下较多。江西南北均产，全省有淡竹林 1.5 万 hm^2 以上，主要在九江市，面积达 1.0 万 hm^2，其中瑞昌市石灰岩山地有淡竹 0.74 万 hm^2，约占全省淡竹面积的 50%。尤其成片面积 100hm^2以上的林分较多，且林相比较整齐，资源保护好，是当地重要的经济来源之一。淡竹适应性强，耐寒耐旱，在 -18℃ 低温下和土壤含水量 10% 以下均能正常生长，还能耐水湿，也较耐瘠薄和轻度盐碱。多生长在山地、丘陵、岗地及河滩、谷地，沙土、壤土、黏土中均能生长，但以土层深厚、肥沃湿润的砂壤土生长最好。江西南北低山、丘陵、平地、滩地均可栽培。

(7)水竹 *Phyllostachys heteroclada*

别名：烟竹、水胖竹、黎子竹、水棕竹

水竹秆高 3 ~ 6m，径粗 3cm，节间长 30cm，壁厚 3 ~ 5mm，笋期 5 月。水竹竹竿粗直，节较平，竹竿细长，水竹节间长，色青，鞭节间较短，根系发达。水竹竹材坚韧，纤维长 1784μm，材性优，材质柔韧，富于弹性，纤维极强，表面光滑，篾性好，用途广泛，是编织器具和工艺品的上好材料，也是优良造纸原料，且还具有药用价值。竹笋味鲜甘甜(表 4-4)，笋味美，可鲜食或作罐头、笋干，是一种非常优良的以材用为主的材笋两用竹。水竹竿挺叶茂，层次分明，株形姿态文静，秀雅自然，潇洒飘逸，也是一种非常优良的园林观赏竹种。水竹在江西各地均产，水竹林分面积 1.0 万 hm^2，以萍乡市和九江市资源较丰富，但由于连年不合理砍伐，过度采笋，许多水竹林已趋于荒芜。

水竹分布广，黄河流域及其以南各地均有分布，尤其为长江流域以南最常见的野生竹种，多生于河岸及山谷、湖旁或岩沿山坡上，野生资源遍及江西南北各地。水竹性喜温暖湿润，通风良好，光照充足的环境，耐半荫，甚耐寒。水竹对土壤要求不严，但以肥沃稍黏的土质为宜，江西各地均可发展栽培。

(8)实心竹 *Phyllostachys heteroclada* f. *solida*

别名：木竹、实中竹、满心竹

水竹的变型，与水竹不同在于竿壁特别厚，实心或近实心，分枝节间对侧略扁平，以致竿形略呈方形，有的竿基部少数几节不规则短缩肿胀呈算盘珠状。实心竹竹材坚实韧性大，笋味鲜美，是一种非常优良的笋材两用竹种。江西全省南北均产，实心竹的用途及适应环境同水竹。

(9)白夹竹 *Phyllostachys bissetii*

别名：蓉城竹、龙竹、四川刚竹

秆高 5 ~ 6m，径粗 2cm，节间长 2.5cm，壁厚 4mm，竹材坚韧，笋期 3 月中旬至 4 月下旬。白夹竹与水竹较为相似，不同之处在于白夹竹的新竿于节间上部疏生直立细柔毛，箨鞘上部具灰白色放射状条纹，箨耳较发达，箨叶基部明显较箨舌窄。白夹竹竹竿可制竹器、柄材、棚架或造纸，篾性好，用作编织。笋味好，鲜食，制罐头或笋干，是一种优良的小型笋材两用竹种。

白夹竹广布于长江流域以及陕西秦岭等地，生长于丘陵及平原，在江西主产幕阜山、罗霄山脉一线的县(市)。白夹竹适应性强，耐寒，江西各地均可栽培。

(10)实心白夹竹 *Phyllostachys bissetii* f. *solida*

为白夹竹的变型，用途与白夹竹同。

(11)早园竹 *Phyllostachys propinqua*

别名：园竹、花竹、焦壳淡竹、桂竹

秆高6~9m，径粗3~5cm，竹秆光滑，中部节间长20cm，壁厚4mm，笋期4月。早园竹竹材坚韧，纤维长2078μm，篾性好，用于柄材、竹编，竹器、晒衣杆，亦可作造纸原料。早园竹笋味好，可鲜食或制笋干，是一种较好的笋材两用竹种。

早园竹分布广，适应性强，耐旱力抗寒性强，能耐短期-20℃低温；在轻碱地，沙土及低洼地均能生长。早园竹喜温暖湿润气候，江西全省产，但多数为星散或小片状分布，以幕阜山脉一线的县(市)资源较多。

(12)早竹 *Phyllostachys praecox*

别名：早园竹、雷竹、早哺鸡竹

秆高7~11m，径粗4~8cm，节间短而均匀，长约20cm，笋期3月中旬至4月上旬或更早，故谓之早竹。其特点是笋期早，持续长，笋味鲜美，产量高，可产15 000~30 000kg/hm^2，笋鲜食或制罐头，每100g鲜笋含蛋白质2.55g、总糖3.12g、粗纤维0.77g、脂肪0.41g、磷60mg、铁1.2mg、钙4.2mg，是我国的一种主要笋用竹种，但其竿壁较薄，且节间常向一侧肿胀，竹材仅能作一般柄材使用。早竹的主产区为浙江嘉兴地区、湖州市，江苏南部，上海市郊，安徽芜湖地区，江西各地有引种。早竹喜肥，对土壤条件要求较严，适应性不及毛金竹与篌竹强，适宜丘陵山麓缓坡和低丘平地深厚疏松肥沃土壤种植，江西南北可推广栽培。

(13)雷竹 *Phyllostachys praecox* f. *prerenalis*

为早竹的栽培变型，秆高6~10m，胸径4~8cm，节间长15~20cm。其特点是出笋早，笋期长，产量高，可达45 000kg/hm^{2}多，始笋期比早竹还早，一般提前约半个月，采取地面覆盖增温措施，笋期可提早到春节以前。雷竹笋味鲜美，营养丰富，竹笋含蛋白质2.74%、脂肪0.52%、糖3.54%，是我国著名的笋用竹种，其株形文雅，也是一种非常优良园林绿化竹种。雷竹喜肥沃，怕积水，对土壤要求较严，以低丘平地，背风向阳，光照充足，坡度平缓，土层深厚肥沃，疏松透气，排水良好的砂质壤土种植为好。江西各地有引种栽培。

(14)乌哺鸡竹 *Phyllostachys vivax*

别名：雅竹、凤竹、乌桩头、墙竹、榉竹、麻哺鸡竹、鸡笋、王莽竹

秆高6~12m，径可达8~10cm，稍部下垂，微呈拱形，老竿节间具颇明显的纵脊条纹，竹叶较长大而呈簇叶状下垂，笋期4月中下旬。乌哺鸡竹笋味鲜美，产量较高，可鲜食和制罐头等，为较优良的笋用竹种，但其竹竿壁薄而脆，蔑性较差，可编制篮、筐等，竿作柄材等用。乌哺鸡竹主产江苏、浙江、安徽、上海市郊，江西各地有引种栽培。

(15)白哺鸡竹 *Phyllostathys dulcis*

别名：白竹、象牙竹

秆高6~8m，径5~7cm，秆基部节间常可见不规则的极细的乳白色或淡绿色纵条纹，最长节约25cm，笋期4月。白哺鸡竹竹笋产量略低于早竹，笋味鲜美，鲜食或制罐头，为优良笋用竹种。其枝叶翠绿，分枝下垂，株形姿态优美，也是一种良好的园林绿化竹种。主产浙江北部、江苏南部和上海市郊，江西引种栽培。

(16)红哺鸡竹 *Phyllostachys iridescens*

别名：红竹、红壳竹、红鸡竹

秆高6~12m，径粗4~10cm，笋期4月中下旬。笋味鲜美可口，可鲜食或制罐头，竹材经

晒不裂，但材质较脆，不宜篾用，可作棚架、晒衣杆、农具柄等用，为优良笋材两用竹种。分布于浙江、江苏、安徽，江西引种栽培。

（17）花哺鸡竹 *Phyllostachys glabrata*

别名：杠竹

秆高5～7m，径3～5cm，笋期4月中下旬。笋味甜而鲜美，为优良笋用竹种。秆一般整材使用。产浙江、福建。江西引种栽培。

（18）高节竹 *Phyllostachys prominens*

秆高7～11m，径达8cm，笋期4月下旬。为高产优良笋用竹种，秆不易劈篾，多作柄材。笋可鲜食和制作笋干。其节间缢缩，节强烈隆起，亦为良好园林观赏竹种。主产浙江、江苏。江西引种栽培。

（19）方竹 *Chimonobambusa quadrangularis*

别名：箸竹、四季竹、四方竹、四角竹、方苦竹、标竹

秆方形奇特，枝叶青翠，亦为优良观赏竹，可庭园栽培或制作盆景。江西南北均产。方竹既是一种优良的笋用竹种也是一种世界著名的观赏竹种，具有较高的经济和观赏价值。其秆高3～8m，径粗1～4cm，节间长8～22cm，笋期8～11月。方竹笋期长，笋质好，营养丰富，竹笋肉丰味美，鲜脆可口，可鲜食或制作罐头、笋干等，是发展秋季笋用林的理想竹种。方竹竿壁厚，但材质较脆，不宜篾用，竹竿可制作手杖。方竹秆型奇特，竹秆下方上圆，枝叶青翠，极宜园林造景、庭院点缀和盆栽。除了观秆外，也是适宜观笋观姿的竹种。

方竹广布于我国华东和长江流域各省，江西南北均产。方竹叶薄而繁茂，蒸腾量大，容易失水，故多自然分布于荫湿凉爽、空气湿度大的环境中。方竹对土壤及水湿条件尤其对空气湿度要求较高，忌积水怕旱，宜选低山丘陵地区疏松、肥沃、排灌良好的砂质壤土栽植，江西各地均可推广栽培。

（20）麻竹 *Dendrocalamus latiflorus*

别名：甜竹、大头典竹、大头竹、甜竹、吊丝甜竹、青甜竹、大叶乌竹、马竹

秆高20～25m，直径8～25cm，梢端长下垂或弧形弯曲；节间长30～50cm，笋期5～10月。笋味甜美，可充作夏季蔬菜用，亦可作笋干、罐头等，是我国南方栽培最广的丛生笋材两用竹种。竹材纤维长1830～3580μm，秆大型，可供捕鱼筏、水管或建筑之用，破篾可用于编织，叶片大，作斗笠、船篷等防雨用具。竹丛外观雅致，可用作庭园绿化。

分布于广东、广西、贵州、云南、福建、台湾。江西引种栽培，但在赣中、赣北受冻严重，不宜发展。可在赣州市南部几个县营造丛生型笋用竹林。

（21）绿竹 *Dendrocalamus oldhami*

别名：甜竹、吊丝竹、坭竹、石竹、毛绿竹、乌药竹、长枝竹、郊脚绿

竿高6～12m，粗3～9cm，通常邻近的节间稍作“之”字形曲折，笋期5～11月。绿竹笋质细嫩清脆，笋体肥大，俗称马蹄笋，味甘美，笋期长、笋质好、产量高，鲜笋产量可达30 000kg/hm^2，为我国南方最著名的丛生型笋材两用竹种。竹材纤维长1480～2480μm，秆可作建筑用材、家具、农具或劈篾编制用具，亦为造纸原料，中层竹材刮取竹茹可入药，有解热之效。

绿竹主产福建、广东、浙江、广西、海南、台湾等省。江西在大余、南昌、铜鼓、靖安有引种栽培。绿竹耐寒能力比麻竹强，可在赣南地区低丘平地营造笋用林、纸浆林，赣中可选择小气候适宜地段栽植，赣北不宜发展。

4.4.2.2　主要材用竹类

（1）桂竹 *Phyllostachys bambusoides*

别名：五月季竹、台竹、刚竹、光竹、石竹、麻竹

秆高7～13m，最高可达20m，径粗3～10cm，最粗可达15cm，中部节间长达40cm，笋期5

月中下旬。材质坚韧有弹性，篾性较好，纤维长 1370～2500μm，可供建筑、竹器、竹编、棚架、撑篙、农具柄、扁担、旗杆等用，为重要材用竹种。笋为略淡涩，可食或制笋干。竹秆粗大，也是优良的绿化竹种。

表 4-4 部分优良经济竹种每 100g 鲜笋中含营养成分

竹种名称	水分(g)	蛋白质(g)	脂肪(g)	总糖(g)	可溶糖(g)	热量(kJ)	粗纤维(g)	灰分(g)	含磷(mg)	含铁(mg)	含钙(mg)
水竹	90.64	4.00	0.62	1.32	0.36	119.1620	0.71	1.21	92	1.0	15.3
刚竹	90.65	3.23	–	2.38	1.81	129.3783	0.81	1.02	80	0.7	13.3
淡竹	91.04	2.81	0.68	2.69	1.74	117.7384	0.71	0.94	66	1.4	15.7
早园竹	89.30	2.21	0.41	2.36	1.35	121.423	1.32	0.82	98	–	–
早竹	91.12	2.55	0.41	3.12	1.09	113.5514	0.77	0.84	60	1.0	4.2
白哺鸡竹	90.97	3.44	0.39	2.33	1.19	111.3323	0.68	0.94	74	0.7	6.5
红哺鸡竹	90.80	2.85	0.46	2.76	1.66	111.9604	0.84	0.90	66	0.8	9.7
高节竹	91.55	2.76	0.39	3.59	2.06	121.0462	0.55	0.79	56	0.7	6.6
方竹	91.31	–	0.33	0.78	0.44	87.13147	0.61	1.08	92	0.8	30.0
麻竹	91.06	2.13	0.49	2.36	1.53	89.30871	0.84	0.75	45	0.4	12.2
绿竹	90.34	1.90	0.47	2.79	1.62	96.92905	0.73	0.73	52	0.7	10.5

桂竹分布广，产黄河流域及其以南各地。江西南北均产，据统计全省有桂竹林分面积 0.5 万 hm^2 以上。本种是一种材性良好的中型竹种，栽培历史长，各地房前屋后可见零星栽植，生长良好，园林中常用作观赏。

(2)刚竹 *Phyllostachys sulphurea* var. *viridis*

别名：浙江刚竹、柄竹、胖竹、焦皮竹

秆高 6～15m、径粗 8～10cm，笋期 5 月中下旬。竹材坚韧，宜作小型建筑用材及各类竹柄材。笋味淡苦，水浸后可食也可制笋干。

刚竹广布于黄河、长江流域各地，生于低山坡。刚竹抗性强，适应适应性广，在酸性土至中性土、pH8.5 左右的碱性土及含盐 0.1% 的轻盐土均能生长，能耐 −18℃ 的低温。江西南北均产，其中以奉新、万载、宜丰、永新、峡江等县资源较多。

(3)台湾桂竹 *Phyllostachys makinoi*

别名：棉竹、篓竹、桂竹、桂竹仔

秆高 10～20m，径粗 3～8cm，笋期 5 月上旬至 6 月上旬。本种与刚竹相似，但本种分枝以下秆环明显或秆环与箨环同高，箨舌紫色，先端纤毛为紫红色。竹材坚韧细密，纤维长 2500μm，供建筑、造纸、竹椅、竹帘、竹器、伞骨、笛等用。笋味好，可鲜食，或作笋干、罐头。

江西产于万载、德兴、泰和、瑞金等县(市)。

(4)茶秆竹 *Arundinaria amabilis*

别名：青篱竹、沙白竹、亚白竹、篱竹

秆高 5～13m，径粗 2～6cm，节间长 30～50cm，笋期 3～5 月。茶秆竹秆形通直，光滑，秆环平，壁厚，竹材纤维长 2338μm，纤维含量 53.2%。材质坚韧而富有弹性，久放不生虫、不干裂，用砂磨去外表后洁白面光滑，是作雕刻、装饰、编织、家具、滑雪杖、钓鱼竿、运动器材、围篱、花架等的上乘材料。笋味清苦，消炎解毒，是苦笋系列中之珍品，极具开发前景。其竿直，多分枝，枝叶浓密，也是优良的园林绿化竹种。

茶秆竹材质优良，是我国出口的特产竹种之一，为传统的出口商品，远销东南亚及欧美各国，出口历史已有百余年。茶秆竹适应性强，对土壤要求不严，喜酸性、肥沃和排水良好的砂壤土。江西南北都有分布，最北为婺源县，这也是目前已知的该种自然分布最北界。赣南的大余县原有大片的茶秆竹林，由于连年大量收购出口，导致掠夺式采伐，现几乎全成了荒山或灌木疏林，有茶秆竹散生其中，亟应恢复发展。

秆材与茶秆竹极似，且可代替其出口的还有托竹 *Arundinaria cantori* 和篱竹 *Arundinaria hindsii*，前者分布广东，江西仅见寻乌县，后者在江西南北均产。

(5)硬头黄竹 *Bambusa rigida*

秆高5～12m，径2～6cm，节平，节间长，主枝明显30～50cm，秆壁厚1～1.5cm，笋期7～9月。硬头黄竹秆形通直，竹材坚厚强韧，纤维长2060～2230μm，篾性良好，供编织竹器、农具、生活用具、工艺品、撑篙、农具柄、棚架等用，也是优良造纸原料。其株形紧凑，秀雅翠绿，姿态潇洒，是园林绿化、庭园美化以及工业原料林的优良竹种。硬头黄竹笋苦，不宜食用。

硬头黄竹主要分布广东、广西、福建、四川、江西等地，是赣南广泛栽培的优良丛生竹种，有悠久的栽培历史。

(6)青皮竹 *Bambusa textilis*

别名：篾竹、山青竹、地青竹、黄竹、小青竹

秆高6～10m，径粗3～5cm，节间长35～60cm，竹壁厚0.3～0.5cm，笋期5～9月。青皮竹具有纤维长、竹材韧性强、篾性好、发笋多、笋期长、产量高等优点。竹秆通直，节平而疏，材质柔韧，干后不易开裂。其纤维含量高达47.5%，纤维长2236～3040μm，纤维宽14.9μm，是编织工艺品、竹席和各种竹器的优质篾用材料与造纸等的上等原材料，整竿可用于建筑搭棚、围篱、支柱、家具等。其枝稠叶茂，株形紧凑，秀雅翠绿，姿态潇洒，是园林绿化和环境美化的优良竹种。青皮竹竹笋滋味鲜美，肉质脆嫩，可鲜食，或制笋干和笋罐头等。用青皮竹破篾后剩下的竹黄加工的息竹制成的香烛，燃完后其灰色白，也是我国出口产品之一。青皮竹是丛生型竹种中一种集篾用、纸浆材用和观赏等多种用途为一体的优良竹种。江西省各地均可发展。

青皮竹主要分布广东、广西、福建和江西省赣南，广东省广宁县是的主要产地之一，现西南、华中、华东各地均有引种。青皮竹较耐寒，可在长江中下游及其以南地区大力发展，江西南北均可推广栽培，但青皮竹对土壤水肥条件稍严，宜丘陵、平原或四旁土壤深厚肥沃处种植。

本种也是野生乡土竹种之一，同时被收录在本书的"4.7　引种驯化与野生树种驯化种质资源"章节内，详见4.7.4.12。

(7)光竿青皮竹 *Bambusa textilis* var. *glabra*

别名：黄竹、硬头黄

青皮竹的变种，不同之处在于竿节间与秆箨无毛，箨片长度约为其箨鞘长的一半或稍过一半，且其基部略作圆形收窄。光竿青皮竹纤维长，材质坚厚强韧，篾性良好，用途同青皮竹。

产广东、广西、江西等地，栽培于低丘陵地、河边或村落附近。江西主产赣南，有悠久的栽培历史。

(8)梁山慈竹 *Dendrocalamus farinosus*

别名：大叶慈、钓竹、大叶慈竹、大叶竹、瓦灰竹、药竹、吊竹、乡帘竹

秆高6～12m，径粗4～8cm，节间长30～50cm，笋期8～9月。竹秆通直，纤维长，竹材韧性好，竹秆作农具柄、棚架等材料，以及劈篾编织竹器。笋可食，竹丛紧凑，竹株秀美，姿态清秀，为非常好的庭园绿化材料，是一种优良的观赏、纸浆和材用竹种。

分布广西、广东、云南、四川等地，多见于村边宅旁，溪边及石灰岩山脚，江西引种栽培。梁山慈竹较耐寒，江西各地均可发展。

(9)坭竹 *Bambusa gibba*

别名：水黄竹

秆高 8～10m，径粗 3～6cm，节间长 20～40cm，竹秆基部略肿胀呈“之”字形曲折，笋期7～9 月。纤维长，产量高，竹材坚厚强韧，是一种优良的纸浆、材用和风景竹种。

分布广东、广西、福建、江西等地，生于低丘陵地或村落附近。耐寒能力不及硬头黄竹，赣中以南地区低山丘陵、河滩溪岸、房前屋后可大力发展。

(10)撑绿竹 *Bambusa pervariabilis* × *Dendrocalamopsis daii*

撑绿竹是一种以撑蒿竹 *Bambusa pervariabilis* 为母本、大绿竹 *Dendrocalamopsis daii* 为父本的杂交种，秆高 10～15m，径粗 4～10cm，节间长 30～45cm，壁厚 8～15mm，笋期 5～11 月。其平均径粗比撑篙竹大 1.4 倍，秆直立，出笋期长，产量高，年产竹材 45 000kg/hm^{2}以上，比撑篙竹高 2.8 倍。造纸性能、无性繁殖能力等也明显优于父母本，具有很高的经济效益和应用前景。

性喜温暖湿润，不耐严寒干燥，适生于海拔 300～600m，年均气温 15～18℃，1 月月均气温 3～4℃，年降水量 1200mm 以上地区，喜肥沃深厚、疏松、有机矿物质营养含量较高，物理性质良好，呈酸性至中性反应，pH 值为 5～7 的土壤，尤其在溪河沿岸的冲积土上生长最好。在丘陵低山或缓坡地，只要土层深厚疏松肥沃，也可栽植；干燥瘠薄、石砾太多或过于粗重的土壤不宜造林。江西赣南有大面积引种。

4.4.2.3 奇见观赏竹类

(1)罗汉竹 *Phyllostachys aurea*

别名：人面竹、寿星竹、算盘竹、鼓槌竹

秆基部数节缩短膨大秆形奇异常栽为观赏，竹秆亦可作钓竿、手杖。全省广泛分布。

秆高 3～8m，径 2～5cm，节间长 15～30cm，笋期 4～5 月。竹竿劲直，下部节间畸形缩短，节间肿胀。节环互为歪斜，外形奇特，竿中部节间正常。竹姿奇异。竹秆畸形多姿，为著名园林观赏竹种，秆是制作竹工艺品、手杖、伞柄、钓鱼竿等优良材料。罗汉竹笋味鲜美，也是优良笋用竹种，但其材质较脆，不宜篾用。

黄河流域以南各地均有罗汉竹分布或栽培，江西南北均产。性较耐寒，适生于温暖湿润、土层深厚的低山丘陵及平原地区。

(2)龟甲竹 *Phyllostachys edulis* f. *heterocycla*

别名：龙鳞竹、佛面竹、龟文竹、马汉竹

毛竹的变型，秆高、径粗、笋期及生境与毛竹相同，区别在于其秆下部或中部以下节间连续极度缩短呈不规则的肿胀，节环交错斜列，斜面凸出呈龟甲状，面貌奇特，形态别致，观赏价值极高为我国珍贵观赏竹种。竹材可以制作各种高级竹工艺品。

分布长江中下游，秦岭、淮河以南，南岭以北，零星见于毛竹林中。江西南北均有，其中上犹县发现有带型片状小面积分布。

(3)方竿毛竹 *Phyllostachys edulis* ‘Quadranqulata’

毛竹的栽培变型，秆高、径粗、笋期及生境与毛竹相同，区别在于其秆方形或横切面似马蹄形。

产湖南洞庭湖君山及江西靖安县。

(4)梅花毛竹 *Phyllostachys edulis* ‘Obtusangula’

毛竹的一种优良栽培变型，秆高、径粗、笋期及生境与毛竹相同，区别在于其竹秆具 4～7 条钝棱，横断面略似梅花形，固有此名。珍贵观赏竹种，竹竿可加工工艺品。

产湖南洞庭湖君山及江西靖安县。

(5)花毛竹 *Phyllostachys edulis* ‘Tao Kiang’

别名：江氏孟宗竹、花竿毛竹、碧玉嵌黄金

毛竹的一种优良栽培变型，秆高、径粗、笋期及生境与毛竹相同，区别在于其竹秆具黄绿相间的纵条纹，部分叶片也具黄色条纹，集材用、笋用、观赏于一体，用途多，产量高，观赏价值大，又可加工竹器。

江西各毛竹产区均有零星分布，其中以井冈山、遂川、靖安、安福、庐山、寻乌等县（市、区）资源较多。尤其井冈山、遂川有小面积分布，可在全省各地推广栽培。

（6）紫竹 *Phyllostachys nigra*

别名：乌竹、黑竹、水竹子

秆高4～10m，径粗2～5cm，笋期4月下旬。新秆绿色，1a后渐变为紫黑色或棕黑色，叶青翠，甚美观，竹材较坚韧，宜作钓鱼竿、手杖等工艺品及箫、笛、胡琴等乐器制品，笋供食用，是著名的庭园观赏和工艺竹种。

黄河流域以南各地均有分布，耐寒性强，在－20℃低温下能安全越冬。江西南北均产，其中以遂川县资源较多。在海拔1000m以下山地、丘陵、平原均可发展栽培。

（7）斑竹 *Phyllostachys bambusoides* f. *lacrima-deae*

桂竹的变型，竹竿有紫褐色或淡褐色斑块与斑点，分枝也有紫褐色斑点。为著名观赏竹种，竹秆可作工艺品。

产黄河流域及长江流域各地，江西主产泰和、兴国、瑞金等地，南昌有引种栽培。

（8）绿皮黄筋竹 *Phyllostachys sulphrea* ‘Houzeau’

别名：黄槽刚竹、槽里黄刚竹、碧玉间黄金竹

金竹（*Phyllostachys sulphrea*）的栽培变型。秆高6～10m，径粗5～8cm，笋期5月上中旬。与金竹的区别在于其秆绿色，节间分枝一侧纵槽黄色，可供观赏。竹材坚实，篾性较好，供农具柄、棚架、编织生活用品等用。笋味略苦，煮浸后可食。

江西省林业科学院竹园及靖安、婺源等县引种栽培。

（9）黄皮绿筋竹 *Phyllostachys sulphurea* ‘Robert Young’

别名：黄皮刚竹

金竹的栽培变型。秆高、径粗、笋期、生境及用途与绿皮黄筋竹相同，区别在于其竹秆金黄色，节间有少数绿色纵条纹，节下常有绿色环节；叶片常出现淡黄色条纹，颇美观。

江西省林业科学院竹园及德兴市栽培。

（10）金镶玉竹 *Phyllostachys aureosulcata* f. *spectabilis*

黄槽竹 *Phyllostachys aureosulcata* 的变型。秆高4～6m，径粗4cm，笋期4月中旬至5月上旬。竹秆金黄色，节间沟槽绿色，为优良观赏竹种。

分布江苏、浙江、北京等地，江西省林业科学院和江西农业大学竹园有引种栽培。

（11）黄竿乌哺鸡竹 *Phyllostachys vivax* ‘Aureocaulis’

乌哺鸡竹的栽培变型。秆高6～12m，径可达8～10cm，笋期4月中下旬。全秆均为硫磺色，并不规则间有绿色纵条纹，竹秆色彩鲜艳，不仅是优良笋用竹种，也是珍贵庭园观赏竹种。

特产河南水城，江西省林业科学院竹园引种栽培。黄竿乌哺鸡竹对气候条件适应范围较广，江西南北均可发展栽培。

（12）肿节少穗竹 *Oligostachyum oedoqonatum*

别名：肿节竹、肿节苦竹

秆高4～5m，径粗1～2.5cm，笋期5月。秆节肿胀而奇特，枝叶青翠，叶形优美，为优良观赏竹种，竹秆可作手杖，笋可食用。

分布江西、福建、浙江，主产于罗霄山脉、南岭山脉、武夷山脉。

（13）佛肚竹 *Bambusa ventricosa*

别名：小佛肚竹、佛竹

秆有二型。正常类竿型节间圆柱形，竿高8～10m，径粗3～7cm，笋期7～9月。完全畸形者节间较短而密，呈扁球体或瓶状，中间类型节间呈棍棒状，普遍为庭园栽培，亦宜盆栽，是

极美的观赏竹。正常竿可作农具柄、家具等用，畸形秆亦宜制工艺品。

分布广东、广西、福建等地，江西各地有引种栽培。

(14)大佛肚竹 *Bambusa vulgaris* 'Wamin'

秆畸形，高2~5m，竹秆及大多数枝条节间极度短缩鼓胀而呈佛肚状，秆形奇异，是著名的观赏竹种，竹秆可作台灯柱、笔筒等工艺美术品。

产华南及台湾，江西南部有引种，可露地栽培，但在赣北露地越冬易受冻害致死。

(15)小琴丝竹 *Bambusa multipilex* 'Alphonse-Karr'

别名：花孝顺竹

秆高3~7m，径粗1~3cm，节长20~40cm，竹株紧凑，较矮小，密丛生，秆黄色并间有绿色条纹，新秆鲜黄色间有绿色或红色条纹，秆和分枝的色泽分明，犹如黄金间碧玉，丛态优雅，秆形秀丽，是一种优良的观赏竹种，宜作庭园观赏和盆栽。

产广东、四川、台湾等地，江西省林业科学院、江西农业大学、靖安县竹园有栽培。小琴丝竹笋期长，较耐寒，江西各地均可发展。

(16)花竹 *Bambusa albo-striata*

别名：绿篱竹、白条青皮竹、火管竹、火广竹、火吹竹

秆高4~10m，径粗2~5cm，节间长25~60cm。秆节间及箨鞘基部具白色条纹，可供庭园观赏或作绿篱用，也是优良的造纸原料。竹秆节间长，竹材柔韧，为编制各种竹器优良竹材。

分布浙江、江西、福建、广东和台湾等省，常栽培于低丘、平地及溪河边，江西主产赣南。

(17)黄金间碧竹 *Bambusa vulgaris* var. *vittata*

别名：黄挂绿竹、挂绿竹、青丝金竹

秆高8~10m，径粗7~10cm，节间长可达45cm，笋期7~10月。秆鲜黄色间绿色纵条纹，秆色艳丽，光洁清秀，色彩美丽，为优美庭园观赏竹种。

分布广西、广东、海南、云南、台湾等地，江西省林业科学院竹园、南昌、安义、泰和、宁都等地有引种栽培。其耐寒能力不及花孝顺竹，江西在南昌市以南可发展，赣北地区栽植易受冻害。

(18)凤尾竹 *Bambusa multiplex* 'Fernleaf'

秆高4~7m，径粗2~3cm，笋期7~10月。植株低矮，竹秆细长坚韧，密集丛生，叶常10多片排列于小枝上，形似羽状，柔软而下垂，十分优雅，是一种优良的观赏、材用竹种。较耐瘠薄，极耐修剪，宜庭园造景、绿篱和盆栽。

分布华东、华南、西南各地，江西各地有引种栽培。

(19)观音竹 *Bambusa multiplex* var. *riviereorum*

秆高1~3m，径粗3~5mm，笋期7~10月。秆实心，植株矮小，秆密集丛生。小枝长30cm，柔软下弯。叶细小，每小枝排成二列似羽状复叶。姿态优美典雅，用途与凤尾竹同。

分布长江以南各地，多生于丘陵山地或溪边。江西以赣中以南野生资源较多，较耐寒，江西各地均可发展栽培。

(20)井冈寒竹 *Gelidocalamus stellatus*

秆高1~2m，笋期9~11月。每小枝具一叶，竹株矮小，株形秀丽，秆色青翠，枝叶潇洒，体态素雅，竹姿婀娜，供庭园观赏，尤宜盆栽。鲜笋可食，笋期长，是一种十分优良的观赏和笋用竹种，具有较高经济和开发利用价值。

产井冈山，自然分布于海拔300~1800m的林下或涧边。

4.4.2.4 叶用及地被竹类

(1)阔叶箬竹 *Indocalamus latifolius*

别名：寮竹、箬竹、壳箬竹

秆高可达2m，径粗0.5～1.5cm，叶片长10～45cm，宽2～9cm，笋期4～5月。秆竿可制笔杆、竹筷，叶片可包粽子，制笠帽、船篷等用品。耐荫，可做地被和绿篱。尤其以叶片大而出名，叶色翠绿，是盆栽的好材料。

产华东、华中等地，生于山坡、山谷、疏林下，江西南北均有分布。阔叶箬竹适应性强，较耐寒，喜湿耐旱，对土壤要求不严，在轻度盐碱土中也能正常生长。

(2)箬叶竹 *Indocalamus longiauritus*

秆高0.8～1m，基本径粗3～8mm，节间长10～55cm，竹秆壁厚1.5～2mm，叶片长10～35cm，宽1.5～6.5cm，笋期4～5月。秆通直，可制笔杆、竹筷，叶片可制斗笠、船篷等防雨用品等衬垫材料，大型叶片可包粽子。

分布河南、江西、湖南、广东、福建、贵州、四川等省，生于山坡和路旁。

(3)鹅毛竹 *Shibataea chinensis*

别名：倭竹、小竹、鸡毛竹、三叶竹

秆高0.5～1cm，地径2～3mm，笋期5～6月。秆直立，纤细，中空小或近于实心，竹秆矮小密生，叶大而茂，可作地被植物、矮绿篱栽培，也宜盆栽观赏。

分布江苏、安徽、江西、浙江、福建等地。鹅毛竹喜温暖、湿润环境，稍耐阴。浅根性，在疏松、肥沃、排水良好的砂质壤土中生长良好。

(4)江山倭竹 *Shibataea chiangshanensis*

秆高0.5m，地径0.2cm，节间长7～12cm，笋期5～6月。竹秆近半圆形，植株矮小密集，宜作地皮植物绿化及盆栽观赏。

产浙江江山，江西省林业科学院竹园引种栽培。

(5)狭叶倭竹 *Shibataea lanceifolia*

秆高0.45～1m，地径0.2～0.3cm，节间短，长3～4cm，直立，实心或近实心，笋期5～6月。作盆栽观赏及地被物均佳。

分布浙江、福建等省，江西省林业科学院竹园引种栽培。

(6)铺地竹 *Sasa argenteastriatus*

别名：爬地竹

秆高30～50cm，节间长8～12cm，地径2～3mm，笋期4～5月。叶片绿色，偶见黄或白色纵条纹。耐修剪，抗旱，病虫害极少，用于地被绿化和盆栽观赏。

分布浙江、江苏等地，江西省林业科学院竹园引种栽培。

(7)菲黄竹 *Sasa auricoma*

秆高30～80cm，地径1～3mm。嫩叶纯黄色，具绿色条纹，老后叶片变为绿色。竿矮小，叶色鲜艳，宜园林绿化彩叶地被、色块或做山石配景和盆栽观赏。

原产日本，江西省林业科学院竹园引种栽培。

(8)菲白竹 *Sasa fortunei*

秆高20～80cm，地径1～2mm。竿每节具2至数分枝或下部为1分枝。叶片狭披针形，绿色底上有黄白色或淡黄色纵条纹，由此得名，笋期4～5月。菲白竹植株低矮，端庄秀丽，叶片秀美，常植于庭园观赏，或栽作地被、绿篱，或与假石相配，也是盆栽或盆景的好材料，案头、茶几上摆置一盆，别具雅趣，是观赏竹类中一种不可多得的贵重品种。

原产日本，江西省林业科学院竹园引种栽培。喜温暖湿润气候，好肥，较耐寒，忌烈日，宜半阴，喜肥沃疏松排水良好的砂质土壤。

(9)无毛翠竹 *Sasa pygmaea* var. *disticha*

秆高0.2～0.3m，径0.1～0.2cm。叶小翠绿，于小枝上排成紧密的两列，秆低矮密生，耐修剪。宜作地被绿化材料，也宜盆栽观赏。

原产日本，江西省林业科学院竹园及江西各城市有引种栽培。

4.5 生态型树种种质资源

江西三面环山一面面水的特殊地理环境，在人类活动日益加剧的影响下，生态环境面临着巨大压力和挑战，生态型树种种质资源的保存与利用就是在这种形势下摆在人们面前的重要课题。我们按生态类型种质资源的功能在本节中进行分类阐述。

4.5.1 水土保持树种

长期以来，由于历史的原因以及不合理的开发利用，江西的森林遭受了严重的破坏，致使成片的丘陵岗地失去了树木的庇护，在烈日和风雨的交错洗劫之下，水土流失不断加剧，生态平衡严重失调，人类赖以生存的环境日趋恶化。有资料显示，江西省从20世纪60年代到80年代，每年水土流失面积以约13万 hm^2 的速度在扩大，流失土壤1.6亿t，损失氮、磷、钾139万t。严重水土流失带来了频繁的水旱灾害，据江西省水土保持站和赣州市水土保持站调查，兴国县1952～1976年的25a间，共发生水旱灾害58次，其中水灾22次，旱灾36次，受灾面积累计9.1万 hm^2，平均每年受灾面积为0.32万 hm^2。

水土流失是从破坏自然植被开始。因此，水土流失发展的过程，也就是植被破坏发展的过程。保持水土的根本措施就是合理选择树种进行植树造林，种草保土，恢复和发展植被。实践证明，在水土流失地区营建以阔叶林为主，乔灌草结合，多层结构的水土保持林，能有效的覆盖地面，截留降雨，减低流速，分散径流，阻止和过滤泥沙，固持与改良土壤，使水土逐步得到保持。

4.5.1.1 侵蚀坡地的治理与树种选择

(1)面蚀和浅沟侵蚀坡地　第四纪红土低丘和岗地，地势较平坦，土层较厚，黏重紧实，个别严重侵蚀地常形成较深的切沟，有红、黄、白、杂色相间的网纹层，有的卵石裸露。

①树种选择：马尾松。

②技术要点：一锄法种植马尾松；封山育林，形成乔、草型水保林。

③效益：江西省农业科学院早在1950年在红壤丘陵营造马尾松试验林，6a时间树高2～5m，林地盛长鱼尾草、白茅草、鸭咀草、蜈蚣草等多种草本植物，覆盖率达90%，充分发挥水土保持作用。

(2)花岗岩中度侵蚀地

①树种选择：马尾松、胡枝子。

②技术要点：因地制宜挖水平沟、修水平台、筑土谷坊等工程措施，营建马尾松、胡枝子混交林。其配置形式，马尾松单株密植，胡枝子带状条播，单行混交。

③效益：宁都县璜山村1965年采用上述方法造林253hm^2，基本控制水土流失，每年还可提供薪材90万kg，可割胡枝子鲜茎叶绿肥30万kg多，改良了土壤，每年春季还可收获大量蘑菇，增加农民收入。

(3)花岗岩强度侵蚀地

①树种选择：马尾松、木荷、枫香、胡枝子、芒、刺芒野古草、扭鞘香茅等。

②技术要点：采取水平台地，拦沙蓄水沟埂、挖大穴，开撩壕等工程措施，适当上客土，大量种植所选择的乔、灌、草植物。配置形式：在水平台地、拦沙蓄水沟埂和大穴内种植木荷、枫香，在行间及水平台地、拦沙蓄水沟埂外侧密植马尾松、芭茅，沿等高线条播胡枝子和草种。

③效益：兴国县塘背小流域，1980年冬营造水保林142hm^2，仅2a时间，小树、小草成行成带，山坡初见绿色，原处许多坑内的缺水田，已逐步变成了渗水田。

(4)第四纪红土侵蚀地

①树种选择：黑荆树、马尾松、南酸枣。

②技术要点：

a. 采用撩壕带状整地，壕内双行密植黑荆树，27 000～60 000 株/hm^2，造林当年郁闭度达 0.7；

b. 采用水平条台和拦沙蓄水沟、大穴整地营造黑荆树、桉树、马尾松、南酸枣等树种组成混交水保林。配置形式：水平条台、拦沙蓄水沟及大穴内株间混交黑荆树、桉树、南酸枣等树种，水平条台和拦沙蓄水沟外坡用一锄法带状密植(0.33m×0.33m)马尾松。造林 2a 基本郁闭。

③效益：密植黑荆树当年郁闭成林，一次降水量 80mm，径流系数由造林前 0.6 下降至 0.3，有效地控制了水土流失。同时收获鲜柴产 20 250kg/hm^2，剥荆皮 5250～6000kg/hm^2，取得了很好的经济效益。

4.5.1.2 侵蚀沟的治理与树种选择

水土流失区的侵蚀沟，按侵蚀程度可分为细沟、浅沟、切沟和崩岗等几种。细沟和浅沟侵蚀地一般按坡地造林的方法治理。

(1)切沟治理　多出现在花岗岩、紫色页岩和第四纪红壤区，侵蚀沟的宽度和深度都在 1m 以上。

①树种选择：梨、桃、枇杷等果树及针阔乡土树种。

②技术要点：在沟内从上到下，就地取土修筑多级谷坊，在谷坊外坡栽种灌木和草本植物，内坡混栽针、阔叶树，使沟床稳定，防止泥沙下泻。

③效益：兴国县长岗乡在紫色页岩侵蚀区栽种乔、灌、草型水保林，使谷坊淤满泥沙后种植梨、桃、枇杷等果树，既保持了水土，又取得了经济效益。

(2)崩岗治理　崩岗是花岗岩侵蚀区的一种主要侵蚀方式，危害性大。各地在治理崩岗时采取了上截、下堵、内外绿化的方法，通过各种工程措施，按不同的部位营造不同结构的混交林。

①崩岗周围

a. 树种选择：胡枝子、芒、五节芒、枫香、木荷、马尾松等。

b. 技术要点：在崩岗顶部和左右两侧边沿 5～8m 范围内，采取等高线带状整地，带间条播胡枝子，栽植芒和五节芒等根系发达的灌木、草本植物，灌、草带上方开撇水沟，在沟埂上种植灌、草，撇水沟以上一定范围内采用反坡水平条带整地，株间混交种植枫香、木荷、马尾松，行间点播胡枝子和禾本科草籽，组成乔、灌、草复层混交水保林。

c. 效益：减少坡面径流流入崩岗地段，防止继续下塌。

②崩岗壁：由于坡度陡，且受水蚀和重力的作用大，常造成塌方，使崩岗不断扩大。

a. 树种选择：马尾松、木荷、刺槐、胡枝子、葛藤、芒、五节芒等。

b. 技术要点：削壁成梯台(带)，在梯台(带)内种植马尾松、木荷、刺槐、胡枝子等，梯台(带)外坡种植葛藤、芒、五节芒或撒播禾本科草籽。

c. 效益：原兴国县永丰水土保持站在台内种植茶叶，台外直播胡枝子，很快收到控制崩岗发展的效果。

③崩岗口

a. 树种选择：胡枝子、紫穗槐、芒、五节芒、泡桐、桉树、硬头黄竹、苦楝等。

b. 技术要点：通常在崩岗口修筑几道土谷坊，在谷坊内外种植胡枝子、紫穗槐、芒、五节芒等灌木草本植物，同时种植一些泡桐、桉树、硬头黄竹、苦楝等速生树(竹)种。

c. 效益：拦蓄泥沙，减少流入河流的泥沙量，缓和崩岗内径流速度，减少下游洪峰流量，防止崩岗继续下切和扩大。

④崩岗底

a. 树种选择：芦竹、方竹、毛竹、乌桕等。

b. 技术要点：在崩岗底直接种植所选择的树(竹)种，治理与利用相结合。

c. 效益：可以稳定沟底(床)的泥沙。

综上所述，用于水土保持的树种，应具有适应性强，耐旱耐瘠薄，根系发达，枝叶浓密，结实能力强，种子量丰富，萌芽力强，造林容易，成活率高，生长快，并且有一定经济价值和改良土壤作用等特性。根据江西省的生产实践，适宜用于水土保持的树种主要有马尾松，油茶、木荷、栎类、枫香、桉树、板栗、刺槐、合欢、大叶黄檀、樟树、檫树、乌桕、胡枝子、紫穗槐等，草本植物有扭鞘香茅、刺芒野古草、芒、四脉金茅 *Eulalia quadrinervis*、雀稗、虎尾草 *Chloris virgata*、牛鞭草、葛藤、猪屎豆等。树种选择时要特别注意选择一些喜光落叶阔叶树种，使之覆盖地面范围大，枯枝落叶多，起到改良土壤、提高林地保水能力和土壤肥力的作用。

4.5.2 堤岸防护树种

鄱阳湖平原为长江和江西省五大河流冲积而成，面积达200万hm^2左右，大部分地区海拔在50m以下，相对高度不超过20m左右。由于其地势低平，易受洪涝之害。为此，自唐宋以来劳动人民就有修筑圩堤保护农田之经验。据江西省水利厅1980年统计，全省有大小圩堤总长为8011.75km，保护面积71.4万hm^2，其中耕地51.72万hm^2。

江西省地处长江中下游东亚季风区内，受暖湿气流影响，每年3～6月的降水量占全年降水量的一半以上。如遇暴雨，江河干支流洪峰相遇，水位猛涨，加上长江上游的"川水"来临，容易形成强大的洪峰，造成江河改道，圩堤浸溃，泛滥成灾。因此，江河两岸植树护堤，充分发挥其削弱风浪、降低流速、防止冲刷、淤积泥沙、维护堤坝、巩固河岸的作用，也是抵御水患灾害，改善生态环境的重要生物措施。

4.5.2.1 堤岸防护林的主要类型

(1)垂柳林带　为江西堤岸防护的主要林带，广布于江、湖漫滩。

垂柳 *Salix babylonica* 系江南水乡的主要树种，耐水性很强，短期淹水没顶一般不会死亡。平均树高4.25～4.66m的4a生垂柳林，水淹160余天，淹水深度达2.86～3.21m，保存率仍有79%～89%。

垂柳根系发达，具有强大的主根和侧根。喜光速生树种，初期生长快，8a生平均树高10.5m，平均胸径22.2cm，插干造林3～4a便可郁闭，起到护岸作用。

(2)芦苇—垂柳林带　分布在江、湖、河滩的湿润地段，林地较为平坦宽阔。

芦苇为多年生草本，粗壮的地下茎分布较密，垂直分布可达2m以下，地下茎节间生出的大量须根，纵横交错，有着强有力的固土护岸作用。

垂柳株行距1～2.5m，芦苇呈三角形配置于垂柳株行间及林带一侧或两侧。芦苇的嫩叶可作饲料，芦秆可供建筑茅屋、编席、织帘，又是造纸的好原料。

(3)池杉林带　池杉原产北美洲，与我国特产的水杉同为古老的孑遗植物，于20世纪初引入我国，现长江南、北平原水网区已广泛栽培。池杉特别耐水淹，九江县团结乡的一片池杉林，1980年遇洪水，持续淹水40余天，水淹过顶2m，成活率仍达90%以上。

池杉是根系发达和深根性树种，有良好的固岸抗风作用，而且树冠紧密狭窄，可适当密植以增强防护效能。同时，池杉干形直，材质好，是建筑、船舶、车辆、家具的良好材料。

(4)枫杨林带　枫杨在长江流域和淮河流域最为常见，是广大平原地区四旁绿化的主要造林树种。枫杨耐水湿，但不耐深水淹，只适宜于地势较高的河岸或高滩造林。由于其根深，主根明显，侧根发达，须根多，具有良好的固土护岸作用。

枫杨材质好，易加工，可用作家具、农具与修房舍，亦可制茶叶箱和人造棉。

4.5.2.2 堤岸防护林的树种选择

根据当地自然历史条件和历年水位变动规律，选择耐水湿、寿命长的树种，同时兼顾选用一些用材、薪材或其他有经济用途的乔、灌树种，提高经济效益。

适于江西栽培的乔、灌木树种除垂柳、池杉、枫杨、乌桕之外，还有：

薄壳山核桃：寿命长、材质优良，重要干果树种，种子生食，又可榨取食用油。

重阳木：耐淹性强，材质好，可萌芽更新，是有发展前途的乡土树种。

紫穗槐：萌芽力强，优质绿肥与薪炭树种、根瘤菌可改良土壤，为乔灌林带中最优灌木。

桑树：江西平原地区的水乡树种，材质优良，可作家具、乐器、农具，叶可养蚕，桑皮是造纸原料，桑葚可入药、食用或酿酒。

绒毛白蜡：速生优良用材树种，繁殖容易，适应性强，抗涝耐淹。

4.5.3 农田防护树种

江西地势南部高峻、北部低平、东西两侧隆起，渐次向鄱阳湖倾斜，形成一个北面开口的簸箕状态势。冬季受大陆季风影响，干燥寒冷的北风长驱直入内陆腹地。作为江西省最大的商品粮、棉、油生产基地的鄱阳湖平原，由于地势低平、森林防护林带少等原因，经常受到寒流、低温和大风等侵袭，直接影响了农业生产，如 1972 年由于寒露风来得早，使全省水稻减产 3 亿 kg左右。为此，营造农田防护林，促进农业生产高产稳产具有积极作用。

4.5.3.1 农田防护林的主要类型

赣北滨湖地区的恒湖垦殖场、珠港农场和南昌县南新乡，地处鄱阳湖畔，地势低平，冬季北方南下的寒冷气流直冲这些围垦土地。为了防风护田，这些地方自 20 世纪 60 年代开始，曾先后结合水利规划营造了一些防护林带，对农田起到了一定的防护作用。20 世纪 70 年代后，距离滨湖稍远的丰城市、高安市等地方采用农田林网化的模式营建了相当规模的农田防护林，也收到了很好的效益。目前江西省农田防护林的主要类型有：

(1)柳树、苦楝防护林　柳树与苦楝在农田主埂和支埂上分行种植或单行种植。柳树株距 1m，苦楝株距 2m，柳树与苦楝行距 1m。6a 生观测表明，农田防护林改善了农田的风速、温度、相对湿度、绝对湿度、蒸发量及土壤湿度等环境因子，对农作物起到了较好的防护作用。

(2)水杉、池杉防护林　20 世纪 60 年代以来，九江县星洲、鄱阳县珠湖等滨湖地区，以及高安、丰城、南昌等市(县)，先后引进水杉、池杉作为农田防护林经营。由于水杉、池杉耐水湿，生长快，对改善水湿农作区的小气候环境，促进农作物生长有一定效果。

(3)马尾松防护林　低丘岗地由于人为活动频繁，植被稀少，立地条件较差，可以选择马尾松营建农田防护林。据江西省农业科学研究所测定，6a 生的马尾松林就有改善小气候的作用。有林地区空气相对湿度比无林地区高 10%，土壤湿度高 4.7% ~6.4%，对农作物的生长起到了一定的防护作用。

4.5.3.2 农田防护林的树种选择

树种选择的主要标准：①首选当地的乡土树种；②耐水湿，深根性，抗风力强，萌芽力强，尤以枝叶繁茂的常绿树种为佳；③生长迅速，寿命长；④经济利用价值大。

江西滨湖地区营造护田林带采用最多的树种有苦楝、柳树，枫杨和乌桕，其次是喜树和重阳木，还有池杉、落羽杉、水杉、樟树、湿地松、香椿、臭椿、女贞、柿、李、枣等。这些树种均较耐水湿，生长快，繁殖容易。

滨湖地区以外的其他地区营建农田防护林，还可以选用马尾松、麻栎、木荷、槐树、苦槠、柏木、柚子、竹类等。适于栽植的灌木或小乔木有紫穗槐、小叶女贞、油茶、桑树、合欢、夹竹桃、胡枝子、茶树、冬青、黄栀子等。

4.5.4 固沙树种

江西的沙地系非地带性的河岸沙地和湖岸沙地，是沿着现代河床、湖床的沉积物被流水冲刷搬运，沙粒停留以及风力的作用，在原地逐年堆积而成的深厚沙层。江西沙地面积约0.75万hm^2，零星分布在赣江、长江沿岸的鄱阳湖滨，大致可分为5个沙区。

①流湖沙区：位于南昌市郊西南部新建县的赣江两岸和锦江北岸，由北向南延伸长达15km，面积约0.2万hm^2。

②岗上—傅山沙区：位于南昌县，赣江东岸，面积约0.13万hm^2。

③红光—老台山沙区：位于彭泽县与湖口县之间，长江南岸，范围长达10km，面积约0.05万hm^2。

④沙山沙区：位于星子县城东南鄱阳湖滨，由东北向西南延伸，纵横9km，面积约0.13万hm^2。

⑤多宝沙区：位于都昌县西南鄱阳湖滨，风沙线由北向南蜿蜒长达10km，面积约0.23万hm^2。

以上这些沙区历史上都曾经有过森林、树木和良田，由于长期无节制的放牧，过度的翻垦耕作，乱砍滥伐森林，挖掘树根，樵采灌木和草类，致使植被遭到破坏，土地失去庇护，加之年复一年的风蚀作用，形成了流沙，并不断蔓延扩展，严重破坏了生态环境。

4.5.4.1 固沙林的主要类型

（1）马尾松固沙林　分布在沙区的固定沙地上，以星子县沙山和都昌县多宝沙区分布较为广泛，一般与主风方向垂直，形成宽厚的防风固沙林带。星子县营造的马尾松固沙林21a生平均树高6.5m，平均胸径12cm。最大单株树高8.5m，胸径16cm。

乔木层除单一优势树种马尾松外，常有小叶栎等一些栎属树种混生，在一些光照条件较好的地段，乌桕、刺槐、杜梨、丝棉木也时有出现。林内灌木层只有一些零星分布的胡枝子、算盘子、白檀、竹叶椒。林窗常见小叶女贞、糯米条、蔓荆、紫穗槐、胡枝子等。

马尾松具有主根深长、根系发达、而且又有菌根，生长迅速、寿命长、耐干旱瘠薄，生态适应性广的生物学和造林学特性。营建马尾松固沙林可以有效地阻止流沙的侵蚀，起到稳定的防风固沙作用。同时，马尾松固沙林带能在一定的范围内给胡枝子、紫穗槐等创造良好的生长环境，使这些植物的幼树避免被沙埋压，扩大了沙区人工植被和天然植被的范围。

（2）蔓荆灌丛　分布于江西省各沙区沙层深厚（5～10m）且含中沙量87.0%左右的沙堆上，尤以都昌县多宝沙区和星子县沙山为多。蔓荆是一种体态矮小匍匐地表的蔓生落叶灌木，有很强的耐旱特性，在疏松深厚的沙地中生长尤为迅速旺盛，且能耐风沙淹埋，其节上能不断萌发出高约数十厘米的地上苗，节间短，长仅数厘米。蔓荆有极其发达的根系，深达10余米，且匍匐枝的节下有庞大的不定根，具有固定流沙及吸收地下较深处水分的作用。其枝叶密生灰白色细茸毛，能减少水分的蒸腾和缓冲阳光的照射。

蔓荆是江西沙区最优良的固沙灌丛，广泛用于流沙地和半流沙地的固沙保土。由于它能提高沙地的植被覆盖率，削弱风速，减少风沙流的沙载量，有效控制贴地层风沙流，对固定流沙可以起到显著效果。蔓荆还有较大的经济效益，不仅果实可供药用，而且种子与叶可提炼香料油。

（3）胡枝子灌丛　主要分布在星子沙山和都昌县多宝沙区，生长在土质条件较好且地势平坦的固定壤质沙土上。除单一优势种胡枝子外，常见散生灌木馒头果 *Glochidion fortunei*、糯米条、黄荆 *Vitex negundo* 等。

胡枝子为落叶灌木，耐干旱瘠薄，不择土壤，萌芽力强，根系发达盘结，根幅3.5m×3.5m，主根深达5m，有很强的固沙能力，且根系又有根瘤菌，能起固氮作用。对改良沙土，增加沙土肥力具有良好效果。

胡枝子既是固沙改沙的优良树种，而且由于胡枝子萌芽能力强，平茬后能迅速萌芽出新枝，还可以为沙区群众提供燃料、肥料和饲料。

（4）胡枝子、蔓荆灌丛　分布于地势平缓、沙层深厚，含细粉沙量27.7%的沙地上。优势种胡枝子和蔓荆之间的比例常随立地沙与土质的比例而变化。若沙堆较厚，含沙量较多，则蔓荆占优势，胡枝子仅有少量，且生长不良。随着含土量增加达 27.7% 以上时，胡枝子数量也随之增加。沙地常见植物有茵陈、甘遂、苔草等。

本类型由于胡枝子、蔓荆和茵陈等草本植物形成 3 种不同层片，有很好的固沙阻沙作用。当风沙经过灌丛时，因层层受阻而分散，消耗了动能，降低了风速，减少了载沙能力，也不形成积沙，有助于进一步引进乔木树种。

4.5.4.2　固沙树种选择

目前沙区用于营造固沙林的乔木树种有马尾松、乌桕、刺槐、泡桐、苦楝、枫香等；灌木有蔓荆、胡枝子、紫穗槐、糯米条、芫花、小叶女贞、柘树等；草本植物有芒、茵陈、假俭草、梨、山桃 *Prunus davidiana*、葡萄及果木。其中以马尾松、蔓荆、胡枝子生长最好，是理想的固沙造林先锋树种。

在一些土质较多的沙地还零星分布一些野鸦椿、榔榆、桑树、樟树、朴树、臭椿等乔木树种，这些都是控制沙源、防止风沙为害和保护沙区环境的重要树种资源。

4.5.5　抗污染树种

当今社会经济高速发展，但由于工厂、矿山布局不合理，城市人口过度膨胀，各种车辆排放废气，以及工厂、矿山大量废水废渣甚至有毒物质的不当排泄，成了破坏生态、污染环境的污染源，给人们的生活质量和身体健康造成了重大威胁。因此，根据各种树木的生物学特性，严格选择，合理规划，精心组合，做好污染源及其周围的绿化，以消除和减轻烟尘、有害气体及噪声对环境的污染，是改善生活质量，保障人们身体健康的重要举措。

据有关资料介绍，1hm^2森林一天可消耗 1t 二氧化碳，放出 0.73t 氧气。1 个成年人每天需氧气 0.73kg，每人需要 10m^2的城市林地才可以维护所需氧气的平衡。许多植物对二氧化硫、氟化氢、氨气等有害气体有吸收能力，对放射性物质有阻碍辐射的传播和过滤吸收的作用，还可以吸滞烟灰、粉尘、降低噪音。下面介绍几种主要有害气体的污染源及其抗性树种的选择。

4.5.5.1　二氧化硫

(1)污染源　主要有热电厂、硫酸厂、砖瓦厂、冶炼厂、钢铁厂、炼油厂、化肥厂、化工厂，以及中小型工厂的锅炉和居民的生活煤炉。

(2)抗性树种　构树、臭椿、朴树、大叶黄杨、银杏、海桐、蚊母树、夹竹桃、珊瑚树、大叶女贞、小叶女贞、紫穗槐、垂柳、刺槐、苦楝、梧桐、美人蕉。

其次是棕榈、广玉兰、悬铃木、合欢、白蜡树、泡桐、乌桕、桑树、槐树、榆树、龙柏、侧柏、瓜子黄杨、山茶花、厚皮香、石榴、石楠、无花果、木槿、凤尾兰等。

不宜种植雪松、水杉、柳杉、槭树、白杨、连翘、百日草、向日葵等。

4.5.5.2　氟化氢

(1)污染源　主要有炼铝厂、玻璃厂、磷肥厂、炼钢厂、陶瓷厂、砖瓦厂等。在生产过程中使用水晶石，含磷矿石和萤石的工业企业都有氟化氢气体排放。该气体对植物的危害比二氧化硫大得多。

(2)抗性树种　构树、臭椿、大叶黄杨、蚊母树、海桐、夹竹桃、棕榈、朴树、广玉兰、女贞、瓜子黄杨、山茶花。其次是珊瑚树、樟树、泡桐、乌桕、槐树、柳树、罗汉松、白蜡树、龙柏等树种。

由于氟化氢能为植物吸收转化为氟化物，而氟化物对人、畜皆有毒，因此在有氟化氢排放的工厂及其附近不宜种植食用植物，如桑、石榴、柑、橘、油茶、茶叶、桃、李等。

4.5.5.3　氯气

(1)污染源　氯气对人体和植物的危害较二氧化硫、氟化氢大。氯气主要来自化工、电化、制药、农药等企业。

(2)抗性树种　构树、朴树、臭椿、蚊母树、棕榈、夹竹桃、大叶黄杨、龙柏、瓜子黄杨、山茶花、木槿、海桐。其次是乌柏、柳树、苦楝、梧桐、泡桐、樟树、玉兰、合欢、槐树、榆树等。

4.5.5.4　硫化氢

(1)污染源　是在焦化、造纸、化纤、石油冶炼、皮革等工厂在生产过程中所产生的污染气体。

(2)抗性树种　构树、大叶黄杨、桑树、泡桐、桃树、海桐、无花果、瓜子黄杨、樱桃、龙柏、枫杨、夹竹桃、柳树、喜树、罗汉松等。

4.5.5.5　氨气

(1)污染源　化工、化肥、食品、制冷等工业经常排放氨气，污染环境。低浓度的氨气可为植物吸收，作为氮素营养，促进植物生长。但高浓度的氨气却可使植物的叶组织崩溃，甚至死亡。

(2)抗性树种　广玉兰、白玉兰、紫薇、木槿、皂荚、芙蓉、泡桐、柳树、栀子花、合欢。其次是重阳木、樟树、苦楝、女贞、青桐、大叶黄杨、龙柏、棕榈、石榴、杉木、紫荆、柳杉、银杏、臭椿、蜡梅等树种。

不宜种植马褂木、枫杨、杜仲、刺槐、小叶女贞、杨树、桃、珊瑚树、向日葵等抗性弱的树种。

此外，在二氧化氮浓度较高的环境宜栽植构树、臭椿、泡桐、桑树、龙柏、无花果、石榴等。在臭氧浓度较高的环境宜栽植梓树、泡桐等树种。

4.5.6　生物质能源树种

林木生物质能源是通过树木的光合作用而贮存于树木中的太阳能，是一种可再生资源。据统计，我国陆地林木生物质资源总量在 180 亿 t 以上，可用于生产生物质能源的主要是薪炭林、林业“三剩物”(采伐剩余物、造林剩余物和加工剩余物)、平茬灌木等。我国现有薪炭林 300 多万 hm^2，经济林 2140 万 hm^2，其中木本油料林总面积超过 600 万 hm^2，油料树的果实产量每年在 200 万 t 以上。可用来建立规模化生物质燃料油原料基地的树种有 30 多种，如适合作为燃料用于发电的有刺槐、黑荆树等，适合开发生物柴油的有麻风树、黄连木、乌桕、文冠果、油桐、光皮树等。

江西地域辽阔，有丰富的生物质能源树种和大量的林业“三剩物”，但长期以来，生物质能源没有得到有效的开发和合理的利用，大量的薪炭燃料采用传统的方式用于烧制木炭、砖瓦和瓷器等产品，造成了环境污染，破坏了水源涵养，还浪费了宝贵资源，特别是当前江西省广大农村中，相当一部分的居民仍然依靠直接燃烧薪材等生物质提供生活用能，造成了严重的室内外污染，危害人体健康。提倡大力发展林业生物质能源树种，生产提供生物质成型能源燃料，避免传统燃料直接燃烧的诸多弊病，对改善农村生活生产条件、脱贫致富，建设社会主义新农村具有重要推动作用。

4.5.6.1　马尾松(松科)

马尾松是江西分布最广，面积最大，蓄积量较多的用材树种，也是主要的薪炭树种。在赣江、抚河、信江、饶河、修河等五大河流流域区的低丘和岗地是经营马尾松薪炭林的主要地区。

马尾松柴含有松脂，坚硬、易燃耐烧，火焰大，平均热值 20 415. 81J/g，是耗量最大，群众最喜欢使用的薪材之一。

马尾松生长快，适应性强，能在干燥瘠薄的丘陵、岗地生长。定植 4 ~ 5a 即可修枝、间伐，年产干柴 7500 ~ 12 000kg/hm^2，少的也有 5250 ~ 6000kg/hm^2。

本树种也是用材树种之一，同时被收录在本书的“4. 1　用材型树种种质资源”章节内，详见 4. 1. 1。

4.5.6.2 栎类(壳斗科)

是仅次于马尾松的薪材能源树种，主要经营地区有赣东北的资溪、铅山、德兴、婺源、景德镇、德安，赣西北的遂川、宁冈、永新、莲花、安福、万载、修水、铜鼓、宜丰、瑞昌，赣南的上犹、全南、定南、龙南、瑞金等地，多为阔叶次生林。

栎类树种具有生长快，适应性广、萌芽力强、材质坚硬、耐烧、火力旺盛、热量高等特点。一般性喜温暖气候，耐干燥，适宜在中性土壤生长。垂直分布于1000m以下的低山丘陵地区，以海拔300~500m的丘陵分布较多，生长较好。栎类树种多与山合欢、木荷、黄檀、檵木、山胡椒、钓樟、枫香、化香、马尾松等混生，形成了以栎类为优势树种的多树种、多层次、多代萌芽更新的薪炭林。

栎类萌芽力强，萌芽株生长快，一年可长1m多，2~3a郁闭，7~8a生成小径材，便可采伐利用，平均每年可产干柴7500kg/hm^{2}左右，平均热值为19 624.47J/g。

(1)石栎 *Lithocarpus glaber* 主要生长在土壤深厚湿润，海拔600m以下的山地、丘陵，常与马尾松及白栎、化香、檵木等树种混生。前期生长慢，20a后生长速度加快。萌芽力强，萌芽株生长迅速，1a生高0.6~1.2m，隔年采樵一次，可产气干柴7725~12 000kg/hm^2。

(2)白栎 *Quercus fabri* 对土壤要求不严，能耐干旱瘠薄土壤，海拔1000m以下的山地、丘陵、岗地均有分布，常与马尾松、木荷、黄檀、青冈等树种混生。白栎萌芽力极强，萌芽株生长迅速，且能多次萌芽更新。

(3)麻栎 麻栎适应性强，能耐寒，山地、丘陵均有分布。可采用用材、薪炭兼用的经营模式。麻栎薪炭林生长较迅速，生物产量大，每年生物产量9600kg/hm^2。

本树种也是用材树种之一，同时被收录在本书的"4.1 用材型树种种质资源"章节内，详见4.1.27。

(4)槲树 *Quercus dentata* 喜光树种，适应性强，能在干燥瘠薄的土壤中生长，低湿地区也能适应，主要分布在海拔1500m以下的山地、丘陵，与石栎、白栎、栲树等树种混生。萌芽力强，多次采樵，萌芽力不衰，形成丛生灌木状。每年平均生物产量6300~7500kg/hm^2。

(5)小叶青冈 *Cyclobalanopsis gracilis* 常绿乔木，深根性，在酸性红壤或石灰岩山地均能生长，常与苦槠、白栎、马尾松等树种混生。海拔1200m以下的山地、丘陵均有分布。萌芽力强。山区经营青冈薪炭林，萌芽后10~15a采伐一次，平均每年产气干材4950kg/hm^2，每100kg气干材可烧制木炭28~32kg，热值17 455.6J/g。

(6)茅栗 *Castanea seguinii* 适应性强，江西各地均有分布，垂直分布可至海拔1200m，但以低丘荒山最多。萌芽力强，萌芽株生长快，2~3a即可采伐一次，多次采伐遂成矮小灌丛。

4.5.6.3 桉树 (桃金娘科)

桉树是速生树种，生长快，萌芽力强，在适生条件下，5~6a即可成材，树高可达10m，胸径10~16cm，其生长速度超过马尾松和栎类。赣南各县(市、区)的平坦地和岗地均有栽培，1a生可长高2~3m，5~6a可采伐更新一次，平均年产干柴7500kg/hm^{2}左右。桉树木材坚硬，有树脂，易燃、火焰大，平均热值为16 748J/g，是赣南大有发展前途的优良薪炭树种。据赣州市林业科学研究所调查，以大叶桉、赤桉、细叶桉、柳叶桉、窿缘桉、白皮桉和广叶桉生长较好。

本树种也是用材树种之一，同时被收录在本书的"4.1 用材形树种种质资源"章节内，详见4.1.20；它又是外来树种之一，同时被收录在本书的"4.7 引种驯化和野生树种驯化种质资源"章节内，详见4.7.3.24。

4.5.6.4 刺槐 *Robinia pseudoacacia* (蝶形花科)

刺槐是从国外引进的落叶阔叶树种，生长快，再生能力强，是优良的薪炭树种。在九江、星子、新建、南昌、鄱阳、景德镇、贵溪、上饶等县(市)的丘陵、平原、滨湖地区及江河、公路、铁路两旁生长良好，生长速度超过马尾松、枫杨、麻栎等。

刺槐为喜光浅根性树种，有根瘤菌。在沙土、壤土、黏土及有矿渣石砾的土壤上均能生长，而且在酸性土、盐基性土上也能生长，以土层深厚、疏松、湿润、通气性良好的土壤生长较好。

采用矮林作业经营刺槐薪炭林，5～8a 即可采伐一次，一般产干柴 6000～9000kg/hm^2，热值 18 045.97J/g，是较好的薪炭燃烧树种。

本树种也是外来树种之一，同时被收录在本书的“4.7　引种驯化和野生树种驯化种质资源”章节内，详见 4.7.3.25。

4.5.6.5　黑荆树 *Acacia mearnsii*（**含羞草科**）

黑荆树既是世界上优良的速生、高产、优质的鞣料树种，也是很好的能源树种。赣南地区引种栽培多年，2～3a 生的黑荆树开始修枝，每年单株可产气干枝桠柴 3kg，可达 7500kg/hm^2。8～12a 生的黑荆树即可主伐，除利用树皮制栲胶之外，其弯曲木材和枝桠用作薪材，耐烧、热量高、无烟。据测定，黑荆树木材燃烧热值为 17 585.4J/g，木炭燃烧热值为 31 821.2J/g，比许多地方倡导的能源树种新银合欢的燃烧热值还要高（新银合欢木材热值为 16 308.37J/g，木炭热值为 30 355.75J/g）。

本树种又是外来树种之一，同时被收录在本书的“4.7　引种驯化和野生树种驯化种质资源”章节内，详见 4.7.3.27。

4.5.6.6　黄连木 *Pistacia chinensis*（**漆树科**）

漆树科落叶乔木，树高 20～30m，树皮呈条状翘裂，奇数羽状复叶，具小叶 11～13，叶揉碎后有辛辣味，小叶对生或近对生，纸质，先花后叶，核果，倒卵球形，成熟时紫红色，后变蓝紫色。种子千粒重一般为 92g。种子含油率 42.46%，种仁含油率 56.5%，出油率 20%～30%，平均 2.5t 黄连木种子可生产 1t 燃油。油的理化常数是：折光率（20℃）1.4659，皂化值 194.04，碘值 80.32，酸值 4.04，是一种不干性油，呈绿黄色。叶常生五倍子，含单宁 30%～40%；叶含单宁 10.8%；果实含单宁 5.4%；树皮含单宁 4.2%，均可提取栲胶。果和叶还可作黑色染料。树皮、叶药用，为中药黄柏皮的代用品，治痢疾、霍乱、风湿疮、漆疮初起等症。根、枝、叶、皮也可制农药。长江以南各地均有分布，江西各地多为散生，尤以石灰岩山地较常见。2008 年完成的林木种质资源调查，江西共选出黄连木优良林分 3 块，优良单株 10 株。

4.5.6.7　光皮树（光皮梾） *Cornus wilsoniana*（**山茱萸科**）

山茱萸科梾木属落叶乔木，树高 15～18m，树皮呈斑状脱落，树干和老枝光滑。陕西、甘肃至华东、华中、华南以及西南均有分布，尤以石灰岩山地多见。果可榨油，为优良食用油，也是提炼生物柴油的最好油料树种之一。湖南省于 2007 年选育了“湘光 1－6”号六个优良无性系，可以在江西推广。江西省在 2008 年完成的林木种质资源调查中，共选出光皮树优良林分 3 块，优良单株 4 株。

光皮树适应性强，喜温耐寒，喜湿润耐干旱。对土壤要求不严，在 pH 值 5.5～8.1 的土壤中能正常生长；根系发达，枝干坚韧，能抵御大风侵袭；抗病虫能力较其他油料植物更强。光皮树在光照充足的地方生长粗壮，分枝多，结果早，产量高，含油率高达 33%～36%，其提炼的生物柴油比石化柴油效果更优。由于光皮树在生长期大量吸收二氧化碳，在使用时又无二氧化硫等有害物质排放，柴油燃点为零度，所以光皮树是“增能减排”的生命树。

江西的于都县宽田乡集中种植光皮树，面积约 200hm^2，大年时能产食用油 3.5 万 kg，修水县、奉新县、吉安县也营造了大面积人工林，是一种有前途的生物质能源树种。2007 年，江西绿世界农林投资公司营造光皮树约 350hm^2，育苗 1500 万株。

4.5.6.8　乌桕（大戟科）

大戟科乌桕属油料树种，栽培历史悠久，资源丰富，北纬 18°31′～36°30′、东经 99°～121°41′的范围均有分布。江西是乌桕的中心分布区，各地均有种植，但主要分布在赣东和赣北。

乌桕既是木本油料树种，又是很好的防护、薪炭能源树种。江西乌桕品种各异，其桕油（又称皮油)的熔点在全国主要品种中是较低的，平均只有35.8℃(浙江的普遍高，平均为40.3℃)。产量高，柏籽含油率高达51%，出油率40%以上，通常每100kg柏籽表面的白色蜡质层，可提取柏脂(又称皮油)25~26kg，除去蜡皮的种仁，能榨取柏油(又称水油)16~17kg。

本树种也是经济树种之一，同时被收录在本书的“4.2　经济形树种种质资源”章节内，详见4.2.4。

4.5.6.9　油桐(大戟科)

大戟科油桐属落叶乔木，我国大量栽培的有三年桐 *Vernicia fordii* 和千年桐 *Vernicia montana* 两种，分布在北纬22°~33°、东经102°~122°的200万km^2的国土上。江西是油桐的适生区，各地均有栽培，一般在海拔800m以下的丘陵地区生长良好。

三年桐栽培区基本上与油茶、杉木相适应。优良品种有周岁桐、小米桐、五爪桐、鸡咀桐和蟠桐。经营类型分为低丘红壤类型，低丘红壤间作类型，山地红(黄)壤桐杉混交类型，以及四旁类型。

千年桐全干种子含油率57.8%，种仁含油率63.5%。桐油是一种优质干性油，工业上用途广。经营类型分为平原岗地类型(桐农间作，宅旁种植，路旁种植)、低丘类型(海拔100~300m的山坡和山麓，纯林或桐茶混种)、高丘类型(海拔300~500m的高丘，沟谷两侧的山坡下部种植)。

本树种也是经济树种之一，同时被收录在本书的“4.2　经济形树种种质资源”章节内，详见4.2.5。

4.5.6.10　胡枝子 *Lespedeza bicolor*(豆科)

豆科落叶灌木，生长快，再生能力强，收获早，产量高，是江西丘陵缺柴地区的重要薪炭树种。湖口县东庄乡庙下村，1976年在湖旁荒山上条垦播种胡枝子约90hm^2，第二年就收获干柴32 500kg，以后每年平均收获干柴20kg/hm^2左右。兴国县五里亭乡，1973年以来在马尾松林内和河堤上营造胡枝子薪炭林约135hm^2，每年可收干柴约22kg/hm^2。

4.5.6.11　紫穗槐 *Amorpha fruitcosa*(豆科)

豆科多年生落叶灌木，生长快，萌芽力强，根部有大量根瘤菌，可以固氮改良土壤。紫穗槐对立地条件要求不严，荒山、沙地都能生长，具有耐旱、耐寒、耐荫、耐湿、耐盐碱的特性，是丘陵平原缺柴地区的优良薪炭树种。据调查，紫穗槐热值达17 870.12J/g。紫穗槐于20世纪50年代引进江西省，除余干外，新建、南昌、湖口、贵溪、上饶、兴国等县(市)及浙赣铁路沿线均有种植。余干县云峰乡民主村1968年在圩堤上种植17m宽1km长的紫穗槐，1a生高2.5m，地径2cm，年产干柴40~47kg/hm^2。

本树种也是外来树种之一，同时被收录在本书的“4.7　引种驯化和野生树种驯化种质资源”章节内，详见4.7.3.29。

4.5.6.12　东京野茉莉 *Styrax tonkinensis*(安息香科)

安息香科落叶小乔木，生长极快，年高生长1m以上，径生长1~2cm，5a生年平均树高达1.35m，胸径1.5cm。造林第二年开始结实，5a生结实累累。单株树产果量10kg左右，高的可达50kg，果实出籽率46%，可榨取优质食用油脂。其种子含油率高达51%，主要成分为油酸、亚油酸、棕榈酸和花生酸，不饱和脂肪酸占总量的85.4%，比花生油高，具有较高的营养价值和开发前景。同时，由于其树干通直，木材结构致密，材质轻软，纤维长，适宜用作纸浆材树种，是一种营建短轮伐期工业原料林的非常好的树种。2008年完成的林木种质资源调查中，选出东京野茉莉优良林分3块，优良单株3株。

东京野茉莉主要分布于热带和亚热带海拔100~1000m的低山丘陵地区。江西吉水县营造了大面积东京野茉莉与杉木的混交林，混交比例为1∶1，造林密度3000株/hm^2。东京野茉莉喜生于气候温暖、较湿润、土层深厚疏松而肥沃、排水良好的山坡或山谷，同时又较耐贫瘠和干旱。由于它是强喜光树种，往往散生于林中或林缘；天然更新能力强，伐根萌条生长快，与其他树种自然竞争力强。

4.5.6.13 白檀 *Symplocos paniculata*（灰木科）

灰木科白檀属，灌木或乔木。高可达12m，核果，先呈蓝色，待成熟时变为黑色。赣南各地有散生，其种子可榨油，供食用，可作为生物质柴油树种栽植。

附表：江西常见树种枝条燃烧值测定数据 J/g

序号	树种	105℃		40℃		备　注
		3a生	1a生	3a生	1a生	
1	湿地松	20951.75	21156.91	19415.12	19519.79	
2	马尾松	20746.59	20424.19	19151.34	18360.00	
3	檫树	20721.46	22149.23	19498.86	20432.56	
4	苦槠	20223.21	19846.38	18079.47	18401.87	
5	樟树	20181.34	19829.63	18615.40	17953.86	
6	杉木	20177.15	19641.22	19013.17	18761.95	
7	泡桐	20076.67	19921.75	18854.06	18351.62	
8	光皮桦	19917.56	20704.72	18322.31	19042.48	
9	毛竹	19846.38	19611.91	19075.97	18870.81	
10	合欢	19758.45	19812.88	18012.47	17995.73	
11	木荷	19733.33	19674.71	18460.48	17639.83	
12	垂柳	19632.84	19578.41	18150.65	17828.25	
13	胡枝子	19570.04	19708.21	18146.46	18033.41	
14	油茶	19532.36	20114.35	18188.33	17941.30	
15	女贞	19503.05	19385.81	17987.35	17602.15	
16	枫杨	19482.11	19833.82	17941.30	17786.38	*105℃、40℃均为恒温箱温度
17	冬青	19436.05	20093.41	18150.65	18301.38	
18	板栗	19356.50	19783.58	17966.42	18079.47	
19	桉树	19356.50	19193.21	17861.74	17275.56	
20	苦楝	19335.57	19909.19	18146.46	17773.82	
21	麻栎	19302.07	19180.65	17752.88	17865.93	
22	刺槐	19272.76	19724.96	18045.97	17736.13	
23	乌桕	19205.77	19235.08	17953.86	17489.10	
24	拐枣	19155.53	19197.40	17752.88	17229.51	
25	青冈	19122.03	19256.01	17455.60	17564.47	
26	竹叶槠	18916.87	19230.89	17329.99	17518.41	
27	檵木	18862.44	19101.09	17727.76	17263.00	
28	望江南	18799.63	18552.60	18447.92	17911.99	
29	油桐	18749.39	17970.60	17292.31	16408.85	
30	梧桐	18351.62	17811.50	16886.17	16065.52	
31	紫穗槐		19507.23		17870.12	

附：生态环境林建设的种业要求

（一）生态型树种种苗使用原则

生态环境林与集约化经营的短周期工业用材林及完全商品化的经济林不同，主要有以下区别：

①功能上，生态环境林的功能主要包括水土保持、防风固沙、美化绿化、改良土壤等；

②立地条件上，生态环境林建设的立地条件多数比较恶劣，如干旱贫瘠的“烂头山”、水土流失区、风沙区、荒漠化地区、盐碱地区等；

③经营水平和规模上，生态环境林经营比较粗放，造林规模也比较大；

④育种研究，过去没有专门的攻关课题开展这方面的良种选育研究。

由于以上特点，生态环境林建设在树种选择、种类搭配和种苗选择上有特定的原则，即应以选择乡土树种为主，乔灌草统筹配置，使用良种造林。

树种的选择，首先要体现适地适树，为不同的地区或立地选择适宜发展的优良树种；第二要避免树种单一化的现象；第三要体现种内遗传多样性特点，尽量运用“群体”单元的种源；第四不要盲目地将为工业用材林选育的优良种源、优良家系、优良无性系不加区别地照搬到生态环境林中来。

生态环境林建设应选择具有如下特点的树种：

①耐寒、耐旱、耐高温、耐水湿、抗风、抗沙埋、抗病虫害等抗逆性强。

②体现物种多样性，遗传基础广泛；

③生长快，经济效益高，且能稳定长期地发挥生态效益；

④适应恶劣的环境生长并能改良土壤，有利于可持续发展；

⑤不同地区有不同的侧重点，如在干旱风沙区，种植材料的节水性应予重视。

（二）生态型树种的供种及种苗调拨原则

（1）群体原则　生态环境林建设的立地条件较恶劣，要求用于生态建设的树种一般具有较强的稳定性和适应性，因此生态环境林用种要求以具有丰富遗传多样性的群体单元为主，如优良种源、优良林分及混合优良家系或无性系组成的群体。经过负向选择的群体、正发生或发生过严重病虫害的群体、遗传基础狭窄的濒危群体不能用于生态环境林采种供种。因此，在生态环境林建设中必须高度重视种苗的遗传基础，避免用少量家系和无性系营建大规模纯林。

（2）就近原则　生态环境林建设用种应首先从当地母树林或当地临时改建的采种林、或者直接从当地选择正处于结实盛期的优良林分中选择健壮母树采集种子。

若当地没有足够的优良种苗，则应从邻县、市调种或调苗，调运幅度总的说来以纬度不超过3°，或海拔不超过300m，或年均温不超过3℃为原则。被调用的种苗要求来自正处于结实盛期的优良林分中的健壮母树，或采种林、母树林的种子及其育成的苗木。

（3）优种原则　对于进行过育种和遗传改良的少数树种，可利用抗性强、适应性大、遗传基础不单一化的优良材料来部分满足生态环境林良种的要求；对于未进行过育种研究和遗传改良的树种，则需要提前统筹并选好优良的采种林分，加强种子的预处理和种子品质检验。

（4）优苗原则　生态环境林优苗培育，重点是苗木抗性锻炼和根系的培育，尽可能采用菌根化育苗和容器育苗等先进的育苗措施，加强抗旱、抗寒等锻炼。造林前，优选根系发达，地径粗壮的苗木，剔除细而弱的苗木。

（三）林业生态工程适宜树种选择

江西雨量充沛，水分充足，营造林业生态工程的关键是根据不同的生态地形选择合适的生态型林种，如护坡林、护堤林、水源涵养林、防蚀林等，同时与经济发展和环境美化相结合。因此，针对确定生态类型，选择适合栽植根系发达，树冠浓密等水保功能强，生长快、病虫害少的乔、灌木树种。

(1)用材型护坡林树种：刺槐、毛竹、柏木、构树、马尾松、黄檀、盐肤木、黄连木、火力楠等。

(2)经济型护坡林树种：油茶、板栗、光皮树、柿子、油桐、杜仲、枣树、香椿、黄檗、凹叶厚朴、银杏、山茱萸等。

(3)用材型防护林树种：刺槐、胡枝子、马桑、白栎、紫穗槐、石栎、马尾松、火力楠、枫香等。

(4)用材型水源涵养林树种：闽楠、钩栗、鹅掌楸、栲树、翅荚木、木荷、火力楠、枫香等。

(5)经济(药用)型水源涵养林树种：凹叶厚朴、杜仲、山茱萸、黄檗、银杏、柿子、板栗、油桐、油茶、枣等。

4.6 珍稀濒危及古树名木种质资源

珍稀树种包括珍贵树种和稀有树种两层含义。珍贵树种是指具有特殊经济价值、科学价值的少量树种，如珙桐、金钱松等树种；而稀有树种通常是指国家特有的古老孑遗树种，单科属或单属种。珍稀树种是非常宝贵、而且很容易被丢失的种质资源，具有很大的科研价值和经济价值。很多情况下，一个树种既是珍稀树种又是濒危树种。由于它种类少，分布范围狭窄，往往自身的繁育能力薄弱，又不断遭遇自然界的摧残和人为的破坏，直接威胁到这些树种的生存，资源趋于萎缩或灭绝的境地。面对这种状况，人类如不及时采取抢救性的保护措施，用不了多长时间，我们这个星球上数以万计的物种将不复存在。生物多样性、生态环境的平衡将遭到严重破坏，人类的生存将陷入永恒的灾难之中。

古树是指树龄在100a以上的树木．名木是指稀有、珍贵树木或者具有重要历史、文化、科学研究价值和纪念意义的树木。古树分为国家一、二、三级，树龄在500a以上的为一级保护古树，树龄在300a以上500a以下的为二级保护古树，树龄在100a以上300a以下的为三级保护古树。古树是地球上保存的一种稀有和珍贵的资源，它经历了千百年的风霜，见证了人类历史的兴衰，闯过了无数的天灾人祸，仍然苍劲挺拔，屹立在崇山峻岭、园林村落和名山古刹，充分显示了它的长寿性和抗逆性。由于古树对恶劣环境因子忍耐力强，生态幅宽，可以说每一株古树都应视为值得开发的基因库。萍乡市曾在一处废宅院中发现一棵古檵木，由于叶片深红，很有观赏价值，遂定名为长红檵木，经过插播繁殖，生产出大批长红檵木苗，投放花木市场后，立刻受到人们青睐，特别是通过媒体的宣传，长红檵木竟成了萍乡市花木产业的一大品牌，产品行销国内和国际市场。事实上，许多古树、大树本身就是当前重要的造林绿化树种，这些树种资源还具有很高的经济价值和观赏价值，如杉木、马尾松、水杉、秃杉、银杏、罗汉松、樟树、鹅掌楸、杜仲、厚朴等，已广泛推广应用于人工造林，在国民经济建设中发挥着重要的作用。由此可见，古树蕴藏着巨大的开发潜力，有广阔的市场前景。从某种意义上说，一种古树很可能孕育着一个地域经济的增长点。因此，无论从自然遗产、经济遗产，还是文化遗产的角度考虑，保护古树的行动已经是刻不容缓。

4.6.1 江西珍稀濒危树种种质资源

江西保存了许多特有的珍稀濒危树种资源和大量的古树名木资源，2001年对全省古树名木进行了普查，全省共有古树名木98 160株(不含森林公园和自然保护区内的古树名木)，其中国家一级古树4168株，国家二级古树11 193株，国家三级古树82 701株，名木98株。2008年完成的林木种质资源调查中，共计调查珍稀濒危古树名木 22 185 株（不包括古树群落面积 724.12hm²）。

4.6.1.1 我国亚热带特有树种

有铁坚油杉、华东黄杉、南方铁杉、铁杉、金钱松、水松、柳杉、福建柏、粗榧、三尖杉、篦子三尖杉、南方红豆杉、穗花杉、香榧、野胡桃、青钱柳、亮叶桦、赤皮椆、青钩栲、猫儿屎、鹅掌楸、天目木兰、凹叶厚朴、木兰、木莲、黄山木兰、亮叶含笑、紫花含笑、天竺桂、毛桂、黑壳楠、红楠、闽楠、湘楠、牛鼻栓、水丝梨、杜仲、紫荆、花榈木、香槐、黄杨、伞花木、银鹊树、天师栗、猴欢喜、中华猕猴桃、红花油茶、长瓣短柱茶、紫茎、天目紫茎、银木荷、永瓣藤、伯乐树、山拐枣、紫树、云锦杜鹃、黄山杜鹃、长蕊杜鹃、香果树、方竹、罗汉竹等 61 种。

4.6.1.2 南岭山地特有树种

有江南油杉、长苞铁杉、华南五针松、白豆杉、红椎、饭甑椆、岭南青冈、白桂木、仁昌木莲、深山含笑、乐昌含笑、大叶含笑、乐东拟单性木兰、观光木、沉水樟、细叶香桂、华南樟、蕈树、细柄蕈树、长柄双花木、半枫荷、软荚红豆、木荚红豆、密花梭罗树、毛花猕猴桃、舟柄茶、小果石笔木、多花山竹子、翻白叶树、银钟花、苦梓、井冈寒竹等 31 种。

4.6.1.3 江西特有树种

有美毛含笑、柳叶蜡梅、井冈山厚皮香、全缘红花山茶、江西山柳、江西槭、江西杜鹃、井冈山杜鹃、厚叶照山白、背绒杜鹃、寻乌藤竹、河边竹、厚皮毛竹等 13 种。

这些树种中属于国家二级保护植物的有银杏、华东黄杉、金钱松、水松、福建柏、篦子三尖杉、白豆杉、连香树、鹅掌楸、红花木莲、观光木、伯乐树、珠网萼、长柄双花木、杜仲、伞花木、永瓣藤、长瓣短柱茶、香果树等 19 种；属国家三级保护植物的有油杉、南方铁杉、长苞铁杉、穗花杉、青钩栲、领春木、天目木兰、凹叶厚朴、小花木兰、黄山木兰、乐东拟单性木兰、沉水樟、天竺桂、闽桂、半枫荷、银鹊树、银钟花、青檀、紫茎、苦梓等 20 种。

4.6.2 江西古树名木资源

古树名木是中华民族悠久历史与文化的象征，是森林资源中的瑰宝，也是自然界和人们祖先留下来的珍贵遗产，具有重要的科学、文化和经济价值。从历史文化角度看，古树名木被称为“活历史”、“活化石”，蕴藏着丰富的政治、历史、人文资源，是一座城市、一个地方文明程度的标志；从经济角度看，古树名木是森林和旅游的重要资源，对发展旅游经济具有重要的文化和经济价值；从植物生态角度来看，古树名木为珍贵树木、珍稀和濒危植物，在维护生物多样性，生态平衡和环境保护中有着不可替代的作用。江西的古树名木资源非常丰富，它客观地记录和反映了江西社会发展的历史和自然界的物种变迁，是研究社会与自然等诸多学科领域的活标本、活文物，也是不可多得的旅游资源。

4.6.2.1 江西古树及其保存特色

据初步调查，目前江西保留下来的古树有 50 种，分属 21 科 42 属。而且有许多古树还是我国特有的、起源古老的树种。例如南昌市人民公园移植的两棵苏铁，是地质史上二叠纪的孑遗种类，原栽植在峡江县金坪地区，现在胸径已达 80cm，分枝 70 多个，已有 3000a 以上的历史，为全国所罕见。还有起源侏罗纪的古银杏，江西残存 30 余处。南昌市湾里区太平乡保存的一棵银杏古树，树高 28m，胸径 262cm，树龄 1300a 以上。江西的古罗汉松保留 20 余处，其中星子县詹家崖一株，胸围 560cm，树高 17m，冠幅 21m×25m，树龄在 1500a 以上，居我国罗汉松报道中之首位。东乡县杨桥殿秋源一株古罗汉松，胸围 550cm，树高 17.5m，冠幅 14m×15m，据当地“杨氏家谱”记载，树龄有 1300a 左右。柏木广泛栽培于江西的中西部，是当地的主要风水树种，泰和县碧溪荚塘保存有宋代栽培的柏木风水林，现保留 27 株，胸围一般 450cm，树高 20 余米。

根据江西古树的分布和生长状况，有以下几种特色。

(1)高龄古大树　江西古树中，在全国占有重要地位的，1000a树龄以上的有南方红豆杉、竹柏、白栎、苦槠、檵木、黄连木、重阳木、木荷、赤楠、桂花等10种。500～800a树龄的有柳杉、杉木、香榧、木莲、黄樟、湘楠、沉水樟、麻栎、榕树、枫香、皂荚、南岭黄檀、肥皂荚、中国槐、冬青、山茶花、女贞、山牡荆等19种。其中有：九连山黄牛石的南方红豆杉，胸径180cm，树高31m；安福县山庄奇庵的竹柏，胸径110cm，树高24m；井冈山湘洲北坑口的木莲，胸径150cm，树高27m；永新县江口文家坊的湘楠，胸径170cm，树高29m；遂川县滁州岭下的沉水樟，胸围140cm，树高40m；崇义县关田的江南油杉，胸围5.66m，树高32m；宜春市袁州区明月山的麻栎，胸径164cm，树高35m；婺源县清华的苦槠，胸径300cm，树高28.7m；吉安县油田河岗庙的白桂木(将军树)，胸径150cm，树高25m；永丰县石马的檵木，胸径100cm，树高14m；峡江县水边漓田的南岭黄檀，胸径150cm，树高25m；永丰县陶唐石仓的黄连木，胸径290cm，树高42m；永新县江口文家坊的两株冬青，胸径120cm，树高32m；崇义县的重阳木，胸径200cm，树高31m；宜丰县港口新溪的赤楠，胸径57cm，树高7m。此外还有：

紫薇，又称“痒痒树”，武功山境内因盗挖移栽而被发现，树龄逾千年。

江西省武功山国家森林公园的章庄乡三江村坳口山场发现一棵树龄逾千年的红豆杉，这棵古树长在海拔800多米的常绿阔叶林内，高约30m，胸径1.6m，枝繁叶茂，生机盎然。

永丰县石马镇东湖村羊家壁山场一棵重阳木，树龄500a以上，树高约30m，胸径4.3m，被该县列为一级保护古树。

位于海拔450m的万安县夏造镇竹林村珍珠坪发现一棵银杏古树，树龄1500a以上，树围2.26m，树高23m，此树至今枝繁叶茂，冠幅600多平方米，每年结果累累，产量在250～1500kg。

进贤县观花岭林场东河垅村发现黄连木3棵，其中一棵树高21m，胸径1m以上，该树植于明朝初年，已有600a的树龄。

(2)古树群落　2006年，在遂川县戴家铺湖洋山海拔1600m处发现我国特有的第三纪孑遗树种南方铁杉群落，共有20余株。

永丰县水浆自然保护区在2005年发现的天然檵木群落，分布在保护区一条河谷的两岸，绵延4～5km，数量在2000株以上，树龄均超过100a，大都长成乔木，其中最高的檵木达10m，最大胸径40cm，十分壮观。

乐安县牛田镇乌江河畔有一片绵延数十里的古樟树林，总面积约73.33hm^2。该古樟群共有1万多棵香樟，其中500a以上的有3000多棵，树龄最长的超过1000a。

2005年，安福县洞山林场发现有香港四照花群落，面积约53.33hm^2，其中最大的树高4m，胸径118cm，冠幅20多平方米。香港四照花俗称“野荔枝”，为东南亚特有树种，主要产于我国广西、浙江、福建等地，安福县的大面积分布，在江西实属罕见。

永丰县石马镇三江村海拔1000m的冕山上，2004年发现18棵香果树组成的天然群落，其中最大的树高16m，胸径1m以上，树龄超过100a。香果树为我国特有的单种属植物，是著名的观赏树种。生长于1.3亿年前，历经四纪冰川洗劫，欧美大陆已全部灭绝，只有我国局部区域得以保存，有“活化石”之称。

位于吉安市的武功山国家级森林公园三天门景区，2004年发现分布有大面积原生全缘红花油茶群落，生长在面积约266.67hm^2的山地疏林和常绿阔叶树林内，共300多株，最大树高10m，胸径30cm，冠幅36m^2，树龄200a。全缘红花油茶属国家二级保护植物。

2005年，龙南县九连山国家级森林公园发现有国家二级重点保护的珍稀濒危树种伞花木(无患子科落叶乔木)群落，该群落面积103.07hm^2，分布有伞花木230余株，是江西省发现的最大的伞花木群落。

江西省官山自然保护区麻子山沟腹地，2004 年首次发现我国二级保护植物巴东木莲群落，该群落面积约 0.1hm^2，胸径 1m 以上的巴东木莲就有 4 棵。

铜鼓县天柱峰国家级森林公园的龙门崖景区海拔 600～900m 处，2005 年发现国家二级保护植物银钟花(落叶乔木、野茉莉科)群落。该群落共有 100 多株，其中树高 15～20m，胸径 20～48cm 的大树有 34 棵。该树种为中国特有种，在一个地方同时生长 100 多棵银钟花为全国罕见。

2005 年，在乐安县谷岗乡小金竹村发现一片红豆杉群落，经专家确认，这片红豆杉群落共有 216 株，其中 100 多株的树龄超过千年。红豆杉散布在小溪两旁，胸径超过 80cm 的有 130 多株，另外还有 800 多株红豆杉幼苗。同年在瑞昌市肇陈镇大禾堂村发现的红豆杉群落约 1000 多株，其中最大的一棵树龄约 500a，树高 30 多米，树冠如盖，景观壮丽。还有树龄 200a 左右的红豆杉 24 棵，树高 20 多米，直径 80～120cm 不等。

庐山碧龙潭景区海拔 610m 处的山林中，2006 年发现一片面积 3.33hm^2 多的古甜槠树群落，据专家推测，该群落树龄均在 300a 以上。

庐山碧龙潭景区海拔约 600m 处还发现野生红花木莲群落，共 17 株，最大一株围径 2.1m，高约 15m，高大挺拔，枝繁叶茂，保存完好。

泰和县碧溪芙塘保存有宋代栽培的柏木风水林，现保存 27 株，胸围一般为 450cm，树高普遍为 20 余米。

2008 年，安福县彭坊乡寄岭村官田组杀禾冲山场发现一片天然篦子三尖杉群落。这片篦子三尖杉散生分布在海拔 470m 的常绿阔叶林中，共 105 株，其中最大的一株胸围 0.5m，树高 5m，树龄 200a。

(3)奇特古大树　“多胞樟”。永丰县古县镇洪渡村有一片多胞樟树林，林中有双胞樟 36 棵，三胞樟 8 棵，四胞樟 2 棵。这些多胞樟大多有 200a 以上的树龄。

“樟树王”。永丰县八江乡茶口村村前小溪旁有一棵近千年的 5 树同根的“樟树王”，远看绿荫如盖，近看 5 根相连，当地人称“五指樟”。树高 28m，冠幅 900m^2，最大的一棵胸径 3.9m，最小的一棵胸径 2m，5 棵樟树巨大的根部裸露，裸根最长达 16.1m。

“竹节樟”。永丰县古县镇洪渡村的“竹节樟”，树干外观似竹节，是因微生物寄生而引起的组织增生，观之使人浑身起鸡皮疙瘩，树龄 300a。

“夫妻苦楝”。永丰县县委大院有一棵两树并根生长的“夫妻苦楝”，在两树交叉处又长出一棵小女贞树，形成“树中长树”的奇观。

“异树同根”。永丰县上堡乡柳塘村有一棵“奇”树，由女贞树、石楠树、黄连木、檵木、枫树 5 棵不同科属的异树同根生长而成，为我国首见。

“银杏王”。“银杏王”八树同根，生长在永丰县中村乡梨树村海拔 1080m 的山峰上，树高 18m，基围 12.3m，最大的一棵胸围 3.2m，最小的一棵胸围也有 0.9m。据了解，银杏树原为一棵 4 个成人都难以合抱的树龄 500a 以上的大树，在 20 世纪 50 年代，一次雷击竟将该树自中央向四周劈成 5 裂。该树奇迹般地活下来之后，又分蘖出了 3 棵，形成 8 树同根的共生树丛。“银杏王”枝繁叶茂，每年都会挂果，成为当地一大奇观。

“情侣银杏”。永丰县中村乡记上村海拔 800 多米的苓莱岭，一株银杏树高 21m，胸径 6.5m，冠幅 300 多平方米，树龄已有 1200a，奇特的是这株千年银杏由两株银杏树并根生长而成，且长势均匀，胸径均在 2m 以上，宛如一对情侣，相依相偎，枝繁叶茂，郁郁葱葱。

“黄连椤木连理树”。安福县洋溪镇塘里村有一棵 500a 树龄的黄连椤木连理树，这棵树蔸围 2m，离地面 1m 处分两枝，其中一枝为黄连树，树高 13m，树围 1.5m，叶绿树茂；另一枝为椤木树，树高 15m，树围 1.2m，四季常青。两树枝叶遮天，生机盎然，如一把巨伞，蔚为壮观。

“柳杉包石”。江西省武夷山国家级自然保护区的黄岗山核心区海拔 1910m 的常绿针阔叶混交林中发现一棵树龄 1500a 以上的“柳杉王”。树高 26m，干基围 11m，树冠呈球状，冠幅达

27.2m^2。树形奇特，一蔸生五枝，最大枝干胸径有170cm，最小枝干胸径有60cm，其中有一枝干横空生长，宛如蛟龙探海。最令人惊奇的是柳杉基部镶嵌着一块2m高的巨石，形成“柳杉包石”的画面，大有玉蟾吞月之势。

“金钱松情侣树”。庐山著名景点美庐，有一棵200a以上树龄的金钱松颇为奇特。树高30m，胸径3.8m，主干1.5m处分成两干，一干围2.49m，另一干围1.82m，当地老百姓称这棵金钱松为“情侣树”。连当年蒋介石在庐山时也将此树比喻他与宋美龄夫妻恩爱的情谊。据说1947年，这棵金钱松身患“重疾”，蒋介石十分焦急，亲自吩咐庐山林场的场长，令他无论如何要将这棵树救治好，场长不敢怠慢，急忙找来专家“诊治”病树。最后按照专家的意思在金钱松的树基上铺埋了很多黄豆，还日日浇灌牛奶，终于使这棵“情侣树”转危为安，重现生机。

(4)江西古樟　江西现存的古树中，以古樟的分布最为普遍，樟树是江西的“省树”，几乎各市、县都有保存。以泰和、永丰两县为例，500a以上的古樟就有40余处，300a左右者几乎每村皆有。泰和县现存500a左右的樟树林10余处，塘洲金滩樟树林13.33hm^2，平均胸径140cm，最大胸径290cm，以其年轮推断，该林分起源应在宋代初年，距今800余年。永丰县现存古樟树林20余处，陶唐樟林面积20hm^2，树龄也有400余年，相传为明代所植。江西古樟气势最壮观者，首推安福县严田老屋一株，树高24m，分权五枝，围需9人合抱，枝叶茂密，浓荫蔽日，形似巨型罗伞，当地群众称为“五爪樟”。吉水县白沙木口古樟，树龄逾2000a。吉安县油田一株古樟，盘根错节，树冠雄伟，垂荫0.4hm^2，为本省覆盖面积最大的樟树。婺源的“星江古樟”寿冠2500余年，乡民奉为“神木”。

4.6.2.2　宗教文化与古树名木

我国历史上儒家思想源远流长，影响深远，儒家提倡“孝悌忠信”，主张以孝治天下。《周礼》规定营造茔墓林，天子栽松，诸侯栽柏，大夫栽栾。有历史记载，在先人墓前栽树，用以寄托哀思，已在知识分子中蔚然成风。例如江西省婺源县有儒学大师朱熹在其母墓前栽的杉木，目前残存的几棵仍然挺拔直立。

道教的寺观与佛教的庙宇都有植树的习俗。如萍乡市上栗县金山乡境内瑶金山，唐开元年间道教一代宗师彭普明曾在此修道，所植罗汉松一株尚存。武功山三天门银杏胸围七人环抱，寿逾千年。樟树市阁皂山为道教发源地之一，唐宋时代极盛，巨大马尾松挺立在鸣水桥旁，气势磅礴。坐落在新建县的西山万寿宫，是著名道教场所。有古柏一株，相传是东晋太元元年许逊手植。而在佛教古寺(庵)中，也大多有古树留存。《庐山志》载，“宝积庵有宋时白果一株，清咸丰三年遭火，仅有树干”，永修县云居山真如寺保存古银杏12株，胸围多600余厘米，树高30余米，为唐膺祖时寺僧所植，树龄1300a左右。此外，星子县白竺寺有古银杏1株，宁都县大龙名山寺有古银杏2株。清诗人程万里记述黄龙寺有晋僧手植柳杉数株。柏木广泛栽培于江西的中西部，是当地的主要风水树种，靖安九龙山佛教胜地宝积寺旧址有柏木4株，为唐贞观元年马祖禅师手植。萍乡市杨歧古寺1株古柏，胸围570cm，树高19m，寺碑记为“唐大和六年植”，树龄1357a，为甄叔禅师手植。吉安县青原山寺前存古柏2株，为唐代神龙元年栽植。丰城市净住寺，寺门双柏，胸围510cm，树高35m，县志记载相传为千年物。宁都县仙湖寺古柏2株，栽植年代甚远。庐山东林寺一株罗汉松古树，胸径150cm，树高17m，冠幅14m×15m，相传为东晋慧远和尚手植，唐代大诗人芦雁曾赞为“庐山第一松”、“独树自成林”。金溪县疏山寺罗汉松古树1株，为唐代白云禅师所植。万安县白嘉象形庵前罗汉松古树2株为明代所植。因此，一般寺庵道观必有古树，甚至还经常看到寺院荒废而古树留存的现象。

4.6.2.3　古树名木的保护

保护一株古树名木，就是保存一部自然与社会发展史书，就是保存一件珍贵古老的历史文物，就是保护一座优良种质基因库，也是保护一种人文和自然景观，保护人类赖以生存的环境，保护祖先留给我们和子孙后代的宝贵财富。所以，采取有效措施，加强古树名木保护与管理，对加速生态建设，维护生态安全有着十分重要的现实意义和深远的战略意义。

江西省2005年颁布了《江西省古树名木保护条例》(简称《条例》)，是全国第一个出台古树名木保护地方性法规的省份，《条例》的颁布，有力地促进了我省古树名木保护管理工作，推动了全省古树名木保护管理工作向规范化、法制化轨道迈进。2006年省绿委办出版了《江西古树名木》画册，成立了全省古树名木保护专家委员会，开展了古树名木鉴定，和挂牌、生长及保护情况的检查。各地在古树名木的保护方面已经做了很多积极有效的工作，特别是普遍建立了古树档案。如安福、宜丰和大余等县，他们给每棵古树拍摄彩照，挂上保护牌，并注明该树的中文名和拉丁名、编号、树高、胸围、冠幅、立地条件及海拔、俗称和历史传说、保护单位等内容。有的还利用GPS卫星定位仪测出古树的坐标，以便进行监控。安远县在给每棵古树名木建档的同时，还拨出专项资金为古树名木修建池坛、设立围栏，并落实专业技术人员对古树名木定期观察，制定具体的管护措施。石城县2004年开始成立了古树名木保护基金会，将有历史价值和纪念意义、树龄100a以上、国内外稀有树种、树形奇特和国家(省)规定的重要保护树种等五类树木列入古树名木保护范围。当年，该县境内156棵具有一定观赏和研究价值的银杏、金钱松、红豆杉、铁树、樟树、罗汉松等古树已成为古树名木保护基金会的首批保护对象，其中41棵健康不良的古树名木已得到及时的"医疗护理"。定南县古树树龄百年以上的有1017棵，该县于2004年向社会招聘义务护树员1000多名，护树员的主要任务是防止古树被人为破坏，为古树施肥、注射药剂，古树一旦出现问题，及时向主管部门报告，这些护树员被村民们誉为"古树保姆"。

4.7 引种驯化与野生树种驯化种质资源

树木引种驯化是将本地未曾栽培的植物引进并加以驯化栽培，使之适应于本地的新生境，以达到丰富本地栽培树种，提高生态和经济效益为目的的一项利用自然改造自然的活动。

4.7.1 江西引种驯化的历史

江西树木引种驯化历史悠久，古代引种驯化成功的树种很多，如苏铁、银杏、罗汉松、桂花、油桐、茶树、柑橘、柑、枇杷、葡萄、无花果 *Ficus carica* 都是唐宋以前引种驯化栽培的树种。近代，江西省又从日本、美国、澳大利亚、加拿大、印度等国家和其他省引进了许多用材和观赏树种，丰富了树种资源，增添了庭院、城市和旅游区景观。目前公认引种成功的树种约100多种，其中已经在江西形成规模栽培的有湿地松、火炬松、桉树、欧美杨、池杉、落羽杉、雪松、水杉、火力楠等。庐山林场于1912年成立以后，开始有计划地树木引种工作，如日本柳杉 *Cryptomeria japonica*、日本扁柏 *Chamaecyparis obtusa*、日本花柏 *Chamaecyparis pisifera*、日本冷杉 *Abies firma*、日本落叶松 *Larix kaempferi* 等均为20世纪20年代所引种。1915~1938年，江西在湖口、景德镇、吉安、万载、南城麻姑山、贵溪、宁都等地建立了林场，进行过树木的引种驯化工作。庐山植物园创建于1934年，到1938年短短的4a中，在全国各大名山引入种苗达数十万株，其中包括不少名贵树种。新中国成立后，树木引种驯化得到了更广泛地开展，除80a前已引种的桉树、银桦外，如金钱松、雪松、火炬松、八角茴香、紫穗槐、黑荆树，鄂西红豆、观光木、木莲、紫树、木麻黄、油橄榄、蒲葵等以外，大部分都是近50a引种驯化栽培成功的树种(表4-5)。

表 4-5 江西省早期引进国外主要树种一览（摘自《江西省林业志》1999 年）

树木名称	原产地	最早引进时间和单位
薄壳山核桃	北美洲中南部	1890 年九江同文中学
欧洲云杉	欧洲北部和中部	20 世纪初庐山
桉树	澳大利亚、新几内利亚	1903 年于都县从华南引进
赤松	日本	1909 年庐山东林林场
黑松	日本	1909 年庐山东林林场
日本柳杉	日本	1918 年庐山森林局
日本扁柏	日本	1918 年庐山森林局
日本落叶松	日本	1918 年庐山森林局
刺槐	美国东部阿帕拉契亚山区	1920 年庐山森林局
日本樱花	日本	1920 年庐山森林局
日本冷杉	日本	1928 年庐山林场
广玉兰	美国东南部	1932 年庐山私人庭院
日本花柏	日本	1935 年庐山森林植物园
细叶花柏	日本	1935 年庐山森林植物园
美国花柏	北美	1935 年庐山森林植物园
黄叶扁柏	日本	1935 年庐山森林植物园
罗汉柏	日本	1935 年庐山森林植物园
花旗松	美国	1935 年庐山森林植物园
金松	日本	1935 年庐山森林植物园
火炬松	北美东南部	1935 年庐山森林植物园
雪松	印度、阿富汗等	1935 年庐山森林植物园
美国香柏	美国	1936 年庐山森林植物园
日本香柏	日本	1936 年庐山森林植物园
线柏	日本	1936 年庐山森林植物园
绒柏	日本	1936 年庐山森林植物园
美国尖叶扁柏	北美	1936 年庐山森林植物园
云片柏	日本	1936 年庐山森林植物园
孔雀柏	日本	1936 年庐山森林植物园
凤尾柏	日本	1936 年庐山森林植物园
铺地柏	日本	1936 年庐山森林植物园
欧洲刺柏	欧洲	1936 年庐山森林植物园
柱状粗榧	日本	1936 年庐山森林植物园
朝鲜冷杉	朝鲜	1936 年庐山森林植物园
日本云杉	日本	1936 年庐山森林植物园
池杉	北美东南部	1936 年庐山森林植物园
落羽杉	北美	1936 年庐山森林植物园
欧洲赤杨	欧洲、前苏联	1936 年庐山森林植物园
日本水青冈	日本	1936 年庐山森林植物园
紫叶欧洲水青冈	欧洲、爱尔兰	1936 年庐山森林植物园

（续）

树木名称	原产地	最早引进时间和单位
北美鹅掌楸	北美	1936 年庐山森林植物园
银桦	澳大利亚	1937 年赣州
悬铃木	欧洲东南部、印度等	20 世纪 30 年代庐山
湿地松	美国东南部	1946 年吉安青原山林场等
大王松	北美东南沿海等	1948 年庐山森林植物园
糖槭	北美东北部	1948 年庐山森林植物园
大果欧榛	欧洲	1948 年庐山森林植物园
红榆	北美	1948 年庐山森林植物园
美国蜡梅	美国东部和东南部	1948 年庐山森林植物园
夹竹桃	日本	新中国成立前引种
日本榧	日本	1955 年庐山植物园
油橄榄	地中海沿岸各国	1960 年省林业科学研究所
黑荆树	澳大利亚	1967 年赣州市林业科学研究所
杨树(意大利 214 杨)	地中海各地	1975 年九江县黄老门林场
银荆树	澳大利亚	20 世纪 80 年代末上饶、九江
白玉兰	喜马拉雅、马来半岛	

4.7.2 引种驯化效果

据不完全统计，江西引种驯化成功或初步成功的树种计有 349 种 57 个变种，隶属于 65 科 148 属。其中裸子植物 9 科 37 属 135 种 31 个变种，被子植物 56 科 111 属 214 种 26 个变种。

在平原水网地区，推广了 20 世纪 30 年代引种的池杉和 40 年代引种的水杉，已成为滨湖水乡地区营造各类防护林、四旁植树、实现大地园林化的优良树种。在丘陵、岗地推广栽培了湿地松、火炬松、香椿、臭椿、川楝、多种桉树、黑荆树、紫穗槐、刺槐、八角茴香、蒲葵等，丰富了丘陵岗地的造林树种。在山地推广栽培了日本柳杉、日本扁柏、台湾松、金钱松，华山松等优良速生树种，初步解决了海拔 800m 以上中山地的造林树种，加快了山地次生灌丛、草丛与草甸改造和绿化速度。

引种驯化成功的园林树种也很多，如悬铃木、合欢、海桐、夹竹桃、广玉兰、雪松、龙柏 *Sabina chinensis* ‘Kaizuca’、美国香柏、侧柏、日本冷杉、金钱松、214 杨等。在赣南常见的有银桦、白兰花 *Michelia alba*、木麻黄、各种桉树、榕树、蒲葵、南洋杉 *Araucaria cunninghamii* 等，对改变城镇厂矿企业的面貌，美化环境，调节气候，保障人民身心健康起到了重要作用。

4.7.3 外来树种

本节主要介绍在江西引种驯化成功的一些树种。

4.7.3.1 晚松 *Pinus serotina*（松科）

➢生物学特性　晚松为常绿乔木，具有独特的萌芽更新能力。喜酸性和中性土壤，在黏土、矿渣土、石砾土上生长良好，在沙滩上以及极其潮湿的沼泽地、泥炭地也能生长。

➢资源分布　原产美国东南部沿海，从佛罗里达到马里兰州，水平分布范围在北纬 28°~40°，西经 77°~88°，垂直分布不超过海拔 60m，自然分布区狭长，南北跨度大。

➢经济意义　晚松具有多种用途，可用于建筑和家具制造，也可用于造纸和提炼松香及松节油。晚松生物量较大，木材易劈裂，富含松脂，易燃，热值为84 182.98kJ，是比较理想的薪炭树种。另外，晚松的萌芽更新能力可在平茬后发出萌条40～60枝，1a生萌条长达50～60cm。因此，晚松伐后可以自然更新。同时，据多年观测，晚松对松干蚧、松毛虫、松梢螟以及松突圆蚧等虫害具有很强的抗性。实践证明，晚松的引种丰富了抗性育种的基因资源。

➤资源保存与利用　晚松在原产地成年树高12～24m，较好的立地条件树高可达30m，胸径30～90cm。我国于1963年由中国林业科学研究院林业研究所组织进行引种。1974年以后，从第一代引种林内采集种子在江西各地推广试种，其中包括分宜、景德镇、永丰等地，营建了母树林，并开始结实。多年引种研究表明，晚松适应性很强。

4.7.3.2　美国南方松(松科)

➤生物学特性　火炬松与湿地松同为速生性树种，而且火炬松比湿地松耐寒性较强，但种植初期生长速度不如湿地松，种植后约第8年开始，生长速度由慢转快并超过湿地松。由于群众受观念影响，认定湿地松比火炬松好，火炬松的推广一直比较缓慢。

➤资源分布　美国南方松在我国习惯称"国外松"，包括湿地松和火炬松两个从国外引进的树种。湿地松主要集中分布在美国南方6个州，从北纬27°～33°，到西经80°～90°50′，垂直分布海拔150m，一般不超过600m。火炬松在美国分布跨度为11°，即北纬28°～39°，经度23°，即西经75°～98°。

➤经济意义　湿地松是美国南方松中最优良的产脂树种。中国林业科学研究院林化所和江西吉安市林业科学研究所对湿地松采脂分别进行了试验，结果表明湿地松割面产脂和侧沟平均产脂量分别比马尾松高3～5.8倍和2.4～2.6倍，流脂时间长达5～12d。而且湿地松年割脂可从4～11月，采脂时间长。湿地松松脂流转性比较好，不易凝固，割面不易为割面所堵塞，有利于较长时间分泌松脂，一般气温在12℃以上，松脂就能正常分泌。

➤资源保存与利用　早在20世纪30年代初，通过一些归侨和留美学者将湿地松、火炬松引入我国。1947年，联合国救济总署赠送我国一批湿地松、火炬松种子，开始在南京中山陵、安徽泾县、湖北武昌、江西吉安(青原山)、江西南昌(莲塘)、湖南长沙、重庆歌乐山、柳州砂塘等地试种。20世纪60年代，我国学者认为湿地松、火炬松是中国广大亚热带低山丘陵地区很有希望的造林树种，于是从1973年开始，向美国批量进口种子，在我国亚热带地区大面积推广种植，并且每年逐步增加种子进口数量。江西省1973～1988年期间，平均每年申请使用外汇30万美元，通过中国林木种子公司向美国进口湿地松和火炬松种子，其中进口湿地松种子11 000余千克，进口火炬松种子1000余千克。一直到1993年，由于江西省早期种植的湿地松已经开始批量生产种子，国内广东台山和电白的种子园和母树林生产的种子质量也比较可靠，才逐渐减少了从美国进口种子的业务。根据1988年统计，全国湿地松、火炬松推广造林面积达115.67万hm^2(湿地松占78.74%，火炬松占21.26%)，其中广东省湿地松造林面积最大，为46.67万hm^2，占全国湿地松总造林面积的51.3%，其次为江西，造林面积16万hm^2，占17.4%，截止于2004年，江西省营造湿地松面积约80万hm^2，火炬松面积7万hm^2。

为了满足大量造林用种的需要，提高引种的经济效益，在引种成功的同时，逐步建立了湿地松、火炬松种子生产基地，开始了国外松的良种繁育工作。据1989年统计，江西省营建国外松母树林面积为461.6hm^2，其中湿地松母树林361.6hm^2，火炬松母树林100hm^2。

湿地松和火炬松引入江西并大面积造林，经过30多年的观察，无论从适应性还是引种效益，以及繁殖能力，都符合我国颁布的引种成功标准，现已成为江西省的主要造林树种。

美国南方松中的湿地松和火炬松也是用材树种，同时被收录在本书的"4.1　用材型树种种质资源"章节内，详见4.1.2和4.1.3。

4.7.3.3 金松 *Sciadopitys verticillata*(杉科)

➢生物学特性　常绿乔木，为庭园稀有珍贵树种。

➢资源分布　金松在日本的天然分布最北界为北纬37°37′，垂直分布为200～1750m。金松在原产地和在我国引种区域，经多年观察，未见病虫害发生。

➢经济意义　金松树冠尖塔形，枝叶茂密，叶片轮生如伞，翠黛美丽，与南洋杉、雪松共称世界著名三大庭园树种。

➢资源保存与利用　庐山植物园1935年引进金松种子种植，42a生树高6.5m，胸径18cm，冠幅4m×4m。于1979年开花结实，获得少量种子。由于金松开花结实较迟，庐山植物园在20世纪50～70年代曾采用扦插繁殖，生根率仅30%，长出的幼苗向全国推广，目前青岛、上海、南京有栽培，但长势均不及庐山旺盛。

庐山铁佛寺海拔400m，40a树龄的金松树高8m，胸径28cm，庐山植物园海拔1100m，44a树龄的金松树高6.5m，胸径14～16cm，说明金松在庐山海拔400～1100m处均能正常生长。

4.7.3.4 日本五针松 *Pinus parviflora*(松科)

➢生物学特性　科常绿大乔木，在原产地日本树高达20～30m，胸径50～60cm。

➢资源分布　广泛分布于日本的本州、四国、北至北海道东南部，南到九州岛。我国引种日本五针松至少有百年历史，在青岛及长江流域各城市均有种植，主要作庭园绿化。

➢经济意义　该树种大小适度，青翠潇洒，容易造型，宜于盆栽，是观赏价值极高的树种。

➢资源保存与利用　我国常见的栽培品种有短叶五针松、斑叶五针松，以及旋叶五针松、折叶五针松等。

4.7.3.5 落羽杉 *Taxodium distichum*(杉科)

➢生物学特性　落叶大乔木，高达50m，胸径3m以上；喜光，寿命长，可达千年以上。

➢资源分布　原产美国，北自马里兰州，南至佛罗里达州，西至德克萨斯州的南大西洋、墨西哥湾沿海地带及阿拉巴马河与密西西比河沿岸，分布区属潮湿、半湿润、干旱半湿润型气候。落羽杉引入我国已有80a历史，河南鸡公山，武汉、广州、南京等地为最早引种，新中国成立后逐步扩大了引种范围，江西省在20世纪70年代开始在九江有成片栽培，多为滨湖州地、堤岸防护种植树种，由于种源限制，且树冠和尖削度较大，种植面积远不如池杉。

➢经济意义　落羽杉木材纹理直，结构较粗，硬度适中，耐腐力强，可作建筑，电杆、家具、造船等用材。

➢资源保存与利用　庐山植物园1936年引种栽植在海拔1000m的沼泽地，生长缓慢。但在低海拔湖滨、江河沿岸水湿地区生长迅速。九江县团结乡于1979年引种落羽杉栽植在长江大堤内，2a生树高达2～3m，胸径2～3cm。比池杉较耐碱，无黄化现象。1981年该社又栽植2000株。九江市林业科学研究所也有比较成功的引种经验。落羽杉是湖滨水网地区造林具有发展前途的速生树种。

4.7.3.6 墨西哥落羽杉 *Taxodium mucronatum*(杉科)

➢生物学特性　半常绿或常绿乔木，生长在亚热带温暖地区，耐水湿。

➢资源分布　原产墨西哥及美国西南部，多生于排水不良的沼泽地。在原产地树高达50m，胸径可达4m。

➢经济意义　木材性质及用途与落羽杉相同。我国南京、武汉最早引种栽培。

➢资源保存与利用　九江市林业科学研究所1976年引种，栽植在海拔110m的丘陵地，5a生一般树高3.5m，胸径3～4cm，生长良好，可作为亚热带水湿地区的造林树种和园林树种。

4.7.3.7 池杉(杉科)

➢生物学特性　落叶乔木。原池杉耐水湿，生于沼泽地区及水湿地。

➤资源分布　产北美东南部，分布区从弗吉尼亚州东南至佛罗里达州南部及路易斯安那州东南，形成含8个州的三角形地带。原产地树高一般达25m，佐治亚州一棵最大池杉木高41.1m，胸径2.29m。

➤经济意义　木材性质和用途与落羽杉相同。

➤资源保存与利用　我国江苏南京、南通和浙江杭州、河南鸡公山、湖北武汉、江西庐山等地早年引种栽培。庐山植物园1936年引种，栽植在1000m的沼泽地，46a生树高16m，胸径34cm。九江将池杉栽植在低海拔地区，年树高生长量达0.6～0.8m，生长优良。20世纪70年代以来，池杉在长江中下游水网地区逐步推广，表现生长快，耐水湿，抗风性强，是水乡造林的重要树种之一。池杉亦是营造护岸林、护田林和风景林的良好树种，是外来引进树种中使用最普遍的树种之一。该树种在江西全省各地四旁植树、园林绿化、农田防护林中有大规模使用，如丰城等地用池杉营造了大面积的农田防护林和湿地公园等。

本树种也是用材树种之一，同时被收录在本书的“4.1　用材型树种种质资源”章节内，详见4.1.8。

4.7.3.8　日本冷杉 *Abies firma*（杉科）

➤生物学特性　日本冷杉属松科冷杉属树种，为常绿大乔木，在原产地树高达50m，胸径2m，是冷杉属中生长最快的一种。

➤资源分布　原产日本九州、四国和本州。北纬30°15′～40°15′均有分布，垂直分布自海平面至海拔1600m。

➤经济意义　木材轻松，纹理通直，易加工，是建筑、家具、造纸的优良材料，也可供枕木、电柱、板材等用材。树形雄伟，叶色浓绿，是优良的庭园绿化树种。

➤资源保存与利用　我国于20世纪20年代初引种，江西引种最早的是庐山林场，引种于1923年。庐山植物园1934年开始引种，1936年、1947年和1953年，该园又多次向日本原产地和法国引入栽培，在庐山海拔1100～1200m生长极好。据调查53a生的树高23m，胸径84cm。成片造林的冷杉，树龄46a，平均树高19.93m，胸径41.6cm。庐山植物园多年来对引种驯化成功的日本冷杉进行推广、试验，现已扩展到长江中下游海拔800m以上的山地，用于城市绿化。特别是20世纪60年代以来，江西井冈山、九江、瑞昌、彭泽、铜鼓、上犹、分宜、乐平、庐山和昌江等县（市、区），以及浙江的云和、丽水、遂昌、开化、宁波、杭州，安徽的黄山，江苏的南京，山东胶南、泰安，湖北的武汉、通山，湖南的长沙、衡山，以及福建的建宁等地都引种栽培了日本冷杉，各地多采用3～4m的大苗单株种植。

江西引种栽培日本冷杉一般为山地类型。如庐山植物园和庐山林场，立地海拔1000～1100m，坡度5°～15°，土壤为山地黄棕壤，pH值4.8～5.0，土层深厚、肥沃湿润，排水良好。原生植被为亚热带山地落叶阔叶林，生境与原产地相似，生长发育很好。除山地类型外，江西东北部地区作为庭园绿化树种也有引种栽培，土壤为红壤或红黄壤，树体生长缓慢，年高生长量一般为10～20cm。

日本冷杉经过80a的引种驯化及推广试验，表明在我国长江中下游亚热带山地生长良好，而且生长速度不亚于原产地日本。江西各地山区均可栽培，而以海拔800～1300m的山地，土壤为山地黄壤和黄棕壤，土层深厚肥沃的山地阴坡或半阴坡为宜。干旱瘠薄的丘陵地区不宜种植，如作园林树种栽培，则应与其他阔叶树（蓝果树、鹅掌楸等）混种。

日本冷杉苗期生长慢，宜采用5～6a生苗木种植。

4.7.3.9　日本柳杉 *Cryptomeria japonica*（杉科）

➤生物学特性　日本柳杉属杉科柳杉属常绿针叶树种，大乔木，在原产地树高达40～60m，胸径2～5m，干形通直圆满。

➢资源分布　原产日本，北纬30°15′~40°42′均有分布，垂直分布从海平面至海拔1900m。在原产地栽培历史已有四五百年，栽培范围遍及日本全国，是日本主要造林树种。

➢经济意义　木材浅红色到暗红色，纹理通直，材质较轻软，干燥迅速，是优良的建筑、包装等用材。同时柳杉木形优美，也是园林绿化的好树种。

➢资源保存与利用　我国引种日本柳杉始于20世纪初(台湾台北市于1914年引种)，江西庐山在1918年引种。庐山植物园1935年引种栽培，经调查，46a生树平均高21m，平均直径40.5cm，最高22.25m，最大胸径48cm，生长优良。自20世纪50年代以来，全国许多地区相继从庐山植物园引种日本柳杉进行栽培试验。如福建、浙江、安徽、湖南、湖北、山东、河南、陕西、四川、贵州、云南、广西等地都引种栽培日本柳杉，其栽培范围南至广西玉林地区的(约北纬22°33′)，北到山东烟台地区的昆嵛山(约北纬37°30′)，东起海滨(约东经122°)，西达峨眉山—昆明一线(约东经102°31′)，栽培的海拔高度由上海市的4m到鄂西山地的1900m(台湾阿里山可达2300m以上)。基本上形成了一个适宜的引种栽培区。江西除了庐山和井冈山栽培日本柳杉已形成规模外，其他还有不少地方也进行了引种栽培，自海拔20余米的湖滨平原至1300m的中山山地均能正常生长，以海拔800~1200m的沟谷山坡生长最好。日本柳杉现已成为我国亚热带山地重要造林树种之一。江西的柳杉大体可分为两种立地类型：

(1)山地类型　分布于庐山和井冈山海拔800~1200m的山谷和山坡。土壤主要为黄壤和黄棕壤，其次的棕壤，一般土层深厚肥沃，排水良好，中酸性至微酸性。年平均气温12℃左右，最高气温不超过或很少超过32℃，年降水量2000mm左右，空气相对湿度80%左右。在这种环境与立地条件下日本柳杉生长迅速，庐山林场1926年营造的日本柳杉。1980年调查，平均树高17.5m，平均胸径20.6mm，平均枝下高12~13m。

(2)平原低丘类型　分布于江西南北海拔50~350m的红壤上，土壤强酸性，pH值4.0~4.5，由于土质、气温以及降水量等条件不及山地类型优越，日本柳杉的生长一般较慢，20a前年平均高生长量只有35~45cm，开花结实期较早。少数临近水源，空气湿度大，具有优良森林气候条件的地方，日本柳杉表现了良好的生长势头。

经过半个世纪的引种栽培，实践证明日本柳杉可以在江西的海拔700~1300m山地栽种，以土壤为山地黄壤和黄棕壤，土层深厚肥沃，排水良好的沟谷和山坡的中、下部为最佳适生环境；在海拔700m以下的地区栽培，应选择草本地被物盖度较大，土壤湿润肥沃的山地阴坡或半阴坡；水土流失比较严重的丘陵岗地不宜种植；作为园林绿化树种，应与其他阔叶树合理混交，才能促进日本柳杉的正常生长。

江西省海拔700m以上的山地占全省总面积的34%，这个海拔地段正处于杉木适宜栽植的地段上。因此，在土层深厚肥沃的地方发展日本柳杉对扩大以杉木为主的用材林，增加商品木材有重要作用。

要注重日本柳杉的种子质量，应在引种历史较久，栽培面积较大的庐山、井冈山开展选优工作，建立采种基地和良种基地。

4.7.3.10　美国尖叶扁柏 *Chamaecyparis thyoides*(柏科)

➢生物学特性　美国尖叶扁柏为常绿乔木，生于沼泽地，原产地树高达25m，胸径1m。

➢资源分布　原产美国东部和东南部，自然分布于北纬28°~45°，西经70°~90°，即美国北部的缅因州直到东南部的佛罗里达州和密西西比州，是大西洋和墨西哥海湾沿岸的重要造林树种。

➢经济意义　树干挺直，叶茂枝繁，是优良的用材和园林绿化树种。

➢资源保存与利用　庐山植物园1936年引种于海拔1050m的山谷缓坡地，长势良好。如在低海拔地生长尤为迅速旺盛。九江市林业科学研究所1980年由庐山植物园引种在海拔110m的丘陵地，1982年4月调查，树高均在2m以上，最高达3m。年树高生长量达0.6～0.8m，比海拔在1000m以上的山地生长速度快2～3倍，因此，在低海拔地区应扩大试验，逐步推广。美国尖叶扁柏通过70a的驯化栽培，掌握了它的生长适应性及生长发育规律，其母树普遍进入开花结实期，天然更新良好，顺利地完成了从种子到种子的发育周期，由此可以认定为引种成功的树种。

4.7.3.11 日本花柏 *Chamaecyparis pisifera*（柏科）

➢生物学特性　属柏科扁柏属树种，常绿乔木，树高可达50m，胸径1m。

➢资源分布　原产日本，分布于北纬32°40′～39°32′，即本州至九州。在原产地高达50m，胸径50～80cm。

➢经济意义　材质细致坚韧，可供建筑、桥梁、造船、车辆、枕木、家具等用材。木材富含纤维，是优良造纸原料。

➢资源保存与利用　江西庐山植物园于1935年引种日本花柏，40a生花柏木高21.14m，最大胸径45cm，年平均高生长量50cm以上。1959年以2a生枝条扦插育苗，1962年在山地造林，到1982年24a生株高11.4m，最大胸径27cm，生长旺盛。

日本花柏在日本已有100多年的栽培历史，并且培育了60个园艺品种。庐山植物园现有6个栽培品种，均为从日本引入的优良园林绿化树种，目前多用扦插繁殖，育苗成活率90%～95%。其中：

(1)线柏 *Chamaecyparis pisifera*‘Filifera’　常绿灌木或小乔木，在庐山能耐－16℃低温，可作庭园布置及盆景。

(2)金线柏 *Chamaecyparis pisifera*‘Filifera Aurea’　叶金黄色，大灌木，可高达3m。

(3)凤尾柏(细叶花柏) *Chamaecyparis pisifera*‘Plumosa’　圆锥形大花丛或小乔木，可作庭园观赏及造林树种。

(4)金斑细叶花柏 *Chamaecyparis pisifera*‘Plumosa Aurea’　羽状金黄色叶，整个夏季均保留此色，最具观赏价值，10a生树冠达3m×2m。

(5)银斑细叶花柏　*Chamaecy paris pisifera*‘Plumosa Argentea’　枝顶端雪白色，余似细叶花柏。

(6)绒柏 *Chamaecyparis pisiferd*‘Squarrosa’　叶线形，柔软，三叶轮生，有白粉，幼株矮生而美观，抗寒，抗病性强。自20世纪50年代以来，浙江、江苏、安徽、上海、福建、湖南、湖北、河南、山东、广西、贵州、云南等省(自治区、直辖市)先后从庐山引种栽培，其范围南至广西南宁(约北纬22°)，北到山东烟台(北纬37°38′)，东起海滨(东经122°)，西达昆明(东经102°30′)。垂直高度由低海拔4m(烟台)到1800m(昆明)，形成了一个适宜的引种栽培区。庐山林场和庐山植物园，在20世纪20年代初至30年代，分别在一些景点营造了小面积的日本花柏林，生长发育十分优良，江西省其他一些地方，如井冈山、上饶、景德镇、萍乡及分宜、靖安、铜鼓等地，相继由庐山植物园引种，一般生长良好。

日本花柏在江西栽培的主要立地类型：

①山地类型：分布于庐山牧马场、庐山植物园和黄龙寺等地。海拔800～1100m。地形为中山山谷和山坡，土壤为山地黄棕壤，土层深厚肥沃，排水良好，中性至微酸性。原生植被为亚热带山地落叶阔叶林。本类型立地条件与原产地相似，因此，树木生长非常优良，约60a生的日本花柏平均高25.5m，平均胸径35cm，枝下高15m。

②低丘类型：主要分布于本省除庐山之外的其他一些地方，如萍乡、上饶市林业科学研究所、分宜县芳山林场、乐平市白土峰林场等地。这些引种地海拔50～300m，红壤，pH值4.0～4.5。多为日本花柏纯林，树木生长一般良好，5～10a生树高年平均生长量40～45cm，直径年

平均生长量0.5cm。

经过80余年的引种栽培与推广试验，证明日本花柏在我国中亚热带山地生长优良，繁殖容易，对环境有较强的适应性。在江西全省的山地均适宜生长，表现良好，可以积极推广。由于日本花柏是中性偏喜光的树种，性喜湿润气候和土层深厚肥沃，排水良好的酸性土壤。因此，推广地区以海拔400～1200m的低、中山地为宜，并可与阔叶树混交，特别是低海拔地区，可以促进日本花柏的生长。

4.7.3.12 日本香柏 *Thuja standishii* **(柏科)**

➢生物学特性　常绿乔木。该树种一般喜欢温暖湿润的山地气候，适应性很强，在丘陵、平原，不论潮湿地或排水良好的土壤均能生长。

➢资源分布　原产日本本州。是日本特有树种，分布最北沿为北纬40°36′。

➢经济意义　日本香柏木材松软，易于加工，耐用，树形优美，耐修剪，可作绿化及绿篱树种。

➢资源保存与利用　庐山植物园1936年引种，在海拔1000～1200m的山地造林，生长良好。40a生日本香柏平均树高14m，平均胸径30cm，最大树高16m，胸径36.21cm。江西不少地区已引种栽培，但在红壤中生长较慢，以山地造林为宜。如铜鼓县、九江县和赣南树木园等地，均生长良好。扦插繁殖育苗，成活率90%以上。

4.7.3.13 美国香柏 *Thuja occidentalis* **(柏科)**

➢生物学特性　常绿乔木，高达20m。该树种适应性很强，从平原到山地，不论湖湿地或排水良好的土壤均能生长。但在红壤上生长较慢。

➢资源分布　原产北美东部31°～50°。

➢经济意义　美国香柏广泛用于枕木，房板等建筑用材，还可造船。叶煎水用作治疗间歇性发烧、咳嗽和坏血病、风湿病等，庐山植物园用叶蒸馏提取香柏油，为良好的芳香油原料，在美国用作驱寄生虫药物。

➢资源保存与利用　庐山植物园建园之前曾有引种，建园后于1936年又陆续引种栽培，在海拔900～1000m范围内庭院栽植或山地造林，生长良好。各地作为庭园树种已引种栽培，扦插繁殖成活率90%以上。

4.7.3.14 罗汉柏 *Thujopsis dolabrata* **(柏科)**

➢生物学特性　常绿乔木，高达20～30m，该树种为荫性树种，耐荫性极强，怕强光，高温和干燥，喜凉爽湿润的气候和潮湿肥沃的土壤。

➢资源分布　原产日本中部，为日本特有树种，天然分布于北纬31°～42°。

➢经济意义　用作园林绿化树种。

➢资源保存与利用　适于海拔800m以上中山地造林，宜于林下栽植，构成复层混交林。该树种扦插繁殖容易，庐山植物园1935年引种，后又经过20世纪50至60年代多次引种，并以无性繁殖的方法获得大量苗木，先后推广到山东(青岛)、江苏(南京)、上海、福建(福州)、安徽、湖北、湖南、云南(昆明)贵州、河南(鸡公山)等地广泛用作园林绿化树种。

罗汉柏在土层深厚肥沃、排水良好的棕色森林土壤中生长良好。1971年在海拔1050m的平缓宽阔谷地的羽叶花柏林下栽种罗汉柏，均生长良好，但在丘陵岗地难以成活，在地下水位过高，排水不良的环境中也生长不良。

4.7.3.15 日本扁柏 *Chamaecyparis obtusa* **(柏科)**

➢生物学特性　属柏科扁柏属常绿乔木。

➢资源分布　原产日本九州、四国和本州，北纬30°～37°10′均有分布。垂直分布为海拔10～2200m。

➢经济意义　扁柏材质致密，坚韧不裂，经久耐腐，是用途广泛的优良用材，也是火柴、造纸和提炼芳香油的优质原料。同时，日本扁柏抗二氧化碳能力强，树态优美，是很好的环保树种和绿化观赏树种。

➢资源保存与利用　日本扁柏在日本栽培已有数百年的历史，我国引种栽培始于20世纪20年代初(与日本柳杉同期)。江西庐山于1920年营造试验林15.33hm²。庐山旅游区著名的景点黄龙寺的主体风景林就是1924年营造的日本扁柏林，这片人工林也是我国人工栽培历史最长、生长最好的林分。经过长期栽培和观察，日本扁柏在庐山的引种是成功的，在海拔800～1200m山地栽种，能耐-16.8～-14℃的低温，并能正常开花结果。庐山植物园50多年树龄的日本扁柏，平均树高16.1m，胸径40cm，最大树高18m，胸径50cm，生长优良。新中国成立后，省内许多林场、林业科研单位及名胜景点也陆续引种栽培，20世纪60年代末以来，包括湖南、湖北、安徽、江苏、浙江、山东、河南等省在内的许多地区和单位相继到庐山索取日本扁柏种苗，在中、高山地区营建试验林或风景林，一般生长旺盛，表现了良好的生态适应性。

日本扁柏在江西的栽培主要立地类型：

①山地类型：分布于庐山、靖安和铜鼓等地，地处海拔900～1300m的山地，年平均气温12℃，年降水量2000mm左右，土壤为山地黄棕壤和山地棕壤，一般土层较深厚肥沃，排水良好。原生植被为亚热带山地落叶阔叶林。1980年对庐山林场1924年在黄龙寺营建的日本扁柏林进行调查，平均树高17m，平均胸径20.44cm。

②丘陵类型：地处海拔150～300m的红壤丘陵，年平均气温17.0～20.4℃，年平均降水量1416～1600mm，多为纯林，生长正常，一般年平均高生长0.31～0.63m。

日本扁柏经过80多年的引种栽培，表明是适合于我国亚热带山地的优良速生树种之一。在江西山地、丘陵都能正常生长发育，而以海拔800m以上的山地生长最好。日本扁柏的耐瘠性、耐寒性、抗风倒、耐雪压的能力均比日本柳杉强，可以选择在日本柳杉宜林地的上方栽种，这样设计既能充分发挥其特性，又可以合理利用土地资源，扩大用材林面积。

选择细枝型，侧枝细，材质优良的日本扁柏，作为采种母树，要选择根系发达，粗壮，经过移床培育3a生的苗木进行栽种，以期达到林木生长旺盛的效果。

4.7.3.16　铅笔柏 *Sabina virginiana*（柏科）

➢生物学特性　别名北美圆柏。柏科常绿乔木，原产地树高达30m，

➢资源分布　铅笔柏原产北美洲的东部和中部，广泛分布于加拿大，在美国西经110℃以东各州，从沿海平原到海拔2000m的高山都有分布，是美洲东部分布最广的针叶树种。

➢经济意义　用作园林绿化树种。

➢资源保存与利用　铅笔柏17世纪引入欧洲，现在英国、德国、法国、荷兰、意大利、西班牙、葡萄牙、南斯拉夫、罗马尼亚、匈牙利、前苏联，及日本、南非、莫桑比克、新西兰等国均有引种。我国从20世纪开始引入铅笔柏，最早引种于南京，现明孝陵尚有80a生的铅笔柏大树3株，中山植物园有60a生的小片林。20世纪70年代，在江苏、北京、安徽等省营造了引种试验林和区域性试验林。1972年，安徽萧县建立了铅笔柏繁殖场，在石灰质山造林，其生长速度、成活率、抗病虫和抗牲畜危害方面，均远远超过了当地最好的造林树种侧柏。自80年代开始，林业部从国外批量引进种子，江苏、山东、江西、安徽等省林业主管部门把铅笔柏列为优良树种，在生产上推广应用。1987年，由中国林业科学研究院林业研究所和中国林木种子公司共同主持，在山东、安徽、江苏、北京、辽宁、河南开展扩大引种试验，包括在不同地区、不同立地条件下营造中试示范林53.33hm²。为了加速铅笔柏的良种化进程，在早年种植的铅笔柏林分中，通过调查和表型选择，选出了优良单株10株。

4.7.3.17　无花果 *Ficus carica*（桑科）

➢生物学特性　桑科落叶灌木或小乔木，高5～10m，耐盐碱。

➢资源分布　无花果原产叙利亚、中亚细亚及地中海地区，很早传入我国，有悠久的栽培历史。现主要在美国的加州、土耳其、西班牙、希腊、意大利等国家和地区种植，其中西班牙和意大利的产量占世界产量的2/3。

➢经济意义　无花果可鲜食或制果干、果酱、蜜饯、糕点等，晒干磨粉可代替咖啡。有资料称，其果实有防癌治癌功能。

➢资源保存与利用　无花果在我国栽培广泛，尤以新疆南部为多。长江流域和淮河流域以南的地区均可露天越冬。江西有少量种植。

4.7.3.18　美国鹅掌楸 *Liriodendron tulipifera*（木兰科）

➢生物学特性　落叶大乔木。

➢资源分布　广泛分布于美国东部，水平分布范围在北纬27°~42°，西经77°~94°，垂直分布在海拔300m以下。美国鹅掌楸在原产地成年大树高达50~60m，胸径3~3.5m。

➢经济意义　美国鹅掌楸木材广泛用于建筑、造船、造纸、家具和日常用品，还是胶合板的好材料。其药用效益广，有抗癌与抗菌功效。美国鹅掌楸干直挺拔，叶形奇特，花如金盏，古雅别致，是优良的观赏树种。而且该类树种对有害气体二氧化硫有一定的抗性，因此又是很好的防护树种。

➢资源保存与利用　美国鹅掌楸在我国长江流域生长良好，开花结实正常，具有生长快，干形通直、材质好、适应性强、病虫害少，耐烟尘等优点，与中国马褂木相比，生长更快。如20a生美国鹅掌楸树高16m，胸径28cm，而中国马褂木树高只有13m，胸径20cm。

1962~1964年，南京林业大学叶培忠教授采用中国鹅掌楸作母本，美国鹅掌楸作父本，获得人工杂种——杂交马褂木，表现了明显的杂种优势。主要特点为适应能力提高，生长量增大，抗性增强。7a生树高8.7~10.7m，胸径14.5~19cm。据湖南省林业科学研究所调查，4a生杂交马褂木树高5.8m，胸径8.3cm，而马褂木仅高3.1m，胸径3.2cm。

鹅掌楸是一种起源很早的孑遗植物，目前本属仅存中国、美国两个种。美国鹅掌楸约在20世纪八九十年以前开始引入我国。江西庐山是引种较早的地区之一。

4.7.3.19　日本玉兰 *Magnolia sieboldii*（木兰科）

➢生物学特性　又名天女花。木兰科落叶小乔木，高达10m。

➢资源分布　日本玉兰分布于日本、朝鲜。在日本本州中部至南部、四国、九州等地多有分布。我国辽宁、安徽、江西、广西北部也有分布。

➢经济意义　庭园栽培多为灌木状，为庭园珍贵观赏树种。日本玉兰材质坚硬，可作家具和建筑用材。花可入药，制浸膏；叶含芳香油，含油率0.2%。

➢资源保存与利用　庐山位于长江下游海拔1100m的中山地带，气候温暖湿润，夏季凉爽，春夏之间云雾笼罩，日照较少，全年降水量2000mm左右，形成了高山植物生长的良好条件。江西庐山植物园于1936年由日本引入栽培日本玉兰，每年能正常开花、结实。1992年春，庐山遭受寒流袭击，低温曾达-16℃，冰雪灾害延续数日之久，不少外来树种遭受冻害，而日本玉兰生长正常，安然无恙。

4.7.3.20　广玉兰 *Magnolia grandiflora*（木兰科）

➢生物学特性　常绿乔木。

➢资源分布　原产美洲东南部，自然分布区狭长，南北狭，东西宽，其水平分布范围在北纬27°~35°，西经80°~96°，垂直分布低于海拔160m。主要分布于海拔60m范围内的河谷地带，原产地树高达30m。

➢经济意义　广玉兰树冠庞大，花开枝顶，花大洁白，是庭园种植的优良树种。有些地方用于行道树栽植，可以耐烟抗尘，对二氧化硫、氯气等有毒气体有较强的抗性，同时可以起到净化空气，保护环境的作用。

➤资源保存与利用　广玉兰引种我国至少有90a的历史，由于原产地属于温湿的亚热带气候类型，江西省当是最佳适生的地区，因此，广玉兰在江西省有广阔的种植范围。

4.7.3.21　白兰花 *Michelia alba*（**木兰科**）

➤生物学特性　木兰科常绿乔木，高达20m，胸径40cm。

➤资源分布　原产印度尼西亚、菲律宾、缅甸、孟加拉国、斯里兰卡及我国南部。

➤经济意义　南方园林的主要栽培树种，白兰花的花洁白清香，花期长，叶色浓绿，为庭园、道路、游览胜地的名贵观赏树种。

➤资源保存与利用　白兰花引种驯化栽培的历史悠久，在我国南方各地均有种植。

4.7.3.22　银桦 *Grevillea robusta*（**山龙眼科**）

➤生物学特性　常绿大乔木。

➤资源分布　原产澳大利亚的昆士兰州南部和新南威尔士州北部的河流两侧，从湿润的热带雨林到干旱裸露的山坡（南纬24°30′～30°10′）都有分布，垂直分布从海平面到1120m。原产地银桦树高37～40m，胸径80～100cm。

➤经济意义　银桦干形挺拔，花色富有吸引力。树叶对氟化氢和氯化氢等毒气有较强的抗性，以每公顷平均叶片干重2.5t计算，能吸收氟氧化氢11.8kg，每克干叶能吸收氯化氢13.7mg和二氧化硫4.46mg。因此，银桦是城市和化工厂绿化的理想树种。银桦木材有光泽，边材黄褐色，心材红褐色至暗红褐色，可作胶合板的贴面板以及家具、室内装饰等用材。

➤资源保存与利用　我国引种银桦已有80多年历史，1925年前后，广州在中山纪念堂前用2a生苗种植行道树，云南在海拔1100～1900m的南亚热带和准热带地区栽培，生长良好。江西赣南用作行道树（赣州市红旗大道），其枝叶毛绒上吸附的粉尘、泥土经雨水冲刷，仍然青枝绿叶，树姿婆娑，显出热带景观。2008年完成的林木种质资源调查，江西共选出银桦优良单株14株。

4.7.3.23　樱花 *Prunus serrulata*（**蔷薇科**）

➤生物学特性　别名山樱花，蔷薇科落叶乔木，原产地高达15～25m。

➤资源分布　本种原分布较广，在日本北海道西南部，本州、四国、九州等地均有栽培，朝鲜及我国长江流域、东北南部亦有生长。其中日本晚樱在南京、上海、杭州、青岛引入较早。

➤经济意义　樱花是优良的庭园观赏树种。

➤资源保存与利用　樱花其变种、变型及栽培品种比较多，如毛樱花 *P. serrulata* var. *pubscens*、山樱花 *P. serrulata* var. *spontanea*、重瓣白樱花 *P. serrulata* f. *albo-pleha*、红白樱花 *P. serrulata* f. *albo-rosea*、日本晚樱 *P. serrulata* var. *iannesiana*、紫关山 *P. serrulata* ‘Iannesiana-purpurasceus’、普贤象 *P. serrulata* ‘Iannesiana’（*P. lannesiana* f. *alsorosea*）、重瓣红樱花 *P. serrulata* f. *rosea*、垂枝樱花 *P. serrulata* f. *pendula* 等。20世纪末引入安徽和江西的分宜县。日本晚樱亦为乔木，花重瓣，粉红色，有香味，果黑色。

4.7.3.24　桉属（桃金娘科）

➤生物学特性　桉属为桃金娘科的一个大属，种类达500多种，变种150多个，并有许多天然杂交种。桉树多为乔木，但大小差别很大，王桉 *E. regnans* 高达90m，而灌木型桉树树高仅数米。

➤资源分布　绝大多数的桉属树种分布于澳大利亚及其邻近的岛屿。

➤经济意义　速生树种，木材可用于造纸等，树叶可提取芳香油。

➤资源保存与利用　早在18～19世纪，各国开始引种桉树，我国引种桉树的历史已超过百年。据调查，桉树最早引入中国为1894～1896年间，当时，驻意大利领事馆引种到广州、福州等地种植；1896～1900年，英国海关人员将蓝桉栽种于云南公路和河渠边；1912年，厦门鼓浪屿开始种植赤桉；1915年，广州至韶关沿线种植桉树。新中国成立后，桉树种植获得巨大发展，江西省引种桉树的种植范围主要在赣南，地处赣北的上饶、鹰潭，以及浙赣铁路沿线亦有栽培。

(1)桉树在江西的引种情况

①赤桉：常绿乔木，原产地成年赤桉树高20m，有时达45m，胸径1～2m，赤桉为江西省栽种面积最广的桉树。在江西种植的桉树中，赤桉有较强的耐寒性和较强的萌芽能力，而且对立地条件要求不严，在各种土壤中均能适应，在pH值5～5.8的冲积土壤上生长旺盛，在重黏的红壤上也生长良好。营建人工林呈现早期速生的特性。江西赣东北的贵溪市丘陵地栽培赤桉6a，平均树高8.3m，胸径14cm，平均材积生长量达21.15m^3/hm^2。

②巨桉 *E. globulus*：巨桉比赤桉生长更快，萌芽能力很强，由于抗寒力较差，只宜在赣南栽培。江西赣中的吉水县1999年引进巨桉，当年6月容器苗造林，至12月中旬调查，平均树高2.5m，最高达3.1m。后因遭受严重低温袭击，大部分冻害严重，但通过及时截干处理，第二年早春进行抚育追肥，5月除萌定株。15个月后调查，平均高3.5m，平均胸径5.7cm。至2000年初调查，6a生平均树高达15m，平均胸径14cm。

③蓝桉与直杆蓝桉：高大乔木，树高通常45m，有的高达70m，胸径可达1m以上。蓝桉引种到中国已有100多年历史，以西南地区的云南、四川栽培面积最大，江西仅在赣南有零星引种(包括蓝桉、直杆蓝桉)。

蓝桉宜作矿柱、枕木、电杆、木桩、造船、桥梁等材料，还可用于造纸、车辆、农具等，树叶可提取芳香油，幼态叶含油率1.5%左右，成熟叶含油率2%左右。

蓝桉速生、耐寒、适应性强，宜在赣中以南低山区发展。江西在1993年春从云南引进直杆蓝桉，当年采用容器育苗，6月造林13.33hm^2，植后2a调查，平均树高4.2m，胸径3.96cm；最好的样地(下坡)调查，平均树高和胸径分别达到7.1m和6.9cm。据贵溪市对该品种进行耐寒性测定，在-7℃的低温下出现叶枯、主梢冻伤等状况；-6℃时轻微冻伤；-3.7℃生长正常。

④柠檬桉 *E. citriodora*：常绿乔木，原产地树高为30～40m，胸径60～120cm。我国于20世纪20年代中期开始引种柠檬桉，江西赣南、吉安等地有种植。

柠檬桉薪材含油量较高，可以加工成香料，经济价值甚高。树形好，外观美丽，可作四旁绿化和观赏树木。

⑤窿缘桉 *E. exserta*：常绿乔木，在原产地树高15～25m，胸径60cm。我国于20世纪20年代中期引进窿缘桉，20世纪50年代中期开始在华南大面积种植，江西也有栽培，主要集中在赣南。窿缘桉耐旱耐瘠，适应性强，原产地一般作为建筑用材。

⑥大叶桉 *E. robusta*：常绿乔木，高25～30m，胸径粗至1m。大叶桉是我国引种较早的桉树，江西仅在赣南栽培较多。四川、广东、广西、福建、浙江、湖南南部等地都有引种，大叶桉可作四旁绿化造林树种，材质坚硬耐腐，可作电杆、桥梁。

⑦细叶桉：中等大乔木，树高25～50m，胸径可达2m。细叶桉是我国引种最早的桉树之一，于1890年由法国驻龙州领事馆引种到广西龙州县。根据对早期引种的细叶桉进行生长调查，江西赣州50a生的细叶桉树高20m，胸径91cm，单株材积5.59m^3，于都县1903年由法国传教士引种细叶桉，82a生树高32m，胸径110cm。

细叶桉木材红色，坚硬、重，是优质薪炭材，亦可作纸浆材、矿柱材。树皮可提取单宁，叶子可提取香精。花粉为重要蜜源。

以上桉树在江西省以赣南为主要的栽植地，一般生长良好，少数地方存在越冬枯梢的现象。除此以外，近年来，一些以营造纸浆材为目的的大型林纸一体化企业，在桉树种植上选用了一些耐寒的品种和速生的品种，如邓恩桉、巨桉、巨尾桉等，但目前尚处于试验阶段。

(2)桉树引种评价　江西多年来引种桉树的实践，说明桉树在向高纬度的亚热带引种时，气候(气温)条件对其引种的成效关系甚密。因此，桉树要特别注意引种相似或接近纬度的种源。江西可推广1976年以来在本省选育的赤桉天然杂交良种。如“大余5号桉”第二代，10a生树高21m，胸径42.8cm；“池江8号桉”，23a生树高24m，胸径58.8cm；澳大利亚专家在贵溪冶炼厂发现的“贵溪1号桉”，4a生树高12m，胸径17cm。1991年12月底贵溪市遭 -9.2℃的低温袭击，1a生“贵溪1号桉”仅新梢枝叶枯萎，当年平均新增高1.9m。与此同时，渐尖赤桉，垂直赤桉以及直杆蓝桉的地上枝干大部冻死，通过切干促萌后，当年平均高生长分别达到2.3m，2m和1.95m。

江西赣南地区近年从广东引进巨桉，尾叶桉、巨尾桉，栽植面积达0.67余万 hm^2；赣中的吉水县也有引种。1999年，吉水县引种的巨桉、巨尾桉，于当年12月23日遭 -5.7℃严重冻害，通过次年切干、施肥处理后，当年萌条幼树高生长分别达到3.5m和3.6m，很快恢复了林相。

江西引种桉树已有70多年历史，栽培地点遍及全省，并已繁殖了多代，培育了适应本地区生长的桉树种类。总的看来，桉树在江西基本引种成功，而且是有发展前途的树种，其中赤桉耐寒性较强，适应范围广，是江西红壤丘陵引种最成功，栽培面积最大的桉属树种，全省均有栽培，通常生长在海拔600m以下的谷地。由于桉树生长很快，宜推广容器苗造林，小苗造林，不仅可以提高成活率，而且不受天气和季节制约，常年作业。

根据江西省地理纬度、气候和桉树适应性的差异，江西桉树又可分为3个推广区域。

①北纬26°线以南的赣南大部，年平均气温18℃以上，历史极端低温 -5 ~ -3℃，近14a极端低温为 -4 ~ -2℃。在于都、上犹、瑞金以南的13个县可以发展以巨桉、巨尾桉为主的桉树林。目前，香港金光集团、浙江绿源公司及江西红卫公司等大型企业已入驻开发。

②北纬27°以南，包括赣州市的石城、宁都、兴国、崇义县，吉安市的吉水、泰和、万安、遂川、永新、吉州、青原、吉安县，以及抚州市的南丰、广昌、南城等县(区)，平均气温17 ~ 18℃，历史极端低温 -9 ~ -5℃，近14a极端低温 -5.8 ~ -2℃。可以选择发展本省赤桉、华南选育的巨桉、巨尾桉、尾叶桉、细叶桉等；山区可以选择云南的直杆蓝桉等。

③赣东北的贵溪市因为北有怀玉山，冷空气不易入侵，形成特殊的气候环境，年均温18℃，年雨量1900mm。范围包括鹰潭市月湖区、余江县，上饶市弋阳县，抚州市金溪县等县市，可选择发展本地赤桉良种，还可引进华南赤桉、细叶桉，以及云南的直杆蓝桉等。

此外，赤桉在赣东北的上饶、东乡、南昌，赣西北的宜春、新余一线以南推广造林也可获得成功。江西省林业科学院1989年引种贵溪赤桉在院内栽植，1991年12月历经百年一遇的寒流袭击，经过伐蔸更新，13a生树高16 ~ 18m，胸径36cm，最高达20m以上，胸径45.5cm。

桉树在江西也是用材树种之一，同时被收录在该书的“用材型树种种质资源”章节内，详见4.1.20；桉树也是生物能源树种之一，同时被收录在该书的“生态型树种种质资源”章节内，详见4.5.6.3。

4.7.3.25　刺槐(蝶形花科)

➢生物学特性　落叶乔木，树高达25m，胸径60cm。刺槐生长迅速，耐水湿。刺槐有根瘤，能固氮，刺槐适应性强，耐干旱，耐瘠薄，在酸、碱性土壤上都能生长，宜在水土流失较严重的红壤土、紫色土和石灰岩丘陵地上造林。

➢资源分布　原产美国东南部的阿伯拉契亚山脉和奥萨克山脉一带。

➢经济意义　刺槐木材坚韧，纹理细致，有弹性，刺槐木材、枝桠，树根易燃，火力旺，热值高，每千克热值为79 272.47kJ，烟少、无异味，是优良薪炭材；刺槐叶含氮1.767% ~ 2.33%，粗蛋白18.81%，蛋白质15.08%，脂肪4.16%，纤维12.12%。猪、羊、牛、骡、兔均喜食，是很好的饲料；刺槐因其有根瘤能改良土壤，提高肥力；刺槐花稠密、芳香，花期长，是优良的蜜源树种。其花繁茂，具浓郁芳香，又是很好的庭园绿化树种。

➢资源保存与利用　刺槐最早引入中国是在清朝光绪三四年间(1877～1878年)，20世纪初从欧洲引入我国青岛。建国前江西已有引种，在九江市栽培较普遍，多为庭园和四旁绿化树种，一般生长尚好。九江市林业科学研究所1977年营造刺槐杉木混交林，6a生树高达8m，胸径8～9cm。瑞昌市在石灰岩山地上用刺槐造林效果较好。但刺槐易遭天牛为害，应注意防治。

本树种在也是生物能源树种之一，同时被收录在本书的“4.5　生态型树种种质资源”章节内，详见4.5.6.4。

4.7.3.26　银荆 *Acacia dealbata*(蝶形花科)

➢生物学特性　银荆又名澳洲金合欢，常绿乔木，树高达25m，生长快，10a内树高年生长量1m以上，胸径年生长量达1.5～2cm。银荆喜光，耐旱，湿润、土层深厚的红壤、黄壤均能生长良好。

➢资源分布　银荆原产澳大利亚，新南威尔士等地自然分布区，属凉爽和温暖半湿润亚热带气候。我国于20世纪50年代开始引种，在云南、广东、广西、湖南、湖北、江西、四川、安徽等地均有栽培。

➢经济意义　银荆是优良的短周期工业原料树种。材质优良，纹理致密，加工容易，是家具和镶拼地板的优良用材；生长快，萌芽力强，枝叶生物量大，根系密集，也是优良的水土保持和薪炭材树种；嫩叶和果荚可作饲料；根系固氮，可以提高肥力，改良土壤；单宁含量高，是优良栲胶原料树种；树姿优美，常用于园林绿化。

➢资源保存与利用　银荆喜光，在－40～－7℃的温度范围内均能正常生长发育，并能忍受－10℃的短暂低温，适生区年降水量为700～1700mm。抗旱能力较强，可耐长达半年的干旱，夏季2个月无雨也能正常生长。对土壤要求不严，质地疏松，pH值5～7.5，适合江西引种栽培。

4.7.3.27　黑荆树(含羞草科)

➢生物学特性　黑荆树又名澳洲金合欢，系含羞草科金合欢属的常绿小乔木。

➢资源分布　黑荆树原产澳大利亚。

➢经济意义　既是世界上著名的速生、高产、优质鞣科植物，又是经济价值高，生产周期短的用材、肥料和薪炭树种。8～12a即可砍伐利用，产木材60～90m^3/hm^2，树皮9000～15 000 kg/hm^2(干重)。据测定，树皮含单宁46.01%，比落叶松(*Larix dahurica*)、相思树、木麻黄、橡椀高1～3倍，纯度高达82.21%。且品质优良，栲胶色泽光润透明，溶解度高，渗透快，沉淀少，缓冲性和鞣透速度都较理想，在国防、工农业生产、医药等方面有着广泛的用途。黑荆树木材坚韧，纹理细致，可作坑木、建筑用材，也可制纸浆、人造丝等。树叶是优质绿肥，据赣州市林业科学研究所测定，鲜叶含全氮0.97%，全磷0.14%，全钾0.54%，其含氮量比红花草高1倍。种子含油率达9.68%，油可供食用或工业用。黑荆树根系发达，有根瘤菌固氮，加之枯枝落叶多，树叶肥分高，是改良土壤，提高地力的优良树种。同时，也是很好的薪炭树，枝桠火力旺，燃烧值高，热值为17 585.4J/g(木炭为31 821.2J/g)。

➢资源保存与利用

(1)黑荆树引种状况　我国于1954年引入黑荆树，由华侨将种子带入国内，先在广西、广东、福建等地沿海地区引种，赣州市林业科学研究所于1967年开始引种。1972年后，赣中及赣南的19个县(市)也相继进行了引种试验，造林0.13万hm^2。由于1973年、1975年、1976年3次严寒袭击，大部分县(市)种植的黑荆树遭受冻害，只有赣南部分县和吉安市种植的黑荆树能安全越冬，保存373.33hm^2，生长迅速，并开始受益。赣州市林业科学研究所8a生黑荆树最高株产树皮65.9kg(干重)，平均株产树皮18.3kg(干重)。生长在山上土质差的10a生黑荆树林，产树皮达9075kg/hm^2。南康市太和林场1974年种植的黑荆树，1979年间伐2.67hm^2，平均产树皮825kg/hm^2。目前江西引种的黑荆树主要分布在瑞金、崇义、全南、寻乌、宁都和吉安等地海拔100～500m的丘陵地。

(2)主要立地类型和优良种源类型

①主要立地类型

a. 丘陵黑荆树林：该类型面积占80%，主要栽植在南康、于都、赣县、信丰和章贡区海拔300m以下的低丘陵。土壤为第四纪红黏土和砂砾岩、变质岩、花岗岩发育的红壤，pH值4.5～5.5，土壤肥力较低，有机质含量1%以下，几乎没有腐殖质层。原来林地植物绝大部分是马尾松、木荷、禾本科草类等。这一地区的主要特点是冬暖夏热，土壤瘠薄，交通方便，人口多。冬季暖和是黑荆树得以生长良好的重要条件。而夏季酷热，湿度小，土壤肥力低，则是导致黑荆树流胶严重、枯梢多的重要原因，也是黑荆树生长的不利因素。如果加强经营管理，这种不利因素的影响可以大大减轻。

b. 山地黑荆树林：该类型大部分为零星小块栽植，主要分布在赣南中部及少数边缘的山地。这些地区的原有植被比较好，主要有杉木、毛竹、壳斗科等针阔叶树种。土壤腐殖质厚，含有机质2%～5%。冬季气温一般比丘陵地低1～3℃，夏季气温也较低，相对湿度大，在这样冬暖夏凉、土壤肥沃的生态条件下，黑荆树生长良好，流胶病、枯梢病很少发生。

②优良种源

a. 昆明种源：中国林业科学研究院1962年从日本引入少量种子分别在昆明、厦门、南宁、广州等地试种，经过十多年的培育驯化，在海拔1800m的昆明地区已开花结果。1973年，赣州市林业科学研究所进行种源试验，试验结果显示，该种源树体高大，枝叶浓密，分枝均匀，干型通直。在林分中，干型通直率达90%以上；生长迅速，7a生平均树高10.8m，平均胸径14cm，比法国、赣州、平阳3个种源高2～3倍；雪压受害轻，抗寒力强(抗-4.5℃低温)；发病率低；单宁含量高，仅次于肯尼亚种。唯开花结实年龄比较晚(造林第5年始花，第七年少量植株结实)，是江西省内最佳种源。

b. 山门种源：浙江省平阳县山门林场1962年从南非引入，赣州市林业科学研究所1973年进行种源试验，7a生平均树高9.3m，胸径13cm。该种源干型较直，林分中干型通直率70%左右。缺点是分枝不均匀。枯梢、流胶病较严重。

c. 肯尼亚种源：林业部1973年从肯尼亚引入。种源试验结果，7a生树高8.5m，胸径12.5cm。该种源单宁含量高，但干型弯曲，病害较严重。

d. 漳州种源：福建省漳州市天宝林场于1964年由美侨从印度尼西亚引进。种源试验结果，7a生平均高8.5m，胸径12cm。该种源根瘤菌多，长势旺盛，5a生便大量开花结果，但干形弯曲。

本树种也是生物能源树种之一，同时被收录在本书的“4.5　生态型树种种质资源”章节内，详见4.5.6.5。

4.7.3.28　油橄榄 *Olea europaea*(木犀科)

➢生物学特性　油橄榄系木犀科齐墩果属。

➢资源分布　原产欧洲地中海区域，已有4000a的栽培历史，引种范围扩大到北纬45°至南纬37°之间，海拔多在500m以下，遍布五大洲30多个国家。

➢经济意义　油橄榄油脂的主要成分为不饱和脂肪酸(包括油酸85%，棕榈酸3%～9%，亚油酸4%)，橄榄油是当今世界唯一可以采用鲜果冷榨而获得的纯天然食用油，每克橄榄油可产生热量39 056.34J。为优质的非干性食用油，既可熟食，又可凉拌，被人体吸收消化率高达

94.5%以上。橄榄油含有多种维生素，而几乎不含胆固醇，所以特别适宜高血压病患者食用，对烫伤、烧伤的疗效也很好。橄榄油的果实除榨油外，还可以制盐渍或糖渍罐头，榨油后的油渣既可做饲料，又是一种很好的有机肥料。油橄榄在食品、制药、纺织、电子、玻璃仪器制造工业等方面均得到了广泛的应用。

➢资源保存与利用　为世界五大洲近40个国家引种栽培。根据联合国粮农组织（FAO）和有关国家资料显示，20世纪的前10年，世界橄榄油年平均总产量仅有60万t，到21世纪的前3年，平均年产量达到288万t，其中有两年超过300万t。世界橄榄油主产国多集中在地中海沿岸和周边国家，西班牙、意大利、希腊、突尼斯、叙利亚、土耳其、摩洛哥、葡萄牙、阿尔及利亚和约旦等10个国的橄榄油总量占世界总产油量的97.6%，其中西班牙、意大利、希腊三国的年产油量分别占世界橄榄油总产油量的38.6%、22.9%和16%。

油橄榄是一种引种栽培的优良油料树种，一般20～40a的高产单株，结果可达100～250kg，大面积栽培产油可达450～750kg/hm^2，单位面积产量仅低于号称世界油王的油棕。油橄榄的经济寿命一般为200a，比其他木本油料树的寿命长很多，阿尔巴尼亚至今还有树龄达2000多年而且仍然结果累累的老树。

（1）江西引种油橄榄概况　1964年2月，我国接受阿尔巴尼亚政府赠送的10 680株油橄榄苗木，并分配给8省（自治区）12个引种点，实际定植10 196株，其中江西省林业科学院首先引种油橄榄实生苗40多株. 1969年1月，阿尔巴尼亚政府再次向我国提供2000株4a生的油橄榄苗木，分配给湖南、江西等省（自治区、直辖市）种植。20世纪70年代初，先后又从云南、贵州、四川、广西等省（自治区）引进3000多株苗木，分别在九江、井冈山和赣州市林业科学研究所试种。井冈山长古岭林场是江西种植油橄榄海拔最高的地方，实际海拔为400m。1974年扩大到各市林业科学研究所试种，全省共计种植1万株左右。到1980年，油橄榄苗木主要靠江西省自己繁殖，全省共计种植210多万株。一般生长良好，有的定植当年高生长达1～2m。

油橄榄是欧洲地中海区域的古老树种，20世纪60年代开始引入江西栽培以来，由于江西的气候条件、水热状况以及土壤理化性状等方面与原产地有许多差异，给油橄榄的生长带来一定影响。但经过驯化和改良，基本上过了"成活、生长、开花结果、传种接代"四关。

从1976年起，在赣县、于都、乐安、金溪、余干、铅山、庐山、德安、吉安、上高、安义等11个县（市），采取成片造林与零星植树相结合的办法，建立油橄榄基地。到1982年，全省油橄榄造林面积达0.2万hm^2（含零星种植），计250万株，其中1万多株已开花结实，产量达1万kg，居全国第三位。同时出现了一批高产典型，如九江市郊区威家乡油橄榄试验所，1971年定植的500株，1982年有261株产果3775kg，每株平均14.46kg；赣州市林业科学研究所1967～1973年种植的1198株，到1979年有500株结果，产果908.4kg，最高单株产果达14.8kg。各地普遍反映，油橄榄的栽培条件要求比较严格，如果经营管理粗放，甚至不施肥料，就会出现树势衰退，叶片发黄、卷叶、未老先衰等现象。

1982年后，经多学科考察组调查，成片栽培的油橄榄出现长势逐渐衰弱，树冠越来越小和卷叶、黄化、丛枝等病虫害现象，从而使经营者对种植油橄榄失去信心，面积逐渐减少。至1985年，据重点调查推测，全省保存油橄榄林0.07万hm^2，计10万余株。至1990年，成片的油橄榄基本无存。如上饶市，在1976～1978年间种植油橄榄0.13万hm^{2}多，造林后由于面积过大、投资少、负担重，仅仅几年时间，保存面积只有266.67hm^{2}多，占造林面积的20%。其中余干县梅港造林26.67hm^2，只剩下不到40株，铅山县汪二乡45.47hm^{2}油橄榄，只留下31株，保存率只有4.4%。

（2）油橄榄主要栽培品种　江西先后引入原产于原苏联、阿尔巴尼亚、意大利、法国、西班牙5个国家的品种或类型共有50多个，其中表现较好的有大叶克里、佛奥和卡林。

①大叶克里：原产原苏联，适应性强，发枝均称，树体冠型好，抗旱性强，始花结实早，产量较高。其完全花占花数的32%，自花授粉坐果率占完全花的4.9%，果重2.4~3.1g，果实大小较均匀，成熟期较一致，含油率为18.9%~28%。赣州市林业科学研究所1972年栽植的大叶克里高压苗，在一般管理水平下，1980年树高4~5m，树冠投影面积17~19m^2，平均单株产果17.6kg，树冠投影面积产果0.95kg/m^2。

②佛奥：适应性广，生长快，发枝力强，产量高，抗寒能力比大叶克里弱，其完全花比例大，高达82.5%，自花授粉坐果率占完全花的2.3%，果重2.7~3.8g，鲜果含油率为18%~23%。九江威家1971年定植的佛奥，1979年树高6.9m，最高单株产果40kg，冠幅直径6.2m，投影面积38.4m^2，平均产果1.05kg/m^2。赣州市林业科学研究所1972年栽植的丰产林，平均300株/hm^2，1980年树高5.7m，最高单株产果52.5kg，树冠投影面积36m^2，平均产果1.45kg/m^2。该片丰产林郁闭度0.7，总冠幅面积为1843.1m^2，平均产果0.75kg/m^2，产果达5370kg/hm^2。但该品种果实大小不均匀，成熟期长且不一致，对土壤缺硼反应敏感。

③卡林(小果类型)：生长快，是开花结实最早的品种类型，一般定植2~3a就能结实，产量较高，抗寒能力较强。但果实较小，含油率低，成熟期晚。完全花占花总数的25.5%，自由授粉坐果率占完全花的6.3%。雨后第二天采果分析，其鲜果含油率为7.6%（干果含油率20.5%）。果实一般在11~12月成熟。赣州市林业科学研究所1972年栽植，1980年平均每株产果12kg。

(3)影响油橄榄保存率的主要因素　油橄榄引入我国种植，经历了试验、推广、发展阶段，其间随着我国政治、经济形势的变幻而出现过大起大落的局面。

1976年，我国油橄榄已由10 196株发展到200多万株，分布范围由8省(自治区)12个引种点扩大到15个省(自治区、直辖市)的2000多个引种点，年产果达2万kg。到1980年，我国油橄榄总株数已达2000万株。但由于一些地方发展速度过快，粗植滥造，保存率低，到1985年，仅在西南和长江中下游地区保存油橄榄500万株。1986年，在林业部调整、巩固、提高的思想指导下，先后从欧洲8个国家引进150多个油橄榄品种，并初步选育出10多个适合各地的优良品种。同时要求各地"在资金等方面稍加扶持"，由于当时未能引起有关方面的重视，到二十世纪八十年代末期，承担油橄榄生产任务的国营林场和社队林场先后出现资源危机和资金危困的局面。油橄榄生产陷入一无资金、二无人员的困境，加上选地不当，布局不合理，品种和气候不适宜等原因，造成了油橄榄资源的锐减。

上饶市林业局的陈更发为了进一步总结油橄榄引种栽培的试验效果，先后到上饶、余干、铅山、弋阳及市林业科学研究所等单位进行实地考察。通过调查，他认为，油橄榄造林保存率低，主要有如下几个主要因素的影响。

①品种混杂，盲目发展：引进品种繁多，没有选择好真正适合江西生长的油橄榄品种或类型。上饶市引入54个品种栽植，表现好一点的只有克里、卡林、佛奥3个品种，其他大部分品种结实量少。

②油橄榄生产周期长，人力、物力、财力跟不上：油橄榄在国外被当作果树来管理，而我们引种油橄榄，只予补贴60元/hm^2，只够买苗，由于抚育管理面积大，肥料不足，树体修剪不到位，病虫防治不力等原因，不能实现集约经营，影响了油橄榄的产量。

③油橄榄加工困难：由于在推广栽植油橄榄时没有引进相应配套橄榄油加工技术和设备，影响了扩大引种的积极性。

(4)种植评价

①油橄榄在两种土壤类型适宜种植：一是紫色页岩风化形成的土壤，磷、钾、钙含量丰富，土层深厚，透水透气好，油橄榄生长良好；二是砂砾风化形成的土壤，也适宜油橄榄的生长。但这两类土壤在江西分布面积小，大面积的则是酸、黏、瘦三大缺点俱全的红壤，不适宜种植

油橄榄。同时，油橄榄的原产地冬雨夏旱、而江西则春夏多雨，秋冬干旱，与油橄榄耐旱特性在季节上不相适应，成为江西大面积栽种的主要不利因素。

②油橄榄是需要养分多的木本油料树种：因此要选择土层深厚、土壤疏松肥沃的造林地，而且要深施有机肥，这样才能引根深入，根深叶茂，提高抗旱能力，获得较高产量。

③根据江西气候和土壤条件，应按照因地制宜的原则种植油橄榄，注意选配适宜品种，以小面积零星种植为宜，逐步发展，做到高产多收。

4.7.3.29　紫穗槐(蝶形花科)

➢生物学特性　落叶丛生灌木，高1~4m。

➢资源分布　原产美国东部，分布范围从宾夕法尼亚州至威斯康星州，南到佛罗里达州，西到路易斯安那州。

➢经济意义　紫穗槐用途广泛，经济价值很高，是改良土壤的好树种，家畜的好饲料，条编的好原料。紫穗槐嫩叶可作绿肥，有根瘤菌能固定空气中的氮素。据测定，每500kg嫩叶含氮13.2kg，磷3kg，钾7.9kg。在肥力较差的沙荒地上种植紫穗槐5a，土壤有机质含量增加4倍；每1000kg风干的紫穗槐叶中含蛋白质23.7kg，脂肪31kg，是优良的饲料树种。

➢资源保存与利用　紫穗槐于20世纪初引入我国，初为公园观赏树，新中国成立后，在我国广泛种植。20世纪50年代江西开始种植紫穗槐，在南昌、上饶、九江、鹰潭，以及赣南等地的平原、丘陵，以及浙赣铁路沿线多有栽培。

本树种也是生物能源树种之一，同时被收录在本书的“4.5　生态型树种种质资源”章节内，详见4.5.6.11。

4.7.3.30　悬铃木 *Platanaceae acerifolia* **(悬铃木科)**

➢生物学特性　悬铃木又名英国梧桐(又称二球悬铃木)，为大乔木。悬铃木属最喜光树种，不耐蔽荫。喜温暖湿润的气候，最适于微酸性或中性，深厚、肥沃、湿润、排水良好的土壤，在微碱性或石灰性的土壤上也能生长。耐强度修剪，生长迅速，为有名的行道树树种。二球悬铃木为三球悬铃木与一球悬铃木的杂交种，球状果序2(1~3)个生于长总柄上。果序径2.5cm。

➢资源分布　广泛分布在欧洲，特别是在伦敦街上种植，故而得名英国梧桐。

➢经济意义　悬铃木萌发能力强，抗空气污染能力强，在轻度污染的地方，悬铃木的树叶能吸收和阻滞一部分有害气体和滞积灰尘，具有较强的净化空气能力。据调查，悬铃木抗化学烟雾、臭氧、苯、苯酚、硫化氢等有害气体能力也较强；抗二氧化硫和氟化氢能力中等，抗氯气和氯化氢能力较弱。悬铃木有一个缺点是冬春季节落果飞毛会造成污染，影响人体健康，可以采取选择品种，高接换冠，喷洒药物等办法控制飞毛污染。

➢资源保存与利用　悬铃木(英国梧桐)引入我国栽培已有100多年历史，广泛栽植，生长普遍良好，庐山海拔700~1000m处均有栽植。

4.7.3.31　杨树(杨柳科)

➢生物学特性　喜光，要求温带气候，具有一定的耐寒能力。对水分要求十分严格。

➢资源分布　杨树在我国分布很广，从新疆到东部沿海，北起黑龙江、内蒙古到长江流域都有分布。

➢经济意义　江西省推荐为纤维板用材林、纸浆用材林造林树种，还可作为农田林网、四旁植树绿化树种。

➢资源保存与利用　我国引种国外杨树始于19世纪，1949年以前都是零星无计划地引种，20世纪50年代到70年代，我国曾引种了几百个黑杨派树种无性系，但是引种成功并已取得显著经济效益的仅有沙兰杨 *Populus* × *canadensis* ‘Sacrou79’、Ⅰ-214杨 *Populus* ×. *Canadensis*

‘Ⅰ-214’、72 杨 *Populus* × *euramaricana*‘Ⅰ-72/58’、69 杨 *Populus* × *deltides*‘Ⅰ-69/55’、63 杨 *Populus* × *deltides*‘Ⅰ-63/51’等无性系。其中 72 杨和 69 杨、63 杨均是由中国林业科学研究院吴中伦教授于 1972 年参加在阿根廷召开的世界林业大会后，回国途中访问意大利时带回来的插条，经南京林业大学叶培忠教授在江苏泗阳等地繁殖成功并大面积推广。江西省位于长江中下游，尤其是鄱阳湖平原，气候条件与原产地相似，土壤肥沃，在湖滨地区最为适宜引种。

“九五”期间，南京林业大学选育了“南林 95”和“南林 895”两个单板用材新品种，新品种特点具有速生、优质、高产和抗病性，其适应性和遗传稳定性较强。以上两个品种 7a 生树高可达 24m，胸径 32cm，单株材积可达 0.4614m^3。

本树种在江西也是用材树种之一，同时被收录在本书的“4.1 用材型树种种质资源”章节内，详见 4.1.22。

4.7.3.32 变叶木 *Codiaeum variegatum*（**大戟科**）

➢生物学特性　属戟科常绿灌木或小乔木，树高 1～2m。

➢资源分布大　变叶木原产马来西亚、印度尼西亚和南洋群岛、澳大利亚热带地区。

➢经济意义　变叶木叶形奇特，叶色富变化而艳丽，是著名观叶植物。

➢资源保存与利用　20 世纪初由华侨从南洋引入，在华南地区栽培。20 世纪 50 年代开始，作为温室观赏植物向北推进，目前栽培范围几乎遍及全国。

4.7.3.33 一品红 *Euphorbia pulcherrima*（**大戟科**）

➢生物学特性　常绿灌木，高可达 5m，花期长约 70d。

➢资源分布　原产墨西哥海拔较高处。

➢经济意义　一品红又名圣诞花，正常开花正值圣诞节及元旦、春节之际，其花下叶片绯红，鲜艳夺目，给人以喜庆气氛，是著名的观赏植物。

➢资源保存与利用　20 世纪初即有华侨引入我国；到了 30 年代，北方各省及长江流域各大城市均有种植，多为温室栽培；60 年代又扩大到许多中、小城市；70 年代更为普遍；80 年代还引入了矮生品种，进入了许多居民室内栽培观赏。

4.7.3.34 日本槭 *Acer japonicum*（**槭树科**）

➢生物学特性　是落叶乔木，通常树高 5～10m，胸径 20～30cm。

➢资源分布　日本槭原产日本北海道、本州、四国，在朝鲜也有分布。

➢经济意义　日本槭为美丽的观花赏叶树种，除江西庐山外，上海、杭州、青岛等地的园林中均有栽培。

➢资源保存与利用　1934 年庐山植物园建园前曾有少数别墅种植日本槭。1936 年开始由日本引进种子繁殖，之后也由各别墅剪枝，选用鸡爪槭 *Acer palmatum* 实生苗作砧木，采用靠接、枝接或芽接等方法嫁接繁殖。

4.7.3.35 糖槭 *Acer saccharum*（**槭树科**）

➢生物学特性　落叶乔木。

➢资源分布　为美国最重要、面积最大的硬阔叶树种，面积 1250 万 hm^2，为硬阔叶树林地的 9%，净蓄积 1.3 亿 m^3。主要商品材在密执安州、纽约州、缅因州、威斯康星州、宾夕法尼亚州，还广泛分布在加拿大东南部。垂直分布在海拔 480～1200m 的潮湿平地、深谷和溪边。

➢经济意义　糖槭木材硬、重、强度大，纹理细，韧性强，主要用作室内装饰、地板、家具制造、造船等。糖槭还是制造槭树糖和糖浆的原料，春天树液流动时，割取树液，含糖量最高。糖槭树形、花、果奇特，广泛作为风景树，也是保持水土涵养水源的优良树种。

➢资源保存与利用　庐山植物园 1936 年引种，在庐山生长良好。1958 年南京植物园、武汉植物园、湖南省林业科学研究院等单位先后从庐山引种扦插苗，均生长良好。

4.7.3.36　复叶槭 *Acer negundo*（槭树科）

➢生物学特性　落叶乔木，高 20m。

➢资源分布　原产北美，分布于加拿大的安大略及美国中部的明尼苏达到堪萨斯、得克萨斯，一直到佛罗里达中部，分布地区跨亚热带、暖温带、温带及寒带。

➢经济意义　复叶槭对有害气体的抗性强，特别是对氮气的吸收力强。复叶槭树冠宽阔，叶形美丽，具有一定的观赏价值。

➢资源保存与利用　复叶槭于 18 世纪引入欧洲，19 世纪末叶引入我国。复叶槭适应性强，但虫害比较严重。

4.7.3.37　薄壳山核桃（胡桃科）

➢生物学特性　薄壳山核桃为落叶乔木，喜湿润土壤，是重要的木本油料树种。

➢资源分布　原产美国、墨西哥。在北纬 25°～40°均有分布，主要生长地区在东自佐治亚州，西至得克萨斯州和俄克拉阿马州一带。

➢经济意义　薄壳山核桃树干通直，木材坚固强韧，纹理致密，不易翘裂，适于制作农具、家具、运动器械，也是建筑和军工的优良用材。薄壳山核桃果大壳薄，种仁每 100g 平均含蛋白质 11.4g，脂肪 74.4g，碳水化合物 10.7g，营养价值很高，生食、炒食或制作糕点，均为上乘材料，美味可口，容易消化吸收。油的脂肪酸主要是不饱和脂肪酸，其中油酸 75.1%～76.1%，亚油酸 17.4%～20.0%。薄壳山核桃的果壳可作燃料，还可作观赏植物的覆盖物、饲料和除虫剂的填充剂，还可提取单宁及制成木炭，也是良好的行道树和庭荫树。

➢资源保存与利用　薄壳山核桃于 1900 年左右引入我国。江西九江二中（原为美国教会学校）现有百年大树，据 1976 年调查，最大树高 20m，胸径 70cm，40a 生的 1 株树高 15m，胸径 52cm。1958 年栽植的树高 10～12m，胸径 25cm，已开花结实。江西省妇幼保健院内（原为美国教会办的护理小学），也有数株大树，每年结果累累。庐山海会园艺场 1957 年从南京引种作行道树，1973 年开花结果。赣州市林业科学研究所从九江引种育苗，1966 年在瘠薄丘陵坡地栽植，10a 生树高 2.9m，胸径 3.5cm，已开花结果。江西省林业科学院在南昌也有 10 多年的引种栽培历史。薄壳山核桃可播种或插根繁殖。

本树种也是经济树种之一，同时被收录在本书的“4.2　经济型树种种质资源”章节内，详见 4.2.11。

4.7.3.38　八角金盘 *Fatsia japonica*（五加科）

➢生物学特性　常绿灌木或小乔木，高 3～5m。八角金盘生长比较缓慢，年生长量在 30cm 以下。对土壤要求不严，一般在中性、微酸或微碱的土壤中均能正常生长。

➢资源分布　八角金盘原产日本九州、四国和本州等地区。

➢经济意义　八角金盘是著名的观赏植物。

➢资源保存与利用　本种在 19 世纪上半叶引入欧美庭园栽培，19 世纪末叶引入我国，华南各园林常见栽培，杭州、南昌、长沙一带以南各地均能适应。目前，江西南昌等地应用比较普遍。

4.7.3.39　西洋常春藤 *Hedera helix*（五加科）

➢生物学特性　五加科常绿大型木质藤本，茎蔓可长 10 余米。

➢资源分布　产欧洲至高加索，濒临地中海、黑海和里海，属地中海型亚热带及暖温带气候。

➢经济意义　多作为建筑墙壁、庭院墙垣攀缘栽培。

➢资源保存与利用　19 世纪末叶，我国引入西洋常春藤，到 20 世纪 30 年代，淮河流域以南的长江流域各城市几乎均可见到。栽培种有金边常春藤、彩叶常春藤、金心常春藤和银边常春藤等。

4.7.3.40　夹竹桃 *Nerium indicum*（夹竹桃科）

➢生物学特性　为常绿直立大灌木，高5m，耐旱耐瘠薄。

➢资源分布　原产印度、伊朗，现广植于热带和亚热带地区，分布区域为南纬43°~北纬35°，东经10°~140°的广阔地带。

➢经济意义　夹竹桃枝叶繁茂，四季常青，花色艳丽，有特殊香气，为城市绿化的极好树种；夹竹桃非常耐烟尘，抗污染，对高浓度的二氧化硫和氯气有极强的抗性，是化工厂、电厂、药厂和钢铁厂的优良净化和美化树种；叶子茎皮可入药，能强心利尿、祛痰杀虫，内治心力衰竭、癫痫、哮喘痰壅，外治冻疮；夹竹桃叶切碎或拌食物，又是一种简便高效的灭蚊、灭蝇药；叶、根、树皮、花、种子均含多种配糖体——夹竹桃苷，毒性极强，人畜误食均会致命。种子含油率58.5%，可供作润滑剂。由于夹竹桃丛生，枝叶繁茂，根系发达，还能防风固沙、保持水土。

➢资源保存与利用　据记载，我国引种夹竹桃的历史悠久，最早从印度和伊朗引种，现在我国南方各省主要在四旁、城市街道、公园等处广为种植。夹竹桃在江西省栽培多年，各地均生长良好，它栽植成活率高，在高速公路、铁路两旁有大量栽植，形成了很好的景观带。

4.7.3.41　美国凌霄 *Campsis radicans*（紫葳科）

➢生物学特性　落叶木质藤本，长可达10余米，枝上常生气根，借以攀缘上升。

➢资源分布　原产美国东部及南部，由宾夕法尼亚州至佛罗里达州，向西至德克萨斯各州均有分布。

➢经济意义　美国凌霄枝上有气根，可以吸附在墙壁、岩石、树枝等他物上攀缘生长。花红而密，花期7~9个月，可作墙垣、石壁、泊岸或花架的垂直绿化栽培。

➢资源保存与利用　早在19世纪末，由美国引入我国，在华东沿海及长江下游栽植。现已广泛栽于篱墙、花架及山石。我国北起北京，南至江西、湖南，东到山东、江苏、浙江，西至甘肃、四川、云南均有栽培。

4.7.4　野生乡土驯化树种

4.7.4.1　铁坚油杉 *Keteleeria davidiana*（杉科）

➢生物学特性　常绿乔木，树高达50m，胸径2.5m，为我国特有树种，

➢资源分布　分布于甘肃东南部，陕西南部，四川北部、东部及东南部，贵州西北部，江西西北部等地，常散生于海拔600~1500m地带。

➢经济意义　木材可作建筑、桥梁及一般用具等用材，树冠广圆形，枝叶茂密，深绿色，可作园林绿化树种。

➢资源保存与利用　江西南昌、九江已采种育苗，小面积栽植。1~5a生幼树生长缓慢，而后生长速度加快，年树高生长量60~70cm，最快达1m。江西省林业科学院在海拔50m的红壤岗地上栽培，据调查，20a生的铁坚油杉木高6~7m，胸径10cm，生长旺盛。九江市林业科学研究所引种栽培的铁坚油杉，同样生长良好。

4.7.4.2　厚朴（木兰科）

➢生物学特性　落叶乔木，高达20m，胸径35cm。

➢资源分布　自然分布于广西、四川、湖北西部、贵州、云南、陕西及甘肃南部海拔500~1500m的山地。

➢经济意义　为我国特产的药用兼材用的珍贵树种。

➢资源保存与利用　厚朴生长快，萌芽力强，适宜在海拔500m以上的山地造林。一般15a

生开始结实，20a 生可剥皮制药，越老越好，寿命达百年以上。庐山植物园，1936 年育苗，1937 年在海拔 1000m 的山地造林，生长优良。

本树种也是经济树种之一，同时被收录在本书的“4. 2　经济型树种种质资源”章节内，详见 4. 2. 2。

4. 7. 4. 3　庐山厚朴 *Magnolia biloba*（木兰科）

➢生物学特性　落叶乔木，其形态与厚朴相似，但叶端凹缺。该树为喜光树种，不耐荫，对土壤和海拔高度要求不严，山地、丘陵均可生长，但以中、低山地区生长良好。

➢资源分布　主要分布于湖北东部、湖南、江西、福建、安徽、浙江等地海拔 500 ~ 1500m 的山地。

➢经济意义　经济价值同厚朴。

➢资源保存与利用　庐山植物园 1936 年引种栽培。1966 年曾在海拔 950m 的山坡、山坳造林 5. 33hm^2，生长良好。1980 年调查，14a 生一般树高 6 ~ 8m，胸径 10 ~ 12cm。

4. 7. 4. 4　八角（八角茴香）*Illicium verum*（八角科）

➢生物学特性　常绿乔木，树高达 20m。八角为荫性树种，喜生于气候温暖的山谷，但以湿润、肥沃、排水良好的壤土和砂壤生长最好。

➢资源分布　分布于广西、广东、贵州、云南、福建，多生于温暖湿润的山谷中。

➢经济意义　八角是我国特有的芳香植物。

➢资源保存与利用　在开阔的阳坡虽能生长，但由于光照过强，往往生长不良，常显枯顶衰退现象。在干旱瘠薄的红壤丘陵地生长很差，并陆续死亡，可见该树种对立地条件要求严格。赣州市林业科学研究所 1950 年从广西引种，1963 年在上犹县陡水造林 0. 33hm^2，现有 90 株，树高 10 ~ 14m，胸径 10 ~ 16cm，冠幅 5 ~ 6m，生长良好。

4. 7. 4. 5　山桐子 *Idesia polycarpa*（大风子科）

➢生物学特性　落叶乔木，树高达 20m，是速生用材树种。

➢资源分布　主要分布于湖南、安徽、浙江、江西、四川、云南、陕西、甘肃等省。江西各地山区海拔300 ~ 1000m 的山谷、山坡均有生长，常散生在阔叶林中。

➢经济意义　木材纹理直，结构细致，质轻软，不翘曲，加工容易，刨面光滑，宜作板材、箱柜、家具及工艺品用材。种子含油率 29%，为半干性油，可制肥皂或作滑润剂，也可作桐油代用品。树皮纤维性好，可制绳索。种子成熟时色红夺目，可作庭园绿化树种栽培。

➢资源保存与利用　九江市林业科学研究所 1979 年育苗造林，3a 生树高达 2 ~ 2. 5m。赣南树木园 1a 生树苗造林，当年高生长 2m 以上，表现良好。

4. 7. 4. 6　杜仲 *Eucommia ulmoides*（杜仲科）

➢生物学特性　落叶乔木，树高可达 15m，胸径 40cm。杜仲为喜光树种，根系发达，对土壤要求严格，在排水良好，土层深厚肥沃的微酸性土壤上生长良好。

➢资源分布　杜仲是我国特产树种，主要分布于陕西、湖北西部、湖南西部、江西、四川北部、云南东部及贵州等地。江西武夷山、庐山及武宁县尚有单株分布。

➢经济意义　中国特有的名贵经济树种，国家二级保护植物。千百年来，杜仲皮作为中药在人们医疗保健等方面起着十分重要的作用。

➢资源保存与利用　赣州市 20 世纪 60 年代从湖南引进种子育苗造林，现在上犹、信丰、全南、龙南、安远、赣县的山区均有栽培，九江市的庐山、彭泽、瑞昌等地也有栽培。龙南县九连山垦殖场 1960 年栽植，25a 生树高 8m，胸径 12 ~ 14cm。

本树种也是经济树种之一，同时被收录在本书的“4. 2　经济型树种种质资源”章节内，详见 4. 2. 6。

4.7.4.7 光皮桦(亮叶桦)*Betula luminifera*(桦木科)

➢生物学特性 落叶乔木，树高达25m，胸径80cm，是用途较广的速生用材树种。光皮桦是强喜光树种，多生于向阳干燥的山坡。

➢资源分布 光皮桦主要分布于浙江、湖南南部、福建、湖南、湖北西部、四川东部、贵州、云南东南、广东北部、广西北部、江西等地。江西怀玉山、九连山海拔500m即有发现，武夷山分布于海拔600～1700m，但以海拔1000～1400m分布较为集中。

➢经济意义 木材纹理通直、结构细、质坚硬、耐磨损、收缩中等。加工性能良好，木纹美观，胶黏、油漆性能好，可供纺织器材、枪托、箱材、文具、细木工用材，也是上等胶合板材料和造纸原料。

➢资源保存与利用 上饶、南昌、九江、庐山、赣州、鹰潭等地已采种育苗，小面积栽培，一般生长良好。江西省林业科学院产曾于1977年从武夷山挖取1m高左右野生苗进行栽植，1982年4月调查，树高一般达4m，胸径10cm。种子随采随播，发芽率30%。

4.7.4.8 臭椿 *Ailanthus altissima*(苦木科)

➢生物学特性 落叶乔木，树高达30m，胸径1m以上。臭椿为喜光树种，耐干旱，耐瘠薄，但不耐水湿。对土壤要求不严，在酸性、中性和石灰性土壤中都能生长。

➢资源分布 原产我国北部和中部，现江西各地均有分布。

➢经济意义 木材材质略轻，易于干燥，硬度适中，容易加工，纹理直，刨面光滑，并有弹性，可作室内装修、家具和一般建筑用材料。木材纤维长度和重量都优于杨树和云杉，是造纸工业和纤维工业的良好原料。臭椿有抗烟尘的特性，是工矿绿化、减少空气污染的好树种。

➢资源保存与利用 江西北部育苗栽培较多，生长良好。九江市林业科学研究所1979年采用臭椿与杉木混交造林，4a生树高3～4m，胸径4～5cm。

本树种也是用材树种之一，同时被收录在本书的“4.1 用材型树种种质资源”章节内，详见4.1.31。

4.7.4.9 香椿 *Toona sinensis*(楝科)

➢生物学特性 落叶乔木，喜光树种，树高达25m，胸径70cm，是我国特有的速生用材树种。

➢资源分布 香椿分布东起辽宁南部，西至甘肃，北至内蒙古南部，南到广东、广西、云南，以山东、河南、河北栽培最多，垂直分布最高达海拔1800m。

➢经济意义 木材纹理通直而美观，坚重而富有弹性，可供建筑、家具、农具等用。嫩芽幼叶营养丰富，具有香味，可供食用。

➢资源保存与利用 香椿适应性强，对土壤酸碱度要求不严，喜深厚肥沃的砂质土壤，江西各地有零星栽培，可在丘陵地区和四旁推广造林。九江市林业科学研究所1977年在海拔110m的丘陵地造林，5a生树高达6～7m，胸径7～8cm。

本树种也是用材树种之一，同时被收录在本书的“4.1 用材型树种种质资源”章节内，详见4.1.34。

4.7.4.10 南酸枣 *Choerospodias axillaris*(漆树科)

➢生物学特性 落叶乔木，高达27m，胸径可达1m。南酸枣对土壤要求不严，在酸性、中性或石灰岩风化的土壤上均能生长。玄武岩发育的暗红壤，土壤肥力高，林分生长最好。花岗岩、砂岩、石灰岩发育的山地红壤、土壤肥力较高，林分生长较好。紫砂岩发育的紫色土，土层较薄，肥力较差，林分生长较差。

➢资源分布 分布于湖北、湖南、广东、广西、四川、云南、浙江、福建等省(自治区)。江西主要生长在海拔400m以下、土壤比较湿润、肥沃的山谷和山麓阔叶林内。常与青冈、枫香、木荷、杜英、丝栗栲等树种混生。

➢经济意义　南酸枣是速生用材树种。木材具光泽、耐腐，无特殊气味，纹理直或斜，色纹美观，结构中庸，材质略轻软，强度中等，加工性质良好，可供制造农具、家具、乐器、车厢和一般建筑用材。

➢资源保存与利用　通过南方多个省份不同种源的早期选择试验，发现不同种源的南酸枣生长具有显著性差异，基本上可划分三大种源区、以南亚热带种源为主的速生种源区、以中亚热带种源为主的中速生种源区和以中亚热带偏北种源为主的生长相对较慢种源区。江西省会昌种源生长最佳，其2a生幼树高和胸径生长量超过试验群体平均值的11.75%和8.21%。根据南酸枣苗期生长性状，在浙江余杭初选出广西的容县、南丹、融安种源和福建华安等4个苗期较速生的种源，以及苗期较速生的15个家系。

江西省上饶、宜春、九江、赣州等地进行南酸枣育苗造林，一般生长良好。九江市林业科学研究所营造南酸枣杉木混交林。5a生树高达7～8m，胸径8～10cm。九江县新洲有人在冲积砂壤土上栽植，6a生平均树高达8m，胸径23cm。是平原丘陵地区有发展前途的用材树种之一。

本树种也是用材树种之一，同时被收录在本书的“4.1　用材型树种种质资源”章节内，详见4.1.33。

4.7.4.11　蓝果树(紫树) *Nyssa sinensis*(蓝果树科)

➢生物学特性　落叶乔木，树高达30m，胸径1m，是生长较好的用材树种。

➢资源分布　主要分布于安徽、浙江、湖南、湖北、四川、贵州、广西、广东等省(自治区)。江西各地山区海拔300～1300m地带常有生长。

➢经济意义　木材纹理直，结构颇细，质地轻软适中，不反翘，切削容易，刨面光滑，但不耐腐，适于农具、家具、箱板、食品容器、造纸、车辆用材。

➢资源保存与利用　赣州在山区、丘陵营造的纯林和混交林均生长良好。九江市林业科学研究所1987年采种育苗，与杉木混交造林，3a生树高3m左右，胸径5cm左右。

本树种也是用材树种之一，同时被收录在本书的“4.1　用材型树种种质资源”章节内，详见4.1.37。

4.7.4.12　青皮竹 *Bambusa textilis*(禾本科)

➢生物学特性　丛生竹，秆高达9～12m，径3～5cm。秆直立，节间甚长，竹壁薄，笋期5～9月。好生于土壤疏松、湿润、肥沃的立地；河岸溪畔、平原、丘陵、四旁均可生长。适生于温暖湿润之气候环境中。

➢资源分布　青皮竹主要分布在华南地区，分布中心是两广，生长在平原丘陵地带，尤以河溪沿岸较多。

➢经济意义　青皮竹为优良丛生竹之一，具有速生高产，适应性强，繁殖容易的特点。青皮竹节间长，竹节平滑，竹篾坚韧，拉力很强，伸缩性小，宜劈篾编缆、打索、编织农具和日常生活用具，建筑、搭棚、围篱、蔬菜支柱及制纸等。竹笋味道鲜美可供食用。

➢资源保存与利用　抚州市(现临川区)四新林场于1978年从广东引入2000母竹蔸栽植在红壤丘陵。母竹1～2a生，成活率80%多，1979年每丛发新竹最多10株，一般3～5株。新竹最高5m，一般2～3m，最大胸径4cm，一般1～2cm。

本竹种也是材用竹之一，同时被收录在本书的“4.4　江西竹类种质资源及主要经济竹种”章节内，详见4.4.2.2。

4.7.4.13　蒲葵 *Livistona chinensis*(棕榈科)

➢生物学特性　常绿乔木，热带和南亚热带树种，树高可达15～20m。喜高温多湿气候，能耐短期-3℃的低温，栽培于土层深厚、湿润肥沃的土壤上生长最好。

➢资源分布　原产我国南方，广西、广东、福建、台湾等省普遍栽培。

➢经济意义　其主要产品是葵叶，用来制蒲扇和编席等。蒲葵对二氧化碳、氯气和氯化氢的抗性较强，是厂矿、道路绿化和环境保护的良好树种。

➢资源保存与利用　江西省从广东新会引入，开始作庭园树种，后作经济林经营，广泛栽植于南康、龙南、赣县、信丰、于都等县(市)。可播种育苗繁殖。

4.7.5　引种驯化工作的评价与展望

历年来江西引种树木的记录显示，引进的树木数量远远超过目前所保存的树木数量。证明过去在引种中存在着一定的盲目性，缺乏对树种特性及原产地气候条件的深入分析和研究，致使主观的引种愿望和客观的实际不相符合，因而不少树种由于不适宜当地气候或管理不善而逐步衰退死亡。引种是一项复杂的科学实验工作，是综合性的研究课题。决定引种成败的环境条件有温度、湿度、日照、土壤、海拔高度、纬度等方面，如果忽视某一方面往往不能达到预期目的。与此同时，充分挖掘野生乡土树种资源，更广泛地用于发展生产，也是树种引种驯化的重要内容，同样是发展造林事业和山区经济的一项重要战略课题。做好这项工作，对改变造林树种单调，改善人工林结构简单，提高森林质量，增加社会财富，促进生态平衡的良性循环将有着重大的意义和深远的影响。总结历年来江西的引种驯化工作，从中可以看出一些规律性的问题。

在引种国内树种中，以原产华东、华中的野生种类驯化成功的数量最多，表现最好，如金钱松、台湾松、柳杉、水杉、鹅掌楸、厚朴、庐山厚朴、玉兰、连香树等；原产我国西部和西南的种类，一般在江西山地生长良好，如麦吊云杉、丽江云杉、紫果云杉、云南铁杉、华山松、冷杉等；原产华北的树种在江西一般生长不良，如青杆、白皮松、华北落叶松、杜松、油松、文冠果等；而原产华南的树种，在北纬27°以南各县，一般生长较好，如榕树、八角、蒲葵等。

在引栽国外树种中，以原产日本中南部(本州中部以南、四国、九州)地区的生长最好，如从日本引进的主要造林树种日本柳杉、日本扁柏、日本花扁、日本香柏、罗汉柏、日本冷杉等，生长不亚于原产地；而日本五针松、黑松、赤松、日本落叶松等生长一般。原产北美的树种表现也很好，如湿地松、火炬松、池杉、落羽杉、北美香柏、广玉兰、薄壳山核桃、紫穗槐、刺槐等；原产欧洲的树种以悬铃木最好，欧洲云杉较好，但欧洲落叶松、欧洲赤松、欧洲黑松等生长不良；原产大洋洲的树种在赣南市区一般生长较好，如银桦、黑荆树、南洋杉、桉属等一些较耐寒的种类可以生长，但仍受较大的冻寒威胁。

综上所述，由于原产地不同，表现情况也不尽相同。原产地植物区系成分和气候条件与江西植物区系成分和气候条件的异同性是决定引种成功与否的重要原因。两地情况相同或相近，引种成功的可能性就大，否则，引种成功的可能性就小。当然，决定引种成功或失败的因素是多方面的，应该更全面、更深入的进行试验、分析和研究。具体来说，应该重视以下几方面的问题。

4.7.5.1　确定引种范围

(1)国内树种的引种驯化　首先要试种本地的优良速生珍贵树种，充分发掘利用乡土树种种质资源；第二，引种原产华东、华中的树种；第三，引种西南的树种；第四，引种华南的树种。今后应少引种或不引种华北、东北和西北的树种。

(2)国外树种的引种　首先应重点引种日本本州中部以南地区和北美的树种；其次是澳大利亚东南部的树种；再次可以少量引种原产亚洲热带、美洲热带和欧洲的树种。赣州市可以作为热带树种的重点引种地。

4.7.5.2　注意地理生态条件的相似性

在引种过程中，要深入研究原产地与引种地区的气候、土壤等生态特点，植物区系成分、分布、生长节律及经济状况等，并进行综合比较，特别要根据绝对低温、绝对高温、雨量分布、相对湿度、日照、年积温等不同，预测超过引进树种所能适应的环境因子的极限指标，以及可能出现的损害，以便选择引种成功可能性较大的树种。

另外，同一树种由于种子地理起源不同，其后代常常表现极大的差异。往往可能有一些种源表现不相适应，而另一些种源表现非常好，或同一种源在本引种地表现不适宜，而在另一引种地却表现良好。所以不能因为某地一时引种效果不好就轻易判定某树种不适应本地环境而废弃，要反复试验分析。

4.7.5.3　做好鉴定和推广工作

引种的目的在于推广，推广是引种驯化工作的继续和发展。江西经过几十年的引种，收集了许多珍贵树种，不少树种表现良好，但由于未能组织鉴定，提出推广或扩大试验的意见，致使引种成果不能早日应用于生产。为了进一步巩固和扩大引种的成果，应做好如下几项工作。

(1)对引进树种和省内原有的优良树种进行优良单株选择，同时进行当代和后代的测定，提出技术报告。

(2)对引种成功的树种遗传性状和生长表现进行测定后，通过鉴定提出推广意见，有的可直接繁殖和推广优良无性系，有的可通过无性繁殖建立无性系种子园，生产遗传品质经过改良的种子。

(3)在引进树种优树选择的基础上，进行种内种间杂交，进一步改良树木遗传品质，提高生活力和抗逆性，创造新品种。

4.7.5.4　健全技术档案

江西林业界与国内外有着广泛的联系，常常交换引种大量的种苗，过去由于制度不严，缺少技术档案资料，给引种推广工作造成不应用有混乱和损失。有些引种树种表现好，但由于无记录可查，又因人员变动，往往引种来源、时间、技术处理、生长过程不明，无法进行鉴定。有些树种早就引种过，或因历史原因，或由于人为因素，或因立地条件选择不当，或因栽培技术不相适应而失败，由于缺乏详细记载，无法进行分析比较，直接影响了引种工作的进展。因此，要特别重视建立技术档案的工作。

第5章 林木种质资源保存与利用

林木种质资源是国家重要的基础战略资源，是维护生物多样性、保障人类生存和生态安全的物质基础，是林木遗传改良和新优种质创制的原始材料，对提高林业生产力、维护社会经济的可持续发展具有重要的战略意义。因此，我们以实施林木种质资源保存计划为基础，以新优种质创制、鉴评、筛选和利用为手段，为多样化立地、多目标造林提供众多的优良适宜种质，加快林业跨越式建设步伐，以满足经济社会发展对林业的多种需求，充分发挥林业的多种社会服务功能。

5.1 林木种质资源保存原则

林木种质资源保存必须依据“有效保护、抢救保存、增强国力、服务社会”的宗旨，全面实施种质资源保护计划，在保护生物多样性和生态系统多样性的基础上，最大限度地保护物种的遗传多样性。从江西省地带性常绿阔叶林丰富的林木种质资源实际出发，坚持有所为、有所不为和抢救保护与重点保护相结合的原则，按种质资源的生态经济重要性和科学价值，划分优先保护秩序，再根据种质资源的分布特点，确定保护策略和方式，从而使江西的战略性林木种质资源得到优先保护，重要林木种质资源得到有效保护。

5.1.1 优先保护原则

林木种质资源保护以维护林木物种多样性及其生态系统多样性为基础，以保护森林生态安全、提高林业生产力、满足经济社会发展对林业的多种需求为目的，为当前、近期乃至长远的可持续发展提供物质基础。因此，按照林木种质资源的生态、经济、文化、科学价值等重要性，种质资源的致濒程度、分布特点等，科学划分优先保护秩序、等级，确定保护方式，从而使战略性种质资源得到优先、重点保护。需优先保护的种质资源包括：

(1)生态、经济、科学价值等方面具有战略意义的种质资源；

(2)特有、珍稀、濒危物种等种质资源；

(3)其他亟需优先保护的种质资源。

5.1.2 兼顾当前原则

按林木种质资源的起源，可以划分为原生林木种质资源和人工林木种质资源两大类。原生林木种质主要指天然分布、以天然群落状态保存的种质，目前主要的保存方式是设立自然保护区进行原地保护。人工林木种质主要指根据培育目标的需要而发现、创制、收集、保存或正在开发利用的种质，这类种质材料通常经过一定程度的遗传改良，更符合当前生产的需要。根据遗传改良程度的不同，可以划分为不同的层次和水平，如种源、林分、种群、类型、家系、无性系等。这类种质材料保存的形态通常为种质资源异地保存库、种子园、基因资源收集保存区、采穗圃、试验测定林、示范林、设施保存库等。为了满足当前和近期生产对优良种质的需要，在保护原生林木种质资源的同时，还要有效、妥善地保护这些人工林林木种质资源，为进一步育种提供性状稳定、谱系清晰的遗传育种材料。

5.1.3　注重实效原则

林木种质资源的保存方式包括原地保存、异地保存和设施保存等多种保存方式。根据种质资源的分布特点、生态和经济重要性、受危程度等，以注重实效为原则，采用既经济又实用的保存方式保存核心种质，为维护经济社会的可持续发展储备物质基础。一般地，对天然种群保存较好的物种，主要采用原地保存与种子低温保存相结合的方式保存种质资源；对天然种群及其生态环境破坏较严重的物种，采用抢救式异地和设施保存为主，原地保护与回归引种相结合的方式保存种质；对珍稀濒危物种，采用原地保护为主、异地保存为辅，大力扩大人工种群与回归引种相结合、以发展促保护的方式保存种质。

5.2　林木种质资源保存技术

林木种质资源是保持和维护遗传多样性的基础，不仅要满足当前的需要，更要满足今后可持续发展的需要。植物种不同、种质资源的分布特点和状态不同，所采用的保存方式不同，其保存技术因而不同。以物种为单元的遗传多样性样本材料的保存方式主要有如下三类：①原地保存(原生境保存)；②异地保存(异生境保存)；③设备设施保存(通过人工控温控湿设备设施保存种子、器官、细胞组织或基因等种质资源)。不同的保存方式其保存技术不同，分述如下：

5.2.1　原地保存

原地保存的对象主要是原生林木种质资源，旨在保护具有重要生态和经济价值、以原生群落状态存在、群落分布相对集中的原生物种及其生境，即整个生态系统中的目的树种群落及个体、伴生树种、生境。

5.2.1.1　确定核心保护区域

通过实地踏查，了解目的树种的分布范围及分布特点，所在生态系统中伴生植物种类及其生态重要性，生境保护情况，周边地形、地势、地貌等，确定原地保护的核心保护区域和缓冲区域。

5.2.1.2　目的树种群落及个体 GPS 定位

在核心保护区域按一定面积设立固定样地，调查样地中包括目的树种在内的所有乔、灌、草植被状况，目的树种天然更新情况等，并对乔、灌木树种个体进行 GPS 定位，作为档案资料永久保存，为群落演替研究提供翔实的原始材料。对散生于各地的古树名木，在现有资源清查的基础上，也需建立 GPS 定位数据库，为保护及生长变化提供历史性数据。

5.2.1.3　林木种质资源原地保存区的建立

根据踏查和 GPS 定位结果，建立目的树种种质资源原地保存区。原地保存区由核心保护区和缓冲区组成。根据目的树种群落分布范围，确定原地保存核心区面积；根据核心保护区的安全需要，还需由核心区向四周延伸一定范围，设立缓冲区。通常一个树种原地保存面积，针叶树种为 $100hm^2$ 以上；阔叶树种为 $50hm^2$ 以上；珍稀濒危树种为 $25hm^2$ 以上，面积不足 $25hm^2$ 的应全部保存。如保存区内含两个树种，面积要增加 1/3，包含 3 个以上树种，面积要增大 2/3。种质资源原地保存区应尽可能设在国家和地方建立的各种类型的自然保护区中，利用国家及地方对自然保护区的相关法律、法规和保护资金，使目的树种的种质资源得到更加有效的保护。

5.2.1.4 原地保存区的管理

种质资源原地保存区的管理参照自然保护区的管理办法进行。可在原地保存区周围设立生物保护带，以防火、防盗、防有害生物为主。

古树名木的保护管理按相关保护法规进行。

5.2.1.5 回归引种

植物回归引种也称为“再引种”，是把经过异地保护的人工繁殖体重新放回到它们原来自然和半自然的生态系统，或者放回到适合它们生存的野外环境中去。目的是扩大原生种群范围和种群密度，同时为人工种群的扩大培育提供依据。

从当地原地保存区采集目的树种的种子，按一定试验设计进行育苗和回归引种造林。回归引种区可选在原地保存区的缓冲区或另选的试验区进行。回归引种宜尽量不破坏原生生境。

5.2.2 异地保存

异地保存又称迁地保存，是根据引种、基因资源收集、试验测定等不同需要，将不同来源的种质资源，以引种试验林、种质资源异地收集保存库、种子园、采穗圃、各种试验测定林等形式进行保存。狭义的异地保存，主要指根据需要，从目的树种不同天然分布区收集的原生种质，集中在若干个异地点进行保存，以达到集收集、保存、测定、评价等功能于一体的目的。异地保存关键技术主要有：

5.2.2.1 保存对象的确定

保存对象主要根据社会经济发展对保存物种及其种质资源的需求度而定。通常包括下列6种：

①列入国家和省级保护的珍稀、特有、濒危植物及其原生种质；

②具有重要生态、经济、文化或特殊用途的目标植物种质资源；

③具有特殊遗传品质的遗传材料，如抗逆能力强、品质优良的种源、家系、无性系等；

④通过省级以上审定的良种；

⑤引种成功且具有重要生态、经济价值的外来树种及其优良遗传材料；

⑥其他具有保存价值的种质资源。

5.2.2.2 保存范围及保存容量的确定

在确定了保存对象的基础上，还需根据研究或生产需要，进一步确定种质资源的收集、保存范围。保存范围可以是目标树种全分布区的种质资源，也可以是部分分布区的种质资源。

种质资源保存容量通常以能保存目标植物80%以上的遗传多样性为基础。因此，经济、有效保存方法和保存容量的确定是种质资源异地收集保存库建立的基础。而最佳保存容量的确定需要以目标树种遗传多样性和遗传结构等的研究结果为依据。有较好前期研究工作基础的目标树种，可以根据研究结果来确定保存策略、保存方法和最佳保存容量，所建立的种质资源保存库因而具有针对性强、目标明确、经济高效的优势。但在实际工作过程中，通常是在种质资源收集保存的基础上进一步进行研究，根据研究结果来确定最佳保存容量。在这种情况下，则必须根据目标树种的分布范围和分布特点，尽可能多地收集全分布区的种群、每种群中尽可能多地收集个体，目的是使目标植物的遗传多样性尽量丰富，负面结果是使种质资源库的面积增大，从而增加相应的建设成本。

5.2.2.3 种质资源的收集

种质资源可以分为不同的遗传层次，如种源、种群、家系、个体（或无性系）等。原生种质通常以种群为单位进行收集。对不连续分布的植物种而言，每个分布区都可以作为一个种群来处理；对连续分布的植物种而言，具有明显山川、河流等分隔的分布区可以作为一个种群处理。每个种群通常按统计学大样本的要求，采集30株以上个体的种子代表该种群，且每株采种树之间的水平距离不少于50m。每株树采集的种子分系育苗(半同胞家系)后，每家系随机取30株以上健壮苗作为种质资源保存的材料。如需做多点保存，则按此方法取样即可。对于小种群而言，则所有采种树均需采集种子分系育苗、分系取样保存。

5.2.2.4 种质资源异地保存库的建立

将从各分布区收集的目标植物的种质资源，集中保存在种质资源异地保存库中，以便于管理、测定并对种质资源进行科学评价，为开发利用提供可靠依据。每份种质资源原生地的相关信息均需做好记录并归档。种质资源保存库的气候、立地、光照等条件均需根据目标植物的生物生态学特性来选择，以满足目标植物生长发育的需要。种质资源保存库选好后，还需做好规划和设计，通常一个种群的种质资源设计在相对集中的一个区域，以便于管理和比较测定。每个家系、每个种群的种质资源定植后，均设立永久性标志牌，并建立GPS定位图，作为原始材料归档立案。种质资源定植后，根据科研或生产需要，设计相关指标进行长期、连续观测、调查，为种质资源的测定和评价提供基础数据。

5.2.2.5 种质资源保存库的管理

种质资源保存库是一个永久性保存种质基因资源的场所，其意义深远，价值不可估量，是一项纯公益性的社会事业。因此，定植完成后，更重要的工作在于长期、稳定、细致的管理、观测和信息整理，需要专门的人、才、物来维护和管理。

5.2.3 设施保存

植物种质资源除采用原地和异地保存等野外保存方法外，随着科学技术的发展和进步，还可采用设施保存技术进行种质资源的保存，如种用冷藏库、低温库或超低温库长期保存种质资源的种子，利用组织培养设备设施条件，离体保存种质资源的花粉、器官、组织、细胞或基因等。设施保存在现行条件下，建设和维护成本高，所需的技术要求高，因此，目前的建设主体通常在国家级科研机构或科研中心。这里仅就保存技术做简要介绍。

5.2.3.1 植物种质资源设施保存技术的由来

1963年，Hattington提出了延长种子寿命的通则：在一定温度范围内，贮存温度每降低5℃(温度在0～50℃时)，或种子含水量每降低1%(含水量4%～14%)，种子寿命可延长1倍。根据这个通则，将采集的种子经过良好的干燥处理，将种子含水量降低至10%以下，密封于铝箔、铝瓶或玻璃瓶中，在黑暗的低温环境中进行保存(根据所需保存时间来确定贮藏温度和种子含水量：中期贮藏温度为0～10℃，种子含水量为5%～8%；长期贮藏温度为－25～－18℃，种子含水量5%～8%，每间隔一定时间进行一次种子生命力监测)，以达到延长种子寿命的目的。这就是设施种质资源保存库保存种质材料的由来和基本过程。

设施保存又分低温保存、超低温保存和离体保存等。低温保存的对象主要是种子，目的是通过降低保存温度和种子的含水量等来延长种子的保存寿命。超低温保存则是将组织体(包括种子等)保存在－196℃的液氮环境中，以达到较长期的保持遗传稳定性的目的。在液氮(－196℃)保持的温度下，细胞的生长和代谢完全停止，能安全稳定、长期有效地建立离体基因库。利用组织培养技术建立的离体繁育体系，可以使种质在离体条件下得到一定时期的保存；结合低温保存或超低温保存方法进行离体保存，则是一种占主导地位的种质离体保存方法。

5.2.3.2 植物种质资源设施保存现状

1996年，全世界已建成1300多座植物种质资源设施保存库，共保存各类植物种质610多万份，其中低温库保存550万份，试管苗保存3.76万份。美国于1992年建成库容100万份的现代化国家种质库，至今已保存各类植物种质资源55万份；印度于1976年成立了国家植物种质资源局，组成全印度植物种质资源保存体系，已保存20万份种质资源；英国皇家植物园邱园的千年种子库是目前世界上最大的种质设施保存库，该库于2001年建成并投入使用，计划到2010年，使全世界特别是干旱地区 24 000 种以上的植物种子得到收集和保存。我国是植物种质资源丰富的国家，植物种质设施保存工作近些年来也有较大发展。目前，中国农业科学院作物所国家作物种质库长期保存库收集保存作物种质资源 35.9 万份种子；中国西南野生生物种质资源库是仅次于挪威诺亚方舟种子库、英国皇家植物园千年种子库的世界第三个保存世界重要植物种质资源的设施保存库，至今已收集保存野生生物种质资源共计 8444 种 74 641 份(株)。其中，植物种子 166 科 1337 属 4781 种 31 199 份；植物离体材料 844 种 9123 份；植物总 DNA 1235 种11 075 份，cDNA 111 种 1080 份，cDNA 文库 17 种 18 个，分离和鉴定功能基因 12 个，建立 BAC 和 YAC 库各 1 个；正式备份保存来自英国千年种子库的 204 份种子以及国际混农林中心(ICRAF)收集的来自 19 个国家的 386 份林木种子。我国还有一些科研单位建立了一批中、小型的种质资源设施保存库，但由于我国林木和野生植物种质资源丰富，而我国的种质资源设施保存还处在起步阶段，离全面保存我国森林植物的种质资源目标还相去甚远。

5.2.3.3 植物种质资源设施保存对种质材料的要求

(1)保存数量(以 1 个保存号计)

①种质材料为种子时，种子千粒重为 100g 以上的，种子保存数量不少于 1000g；千粒重为 50～100g 的，保存数量不少于 500g；千粒重为 5～50g 的，保存数量不少于 250g；千粒重为 5g 以下的，保存数量不少于 50g。

②种质材料为穗条、根、芽等时，保存数量不少于 50 条。

③种质材料为花粉时，保存数量不少于 50g。

(2)对保存材料的要求

作为种质资源保存的种子，要按照种质资源库建设的统一要求，在目的树种的典型分布区或生态区，在具有代表性的植株上采集种子。以穗条、根、芽等离体器官为种质材料时，一般应在休眠期收集，要求健壮无病虫害。以花粉为种质材料时，要选择有代表性的植株，于撒粉前套袋收集。

5.3 林木种质资源利用

种质资源库收集、保存的种质资源，代表着种内的遗传基础，其目的在于将种内不同层次的遗传材料(种群、家系、个体等)，不管其现在或潜在利用价值如何，均尽量收集保存起来，以保持种内丰富的遗传多样性。种质资源利用则在于以当前或近期的开发利用方向为目标，通过对现有种质资源的测定和评价，选择出相应的种质资源，通过进一步改良或育种，再筛选出符合培育目标的生产性遗传材料，通过有性或无性繁殖的方法，大量、快速地进行扩大繁殖，为生产提供优质种苗或繁殖母材料。如杉木种源试验从全国 14 个杉木分布省区，按一定范围收集了 64 个种源种子，在各省区选择有代表的生态区进行杉木地理种源试验，各省区通过多点、多年试验，筛选出了适宜当地生长，且生长性状优良的速生型优良种源，再从优良种源区调拨种子进行育苗、造林，这是利用种源试验的结果利用种质资源的途径之一。另一条利用途径则是进一步从优良种源区中选择优良单株建立嫁接种子园，利用种子园生产种子来扩大繁殖优良种质资源；或将选择出的优良单株采用组培、扦插等无性繁殖技术建立无性繁育体系，将优良单株进行无性化利用。目前，已建立的种子园、嫁接或扦插采穗圃、组培繁育体系等都是种质资源利用的方式和途径。

第6章 引进树种遗传资源的保存与利用

外来树种遗传资源的保存，其目的着重于应用，以增加本地树种的基因资源，建立具有遗传基础尽可能宽的育种群体或基本群体为主要目的。

外来树种由于受到引种繁殖材料来源不固定，常常带有偶然性，难以全面收集，以及数量不一等条件的制约，受不同树种引种历史长短，栽植面积大小等多方面的限制，给基因资源的收集、保护工作带来了一定难度。但是，外来树种基因资源来之不易，只有不断地收集，加强保存才能为利用打好基础，提高引种效益，发挥引种树种优良特性的作用。因此，根据林木引种的特殊性来开展遗传资源的收集和保存工作就显得十分重要。江西省引种历史悠久，引进的树种遍及世界各大洲，有丰富的引种驯化经验，树种包括松、柏、桉、杨、相思等类树种的种源、变种、品种和无性系，这些材料的引进，扩大和丰富了全省的森林遗传资源。

6.1 保存方式和种类

6.1.1 原地保存

通过保护森林群落原来所处的生态系统来保存树木种质资源，如设立自然保护区，国家森林公园等。

6.1.2 异地保存

把需要保存的树种的遗传材料(种子或枝条)栽植在有区别于原始生态环境条件的其他地点。

作为外来树种的基因资源，一般采用营建次生基因库的办法实行异地保存。由于引入地生态条件与原产地存在差异，这种保存方式必然会受到环境选择压的作用。因此，在新环境的条件下，被保存的林分(树木)是一种边生长、边适应、边选择的动态保存。

异地保存可分为两类：

①进化保存：又称为适应性保存。即栽植保存的多样性个体，在新的环境影响下，通过遗传变异的作用，朝着自然选择的方面进化，保存下来与乡土气候相适应的群体或个体。从林木引种的角度来讲，引进外来树种的繁殖材料都可以认为是该树种遗传资源的异地保存，引种试验的每个阶段(包括引种试验与种源试验)和为了收采基因而设置的收集区(基因库)都应属于这一类保存范畴，亦称之为“引种保存”。这种保存的缺点是保存的对象受到引种材料来源的限制，往往难以按要求取样和获得需要的遗传材料，而影响了保存的价值。

②选择保存：保存对象是经过人为选择的，而且在保存过程中和保存后仍然不断地进行选择的一种保存办法。保存对象一般选择在经济上有价值的基因或基因型，要求按照经济目标的选优标准进行选择，入选的个体以具有速生、抗性强、适应性广、材质优良、材性好或其他性状的优树为主，具有遗传改良利用价值的个体也应保存。

6.2 保存材料的收集

一般来说，外来树种从引种试验开始，就进入了异地保存的选择之中，这一引种树种就视为保存树种。它的各个营养繁殖器官，由于其均具有传递遗传信息的能力，都可以成为我们种质资源保存的收集对象。但是，一般最普遍、最重要而且最简单的收集对象是种子。因为通过收集种子较易提供丰富的遗传变异，满足收集基因多样性的目的；原则上可以在后代重现而且较好地反映出原始群体的遗传组成，即群体遗传性；另外，种子体积小，易贮运，易消毒而少带病菌，比较经济可行。其次是穗条，因为凡是需要无性繁殖的树种，为了保存其特定的基因型，只有通过扦插、嫁接或组培等手段来繁殖。

保存材料收集的多样性和准确性是决定异地保存价值的一个重要因素。进化保存要达到多样化的目的，在外来树种引进种子时就要尽可能多地加以保存，以便将来的重新组合与利用。包括在树木园，试验林或专门营建的基因库（收集圃），尤其对在一段时间内大量引进种子推广造林的树种，应该有计划地通过从不同年份进口的每个种批中取样，营建基因资源林。或有计划地从原产地按其地理种源变异规律收集与引进不同种源（全分布区）的种子，引进不同种源的优良家系种子营建基因资源林。可以形成遗传基础广泛的育种群体。

为使外来树种基因资源保存做到多样性，种子收集工作必须加强国际合作，通过协作研讨，互通有无、相互交流，尽量扩大种子收集的范围与提高收集的科学性和可靠性。

6.3 保存方法

外来树种遗传基因保存一般是采取异地保存林分的形式来实施，而不采取贮藏种子的办法，原因一是种子来源受限制，贮藏期间有限，一旦丧失生命力，难以保证重新收集；二是需要通过林分保存来进一步选择，很少利用贮藏花粉和组织培养的手段来实现保存。

林分保存的质量与水平决定异地保存的价值。因此，必须全面了解被保存树种的生物学特性和繁殖方法，以及其育苗造林方法。我们在收集保存对象的繁殖材料时，要重视档案资料的详细收集，应用适宜的育苗造林技术，确保成活率，还要选择好造林地，实施良好的经营管理措施。

由于是动态保存，除了引种试验中低劣树种和种源的正常淘汰以外，在基因库（收集区）中也会淘汰那些生长不良、抗性差、没有前途的树木，尤其是在林分密度过大，达到疏伐年龄以后，为了保持优良个体或所需要的类型有足够的生长空间，就需要进行去劣疏伐。从这个角度出发，为了尽可能多保存来之不易的遗传材料，可以考虑适当放宽株行距，以调整林分前期各基因型之间的竞争程度。

6.4 基因资源的利用

（1）利用种源试验的成果，把种源试验林中优良种源和适宜种源的林分改建为采种林分，或利用优良种源的种子建立次生种源的采种林分，为生产提供较大量的种子。

（2）在适宜种源林分中，进行单株选择，以获得选择性状的进一步改良，作为优树的后备资源。包括群体内的家系选择和家系内的单株选择。

（3）为优良无性系选育提供选择材料。

（4）为杂交育种提供优良亲本资源。

（5）作为林业科研、教学的重要基地。

第 7 章 珍稀濒危树种遗传资源的保存与利用

保护珍稀濒危树种遗传资源，是指保存种以下的群体、渐危群体、濒危群体和残存个体，并非仅仅是树种的保护。我国政府 1979 年加入了自然保护和物种保护的国际组织，颁布和制订了一些有关的法令、条例和标准。1984 年原国家环境保护委员会公布了第一批《中国珍稀濒危保护植物名录》。1993 年又颁布了国家标准《林木种质资源保存原则与办法》，1996 年经国务院批准出台了《中华人民共和国野生植物保护条例》，1999 年正式公布了《国家重点保护野生植物名录(第一批)》。我国在不同植被地理区域和珍稀、濒危植物的主要生长场所，建立了不同类型的自然保护区和森林公园，原地保存野生珍稀、濒危物种及其原生生境；还在不同地区的植物园、树木园、基因库和种子生产基地内异地保存和繁殖了一部分珍稀、濒危植物。

7.1 珍稀濒危树种的概念

珍稀树种包括珍贵树种与稀有树种两层意义。在很多情况下，一个树种既是珍稀树种又是濒危树种。珍贵树种是指具有特殊经济价值、科学价值少量树种，如亚热带的珙桐、热带的桫椤等；稀有树种通常是指我国特有的单科属种，单属种或少科属种的树种。稀有的种类系指分布区比较狭窄，生态环境比较独特，或者分布范围虽广但比较零星少见的植物种类。

濒于灭绝(消亡)的树种叫濒危树种。系指处在灭绝危险中的树种，它的植株已经减少到快要灭绝的临界水平。譬如1个树种的个体总数已不足1000~5000个个体；或者它所要求的生境已经退化到了不再适宜它生长的程度。

7.2 保护珍稀濒危树种种质资源的意义

珍稀濒危树种的种质资源是森林遗传资源的重要组成部分，是经济建设、环境绿化和社会未来发展的活资源，保护珍稀濒危树种遗传资源是人类的共同意愿。

(1)珍稀、濒危及其古树、大树、名木是宝贵的优良林木种质资源，它们在植物系统发生上，基本上都是残留的古老类型，经过了几个地质年代的环境变化。能够保存到今天，是它自身不断适应变化了的条件，经过长期自然选择的结果，具有旺盛的生命力。这些优良的遗传材料既可直接应用于传统的林木遗传育种，又是现代生物技术创造优良经济性状、生态适应范围广泛的新良种的基础材料。

(2)许多珍稀濒危树种具有很高的经济价值和观赏价值，是重要的用材、经济、绿化树种。由于人们认识和科学技术的局限性，目前还有许多树种的经济价值未被人们所发现和认识，保护好这些种质资源有着更重要的意义。

(3)珍稀、濒危及其古树、大树、名木树种种质资源是重要的自然科学和社会科学的研究资料，具有重要的科研价值。例如被称为“活化石”的银杏，为科学家们研究裸子植物提供了“活标本”。据美国天文学研究证明，树木年轮中14ζ的异常增多与太阳黑子爆发一致。说明树木的生长是与气候紧密相关的，所以在某种意义上说，树木年轮就是气象记录，一株古树也就是一部气象资料。

(4)这些树种资源又是重要的历史文化遗产。许多古树、大树、名木本身就是历史文物、文化设施、名山古刹和旅游景点的重要组成部分，是民族风情的体现。

7.3 珍稀濒危树种种质资源的丢失与保存

随着人类社会的发展和技术的进步，人类向自然界索取植物资源越来越多。由于对保护珍稀濒危树种资源和生物多样化的必要性认识不足，对国家有关法规、标准和政策等了解不多，社会上一些人为了局部的眼前利益或一时的经济利益，急功近利，对有限的资源进行了大量的、盲目的开发利用，甚至是掠夺式的利用。加上工业大发展带来的环境污染问题，致使许多树种失去了赖以生存的自然环境，处于濒危灭绝甚至灭绝的境地。根据国际自然和自然资源保护同盟所属保护监测估计，当前全世界有5万~6万种植物每隔5分钟就有1种植物的生存遭到威胁，物种正以每天1种的速度在消失。物种一旦灭绝，就不可复得，人类将永远失去利用它的可能性，而1个物种的消失，常常导致另外10~30种生物的生存危机。据统计，我国有800~1000种的乔灌木树种或种群的生存处于受威胁或濒临灭绝的境地，近百种树木已经灭绝或即将灭绝。

1984年7月，国务院环境保护委员会公布的我国第一批《珍贵濒危保护植物名录》共354种(其中1个亚种，21个变种)。包括蕨类植物9种，裸子植物68种，被子植物277种。列为一级重点保护的8种，二级重点保护的143种，三级重点保护的203种。1987年出版的《中国珍稀濒危保护植物名录》第一册增加了35种，共389种(其中1个亚种，24个变种)。包括蕨类植物13种，裸子植物71种，被子植物305种。列为一级重点保护的8种，二级重点保护的159种，三级重点保护的222种。其中被列入此名录中的单种属树种有银杏、银杉、水杉、水松、金钱松、福建柏、白豆杉、钟萼木、珙桐、杜仲、华盖木、观光木、伞花木、长柄双花木、香果树、连香树、永瓣藤等，其中许多树种为残遗或孑遗植物；少数属的代表种或该属在我国仅产1种的树种有钟萼木、半枫荷等。其中：

一级重点保护植物是指中国特产，并具有极为重要的科研、经济和文化价值的濒危种类。

二级重点保护植物是指在科研、经济上有重要意义的濒危或渐危的种类。

三级重点保护植物是指在科研或经济上有较重要意义的渐危或稀有的种类。

7.4 珍稀濒危树种遗传资源的保存策略与措施

当前的形势是，珍稀濒危树种种质资源的丢失在“高加速度”发生，而保存工作则处于初始状态。对于种质资源的丢失，在技术上人们多看重灭绝了多少种，而看不清种的灭绝过程；注意了种内个体数量，而认识不清楚濒灭群体有效群体大小对种的存灭的意义；重视保存“有名”的濒危种，而忽视其周围“无名”濒危种的保存，导致了目的保存种的丢失；有时保存了局部的数量，却忽视了种内遗传多样性的保存和繁衍等。

7.4.1 策略要点

根据江西珍稀濒危树种种质资源的保存现状和特点，提出以下策略。

7.4.1.1 抢救保存，按种群大小，全面规划

这是珍稀濒危树种保存的出发点与目的。残留少于1000株实生个体的种，应尽全力全部保

护与保存；残留1000~5000株的树种应根据树种实际情况，作原地保存与异地(中心)保存；5000株以上的树种要有重点地保护有代表性的群体，配置异地保存的多块(试验)保存林。

7.4.1.2 分级分工，需建立体系，积极保护

这是抢救保存的运转实体。根据一级、二级、三级珍稀濒危植物名录，分为国家与地方两个层次抢救保存。国家林业局负责组织全国一级濒危树种及部分二级濒危树种的保存，省级及省以下部门负责覆盖区内的部分二级濒危树种和三级濒危树种的抢救保存。必要时协作保存，并结合良繁中心及良种基地建设，逐步建立种质资源保护组织网络和信息体系，真正做到积极保护。

7.4.1.3 种质环境，要同步保护，科学管理

一是充分利用自然保护区、森林公园的实体建立原地(址)保存林、保存树组及树木个体，研究实施当代保存与继代保存的技术组合；二是寻求种质与环境的适宜配置，建立异地保存林及多树种异地保存中心，研究保存、评价、繁殖等技术组合。同步保护体现了生物多样性及其优化生产力的原则，前者是生态系统多样性的保护，后者是模拟生态系统保护多样性。

7.4.1.4 保存中心，兼开发利用，持续发展

种质保存既是目的，又是手段，最高目的是为人类发展服务。建立种质资源保存中心，保存覆盖区树种组成，将珍稀濒危树种保存与一般树种种质资源保存结合起来，建立种质资源收集、保存、评价(测定)、利用相结合的机制，有效地开发利用种质资源，实现环境、资源、经济的可持续发展。

7.4.2 有关措施

生物多样性保护是一项公益性事业，既有近期效益，也有长远效益，要贯彻"全面规划，积极保护，科学管理，持续发展"的方针，坚持谁保护谁开发，谁破坏谁恢复，谁利用谁补偿，以及其他有关保护环境和自然资源的政策；并采取得当的措施来合理保护珍稀濒危树种资源。

7.4.2.1 加强法制建设，提高公民意识

首先应尽快制定和完善珍稀濒危树种资源保护的有关法规；建立、健全管理和执法机构。生物多样性保护涉及政府职能部门多，跨学科多，需广泛密切配合，做到有法必依，违法必究。

同时，要开展多部门参加的宣传活动，大力宣传保护珍稀、濒危树种的基础知识和保护资源的重大意义及有关政策、法规等，在保护点设立介绍保护物种、遗传多样性、树木生境重要意义等基本知识和宣传国家有关保护规定的标牌，引起全社会的重视。

7.4.2.2 抢救濒危树种的脆弱居群，制止破坏和掠夺

濒危和渐危树种或群体，特别是我国特有的单种属或少种属的代表树种，它们分布区有限，居群不多，植株也稀少，但遭遇的不合理的开发利用对资源的破坏是相当严重的，甚至是毁灭性的。当前，掠夺式地开发利用种质资源远比积极经营普遍，这是资源保护的一个难点，当务之急是把珍稀、濒危树种种质资源的保护纳入执法工作重点。

7.4.2.3 建立相应课题，做好普查登记

建立相应研究课题，及时掌握资源的生态学及生物学特性，分布、数量和濒危原因及管理利用等消长信息。进行消长分析，才能寻找到保存的可行途径，制定计划，充分合理地利用这些宝贵资源。资源普查是珍稀、濒危及其古树、大树、名木树种种质资源保存与利用的一项重要的基础工作，要定期地开展，掌握自然消长的动态，为制定合理保护和持续利用的战略提供科学的依据。

7.4.2.4 建立珍稀、濒危树种种质资源保存中心

加快建立各种类型的保存中心，使珍稀、濒危及其古树、大树、名木资源得到科学合理的保护，为研究、利用打下良好的基础。

(1)原地保存　利用各种类型的自然保护区建立保存林。原地保存林应包括保存构成森林的全部树种，并在其周围设立保护带。保存林的面积必须考虑到保存林木群体的生态和遗传稳定性，保存面积按特定树种样本策略估算确定，在不知道样本数的情况下，以树种为单元的保存面积是(含多块)：针叶树为 20hm^2以上，阔叶树为 10hm^2以上，珍稀、濒危树种为 3～5hm^2以上，面积不足 3～5hm^2的应全部保存。保存区内含 2 个树种，面积要增大 1/3，包含 3 个以上树种，面积要增大 2/3。单独的群体和零星的个体也应建立保护点。古树、大树、名木采取原地保存，并根据其价值大小，实行省、地、县分级管理，建立档案和编号挂牌，分别由各级政府发出布告，做到全民皆知，人人有责。原地保存最大的问题是存在社会、政治、财政和技术上的困难。

(2)异地保存　它与原地保存不能互相代替，但可互相补充，两者密切配合使用。从濒危树种上采集的繁殖材料可繁殖产生大量的植物个体，通常是抢救严重濒危种的最好方法。异地保存形式可以与植物园、树木园、优树收集区、基因保存林，以及育种中心(基地)相结合。

(3)设备保存　是指将该种质资源的种子、花粉、芽、根或枝条等繁殖材料离开母体，利用设备进行储藏保存。此法适用于那些在原地、异地保存有一定困难或有特殊价值的林木种质资源。从战略高度来看，所有主要树种及一级、二级、三级濒危树种的种子都应按种质采样要求，进行系统样本的种子超低温贮藏保存。

(4)种质的开发利用　挖掘珍稀、濒危树种种质资源的经济价值和生态价值、社会价值，积极建立采种林分和种子生产基地，在试验基础上，有步骤地选育和试验推广，丰富造林树种，积极开发利用。如“活化石”银杏，由于人们广泛营建人工林，使该树种得到了有效的保护和发展，其较高的经济价值和观赏价值也得到了充分的挖掘与利用。还有水杉，科技部门成功地解决了该树种的无性繁殖技术，现在该树种已在我国多个省(自治区)和世界四大洲 70 多个国家及地区引种栽培成功，成为我国长江中游平原湖区的主要造林树种。

第8章 自然保护区林木种质资源的保存

自然保护区是人类为了保护自然环境和自然资源，保护代表不同自然景观地带的生态系统，特别是为了拯救和保存某些濒于绝灭的生物种源，监测人为活动对自然界的影响，扩大和合理利用自然资源而设立的永久性基地和自然资源库。

保护自然是人类生存中不可忽视的重要活动，许多国家已经采取或正在采取各项措施来保护自然环境和自然资源，防止生态平衡失调和野生动植物资源进一步遭到破坏，特别是拯救那些濒于绝灭的物种。而建立自然保护区就是其中一项带有战略性的措施。国际上把建设和发展自然保护区事业，把保护物种资源的原始状态看作是一个国家科学文明发达的重要标志。自然保护区事业的发展在国外已有一百余年的历史，目前世界上大多数国家自然保护区面积约占国土面积的4%以上，有些国家已占20%以上。

江西的自然保护区工作在1975年以前处于民间自发管理的状态，各地农村保留的“风水林”、“水口林”、“后龙山林”便是自然保护区(保护小区)的雏形。1975年，原赣州、宜春、上饶地区农林垦殖局分别首次划建了九连山、官山、武夷山等3处天然林自然保护区，拉开了全省保护自然资源、抢救珍稀动植物的序幕。1981年，江西省人民政府批准建立了九连山、官山、井冈山、庐山、武夷山、桃红岭6处省级自然保护区；1983年，省人民政府又批准建立鄱阳湖候鸟自然保护区，其中九连山、武夷山、官山、井冈山、桃红岭和鄱阳湖候鸟自然保护区等6处先后晋升为国家级。截至2009年底，全省已建立自然保护区191处，总面积118.01万 hm^2，占全省国土面积的7.1%。随着江西各级自然保护区的相继建立和不断完善，对保护生物种源，维护生态平衡，改善自然环境，促进生产发展将起到重要作用。

8.1 九连山自然保护区

九连山国家级自然保护区位于江西最南端龙南县与广东省北部连平县交界的地段，北纬24°29′18″~24°38′55″，东经114°22′50″~114°31′32″，属南岭山地东段九连山北坡，处于主峰黄牛石(海拔1434m)的北麓，桃江上游的丘陵沟谷地带。面积13 411.6hm^2，其中核心区面积4283.5hm^2，占保护区总面积的31.9%。土壤在海拔1000m以上的山脊多为残积物形成的暗色粗骨土，海拔700~1400m的山坡及沟谷坡积物和残积物上多发育为山地黄棕壤及山地黄壤，而海拔600m以下的山坡下部主要为黄红壤，海拔300m左右则为红壤。由于受海洋气流的影响，保护区内气候温和，雨量充沛，年平均降水量为2155.6mm，年平均气温16.4℃，极端最高温37℃，极端最低温为-7.4℃，无霜期280~290d，年平均相对湿度87%，是南岭山地东部一个典型的亚热带森林生态系统地区。

保护区内有裸子植物31种，其中有树龄逾千年的南方红豆杉小片原始林，胸径一般都在40cm以上，最大的达160cm，高达25~30m。在海拔300~500m的沟谷常绿阔叶林边，多有银杏、竹柏、三尖杉等分布。

被子植物分布有2290余种，其中大多数为热带及亚热带区系成分，如樟科、壳斗科、山茶科、五加科和木兰科等，都是常绿阔叶树占优势的成分或伴生树种。壳斗科有6属28种，樟科有8属30种，木兰科有4属10种。观光木是南岭山地的特有树种，生长非常茂盛，有胸径60cm，高25m的大树。山茶科、厚皮香科、桃金娘科、金缕梅科和大风子科在常绿阔叶林内均有普遍分布。其中山茶科有8属30余种，它们多是乔木层或灌木层的优势树种或伴生树种，桃金娘科的桃金娘多生长在低山丘陵次生林边或灌丛中，赤楠多为常绿阔叶林的下木，金缕梅科的东京白克木常见于海拔900m以上的常绿阔叶林中，半枫荷和蕈树是珍贵稀有的药用和硬木树种，均为南岭山地所特有。除此之外，从热带延伸入九连山自然保护区的热带性植物常见的还有天料木科的天料木，桑科的白桂木和榕属10种，杜英科的杜英属6种和猴欢喜属2种，以及大戟科、芸香科、山龙眼科、紫金牛科、安息香科、山矾科、防己科、马鞭草科、茜草科等科的属种。我国亚热带中南部的特有树种伯乐树(钟萼木)和银钟花及珍贵药用植物罗汉果也有分布。

九连山自然保护区的古树是江西残存最丰富的地区，主要树种有南方红豆杉、银杏、观光木、木莲、金叶含笑、黄樟、红楠、木荷、花榈木、枫香、半枫荷、蕈树、光皮桦、钩栲、青冈、碟斗青冈、黄杞等。

8.2 武夷山自然保护区

江西武夷山国家级自然保护区位于铅山县南部，武夷山脉北段西北坡，东经117°39′30″～117°55′47″，北纬27°48′11″～28°00′35″，是以保护中亚热带中山山地自然生态系统及其生物多样性为主的森林生态型自然保护区，东南与福建武夷山国家级自然保护区相连，共同组成完整的中亚热带森林生态系统，是我国东南大陆现存面积最大，保留最完整的中亚热带森林生态系统，也是目前世界同纬度保存最完整的中亚热带森林生态系统。保护区总面积16 007hm^2，其中核心区面积4835hm^2，缓冲区2021hm^2，实验区面积为9151hm^2。

保护区内的土壤类型在800m以上主要为山地黄壤和山地黄棕壤，在山顶1800m以上的山脊多为花岗岩体风化后形成的粗骨土，1900m以上较平缓的草木植物群落下发育为土层较厚的山地草甸土，气候特点为温暖而湿润，年平均气温18℃，8月最高气温25.6℃。

元月份最低温度-2.2℃，年降水量2480mm，降水日218d，无霜期180～200d，雾日252d。

保护区内山体高大、抬升强烈、溪流深切曲折，享有“大陆东南第一峰”的武夷山主峰“黄岗山”就坐落在保护区内，同时由于海拔落差大，区山植物分布呈明显的垂直带状分布，从下至上，依次为毛竹林、常绿阔叶林、针阔混交林、针叶林、矮曲林、中山草甸。区内分布有高等植物292科1126属2829种，其中国家重点保护的有南方红豆杉、柳杉、铁杉、篦子三尖杉、粗榧、毛红椿、鹅掌楸、玉兰、天女玉兰、凹叶厚朴、黄山木兰、木莲、伯乐树、野胡桃、领春木、连香树、长柄双花木、香果树、花榈木、紫荆、黄连等。此外，区内还有具有特殊保护意义的面积达450hm^2的南方铁杉林群落。

8.3 官山自然保护区

官山国家级自然保护区位于赣西北九岭山脉西段的南北坡，地跨宜春市的宜丰、铜鼓两县，地理坐标为北纬28°30′～28°40′，东经114°29′～114°45′；总面积为11 500.5hm^2，核心区面积为3621.1hm^2，缓冲区面积为1466.4hm^2，实验区面积为6413.0hm^2。

保护区内地形地貌复杂多变，整个山体庞大、宽厚，山势峻拔雄伟，山峦起伏，山溪纵横，属典型的南方中山地貌。区内海拔高差达1280m，海拔千米以上的山峰有30多座，最高峰麻姑尖海拔1480m；最低处海拔为200m；狭谷地形在海拔千米以下较为常见，两侧多为峭壁悬崖，谷缘顶部多为较平缓的丘陵地貌。

保护区位于中亚热带北缘，属中亚热带温暖湿润气候区，四季分明、光照充足、无霜期长。境内小气候较为明显，夏无酷暑，冬无严寒，基本上是雨热同季，有利于各种植物生长。区内年均气温(以东河保护站为观察点)为16.2℃。1月为最冷月，平均气温4.5℃；7月为最热月，平均气温26.1℃；年均无霜期250d；年均降水量2009.3mm。

保护区已查明的高等植物有2344种，其中被子植物有190科772属1896种，裸子植物有7科13属19种，蕨类植物有36科79属191种，苔藓植物有61科136属238种。珍贵稀有树种有银杏、南方红豆杉、伯乐树、香榧、篦子三尖杉、穗花杉、鹅掌楸、香樟、闽楠、花榈木、长柄双花木、榉树、长序榆、毛红椿、凹叶厚朴、伞花木、喜树、香果树、杜仲、沉水樟、天目木兰、黄山木兰、巴东木莲、银鹊树、银钟花、青檀、紫花含笑、乐昌含笑、红楠、天师栗、竹柏、青钱柳、猴欢喜、麻栎等60余种。银鹊、毛红椿、乐昌含笑有胸径70cm以上的大树。麻栎分布133.33hm^{2}以上，树龄多在400a以上，一般胸径在60cm以上，最大达120cm。穗花杉是我国极为罕见的孑遗树种，而保护区的小西坑阴湿沟谷中却分布着20hm^{2}多穗花杉林。区内还分布有珍稀树种乐昌含笑的天然群落，距保护区不远的桥西大畲还分布有20hm^{2}余的天然竹柏针阔叶混交林。

8.4 井冈山自然保护区

井冈山国家级自然保护区位于罗霄山脉中段，地处湖南、江西两省交界处，属中亚热带常绿阔叶林森林生态系统自然保护区。原生性的亚热带常绿阔叶林密布，是探索自然、保护环境、保存珍稀动植物资源、进行亚热带森林生态系统研究的理想场所。自然保护区总面积21 499hm^2，其中核心区4232hm^2。山峰海拔多在1000m以上，其中五指峰1586m，坪水山1779m。土壤属于我国东部中亚热带常绿阔叶林红壤和黄壤地带，主要类型有水稻土、高丘红壤、山地红壤、山地黄壤、山地黄棕壤、山地黄红壤、山地草甸土等。井冈山地处中亚热带东段湿润季风气候带，气温和雨量因受山体地势抬高的影响，冬季微寒，夏无盛暑，雨量充沛，植物生长季节较长，年平均气温大致在14～17℃之间，极端最高温37.7℃，极端最低温为－11℃，无霜期250d左右，平均降水量1865.5mm，最大降水量为2774.4mm，雾日100d左右，相对湿度一般为85%。

井冈山保护区分布的高等植物有280余科900余属3400余种和变种，其中裸子植物8科16种，被子植物198科688属2500余种。这些植物中有药用植物780余种，有价值的观赏植物150余种，珍贵稀有植物近200种。井冈山特有植物有井冈山厚皮香、井冈山杜鹃、小溪洞杜鹃、井冈山槠、井冈山猕猴桃等，我国特有的珍稀树种有饭甑椆、香果树、伯乐树、银鹊树、天师栗、观光木、东京白克木、半枫荷、蕈树、杜仲、花榈木、木荚红豆、红花油茶、湘楠、凹叶厚朴、红花木莲、深山含笑、乐昌含笑、乐东拟单性木兰、井冈寒竹等。还有不少地质史上古生代、中生代以及第三纪残存下来的稀有珍贵树种，如福建柏、银杏、竹柏、冷杉、南方红豆杉、铁杉、三尖杉、粗榧、穗花杉等。其中白豆杉仅残存在笔架山海拔1300m的山顶矮曲林中，数量极少。木兰科是被子植物的开宗元祖，在江西分布的有7属23种，而井冈山自然保护区就有6属20种。

8.5 庐山自然保护区

江西省庐山自然保护区位于长江中游鄱阳湖西北岸，约北纬29°31′～29°41′，东经115°51′～116°07′，保护区总面积为30 493.33hm^2，其中核心区面积1666.7hm^2。主峰大汉阳峰海拔1473.8m，耸立于长江和鄱阳湖的汇合处，处于中亚热带北缘，属亚热带山地气候，是亚热带和温带动植物交汇的场所，植物区系过渡性明显，种类丰富。年平均气温11.4℃，最热月平均气温为22.5℃，极端最高温32℃，最冷月平均气温为－0.3℃，极端最低温－16.8℃，年均降水量达1916mm，降水日为170d，雾日191d，干湿两季明显，一般2～7月为多雨季节，8月至翌年1月为少雨季节。土壤有山地红壤，山地黄壤及山地黄棕壤。独特的自然禀赋——天时与地利的巧合，为庐山孕育和保存丰富的生物多样性奠定了基础。

区内有着完整的中山山地森林生态系统，有序的生态梯度分布，独立的植被发育体系。通常山地型自然保护区都是山脉的一段或山体的某一面，而庐山自然保护区得益于其复杂的地形地貌，丰富的小生境、孕育着多样化的植物群落与物种，如甜槠林、蚊母树林、香果树林、云锦杜鹃林、南酸枣林等 20 多个珍贵稀有植物群落。庐山植被有一个突出特点，同一群系的不同演替阶段在庐山都能见到，充分反映庐山生态环境的复杂代表性；是开展中亚热带中山森林群落动态研究的最好实验室。不仅对研究恢复与重建退化的中亚热带常绿阔叶林生态系统的天然参照系统十分珍贵，而且对于优势建群种和各级特征种的分布区研究及其在历史上的发生、发展研究在解决群落分类、群落起源、群落分布和群落演化等问题上有不可估量的作用。

庐山自然保护区在"中国植被区划"上属亚热带常绿阔叶区域，东部常绿阔叶林亚区域，中亚热带常绿阔叶林地带。本区植被覆盖率高，植被类型多样，具有暖温带落叶阔叶林向亚热带常绿阔叶林过渡特点。按照《中国植被》的植被分类系统，本区的植被类型可分为 6 个植被型、13 个植被亚型，80 个群系。森林覆盖率 95.2%。庐山物种多样性非常丰富，野生高等植物 2472 种，约占江西省已知种类的 48.4%，大型真菌 202 种，占江西省已知种类 66.2%。特有现象是生物多样性的重要表现形式，庐山生物区系特有现象很突出，种子植物中国特有属有 22 个属，中国特有种有 716 种，江西特有种有 24 种，庐山特有种有 8 种。在众多的植物种类中，属国家重点保护的珍稀濒危植物有银杏、柳杉、金钱松、粗榧、三尖杉、鹅掌楸、杜仲、香果树、青钱柳、银鹊树、山拐枣、天竺桂、红楠、楠木、豺皮樟、玉兰、木莲、凹叶厚朴、黄连、八角莲等。

第9章 区域性林木种质资源的保存

生境中的水、热、土壤因素及其配制是保护植物生长发育繁殖的基础。而每一种植物都有着一定的生长环境和生存区域，它在特定的生态环境中和其他植物之间构成了相互依存的群落关系。当生态区域较窄的植物种群的生境遭到破坏，植物就会随之减少或消失。所以保护好一定生态区域内的林木种质资源具有重要的现实意义。

9.1 江西不同地理区域代表性林木种质资源

江西地域辽阔，南北长约620km，纬度相差约5°30′(24°29′~30°05′)，东西宽约490km，经度相隔约5°(11°34′~118°29′)，植物区系成分复杂。树种的地理成分表现出从北亚热带至中亚热带向南亚热带树种逐渐过渡的地带性特征。选择江西最南边的九连山、中部的武夷山和同一纬度的赣西铜鼓县，以及最北端的庐山作为林木种质资源的地理区域性代表，分析江西南北林木种质资源的特点及其与地理环境的关系，为进一步的种质资源保护与利用提供基础信息。

9.1.1 南部的代表树种

主要包括：长苞铁杉 *Tsuga longibracteata*、江南油杉 *Keteleeria fortunei* var. *cyclolepis*、竹柏 *Podocarpus nagi*、观光木 *Tsoongiodendron odorum*、天料木 *Homalium cochinchinense*、伯乐树 *Bretschneidera sinensis*、鬣蒴栲、青钩栲 *Castanopsis kawakamii*、黑叶栲 *Castanopsis nigrescens*、大果马蹄荷 *Exbucklandia tonkinensis*、半枫荷 *Semiliquidambar cathayensis*、鳞毛蚊母树 *Distylium elaeagnoides*、秀柱花 *Eustigma oblongifolium*、乐东拟单性木兰 *Parakmeria lotungensis*、柳叶毛蕊茶 *Camellia salicifolia*、榕树 *Ficus microcarpa*、东南杜鹃 *Rhododendron dunnii* 等。

9.1.2 北部的代表树种

主要包括：中国柳杉 *Cryptomeria fortunei*、南方铁杉 *Tsuga chinensis*、福建柏 *Fokienia hodginsii*、黄山松 *Pinus taiwanensis*、白豆杉 *Pseudotaxus chienii*、铁坚油杉 *Keteleeria davidiana*、鹅掌楸 *Liriodendron chinense*、天女花 *Magnolia sieboldii*、华东黄杉 *Pseudotsuga gaussenii*、三桠乌药 *Lindera obtusiloba*、猫儿刺 *Ilex pernyi*、黄山花楸 *Sorbus amabilis*、黄杨 *Buxus sinica*、黄山杜鹃 *Rhododendron anhweiense* 等。

9.1.3 亚热带山地的代表植物

江西地处亚热带，三面环山，孕育着重要的针叶树、常绿阔叶树和落叶阔叶树。它们种类繁多，主要有如下几个科：壳斗科 Fagaceae、木兰科 Magnoliaceae、樟科 Lauraceae、山茶科 Theaceae、金缕梅科 Hamamelidaceae、五味子科 Schisandraceae、猕猴桃科 Actinidiaceae、杜英科

Elaeocarpaceae、大戟科 Euphorbiaceae、蔷薇科 Rosaceae、蝶形花科 Papilionaceae、杨柳科 Salicaceae、桑科 Moraceae、冬青科 Aquifoliaceae、卫矛科 Celastraceae、鼠李科 Rhamnaceae、芸香科 Rutaceae、槭树科 Aceraceae、五加科 Araliaceae、杜鹃花科 Ericaceae、安息香科 Styracaceae、山矾科 Symplocaceae、木犀科 Oleaceae、茜草科 Rubiaceae、忍冬科 Caprifoliaceae、玄参科 Scrophulariaceae、竹亚科 Bambusoideae 等。

9.2 江西不同地理区域引种栽培的代表性种质资源

江西地处"湘赣闽浙低山丘陵区"，本区生物气候特点：属亚热带季风湿润气候，年均气温16~21℃，最冷月均气温5~12℃，最热月均气温28~29℃，≥10℃有250~280d，≥10℃年积温5000~6500℃。由于本省南北跨度大，垂直地带性都很强，地貌条件、土壤类型与小气候特点明显，超地理区域引种栽培，导致生长发育不良、丰产性能降低，甚至失败的事例屡见不鲜。以下介绍江西引种成功的一些代表树种。

9.2.1 南部引种栽培的代表树种

主要包括：南洋杉 *Araucaria cunninghamii*、华南五针松 *Pinus kwangtungensis*、八角 *Illicium verum*、银桦 *Grevillea robusta*、黑荆树 *Acacia mearnsii*、巨桉 *Eucalyptus grandis*、台湾相思树 *Acacia richii*、黄葛榕 *Ficus virens*、高山榕 *Ficus altissima*、麻竹 *Dendrocalamus latiflorus*、米老排 *Mytilaria laosensis* 等。

9.2.2 北部的代表树种

主要包括：金钱松 *Pseudolarix amabilis*、池杉 *Taxodium ascendens*、落羽杉 *Taxodium distichum*、苍山冷杉 *Abies delavayi*、冷杉 *Abies fabri*、日本冷杉 *Abies firma*、朝鲜冷杉 *Abies koreana*、鳞皮冷杉 *Abies squamata*、油杉 *Keteleeria fortunei*、欧洲云杉 *Picea abies*、云杉 *Picea asperata*、麦吊云杉 *Picea brachytyla*、青杆 *Picea wilsonii*、北美黄杉 *Pseudotsuga menziesii*、欧洲落叶松 *Larix decidua*、日本落叶松 *Larix kaempferi*、华北落叶松 *Larix principis - rupprechtii*、华山松 *Pinus armandi*、北美短叶松 *Pinus banksiana*、白皮松 *Pinus bungeana*、赤松 *Pinus densiflora*、马尾松 *Pinus massoniana*、长叶松 *Pinus palustris*、圆球柳杉 *Cryptomeria japonica* 'Compactoglobosa'、千头柳杉 *Cryptomeria japonica* 'Vilmoriniana'、圆头柳杉 *Cryptomeria japonica* 'Yuantouliusha'、水松 *Glyptostrobus pensilis*、北美红杉 *Sequoia sempervirens*、侧柏 *Platycladus orientalis*、千头柏 *Platycladus orientalis*、北美香柏 *Thuja plicata*、日本香柏 *Thuja standishii*、罗汉柏 *Thujopsis dolabrata*、美国扁柏 *Chamaecyparis lawsoniana*、日本扁柏 *Chamaecyparis obtusa*、云片柏 *Chamaecyparis obtusa* 'Breviramea'、黄叶扁柏、凤尾柏 *Chamaecyparis pisifera*、孔雀柏 *Chamaecyparis obtusa* 'Tetragona'、日本花柏 *Chamaecyparis pisifera*、线柏 *Chamaecyparis pisifera* 'Filifera'、绒柏 *Chamaecyparis pisifera* 'squarrosa'、美国尖叶扁柏 *Chamaecyparis thyoides*、细叶花柏、绿干柏、地中海柏木、福建柏 *Fokienia hodginsii*、欧洲刺柏 *Juniperus communis*、杜松 *Juniperus rigida*、圆柏 *Sabina chinensis*、金星桧、龙柏 *Sabina chinensis* 'Kaizuca'、匍地龙柏 *Sabina chinensis* 'Kaizuca Procumbens'、鹿角桧 *Sabina chinensis* 'Pfitzeriana'、铺地柏 *Sabina procumbens*、粉柏 *Sabina squamata* 'Meyeri'、元宝槭 *Acer truncatum*、雷竹（主要为庐山植物园引种）。

9.2.3 全省南北普遍引种栽培的树种

主要包括：湿地松 *Pinus elliottii*、火炬松 *Pinus taeda*、雪松 *Cedrus deodara*、日本五针松 *Pinus parviflora*、黑松 *Pinus thunbergii*、四川桤木 *Alnus cremastogyne*、日本柳杉 *Cryptomeria japonica*、水杉 *Metasequoia glyptostroboides*、加拿大杨 *Populus canadensis*、油橄榄 *Olea europaea* 等。

9.3 江西种质资源迁地保存基地任务与特点

根据《林木种质资源保存与方法》的规定，种质资源异地保存必须根据气候带和生态区，选择建立林木种质资源库的地点，并根据立地类型、小气候等条件，在每一树种地分布区内，合理布局各种类型地林木种质资源保存点。异地保存的主要形式有国家的地方建立的林木种质资源库、林木良种基地收集区(圃)、植物园、树木园及种子资源贮藏库等。本节主要讨论江西主要种质资源迁地保存基地任务与特点。

9.3.1 主要特点

由于江西南北气候差异明显，各地保存的种质资源类型有所不同。全省主要以树木园为迁地保存基地，开展林木种质资源的保存。通过树木园的合理布局，最大限度地保存江西重要的林木种质资源。江西南部有赣南树木园，中部有中国林科院亚热带林业实验中心树木园，北部有庐山植物园和江西省林业科学院树木园(南昌树木园)。不同地域的树木园所收集的对象与任务不尽相同，但树种种质资源收集与保存，不仅是树木园开展科学研究、学术交流的重要场所，而且是应用于生产实践的一项重要工作。树木园在种质资源保存方面突出了以下几个方面的特色：

①相同科属的树种收集保存量均比较丰富；

②相同的树种均收集了不同种源和不同品系；

③各树木园均保存了一定数量的外来树种；

④各树木园所收集的树种兼顾了各自的自然地理特点，体现了树种的地带性规律和遗传多样性。

9.3.2 迁地保存的主要种质类型

在现有的条件下，江西的林木种质资源主要是以树木园的形式异地保存了大量的树种种源群体和列入国家级和省级保护的珍贵、稀有、濒危树种。本节介绍的三个树木园分别地处赣南、赣中、赣北，收集保存了大量各具特色的地带性树种，充分展示了江西林木种质资源异地保存的地域性变迁。

9.3.2.1 赣南树木园

位于北纬 25°05′～25°51′，园址在上犹县陡水水库库心，隶属于赣南科学院，主要迁地保存江西南部及华南地区的种质资源类型(表 9-1)。

表 9-1 赣南树木园主要保存的种质资源类型

裸子植物	
1. 苏铁科	苏铁
2. 银杏科	银杏
3. 紫杉科	穗花杉、南方红豆杉、香榧
4. 罗汉松科	罗汉松、短叶罗汉松、竹柏、大叶竹柏

（续）

裸子植物	
5. 南洋杉科	南洋杉、异叶南洋杉、三尖杉
6. 松科	冷杉、日本冷杉、雪松、炬鳞油松、江南油松、白皮松、湿地松、思茅松、马尾松、格雪基松、展松、卵果松、道格拉松、假球松、墨西哥松、黑松、火炬松、云南松、金钱松
7. 杉科	杉木、水松、秃杉、台湾杉、池杉、落羽杉、墨西哥落羽杉、水杉
8. 柏科	光丽柏、热带丽柏、翠柏、美国扁伯、凤尾柏、黄叶扁柏、日本扁柏、绒柏、细叶花柏、日本花柏、线柏、美国尖叶柏、银色美国花柏、绿干柏、冲天柏、柏木、喜马拉雅柏、墨西哥柏、中山柏、福建柏、欧洲刺柏、樱桃桧柏、岩柏、侧柏、千头柏、圆柏、龙柏、铺地龙柏、铺地柏、铅笔柏、罗汉柏、香柏、日本香柏、大叶香柏
9. 买麻藤科	小叶买麻藤
被子植物	
10. 木兰科	杂交马褂木、北美鹅掌楸、日本辛荑、厚朴、凹叶厚朴、黄山木兰、山玉兰、玉兰、广玉兰、狭叶荷花玉兰、天女花、二乔木兰、宝华玉兰、南方木莲、木莲、广西木莲、垂果木莲、红花木莲、白玉兰、云山白兰、黄心夜合、含笑、金叶含笑、香子含笑、深山含笑、野含笑、峨眉含笑、醉香含笑、大叶含笑、马氏含笑、观光木
11. 八角科	八角、红茴香、莽草
12. 五味子科	南五味子
13. 连香树科	、连香树
14. 樟科	琼楠、厚叶琼楠、阴香、细叶香桂、樟树、天竺桂、香叶树、红果钓樟、山胡椒、黑壳楠、乌药、山鸡椒、黄丹木姜子、黄润楠、华东润楠、红楠、新樟、新木姜、闽楠、滇楠、白楠、紫楠、檫树、鸭公树、大叶楠、毛黑壳楠
15. 小檗科	细叶小檗、庐山小檗、阔叶十大功劳、十大功劳
16. 南毛竹科	南天竹
17. 木通科	三叶木通
18. 大血藤科	大血藤
19. 防己科	金钱吊乌龟、樟叶木防己
20. 千屈菜科	海密花、毛萼紫薇、大花紫薇
21. 石榴科	石榴、重瓣红石榴
22. 瑞香科	瑞香、芫花、毛瑞香、荛花、了哥王(南岭荛花)
23. 山龙眼科	银桦、红叶树、越南山龙眼、网脉山龙眼
24. 海桐花科	海桐
25. 大风子科	山桐子、山拐枣
26. 山茶科	红花油茶、野山茶、南荣油茶、博白大果茶、油茶、宛田红花油茶、云南大叶茶、广宁白花茶、柳叶山茶、茶树、山茶花、木荷、六瓣石笔木、贺县石笔木、小果石笔木、石笔木、黄端木、杨桐、柃木、细齿柃、厚皮香、华南厚皮香
27. 猕猴桃科	猕猴桃、多花猕猴桃、毛花杨桃、猫人参
28. 桃金娘科	柔枝红千层、红千层、番石榴、桃金娘、赤楠、三叶赤楠
29. 野牡丹科	小花柏拉木
30. 金丝桃科	黄牛木、金丝桃
31. 山竹子科	多花山竹子
32. 椴树科	扁担杆、椴树、两广椴
33. 杜英科	华杜英、杜英、薯豆、狭叶杜英、锡兰杜英、山杜英、猴欢喜

（续）

被子植物	
34. 梧桐科	山芝麻、翻白叶、两广梭罗树、狭叶翻白叶
35. 锦葵科	木芙蓉、庐山芙蓉、朱槿、木槿、肖梵天花
36. 古柯科	东方古柯
37. 大戟科	红背山麻杆、酸味子、重阳木、毛果巴豆、红背桂、算盘子、白背叶、粗糠柴、野桐、木本叶下珠、山乌桕、乌桕、油桐、木油桐、葡萄桐、大米桐
38. 虎皮楠科	牛耳枫、虎皮楠、交让木
39. 鼠刺科	鼠刺、越南鼠刺
40. 绣球科	圆锥绣球
41. 蔷薇科	台湾沙果、尖咀林檎、海索、大花枇杷、台湾枇杷、石楠、光叶石楠、小叶石楠、椤木石楠、桃叶石楠、豆梨、梨、稠李、毛桃、郁李、李、山樱花、皱叶石斑木、月季花、小果蔷薇、金樱子、软条七蔷薇、刺梨、玫瑰、粗叶悬钩子、高粱泡、木莓、空心泡、江南花楸、大果花楸
42. 蜡梅科	夏蜡梅、亮叶蜡梅
43. 含羞草科	槽放大果相思、大叶相思、台湾相思、黑荆树、苏门答腊合欢、孔雀豆、合欢、山合欢、含羞半、亮叶围涎树
44. 苏木科	云实、龙须藤、湖北羊蹄甲、望江南、铁刀木、肥皂荚、绒毛皂荚、老虎刺
45. 蝶形花科	南岭黄檀、黄檀、藤黄檀、印度黄檀、鱼藤、山蚂蝗、铁扫帚、胡枝子、马鞍树、鸡血藤、长脐红豆、光叶红豆、花榈木、红豆、木荚红豆、紫藤、扁藤
46. 旌节花科	中国旌节花
47. 金缕梅科	大果蜡瓣花、秀柱花、檵木、米老排、大果马蹄荷、蕈树、细柄蕈树、枫香、半枫荷
48. 杜仲科	杜仲
49. 黄杨科	雀舌黄杨、大叶黄杨
50. 悬铃木科	一球悬铃木
51. 杨柳科	加拿大杨、垂柳、河柳
52. 杨梅科	杨梅
53. 桦木科	光皮桦、桤木
54. 榛科	鹅耳枥
55. 壳斗科	罗浮栲、丝栗栲、黧蒴栲、南岭栲、青钩栲、鹿角栲、黑叶栲、苦槠、竹叶青冈、细叶青冈、大叶青冈、曼青冈、碟斗青冈、包石栎、绵石栎、多穗石栎、截果石栎、小叶栎、短柄枹栎、青冈、大青冈、云山青冈、饭甑青冈
56. 木麻黄科	木麻黄
57. 榆科	朴树、山油麻、春榆、紫弹树、琅琊榆、大叶榉、榔榆
58. 桑科	白桂木、小构树、柘树、青果榕、异叶榕、榕树、琴叶榕、掌叶榕、竹叶榕、台湾榕、桑
59. 荨麻科	序叶荨麻、野荨麻
60. 冬青科	秤星树、冬青、金星冬青、广东冬青、大叶冬青、矮冬青、毛冬青、铁冬青、亮叶冬青、枸骨
61. 卫矛科	南蛇藤、大花卫矛、小果卫矛、短形叶卫矛、美登木、密花美登木
62. 青皮木科	算头果、青皮木
63. 鼠李科	多花勾儿茶、拐枣、马甲子、长叶冻绿、钩状雀梅藤、枣树
64. 胡颓子科	胡颓子
65. 葡萄科	野葡萄、东南葡萄、葡萄
66. 山榄科	人心果
67. 芸香科	东风橘、柚、沙田橘、香圆、华南吴茱萸、臭辣树、金橘、九里香、枳、巨龙掌血、花椒簕、狭叶花椒

（续）

被子植物	
68. 苦木科	臭椿
69. 橄榄科	橄榄、乌榄
70. 楝科	米仔兰、墨西哥椿、麻楝、毛麻楝、苦楝、川楝、毛红楝、小果香椿、香椿、红楝
71. 无患子科	伞花木、栾树、无患子
72. 七叶树科	天师栗
73. 伯乐树科	伯乐树、云山伯乐树
74. 槭树科	樟叶槭、青榨槭、红翅槭、飞蛾槭、五裂槭、婺源槭、青皮槭、毛柄槭、源槭、十蕊槭、青蛙皮槭、红枫、尖尾槭
75. 泡花树科	紫珠叶泡花树、泡花树、笔罗子、绿樟、红枝柴
76. 省沽油科	野鸦椿、银鹊树、大果山香圆
77. 漆树科	南酸枣、盐肤木、野漆树、漆树
78. 黄连木科	黄连木
79. 胡桃科	山核桃、青钱柳、少叶黄杞、枫杨
80. 山茱萸科	头状四照花、香港四照花、四照花、梾木、光皮树
81. 八角枫科	长毛八角枫、瓜木
82. 紫树科	蓝果树
83. 五加科	白簕、楤木、黄毛楤木、树参、幌伞枫、刺楸
84. 杜鹃花科	吊钟花、南烛、鹿角杜鹃、岭南杜鹃、满山红、亮毛杜鹃、闹羊花、马银花、映山红
85. 越橘科	乌饭树、米饭树
86. 柿树科	丁香柿、浙江柿、油柿、野柿、黑柿(君迁子)、罗浮柿、大叶柿
87. 紫金牛科	红凉伞、硃砂根、酸果藤、杜茎山、密花树
88. 野茉莉科	拟赤杨、红拟赤杨、银钟花、西南棱木、小叶白辛树、白花龙、垂球花、老鸦铃、野茉莉、西藏野茉莉、大果安息香、海南安息香、栓皮安息香、中华安息香、玉玲花、红皮树、红皮安息香
89. 山矾科	薄叶山矾、山矾、密花山矾、火灰山矾、毛山矾、黄牛奶树、白檀、波缘山矾、老鼠矢、棱枝山矾
90. 马钱科	驳骨丹、醉鱼草
91. 木犀科	雪柳、金钟花、美国白蜡、小叶白蜡、大叶白蜡、茉莉花、女贞、小叶女贞、尖叶木犀榄、异株木犀榄、桂花、月桂、紫丁香
92. 夹竹桃科	黄蝉、夹竹桃、羊角拗、黄花夹竹桃
93. 茜草科	水团花、鸡仔木、绣花刺、栀子、水栀、狭叶栀子、大叶白纸扇、玉叶金花、山黄皮、白马骨、白花苦灯笼、流苏子、狗骨柴、钩藤
94. 忍冬科	糯米条、金银花、荚蒾、长叶荚蒾、蝴蝶荚蒾、珊瑚树、湖北荚蒾
95. 茄科	夜来香
96. 厚壳树科	厚壳树
97. 玄参科	泡桐
98. 紫葳科	凌霄花、梓树、黄金树、猫尾木、菜豆树、红花紫葳
99. 马鞭草科	华紫珠、紫珠、广东紫珠、杜虹花、臭牡丹、毛赪桐、赪桐、假连翘、海通、云南石樟、海南石樟、豆腐柴、柚木、黄荆、牡荆
100. 棕榈科	鱼尾葵、麒麟血藤、黄藤、蒲葵、软叶刺葵、棕榈、华盛顿棕榈、棕竹
101. 竹亚科	黄竹、凤尾竹、方竹、阔叶箬竹、罗汉竹、桂竹、紫竹、实心竹、毛竹、苦竹、节竹、箭竹、麻竹

9.3.2.2 中国林业科学研究院亚热带林业实验中心树木园

位于北纬27°49′，园址在分宜县城郊，隶属于中国林业科学研究院亚热带林业实验中心(以下简称亚林中心)，主要迁地保存江西中部林木种质资源类型(表9-2)。

表9-2 亚林中心树木园主要保存的种质资源类型

裸子植物	
1. 苏铁科	苏铁
2. 银杏科	银杏
3. 紫杉科	南方红豆杉
4. 罗汉松科	罗汉松、竹柏
5. 松科	雪松、铁坚杉、华东黄杉、油松、马尾松、黄松、樟子松、黑松、奥地利黑松、湿地松、火炬松、晚松、沙松、辐射松、薄皮松、短叶松、光松、辛松、类明果松、马斯特松、五针松、华南五针松、华山松、金钱松
6. 杉科	柳杉、日本柳杉、长柄柳杉、杉木、灰叶杉木、台湾杉、秃杉、池杉、落羽杉、墨西哥落羽杉、水杉
7. 柏科	美国扁柏、垂枝兰枝花柏、金色美国花柏、银色美国花柏、塔形花柏、凯旋花柏、猴掌柏、日本扁柏、孔雀柏、云柏、日本花柏、细叶花柏、线柏、柏木、墨西哥柏木、亚利桑那柏、绿干柏、泯江柏、大果柏、地中海柏木、澳洲柏、藏柏、璎珞柏、侧柏、千头柏、圆柏、龙柏、塔柏、金心桧、铺地柏、粉柏、美国香柏、日本香柏、西部侧柏、福建柏、贝爪柏、羊毛柏、磨盘柏
被子植物	
8. 木兰科	鹅掌楸、杂交马褂木、北美鹅掌楸、厚朴、凹叶厚朴、常绿厚朴、广玉兰、白玉兰、紫玉兰、天女花、黄山木兰、红花玉兰、山玉兰、矮形玉兰、日本木兰、二乔木兰、应春花、伏牛玉兰、中华木兰、四季玉兰、宝华玉兰、光叶木兰、木莲、红花木莲、通道木莲、华木莲、灰木莲、广西木莲、桂南木莲、乳源木莲、火力楠、白玉兰、小叶含笑(含笑花)、乐昌含笑、深山含笑、黄心夜合、野含笑、云山白兰、大叶云山白兰、金叶含笑、锈毛含笑、灰毛含笑、通道金叶白兰、苦樟含笑、石碌含笑、四川含笑、平伐含笑、南亚含笑、飞绒含笑、长蕊含笑、无量含笑、多花含笑、峨眉含笑、亮叶含笑、乐东木兰、云南拟单性木兰、光叶拟单性木兰、观光木
9. 樟树科	樟树、大叶樟、猴樟、沉水樟、天竺桂、肉桂、乌药、狭叶山胡椒、香叶树、山胡椒、山鸡椒(山苍子)、木姜子、红楠、绒楠、黄心树、楠木、闽楠、白楠、紫楠、檫木
10. 小檗科	十大功劳、日本小檗
11. 南天竹科	南天竹
12. 木通科	木通
13. 千屈菜科	紫薇
14. 石榴科	石榴
15. 瑞香科	金边瑞香、瑞香、毛瑞香、结香
16. 山龙眼科	红叶树
17. 海桐花科	海桐、光叶海桐
18. 大风子科	山桐子
19. 山茶科	山茶花、花叶、茶梅、西南山茶、油茶、博白大果油茶、浙江山茶、宛田红花油茶、木荷、银木荷、石笔木、小果石笔木、茶梨、厚叶杨桐
20. 猕猴桃科	多花猕猴桃、中华猕猴桃
21. 山茶科	赤楠、三叶赤楠、红龄蒲桃、赤桉、蓝桉、大叶桉、细叶桉
22. 金丝桃科	扁担杆、南京椴、椴树
23. 杜英科	杜英、阔瓣杜英、秃瓣杜英、猴欢喜、仿栗
24. 梧桐科	梧桐、榆叶梧桐、翅子树、两广梭罗树

（续）

被子植物	
25. 锦葵科	木芙蓉、庐山芙蓉、木槿、朱槿(扶桑)
26. 大戟科	湖北算盘子、算盘子、白背叶、山乌桕、乌桕、三年桐、千年桐、重阳木
27. 蔷薇科	贴梗海棠、野山楂、云南山楂、尖咀林檎、西府海棠、椤木石楠、光叶石楠、桃叶石楠、石楠、朝天樱、腺叶野樱、日本樱花、山樱花、红叶李、青霄李、芙蓉李、稠李、六月苦桃木、灰叶苦桃木、红叶桃、白凤桃、黄桃、水蜜桃、寿星桃、碧桃、绿梅、二度梅、奈李、梨、石斑木、月季、中华绣线菊、野珠兰
28. 蜡梅科	蜡梅
29. 含羞草科	银荆、黑荆、野皂树、相思树、合欢、孔雀豆、银合欢
30. 苏木科	紫荆、巨紫荆、垂丝紫荆、皂荚、白皂荚、翅荚木、墨格
31. 蝶形花科	紫穗槐、黄檀、木蓝、美丽胡枝子、截叶铁扫帚、大叶胡枝子、中华胡枝子、花榈木、红豆、翅荚香槐、刺槐、槐树、紫藤、龙爪槐
32. 金缕梅科	长柄双花木、金缕梅、檵木、红花檵木、米老排、水丝梨、枫香、半枫荷
33. 杜仲科	杜仲
34. 黄杨科	黄杨、雀舌黄杨、野扇花
35. 悬铃木科	法国梧桐(三球)
36. 杨柳科	滇杨、加杨、垂柳、银柳
37. 杨梅科	杨梅
38. 桦木科	光皮桦、桤木、江南桤木、鹅耳枥、华榛
39. 壳斗科	板栗、锥栗、茅栗、甜槠、苦槠、构栲、青冈栎、云山青冈、秀丽青冈、石栎、鄂贵栎、多穗柯、绵柯、麻栎、小叶栎、白栎、短柄枹栎、栓皮栎、槲栎
40. 榆科	朴树、榔榆、榉树、白榆
41. 桑科	无花果、橡皮树、桑树
42. 卫矛科	卫矛冬青、大果卫矛
43. 鼠李科	拐枣、毛枳椇、冻绿、山绿柴
44. 芸香科	温州蜜橘、玳代果、金橘、四季橘、红果吴茱萸、臭檀、臭辣树、楝叶吴茱萸、吴茱萸、吴羽子、竹叶花椒、樗叶花椒、九里香
45. 苦木科科	臭椿、苦木
46. 楝科	米仔兰、苦楝、川楝、南岭苦楝、香椿、红椿、毛红椿
47. 无患子科	茶条木、车桑子、栾树、无患子
48. 七叶树科	七叶树、天师栗
49. 伯乐树科	伯乐树
50. 槭科	锐角槭、天台槭、青榨槭、红翅槭、建始槭、地锦槭、长叶槭、中华槭、飞蛾槭、五裂槭、灰叶槭、鸡爪槭、细叶鸡爪槭、红枫、糖槭、连翅槭、元宝枫、毛柄葵源槭
51. 青风藤科	泡花树、珂楠树
52. 省沽油科	膀胱果、银鹊树、大果山香圆、野鸦椿
53. 漆树科	盐肤木、漆树、火炬树、南酸枣、黄连木
54. 胡桃科	山核桃、青钱柳、核桃、化香、枫杨、湖北枫杨
55. 山茱萸科	灯台树、大株木、小株木、毛株、光皮树、四照花、喜树、蓝果树
56. 五加科	楤木、刺楸、枫荷梨(树参)
57. 杜鹃花科	云锦杜鹃、满山红、黄杜鹃(闹羊花)、映山红、乌饭树

（续）

被子植物	
58. 柿科	君迁子、磨盘柿、尖叶柿、老鸦柿
59. 野茉莉科	拟赤杨、西藏野茉莉、野头梨、宜丰野头梨、白辛树、野茉莉、郁香野茉莉、中华安息香、红皮树、滇贵野茉莉
60. 木犀科	雪柳、金钟花、白蜡树、苦枥木、探春花、茉莉花、女贞、小叶女贞、日本小叶女贞、桂花、四季桂、油橄榄、紫丁香
61. 茜草科	栀子花、白马骨、六月雪、香果树
62. 玄参科	紫花泡桐、白花泡桐
63. 紫葳科	凌霄花、滇楸、菜豆树
64. 马鞭草科	紫珠、大青、臭牡丹、海通、牡荆、黄荆
65. 棕榈科	棕榈、棕竹、散尾葵、刺葵
66. 竹亚科	孝顺竹、凤尾竹、花孝顺竹、桃枝竹、青皮竹、巴山木竹、短穗竹、刺方竹、方竹、基毛箬竹、阔叶箬竹、箬叶竹、浙隆箬竹、矮箬竹、少穗竹、尖头青、黄古竹、石绿竹、黄槽石绿竹、乌芽竹、罗汉竹、黄槽竹、金镶玉竹、京竹、巨县苦竹、硬头苦竹、肿节苦竹、实心苦竹、庆元苦竹、油苦竹、川竹、固竹、右心竹、茶杆竹、福建茶杆竹、薄箨茶杆竹、托竹、笔竹、斑箨茶杆竹、近实心茶杆竹、遂昌苦竹、华箬竹、浙江四季竹、鸡毛竹、狭叶倭竹、唐竹、橄榄竹、红舌唐竹、井冈唐竹、白目暗竹、月月竹、黄间竹、普竹、绿竹、黄秆京竹、毛环水竹、桂竹、寿竹、百夹竹、毛壳花哺竹、安吉小胖竹、白皮淡竹、白哺鸡竹、甜笋竹、角竹、甜竹、花哺鸡竹、花皮淡竹、筠竹、变竹、水竹、木竹、强竹、金丝毛竹、花毛竹、黄槽毛竹、红壳雷竹、红竹、假毛竹、台湾桂竹、浙江淡竹、花竹、篌竹、实心花竹、富阳乌哺鸡竹、紫竹、淡竹、石竹、紫蒲头石竹、安吉金竹、灰水竹、早竹、高节竹、早园竹、毛竹、芽竹、囡儿子竹、巨县红竹、真如竹、天目早竹、奉化乌竹、刚竹、黄槽刚竹、黄皮刚竹、乌哺鸡竹、黄皮乌哺鸡竹、毛毛竹、米竹、棉竹、黄筋刚竹、实生毛竹、苦竹、垂枝苦竹、秋竹、长叶苦禾、大明竹、华丝竹

9.3.2.3 南昌树木园

位于北纬28°44′~28°46′，地处南昌市梅岭侧的桐树坑，隶属于江西省林业科学院。主要迁地保存江西中部林木种质资源类型(表9-3)。

表9-3 南昌树木园主要保存的种质资源类型

裸子植物	
1. 苏铁科	苏铁
2. 银杏科	银杏
3. 紫杉科	穗花杉、南方红豆杉、红豆杉、香榧
4. 罗汉松科	罗汉松、短叶罗汉松、竹柏
5. 三尖杉科	三尖杉、粗榧
6. 松科	日本冷杉、银杉、雪松、江南油杉、铁坚杉、云杉、华山松、短叶松、白皮松、沙松、赤松、湿地松、海南五针松、思茅松、华南五针松、马尾松、长叶松、日本五针松、晚松、火炬松、杉枞、黑松、云南松、金钱松、南方铁杉、长苞铁杉
7. 杉科	柳杉、日本柳杉、杉木、水松、北美红杉、秃杉、池杉、落羽杉、水杉
8. 柏科	翠柏、日本扁柏、日本花柏、黄片花柏、凤尾柏、线柏、细叶花柏、绒柏、美国尖叶扁柏、美国柏木、干香柏、柏木、速生柏、福建柏、璎珞柏、刺柏、侧柏、千头柏、圆柏、铺地龙柏、龙柏、塔柏、金叶桧、鹿角桧、铺地刺柏、高苗柏、粉柏、山柏、铅笔柏、北美香柏、日本香柏、罗汉柏

（续）

被子植物	
9. 木兰科	鹅掌楸、杂交马褂木、天目木兰、凹叶厚朴、望春玉兰、夜香木兰、凸头木兰、黄山木兰、山玉兰、玉兰、矮型玉兰、荷花玉兰、辛夷、厚朴、天女花、二乔木兰、圆叶木兰、枝子皮、应春花、常绿厚朴、日本木兰、宝华玉兰、桂南木莲、木莲、大果木莲、红花木莲、大叶木莲、毛桃木莲、巴东木莲、乳源木莲、白兰、苦梓含笑、乐昌含笑、浙江含笑、紫花含笑、大叶含笑、含笑、多花含笑、金叶含笑、莽山金叶含笑、亮叶含笑、壮丽含笑、火力楠、平伐含笑、黄心夜合、深山含笑、白花含笑、阔瓣含笑、石碌含笑、延平含笑、无量含笑、峨眉含笑、云南含笑、四川含笑、乐东木兰、云南拟单性木兰、观光木
10. 八角科	红茴香、八角
11. 五味子科	冷饭团、南五味子
12. 连香树科	连香树
13. 樟科	猴樟、山肉桂、樟树、大叶樟、天竺桂、油樟、沉水樟、黄樟、香桂、月桂、乌药、狭叶山胡椒、红果钓樟、山胡椒、黑壳楠、山橿、山鸡椒、黄丹木姜子、豺皮樟、黄椿木姜子、大叶楠、华东楠、红楠、新木姜子、绣叶新木姜子、鸭公树、簇叶新木姜子、大叶新木姜子、闽楠、湘楠、滇楠、白楠、紫楠、楠木、檫树
14. 小檗科	安徽小檗、庐山小檗、日本小檗、阔叶十大功劳、十大功劳
15. 南毛竹科	南天竹
16. 木通科	木通、三叶木通、白木通、野木瓜
17. 大血藤科	大血藤
18. 防己科	木防己、风龙、金钱吊乌龟、千金藤、粉防己
19. 千屈菜科	紫薇、大花紫薇
20. 石榴科	石榴、重瓣红石榴
21. 瑞香科	芫花、黄瑞香、毛瑞香、白瑞香、结香、南岭荛花(了哥王)
22. 山龙眼科	红叶树
23. 海桐花科	光叶海桐、崖花海桐、海桐
24. 大风子科	山羊角、山桐子、柞木
25. 山茶科	尾叶山茶、红花油茶、厚叶红山茶、连蕊茶、博白油茶、长瓣短柱茶、山茶花、油茶、西南红山茶、宛田红花油茶、柳叶山茶、茶树、越南油茶、舟柄茶、银木荷、木荷、南岭紫茎、具喙紫茎、紫茎、六瓣石笔木、小果石笔木、石笔木、毛药红淡、茶梨、光枝柃、细枝柃、格药柃、细齿柃、厚叶杨桐、锥果厚皮香、厚皮香、华南厚皮香
26. 猕猴桃科	猕猴桃、多花猕猴桃
27. 桃金娘科	赤楠、三叶赤楠
28. 金丝桃科	金丝桃、蜜花金丝桃、金丝梅
29. 椴树科	扁担杆、南京椴、椴树
30. 杜英科	华杜英、杜英、冬桃、薯豆、锡兰杜英、山杜英、猴欢喜
31. 梧桐科	梧桐
32. 锦葵科	木芙蓉、中华木槿、木槿、肖梵天花、梵天花
33. 古柯科	东方古柯
34. 大戟科	山麻杆、一品红、算盘子、湖北算盘子、白背叶、野梧桐、香椒、粗糠柴、石岩枫、野桐、青灰叶下珠、山乌桕、白木乌桕、乌桕、油桐、千年桐、重阳木
35. 虎皮楠科	牛耳枫、虎皮楠、交让木
36. 鼠刺科	鼠刺、矩形叶鼠刺
37. 绣球科	人心药、溲疏、黄常山、伞形绣球、中国绣球、绣球、圆锥绣球、腊莲绣球、冠盖藤、小齿钻地风

（续）

被子植物	
38. 蔷薇科	贴梗海棠、木瓜、野山楂、山枇杷、枇杷、湖北海棠、尖咀木檎、西府海棠、苹果、中华石楠、椤木石楠、光叶石楠、小果石楠、桃叶石楠、石楠、庐山石楠、杏、红叶李、山桃、李李、郁李、梅、红梅、龙梅、桃、碧桃、寿星桃、山樱桃、李、日本樱花、杜梨、豆梨、梨、石斑木、月季、小果蔷薇、软条七蔷薇、金樱子、多花蔷薇、野蔷薇、寒莓、山莓、插田泡、蓬蘽、高粱泡、茅莓、锈毛莓、空心泡、灰白毛莓、中华绣线菊、狭叶绣线菊、笑靥花、火棘、野珠兰
39. 蜡梅科	蜡梅、素心蜡梅、夏蜡梅、柳叶蜡梅、浙江蜡梅、托突蜡梅
40. 含羞草科	银荆树、黑荆树、孔雀豆、合欢、山合欢、美国山合欢、银合欢、围涎树
41. 苏木科	湖北羊蹄甲、紫荆、皂荚、肥皂荚
42. 蝶形花科	紫穗槐、宜昌杭子梢、锦鸡儿、藤黄檀、黄檀、小槐花、山蚂蝗、铁扫帚、苏木蓝、福氏马棘、宜昌木蓝、马棘、中华胡枝子、截叶铁扫帚、大叶胡枝子、美丽胡枝子、铁马鞭、铁扫帚、香花崖豆藤、鸡血藤、花榈木、红豆树、野葛、刺槐、苦参、槐树、龙爪槐、紫藤
43. 旌节花科	中国旌节花
44. 金缕梅科	蜡瓣花、长炳双花木、杨梅叶蚊母树、蚊母树、大果马蹄荷、金缕梅、檵木、米老排、水丝梨、蕈树、细柄蕈树、缺萼枫香、枫香
45. 杜仲科	杜仲
46. 黄杨科	匙叶黄杨、雀舌黄杨、黄杨、东方野扇花、野扇花
47. 杨柳科	响叶杨、214 杨、垂柳、河柳、银柳、旱柳、龙爪柳
48. 杨梅科	杨梅
49. 桦木科	桤木、江南桤木、光皮桦
50. 榛科	鹅耳枥
51. 壳斗科	锥栗、板栗、茅栗、甜槠、罗浮栲、南岭栲、苦槠、构栲、青冈、饭甑椆、雷公椆、大叶青冈、多脉青冈、青椆、云山青冈、水青冈、岭南柯、包果柯、贵州柯、石栎、大叶柯、榄叶柯、圆锥柯、多穗柯、麻栎、锐齿槲栎、小叶栎、白栎、短柄枹栎、栓皮栎
52. 榆科	糙叶树、紫弹树、珊瑚朴、黄果朴、朴树、刺榆、山油麻、杭州榆、榔榆、榆、榉树
53. 桑科	小构树、构棘、小柘树、构树、柘树、无花果、橡皮树、台湾榕、琴叶榕、薜荔、珍珠莲、桑
54. 荨麻科	苎麻、紫麻
55. 冬青科	满树星、刺叶冬青、冬青、构骨、矮冬青、小果冬青、落叶冬青、铁冬青、落霜红、绿冬青、紫果冬青
56. 卫矛科	过山枫、苦皮藤、哥兰叶、南蛇藤、短梗南蛇藤、庐山刺果卫矛、扶芳藤、大花卫矛、冬青卫矛、攀援丝绵木、美登木、雷公藤
57. 银杏科	多花勾儿茶、拐枣、猫乳、长叶冻绿、鼠李、圆叶鼠李、冻绿、雀梅藤、枣树
58. 胡颓子科	铜色叶胡颓子、木半夏、胡颓子、牛奶子
59. 葡萄科	掌叶草葡萄、羽叶蛇葡萄、蛇葡萄、光叶蛇葡萄、异叶爬山虎、绿叶爬山虎、爬山虎、蘡薁、刺葡萄、小叶葛藟、毛葡萄、葡萄
60. 芸香科	柚、佛手、橘、臭檀、臭辣树、楝叶吴茱萸、吴茱萸、山橘、金橘、枸橘、竹叶花椒、崖椒
61. 苦木科	臭椿、苦木
62. 楝科	苦楝、川楝、香椿、毛红楝
63. 无患子科	茶条木、伞花木、复叶栾树、栾树、无患子
64. 七叶树科	七叶树、天师栗
65. 伯乐树科	伯乐树
66. 槭科	天台槭、三角枫、尖尾槭、紫槭、青榨槭、红翅槭、地锦槭、飞蛾槭、五裂槭、鸡爪槭、红枫、糖槭、中华槭、天目槭、信宜槭、元宝枫、三峡槭

（续）

被子植物	
67. 青风藤科	珂楠树、泡花树、多花泡南树、红枝柴
68. 省沽油科	野鸦椿、银鹊树
69. 漆科	南酸枣、盐肤木、野漆树、木蜡树、火炬树、黄连木
70. 胡桃科	山核桃、薄壳山核桃、青钱柳、野核桃、核桃、化香、枫杨
71. 山茱萸科	灯台树、梾木、小花梾木、光皮树、头状四照花、香港四照花、四照花
72. 八角枫科	华瓜木、长毛八角枫
73. 珙桐科	喜树、蓝果树
74. 五加科	五加、刺五加、中华五加、白簕、楤木、黄毛楤木、爱尔兰常春藤、常春藤、刺楸
75. 杜鹃花科	耳叶杜鹃、光枝杜鹃、井冈山杜鹃、鹿角杜鹃、满山红、闹羊花、马银花、红毛杜鹃、猴头杜鹃、映山红、乌饭树、米饭树
76. 柿科	野柿、尖叶柿、浙江柿、油柿、君迁子、罗浮柿
77. 紫金牛科	朱砂根、百两金、紫金牛、杜茎山
78. 野茉莉科	拟赤杨、西藏野茉莉、野头梨、小叶白辛树、白辛树、白花龙、垂珠花、野茉莉、郁香野茉莉、红皮树
79. 山矾科	山矾、华山矾、大叶山矾、白檀、铁山矾、四川山矾、老鼠矢
80. 马钱科	醉鱼草、蓬莱葛
81. 木犀科	流苏树、金钟花、白蜡树、迎春花、蜡子树、女贞、小蜡树、小叶女贞、水蜡树、油橄榄、四季桂、桂花、紫丁香
82. 夹竹桃科	夹竹桃、白花夹竹桃、络石
83. 茜草科	水团花、鸡仔木、水杨柳、流苏子、虎刺、香果树、栀子、榄绿粗叶木、羊角藤、鸡矢藤、毛鸡矢藤、香楠、六月雪、白马骨、钩藤
84. 忍冬科	金银花、法国冬青、荚蒾、绣球、珊瑚树、蝴蝶荚蒾、汤饭子、海仙花、锦带花、水马桑
85. 茄科	枸杞
86. 玄参科	兰考泡桐、紫花泡桐、大果泡桐
87. 马鞭草科	梓树、珍珠枫、老鸦糊、白棠子树、紫珠、兰香草、臭牡丹、大青、豆腐柴、牡荆、黄荆
88. 棕榈科	鱼尾葵、棕榈
89. 竹亚科	凤尾竹、佛肚竹、方竹、阔叶箬竹、箬竹、桂竹、斑竹、金竹、篌竹、紫竹、毛竹、菲白竹

9.4 江西种质资源就地保存基地的主要任务与特点

江西地理环境南北差异较大，除了布局合理的树木园迁地保存外，还选择了具有代表性的就地保存基地，目的就是要最大限度的保存江西丰富的种质遗传资源。就地保存是通过保护各类种质赖以生存的生态系统以达到永续保存种质资源的目的，为社会经济提供可持续利用的遗传资源，促进社会经济发展；迁地保存主要通过树木园实现，是就地保存的最好补充，二者相辅相成，保障江西丰富、优良的种质资源可持续利用。就地保存基地主要选择江西省南端的九连山、东中部的武夷山、西中部的铜鼓县和北部的庐山来介绍江西原地保存的林木种质资源类型地带性差异。

9.4.1 九连山

纬度为北纬24°，是江西南部和广东北部林木种质资源的主要分布地区。主要就地保存的种质资源类型见表9-4。

表9-4　九连山就地保存林木种质资源类型

裸子植物	
1. 苏铁科	苏铁
2. 银杏科	银杏
3. 松科	马尾松、湿地松、雪松
4. 杉科	杉木、日本柳杉、水松、落羽杉、池杉
5. 柏科	侧柏、柏木、翠柏、龙柏
6. 罗汉松科	竹柏、罗汉松
7. 三尖杉科	三尖杉
8. 红豆杉科	南方红豆杉
9. 买麻藤科	小叶买麻藤
被子植物	
10. 木兰科	木莲、观光木、深山含笑、野含笑、紫花含笑、乐昌含笑、金叶含笑、鹅掌楸
11. 八角科	八角、莽草
12. 五味子科	南五味子、黑老虎、绿叶五味子、棱枝五味子
13. 番荔枝科	瓜馥木、香港瓜馥木
14. 樟科	新木姜、浙江新木姜、大叶新木姜、显脉新木姜、毛山鸡椒、黄丹木姜子、鸭公树、山胡椒、山胡椒、香叶树、乌药、樟树、黄樟、少花桂、天竺桂、阴香、华南桂、香桂、闽楠、紫楠、红楠、刨花楠、黄绒润楠、华东润楠、厚壳树、广东琼楠、毛黑壳楠、檫木
15. 毛茛科	阴地唐公草、毛茛、杨子毛茛、山木通、单叶铁线莲、锈毛铁线莲、毛柱铁线莲、蕨叶人字果、短萼黄连
16. 小檗科	蠔猪刺、箭叶淫羊霍、华南十大功劳
17. 木通科	白木通、三叶木通、尾叶那藤、野木瓜
18. 大血藤科	大血藤
19. 千屈菜科	紫薇
20. 石榴科	石榴
21. 瑞香科	了哥王、北江荛花、毛瑞香
22. 山龙眼科	小果山龙眼、网脉山龙眼、银桦
23. 海桐花科	海金子、海桐、光叶海桐
24. 大风子科	山桐子、柞木
25. 天料木科	天料木
26. 山茶科	油茶、茶、柃叶连蕊茶、柳叶毛蕊茶、心叶毛蕊茶、尖连蕊茶、小果石笔木、茶梨、厚皮香、尖萼厚皮香、亮叶厚皮香、尖叶川黄瑞木、大萼黄瑞木、黄瑞木、小叶红淡比、杨桐、二列叶柃、尖萼毛柃、格药柃、黑柃、细枝柃、钝叶柃、微毛柃、米碎花、凹脉柃、四角柃、窄基红褐柃
27. 猕猴桃科	毛花猕猴桃、美丽猕猴桃、黄毛猕猴桃、阔叶猕猴桃、星毛猕猴桃、异色猕猴桃
28. 桃金娘科	赤楠、三叶赤楠、桃金娘、岗松
29. 椴树科	浆果椴、小刺蒴麻、田麻、扁担杆、甜麻
30. 杜英科	日本杜英、秃瓣杜英、冬桃、杜英、猴欢喜
31. 梧桐科	梧桐、密花梭罗
32. 锦葵科	朱槿(扶桑)、木芙蓉、木槿、洋麻
33. 古柯科	东方古柯

（续）

被子植物	
34. 大戟科	算盘子、青灰叶下珠、叶下珠、油桐、千年桐、野梧桐、野桐、粗糠柴、石岩枫、红背山麻杆、山乌桕、乌桕、重阳木
35. 蔷薇科	桃、梅、李、钟花樱、腺叶桂樱、刺叶桂樱、大叶桂樱、波叶红果树、椤木石楠、倒卵叶石楠、光叶石楠、桃叶石楠、饶平石楠、中华石楠、小叶石楠、枇杷、大花枇杷、台湾枇杷、石斑木、水榆花楸、沙梨、豆梨、台湾林檎、金樱子
36. 蜡梅科	柳叶蜡梅
37. 含羞草科	山合欢、合欢
38. 苏木科	云实、老虎刺、华南皂荚、粉叶羊蹄甲、阔裂叶羊蹄甲
39. 蝶形花科	木荚红豆、花榈木、皂槐、槐树、亮叶崖豆藤、毛亮叶崖豆藤、密花崖豆藤、厚果崖豆藤、黄檀、南岭黄檀、小槐花、胡枝子、短梗胡枝子、绿叶胡枝子、美丽胡枝子、截叶胡枝子
40. 旌节花科	喜马旌节花
41. 金缕梅科	檵木、蜡瓣花、秀柱花、杨梅叶蚊母树、闽粤蚊母树、大果马蹄荷、枫香、缺萼枫香、半枫荷、蕈树
42. 杜仲科	杜仲
43. 黄杨科	东方野扇花
44. 悬铃木科	二球悬铃木
45. 杨柳科	长梗柳、垂柳、加杨、钻天柳
46. 杨梅科	杨梅、水晶杨梅
47. 桦木科	光皮桦
48. 榛科	大穗鹅耳枥
49. 壳斗科	长柄水青冈、亮叶水青冈、板栗、茅栗、南岭栲、黧蒴栲、钩栲、甜槠、米槠、丝栗栲、罗浮栲、红钩栲、乌楣栲、黑叶栲、薄叶柯、硬斗柯、榄叶柯、多穗柯、美叶柯、碟斗青冈、青冈、细叶青冈、饭甑青冈、云山青冈、短柄枹栎等
50. 榆科	杭州榆、红果榆、榔榆、朴树、糙叶树
51. 桑科	桑、鸡桑、小构树、葡蟠、构树、异叶榕、榕树、薜荔、珍珠莲、粗叶榕、无花果、全叶榕、台湾榕、狭叶台湾榕、琴叶榕、条叶榕、变叶榕、构棘、柘树、白桂木
52. 冬青科	冬青、香冬青、铁冬青、毛冬青、矮冬青、具柄冬青、黄毛冬青、木姜冬青、凸脉冬青、广东冬青、四川冬青、茶果冬青、黄杨冬青、凹叶冬青、皱柄冬青、厚叶冬青、台湾冬青、榕叶冬青、紫果冬青、小果冬青、大果冬青、满树星、称星树
53. 卫矛科	无柄卫矛、大果卫矛、中华卫矛、疏花卫矛、百齿卫矛、冬青卫矛、福建假卫矛、哥兰叶、短梗南蛇藤、显柱南蛇藤、过山枫、窄叶南蛇藤、青江藤、美登木
54. 茶茱萸	甜果藤
55. 青皮木科	青皮木、管花青皮木
56. 鼠李科	雀梅藤、钩状雀梅藤、长叶冻绿、山绿柴、尼泊尔鼠李、多花勾儿茶、马甲子、枣、枳椇
57. 胡颓子科	胡颓子
58. 芸香科	竹叶花椒、花椒簕、椿叶花椒、大叶臭花椒、蜜果吴萸、臭辣吴萸、山橘、金橘、柚、甜橙、酸橙、宽皮橘、枸橘、飞龙掌血
59. 苦木科	臭椿、苦木
60. 楝科	苦楝、半仔兰、香椿、毛红楝
61. 无患子科	无患子、伞花木
62. 伯乐树科	伯乐树
63. 槭树科	中华槭、三角槭、桂叶槭、紫果槭、罗浮槭、青榨槭、红果罗浮槭

（续）

被子植物	
64. 清风藤科	清风藤、革叶清风藤、灰背清风藤、尖叶清风藤、异色泡花树、毡毛泡花树、香皮树、红枝柴
65. 省沽油科	野鸦椿、山香园、圆齿野雅椿
66. 漆树科	盐肤木、木蜡树、野漆树、南酸枣、黄连木
67. 胡桃科	少叶黄杞、枫杨
68. 山茱萸科	尖叶四照花、香港四照花、桃叶珊瑚
69. 八角枫科	瓜木、八角枫、粗毛八角枫、毛八角枫
70. 蓝果树科	喜树、紫树(蓝果树)
71. 五加科	树参、变叶树参、刺楸、常青藤、穗序鹅掌柴、星毛鹅掌柴、白簕、吴茱萸五加、五加、短梗幌伞枫、长刺楤木、棘茎楤木、黄毛楤木
72. 杜鹃花科	云锦杜鹃、猴头杜鹃、满山红、杜鹃、岭南杜鹃、马银花、丝线吊芙蓉、鹿角杜鹃、刺毛杜鹃、灯笼花、小果南烛、滇白珠、短尾越橘、刺毛越橘、黄背越橘、米饭花、乌饭树、长尾越橘、扁枝越橘
73. 柿树科	罗浮柿、浙江柿、野柿、柿、油柿
74. 紫金牛科	杜茎山、金珠柳、朱砂根、红凉伞、大罗伞树、山血丹、九管血、少年红、虎舌红、莲座叶紫金牛、九节龙、小紫金牛、网脉叶酸藤子、当归藤、酸藤子、光叶铁仔、针齿铁仔、密花树
75. 安息香科	野茉莉、老鸹铃、郁香野茉莉、赛山梅、白花龙、红皮树、拟赤杨、岭南山茉莉、小叶白辛树、银钟花
76. 山矾科	四川山矾、枝穗山矾、海桐山矾、潮州山矾、光叶山矾、越南山矾、火灰山矾、密花山矾、南岭山矾、毛山矾、铁山矾、黄牛奶树、老鼠矢、白檀、华山矾
77. 木犀科	木岑、月桂、桂花、女贞、小蜡、迎春花、北清香藤、华清香藤、茉莉花
78. 夹竹桃科	链珠藤、帘子藤、细梗络石、乳儿绳、络石
79. 茜草科	风箱树、鸡仔木、水团花、大叶白纸扇、玉叶金花、流苏子、白花苦灯笼、山黄皮、香楠、黄栀子、狗骨柴、毛狗骨柴、百眼藤、羊角藤、西南粗叶木、云广粗叶木、榄绿粗叶木、污毛粗叶木、白花龙船花、虎刺、短刺虎刺、白马骨、鸡矢藤、毛鸡矢藤
80. 忍冬科	忍冬、皱叶忍冬、红腺忍冬、早禾树、台湾荚蒾、合轴荚蒾、吕宋荚蒾、蝴蝶荚蒾、坚荚树、球核荚蒾、南方荚蒾等
81. 玄参科	白花泡桐、台湾泡桐
82. 紫葳科	凌霄花、菜豆树
83. 马鞭草科	马鞭草、野枇杷、金缘叶紫珠、杜虹花、红紫珠、长柄紫珠、短柄紫珠、豆腐柴、牡荆、大青、广东赪桐、毛赪、臭牡丹、灰毛大青、海通
84. 棕榈科	棕榈、棕竹、毛鳞省藤
85. 竹亚科	粉单竹、孝顺竹、凤尾竹、硬头黄竹、坭竹、箬竹、阔叶箬竹、冷箭竹、苦竹、小苦竹、毛竹、桂竹、篌竹、实心竹、水竹、赤竹

9.4.2 武夷山

武夷山为江西东中部，该范围树种代表的纬度为北纬 27°～28°；主要就地保存的种质资源类型见表 9-5。

表 9-5 武夷山就地保存林木种质资源类型

裸子植物	
1. 银杏科	银杏
2. 松科	雪松、马尾松、黄山松、南方铁杉

（续）

裸子植物	
3. 杉科	柳杉、日本柳杉、杉木、灰叶杉木、水杉、落羽杉
4. 柏科	日本花柏、柏木、福建柏、刺柏、侧柏、圆柏、北美香柏
5. 三尖杉科	三尖杉、粗榧、阔叶粗榧
6. 红豆杉科	红豆杉、南方红豆杉、武夷山粗榧、香榧
被子植物	
7. 木兰科	鹅掌楸、天目木兰、黄山木兰、玉兰、广玉兰、紫花玉兰、厚朴、凹叶厚朴、天女花、木莲、乳源木莲、深山含笑、野含笑
8. 八角科	莽草
9. 五味子科	南五味子、五味子、棱枝五味子、华中五味子
10. 樟科	樟树、浙江桂、细叶香桂、乌药、狭叶山胡椒、红果山胡椒、绿叶甘橿、山胡椒、黑壳楠、三桠乌药、山橿、红脉钓樟、木姜子、黄丹木姜子、豹皮樟、山苍子、毛山苍子、黄润楠、薄叶润楠、宜昌润楠、红楠、刨花楠、凤凰润楠、绒毛润楠、新木姜、粉叶新木姜、浙江新木姜、云和新木姜、浙江楠、紫楠、檫木
11. 毛茛科	乌头、瓜叶乌头、赣皖乌头、林荫银莲花、秋牡丹、小升麻、女萎、小木通、威灵仙、厚叶铁线莲、山木通、杨子铁线莲、单叶铁线莲、毛萼铁线莲、锈毛铁线莲、毛蕊铁线莲、毛柱铁线莲、钝齿铁线莲、华中铁线莲、柱果铁线莲、皱叶铁线莲、锈球藤、武夷山唐松草、夹叶唐松草、大叶唐松草、华东唐松草、爪哇唐松草、阴地唐松草、臭芹莱、毛茛、杨子毛茛、小毛茛、天葵、禺毛茛、蕨叶人字果、小花人字果、短萼黄连
12. 小檗科	二色小檗、安徽小檗、蠔猪刺、武夷山小檗、庐山小檗、淫羊霍、三枝九叶草、阔叶十大功劳、湖北十大功劳、十大功劳、南天竹
13. 木通科	木通、白木通、三叶木通、多叶木通、猫儿屎、鹰爪枫、五叶瓜藤、黄蜡果、野木瓜、倒卵叶野木瓜、尾叶那藤
14. 大血藤科	大血藤
15. 千屈菜科	紫薇
16. 石榴科	石榴
17. 瑞香科	芫花、白瑞香、瑞香、毛瑞香、白荛花、了哥王、北江荛花
18. 山龙眼科	红叶树、网脉山龙眼
19. 海桐花科	狭叶海桐、海桐、崖花海桐、狭叶海金子
20. 大风子科	山桐子、毛叶山桐子、柞木、长叶柞木
21. 山茶科	台湾黄端木、大叶红淡、黄端木、亮叶红淡、红楣、长尖连蕊茶、短柱茶、浙江红花油茶、尖莲蕊茶、茶、连蕊茶、油茶、粉红短柱茶、红淡比(杨桐)、厚叶红淡比、武夷山杨桐、翅柃、短柱柃、米碎花、微毛柃、柃木、细枝柃、黑柃、格药柃、岩柃、单耳柃、银木荷、木荷、天目紫茎、厚皮香、尖萼厚皮香、亮叶厚皮香、小果石笔木
22. 猕猴桃科	猕猴桃、软枣猕猴桃、紫果猕猴桃、异色猕猴桃、毛花猕猴桃、黄毛猕猴桃、长叶猕猴桃、江西猕猴桃、小叶猕猴桃、黑蕊猕猴桃、褪粉猕猴桃、金花猕猴桃、革叶猕猴桃、清风藤猕猴桃、麻叶猕猴桃
23. 椴树科	田麻、假黄麻、黄麻、扁担杆、尖叶扁担杆、扁担木、浆果椴、糯米椴、帽峰椴、南京椴、鄂椴、椴树、单毛刺蒴麻(小刺蒴麻)、刺蒴麻
24. 杜英科	华杜英、杜英、秃瓣杜英、薯豆、冬桃、山杜英、猴欢喜
25. 梧桐科	梧桐、山芝麻、马松子
26. 锦葵科	洋麻、木芙蓉、木槿
27. 古柯科	东方古柯

（续）

被子植物	
28. 大戟科	算盘子、湖北算盘子、白背叶野桐、福野桐、野桐、粗糠柴、石岩枫、山乌桕、乌桕、油桐、木油桐、重阳木
29. 鼠刺科	鼠刺、矩圆叶鼠刺
30. 蔷薇科	桃、梅、红梅、樱花、浙江樱、木瓜、湖北山楂、野山楂、枇杷、白鹃梅、腺叶桂樱、刺叶桂樱、假稠李、湖北海棠、尖咀林檎、灰叶稠李、中华石楠、闽粤石楠、椤木石楠、福建石楠、光叶石楠、褐毛石楠、台湾小石楠、小叶石楠、毛叶石楠、中华毛叶石楠、武夷山石楠、李、全缘火棘、豆梨、沙梨、麻梨、石斑木、大叶石斑木、金缨子、水榆花楸、黄山花楸
31. 蜡梅科	亮叶蜡梅
32. 含羞草科	合欢、山合欢
33. 苏木科	粉叶羊蹄甲、湖北羊蹄甲、十瓣云实、云实、紫荆、肥皂荚、决明
34. 蝶形花科	紫藤、锦鸡儿、香槐、翅荚香槐、黄檀、含羞草叶黄檀、小槐花、胡枝子、绿叶胡枝子、中华胡枝子、截叶胡枝子、大叶胡枝子、多花胡枝子、美丽胡枝子、达乌里胡枝子、细梗胡枝子、马鞍树、绿花崖豆藤、香花崖豆藤、异果崖豆藤、丰城崖豆藤、鸡血藤、花榈木、刺槐、槐树
35. 旌节花科	中国旌节花
36. 金缕梅科	蜡瓣花、蕈树、中华蜡瓣花、杨梅叶蚊母树、金缕梅、缺萼枫香、枫香檵木、细柄半枫荷、半枫荷
37. 杜仲科	杜仲
38. 黄杨科	黄杨、细叶黄杨、小叶黄杨、宿住板凳果、东方野扇花
39. 悬铃木科	二球悬铃木
40. 杨柳科	响叶杨、钻天杨、垂柳、银叶柳、长梗柳、旱柳
41. 杨梅科	杨梅、白杨梅
42. 桦木科	江南桤木、亮叶桦
43. 榛科	短尾鹅耳枥、雷公鹅耳枥
44. 壳斗科	锥栗、板栗、茅栗、荔栗、甜槠、栲、罗浮栲、南岭栲、红构栲、苦槠、钩栲、青冈、小叶青冈、大叶青冈、多脉青冈、细叶青冈、褐叶青冈、亮叶青冈、水青冈、包石栎、石栎、硬斗栎、多穗柯、麻栎、槲栎、小叶栎、白栎、乌冈栎、短柄枹栎、栓皮栎
45. 榆科	糙叶树、紫弹、朴树、西川朴、刺榆、青檀、山油麻、山黄麻、兴山榆、杭州榆、榔榆
46. 桑科	藤构、小构树、构树、构棘、毛柘树、天仙果、异叶榕、粗叶榕琴叶榕、薜荔、珍珠莲、掌叶榕、竹叶榕、变叶榕、桑、鸡桑、华桑
47. 冬青科	满树星、构骨、矮冬青、冬青、铁冬青、猫儿刺、香冬青、梅叶冬青、毛枝冬青、厚叶冬青、榕叶冬青、台湾冬青、刺叶冬青、广东冬青、大叶冬青、木姜子冬青、谷木冬青、小果冬青、米谷冬青、具柄冬青、秃毛冬青、微果冬青、四川冬青、显脉冬青、茶果冬青、三茶冬青、紫果冬青、尾叶冬青
48. 卫矛科	过山枫、哥兰叶、南蛇藤、灯油藤、短梗南蛇藤、显柱南蛇藤、毛脉显柱南蛇藤、白杜、刺果卫矛、肉花卫矛、鸦椿卫矛、大花卫矛、西南卫矛、常春卫矛、胶东卫矛、疏花卫矛、大果卫矛、垂丝卫矛、窄翅卫矛、福建假卫矛、扶芳藤、雷公藤
49. 鼠李科	多花勾儿茶、牯岭勾儿茶、枳椇、毛枳椇、长叶冻绿、毛叶鼠李、冻绿、雀梅藤、枣
50. 胡颓子科	佘山胡颓子、巴东胡颓子、蔓胡颓子、宜昌胡颓子、木半夏、胡颓子、牛奶子
51. 芸香科	枸橘、柚、橘、臭辣树、吴茱萸、四川吴萸、黄皮树、枳壳、茵芋、飞龙掌血、刺花椒、竹叶椒、朵椒、花椒簕、青花椒、野花椒
52. 苦木科	臭椿、苦木
53. 楝科	苦楝、香椿、毛红楝
54. 无患子科	羽叶栾树、全缘叶栾树、栾树、无患子

（续）

被子植物	
55. 槭树科	阔叶槭、天台阔叶槭、樟叶槭、紫果槭、小紫果槭、长柄紫果槭、青榨槭、秀丽槭、罗浮槭、茶条槭、建始槭、将乐槭、色木槭、厚叶飞蛾槭、五裂槭、毛鸡爪槭、中华槭、信宜槭、三峡槭、铅山槭、武夷槭、婺源槭
56. 清风藤科	清风藤、革叶清风藤、灰背清风藤、中华清风藤、阔叶清风藤、鄂西清风藤、四川清风藤、尖叶清风藤、珂南树、泡花树、垂枝泡花树、多花泡花树、异色泡花树、红枝柴、漆叶泡花树、腋毛泡花树、毛泡花树
57. 省沽油科	野鸦椿、省沽油、银鹊树、山香园
58. 漆树科	南酸枣、盐肤木、岭南酸枣、野葛、野漆、木蜡树、野漆树
59. 胡桃科	野核桃、青钱柳、华东山核桃、枫杨、化香树
60. 山茱萸科	灯台树、窄叶灯台树、尖叶头状四照花、香港四照花、四照花、青荚叶、浙江青荚叶
61. 八角枫科	八角枫、长毛八角枫、瓜木
62. 蓝果树科	喜树、蓝果树
63. 五加科	白簕、糙叶藤五加、楤木、毛叶楤木、黄毛楤木、棘茎楤木、糙叶楤木、长刺楤木、树参、变叶树参、常春藤、吴茱萸五加、刺楸、竹节参、大叶三七、穗序鹅掌柴、星毛鸭脚木、鹅掌柴、通脱木
64. 杜鹃花科	灯笼花、小果南烛、美丽马醉木、马醉木、云锦杜鹃、鹿角杜鹃、满山红、羊踯躅、马银花、猴头杜鹃、杜鹃
65. 越橘科	扁枝越橘、乌饭树、短尾越橘、无梗越橘、米饭花、刺毛越橘
66. 柿树科	浙江柿、柿、野柿、君迁子、小叶柿、南平柿
67. 紫金牛科	少年红、血党、小紫金牛、朱砂根、红凉伞、百两金、小罗伞、紫金牛、虎舌红、莲座叶紫金牛、沿海紫金牛、网脉叶酸藤子、杜茎山、光叶铁仔、密花树
68. 安息香科	拟赤杨、银钟花、鸦头梨、小叶白辛树、灰叶安息香、赛山梅、垂珠花、白花龙、野茉莉、毛萼野茉莉、郁香野茉莉、红皮树、越南安息香
69. 山矾科	腺柄山矾、薄叶山矾、总状山矾、南岭山矾、火灰山矾、密花山矾、光叶山矾、四川山矾、华山矾、黄牛奶树、白檀、茶条果、老鼠矢、山矾
70. 木犀科	流苏树、金钟花、白蜡树、大叶白蜡树、苦枥木、庐山白蜡树、北清香藤、华清香藤、蜡子树、长叶女贞、水蜡树、小蜡、红柄木犀、桂花、月桂、短丝木犀
71. 夹竹桃科	串珠子、链珠藤、夹竹桃、毛药藤、紫花络石、短柱络石、细梗络石、络石、石血
72. 茜草科	水团花、细叶水团花、风箱树、流苏子、光虎刺、香果树、栀子、长尾粗叶木、渐尖粗叶木、粗叶木、污毛粗叶木、榄绿粗叶木、云广粗叶木、百眼藤、羊角藤、大叶白纸扇、玉叶金花、鸡矢藤、绒毛鸡矢藤、山黄皮、白马骨、六月骨、尖萼乌口树、白花苦灯笼、狗骨柴、钩藤
73. 忍冬科	糯米条、南方六道木、小叶六道木、福建六道木、淡红忍冬、巴东忍冬、红腺忍冬、贵州忍冬、皱叶忍冬、忍冬、早禾树、南方荚蒾、宜昌荚蒾、蝴蝶荚蒾、常绿荚蒾、饭汤子、水马桑、接骨木
74. 玄参科	泡桐、华东泡桐、紫花泡桐
75. 紫葳科	凌霄花、楸树、梓树
76. 马鞭草科	珍珠枫、白棠子树、杜虹花、老鸦糊、华紫珠、红紫珠、全缘叶紫珠、日本紫珠、窄叶紫珠、枇杷叶紫珠、广东紫珠、长柄紫珠、篮香草、臭牡丹、大青、臭茉莉、赪桐、尖齿臭茉莉、海通、臭梧桐、豆腐柴马鞭草、黄荆、牡荆、山牡荆
77. 棕榈科	棕榈
78. 竹亚科	青篱竹、肿节竹、孝顺竹、青皮竹、观音竹、武夷方竹、阔叶箬竹、人面竹、毛竹、桂竹、水竹、花毛竹、紫竹、刚竹、苦竹、武夷山苦竹、武夷山茶秆竹、鹅毛竹、毛秆箭竹、箭竹、毛秆玉山竹、武夷山玉山竹

9.4.3 铜鼓

铜鼓县位于江西西中部，该范围树种代表的纬度为北纬 27°～28°；主要就地保存的种质资源类型见表 9-6。

表 9-6 铜鼓就地保存林木种质资源类型

裸子植物	
1. 苏铁科	苏铁
2. 银杏科	银杏
3. 松科	马尾松、黄山松、日本冷杉、黑松、湿地松、火炬松、金钱松
4. 杉科	杉木、柳杉、水杉、池杉
5. 柏科	柏木、侧柏、圆柏、龙柏、铺地柏、球柏、金叶柏、全球桧、塔柏、绒柏、羽叶花柏、日本花柏、美国扁柏、日本扁柏
6. 罗汉松科	小罗汉松、罗汉松、竹柏
7. 三尖杉科	三尖杉、粗榧
8. 红豆杉科	穗花杉、南方红豆杉、榧树
被子植物	
9. 木兰科	玉兰、悦色含笑、乐昌含笑、野含笑、荷花玉兰、紫玉兰、厚朴、凹叶厚朴
10. 八角科	披针叶茴香
11. 五味子科	南五味子、五味子、棱枝五味子、华中五味子
12. 樟科	樟树、沉水樟、少花桂、黄樟、香桂、乌药、浙江山胡椒、香叶树、红果山胡椒、山胡椒、黑壳楠、山橿、毛豹皮樟、豹皮樟、山苍子、黄丹木姜子、石木姜子、宜昌木姜子、绢毛木姜子、宜昌润楠、红楠、薄叶润楠、绒毛润楠、新木姜子、浙江新木姜、大叶新木姜、湘楠、白楠、檫木
13. 毛茛科	女萎、小木通、威灵仙、山木通、单叶铁线莲、毛果铁线莲
14. 小檗科	安徽小檗、蠔猪刺、庐山小檗、箭叶淫羊霍、阔叶十大功劳、南天竹
15. 木通科	三叶木通、白木通、鹰爪枫、野木瓜
16. 大血藤科	大血藤
17. 千屈菜科	南紫薇
18. 石榴科	石榴
19. 瑞香科	毛瑞香
20. 山龙眼科	红叶树
21. 海桐花科	狭叶海桐、海金子
22. 山茶科	黄瑞木、尾叶山茶、浙江红山茶、尖叶山茶、毛花连蕊茶、油茶、茶、红淡比、翅柃、微毛柃、细枝柃、黑柃、格药柃、细齿叶柃、半齿柃、银木荷、木荷、厚皮香、狭叶石笔木
23. 猕猴桃科	中华猕猴桃、小叶猕猴桃、黑蕊猕猴桃、革叶猕猴桃、毛蕊猕猴桃
24. 桃金娘科	赤楠、三叶赤楠
25. 椴树科	扁担杆、小花扁担杆、浆果椴、鳞毛椴、毛芽椴
26. 杜英科	中华杜英、猴欢喜、褐毛杜英、日本杜英、山杜英
27. 梧桐科	梧桐
28. 锦葵科	木芙蓉、木槿
29. 大戟科	算盘子、湖北算盘子、白背叶野桐、野桐、粗糠柴、石岩枫、山乌桕、乌桕、油桐、木油桐、重阳木
30. 鼠刺科	矩形叶鼠刺

（续）

被子植物	
31. 蔷薇科	闽粤石楠、椤木石楠、光叶石楠、褐毛石楠、小叶石楠、桃叶石楠、毛叶石楠无毛变种、绒毛石楠、杜梨、豆梨、沙梨、金缨子、华空木、野山楂、湖北山楂、石灰花楸、江南花楸、红果树波叶变种、小果蔷薇、梅、钟花樱、尾叶樱桃、刺叶樱桃、樱桃、灰叶稠李、细齿稠李
32. 蜡梅科	山蜡梅、柳叶蜡梅
33. 含羞草科	合欢、山合欢
34. 蝶形花科	锦鸡儿、南岭黄檀、黄檀、小槐花、饿蚂蝗、华东槐蓝、马棘、中华胡枝子、截叶胡枝子、大叶胡枝子、多花胡枝子、美丽胡枝子、花榈木、紫藤、香花崖豆藤
35. 旌节花科	中国旌节花
36. 金缕梅科	蜡瓣花、杨梅叶蚊母树、金缕梅、枫香、檵木、长柄双花木
37. 杜仲科	杜仲
38. 黄杨科	多毛板凳果、东方野扇花
39. 悬铃木科	悬铃木
40. 杨柳科	响叶杨、垂柳、意杨、旱柳、银叶柳、南川柳
41. 杨梅科	杨梅
42. 桦木科	江南桤木、光皮桦
43. 榛科	大穗鹅耳枥
44. 壳斗科	锥栗、板栗、茅栗、甜槠栲、栲、苦槠栲、钩栲、曼青冈、青冈、细叶青冈、大叶青冈、多脉青冈、小叶青冈、云山青冈、石栎、东南石栎、多穗石栎、麻栎、槲栎、白栎、短柄枹栎、乌冈栎
45. 榆科	紫弹、朴树、西川朴、青檀、山油麻、杭州榆、长序榆
46. 桑科	藤构、小构树、构树、莨芝、柘树、天仙果、异叶榕、琴叶榕、条叶榕、全叶榕、薜荔、珍珠莲、桑、鸡桑、华桑
47. 冬青科	满树星、构骨、冬青、矮冬青、毛冬青、铁冬青、香冬青、布格冬青、凹叶冬青、钝齿冬青、厚叶冬青、闽浙冬青、硬尾冬青、细刺冬青、小果冬青、具柄冬青、小果铁冬青、拟榕叶冬青、四川冬青、茶果冬青、紫果冬青、亮叶冬青、尾叶冬青
48. 卫矛科	大茅南蛇藤、灰叶南蛇藤、粉背南蛇藤、窄叶南蛇藤、显柱南蛇藤、南蛇藤、卫矛、刺果卫矛、肉花卫矛、中华卫矛、鸦椿卫矛、疏花卫矛、大果卫矛、窄翅卫矛、无柄卫矛、扶芳藤、昆明山海棠、雷公藤、丝棉木
49. 鼠李科	牯岭勾儿茶、枳椇、长叶冻绿、尼泊尔鼠李、冻绿、山鼠李
50. 胡颓子科	铜色叶胡颓子、蔓胡颓子、宜昌胡颓子、银果牛奶子、胡颓子
51. 芸香科	臭辣吴茱萸、吴茱萸、茴芋、竹叶花椒、毛竹叶花椒、朵椒、花椒簕、青花椒、野花椒、柚、橘
52. 苦木科	臭椿、苦木
53. 楝科	苦楝、香椿、毛红楝
54. 无患子科	全缘叶栾树、无患子
55. 槭树科	天台阔叶槭、紫果槭、青榨槭、罗浮槭、红果罗浮槭、铜鼓槭、鸡爪槭、中华槭、三峡槭、钝角三峡槭
56. 清风藤科	红枝柴、笔罗子、鄂西清风藤、清风藤、尖叶清风藤
57. 省沽油科	野鸦椿、山香园、银鹊树
58. 漆树科	南酸枣、黄连木、盐肤木、野漆树、木蜡树
59. 胡桃科	青钱柳、华东山核桃、化香、枫杨
60. 山茱萸科	四照花、青荚叶、毛梾、梾木
61. 八角枫科	毛八角枫、瓜木
62. 蓝果树科	蓝果树、喜树

（续）

被子植物	
63. 五加科	五加、糙叶五加、白簕、楤木、头序楤木、棘茎楤木、树参、常春藤、刺楸
64. 杜鹃花科	小果南烛、云锦杜鹃、鹿角杜鹃、满山红、闹羊花、马银花、猴头杜鹃、杜鹃
65. 越橘科	南烛、黄背越橘、江南越橘
66. 柿树科	浙江柿、野柿、君迁子、华东油柿
67. 紫金牛科	九管血、朱砂根、红凉伞、百两金、紫金牛、山血丹、网脉叶酸藤子、杜茎山
68. 安息香科	拟赤杨、小叶白辛树、赛山梅、垂珠花、白花龙、野茉莉、芬芳安息香、栓叶安息香
69. 山矾科	华山矾、南岭山矾、光叶山矾、白檀、老鼠矢、山矾、坊果山矾、宜章山矾
70. 木犀科	茉莉、油橄榄、木犀、金钟花、白蜡树、苦枥木、清香藤、华素馨、女贞、蜡子树、小叶女贞、小蜡、光萼小蜡、厚边木犀、长叶木犀
71. 夹竹桃科	紫花络石、络石、夹竹桃
72. 茜草科	水团花、鸡仔木、细叶水团花、短刺虎刺、香果树、栀子、榄绿粗叶木、羊角藤、大叶白纸扇、鸡矢藤、山黄皮、白马骨、白花苦灯笼、流苏子、狗骨柴、钩藤
73. 忍冬科	糯米条、淡红忍冬、菰腺忍冬、忍冬、接骨木、桦叶荚蒾、水红木、荚蒾、宜昌荚蒾、南方荚蒾、巴东荚蒾、蝴蝶戏珠花、合轴荚蒾
74. 玄参科	毛泡桐(华东泡桐)、台湾泡桐
75. 紫葳科	凌霄花、梓树
76. 马鞭草科	紫珠、华紫珠、老鸦糊、日本紫珠、枇杷叶紫珠、广东紫珠、红紫珠、臭牡丹、灰毛大青、大青、海通、海州常山、豆腐柴、黄荆、牡荆、山牡荆
77. 棕榈科	棕榈、棕竹
78. 竹亚科	方竹、井冈寒竹、阔叶箬竹、人面竹、水竹、毛竹、花毛竹、毛金竹、刚竹、凤尾竹、桂竹、乌水竹、白哺鸡竹、角竹、花哺鸡竹、红竹、早竹、高节竹、乌哺鸡竹

9.4.4 庐山

庐山位于江西北部，纬度为北纬 29°～30°，是江西北部重要的种质资源分布区。由于庐山在 20 世纪与 21 世纪从国内外引进了大量的树种，其种质资源所包含的成分更为广泛。庐山主要就地保存的种质资源类型见表 9-7。

表 9-7　庐山就地保存林木种质资源类型

裸子植物	
1. 苏铁科	苏铁、华南苏铁、云南苏铁
2. 银杏科	银杏
3. 松科	南方铁杉、马尾松、黄山松
4. 杉科	柳杉、杉木、水松
5. 柏科	侧柏、柏木、刺柏
6. 罗汉松科	罗汉松、短叶罗汉松、百日青
7. 三尖杉科	三尖杉、粗榧
8. 红豆杉科	白豆杉、红豆杉、南方红豆杉、东北红豆杉、榧树、日本榧树

（续）

被子植物	
9. 木兰科	鹅掌楸、北美鹅掌楸、凹叶厚朴、黄山木兰、玉兰、荷花玉兰、紫花玉兰、厚朴、天女花、木莲、白兰花、含笑
10. 八角科	红茴香、莽草
11. 五味子科	冷饭团、南五味子、五味子、翼梗五味子、华中五味子
12. 樟科	樟树、天竺桂、细叶香桂、狭叶山胡椒、香叶树、红果钓樟、绿叶甘橿、山胡椒、三桠乌药、山橿、红脉钓樟、乌药、豹皮樟、江西豹皮樟、山苍子、黄丹木姜子、大叶楠、落叶桢楠、红楠、浙江新木姜、白楠、紫楠、檫木
13. 毛茛科	乌头、展毛乌头、瓜叶乌头、赣皖乌头、狭盔乌头、打破碗花花、秋牡丹、水毛茛、金龟草、钝齿铁线莲、短柱铁线莲、单叶铁线莲、毛果铁线莲、柱果铁线莲、光果短尾铁线莲、威灵仙、山木通、金剪刀、丝瓜花、锈球藤、黄药子、短萼黄连、还亮草、獐耳细辛、芍药、草芍药、牡丹、野生毛茛、回回蒜、毛茛、肉根毛茛、杨子毛茛、小毛茛、石龙芮、天葵、尖叶唐通草、大叶唐通草、华东唐通草
14. 小檗科	安徽小檗、蠔猪刺、日本小檗、庐山小檗、六角莲、八角莲、箭叶淫羊霍、类叶牡丹、阔叶十大功劳、南天竹
15. 木通科	木通、三叶木通、白木通、鹰爪枫、野木瓜
16. 大血藤科	大血藤
17. 千屈菜科	紫薇、南紫薇
18. 石榴科	石榴
19. 瑞香科	芫花、瑞香、毛瑞香、结香、荛花
20. 海桐花科	海金子、海桐
21. 大风子科	山桐子、毛叶山桐子、柞木、山拐枣
22. 山茶科	短柱茶、红花油茶、野山茶、尖叶山茶、柃叶连蕊茶、连蕊茶、山茶、油茶、茶、银木荷、木荷、紫茎、毛药红淡、杨桐、微毛柃、格药柃、厚皮香
23. 猕猴桃科	猕猴桃、紫果猕猴桃、异色猕猴桃、毛叶猕猴桃、小叶猕猴桃、梅叶猕猴桃、麻叶猕猴桃
24. 桃金娘科	赤楠
25. 椴树科	田麻、假黄麻、黄麻、长萌黄麻、扁担杆、光叶扁担杆、扁担木、庐山椴、浆果椴、糯米椴、膜叶椴、南京椴、椴
26. 杜英科	秃瓣杜英、猴欢喜
27. 梧桐科	梧桐、马松子
28. 锦葵科	洋麻、木芙蓉、庐山芙蓉、朱槿(扶桑)、中华木槿、木槿
29. 大戟科	重阳木、算盘子、湖北算盘子、白背叶、野梧桐、粗糠柴、石岩枫、野桐、山乌柏、白木乌柏、乌柏、油桐、木油桐
30. 蔷薇科	日本木瓜、木瓜、野山楂、湖北山楂、枇杷、尖咀林檎、中华石楠、短叶中华石楠、厚叶中华石楠、椤木石楠、光叶石楠、小叶石楠、绒毛石楠、石楠、毛叶石楠、庐山石楠、杜梨、豆梨、沙梨、麻梨、水榆花楸、黄山花楸、石灰花楸、江南花秋、红果树、金樱子、杏、郁李、梅、桃、李
31. 蜡梅科	美国蜡梅、光叶红、蜡梅
32. 含羞草科	合欢、山合欢
33. 苏木科	湖北羊蹄甲、云实、望江南、黄槐、决明、紫荆、皂荚、肥皂荚

（续）

被子植物	
34. 蝶形花科	田皂角、紫穗槐、锦鸡儿、香槐、藤黄檀、黄檀、含羞草黄檀、小槐花、野木篮、马棘、绿叶胡枝子、中华胡枝子、截叶胡枝子、大叶胡枝子、达乌里胡枝子、多花胡枝子、广美丽胡枝子、细梗胡枝子、湖北马鞍树、鸡血藤、花榈木、刺槐、槐树、紫藤
35. 旌节花科	中国旌节花
36. 金缕梅科	蜡瓣花、庐山蜡瓣花、杨梅叶蚊母树、牛鼻栓、金缕梅、缺萼枫香、枫香、檵木
37. 杜仲科	杜仲
38. 黄杨科	雀舌黄杨、黄杨、小叶黄杨、顶花板凳果、东方野扇花
39. 悬铃木科	二球悬铃木、法国悬铃木、一球悬铃木
40. 杨柳科	响叶杨、银白汤、加杨、钻天杨、垂柳、银叶柳、腺柳、旱柳、变异柳
41. 杨梅科	杨梅
42. 桦木科	江南桤木、光皮桦
43. 榛科	华鹅耳枥、雷公鹅耳枥、榛、川榛
44. 壳斗科	锥栗、板栗、茅栗、甜槠、丝栗栲、苦槠栲、钩栲、青冈栎、小叶青冈、青槝、云山槝、水青冈、石栎、绵柯、麻栎、槲栎、锐齿槲栎、小叶栎、白栎、短柄枹树、栓皮栎
45. 榆科	糙叶树、紫弹、朴树、刺榆、青檀、山油麻、兴山榆、榔榆、榆、榉树
46. 桑科	小构树、葡蟠、构树、构棘、柘树、无花果、异叶榕、琴叶榕、薜荔、珍珠莲、桑、鸡桑、华桑
47. 冬青科	满树星、称星树、构骨、猫儿刺、冬青、落霜红、铁冬青、布格冬青、密花冬青、钝齿冬青、大果冬青、小果冬青、大柄冬青、具柄冬青、小果铁冬青、三花冬青、尾叶冬青、
48. 卫矛科	庐山刺果卫矛、卫矛、白杜、肉花卫矛、西南卫矛、冬青卫矛、垂丝卫矛、窄翅卫矛、扶芳藤、福建假卫矛、雷公藤
49. 鼠李科	多花勾儿茶、牯岭勾儿茶、枳椇、毛枳椇、马甲子、长叶冻绿、圆叶鼠李、薄叶鼠李、冻绿、梗花雀梅藤、雀梅藤
50. 胡颓子科	佘山胡颓子、蔓胡颓子、木半夏、胡颓子、牛奶子
51. 芸香科	臭辣树、小果吴茱萸、石虎、日本常山、竹叶椒、花椒、茴芋、酸橙、柚、橘、橙
52. 苦木科	臭椿、苦木
53. 楝科	苦楝、香椿
54. 无患子科	全缘叶栾树、栾树、无患子
55. 七叶树科	欧洲七叶树
56. 槭树科	阔叶槭、天台阔叶槭、三角槭、青榨槭、建始槭、细叶槭、地锦槭、毛果槭、五裂槭、鸡爪槭、毛脉槭、莓叶槭、中华槭
57. 清风藤科	清风藤、灰背清风藤、阔叶清风藤、台湾清风藤、泡花树、垂枝浪泡花树、多花泡花树、红枝柴、腺毛泡花树、毡毛泡花树
58. 省沽油科	野鸦椿、省沽油、银鹊树
59. 漆树科	南酸枣、黄连木、盐肤木、野漆树、木蜡树、漆树、毛漆树
60. 胡桃科	美国山核桃、青钱柳、野核桃、胡桃、西北胡桃、化香树、枫杨
61. 山茱萸科	桃叶珊瑚、洒金桃叶珊瑚、灯台树、尖叶四照花、头状四照花、四照花、青荚叶
62. 八角枫科	八角枫、长毛八角枫
63. 蓝果树科	喜树、蓝果树
64. 五加科	吴茱萸五加、糙毛五加、藤五加、刚毛五加、白簕、楤木、头序楤木、黄毛楤木、棘茎楤木、常春藤、刺楸、短梗大参、人参、竹节人参、三七、西洋参、通脱木

（续）

被子植物	
65. 杜鹃花科	云锦杜鹃、鹿角杜鹃、满山红、羊踯躅、马银花、杜鹃、小果南烛、马醉木、乌饭树、黄背越橘、米饭花
66. 柿树科	浙江柿、柿、油柿、君迁子、老鸦柿
67. 紫金牛科	血党、朱砂根、百两金、紫金牛、杜茎山、软弱杜茎山
68. 安息香科	拟赤杨、小叶白辛、灰叶野茉莉、白花龙、垂珠花、响铃子、野茉莉、玉铃花、郁香野茉莉
69. 山矾科	薄叶山矾、山矾、华山矾、仁昌山矾、茶条果、光叶山矾、白檀、四川山矾、波缘山矾、老鼠矢
70. 木犀科	流苏树、雪柳、连翘、金钟花、白蜡树、大叶蜡树、小叶白蜡树、苦枥木、探春花、华清香藤、蜡子树、女贞、小蜡树、小叶女贞、小蜡、木犀
71. 夹竹桃科	鳝藤、夹竹桃、毛药藤、紫花络石、络石
72. 茜草科	水团花、鸡仔木、细叶水团花、风箱树、流苏子、虎刺、短刺虎刺、香果树、栀子、榄绿粗叶木、羊角藤、大叶白纸扇、玉叶金花、鸡矢藤、毛鸡矢藤、山黄皮、六月雪、白马骨、狗骨柴、钩藤
73. 忍冬科	糯米条、南方六道木、郁香忍冬、包果忍冬、倒卵叶忍冬、粉绿忍冬、下江忍冬、庐山忍冬、忍冬、西洋接骨木、接骨木、桦叶荚蒾、衡山荚蒾、黑果荚蒾、蝴蝶荚蒾、常绿荚蒾、八仙花、汤饭子、合轴荚蒾、鸡树条荚蒾、水马桑
74. 玄参科	白花泡桐、台湾泡桐、华东泡桐
75. 紫葳科	凌霄花、美国凌霄花、楸树、梓树
76. 马鞭草科	珍珠枫、老鸦糊、华紫珠、白棠子树、紫珠、窄叶紫珠、广东紫珠、野枇杷、红紫珠、臭牡丹、大青、海通、海州常山、马缨丹、豆腐柴、黄荆、牡荆、单叶蔓荆
77. 棕榈科	棕竹、棕榈
78. 竹亚科	凤尾竹、方竹、阔叶箬竹、刚竹、桂竹、花竹、紫竹、淡竹、毛竹、苦竹

第10章 林木良种基地的种质资源保存

20世纪70年代，江西各地普遍开展林木良种基地建设。为了满足基地建设对繁殖材料的需求，组织了大规模的优树选择工作，先后选出杉木优树1700多株，同时还选出了油茶、板栗、乌桕等树种的一批优树。1985年起，在信丰、安远县等10个试验点营造杉木子代测定林24hm^2，测定家系720个，初选出优良家系103个，优良单株211株；通过子代测定，评选出马尾松优良家系50个。以上所选出的优良材料，加上在这期间通过国内的各种途径收集了大批的主要造林树种优良种源、家系、无性系等，都成了江西林木良种基地中珍贵保存的种质资源。应用这批资源，在20世纪80年代初期，以部省联营建设和省地联营建设的形式，全省共建成林木良种基地30处，总面积1836.7hm^2，包括种子园814.1hm^2，母树林708.5hm^2，采穗圃41.5hm^2，实验林272.6hm^2。树种包括杉木、马尾松、湿地松、火炬松、油茶，以及檫树、马褂木等。1998年以来，国家利用国债资金实施种苗工程，加大了对林木种苗基地建设的投资力度。截止于2005年底，开工建设的各类林木种苗项目共计51处，面积10 337.5hm^2，总投资规模为16 241万元。其中营建收集区322.5hm^2，种子园726.7hm^2，采穗圃154.9hm^2，母树林549.9hm^2，采种林分5471.0hm^2，示范林、子代测定林2021.3hm^2，主要树种包括杉木、湿地松、马尾松、乐昌含笑、深山含笑、火力楠、南方红豆杉、闽楠、木荷、丝栗栲等59种。江西还在保护种源群体内基因平衡稳定的基础上，划定了种子供应区，并选择一些阔叶树适生地，建立了16处阔叶树采种基地，总面积4747.4hm^2。母树林的建设，一般是选择优良林分，首先确定目的树种，然后采取比较集约经营的技术措施，通过适当疏伐改造或砍杂施肥，改建成采种母树林。实践证明，无论是建立良种基地，还是建立采种基地，或者是选择优良林分营建母树林，对一个树种来讲，不啻为种质资源保存与利用相结合的非常有效的办法。

10.1 部分林木良种基地保存的种质资源

据1998年统计，江西省18处林木良种基地保存了各类林木种质资源样本(家系、无性系等)5406份。包括：

(1)信丰县林木良种场1464份。其中

杉木一代种子园无性系55个，杉木采穗圃无性系55个，杉木子代测定林家系55个，杉木杂交子代测定林家系56个，杉木初级种子园无性系175个，杉木优树收集区无性系1021个，福建柏种源试验林家系12个，银杏种源林家系13个，板栗种源林家系3个，其他19个树种种源林各1个家系，包括黄檀、米老排、桉树、柑橘、脐橙、鬣蕨栲、含笑、湿地松、火炬松、马尾松、香椿、油茶、木麻黄、油桐、南酸枣、毛竹、樟树、枫香、木荷。

(2)安远县牛犬山林场596份。其中

杉木二代种子园无性系147个；马尾松种子园无性系121个；杉木初种子园无性系212个；杉木一代种子园无性系35个，杉木测定林无性系13个，杉木子代测定林家系32个，杉木一代采穗圃无性系33个；马尾松优树3个。

(3)赣州市林业科学研究所57份。其中

油茶无性系母树林(采种林分)1个，油茶种子园优良无性系23个，油茶测定林无性系33个。

(4)赣南树木园106份。

引种示范林(采种母树林)106个树种共计106份。包括：

乐昌含笑、深山含笑、野含笑、木莲、观光木、金叶含笑、火力楠、福建柏、绒柏、细叶花柏、香柏、美国尖叶花柏、露丝柏、欧洲刺柏、线柏、墨西哥柏、中山柏、天竺桂、梓树、闽楠、香叶树、黑壳楠、红叶树、八角、鬣蕨栲、细叶青冈、南方红豆杉、蕈树、米老排、白克木、伯乐树、云山伯乐树、三刺皂荚、华南厚皮香、石笔木、毛红楝、山杜英、葡萄桐、银钟树、湿地松、日本冷杉、江南油杉、秃杉、虎皮楠、尖尾槭、五裂槭、红翅槭、臭椿、翻白叶、光皮树、竹柏、桂花、罗浮柿、油柿、紫树、南酸枣、花榈木、台湾枇杷、大果蜡瓣花、花楸、小果香椿、枳椇、银木荷、樟树、北美鹅掌楸、半枫荷、樟叶木防己、大叶榉、构树、楝木、小叶白辛树、栾树、合欢、黄果朴、榔榆、红花油茶、罗汉松、紫玉兰、宜丰白檀、重阳木、银鹊树、猴欢喜、玉兰、白辛树、华南吴茱萸、川楝、垂果木莲、薯豆、山玉兰、红皮树、无患子、华杜英、马褂木、杂交马褂木、雪柳、绒毛皂荚、红枝柴、青榨槭、大果石笔木、大果安息香、尖咀林檎、池杉、山拐枣、台湾沙果、大穗鹅耳枥、厚皮琼南。

(5)南康市章坑寨林场30份。其中

马尾松种子园无性系30个。

(6)安远县试验林场75份。其中

杉木一代种子园无性系50个，杉木一代半采穗圃无性系25个。

(7)全南县小叶岽林场237份。其中

杉木初级种子园无性系237个。

(8)吉安市青原区白云山林场605份。其中

杉木优良无性系54个，湿地松优良种源无性系38个，湿地松优良种源家系6个，湿地松美国佐治亚州单亲子代12个，火炬松美国优良种源11个，湿地松美国密西西比州种子园单亲子代50个(14－63号)，湿地松美国佛罗里达州种子园单亲子代50个，安福陈山红心杉优良无性系53个，杉木初级种子园优良无性系53个，杉木信丰种源无性系27个，杉木广西融水种源无性系55个，杉木贵州种源优良无性系30个，杉木四川种源优良无性系40个，杉木湖南种源优良无性系18个，杉木全南兆坑林场无性系22个(含安福坊上一个号码)，杉木遂川新江优良无性系17个，杉木福建种源优良无性系26个，杉木广西西山种子园优良无性系23个，杉木铜鼓优良无性系20个。

(9)抚州市林业科学研究所352份。其中

马尾松两广种源采穗圃无性系176个，马尾松两广种源种子园无性系132个，油茶采穗圃优良无性系44个。

(10)广昌县盱江林场431份。其中

马尾松广西(玉林)种源无性系30个，马尾松广西(桐棉)实生种子园家系3个，杉木采穗圃优良无性系120个，杉木子代测定林优良家系50个，杉木初级种子园无性系160个，杉木一代种子园无性系68个。

(11)乐平市白土峰林场263份。其中

杉木初级种子园优良无性系50个，杉木改良代种子园优良无性系44个，杉木子代测定林优良家系50个，湿地松优良种源20个，马尾松优良种源13个，油茶优良群体61个，油茶优良无性系11个，板栗优良无性系14个。

(12)上高县上甘山林场431份。其中

杉木一代种子园优良无性系96个，杉木初级种子园优良无性系313个，杉木子代测定林家系22个。

(13)峡江县林木良种场717份。其中

杉木收集区优良无性系324个，杉木初级种子园无性系68个，湿地松优良无性系156个，湿地松优良家系60个，油茶优良无性系21个，檫树无性系18个，马尾松优良无性系58个，马褂木、樟树、火炬松、晚松、短叶松母树林12个。

(14)安福县陈山林场4份。其中

红心杉母树林保存林分4个。

(15)吉安市林业科学研究所2份。其中

湿地松母树林(青原山，1948年)2个。

(16)上犹县森林苗圃21份。其中

优良无性系21个。

(17)于都县银坑林场2份。其中

湿地松母树林2个。

(18)景德镇市林业科学研究所13份。其中

深山含笑母树林(40株)2个，其他树种母树林11个。包括：白玉兰(20株)、晚松(20株)、黄玉兰、马褂木、厚朴、露丝柏、古蓬松、大叶含笑、紫玉兰、木莲、绿干柏。

10.2 中国林科院亚林中心保存的杉木与油茶基因

地处江西新余市分宜县城郊的中国林业科学研究院亚热带林业实验中心(简称亚林中心)，历时17a(1979～1995年)，收集了全国杉木产区的杉木基因资源，建立杉木基因库10.73hm^2，收集保存杉木优树基因编号960个(自选优树55个，抗性植株50个，外地收集855个)，产地179个，单株1734株；选出了特殊变异体9个，包括贵州杉木王、广昌杉木王、铜鼓矮化短叶红杉、轮叶杉、翠叶杉、独干杉、速生型黄杉、浓密型灰枝杉。还保存有陈山红心杉木3000多株。亚林中心应用以上材料建立育种园3hm^2(101个无性系)；产地杂交种源3.1hm^2；单亲、双亲子代测定林7处13.4hm^2，二代种子园10.0hm^2。该中心把收集和保存的杉木基因资源，直接用于营建种子园、采穗圃，用于良种生产，使基因库建设和良种的选择紧密衔接起来，既保存了基因，又选育了良种，促进了良种事业的发展。

亚林中心从20世纪80年代开始，收集了南方8省(自治区)293个油茶无性系，经过14a试验筛选，选育出“长林53号”等18个优良无性系，表现出早实、丰产、稳产、出籽率高、含油率高，抗炭疽病能力强等优点，经江西省林木品种审定委员会于1996年元月认定为油茶良种，编号为“长油1－18号”，认定期为5a；2008年，江西省林木品种审定委员会审定通过亚林中心选育的亚油3号～亚油19号共17个无性系为油茶良种。江西省林业厅同时予以公布，可以在江西全省油茶适生区域推广应用。

附：杉木基因资源保存地：江西、分宜、中国林科院亚林中心

一、陈山红心杉原境保存区9.3hm^2；

二、各类基因异地保存区10.7hm^2；

1. 种源基因库1.5hm^2(13省区179个产地种源基因，嫁接1734株)；
2. 一代优树基因库4.1hm^2(12省区，968个编号)；
3. 精选一代优树基因库1.1hm^2(346个编号)；
4. 二代优树基因库0.3hm^2(84个编号)；
5. 二代全同胞优树基因库0.1hm^2(18个编号)
6. 精选二代全同胞优树基因库0.4hm^2(40个编号)；
7. 一代继代基因库2.2hm^2(嫁接480个编号)；
8. 杉木变异体基因库0.1hm^2(9个编号)；
9. 二代3S超级苗优株基因库0.9hm^2(1071个编号)；

以上各类优树基因共2586个编号(继代、种源基因除外)。

三、杉木育种园3.0hm^2，101个无性系；

四、产地杂交种子园3.1hm^2；

五、单亲、双亲子代测定林13.4hm^2(7处)；

六、二代杉木种子园10.0hm^2。

第11章 种苗生产中种质资源的保存与利用

首先必须正确区分林木种质资源与种子资源的概念。从利用的角度看，林木种质资源是指各个树种和种以下的分类单位，通常是指可能用于树种改良或林业生产的树木个体或林木群体的总称。而林木种子资源则是指各个树种结实林木的结实能力和结实潜力，包括无性繁殖潜能，直接关系到繁殖材料的生产数量。我们在开展种子资源的利用过程中要充分考虑到科学、合理地利用种质资源。但是，在生产实践中，一些人们却把二者混为一谈，典型的例子是把采种造林活动简单地看作是利用林木种质资源。

11.1 保存利用林木种质资源在林木种苗生产中的地位

江西省拥有丰富的树种资源和种质资源，为种苗生产的发展提供了优越的基础条件。而江西种苗生产的发展也正是经历了一个由不自觉到较自觉的保存、开发和合理利用林木种质资源的实践过程，它集中地反映了在营林生产中由新中国成立初期采取的“自采种、自育苗、自造林”的“三自”方针逐步转向“适地适树适种源适品种(无性系)”的理念，从而对种苗生产的认识有了质的变化与提高。

积极保存与合理利用种质资源，不仅能防止资源的消失，而且有利于丰富种质资源。合理利用种质资源应该建立在尊重客观规律的基础上，即通过开展种质资源调查，收集、摸清种质资源群体、个体分布的地点、数量、特点以及分布规律，进而研究其遗传变异规律，在这个基础上开展有效的利用。最普通的利用途径之一是有选择性的扩大繁殖。这样，既可以防止遗传资源灭绝，又可以使优良资源得以繁衍；途径之二是利用种质资源作为育种材料，培育、创造新的品种。

在林业生产上，建立林木种苗生产基地，尤其是林木良种繁育基地，实质上是通过利用的形式来保存种质资源，也是使利用与保存有机地结合起来的一种有效途径。种质资源的利用保存从形式上总的可以分为群体利用保存和个体利用保存两大类。从遗传品质上来区分，我国当前林木种子生产层次依次为种源区采种基地、优良林分采种林、母树林、种子园、采穗圃(优良无性系繁殖圃)等。

种苗生产在保存利用种质资源上当前还存在一些问题，主要是过去对选择材料的优良性状多侧重于从生长量上来考虑，而对材质、抗性、适应性及其遗传多样性等方面重视不够。使用这些材料营建良种繁育基地，不能满足定向培育对良种的需要，其次是在种子园建设方面，偏重于无性种子园建设，而对实生种子园建设重视不够。

11.2 林分群体利用与保存

林分群体利用与保存是指森林公园的林分、优良种源林分和母树林等，在林木良种生产中，通过这些群体直接或经过某些经营措施为林业生产提供种子的一种利用形式。

11.2.1 森林公园林分(群体)的保存与利用

森林公园是有效保存利用林木种质资源群体的一种特殊形式，保存的林木种质资源维持了良好的群体结构和生态环境，受干扰程度低。同时，森林公园中的林木种质资源在被保护的基础上进行开发利用，形成了以旅游为主的森林旅游业。

11.2.2 优良种源区林分(群体)的保存与利用

通过开展科学的种源试验可以达到两个目的：一是提供树种改良的遗传信息，二是提供遗传改良的材料，包括繁育材料和种植材料。如直接利用优良种源区的种子，或在优良种源区内进行优良林分、优良单株的选择工作。由于种源是群体的样本，群体内基因平衡稳定，对环境的适应性较大，一旦评选出适宜种源，选择出生产力高的优良种源并加以利用，其增产效益稳定可靠且十分显著，因而在生产上应用较为广泛。开展优良种源区林分的群体利用主要是通过划定种子供应区，建立采种基地来实现的。而种源采种林则是群体遗传资源保存与利用的主要形式之一。

11.2.3 优良林分的保存与利用

利用种源试验的成果，划定一批主要造林树种的优良林分和珍稀树种林分，成为原地保存林或异地保存林，在加强管护的基础上，有的被直接利用于采集种子，有的经过去劣疏伐后作为母树林经营，用于生产种子。

11.2.3.1 优良林分的选择与利用

优良林分是具有优良遗传性状的群体，对于地理变异不明显的树种来说，必须选择生长量大，性状优良的林分。而地理变异明显的树种，首先要考虑的是受种源变异的制约，应该在优良种源区内选择或选择种源适宜的优良林分。选择的林分应处在立地条件较好、地形开阔、交通方便的地方，要求选择林相整齐、生长旺盛的实生林，林龄相同或基本相同(天然林)，人工林的种源清楚，郁闭度0.6以上。

11.2.3.2 利用优良林分营建母树林，保存和利用种质资源

营建母树林是对一个树种的种质资源进行保存和合理利用相结合的一种更为有效的途径。当前生产上营建的母树林分为天然母树林和人工母树林两种。天然母树林是利用优良的天然林分，采取比较集约的经营技术措施改建的母树林，其优点是就地保存，直接利用，无需再次收集重新造林。营建人工母树林的途径有两种：一是在已有人工林中选择产地清楚、种源优良、生长良好的林分，改造为母树林经营；另一种是重新营建新的母树林，即通过选用比较优良的繁殖材料，使群体的优良性状得到适当控制，有目的地保存和繁殖优良种质资源，保证提高母树林种子的遗传品质。营建母树林保存、利用种质资源应当注意做到：

(1)明确保存的内容和目的　母树林群体属于淘汰式保存，即淘汰一部分不符合当前要求的非目的的个体直至某些类型，使基因频率出现变化。

(2)种源必须清晰　天然母树林要选设在优良种源区或适宜种源区内；人工母树林要选择种源确切的林分；营建新的母树林要严格控制其繁殖材料，做到种苗来源可靠(采自优良单株或天然林的优良林分，或选择使用超级苗)。

(3)充分考虑母树林内各单株的亲缘关系，防止因误用近缘交配种子而出现后代人工林生长衰退的现象，天然母树林尽可能选择实生起源的林分。种子园混系种子营建的人工林其亲缘关系不清，尤其是当无性系或家系少时，亲缘更近，不宜选作母树林。

(4)提高母树林的遗传增益和产量，其中最重要的措施是去劣间伐。

11.3 林木个体保存与利用

优良种质资源的个体保存与利用，实际上是优良单株(优树)的保存与利用。

11.3.1 优树保存与利用的实施

优树的利用可以通过有性繁殖和无性繁殖两种方法来实施。通过有性繁殖达到利用优树个体的目的，最常见的方法是分别收集各个优树的种子(家系)建立收集区，通过家系的观测评定选择家系，或在家系内进行个体选择。另外，经过亲本配合力测定并建立实生杂交种子园，把优树利用与杂交优势的利用结合起来，为生产提供生产力高的优良种子。通过无性繁殖实施优树利用的常见方法也有两种形式：一是建立无性系种子园；另一种形式是通过建立组培室、采穗圃、繁殖圃等办法对经过测定的优树进行大量无性繁殖，直接生产苗木。

种子园的功能不仅仅是种质资源的利用形式，而且可以实现有效的保存，这种保存都属于淘汰式保存，但利用有性繁殖远比用无性繁殖保存的遗传资源丰富得多。此外，珍稀濒危树种由于数量稀少，保存这些物种是主要的任务，如能积极开展珍稀濒危树种的繁殖利用，正是保存物种、防止消失、丰富资源的最好手段。

11.3.2 提高个体保存、利用的效益

(1)利用优树建立种子园　要有足够数量的家系、无性系，保留适当广泛的遗传基础。国家标准规定，第一代无性系种子园应有50个以上的无性系，而实生种子园所用的家系应多于这个数。

(2)实生种子园能生产遗传多样性较为丰富的子代　建园后应科学地实施树体管理、土壤管理、花粉管理、采收管理和子代测定5项必要措施，提高种子园子代遗传的多样性，改善遗传品质，增加种子产量。

(3)无性系的保存与利用应充分考虑树种的生物学特性　要求有足够的测定时间，确保无性系评价选择的正确性；解决好无性繁殖的年龄效应和位置效应的生理机制问题；推荐用多个无性系合理配置造林。

11.3.3 在个体评价的基础上，建立遗传基础较为广泛的育种群体

(1)营建多世代种子园的过程中，改良群体应尽量减少近交效应导致遗传增益下降的现象。

(2)针对轮回选择育种法建立树种改良的群体(亚系主群体)，亚群体以严格的亲缘关系(谱系关系)进行划分，各个亚群之间完全没有亲缘关系。我们从分布广泛的林分基本群体中不断选择新的优良个体形成新的亚群，从现有测定林和一般林分中根据育种目的选择一部分新的遗传材料补充到下一代育种群体中，这是维持广泛遗传基础的途径。

(3)采用交配设计策略。在实际应用时，应在自然授粉子代测定有了初步结果时，立即从中选择最优家系中的最优个体，采取有效的促进开花措施，配制杂交组合，创造下一代育种群体，在这个过程中，自由授粉、子代测定和双亲本制种具有互相补充、不可替代的作用。

11.3.4 测定林保存利用与种质资源库

林业生产实践中对种质资源的保存与利用，种质资源库与测定林起着重要的作用，也是构成异地保存的一种重要形式。

11.3.4.1 通过种质资源库保存、利用种质资源

(1)选择性保存与多样性保存　种质资源库从保存内容上可分为选择性保存和多样性保存两种。选择性保存是根据生产需要和育种目的(如不同的经济性状和抗性指标等)有选择性地选择具有速生、丰产、抗性强、适应性广、品质优良和具有遗传改良价值的其他优良性状的群体或个体进行保存。而多样性保存一般是栽植多样性的群体(或由个体组成的群体)，选择着重于代表性，栽植材料和保存基因的范围较广。

(2)林木良种繁育基地是种质资源库的一种形式　许多良种基地都把优良种质资源的收集、保存、利用作为一项重要的生产任务，积极开展收集、利用优树工作，营建了一批优树收集区，它是选择性保存种质资源的一种形式，并利用于建设种子园、采穗圃和繁殖圃，或进行杂交育种等活动。

(3)种质资源库的科学价值　林木良种繁育基地通过收集、保存优良单株而建立的种质资源库，除了保证当前提供营建种子园的繁殖材料外，其主要作用有：

①保存了丰富的优良种质资源。

②有利于基因型(组)的野外测定评价：将育种区内不同地理、生态条件和不同类型的优良个体汇集在一个保存库开展研究，可以加快育种进程，提高树种改良的质量。

③提供测定用的繁殖材料：可以通过营养繁殖获得无性系测定的苗木，保存库里的优良单株进行控制授粉可以获得杂交种子，取得家系或子代测定的种子。

④为建立育种群体提供选择材料：不断地从育种群体中挑选增产潜力大的、符合目的要求而又能发挥作用的优良个体进入下一世代的改良群体中，或参加到生产群体中，为建设高世代种子园和优良无性系采穗圃提供繁殖材料。

此外，江西省有些良种基地收集保存了多种珍稀濒危树种，以及某些树种的优良无性系，这些种质资源，对于抢救濒危珍稀物种，开发乡土树种资源，增加造林树种等方面都有重要作用。

11.3.4.2 测定林是保存和利用林木种质资源的重要形式

测定林是林木良种繁育基地生产区中重要的组成部分，是树种种质资源的载体及野外测定评价的实体，又是取得深化树种改良科学依据的试验地。江西省已营建的测定林包括已开展遗传改良工作的各个树种的种源试验林、引种试验林、母树林子代测定林、优树子代测定林、杂种选育子代测定林和无性系测定林等。这些测定林有着不同层次，有的是单层次的试验林，有的是把群体选择与个体选择结合起来的三水平试验林。

(1)测定林保存了大量的林木种质资源　经过选择的优良群体和个体，通过杂交获得的后代，很大的一部分都按照育种的需要营建了符合要求的测定林，成为种质资源保存与利用的重要形式。

(2)测定林是林木种质资源野外测定评价的重要形式，可为种质利用(深化树种改良)提供科学依据。

无论选择良种还是杂交良种，选择出来的群体和个体都要经过测定林这一阶段，通过判断其目的性状是否符合选择的要求，才能推荐为良种材料或进一步繁殖用于生产。

(3)推荐优良种质或特异种质材料　首先，通过测定，可以为下一世代改良提供谱系清晰的优良亲本，在子代测定林中选择无亲缘的优良个体作为下一世代的改良群体，营建高世代种子园，提高遗传增益。其次，提供无性系选育的优良材料。对于一些易于营养繁殖的树种，如杉木、桉树、泡桐、杨树等，为了加快良种选育进程，提高选育效果，常常把有性选育和无性系选育结合在一起，当在子代测定林内发现优良个体时，即采取相应技术措施，进行无性繁殖，开展无性系测定，选育新的优良无性系。

(4)种质保存与利用的示范作用　测定林是集中人工选择的优良材料比较对照试验的林分，

所选择的材料一般均优于生产上使用的普通繁殖材料，形成的林分具有良好的直观示范作用，即是种质保存与利用的样板，对推广使用良种亦具很强的说服力。

(5)利用测定林或种质保存林改建为生产种子的林分　一般来说，种质保存林或测定林在1/3轮伐期内不施肥、不间种、不疏伐、不修枝，也不宜用于直接生产种子。但在某些情况下，如急用种子，某些亲缘关系清楚的家系群或种源试验林、子代测定林，在特定的田间试验设计下，可以改为母树林或实生种子园经营，用以生产种子。

11.3.4.3　植物园和树木园是保存利用种质资源的特殊展示形式

植物园和树木园是重要的引种驯化网点，是植物种质资源库的一种特殊展示形式，具有初级“种质保存”功能。它广泛收集、发掘利用当地野生的乡土树种资源，引进国内外具有重要经济价值的树种、品种，搜集珍贵、稀有的濒危树种，肩负有对收集的材料进行分类、鉴定、评价、繁殖、栽培、保存以及推荐等方面的任务，为生产推广应用提供科学的依据，直接为农业、林业、园艺、环境保护和医药卫生等事业的发展发挥重要作用。

11.3.5　杉木种源种子园营建技术

在全国及江西省杉木地理种源试验和杉木第一代种子园子代测定研究的基础上，江西省杉木良种繁育协作组结合江西省的具体情况在吉安市青原区白云山林场营建了全国第一个杉木种源种子园，种源种子园实施在优良种源中选择优良家系和优良单株的联合选择策略，以期获得最大的遗传增益和选择效果。

11.3.5.1　建园材料

以优良种源区—广西融水种源和江西全南种源为选择对象，分别在广西柳州西山一代种子园采集57个无性系穗条，在江西信丰县林木良种场采集27个无性系穗条。每个无性系采集穗条30枝，用于营建采穗圃。

11.3.5.2　营建采穗圃

圃址选择在吉安市青原区白云山林场苦龙坑工区，此处距离拟建种子园不远。土壤较肥沃，光照充分，地势平缓，交通便利。嫁接前林地为2a生的杉木生产性林分，该林分杉木长势良好，用作砧木。

1986年和1987年的3月，将建园材料(84个无性系)采用髓心形成层对接的方法进行嫁接。嫁接时砧木去顶，其离地面高度约为1m，接穗长度为5～6cm。

为避免今后种子园的嫁接母树产生偏冠，促使采穗圃多提供轮生枝，在采穗圃嫁接后第二年春季进行平茬，使嫁接株当年萌发大量新梢，对控制种子园植株偏冠有显著效果。采穗圃的大小以能满足种子园所需穗条的1.5倍为宜，可以确保轮生穗条的数量。

11.3.5.3　种子园营建

(1)园址的选择　首先考虑四方面的因素。一是隔离条件，周围无同种不良林分，可以防止花粉污染；二是光照条件，有利母树生殖生长，实现稳产高产；三是土壤及水、热条件，要求肥力中等(无需太肥沃)，空气湿度、积温和其他气候因子满足母树需要；四是保护条件，避免人畜危害。

根据上述条件，经过合理评估，选定比较理想的吉安市青原区白云山林场苦龙坑工区的一片山场作为建园地址。该址地处海拔200m，面积15hm^2，地势(10°～15°)平缓，东南向，光照充分，其他方向为群山山峦，无路可通，人畜罕至，肥力中等，年平均气温18℃，年平均降水量1843mm，相对湿度86%。有利于种子园的营建。

(2)砧木培育　1985年冬整地，0.6m×0.6m×0.5m穴垦，株行距4m×4m，采用杉木一代种子园的种子育苗，选用一级苗于1986年2月定植作砧木，每穴定植一株。要求砧木2～3a生时，地径能达到5～6cm粗。

(3)无性系配置　无性系配置采用约束随机区组设计，既随机又相对约束，保证同一无性系不同分株至少间隔20m以上，尽量避免同一无性系的不同分株相距太近而产生自花授粉。因此，要合理安排好每一个重复。

(4)种子园嫁接　1988年3月下旬至4月上旬，在采穗圃采集每个无性系足够数量的穗条，编号挂牌，然后按照无性系配置图进行嫁接，嫁接方法与采穗圃的嫁接方法相同。嫁接时应根据山场的坡向、风向来选择嫁接面的方位，以顺风向、顺坡向的嫁接面为好，可以尽可能减少成活后的风折现象。

调查表明，顺式嫁接成活率98%，保存率97.1%，正冠率达95%。

(5)种子园管理

①松绑、解梆：接穗在接后40d开始发新梢，表示已成活，将开始用的绑带解下或去除，用绑带重新绑扎1次，待嫁接后约80d，伤口完全愈合后再解绑带，可以明显提高嫁接成活后的保存率。

②扶正：新梢常因自身过重、风力作用而弯曲、折裂，在新梢生长至30cm时，紧靠砧木插一根木杆或竹杆在嫁接面的另一侧，用绑带将梢顺其伸展方向松散地绑在木杆或竹杆上，起到保护和扶正的作用。

③抹芽去萌：及时抹芽去萌，嫁接当年进行4～5次，第一次去萌结合解绑时进行，之后每隔1个月进行1次，最后一次在当年停止生长的前1个月进行。嫁接后2～3a内每年还要进行1～2次。

④修枝整形：接后第二年，当接穗高度超过1m，并已形成较完整树冠，接穗本身的光合作用已能满足营养所需时，把砧木上保留的侧枝全部剪去。对于冠形的整治采用以下办法：

a. 个别或少数严重偏冠的植株，可以在接株上取接穗的顶芽再嫁接在原砧木上；如接株遭受杉梢螟危害乃至主枝枯萎，可从采穗圃取同一无性系穗条在当年9月嫁接。

b. 对一些砧木不宜再嫁接的偏冠接株，可在翌年早春将接穗割伤至木质部，诱使伤口处萌发新梢，然后在萌发的枝条中选一支直立生长，长势旺盛的萌条进行培养，并剪去多余枝条。

c. 对于接穗主干不明显而在接口处产生大量萌条的情况，可选一枝粗壮、直立生长的枝条进行培养，并剪除其他萌条。

d. 病虫害防治。根除白蚁危害。

11.3.5.4　种子园生产与种子品质

种源种子园于1988年建成，1990年开始产种。1990～1992年连续3a各家系播种品质进行测定，其中1990年发芽率最高的家系达78%，远超我国杉木一级种子45%的发芽率标准，各家系平均发芽率也达到47.43%。从1990～1997年8a的平均发芽率来看，只有开始结实的1990年的平均发芽率低于50%，其他年份均高于50%。发芽率如此之高，作为杉木种子实属罕见。

11.3.6　阔叶树种子园营建技术

种子园是阔叶树良种繁育的基地，不同于普通林分。它必须是采用经过遗传改良的材料(如优树的无性系或家系)，按特定的配置设计要求营建的种子生产基地；种子园必须具备隔离条件，避免或减少外源花粉污染；种子园必须实行集约经营，生产优良遗传品质和播种品质的种子。阔叶树种子园多为无性系种子园和实生种子园。

11.3.6.1　建园材料

建园材料最好来源于优良种源或优良林分中的优树，在还没有进行种源或林分测定的情况下，建园材料最好也应该是同一生态区的优树，不应把生态条件差异很大，不同生态型或地理型的优树，不加试验就混合配置在同一个种子园内。

11.3.6.2　营建采穗圃

阔叶树采穗圃不仅是提供大量优质种条的繁殖圃，同时也是优良品种的繁殖基地。世界上最早建立阔叶树采穗圃的是法国和意大利等国建立的杨树采穗圃，20 世纪 80 年代以来，我国相继建立了油茶、油桐、乌桕、茶花、桂花、含笑、马褂木、杨树、桉树等阔叶树种的采穗圃。根据建圃的形式以及建圃的材料不同，可分为：

(1)初级采穗圃　建圃材料是未经表型测定的优树。它提供建立初级无性系种子园、无性系测定和资源保存所需要的枝条和接穗材料。

(2)高级采穗圃(或改良采穗圃)　建圃材料是经过无性系测定的优良无性系或人工杂交选育定型的材料。其目的是为建立优良无性系种子园或推广应用优良无性系提供繁殖材料。

初级采穗圃可以根据无性系测定结果进行留优去劣，改建为高级采穗圃。

采穗圃应选择在气候适宜，土壤肥沃，地势平坦，便于排灌，交通方便的地方，尽可能靠近苗圃，采穗圃应集中连片，便于采穗，以提高扦插和嫁接成活率。

采穗圃按品种或无性系进行区分，同一种材料为一个小区。做好整地、挖穴和施肥，画好定植图，实地挂标牌，并可间作绿肥，以提高地力。

采穗母树可根据树种的特性，分别采用嫁接、扦插或埋根等无性繁殖技术进行定植，其接穗、插穗和种根，除来源于优树外，还可以来源于适合当地生长的优良类型。

采穗母树的树形要根据树种的特性、各地自然条件和利用方式的不同进行整形，如杨树采穗圃的干形有灌丛式、高干式及利用成林改建的主干式等几种，以丛式为多。而锥栗采穗圃修剪为自然开心形(不留中心主干，全树 3 ~ 4 个主枝，主枝上留 3 个侧枝)和主干疏层开心形(有中心主干，全树分层留 5 ~ 6 个主枝，第一层 3 个主枝，第二层 2 ~ 3 个主枝)。

11.3.6.3　种子园营建

(1)园址的选择　具备有利于该树种正常生长和开花结实的环境条件。并充分考虑以下因素：

①种子园种子产量与气候因子(阳光、气温、水分、风向等)关系密切；

②种子园种子产量与立地条件(土壤、海拔、坡向等)关系密切；

③相同树种，相同无性系在其生态分布区，相对靠南的纬度生产的种子质量要优于相对靠北纬度生产的种子质量。

(2)花粉隔离　种子园应尽可能远离同种或近缘种的普通林分，以避免花粉污染。同时，由于花粉传播的距离与树种特性、花粉粒结构、花粉浓度、地势、撒粉期的主风方向和风速等因子有关，大部分阔叶树种花粉飘移的有效距离至今尚未有系统报道(有专家测定，榆树为 671m，杨树为 610m)，所以，阔叶树种子园与污染花粉源之间的间隔距离还是尽可能宽些为宜。

(3)无性系与家系数量　根据国家标准规定，面积在 10 ~ 30hm^2的第一代无性系种子园应有 50 ~ 100 个无性系；31 ~ 60hm^2的应有 100 ~ 150 个无性系；60hm^2以上的应有 150 个以上无性系。实生种子园所用家系数应多于无性系种子园所用的无性系数量。第一代改良种子园所用无性系数量为第一代无性系种子园所用无性系数量的 1/2 ~ 1/3。

(4)配置设计

①原则：对花粉的控制要求远远大于对立地的控制要求。

a. 同一无性系不同分株之间，或有亲缘关系的个体之间有尽可能大的空间距离，以减少近亲交配；

b. 防止无性系间的固定搭配，要求区组内无性系间分布均衡，以增加子代遗传的多样性；

c. 能够进行系统疏伐及去劣疏伐；

d. 可利用种子园布置子代测定和无性系测定，或施加其他试验，便于统计分析；

e. 适用于任何形状的地形及任何数量无性系配置，并有利于种子园扩充；

f. 便于管理，在疏伐中容易找到无性系分株的位置。

②方式：种子园配置方式很多。如完全随机设计、随机完全区组设计、拉丁方设计、平衡不完全区组设计、雌雄区组设计、约束随机区组设计等等。

如雌雄区组设计。这种设计亦称固定区组设计，即在整个种子园范围内重复配置一种固定的单一区组设计，常用于雌雄异株树种的种子园。这种设计假设安排9株为一小区组，中间一株为授粉树，配以优良母树围绕四周，可以使无性系分株实现最大的间隔且分布均匀。

11.3.6.4 种子园管理

(1)土肥管理

①细致整地，下足基肥；②合理施肥(氮肥和磷肥可以有效促进开花结实)；③套种绿肥；④除草松土；⑤深翻改土；⑥水分管理。

(2)树体管理 合理人工修剪，促使树型矮化开张，有利于母树结实：①除萌抹芽；②修枝摘梢；③适时疏伐。

(3)花粉管理 包括防止种子园外的花粉飘入园内，造成污染；同时使园内各无性系或家系充分相互授粉，减少自交。对授粉不良的种子园可采用不去雄、不套袋的人工补充授粉。要点是母树在结实初期每年人工辅助授粉2次，10a后每年进行1次。辅助授粉应在雌花达到可授期进行，一般在清晨用背负式喷雾器喷粉，掌握风向，利用地形。

(4)去劣疏伐 酌情伐除结实量低或花期不遇的无性系，但要保证单位面积有效株数。

(5)无性系的再选择 特别是在无性系中进行产量等因素的再选择。

(6)病虫害防治。

11.3.7 杉木基因资源的收集、保存和利用

中国林业科学研究院亚热带林业实验中心于20世纪70～90年代，在杉木全国地理种源试验的基础上，收集保存了来自全国杉木种源产地的杉木群体、种源、林分和家系(无性系)样本，在江西的分宜县率先建立了杉木种质资源保存库。同时坚持保存与利用相结合的原则，利用保存的优良材料，建立了种子园、采穗圃，既保存了基因，又选育了良种，促进了种质资源的保存和利用。

11.3.7.1 杉木基因保存的原则

(1)方法多样化的原则 杉木经过全国地理种源试验，划定了9个种源区，不同种源区的杉木有不同的生态特性、物候特性和生长节律，其生长发育状况也不尽相同。因此，首先必须在各种源区的典型地段划定保存林，然后通过更新换代建立后续林，并以营养繁殖的方法在异地保存种源基因。为了既考虑人们的当前需要，又考虑长远的效益，杉木基因资源的保存应坚持异地保存与原地保存兼顾，以异地保存为主的原则。在异地保存中以选择保存为主，选择保存与基因型静态保存兼顾。实现保存方式多样化，以适应不同条件。

(2)滚动式发展的原则 基因资源保存林的更新复壮，要采取滚动式的发展方式。更新时既要淘汰一些明显无价值的材料，又要注入新的有价值的材料，使之不断发展，日趋完整丰富。需要提醒的是，实行淘汰时，要更多地从进化角度，看其是否适应自然环境，而不宜单纯地以当前的经济效益高低决定取舍。更新应在成熟龄时进行。

(3)保存与利用相结合的原则 在市场经济的环境中和价值规律的驱动下，基因资源实行完全无效益的保存是难以为继的。就杉木而言，原地保存要纳入自然保护区的工作范围，异地保存应和优树收集区、育种群体的建立相结合，并纳入林业经营范围，通过推广利用，产生一定的经济效益。

11.3.7.2 收集与保存

(1)优树资源的收集 20世纪70～80年代，在全国杉木各种源产地，采用五株优势木法，

自选优树 55 个编号，抗性植株 50 个编号，通过外单位采集优树 863 个编号，建立基因资源库 $4.1hm^2$，后经筛选建立继代基因库 $2.2hm^2$，保存 480 个编号。

通过引进测定，选出一代精选优树 346 个编号，二代“三优家系”、“四优单株”84 个编号，控制授粉二代优树 18 个编号；引进二代精选优树 40 个编号。另通过子代测定，在 130 个优良家系内，选出 1071 个无性系原株，并加以保存。

(2)特殊变异体的收集　包括贵州杉木王、广昌杉木王、铜鼓矮化短叶红杉、轮叶杉、翠叶杉、独干杉、速生型黄杉、浓密型黄杉、浓密型灰枝杉等 9 个编号。

(3)保存方式

主体是以嫁接方式集中保存在基因库中，基因库中以省(自治区)为单位布置，每个省(自治区)的杉木基因资源集中连片，每个编号嫁接 5 株。后因基因库树龄已达 15a，按滚动发展的原则，采用同样的方法建立后继基因库，保存 480 个编号，每个编号嫁接 10 株，保存于育种园中。

对于继续选择和收集的一代优树、二代优树、二代精选树、二代优良无性系，亦按省(自治区)分地段定植，每个编号嫁接 5～6 株，集中保存。

(4)保存与利用相结合　为保证保存安全，以及基因保存与育种、营林相结合，建立了一代改良种子园 $3.1hm^2$，选用精选一代优树 100 个编号。另建立二代种子园 $10hm^2$，选用了二代优树 100 个无性系和二代精选优树 60 个编号。

(5)继代基因保存林的营建　将 20 世纪 70 年代营建的杉木种源试验林，通过营林手段建立种源的继代基因保存林，使这批珍贵的材料得以安全保存。

①方式：一是采集种子用实生苗造林，二是采集穗条以营养繁殖方式进行无性系造林。采集穗条能保证基因资源的代表性和可靠性，并视为基因的静态保存。

②形式：继代保存林按杉木种源区作分区区划，每个种源区占据一个小区，各小区的位置尽可能按自然分区的相对位置部署，然后将各种源区的基因资源分别嫁接于该小区，株行距 $3m \times 3m$。

③数量：以种源试验林的 179 个采种点的基因材料为基础，从 5 个重复中每个采种点选 2 株，每个单株剪 1 根穗条，共 10 个穗条，每个种源接 10 个分株。

(6)特异天然林分的原地保存　位于亚林中心年珠林场的“陈山红心杉”小群体，在自然保护区范围内存有 3000 余株，分布在 $40hm^2$ 的天然次生林中，陈山杉四周有松、竹、阔叶树混交林作为缓冲，适于长期保存与保护。特将此片陈山红心杉天然林列为基因资源保存林，禁止一切采伐和破坏。

11.3.7.3　基因资源的编号与命名

拟制一个能反映该种基因资源特征、选择年限、排序及选育者的统一编号的方式，有利于基因收集保存的档案建设，也有利于资源交流与利用。

①表达省(自治区)和县的归属：省(自治区)用简称表达，如湖南、广西、江西、浙江、四川等，县则直书其县名，省与县名中间加一小圆点。若地点为良种场，县名可改为良种场名。

②表达该基因材料的质量特征：按优树、精选一代优树、二代优树、精选二代优树、特异体、无性系、种源等的次序，依次表达为“1”、“1＋”“2”、“2＋”、“Y”、“W”、“ZY”等。

③表达该基因材料选育出的年限和排序：为’95－01,’90－22 等。

④表达该基因材料的选育者或收集者“可以署其姓或姓名，另加括号。

例如：1970 年由陈岳武在福建建阳选的第 5 号优树，编为闽·建阳 1－’70－05(陈)。1990 年施季森在福建三明选的二代精选优树 5 号，编为闽·三明 2＋－’90－5(施)。1993 年王信在福建建阳采的种源材料第 1 号，编为闽·建阳 ZY－’93－01(王)。

11.3.7.4　亚热带主要针阔叶树种种质资源保存库简介

该保存库又称“大岗山库”。位于江西省分宜县城郊的中国林科院亚林中心，该中心的 3 个实验林场(园)为核心保存库。地理坐标为东经 114°20′，北纬 27°50′，代表亚热带气候型，亚热带松、杉次生林，落叶常绿阔叶林交替植物带。主要树种为杉木、马尾松、秃杉、火炬松、湿地松、桤木、马褂木等7个，对以上7个主要针阔叶树种实施多层保存和保存试验研究。已保存马尾松、杉木大群体8个(马尾松4、杉木4)，桤木、马褂木种源或林分37个(桤木17、马褂木20)，群体内家系815个(杉木349、马尾松337、桤木129)，育种材料家系352个(杉木173、马尾松17、湿地松129、秃杉30、马褂木3)，优树或无性系788个(杉木506、马尾松221、湿地松51、火炬松10)。保存林面积46.8hm^2。

该种质资源保存库保存技术主要研究内容有：

①马尾松等2个树种，大群体"三四三四"保存试验模式研究，群体样本策略实验；

②马褂木等2个树种种源(林分)或种源/家系的保存和测定试验；

③杉木等2个树种群体/家系保存、测定，育种群体林设计与试验；

④杉木等4个树种群体的优树收集、繁殖、保存和评价的试验与实施；

⑤被保存种质的野外管理、动态观测和信息管理。

11.3.8 江西珍稀树种基因资源库营建

森林是陆地生态系统的主体，生物多样性丰富。江西、福建等中亚热带地带性植被——常绿阔叶林举世闻名，是世界常绿阔叶林物种最丰富、保存最完好、分布面积最大的生物多样性分布中心，在全球森林生态系统中具有十分重要的地位，从一定意义上说，保护了我国的常绿阔叶林就保护了全球生物多样性。

江西省分布有高等植物5000余种，木本植物达2000种以上，隶属于120余科390余属，其中有近70属为我国所特有，20属为江西所特有，其中又有12属为单种属，属国家和省级保护的树种就达200余种，有不少特有珍稀树种如华木莲、厚皮毛竹、七瓣含笑、突托蜡梅、美毛含笑、陈山红心杉和井冈寒竹等，既具有较高的科学和生态价值，又具有极高的潜在经济价值。为服务于生态环境建设和林业经济建设，努力全面收集、保存许多处于渐危、濒危甚至灭绝状态的特有、珍稀树种基因资源，开展评价和利用的研究，不仅具有重要的理论意义，而且具有十分重要的社会、生态和经济意义。

珍稀树种基因资源库建设地点为南昌树木园。树木园地处梅岭山脉的南端，地理环境优越，气候温和湿润，水热资源充裕，土壤疏松肥沃。年平均气温为17.3℃，1月平均气温4.5℃，极端最低气温-8.9℃，7月平均气温19.1℃，极端最高温38.6℃。年降水量1713.5mm，年均相对湿度82%，初霜期为10月下旬，终霜期为3月中旬，年均无霜期249d，年均日照时数1778.6h，≥10℃积温5578℃。土壤类型以红壤和山地黄红壤为主，pH值5.0左右，适宜亚热带各类植物生长。

珍稀树种基因资源库根据树种的生态和经济重要性，分阶段优先收集和保存126个树种的基因资源，收集、保存基因资源1000件以上，通过新建、补充和完善，基因资源库建设规模为265.3hm^{2}以上。基因库建设主要功能区包括：

①珍稀濒危树种基因资源收集区20hm^2；②珍稀园林观赏和城乡绿化树种收集区15hm^2；③珍稀经济树种收集区20hm^2；④珍稀木本药用植物收集区10hm^2；⑤珍贵材用树种收集区10hm^2；⑥珍贵观赏竹种收集区5hm^2；⑦木兰科珍稀观赏树种收集区(木兰园)5hm^2；⑧珍贵茶花品种收集区(茶花园)5hm^2；⑨槭树科珍贵树种收集区(槭树园)10hm^2；⑩原有基因库资源补充完善165.3hm^2。

基因库辅助设施包括树种档案资料室、标本室、解剖实验室、遗传测定实验室等，以及与以上辅助设施相配套的设备、仪器等。

附：亟需优先保护的中亚热带树种名录(126种)

1. 金钱松 *Pseudolarix kaempferi*
2. 大院冷杉 *Abies dayuanensis*
3. 南方红豆杉 *Taxus mairei*
4. 长柄双花木 *Disanthus cercidifolius*
5. 伯乐树 *Bretschneidera sinensis*
6. 香果树 *Emmenopterys henyi*
7. 华东黄杉 *Pseudotsuga gaussenii*
8. 长苞铁杉 *Tsuga longibracteata*
9. 南方铁杉 *Tsuga tchekiangensis*
10. 福建柏 *Fokienia hodginsii*
11. 水松 *Glyptostrobus pensilis*
12. 柳杉 *Cryptomeria fortunei*
13. 篦子三尖杉 *Cephalotaxus oliveri*
14. 粗榧 *Cephalotaxus sinensis*
15. 三尖杉 *Cephalotaxus fortunei*
16. 长叶榧树 *Torreya jackii*
17. 穗花杉 *Amentotaxus argotaenia*
18. 鹅掌楸 *Liriodendron chinense*
19. 观光木 *Tsoongiodendron odorum*
20. 华木莲 *Sinomanglietia glauca*
21. 木莲 *Manglietia fordiana*
22. 乳源木莲 *Manglietia yuyuanensis*
23. 仁昌木莲 *Manglietia chingii*
24. 红花木莲 *Manglietia insignis*
25. 美毛含笑 *Michelia caloptila*
26. 紫花含笑 *Michelia crassipes*
27. 野含笑 *Michelia skinneriana*
28. 乐昌含笑 *Michelia chapensis*
29. 金叶含笑 *Michelia foveolata*
30. 乐东拟单性木兰 *Parakmeria lotungensis*
31. 披针叶茴香 *Illicium lanceolatum*
32. 南五味子 *Kadsura longipedunculata*
33. 华南桂 *Cinnamomum austro – sinense*
34. 浙江桂 *Cinnamomum chekiangense*
35. 细叶香桂 *Cinnamomum subavenium*
36. 香叶树 *Lindera communis*
37. 浙江润楠 *Machilus chekiangensis*
38. 薄叶润楠 *Machilus leptophylla*
39. 刨花润楠 *Machilus pauhoi*
40. 红润楠 *Machilus thunbergii*
41. 闽楠 *Phoebe bournei*
42. 浙江楠 *Phoebe chekiangensis*

43. 紫楠 *Phoebe sheareri*
44. 棠棣花 *Kerria japonica*
45. 亮叶蜡梅 *Chimonanthus nitens*
46. 湖北羊蹄甲 *Bauhinia glauca*
47. 花榈木 *Ormosia henryi*
48. 灯台树 *Cornus controversa*
49. 狭叶四照花 *Dendrobenthamia angustata*
50. 香港四照花 *Dendrobenthamia hongkongensis*
51. 掌叶梁王茶 *Nothopanax delavayi*
52. 细柄蕈树 *Altingia gracilipes*
53. 蜡瓣花 *Corylopsis sinensis*
54. 枫香 *Liquidambar formosana*
55. 缺萼枫香 *Liquidambar acalycina*
56. 旌节花 *Stachyurus chinensis*
57. 交让木 *Daphniphyllum macropodum*
58. 虎皮楠 *Daphniphyllum oldnamii*
59. 响叶杨 *Populus adenopoda*
60. 光皮桦 *Betula luminifera*
61. 米槠 *Castanopsis carlesii*
62. 甜槠 *Castanopsis eyrei*
63. 栲 *Castanopsis fargesii*
64. 红锥 *Castanopsis hystrix*
65. 乌楣栲 *Castanopsis jucunda*
66. 苦槠栲 *Castanopsis sclerophylla*
67. 钩栲 *Castanopsis tibetana*
68. 青冈 *Cyclobalanopsis glauca*
69. 细叶青冈 *Cyclobalanopsis gracilis*
70. 大叶青冈 *Cyclobalanopsis jenseniana*
71. 小叶青冈 *Cyclobalanopsis myrsinaefolia*
72. 水青冈 *Fagus longipetiolata*
73. 烟斗柯 *Lithocarpus corneus*
74. 华南石栎 *Lithocarpus fenestratus*
75. 青钱柳 *Cyclocarya paliurus*
76. 山核桃 *Carya cathayensis*
77. 糙叶树 *Aphananthe aspera*
78. 黄果朴 *Celtis labilis*
79. 长序榆 *Ulmus elongata*
80. 青檀 *Pteroceltis tatarinowii*
81. 榉树 *Zelkiva schneideriana*
82. 山桐子 *Idesia polycarpa*
83. 椴树 *Tilia tuan*
84. 秃瓣杜英 *Elaeocarpus glabripetalus*
85. 中华杜英 *Elaeocarpus chinensis*

86. 猴欢喜 *Sloanea sinensis*
87. 茶梨 *Anneslea fragrans*
88. 浙江红山茶 *Camellia chekiangoleosa*
89. 天目紫茎 *Stewartia gemmata*
90. 厚皮香 *Ternstroemia gymnanthera*
91. 永瓣藤 *Monimopetalum chinense*
92. 中华猕猴桃 *Actinidia chinensis*
93. 毛花猕猴桃 *Actinidia eriantha*
94. 福建杜鹃 *Rhododendron fokienense*
95. 江西杜鹃 *Rhododendron kiangsiensis*
96. 井冈山杜鹃 *Rhododendron jinggangshanicum*
97. 扁枝越橘 *Hugeria vaccinioides*
98. 中华野海棠 *Bredia sinensis*
99. 大叶冬青 *Ilex latifolia*
100. 红凉伞 *Ardisia crenata* var. *bicolor*
101. 朱砂根 *Ardisia crenata*
102. 虎舌红 *Ardisia mamillata*
103. 浙江柿 *Diospyros glaucifolia*
104. 毛红椿(变种)*Toona ciliata* var. *pubescens*
105. 复羽叶栾树 *Koelreuteria bipinnata*
106. 紫果槭 *Acer cordatum*
107. 长柄紫果槭(变种)*Acer cordatum* var. *subtrinevium*
108. 青榨槭 *Acer davidii*
109. 秀丽槭 *Acer elegantulum*
110. 厚叶飞蛾槭(变种)*Acer oblongum* var. *pachyphyllum*
111. 银鹊树 *Tapiscia sinensis*
112. 锐尖山香圆 *Turpinia arguta*
113. 紫花络石 *Trachelospermum axillare*
114. 华紫珠 *Callicarpa cathayana*
115. 重瓣铁线莲(变种) *Clematis florida* var. *plena*
116. 短萼黄连(变种)*Coptis chinensis* var. brevisepala
117. 木通 *Akebia quinata*
118. 箭叶淫羊藿 *Epimedium sagittatum*
119. 华南十大功劳 *Mahonia japonica*
120. 福建细辛 *Asarum fukienense*
121. 毛蒟 *Piper puberulum*
122. 草珊瑚 *Sarcandra glabra*
123. 独蒜兰 *Pleione bulbocodioides*
124. 巴戟天 *Morinda officinalis*
125. 厚皮毛竹 *Phyllostachys edulis* ‘Pachyloen’
126. 井冈寒竹 *Gelidocalamus stellatus*

第12章 林木种质资源区划与保存利用策略

为了科学地保存与利用林木种质资源，首先应该依照各类种质资源不同的生物学特性及其自然分布的规律，按生态区域的不同进行区划。通过区划，使不同的林木种质资源保持鲜明的地域性特点，同时考虑到相同的区域有相似的生态条件，林木种质资源的自然分布和主要造林树种也有其一致性，更具备类似的营林方式和育种目标，所以每一个区域均可作为林木育种和良种繁育的运营单位。有了一个合理的区划，不但有利于促进林木种质资源保存和利用的紧密结合，也便于生产、科研和管理部门的操作执行。

12.1 林木种质资源区划

江西省属长江中上游地区，东、南、西三面环山，北部低平开阔。主要的地貌类型以山地、丘陵为主，属亚热带湿润气候区，光照充足、雨量充沛，无霜期长，红壤为本省地带性土壤的主要类型，属典型的南方丘陵红壤区。森林植被类型也多种多样，仅木本植物便有2000多种，种质资源非常丰富。但长期以来，江西省由于森林资源过度开采，种质资源流失严重，导致森林自然生产力遭到破坏，地带性原生植被保存很少。改革开放以来，江西林业建设有了长足的发展，森林覆盖率目前已达到63.01%，居全国前列。但是森林资源的质量不高，树种单一，林种单一，中幼林居多，存在着结构性矛盾。现有植被多为天然次生林和以杉木、松类为主的人工林，生态功能不足，生态环境依然脆弱。特别是长期以来江西省水土流失严重的局面没有得到根本的改善，是长江流域综合治理的重点区域，也是长江中上游防护林体系建设的重要组成部分。面对生态环境的挑战，江西林业肩负着重大的历史使命。

根据江西森林资源的特点，林木种质资源的区划应遵从以下几条基本原则：

①地域原则：按照地形、地貌特征及生态环境的差异，将江西省划分为几个有鲜明特色的林木种质资源分布区，力求区域的生态条件与种质资源的保存与利用实现优化配置；

②管理原则：根据江西省林木种质资源分布现状，兼顾行政区划，有利于地方行业部门的组织管理；

③保存与利用并重原则：经过区划，努力做到每一类种质资源都能得到有效的保存。既有原地保存的形式，也有异地保存的形式，有条件的还可以实施离体保存。同时确保有足够的繁殖材料可以满足遗传改良和良种繁育的需要，以达到保存与利用并重的目的。

根据江西省生态区域与行政区划的具体情况，将全省林木种质资源区划为8个分布区(详见附图)。

12.1.1 赣西北山地种质资源区

位于江西与湖南交界的幕阜山东南麓，九岭山脉在本区呈东北—西南走向贯穿中部，西北与湖北接壤，西与湖南交界，南与锦江、袁水上中游河谷丘陵相邻，东部是滨湖冲积平原。为东北—西南走向的中山地丘陵。

12.1.1.1 区域范围

本区土地面积184.22万hm^2，占全省土地总面积的11.06%。范围包括武宁、修水、铜鼓、靖安4个完整县，宜丰、万载、奉新、瑞昌、德安5县(市)的大部分，永修、安义、高安、袁州、九江及萍乡等县(市、区)的小部分。

12.1.1.2 自然条件

土壤以红壤及山地黄棕壤为主，局部有紫色土，河谷盆地中有冲积性草甸土和水稻土分布。本区域离海岸线较远，富于山地气候特点，年均气温16~17℃，1月平均气温4~5℃，绝对低温-11~-9℃，无霜期210~250d，年降水量1300~1900mm，为江西雨量最少和绝对温度最低的地区之一。本区为修河的发源地，也是袁水和锦江支流的源头。气候温和，雨量充沛，四季分明。

12.1.1.3 植被状况

植被类型以常绿阔叶林为主，海拔1000m以上为常绿与落叶阔叶混交林，组成种类有苦槠、青冈、小叶青冈、长叶石栎、钩栲、锥栗、枹树、椴树、白蜡树、山核桃、山槐、拟赤杨、山樱花、连香树、鹅掌楸等。海拔1000m以下均为次生植被，主要有马尾松、杉木、毛竹和山地灌木草丛类型，低丘沟谷和村落，河岸附近还有以苦槠、青冈组成的常绿阔叶树残次林。

本区森林覆盖率大，用材林以马尾松、杉木、毛竹为主，武宁杉木"瓜源木"是江西省杉木的优良地方种源，经济林以油茶和茶树为主，次为油桐。修水的"宁红茶"最为驰名。

12.1.1.4 现有基地

(1)铜鼓县林木采种基地　2000年批准项目，总投资215万元(其中国债129万元)，规模312.1hm^2。主要树种为木荷、枫香、槭树、红楠、南酸枣、香果树等，营建采种林246.7hm^2，年计划生产种子能力19 100kg。

(2)修水县林木采种基地　2000年批准项目，总投资203万元(其中国债121万元)，规模280.0hm^2，主要树种为枫香、甜槠、南酸枣、青钱柳等，营建采种林240.0hm^2，年计划生产种子能力2700kg。

(3)宜丰县林木采种基地　2003年批准项目，总投资389万元(其中国债232万元)，规模540.0hm^2。主要树种为木荷、枫香、钩栲、红楠、乐昌含笑、三角枫、南酸枣等，营建采种林483.3hm^2，年计划生产种子能力218 000kg。

(4)瑞昌市林木良种基地　2003年批准项目，总投资370万元(其中国债220万元)，规模121.3hm^2。主要树种为鹅掌楸、火力楠、鸡爪槭等。主要建设项目为种子园25.3hm^2，采穗圃8.0hm^2，种质资源收集区8.0hm^2。年计划生产良种能力22 000kg，年计划生产优良穗条能力90万根。

(5)宜丰县闽楠林木良种基地　2005年批准项目，总投资140万元(其中国债84万元)，总规模36.0hm^2，主要树种为闽楠，主要建设项目有种子园25.0hm^2，采穗圃1.0hm^2。

附：原有基地(1997年前)收集保存种质资源

由于1997年以后没有继续投资，基地建设与良种生产陷于停顿。

1. 铜鼓县杉木种源林　省地联营建设杉木母树林13.3hm^2；
2. 武宁县宋溪林场　省地联营建设杉木种子园33.3hm^2，杉木采穗圃0.7hm^2。

12.1.1.5 策略要点

本区森林资源丰富，山地面积约占全区面积的69%，是全省木竹材重点产区之一。区内有位于宜丰县的省级官山自然保护区和柘林、东津、大段三座大中型水库。由于长期的森林不合理采伐和经济快速发展，以及人为活动频繁，该区水土流失日益严重。据统计，水土流失面积已占全区面积的22.5%，约占全省水土流失面积的12%。鉴此，该区林木种质资源保存与利用的策略应从以下几方面考虑。

①保存残次天然林遗传资源，以生态林为主，兼顾发展经济林。

②修水与铜鼓均为江西省杉木的名产区，建议对以上两地原有的良种基地恢复投资，继续扶持，建立以杉木名产"瓜源木"和铜鼓种源为主的优良杉木种质资源原地保存库。

③柘林湖周边丘陵地带控制水土流失，以水源涵养为主培育与保存种质资源。

④加强对官山自然保护区内以孑遗树种穗花杉为代表的珍贵树种种质资源的管护。保存好现有和原有良种基地中的种质资源，完善档案建设，为良种建设提供优良繁育材料。

建议重点发展树种：杉木、马尾松、楠木、黄山松、木荷、拟赤杨、苦槠、青冈、马褂木、枫杨、臭椿、桤木、苦楝、柳树以及胡枝子、紫穗槐等。

12.1.2 鄱阳湖滨种质资源区

该区位于赣江、信江、抚河、乐安江、修水三角洲冲积平原地带，我国第一大淡水湖——鄱阳湖坐落在本区中间。

12.1.2.1 区域范围

本区土地总面积215.96万hm^2，占全省土地总面积的12.94%，范围包括星子、新建、南昌3县，南昌市湾里区、郊区和九江市郊区的全部，九江、湖口、彭泽、都昌、鄱阳、安义、永修、乐平、余干、进贤10县(市)的大部分，瑞昌、万年、德安、奉新4县(市)的小部分。

12.1.2.2 自然条件

土壤以冲积性土壤为主，湖洲地区有草甸土和沼泽土，滨湖江流两岸则为冲积土，湖洲地区残丘阶地有红壤及水稻土分布，东部边沿多为红壤和黄壤，由于江河湖泊的调节，本区域气候差异不大，年均气温17.5～18℃，1月均气温4～5.5℃，绝对低温-10～-4℃，无霜期210～270d，年平均降水量1300～1800mm。据有关资料统计，湖区隆冬严寒的极端低温已由15a前的-10℃降到目前的-19℃，干热风、寒露风及洪涝灾害频繁发生。大风(≥17m/s)年平均发生12d，个别地区(星子、南昌)平均达35d，极端最大风速超过40m/s。大树连根拔起，房屋成片倒塌。在单一风向(西北风)作用下产生了风蚀和流沙，沙漠化面积逐年扩大。

12.1.2.3 植被状况

本区域是江西省缺材少林区，森林资源贫乏。植被以非地带性草甸、草本沼泽及水生植被为主，多分布于湖洲地区。滨湖残丘局部地区分布有马尾松、毛竹及次生阔叶树林。该区东部边沿接近怀玉山，地带性植被多为以壳斗科为代表的常绿阔叶林。

12.1.2.4 现有基地

(1)江西省林木良种繁育中心　2003年批准项目，建设地点德安县，总投资995万元(其中国债597万元)，规模123.3hm^2。主要树种为乐昌含笑、深山含笑、火力楠、紫玉兰等。主要建设项目有种子园33.3hm^2，采穗圃10.0hm^2，种质资源收集区20.0hm^2，繁育区8.0hm^2。年计划生产良种能力25 000kg，年计划生产优良穗条能力180万根。

(2)南昌市林木良种基地　2003年批准项目，建设地点进贤县，总投资310万元(其中国债186万元)，规模80.0hm^2。主要树种有杨树、红叶乌桕、樟树等。主要建设项目有母树林18.7hm^2，采穗圃7.7hm^2，繁育区7.0hm^2，年计划生产良种能力870kg，年计划生产优良穗条7.7万根。

(3)九江市(天花井)林木良种基地　2003年批准项目，总投资302万元(其中国债181万元)，规模84.6hm^2。主要树种有栓皮栎、大叶樟、七叶树等。主要建设项目有种子园23.3hm^2，采穗圃8.0hm^2，种质资源收集区10.0hm^2，年计划生产良种能力25 500kg，年计划生产优良穗条

90 万根。

(4)彭泽县海形林场栓皮栎采种基地　2004 年批准项目，总投资 186 万元(其中国债 112 万元)，规模 240.0hm^2，主要树种为栓皮栎、苦槠、南酸枣、黄连木、枫香等，营建采种林 240.0hm^2，年计划生产种子能力 67 000kg。

附：原有基地(1997 年前)收集保存种质资源

由于 1997 年以后没有继续投资，基地建设与良种生产陷于停顿。

1. 庐山林场　省地联营建设柳杉母树林 33.3hm^2，马褂木母树林 6.7hm^2；

2. 乐平市白土峰林木良种场　部省联营建设良种基地 115.3hm^2，其中杉木初级种子园 20.3hm^2，杉木二代种子园 14.0hm^2，湿地松母树林 33.3hm^2，杉木示范林 33.3hm^2，杉木子代测定林 13.0hm^2，杉木采穗圃 1.3hm^2；

3. 江西省林业科学院树木园　省地联营建设珍贵阔叶树母树林 6.9hm^2。

12.1.2.5　策略要点

鄱阳湖区有大面积冲积平原，在这块亚洲最大的生态湿地上已建立了国家级鄱阳湖候鸟保护区。位于鄱阳湖西北岸的庐山建立了国家级自然保护区，保存了高等植物 2200 多种，包括第三纪残留的古老稀有树种，我国中亚热带东部的特有种，以及北美、日本、欧洲引入的珍贵树种。本区山地面积小，仅有 68.7 万 hm^2，占全区面积的 31.8%，缺乏森林植被保护，且人为活动频繁，使本区生态环境尤为脆弱，自然灾害时有发生。鉴此，

①选择耐湿、耐涝以及防风固沙为主的种质资源，培育速生型生态兼顾用材的树种。

②省会城市在整合全省各类种质资源的基础上，依靠科研与教学力量的优势作为技术支撑，收集保存富有江西特色的经济林树种、用材林树种、景观树种和特用(抗污染、生物质、薪炭等)树种的遗传资源，建设林木种质资源库，形成全省的林木良种繁育中心，引领全省林木种质资源的保存与利用。

③保护好庐山自然保护区中古老稀有树种，合理地引进优良树种和中亚热带特有树种的种质资源，有计划地建立异地保存库。

④乐平市白土峰林木良种场是江西省少数几个专业良种场之一，二十世纪八十年代曾经生产大量杉木良种和湿地松良种，该场保存了一批珍贵的种质资源；省林业科学院树木园(南昌树木园)收集了大量北亚热带的树种资源，很有代表性。建议继续扶持这两个良种基地建设，做好种质资源的保存工作。

⑤保存现有和原有良种基地中的种质资源，完善档案建设，为良种建设提供优良繁殖材料。

建议发展树种：水杉、池杉、杨树、柳树、油茶、泡桐、苦楝、马尾松、香椿、紫穗槐、胡枝子、重阳木、南酸枣、杜英、杜仲、银杏、水松、桤木等。还有木兰科树种、槭树科、柏科树种，以及其他生态型景观树种。

12.1.3　赣东北山地种质资源区

位于江西东北部，北与安徽省接壤，东部怀玉山与浙江省相邻，西面与鄱阳湖东北滨相接，南部与武夷山西麓为界。

12.1.3.1　区域范围

本区土地总面积 123.06 万 hm^2，占全省面积的 7.4%。范围包括德兴、婺源、浮梁 3 县(市)和景德镇市区、郊区的全部，玉山县的大部分，彭泽、都昌、湖口、鄱阳、乐平、上饶 6 县(市)的小部分。

12.1.3.2　自然条件

本区地貌以中、低山为主。土壤以红壤、黄壤、山地黄棕壤为主，并有中性石灰岩土。年

平均气温 16～17.5℃，1 月均气温 4～5.5℃，绝对低温 -11～-9℃，无霜期 210～280d，年降水量 1300～2000mm。

12.1.3.3 植被状况

森林植被以马尾松、杉木、毛竹及栓皮栎等树种为主，是赣北林区之一，残存的地带性植被为常绿阔叶树混交林，组成种类以苦槠、青冈、赤皮青冈、米槠、木荷、锥栗、枹树、铁杉、钩栲、云山槠、曼青冈、华东黄杉、白栎、山合欢、椴树和山樱花等为代表，以苦槠林为最普遍。经济树种有油茶、茶树、栓皮栎等，以"祁红"茶和"茗眉"、"婺源"、"奇峰"、"大茅山茶"等优质茗茶驰名中外。海拔 1000m 以上还有半原始的针、阔叶混交林及台湾松林分布。

12.1.3.4 现有基地

(1)景德镇市林木采种基地　2000 年批准项目，总投资 207 万元(其中国债 124 万元)，规模 285.7hm^2。主要树种为深山含笑、红花木莲、细叶栲、木荷、苦槠等。营建采种林 260.0hm^2，年计划生产种子能力 31 986kg。

(2)德兴市林木采种基地　2000 年批准项目，总投资 205 万元(其中国债 124 万元)，规模 293.3hm^2。主要树种为南酸枣、杜英、木荷、枫香、拟赤杨等。营建采种林 266.7hm^2，年计划生产种子能力 11 000kg。

(3)景德镇市林木良种基地　2003 年批准项目，总投资 312 万元(其中国债 185 万元)，规模 85.0hm^2。主要树种有闽楠、豹皮樟、南方红豆杉等。主要建设项目：母树林 21.0hm^2，采穗圃 5.0hm^2，种质资源收集区 20.7hm^2。年计划生产良种能力 19 000kg，年计划生产优良穗条能力 200 万根。

(4)婺源县林木采种基地　2003 年批准项目，总投资 198 万元(其中国债 118 万元)，规模 346.0hm^2。主要树种为甜槠、山杜英、肥皂荚、秀丽槭、杨梅等。营建采种林 320.0hm^2，年计划生产种子能力 50 000kg。

(5)浮梁县丝栗栲采种基地　2004 年批准项目，总投资 142 万元(其中国债 85 万元)，规模 250.0hm^2，主要树种为丝栗栲、青冈、枫香等。营建采种林 110.0hm^2。

附：原有良种基地(1997 年前)收集保存种质资源

景德镇市林业科学研究所　省地联营建设珍贵木兰科树种母树林 32.8hm^2。包括露丝柏 4.3hm^2，绿干柏 3.7hm^2，深山含笑 5.3hm^2，紫玉兰、木莲 2.7hm^2，白玉兰 0.7hm^2，黄玉兰 3.0hm^2，厚朴 0.7hm^2，角竹 2.3hm^2，鹅掌楸 5.7hm^2，古蓬松 1.7hm^2，晚松 2.7hm^2。

该基地由于 1997 年以后没有继续投资，基地建设与良种生产陷于停顿。

12.1.3.5 策略要点

该区山地面积占土地面积的 69.8%，自然条件对江西省主要用材树种的生长十分有利，历来是江西的木材重点产区。山多田少，是饶河的发源地。区内分布七一、共产主义等大型水库，赣皖铁路与 206 国道纵贯全区。森林资源丰富且集中，但长期以来森林资源遭到较大破坏，生态功能、森林质量及数量均呈下降趋势，导致本区域内水土流失加剧。鉴此：

①与安徽、浙江接壤的地带突出生态型树种育种策略；景德镇市周边以多功能林业(生态经济型基地建设)为重点，婺源、德兴实施兼顾生态效益的林木育种策略，发展用材林基地。

②保存天然残次林遗传资源；重视瑶里杉木及重点生态型树种种质资源的原地保存；注重收集保存农家品种、地方品种的遗传资源。

③景德镇市林业科学研究所是江西省 20 世纪 80 年代开辟的以阔叶树木兰科为主体的良种基地，已有一定规模，也具备一定的科研力量，建议继续扶持，巩固与提高良种档次。

④对已经引种驯化成功的湿地松、火炬松可以进行优良林分的选择，结合适生优良种源进一步选择优良单株、家系(无性系)，建立国外松良种基地。

⑤保存好现有和原有良种基地中的种质资源，完善档案，为良种建设提供优良的繁殖材料。

建议重点发展树种：马尾松、杉木、湿地松、火炬松、苦槠、青冈、杜仲、厚朴、油茶、茶、桤木、乌桕、马褂木、板栗、银杏、木荷、香椿、香榧、山核桃、泡桐、毛竹、拟赤杨等。

12.1.4 赣中丘陵红壤种质资源区

本区从东到西横贯江西中部，北面与赣西北山地，鄱阳湖滨和赣东北山地三大种质资源区相接，西为湖南、东邻浙江，南部凸出，嵌入赣东山地与赣西山地的包围之中。本区地势低平，以丘陵岗地为主，浙赣铁路自东向西斜贯全区，京九铁路、105、206 等主要国道自北向南纵穿而过，还有赣江，抚河、信江中下游河段穿越其境。

12.1.4.1 区域范围

本区土地总面积 374.69hm^2，占全省面积的 22.48%。范围包括横峰、余江、东乡、上高、峡江五县和信州区、月湖区、吉州区的全部，临川、万年、弋阳、贵溪、金溪、丰城、樟树、新干、高安、分宜、袁州、永丰、万安、吉安、泰和、吉水 16 个县(市、区)和萍乡市、渝水区、青原区的大部分，上饶、余干、进贤、宜丰、万载、玉山、广丰、崇仁 8 县的小部分。

12.1.4.2 自然条件

本区北部受湖泊调节，东、西、南部均受丘陵影响，年均气温 17～18℃，1 月均气温 4～6℃，绝对低温 -10～-3℃，无霜期 200～300d，年降水量 1500～2000mm。土壤以红壤、黄壤和紫色土为主；赣西一带有山地黄棕壤，沿江河两岸及小盆地有冲积土和水稻土分布。

12.1.4.3 植被状况

森林植被以马尾松、毛竹及杉木林、湿地松林为主，是江西主要的人工林区之一，马尾松疏林分布最广，湿地松人工林以吉泰盆地最为集中，地处本区中段的峡江、新干、崇仁以及西段偏北的新建、安义、高安、奉新一带尚有小面积的杉木和毛竹分布。地带性植被为常绿阔叶树，种类有苦槠、木荷、青栲、樟树、石栎、青冈、甜槠、米槠、红楠等为代表，多见于丘陵和村落附近。海拔 1000m 以上有曼青冈、红木荷、绵石栎、鸦头梨、台湾沙果、山樱花、浙江柿、七叶树、红翅槭、青榨槭等树种所组成的常绿与落叶阔叶树混交林分布。经济林有油茶、油桐、乌桕、茶叶等，还有板栗、枣、柑橘(红橘)等。

12.1.4.4 现有基地

(1)峡江县林木良种场　2000 年批准项目，总投资 378 万元(其中国债 226 万元)，总规模 138.3hm^2，主要树种有湿地松、马尾松、鹅掌楸、蓝果树、木莲。主要建设项目有种子园 47.0hm^2，母树林 40.0hm^2，采穗圃 7.7hm^2，种质资源收集区 13.7hm^2，年计划生产良种能力 1250kg。

(2)抚州市林业科学研究所　2000 年批准项目，总投资 408 万元(其中国债 244 万元)，总规模 138.0hm^2，主要树种为红豆树、鹅掌楸、木莲、乐昌含笑、火力楠。主要建设项目有种子园 54.3hm^2，母树林 13.3hm^2，采穗圃 20.0hm^2，种质资源收集区 8.1hm^2。年计划生产良种能力 6756kg，年计划生产优良穗条能力 60.8 万根。

(3)吉安市青原区白云山林场　2000 年批准项目，总投资 343 万元(其中国债 205 万元)，总规模 140.8hm^2。主要树种有杉木、乐昌含笑、深山含笑、锥栗、山杜英。主要建设项目有种子园 31.3hm^2，母树林 26.7hm^2，采穗圃 2.7hm^2，种质资源收集区 6.7hm^2。年计划生产良种能力 1200kg，年计划生产优良穗条能力 5 万根。

(4)贵溪市林木采种基地　2000 年批准项目，总投资 202 万元(其中国债 121 万元)，总规模 318.7hm^2。主要树种有木荷、细叶栲、杜英、猴欢喜、南酸枣、苦槠。营建采种林 292.0hm^2，年计划生产种子能力 1.5 万 kg。

(5)永丰县林木采种基地　2003年批准项目，总投资194万元(其中国债116万元)，总规模320.0hm^2。主要树种有枫香、木荷、丝栗栲、拟赤杨。营建采种林300.0hm^2，年计划生产种子能力2500kg。

(6)宜春市林业科学研究所林木良种基地　2004年批准项目，总投资210万元(其中国债126万元)，总规模34.5hm^2，主要树种为华木莲、银鹊树，主要建设项目有种子园12.5hm^2，采穗圃5.0hm^2，繁育区6.5hm^2。

(7)吉安县(双江林场刨花楠)采种基地　2004年批准项目，总投资149万元(其中国债89万元)，总规模200.0hm^2。主要树种为刨花楠、拟赤杨、营建采种林120.0hm^2。

(8)吉安市林业科学研究所(龙脑樟)良种基地　2004年批准项目，总投资302万元(其中国债181万元)，总规模44.0hm^2，主要树种为龙脑樟、大叶芳樟、沉水樟。主要建设项目有种子园20.0hm^2，母树林10.0hm^2，采穗圃5.0hm^2。

(9)萍乡市(小坑林场红楠)林木良种基地　2005年批准项目，总投资198万元(其中国债118万元)，总规模35.0hm^2，主要树种红楠。主要建设项目有种子园20.0hm^2，种质资源收集区3.0hm^2，繁育区1.0hm^2。

(10)中国林业科学院亚热带林业实验中心杉木种质资源库　位于江西新余市分宜县大岗山，建设时间为1979~1995年。收集全国杉木产区杉木基因资源，建设杉木基因库10.7hm^2，收集保存杉木优树基因编号960个(自选优树55个，抗性植株50个，外地收集855个)，产地179个，单株1734株；选出了特殊变异体9个，包括贵州杉木王、广昌杉木王、铜鼓矮化短叶红杉、轮叶杉、翠叶杉、独干杉、速生型黄杉、浓密型黄杉、浓密型灰枝杉。保存陈山红心杉3000多株。应用以上材料建立育种园3.0hm^2(101个无性系)；产地杂交种子园3.1hm^2；单亲、双亲子代测定林7处13.4hm^2，二代种子园10.0hm^2。

附：原有基地(1997年前)收集保存种质资源

1. 峡江县林木良种场　部省联营建设良种基地106.7hm^2，其中杉木初级种子园25.0hm^2，马尾松嫁接种子园6.7hm^2，湿地松母树林18.0hm^2，马褂木母树林2.0hm^2，油茶母树林4.0hm^2，檫树母树林1.0hm^2，杉木采穗圃1.1hm^2，示范林43.7hm^2，杉木子代测定林2.8hm^2，种质资源收集区2.5hm^2。

2. 吉安市青原区白云山林场　省地联营建设基地62.1hm^2，其中杉木一代种子园20.7hm^2，马尾松嫁接种子园10.0hm^2，湿地松种子园10.0hm^2，种质资源收集区2.7hm^2，杉木示范林10.7hm^2，杉木采穗圃1.3hm^2，子代测定林8.0hm^2。

3. 吉安县林业科学研究所　省地联营建设基地53.3hm^2，其中杉木初级种子园13.3hm^2，湿地松母树林33.3hm^2，杉木示范林6.7hm^2。

4. 泰和县森林苗圃　省地联营建设基地52.9hm^2，其中湿地松母树林46.7hm^2，湿地松实生种子园6.3hm^2。

5. 抚州市林业科学研究所　部省联营建设基地81.3hm^2，其中马尾松嫁接种子园66.7hm^2，马尾松采穗圃6.7hm^2，油茶采穗圃1.3hm^2，子代测定林6.7hm^2。

6. 上高县上甘山林场　部省联营建设基地127.5hm^2，其中杉木初级种子园46.0hm^2，杉木一代种子园8.5hm^2，马尾松母树林33.3hm^2，湿地松母树林23.0hm^2，示范林16.7hm^2。

7. 樟树市试验林场　省地联营建设基地125.7hm^2，其中杉木一代种子园7.0hm^2，杉木采穗圃3.3hm^2，杉木母树林33.3hm^2，湿地松母树林53.3hm^2，火炬松母树林26.7hm^2，杉木子代测定林2.0hm^2。

8. 高安市荷岭林场　省地联营建设湿地松母树林13.3hm^2。

9. 上高县林业科学研究所　省地联营建设湿地松母树林33.3hm^2。

10. 贵溪市林业科学研究所　省地联营建设赤桉母树林14.0hm^2。

以上基地除峡江县林木良种场、抚州市林业科学研究所和吉安市青原区白云山林场外，其他基地由于1997年以后没有继续投资，基地建设与生产陷于停顿。

12.1.4.5 策略要点

本区人口稠密，其中吉泰盆地是我国马尾松优良种源区之一，也是木荷、拟赤杨种子中心产区之一，该区农业经济比较发达，由于人为活动频繁，植被覆盖度小，且破坏严重，是江西省水土流失面积大而且相对集中的地区。据统计，水土流失面积占全区面积的26.1%，占全省水土流失面积的17.8%，鉴此，该区种质资源保存利用的原则为：

①保存残次天然林遗传资源，重视用材林树种优良种质资源的保存与利用，对吉泰盆地的马尾松优良种源进行原地保存，建设永丰县水浆自然保护区马尾松种质资源的原地保存库；

②保存并利用油茶(永丰"观音桃"、亚林中心选育的油茶优良无性系以及丰城市白土乡繁育的油茶优良无性系)优良基因，发展高档油茶基地和其他经济林基地；

③中心城市和工业基地周边收集景观树种和抗污染树种遗传资源，培育抗瘠、抗旱、水源涵养、改良土壤的优良树种和其他生态经济型优良树种；

④对引种驯化成功的湿地松等外来树种，应在种源试验的基础上筛选优良林分、单株、家系(无性系)，建设高世代种子园。

⑤对上高县上甘山林场、樟树市试验林场、高安市荷岭林场、贵溪市林业科学研究所等具有鲜明特色的原有林木良种基地，应继续扶持，保护好现有的种质资源，完善档案，为良种建设提供优良繁殖材料。

建议重点发展树种：杉木、马尾松、油茶、湿地松、火炬松、油桐、桤木、枫杨、乌桕、马褂木、樟树、苦楝、槠栲、木荷、毛竹、拟赤杨、青冈、钩栲、甜槠、红楠、红槭、青榨槭、七叶树、南酸枣、栓皮栎、胡枝子、柳树。

12.1.5 赣东山地种质资源区

位于赣东与福建交界的武夷山西麓，怀玉山西南、雩山以北，地貌以丘陵中山为主。鹰厦铁路和206国道纵贯全区，省级武夷山自然保护区和洪门水库坐落其中。

12.1.5.1 区域范围

本区土地总面积197.41万hm^2，占全省总面积的11.84%。范围包括铅山、资溪、南城、南丰、黎川、宜黄、乐安7县的全部，广丰、崇仁2县的大部分，上饶、贵溪、弋阳、金溪、宁都、丰城、樟树、新干8县(市)的小部分。

12.1.5.2 自然条件

本区距海岸线较近，由于武夷山地势高耸，常阻挡东来的暖湿水汽，具有夏凉冬寒而多雨的山地气候特点。年均气温16~18℃，1月均气温5~6℃，绝对低温-10~-3℃，无霜期200~300d，年降水量1600~2100mm，山区雨量如桐木关年降水量曾达2613.3mm。土壤有红壤、黄壤、山地红壤、山地黄棕壤以及紫色土，沿河岸及盆地有冲积土和水稻土分布。

12.1.5.3 植被状况

本区森林面积广，蕴藏量多，为赣东主要林区，树种有马尾松、杉木、毛竹、樟、楠木、柳杉、榆树、栓皮栎等。经济树种有油茶、茶树、板栗、枣、红花油茶和果树等，南丰蜜橘和广丰、玉山的茶叶最为著名。

地带性植被为常绿阔叶树，种类有青冈、罗浮栲、栲树、钩栲、闽粤栲、云山槠、木荷等为代表。自海拔1000m以上逐渐过渡到有阔叶树与铁杉、柳杉组成的针阔叶树混交林，柳杉林、铁杉林和台湾松林。次生森林植被主要分布于海拔1000m以下的丘陵地区，以马尾松为主，次为杉木、毛竹以及次生的常绿阔叶林。

12.1.5.4 现有基地

(1)资溪县林木采种基地　2000 年批准项目，总投资 207 万元(其中国债 124 万元)，规模 286.7hm^2，主要树种为木荷、红楮、红豆杉、楠木、拟赤杨。营建采种林 260.0hm^2，年计划生产种子能力 5000kg。

(2)黎川县林木采种基地　2003 年批准项目，总投资 184 万元(其中国债 110 万元)，规模 326.0hm^2，主要树种为香榧、毛红椿、乳源木莲、乐东拟单性木兰。营建采种林 326.0hm^2，年计划生产种子能力 390 000kg。

附：原有林木良种基地(1997 年前)收集保存种质资源

由于 1997 年以后没有继续投资，基地建设与良种生产陷于停顿。

1. 南丰县付坊林场　部省联营建设南丰蜜橘良种基地 28.3hm^2，其中蜜橘采穗圃 1.6hm^2，蜜橘示范林 26.7hm^2；

2. 乐安县试验林场　省地联营建设杉木种子园 33.9hm^2；

3. 广丰县铜跋山垦殖场　省地联营建设杉木种子园 35.3hm^2，杉木采穗圃 2.0hm^2；

4. 南城县洪门岭林场　省地联营建设湿地松母树林 33.3hm^2。

12.1.5.5 策略要点

本区属典型南方林区，山地面积占土地总面积的 73%，森林资源丰富，是我省开发较早的木竹重点产区之一。由于长期以来重采轻予、人为活动频繁，森林过度砍伐，垦山造田等，致使森林植被遭到破坏，林分质量持续下降，水土流失加剧，山洪频繁暴发。据统计，本区水土流失面积是全区面积的 20%，应退耕还林面积约占全省应退耕还林面积的 21%。基于以上情况，种质资源保存利用的基本策略为：

①保存优良乡土树种遗传资源，培育抗瘠、抗旱、水源涵养、改良土壤的优良树种以及生态经济类型的优良树种。

②保护好武夷山国家级自然保护区的我国唯一残存的半原始天然林(柳杉林、铁杉林和黄杨矮曲林)遗传资源；收集保存武夷山西麓山地的珍贵树种种质资源，建立异地保存库。

③收集适合本区生长的乌桕、桉树等树种的遗传资源，提高其质量及其他商品特性。

④保护好现有和原有的种质资源，完善档案，为良种建设提供优良繁殖材料。

建议重点发展树种：马尾松、湿地松、杉木、木荷、青冈、栲树、光皮桦、桉树、乌桕、樟树、油茶、油桐、板栗、毛竹、栓皮栎、泡桐等树种。

12.1.6 赣西山地种质资源区

该区域北部是锦江、袁水上游丘陵地区，南部是井冈山山地丘陵。西与湖南交界，北与赣中丘陵红壤区相连，东与吉泰盆地为邻，南面是大庾岭和章水丘陵。

12.1.6.1 区域范围

本区土地面积 170.77 万 hm^2，占全省土地总面积的 10.24%。范围包括安福、永新、莲花、宁冈、遂川、井冈山等 6 县(市)的全部，万安县的大部分，永丰、吉水、吉安、泰和、渝水、分宜、宜春等县(市、区)及萍乡市的小部分。

12.1.6.2 自然条件

土壤以红壤、黄壤为主，海拔 1200m 以上为山地黄棕壤及山地草甸土，局部还有石灰土分布。

年均气温 17～19℃，1 月均气温 5～7.5℃，绝对低温 -9～-6℃，无霜期 200～290d，年降

水量1400~1600mm，山区达1700mm。

12.1.6.3 植被状况

森林植被以马尾松、杉木、毛竹为主。地带性植被以常绿阔叶树为主，组成种类有栲树、青冈、甜槠、小叶青冈、罗浮栲、木荷、红楠、钩栲、樟树、檫树、细叶香桂、四川红淡为代表。在海拔400m以下的沟谷地区还有杜英、南岭栲、饭甑椆、天料木、观光木、粗叶木、华南紫箕、观音座莲等树种组成的亚热带沟谷雨林分布。海拔1000m以上有曼青冈、红木荷、绵石栎、鸦头梨、台湾沙果、山樱花、红翅槭、青榨槭等树种组成的常绿与阔叶树混交林分布。海拔1200m以上有福建柏、白豆杉、冷杉、台湾松以及稀疏的华东铁杉与阔叶树组成的混交林分布。经济林树种以油茶为主，其次为茶树、金橘，其中以遂川的"狗牯脑"茶与金橘为特产。

12.1.6.4 现有基地

(1)安福县林木采种基地　2000年批准项目，总投资219万元(其中国债131万元)，规模310.0hm^2。主要树种：杉木、南酸枣、栎树、樟树、木荷。营建采种林283.3hm^2。年计划生产种子能力3770kg。

(2)永新县林木采种基地　2003年批准项目，总投资167万元(其中国债100万元)，总规模300.0hm^2，主要树种为苦槠、丝栗栲、刨花楠、拟赤杨。营建采种林270.0hm^2。年计划生产种子能力118 000kg。

(3)井冈山市(长坪林场)枫香采种基地　2004年批准项目，总投资179万元(其中国债107万元)，总规模200.0hm^2，主要树种为枫香、木荷、苦槠、深山含笑。营建采种林200.0hm^2。

附：原有基地(1997年前)收集保存种质资源

由于1997年以后没有继续投资，基地与良种生产陷于停顿。

1. 吉安市武功山林场　省地联营良种基地48.0hm^2，其中杉木初级种子园33.3hm^2，火炬松母树林13.3hm^2，杉木采穗圃1.4hm^2；

2. 安福县陈山林场　省地联营陈山红心杉母树林13.3hm^2；

3. 万安县泗源林场　省地联营建设湿地松母树林33.3hm^2。

12.1.6.5 策略要点

本区西、南、北三面高峻，东部低倾，山地面积占全区面积的75.8%，万安水库和国家级井冈山自然保护区坐落其中，森林资源丰富，是江西省早期开发的以杉木为主的用材林区之一。由于开发早，长期以来索取多，投入少，造成森林资源不断减少，林分质量下降，林种树种结构单一，针叶纯林化严重，林相残败，林地退化，森林减灾防灾能力明显下降，水土流失面积逐年增加，已占全区面积的12%。根据以上情况，本区林木种质资源保存与利用的策略要点为：

①保存残次天然林遗传资源。中心城市周边收集生态型景观树种和抗污染树种遗传资源；

②建立安福红心杉种质资源原地保存库，为良种基地提供繁殖材料；

③注重收集保存农家品种、地方品种和特殊性状的遗传资源，建立经济林良种基地。

④保护好井冈山自然自然保护区的珍稀树种和特有树种，采用异地保存的方式进行收集保存。妥善保存现有和原有林木良种基地中的种质资源，为良种建设提供优良繁殖材料。

建议重点发展树种：马尾松、杉木、樟树、木荷、青冈、钩栲、甜槠、米槠、红楠、红翅槭、青榨槭、七叶树、罗浮栲、油茶、茶树、毛竹、刨花楠、拟赤杨、枫香、泡桐。

12.1.7 雩山山地丘陵种质资源区

位于湘、赣山地丘陵植被区及闽、浙山地丘陵植被区以南，西北是吉泰盆地丘陵，西南与大庾岭、章水山地相邻，南面与桃江中游、贡水上游河谷丘陵接壤，东面与武夷山麓西侧密接。

12.1.7.1 区域范围

本区总面积 175.85 万 hm^2，占全省土地总面积的 10.54%，包括兴国、于都、南康、章贡 4 县(市、区)的全部，宁都、赣县、瑞金、广昌 4 县(市)的大部分，石城、会昌、信丰、上犹 4 县的小部分。

12.1.7.2 自然条件

本区地貌以丘陵、山地为主，平均海拔 300 ~ 500m，红壤是本区最主要的土壤类型，次为紫色土，局部山区有山地黄棕壤分布，是全省水土流失最严重的区域之一。年平均气温 18 ~ 19.5℃，1 月均气温 5 ~ 8.3℃，绝对低温 -9 ~ -4℃，无霜期 260 ~ 285d，年平均降水量 1500 ~ 1800mm。

12.1.7.3 植被状况

森林植被以马尾松、杉木、毛竹为主。地带性植被为常绿阔叶树，组成种类以栲树、青冈、甜槠、木荷、钩栲、南岭栲、长叶石栎、鹿角栲、红楠、楠木、桢楠、观光木、天料木等树种为代表，本区西部海拔 400m 以下的沟谷中还有以南岭栲为主的沟谷亚热带雨林分布。由于人为活动的影响，本区植被破坏较严重，覆盖率低，特别是兴国、宁都、于都一带的局部花岗岩地区，水土流失最为严重。经济林以油茶为主，次为柿、枣、脐橙、柑橘、枇杷等，茶叶以宁都的"小布岩茶"为市场畅销产品。

12.1.7.4 基地建设

自 1999 年国家实施种苗工程项目以来，该区没有种子基地立项工程，在 20 世纪 80 年代全省林木良种基地实施部省联营建设和省地联营建设时期，该区建设有以下几处良种基地，收集保存了一批种质资源。1997 年以后由于没有继续投资，基地建设与良种生产陷于停顿。

附：原有林木良种基地(1997 年前)收集保存种质资源

1. 广昌县盱江林场　部省联营基地，规模 155.9hm^2，其中杉木初级种子园 13.3hm^2，杉木一代种子园 33.3hm^2，马尾松嫁接种子园 34.3hm^2，马尾松实生种子园 33.8hm^2，杉木采穗圃 4.3hm^2，种质资源收集区 7.8hm^2，子代测定林 13.3hm^2，示范林 15.8hm^2。

2. 于都县银坑林场　省地联营基地，规模 92.5hm^2，其中湿地松母树林 59.2hm^2，火炬松母树林 33.3hm^2。

3. 兴国县园岭林场　省地联营基地，湿地松母树林 33.3hm^2。

4. 南康市太和林场　省地联营基地，黑荆树母树林 13.3hm^2。

5. 南康市木荷基地　省地联营基地，木荷母树林 16.7hm^2。

6. 赣州市(章贡区)林业科学研究所　省地联营建设基地，黑荆树母树林 14.0hm^2，黑荆树示范林 6.7hm^2。

12.1.7.5 策略要点

本区有团结、长冈两座大中型水库，京九铁路、105、206、319、323 等主要国道以及赣江上游河段纵横交错于本区。由于人口密度大，活动频繁，森林资源被过度消耗，原生植被遭到较大程度的破坏，表土剥蚀严重。据统计，目前区内水土流失面积占本区总面积的 34%，占全省水土流失面积的 16.7%，且流失强度在中、弱度以上的面积占 60% 以上。泥沙下泄淤积于江河水库，使河床抬高，库容锐减，严重影响了当地经济发展和群众生活。因此，该区林木种质资源保存与利用的策略要点为：

①突出生态经济型林木育种策略，注重水土保持优良遗传资源的保存与利用，发展耐寒桉树与黑荆树基地。

②该区在 20 世纪 80 年代建设的几处很有特色的良种基地，例如广昌县盱江林场的马尾松、

于都县银坑林场的湿地松与火炬松、南康市的木荷、赣州市(章贡区)林业科学研究所的黑荆树等，建议继续扶持，保存和保护好原有林木良种基地收集的所有种质资源，建立资源档案。

建议重点发展树种：马尾松、杉木、湿地松、火炬松、黑荆树、桉树、栲树、木荷、青冈、甜槠、钩栲、樟树、油茶、枫香、胡枝子、紫穗槐、毛竹等。

12.1.8 赣南山地种质资源区

本区地处江西最南部，西和南与湖南、广东交界，北面是雩山山地丘陵，东部以武夷山西侧山麓与福建省接壤。

12.1.8.1 区域范围

本区土地面积224.69万hm^2，占全省土地总面积的13.5%。范围包括安远、寻乌、定南、龙南、全南、大余、崇义7个县全部，会昌、石城、信丰、上犹、广昌、瑞金6个县(市)的大部分和赣县的小部分。

12.1.8.2 自然条件

本区峰峦重叠，山高谷多，地形复杂，山地面积占土地总面积的80.7%。土壤以红壤及紫色土为主，局部地区有黄壤及山地黄棕壤分布。年平均气温18～19.5℃，1月平均气温7.5～9.5℃，绝对低温-7～-4℃，无霜期275～300d，平均降水量1400～1800mm。

12.1.8.3 植被状况

本区森林覆盖率较大，但局部地区由于人为活动频繁，仍有水土流失现象。森林植被以马尾松、杉、毛竹为主。地带性植被为常绿阔叶树，组成种类有罗浮栲、鹿角栲、南岭栲、希氏栲、米槠、木荷、楠木、华桢楠、红楠等，还有琼楠、观光木、天料木、厚壳桂、新木姜子、黄樟、黄楠等樟科树种。海拔400m以下的沟谷中还有由南岭栲、鹿角栲、闽粤栲、楠木、粗叶木、观音座莲、华南紫箕等组成的沟谷亚热带雨林分布。本区崇义、大余、上犹、全南、寻乌等县为江西主要林区，树种有马尾松、杉木、楠木、花榈木、檫树、毛竹等，经济林以油茶为主，次为茶树、油桐、板栗、山苍子、柿、梨、桃等。其中"九龙茶"、"阳岭绿茶"、"澄江蜜李"、"寻乌蜜柑"、"龙南板栗"为品质上乘。

12.1.8.4 现有基地

(1)信丰县林木良种场　分别为1999年和2000年批准项目，总投资528万元(其中国债327万元)，总规模213.0hm^2(其中1999年40.6hm^2，2000年172.4hm^2)，主要树种为银杏、苦楝、含笑、杜英、湿地松、杉木、甜槠、深山含笑、火力楠、枫香。主要建设项目有种子园76.7hm^2，母树林43.7hm^2，采穗圃6.7hm^2，种质资源收集区51.0hm^2，繁育区0.7hm^2。年计划生产良种能力311 725kg，年计划生产优良穗条能力82.3万根。

(2)赣南树林园　2000年批准项目，总投资333万元(其中国债199万元)，总规模90.9hm^2。主要树种有阿丁枫、香港四照花、华南厚皮香、米老排。主要建设项目有母树林26.7hm^2，采穗圃4.7hm^2，种质资源收集区11.7hm^2。年计划生产种子能力21 800kg，年计划生产优良穗条79万根。

赣南树木园在基本摸清赣南地区的树种资源及分布状况的基础上，确立了该地区第一批124个受威胁的珍稀保护树种。该园现保存有栽培树种1200种，其中属国家级保护的珍稀树种52种，引种示范树种120种，面积46.7hm^2。种子室贮有种子标本1442种1814份。

(3)崇义县林木采种基地　2003年批准项目，总投资217万元(其中国债130万元)，总规模306.7hm^2，主要树种为马尾松、木荷、槠栲类和南酸枣，营建采种林280.0hm^2。年计划计划生产种子能力3000kg。

(4)龙南县林木采种基地　2000年批准项目，总投资222万元(其中国债133万元)，总规模

320.0hm^2，主要树种有木荷、栲类、樟树、含笑、南方红豆杉。营建采种林293.3hm^2，年计划生产种子能力9500kg。

(5)安远县林木采种基地　2003年批准项目，总投资168万元(其中国债100万元)，总规模260.0hm^2，主要树种有光皮桦、山乌桕、黄樟、香港四照花。营建采种林220.0hm^2。年计划生产种子能力488 000kg。

(6)大余县林木采种基地　2003年批准项目，总投资204万元(其中国债122万元)，总规模300.0hm^2，主要树种为楠木、丝栗栲、甜槠。营建采种园220.0hm^2，年计划生产种子能力416 000kg。

(7)全南县乳源木莲采种基地　2004年批准项目，总投资169万元(其中国债101万元)，总规模240.0hm^2，主要树种有乳源木莲、刨花楠、南岭栲，营建采种林240.0hm^2。

附：原有基地(1997年以前)收集保存种质资源

1. 信丰县林木良种场　部省联营建设基地，总规模149.0hm^2，其中杉木一代种子园66.7hm^2，杉木采穗圃11.7hm^2，种质资源收集区17.3hm^2，子代测定林20.0hm^2，杉木示范林33.3hm^2。

2. 安远县牛犬山林场　部省联营建设基地，总规模143.4hm^2，杉木一代种子园36.1hm^2，杉木二代种子园15.6hm^2，马尾松嫁接种子园37.4hm^2，马尾松实生种子园33.7hm^2，杉木采穗圃4.2hm^2，杉木子代测定林16.4hm^2。

3. 安远县试验林场　部省联营建设基地，总规模55.3hm^2，其中杉木一代种子园33.3hm^2，杉木一代种子园20.0hm^2，杉木采穗圃2.0hm^2。

4. 赣南树木园　省地联营建设基地，为我国中亚热带树种引种驯化基地，营建示范林47.0hm^2。

5. 全南县小叶岽林场　省地联营建设基地，营建杉木初级种子园33.4hm^2。

以上基地除信丰县林木良种场和赣南树木园外，其他基地由于1997年以后没有继续投资，基地建设与良种生产陷于停顿。

12.1.8.5　策略要点

本区域内有国家级九连山自然保护区和上犹江的三座大、中型水库，是赣江主要支流—章江和珠江主要支流——东江的发源地，京九铁路、105、206等国道纵贯其间。本区是我国杉木中心产区之一，也是我国南方重点建设和早期开发的林区之一，历来为本省木、竹重要产区。由于开发早，人为活动频繁，森林过度采伐，植被破坏严重，林种结构不合理，水源涵养林、水土保持林等防护林比重偏小，树种结构较单一，林分质量低下，林相残败，加上毁林开垦严重，大量植被被毁，灌、草覆盖度下降，造成了大量的水土流失。据统计，本区水土流失面积约占全区面积的17.6%。在这种情况下，赣南山地种质资源保存利用和基本策略是：

(1)保存残次天然林遗传资源，收集生态型经济树种、用材树种、景观树种和特殊性状树种的遗传资源予以妥善保存。

(2)在崇义、全南等马尾松、杉木优良种源区选择优良林分，建立原地保存库；以赣南树木园为依托，建设地带性植物优良种质资源库和亚热带树种引种试验区。

(3)保护好九连山国家级自然保护区内热带、亚热带区系成分的种质资源和大量的珍稀古大树种质资源，完善档案建设。

(4)安远县牛犬山林场保存了一批马尾松种质资源，全南小叶岽林场保存了一批杉木种质资源，且以上两县分别为江西省马尾松与杉木的优良种源区，建议继续扶持，妥善保存这些林木良种基地中的种质资源。

(5)巩固桉树、黑荆树引种成果，注重耐寒桉树的选育与推广。

建议重点发展树种：马尾松、杉木、栲树、罗浮栲、甜槠、钩栲、桉树、黑荆树、观光木、阿丁枫、天料木、木荷、杜英、猴欢喜、楠木、红楠、油茶、茶树、银杏、油桐、板栗、山苍子、毛竹等。

12.2 种质资源保存与利用主要策略的实施

通过林木种质资源的区划，可以显示出江西省森林植被由南亚热带向北亚热带过渡的规律，合理的区划有利于种质资源保存与利用计划的实施，在种苗生产上和遗传育种活动中可以发挥其特殊的作用。例如种苗标准的制定、种源试验与种源选择、种苗基地建设的布局等都应该在区划的基础上进行。区划完成后，如何实施，主要应抓住以下四个关键。

12.2.1 制定实施办法，做好种质资源保存工作

根据区划和保存利用策略要点，按区分项。就长远观点看，林木种质资源保存的范围应该涵盖全部树种。然而，就目的树种而言，应该包括该树种遗传育种方面已知有用，或者可能有用的栽培种和野生种，但并不意味着每次收集考察的目标都必须包罗无遗，应该有所选择。在这个基础上，提出主要树种种质资源原地保存、异地保存的地点、规模、模式等等。特别是在自然保护区、树木园、良种基地、种质资源库，以及种源、林分、单株、家系(无性系)等诸多形式中选择适合本区种质资源的保存形式，要求突出本区林木种质资源的特色，努力做到生态条件与林木种质资源的保存实现优化配置。

为使种质资源得到正常的保存，选择地点很重要。首先必须在生物学上与被保存的种质资源相适应，除此以外，现有的科技手段和水平、交通条件、环境气候、病虫害发生等情况，都涉及保存地点的选择。如果永久保存，所选择的地点还要考虑到各种特殊自然灾害(地震、火山、洪水、风暴)发生的可能性。

然后，还应该根据树种的生物学特性和遗传学特性决定其合理的保存方法。比如说，该树种的繁殖方法、贮存条件、需要样本大小，以及更新频率等。

12.2.2 加强林木良种基地建设，科学保存利用种质资源

首先，对现有林木良种基地进行认真清理和调整。清理调整的内容包括建设地点、树种配置、基地规模、整体布局等，清理调整的原则要求做到科学布局、结构合理、重点突出、效益显著；第二，切实保存好林木良种基地已经收集的种质资源，有计划地扩大收集内容，健全和规范档案建设，防止资源丢失；第三，充分发挥技术优势，制定正确的技术路线，充分依靠科技，加大选、测、繁的力度，为建设高世代林木良种基地提供丰富的繁殖材料。

12.2.3 建立全省林木良种资源信息平台

利用先进的地理信息系统(GIS)技术建立种质资源信息系统，将种质资源清查的结果转化为图形数据，便于资源数据的管理、使用和更新，实现对江西林木种质资源管理的数字化、模型化和可视化，也可以实现区域间种质资源保存与利用成果的相互交流，做到信息共享。进而与国家林业种质资源网络互联，扩大与国内外林木种质资源的信息交流，努力提高社会效益。通过种质资源信息平台的作用，使江西省在种质资源保存与利用策略方面，在良种基地建设布局与树种选择方面，以及种质资源的动态监测等方面发挥积极作用。

12.2.4 加强队伍建设，提高管理水平

做到每一个县(市、区)有一位全面掌握本地种质资源状况的专业技术人员。每一个设区市必须系统保存辖区内的种质资源档案，并具备相应的技术力量，确保对种质资源进行动态监测的能力。

林木种质资源保存的最终目的是利用，包括经济价值上的利用和生态效益上的利用。因此，要做好种质资源的管理工作，各级林业主管部门必须要有一支相对稳定的林木种质资源专业技术队伍作为支撑和保障。通过这支队伍的努力，可以对现有的林木种质资源进行动态监测与评价；可以实现对种质资源有效地保存与利用，不断发现新的种质，创造新的物种；同时，通过对林木种质资源的加强保护，巩固自然保护区和森林公园的建设，推进林木种苗事业的不断发展。进而确保种质的保存、繁殖和遗传资源供应，以及技术开发等项工作的正常实施。

第2部分 江西省主要树种种质资源汇总表

表1 种质资源调查综合因子统计

单位	自然保护区		森林公园				国有林场		苗圃				地形	海拔		土壤类型	酸碱度(pH)	年平均气温(℃)	年平均降雨量(mm)	无霜期(d)
					国家级						国有									
	个	面积(万 hm^2)	个	面积(万 hm^2)	个	面积(万 hm^2)	个	面积(万 hm^2)	个	面积(万 hm^2)	个	面积(万 hm^2)		平均(m)	最高(m)					
全省总计	**103**	**72.95**	**84**	**28.58**	**28**	**22.88**	**467**	**164.77**	**937**	**15436.68**	**87**	**7012.74**								
南昌市计	**12**	**11.37**	**7**	**1.88**	**1**	**1.50**	**16**	**1.35**	**191**	**2800.00**	**5**	**158.27**								
南昌县	3	2.04	1	0.02			1	0.12	21	623.33	1	11.60	平原	25	181.9	红壤	酸	17.5	1756.4	279
新建县	4	3.98	2	0.21			3	0.20	39	610.00	1	10.00	半丘陵半平原	60	840	红壤	微酸	17.5	1513.8	267
进贤县	3	4.30	2	0.07			7	0.35	13	315.33	1	86.67	低丘	23.8	266	红壤	微酸	17.5	1587	282
安义县	2	1.05	1	0.08			1	0.47	16	386.67	1	26.67	丘陵	82	712	黄红壤	酸	17.1	1515	258
湾里区			1	1.50	1	1.50	4	0.20	66	376.67	1	23.33	丘陵低山	434.2	842.3	红壤	酸	17.1	1840	230
南昌市									36	488.00			平原	23	710	黄红壤	酸	18.1	1930	267
九江市合计	**17**	**13.38**	**14**	**2.53**	**5**	**2.21**	**31**	**9.30**	**328**	**2517.34**	**14**	**690.47**								
修水县	1	4.06					3	1.47	10	80.00	3	30.00	山地	500	1747	黄红壤	6.5	16.5	1580	248
武宁县							7	3.12	1	21.40	1	21.40	低山	170	1579	红壤	酸	18.0	1450	260
永修县	4	3.42	1	1.65	1	1.65	4	0.78	1	22.47	1	22.47	低山、丘陵	100	969.4	红壤	微酸	17.2	1603.2	265
德安县			1	0.11			3	0.61	1	40.00	1	40.00	低山丘陵	250	665.1	黄红壤	6.5	16.8	1354.1	248
九江县	1	0.04					1	0.24	150	866.67			丘陵	80	901	黄红壤	酸	16.3	1443	266
瑞昌市			1	0.14			2	0.73	9	11.53	1	120.00	低山	380	921	红壤	酸	21.0	1640	296
星子县	2	3.82	1	0.33	1	0.33	1	0.50	9	56.00	1	4.00	半平半丘	236	1473.8	红壤	4.5~6	17.3	1472	250
庐山区			2	0.11	1	0.07	1	0.05	63	600.00			丘陵	16	1080	红壤	酸	17.0	1619	266
都昌县							3	0.30	1	0.27	1	0.27	丘陵		647.3	黄壤		17.1	1391.5	261
湖口县	6	0.23	1	0.12	1	0.12	1	0.23	1	33.00	1	33.00	低丘	56	670	红壤	5.5~6.5	16.7	1335	220
彭泽县	1	1.29	1	0.04			1	0.17	1	246.00	1	246.00	丘陵	443	859	黄红壤	6	16.5	1500	251
共青城市	1	0.33					1	0.20					滨湖	58	200.1	红壤	酸	16.7	1322	296
庐山自然保护区	1	0.20	5				3	0.91	80	466.67	2	100.00	中山		1473.8	山地黄壤	6.8	11.4	1916	260

（续）

单位	自然保护区		森林公园				国有林场		苗圃				地形	海拔		土壤类型	酸碱度（pH）	年平均气温（℃）	年平均降雨量（mm）	无霜期（d）
					国家级						国有									
	个	面积（万 hm^2）	个	面积（万 hm^2）	个	面积（万 hm^2）	个	面积（万 hm^2）	个	面积（万 hm^2）	个	面积（万 hm^2）		平均（m）	最高（m）					
九江市林业科学研究所			1	0.03	1	0.05			1	73.33	1	73.33	低山	230	500	黄红壤	酸	16～17	1500	250
景德镇市合计	**7**	**0.10**	**3**	**0.19**			**14**	**2.72**	**6**	**248.60**	**6**	**248.60**								
浮梁县	1	0.07					1	0.73	2	6.67	2	6.67	中低山	300	1618	红壤	5.1～6.6	17.1	1768.9	241
乐平市			1	0.12			10	0.90	1	33.33	1	33.33	低丘	150	789.2	红壤	5.5～6.0	16.6	1607.9	250
枫树山			1	0.01			1	0.85	1	17.60	1	17.60	丘陵	300	600	红黄壤	5.5～6.5	17.1	1750	247
昌江区	6	0.03	1	0.07			1	0.22					丘陵	150	647	红壤	5.5～6.0	17	1900	251
景德镇市林业科学研究所							1	0.02	1	6.00	1	6.00	丘陵	65	184	黄红壤	5.0～6.5	16.6	1700	240
景德镇市苗圃									1	185.00	1	185.00	丘陵	97	191	红壤	5.5～6.0	16.6	1700	240
萍乡市合计	**2**	**1.43**	**4**	**0.54**			**17**	**5.26**	**18**	**262.33**	**2**	**35.33**								
安源区			1	0.34			1	0.08					丘陵	245	562.1	黄红壤	6.5	18.5	1427	295
湘东区							3	1.16					高丘	340	1161.4	红壤	6.5	17.2	1577	279
芦溪县	1	0.70	1	0.03			3	1.82	6	229.00	1	33.33	丘陵	438	1918	黄红壤	5.0	17.4	1577	279
上栗县			1	0.13			1	0.10	12	33.33	1	2.00	丘陵	233.7	947.4	黄壤	酸	17	1570	280
莲花县	1	0.73	1	0.04			9	2.10					丘陵	456	1275.2	黄红壤	6.5	17.2	1577	279
开发区													丘陵	110.8	190.5	红壤	6.5	17.2	1577	279
新余市合计	**1**	**0.24**	**3**	**0.28**			**10**	**2.54**	**4**	**492.00**	**4**	**492.00**								
渝水区			2	0.27			1	0.24	1	5.33	1	5.33	低山丘陵	519	1004	黄红壤	6.7	17.7	1594.8	283
分宜县			1	0.02			4	0.92	1	466.67	1	466.67	低山丘陵	492	1091.8	黄红壤	6.5	17.4	1607.8	269
亚热带林业实验中心	1	0.24					4	0.93	2	20.00	2	20.00	低山	610	1092	黄红壤	6.3	17	1591	265
仙女湖区							1	0.45					低山丘陵	246	523.4	黄红壤	6.3	17.1	1608	264
高新区													丘陵	90.7	500	红壤	6.5	17.7	1594.8	283

（续）

单　位	自然保护区		森林公园				国有林场		苗　圃				地形	海　拔		土壤类型	酸碱度（pH）	年平均气温（℃）	年平均降雨量（mm）	无霜期（d）
	个	面积（万 hm^2）	个	面积（万 hm^2）	国家级		个	面积（万 hm^2）	个	面积（万 hm^2）	国　有			平均（m）	最高（m）					
					个	面积（万 hm^2）					个	面积（万 hm^2）								
鹰潭市合计	**1**	**1.09**	**4**	**1.31**	**1**	**1.18**	**9**	**3.94**	**55**	**1747.33**	**4**	**123.80**								
贵溪市	1	1.09	1	0.06			5	3.10	5	66.67	1	26.67	中低山	524	1540.9	红壤	6.8	18.2	1827	262
余江县			2	0.07			3	0.39	30	1600.00	1	84.00	丘陵	65	512	红壤	6.5	17.6	1700	262
月湖区									16	66.67	1	9.13	平原	45.8	137	黄红壤	酸	18.1	1853	283
龙虎山			1	1.18	1	1.18	1	0.46	4	14.00	1	4.00	丘陵	300	1131	红壤	酸	17.9	1889.2	265
赣州市合计	**20**	**14.61**	**21**	**5.51**	**8**	**4.13**	**104**	**41.74**	**108**	**1355.03**	**17**	**1189.07**								
章贡区			2	1.14	1	1.14	1	0.13	1	27.20	1	27.20	中丘	124	1016	红壤	4.5～8.5	19.4	1434	285
赣县							5	2.77	1	60.00	1	60.00	丘陵	325	1185	红壤	6.3～6.8	19.4	1325	282
南康市			1	0.05			4	0.89	2	13.33	2	13.33	丘陵	350	1042	红壤	酸	19.2	1443.2	286
信丰县	1	0.18	1	0.06	1	0.06	10	4.75	57	104.00	1	48.00	丘陵	235	1015.7	红壤	酸	19.5	1517	294
大余县			1	0.53	1	0.53	4	1.62	10	66.67	1	22.00	丘陵	750	1383.6	黄红壤	酸	18.4	1551.6	302
上犹县	2	0.43	2	0.06	2	0.06	4	1.91					丘陵		1207	黄红壤		17.1	1640	296
崇义县	4	3.40	1	0.67	1	0.67	11	4.22	1	10.00			低山	450	2061	红壤	6.8	17.9	1629.6	307
安远县	2	1.67	2	0.35	1	0.33	8	5.13	11	14.67	3	4.67	丘陵	400	1194	红壤	酸	17	1700	282
定南县	1	0.52					5	1.47	4	40.00	1	13.33	丘陵	280	1082	黄红壤	酸	17.6	1788	296
龙南县	1	0.13	2	1.37	1	1.34	6	3.84	1	234.00	1	234.00	低山	450	1430	红壤	5.5～5.0	18.9	1526	285
全南县			1	0.00			9	3.87	2	6.67	1	2.00	中丘	663	1145	黄红壤	6.5	18.5	1695	287
宁都县	2	2.15	1	0.02			6	1.95	1	101.00	1	101.00	低山高丘	400	1455	红壤	3.8～7.5	16.7	1665	285
于都县			2	0.69			4	1.68	10	17.33	1	13.33	丘陵	300	1312	红壤	5.8	19.7	1507.7	305
兴国县			1	0.15			3	0.90	1	235.50	1	235.53	丘陵	663	1204	红壤		18.8	1528.8	261
瑞金市	1	1.27	1	0.05			4	2.28					低山	340	1018	黄壤		18.9	1710	268
会昌县			1	0.00			7		3	8.00				380	1184	红壤	5	19.3	1642.2	304
寻乌县	4	1.94	1	0.30			5	2.67	1	300.00	1	300.00	高丘低山	400	1509.8	红壤	4.5～5	19.1	1768	285

（续）

单位	自然保护区		森林公园				国有林场		苗圃				地形	海拔		土壤类型	酸碱度（pH）	年平均气温（℃）	年平均降雨量（mm）	无霜期（d）
	个	面积（万 hm²）	个	面积（万 hm²）	国家级		个	面积（万 hm²）	个	面积（万 hm²）	国有			平均（m）	最高（m）					
					个	面积（万 hm²）					个	面积（万 hm²）								
石城县	1	1.58	1	0.07			8	1.67	1	114.67	1	114.67	低山	385	1389	红壤	6.7	17.5	1800	295
赣南树木园									1	2.00			低山高丘	350	821	黄红壤	4～5	18.5	1612	305
九连山自然保护区	1	1.34											中山	500	1434	黄壤	5.5	16.4	2155	320
宜春市合计	**18**	**4.70**	**7**	**3.57**	**3**	**2.90**	**52**	**14.75**	**75**	**1262.67**	**9**	**1049.00**								
袁州区							4	0.93					丘陵山地	908	1736	红壤、黄红壤	6.5	17.2	1603	272
万载县	7	0.75	1	0.22			8	2.00	25	45.00	1	5.00	低丘	719.7	1404.4	红壤	微酸	17.4	1635.6	240
奉新县	6	0.99	1	0.02			6	3.95	11	398.00	1	378.00	低山丘陵	620	1516	黄壤	5.5～6	16.9～17.4	1612	336.6
高安市	1	0.03					2	0.32	4	142.33	2	89.00	半平原半丘陵	100	816.4	红壤	5～7	14.7～17.9	1656.6	253～281
靖安县	1	1.47	1	1.21	1	1.21	13	2.73	1	17.33	1	17.33	中山	920.8	1794	山地黄棕壤、山地黄壤、淡红壤	5.5～6	15.4	1702	252
樟树市			1	0.69	1	0.69	3	0.26	1	153.33	1	153.33	丘陵山地		1169.1	红壤、黄红壤	6.5	17.6	1574	273
铜鼓县			1	1.00	1	1.00	6	2.13	8	220.00	1	203.00	低山	800	1450	红壤	4.5～6	18.2	1817.8	265
上高县	1	0.70	1	0.16			3	0.71	10	260.00	1	200.00	中丘	50	1004.2	黄红壤	6	17～18	1600	280
宜丰县	1	0.53	1	0.28			7	1.72	15	26.67	1	3.33	中丘	320	1480	黄红壤	5.6	17.8	1751.5	243
官山自然保护区	1	0.22											山地		1480	黄壤、黄棕壤		16.2	2009.3	250
上饶市合计	**18**	**11.26**	**7**	**3.36**	**3**	**3.04**	**46**	**23.52**	**75**	**1329.80**	**10**	**713.67**								
上饶县							4	4.67	11	506.67	1	200.00	丘陵		1891	红壤	微酸	17.8	1800	270
婺源县	9	4.33	1	0.30	1	0.30	4	1.25	4	13.33	1	4.00	丘陵	300	1630	红壤	微酸	16.7	1821	252
余干县							3	0.39	7	53.33			丘陵	206	398	红壤	6	17.8	1586.4	256
玉山县	1	1.17	1	0.02			2	0.25	5	44.67	1	9.67	丘陵		1816	黄红壤	微酸	17.5	1840.9	
万年县	3	0.70	1	0.01			7	0.74	5	166.67	1	13.33	丘陵	55	691	红壤	微酸	17.7	1797	261
信州区			1	0.09			1	0.01					丘岭	97.6		红壤	6	17.9	1739.7	270

（续）

单位	自然保护区		森林公园				国有林场		苗圃				地形	海拔		土壤类型	酸碱度（pH）	年平均气温（℃）	年平均降雨量（mm）	无霜期（d）
					国家级						国有									
	个	面积（万 hm^2）	个	面积（万 hm^2）	个	面积（万 hm^2）	个	面积（万 hm^2）	个	面积（万 hm^2）	个	面积（万 hm^2）		平均（m）	最高（m）					
铅山县	1	0.11	1	0.79	1	0.79	7	4.79	4	16.67	1	8.00	丘陵	400	2157.7	黄红壤	<7	17.8	1732.9	256
三清山													中山	1100	1900	红壤	微酸	12	1700	
武夷山自然保护区	1	2.27											中山	1100	2100	红壤	微酸	12	1700	
广丰县	1	0.93	1	1.95	1	1.95	4	1.23	10	466.67	1	333.33	山区丘陵	200	1534.6	红壤	5~8	17.9	1847.9	247
横峰县			1	0.13			3	0.42	2	13.33	1	5.33	丘陵	350	1366	红壤	7	18.3	1700	267
德兴市	1	1.67		0.07			3	7.18	3	0.07	1	133.33	丘陵		1918.7	红壤	微酸	17.2	1849	258
鄱阳县	1	0.07					2	1.30	21	48.33	1	6.67	丘陵为主	50	745.5	红壤	5~5.5	17.6	1600	274
弋阳县							6	1.29	3	0.07	1		丘陵			红壤	微酸	18	1816.2	264
吉安市合计	**3**	**5.11**	**10**	**8.07**	**5**	**7.06**	**121**	**47.06**	**56**	**3054.64**	**7**	**2185.47**								
安福县			1	2.53	1	2.53	12	8.67	3	1766.67	1	1733.33	低山丘陵	300	1918.3	红壤	7.3	17.7	1553	279
万安县			1	1.60	1	1.60	9	1.65	1	53.33			丘陵		1152	红壤	4~7	18.4	1387	283
吉水县			1	0.09			24	4.17	1	20.00	1	14.10	丘陵	231	891.3	红壤	酸	18.2	1541.8	292
遂川县			1	0.10			3	5.22	38	643.33	1	15.67	西高东低	350	2120	9种	6.5	18.7	1400	280
泰和县			1	0.33	1	0.33	10	3.51	1	298.00	1	298.00	丘陵	146	1176	红壤	5.5	18.6	1370.5	298
新干县							4	0.80	1	8.07			丘陵低山	320	1169	红壤	微酸	18.2	1571.8	335
永丰县	1	0.17	1	1.04	1	1.04	15	5.10	8	109.33	1	30.67	丘陵	418	1455	红壤	6.5	18	1577	279
永新县			1	1.55	1	1.55	10	5.45	1	62.20			丘陵	310	1391	红壤	5.8	18	1503	281
青原区			1	0.72			4	1.30					低丘	200	1209	红壤	6.5	18.3	1457	266
吉州区							1	0.09					丘陵	85	142	红壤		19.2	1287.9	277
峡江县			1	0.01			8	1.65	1	93.33	1	93.33	丘陵	100	643	红壤	4~5.5	17.8	1557.9	277
吉安县			1	0.10			8	4.20	1	0.37	1	0.37	低山丘陵	200	728.7	红壤、黄红壤	5.5~6.7	18.3	1438.3	277
井冈山自然保护区	1	2.07					6	2.85					中山	900	1779.4	黄红壤	5.3	14.2	1856.2	243
井冈山市	1	2.87					7	2.40						700	1780	黄红	5.8	23.9	1856	241

（续）

单位	自然保护区		森林公园				国有林场		苗圃				地形	海拔		土壤类型	酸碱度（pH）	年平均气温（℃）	年平均降雨量（mm）	无霜期（d）
	个	面积（万 hm^2）	个	面积（万 hm^2）	国家级		个	面积（万 hm^2）	个	面积（万 hm^2）	国有			平均（m）	最高（m）					
					个	面积（万 hm^2）					个	面积（万 hm^2）								
抚州市合计	**4**	**9.66**	**4**	**1.34**	**2**	**0.85**	**47**	**12.58**	**21**	**366.93**	**9**	**127.07**								
临川区							3	0.35	6	53.93	2	24.67	丘陵	95	1176	红壤	6.5	17.8	1750	275
南城县			1	0.46			3	0.92	2	11.60	2	11.60	丘陵	150	1064	红壤	6	17.8	1600	276
南丰县							6	0.88	1	2.40	1	2.40	丘陵	400	1761	红壤、黄壤	5.5	18.9	1700	333
广昌县			1	0.03			7	1.11	1	54.00	1	54.00	丘陵	300	1252	红壤		18	1743	274
崇仁县							6	0.89					中丘	182	1219	红壤	4.6	17.6	1735	266
乐安县	1	2.20					6	2.55	4	25.00	1	6.00	丘陵	500	1370.5	红壤、黄壤	5.2	17.6	1700	260
宜黄县	1	5.83					4	1.80			1	21.73	高丘低山	800	1760.9	黄红壤	5.4	17	1749.4	273
东乡县							1	0.46	4	86.67			丘陵	210	498	红壤	6	17.7	1711	269
金溪县							2	0.05	1	60.00			丘陵	260	1363.4	红壤		17.3	1700	276
资溪县	1	1.39	1	0.35	1	0.35	5	2.32	1	66.67			丘陵	460	1364	红壤	5.5	16.9	1930	270
黎川县	1	0.25	1	0.49	1	0.49	4	1.25	1	6.67	1	6.67	中山、低山、丘陵	400	1513	黄壤、红壤、黄红壤	6	17.9	1779	268

表 2　种质资源调查基本情况统计

单位	调查范围(乡、镇、场)			工作量			参加调查人数	优良林分			优树		珍稀濒危古树			采种基地		良种基地		树木园		引进树种(种)	散生母树	
	总个数	调查个数	调查率(%)	调查面积(hm^2)	设标准地(块)	调查线路长度(km)		树种(种)	块数(块)	面积(hm^2)	树种(种)	株数(株)	树种(种)	株数(株)	面积(hm^2)	树种(种)	面积(万 hm^2)	树种(种)	面积(hm^2)	树种(种)	面积(hm^2)		树种(种)	株数(株)
全省总计	**1945**	**1669**	**87.5**	**321980.42**	**6239**	**45099.6**	**1657**		**1965**	**11242.30**		**7429**		**34654**	**724.12**		**0.54**		**1933.69**		**1118.4**			**16382**
南昌市合计	**78**	**70**	**89.3**	**1046.67**	**55**	**875**	**44**		**17**	**64.83**		**19**		**569**					**34.57**					
南昌县	17	15	88.0	133.33	18	180	4	3	3	5.83	3	4	8	88								6		
新建县	26	23	88.5	200.00	8	250	12	3	3	35.33	5	6	10	76										
进贤县	21	21	100.0	66.67	10	300	6	4	5	10.00	5	5	10	58				7	4.63			17		
安义县	10	7	70.0	280.00	7	50	4	4	4	10.00	3	3	15	294								2		
湾里区	4	4	100.0	300.00	12	80	9	2	2	3.67	1	1	10	36						744	80	4		
南昌市城区				66.67		15	9						6	17				7	29.93			123		
九江市合计	**287**	**257**	**85.3**	**15364.80**	**560**	**4608**	**189**		**340**	**789.91**		**264**		**6706**	**53.27**		**0.10**		**179.28**		**112.53**			**80**
修水县	38	34	90.0	566.33	78	300	9	31	72	306.33	27	46	58	265	20.00	6	0.02					26		
武宁县	21	20	95.0	386.67	112	173	29	4	72	145.85	8	40	27	196	10.73			1	36.88			1		
永修县	20	17	85.0	133.33	22	150	25	6	22	60.93	4	11	19	244								32		
德安县	15	13	87.0	26.67	16	150	4	5	14	47.69	4	35	18	110								8		
九江县	16	8	50.0	19.73	8	190	27	12	16	15.27	15	53	17	74	4.47							6	6	30
瑞昌市	25	25	100.0	233.33	68	500	3	15	68	4.80	12	26	14	58	2.00					1	4.53	3	5	12
星子县	57	53	93.0	120.00	67	190	9	8	26	1.33	6	24	10	26	0.93	6	0.08	2	55.13	68	108.00	3	9	38
庐山区	9	9	100.0	100.00	58	160	8	8					6	17										
都昌县	27	27	100.0	0.60	15	1000	4	3	15	0.60	3	7	14	149								22		
湖口县	14	9	64.0	66.67	12	800	10	4	4	22.31	2	2	10	20				1	2.67			5		
彭泽县	17	15	88.0	179.47	25	860	12	11	17	179.47	11	16	20	175								2		
共青城市	4	3	75.0	12.00	4	60	2	2	2	5.33	1	4	5	80	0.80									
庐山自然保护区	24	24	100.0	13333.33	12	60	43	12	12				57	106								131		

（续）

单位	调查范围（乡、镇、场）			工作量			参加调查人数	优良林分			优树		珍稀濒危古树			采种基地		良种基地		树木园		引进树种（种）	散生母树	
	总个数	调查个数	调查率（%）	调查面积（hm^2）	设标准地（块）	调查线路长度（km）		树种（种）	块数（块）	面积（hm^2）	树种（种）	株数（株）	树种（种）	株数（株）	面积（hm^2）	树种（种）	面积（万hm^2）	树种（种）	面积（hm^2）	树种（种）	面积（hm^2）		树种（种）	株数（株）
九江市林业科学研究所			75.0	186.67	63	15	4						83	5186	14.33			3	84.60			129		
景德镇市合计	**59**	**53**	**90.8**	**2043.03**	**41**	**615**	**62**		**35**	**113.70**		**234**		**209**			**0.04**		**101.6**		**14**			
浮梁县	18	18	100.0	64.77	20	110	24	15	21	64.77	18	23	20	109		3	0.01					3		
乐平市	20	18	90.0	142.00		160	17	2	4	27.33	2	95	6	86		1	0.01	2	4	1	14	2		
枫树山林场	11	7	64.0	1733.33	10	200	9	2	2	3.67	1	106	2	2				2	12.6			2		
昌江区	6	6	100.0	17.93	7	140	5	3	6	17.93	8	8	7	12								1		
景德镇市林业科学研究所	3	3					4	2	2		2	2				2	0.00							
景德镇市森林苗圃	1	1	100.0	85.00	4	5	3										0.02	4	85					
萍乡市合计	**66**	**53**	**82.8**	**5938.67**	**56**	**7500**	**73**		**34**	**85.60**		**17**		**240**										
安源区	5	5	100.0	166.67	4	400	13	2	4	8.60	1	2	6	29								6		
湘东区	13	10	77.0	1706.67	18	3500	5	4	6	3.20	2	3	8	43								8		
芦溪县	10	8	80.0	1333.33	10	1000	6	7	10	40.73	3	5	13	53								8		
上栗县	10	9	90.0	1400.00	10	800	10	6	6	13.53	3	3	13	42								8		
莲花县	14	14	100.0	1266.67	12	1600	29	3	6	14.53	2	3	15	59								7	3	
开发区	14	7	50.0	65.33	2	200	10	2	2	5.00	1	1	2	14								5		
新余市合计	**43**	**43**	**100.0**	**265.90**	**50**	**500**	**76**		**47**	**228.99**		**43**		**366**	**12.03**				**48.00**		**213.33**			**4**
渝水区	18	18	100.0	67.13	14	159	23	8	11	48.87	9	11	10	123	4.00			1	6.67			15		
分宜县	16	16	100.0	53.63	13	119	22	8	13	47.27	6	8	11	180	6.10							20	2	4
亚热带林业实验中心	4	4	100.0	95.60	12	110	16	9	12	95.60	8	10	7	14	0.47			7	41.33	581	213.33	42		
仙女湖区	4	4	100.0	40.67	6	86	9	5	6	37.13	6	11	11	44	1.47							3		
高新区	1	1	100.0	8.87	5	26	6	3	5	0.12	3	3	2	5								2		
鹰潭市合计	**26**	**25**	**98.1**	**36507.53**	**101**	**575.5**	**31**		**69**	**84.61**		**47**		**511**			**0.003**							**8**

（续）

单位	调查范围(乡、镇、场)			工作量			参加调查人数	优良林分			优树		珍稀濒危古树			采种基地		良种基地		树木园		引进树种(种)	散生母树	
	总个数	调查个数	调查率(%)	调查面积(hm^2)	设标准地(块)	调查线路长度(km)		树种(种)	块数(块)	面积(hm^2)	树种(种)	株数(株)	树种(种)	株数(株)	面积(hm^2)	树种(种)	面积(万hm^2)	树种(种)	面积(hm^2)	树种(种)	面积(hm^2)		树种(种)	株数(株)
贵溪市	8	8	100.0	36354.67	46	145.5	15	17	40	80.39	17	23	46	300		3	0.003					3	4	4
余江县	13	12	92.3	108.73	50	140	8	2	25	1.12	8	12	13	150								4	1	1
月湖区	2	2	100.0	40.00	2	120	2	1	2	0.11	1	2	3	37								1	1	1
龙虎山	3	3	100.0	4.13	3	170	1	2	2	3.00	2	10	8	24								1	2	2
赣州市合计	**373**	**332**	**89.4**	**115487.17**	**1532**	**9466.5**	**470**		**605**	**5540.22**		**1730**		**4754**	**42.97**		**0.10**		**879.64**		**736.67**			**964**
章贡区	13	12	92.3	2.35	1	758.4	25	1	1	3.73	12	17	47	374	0.27			2	42.00			19		
赣县	24	24	100.0	446.27	90	2400	24	9	30	446.27	84	237	39	328								12		
南康市	25	25	100.0	1000.00	50	100	14	8	12	237.17	43	141	27	346	5.81			3	88.00			20		
信丰县	26	24	92.0	334.07	147	155	57	18	58	334.07	26	147	33	182	5.67				182.39			13		
大余县	11	11	100.0	228.80	113	190	6	22	71	228.80	39	124	43	346		5	0.02					13		
上犹县	19	18	100.0	0.00	0	100	8	0	23	333.20	0	115	0	276				2	21.32			18		
崇义县	18	18	100.0	837.60	110	1269	5	11	24	509.40	9	11	21	52	2.67	3	0.03	1	15.73			3		
安远县	26	26	100.0	661.55	186	86	29	12	72	127.25	9	233	52	395		5	0.03	2	198.73	378	146.67	25	34	190
定南县	12	8	67.0	70.97	25	68	15	3	19	70.97	2	8	25	247	2.65							9	34	99
龙南县	17	17	100.0	106666.67	219	1000	41	17	60	1045.29	46	127	52	350		4	0.02					18	39	96
全南县	18	17	94.0	3531.00	263	452.1	95	15	84	1001.31	36	83	55	310	3.33			1	48.80			10	47	149
宁都县	26	22	85.0	12.44	24	106	30	4	8	12.44	3	5	8	329				2	9.07			1		
于都县	23	17	74.0	200.00	6	130	8	7	9	48.33	10	28	12	341				1	66.67			8		
兴国县	29	24	83.0	352.02	63	1250	32	6	19	278.55	2	12	19	358				3	73.47			19	27	236
瑞金市	21	7	33.0	56.47	17	200	5	7	17	56.47	5	6										20	1	1
会昌县	28	22	78.6	135.35	96	788	28	33	30	134.27	140	226	35	124								17		
寻乌县	20	20	100.0	44.96	17	160	30	5	17	44.96	9	175	225	318	4.03							15	158	175
石城县	15	18	90.0	100.00	53	139	6	5	9	28.07		5	45	18										

（续）

单位	调查范围（乡、镇、场）			工作量			参加调查人数	优良林分			优树		珍稀濒危古树			采种基地		良种基地		树木园		引进树种（种）	散生母树	
	总个数	调查个数	调查率（%）	调查面积（hm^2）	设标准地（块）	调查线路长度（km）		树种（种）	块数（块）	面积（hm^2）	树种（种）	株数（株）	树种（种）	株数（株）	面积（hm^2）	树种（种）	面积（万 hm^2）	树种（种）	面积（hm^2）	树种（种）	面积（hm^2）		树种（种）	株数（株）
赣南树木园	1	1	100.0	140.00	10	15	5						20	19	5.20			10	133.47	1200	590.00	60		
九连山自然保护区	1	1	100.0	666.67	42	100	7	36	42	599.67	19	30	39	41	13.33	5	0.01					21	12	18
宜春市合计	**212**	**153**	**76.1**	**55940.07**	**310**	**8913**	**173**		**179**	**1262.61**		**4510**		**8359**	**303.23**		**0.06**		**385.27**		**41.87**			**82**
袁州区	26	9	34.5	158.53	16	305	25	6	14	151.67	5	2083	23	57		1	0.00	7	111.40			3		
万载县	24	22	88.0	52.67	25	800	7	12	12	24.47	4	6	25	57						1	11.87	10		
奉新县	18	15	83.0	4000.00	13	360	11	8	13	0.52	27	89	13	35	13.33							4	24	60
高安市	30	28	93.0	41.20	3	400	28	5	5	8.53	7	7	44	958		1	0.00	4	19.33			10		
靖安县	24	20	83.3	2266.67	23	280	9	1	1	1.33	7	7	44	5087	165.20							3		
袁州区	26	9	34.5	158.53	16	305	25	6	14	151.67	5	2083	23	57		1	0.00	7	111.40			3		
樟树市	19	9		129.13	9	160	10	8	9	119.00	9	11	18	23		3	0.00	5	23.13	3	30.00	7	2	2
铜鼓县	13	13	100.0	333.33	40	600	19	10	39	266.96	22	45	28	150		32	0.03					10		
上高县	16	16	100.0	40000.00	110	5000	12	5	20	115.13	6	25	12	204	0.03									
宜丰县	16	11	69.0	8000.00	36	600	12	7	35	333.33	10	140	9	25	71.13	5	0.02	1	36.00			8		
官山自然保护区		1		800.00	19	103	15	13	17	90.00	14	14	15	1706	53.53	10	0.01	20	84.00			7	13	20
上饶市合计	**283**	**261**	**90.3**	**6327.67**	**2835**	**4285**	**158**		**159**	**571.41**		**128**		**9235**	**83.33**		**0.05**		**13.33**					**201**
上饶县	**27**	**27**	**100.0**	**266.67**	**400**	**280**	**19**	**7**	**22**	**87.07**	**2**	**12**	**17**	**176**								**1**		
婺源县	16	16	100.0	466.67	81	150	12																	
余干县	32	32	100.0	333.33	500	300	24	7	7	15.60	7	7	7	40								2	2	2
玉山县	16	9	56.3	3066.67	10	360	9	7	8	23.20	6	6	9	20								5		
万年县	15	15	100.0	133.33	215	120	5	5	8	38.07	5	8	8	117								1	4	5
信州区	8	8	100.0	12.00	10	120	15	2	2	1.07			8	72	1.73							2	2	2
铅山县	17	15	88.2	33.33	20	220	3	4	5	20.00	8	9	8	200	1.33							3		

（续）

单位	调查范围(乡、镇、场)			工作量			参加调查人数	优良林分			优树		珍稀濒危古树			采种基地		良种基地		树木园		引进树种（种）	散生母树	
	总个数	调查个数	调查率（%）	调查面积（hm^2）	设标准地（块）	调查线路长度（km）		树种（种）	块数（块）	面积（hm^2）	树种（种）	株数（株）	树种（种）	株数（株）	面积（hm^2）	树种（种）	面积（万 hm^2）	树种（种）	面积（hm^2）	树种（种）	面积（hm^2）		树种（种）	株数（株）
三清山	1	1	100.0	66.67	4	100	2	5	5	13.33			5	5										
武夷山自然保护区	1	1	100.0	133.33	15	150	3	5	12	50.00	30	32	3	3										
广丰县	27	17	62.0	149.00	30	145	12		15	62.07		9		8081	66.93			1				6	6	168
横峰县	9	6	67.0	666.67	100	500	8	3	3	66.67	3	3	5	200	13.33	1	0.00	1	13.33			2	2	10
德兴市	64	64	100.0	1000.00	850	1080	26	13	64	164.87	11	34	31	311		7	0.03					2	2	8
弋阳县	50	50	100.0		600	760	20	4	8	29.47	4	8	6	10		6	0.02					2	2	6
吉安市合计	**325**	**266**	**78.2**	**81129.65**	**431**	**6209.6**	**257**		**278**	**1535.49**		**290**		**2247**	**24.95**		**0.11**		**103.80**					**15001**
安福县	19	15	78.9	416.91	60	300	15	16	48	85.91	18	28	33	300		8	0.03	2	42.00			6	1	1
万安县	26	23	88.5	3333.33	60	2500	15	7	30	90.40	7	17	22	100				1	32.67			6		
吉水县	30	30	100.0	121.61	30	248	55	4	30	110.55	18	91				3	0.01					29		
遂川县	89	89	100.0	2.67	40	68.6	35	19	40	314.13	21	41												
泰和县	23	9	39.1	10000.00	29	450	20	10	29	197.27	8	18	11	746	7.55							1	6	15000
新干县	13	13	100.0	39.73	10	600	42	1	9	15.73	1	17	6	235			0.00							
永丰县	32	23	71.9	52.00	28	348	10	11	28	3.47	10	18	29	180	0.33	4	0.03					6		
永新县	23	23	100.0	439.93	29	400	13	16	29	439.93	19	25	29	260		5	0.03							
青原区	10	9	90.0				6							80								1		
吉州区						80	7						10	85										
峡江县	10	10	100.0	63333.33	117	450	3				1	20	12	158				4	29.13					
吉安县	27	6	22.2			400	9	4	19	276.00			5	5		2	0.01							
井冈山自然保护区	6	3	50.0	56.80	13	120	12	6	13	0.87	6	11	5	5										
井冈山市	17	13	76.0	3333.33	15	245	15	3	3	1.23	3	4	7	93	17.07									

（续）

单位	调查范围(乡、镇、场)			工作量			参加调查人数	优良林分			优树		珍稀濒危古树			采种基地		良种基地		树木园		引进树种（种）	散生母树	
	总个数	调查个数	调查率（%）	调查面积（hm^2）	设标准地（块）	调查线路长度（km）		树种（种）	块数（块）	面积（hm^2）	树种（种）	株数（株）	树种（种）	株数（株）	面积（hm^2）	树种（种）	面积（万 hm^2）	树种（种）	面积（hm^2）	树种（种）	面积（hm^2）		树种（种）	株数（株）
抚州市合计	**193**	**156**	**82.0**	**1929.27**	**268**	**1552**	**124**		**202**	**964.93**		**147**		**1458**	**204.33**		**0.06**		**188.20**					**42**
临川县	38	27	71.1	66.67	36	121	24	4	20	50.07	4	10	11	87				1	100.33				4	5
南城县	16	13	81.3	37.33	22	131	29	3	20	36.73	6	15	11	110								1	4	5
南丰县	13	12	92.3	86.67	30	120	5	6	14	40.27	5	13	6	100									2	5
广昌县	18	15	83.3	130.00	35	125	5	4	20	103.53	4	15	8	67				1	87.87				1	6
崇仁县	19	15	78.9	120.00	24	140	10	5	21	72.00	8	27	14	134								2		
乐安县	20	19	95.0	202.60	36	180	9	14	36	193.53	17	26	12	280									5	6
宜黄县	12	8	66.7	36.00		120	8						5	38										
东乡县	16	10	62.5	100.00	15	150	4	6	14	80.00	8	11	14	34									3	3
金溪县	14	12	85.7	116.67	20	110	11	6	20	113.07	5	10	12	98									4	6
资溪县	12	11	91.7	800.00	7	220	13	6	7	134.67			51	416	204.33	4	0.03					4		
黎川县	15	14	93.3	233.33	43	135	6	6	30	141.07	7	20	27	94		5	0.03						2	6

表 3　主要树种优良林分汇总

序号	树种名称	经营单位（或个人）	地名	种源	起源	面积（hm^2）	林龄（a）	平均		每公顷		生长状况	结实状况	林分中主要混交树种名称	主要树种利用评价	备注
								胸径（cm）	树高（m）	株数（株）	蓄积（m^3）					
1	阿丁枫	赣州市大余县烂泥迳林场	三江口工区	本地	天然	1.7	中龄	18.8	14.9	870		强健	差	米槠、南岭栲	用材/生态林	
	阿丁枫	赣州市大余县烂泥迳林场	三江口工区	本地	天然	1.3	中龄	14.9	13.2	1140		强健	差	米槠、丝栗栲	用材/生态林	
	阿丁枫	赣州市大余县烂泥迳林场	三江口工区	本地	天然	1.3	中龄	17.4	12.7	1035		强健	差	大果马蹄荷、木荷	用材/生态林	
	阿丁枫	赣州市大余县烂泥迳林场	三江口工区	本地	天然	2.6	中龄	13.9	12	855		强健	差	木荷、甜槠	用材/生态林	
2	桉树	吉安市遂川县云岭林场	云岭林场	本地	人工	9.6	6	6.3	4.86	975	6.5				用材/生态林	
	桉树	吉安市遂川县云岭林场	云岭林场	本地	人工	9.6	6	9.8	6.7	675	16.5				用材/生态林	
3	八角	赣州市全南县兆坑林场	野猪湖	引进	人工	2.1	27	14.1	11.8	645		良好	一般		经济/生态林	
4	巴东木莲	宜春市官山自然保护区	麻子山沟													
	巴东木莲	宜春市官山自然保护区	大坝洲													
5	柏树	景德镇市浮梁县万寿寺林场	万寿寺林场		天然	0.7	21	11.6	9.4	1830	81.0	良好	一般	栲类	生态林	
6	板栗	南昌市新建县流湖乡程坊村戴贞安	新建县流湖乡程坊村	本县	人工	5.3	8	8.9	17	420		良好	良好			
	板栗	九江市修水县黄坳乡	龙峰村	本地	天然	2.7	40	25.0	12	450		强健	良好		生态林	
	板栗	萍乡市上栗县长平乡明星村	大城下	湖南	天然	0.4	26	15.0	4.2	450		强健	一般		经济林	
	板栗	萍乡市湘东区	当天丘	本地	人工	0.5	35	26.0	20	420	210.0	强健	一般		经济林	
7	半枫荷	赣州市兴国县崇贤乡	贺堂村	本地	天然	7.3	21	11.5	8.2	1995	90.0	强健	一般	甜槠、杉木	生态林	混交林
8	豹皮樟	九江市彭泽县上十岭垦殖场	陈山水库	本地	天然	7.5	30	23.2	10.5	525	201.0	强健	良好	南酸枣	用材/生态林	
9	伯乐木	赣州市九连山自然保护区	龙门	本地	天然	0.3	中龄	11.6	17.6	315	40.5	强健	一般	厚皮香、木荷、甜槠、冬桃	用材/生态林	
10	薄叶阔楠	宜春市官山自然保护区	大西坑													
11	侧柏	九江市修水县溪口镇	溪口	本地	天然	2.0	50	18.1	11.5	900		强健	良好		生态林	
12	茶树	景德镇市浮梁县瑶里镇	汪胡村胡家		人工	1.7	30		8.5	13500		良好	良好		经济林	产鲜茶叶3375kg/a
13	檫木	九江瑞昌市青山林场	青山林场	引进	人工	5.7	26	13.6	12.3	945	90.8	强健	一般		用材林	

（续）

序号	树种名称	经营单位（或个人）	地名	种源	起源	面积（hm^2）	林龄（a）	平均胸径（cm）	平均树高（m）	每公顷株数（株）	每公顷蓄积（m^3）	生长状况	结实状况	林分中主要混交树种名称	主要树种利用评价	备注
	檫木	鹰潭贵溪市耳口林场	九龙分场	本地	天然	5.0	28	17.3	12	1095	130.7	强健	差	杉木、木荷		
	檫木	赣州市正平镇石坳村上桐组	上桐组组屋背	本地	天然	1.2	15	15.9	10.1	525	52.5	强健	差	木荷、栎木	用材/生态林	混交林
14	长苞铁杉	赣州市上犹县五指峰林场	五指林场三门坑林区光姑山	本地	天然	9.2	30	32.1	16.8	540		良好			用材/生态林	
15	沉水樟	吉安市安福县陈山林场	寄岭分场水科里	本地	天然	1.3	35	31.8	12.1	450	276.0	强健	良好		用材/生态林	
	沉水樟	吉安市安福县陈山林场	江北分场老杉仚	本地	天然	0.5	25	22.4	12.9	450	66.0	强健	一般		用材/生态林	
	沉水樟	吉安市安福县陈山林场	江北分场老杉仚香炉坡	本地	天然	0.3	24	21.6	12.6	195	42.0	强健	一般		用材/生态林	
	沉水樟	吉安市泰和县桥头春和	祥瑞	本地	天然	2.0	20	16.1	8.8	240	32.8	强健	差		绿化/用材林	
16	池杉	南昌市南昌县向塘镇河头村道	南昌县向塘镇河头村道	湖北	人工	2.0	24	32.0	14	1245	90.0	强健	差		用材/生态林	纯林
	池杉	吉安市安福县坳上林场	谷口	湖北	人工	2.1	20	19.1	11.9	630	130.5	良好	300kg/hm^2		用材/生态林	
17	大果马蹄荷	赣州市大余县烂泥迳林场	三江口工区	本地	天然	7.0	中龄	16.6	15.1	780		强健	差	木荷、栲类	用材/生态林	
	大果马蹄荷	赣州市大余县烂泥迳林场	三江口工区	本地	天然	3.4	中龄	16.3	12.2	1200		强健	差	阿丁枫、木荷	用材/生态林	
18	大叶栲	抚州市金溪县何源	下将	本地	天然	2.5	34	23.6	11.9	975	207.0	强健	一般	苦槠	生态/采种母树林	
	大叶栲	抚州市金溪县黄通	曾家	本地	天然	4.3	38	27.2	13.5	900	237.0	强健	一般	枫香	生态/采种母树林	
19	大叶青冈	九江市修水县黄港镇	龙港村	本地	天然	2.7	35	16.8	9.4	750		强健	良好		生态林	
20	灯台树	宜春市官山自然保护区	麻子山													
21	蝶斗青冈	赣州市九连山自然保护区	虾蚣塘主沟板根谷	本地	天然	0.3	成龄	13.7	20.6	690	129.8	强健	一般	罗浮栲、米槠、枫香	用材/生态林	
22	东京白克木	吉安井冈山市自然保护区	三级站	本地	天然林	0.1	150	29.6	18.5	465	262.4	强健	一般	红楠、黄牛奶树等	用材/生态林	

（续）

序号	树种名称	经营单位（或个人）	地名	种源	起源	面积（hm^2）	林龄（a）	平均胸径（cm）	平均树高（m）	每公顷株数（株）	每公顷蓄积（m^3）	生长状况	结实状况	林分中主要混交树种名称	主要树种利用评价	备注
23	东京野茉莉	吉安市吉水县芦溪岭林场	大东山乌泥坑	本地	人工	3.7	5	11.5	8.5	1275		良好	良好	木荷	用材林/绿化	
	东京野茉莉	吉安市青原区白云山林场	李家坑工区		人工	0.8	6	8.0	6.5		63.0	良好	良好		用材/生态林	
24	冬青	赣州瑞金市沙洲坝镇	金龙村松山脑	本地	天然	0.5	40	25.4	8			良好	一般	樟树、香椿	用材/生态林	
	冬青	赣州市信丰县安西镇安芫村切塘坑组	切塘坑组屋背	本地	天然	2.0	15	13.4	11	1410	91.5	强健	差	木荷、枫香	用材/生态林	混交林
	冬青	吉安市泰和县东山村	二联	本地	天然	0.7	20	7.1	3.4	90	2.3	良好	一般	阔叶林	园林绿化	
	冬青	吉安市泰和县桥头镇东山	东山村	本地	天然	0.1	25	11.4	8	150	8.3	良好	良好	木荷	绿化	
25	冬枣	新余市高新区王静	高新区水西镇施家村委安和村组	山东	人工	2.5	4		2.1	900		良好	良好		经济林	
26	杜英	鹰潭贵溪市双圳林场	朱坑	本地	天然	5.2	37	18.0	19	1125	163.5	良好	良好			
	杜英	鹰潭贵溪市双圳林场	朱坑	本地	天然	5.5	30	23.0	18	1725	163.5	良好	良好			
	杜英	赣州市大余县樟斗镇跃进水库		本地	天然	2.0	中龄	17.2	13.4	1215		强健	差	丝栗栲、木荷	用材/生态林	
	杜英	赣州南康市大山脑林场	黄竹安	本地	天然	8.5	24	20.2	14.9	1125	168.0	强健	一般	南岭栲、拟赤杨	生态林	
	杜英	宜春市官山自然保护区	麻子山											红楠		
	杜英	宜春樟树市试验林场	总场	本地	人工	1.0	7	10.0	6.8	1650	48.0	强健				
	杜英	抚州市乐安县供坊	义门	本地	天然	0.6	30	29.9	7.5	1050	210.0	强健	一般		生态/采种母树林	
	杜英	抚州市乐安县湖溪	寨头	本地	天然	0.9	30	22.2	6.9	900	187.5	强健	一般		生态/采种母树林	
27	杜仲	九江市彭泽县园艺场	园艺场	本省	人工	2.8	29	11.3	8	1725	75.0	强健	良好		用材/生态林	
	杜仲	九江瑞昌市青山林场	周家沟	引进	人工	4.0	15	11.0	8.8	1230	108.2	强健	一般		用材/生态林	
	杜仲	九江市修水县溪口镇	上庄	本地	天然	2.7	40	20.6	9.5	900		强健	良好		生态林	

（续）

序号	树种名称	经营单位（或个人）	地名	种源	起源	面积（hm^2）	林龄（a）	平均 胸径（cm）	平均 树高（m）	每公顷 株数（株）	每公顷 蓄积（m^3）	生长状况	结实状况	林分中主要混交树种名称	主要树种利用评价	备注
	杜仲	赣州市九连山自然保护区	虾蚣塘保护站旁	本地	人工	0.7	成龄	10.5	14.9	930	79.5	强健	一般	黄樟	用材/生态林	
	杜仲	宜春市奉新县吴世礼	金湖洲	本地	人工	0.6	13	7.5	6.01	4395	85.2	良好			采种母树林	纯林
	杜仲	上饶市广丰县红青坑	水沿坑	湖南	人工	2.7	11	4.3	4	5760	9.4	强健	差		用材/生态林	
	杜仲	上饶市广丰县林向阳	军潭塘坞	本地	人工	2.0	15	9.7	9	2280		强健	一般		经济林	纯林
28	多穗柯	赣州市龙南县棋棠山林场	黄洞	本地	天然	58.0	18	8.8	7.7	1575	36.2	强健	差	丝栗栲、青冈栎、香樟、木荷、枫香	用材/生态林	混交
29	鹅耳枥	宜春市靖安县水口乡青山村	拖板仑	本地	天然	2.7	18	16.0	7	1365	141.0	强健	一般		生态林	纯林
30	鹅掌楸	九江市九江县国营岷山林场二分场	旦家冲	引进	人工	0.2	32	27.7	21.5	330		强健	差	毛竹	生态林	国家二级保护
	鹅掌楸	九江市九江县岷山乡黄老门林场	林场旁	引进	人工		22	15.5	13.5	195		强健			生态林	国家二级保护
	鹅掌楸	九江市彭泽县黄乐林场	徐坞里	本省	人工	1.6	27	20.6	13.6	570	133.5	强健	良好		用材/生态林	
	鹅掌楸	新余市长埠林场	年珠		人工	1.0	14	17.2	16.7	1665	124.5	强健	良好		用材/生态林	
	鹅掌楸	赣州市九连山自然保护区	龙门	本地	天然	2.0	成龄	16.7	20.7	90	17.1	强健	一般	伯乐木、润楠、白背青冈、青冈	用材/生态林	
	鹅掌楸	宜春樟树市试验林场	二分场	本地	人工	6.7	25	26.6	13.4	645	253.5	强健		湿地松		
	鹅掌楸	吉安市安福县坳上林场	桥头路边	本地	人工	1.7	27	30.2	14.8	450	222.0	良好			用材/生态林	
	鹅掌楸	吉安市安福县武功山林场	社上分场上脑林班	本地	人工	2.3	20	19.0	15.7	945	147.0	强健	差	樟树	用材/生态林	
	鹅掌楸	吉安市青原区白云山林场	李家坑工区		人工	0.7	16	28.6	14.3		78.0	良好	一般		生态林	
	鹅掌楸	抚州市乐安县潭港	王元	本省	人工	1.9	19	18.5	9	1350	178.5	强健	差		生态/采种母树林	
	鹅掌楸	抚州市乐安县潭港	皮肤医院	本省	人工	0.8	20	21.7	11.8	1500	295.5	强健	差		生态/采种母树林	

（续）

序号	树种名称	经营单位（或个人）	地名	种源	起源	面积（hm^2）	林龄（a）	平均		每公顷		生长状况	结实状况	林分中主要混交树种名称	主要树种利用评价	备注
								胸径（cm）	树高（m）	株数（株）	蓄积（m^3）					
	鹅掌楸	抚州市乐安县招携	分场	本省	人工	0.4	19	19.4	8.5	1200	180.0	强健	差		生态/采种母树林	
31	番荔枝	赣州市赣县留田林场周家分场	合龙坑尾	本地	天然	25.0	21	7.3	12.1	840	43.5	良好	良好	拟赤杨、润楠、枫香、丝栗栲、檫木	用材/生态林	
32	方杆毛竹	宜春市靖安县水口乡北坑村	座石里	本地	天然	1.3		10.3	10	1350		强健		杉木	用材/生态林	
33	方竹	九江市修水县征村乡	东湖寨	本地	天然	3.5	8	4.0	5	22500		强健	良好		生态林	
34	枫香	南昌市进贤县北岭林场	北岭林场	本地	人工	2.0	38	16.0	12.2	1725	182.1	强健	良好			
	枫香	九江市德安县林泉乡大溪坂村六组	后背山	本地	天然	6.0	20	25.8	17	825	301.1	强健	一般		生态林	
	枫香	九江市德安县塘山乡新塘村十一组	水库边	本地	天然	2.4	31	31.8	15.8	750	150.0	强健	一般		生态林	纯林
	枫香	九江市湖口县双钟镇三里林场	南门分场		天然	3.7	37	27.1	19.46	1080	216.0	良好	一般		用材/生态林	
	枫香	九江市九江县岷山乡大塘村九组	张七房	本地	天然	0.3	150	55.0	20	525		强健	一般	黄连木	生态林	
	枫香	九江市彭泽县上十岭垦殖场	华楼组	本地	天然	13.0	40	22.9	13	465	187.5	强健	良好	苦槠	用材/生态林	
	枫香	九江市彭泽县天红镇乌龙村	水库坞	本地	天然	7.0	25	25.4	25.4	480	178.5	强健	良好	栎类	用材/生态林	
	枫香	九江瑞昌市白杨镇	坛山村三组	本地	天然	1.0	25	24.3	15.7	600	206.3	强健	一般	其他阔叶树	用材/生态林	
	枫香	九江瑞昌市横港镇	红星村刘家组	本地	天然	3.0	21	17.9	11.4	900	138.6	强健	一般	马尾松、其他阔叶树	用材/生态林	
	枫香	九江市武宁县安乐林场	安乐林场	本地	天然	2.3	31	19.1	15.4	1110	223.3	强健	差		用材林	
	枫香	九江市武宁县官莲莲花村	河沅	本地	天然	1.8	18	19.3	15.2	480	168.2	强健	差		用材林	
	枫香	九江市武宁县严阳石坪村	八组	本地	天然	1.1	中龄	12.8	7.6	750	62.6	强健	差		用材林	
	枫香	九江市武宁县杨洲森峰村	甘源	本地	天然	0.6	成龄	25.6	16.5	705	252.4	强健	差		用材林	
	枫香	九江市修水县黄沙港林场	下棚	本地	天然	4.4	44	29.0	12.2	450		强健	一般		生态林	
	枫香	九江市修水县黄沙港林场	棚下	本地	天然	4.5	40	27.8	12.4	390		强健	一般		生态林	

（续）

序号	树种名称	经营单位（或个人）	地名	种源	起源	面积（hm^2）	林龄（a）	平均 胸径（cm）	平均 树高（m）	每公顷 株数（株）	每公顷 蓄积（m^3）	生长状况	结实状况	林分中主要混交树种名称	主要树种利用评价	备注
	枫香	九江市修水县黄沙港林场	乐家山	本地	天然	2.7	35	28.2	12	300		强健	一般		生态林	
	枫香	九江市修水县黄沙港林场	西港	本地	天然	3.2	30	26.1	10.8	435		强健	一般		生态林	
	枫香	九江市修水县黄沙港林场	西港	本地	天然	2.7	32	26.7	11.5	420		强健	一般		生态林	
	枫香	九江市修水县黄沙港林场	西港	本地	天然	4.3	32	32.8	13.2	420		强健	良好		生态林	
	枫香	九江市修水县黄沙港林场	西港	本地	天然	5.3	42	31.8	12.8	420		强健	良好		生态林	
	枫香	九江市修水县黄沙港林场	西港	本地	天然	5.3	42	31.8	12.8	420		强健	良好		生态林	
	枫香	新余市鹄山乡窝里村委	洞里村		天然	2.0	32	20.0	12.2	660	137.1	良好	一般		用材/生态林	
	枫香	鹰潭贵溪市冷水林场	茶山分场杂柴坑	本地	天然	2.1	20	18.6	11.6	540		强健	良好	栲树		
	枫香	鹰潭贵溪市冷水林场	茶山分场滑坑	本地	天然	2.5	25	28.0	14	540		强健	良好	栲树		
	枫香	赣州市大余县烂泥迳林场	三江口工区	本地	天然	1.1	中龄	19.5	18.3	675		强健	差	木荷、米槠	用材/生态林	
	枫香	赣州市大余县烂泥迳林场	三江口工区	本地	天然	3.0	中龄	25.8	17.4	720		强健	差	栲类	用材/生态林	
	枫香	赣州市大余县内良乡尧扶村	黄古冲	本地	天然	5.7	中龄	17.7	18.4	1005		强健	差	木荷、栲类	用材/生态林	
	枫香	赣州市大余县内良乡尧扶村	崎坑	本地	天然	9.3	中龄	19.8	14	945		强健	差	甜槠、木荷	用材/生态林	
	枫香	赣州市赣县荫掌山林场双龙分场	青龙山	本地	天然	9.9	29	12.9	17.3	870	107.0	良好	良好	拟赤杨、杉木	用材/生态林	
	枫香	赣州市赣县荫掌山林场双龙分场	青龙山	本地	天然	6.7	23	15.0	17.3	705	86.7	良好	良好	拟赤杨、丝栗栲	用材/生态林	
	枫香	赣州市九连山自然保护区	犀牛坑	本地	天然	2.0	成龄	16.6	27.9	645	253.5	强健	一般	拟赤杨、丝栗栲、木荷	用材/生态林	
	枫香	赣州市九连山自然保护区	横坑水	本地	天然	1.3	中龄	13.4	12.2	1005	57.0	强健	一般	蓝果树、拟赤杨	用材/生态林	
	枫香	赣州市九连山自然保护区	大塌方旁	本地	天然	13.3	成龄	15.8	26.6	840	294.0	强健	一般	红楠、鹿角栲、拟赤杨	用材/生态林	

（续）

序号	树种名称	经营单位（或个人）	地名	种源	起源	面积（hm^2）	林龄（a）	平均		每公顷		生长状况	结实状况	林分中主要混交树种名称	主要树种利用评价	备注
								胸径（cm）	树高（m）	株数（株）	蓄积（m^3）					
	枫香	赣州市龙南县龙南镇红岩村梅坑	蕉头坳	本地	天然	0.6	34	35.0	14	510	343.5	强健	差	木荷、枫香	用材/生态林	
	枫香	赣州瑞金市黄柏乡	鲍坊村遥迁	本地	天然	1.3	30	22.6	15			良好	一般	冬青、苦楝	用材/生态林	
	枫香	赣州市于都县银坑镇	冷水村大塘面	本地	天然	12.0	26	14.0	7	1200	87.0	强健	一般		用材林	
	枫香	宜春高安市黄沙岗镇挂榜村漆和林场		本地	人工	1.3	22	16.4	7	570	65.4	强健		马尾松	用材/生态林	混交
	枫香	宜春市上高县龙家村	龙家村	本地	天然	0.3	50	46.0	23	255	258.0	良好	良好		用材林	
	枫香	宜春市万载县大西林场			天然	3.3	45	50.0	20	75	375.0	一般	一般	木荷	用材/生态林	
	枫香	宜春樟树市试验林场	三分场三队	本地	人工	1.2	20	20.0	17	1110	211.5	强健		小山竹		
	枫香	上饶德兴市李宅林站	方坑		天然	2.7	35	32.3	25.6	750	150.0	强健	良好		用材/生态林	
	枫香	上饶德兴市李宅林站	方坑		天然	2.0	35	34.5	26.7	630	126.0	强健	良好		用材/生态林	
	枫香	上饶德兴市	绕二镇双溪老屋		天然	1.1	30	21.4	10.5	1155	252.0	强健	良好		用材/生态林	
	枫香	上饶市广丰县大南村	翁村马沙石	本地	人工	2.0	25	11.7	10	630	28.5	良好	一般	马尾松、木荷	用材林	
	枫香	上饶市林业科学研究所	市林业科学研究所		人工	0.2	40	21.7	19.2	975	220.4					
	枫香	上饶市鄱阳古县渡镇蔡家村		本地	天然	2.0	26	29.8	16.47	825	391.5	良好	一般	樟树		
	枫香	上饶市铅山县武夷山岑源	擂峻岭	本地	天然	5.7	80	34.7	18.6	780	156.0	良好	良好	木荷		
	枫香	上饶市上饶县高洲	船坑	本地	天然	3.9	40	30.0	18	525	252.0	强健	良好		用材/生态林	
	枫香	上饶市上饶县望仙	高山	本地	天然	0.8	35	33.0	20	450	237.0	强健	良好		用材/生态林	
	枫香	上饶市上饶县五府山	坂心	本地	天然	2.2	40	32.0	18	570	258.0					
	枫香	上饶市万年县梨树坞林场	火炎培	本地	天然	0.5	28	27.0	22.5	375	192.0	强健	良好		用材/生态林	
	枫香	上饶市婺源县江湾镇江湾村	江湾	本地	天然	10.0	50	40.0	20	270	120.0	良好	良好	苦槠	生态林	

（续）

序号	树种名称	经营单位（或个人）	地名	种源	起源	面积（hm^2）	林龄（a）	平均		每公顷		生长状况	结实状况	林分中主要混交树种名称	主要树种利用评价	备注
								胸径（cm）	树高（m）	株数（株）	蓄积（m^3）					
	枫香	上饶市余干县	虎山	本县	天然	2.4	30	24.6	12.1	795	248.0	强健	良好	木荷	生态林	
	枫香	上饶市玉山县东方红林场	武安山（塔山）	本地	天然	4.7	30	20.1	25	600	94.5	强健	良好	木荷	用材/生态林	
	枫香	吉安市泰和县塘洲坦湖	大尾	本地	天然	0.9	60	32.9	16.5	210	128.6	良好	良好	马尾松	绿化	
	枫香	吉安市泰和县塘洲樟溪	陶阳	本地	天然	1.1	55	35.4	17	225	163.0	良好	良好	马尾松	绿化	
	枫香	吉安市永新县七溪岭林场	南华山分场	本地	人工	3.7	15	10.4	6.8	1830	64.1	良好	一般		用材林	
	枫香	抚州市东乡县瑶圩（街）		本地	天然	5.3	30	28.0	14.5	600	231.0	一般	差	青冈栎、木荷	用材林	生态兼用
	枫香	抚州市东乡县占圩铁山		本地	天然	4.0	30	16.7	12.8	600	61.5	一般	一般		用材林	
	枫香	抚州市乐安县敖溪	森林公园	本地	天然	1.9	40	33.8	31.5	600	345.0	强健	良好	樟树	生态/采种母树林	
	枫香	抚州市乐安县牛田	杨柳洲	本地	天然	3.7	60	50.0	29	450	450.0	强健	一般	樟树	生态/采种母树林	
35	枫杨	赣州市九连山自然保护区	虾蚣塘主沟	本地	天然	2.0	成龄	17.7	25	1050	316.5	强健	一般	拟赤杨、丝栗栲	用材/生态林	
	枫杨	上饶德兴市新岗山镇	庙湾		天然	0.5	28	31.7	12.5	495	294.0	强健	良好		用材/生态林	
	枫杨	上饶德兴市万村乡	蒋家村		天然	1.1	28	24.6	10.8	600	187.5	强健	良好		用材/生态林	
	枫杨	上饶市婺源县紫阳镇香田村委会	武口	本地	天然	0.7	18	18.6	11.6	525	79.5	良好	一般		生态林	
	枫杨	吉安市安福县枫田镇红花园村	红花园	本地	天然	0.5	30	32.2	11.1	195	113.6	良好			生态林	
36	福建柏	赣州市上犹县五指峰乡	五指乡黄竹头	本地	天然	1.4	54	37.0	12	720		良好			用材/生态林	
	福建柏	吉安井冈山市自然保护区	井冈山主峰	本地	天然林	0.1	200	21.7	9	450	78.8	强健	良好	杜英、深山含笑等	生态林	
37	钩栲	赣州市安远县黄坑组	黄坑下水口	本地	天然	0.8	60	51.6	15.2	300	300.0	良好	良好	杉木	用材/生态林	
	钩栲	赣州市安远县孔田林场	李坑	本地	天然	2.3	28	28.2	12.6	360	145.1	良好	良好		生态林	

（续）

序号	树种名称	经营单位（或个人）	地名	种源	起源	面积（hm^2）	林龄（a）	平均胸径（cm）	平均树高（m）	每公顷株数（株）	每公顷蓄积（m^3）	生长状况	结实状况	林分中主要混交树种名称	主要树种利用评价	备注
	钩栲	赣州市安远县黎屋组	黎屋电站	本地	天然	0.9	30	24.7	15	525	157.5	良好	良好	米槠	用材/生态林	
	钩栲	赣州市安远县孙屋组	沙含孙屋	本地	天然	0.7	70	47.6	11	195	274.1	良好	良好	苦槠	用材/生态林	
	钩栲	赣州市会昌县富城乡	粗石坝村新村	本地	天然	3.5	19	16.1	11	1260	75.7	强健	良好	苦槠	用材林	
	钩栲	赣州市会昌县富城乡	粗石坝村新村	本地	天然	3.3	19	15.2	10	1215	54.4	强健	良好	苦槠	用材林	
	钩栲	赣州市会昌县富城乡	大洞村侧欠	本地	天然	2.9	17	15.9	11	1110	68.1	强健	良好	苦槠	用材林	
	钩栲	赣州市会昌县富城乡	大洞村侧欠	本地	天然	3.7	15	15.2	11	720	39.6	强健	良好	苦槠	用材林	
	钩栲	赣州市会昌县永隆乡	水洲村崇背	本地	天然	2.1	27	19.4	14.2	645	146.2	强健	良好	苦槠	用材林	
	钩栲	赣州市会昌县永隆乡	水洲村大平营	本地	天然	4.7	25	15.5	12.1	1140	138.5	强健	良好	苦槠	用材林	
	钩栲	赣州市会昌县永隆乡	杨叶白云山	本地	天然	2.0	20	14.4	10.4	1125	100.2	强健	良好	苦槠	用材林	
	钩栲	赣州市九连山自然保护区	新开迳	本地	天然	13.3	成龄	15.3	29.4	555	247.5	强健	一般	丝栗栲、南岭栲	用材/生态林	
	钩栲	赣州市龙南县八一九林场	黄洞	本地	天然	4.0	120	35.8	8	300	213.0	强健	差	丝栗栲、甜槠、木荷、青冈栎、酸枣	用材/生态林	
	钩栲	赣州市石城县高田镇岩岭村	柯家水口	本地	天然	3.0	70	38.0	14.5	1050	112.5	强健	一般	木荷	用材/生态林	
	钩栲	赣州市石城县高田镇郑里村	郑里村上寨水口	本地	天然	3.3	50	20.0	11.5	1500	93.0	强健	一般	木荷	用材/生态林	
	钩栲	赣州市石城县高田镇郑里村	郑里温疗后龙山	本地	天然	1.7	80	42.0	14.2	1200	120.0	强健	一般	木荷	用材/生态林	
	钩栲	赣州市石城县横江镇赣江源村	七岭	本地	天然	6.7	65	56.0	18	900	900.0	强健	一般	枫香、木荷	用材/生态林	
	钩栲	宜春市万载县大西林场			天然	1.0	50	40.0	10	120	225.0	一般	一般	栎类	用材/生态林	
	钩栲	吉安市安福县陈山林场	寄岭分场牛角冲	本地	天然	0.4	35	29.0	15.2	300	135.0	强健	一般		用材/生态林	

（续）

序号	树种名称	经营单位（或个人）	地名	种源	起源	面积（hm^2）	林龄（a）	平均胸径（cm）	平均树高（m）	每公顷株数（株）	每公顷蓄积（m^3）	生长状况	结实状况	林分中主要混交树种名称	主要树种利用评价	备注
	钩栲	抚州市乐安县金竹	吓通	本地	天然	0.4	30	26.0	16	450	138.2	强健	良好	杜英、毛竹	生态/采种母树林	
38	观光木	九江市九江县岷山乡黄老门林场	林场旁	引进	人工		23	6.5	4.2	195		强健		多花含笑	生态林	省二级保护
	观光木	赣州市崇义县高坌林场	林业科学研究所	本地	人工	1.9	22	20.0	13.5	1170	204.8	强健	一般		用材/生态林	纯林
	观光木	赣州市崇义县聂都乡河口村	倒窝子	本地	天然	1.3	35	32.0	16.8	570	310.1	强健	一般	丝栗栲、苦槠、拟赤杨、木荷等	用材/生态林	
	观光木	赣州市九连山自然保护区	虾蚣塘主沟	本地	天然	13.3	成龄	16.5	20.8	960	186.0	强健	一般	丝栗栲、甜槠、木荷、润楠	用材/生态林	
	观光木	赣州南康市天心林场	和顺坑	本地	天然	1.2	15	20.0	11	1035	75.0	良好	良好		生态林	
39	光皮桦	赣州市九连山自然保护区	黄牛石	本地	天然	0.7	中龄	11.7	14.5	1050	82.5	强健	一般	野桐、翻背白、盐肤木、栲	用材/生态林	
40	光皮树	赣州市于都县宽田乡红星村	牛婆寨	本地	天然	1.3	20	14.0	7.5	1290	94.5	强健	一般		生态林	
	光皮树	赣州市于都县宽田乡龙泉村	下坝子	本地	天然	0.1	22	18.0	8.5	1005	135.0	强健	一般		生态林	
	光皮树	赣州市于都县宽田乡龙泉村	下坝子	本地	天然	0.2	20	14.0	7.5	975	70.5	强健	一般		生态林	
41	红豆杉	景德镇市林业科学研究所			人工	0.5	8	4.1	2.9	420		良好	一般		用材/生态林	叶、皮可提紫杉醇
	红豆杉	赣州市崇义县思顺林场	杨柳洞茶坑坳	本地	天然	1.3	15	8.4	6.1	900	23.2	强健		润楠、拟赤杨、青榨槭、茜树、虎皮楠、枫香等	用材/生态林	
	红豆杉	赣州市上犹县五指峰林场	三门坑林区光姑山	本地	天然	1.8	34	24.0	14	180		良好		红豆杉	用材/生态林	
	红豆杉	赣州市石城县高田镇胜江村	塘背屋坎下	本地	天然	0.3	72	27.0	12.3	1200	102.0	强健	一般	毛竹	用材/生态林	
	红豆杉	赣州市石城县高田镇胜江村	坪家地小组千层段大窝里	本地	天然	0.3	78	24.0	11.8	1170	93.0	强健	一般	红勾栲	用材/生态林	

（续）

序号	树种名称	经营单位（或个人）	地名	种源	起源	面积（hm^2）	林龄（a）	平均胸径（cm）	平均树高（m）	每公顷株数（株）	每公顷蓄积（m^3）	生长状况	结实状况	林分中主要混交树种名称	主要树种利用评价	备注
	红豆杉	宜春市铜鼓县戴庭敏	棋坪镇游源村	本地	天然	0.7	16	12.0	8	600	27.0		良好	栎类	采种母树林	
	红豆杉	吉安井冈山市自然保护区	大井村	本地	天然林	0.1	300	29.5	9.6	450	172.4	强健	良好	厚朴、三尖杉等	生态林	
	红豆杉	吉安市遂川县五指峰林场	五指峰分场	本地	人工	1.0	16	6.5	5.8	2400	21.6		良好		采种母树林	
	红豆杉	吉安市遂川县五指峰林场	五指峰分场	本地	人工	1.0	16	6.6	6	2400	24.0		良好		采种母树林	
	红豆杉	抚州市资溪县石峡乡	后坑村	本地	天然	53.3	130	52.9	16.8	75	67.5	良好	良好	毛竹	生态林	
	红豆杉	景德镇市浮梁县枫树山林场	七亩地		人工	0.3	20	11.0	7.5	1425	55.9	良好	一般		用材/生态林	叶、皮可提紫杉醇
	红豆杉	景德镇市浮梁县桃岭	桃岭燕富里		天然	0.7	300	36.0	23	240	252.0	良好	良好	白玉兰	用材/生态林	叶、皮可提紫杉醇
42	红勾栲	赣州市大余县樟斗镇跃进水库		本地	天然	1.8	中龄	18.1	14.8	1605		强健	差	丝栗栲、木荷	用材/生态林	
	红勾栲	赣州市大余县樟斗镇跃进水库		本地	天然	3.0	中龄	20.0	14.1	1395		强健	差	木荷、甜槠	用材/生态林	
	红勾栲	赣州市九连山自然保护区	虾蚣塘主沟	本地	天然	13.3	成龄	13.7	22.3	765	174.0	强健	一般	罗浮栲、拟赤杨、润楠	用材/生态林	
	红勾栲	赣州市龙南县九连山林场	高峰龙古坑	本地	天然	16.1	21	13.3	9.5	1245	79.5	强健	一般	丝栗栲、黧蒴栲	用材/生态林	混交
	红勾栲	赣州市全南县陂头岐山烂泥湾细下南湾	下南湾	本地	天然	26.7	27	15.7	9.5	142.5	138.0	良好	一般		用材/生态林	
	红勾栲	赣州市石城县高田镇岩岭村	龙下	本地	天然	1.0	80	35.0	16	570	270.0	强健	一般		用材/生态林	
	红勾栲	吉安市安福县陈山林场	寄岭分场牛角冲	本地	天然	1.0	45	37.9	13.6	540	108.0	强健	一般		用材/生态林	
	红勾栲	吉安市安福县陈山林场	寄岭分场南家里	本地	天然	0.4	25	21.8	11.1	255	54.0	强健	一般		用材林	
	红勾栲	吉安井冈山市长坪乡	长坪村		天然	1.1	54	32.0	20	225		良好			生态林	
43	红楠	九江市山南林场	黑凹		天然			15.7	6.8	330		强健		野黄桂、甜槠、尾叶山茶	生态林	
	红楠	赣州市九连山自然保护区	下湖狼山沟	本地	天然	20.0	中龄	11.1	15.6	1185	112.5	强健	一般	润楠、紫树、青榨槭	用材/生态林	

（续）

序号	树种名称	经营单位（或个人）	地名	种源	起源	面积（hm^2）	林龄（a）	平均胸径（cm）	平均树高（m）	每公顷株数（株）	每公顷蓄积（m^3）	生长状况	结实状况	林分中主要混交树种名称	主要树种利用评价	备注
	红楠	赣州市九连山自然保护区	大塌方旁	本地	天然	13.3	成龄	15.8	26.6	840	294.0	强健	一般	鹿角栲、拟赤杨	用材/生态林	
	红楠	赣州市九连山自然保护区	大丘田沿河谷	本地	天然	13.3	成龄	9.9	15	810	69.0	强健	一般	青冈栎、米槠	用材/生态林	
44	红皮中果油茶	宜春市宜丰县石市镇何家村	石门小组	本地	人工（两块）	60.0	30		2	900		良好		马尾松		
45	猴欢喜	赣州市九连山自然保护区	虾蚣塘主沟	本地	天然	6.7	成龄	15.4	17.7	735	96.0	强健	一般	红翅槭	用材/生态林	
	猴欢喜	赣州市上犹县五指峰林场	三门坑林区光姑山	本地	天然	7.1	30	28.0	10	570		良好			用材/生态林	
46	猴头杜鹃	赣州市九连山自然保护区	虾蚣塘主沟	本地	天然	0.1	中龄	12.8	16.2	960	100.5	强健	一般	华东润楠、拟赤杨、野桐	用材/生态林	
	猴头杜鹃	上饶市三清山管委会	杜鹃山	本地	天然	2.2	100	9.7	5.1	1275		强健				
47	厚皮香	赣州市九连山自然保护区	虾蚣塘主沟	本地	天然	133.3	中龄			15600		强健	一般	猴头杜鹃、银木荷、赤楠	用材/生态林	
48	厚朴	九江市武宁石门白桥村	鹰嘴石	本地	天然	1.3	11	7.3	7.9	2520	37.2	强健	差		用材林	
	厚朴	萍乡市芦溪县张佳坊乡	杨家田村	本地	人工	2.4	10	10.2	4	1290		良好	一般			
49	槲栎	赣州市信丰县崇仙乡老龙村岭背组	岭背组屋背	本地	天然	1.0	18	20.7	14	795	150.0	强健	一般	樟树、木荷	用材/生态林	混交林
50	花毛竹（黄金间碧玉）	宜春市宜丰县黄岗山肖家分场	西庵	本地	天然	3.3		9.0	7	610035		良好				
51	华东润楠	赣州市九连山自然保护区	龙门	本地	天然	13.3	成龄	11.1	17.3	255	157.5	强健	一般	金叶含笑、木荷、赤楠、润楠	用材/生态林	
52	黄连木	九江市九江县岷山乡大塘村九组	张七房	本地	天然	0.3	200	70.0	16.5	150		强健	一般	苦槠、小叶栎、马尾松	生态林	
	黄连木	九江市彭泽县上十岭垦殖场	芦丰分场	本地	天然	5.2	40	14.0	13.2	885	84.0	强健	良好	苦槠、檀树	用材/生态林	
53	黄山松	九江市庐山林场	大校场		人工	0.1	40	15.5	8.7	1020		强健		四照花	生态林	
	黄山松	九江瑞昌市大德山林场	南坑	引进	人工	8.0	42	17.4	7.9	1275	113.7	强健	差		用材林	

（续）

序号	树种名称	经营单位（或个人）	地名	种源	起源	面积（hm^2）	林龄（a）	平均胸径（cm）	平均树高（m）	每公顷株数（株）	每公顷蓄积（m^3）	生长状况	结实状况	林分中主要混交树种名称	主要树种利用评价	备注
	黄山松	九江市修水县黄沙港林场	西港	本地	天然	5.5	40	27.2	17.7	720		强健	一般		生态林	
	黄山松	九江市修水县黄沙港林场	西港	本地	天然	2.7	40	25.6	12	900		强健	一般		生态林	
	黄山松	上饶市广丰县大丰源	里坪溪阴背	本地	天然	13.3	60	29.5	22.1	930		强健	一般	阔竹	用材林	
	黄山松	上饶市三清山管委会	九天应元府	本地	天然	4.8	100	20.0	7.2	975	213.0	强健	一般			
	黄山松	上饶市三清山管委会	三清宫对门山	本地	天然	7.1	100	25.0	9.6	720	255.0	强健	一般			
	黄山松	上饶市武夷山自然保护区		本地	天然	3.2		24.1	15.6	1845		良好	一般		用材/生态林	
	黄山松	上饶市武夷山自然保护区		本地	天然	2.8		29.4	12.8	870		良好	一般		用材/生态林	
	黄山松	上饶市武夷山自然保护区		本地	天然	5.7		31.1	22	1275		良好	一般		用材/生态林	
	黄山松	上饶市武夷山自然保护区		本地	天然	5.3		25.6	17	1800		良好	一般		用材/生态林	
	黄山松	上饶市婺源县大鄣山乡鄣山村	鄣山	本地	天然	2.8	52	32.8	14.7	795	159.0	强健	一般	杉木		
	黄山松	吉安市安福县武功山林场	三天门观音岩	本地	人工	2.0	25	9.6	5.3	2250	64.5	强健	良好		用材/生态林	分布在高海拔地带
54	黄樟	赣州市大余县樟斗镇跃进水库		本地	天然	1.8	中龄	18.2	14.6	1020		强健	差	润楠、木荷、栲类	用材/生态林	
55	火炬松	吉安市遂川县云岭林场	巾石分场		人工	4.8	11	10.8	5.08	1935	65.8			马尾松	生态林	
	火炬松	吉安市遂川县云岭林场	巾石分场		人工	9.6	11	9.2	5.7	1845	36.9				生态林	
	火炬松	南昌市安义县新华林场	黄城山工区	美国	人工	2.7	18	18.0	9	1425	202.5	良好	差		用材林	
	火炬松	九江市星子县白鹿镇波湖村	熊家山	外地	人工	2.0	18	18.0	16	1650	325.1	良好	一般		用材/生态林	
	火炬松	新余市百丈峰林场	石坑	吉安	人工	7.0	19	17.4	10.6	870	122.4	良好	一般		用材/生态林	
	火炬松	新余市珠珊林场	林场	吉安	人工	4.1	23	15.9	7.5	930	103.0	良好	一般		用材/生态林	
	火炬松	宜春市上高县前进村	坳得背	引进	人工	3.3	23	17.3	19	1665	214.5	良好	良好	枫香	用材林	
	火炬松	上饶德兴市绿野公司	潭埠叶家庄		人工	4.0	14	18.0	10	1470	196.5	强健	一般		用材/生态林	
	火炬松	上饶市婺源县秋口林场	黄源	本地	天然	3.5	25	30.0	9.6	1350	108.0	良好	良好		生态林	
	火炬松	上饶市余干县甘泉	山嘴	美国	人工	2.1	14	18.0	11	900	88.8	强健	一般		用材/生态林	

（续）

序号	树种名称	经营单位（或个人）	地 名	种 源	起 源	面积（hm^2）	林龄（a）	平均 胸径（cm）	平均 树高（m）	每公顷 株数（株）	每公顷 蓄积（m^3）	生长状况	结实状况	林分中主要混交树种名称	主要树种利用评价	备 注
	火炬松	上饶市玉山县东方红林场	紫湖大举	引进	人工	2.3	17	13.5	8	1515	97.5	强健	良好		用材林	
	火炬松	吉安市安福县武功山林场	社上分场垅上9号小班	美国	人工	1.8	31	34.4	19.8	510	303.0	强健	良好	檫木、拟赤杨	用材林	
	火炬松	吉安市安福县武功山林场	社上分场垅上12号小班	美国	人工	2.0	31	34.3	20.4	195	117.0	强健	一般	檫木、拟赤杨	用材林	
	火炬松	吉安市安福县武功山林场	社上分场垅上8号小班	美国	人工	2.1	31	36.5	20	180	123.0	强健	一般	檫木、拟赤杨	用材林	
	火炬松	吉安市万安县飞播林场	蒿阳		人工	2.5	15	17.4	12.5	1170	124.5	强健	一般	马尾松		
	火炬松	吉安市永新县文竹林场	沙市基地	本地	人工	2.0	18	17.4	9	750	83.3	良好	一般		用材林	
	火炬松	抚州市乐安县石陂分场	饶坊电站	本省	人工	2.0	15	18.6	6.2	1650	222.0	强健	一般		生态/采种母树林	
	火炬松	抚州市临川区展坪乡	塘东村	本省	人工	2.4	14	13.6	9.9	1425	79.5	良好	差			
	火炬松	景德镇市枫树山磨刀港	29林班7小班		人工	13.3	20	25.7	14.8	1125	417.0	良好	良好			
	火炬松	景德镇市浮梁县银坞林场	毛山坞		人工	6.7	16	14.1	10.6	1995	135.0	良好	差		用材林	纯林
56	火力楠	赣州市全南县小叶岽林场	祖湖工区	广西	人工	21.8	14	11.2	7.4	3120	130.5	良好	一般	杉木、松类、木荷	用材/生态林	
	火力楠	赣州市全南县小叶岽林场	祖湖工区	广西	人工	21.8	14	11.7	7.1	3165	148.5	良好	一般	杉木、松类	用材/生态林	
57	鸡爪槭	九江市修水县黄坳乡	丁桥村	本地	天然	2.7	40	16.4	10.7	750		强健	良好		生态林	
58	江南桤木	宜春市靖安县大杞山林场	当归湖	本地	天然	1.1	32	22.0	18	1005	222.0	强健	一般		用材/生态林	纯林
59	金桔	吉安市遂川县堆前村	沿湖组船底窝		人工	0.7	8	6.0	2.1							
60	金叶含笑	赣州市九连山自然保护区	大丘田沿河谷	本地	天然	33.3	成龄	12.3	20.3	585	106.5	强健	一般	枫杨	用材/生态林	
61	栲树	鹰潭贵溪市耳口林场	九龙分场	本地	天然	9.5	40	15.7	10.5	1170	166.1	强健	差	木荷、槠树		
	栲树	鹰潭贵溪市耳口林场	九龙分场	本地	天然	5.1	40	15.7	11	1365	185.8	强健	一般	拟赤杨		

（续）

序号	树种名称	经营单位（或个人）	地　名	种　源	起　源	面积（hm^2）	林龄（a）	平均 胸径（cm）	平均 树高（m）	每公顷 株数（株）	每公顷 蓄积（m^3）	生长状况	结实状况	林分中主要混交树种名称	主要树种利用评价	备　注
	栲树	鹰潭贵溪市三县岭林场李家门分场	大西坞	本地	天然	6.7	40	22.0	10	615	163.5	强健	一般	木荷		
	栲树	鹰潭贵溪市双圳林场	朱坑	本地	天然	15.3	40	18.0	15	1575	214.5	良好	良好	杜英、椎树		
	栲树	鹰潭贵溪市双圳林场	朱坑	本地	天然	21.7	35	28.0	19	1950	214.5	良好	良好	杜英、椎树		
	栲树	赣州市崇义县阳岭自然保护区	办公楼后背山	本地	天然	81.3	38	19.2	15.4	480	148.0	强健	良好	丝栗栲、苦槠、拟赤杨、苦槠、木荷等	用材/生态林	
	栲树	赣州市寻乌县罗珊乡	�竹村		天然	0.4	80	60.7	19.2	210	210.0	强健	较差		用材/生态林	
	栲树	赣州市寻乌县罗珊乡	�竹村		天然	8.7	27	21.1	24	405	81.0	强健	良好		用材林	
	栲树	赣州市寻乌县罗珊乡	筲竹村		天然	10.8	25	31.8	19	300	163.5	强健	良好	杉木等	用材林	
	栲树	赣州市寻乌县罗珊乡	筲竹村		天然	0.3	120	50.0	21	240	385.5	强健	较差		用材林	
	栲树	赣州市寻乌县项山乡	福中村		天然	0.4	29	29.7	20	315	151.5	强健	良好	苦槠等	用材林	
	栲树	上饶德兴市李宅林站	方坑		天然	3.0	25	14.5	8.6	900	70.5	强健	良好		用材/生态林	
	栲树	上饶德兴市李宅林站	方坑		天然	3.2	25	18.1	8.8	930	130.5	强健	良好		用材/生态林	
	栲树	上饶德兴市李宅林站	方坑		天然	3.3	25	20.1	9.1	705	130.5	强健	良好		用材/生态林	
	栲树	上饶德兴市海口林站	下槎		天然	4.0	22	12.1	7.6	1245	61.5	强健	良好		用材/生态林	
	栲树	上饶德兴市李宅林站	方坑		天然	2.7	32	19.6	9.5	855	148.5	强健	良好		用材/生态林	
	栲树	上饶德兴市龙头山林站	双河口		天然	8.0	22	11.8	8	1395	64.5	强健	一般		用材/生态林	
	栲树	上饶德兴市大茅山集团	梧风洞		天然	1.7	24	20.1	10.7	1350	250.5	强健	良好		用材/生态林	
	栲树	上饶德兴市大茅山集团	梧风洞		天然	2.7	25	21.1	10.1	1170	246.0	强健	良好		用材/生态林	
	栲树	上饶德兴市大茅山集团	梧风洞		天然	2.1	25	19.7	9.3	1170	205.5	强健	良好		用材/生态林	
	栲树	上饶德兴市大茅山集团	梧风洞		天然	2.1	28	19.4	8.8	1320	223.5	强健	良好		用材/生态林	
	栲树	上饶德兴市皈大乡	分水村		天然	3.3	40	27.7	12.1	915	385.5	强健	良好		用材/生态林	
	栲树	上饶德兴市绕二镇	双溪老屋		天然	1.9	20	11.5	8.3	1320	57.0	强健	良好		用材/生态林	
	栲树	上饶德兴市绕二镇	双溪老屋		天然	1.8	20	14.6	8.4	1245	99.0	强健	良好		用材/生态林	

（续）

序号	树种名称	经营单位（或个人）	地　名	种　源	起　源	面积（hm^2）	林龄（a）	平　均		每公顷		生长状况	结实状况	林分中主要混交树种名称	主要树种利用评价	备　注
								胸径（cm）	树高（m）	株数（株）	蓄积（m^3）					
	栲树	上饶德兴市绕二镇	双溪老屋		天然	3.0	20	10.7	8	1275	45.0	强健	良好		用材/生态林	
	栲树	上饶德兴市绕二镇	双溪老屋		天然	1.8	20	11.0	7.5	1410	54.0	强健	良好		用材/生态林	
	栲树	上饶德兴市绕二镇	双溪		天然	1.3	20	13.5	7.7	1005	66.0	强健	良好		用材/生态林	
	栲树	上饶德兴市绕二镇	双溪		天然	1.1	20	13.5	6.5	1095	72.0	强健	良好		用材/生态林	
	栲树	上饶德兴市万村乡	大田村		天然	1.9	25	16.5	7.3	1125	124.5	强健	良好		用材/生态林	
	栲树	上饶德兴市万村乡	毛家畈		天然	1.5	25	18.5	7	1155	172.5	强健	良好		用材/生态林	
	栲树	上饶德兴市万村乡	新屋村		天然	1.4	25	12.5	6.8	915	48.0	强健	一般		用材/生态林	
	栲树	上饶市鄱阳县三县岭林场	港王		人工	6.7	36	23.2	12.3	1350	184.5	强健	良好		用材/生态林	
	栲树	上饶市鄱阳县三县岭林场	港王		人工	3.7	36	22.6	12.2	1275	174.0	强健	良好		用材/生态林	
	栲树	上饶市铅山县石垅分场	王家山	本地	天然	1.1	58	25.9	16.8	675	324.0	良好	一般	马尾松		
	栲树	上饶市上饶县高洲	毛楼	本地	天然	2.3	35	20.0	18	675	162.0	强健	良好	枫香	用材/生态林	
	栲树	上饶市上饶县高洲	揭家	本地	天然	6.3	50	22.0	18	600	202.5	强健	良好	木荷	用材/生态林	
	栲树	上饶市上饶县桐西分场	禁山边	本地	天然	2.1	50	23.6	18	480	181.5	强健	良好	枫香	用材/生态林	
	栲树	上饶市上饶县桐西分场	里华坛	本地	天然	3.7	55	18.6	17	675	117.0	强健	良好	枫香、木荷	用材/生态林	
	栲树	上饶市上饶县桐西分场	中华坛	本地	天然	3.2	50	17.5	17	900	121.5	强健	良好	枫香	用材/生态林	
	栲树	上饶市上饶县五府山	姚家	本地	天然	8.0	55	24.0	20	720	234.0	强健	良好	木荷、楮	用材/生态林	
	栲树	上饶市上饶县五府山	甘溪	本地	天然	2.0	50	23.0	17	675	192.0	强健	良好	枫香	用材/生态林	
	栲树	上饶市万年县梨树坞林场	王中坑	本地	天然	9.7	20	23.7	21.2	705	237.0	强健	良好	枫香、毛竹	用材/生态林	
	栲树	上饶市万年县梨树坞林场	虎斑石	本地	天然	12.0	21	30.1	22.3	405	261.0	强健	良好	枫香、毛竹	用材/生态林	
	栲树	上饶市婺源县赋春镇赋春村	赋春村	本地	天然	3.6	35	18.5	12.4	1125	165.0	良好	良好	木荷	生态林	
	栲树	上饶市婺源县赋春镇林塘村	林塘	本地	天然	2.1	35	18.6	12.4	1155	169.5	良好	良好	木荷	生态林	
	栲树	上饶市婺源县赋春镇林塘村	林塘	本地	天然	2.1	40	19.4	12.5	1200	210.0	良好	良好	木荷	生态林	
	栲树	上饶市婺源县古坦乡角子尖		本地	天然	2.0	50	26.0	14.5	1020	360.0	强健	一般			
	栲树	上饶市婺源县甲路乡对坞村		本地	天然	2.2	36	15.5	9.2	1275	112.5	良好	良好		生态林	

（续）

序号	树种名称	经营单位（或个人）	地　名	种　源	起　源	面积（hm^2）	林龄（a）	平均		每公顷		生长状况	结实状况	林分中主要混交树种名称	主要树种利用评价	备　注
								胸径（cm）	树高（m）	株数（株）	蓄积（m^3）					
	栲树	上饶市婺源县甲路乡胡家村		本地	天然	3.0	40	19.1	12.2	1170	210.0	良好	良好	木荷	生态林	
	栲树	上饶市婺源县甲路乡湖山村		本地	天然	3.1	40	17.5	13.9	1305	225.0	良好	良好	苦槠	生态林	
	栲树	上饶市婺源县甲路乡严田村		本地	天然	2.0	30	15.7	10.4	1155	112.5	良好	良好	苦槠	生态林	
	栲树	上饶市婺源县江湾镇汪口村		本地	天然	3.5	52	28.9	11.1	435	136.6	良好	良好	枫香	生态林	
	栲树	上饶市婺源县秋口镇白石村		本地	天然	7.0	38	23.7	10.1	810	172.5	良好	良好	枫香、拟赤杨	生态林	
	栲树	上饶市婺源县秋口镇词坑村		本地	天然	5.3	20	19.6	12.8	450	186.0	良好	良好	苦槠、枫香	生态林	
	栲树	上饶市婺源县秋口镇黄源村		本地	人工	5.2	15	14.0	9.6	1200	107.6	良好	良好	杉木	用材林	
	栲树	上饶市婺源县秋口镇渔潭村		本地	天然	3.3	21	14.0	10	570	75.0	良好	良好	栎类、枫香	生态林	
	栲树	上饶市婺源县溪头乡江岭村		本地	天然	4.0	53	25.7	11.2	480	131.0	良好	良好	苦槠	生态林	
	栲树	上饶市婺源县珍珠山山溪林场		本地	天然	3.1	37	19.9	11.8	1245	205.5	良好	良好		生态林	
	栲树	上饶市婺源县珍珠山山溪林场		本地	天然	2.8	30	18.0	11	1305	175.5	良好	良好		生态林	
	栲树	上饶市婺源县珍珠山山溪林场		本地	天然	2.5	35	20.0	11.8	1245	223.5	良好	良好		生态林	
	栲树	上饶市婺源县珍珠山山溪林场		本地	天然	3.4	35	18.9	14.4	1095	189.0	良好	良好		生态林	
	栲树	上饶市婺源县珍珠山山溪林场		本地	天然	2.2	38	20.4	11.9	1200	216.0	良好	良好		生态林	
	栲树	上饶市婺源县珍珠山山溪林场		本地	天然	2.8	38	23.0	13.1	1080	178.5	良好	良好		生态林	
	栲树	上饶市婺源县珍珠山山溪林场		本地	天然	3.1	38	23.0	13.1	945	178.5	良好	良好		生态林	
	栲树	上饶市婺源县珍珠山山溪林场		本地	天然	3.4	35	23.4	13.5	1080	298.5	良好	良好		生态林	
	栲树	上饶市婺源县珍珠山山溪林场		本地	天然	2.1	40	25.3	13.7	1170	375.0	良好	良好		生态林	
	栲树	上饶市婺源县珍珠山山溪林场		本地	天然	3.1	32	18.8	11.4	1155	156.0	良好	良好		生态林	
	栲树	上饶市婺源县镇头镇张村		本地	天然	2.5	38	19.5	12.4	1170	210.0	良好	良好	木荷	生态林	
	栲树	上饶市婺源县镇头镇张村		本地	天然	3.4	35	18.7	11.6	1230	165.0	良好	良好	苦槠	生态林	
	栲树	上饶市婺源县镇头镇镇头村		本地	天然	3.0	35	19.2	11.4	1200	198.0	良好	良好	枫香	生态林	
	栲树	上饶市玉山县岩瑞镇	岩瑞上东巷	本地	天然	3.0	35	17.9	19	525	69.0	强健	良好	枫香	用材/生态林	
	栲树	抚州市黎川县华山华联	高洋小组	本地	天然	6.7	20	18.0	12	675	85.5	强健	差	其他硬阔树种	用材林	

（续）

序号	树种名称	经营单位（或个人）	地　名	种　源	起　源	面积（hm^2）	林龄（a）	平均胸径（cm）	平均树高（m）	每公顷株数（株）	每公顷蓄积（m^3）	生长状况	结实状况	林分中主要混交树种名称	主要树种利用评价	备　注
	栲树	抚州市南丰县付坊乡	林前村	本地	天然	4.1	16	5.1	7.8	525	19.5	强健		槠类	用材林	
	栲树	景德镇市浮梁县查村杨林坑		本地	天然	1.0	20	14.8	10.6	1200	91.5	良好	差	白栎		
	栲树	景德镇市浮梁县东风林场		本地	天然	2.0	25	17.8	11.2	1350	168.0	良好	一般	木荷、枫香	用材/生态林	
	栲树	景德镇市浮梁县锦里村左家		本地	天然	4.0	31	14.0	11	1350	114.0	良好	良好	木荷、槠类		抗性强
	栲树	景德镇市浮梁县南村		本地	天然	4.0	21	12.0	8.5	1680	336.0	良好	一般	松类、杉木	用材林	
	栲树	景德镇市浮梁县阳山岗		本地	天然	94.7	40	54.1	24.4	1200	145.5	强健	一般	枫香、木荷	生态林	
62	栲槠	鹰潭市余江县高公寨林场	杨家坞	本地	天然	8.3	27	20.6	10.9	1335	241.5	良好	一般	苦槠	用材/生态林	
63	苦槠	九江市德安县林泉乡大溪坂村六组	林泉水库尾	本地	天然	2.2	30	26.5	14.6	825	321.8	强健	一般		生态林	
	苦槠	九江市德安县磨溪乡南田村一组	屋南面山	本地	天然	1.6	25	19.3	15.8	1425	243.7	强健	一般		生态林	纯林
	苦槠	九江市德安县磨溪乡南田村二组	水库边	本地	天然	6.1	25	18.1	11.6	1350	199.8	强健	一般		生态林	纯林
	苦槠	九江市德安县磨溪乡石岩村七组	水塘堰边山	本地	天然	2.8	25	18.4	15	1200	184.8	强健	一般	马尾松	生态林	
	苦槠	九江市都昌县大港高塘曹站	横岭垅（西边）	本地	天然	2.3	25	12.8	9.5	1650	97.4	强健	一般	马尾松	生态林	
	苦槠	九江市都昌县大港高塘曹站	水库尾	本地	天然	2.7	25	12.7	9.5	1350	78.3	强健	一般	马尾松	生态林	
	苦槠	九江市都昌县土塘镇潭湖村	洲上组	本地	天然	0.5	45	26.1	13.5	900	338.4	强健	一般	其他阔叶树	生态林	
	苦槠	九江市九江县岷山乡孙家垅村一组	后背山	本地	天然	3.3	28	16.0	12.1	720		强健	差	石栎、枫香、南酸枣	生态林	
	苦槠	九江市彭泽县浩山乡乔亭村	雷龙山	本地	天然	5.0	40	20.3	14	1125	244.5	强健	良好	枫香	用材/生态林	
	苦槠	九江市彭泽县上十岭垦殖场	芦丰大冲坞	本地	天然	12.7	40	24.3	14	660	223.5	强健	良好	枫香	用材/生态林	
	苦槠	九江市彭泽县天红镇乌龙村	少山阳家	本地	天然	2.0	45	30.2	13.1	555	234.0	强健	良好	枫香	用材/生态林	

（续）

序号	树种名称	经营单位（或个人）	地　名	种　源	起　源	面积（hm^2）	林龄（a）	平均 胸径（cm）	平均 树高（m）	每公顷 株数（株）	每公顷 蓄积（m^3）	生长状况	结实状况	林分中主要混交树种名称	主要树种利用评价	备　注
	苦槠	九江瑞昌市花园	红花郑庄	本地	天然	2.0	22	18.8	10.9	930	144.3	强健	一般	马尾松、其他阔叶树	用材/生态林	
	苦槠	九江瑞昌市南义镇	朝阳村二组	本地	天然	1.5	24	15.1	9.4	945	110.5	强健	一般	马尾松、其他阔叶树	用材/生态林	
	苦槠	九江市武宁县大洞畈上村	黄沙	本地	天然	1.0	26	22.9	11.6	555	155.4	强健	差		用材林	
	苦槠	九江市武宁县东林下车村	东坑源	本地	天然	2.4	18	11.5	11.1	1035	140.7	强健	差		用材林	
	苦槠	九江市武宁县甫田甫田站	社对门	本地	天然	2.1	20	12.8	8.1	1620	145.8	强健	差		用材林	
	苦槠	九江市武宁县澧溪坎上村	王家后背山	本地	天然	1.4	30	16.8	11.1	1035	134.1	强健	差		用材林	
	苦槠	九江市武宁县罗坪东边村	下肖	本地	天然	1.1	中龄	10.2	9.9	1470	57.8	强健	差		用材林	
	苦槠	九江市武宁县罗坪洞坪村	观音坳	本地	天然	0.9	中龄	16.6	11.1	1080	163.0	强健	差		用材林	
	苦槠	九江市武宁县罗坪漾都村	河头	本地	天然	1.4	中龄	24.0	10.5	420	169.2	强健	差		用材林	
	苦槠	九江市武宁县罗溪丰沅村	施家边	本地	天然	0.5	30	16.2	11.9	1380	123.2	强健	差		用材林	
	苦槠	九江市武宁县石渡洞口村	黄连洞	本地	天然	2.3	近龄	20.5	7.8	480	89.0	强健	差		用材林	
	苦槠	九江市武宁县宋溪坑口村		本地	天然	1.2	30	14.5	9.3	750	76.8	强健	差		用材林	
	苦槠	九江市武宁县新宁团结村		本地	天然	1.0	中龄	17.3	8.5	1005	170.1	强健	差		用材林	
	苦槠	九江市武宁县新宁镇严阳	罗子坑	本地	天然	0.5	中龄	20.5	9.7	825	216.8	强健	差	竹类	用材林	
	苦槠	九江市修水县黄沙港林场	乐家山	本地	天然	2.9	42	26.2	10.6	270		强健	良好		生态林	
	苦槠	九江市修水县黄沙港林场	乐家山	本地	天然	2.7	45	23.5	9.2	300		强健	一般		生态林	
	苦槠	九江市修水县黄沙港林场	八子埚	本地	天然	2.7	30	25.7	9.5	375		强健	一般		生态林	
	苦槠	九江市修水县黄沙港林场	葫芦洞	本地	天然	3.6	30	25.6	10.3	525		强健	一般		生态林	
	苦槠	九江市修水县山口镇	秀水村	本地	天然	2.0	40	17.9	9.1	750		强健	一般		生态林	
	苦槠	九江市修水县征村乡	潭坑村	本地	天然	1.4	56	25.1	15	675		强健	良好		生态林	
	苦槠	新余市分宜镇站前村	香竹坑	本地	天然	1.5	28	21.3	13	375	91.5	良好	一般		用材/生态林	
	苦槠	鹰潭贵溪市耳口林场	九龙分场	本地	天然	3.0	45	16.0	9.6	1605	204.3	强健	一般	栲类、拟赤杨		

（续）

序号	树种名称	经营单位（或个人）	地名	种源	起源	面积（hm^2）	林龄（a）	平均		每公顷		生长状况	结实状况	林分中主要混交树种名称	主要树种利用评价	备注
								胸径（cm）	树高（m）	株数（株）	蓄积（m^3）					
	苦槠	赣州市会昌县晓龙乡	高兰	本地	天然	12.3	25	15.6		855	69.0	强健	良好	栲类	用材林	
	苦槠	赣州市会昌县晓龙乡	高兰	本地	天然	12.3	25	19.7		555	72.0	强健	良好	栲类	用材林	
	苦槠	赣州市会昌县高排乡	坪坑罗杏	本地	天然	13.5	15	11.4		840	52.5	良好	良好	木荷	用材/生态林	
	苦槠	赣州市会昌县清溪乡	清溪村象洞	本地	天然	2.1	15	22.3		660	150.0	良好	一般	木荷	生态林	
	苦槠	赣州市全南县大吉山大岳村	静水子	本地	天然	3.0	25	20.9	12.9	480	93.0	良好	一般	青钩栲	用材林	
	苦槠	赣州市全南县大吉山大岳村	大水坑	本地	天然	2.7	20	24.8	10.5	435	127.5	良好	良好	青钩栲	用材林	
	苦槠	赣州市全南县龙下乡樟屋前组	背夫坑	本地	天然	3.3	27	8.4	12.5	1395	84.0	良好	良好		用材/生态林	
	苦槠	赣州市全南县茅山林场	大水坑分场	本地	天然	30.1	17	14.9	12.6	795	67.5	良好	一般		用材/生态林	
	苦槠	赣州市全南县茅山林场	大水坑分场	本地	天然	28.9	14	12.8	11.4	780	45.0	良好	一般		用材/生态林	
	苦槠	赣州市全南县茅山林场	罗坑分场	本地	天然	120.0	14	13.4	9.5	750	48.0	良好	一般		用材/生态林	
	苦槠	赣州市全南县茅山林场	茅峰分场	本地	天然	19.3	17	15.8	10.7	645	63.0	良好	一般		用材/生态林	
	苦槠	赣州市全南县茅山林场	茅峰分场	本地	天然	22.6	19	17.3	11.1	765	94.5	良好	一般		用材/生态林	
	苦槠	赣州市全南县茅山林场	茅峰分场	本地	天然	30.4	18	16.3	10.3	675	72.0	良好	一般		用材/生态林	
	苦槠	赣州市全南县青龙山林场太和	犁壁岭	本地	天然	8.8	21	15.9	9.7	1125	126.0	良好	一般		用材/生态林	
	苦槠	赣州市全南县青龙山林场太和	大寨田	本地	天然	8.7	21	18.1	9.2	1110	151.5	良好	一般		用材/生态林	
	苦槠	赣州市全南县青龙山林场太和	龙南底	本地	天然	22.1	23	18.5	9.8	840	121.5	良好	一般		用材/生态林	
	苦槠	赣州市全南县上宷林场	上宷背	本地	天然	10.0	15	15.5	8.8	1035	97.5	良好	差	木荷、青冈	用材/生态林	混交
	苦槠	赣州市全南县五指山林场	石罗井工区程光坑	本地	天然	2.7	25	13.1	11.49	1215	138.2	强健	一般		用材/生态林	
	苦槠	赣州市全南县五指山林场	石罗井工区饭池嶂	本地	天然	0.1	16	11.6	8.1	1050	42.0	一般			用材/生态林	线路调查
	苦槠	赣州市全南县兆坑林场	芳洞	本地	天然	8.3	30	16.8	13.1	1005	111.0	良好	一般		用材/生态林	混交林
	苦槠	赣州市上犹县五指峰林场	夹河林区	本地	天然	2.4		18.0	11	315		良好			生态林	
	苦槠	赣州市上犹县五指峰林场	三门坑林区	本地	天然	9.9	45	36.0	11	390		良好			用材/生态林	

（续）

序号	树种名称	经营单位（或个人）	地名	种源	起源	面积（hm^2）	林龄（a）	平均胸径（cm）	平均树高（m）	每公顷株数（株）	每公顷蓄积（m^3）	生长状况	结实状况	林分中主要混交树种名称	主要树种利用评价	备注
	苦槠	赣州市信丰县万隆乡龙头村鸭子嘴组	屋背	本地	天然	0.8	26	15.1	14.9	1245	109.5	强健	一般	木荷、香樟	用材/生态林	混交林
	苦槠	赣州市兴国县龙山林场		本地	天然	13.3	30	17.5	10.5	525	73.5	强健	一般	楠木、青冈	生态林	混交林
	苦槠	赣州市寻乌县项山乡	聪坑村		天然	0.3	28	27.0	17.5	390	126.0	强健	良好	楠木等	用材林	
	苦槠	赣州市寻乌县项山乡	聪坑村		天然	0.4	28	17.5	8.4	780	92.1	强健	良好	楠木、杉木等	用材林	
	苦槠	赣州市寻乌县项山乡	聪坑村		天然	0.4	28	19.3	11	900	149.0	强健	良好	楠木、杉木等	用材林	
	苦槠	赣州市寻乌县项山乡	聪坑村		天然	0.4	27	13.5	7.8	1890	120.3	强健	良好	楠木、木荷等	用材林	
	苦槠	赣州市于都县禾丰镇	陂角村	本地	天然	0.2	25	40.0	15	600	120.0	强健	一般		用材/生态林	
	苦槠	赣州市章贡区湖边敬老院		本地	天然	3.7	中龄	20.3	13.5	615	112.5	强健	一般	木荷	用材林	
	苦槠	上饶德兴市皈大乡	分水村		天然	1.3	45	36.3	10.7	900	75.0	强健	良好		用材/生态林	
	苦槠	上饶德兴市新岗山镇	新建村		天然	0.7	52	20.7	7.3	570	114.0	强健	良好		用材/生态林	
	苦槠	上饶德兴市新岗山镇	新建村		天然	0.7	52	21.4	6.5	645	141.0	强健	良好		用材/生态林	
	苦槠	上饶市广丰县后阳	灰山底	本地	天然	6.3	38	19.5	11.4	1080	149.1	强健	良好	麻栎	生态林	
	苦槠	上饶市鄱阳县芦田乡孤山村		本地	天然	2.1	34	24.1	15.23	945	322.5	良好	一般	栎树		
	苦槠	上饶市上饶县高洲	揭家	本地	天然	3.7	50	23.0	12	825	202.5	强健	良好		用材/生态林	
	苦槠	上饶市上饶县华坛山	毛村分场	本地	天然	2.1	45	20.2	11	1275	172.5	强健	良好		用材/生态林	
	苦槠	上饶市万年县盘岭林场	盘岭村	本地	天然	1.0	20	18.3	13.4	1395	121.5	强健	良好		用材/生态林	
	苦槠	上饶市信州区朝阳乡十里村	下黄苦槠山		天然	0.9	50	25.6	13.8	570	196.7					
	苦槠	吉安市遂川县五指峰林场	苦竹窝	本地	天然	3.0	59	36.5	12	285	278.8		一般	毛竹	采种母树林	
	苦槠	吉安市万安县龙溪村	新屋下		天然	0.7	20	11.6	12	840	27.0	强健	一般	马尾松		
	苦槠	吉安市永丰县梨树村		本地	天然	2.0	300	70.0	15	180	198.0	良好	良好	杉木	生态林	
	苦槠	吉安市永新县曲白乡	蒋坑村	本地	人工	0.2	80	51.0	15	330	330.0	良好	结实初期		用材林	
	苦槠	吉安市永新县曲江林场	龙源联营山场	本地	天然	20.0	40	14.7	7	660	54.8	良好	结实初期		用材/生态林	

（续）

序号	树种名称	经营单位（或个人）	地名	种源	起源	面积（hm^2）	林龄（a）	平均 胸径（cm）	平均 树高（m）	每公顷 株数（株）	每公顷 蓄积（m^3）	生长状况	结实状况	林分中主要混交树种名称	主要树种利用评价	备注
	苦槠	抚州市崇仁县巴山镇东岗村	罗溪村委会东岗村后龙山	本地	天然	5.7	20	12.0	13	1500	67.5	良好	一般	枫香、槠树、木荷	生态/采种母树林	
	苦槠	抚州市崇仁县马安镇吕坊村	秋陂	本地	天然	1.3	25	22.0	12	1200	244.5	良好	一般	枫香、栎树	生态/采种母树林	
	苦槠	抚州市东乡县占圩北娄		本地	天然	1.3	30	32.0	9	375	189.0	一般	良好	木荷	用材生态林	
	苦槠	抚州市金溪县陆坊	朗山口	本地	天然	2.2	26	16.7	11.8	1080	124.5	强健	一般	枫香	生态/采种母树林	
	苦槠	抚州市金溪县秀谷	徐塘	本地	天然	1.2	24	16.0	10.5	1095	130.5	强健	一般	木荷	生态/采种母树林	
	苦槠	抚州市金溪县秀谷	下邓家瑶	本地	天然	3.1	28	17.0	10.2	1320	139.5	强健	一般	木荷	生态/采种母树林	
	苦槠	抚州市乐安县供坊	义门	本地	天然	1.6	50	36.6	13.5	450	313.5	强健	良好	杜英	生态/采种母树林	
	苦槠	抚州市乐安县石陂林场	咸口	本地	天然	6.6	30	19.7	20	1050	163.5	强健	一般	松类、杉木	生态/采种母树林	
	苦槠	抚州市南丰县紫霄镇	藕塘村	本地	天然	2.1	14	10.0	5.8	345	31.5	强健	差	其他硬阔树种	用材林	
	苦槠	景德镇市昌江区程家/吴家				1～2.5	47～42	20.7～18.6	11.0～11.0	765～840	169.5～141	良好	良好		生态林	
	苦槠	景德镇市昌江区留阳			天然	0.9	35	15.7	10	1545	181.5	良好	良好	枫香、栎类	生态林	
	苦槠	景德镇市昌江区双溪露下林			天然	6.0	46	21.2	13.6	900	192.0	一般	良好	枫香	生态林	
	苦槠	景德镇市浮梁县南溪村西边组			天然	1.3	15	8.9	7.3	1500	117.0	良好	一般	木荷、栎		
	苦槠	景德镇市浮梁县峙滩村杨村			天然	2.0	21	13.0	10	975	73.5	良好	良好	枫香	用材林	
64	乐昌含笑	赣州市九连山自然保护区	新开迳	本地	天然	13.3	成龄	13.0	23.4	525	135.0	强健	一般	南酸枣	用材/生态林	
	乐昌含笑	赣州市九连山自然保护区	虾蚣塘主沟	本地	天然	0.7	成龄	14.5	19.3	525	84.0	强健	一般	红翅槭	用材/生态林	
	乐昌含笑	赣州市上犹县五指峰林场	三门坑光姑山	本地	天然	0.6		37.0	15	210		良好		深山含笑	用材/生态林	

（续）

序号	树种名称	经营单位（或个人）	地名	种源	起源	面积（hm^2）	林龄（a）	平均		每公顷		生长状况	结实状况	林分中主要混交树种名称	主要树种利用评价	备注
								胸径（cm）	树高（m）	株数（株）	蓄积（m^3）					
	乐昌含笑	宜春市官山自然保护区	芭蕉埚													
	乐昌含笑	宜春市铜鼓县城郊林场	城郊林场	本地	人工		20	35.6	15	900	368.4	本地	良好	松类	采种母树林	
	乐昌含笑	宜春市铜鼓县园林所	县西湖公园	铜鼓	人工	0.1	35	28.0	13	600	240.0		良好		采种母树林	
65	雷竹	新余市东坑林场	肖公庙	浙江	人工	3.5	5	1.6	3.8	12180		良好			用材/生态林	
	雷竹	新余市森林苗圃		浙江	人工	2.7	6	1.5	3.5	11340		良好	一般		用材/生态林	
66	黧蒴栲	赣州市安远县牛犬山林场	邹屋迳	本地	天然	2.2	18	11.7	8.8	1335	62.7	良好	良好	杉木	生态林	
	黧蒴栲	赣州市大余县烂泥迳林场	三江口工区	本地	天然	3.2	中龄	18.9	13.2	900		强健	差	甜槠、南岭栲	用材/生态林	
	黧蒴栲	赣州市大余县烂泥迳林场	三江口工区	本地	天然	7.2	中龄	16.2	14.8	1110		强健	差	木荷	用材/生态林	
	黧蒴栲	赣州市大余县内良乡尧扶村	黄古冲	本地	天然	1.0	中龄	13.1	11.9	1305		强健	差	木荷	用材/生态林	
	黧蒴栲	赣州市九连山自然保护区	犀牛坑	本地	天然	2.0	近龄	12.8	15.6	1185	97.5	强健	一般	丝栗栲	用材/生态林	
	黧蒴栲	赣州市龙南县基地林场	嶂背	本地	天然	26.0	15	11.3	11.5	1230	49.2	强健	差	拟赤杨、木荷、香樟、枫香	用材/生态林	混交
	黧蒴栲	赣州市龙南县九连山林场	高峰龙古坑	本地	天然	9.5	16	11.8	9	1125	54.0	强健	差	钩栲、青冈栎	用材/生态林	混交
	黧蒴栲	赣州市全南县陂头岐山上寨围		本地	天然	26.7	18	11.7	8	1680	75.0	良好	一般		用材/生态林	
	黧蒴栲	赣州市信丰县金鸡林场	下竹迳工区猪婆垅	本地	天然	15.5	29	20.2	14.2	615	109.5	强健	一般	青钩栲、南岭栲、拟赤杨	用材/生态林	混交林
	栎树	九江市武宁县杨洲南屏村	弥陀寺	本地	天然	2.8	成龄	25.6	15.2	780	279.2	强健	差		用材林	
	栎树	九江市武宁县杨洲森峰村	七组	本地	天然	0.6	成龄	23.6	11.6	795	232.1	强健	差		用材林	
	栎树	鹰潭贵溪市冷水林场	饶源分场浪港	本地	天然	1.1	40	23.0	9.5	660		强健	良好	栲树		
	栎树	鹰潭贵溪市冷水林场	茶山分场杂柴坑	本地	天然	1.5	60	20.0	10	480		强健	良好	栲树		
	栎树	鹰潭贵溪市冷水林场	饶源分场枫树窝	本地	天然	2.0	58	20.0	8.6	630		强健	良好	栲树		

（续）

序号	树种名称	经营单位（或个人）	地名	种源	起源	面积（hm^2）	林龄（a）	平均胸径（cm）	平均树高（m）	每公顷株数（株）	每公顷蓄积（m^3）	生长状况	结实状况	林分中主要混交树种名称	主要树种利用评价	备注
	栎树	鹰潭贵溪市冷水林场	饶源分场浪港	本地	天然	1.3	65	24.0	11	540		强健	良好	栲树		
	栎树	鹰潭贵溪市冷水林场	饶源分场大熊坑	本地	天然	1.7	50	24.0	9.5	570		强健	良好	栲树		
	栎树	鹰潭贵溪市冷水林场	茶山分场鲁水坑	本地	天然	1.3	45	18.0	9	540		强健	良好	栲树		
	栎树	鹰潭贵溪市冷水林场	茶山分场龙潭	本地	天然	1.6	60	24.5	14	570		强健	良好	栲树		
	栎树	鹰潭贵溪市冷水林场	饶源分场平坑	本地	天然	1.8	45	20.0	9	750		强健	良好	栲树		
	栎树	鹰潭贵溪市冷水林场	饶源分场浪港	本地	天然	1.5	50	18.0	9	570		强健	良好	栲树		
	栎树	上饶德兴市万村乡	毛家畈		天然	2.0	32	13.5	6.5	990	64.5	强健	良好		用材/生态林	
	栎树	抚州市南城县沙洲镇临坊村罗家村小组	后龙山	本地	天然	1.3	45	21.6	13.7	555	55.5	强健	一般	楮树、枫香	生态林	混交
	栎树	抚州市南丰县白舍镇	姜源村	本地	天然	2.1	14	6.4	4.2	570	37.5	强健	差	马尾松、其他硬阔	用材林	
	栎树	景德镇市浮梁县峙滩村赵组			天然	2.0	21	11.0	9.7	1365	54.0	良好	良好	檫木、苦槠	用材/生态林	
68	柳杉	九江市星子县东牯山林场	五乳寺		人工	2.7	30	28.0	19	1110	222.0	良好	一般		用材/生态林	
	柳杉	赣州市九连山自然保护区	虾蚣塘保护站旁	本地	人工	1.0	30	21.3	31.4	600	312.0	强健	一般	日本柳杉	用材/生态林	
	柳杉	上饶市上饶县高洲		本地	天然	2.0	80	35.0	20	450	237.0	强健	良好		用材/生态林	
	柳杉	上饶市玉山县怀玉乡冷水坑林场		本地	人工	2.2	28	25.8	21	555	216.0	强健	良好		用材林	
	柳杉	吉安市永丰县中村林场	珠江	庐山	人工	2.7	21	21.0	15	1050	225.0	良好	差		用材/生态林	
	柳杉	吉安市永新县七溪岭林场	粑陂分场	本地	人工	0.1	13	15.0	9.6	1245	109.6	良好	结实初期	杉木	用材林	
	柳杉	景德镇市浮梁县枫树山林场白石塔内层基	白石塔内层基		人工	0.3	11	6.5	5.4	2100	16.5	良好	良好		用材/生态林	

（续）

序号	树种名称	经营单位（或个人）	地名	种源	起源	面积（hm^2）	林龄（a）	平均 胸径（cm）	平均 树高（m）	每公顷 株数（株）	每公顷 蓄积（m^3）	生长状况	结实状况	林分中主要混交树种名称	主要树种利用评价	备注
69	罗浮栲	赣州市大余县烂泥迳林场	三江口工区	本地	天然	4.5	中龄	20.4	16.7	855		强健	差	米槠、木荷	用材/生态林	
	罗浮栲	赣州市大余县烂泥迳林场	三江口工区	本地	天然	1.5	中龄	16.9	15.7	1110		强健	差	木荷、甜槠	用材/生态林	
	罗浮栲	赣州市九连山自然保护区	虾蚣塘主沟龙门	本地	天然	6.7	成龄	11.6	25.6	900	286.5	强健	一般	丝栗栲、米槠、拟赤杨	用材/生态林	
	罗浮栲	赣州南康市大山脑林场	莲花坞	本地	天然	33.3	30	40.0	16	1590	154.5	强健	一般	杜英、木荷	生态林	
	罗浮栲	赣州南康市大山脑林场	莲花坞	本地	天然	40.0	30	46.0	16	1755	165.0	强健	一般	杜英	生态林	
	罗浮栲	抚州市资溪县马头山镇	柏泉村	本地	天然	1.0	16	18.5	12.5	240	135.0	强健	结实初期	木荷	用材/生态林	
70	椤木石楠	赣州市信丰县崇仙乡三坝村下排组	下排组屋背组	本地	天然	0.9	25	24.0	14.9	825	225.0	强健	一般	枫香、槲栎、樟树	用材/生态林	混交林
71	落羽杉	九江市九江县马回岭镇秀峰村	加油站后水塘	引进	人工		43	42.0	14	150		强健	一般		生态林	纯林
	落羽杉	九江市九江县马回岭镇秀峰村	私立学校后水沟	引进	人工		43	32.0	13	375		强健	一般		生态林	纯林
72	麻栎	九江市修水县漫江乡	西岭村	本地	天然	2.0	42	18.5	11.2	825		强健	良好		生态林	
	麻栎	赣州市赣县下山寮林场	砂子坑	本地	天然	23.0	20	10.0	19.3	865.5	145.2	良好	良好	栲树、苦槠		
	麻栎	赣州市赣县下山寮林场	鸡公嶂旱坑里	本地	天然	28.2	20	10.3	20.3	649.5	140.0	良好	良好	栲类、楠木		
	麻栎	赣州市赣县犹江林场	三坑分场乌坑	本地	天然	4.2	36	15.3	12.3	705	64.5	良好		木荷、枫香	生态林	
	麻栎	宜春市官山自然保护区	大沙坪													
	麻栎	宜春市官山自然保护区	李家屋场											穗花杉		
	麻栎	宜春市官山自然保护区	龙坑													
73	马尾松	南昌市安义县石鼻镇	燕坊村背后山	本地	天然	2.3	26	25.0	9	2400	397.5	良好	一般		用材林	
	马尾松	南昌市进贤县北岭林场		本地	天然	2.0	33	20.6	8.7	405	72.3	强健	良好			
	马尾松	南昌市新建县溪霞镇石咀村	施家	本地	人工	10.0	35	18.7	12.7	975	154.1	良好	良好	木荷		

（续）

序号	树种名称	经营单位（或个人）	地名	种源	起源	面积（hm^2）	林龄（a）	平均胸径（cm）	平均树高（m）	每公顷株数（株）	每公顷蓄积（m^3）	生长状况	结实状况	林分中主要混交树种名称	主要树种利用评价	备注
	马尾松	九江市德安县爱民红岩村一组岩泉桂	面前山	本地	天然	2.0	25	17.1	12.6	1275	159.4	强健	一般		生态林	纯林
	马尾松	九江市德安县高塘乡高塘村山里丁家	面前山	本地	天然	2.6	25	19.5	12.6	1650	290.4	强健	一般		生态林	纯林
	马尾松	九江市德安县磨溪乡南田村四组	屋西南面山	本地	天然	0.3	25	18.5	11.9	1350	210.6	强健	一般	苦储	生态林	
	马尾松	九江市德安县磨溪乡曙光村六组	扁担山	本地	天然	2.8	25	18.5	11.6	1500	229.5	强健	一般		生态林	
	马尾松	九江市都昌县朝阳林场	细垅涧颈	本地	天然	2.0	32	20.1	11.8	1200	228.0	强健	一般	其他阔叶树	生态林	
	马尾松	九江市都昌县土塘镇莲蓬村	大咀山	本地	天然	2.7	28	15.3	9.1	1800	167.4	强健	一般	其他阔叶树	生态林	
	马尾松	九江市都昌县徐埠镇白果树	白果树组后山	本地	天然	1.7	35	26.9	13.4	825	321.8	强健	一般	苦楮	生态林	
	马尾松	九江市湖口县流芳乡老山村	张家自然村		天然	9.0	18	14.0	10.7	2055	170.0	良好	一般		用材/生态林	
	马尾松	九江市九江县岷山乡大塘村九组	张七房	本地	天然	0.5	200	45.0	15.5	750		强健	一般	黄连木、枫香	生态林	
	马尾松	九江市九江县岷山乡大塘村九组	张七房	本地	天然	3.3	150	40.0	18	600		强健	一般		生态林	
	马尾松	九江市庐山区虞家河乡民生村	民生村泉水垅	本地	天然	2.7	22	16.4	10	1140		强健	良好		用材林	
	马尾松	九江瑞昌市范镇	长春三组	本地	天然	3.1	22	16.3	12	1275	160.1	强健	一般		用材林	
	马尾松	九江瑞昌市横港镇	远景村通门垄	本地	天然	1.7	19	13.6	10.3	1230	101.1	强健	一般	其他阔叶树	用材林	
	马尾松	九江瑞昌市南义	美景村七组	本地	天然	8.0	27	17.0	11.2	1320	193.2	强健	一般	其他阔叶树	用材林	
	马尾松	九江市武宁县甫田茶棋村	东瓜源家里	本地	天然	2.0	21	13.2	7	615	53.3	强健	差		用材林	
	马尾松	九江市武宁县官莲官塘村	坟山	本地	天然	1.9	21	19.8	9.2	750	147.5	强健	差		用材林	
	马尾松	九江市武宁县官莲官塘村	八组	本地	天然	0.9	24	20.1	10.1	855	177.7	强健	差		用材林	

（续）

序号	树种名称	经营单位（或个人）	地名	种源	起源	面积（hm^2）	林龄（a）	平均		每公顷		生长状况	结实状况	林分中主要混交树种名称	主要树种利用评价	备注
								胸径（cm）	树高（m）	株数（株）	蓄积（m^3）					
	马尾松	九江市武宁县官莲洪溪村	石板下	本地	天然	1.9	22	19.8	9.4	900	188.0	强健	差		用材/生态林	
	马尾松	九江市武宁县横路儒庄村	枫树铺	本地	天然	2.8	17	14.2	11.4	1935	111.5	强健	差		用材林	
	马尾松	九江市武宁县巾口棠厦村	八组	本地	天然	1.4	35	15.1	9.3	780	73.9	强健	差		用材/生态林	
	马尾松	九江市武宁县澧溪上菁村	平台山	本地	天然	2.1	21	13.5	9.6	1575	111.3	强健	差		用材林	
	马尾松	九江市武宁县鲁溪南冲村	一组	本地	天然	0.7	32	14.7	8.8	630	111.5	强健	差		用材林	
	马尾松	九江市武宁县鲁溪南冲村	六组	本地	天然	0.8	35	19.8	11.9	750	144.0	强健	差		用材林	
	马尾松	九江市武宁县鲁溪南冲村	五组	本地	天然	0.6	成龄	11.4	6.6	1920	106.4	强健	差		用材林	
	马尾松	九江市武宁县罗坪东边村	东源	本地	天然	2.1	中龄	13.4	10.3	1080	94.4	强健	差		用材/生态林	
	马尾松	九江市武宁县罗溪丰沅村	钟路坑	本地	天然	0.6	25	14.0	12.8	1200	61.7	强健	差		用材林	
	马尾松	九江市武宁县清江龙石村	董家洞	本地	天然	2.1	近龄	23.7	13.5	435	118.5	强健	一般		用材林	
	马尾松	九江市武宁县泉口楼厦村	南庄	本地	天然	3.3	16	13.9	10.8	1500	117.8	强健	差		用材林	
	马尾松	九江市武宁县石渡洞口村	黄连洞	本地	天然	2.1	近龄	32.8	13.5	435	287.0	强健	一般		用材林	
	马尾松	九江市武宁县宋溪田段		本地	天然	1.4	20	17.1	12.3	810	121.8	强健	差		用材/生态林	
	马尾松	九江市武宁县杨洲霞庄村	坪上	本地	天然	0.8	中龄	21.1	14.2	870	190.5	强健	差		用材/生态林	
	马尾松	九江市星子县东牯山林场	观音桥		天然	2.0	30	26.0	17	915	390.0	良好	一般		用材林	
	马尾松	九江市星子县东牯山林场	栖贤寺		天然	1.0	60～200	28.0	20	945	189.0	良好	一般	苦槠、枫香	绿化	混交
	马尾松	九江市星子县蓼花镇幸福村	岭上		天然	1.9	40	24.0	14	1050	322.5	良好	一般	樟树，苦槠	绿化	混交
	马尾松	九江市星子县温泉镇隘口村	门前山		天然	1.5	30～70	28.0	18	1200	240.0	良好	一般	樟树、苦槠、毛竹	绿化	混交
	马尾松	九江市星子县温泉镇板桥村	赵家山		天然	2.1	30～50	26.0	19	1020	204.0	良好	一般	樟树、苦槠	绿化	混交
	马尾松	九江市星子县秀峰村张家	门前山		天然	1.1	成龄	21.0	23	1230	246.0	良好	一般	樟树、苦槠、枫香、杜英	绿化	混交
	马尾松	九江市星子县秀峰景区	秀峰寺		天然	1.9	40～70	28.0	20	1035	207.0	良好	一般	樟树、苦槠、毛竹、枫香	绿化	混交
	马尾松	九江市修水县黄龙乡	太阳龙村	本地	天然	2.0	42	25.7	12.2	900		强健	良好		生态林	

（续）

序号	树种名称	经营单位（或个人）	地　名	种　源	起　源	面积（hm^2）	林龄（a）	平均 胸径（cm）	平均 树高（m）	每公顷 株数（株）	每公顷 蓄积（m^3）	生长状况	结实状况	林分中主要混交树种名称	主要树种利用评价	备　注
	马尾松	九江市修水县黄沙港林场	牛形	本地	天然	4.3	35	21.6	15.9	570		强健	良好		生态林	
	马尾松	九江市修水县黄沙镇	李村	本地	天然	7.3	25	15.2	10.6	1200		强健	良好		生态林	
	马尾松	九江市修水县征村乡	黄荆洲村上艾	本地	天然	1.8	26	26.7	14.4	930		强健	良好		用材林	
	马尾松	萍乡市莲花县神泉乡	浯塘村	本地	天然	2.2	31	22.3	16.7	1200	295.2	良好	一般			
	马尾松	萍乡市芦溪县银河镇	天柱岗村	本地	人工	4.3	18	10.8	7.2	1725	61.5	良好	一般			
	马尾松	萍乡市上栗县赤山镇幕冲村	分店屋背	本地	人工	2.0	27	30.0	12	750	178.5	强健	一般		用材林	
	马尾松	新余市抱石公园	文化宫		天然	7.3	21	21.2	13.8	495	109.0	良好	一般	樟树	用材/生态林	
	马尾松	新余市长埠林场	年珠		人工	3.3	16	15.4	13.6	2505	132.8	强健	一般		用材/生态林	
	马尾松	新余市高新区水西镇	白沙桥村委	本地	天然	6.2	25	30.3	12.93	390		良好	良好	油茶	用材/生态林	
	马尾松	新余市南英办事处	王年		天然	3.4	19	20.0	10.5	645	126.7	良好	一般		用材/生态林	
	马尾松	新余市钤山镇大铜村	福场	本地	天然	0.4	65	34.2	21.3	240	263.1	良好	一般		用材/生态林	
	马尾松	新余市山下林场	山下工区		人工	13.3	16	10.6	6.5	1590	37.5	强健	差		用材/生态林	
	马尾松	鹰潭市余江县春涛乡罗坪上艾组	小范塘	本地	人工	5.2	16	10.7	7.4	1500	51.0	强健	一般		用材/生态林	纯林
	马尾松	鹰潭市余江县黄庄乡黄庄村	独山咀	本地	天然	3.0	18	15.2	10.2	2625	204.0	良好	一般		用材/生态林	
	马尾松	鹰潭市余江县锦江镇石港杨家		本地	天然	4.5	15	9.6	6.7	2100	49.5	强健	一般		用材/生态林	纯林
	马尾松	鹰潭市余江县马荃镇	霞山村蒋家	本地	天然	2.3	24	19.4	10.8	675	108.0	强健	一般	枫香、木荷	用材/生态林	
	马尾松	鹰潭市余江县马荃镇	霞山村蒋家	本地	天然	2.7	24	19.1	10.6	705	112.8	强健	一般	枫香、木荷	用材/生态林	
	马尾松	鹰潭市余江县马荃镇	松山村松山	本地	天然	2.4	22	18.2	10.7	675	89.1	强健	一般	枫香、木荷	用材/生态林	
	马尾松	赣州市安远县安子岽林场	山川潭工区	本地	天然	1.2	36	12.5	16.8	435	227.0	良好	良好		生态林	
	马尾松	赣州市安远县白兔村下山塘组	草对坑	本地	天然	2.1	28	26.6	18.9	1530	105.1	良好	良好	栲树	用材林	
	马尾松	赣州市安远县长布村	北头	本地	天然	1.5	22	24.7	10.3	1005	123.0	良好	一般	木荷	用材/生态林	
	马尾松	赣州市安远县长富村南坑组	长富村南坑	本地	天然	1.0	25	29.2	12.3	600	48.0	良好	一般		用材林	

（续）

序号	树种名称	经营单位（或个人）	地名	种源	起源	面积（hm^2）	林龄（a）	平均		每公顷		生长状况	结实状况	林分中主要混交树种名称	主要树种利用评价	备注
								胸径（cm）	树高（m）	株数（株）	蓄积（m^3）					
	马尾松	赣州市安远县大胜村	碧湖	本地	天然	1.0	30	17.0	10	2505	93.0	良好	良好		用材/生态林	
	马尾松	赣州市安远县高云山林场	竹蒿岽	本地	天然	1.3	15	12.9	9.4	1680	105.1	良好	差		生态林	
	马尾松	赣州市安远县葛坳林场	猫公发	本地	天然	1.9	21	15.6	9.1	1650	154.5	良好	良好	杉木	用材林	
	马尾松	赣州市安远县	围岽脑	本地	天然	1.0	30	16.5	10.5	1470	147.0	良好	差	杉木	用材林	
	马尾松	赣州市安远县	长沙村岗外	本地	天然	0.4	21	16.0	10.6	405	1.8	良好	一般		用材/生态林	
	马尾松	赣州市安远县	吉祥村狮云岽	本地	天然	2.0	28	21.5	13.7	495	99.0	良好	一般		用材/生态林	
	马尾松	赣州市安远县	佛岭迳	本地	天然	1.3	21	13.6	8.7	1275	55.5	良好	差	木荷	用材/生态林	
	马尾松	赣州市安远县	林场屋背坑	本地	天然	4.1	24	18.0	12.3	1680	208.4	良好	一般	杉木	用材林	
	马尾松	赣州市安远县	文塘	本地	人工	5.6	26	17.0	12	1470	148.5	良好	一般	杉木	用材林	
	马尾松	赣州市安远县河石村	小学屋背	本地	天然	0.4	23	24.2	14	585	169.8	良好	一般		生态林	
	马尾松	赣州市安远县河石村	排田坑	本地	天然	0.8	24	20.5	14.2	390	85.4	良好	一般		用材林	
	马尾松	赣州市安远县黄背村	黄洞坳头	本地	天然	1.2	21	16.7	12.8	1335	97.5	良好	差		用材林	
	马尾松	赣州市安远县孔田林场	夹河口	本地	天然	2.2	24	21.8	11.8	555	102.2	良好	良好		生态林	
	马尾松	赣州市安远县莲塘村	塘边	本地	飞播	2.0	30	20.3	16.8	1200	225.6	良好	一般		用材/生态林	
	马尾松	赣州市安远县莲塘村	塘边	本地	飞播	2.0	28	18.9	14.1	1200	168.0	良好	一般		用材/生态林	
	马尾松	赣州市安远县濂江村	制药石	本地	天然	0.7	40	26.0	17.4	2505	153.0	良好	良好		用材/生态林	
	马尾松	赣州市安远县罗山村	大平铺	本地	天然	0.4	40	37.2	15.2	315	78.0	良好	一般	杉木	用材/生态林	
	马尾松	赣州市安远县罗山村	瓦了岗	本地	天然	0.5	18	22.9	7.9	240	69.0	良好	一般		用材/生态林	
	马尾松	赣州市安远县碛角村	白塔水库	本地	天然	1.1	40	25.0	15.5	2505	133.5	良好	良好		用材/生态林	
	马尾松	赣州市安远县上屋组	大围上屋	本地	天然	0.4	25	30.2	15.9	870	58.5	良好	一般		用材林	
	马尾松	赣州市安远县石仔坳组	石仔坳	本地	天然	2.5	32	22.5	16.5	300	68.1	良好	一般		用材/生态林	
	马尾松	赣州市安远县田螺坑组	田螺坑	本地	天然	2.5	47	22.5	22.8	300	67.8	良好	一般	杉木	用材/生态林	
	马尾松	赣州市安远县田心村	塘尾坑	本地	天然	0.4	30	17.8	9.14	1440	186.0	良好	一般		用材/生态林	

（续）

序号	树种名称	经营单位（或个人）	地名	种源	起源	面积（hm^2）	林龄（a）	平均胸径（cm）	平均树高（m）	每公顷株数（株）	每公顷蓄积（m^3）	生长状况	结实状况	林分中主要混交树种名称	主要树种利用评价	备注
	马尾松	赣州市安远县五龙村民组	玉兰坑	本地	天然	1.2	18	17.5	12.1	1200	45.0	良好	一般	木荷	用材/生态林	
	马尾松	赣州市安远县寨下组	寨背下	本地	天然	2.0	40	32.6	15	390	204.8	良好	一般	木荷	用材/生态林	
	马尾松	赣州市安远县寨下组	寨下	本地	人工	2.5	21	12.6	8.8	2400	153.0	良好	良好		用材林	
	马尾松	赣州市崇义县关田镇沙溪村	黄沙参腰石	本地	天然	43.3	28	21.5	13.9	450	117.1	强健	一般	拟赤杨、枫香、木荷等	用材/生态林	
	马尾松	赣州市崇义县关田镇沙溪村	黄沙参腰石	本地	天然	24.0	29	22.1	14.1	480	120.3	强健	一般	拟赤杨、枫香、木荷等	用材/生态林	
	马尾松	赣州市崇义县关田镇沙溪村	黄沙参腰石	本地	天然	26.3	28	23.8	13.8	465	120.0	强健	一般	拟赤杨、枫香、木荷等	用材/生态林	
	马尾松	赣州市崇义县铅厂镇关刀坪村	狗足岭	本地	人工	1.1	16	17.8	13.5	795	99.9	强健			用材/生态林	
	马尾松	赣州市崇义县铅厂镇石罗村	林场水库边	本地	人工	5.7	16	17.7	12.7	495	63.0	强健			用材/生态林	
	马尾松	赣州市崇义县天台山林场	场部屋背	本地	天然	5.8	26	19.2	19.2	690	157.9	强健	一般	丝栗栲、拐枣、拟赤杨、杜英、木荷等	用材/生态林	
	马尾松	赣州市大余县烂泥迳林场	三江口工区	本地	天然	1.1	中龄	24.2	23.6	825		强健	差	木荷	用材林	
	马尾松	赣州市大余县烂泥迳林场	三江口工区	本地	天然	1.3	中龄	21.0	21.4	795		强健	差	木荷	用材林	
	马尾松	赣州市定南县老城镇下池村	下池村石角头屋背	本地	天然	1.5	30	20.8	18.9	600	96.0	强健	一般		用材林	
	马尾松	赣州市定南县历市镇恩荣村	旱坑	本地	天然	2.7	23	19.0	10.2	660	93.7	强健	一般		用材林	
	马尾松	赣州市定南县历市镇历市村	南山	本地	天然	5.3	29	18.0	11.8	1680	135.7	强健	一般	木荷	用材林	
	马尾松	赣州市定南县历市镇中沙村	凌屋背夫	本地	天然	2.0	39	26.7	13.9	420	136.5	强健	良好		用材林	
	马尾松	赣州市定南县龙塘镇柏木村	老溪组远山	本地	天然	5.9	16	13.3	8.5	945	48.0	良好	良好	杉木	用材林	
	马尾松	赣州市定南县龙塘镇忠诚村	新园组	本地	天然	5.3	26	15.4	11.2	1395	123.0	良好	良好	杉木	用材林	
	马尾松	赣州市定南县天九镇石盆村	大云田组打鼓坑	本地	天然	2.7	38	23.8	16.5	1590	223.5	强健	良好	杉木	用材林	
	马尾松	赣州市宁都县肖田乡	小吟村东池组	本地	天然	0.8	26	28.0	12	1260	195.0	强健	一般		用材林	

（续）

序号	树种名称	经营单位（或个人）	地名	种源	起源	面积（hm^2）	林龄（a）	平均胸径（cm）	平均树高（m）	每公顷株数（株）	每公顷蓄积（m^3）	生长状况	结实状况	林分中主要混交树种名称	主要树种利用评价	备注
	马尾松	赣州市全南县城厢镇城厢村	梅子山	本地	天然	24.3	36	13.5	12.2	735	44.8	良好	一般	杉木		保护改造
	马尾松	赣州市全南县城厢镇镇仔村	镇仔	本地	天然	3.8	35	18.1	11.1	660	83.2	良好	一般	木荷		保护改造
	马尾松	赣州市全南县大吉山镇田背村	龙口围背	本地	天然	2.3	16	15.5	10.5	975	64.5	良好	良好	杉木	用材林	
	马尾松	赣州市全南县大吉山镇乌柏坝村	祠堂背	本地	天然	2.7	12	12.2	9.9	1155	48.0	良好	一般	杉木	用材林	
	马尾松	赣州市全南县金龙镇曹屋村小组	曹屋背	本地	天然	7.0	21	17.3	12	559.5	77.9	良好	一般	杉木	用材林	
	马尾松	赣州市全南县金龙镇东风村	船岭	本地	天然	7.5	21	15.5	13.6	690	72.9	良好	差	杉木、木荷	用材林	
	马尾松	赣州市全南县金龙镇排坊村小组	背夫	本地	天然	8.7	22	19.1	12.8	559.5	89.6	良好	一般	杉木、木荷	用材林	
	马尾松	赣州市全南县金龙镇五岗场村小组	五岗场屋背	本地	天然	5.0	24	20.0	13.4	630	122.5	良好	一般	杉木	用材林	
	马尾松	赣州市全南县龙下乡油料下组	松树窝	本地	天然	4.7	35	9.0	15.1	990	69.0	良好	良好			
	马尾松	赣州市全南县龙源坝村田螺无村小组	田螺无屋背	本地	天然	3.9	34	28.3	14.7	465	160.5	良好	一般		用材林	
	马尾松	赣州市全南县茅山林场	甘坑分场	本地	天然	29.9	21	18.9	13.6	630	88.5	良好	一般		用材/生态林	
	马尾松	赣州市全南县南迳镇寨了下背	寨了下背	本地	天然	2.3	16	7.7	5.5	1335	25.5	良好	差	杉木	用材/生态林	
	马尾松	赣州市全南县五指山林场	石罗井工区细坝子	本地	天然	3.3	28	22.6	17.26	765	258.9	强健	一般		用材/生态林	
	马尾松	赣州市全南县小叶岽林场	坪山工区	本地	人工	12.0	13	11.0	8.6	3060	112.5	良好	一般	杉木	用材/生态林	
	马尾松	赣州市全南县小叶岽林场	坪山工区	本地	人工	7.3	13	11.4	8.4	3030	121.5	良好	一般	杉木、木荷	用材/生态林	
	马尾松	赣州市全南县中寨乡黄竹龙村	高寨子	本地	天然	7.7	14	12.5	9.5	1815	70.5	强健	良好		用材/生态林	
	马尾松	赣州市全南县中寨乡中坝村	中坑段	本地	天然	8.8	18	16.6	8.2	810	57.0	强健	良好		用材/生态林	
	马尾松	赣州市上犹县五指峰乡	黄竹头	本地	天然	0.3	23	38.0	15	855		良好			用材/生态林	
	马尾松	赣州市寻乌县项山乡	聪坑村		天然	0.4	26	18.0	11.8	1680	135.8	强健	良好	木荷	用材林	

（续）

序号	树种名称	经营单位（或个人）	地 名	种 源	起 源	面积（hm^2）	林龄（a）	平均		每公顷		生长状况	结实状况	林分中主要混交树种名称	主要树种利用评价	备 注
								胸径（cm）	树高（m）	株数（株）	蓄积（m^3）					
	马尾松	赣州市于都县银坑镇	银坑村栏观前	本地	天然	13.3	20	16.0	10	1125	103.5	强健	一般		生态林	
	马尾松	宜春市奉新县	古吁张家	本地	天然	1.0	31	36.3	13	1800	121.7	良好	良好	阔叶树	采种母树林	
	马尾松	宜春市奉新县路口村塔下组	塔下组	本地	天然	0.3	20	13.9	9.9	1200	91.7	良好	一般	阔叶树		不可采种
	马尾松	宜春高安市石脑菜田村李家组	后垅山	本地	人工	3.8	50	20.0	15	540	163.5	强健	一般	苦槠、木荷、栎类	用材/生态林	混交
	马尾松	宜春市上高县镜山公园	公园内	本地	天然	1.7	35	22.5	13	1140	127.5	良好	良好	杉木	用材林	
	马尾松	宜春市上高县镜山公园	公园内	本地	天然	3.3	31	22.8	13	1125	133.5	良好	良好	杉木	用材林	
	马尾松	宜春市上高县镜山公园	公园内	本地	天然	2.0	30	26.7	12.5	1095	129.0	良好	良好	杉木	用材林	
	马尾松	宜春市上高县镜山公园	公园内	本地	天然	3.3	30	26.7	13	1440	135.0	良好	良好	杉木	用材林	
	马尾松	宜春市上高县镜山公园	公园内	本地	天然	2.4	30	23.4	13	1440	126.0	良好	良好	杉木	用材林	
	马尾松	宜春市上高县梅沙村	泛枯背山	本地	天然	3.3	25	16.3	13	1845	213.0	良好	良好		用材林	
	马尾松	宜春市上高县泉港村	泉港村	本地	天然	0.9	30	25.0	12	915	298.5	良好	良好		用材林	
	马尾松	宜春市宜丰县新庄镇	张家	本地	人工	85.3	40	12.0	8.5	1200	57.6	良好				
	马尾松	宜春樟树市试验林场二分场	二分场	本地	人工	2.0	中龄	17.0	8.9	1200	147.6	强健				
	马尾松	上饶德兴市大茅山集团	梧风洞		天然	2.0	48	31.1	16.6	1005	201.0	强健	良好		用材/生态林	
	马尾松	上饶德兴市大茅山集团	梧风洞		天然	1.3	35	34.5	17.4	1080	216.0	强健	良好	阔叶树	用材/生态林	
	马尾松	上饶德兴市海口镇	杨家村		天然	2.7	35	25.3	15.5	1170	375.0	强健	良好		用材/生态林	
	马尾松	上饶德兴市绿野公司	银城镇枫树岭		人工	2.5	42	21.0	9.7	1530	306.0	强健	良好		用材/生态林	
	马尾松	上饶市广丰县林业科学研究所	双连塘	本地	天然	6.7	28	15.1	9.8	1125		强健	良好	杉木、阔叶树	用材林	
	马尾松	上饶市广丰县排山	西岩山	本地	人工	2.7	19	16.2	11.4	960	96.6	良好	良好	苦槠	用材林	
	马尾松	上饶市广丰县十都	坟山	本地	天然	6.0	28	16.6	11	1605	163.1	强健	良好	木荷	用材/生态林	
	马尾松	上饶市广丰县樟坞	文家山	本地	天然	2.0	20	10.9	8.7	1350	51.0	强健	良好		用材/生态林	
	马尾松	上饶市鄱阳县谢家滩镇东堡村		本地	天然	4.7	25	25.8	17.87	765	264.0	良好	一般	槠类		

（续）

序号	树种名称	经营单位（或个人）	地名	种源	起源	面积（hm^2）	林龄（a）	平均 胸径（cm）	平均 树高（m）	每公顷 株数（株）	每公顷 蓄积（m^3）	生长状况	结实状况	林分中主要混交树种名称	主要树种利用评价	备注
	马尾松	上饶市上饶县茗洋	高塍	本地	天然	4.3	30	15.0	12.5	1275	121.5	强健	良好		用材/生态林	
	马尾松	上饶市上饶县望仙	西坑林场	本地	天然	5.5	35	16.0	13	1275	127.5	强健	良好		用材/生态林	
	马尾松	上饶市上饶县望仙	大山林场	本地	天然	5.3	40	15.5	13	1200	120.0	强健	良好		用材/生态林	
	马尾松	上饶市万年县裴梅镇汪家村	江头猫仂山	本地	天然	6.7	20	18.6	13.7	1050	153.0	强健	良好		用材/生态林	
	马尾松	上饶市万年县珠山乡石鼓村	后山	本地	天然	0.8	19	17.6	14.8	1200	139.5	强健	良好	枫香、木荷	用材/生态林	
	马尾松	上饶市婺源县思口镇西冲村	西冲	本地	天然	1.7	32	28.7	16.5	795	345.0	强健	一般	杉木		
	马尾松	上饶市婺源县中云山背畈渔场	山背畈	本地	人工	5.3	25	30.5	9.1	900	180.0	良好	一般		用材林	
	马尾松	上饶市婺源县紫阳镇城关村	茶叶公司后山	本地	人工	1.0	25	28.8	11.5	780	399.0	良好	一般		用材林	
	马尾松	上饶市余干县朱家		本地	天然	2.0	17	10.6	9.1	1350	37.5	强健	一般		用材林	
	马尾松	吉安市安福县横龙镇东谷村		本地	人工	2.7	20	14.4	7.4	2625	173.1	良好	15kg/hm^2		用材/生态林	
	马尾松	吉安市安福县平都镇十里村		本地	人工	2.1	28	19.0	10.4	1350	195.0	良好	21kg/hm^2		用材/生态林	
	马尾松	吉安市吉安县九龙林场			天然	19.4	21	19.7	16.38	1800						
	马尾松	吉安市吉安县九龙林场			天然	15.3	21	19.7	16.39	1800						
	马尾松	吉安井冈山市东上乡浆山村	荷树湾屋背		天然	0.1	25	26.0	13	315	96.0	良好			用材林	
	马尾松	吉安井冈山市东上乡浆山村	荷树湾屋背		天然	0.1	30	34.0	14	480	285.0	良好		木荷	用材林	
	马尾松	吉安市万安县高陂村	田背岭		天然	2.2	46	37.1	18.4	690	309.0	强健	良好			
	马尾松	吉安市万安县高陂村	长岭上		人工	2.6	43	32.1	27.3	750	336.0	强健	良好			
	马尾松	吉安市万安县枧头村	村背岭		天然	3.0	25	19.5	16	900	121.5	强健	良好	木荷、枫香		
	马尾松	吉安市万安县龙头村	龙下		天然	6.0	40	27.9	19.7	750	255.0	强健	良好	木荷		
	马尾松	吉安市万安县奇富村	横岭背		人工	5.0	18	16.2	11.9	900	81.0	强健	良好			飞播
	马尾松	吉安市万安县旺坑村	坛塘		天然	2.0	25	17.1	11.7	1110	117.0	强健	一般			
	马尾松	吉安市万安县阳坑村	村背坑		天然	2.0	28	20.0	13.6	1125	154.5	强健	一般			
	马尾松	吉安市万安县珠山村	龙岭		天然	3.0	16	14.2	10.7	1500	78.0	强健	一般	木荷、枫香		

（续）

序号	树种名称	经营单位（或个人）	地名	种源	起源	面积（hm^2）	林龄（a）	平均		每公顷		生长状况	结实状况	林分中主要混交树种名称	主要树种利用评价	备注
								胸径（cm）	树高（m）	株数（株）	蓄积（m^3）					
	马尾松	吉安市万安县珠山村	湖丘坪		天然	2.0	21	18.8	14.4	900	121.5	强健	良好	木荷、枫香		
	马尾松	吉安市万安县珠山村	湖丘坪		天然	2.8	19	16.7	10.8	945	85.5	强健	良好	枫香		
	马尾松	吉安市永丰县城上	松子山	本地	天然	2.4	60	36.6	16.1	150	109.5	良好	良好		用材/生态林	
	马尾松	吉安市永丰县水浆林场	水库边	本地	天然	6.7	25	24.6	11	720	288.0	良好	良好	木荷、枫香	用材/生态林	
	马尾松	吉安市永丰县潭城罔川	黑上	本地	天然	2.0	28	28.8	17.7	750	294.0	一般	良好	木荷	用材/生态林	
	马尾松	吉安市永丰县严坊村	上严	本地	天然	1.3	36	32.0	16	300	174.0	良好	良好		用材/生态林	
	马尾松	吉安市永丰县沿陂水东	水东	本地	天然	7.7	15	17.3	8.1	1350	147.0	良好	良好		用材/生态林	
	马尾松	吉安市永新县里田镇成都村	田心组	本地	天然	2.7	26	21.3	13.6	690	127.7	良好	结实初期		用材林	
	马尾松	抚州市崇仁县巴山镇罗溪村	东岗	本地	天然	2.0	20	12.0	4.8	2670	112.5	良好	良好		用材/采种母树林	
	马尾松	抚州市崇仁县巴山镇罗溪村	水库旁	本地	天然	2.6	24	12.0	8.5	1275	54.0	良好	良好		用材/采种母树林	
	马尾松	抚州市崇仁县巴山镇罗溪村	水坑	本地	天然	3.8	26	11.0	8	1200	39.0	良好	良好		用材/采种母树林	
	马尾松	抚州市崇仁县河上江上村委会	河上榨背岭村	本地	天然	3.4	31	14.7	12	1620	117.0	良好	良好		用材/采种母树林	
	马尾松	抚州市崇仁县马安镇郭家村	郭家	本地	天然	2.1	18	11.0	5.1	2700	90.0	良好	一般		用材/采种母树林	
	马尾松	抚州市崇仁县马安镇郭家村	洋洲	本地	天然	2.0	18	12.0	5.3	2625	111.0	良好	良好		用材/采种母树林	
	马尾松	抚州市东乡县圩上桥徐坊		本地	天然	8.0	20	8.9	6.2	1890	36.0	一般	一般		用材林	
	马尾松	抚州市东乡县圩上桥徐坊		本地	天然	9.3	20	8.8	6	1755	31.5	一般	一般		用材林	
	马尾松	抚州市东乡县杨桥港西		本地	天然	5.3	20	9.8	9	1185	28.5	一般	一般		用材林	
	马尾松	抚州市东乡县杨桥宋塘		本地	天然	4.0	18	7.4	5.8	2790	31.5	一般	一般		用材林	
	马尾松	抚州市东乡县杨桥杏花塘		本地	天然	2.7	18	8.7	6.6	1260	22.5	一般	一般		用材林	
	马尾松	抚州市东乡县占圩李家		本地	天然	8.0	18	11.0	6.9	1635	54.0	一般	一般		用材林	

（续）

序号	树种名称	经营单位（或个人）	地名	种源	起源	面积（hm^2）	林龄（a）	平均		每公顷		生长状况	结实状况	林分中主要混交树种名称	主要树种利用评价	备注
								胸径（cm）	树高（m）	株数（株）	蓄积（m^3）					
	马尾松	抚州市东乡县占圩李家江背		本地	天然	5.3	18	8.3	6.9	2625	39.0	一般	一般		用材林	
	马尾松	抚州市广昌县东华山林场	塘下	本地	天然	5.1	24	20.0	10.5	285	102.0	强健	差		用材/生态林	
	马尾松	抚州市广昌县高虎脑林场	山子嵊	本地	天然	2.2	22	18.0	9	255	73.5	强健	差		用材/生态林	
	马尾松	抚州市广昌县高虎脑林场	七子坑	本地	人工	8.9	33	26.0	12.5	330	129.0	强健	一般		用材/生态林	
	马尾松	抚州市广昌县尖峰乡	源头村	本地	天然	7.5	28	24.0	11.5	330	93.0	强健	差		用材/生态林	
	马尾松	抚州市广昌县头陂镇	龙虎村	本地	天然	3.0	24	19.0	9.3	375	78.0	强健	差		用材/生态林	
	马尾松	抚州市广昌县盱江林场	店背	本地	天然	3.0	30	28.0	11.5	330	117.0	强健	良好	木荷	用材/生态林	
	马尾松	抚州市广昌县盱江林场	上山	本地	天然	5.9	32	30.0	12.5	360	139.5	强健	一般	杨梅	用材/生态林	
	马尾松	抚州市广昌县盱江镇	苦竹村	本地	天然	8.1	30	22.0	11.8	285	108.0	强健	差		用材/生态林	
	马尾松	抚州市金溪县黄通	沙坊胡家	本地	天然	5.9	23	19.5	12.5	1320	198.0	良好	一般		生态/采种母树林	
	马尾松	抚州市金溪县陆坊	桥上	本地	天然	4.9	22	18.1	10.6	1200	166.5	良好	一般		生态/采种母树林	纯林
	马尾松	抚州市金溪县双塘	周家	本地	天然	5.5	23	18.1	13	1230	201.0	良好	一般		生态/采种母树林	纯林
	马尾松	抚州市金溪县双塘	周家	本地	天然	4.1	21	17.3	12.8	1155	177.0	良好	一般		生态/采种母树林	纯林
	马尾松	抚州市金溪县秀谷	徐坊	本地	天然	11.5	28	22.5	11.2	1080	214.5	良好	一般	木荷	生态/采种母树林	
	马尾松	抚州市金溪县秀谷	熊家	本地	天然	5.3	30	24.1	11.8	1095	244.5	良好	一般		生态/采种母树林	
	马尾松	抚州市金溪县左坊	詹家	本地	天然	5.8	27	21.9	13.2	1050	186.0	良好	一般		生态/采种母树林	
	马尾松	抚州市金溪县左坊	郑家	本地	天然	4.9	26	21.0	13.3	1080	165.0	良好	一般		生态/采种母树林	
	马尾松	抚州市乐安县大马头	梢坪	本地	天然	12.5	25	18.7	7.4	1200	163.5	良好	一般	青冈栎	生态林	

(续)

序号	树种名称	经营单位（或个人）	地名	种源	起源	面积（hm^2）	林龄（a）	平均		每公顷		生长状况	结实状况	林分中主要混交树种名称	主要树种利用评价	备注
								胸径（cm）	树高（m）	株数（株）	蓄积（m^3）					
	马尾松	抚州市乐安县大马头	梢坪	本地	天然	11.5	30	20.0	7.6	1050	171.0	良好	一般	青冈栎	生态林	
	马尾松	抚州市乐安县石陂林场	丁元	本地	天然	3.6	20	16.8	5.3	1200	123.0	良好	一般	栎树	生态林	
	马尾松	抚州市乐安县石陂林场	丁元	本地	天然	5.2	30	17.8	6.7	1125	129.0	良好	一般	栎树	生态林	
	马尾松	抚州市黎川县丰产林基地站	熊村分场熊村工区	本地	人工	6.7	18	12.0	11.5	2700	138.0	强健	差		用材林	
	马尾松	抚州市黎川县华山林场		本地	天然	5.3	34	23.0	14	900	244.5	强健	一般		用材林	
	马尾松	抚州市黎川县龙安镇水尾村	上窠小组	本地	天然	3.3	24	20.0	13	630	103.5	强健	一般	栲类、硬阔树	用材林	
	马尾松	抚州市黎川县龙安镇嶂下	下嶂小组	本地	天然	4.7	22	19.0	12.4	660	94.5	强健	一般	杉木	用材林	
	马尾松	抚州市黎川县日峰镇燎源	里高小组	本地	天然	5.3	20	16.8	12	900	114.0	强健	差	其他硬阔树种	用材林	
	马尾松	抚州市黎川县日峰镇十字村	十字小组	本地	天然	4.0	28	21.0	13	750	139.5	强健	一般	杉木	用材林	
	马尾松	抚州市黎川县西城乡梅源村	潘坊小组	本地	天然	5.3	35	30.0	13.8	360	169.5	强健	一般	杉木、栲类	用材林	
	马尾松	抚州市黎川县西城乡新桥村	源头小组	本地	天然	2.7	38	32.0	13.8	330	286.5	强健	一般	杉木、栲类	用材林	
	马尾松	抚州市黎川县西城乡余坑村	中堡小组	本地	天然	4.7	35	23.0	13.8	315	75.0	强健	一般	栲类、杉木	用材林	
	马尾松	抚州市黎川县洵口渠源	下潭峰小组	本地	天然	6.7	30	18.0	13	825	120.0	强健	差	其他硬阔树种	用材林	
	马尾松	抚州市黎川县中田乡营前村	上源排小组	本地	天然	4.7	24	18.0	13	750	93.0	强健	差	其他硬阔树种	用材林	
	马尾松	抚州市临川区云山镇	库前村	外地	天然	2.5	14	10.5	4.2	2355	76.5	良好	差	木荷、枫香		
	马尾松	抚州市临川区云山镇	库前村	外地	天然	2.4	15	11.5	5	2565	112.5	良好	差			
	马尾松	抚州市南城县龙湖镇	龙湖镇蔡坊	本地	天然	2.1	32	21.1	8.3	795	151.5	良好	一般		用材林	纯林
	马尾松	抚州市南城县上唐塘湾	大陂头	本地	天然	2.0	20	15.1	8	1005	84.0	强健	一般		用材林	纯林
	马尾松	抚州市南城县天井源乡周坊村	红旗水库马路上	本地	人工	1.3	19	16.0	8	630	53.8	强健	一般		用材林	纯林
	马尾松	抚州市南城县新丰街镇梅溪村委会	茄窠	本地	天然	0.9	19	16.0	8	675	55.5	强健	一般		生态林	纯林
	马尾松	抚州市南城县徐家乡游家村	满头山	本地	天然	1.3	23	16.5	7.9	1650	160.5	强健	良好		用材林	纯林

（续）

序号	树种名称	经营单位（或个人）	地名	种源	起源	面积（hm^2）	林龄（a）	平均 胸径（cm）	平均 树高（m）	每公顷 株数（株）	每公顷 蓄积（m^3）	生长状况	结实状况	林分中主要混交树种名称	主要树种利用评价	备注
	马尾松	抚州市南城县岳口乡鄱阳村黄田村小组	黄田屋背山	本地	天然	2.1	19	12.7	6.8	1395	55.5	强健	一般		用材林	纯林
	马尾松	抚州市南丰县白舍镇	周源村	本地	天然	3.7	21	14.5	7.3	300	34.5	强健	一般		用材林	
	马尾松	抚州市南丰县白舍镇	小石村	本地	天然	1.3	13	7.3	4.4	150	28.5	强健	差		用材林	
	马尾松	抚州市南丰县白舍镇	上甘村	本地	天然	2.4	21	15.7	10.8	915	43.5	强健	一般	杉木、枫香	用材林	
	马尾松	抚州市南丰县白舍镇	望天村	本地	天然	3.5	18	8.9	6.2	1125	42.0	强健	一般		用材林	
	马尾松	抚州市南丰县太和镇	杭山村	本地	天然	3.1	18	14.8	10	570	39.0	强健	一般	杉木	用材林	
	马尾松	抚州市南丰县太和镇	直桐村	本地	天然	1.8	26	20.4	12.7	270	31.5	强健	一般		用材林	
	马尾松	抚州市南丰县太和镇	杭山村	本地	天然	3.5	22	15.5	9.2	450	43.5	强健	一般		用材林	
	马尾松	景德镇市浮梁县兴田村	兴二组		天然	6.0	38	24.0	16	465	150.0	良好	一般	杉木		
74	莽草	宜春市官山自然保护区	小西坑											穗花杉		
	莽草	上饶市武夷山自然保护区	保护区	本地	天然	3.7		11.3	5.9	1920		良好	良好		生态林	
75	毛红椿	赣州市九连山自然保护区	大丘田冷水坑	本地	天然	13.3	中龄	12.4	14.2	915	102.0	强健	一般	拟赤杨、红皮树、南酸枣	用材/生态林	
	毛红椿	赣州市九连山自然保护区	虾蚣塘主沟	本地	天然	0.3	成龄	11.8	18.3	555	78.0	强健	一般	红翅槭、猴欢喜、柃木	用材/生态林	
	毛红椿	赣州市龙南县九连山林场	大丘田冷水坑	本地	天然	11.9	21	16.4	13.5	660	72.0	强健	差	拟赤杨、南酸枣	用材/生态林	混交
	毛红椿	宜春市官山自然保护区	大西坑													
	毛红椿	吉安市青原区白云山林场	李家坑工区		人工	3.6	2	1.1	2.2							
	毛红椿	抚州市资溪县马头山林场	东港林班	本地	天然	0.7	60	46.0	15.9	210	112.5	良好	良好	红楠	用材/生态林	
76	毛竹	九江市修水县茅竹山林杨	毛竹山	本地	天然	6.7	6	12.0	11	1800		强健	良好		生态林	
	毛竹	新余市大砻下林场	北坑	本地	天然	7.2	6	11.2	12	1800		良好	一般		用材/生态林	
	毛竹	新余市大砻下林场	北坑	本地	天然	5.1	6	11.8	13	1830		良好	一般		用材/生态林	
	毛竹	新余市东坑林场	下田	本地	天然	9.7	5	10.8	11.2	2505		良好		壳斗科植物	用材/生态林	

（续）

序号	树种名称	经营单位（或个人）	地名	种源	起源	面积（hm^2）	林龄（a）	平均胸径（cm）	平均树高（m）	每公顷株数（株）	每公顷蓄积（m^3）	生长状况	结实状况	林分中主要混交树种名称	主要树种利用评价	备注
	毛竹	新余市钤山镇苑坑村	高桥	本地	天然	7.7	6	11.6	12	2655		良好	一般		用材/生态林	
	毛竹	鹰潭贵溪市三县岭林场李家门分场	踏步上	本地	天然	3.5	5	11.0	12	2520	2520支	强健				
	毛竹	鹰潭贵溪市三县岭林场李家门分场	小西坞	本地	天然	3.5	5	11.0	12	2520	2520支	强健				
	毛竹	鹰潭贵溪市双圳林场	上山坪港	本地	天然	100.0	6	12.1	15	3240		良好	良好			
	毛竹	赣州市崇义县天台山林场	马鞍山	本地	天然	13.7	6	11.3	18	1530		强健			用材/生态林	
	毛竹	赣州市崇义县天台山林场	马鞍山	本地	天然	17.3	6	12.4	16	1815		强健			用材/生态林	
	毛竹	赣州市崇义县天台山林场	马鞍山	本地	天然	11.3	6	11.9	16	1770		强健			用材/生态林	
	毛竹	赣州市崇义县天台山林场	马鞍山	本地	天然	18.7	6	11.8	18	2265		强健			用材/生态林	
	毛竹	赣州市崇义县天台山林场	马鞍山	本地	天然	13.3	6	11.4	15	1530		强健			用材/生态林	
	毛竹	赣州市全南县高峰林场	高峰工区牛嘴西坑	本地	天然	2.0	3	9.7	11	2625		强健		檫木	用材林	
	毛竹	赣州市全南县上宷林场	龙子头	本地	天然	11.3	1.5	8.6	9.1	2355		良好	一般	甜槠	用材林	零星混交
	毛竹	赣州市全南县上犹县新江林场	花麦土作业区高窝子	本地	天然	200.0		9.7		1425		良好			用材/生态林	
	毛竹	赣州市全南县小叶宷林场	水背工区	本地	天然	11.3		8.8	8	3000		良好	一般	杉木	用材/生态林	
	毛竹	宜春市奉新县七里山组		本地	天然	3.1	1～9	11.0	12.73	3060	51.0	良好			用材林	纯林，可移栽繁殖
	毛竹	宜春市袁州区新坊乡高富村	新坊	本地	天然	64.7	4	10.0	9	1800	180.0	强健		木荷		
	毛竹	吉安井冈山市自然保护区大井林场	荆竹山	本地	天然林	4.9		8.6	9.6	2625		良好		杉木	用材/生态林	
	毛竹	吉安井冈山市自然保护区大井林场	荆竹山	本地	天然林	7.3		9.1	11	3150		良好		杉木	用材/生态林	
	毛竹	吉安市永新县三湾乡三湾村	大湾组石站	本地	天然	7.3		10.0	11.4	1710		良好			用材林	
	毛竹	景德镇市浮梁县湘湖	前程村剑坞		天然	11.0	3	11.7	11.9	3300		良好			用材林	纯林

（续）

序号	树种名称	经营单位（或个人）	地　名	种　源	起　源	面积（hm^2）	林龄（a）	平均 胸径（cm）	平均 树高（m）	每公顷 株数（株）	每公顷 蓄积（m^3）	生长状况	结实状况	林分中主要混交树种名称	主要树种利用评价	备　注
77	茅栗	九江市武宁严阳烟溪	一组	本地	天然	1.7	中龄	12.3	7.8	750	60.9	强健	差		用材林	
	茅栗	九江市修水县黄坳乡	龙峰村	本地	天然	2.0	35	13.5	8.5	750		强健	良好		生态林	
	茅栗	赣州市大余县樟斗镇	跃进水库	本地	天然	2.7	中龄	19.7	12.6	975		强健	差	南岭栲、黧蒴栲、米槠	用材/生态林	
78	米槠	南昌市湾里区招贤镇东源村	东源山	本地	天然	2.0	80	24.2	16.3	1095	390.0	良好			生态林	纯林
	米槠	赣州市安远县高云山林场	大拱桥	本地	人工	1.0	25	11.8	9.7	1350	78.5	良好	差	楠木、冬青	生态林	
	米槠	赣州市安远县高云山林场	大拱桥	本地	天然	1.0	25	12.5	12.5	2100	145.0	良好	差	拟赤杨	生态林	
	米槠	赣州市安远县	杨功山下	本地	人工	0.6	32	31.8	19.8	390	216.0	良好	良好		用材/生态林	
	米槠	赣州市安远县甲江林场	场部屋背	本地	天然	0.7	358	26.1	13	1050	350.7	良好	一般	栲树、木荷	生态林	
	米槠	赣州市安远县甲江林场	场部背坑	本地	天然	1.5	39	22.9	12.9	1230	300.1	良好	一般	栲树	生态林	
	米槠	赣州市安远县甲江林场	十米桥	本地	天然	1.4	35	21.7	12.1	990	211.9	良好	一般	栲树	生态林	
	米槠	赣州市安远县兰牌组	兰江排	本地	人工	2.3	10	9.6	7.2	360	50.4	良好	一般		用材/生态林	
	米槠	赣州市安远县龙布林场	二工区对面	本地	人工	0.5	24	22.7	12.1	1350	99.3	良好	良好	木荷	用材林	
	米槠	赣州市崇义县石罗林场	船坑横坑子	本地	天然	17.3	35	24.7	16.1	375	148.4	强健	一般	丝栗栲、观光木、罗浮栲、拟赤杨、苦槠、木荷等	用材/生态林	
	米槠	赣州市大余县烂泥迳林场	三江口工区	本地	天然	6.0	中龄	15.1	13.6	585		强健	差	丝栗栲、木荷	用材/生态林	
	米槠	赣州市大余县烂泥迳林场	三江口工区	本地	天然	2.0	中龄	19.1	13.5	870		强健	差	丝栗栲、木荷	用材/生态林	
	米槠	赣州市大余县烂泥迳林场	三江口工区	本地	天然	2.3	中龄	14.7	14.1	1155		强健	差	木荷、甜槠	用材/生态林	
	米槠	赣州市大余县烂泥迳林场	三江口工区	本地	天然	2.3	中龄	19.8	14.9	1695		强健	差	甜槠、青钩栲	用材/生态林	
	米槠	赣州市大余县烂泥迳林场	三江口工区	本地	天然	3.3	中龄	24.8	19.7	855		强健	差	木荷、栲类	用材/生态林	
	米槠	赣州市大余县烂泥迳林场	三江口工区	本地	天然	8.1	中龄	14.6	13.5	1470		强健	差	丝栗栲、南岭栲、木荷	用材/生态林	
	米槠	赣州市大余县樟斗镇	跃进水库	本地	天然	1.7	中龄	13.0	11.6	1815		强健	差	木荷、栲类	用材/生态林	
	米槠	赣州市定南县岭北镇枧下村	丰田坑	本地	天然	6.0	16	17.5	8.4	780	92.1	良好	差	毛竹	绿化	

（续）

序号	树种名称	经营单位（或个人）	地名	种源	起源	面积（hm^2）	林龄（a）	平均胸径（cm）	平均树高（m）	每公顷株数（株）	每公顷蓄积（m^3）	生长状况	结实状况	林分中主要混交树种名称	主要树种利用评价	备注
	米槠	赣州市定南县岭北镇杨眉村	山下组	本地	天然	2.5	12	13.5	7.8	1890	120.2	强健	差	虎皮楠	绿化	
	米槠	赣州市定南县天九镇石盆村	上红阳	本地	天然	2.3	42	27.0	17.5	390	138.0	良好	一般	马尾松、木荷	绿化	
	米槠	赣州市定南县天九镇石盆村	大云田组	本地	天然	2.0	18	19.3	13.1	900	148.9	强健	差	木荷、拟赤杨	绿化	
	米槠	赣州市会昌县中村乡小朴村	大水坎石寨子	本地	天然	3.3	17	14.1	9.1	1080	90.0	强健	一般	桢楠、枫香	用材/生态林	
	米槠	赣州市会昌县中村乡中和村	吹坑组石壁下	本地	天然	3.0	15	13.8	9.2	1245	93.0	强健	差	木荷	用材林	
	米槠	赣州市会昌县洞头乡洞下村	富竹石水口	本地	天然	2.1	70	26.5	27	405	252.0	强健	差	木荷、枫香	用材林	
	米槠	赣州市会昌县洞头乡下东坑村	水口	本地	天然	3.0	70	30.7	26	390	226.5	强健	良好	栲钩	用材/生态林	
	米槠	赣州市九连山自然保护区	虾蚣塘电祖塔	本地	天然	6.7	成龄	18.9	29.1	585	253.5	强健	一般	拟赤杨、丝栗栲、贵州石砾	用材/生态林	
	米槠	赣州市九连山自然保护区	虾蚣塘二号堰	本地	天然	13.3	成龄	16.8	24.2	750	208.5	强健	一般	罗浮栲、枫香、黄樟	用材/生态林	
	米槠	赣州市龙南县安基山林场	望居工区腊洞石坑	本地	天然	18.3	20	11.6	11.3	1950	99.4	强健	良好	甜槠、小红栲、木荷	用材/生态林	
	米槠	赣州市龙南县安基山林场	中坪工区腊洞石坑	本地	天然	29.8	16	11.6	11.1	930	42.8	强健	良好	甜槠、小红栲、木荷	用材/生态林	
	米槠	赣州市龙南县安基山林场	莗营园墩子	本地	天然	19.0	18	10.5	11.2	1125	40.5	强健	良好	丝栗栲、铁椆、枫香	用材/生态林	
	米槠	赣州市龙南县安基山林场	中坪山塘坳	本地	天然	12.6	16	12.0	11.2	945	57.0	强健	良好	小红栲、丝栗栲	用材/生态林	
	米槠	赣州市龙南县安基山林场	青茶湖	本地	天然	22.4	18	12.2	11	1170	72.4	强健	良好	甜槠、小红栲	用材/生态林	
	米槠	赣州市龙南县九连山林场	大丘田小河子对面	本地	天然	7.7	21	18.5	15.2	840	121.5	强健	一般	水青冈、南酸枣、拟赤杨	用材/生态林	混交
	米槠	赣州市龙南县九连山林场	大丘田老桥头	本地	天然	6.3	22	16.7	14.7	690	78.0	强健	一般	拟赤杨、闽楠	用材/生态林	混交
	米槠	赣州市龙南县九连山林场	大丘田叉河口	本地	天然	8.0	21	16.0	15.5	945	96.0	强健	一般	南酸枣、水青冈	用材/生态林	混交

（续）

序号	树种名称	经营单位（或个人）	地名	种源	起源	面积（hm^2）	林龄（a）	平均 胸径（cm）	平均 树高（m）	每公顷 株数（株）	每公顷 蓄积（m^3）	生长状况	结实状况	林分中主要混交树种名称	主要树种利用评价	备注
	米槠	赣州市龙南县九连山林场	大丘田果子狸场对面	本地	天然	9.4	18	14.8	14	990	82.5	强健	一般	青钩栲、水青冈、拟赤杨	用材/生态林	混交
	米槠	赣州瑞金市叶坪乡	黄沙村排坊下屋背	本地	天然	2.0	50	34.2	15			良好	一般	木荷、青冈栎	用材/生态林	
	米槠	赣州市上犹县双溪乡	双溪芦阳村庙下组	本地	天然	4.3	23	18.8	9.2	1230	184.5	良好		水青冈、苦槠、栲树	生态林	
	米槠	赣州市信丰县金盆山林场	上陂工区石口对面	本地	天然	4.6	21	20.0	13.2	465	81.0	强健	一般	丝栗栲、木荷、拟赤杨	用材/生态林	混交林
	米槠	赣州市犹江林场东山分场	关山子	本地	天然	31.6	28	14.3	11	840	64.7	良好		栲树、杜英	生态林	
	米槠	宜春市奉新县石田组集体	石田	本地	天然	2.0	200	56.8	19.4	195	433.5	良好	良好		采种母树林	纯林
	米槠	宜春市官山自然保护区	寒西埚													
	米槠	宜春市万载县九龙垦殖场			天然	0.8	40	30.0	11	105	165.0	一般	一般	栎类	用材/生态林	
	闽楠	赣州市九连山自然保护区	大丘田小河子	本地	人工	3.3	中龄	12.9	11.6	1110	51.0	强健	一般	蓝果树、米槠	用材/生态林	
	闽楠	赣州市龙南县安基山林场	平坑工区大岭水坑	本地	天然	17.3	17	9.0	9.9	1950	48.6	强健	良好	木荷、米槠、丝栗栲、米槠	用材/生态林	
79	闽楠	宜春市万载县九龙垦殖场			天然	0.7	75	35.0	14	150	120.0	一般	一般	木荷	生态林	
	闽楠	吉安井冈山市自然保护区	行洲村	本地	天然林	0.1	200	36.7	11.8	450	248.9	强健	良好	苦槠、毛冬青等	用材/生态林	
	闽楠	吉安市泰和县焦坑林场	计坑	本地	天然	5.3	60	28.3	20	315	126.0	良好	一般		用材林	
	闽楠	吉安市泰和县桥头镇	桥头元洲工区	本地	天然	3.0	30	18.7	16.1	285	45.0	良好	一般	苦槠	用材林	
	木荷	南昌市湾里区梅岭镇	西昌分场杨家山	本地	人工	1.7	40	16.2	15.8	900	252.0	良好	差		生态林	纯林
80	木荷	九江市庐山林场	大月山		天然			14.7	13	420		强健		木荷、黄山松	生态林	
	木荷	九江市永修县附坝林场			人工	0.3	18	9.9	9.2	1725		良好	差			
	木荷	萍乡市芦溪县宣风镇	马塘村	本地	人工	5.5	20	14.8	10.5	870	75.0	良好	一般			

（续）

序号	树种名称	经营单位（或个人）	地名	种源	起源	面积（hm^2）	林龄（a）	平均		每公顷		生长状况	结实状况	林分中主要混交树种名称	主要树种利用评价	备注
								胸径（cm）	树高（m）	株数（株）	蓄积（m^3）					
	木荷	新余市高新区水西镇马洪村委	丰塘村组	本地	人工	0.2	15	15.3	6.91	675		良好	良好		用材/生态林	纯林
	木荷	新余市九龙林场	V林班8号小班	本地	人工	5.3	15	18.1	10.5	1170	184.8	良好	一般		用材/生态林	
	木荷	新余市山下林场	山下工区		人工	2.6	27	15.3	10.1	2505		强健	良好		用材/生态林	
	木荷	鹰潭贵溪市耳口林场	九龙分场	本地	天然	3.5	35	15.1	10	1110	146.5	强健	一般	栲树、苦槠		
	木荷	鹰潭贵溪市耳口林场	九龙分场	本地	天然	6.0	35	15.3	11.7	1530	163.0	强健	一般	栲树、苦槠		
	木荷	鹰潭市余江县春涛乡罗坪乌泥塘	屋背山	本地	天然	2.1	26	21.8	11.7	975	225.0	强健	良好	苦槠、马尾松	用材/生态林	
	木荷	鹰潭市余江县画桥镇葛家店村	三屋	本地	天然	3.9	26	18.8	11.5	1185	219.0	良好	一般	栲树、苦槠	用材/生态林	
	木荷	鹰潭市余江县画桥镇葛家店村	亭子上	本地	天然	3.3	27	21.5	12.3	1050	237.0	良好	一般	槠类	用材/生态林	
	木荷	鹰潭市余江县锦江书院牛皮滩		本地	天然	3.1	23	21.5	10.6	1170	258.0	强健	良好	枫香、樟树	用材/生态林	
	木荷	赣州市崇义县阳岭自然保护区	石公背	本地	天然	34.7	40	19.1	14	780	184.7	强健	良好	丝栗栲、楠木、米槠、枫香、杜英、酸枣、樟树	用材/生态林	
	木荷	赣州市大余县长潭里林场	雷公陡	本地	天然	2.6	中龄	15.8	13.9	1260		强健	差	米槠、南岭栲、青冈	用材/生态林	
	木荷	赣州市大余县长潭里林场	雷公陡	本地	天然	6.5	中龄	19.3	13.3	855		强健	差	丝栗栲、青冈	用材/生态林	
	木荷	赣州市大余县烂泥迳林场	三江口工区	本地	天然	5.9	中龄	11.6	11.6	1500		强健	差	米槠	用材/生态林	
	木荷	赣州市大余县烂泥迳林场	三江口工区	本地	天然	2.9	中龄	19.7	15.5	855		强健	差	米槠、丝栗栲	用材/生态林	
	木荷	赣州市大余县烂泥迳林场	三江口工区	本地	天然	4.7	中龄	18.5	14.3	930		强健	差	罗浮栲	用材/生态林	
	木荷	赣州市大余县烂泥迳林场	三江口工区	本地	天然	3.0	中龄	22.2	17.6	990		强健	差	米槠、水青冈	用材/生态林	
	木荷	赣州市大余县烂泥迳林场	三江口工区	本地	天然	1.2	中龄	18.2	18.7	1155		强健	差	黧蒴栲、华杜英	用材/生态林	
	木荷	赣州市大余县烂泥迳林场	三江口工区	本地	天然	8.0	中龄	20.1	14.8	1695		强健	差	米槠、丝栗栲	用材/生态林	
	木荷	赣州市大余县烂泥迳林场	三江口工区	本地	天然	2.1	中龄	20.4	18.4	1785		强健	差	黧蒴栲、丝栗栲	用材/生态林	
	木荷	赣州市大余县内良乡尧扶村	黄古冲	本地	天然	4.9	中龄	16.1	14.3	870		强健	差	黧蒴栲、丝栗栲、甜槠	用材/生态林	

（续）

序号	树种名称	经营单位（或个人）	地 名	种 源	起 源	面积（hm^2）	林龄（a）	平均		每公顷		生长状况	结实状况	林分中主要混交树种名称	主要树种利用评价	备 注
								胸径（cm）	树高（m）	株数（株）	蓄积（m^3）					
	木荷	赣州市大余县内良乡尧扶村	黄古冲	本地	天然	2.3	中龄	17.7	12	1170		强健	差	青冈栎、栲类	用材/生态林	
	木荷	赣州市大余县樟斗镇	跃进水库	本地	天然	1.3	中龄	15.5	10.4	945		强健	差	栲类、红润楠	用材/生态林	
	木荷	赣州市大余县樟斗镇	跃进水库	本地	天然	2.8	中龄	16.4	15.5	900		强健	差	枫香、丝栗栲	用材/生态林	
	木荷	赣州市大余县樟斗镇	跃进水库	本地	天然	2.9	中龄	13.7	12.8	990		强健	差	丝栗栲、甜槠	用材/生态林	
	木荷	赣州市赣县荫掌山林场黄沙坑分场	屋背	本地	天然	12.7	36	12.0	19.9	840	145.3	良好	良好	丝栗栲、马尾松	用材/生态林	
	木荷	赣州市赣县荫掌山林场黄沙坑分场	深湾里	本地	天然	8.3	26	12.8	15	1410	121.3	良好	良好	丝栗栲、槠	用材/生态林	
	木荷	赣州市会昌县白鹅乡河迳村	河迳大窝	本地	天然	3.5	15	15.7	9	600	84.0	强健	良好	栲类	用材林	
	木荷	赣州市会昌县筠门岭镇小照村	瓦寨口屋背山	本地	天然	9.0	32	43.8	16.8	210	354.0	良好	一般	油桐、枫香	生态林	
	木荷	赣州市会昌县站塘乡官山村南山下组	庙背	本地	天然	2.7	50	34.9	12.7	435	174.0	强健	一般	枫香、杉木	用材/生态林	
	木荷	赣州市会昌县站塘乡阔山坎大山埠	大山坪屋背	本地	天然	2.5	60	34.0	15.1	390	156.0	强健	一般	桢楠、枫香	用材/生态林	
	木荷	赣州市会昌县中村乡中联村下屋小组	下屋屋背	本地	天然	2.5	80	31.1	13.4	270	108.0	强健	一般		用材林	纯林
	木荷	赣州市会昌县庄埠乡庄埠村	庄埠老屋	本地	天然	3.1	50	20.6	9.2	660	109.5	良好	良好	马尾松	生态林	
	木荷	赣州市九连山自然保护区	虾蚣塘主沟龙门	本地	天然	6.7	成龄	10.2	16.1	1410	139.5	强健	一般	甜槠、细叶香桂、冬桃	用材/生态林	
	木荷	赣州市龙南县安基山林场	望居工区大陂角	本地	天然	9.2	16	11.5	10.5	2025	91.1	强健	良好	丝栗栲、米槠	用材/生态林	
	木荷	赣州市龙南县安基山林场	望居工区大陂角	本地	天然	28.9	16	10.4	10.4	1275	47.2	强健	良好	栲类、拟赤杨、米槠	用材/生态林	
	木荷	赣州市龙南县安基山林场	林洞工区	本地	天然	12.0	15	9.7	9.5	1425	52.7	强健	良好	丝栗栲、拟赤杨	用材/生态林	
	木荷	赣州市龙南县安基山林场	上洞水坝边上	本地	天然	15.9	16	13.5	11.3	1125	75.4	强健	良好	拟赤杨、酸枣、	用材/生态林	

（续）

序号	树种名称	经营单位（或个人）	地名	种源	起源	面积（hm^2）	林龄（a）	平均胸径（cm）	平均树高（m）	每公顷株数（株）	每公顷蓄积（m^3）	生长状况	结实状况	林分中主要混交树种名称	主要树种利用评价	备注
	木荷	赣州南康市大山脑林场	黄竹安	本地	天然	16.1	24	17.9	14.2	1200	156.0	强健	一般	杜英、酸枣	生态林	
	木荷	赣州南康市大山脑林场	莲花坞	本地	天然	11.8	25	15.6	9.4	1350	129.0	一般	一般	甜槠、麻栎	生态林	
	木荷	赣州南康市大山脑林场	莲花坞	本地	天然	15.2	30	16.5	9.3	1560	169.5	一般	一般	甜槠、麻栎	生态林	
	木荷	赣州南康市大山脑林场	莲花坞	本地	天然	10.5	25	14.2	9	1125	84.0	一般	一般	甜槠、麻栎	生态林	
	木荷	赣州市全南县南迳镇	石坑	本地	天然	2.3	30	13.1	9.6	1260	84.0	良好	差	杉木	用材林	
	木荷	赣州市全南县社迳乡老屋村	曾屋背	本地	天然	2.7	30	16.3	13.4	3495	375.0	良好	良好			
	木荷	赣州瑞金市沙洲坝镇梅岗村	扶垭塘	本地	天然	0.5	50	33.3	12			良好	一般	杉木、光叶石楠	用材/生态林	
	木荷	赣州瑞金市沙洲坝镇梅岗村	扶遥迁	本地	天然	0.4	70	45.5	11			良好	一般	樟树、湿地松	用材/生态林	
	木荷	赣州瑞金市沙洲坝镇清水村	清水屋背	本地	天然	2.0	50	44.8	13			良好	一般	樟树	用材/生态林	
	木荷	赣州瑞金市叶坪乡黄沙村	河子背屋背	本地	天然	0.5	40	27.0	8			良好	一般	枫香	生态林	
	木荷	赣州瑞金市叶坪乡黄沙村	茨坑屋背	本地	天然	1.3	50	35.2	18			良好	一般	尖叶黄杞	生态林	
	木荷	赣州市上犹县犹江林场	过埠分场小梅坑	本地	天然	23.4	32	17.3	14	645	79.5	良好		甜槠、桦木	生态林	
	木荷	赣州市石城县横江镇赣江源村	七岭	本地	天然	2.3	20	18.0	12	1290	90.0	强健	一般	马尾松、杉木	用材/生态林	
	木荷	赣州市信丰县安西镇大星村车田高组	车田高组屋背	本地	天然	0.2	22	17.1	12.8	1125	133.5	强健	一般	枫树、樟树、冬青	用材/生态林	混交林
	木荷	赣州市信丰县金盆山林场	上陂工区石口	本地	天然	5.5	23	20.7	15.4	840	150.0	强健	一般	拟赤杨、酸枣、枫香	用材/生态林	混交林
	木荷	赣州市信丰县铁石口镇坝高村	李子树下组后龙山	本地	天然	24.5	22	12.9	9.7	885	52.5	强健	差	枫香、香樟	用材/生态林	混交林
	木荷	赣州市信丰县铁石口镇乙口村	雷公山下组后龙山		天然	1.7	28	15.5	9.9	945	88.5	强健	一般	冬青、樟树	用材/生态林	混交林
	木荷	赣州市信丰县万隆林场	疗洞村欧庄	本地	天然	1.4	20	12.8	9.5	1170	67.5	强健	差	樟树、杉木	用材/生态林	混交林
	木荷	赣州市信丰县西牛镇铺前村	康屋组对面	本地	天然	2.1	25	16.0	13.2	870	87.0	强健	一般	枫香、香樟	用材/生态林	混交林

（续）

序号	树种名称	经营单位（或个人）	地　名	种　源	起　源	面积（hm^2）	林龄（a）	平均 胸径（cm）	平均 树高（m）	每公顷 株数（株）	每公顷 蓄积（m^3）	生长状况	结实状况	林分中主要混交树种名称	主要树种利用评价	备　注
	木荷	赣州市信丰县西牛镇铺前村	曾屋组屋背	本地	天然	2.1	23	15.5	13.2	1170	109.5	强健	一般	枫香、马尾松	用材/生态林	混交林
	木荷	赣州市信丰县西牛镇中村村	大哇组屋背	本地	天然	6.7	22	14.5	11.4	1320	106.5	强健	一般	枫香、马尾松	用材/生态林	混交林
	木荷	赣州市信丰县小河镇小河村	石桥下组屋背	本地	天然	1.5	21	12.9	8.5	540	63.0	强健	差	枫香、马尾松	用材/生态林	混交林
	木荷	赣州市信丰县小江镇甫下村	老屋仔组后龙山	本地	天然	9.6	20	18.5	12	540	78.0	强健	一般	枫香	用材/生态林	混交林
	木荷	赣州市信丰县小江镇内江村	邓屋组青冈岭	本地	天然	14.1	20	18.5	12	660	96.0	强健	一般	丝栗栲、枫香	用材/生态林	混交林
	木荷	赣州市信丰县小江镇新庄村	乌石下屋背	本地	天然	2.5	19	19.4	13.6	450	73.5	强健	一般	枫香、马尾松	用材/生态林	混交林
	木荷	赣州市信丰县油山林场	中乐工区丫叉丘	本地	天然	6.7	16	15.3	11.6	645	58.5	强健	差	樟树、枫香、丝栗栲	用材/生态林	混交林
	木荷	赣州市信丰县油山林场	小石工区牛栏坑	本地	天然	6.8	15	17.2	10.5	540	66.0	强健	差	丝栗栲、樟树、酸枣	用材/生态林	混交林
	木荷	赣州市信丰县油山镇长安村迟迳组	迟迳组屋背	本地	天然	2.7	17	18.3	12.5	1140	160.5	强健	一般	枫香、香樟	用材/生态林	混交林
	木荷	赣州市信丰县油山镇新水塘村	山口组	本地	天然	0.9	25	22.6	13.6	750	177.0	强健	一般	香樟、杉木、枫香	用材/生态林	混交林
	木荷	赣州市信丰县正平镇共和村	窝子里组屋场边	本地	天然	1.6	25	24.7	14	720	213.0	强健	一般	香樟、马尾松	用材/生态林	混交林
	木荷	赣州市信丰县正平镇芫庙村	十八里组屋背	本地	天然	0.8	17	18.7	8.4	525	76.5	强健	差	枫香、马尾松	用材/生态林	混交林
	木荷	赣州市信丰县中段村中段组	莲花山	本地	天然	8.5	30	27.9	11	300	117.0	强健	一般	枫香、香樟	用材/生态林	混交林
	木荷	赣州市兴国县龙山林场		本地	天然	19.4	27	12.4	7.9	600	39.0	强健	一般	楠木、青冈、苦槠	生态林	混交林
	木荷	赣州市兴国县龙山林场		本地	天然	14.7	20	17.9	8.9	780	117.0	强健	一般	枫香、楠木	生态林	混交林
	木荷	赣州市兴国县龙山林场		本地	天然	26.4	18	12.5	6.8	600	36.0	强健	一般	乌桕、漆树	生态林	混交林
	木荷	赣州市兴国县南坑乡	郑枫村	本地	天然	17.5	20	13.6	10.6	855	58.5	强健	一般	马尾松、苦槠	生态林	混交林

（续）

序号	树种名称	经营单位（或个人）	地名	种源	起源	面积（hm^2）	林龄（a）	平均胸径（cm）	平均树高（m）	每公顷株数（株）	每公顷蓄积（m^3）	生长状况	结实状况	林分中主要混交树种名称	主要树种利用评价	备注
	木荷	赣州市兴国县南坑乡	双坑村	本地	天然	18.7	15	7.6	9.5	1350	21.0	强健	一般	甜槠、苦槠、杉木	生态林	混交林
	木荷	赣州市兴国县南坑乡	郑枫村	本地	天然	16.7	16	9.3	6.3	1110	28.5	强健	一般	黄檀、枫树、杉木	生态林	混交林
	木荷	赣州市于都县禾丰镇	陂角村上舌组	本地	天然	0.5	20	16.0	10	1650	166.5	强健	一般		生态林	
	木荷	宜春市奉新县塔下组	路口村	本地	人工	0.2	40	35.2	14.5	540	216.0	良好	良好	枫香	采种母树林	
	木荷	宜春市奉新县渣村林场	生态园	本地	人工	1.3	21	20.5	11.62	1950	236.6	良好	一般	枫香、湿地松	采种母树林	
	木荷	宜春高安市华林茶溪村华林茶南溪	蕉源村组	本地	天然	0.2	50	47.5	15.7	195	222.0	强健	一般	枫香、樟树	用材/生态林	混交林
	木荷	宜春市万载县官元山林场			天然	1.0	50	40.0	17	105	300.0	一般	一般	栎类	用材/生态林	
	木荷	宜春市宜丰县新庄镇	果园场	本地	人工	8.0	17	18.0	7.8	900	130.2	强健				
	木荷	上饶德兴市绕二镇	双溪		天然	0.5	40	16.4	7.8	1050	114.0	强健	一般		用材/生态林	
	木荷	上饶德兴市绕二镇	双溪		天然	0.9	40	17.7	7.8	1125	120.0	强健	一般		用材/生态林	
	木荷	上饶德兴市绿野公司	潭埠犁树岭		人工	3.3	18	15.4	11.8	1425	130.5	强健	一般		用材/生态林	
	木荷	上饶市广丰县林业科学研究所	刘家山岗	本地	人工	2.7	35	14.0	7.7	1950		强健	良好	马尾松	用材/生态林	
	木荷	上饶市鄱阳县三庙前乡东鹏村		本地	天然	2.4	23	19.2	11.47	780	205.5	良好	一般	栎树		
	木荷	上饶市鄱阳县三县岭林场	港王		人工	1.3	36	18.7	10.7	1050	153.0	强健	良好		用材/生态林	
	木荷	上饶市鄱阳县三县岭林场	港王		天然	2.0	36	18.3	11.2	1050	156.0	强健	良好		用材/生态林	
	木荷	上饶市上饶县高洲	揭家	本地	天然	8.0	50	22.5	18	600	202.5	强健	良好	马尾松	用材/生态林	
	木荷	上饶市上饶县高洲	船坑	本地	天然	5.7	55	28.0	20	630	177.0	强健	良好	榜树、苦槠	用材/生态林	
	木荷	上饶市上饶县华坛山	高坂分场	本地	天然	3.0	55	18.0	15	825	162.0	强健	良好	槠树	用材/生态林	
	木荷	上饶市上饶县五府山	甘溪应际	本地	天然	3.2	50	23.5	18	600	184.5	强健	良好	榜树	用材/生态林	
	木荷	上饶市上饶县五府山	金钟山	本地	天然	4.0	55	19.0	17	870	172.5	强健	良好	马尾松	用材/生态林	
	木荷	上饶市万年县裴梅镇彭家村	珠溪座山	本地	天然	0.7	24	20.9	18.2	600	184.5	强健	良好	枫香、槠树	用材/生态林	
	木荷	上饶市万年县汪家乡山下村	坂上马栏坞	本地	天然	6.7	18	16.3	14.3	795	126.0	强健	良好	马尾松	用材/生态林	

（续）

序号	树种名称	经营单位（或个人）	地名	种源	起源	面积（hm^2）	林龄（a）	平均胸径（cm）	平均树高（m）	每公顷株数（株）	每公顷蓄积（m^3）	生长状况	结实状况	林分中主要混交树种名称	主要树种利用评价	备注
	木荷	上饶市余干县玉亭	东山岭	本县	天然	2.0	17	13.1	6.1	1350	79.7	强健	差	枫香	生态林	
	木荷	吉安市安福县陈山林场	寄岭分场雷公坰冷水冲	本地	天然	0.4	34	33.5	16.6	180	112.5	强健	一般		用材/生态林	
	木荷	吉安市安福县洋门乡	草堂	本地	天然	0.3	35	33.6	16.1	120	76.5	强健	一般		用材/生态林	
	木荷	吉安市遂川县五指峰林场	七岭分场湾禾坑	本地	人工	0.3	20	14.0	8	1200	87.6		良好		采种母树林	
	木荷	吉安市泰和县老云盘	老云盘工作站	本地	人工	5.5	17	10.8	9.4	570	22.2	良好	一般	杉木	用材林	
	木荷	吉安市泰和县塘洲南塘	南塘	本地	天然	0.5	25	13.0	9.8	330	20.1	良好	一般	枫香	用材林	
	木荷	吉安市万安县光明村	光明		天然	2.8	16	9.1	10.1	1725	30.0	强健	一般	马尾松		
	木荷	吉安市永丰县鹿冈林场	贯前分场	本地	天然	3.0	15	16.5	8	1620	219.0	良好	良好	马尾松	用材/生态林	
	木荷	吉安市永新县七溪岭林场	楼下	永新	人工	2.9	18	14.4	7.8	1410	111.4	良好	结实初期		用材林	
	木荷	抚州市崇仁县礼陂镇下寺坊村	芙蓉坑	本地	人工	2.3	14	10.7	8.9	900	33.0	良好		枫香	生态/采种母树林	
	木荷	抚州市崇仁县石庄乡张家村	张家村背	本地	人工	2.1	20	17.1	8.7	1275	141.0	良好	差	枫香	生态/采种母树林	
	木荷	抚州市崇仁县石庄乡官山村	沔浒	本地	人工	2.0	20	17.2	8.7	1365	151.5	良好	差	枫香、苦槠	生态/采种母树林	
	木荷	抚州市东乡县占圩后万		本地	天然	1.3	30	32.0	8.5	450	228.0	一般	良好	苦储	用材林	
	木荷	抚州市广昌县尖峰乡	观前村	本地	天然	2.9	25	16.0	7.2	540	127.5	强健	差		用材/生态林	
	木荷	抚州市金溪县秀谷	徐塘	本地	天然	2.2	27	18.3	11.7	1170	142.5	强健	一般	苦槠	生态/采种母树林	
	木荷	抚州市乐安县牛田	旁安	本地	人工	0.4	18	10.9	6.2	1200	42.0	强健	差		生态/采种母树林	
	木荷	抚州市乐安县招携	银口	本地	人工	0.4	19	13.9	5.9	1200	78.0	强健	差		生态/采种母树林	

（续）

序号	树种名称	经营单位（或个人）	地名	种源	起源	面积（hm^2）	林龄（a）	平均		每公顷		生长状况	结实状况	林分中主要混交树种名称	主要树种利用评价	备注
								胸径（cm）	树高（m）	株数（株）	蓄积（m^3）					
	木荷	景德镇市浮梁县寿溪村	西边组		天然	1.0	20	20.3	11.7	450	81.0	良好	一般	栲树、苦槠	用材林	
81	木莲	赣州市全南县陂头岐山村塘仔村小组	背夫坑	本地	天然	30.0	29	13.1	8.2	1320	82.5	良好	一般		用材/生态林	
82	南方红豆杉	九江市修水县黄沙镇	李村游岭	本地	天然	2.0	150	48.7	11.1	225		强健	良好		生态林	
	南方红豆杉	九江市修水县茅竹山林杨	山口	本地	天然	20.0	60	26.0	11.3	900		强健	良好		生态林	
	南方红豆杉	赣州市九连山自然保护区	坪坑村白玉山	本地	天然	13.3	成龄	18.0		390	78.0	强健	一般	丝栗栲、银杏、香港四照花	用材/生态林	
	南方红豆杉	赣州市九连山自然保护区	坪坑村付屋旁	本地	人工	0.1	300	14.7		285	57.0	强健	一般	椤木石楠、女贞、香叶树	用材/生态林	
	南方红豆杉	抚州市乐安县谷岗	小港	本地	天然	0.7	200	72.0	20	75	298.5	强健	一般	杉木、毛竹	生态/采种母树林	
	南方红豆杉	抚州市资溪县马头山镇	港东村	本地	天然	23.3	80	32.5	14.2	165	63.0	良好	良好	毛竹	生态林	
83	南方铁杉	上饶市武夷山自然保护区		本地	天然	7.0		36.3	20	2055		良好	一般		生态林	
	南方铁杉	上饶市武夷山自然保护区		本地	天然	4.8		42.6	15.8	675		良好	良好		用材/生态林	
	南方铁杉	上饶市武夷山自然保护区		本地	天然	4.5		36.3	27.2	240		良好	良好		用材/生态林	
	南方铁杉	上饶市武夷山自然保护区		本地	天然	3.7		40.8	22	1080		良好	良好		用材/生态林	
	南方铁杉	上饶市武夷山自然保护区		本地	天然	3.2		38.4	23	1050		良好	良好		用材/生态林	
84	南岭栲	赣州市大余县烂泥迳林场	三江口工区	本地	天然	4.9	中龄	19.3	15.1	735		强健	差	丝栗栲	用材/生态林	
	南岭栲	赣州市大余县烂泥迳林场	三江口工区	本地	天然	3.3	中龄	15.8	14.7	1290		强健	差	丝栗栲、罴蒴栲	用材/生态林	
	南岭栲	赣州市大余县烂泥迳林场	三江口工区	本地	天然	4.1	中龄	19.2	16.9	1305		强健	差	丝栗栲、罗浮栲、木荷	用材/生态林	
	南岭栲	赣州市大余县樟斗镇	跃进水库	本地	天然	1.9	中龄	20.8	14.8	1650		强健	差	木荷、红钩栲	用材/生态林	
	南岭栲	赣州市赣县荫掌山林场杨雅分场	坪田林站落木桥	本地	天然	9.0	17	10.7	18.3	450	81.0	良好	良好	拟赤杨、南酸枣、山乌桕、枫香、丝栗栲	用材/生态林	

（续）

序号	树种名称	经营单位（或个人）	地名	种源	起源	面积（hm^2）	林龄（a）	平均 胸径（cm）	平均 树高（m）	每公顷 株数（株）	每公顷 蓄积（m^3）	生长状况	结实状况	林分中主要混交树种名称	主要树种利用评价	备注
	南岭栲	赣州市赣县荫掌山林场杨雅分场	坪田林站草塘	本地	天然	8.6	20	10.9	25.8	405	132.0	良好	良好	拟赤杨、小叶青冈、枫香、樟树	用材/生态林	
	南岭栲	赣州市赣县荫掌山林场杨雅分场	坪田林站山咀里	本地	天然	3.7	15	10.0	19.1	435	67.5	良好	良好	拟赤杨、南酸枣、合欢、枫香、润楠	用材/生态林	
	南岭栲	赣州市赣县荫掌山林场杨雅分场	坪田林站上洞坑尾	本地	天然	19.2	11	9.6	15.2	840	75.0	良好	良好	拟赤杨、润楠、山乌柏、青冈栗	用材/生态林	
	南岭栲	赣州市赣县荫掌山林场杨雅分场	坪田林站烂泥坑	本地	天然	12.2	18	10.1	22.3	465	106.5	良好	良好	拟赤杨、山乌柏、枫香、丝栗栲、樟树	用材/生态林	
	南岭栲	赣州市九连山自然保护区	虾蚣塘主沟	本地	天然	20.0	成龄	13.0	19	480	73.5	强健	一般	米槠	用材/生态林	
	南岭栲	赣州市信丰县隘高林场	水疗工区楠木坑	本地	天然	6.0	16	13.2	10.2	810	51.0	强健	差	栲类、青冈	用材/生态林	混交林
	南岭栲	赣州市信丰县崇仙乡希社村周屋组	周屋组屋背	本地	天然	1.5	23	25.1	9	615	187.5	强健	一般	槲栎、枫香	用材/生态林	混交林
	南岭栲	赣州市信丰县金盆山林场	大公桥工区打牛墩对面	本地	天然	2.1	25	18.0	12	255	48.0	强健	一般	木荷、南酸枣、枫香	用材/生态林	混交林
	南岭栲	赣州市信丰县金盆山林场	夹水口工区	本地	天然	1.9	25	26.8	13	510	181.5	强健	一般	丝栗栲、楠木、桂花	用材/生态林	混交林
85	南酸枣	九江市庐山区威家镇	方竹庵		天然	0.1		19.2	11	225		强健		樟树	生态林	
	南酸枣	九江市彭泽县浩山乡新岭村	包家	本地	天然	14.5	15	16.8	13	1245	171.0	强健	良好	苦槠、臭椿	用材/生态林	
	南酸枣	九江市彭泽县浩山乡新岭村	猪毛冲	本地	天然	6.5	15	17.8	12	840	142.5	强健	良好	苦槠、青冈	用材/生态林	
	南酸枣	九江市彭泽县上十岭垦殖场	杨家滩	本地	天然	21.7	30	16.9	14.1	915	180.0	强健	良好	苦槠	用材/生态林	
	南酸枣	九江市永修县云山燕山林业公司	槠木坑		人工	2.7	13	12.9	11.6	810		良好	差			
	南酸枣	赣州市崇义县高垒林场	赤坑船底窝	本地	天然	23.7	20	16.7	11	450	90.0	强健	一般	拟赤杨、杉木、木荷、青钩栲等	用材/生态林	
	南酸枣	赣州市大余县内良乡尧扶村	杨梅坪	本地	天然	8.5	中龄	20.1	15.1	765		强健	差	木荷、栲类	用材/生态林	
	南酸枣	赣州市大余县内良乡尧扶村	黄古冲	本地	天然	2.1	中龄	15.1	12	750		强健	差	木荷、栲类	用材/生态林	

（续）

序号	树种名称	经营单位（或个人）	地名	种源	起源	面积（hm^2）	林龄（a）	平均 胸径（cm）	平均 树高（m）	每公顷 株数（株）	每公顷 蓄积（m^3）	生长状况	结实状况	林分中主要混交树种名称	主要树种利用评价	备注
	南酸枣	赣州市赣县荫掌山林场樟坑分场	小过桥坑	本地	天然	10.1	30	16.6	23	465	114.0	良好	良好	甜槠、木荷	生态林	
	南酸枣	赣州市龙南县安基山林场	下洞工区大	本地	天然	37.0	16	13.7	11.2	1095	80.0	强健	良好	楠木、小红栲、木荷	用材/生态林	
	南酸枣	赣州南康市大山脑林场	黄竹安	本地	天然	18.0	25	17.8	14.3	1125	136.5	强健	一般	杜英、木荷	生态林	
	南酸枣	赣州市全南县青龙山林场园岭工区	犁壁岭	赣州	人工	5.3	23	20.2	10.5	690	129.0	良好	良好		用材/生态林	
	南酸枣	赣州市信丰县金盆山林场	上陂工区石口对面	本地	天然	3.0	20	17.7	12.4	660	85.5	强健	一般	丝栗栲、木荷、杉木	用材/生态林	混交林
	南酸枣	宜春市奉新县罗市采育林场	李坊	本地	人工	2.3	成龄	18.4	15	495	80.7	良好	一般		采种母树林	
	南酸枣	宜春市万载县九龙垦殖场			人工	2.7	20	22.2	13.23	390	101.4	一般	一般	杉木	用材林	
	南酸枣	吉安市安福县坳上林场	湖丘壁	本地	人工	1.7	12	16.4	11.1	675	123.0	良好	150kg/hm^2		用材林	
	南酸枣	吉安市安福县陈山林场	江北分场深坰合	本地	天然	1.1	35	29.3	16.1	450	207.0	强健	良好		用材林	
	南酸枣	吉安市安福县武功山林场	横江分场上安林班	本地	人工	2.3	28	20.2	14.3	525	93.0	强健	一般		用材/生态林	
	南酸枣	吉安市万安县泗源林场	石人坑		人工	4.0	10	13.7	13.2	780	49.5	强健	一般	杉木		
	南酸枣	吉安市永新县七溪岭林场	南华山分场	永新	人工		11	15.0	8.4	1995	173.6	良好	结实初期	杉木	用材林	
	南酸枣	抚州市黎川县岩泉林场	麦溪洲工区	本地	天然	4.7	20	26.0	15.4	600	192.0	强健	一般	硬阔	用材林	
86	拟赤杨	九江市武宁县甫田太平山村	油榨对门	本地	天然	2.8	21	18.0	9.1	1245	225.3	强健	差		用材林	
	拟赤杨	九江市武宁县新宁镇东园村	七组	本地	天然	0.9	中龄	15.3	10.9	855	91.4	强健	差		用材林	
	拟赤杨	九江市修水县黄沙港林场	麦埚	本地	天然	3.6	30	27.4	11.7	360		强健	良好		生态林	
	拟赤杨	九江市修水县黄沙港林场	梅子埚	本地	天然	5.9	18	24.2	11.4	405		强健	良好		生态林	
	拟赤杨	九江市修水县黄沙港林场	水坑口	本地	天然	3.6	16	25.0	9.5	390		强健	良好		用材/生态林	
	拟赤杨	九江市修水县黄沙港林场	辽坑	本地	天然	2.0	17	25.9	9.8	375		强健	良好		用材/生态林	
	拟赤杨	九江市修水县黄沙港林场	辽坑	本地	天然	5.2	20	25.3	10	390		强健	良好		生态林	

（续）

序号	树种名称	经营单位（或个人）	地　名	种　源	起　源	面积（hm^2）	林龄（a）	平均 胸径（cm）	平均 树高（m）	每公顷 株数（株）	每公顷 蓄积（m^3）	生长状况	结实状况	林分中主要混交树种名称	主要树种利用评价	备　注
	拟赤杨	九江市修水县黄沙港林场	六里坑	本地	天然	10.1	25	26.7	9.8	615		强健	良好		用材/生态林	
	拟赤杨	鹰潭贵溪市双圳林场	朱坑	本地	天然	2.1	40	22.0	18	690	162.0	良好	良好	栲树、杜英		
	拟赤杨	鹰潭贵溪市双圳林场	朱坑	本地	天然	10.5	38	29.0	21	1275	162.0	良好	良好	栲树、杜英		
	拟赤杨	赣州市大余县长潭里林场	雷公陡	本地	天然	2.5	中龄	19.5	15	930		强健	差	丝栗栲	用材/生态林	
	拟赤杨	赣州市大余县烂泥迳林场	三江口工区	本地	天然	0.8	中龄	20.6	22.4	585		强健	差	毛药红淡	用材/生态林	
	拟赤杨	赣州市九连山自然保护区	虾蚣塘主沟	本地	天然	0.7	成龄	13.0	15.2	750	67.5	强健	一般	罗浮栲、润楠、枫香	用材/生态林	
	拟赤杨	赣州市龙南县安基山林场	下洞电站对面	本地	天然	8.1	12	9.9	9.9	1875	63.7	强健	良好	酸枣、木荷	用材/生态林	
	拟赤杨	赣州市龙南县安基山林场	茔营工区老九曲横排上	本地	天然	12.6	16	10.3	9.2	1380	46.9	强健	良好	酸枣、木荷	用材/生态林	
	拟赤杨	赣州市龙南县安基山林场	青茶工区姑娘溜	本地	天然	19.7	15	13.7	12.6	1275	85.4	强健	良好	酸枣、小红栲	用材/生态林	
	拟赤杨	赣州市龙南县九连山林场	高峰桥头	本地	天然	12.5	17	12.2	9.9	1275	66.0	强健	差	罗浮栲、南酸枣	用材/生态林	混交
	拟赤杨	赣州市龙南县棋棠山林场	嶂背	本地	天然	42.0	15	12.8	11.9	990	57.4	强健	差	青冈栎、香樟、枫香、多穗柯	用材/生态林	混交
	拟赤杨	赣州市宁都县东韶乡	竹子坝林场	本地	天然	0.6	41	30.7	15.6	885	177.0	强健	一般	枫香、槠树	用材林	
	拟赤杨	赣州市上犹县五指峰林场	五指林场三门坑林区	本地	天然	13.8	35	18.5	17.8	675		良好			用材/生态林	
	拟赤杨	赣州市信丰县金鸡林场	周坑工区长潭脑	本地	天然	6.7	29	19.3	14.1	780	124.5	强健	一般	甜槠、丝栗栲、楠木	用材/生态林	混交林
	拟赤杨	宜春市铜鼓县刘丛义	排埠镇梅洞组河腾组，白公坰	铜鼓	天然	5.3	26	24.0	12	240	144.0	良好	良好	栎类	采种母树林	
	拟赤杨	宜春市万载县九龙垦殖场			天然	5.3	20	25.0	8	300	90.0	一般	一般	杉木	用材林	
	拟赤杨	上饶德兴市李宅林站	方坑		天然	4.2	18	12.1	8.5	900	43.5	强健	差		用材/生态林	
	拟赤杨	上饶德兴市龙头山林站	大湾口		天然	5.3	12	8.8	10.5	1170	24.0	强健	差		用材/生态林	

（续）

序号	树种名称	经营单位（或个人）	地名	种源	起源	面积（hm^2）	林龄（a）	平均 胸径（cm）	平均 树高（m）	每公顷 株数（株）	每公顷 蓄积（m^3）	生长状况	结实状况	林分中主要混交树种名称	主要树种利用评价	备注
	拟赤杨	上饶德兴市龙头山林站	双河口		天然	1.0	12	9.6	10.4	1470	39.0	强健	差		用材/生态林	
	拟赤杨	上饶德兴市绕二镇	双溪		天然	0.4	8	12.8	8.7	1050	60.0	强健	一般		用材/生态林	
	拟赤杨	上饶德兴市绕二镇	双溪		天然	0.5	8	12.4	8.3	1410	73.5	强健	一般		用材/生态林	
	拟赤杨	上饶德兴市万村乡	大田村		天然	1.1	8	10.9	7.2	1245	46.5	强健	一般		用材/生态林	
	拟赤杨	吉安市吉水县螺田林场	新和	本地	天然	0.4		12.6	8.5	1200	97.5	强健	良好		用材林	
	拟赤杨	吉安市万安县龙头村	小娘庄		天然	1.2	10	15.9	13.8	750	76.5	强健	一般	毛竹		
	拟赤杨	吉安市永丰县水浆林场	北坑	本地	天然	3.0	20	16.0	9.6	765	148.5	良好	良好	枫香、马尾松	用材/生态林	
	拟赤杨	吉安市永新县曲江林场	龙源联营山场	永新	天然	53.3	40	16.9	10	465	54.0	良好	结实初期		用材林	
	拟赤杨	吉安市永新县三湾采育林场	大湾工区邓家冲	本地	天然	17.2	16	13.7	11.3	465	32.6	良好			用材林	
	拟赤杨	抚州市黎川县岩泉林场	岩泉工区	本地	天然	4.0	16	18.0	15.2	600	75.0	强健	差	杉木、其他硬阔	用材林	
	拟赤杨	景德镇市浮梁县			天然	3.7	11	12.2	9	1500	76.5	良好	一般	枫香	用材林	
87	刨花楠	吉安市吉安县双江林场			天然	20.0	5—18	12.6	10	1650						
	刨花楠	吉安市吉安县双江林场			天然	26.7	5—25	20.4	14.2	1350						
	刨花楠	吉安市吉安县双江林场			天然	21.3	3—18	18.2	10.8	1800						
	刨花楠	吉安市泰和县桥头水坑	高车组	本地	天然	0.3	30	20.0	10	225	30.0	强健	一般	杉木、楠木	用材林	
	刨花楠	吉安市泰和县桥头镇东山	东山乐居山	本地	天然	0.2	50	27.0	21	120	53.1	良好	一般	木荷、杜英	用材林	
	刨花楠	吉安市泰和县中龙东合村	东合	本地	天然	0.1	42	17.5	12.5	735	67.5	良好	一般	杉木、木荷	采种母树林	
	刨花楠	吉安市泰和县中龙东合村	东合	本地	天然	0.1	20	3.5	9	690	41.7	良好	良好	木荷	采种母树林	
	刨花楠	吉安市泰和县中龙东合村	东合	本地	天然	0.1	20	13.8	9	600	44.4	良好	良好	木荷	采种母树林	
	刨花楠	吉安市永新县曲江林场	野岭	永新	人工	0.3	100	39.3	18	375	150.0	良好	结实初期		用材/生态林	
88	桤木	九江市修水县黄沙镇	岭斜村	本地	天然	1.6	12	15.9	12.1	1650		强健	一般		生态林	
	桤木	新余市长埠林场	年珠		人工	2.1	13	12.1	18.5	2505	67.5	强健	一般		用材/生态林	

（续）

序号	树种名称	经营单位（或个人）	地名	种源	起源	面积（hm^2）	林龄（a）	平均胸径（cm）	平均树高（m）	每公顷株数（株）	每公顷蓄积（m^3）	生长状况	结实状况	林分中主要混交树种名称	主要树种利用评价	备注
	桤木	宜春市宜丰县双峰、云峰尖林场	东败	本省	人工	23.3	17	18.0	9	750	109.5	强健				
	桤木	吉安市永新县七溪岭林场	大塘分场	本地	人工	0.1	14	16.0	18.9	930	94.9	良好	结实初期	杉木	用材林	
	桤木	抚州市南丰县三溪镇	云山村	本地	天然	2.0	9	7.5	6.2	975	31.5	强健		杨树、栎树	用材林	
89	青冈	九江市庐山茶场	碧龙潭王家坡		天然			18.5	7.5	1080		强健		蚊母树、野茉莉	生态林	
	青冈	赣州市大余县内良乡尧扶村	黄古冲	本地	天然	2.3	中龄	16.6	13.3	945		强健	差	南岭栲、甜槠	用材/生态林	
	青冈	赣州市会昌县庄口镇大陂村	大陂	本地	天然	7.0	15	14.1	7.5	1065	63.0	良好	良好	栲类	生态林	
	青冈	赣州市九连山自然保护区	犀牛坑	本地	天然	66.7	成龄	14.7	22.5	690	160.5	强健	一般	丝栗栲、米槠、枫香	用材/生态林	
	青冈	赣州市龙南县棋棠山林场	嶂背	本地	天然	18.0	16	12.6	10.4	1440	80.6	强健	差	多穗柯、朴树、木荷、刨花楠、山乌药	用材/生态林	混交
	青冈	赣州市信丰县隘高林场	牛口岩工区河对面	本地	天然	9.1	18	12.8	9.8	1230	70.5	强健	差	丝栗栲、拟赤杨、甜槠	用材/生态林	混交林
	青冈	赣州市信丰县虎山乡虎山村	水疗组马牯坳	本地	天然	2.9	14	12.1	9.4	1200	61.5	强健	差	拟赤杨、杉木、木荷	用材/生态林	混交林
	青冈	赣州市信丰县金鸡林场	周坑工区黄土流	本地	天然	20.7	30	16.0	10.8	825	84.0	强健	一般	黧蒴栲、杜英、酸枣	用材/生态林	混交林
	青冈	赣州市兴国县城岗乡	严坑村	本地	天然	7.7	8	12.0	7.2	570	28.5	强健	一般	甜槠、苦槠、杉木	生态林	混交林
	青冈	赣州市兴国县均村乡	坪源村	本地	天然	35.6	35	24.7	13.2	510	157.5	强健	一般	樟树、木荷	生态林	混交林
	青冈	宜春市靖安县水口乡桃源村	十里尖	本地	天然	1.9	30	19.0	12	1530	238.5	强健	一般		生态林	
	青冈	宜春市铜鼓县双红村	大段镇双红村坑尾	本地	天然	3.3	49	28.6	15	225	56.7	强健	一般	栎类	采种母树林	
	青冈	上饶德兴市李宅林站	方坑		天然	3.3	32	11.9	8.4	1080	51.0	强健	一般		用材/生态林	
	青冈	上饶德兴市李宅林站	方坑		天然	3.3	32	15.3	8.6	900	82.5	强健	一般		用材/生态林	
	青冈	上饶德兴市李宅林站	方坑		天然	4.5	32	25.9	8.9	525	186.0	强健	良好		用材/生态林	

（续）

序号	树种名称	经营单位（或个人）	地名	种源	起源	面积（hm²）	林龄（a）	平均		每公顷		生长状况	结实状况	林分中主要混交树种名称	主要树种利用评价	备注
								胸径（cm）	树高（m）	株数（株）	蓄积（m^3）					
	青冈	上饶德兴市龙头山林站	双河口		天然	2.0	22	9.4	6.2	1365	34.5	强健	差		用材/生态林	
	青冈	上饶德兴市龙头山林站	双河口		天然	2.0	22	9.0	9.6	1530	33.0	强健	差		用材/生态林	
	青冈	上饶德兴市大茅山集团	梧风洞		天然	2.0	32	17.2	9.2	1410	174.0	强健	良好		用材/生态林	
	青冈	上饶德兴市大茅山集团	梧风洞		天然	3.1	32	19.4	8.8	1275	216.0	强健	良好		用材/生态林	
	青冈	上饶德兴市绕二镇	双溪		天然	0.7	46	13.3	7.2	1395	45.0	强健	一般		用材/生态林	
	青冈	上饶德兴市绕二镇	双溪		天然	0.7	46	10.5	6.5	975	31.5	强健	一般		用材/生态林	
	青冈	吉安市安福县陈山林场	江北分场老杉仚	本地	天然	0.3	26	25.8	13.2	240	78.0	强健	良好		用材林	
	青冈	吉安市安福县陈山林场	寄岭分场雷公埛	本地	天然	0.4	38	34.2	15.1	225	145.5	强健	良好		用材林	
90	青钩栲	赣州市崇义县阳岭自然保护区	办公楼后背山	本地	天然	77.3	20	14.2	12.7	1020	104.8	强健	一般	丝栗栲、苦槠、拟赤杨、木荷等	用材/生态林	
	青钩栲	赣州市赣县荫掌山林场杨雅分场	坪田林站老路高	本地	天然	5.1	18	11.1	19.2	450	64.5	良好	良好	拟赤杨、木荷、丝栗栲	用材/生态林	
	青钩栲	赣州市会昌县洞头乡洞头村	罗丁坎	本地	天然	2.4	80	36.4	12.5	225	112.5	强健	良好	米槠	用材/生态林	
	青钩栲	赣州市龙南县九连山林场	高峰坳背	本地	天然	11.4	21	13.5	9.3	1140	76.5	强健	差	红钩栲、乌眉栲、青冈栎	用材/生态林	混交
	青钩栲	赣州市龙南县九连山林场	高峰方洞子	本地	天然	17.5	18	11.1	8.6	1605	66.0	强健	差	黧蒴栲、丝栗栲、拟赤杨	用材/生态林	混交
	青钩栲	赣州市龙南县九连山林场	大丘田冷水坑口	本地	天然	10.4	20	18.2	17.1	795	111.0	强健	一般	拟赤杨、紫树、南酸枣	用材/生态林	混交
	青钩栲	赣州市全南县陂头黄塘村长坑迳股份林场	清仔脑	本地	天然	36.7	24	10.6	8	1590	58.5	良好	一般		用材/生态林	
	青钩栲	赣州市全南县城厢镇镇仔村	下塘坑	本地	天然	5.0	60	27.2	11.5	330	121.8	良好	一般	木荷、楠木		保护改造
	青钩栲	赣州市全南县中寨乡黄竹龙村	李山背	本地	天然	5.1	22	13.6	9	1800	121.5	强健	良好		用材/生态林	
	青钩栲	赣州瑞金市叶坪乡黄沙村	排坊下屋背	本地	天然	12.7	70	35.9	15			良好	一般	木荷、米槠	用材/生态林	

（续）

序号	树种名称	经营单位（或个人）	地名	种源	起源	面积（hm^2）	林龄（a）	平均胸径（cm）	平均树高（m）	每公顷株数（株）	每公顷蓄积（m^3）	生长状况	结实状况	林分中主要混交树种名称	主要树种利用评价	备注
	青钩栲	赣州瑞金市叶坪乡黄沙村	排坊下屋背	本地	天然	11.3	50	36.2	17			良好	一般	米槠	用材/生态林	
	青钩栲	赣州市信丰县金鸡林场	周坑工区屋背坑	本地	天然	25.8	28	18.9	11.3	885	135.0	强健	一般	拟赤杨、楠木、木荷	用材/生态林	混交林
91	青钱柳	九江市修水县黄坳乡	丁桥村	本地	天然	2.0	40	16.1	9.9	750		强健	良好		生态林	
92	日本花柏	九江市庐山林场	科疗所		人工		40	18.0	17	7500		强健			生态林	纯林
93	乳源木莲	赣州市九连山自然保护区	新房子背后	本地	天然	13.3	成龄	18.9	31.6	555	292.5	强健	一般		用材/生态林	
94	润楠	赣州市大余县烂泥迳林场	三江口工区	本地	天然	3.1	中龄	18.4	14.3	1005		强健	差	木荷、栲类	用材/生态林	
	润楠	赣州市大余县内良乡尧扶村	黄古冲	本地	天然	7.0	中龄	13.7	12.5	1125		强健	差	木荷、米槠、甜槠	用材/生态林	
	润楠	赣州市大余县樟斗镇	跃进水库	本地	天然	1.4	中龄	12.5	10.9	870		强健	差	丝栗栲、南岭栲	用材/生态林	
95	三尖杉	九江市修水县山口镇	秀水村	本地	天然	2.0	40	20.4	9.1	900		强健	良好		生态林	
96	三角枫	九江市修水县黄坳乡	丁桥村	本地	天然	2.7	40	16.7	10	750		强健	良好		生态林	
	三角枫	赣州市上犹县五指峰林场	三门坑林区上洞	本地	天然	0.3	27	16.4	13.2	270		良好			用材/生态林	
97	山楠	新余市双林镇白水村	大坑	本地	天然	0.3	62	32.2	16.7	390	267.9	良好	一般		用材/生态林	
	山楠	赣州市上犹县五指峰林场	三门坑林区	本地	天然	1.6	30	14.6	10	570		良好			用材/生态林	
98	杉木	九江市德安县彭山林场百家山分场	水库边	本省	人工	8.0	25	16.9	12.7	3300	422.4	强健	一般		用材林	纯林
	杉木	九江市德安县彭山林场林泉分场	91 号样地	本省	人工	9.0	20	15.2	9.8	3300	316.8	强健	一般		用材林	纯林
	杉木	九江市都昌县朝阳林场杨岭	魏家坟	本地	人工	3.0	16	14.5	10.8	3450	293.3	强健	一般		用材林	纯林
	杉木	九江市都昌县朝阳林场杨岭	牛角塘	本地	人工	4.0	16	12.9	10.3	3450	210.5	强健	一般		用材林	纯林
	杉木	九江市都昌县武山林场	十二道港	本地	人工	2.0	30	23.4	14.7	3450	34.5	强健	一般		用材林	纯林
	杉木	九江市都昌县武山林场	枫树洞口	本地	人工	3.3	23	14.6	10.1	3450	296.7	强健	一般		用材林	纯林
	杉木	九江市都昌县武山林场	汪家源洞口	本地	人工	3.3	26	15.8	10.7	3300	353.1	强健	一般		用材林	纯林
	杉木	九江市都昌县武山林场	汪家源洞内	本地	人工	3.3	26	17.3	11.4	3300	448.8	强健	一般		用材林	纯林

（续）

序号	树种名称	经营单位（或个人）	地名	种源	起源	面积（hm^2）	林龄（a）	平均 胸径（cm）	平均 树高（m）	每公顷 株数（株）	每公顷 蓄积（m^3）	生长状况	结实状况	林分中主要混交树种名称	主要树种利用评价	备注
	杉木	九江市都昌县武山林场	枫树涧内	本地	人工	4.0	26	12.5	10.7	390	193.2	强健	一般		用材林	纯林
	杉木	九江市都昌县徐埠象山林场	查家山分场	本地	人工	2.8	22	12.4	9.9	3450	189.8	强健	一般		用材林	纯林
	杉木	九江市国营武宁林场宋溪分场	田畔垅	广西、福建	人工	3.2	19	13.4	9.3	1905	162.3	强健	良好		用材/生态林	
	杉木	九江市湖口县双钟镇三里林场	南门分场		人工	6.7	26	18.3	11.5	1920	289.5	一般	差		用材/生态林	
	杉木	九江市庐山区莲花镇林场	蛇头岭	本地	人工	5.3	30	22.3	11	1395		强健	良好		用材林	
	杉木	九江市庐山区莲花镇林场	九龙	本地	人工	4.3	28	19.4	10.8	1575		强健	一般		生态林	
	杉木	九江市庐山区新港镇灰山林场		本地	人工	3.3	25	16.8	12.6	1350		强健	一般		用材/生态林	
	杉木	九江市彭泽县黄乐林场	老五百亩	本省	人工	12.7	26	23.5	16	2415	301.5	强健	良好		用材林	
	杉木	九江市彭泽县杨梓镇第二林场	梅树对面坞	本省	人工	2.7	17	13.7	10.3	2205	175.5	强健	良好		用材林	
	杉木	九江瑞昌市花园乡油市林场		本地	人工	4.7	27	16.4	12	1920	243.6	强健	一般		用材林	
	杉木	九江瑞昌市青山林场	何家垄	本地	人工	2.0	38	24.2	17.5	1125	352.1	强健	一般		用材林	
	杉木	九江瑞昌市青山林场	中范	本地	人工	1.7	31	19.1	14	2070	137.1	强健	一般		用材林	
	杉木	九江市武宁县大洞鲁桥村	兔子颈	本地	人工	2.2	18	13.5	12.3	2730	206.0	强健	差		用材林	
	杉木	九江市武宁县东林乡毛田村	水对坑	本地	天然	2.0	22	8.9	7.8	615	54.1	一般	差		用材林	
	杉木	九江市武宁县甫田太平山村	天井埚	本地	天然	3.4	20	15.9	10.2	1440	173.0	强健	差	苦槠、栎类	用材/生态林	
	杉木	九江市武宁县甫田太平山村	罗丝田	本地	人工	2.4	20	14.3	10.9	3105	273.9	强健	一般		用材生态林	
	杉木	九江市武宁县甫田烟港	三组	本地	人工	2.1	20	11.0	9.7	1980	86.7	强健	差		用材林	
	杉木	九江市武宁县甫田杨廖村	唐家	本地	天然	2.6	20	15.2	11.9	1260	149.2	强健	差		用材/生态林	纯林
	杉木	九江市武宁县甫田杨廖村	罗家	本地	人工	2.6	21	14.5	9.2	3045	243.4	强健	一般		用材林	
	杉木	九江市武宁县横路株林村	上坳	本地	天然	2.4	20	16.4	10.7	1515	152.0	强健	差	苦槠、马尾松	用材林	
	杉木	九江市武宁县巾口乡三山村	三夹里	本地	人工	1.3	17	12.7	9	3015	214.8	强健	差		用材/生态林	
	杉木	九江市武宁县澧溪大沅村	湾里后背山	本地	天然	2.7	20	15.8	11	1395	161.5	强健	差		用材林	纯林
	杉木	九江市武宁县澧溪坎上村	湾里后背山	本地	天然	2.7	20	13.6	10.6	1425	80.1	强健	差		用材/生态林	
	杉木	九江市武宁县罗坪洞坪村	大山坪	本地	人工	2.3	21	11.8	10.7	3435	184.4	强健	差		用材/生态林	

（续）

序号	树种名称	经营单位（或个人）	地　名	种　源	起　源	面积（hm^2）	林龄（a）	平　均		每公顷		生长状况	结实状况	林分中主要混交树种名称	主要树种利用评价	备　注
								胸径（cm）	树高（m）	株数（株）	蓄积（m^3）					
	杉木	九江市武宁县罗坪洞坪村	来龙山	本地	人工	2.7	18	11.9	11.3	3375	138.2	强健	差		用材/生态林	
	杉木	九江市武宁县罗坪漾都村	梓板林	本地	人工	2.5	24	11.1	10.2	3405	157.2	强健	差		用材林	
	杉木	九江市武宁县罗坪漾都村	飞风山	本地	人工	2.7	21	11.3	10.6	3375	126.3	强健	差		用材林	
	杉木	九江市武宁县罗溪长垅村	芭蕉	本地	人工	3.3	21	10.1	8.9	2610	126.9	强健	一般		用材林	
	杉木	九江市武宁县罗溪长垅村	坳背	本地	人工	2.0	24	13.1	10.7	2580	222.2	强健	一般		用材林	
	杉木	九江市武宁县罗溪乡罗溪村	挂扁山	本地	人工	3.6	26	13.2	11	2580	200.1	强健	一般		用材林	
	杉木	九江市武宁县清江龙石村	三组	本地	天然	2.0	中龄	14.4	11.9	615	57.0	强健	差		用材林	
	杉木	九江市武宁县石渡丰年村	十五组	本地	天然	2.1	中龄	15.9	10.9	780	81.3	强健	差	马尾松、阔叶树	用材林	
	杉木	九江市武宁县石渡丰年村	十五组	本地	天然	1.3	中龄	14.3	10.2	900	83.0	强健	差		用材林	
	杉木	九江市武宁县桐林苗圃	苗圃	本地	人工	2.5	18	10.4	8.6	2910	164.0	强健	差		用材/生态林	
	杉木	九江市武宁县安乐林场	寡妇榨	本地	天然	3.1	21	16.2	11.6	1560	197.9	强健	差		用材/生态林	纯林
	杉木	九江市武宁县九一四林场	学堂边	本地	天然	10.0	60	26.1	19	855	335.2	强健	一般	杂木	用材/生态林	
	杉木	九江市武宁县澧溪镇曹坑村	上田畔对门	本地	天然	2.3	22	14.8	12	1335	137.0	强健	差		用材林	纯林
	杉木	九江市武宁县杨洲南屏村	张家湾	本地	天然	2.0	中龄	16.2	14.5	1245	141.9	强健	差	槠类、枫香	用材林	
	杉木	九江市武宁县杨洲乡	方家垅	本地	人工	2.3	21	15.4	14.6	2940	294.0	强健	一般		用材/生态林	纯林
	杉木	九江市武宁县县杨洲乡南屏村	院坑	本地	天然	1.1	20	16.0	14.7	1230	135.3	强健	差	枫香、马尾松	用材林	
	杉木	九江市武宁县新宁石坪	二组	本地	人工	2.2	20	14.9	9.4	2550	260.9	强健	差		用材林	
	杉木	九江市武宁县新宁镇茶场		本地	人工	2.5	16	10.3	9.3	2640	107.4	强健	差		用材林	
	杉木	九江市武宁县新宁镇石坪村	染铺	本地	人工	2.4	22	12.6	9.3	1965	128.9	强健	差		用材林	
	杉木	九江市星子县白鹿镇玉京村	黄纪坪		人工	2.7	18	18.0	18	1650	361.4	良好	一般		用材林	
	杉木	九江市星子县东牯山林场	大粟庵		人工		25	12.5	12	1530		强健			生态林	纯林
	杉木	九江市修水县复源乡	雅洋村	本地	天然	3.3	30	25.6	12.1	1350		强健	良好		用材/生态林	
	杉木	九江市修水县黄沙港林场	杨家岭头	本地	天然	4.0	23	13.9	11.6	1260		强健	一般		生态林	
	杉木	九江市修水县黄沙港林场	大竹园	本地	天然	3.3	25	17.0	12.8	1305		强健	一般		用材/生态林	

（续）

序号	树种名称	经营单位（或个人）	地　名	种　源	起　源	面积（hm^2）	林龄（a）	平均 胸径（cm）	平均 树高（m）	每公顷 株数（株）	每公顷 蓄积（m^3）	生长状况	结实状况	林分中主要混交树种名称	主要树种利用评价	备　注
	杉木	九江市修水县黄沙镇	下朗田村	本地	天然	4.7	22	16.6	10.3	1350		强健	一般		生态林	
	杉木	九江市修水县林场黄沙分场	泉源	外地	人工	5.3	15	16.6	11	1650		强健	良好		用材/生态林	
	杉木	九江市修水县林场黄沙分场	泉源	外地	人工	8.0	15	16.5	10.9	1800		强健	良好		用材/生态林	
	杉木	九江市修水县林场汤桥分场	汤桥村	外地	人工	10.0	22	15.9	10.7	1950		强健	良好		生态林	
	杉木	九江市修水县林场汤桥分场	汤桥村	外地	人工	10.7	22	16.2	11.7	1950		强健	良好		生态林	
	杉木	九江市修水县征村乡	车联村神岭上	本地	天然	2.7	18	14.0	11	1605		强健	良好		用材林	
	杉木	九江市永修县立新乡高山林场	萝卜山		人工	3.3	26	13.5	13.7	1995		良好	差			
	杉木	九江市永修县立新乡岭南林场	场部对面		人工	3.2	30	14.8	13.1	2550		良好	差			
	杉木	九江市永修县立新乡岭南林场	场部西面		人工	3.7	30	13.6	12.6	2445		良好	差			
	杉木	九江市永修县立新乡岭南林场	场部背后		人工	4.0	30	14.0	12.6	2520		良好	差			
	杉木	九江市永修县柘林镇横山村林场			人工	3.5	16	14.2	11.2	2400		良好	差			
	杉木	萍乡市安源区安源村	盆形里	本地	人工	2.3	19	15.6	11.6	645	65.0	良好	一般			
	杉木	萍乡市安源区高坑镇	虎塘	本地	人工	2.1	21	16.7	12.9	690	69.5	良好	一般			
	杉木	萍乡市开发区鹅湖山庄		本地	人工	2.8	15	15.5	10.46	1440	145.1	强健	一般			
	杉木	萍乡市开发区上柳源村		本地	人工	2.2	15	15.3	10	1995	195.5	强健	一般			
	杉木	萍乡市莲花县良坊镇	布口村	本地	天然	2.8	17	12.5	10	1980	110.9	良好	一般			
	杉木	萍乡市莲花县良坊镇	布口村	本地	天然	2.9	17	12.8	10.4	1290	77.4	良好	一般			
	杉木	萍乡市莲花县六市乡	西坑村	本地	天然	2.2	34	17.9	11.5	1095	163.2	良好	一般			
	杉木	萍乡市莲花县南岭乡	千坊村	本地	天然	2.1	17	15.5	13.3	1950	196.5	良好	一般			
	杉木	萍乡市芦溪县南坑镇	坪村水库	本地	人工	4.3	25	16.8	9.4	1020	129.0	良好	一般			
	杉木	萍乡市芦溪县万龙山乡	三勤村	本地	人工	4.4	18	15.2	8.4	1020	97.5	良好	一般			
	杉木	萍乡市芦溪县张佳坊乡	瞿田村	本地	人工	5.3	17	14.8	8.1	1050	93.0	良好	一般			

（续）

序号	树种名称	经营单位（或个人）	地名	种源	起源	面积（hm^2）	林龄（a）	平均		每公顷		生长状况	结实状况	林分中主要混交树种名称	主要树种利用评价	备注
								胸径（cm）	树高（m）	株数（株）	蓄积（m^3）					
	杉木	萍乡市上栗县青溪林场	坪子岭	本地	人工	6.7	20	20.0	6.4	1200	180.0	强健	一般		用材林	
	杉木	萍乡市湘东区白竺上村	油榨冲金竹山上	引进	人工	0.5	23	11.4	9.8	1980	103.8	强健	良好		用材林	
	杉木	萍乡市湘东区广寒洞溪村万里	大坡里	引进	人工	0.5	18	7.2	8.8	1290	16.7	良好	一般		用材林	
	杉木	萍乡市湘东区麻山镇桃源	漕源	引进	人工	0.5	9	9.3	7.5	1905	51.9	良好	一般		用材林	
	杉木	新余市百丈峰林场	石坑		人工	2.0	16	15.8	12.3	1800	209.1	良好	一般		用材/生态林	
	杉木	新余市昌山林场	土田	广西	人工	4.3	13	15.8	10.5	1380	151.8	良好	一般		用材/生态林	
	杉木	新余市长埠林场	年珠		天然	4.9	37	26.3	17.8	1440	309.0	强健	良好	枫香、猴欢喜、华杜英、青冈、刨花楠	用材/生态林	
	杉木	新余市分宜县	王八元	本地	人工	2.3	30	19.6	15	840	172.7	良好	一般		用材/生态林	
	杉木	新余市花园林场	白鹭山庄	本地	人工	9.2	33	20.7	17.6	1095	237.2	良好	一般		用材/生态林	
	杉木	新余市九龙林场	V 林班 12 号小班	本地	人工	6.0	28	21.6	16.2	1140	296.1	良好	一般		用材/生态林	
	杉木	新余市林业技术推广站		本地	人工	4.0	26	18.5	13.3	945	174.9	良好	一般		用材/生态林	
	杉木	新余市钤北林场	黄家	广西	人工	2.0	17	18.7	13	1260	190.2	良好	一般		用材/生态林	
	杉木	新余市钤山镇檀溪村	张家坊	本地	天然	9.6	26	22.5	13.6	750	171.3	良好	一般		用材/生态林	
	杉木	新余市山下林场	陂元		人工	6.7	23	19.1	11.1	1050		强健	良好		用材/生态林	
	杉木	新余市上村林场	上村老屋背		人工	26.7	26	18.0	15.5	1215		强健	良好		用材/生态林	
	杉木	鹰潭贵溪市三县岭林场	李家门分场屋背	本地	人工	5.3	20	15.6	11.2	1845	174.0	强健	一般			
	杉木	鹰潭贵溪市双圳林场	黄沙	人工	人工	3.0	30	16.0	7.5	3000	300.0	良好	良好			
	杉木	鹰潭贵溪市双圳林场	朱坑	人工	人工	8.3	28	15.0	11	2460	300.0	良好	良好			
	杉木	鹰潭贵溪市双圳林场	濠溪垄	人工	人工	10.5	16	12.0	9	3420	300.0	良好	良好			
	杉木	鹰潭贵溪市西窑林场	优麻窝	本地	人工	3.0	29	13.1	8.7	1650		强健	一般	毛竹		
	杉木	鹰潭贵溪市西窑林场	南排	本地	人工	5.0	33	13.8	10.6	1605		强健	一般			

（续）

序号	树种名称	经营单位（或个人）	地名	种源	起源	面积（hm^2）	林龄（a）	平均		每公顷		生长状况	结实状况	林分中主要混交树种名称	主要树种利用评价	备注
								胸径（cm）	树高（m）	株数（株）	蓄积（m^3）					
	杉木	鹰潭贵溪市西窑林场	鸡脚湾	本地	人工	7.2	32	14.6	9.7	1380		强健	一般			
	杉木	鹰潭贵溪市西窑林场	鸡母垅	本地	人工	4.3	25	13.8	10.3	2025		强健	一般			
	杉木	鹰潭贵溪市西窑林场	电站畔上	本地	人工	2.0	28	13.7	9.5	1830		强健	一般	毛竹		
	杉木	鹰潭贵溪市西窑林场	中家坞	本地	人工	6.3	26	13.9	9.8	1950		强健	一般			
	杉木	鹰潭市余江县高公寨林场	杨家坞	本地	人工	4.0	28	16.5	10	1950	198.6	良好	一般		用材林	
	杉木	鹰潭市余江县高公寨林场	碑源仂	本地	人工	7.0	19	14.5	9.5	1905	147.0	良好	一般		用材林	
	杉木	鹰潭市余江县画桥镇大桥村	磨家峰	本地	人工	5.0	22	16.3	10.8	1995	153.9	良好	一般		用材林	
	杉木	赣州市安远县安子岽林场	树木园工区	信丰	人工	2.1	23	18.0	13	645	89.0	良好	良好	檫木	生态林	
	杉木	赣州市安远县安子岽林场	树木园工区	信丰	人工	1.8	23	21.5	16.2	780	169.3	良好	良好	马尾松	生态林	
	杉木	赣州市安远县符山村	古坑	本地	天然	5.0	21	15.8	11.6	2505	105.0	良好			用材林	
	杉木	赣州市安远县葛坳林场	林业科学研究所	本地	人工	2.1	22	13.4	8.7	3150	198.0	良好	良好	木荷	用材林	
	杉木	赣州市安远县葛坳林场	夹水口	本地	人工	2.0	19	13.2	8.9	3000	183.0	良好	良好	木荷	用材林	
	杉木	赣州市安远县	蔡屋坑	本地	天然	2.2	16	19.3	7.2	840	133.5	良好	良好		用材/生态林	
	杉木	赣州市安远县	大塆	本地	人工	2.0	25	13.1	8.5	2040	122.4	良好	良好		用材林	
	杉木	赣州市安远县	旗宰形	本地	人工	2.8	16	14.0	9.2	1980	93.0	良好	一般	马尾松	用材林	
	杉木	赣州市安远县黄屋组		本地	天然	2.3	38	15.6	9.8	300	93.0	良好	一般	马尾松	用材/生态林	
	杉木	赣州市安远县咀下村	柏公窝	本地	天然	6.0	21	17.0	13.5	1050	105.0	良好	一般		用材林	
	杉木	赣州市安远县孔田林场	中心段	本地	人工	2.1	21	17.5	10.9	615	79.4	良好	良好		生态林	
	杉木	赣州市安远县赖守仕守财	秀墩	本地	天然	1.2	22	14.6	9.7	1410	118.1	良好	一般	马尾松	用材/生态林	
	杉木	赣州市安远县龙布林场	二工区水口	本地	人工	2.1	18	14.6	10.8	1590	57.7	良好	良好	马尾松	生态林	
	杉木	赣州市安远县龙布林场	二工区斜对面	本地	人工	2.1	18	15.7	10.3	1575	74.0	良好	良好	马尾松	生态林	
	杉木	赣州市安远县门坑组	门坑	本地	人工	2.8	19	11.7	9.9	3300	156.0	良好	良好		用材林	
	杉木	赣州市安远县牛面脑组	石湖排	本地	天然	1.7	21	15.8	11.6	1035	105.0	良好	一般	马尾松	用材/生态林	

（续）

序号	树种名称	经营单位（或个人）	地名	种源	起源	面积（hm^2）	林龄（a）	平均胸径（cm）	平均树高（m）	每公顷株数（株）	每公顷蓄积（m^3）	生长状况	结实状况	林分中主要混交树种名称	主要树种利用评价	备注
	杉木	赣州市安远县坪岗村	大树崇	本地	人工	2.1	21	12.6	9.85	2505	134.4	良好	一般		用材/生态林	
	杉木	赣州市安远县坪岗村	大树崇	本地	人工	2.4	24	16.5	13.7	2505	309.0	良好	一般		用材/生态林	
	杉木	赣州市安远县唐前鸿	杨梅坑	本地	天然	0.8	21	17.4	12.5	1230	169.7	良好	一般	马尾松	用材/生态林	
	杉木	赣州市安远县天心林场	和顺坑	本地	人工	2.3	15	11.0	9.4	2700	154.5	良好	良好	阔叶树	生态林	
	杉木	赣州市安远县天心林场	大迳	本地	人工	4.3	15	11.7	12.8	2505	153.0	良好	良好	阔叶树	生态林	
	杉木	赣州市安远县下坝组	下坝	本地	人工	3.3	18	12.8	13.8	3450	148.5	良好	良好		生态林	
	杉木	赣州市崇义县高坌林场	田坑吊楼窝	本地	人工	7.7	22	23.0	18.5	810	220.6	强健	一般		用材林	
	杉木	赣州市定南县鹅公镇早禾村	潘龙组玉窝	本地	人工	6.4	17	12.3	12.5	1920	91.5	强健	良好		用材林	
	杉木	赣州市定南县归美山镇丰背村	黄屋组屋背坑	本地	天然	5.4	19	13.6	9.3	1155	70.5	良好	一般	毛竹	用材林	
	杉木	赣州市定南县岭北镇含湖林场	三头枫工区	本地	人工	6.5	13	12.9	9	2820	160.8	强健	差		用材林	
	杉木	赣州市定南县岭北镇含水村	高彼组狐狸坑	本地	人工	5.1	13	13.4	9	2910	183.3	强健	差		用材林	
	杉木	赣州市定南县龙塘镇湖江村	大浪高组遥溪迳	本地	天然	2.2	17	15.5	13.7	1440	135.0	良好	良好		用材林	
	杉木	赣州市定南县龙塘镇忠诚村	新园组	本地	天然	5.2	22	13.6	12.4	1200	75.0	强健	一般	甜槠、米槠	用材林	
	杉木	赣州市定南县天九镇九曲村	九曲电站	本地	人工	1.2	18	20.2	12.8	915	69.5	良好	一般		用材林	
	杉木	赣州市定南县天九镇九曲村	九曲电站	本地	人工	0.8	18	18.5	13.4	900	133.2	强健	一般		用材林	
	杉木	赣州市九连山自然保护区	新房子背后	本地	天然	13.3	成龄	18.3	25.1	1215	369.0	强健	差	马尾松、丝栗栲、甜槠	用材/生态林	纯林
	杉木	赣州市隆木乡黄三石村林场	黄石	本地	人工	18.7	26	18.6	10.9	1305	201.0	强健	一般		用材林	纯林
	杉木	赣州市宁都县横江林场	小吟工区	本地	人工	2.1	15	11.0	10.3	2400	90.0	强健	一般		用材林	纯林
	杉木	赣州市宁都县横江林场	高华山工区	本地	人工	2.3	20	16.6	11.6	1995	234.0	强健	一般		用材林	纯林

（续）

序号	树种名称	经营单位（或个人）	地名	种源	起源	面积（hm^2）	林龄（a）	平均胸径（cm）	平均树高（m）	每公顷株数（株）	每公顷蓄积（m^3）	生长状况	结实状况	林分中主要混交树种名称	主要树种利用评价	备注
	杉木	赣州市宁都县肖田乡	小吟村小吟组	本地	人工	2.8	20	26.0	11	2505	180.0	强健	良好		用材林	纯林
	杉木	赣州市全南县陂头周布上屋场	青龙山	本地	天然	26.7	13	11.6	6.5	810	34.5	良好	一般		用材/生态林	
	杉木	赣州市全南县高峰林场	崇坑工区寨仔坑	本地	人工	2.0	14	12.3	10.2	3165	157.5	强健	差		用材林	
	杉木	赣州市全南县老屋村	青龙山	本地	天然	4.0	20	1.0	7.6	2355	180.0	良好	良好		用材林	
	杉木	赣州市全南县茅山林场		本地	人工	40.7	14	12.9	11.6	3225	184.5	良好	一般		用材/生态林	
	杉木	赣州市全南县南迳镇	倒木山	本地	人工	2.3	20	11.1	8.9	232.5	111.0	良好	良好	马尾松	用材林	
	杉木	赣州市全南县南迳镇	吊寨	本地	天然	2.1	20	11.1	7.9	1035	36.0	良好	差	樟树	用材林	
	杉木	赣州市全南县南迳镇	乌梅坑	本地	天然	3.0	20	16.2	8.7	1170	133.5	良好	差	马尾松	用材林	
	杉木	赣州市全南县南迳镇	九牛岭背	本地	人工	2.3	12	12.0	8	2775	81.0	良好	良好	马尾松	用材林	
	杉木	赣州市全南县青龙山林场	碛子脑	本地	人工	6.3	14	14.6	10.1	2250	180.0	良好	一般		用材/生态林	
	杉木	赣州市全南县青龙山林场	三队	本地	人工	2.0	12	12.4	9.9	2985	151.5	良好	一般		用材/生态林	
	杉木	赣州市全南县青龙山林场	锅洞	本地	人工	14.1	18	15.8	11.2	1830	181.5	良好	一般		用材/生态林	
	杉木	赣州市全南县青龙山林场	瑶山	本地	人工	3.3	14	13.5	9.5	2055	133.5	良好	一般		用材/生态林	
	杉木	赣州市全南县上峯林场	坳上对面	本地	人工	12.0	11	11.2	9.6	3420	133.4	良好	差		用材林	纯林
	杉木	赣州市全南县社迳上圩组	上圩屋背	本地	天然	4.2	20	17.9	15	2970	300.0	良好	良好		用材林	
	杉木	赣州市全南县五指山林场	石罗井工区庙背坑	本地	人工	4.0	13	13.9	11.71	3150	215.0	强健	差		用材林	
	杉木	赣州市全南县小叶峯林场	水尾山工区	本地	人工	11.9	12	9.7	8.5	3120	81.0	良好	一般	马尾松、木荷	用材/生态林	
	杉木	赣州市全南县小叶峯林场	坪山工区	本地	人工	12.1	13	11.7	8.7	3300	181.5	良好	一般		用材/生态林	
	杉木	赣州市全南县小叶峯林场	武坊山工区	本地	人工	4.9	13	10.8	8.7	3225	112.5	良好	一般	松类、木荷	用材/生态林	
	杉木	赣州市全南县小叶峯林场	水尾山工区	本地	人工	22.9	14	13.6	8.8	3240	213.0	良好	一般	松类、木荷	用材/生态林	
	杉木	赣州市全南县园明山林场	中滩工区桥子山	本地	人工	22.1	12	14.2	10.6	2400	177.0	强健	一般		用材林	

（续）

序号	树种名称	经营单位（或个人）	地名	种源	起源	面积（hm^2）	林龄（a）	平均		每公顷		生长状况	结实状况	林分中主要混交树种名称	主要树种利用评价	备注
								胸径（cm）	树高（m）	株数（株）	蓄积（m^3）					
	杉木	赣州市全南县园明山林场	中滩工区桂花窝	本地	人工	19.5	12	13.8	10.5	2475	171.0	强健	一般		用材林	
	杉木	赣州市全南县兆坑林场	龙井坑	本地	人工	21.4	17	14.9	11.9	1800	151.2	良好	一般	泡桐	用材林	
	杉木	赣州市全南县兆坑林场	曲头坑	本地	人工	19.9	18	16.8	12.1	1350	156.6	良好	一般	泡桐	用材林	
	杉木	赣州市全南县兆坑林场	几子坑	本地	人工	10.8	22	22.5	17.5	1260	307.5	良好	一般	泡桐	用材林	
	杉木	赣州市上犹县寺下林场	寺下林场高坑子	本地	人工	3.7	30	19.1	12.9	1530	246.0	良好	一般		用材林	
	杉木	赣州市信丰县林木良种场	老龙工区大容子	本地	人工	4.6	14	13.6	11.7	3300	198.0	强健	良好		用材/生态林	纯林
	杉木	赣州市寻乌县罗珊乡	�竹村		天然	2.2	17	22.6	17	390	96.0	强健	良好		用材林	
	杉木	赣州市寻乌县罗珊乡	�		天然	4.8	25	26.1	19	315	111.0	强健	良好		用材林	
	杉木	赣州市寻乌县罗珊乡	筲竹村		天然	4.0	15	21.7	16	465	103.5	强健	良好		用材林	
	杉木	赣州市寻乌县项山乡	聪坑村		天然	0.4	20	23.8	16.5	1590	223.5	强健	良好	马尾松、枫香	用材林	
	杉木	赣州市寻乌县项山乡	书坪村		天然	0.6	18	29.1	18	375	171.8	强健	良好		用材林	
	杉木	赣州市于都县仁风林场	山森工队旁	本省	人工	20.0	19	18.0	14	1755	241.5	强健	一般		生态林	
	杉木	宜春市奉新县罗市镇	林场养猪场	本地	人工	2.3	成龄	14.0	12.1	1440	128.2	良好	一般		采种母树林	
	杉木	宜春市奉新县	汪家	本地	人工	3.0	18	13.1	10	3300	188.1	良好	良好		采种母树林	
	杉木	宜春市奉新县澡下林场	澡下中学后	本地	人工	3.3	20	18.1	17.3	3300	159.8	良好	良好		采种母树林	
	杉木	宜春高安市华林李口村源尾村陈家组	八百洞天	外地	人工	4.5	30	20.0	15	1350	265.5	强健	差		用材林	纯林
	杉木	宜春市靖安县三爪仑六连	骆家坪	本地	天然	1.7	24	26.4	22	690	249.0	强健	一般	马尾松、竹类	用材/生态林	
	杉木	宜春市上高县湖镜村		本地	人工	4.0	28	19.5	11	1800	334.5	良好	良好		用材林	纯林
	杉木	宜春市上高县梅沙村	娥坑	本地	人工	5.3	24	18.1	17.5	1950	294.0	良好	良好		用材林	纯林
	杉木	宜春市上高县蒙山林场		本地	人工	13.3	32	18.6	12	2040	334.5	良好	良好		用材林	纯林
	杉木	宜春市上高县上甘山林场	樟树壁	本地	人工	5.7	30	19.2	10	1950	349.5	良好	良好		用材林	纯林

（续）

序号	树种名称	经营单位（或个人）	地名	种源	起源	面积（hm^2）	林龄（a）	平均		每公顷		生长状况	结实状况	林分中主要混交树种名称	主要树种利用评价	备注
								胸径（cm）	树高（m）	株数（株）	蓄积（m^3）					
	杉木	宜春市上高县上甘山林场	金坑分场	本地	人工	26.7	28	16.8	9.5	2055	259.5	良好	良好		用材林	纯林
	杉木	宜春市上高县上甘山林场	金坑分场	本地	人工	4.0	28	20.2	13	1650	336.0	良好	良好		用材林	纯林
	杉木	宜春市上高县上甘山林场	罗源分场	本地	人工	12.0	30	19.5	10	1740	324.0	良好	良好		用材林	纯林
	杉木	宜春市上高县田心村		本地	人工	8.0	31	19.8	10.8	1770	346.5	良好	良好		用材林	纯林
	杉木	宜春市铜鼓县大屋组	棋坪镇双溪村黄西坑	本地	天然	1.3	30	13.0	10.3	1890	142.1	强健	一般	栎类	采种母树林	
	杉木	宜春市铜鼓县柑埚组	温泉镇新开村黄家	本地	天然	1.0	39	13.4	10.5	735	73.7	强健	一般	栎类	采种母树林	
	杉木	宜春市铜鼓县高桥		本地	天然	4.0	34	11.5	9.7	1800	101.3	强健		栎类	采种母树林	
	杉木	宜春市铜鼓县高桥		本地	天然	2.0	34	12.3	10.1	1365	84.3	强健	一般	栎类	采种母树林	
	杉木	宜春市铜鼓县高桥		本地	天然	1.3	31	11.4	10.9	630	118.8	强健	一般	栎类	采种母树林	
	杉木	宜春市铜鼓县花山林场		本地	天然	1.3	32	11.3	12.3	1710	99.6	强健	一般	栎类	采种母树林	
	杉木	宜春市铜鼓县花山林场	马吃水	本地	人工	6.0	14	14.1	13.9	2700	210.6	强健	良好	栎类	采种母树林	
	杉木	宜春市铜鼓县会洞组	棋坪镇优居村陈家坳	本地	天然	1.0	26	12.6	9.6	1515	106.8	强健	一般	栎类	采种母树林	
	杉木	宜春市铜鼓县柳溪村	带溪乡柳溪村	本地	人工	0.7	17	10.1	8.7	3000	84.0	强健	一般	木荷	采种母树林	
	杉木	宜春市铜鼓县龙港组	温泉镇新开村白花埚	本地	天然	2.0	33	12.4	10.6	1125	84.2	强健		栎类	采种母树林	
	杉木	宜春市铜鼓县龙港组	温泉镇新开村葫芦洞	本地	天然	1.3	34	13.3	11.1	1335	103.5	强健	一般	栎类	采种母树林	
	杉木	宜春市铜鼓县末中村	大段镇末中村大坳岭	本地	人工	26.7	18	18.0	11	600	120.0	良好		木荷	采种母树林	
	杉木	宜春市铜鼓县排埠		本地	天然	3.3	22	11.8	9	1860	105.6	强健	一般	栎类	采种母树林	
	杉木	宜春市铜鼓县排埠		本地	天然	4.0	32	11.6	9.5	945	110.7	强健	一般	栎类	采种母树林	

（续）

序号	树种名称	经营单位（或个人）	地名	种源	起源	面积（hm^2）	林龄（a）	平均 胸径（cm）	平均 树高（m）	每公顷 株数（株）	每公顷 蓄积（m^3）	生长状况	结实状况	林分中主要混交树种名称	主要树种利用评价	备注
	杉木	宜春市铜鼓县	永宁坪田村	本地	天然	1.3	25	11.3	10.5	1845	108.3	强健	一般	栎类	采种母树林	
	杉木	宜春市铜鼓县棋坪		本地	天然	2.0	39	17.8	10.1	1830	185.0	强健	良好	栎类	采种母树林	
	杉木	宜春市铜鼓县棋坪		本地	天然	3.0	29	13.8	8.8	675	53.9	强健	一般	栎类	采种母树林	
	杉木	宜春市铜鼓县群森林场	温泉镇新开村下汪家对面	本地	天然	3.3	33	13.0	11.5	960	70.1	强健	一般	栎类	采种母树林	
	杉木	宜春市铜鼓县	棋坪镇柏树村下石坳	本地	天然	1.3	27	11.3	9.4	1725	91.1	强健	一般	栎类	采种母树林	
	杉木	宜春市铜鼓县	温泉镇石桥村	本地	人工	13.3	12	8.7	9	3450	85.5	强健		枫香	采种母树林	
	杉木	宜春市铜鼓县	三都镇战坑村田排组	本地	天然	13.3	17	12.4	11	5400	276.0	良好		木荷	采种母树林	
	杉木	宜春市铜鼓县吴文清	棋坪镇柏树村塔下组团洲	本地	天然	0.7	28	16.4	14	2400	195.0	良好	良好	枫香	采种母树林	
	杉木	宜春市铜鼓县	三都西向	本地	天然	2.7	22	11.6	11.8	2475	127.8	强健	一般	栎类	采种母树林	
	杉木	宜春市铜鼓县正兴公司	三都镇大槽村羊山洞	本地	人工	34.0	18	13.0	14.7	5100	195.0	良好	一般	木荷	采种母树林	
	杉木	宜春市铜鼓县正兴公司	三都镇黄田村枫树源	本地	人工	21.3	15	13.7	12.8	3300	34.5	良好		木荷	采种母树林	
	杉木	宜春市铜鼓县正兴公司	排埠镇曾溪村	本地	人工	6.7	16	18.0	10	2850	270.0	良好	差	枫香	采种母树林	
	杉木	宜春市铜鼓县正兴公司	温泉镇光明村	本地	人工	24.7	11	8.6	7.4	4800	91.5	强健		枫香	采种母树林	
	杉木	宜春市铜鼓县正兴公司	温泉镇石桥村	本地	人工	28.7	11	11.5	9.6	3000	130.5	强健	一般	枫香	采种母树林	
	杉木	宜春市铜鼓县正兴公司	温泉镇石桥村	本地	天然	10.0	14	12.5	9.5	2250	67.5	强健	一般	枫香	采种母树林	

（续）

序号	树种名称	经营单位（或个人）	地名	种源	起源	面积（hm^2）	林龄（a）	平均		每公顷		生长状况	结实状况	林分中主要混交树种名称	主要树种利用评价	备注
								胸径（cm）	树高（m）	株数（株）	蓄积（m^3）					
	杉木	宜春市万载县锦源林场			人工	3.3	35	22.4	16.1	1215	324.0	一般	一般		用材林	
	杉木	宜春市宜丰县官山林场	西河	本地	人工	126.7	48	16.0	14	2400	133.5	强健				
	杉木	宜春市袁州区洪塘镇庄溪村	庄溪	本地	人工	8.0	27	14.0	11	1650	180.0	强健		湿地松		
	杉木	宜春市袁州区天台山林场	天台	引进	人工	6.0	25	14.0	11	1575	120.0	强健		湿地松		
	杉木	宜春市袁州区天台镇大岭林场	天台	引进	人工	4.7	22	14.0	11	1530	135.0	强健		木荷		
	杉木	上饶德兴市绿野公司	潭埠犁树岭		人工	6.7	18	22.2	12	1290	307.5	强健	良好		用材/生态林	
	杉木	上饶德兴市绿野公司	潭埠犁树岭		人工	8.0	18	21.6	13.4	1320	292.5	强健	良好		用材/生态林	
	杉木	上饶德兴市绿野公司	潭埠犁树岭		人工	8.0	18	19.3	12.4	1395	229.5	强健	良好		用材/生态林	
	杉木	上饶德兴市绿野公司	银城镇枫树岭		人工	3.1	22	15.6	8.7	1500	138.0	强健	一般		用材/生态林	
	杉木	上饶市广丰县大丰源	高枝坑	本地	人工	2.0	30	18.6	11.7	1725		良好	良好	马尾松	用材林	
	杉木	上饶市广丰县红青坑	灰铺坞	本地	人工	2.0	28	17.7	12.5	1755	230.0	良好	良好		用材/生态林	
	杉木	上饶市广丰县翁岭村	朱公坞	本地	人工	2.4	20	12.9	11	1725	96.0	良好	一般	马尾松	用材林	
	杉木	上饶市广丰县玉田	朱家培	本地	人工	6.0	29	16.3	13	1755	163.1	良好	良好		用材林	
	杉木	上饶市鄱阳县莲花山乡潘村		本地	人工	2.5	28	19.0	17	2550	369.0	良好	一般			
	杉木	上饶市鄱阳县莲花山乡中档分场		本地	人工	3.6	24	17.0	16	2295	279.0	良好	一般			
	杉木	上饶市鄱阳县旭光林场	铁沙		人工	3.7	18	20.1	13	1200	274.5	强健	良好		用材/生态林	
	杉木	上饶市鄱阳县旭光林场	铁沙		人工	6.7	18	22.2	13.4	1230	285.0	强健	良好		用材/生态林	
	杉木	上饶市铅山县太源乡垦殖场	对面山	本地	天然	10.6	28	18.5	16.7	1515	217.5	良好	一般			
	杉木	上饶市铅山县县森林苗圃	林业科学研究所	本地	人工	1.9	33	15.2	13.9	1545	142.5	良好	一般			
	杉木	上饶市上饶县华坛山	双溪分场	本地	天然	5.7	35	16.0	13	1875	187.5	强健	良好		用材/生态林	
	杉木	上饶市武夷山排楼林场		湖南	人工	13.3	20	53.2				良好	良好			
	杉木	上饶市武夷山排楼林场		湖南	人工	20.0	20	53.2				良好	良好			

（续）

序号	树种名称	经营单位（或个人）	地名	种源	起源	面积（hm^2）	林龄（a）	平均胸径（cm）	平均树高（m）	每公顷株数（株）	每公顷蓄积（m^3）	生长状况	结实状况	林分中主要混交树种名称	主要树种利用评价	备注
99	杉木木	上饶市婺源县秋口镇王村		本地	人工	3.3	22	18.4	9.6	1275	166.5	良好	良好	杉木	用材林	
	杉木	上饶市婺源县太白林场	张大坞口	本地	人工	2.0	20	17.7	10.6	1875	249.0	良好	一般		用材林	
	杉木	上饶市婺源县太白林场	早坞林	本地	人工	10.0	20	17.5	10.7	1755	222.0	良好	一般		用材林	
	杉木	上饶市婺源县太白林场	西交坞	本地	人工	6.7	20	16.9	9.1	1830	214.5	良好	一般		用材林	
	杉木	上饶市婺源县溪头乡	上溪头	本地	人工	4.5	20	22.0	10	3000	69.0	良好	良好		生态林	
	杉木	上饶市余干县峡山	林场	本地	人工	2.4	30	14.0	7	1755	78.0	良好	良好		用材林	
	杉木	上饶市玉山县东方红林场	紫湖川桥	本地	天然	2.3	17	10.5	6.5	2250	72.0	强健	良好		用材林	
	杉木	上饶市玉山县岩瑞镇	岩瑞包溪村	本地	天然	3.3	21	13.9	8.5	1845	147.0	强健	良好		用材林	
	杉木	吉安市安福县北华山林场	泰山里	本地	人工	2.7	31	22.5	14	1140	310.5	良好	良好		用材林	
	杉木	吉安市安福县北华山林场	泰山里	本地	人工	2.5	30	22.6	14.1	1155	313.5	良好	良好		用材林	
	杉木	吉安市安福县北华山林场	洋鸡棚	本地	人工	3.3	31	22.2	14.1	1365	300.0	良好	良好		用材林	
	杉木	吉安市安福县陈山林场	寄岭分场烂柴坑	本地	人工	2.0	14	11.5	9.8	2370	106.5	强健	一般		用材林	
	杉木	吉安市安福县武功山林场	洋溪2号小班	本地	人工	1.9	28	26.4	14.3	1245	249.0	强健	一般	檫树、拟赤杨、柃木	用材林	
	杉木	吉安市安福县武功山林场	横江分场上安林班14号	本地	人工	2.0	27	31.7	16	525	268.5	强健	一般		用材林	
	杉木	吉安市安福县武功山林场	横江分场上安林班19号	本地	人工	2.0	28	30.3	15.8	630	276.0	强健	一般	檫树、拟赤杨	用材林	
	杉木	吉安市安福县武功山林场	洋溪3号小班	本地	人工	1.9	28	29.9	13.9	480	210.0	强健	一般	檫树、拟赤杨	用材林	
	杉木	吉安市安福县武功山林场	横江分场上安林班17#	本地	人工	2.1	27	33.6	15.9	600	357.0	强健	一般		用材林	

（续）

序号	树种名称	经营单位（或个人）	地名	种源	起源	面积（hm^2）	林龄（a）	平均		每公顷		生长状况	结实状况	林分中主要混交树种名称	主要树种利用评价	备注
								胸径（cm）	树高（m）	株数（株）	蓄积（m^3）					
	杉木	吉安市安福县兴林集团	渡水槽（左）	本地	人工	2.7	17	13.4	10	1050	60.0	良好	差		用材林	
	杉木	吉安市吉安县九龙林场			人工	9.9	15	13.5	14.2	3300	300.0					
	杉木	吉安市吉安县九龙林场			人工	6.5	15	13.5	14.18	3300						
	杉木	吉安市吉安县双江林场			人工	20.0	19	17.6	16.41	1800	400.5					
	杉木	吉安市吉安县双江林场			人工	20.0	19	17.7	16.45	1800	415.5					
	杉木	吉安市吉安县双江林场			人工	20.0	14	11.7	8.76	3300	210.0					
	杉木	吉安市吉安县双江林场			人工	17.3	14	12.0	8.94	3300	229.5					
	杉木	吉安市吉安县天河林场			人工	10.7	20	18.1	16.58	2040	420.0					
	杉木	吉安市吉安县天河林场			人工	9.3	20	17.5	16.68	1920	402.0					
	杉木	吉安市吉水县八都林场	野鸡坑	本地	人工	2.0	25	20.8	15.4	1080	126.0	强健	良好	枫香、木荷	用材林	
	杉木	吉安市吉水县八都林场	金狮面	本地	人工	3.7	25	19.8	13.3	900	105.0	强健	良好	枫香、木荷	用材林	
	杉木	吉安市吉水县白沙林场	飞行	本地	人工	3.5	14	16.0	10	2505	262.5	强健	良好	枫香、木荷	用材林	
	杉木	吉安市吉水县白沙林场	坪上	本地	人工	9.5	14	16.0	10	2505	262.5	强健	良好	枫香、木荷	用材林	
	杉木	吉安市吉水县白沙林场	飞行	广西	人工	4.0	13	16.0	10	2505	262.5	强健	良好	枫香、木荷	用材林	
	杉木	吉安市吉水县冠山林场	相思源	本地	人工	2.6	24	16.7	14.5	2400	280.5	强健	良好	木荷	用材林	
	杉木	吉安市吉水县冠山林场	相思源	本地	人工	2.9	24	18.0	15.3	2250	321.0	强健	良好	木荷	用材林	
	杉木	吉安市吉水县芦溪岭林场	黎洞工区水浒庵	本地	人工	4.3	30	22.0	15.5	675	150.0	良好	良好	木荷	用材林	
	杉木	吉安市吉水县芦溪岭林场	大东山森林公园	本地	人工	4.0	23	17.1	14.1	540	67.5	良好	良好	木荷	用材林	
	杉木	吉安市吉水县芦溪岭林场	大东山森林公园	本地	人工	3.1	22	21.9	14.1	615	147.0	良好	良好	木荷	用材林	
	杉木	吉安市吉水县芦溪岭林场	大东山森林公园	本地	人工	4.8	25	19.7	15	525	90.0	良好	良好	木荷	用材林	

（续）

序号	树种名称	经营单位（或个人）	地 名	种 源	起 源	面积（hm^2）	林龄（a）	平均		每公顷		生长状况	结实状况	林分中主要混交树种名称	主要树种利用评价	备 注
								胸径（cm）	树高（m）	株数（株）	蓄积（m^3）					
	杉木	吉安市吉水县水南林场	龚岭	本地	人工	3.4	28	14.3	11.9	2280	177.8	强健	良好	枫香、木荷	用材林	
	杉木	吉安市吉水县水南林场	大金坑	本地	人工	3.9	27	17.0	14	1470	158.9	强健	良好	枫香、木荷	用材林	
	杉木	吉安市吉水县万华山林场	大字坑	广西	人工	4.5	19	14.1	12	1575	143.3	强健	良好	枫香、木荷	用材林	
	杉木	吉安市吉水县乌江林场	罗坛工区	本地	人工	2.1	33	16.3	13.4	1710	217.5	强健	良好	枫香、木荷	用材林	
	杉木	吉安市吉水县乌江林场	米筛坑	本地	人工	3.0	33	16.9	12.4	1470	177.0	强健	良好	枫香、木荷	用材林	
	杉木	吉安市吉水县乌江林场	石上	本地	人工	2.2	28	22.1	14.9	1170	327.0	强健	良好	枫香、木荷	用材林	
	杉木	吉安市吉水县森林苗圃	横川曾坑	广西	人工	3.7	12	12.6	11	1680	93.0	强健	良好	枫香、木荷	用材林	
	杉木	吉安市吉水县森林苗圃	横川泮坑	广西	人工	4.1	15	14.4	11.3	1575	124.4	强健	良好	枫香、木荷	用材林	
	杉木	吉安市吉水县周岭林场	老源坑	本地	人工	4.4	14	14.5	13.3	2400	195.0	强健	良好	木荷	用材林	
	杉木	吉安井冈山市自然保护区大井林场	荆竹山	本地	人工	14.1	27	17.5	9.8	1725	195.9	良好	差	柃木、杜鹃等	用材/生态林	
	杉木	吉安井冈山市自然保护区大井林场	荆竹山	本地	人工	13.2	27	15.3	9.1	870	145.8	良好	差	柃木、杜鹃等	用材/生态林	
	杉木	吉安井冈山市自然保护区朱砂冲林场	上泥湖	本地	人工	4.7	27	17.7	13	930	136.9	良好	结实初期	拟赤杨	用材林	
	杉木	吉安井冈山市自然保护区朱砂冲林场	高岗里	本地	人工	10.0	28	20.6	14.1	765	158.8	良好	结实初期	拟赤杨	用材林	
	杉木	吉安井冈山市自然保护区朱砂冲林场	上角洞	本地	人工	2.3	27	17.5	12.8	765	101.6	良好	结实初期		用材林	
	杉木	吉安市遂川县林业公司	大块		人工	9.0	40	20.8	18.77	975	230.5				用材林	
	杉木	吉安市遂川县林业公司	上土坑		人工	10.0	40	20.9	18.72	945	226.2				用材林	
	杉木	吉安市遂川县林业公司	下地坑		人工	9.3	41	19.1	17.45	1065	191.6		一般		用材林	
	杉木	吉安市遂川县林业公司	洞上		人工	36.0	32	20.5	18.24	1005	232.8		一般		用材林	
	杉木	吉安市遂川县林业公司	纡门坑		人工	7.2	28	21.4	15.56	870	194.7		一般		用材林	
	杉木	吉安市遂川县林业公司	大兰坑		人工	5.0	26	21.7	16.47	1140	195.5		一般		用材林	

（续）

序号	树种名称	经营单位（或个人）	地　名	种　源	起　源	面积（hm^2）	林龄（a）	平均 胸径（cm）	平均 树高（m）	每公顷 株数（株）	每公顷 蓄积（m^3）	生长状况	结实状况	林分中主要混交树种名称	主要树种利用评价	备　注
	杉木	吉安市遂川县林业公司	大坑林场直坑		人工	7.7	29	21.0	16.6	765	175.3		一般		用材林	
	杉木	吉安市遂川县林业公司	大坑林场大窝子		人工	6.5	19	20.4	13.3	1125	167.3		一般		用材林	
	杉木	吉安市遂川县林业公司	五江林场观音堂		人工	4.9	41	20.2	17	840	190.0		一般		用材林	
	杉木	吉安市遂川县林业公司	五江林场上备潭		人工	15.1	25	19.1	16.1	1230	218.0		一般		用材林	
	杉木	吉安市遂川县林业公司	五江林场端木仚		人工	4.3	29	19.2	15.6	855	162.8		一般		用材林	
	杉木	吉安市遂川县林业公司	五江林场山羊坑		人工	13.2	30	21.8	17.9	915	253.2		一般		用材林	
	杉木	吉安市遂川县去岭林场	龙团	本地	人工	10.5	15	16.8	10.5	1050	153.9				用材/生态林	
	杉木	吉安市遂川县去岭林场	大井	本地	人工	7.7	16	17.6	11.5	1260	189.4				用材/生态林	
	杉木	吉安市遂川县五指峰林场	七岭分场黄草河	本地	人工	4.7	25	18.0	13	2400	343.2		良好		采种母树林	
	杉木	吉安市遂川县五指峰林场	七岭分场黄草河	本地	人工	4.7	25	17.0	14.5	2400	295.2		良好		采种母树林	
	杉木	吉安市遂川县五指峰林场	滁洲分场九江湖	本地	人工	33.3	15	16.0	13	2400	252.0		良好		采种母树林	
	杉木	吉安市遂川县五指峰林场	滁洲分场九江湖	本地	人工	33.3	15	16.0	13	2400	252.0		良好		采种母树林	
	杉木	吉安市遂川县五指峰林场	五指峰分场	本地	人工	33.3	17	15.0	13	3000	264.0		良好		采种母树林	
	杉木	吉安市遂川县五指峰林场	五指峰分场茶背	本地	人工	33.3	20	16.0	13	2250	236.3		良好		采种母树林	
	杉木	吉安市泰和县桥头店前村		本地	人工	3.0	20	18.2	12.7	1560	184.7	强健	一般		用材林	
	杉木	吉安市泰和县桥头林场	奄上工区	本地	人工	14.7	22	18.2	13.3	1230	204.8	强健	一般		用材林	

（续）

序号	树种名称	经营单位（或个人）	地名	种源	起源	面积（hm^2）	林龄（a）	平均		每公顷		生长状况	结实状况	林分中主要混交树种名称	主要树种利用评价	备注
								胸径（cm）	树高（m）	株数（株）	蓄积（m^3）					
	杉木	吉安市泰和县桥头林场		本地	人工	0.8	17	14.9	10	1350	119.0	良好			用材林	
	杉木	吉安市泰和县石溪林场		本地	人工	11.9	37	19.1	13.1	1140	190.4	良好	差		用材林	
	杉木	吉安市万安县宝山林场	长龙坑口		人工	3.3	14	14.4	12.4	1275	99.0	强健	良好			
	杉木	吉安市万安县宝山林场	流水坑		人工	2.7	18	16.1	14	1050	111.0	强健	良好			
	杉木	吉安市万安县芦源林场	下坑		人工	2.0	12	12.1	10.9	1500	64.5	强健	一般	湿地松		
	杉木	吉安市万安县潞田林站	大水坑		人工	4.0	20	15.8	14.1	1590	138.0	强健	良好			
	杉木	吉安市万安县潞田林站	杨梅窝		人工	2.8	20	16.0	12.5	1545	147.0	强健	良好			
	杉木	吉安市万安县潞田林站	上坑子		人工	3.8	20	13.6	11.4	1650	96.0	强健	一般			
	杉木	吉安市万安县棉津林场	寨子背		人工	2.6	26	22.3	14.4	870	213.0	强健	良好			
	杉木	吉安市万安县沙坪林站	牛角坑		人工	2.8	23	26.0	15.5	750	207.0	强健	良好			
	杉木	吉安市万安县泗源林场	勤坑		人工	4.8	25	20.2	13.3	900	157.5	强健	一般			
	杉木	吉安市万安县泗源林场	甜蜜坑		人工	4.0	22	18.7	14.3	870	123.0	强健	良好			
	杉木	吉安市新干县黎山林场	城头圆炉坑		人工	2.0	31	18.7	14.1	1905	300.0	良好	差			
	杉木	吉安市新干县黎山林场	城头圆炉坑		人工	2.0	31	18.1	13.7	2100	300.0	良好	差			
	杉木	吉安市新干县黎山林场	城头登宇寺		人工	1.0	30	18.5	15	1875	289.5	良好	差			
	杉木	吉安市新干县黎山林场	桂川坑头		人工	2.1	23	18.5	14	1890	282.0	良好	一般		采种母树林	
	杉木	吉安市新干县黎山林场	桂川坑头		人工	2.0	39	18.7	14.6	1800	285.0	良好	一般		采种母树林	
	杉木	吉安市新干县黎山林场	桂川坑头		人工	1.2	23	17.8	13.8	1890	262.5	良好	一般		采种母树林	
	杉木	吉安市新干县黎山林场	连坑打石里		人工	2.2	13	8.3	8.2	2160	126.0	良好	一般		采种母树林	
	杉木	吉安市新干县黎山林场	连坑打石里		人工	2.2	13	8.3	8.3	2280	106.5	良好	一般		采种母树林	
	杉木	吉安市新干县黎山林场	连坑打石里		人工	1.1	13	7.8	7.8	2250	91.5	良好	一般		采种母树林	
	杉木	吉安市永丰县古县林场	贺家	本地	人工	2.1	23	15.5	12.1	2310	267.0	良好	良好	木荷	用材林	
	杉木	吉安市永丰县古县林场	贺家	本地	人工	2.9	23	15.2	11.8	2130	231.0	良好	一般	木荷	用材林	
	杉木	吉安市永丰县古县林场	洪家院	本地	人工	3.8	23	16.5	13.2	1590	223.5	良好	一般	木荷	用材林	

（续）

序号	树种名称	经营单位（或个人）	地名	种源	起源	面积（hm^2）	林龄（a）	平均胸径（cm）	平均树高（m）	每公顷株数（株）	每公顷蓄积（m^3）	生长状况	结实状况	林分中主要混交树种名称	主要树种利用评价	备注
	杉木	吉安市永丰县古县林场	上坑	本地	人工	6.6	23	17.6	13.7	1305	214.5	良好	一般	木荷	用材林	
	杉木	吉安市永丰县官山林场	带源	广西	人工	3.7	15					良好	良好		用材林	
	杉木	吉安市永丰县官山林场	带源	广西	人工	2.4	15	16.6	14.6	1680	220.5	良好	良好		用材林	
	杉木	吉安市永丰县官山林场	东毛坑	广西	人工	4.0	16	19.5	15.2	1170	226.5	良好	良好		用材林	
	杉木	吉安市永丰县官山林场	东毛坑	广西	人工	2.1	12	15.6	12.5	1950	208.5	良好	良好		用材林	
	杉木	吉安市永丰县鹿冈林场	山垄分场	外地	人工	8.0	25	31.2	12.5	1275	276.0	良好	一般	拟赤杨、木荷	用材林	
	杉木	吉安市永丰县鹿冈林场	山垄分场	外地	人工	11.5	27	32.9	14	1125	286.5	良好	良好	木荷	用材林	
	杉木	吉安市永丰县石马林场	竹园背	外地	人工	2.8	15	17.8	11.1	1830	256.5	强健	差	木荷	用材林	
	杉木	吉安市永丰县沿陂水东	苦珠梗	广西	人工	2.0	15	19.6	12.8	1500	253.5	良好	差	木荷	用材林	
	杉木	吉安市永新县七溪岭林场	万年山分场	本地	人工	5.7	17	10.0	8.6	2325	69.8	良好	结实初期		用材林	
	杉木	吉安市永新县曲江林场	野岭	本地	人工	29.0	20	19.1	10	1410	234.0	良好	结实初期		用材林	
	杉木	吉安市永新县曲江林场	拥坑	本地	人工	16.0	23	16.3	10	1470	162.0	良好	结实初期		用材林	
	杉木	吉安市永新县三湾采育林场	汗区工区石燕冲	本地	人工	18.5	15	13.9	9.1	1785	128.5	良好			用材林	
	杉木	抚州市崇仁县高洲采育林场	小王山	本地	人工	5.0	28	13.8	9.5	2400	174.6	一般	一般		用材/采种母树林	
	杉木	抚州市崇仁县罗垦娄岭分场	娄岭分场对面	本地	人工	5.2	17	12.0	8.7	2550	133.8	一般	一般		用材/采种母树林	
	杉木	抚州市崇仁县罗垦娄岭分场	里楼岭	本地	人工	6.7	20	11.1	7.6	3015	150.3	一般	一般		用材/采种母树林	
	杉木	抚州市崇仁县罗垦罗山分场	鹿场	本地	人工	3.6	25	12.8	8.8	2520	159.3	一般	一般		用材/采种母树林	
	杉木	抚州市崇仁县马安镇林场	松坑	本地	人工	2.3	20	14.0	8.7	2400	182.4	良好	良好		用材/采种母树林	
	杉木	抚州市崇仁县三山乡熊家村委会	熊家村林场	本地	人工	4.4	21	13.6	11.2	2415	171.0	良好	良好		用材/采种母树林	

（续）

序号	树种名称	经营单位（或个人）	地名	种源	起源	面积（hm^2）	林龄（a）	平均胸径（cm）	平均树高（m）	每公顷株数（株）	每公顷蓄积（m^3）	生长状况	结实状况	林分中主要混交树种名称	主要树种利用评价	备注
	杉木	抚州市崇仁县实验林场石庄分场	寨岭	本地	人工	6.6	20	13.5	9.8	2715	190.1	良好	一般		用材/采种母树林	
	杉木	抚州市东乡县虎圩(仕桥)		本省	人工	4.0	中龄	12.8	5.6	2280	91.5	强健	一般		用材林	
	杉木	抚州市东乡县杨桥桂家咀		本省	人工	8.0	中龄	9.1	7.7	2715	78.0	强健	一般		用材林	
	杉木	抚州市广昌县东华山林场	坳下	本地	人工	6.4	22	18.0	8	255	79.5	强健	一般		用材/生态林	
	杉木	抚州市广昌县高虎脑林场	片下	本地	人工	7.2	18	13.0	6.5	420	51.0	强健	一般		用材/生态林	
	杉木	抚州市广昌县高虎脑林场	各边	本地	人工	5.5	28	18.0	7.5	330	84.0	强健	一般		用材/生态林	
	杉木	抚州市广昌县龙井林场	井口	本地	人工	6.0	27	15.0	6.8	525	66.0	强健	一般		用材/生态林	
	杉木	抚州市广昌县龙井林场	石边	本地	人工	2.8	30	24.0	9	390	117.0	强健	一般	木荷	用材/生态林	
	杉木	抚州市广昌县塘坊乡	熊坊村	本地	天然	3.2	30	26.0	9	270	94.5	强健	差		用材/生态林	
	杉木	抚州市广昌县盱江林场	桐子嵊	本地	天然	3.0	20	14.0	7	300	49.5	强健	差	木荷	用材/生态林	
	杉木	抚州市广昌县盱江林场	老虎段	本地	人工	6.8	24	16.0	8.5	285	67.5	强健	一般	木荷	用材/生态林	
	杉木	抚州市金溪县对桥	刘家源	本地	人工	4.3	28	17.1	11.6	2775	381.0	强健	一般		采种母树林	纯林
	杉木	抚州市金溪县马尾泉林场	护林站	本地	人工	5.9	28	19.9	12.9	1650	342.0	强健	一般		采种母树林	纯林
	杉木	抚州市金溪县马尾泉林场	上山	本地	人工	6.9	16	13.8	11.4	2550	196.5	强健	差			纯林
	杉木	抚州市金溪县秀谷	里蔡源	本地	人工	14.7	18	14.6	11.1	2775	265.5	强健	差			纯林
	杉木	抚州市乐安县湖溪	高峰	本地	人工	3.8	24	18.6	7	1200	190.5	强健	一般		采种母树林	纯林
	杉木	抚州市乐安县湖溪	高峰	本地	人工	3.3	24	15.5	5.8	1350	133.5	强健	一般		采种母树林	纯林
	杉木	抚州市乐安县实验林场	丁元种子站	本地	人工	3.2	28	19.5	7.5	1500	262.5	强健	一般		采种母树林	嫁接
	杉木	抚州市乐安县增田分场	排仔上	本地	人工	6.3	16	12.6	6.4	1800	103.5	强健	差			纯林
	杉木	抚州市乐安县增田分场	排仔上	本地	人工	4.8	17	13.8	6.2	1650	120.5	强健	差			纯林
	杉木	抚州市乐安县招携	南坪	本地	人工	9.3	20	21.7	10	1650	387.0	强健	一般		采种母树林	纯林
	杉木	抚州市乐安县招携	南坪	本地	人工	4.4	20	18.5	8.3	1650	258.0	强健	一般		采种母树林	纯林
	杉木	抚州市乐安县招携	南坪	本地	人工	6.8	20	20.5	10.3	1650	336.0	强健	一般		采种母树林	纯林

（续）

序号	树种名称	经营单位（或个人）	地名	种源	起源	面积（hm^2）	林龄（a）	平均		每公顷		生长状况	结实状况	林分中主要混交树种名称	主要树种利用评价	备注
								胸径（cm）	树高（m）	株数（株）	蓄积（m^3）					
	杉木	抚州市黎川县丰产林基地站	樟溪分场许溪工区	本地	人工	4.5	20	14.8	13.8	2100	190.5	强健	一般		用材林	
	杉木	抚州市黎川县丰产林基地站	樟溪分场河樟工区	本地	人工	5.2	20	14.8	13	2250	205.5	强健	一般		用材林	
	杉木	抚州市黎川县丰产林基地站	樟溪分场河樟工区	本地	人工	8.7	20	14.0	13.2	2175	165.3	强健	一般		用材林	
	杉木	抚州市黎川县丰产林基地站	樟溪分场丰南工区	本地	人工	9.3	20	13.8	13.1	2100	159.0	强健	一般		用材林	
	杉木	抚州市黎川县丰产林基地站	熊村分场极高工区	本地	人工	5.3	18	13.5	12.8	2250	156.0	强健	一般		用材林	
	杉木	抚州市黎川县丰产林基地站	熊村分场湖坊工区	本地	人工	4.7	18	14.0	12.9	2250	178.5	强健	一般		用材林	
	杉木	抚州市黎川县荷源畲上村	上畲小组	本地	人工	4.0	18	13.4	13.2	2475	156.0	强健	差		用材林	
	杉木	抚州市黎川县湖坊乡塘坊	盘际小组	本地	人工	3.3	20	13.8	13.4	2400	183.0	强健	一般		用材林	
	杉木	抚州市黎川县龙安镇东堡村	东堡小组	本地	天然	2.7	18	13.2	13	1200	75.0	强健	一般	马尾松	用材林	
	杉木	抚州市黎川县日峰镇点山村	西坑小组	本地	人工	4.7	18	14.5	13	2400	201.0	强健	差		用材林	
	杉木	抚州市黎川县西城乡梅源村	下坊小组	本地	天然	4.0	26	16.5	13.6	495	58.5	强健	良好	木荷、栲类	用材林	
	杉木	抚州市黎川县西城乡新桥村	姜坑小组	本地	天然	4.0	40	34.0	14.5	300	195.0	强健	一般	栲类	用材林	
	杉木	抚州市黎川县西城乡新桥村		本地	天然	2.7	24	18.2	13.5	450	118.5	强健	一般	马尾松、栲类	用材林	
	杉木	抚州市黎川县西城乡余坑村	上堡小组	本地	天然	3.3	26	16.2	13.4	630	57.0	强健	一般	硬阔	用材林	
	杉木	抚州市临川区国营展坪林场	里源林队	本省	人工	2.6	18	13.9	11.3	1695	133.5	良好	差	苦槠、木荷		
	杉木	抚州市临川区国营展坪林场	大埠林队	本省	人工	2.2	17	11.0	8.5	2250	127.5	良好	差			
	杉木	抚州市临川区莲源林管站		本省	人工	2.1	15	14.1	12.2	1935	144.0	良好	差			
	杉木	抚州市临川区莲源林管站		本省	人工	2.2	16	14.3	11.3	1995	147.0	良好	差			
	杉木	抚州市临川区荣山垦殖场	莲源林队	本省	人工	2.5	18	13.9	10.8	1980	138.0	良好	差			
	杉木	抚州市临川区腾桥林场	谭下林队	本省	人工	2.6	28	16.8	13.5	1560	202.5	良好	良好			

（续）

序号	树种名称	经营单位（或个人）	地名	种源	起源	面积（hm^2）	林龄（a）	平均		每公顷		生长状况	结实状况	林分中主要混交树种名称	主要树种利用评价	备注
								胸径（cm）	树高（m）	株数（株）	蓄积（m^3）					
	杉木	抚州市临川区腾桥林场	大山寺林队	本省	人工	2.4	13	11.4	10.2	2280	132.0	良好	差			
	杉木	抚州市临川区腾桥林场	大山寺林队	本省	人工	2.9	12	11.0	8.7	2310	130.5	良好	差			
	杉木	抚州市临川区桐源乡	东坊村	本省	人工	2.3	14	13.6	11.2	1965	136.5	良好	差	木荷		
	杉木	抚州市临川区桐源乡	东坊村	本省	人工	2.7	14	13.7	10.4	1920	135.0	良好	差	马尾松		
	杉木	抚州市南城县洪门洪岭里沅村小组	龚家坑	本地	人工	1.3	26	17.9	11.72	2100	327.0	强健	一般		用材林	纯林
	杉木	抚州市南城县洪门岭林场	姑山村丹霞村小组	本地	人工	2.0	32	15.0	10.1	1800	185.4	强健	一般		用材/生态林	纯林
	杉木	抚州市南城县洪门徐田郭下村小组	小库边	本地	人工	1.3	40	32.0	13.57	1500	80.9	良好	一般		用材林	纯林
	杉木	抚州市南城县建昌镇黄家围村	磨盘棋	本地	人工	2.0	28	13.8	10.6	1800	154.8	强健	一般		用材/生态林	纯林
	杉木	抚州市南城县里塔镇廖坊村委会	岩岭村小组	本地	人工	3.5	21	11.8	9.2	2505	136.3	强健	一般		用材林	纯林
	杉木	抚州市南城县里塔镇徐兰村	周坊排	本地	人工	1.7	16	11.6	9.7	2145	99.0	强健	一般	马尾松	用材林	混交
	杉木	抚州市南城县龙湖镇	蔡坊村小组	本地	人工	2.0	16	20.2	12.5	1950	372.0	良好	一般		用材林	纯林
	杉木	抚州市南城县森工林场庆隆寺分场	上坪马路上	本地	人工	1.3	18	13.1	10.2	2820	190.5	强健	一般		用材林	纯林
	杉木	抚州市南城县森工林场庆隆寺分场	北坪屋背	本地	人工	1.3	18	13.6	10.9	2205	193.5	强健	一般		用材林	纯林
	杉木	抚州市南城县森工林场全家塘分场	龙湖镇全家塘	本地	人工	2.3	20	16.3	9	1920	210.0	强健	一般		用材林	纯林
	杉木	抚州市南城县徐家乡林场	白云岭	外地	人工	2.1	18	13.9	9.4	2025	142.5	强健	一般		用材林	纯林
	杉木	抚州市南城县浔溪乡高岭村	羊路嵊	本地	人工	2.3	11	11.7	10	2400	145.5	强健	一般		用材林	纯林
	杉木	抚州市南城县岳口乡黎加边村子油沅	子油沅村小组	本地	人工	2.4	21	14.1	10	2895	228.8	强健	一般		用材林	纯林
	杉木	抚州市南丰县紫霄镇	西溪村	本地	天然	3.7	12	10.9	6.8	705	36.0	强健	差		用材林	

（续）

序号	树种名称	经营单位（或个人）	地名	种源	起源	面积（hm^2）	林龄（a）	平均 胸径（cm）	平均 树高（m）	每公顷 株数（株）	每公顷 蓄积（m^3）	生长状况	结实状况	林分中主要混交树种名称	主要树种利用评价	备注
	杉木	抚州市南丰县紫霄镇	天溪村	本地	天然	1.7	14	10.6	6.2	600	31.5	强健	差	其他硬阔树种	用材林	
	杉木	抚州市南丰县紫霄镇	周坊村	本地	天然	5.2	19	10.0	7	1125	93.0	强健	一般		用材林	
	杉木	景德镇市浮梁县白石塔层	白石塔外层基		人工	4.5	23	18.5	11.7	1020	153.0	良好	一般		用材林	
	杉木	景德镇市浮梁县	赤石坑		人工	5.1	15	15.1	9.5	1575	123.0	良好	差			
	杉木	景德镇市浮梁县	中洲三组		天然	3.0	18	12.2	11.62	1950	133.5	良好	一般	栲类	用材林	
100	杉松	九江市武宁石门白桥村	桐坪	本地	天然	2.0	25	10.4	8.9	1125	38.7	强健	一般		用材林	
101	深山含笑	景德镇市林业科学研究所			人工		21	12.3	7.2	540		良好	一般		绿化	
	深山含笑	赣州市上犹县双溪乡	芦阳村洋缅棺材潭	本地	天然	3.2	23	22.0	10	900	198.9	良好			用材/生态林	
	深山含笑	赣州市上犹县五指峰林场	三门坑林区光姑山	本地	天然	3.7	23	12.0	9	630		良好			用材/生态林	
	深山含笑	宜春高安市实验林场	含笑窝（小班号39－1）	外地	人工	0.3	20	13.4	9.5	255	22.1	强健	一般	杉木	生态林	混交
102	湿地松	南昌市安义县新华林场	坪源山工区	美国	人工	3.0	14	16.0	8	1140	118.5	良好		木荷	用材/生态林	
	湿地松	南昌市进贤县前岭林场		美国	人工	2.0	20	18.3	8.6	780	108.3	强健	良好			
	湿地松	南昌市南昌县白虎岭林场	场部门口	美国	人工	2.5	28	25.0	14	1200	391.5	强健	一般		用材/生态林	纯林
	湿地松	九江市九江县马回岭镇秀峰村	私立学校后	引进	人工	0.5	38	22.0	16	1065		强健	一般		生态林	纯林
	湿地松	九江市九江县岷山乡分水村二组	铁门坎	引进	人工	3.3	22	16.8	8.8	825		强健			生态林	纯林
	湿地松	九江市修水县林场赤江分场	赤江	外地	人工	5.3	15	13.9	10.6	1755		强健	一般		生态林	
	湿地松	九江市修水县彭桥林场	彭桥村	外地	人工	8.3	15	14.9	7.2	1260		强健	一般		生态林	
	湿地松	九江市永修县附坝林场松筠分场	阳门		人工	2.7	18	14.0	9.3	1650		良好	差			

（续）

序号	树种名称	经营单位（或个人）	地名	种源	起源	面积（hm^2）	林龄（a）	平均胸径（cm）	平均树高（m）	每公顷株数（株）	每公顷蓄积（m^3）	生长状况	结实状况	林分中主要混交树种名称	主要树种利用评价	备注
	湿地松	九江市永修县附坝林场松筠分场	阳门		人工	2.7	18	15.0	9.5	1650		良好	差			
	湿地松	九江市永修县附坝林场松筠分场	阳门		人工	3.0	18	15.1	9.5	1650		良好	差			
	湿地松	九江市永修县附坝林场松筠分场	阳门		人工	3.3	18	15.0	9.5	1650		良好	差			
	湿地松	九江市永修县附坝林场松筠分场	阳门		人工	3.7	18	18.5	10	1650		良好	差			
	湿地松	九江市永修县附坝林场松筠分场	阳门		人工	2.0	18	15.1	9.5	1650		良好	差			
	湿地松	九江市永修县附坝林场松筠分场	阳门		人工	1.3	18	14.4	8.5	1650		良好	差			
	湿地松	九江市永修县立新乡竹岭村	竹岭		人工	2.0	17	14.0	9	1650		良好	差			
	湿地松	九江市永修县云山集团洪湖分场	察溪廖家屋后山		人工	3.7	30	22.9	13.8	555		良好	差			
	湿地松	九江市永修县云山集团总场	周田		人工	0.7	27	22.1	13.6	945		良好	差			
	湿地松	九江市永修县云山燕山林业公司	南关头		人工	2.7	18	18.6	15.8	900		良好	差			
	湿地松	九江市永修县云山燕山林业公司	南关头		人工	1.3	18	17.8	15.4	900		良好	差			
	湿地松	萍乡市安源区彭泉村林家冲		美国	人工	2.1	16	14.2	10.7	735	85.2	良好	一般			
	湿地松	萍乡市安源区温盘村十三组		美国	人工	2.2	22	16.7	9.1	645	74.7	良好	一般			
	湿地松	萍乡市莲花县荷塘乡文塘村		美国	人工	2.3	15	16.6	11.7	960	111.3	良好	一般			
	湿地松	萍乡市芦溪县上埠镇	上埠镇九洲村	美国	人工	4.2	25	12.6	9.3	1470	81.0	良好	一般			
	湿地松	萍乡市芦溪县源南乡	新下村	美国	人工	4.9	18	12.3	10.2	1290	39.0	良好	一般			

（续）

序号	树种名称	经营单位（或个人）	地　名	种　源	起　源	面积（hm^2）	林龄（a）	平均 胸径（cm）	平均 树高（m）	每公顷 株数（株）	每公顷 蓄积（m^3）	生长状况	结实状况	林分中主要混交树种名称	主要树种利用评价	备　注
	湿地松	萍乡市上栗县青溪林场	水窝里	美国	人工	2.0	18	24.0	7.2	900	94.5	强健	一般	水杉、樟树	用材林	
	湿地松	萍乡市湘东区源并林场三山分场	源头青连山	引进	人工	0.5	18	15.0	9.1	1050	100.5	强健	良好		用材/经济林	
	湿地松	新余市九龙林场	九龙纪念碑	美国	人工	3.3	19	19.1	10.6	930	163.7	良好	一般		用材/生态林	
	湿地松	新余市钤北林场	坪海	美国	人工	2.0	17	15.2	11.3	1740	185.9	良好	一般		用材/生态林	
	湿地松	新余市山下林场	山下西门		人工	5.0	14	15.0	10.6	1605		强健	差		用材/生态林	
	湿地松	鹰潭市龙虎山上清林场	洪源		人工	10.0	19	26.4	17	735	90.0	良好				
	湿地松	鹰潭市余江县春涛乡滩头洲上吴家	细明山	本省	人工	3.8	16	17.4	11.1	1020	124.5	强健	差	马尾松	用材林	
	湿地松	鹰潭市余江县春涛乡滩头洲上吴家		本省	人工	5.7	16	17.8	9.9	1050	139.5	强健	差		用材林	纯林
	湿地松	鹰潭市余江县春涛乡滩头洲上吴家		本省	人工	4.1	14	14.0	8.4	1020	61.5	强健			用材林	纯林
	湿地松	鹰潭市余江县高公寨林场	联营基地	本省	人工	7.3	18	14.6	9.5	1125	96.0	良好	一般		用材林	
	湿地松	鹰潭市余江县黄庄乡黄庄村	独山咀	本省	人工	2.7	20	18.9	10.4	915	140.3	良好	一般		用材林	
	湿地松	鹰潭市余江县马荃镇	洪岩村毛家	本省	人工	4.0	13	14.9	7.8	1050	64.1	强健			用材林	纯林
	湿地松	鹰潭市余江县平定乡	弓塘村李家	本省	人工	4.7	15	19.1	9.3	1005	132.6	强健			用材林	纯林
	湿地松	鹰潭市余江县平定乡	弓塘村李家	本省	人工	3.0	14	17.0	8	1035	100.4	强健			用材林	纯林
	湿地松	鹰潭市余江县塘潮源林场	洪湖村曾家	本省	人工	8.0	15	15.0	8	1035	80.7	强健			用材林	纯林
	湿地松	鹰潭市余江县塘潮源林场	洪湖村曾家	本省	人工	7.7	15	15.0	8	1050	81.9	强健			用材林	纯林
	湿地松	鹰潭市月湖区	郑家坡	本地	人工	1.7	18	18.0	14	1290	57.0	强健	差	枫香	用材林	
	湿地松	赣州市安远县牛犬山林场	坳背	引进	人工	2.0	14	11.0	7.9	2025	74.9	良好	良好	杉木	生态林	
	湿地松	赣州市安远县牛犬山林场	对面坑	引进	人工	2.1	14	10.7	8.3	1725	60.4	良好	良好	杉木、木荷	生态林	
	湿地松	赣州市全南县陂头镇陂头隘背组	埂背	引进	人工	2.0	15	10.0	7.1	1695	49.5	良好	一般		用材/生态林	

（续）

序号	树种名称	经营单位（或个人）	地　名	种　源	起　源	面积（hm^2）	林龄（a）	平均		每公顷		生长状况	结实状况	林分中主要混交树种名称	主要树种利用评价	备　注
								胸径（cm）	树高（m）	株数（株）	蓄积（m^3）					
	湿地松	赣州市全南县金龙镇含江村含星村小组	直迳		人工	6.3	15	10.4	7.7	1245	46.6	良好			用材林	
	湿地松	赣州市全南县龙下乡上圩组	暗上	引进	人工	2.0	13	6.9	6.7	1965	46.5	良好	差		用材/生态林	
	湿地松	赣州市全南县龙源坝炉坑村上新村小组	上新村屋背	引进	人工	3.8	14	12.6	7.5	765	39.0	良好	一般		用材林	
	湿地松	赣州市全南县上岽林场	法坑	引进	人工	7.0	13	12.5	10.4	2310	117.0	良好	差		用材/经济林	纯林，采脂
	湿地松	赣州市全南县社迳乡	生坑组	引进	人工	13.3	20	13.3	6.8	2310	141.0	良好	差		用材/生态林	
	湿地松	赣州市全南县五指山林场	石罗井工区大坑	本省	人工	2.4	13	11.1	9.29	2640	125.3	强健	差		用材林	
	湿地松	赣州市全南县小叶岽林场	水尾山工区	本省	人工	5.2	14	12.8	7.8	3150	169.5	良好	一般	杉木、木荷	用材/生态林	
	湿地松	赣州市全南县小叶岽林场	水尾山工区	本省	人工	5.5	14	13.9	9.2	3135	205.5	良好	一般	杉木、木荷	用材/生态林	
	湿地松	赣州瑞金市沙洲坝镇	清水村大塘面屋背	本地	天然	1.3	14	20.3	13			良好	一般	杉木、木荷	用材/生态林	
	湿地松	宜春市上高县梅沙村	江得背	引进	人工	3.3	24	17.2	13	1665	222.0	良好	良好		用材林	
	湿地松	宜春市上高县庙前村	屋背山	引进	人工	3.3	22	17.8	13	1350	160.5	良好	良好		用材林	
	湿地松	宜春市上高县田心村		引进	人工	5.8	21	22.5	10.5	1200	303.0	良好	良好		用材林	
	湿地松	宜春市铜鼓县正兴公司	排埠镇黄溪村小陂	本省	人工	10.5	14	10.0	10	5700	76.5	强健		杉木	采种母树林	
	湿地松	宜春市袁州区金化林场	慈化石岭	引进	人工	16.0	21	16.0	12	1800	210.0	强健		枫香		
	湿地松	宜春樟树市试验林场	二分场	本地	人工	3.3	11	19.4	9.5	1110	192.0	强健				
	湿地松	宜春樟树市试验林场	四分场	本地	人工	100.0	7	8.0	4	1650	22.5	强健				
	湿地松	上饶德兴市银城镇	新村一组		人工	2.8	14	14.8	8.7	1530	121.5	强健	一般		用材/生态林	
	湿地松	上饶德兴市银城镇	新村一组		人工	2.5	14	14.7	8.5	1545	120.0	强健	一般		用材/生态林	
	湿地松	上饶德兴市绿野公司	潭埠叶家庄		人工	2.3	18	19.9	11.4	1440	265.5	强健	一般		用材/生态林	
	湿地松	上饶德兴市绿野公司	银城镇白茅州		人工	2.7	21	14.5	6.9	1440	108.0	强健	一般		用材/生态林	

（续）

序号	树种名称	经营单位（或个人）	地名	种源	起源	面积（hm^2）	林龄（a）	平均		每公顷		生长状况	结实状况	林分中主要混交树种名称	主要树种利用评价	备注
								胸径（cm）	树高（m）	株数（株）	蓄积（m^3）					
	湿地松	上饶德兴市绿野公司	银城镇白茅州		人工	2.9	21	14.7	8.5	1425	111.0	强健	一般		用材/生态林	
	湿地松	上饶德兴市绿野公司	银城镇吊钟村朱家		人工	2.7	17	18.4	7.7	1500	213.0	强健	一般		用材/生态林	
	湿地松	上饶德兴市绿野公司	银城镇吊钟村朱家		人工	2.3	17	18.2	7.7	1470	202.5	强健	一般		用材/生态林	
	湿地松	上饶市鄱阳县三门岭林场	雪家		人工	3.3	21	19.7	11.4	1455	246.0	强健	良好		用材/生态林	
	湿地松	上饶市鄱阳县三门岭林场	雪家		人工	2.0	21	14.6	7.9	1425	138.0	强健	良好		用材/生态林	
	湿地松	上饶市铅山县县森林苗圃	林业科学研究所	本地	人工	0.8	18	18.4	10.4	990	153.0	良好	一般			
	湿地松	上饶市余干县高家村	鸡毛洼岭	美国	人工	2.0	13	16.2	9.3	1500	150.0	强健	差		用材/生态林	
	湿地松	上饶市玉山县仙岩镇	竹川	引进	人工	3.0	17	11.7	13.6	1650	71.0	强健	良好		用材林	
	湿地松	吉安市安福县坳上林场	谷山	本省	人工	2.0	17	19.3	12	720	126.2	良好	7.5kg/hm^2		用材林	
	湿地松	吉安市安福县北华山林场	总场门口	美国	人工	3.0	32	24.9	12.8	975	300.0	良好	一般		用材林	
	湿地松	吉安市安福县北华山林场	远家	美国	人工	4.0	24	17.2	11.6	1005	115.5	良好	差		用材林	
	湿地松	吉安市安福县北华山林场	通风井	美国	人工	3.3	24	17.2	12.1	900	103.5	良好	差		用材林	
	湿地松	吉安市安福县北华山林场	商校	美国	人工	2.7	31	21.6	13	930	211.5	良好	良好		用材林	
	湿地松	吉安市安福县北华山林场	商校	美国	人工	3.0	31	21.1	13.1	990	199.5	良好	良好		用材林	
	湿地松	吉安市安福县北华山林场	上村	美国	人工	2.7	16	13.2	10.1	975	55.5	良好	差		用材林	
	湿地松	吉安市安福县兴林集团	渡水槽(右)	美国	人工	3.3	17	13.1	9.6	945	55.5	良好	差		用材林	
	湿地松	吉安市吉安县北源乡坤溪			人工	6.7	15	17.4	11.6	1200						
	湿地松	吉安市吉安县九龙林场			人工	13.6	14	14.6	11.6	1500						
	湿地松	吉安市吉安县九龙林场			人工	9.5	14	14.7	11.75	1500						
	湿地松	吉安市吉安县林业科学研究所			人工	6.7	37	30.5	17.5	480						
	湿地松	吉安市吉安县马山林场			人工	10.3	16	19.2	16.9	900						

（续）

序号	树种名称	经营单位（或个人）	地名	种源	起源	面积（hm^2）	林龄（a）	平均		每公顷		生长状况	结实状况	林分中主要混交树种名称	主要树种利用评价	备注
								胸径（cm）	树高（m）	株数（株）	蓄积（m^3）					
	湿地松	吉安市吉安县马山林场			人工	12.8	16	19.4	16.12	900						
	湿地松	吉安市吉水县白沙林场	坪上	美国	人工	7.0	14	14.0	10	1500	96.0	强健	良好	枫香、木荷	用材林	
	湿地松	吉安市吉水县白沙林场	南坪	美国	人工	5.6	16	16.0	10	1500	96.0	强健	良好	枫香、木荷	用材林	
	湿地松	吉安市吉水县冠山乡浒岭村	浒岭村	本地	人工	5.3	16	13.2	9	1350	76.5	良好	良好		用材/经济林	
	湿地松	吉安市吉水县冠山乡浒岭村	刘家组	本地	人工	4.0	16	13.6	9.5	1380	87.4	良好	良好		用材/经济林	
	湿地松	吉安市吉水县黄家边吉皇加油站	加油站背后	本地	人工	2.1	16	16.3	9.1	930	95.3	良好	良好		用材/经济林	
	湿地松	吉安市吉水县芦溪岭林场	中华工区七里湾	本地	人工	1.8	23	24.0	12	495	150.0	良好	良好	木荷	用材/经济林	
	湿地松	吉安市吉水县文峰东村上下边	青头土地	本地	人工	4.0	22	16.1	12.5	1650		良好	良好		用材/经济林	
	湿地松	吉安市吉水县周岭林场	坪塘头	本地	人工	2.8	11	12.7	11.3	1905	102.0	强健	良好	木荷	用材林	
	湿地松	吉安市遂川县云岭林场	高升		人工	4.2	13	15.7	6.7	1290	98.0			杉木	用材/生态林	
	湿地松	吉安市遂川县云岭林场	横岭		人工	7.3	14	15.4	9.1	1215	190.5			杉木	用材林	
	湿地松	吉安市遂川县云岭林场	高升		人工	2.3	15	14.3	6.8	1095	69.0			杉木、枫香	用材/生态林	
	湿地松	吉安市遂川县云岭林场	高升		人工	4.7	14	13.2	6.7	1275	67.6			杉木、木荷、枫香	用材/生态林	
	湿地松	吉安市遂川县云岭林场	高升		人工	9.8	13	15.6	6.5	1260	112.1			木荷、杉木	用材/生态林	
	湿地松	吉安市泰和县天马山林场	上模	引进	人工	3.2	18	17.6	11	1080	145.8	良好	良好	马尾松	用材林	
	湿地松	吉安市泰和县天马山林场	上模	引进	人工	6.5	20	19.7	10.2	810	145.8	良好	良好	木荷	用材林	
	湿地松	吉安市泰和县天马山林场	上模	引进	人工	4.1	20	13.1	8.6	1200	73.2	良好	良好	木荷	用材林	
	湿地松	吉安市泰和县天马山林场	上模	引进	人工	6.5	20	17.5	9.6	1110	147.6	良好	良好	木荷	用材林	
	湿地松	吉安市泰和县天马山林场	上模	引进	人工	8.2	17	13.4	9.3	1260	81.9	良好	良好	木荷	用材林	
	湿地松	吉安市万安县宝山林场	细仔坑		人工	3.0	13	14.1	9.5	1080	61.5	强健	一般	马尾松		
	湿地松	吉安市万安县宝山林场	大坝		人工	2.0	14	12.1	11	1395	66.0	强健	一般	枫香		
	湿地松	吉安市万安县飞播林场	示范水库		人工	4.0	15	17.1	12	1110	130.5	强健	一般	马尾松		

（续）

序号	树种名称	经营单位（或个人）	地名	种源	起源	面积（hm^2）	林龄（a）	平均 胸径（cm）	平均 树高（m）	每公顷 株数（株）	每公顷 蓄积（m^3）	生长状况	结实状况	林分中主要混交树种名称	主要树种利用评价	备注
	湿地松	吉安市万安县飞播林场	野鸡坑		人工	3.4	15	17.1	13.3	1200	106.5	强健	一般			
	湿地松	吉安市万安县茅坪村	龙岭		人工	3.4	13	13.9	9.9	1425	97.5	强健	一般	马尾松		
	湿地松	吉安市永丰县鹿冈林场	辋川分场	美国	人工	28.0	13	18.3	11	1155	201.0	良好	良好	木荷	用材/经济林	采脂
	湿地松	吉安市永丰县谢坑村	狐狸峡	美国	人工	2.3	15	21.0	14	1080	204.0	良好	一般	木荷	用材林	
	湿地松	吉安市永新县禾山林场	禾山工区	本地	人工	1.5	13	13.4	7.2	1425	81.2	良好			用材林	
	湿地松	吉安市永新县七溪岭林场	耙陂分场	本地	人工	6.7	20	20.1	10.4	825	132.0	良好	一般	枫香	用材林	
	湿地松	吉安市永新县文竹林场	沙市基地	本地	人工	3.3	17	13.9	9.3	1395	87.2	良好			用材林	
	湿地松	吉安市永新县象形采育林场	桃花工区岐山	本地	人工	2.2	14	18.4	11.8	1500	165.1	良好	一般		用材/生态林	
	湿地松	吉安市永新县洋埠林场	潭背	本地	人工	2.6	12	12.8	6.5	1245	62.3	良好	一般		用材林	
	湿地松	抚州市崇仁县航埠镇六家源村	临宜公路旁	美国	人工	2.1	14	13.5	7.6	1650	88.5	良好	差		用材林	
	湿地松	抚州市崇仁县航埠镇六家源村	六家源路口	美国	人工	2.7	14	14.4	7.4	1500	81.0	良好	差		用材林	
	湿地松	抚州市崇仁县石庄乡七里亭村	老虎坑水库	美国	人工	4.0	15	18.9	7.8	2100	180.0	良好	差		用材林	
	湿地松	抚州市广昌县长桥林场	石边	美国	人工	5.7	16	12.0	6.3	525	78.0	强健	差		用材/生态林	
	湿地松	抚州市广昌县长桥林场	陈下	美国	人工	6.4	14	11.0	6	450	67.5	强健	差		用材/生态林	
	湿地松	抚州市广昌县赤水镇	留田村	美国	人工	3.8	14	12.0	6.9	420	63.0	强健	差		用材/生态林	
	湿地松	抚州市金溪县对桥	朱家坊	本省	人工	13.1	16	16.2	7.3	1380	138.0	良好	差		生态/采种母树林	纯林
	湿地松	抚州市金溪县秀谷	余家	本省	人工	4.9	17	15.6	6.8	1320	112.5	良好	差		生态/采种母树林	纯林
	湿地松	抚州市乐安县敖溪	潭港	本省	人工	22.7	21	18.5	6.4	1650	219.0	良好	差		生态/采种母树林	纯林
	湿地松	抚州市乐安县供坊	陀上	本省	人工	13.5	22	17.4	7.1	1350	153.0	良好	差		生态/采种母树林	纯林
	湿地松	抚州市乐安县实验林场	龙潭	本省	人工	6.6	15	12.7	6.8	1650	81.0	良好			生态/采种母树林	纯林

（续）

序号	树种名称	经营单位（或个人）	地名	种源	起源	面积（hm^2）	林龄（a）	平均胸径（cm）	平均树高（m）	每公顷株数（株）	每公顷蓄积（m^3）	生长状况	结实状况	林分中主要混交树种名称	主要树种利用评价	备注
	湿地松	抚州市乐安县潭港	乌石	本省	人工	15.3	20	18.0	5.9	1350	166.5	良好	差		生态/采种母树林	纯林
	湿地松	抚州市乐安县万崇	坪背	本省	人工	8.4	21	18.9	9.5	1650	232.5	良好	差		生态/采种母树林	纯林
	湿地松	抚州市乐安县万崇	坪背	本省	人工	12.5	21	18.5	6.9	1500	199.5	良好	差		生态/采种母树林	纯林
	湿地松	抚州市临川区大岗镇	院前村	外地	人工	2.2	16	14.9	8.6	1560	93.0	良好	一般			
	湿地松	抚州市临川区抚北镇	金坪村	外地	人工	2.3	15	12.7	9.4	1635	85.5	良好	差			
	湿地松	抚州市临川区国营展坪林场	祝源林队	本省	人工	2.5	16	14.2	9.4	1335	75.0	良好	差			
	湿地松	抚州市临川区七里岗垦殖场	太阳分队	外地	人工	3.2	12	13.4	8.1	1725	85.5	良好	差			
	湿地松	抚州市临川区七里岗垦殖场	太阳分队	外地	人工	2.7	12	12.7	8	1770	84.0	良好	差			
	湿地松	抚州市临川区展坪乡	党溪村	本省	人工	3.0	12	13.8	8	1440	76.5	良好	差			
	湿地松	抚州市临川区展坪乡	茶山村	本省	人工	2.3	16	13.5	8.3	1455	75.0	良好	差			
	湿地松	景德镇市昌江区鱼山	新村		人工	2.5	12	14.8	7.3	1995	99.0	良好			用材林	纯林
	湿地松	景德镇市浮梁县银坞林场	中村里		人工	9.6	12	11.7	8	1995	52.5	良好			用材林	纯林
103	石栎	上饶市三清山管委会	平家源	本地	天然	5.3	40	19.0	8	1125	285.0	强健	良好			
104	石楠	九江市修水县新湾乡	麻田	本地	天然	2.0	50	20.6	9.3	900		强健	良好		生态林	
105	栓皮栎	九江市彭泽县海形林场	船仓	本地	天然	12.2	18	12.2	11	1470	129.0	强健	良好	檫木、青冈	用材/生态林	
	栓皮栎	九江市永修县云山集团小里林场	南阳寺		天然	3.5	40	24.4	13.4	450		良好	差			
	栓皮栎	九江市永修县云山集团小里林场	南阳寺		天然	4.0	40	25.5	12.4	450		良好	差			
	栓皮栎	抚州市东乡县甘坑林场		本地	天然	13.3	10					强健	差		生态林	
	栓皮栎	景德镇市浮梁县瑶里镇	白石塔东沅山口		天然	4.0	70	30.0	10.8	645	231.0	良好	一般	杉木	用材林	
106	水青冈	九江市修水县黄港镇	龙港村	本地	天然	2.0	35	16.9	10.3	750		强健	良好		生态林	

（续）

序号	树种名称	经营单位（或个人）	地　名	种　源	起　源	面积（hm^2）	林龄（a）	平均胸径（cm）	平均树高（m）	每公顷株数（株）	每公顷蓄积（m^3）	生长状况	结实状况	林分中主要混交树种名称	主要树种利用评价	备　注
	水青冈	赣州市大余县内良乡尧扶村	竹山尾	本地	天然	3.0	中龄	19.4	13.6	1365		强健	差	木荷、栲类	用材/生态林	
	水青冈	赣州市大余县内良乡尧扶村	黄古冲	本地	天然	0.7	中龄	22.1	15.6	780		强健	差	丝栗栲、米槠、木荷	用材/生态林	
107	水杉	南昌市南昌县南新乡	中心公路	湖北	人工	1.3	22	27.6	15	2505	75.0	强健	良好		用材/生态林	纯林
	水杉	新余市大砻下林场	白芒沙	江苏	人工	2.1	21	26.3	16	480	186.3	良好	一般		用材/生态林	
	水杉	宜春市铜鼓县城效林场		湖北	人工	0.1	29	30.0	16	450	262.5			樟树	采种母树林	
	水杉	宜春市万载县大西林场			人工	2.0	15	26.0	15.8	450	174.6	一般	一般		用材林	
	水杉	抚州市乐安县石陂林场	咸溪	本省	人工	0.9	19	25.8	11.9	1500	300.0	强健			生态/采种母树林	
108	水松	九江市九江县马回岭镇秀峰村	私立学校后水塘	引进	人工		43	26.0	14	225		强健	一般		生态林	纯林、国家二级保护树种
109	丝栗栲	新余市长埠林场	年珠		天然	17.4	21	23.4	18	780	177.0	强健	良好	杉木、苦槠、山矾、木荷	用材/生态林	
	丝栗栲	赣州市安远县龙布林场	白土迳	本地	天然	1.2	22	20.4	7.9	1320	81.2	良好	良好	花榈木	用材林	
	丝栗栲	赣州市安远县龙布林场	二工区	本地	天然	0.5	25	25.0	12.5	510	160.2	良好	良好	花榈木	生态林	
	丝栗栲	赣州市崇义县阳岭自然保护区	公路上	本地	天然	14.7	28	16.5	13.1	1035	203.6	强健	一般	米槠、马尾松、杉木、樟木	用材/生态林	
	丝栗栲	赣州市大余县烂泥迳林场	三江口工区	本地	天然	5.7	中龄	18.3	14.9	855		强健	差	黧蒴栲、甜槠	用材/生态林	
	丝栗栲	赣州市大余县烂泥迳林场	三江口工区	本地	天然	6.0	中龄	20.3	14.3	1530		强健	差	米槠、木荷	用材/生态林	
	丝栗栲	赣州市大余县烂泥迳林场	三江口工区	本地	天然	6.5	中龄	14.8	14.3	1455		强健	差	南岭栲、木荷、米槠	用材/生态林	
	丝栗栲	赣州市大余县烂泥迳林场	三江口工区	本地	天然	0.7	中龄	16.7	13.7	1395		强健	差	木荷	用材/生态林	
	丝栗栲	赣州市大余县烂泥迳林场	三江口工区	本地	天然	1.9	中龄	19.9	13.4	1350		强健	差	木荷、甜槠	用材/生态林	
	丝栗栲	赣州市大余县内良乡尧扶村	竹山尾	本地	天然	2.1	中龄	17.4	15.7	1140		强健	差	南岭栲、甜槠、木荷	用材/生态林	
	丝栗栲	赣州市大余县内良乡尧扶村	大石壁	本地	天然	3.7	中龄	18.5	17	1470		强健	差	木荷、栲类	用材/生态林	

（续）

序号	树种名称	经营单位（或个人）	地名	种源	起源	面积（hm^2）	林龄（a）	平均胸径（cm）	平均树高（m）	每公顷株数（株）	每公顷蓄积（m^3）	生长状况	结实状况	林分中主要混交树种名称	主要树种利用评价	备注
	丝栗栲	赣州市大余县樟斗镇	跃进水库	本地	天然	2.6	中龄	15.5	11.8	1065		强健	差	木荷	用材/生态林	
	丝栗栲	赣州市东坑乡张古段坳下	沙石下	本地	天然	0.5	20	20.4	10.7	1005	184.5	强健	差	小红栲	用材/生态林	
	丝栗栲	赣州市赣县留田林场	龙脑工区洋婆寨	本地	天然	18.9	27	7.4	12	615	31.5	良好	良好	木荷、南岭栲、黄端木、润楠	用材/生态林	
	丝栗栲	赣州市赣县荫掌山林场龙角分场	百公坑	本地	天然	23.2	24	14.7	25.2	390	140.5	良好	良好	栲类、拟赤杨、南酸枣、山乌桕等	用材/生态林	
	丝栗栲	赣州市赣县荫掌山林场龙角分场	百公坑	本地	天然	18.3	21.2	14.3	20.8	655.5	171.8	良好	良好	栲类、拟赤杨、南酸枣、山乌桕、马尾松	用材/生态林	
	丝栗栲	赣州市赣县荫掌山林场龙角分场	塘坑里	本地	天然	10.0	25.8	17.0	27.2	349.5	158.4	良好	良好	栲类、拟赤杨、南酸枣、山乌桕、楠木	用材/生态林	
	丝栗栲	赣州市赣县荫掌山林场龙角分场	塘坑里	本地	天然	11.0	23.6	15.2	25.8	364.5	139.7	良好	良好	栲类、拟赤杨、南酸枣、樟树、枫香、楠木	用材/生态林	
	丝栗栲	赣州市赣县荫掌山林场龙角分场	尖竹岭	本地	天然	29.5	25.1	17.3	23.9	454.5	155.3	良好	良好	栲类、南酸枣、细叶楠		
	丝栗栲	赣州市赣县荫掌山林场双龙分场		本地	天然	10.0	21.5	11.0	14.1	1170	86.6	良好	良好	南酸枣、椤木	用材/生态林	
	丝栗栲	赣州市赣县荫掌山林场樟坑分场	石人岭背	本地	天然	26.5	27	15.0	21.1	780	156.0	良好	良好	甜槠、木荷	用材/生态林	
	丝栗栲	赣州市赣县荫掌山林场樟坑分场	老分场对面	本地	天然	4.1	22	13.6	16.4	915	99.0	良好	良好	甜槠、青钩栲	用材/生态林	
	丝栗栲	赣州市赣县荫掌山林场樟坑分场	铁架山	本地	天然	19.6	27	13.4	18.4	1005	144.0	良好	良好	甜槠、青钩栲	用材/生态林	
	丝栗栲	赣州市赣县荫掌山林场樟坑分场	下嵊岭	本地	天然	15.0	30	16.1	21.8	570	123.0	良好	良好	甜槠、木荷	用材/生态林	
	丝栗栲	赣州市赣县荫掌山林场樟坑分场	石棚里	本地	天然	14.0	34	18.0	22.9	540	132.0	良好	良好	甜槠、木荷	用材/生态林	

（续）

序号	树种名称	经营单位（或个人）	地名	种源	起源	面积（hm^2）	林龄（a）	平均 胸径（cm）	平均 树高（m）	每公顷 株数（株）	每公顷 蓄积（m^3）	生长状况	结实状况	林分中主要混交树种名称	主要树种利用评价	备注
	丝栗栲	赣州市赣县荫掌山林场樟坑分场	竹山背	本地	天然	19.1	28	13.0	22	450	99.0	良好	良好	甜槠、木荷	用材/生态林	
	丝栗栲	赣州市赣县荫掌山林场樟坑分场	兰山里	本地	天然	26.5	26	15.6	21.7	690	147.0	良好	良好	甜槠、木荷	用材/生态林	
	丝栗栲	赣州市赣县荫掌山林场樟坑分场	分场对面	本地	天然	6.7	23	12.4	18	375	51.0	良好	良好	甜槠、润楠	用材/生态林	
	丝栗栲	赣州市横水镇大密村	旱坑哈麻湖	本地	天然	25.6	16	12.5	16.2	960	109.5	强健		米槠、润楠、杜英、樟木、拟赤杨、枫香、木荷等	用材/生态林	
	丝栗栲	赣州市会昌县白鹅乡	河迳树大窝	本地	天然	2.1	50	27.9	10.2	480	168.0	强健	良好		用材林	纯林
	丝栗栲	赣州市九连山自然保护区	犀牛坑	本地	天然	66.7	成龄	14.7	22.5	690	160.5	强健	一般	米槠、枫香	用材/生态林	
	丝栗栲	赣州市龙南县安基山林场	青茶湖三角窝	本地	天然	32.1	17	10.4	9.3	1275	69.0	强健	良好	木荷、米槠	用材/生态林	
	丝栗栲	赣州市龙南县安基山林场	中坪山工区中坪高排	本地	天然	46.1	16	10.7	12.4	930	77.7	强健	良好	丝栗栲、樟树、甜槠	用材/生态林	
	丝栗栲	赣州市龙南县八一九林场	黄坑	本地	天然	11.0	17	8.7	8.3	2085	41.1	强健	差	木荷、金穗柯、刨花楠	用材/生态林	混交
	丝栗栲	赣州市龙南县八一九林场	黄坑	本地	天然	22.7	18	11.8	10	1320	63.5	强健	差	木荷、杜英、刨花楠	用材/生态林	混交
	丝栗栲	赣州市龙南县八一九林场	黄洞	本地	天然	13.3	17	11.6	11.3	2505	115.2	强健	差	青冈栎、香樟、木荷、枫香	用材/生态林	混交
	丝栗栲	赣州市龙南县八一九林场	黄洞	本地	天然	16.7	16	11.2	10	1800	57.6	强健	差	甜槠、青冈栎、木荷、香樟	用材/生态林	
	丝栗栲	赣州市龙南县程龙镇	八一九村	本地	天然	28.7	18	9.5	8.5	1935	50.4	强健	差	木荷、酸枣、甜槠、杜英	用材/生态林	混交
	丝栗栲	赣州市龙南县基地林场	余坑	本地	天然	73.3	15	10.4	7	1350	47.3	强健	差	木荷、酸枣、油桐、拟赤杨	用材/生态林	混交

（续）

序号	树种名称	经营单位（或个人）	地名	种源	起源	面积(hm^2)	林龄(a)	平均		每公顷		生长状况	结实状况	林分中主要混交树种名称	主要树种利用评价	备注
								胸径(cm)	树高(m)	株数(株)	蓄积(m^3)					
	丝栗栲	赣州市龙南县基地林场	余坑	本地	天然	30.0	15	10.7	9.7	1470	54.4	强健	差	黧蒴栲、拟赤杨、酸枣、木荷	用材/生态林	混交
	丝栗栲	赣州市龙南县夹湖乡松湖梅子坪	炸坑	本地	天然	1.0	11	12.0	10.4	2010	100.5	强健	差	小红栲、木荷	用材/生态林	
	丝栗栲	赣州市龙南县夹湖乡松湖梅子坪	炸坑	本地	天然	0.6	15	15.4	9.6	900	82.5	强健	差	小红栲	用材/生态林	
	丝栗栲	赣州市龙南县夹湖乡新城村	牛坑苦竹坪	本地	天然	0.7	11	11.8	6	945	45.0	强健	差	小红栲	用材/生态林	
	丝栗栲	赣州市龙南县夹湖乡新城村	牛坑苦竹坪	本地	天然	0.7	12	12.3	6	81	40.5	强健	差	小红栲	用材/生态林	
	丝栗栲	赣州市龙南县夹湖乡新城村	牛坑苦竹坪	本地	天然	0.7	12	12.3	6.6	945	49.5	强健	差	木荷、枫香	用材/生态林	
	丝栗栲	赣州市龙南县夹湖乡新城村	牛坑锯板厂	本地	天然	0.5	14	13.6	7.5	765	52.5	强健	差	小红栲	用材/生态林	
	丝栗栲	赣州市龙南县夹湖乡新城村	牛坑黄泥墩	本地	天然	0.9	19	20.0	15	780	136.5	强健	差	青钩栲	用材/生态林	
	丝栗栲	赣州市龙南县夹湖乡新城村	牛坑墩背窝	本地	天然	0.8	15	15.4	8.4	720	66.0	强健	差	小红栲	用材/生态林	
	丝栗栲	赣州市龙南县夹湖乡新城富足坳	富足坳	本地	天然	0.4	16	16.1	8.9	675	67.5	强健	差	枫香	用材/生态林	
	丝栗栲	赣州市龙南县夹湖乡新城富足坳	龙子头	本地	天然	0.5	12	12.7	7.6	660	37.5	强健	差	小红栲	用材/生态林	
	丝栗栲	赣州市龙南县夹水口林场	半坑	本地	天然	48.0	15	1.7	11.1	1605	60.0	强健	差	木荷、拟赤杨、多穗柯、南酸枣	用材/生态林	混交
	丝栗栲	赣州市龙南县九连山林场	大丘田冷水坑口	本地	天然	10.1	20	14.4	15.1	915	72.0	强健	一般	拟赤杨、青钩栲、米槠	用材/生态林	混交
	丝栗栲	赣州市龙南县南亨乡三星村	禾树岭	本地	天然	10.7	15	11.4	9.9	2025	89.1	强健	差	青冈栎、香樟、木荷、枫香	用材/生态林	混交
	丝栗栲	赣州市桃江乡清源村	明鼎坑	本地	天然	1.1	12	12.8	9	1050	61.5	强健	差	罗浮栲	用材/生态林	
	丝栗栲	赣州市信丰县隘高林场	牛口岩工区冷水坑口高	本地	天然	1.7	16	13.5	10.2	1275	85.5	强健	差	南岭栲、黧蒴栲、青冈	用材/生态林	混交
	丝栗栲	赣州市信丰县隘高林场	水疗工区苦瓜坑	本地	天然	4.1	15	12.0	9.2	1350	67.5	强健	差	栲类、青冈、甜槠	用材/生态林	混交

（续）

序号	树种名称	经营单位（或个人）	地名	种源	起源	面积（hm^2）	林龄（a）	平均		每公顷		生长状况	结实状况	林分中主要混交树种名称	主要树种利用评价	备注
								胸径（cm）	树高（m）	株数（株）	蓄积（m^3）					
	丝栗栲	赣州市信丰县古陂镇大屋村	大屋村王屋	本地	天然	1.3	20	18.5	12.6	540	78.0	强健	一般	酸枣、木荷	用材/生态林	混交
	丝栗栲	赣州市信丰县古陂镇墩高村黄马埠组	黄马埠	本地	天然	1.3	20	18.0	10.3	480	64.5	强健	一般	木荷、油桐、枫香	用材/生态林	混交
	丝栗栲	赣州市信丰县虎山乡虎山村水疗组	水疗组屋背	本地	天然	2.8	17	12.4	9.3	1005	54.0	强健	差	枫香、木荷	用材/生态林	混交
	丝栗栲	赣州市信丰县虎山乡虎山村水疗组	水疗组茶亭边	本地	天然	4.6	15	11.6	8.9	1245	57.0	强健	差	枫香、木荷、冬青	用材/生态林	混交
	丝栗栲	赣州市信丰县金鸡林场	上坪工区对面	本地	天然	18.9	31	17.3	15.4	1185	145.5	强健	一般	南岭栲、拟赤杨、鹿角栲	用材/生态林	混交
	丝栗栲	赣州市信丰县金盆山林场	大公桥工区长坑口	本地	天然	6.4	25	25.5	14	810	255.0	强健	一般	木荷、南酸枣、枫香	用材/生态林	混交
	丝栗栲	赣州市信丰县金盆山林场	大公桥工区庙背坑	本地	天然	4.6	25	24.0	12	480	120.0	强健	一般	木荷、南酸枣、枫香	用材/生态林	混交
	丝栗栲	赣州市信丰县金盆山林场	夹水口工区	本地	天然	2.5	22	19.7	11.8	750	127.5	强健	一般	木荷、南酸枣、圆叶乌桕	用材/生态林	混交
	丝栗栲	赣州市信丰县金盆山林场	夹水口工区	本地	天然	3.0	22	17.8	13.9	540	72.0	强健	一般	木荷、甜槠、酸枣	用材/生态林	混交
	丝栗栲	赣州市信丰县金盆山林场	上陂工区石口对面	本地	天然	3.6	22	20.6	9	675	127.5	强健	一般	木荷、樟树、楠木	用材/生态林	混交
	丝栗栲	赣州市信丰县新田镇花历村	大坳背	本地	天然	21.3	20	12.7	9.3	630	36.0	强健	一般	酸枣、木荷	用材/生态林	混交
	丝栗栲	赣州市信丰县新田镇下江村桥子背组	茶叶坑	本地	天然	13.3	25	17.7	13.8	705	91.5	强健	一般	栲类、拟赤杨	用材/生态林	混交
	丝栗栲	赣州市信丰县新田镇新明村	细山子	本地	天然	5.5	22	13.8	11.6	570	40.5	强健	一般	酸枣、木荷	用材/生态林	混交
	丝栗栲	赣州市信丰县油山林场	中乐工区石窝里	本地	天然	10.5	15	17.4	10.6	540	61.5	强健	差	樟树、木荷、冬青	用材/生态林	混交
	丝栗栲	上饶市婺源县中云镇方村	范坑	本地	天然	3.3	60	28.8	12.2	900	429.0	良好	一般	甜槠	生态林	

（续）

序号	树种名称	经营单位（或个人）	地 名	种 源	起 源	面积（hm^2）	林龄（a）	平均 胸径（cm）	平均 树高（m）	每公顷 株数（株）	每公顷 蓄积（m^3）	生长状况	结实状况	林分中主要混交树种名称	主要树种利用评价	备 注
	丝栗栲	上饶市婺源县中云镇横槎村委会		本地	天然	2.0	70	21.1	16	750	229.5	良好	一般	甜槠	用材/生态林	
	丝栗栲	吉安市永丰县水浆林场	北坑	本地	天然	13.3	20	17.2	22	690	220.5	良好	良好	枫香、马尾松	用材/生态林	
	丝栗栲	吉安市永新县曲江林场	龙源联营山场	本地	天然	53.3	40	22.0	11	435	96.0	良好	结实初期	苦槠	用材/生态林	
	丝栗栲	吉安市永新县曲江林场	龙源联营山场	本地	天然	166.7	40	19.1	11	615	97.1	良好	结实初期	木荷	用材/生态林	
	丝栗栲	抚州市资溪县马头山林场	东港林班	本地	天然	3.3	12	17.3	12.2	345	180.0	强健	一般	拟赤杨	用材/生态林	
	丝栗栲	抚州市资溪县马头山镇	下阳村	本地	天然	52.0	30	26.0	15.9	405	270.0	良好	良好	杜英	用材/生态林	
	丝栗栲	赣州市九连山自然保护区	虾蚣塘主沟	本地	天然	20.0	成龄	11.7	15.6	900	88.5	强健	一般	甜槠、木荷、拟赤杨、杉木	用材/生态林	
110	四川桤木	宜春市铜鼓县正兴公司	永宁江头公路边	四川	人工	0.5	23	30.0	14	450	229.5		良好	乌桕	采种母树林	
111	桃叶石楠	赣州市安远县船形组	沙含船形	本地	天然	1.0	50	29.4	14.7	390	197.0	良好	良好	苦槠	用材/生态林	
112	天师板栗	鹰潭市龙虎山镇龙虎村金山组	易家源		人工		5	3.0	5	600		良好				
113	甜槠	九江市庐山茶场	中安寺		天然	0.1		42.0	17	495		强健		锥栗、杉木	生态林	
	甜槠	九江市修水县黄沙港林场	下埚	本地	天然	4.0	40	32.8	10	480		强健	一般		生态林	
	甜槠	九江市修水县黄沙港林场	蛇柁	本地	天然	5.9	35	27.5	10.3	600		强健	良好		生态林	
	甜槠	九江市修水县黄沙港林场	上坑队部	本地	天然	2.0	43	31.8	11.6	315		强健	良好		生态林	
	甜槠	九江市修水县黄沙港林场	队部以下	本地	天然	2.6	35	24.6	9.6	330		强健	一般		生态林	
	甜槠	九江市修水县黄沙港林场	西港大塘嘴	本地	天然	2.7	40	33.6	11	345		强健	一般		生态林	
	甜槠	九江市修水县黄沙港林场	蛇林坑	本地	天然	5.9	35	28.5	10.6	600		强健	良好		生态林	
	甜槠	九江市修水县黄沙港林场	西港	本地	天然	2.9	40	34.0	11	360		强健	良好		生态林	
	甜槠	九江市修水县黄沙港林场	西港	本地	天然	5.7	45	33.1	10.1	315		强健	良好		生态林	
	甜槠	九江市修水县黄沙港林场	八子埚	本地	天然	5.4	30	26.1	10.3	390		强健	良好		生态林	

（续）

序号	树种名称	经营单位（或个人）	地名	种源	起源	面积（hm^2）	林龄（a）	平均		每公顷		生长状况	结实状况	林分中主要混交树种名称	主要树种利用评价	备注
								胸径（cm）	树高（m）	株数（株）	蓄积（m^3）					
	甜槠	赣州市大余县烂泥迳林场	三江口工区	本地	天然	6.4	中龄	15.1	12.7	1155		强健	差	丝栗栲、木荷	用材/生态林	
	甜槠	赣州市大余县烂泥迳林场	三江口工区	本地	天然	3.4	中龄	22.6	18.1	690		强健	差	南岭栲、木荷	用材/生态林	
	甜槠	赣州市大余县烂泥迳林场	三江口工区	本地	天然	2.2	中龄	21.5	15.8	1260		强健	差	丝栗栲	用材/生态林	
	甜槠	赣州市大余县烂泥迳林场	三江口工区	本地	天然	2.0	中龄	12.9	10.4	1110		强健	差	南岭栲、木荷	用材/生态林	
	甜槠	赣州市赣县留田林场白沙坰林站	田坑里	本地	天然	12.2	30	8.6	14.2	585	43.5	良好	良好	拟赤杨、山苍子、润楠、枫香、山杜英	生态林	
	甜槠	赣州市九连山自然保护区	虾蚣塘主沟	本地	天然	2.0	成龄	18.1	23.1	705	175.5	强健	一般	光皮桦、丝栗栲、冬桃、拟赤杨	用材/生态林	
	甜槠	赣州市龙南县安基山林场	下洞工区大	本地	天然	51.6	18	13.3	11.9	1875	79.9	强健	良好	丝栗栲、木荷	用材/生态林	
	甜槠	赣州市龙南县安基山林场	望居工区莱仔斜	本地	天然	23.7	16	12.9	11.5	1725	101.8	强健	良好	拟赤杨、木荷	用材/生态林	
	甜槠	赣州市龙南县安基山林场	青茶工区大窝	本地	天然	62.2	16	13.1	11.6	1125	79.1	强健	良好	小红栲、木荷	用材/生态林	
	甜槠	赣州南康市大山脑林场	黄竹安	本地	天然	31.7	30	22.8	10.4	1140	276.0	强健	一般	杜英、酸枣	生态林	
	甜槠	赣州南康市大山脑林场	莲花坞	本地	天然	18.1	40	17.1	9.4	1110	132.1	强健	良好	栲类、木荷	生态林	
	甜槠	赣州南康市大山脑林场	黄竹安	本地	天然	15.2	38	17.9	10.1	780	103.7	强健	良好	栲类、木荷	生态林	
	甜槠	赣州市宁都县翠微峰森林公园	莲花山	本地	天然	2.4	38	24.1	15.3	630	190.5	强健	一般	苦槠、枫香	生态林	
	甜槠	赣州市宁都县东韶乡	竹子坝林场	本地	天然	0.6	42	31.0	15.7	885	177.0	强健	一般	栲树、马尾松	用材林	
	甜槠	赣州市宁都县东韶乡	南团村南坑组	本地	天然	0.7	41	30.1	15	870	174.0	强健	一般	栲树、马尾松	用材林	
	甜槠	赣州市信丰县金鸡林场	上坪工区龙子脑	本地	天然	6.8	29	16.8	10.8	1185	135.0	强健	一般	青冈栎、木荷、楠木	用材/生态林	混交
	甜槠	赣州市兴国县崇贤乡	齐分村	本地	天然	7.0	20	11.6	9.4	2475	156.0	强健	一般	木荷	生态林	混交
	甜槠	赣州市兴国县崇贤乡	齐分村	本地	天然	6.9	19	11.4	8.4	2400	108.0	强健	一般	杉木、榆树	生态林	混交
	甜槠	赣州市兴国县崇贤乡	齐分村	本地	天然	6.7	21	15.5	9.7	1650	156.0	强健	一般	杉木	生态林	混交

（续）

序号	树种名称	经营单位（或个人）	地名	种源	起源	面积（hm^2）	林龄（a）	平均胸径（cm）	平均树高（m）	每公顷株数（株）	每公顷蓄积（m^3）	生长状况	结实状况	林分中主要混交树种名称	主要树种利用评价	备注
	甜槠	赣州市兴国县枫边乡	西林村	本地	天然	6.9		15.9	10.7	1320	163.5	强健	一般	杜英、樟树、苦槠	生态林	混交
	甜槠	赣州市兴国县古龙岗镇	瑶前村	本地	天然	21.0	17	11.2	8.2	570	24.0	强健	一般	木荷	生态林	混交
	甜槠	赣州市兴国县古龙岗镇	螟溪村	本地	天然	13.2	23	15.5	5.8	480	45.0	强健	一般		生态林	混交
	甜槠	赣州市兴国县兴江乡	南村村	本地	天然	14.7	30	15.8	6.9	555	54.4	强健	一般	木荷、半枫荷	生态林	混交
	甜槠	赣州市兴国县兴江乡	南村村	本地	天然	5.7	23	15.0	12.2	525	45.0	强健	一般	钩栲、半枫荷	生态林	混交
	甜槠	宜春市官山自然保护区	大西坑													
	甜槠	宜春市铜鼓县棋坪镇九丰村柘溪组	苦桥洞	本地	天然	3.3	45	14.7	11.3	975	127.5	强健	一般	栎类	采种母树林	
	甜槠	宜春市万载县大西林场			天然	1.3	50	35.0	12	90	180.0	一般	一般	栎类	用材/生态林	
	甜槠	上饶市三清山管委会	汾水鸡山岭	本地	天然	8.2	35	25.0	11.3	690	270.0	强健	良好			
	甜槠	抚州市乐安县谷岗	小金竹	本地	天然	0.3	60	36.0	15	345	231.0	强健	一般	杉木、毛竹	生态/采种母树林	
	甜槠	抚州市乐安县坪溪	上东坑	本地	天然	10.5	65	44.8	19.7	300	409.5	强健	良好	松类、杉木	生态/采种母树林	
114	铁坚杉	九江市修水县山口镇	上桃村	本地	天然	2.0	40	17.9	10.5	900		强健	良好		生态林	
115	桐棉松	九江市修水县林场黄沙分场	泉源	外地	人工	10.7	15	17.0	9.8	1950		强健	一般		生态林	
	桐棉松	宜春市铜鼓县正兴公司	温泉镇光明口	广西	人工	20.7	13	11.6	9	2550	106.5			杉木	采种母树林	
116	秃杉	九江市九江县岷山乡黄老门林场	林场旁	引进	人工	0.0	23	11.8	10	600		强健			生态林	纯林、国家二级保护树种
	秃杉	新余市长埠林场	年珠		人工	1.0	13	13.0	12.1	2505	121.5	强健	一般		用材/生态林	
	秃杉	吉安市永新县七溪岭林场	耙陂分场	本地	人工		14	16.3	11.2	1725	189.8	良好	结实初期		用材林	
117	晚松	新余市罗坊镇	林场	本地	人工	5.3	20	13.9	5.2	1380	111.1	良好	一般		用材/生态林	
	晚松	吉安市泰和县螺溪林业工作站	螺溪	本地	人工	10.3	13	12.0	8	1500	72.0	良好			用材林	

（续）

序号	树种名称	经营单位（或个人）	地名	种源	起源	面积（hm^2）	林龄（a）	平均胸径（cm）	平均树高（m）	每公顷株数（株）	每公顷蓄积（m^3）	生长状况	结实状况	林分中主要混交树种名称	主要树种利用评价	备注
	晚松	抚州市乐安县牛田	横木	本省	人工	5.6	13	8.8	5.4	1800	32.4	强健			生态/采种母树林	
118	乌楣栲	赣州市信丰县金鸡林场	周坑工区酸枣排	本地	天然	9.1	31	18.3	12.8	870	123.0	强健	一般	丝栗栲、楠木、青钩栲	用材/生态林	混交
119	无患子	九江市彭泽县天红镇武山村	下黄岭对面	本地	天然	48.0	17	11.2	8.9	660	27.0	强健	良好	枫香、栲类	用材/生态林	
120	五角枫	吉安市青原区白云山林场	东固杨坑村		天然	0.3	70	22.3	13.4		105.0	良好	良好	枫香、木荷	用材/生态林	
121	喜树	九江市九江县涌泉乡戴山村五组	寺山洼	本地	天然	1.0	25	15.2	11.8	570		强健	一般		生态林	纯林、国家二级保护树种
	喜树	九江市修水县黄沙镇	岭斜箔竹	本地	天然	2.5	30	30.8	15	450		强健	良好		生态林	
122	细叶青冈	九江市修水县黄港镇	龙港村	本地	天然	3.3	35	15.6	9.5	750		强健	良好		生态林	
123	香椿	赣州市全南县小叶岽林场	武坊山工区	本地	人工	3.5	12	6.4	6	3075	31.5	良好	一般	杉木、松类	用材/生态林	
	香椿	吉安市永新县三湾采育林场	汗江工区	本地	人工	0.2	5	5.3	4.8	750	5.3	良好			用材/生态林	
124	香榧	抚州市黎川县岩泉林场	麦溪洲工区	本地	天然	2.7	300	105.0	24.5	75	352.5	强健	一般	栲类、毛竹	用材林	
	香榧	抚州市黎川县岩泉林场	岩泉工区	本地	天然	3.3	300	98.0	24.6	60	270.0	强健	一般	毛竹、栲类	用材林	
125	香果树	吉安市永丰县冕山	冕山	本地	天然	0.3	50	42.0	16	150	157.5	良好	一般	栎类	生态林	
126	小红栲	赣州市兴国县南坑乡	郑枫村	本地	天然	19.3	12	12.4	11.1	1590	81.0	强健	一般	青冈栎、杉木、杜英	生态林	混交
127	小山竹	吉安市永新县三湾采育林场	场部	本地	人工	0.1	8	5.3	9.2	1935		良好			生态林	
128	小叶栎	吉安市永丰县潭城	来龙山	本地	天然	0.5	20	15.8	12.5	900	90.0	良好	差		用材/生态林	
129	杨梅	吉安市永新县三湾采育林场	汗江工区洪头湖	本地	人工	4.1	11	6.5	4.3	315	3.5	良好	一般		经济林	
130	杨梅叶蚊母树	宜春市官山自然保护区	吊洞													
131	杨树	宜春市万载县杨树民			人工	1.3	3	10.0	7	1500	18.0	一般	一般		用材林	
	杨树	宜春樟树市临江镇林场	芦洲	本地	人工	2.7	成熟	14.0	7.7	1650	133.5	强健				

（续）

序号	树种名称	经营单位（或个人）	地　名	种　源	起　源	面积（hm^2）	林龄（a）	平均 胸径（cm）	平均 树高（m）	每公顷 株数（株）	每公顷 蓄积（m^3）	生长状况	结实状况	林分中主要混交树种名称	主要树种利用评价	备　注
132	野山茶	景德镇市浮梁县西湖乡	合源村龙源		天然	2.3	20	5.0	3.1	1905		良好	良好		经济林	产鲜茶叶260kg/a
133	野桐	赣州市九连山自然保护区	虾蚣塘保护站旁	本地	人工	0.2	30	15.3	19.2	1260	199.5	强健	一般	马褂木	用材/生态林	
134	银木荷	赣州市上犹县五指峰林场	三门坑林区上洞	本地	天然	5.4	54	23.6	9.6	555		良好			用材/生态林	
135	银鹊树	九江市星子县东牯山林场	庐山垅		天然			14.1	13	420		强健		紫楠、玉兰	生态林	
	银鹊树	宜春市官山自然保护区	将军洞													
	银鹊树	吉安市青原区白云山林场	李家坑工区		人工	1.2	2	1.1	1.2							
136	油茶	南昌市进贤县观花岭林场		本地	人工	2.0	40		2.6	495		强健	良好			
	油茶	南昌市进贤县茅岗良种场		本地	人工	2.0	23		2.3			强健	良好			
	油茶	南昌市新建县流湖乡马尾山林场邱天富		本县	人工	20.0	23		2.5	1110		良好	良好	湿地松		
	油茶	九江市修水县上奉镇	山背	本地	天然	3.3	30	9.0	4	750		强健	良好		生态林	
	油茶	新余市长埠林场	桐木		人工	11.7	24	4.8	2	1650		强健	良好		用材/生态林	
	油茶	鹰潭贵溪市三县岭林场杨前岗分场	十字亭	本地	人工	6.7	30		2.6	1335		强健	良好			
	油茶	鹰潭贵溪市三县岭林场杨前岗分场	十字亭	本省	人工	3.0	30		2	1335		强健	良好			
	油茶	赣州市全南县龙源坝镇镇头村古坑村小组		本地	人工	3.0	15	6.6	3.3	2490		良好	一般		经济林	
	油茶	赣州市上犹县水岩乡	水岩蕉坑村	本地	人工	3.1	30					良好			生态林	
	油茶	赣州市上犹县紫阳乡高基坪村	塘屋组	本地	人工	2.1	25					良好			生态林	
	油茶	宜春市袁州区西村镇分界村		引进	人工	10.0	16			1650		强健				
	油茶	吉安市遂川县车坑	龙形		人工	1.5	40	7.0	2.3							

（续）

序号	树种名称	经营单位（或个人）	地名	种源	起源	面积（hm^2）	林龄（a）	平均 胸径（cm）	平均 树高（m）	每公顷 株数（株）	每公顷 蓄积（m^3）	生长状况	结实状况	林分中主要混交树种名称	主要树种利用评价	备注
	油茶	吉安市遂川县车坑	马岙		人工	1.0	27	5.0	2.1							
	油茶	吉安市永丰县	龙冈	本地	人工	0.6	29	7.1	4.3	780		强健	良好		经济林	
137	油桐	萍乡市芦溪县新泉乡	东江村	本地	人工	2.8	15	13.0	5.4	825	51.0	良好	一般			
138	云锦杜鹃	九江市庐山林场	白沙河		天然			5.8	3.7	2370		强健		粉团蔷薇、黄山松	生态林	
	云锦杜鹃	宜春市官山自然保护区	石花尖													
	云锦杜鹃	上饶市武夷山自然保护区		本地	天然	7.1		20.8	7.3	1350		良好			生态林	
139	樟树	南昌市安义县新民乡珠珞村	刘家组旁	本地	天然	2.0	26	30.0	18	975	436.5	良好	良好		用材/生态林	
	樟树	九江市德安县高塘乡长垅村樟树铺孙家	后背山	本地	天然	0.4	32	28.8	17.2	750	360.0	强健	一般		生态林	
	樟树	九江市德安县林泉乡大溪坂村六组	后背山	本地	天然	1.5	30	22.5	16.4	810	209.8	强健	一般		生态林	
	樟树	九江市湖口县舜德乡屏峰村	涂家后山		天然	2.9	38	28.8	11.4	945	406.4	良好	一般	黄连木	用材/生态林	
	樟树	九江市九江县涌泉乡戴山村二组	张家洼	本地	天然	2.3	35	28.4	13.8	330		强健	差	杉木	生态林	国家二级保护树种
	樟树	九江市彭泽县浪溪镇港下村	法洪岭	本地	天然	4.5	30	21.7	13	690	196.5	强健	良好	枫香、苦槠	用材/生态林	
	樟树	九江瑞昌市桂林办	庆丰村七组	本地	天然	2.7	28	19.3	11.8	780	143.5	强健	一般	马尾松、其他阔叶树	用材/生态林	
	樟树	九江瑞昌市湓城镇	瑞丰村六组	本地	天然	3.3	28	17.9	10.5	795	113.8	强健	一般	马尾松、其他阔叶树	用材/生态林	
	樟树	九江市修水县三都镇	杨梅渡村	本地	天然	2.0	220	50.3	14.3	225		强健	良好		生态林	
	樟树	九江市修水县征村乡州上村	华家湾	本地	天然	8.7	54	26.6	13.3	450		强健	良好		生态林	
	樟树	萍乡市芦溪县南坑镇	双凤村	本地	人工	2.7	25	16.4	12.1	540	61.5	良好	一般			
	樟树	萍乡市上栗县金山镇桥塘村	万新垅	本地	天然	0.5	27	20.0	8.2	600	87.0	强健	一般	杉木	生态林	
	樟树	新余市百丈峰林场	江家	本省	人工	2.0	21	22.5	11.9	480	132.6	良好	一般		用材/生态林	

（续）

序号	树种名称	经营单位（或个人）	地名	种源	起源	面积（hm^2）	林龄（a）	平均		每公顷		生长状况	结实状况	林分中主要混交树种名称	主要树种利用评价	备注
								胸径（cm）	树高（m）	株数（株）	蓄积（m^3）					
	樟树	鹰潭市余江县潢溪镇渡口沙塘邹家	港边上	本地	天然	1.0	36	40.3	14.3	360	376.5	强健	良好		用材林	
	樟树	赣州市安远县潭屋组	新塘村	本地	天然	0.4	32	33.1	18.8	630	54.0	良好	一般		用材林	
	樟树	赣州市崇义县阳岭自然保护区	葛藤坑	本地	天然	38.7	25	17.6	17.2	855	194.4	强健	一般	丝栗栲、杉木、马尾松、拟赤杨、苦槠、木荷等	用材/生态林	
	樟树	赣州市会昌县门岭镇营坊村	王屋	本地	天然	1.1	30	33.6	13.4	255	158.1	良好	良好		生态林	纯林
	樟树	赣州市会昌县门岭镇元兴村	过江坪大坎	本地	天然	11.8	22	26.5	16.4	330	148.5	良好	良好	冬青	生态林	
	樟树	赣州市会昌县周田镇当田村	当田坎	本地	天然	2.2	32	34.6	10.6	255	201.0	良好	良好	朴树	生态林	
	樟树	赣州市会昌县周田镇河墩村	河墩坎	本地	天然	6.1	33	38.2	12.6	255	222.0	良好	良好	朴树、冬青	生态林	
	樟树	赣州市会昌县周田镇司背村	司背坎	本地	天然	2.4	31	30.3	17	255	12.6	良好	良好	冬青	生态林	
	樟树	赣州市会昌县周田镇司背村	司背坎	本地	天然	2.0	28	28	9.9	315	183.0	良好	良好	冬青、枫杨	生态林	
	樟树	赣州瑞金市黄柏乡	柏村下禁坝	本地	天然	4.7	110	67.0	15			良好	一般	朴树、光叶石楠	用材/生态林	
	樟树	赣州瑞金市黄柏乡	柏村上禁坝	本地	天然	2.3	100	42.4	8			良好	一般	紫弹朴	用材/生态林	
	樟树	赣州瑞金市黄柏乡	柏村圳坝	本地	天然	1.9	8	13.1	9			良好	一般	紫弹朴	用材/生态林	
	樟树	赣州瑞金市沙洲坝镇	清水村河边	本地	天然	7.7	40	35.1	16			良好	一般	光叶石楠、黄檀	用材/生态林	
	樟树	赣州瑞金市沙洲坝镇	清水村河边	本地	天然	5.3	60	34.6	13			良好	一般	光叶石楠	用材/生态林	
	樟树	赣州瑞金市沙洲坝镇	清水村铁罗下小组屋背	本地	天然	0.7	40	24.5	15			良好	一般	光叶石楠、杉木	用材/生态林	
	樟树	赣州市信丰县大阿镇阿南村大屋里组	后龙山	本地	天然	0.5	28	24.2	18	645	178.5	强健	一般	枫香、木荷	用材/生态林	混交
	樟树	赣州市信丰县小河镇旗塘村旗塘组	屋背	本地	天然	0.9	31	22.4	12.5	315	73.5	强健	一般	冬青、栎木	用材/生态林	混交
	樟树	赣州市信丰县正平镇共和村十字垅组	屋背	本地	天然	1.1	20	24.7	11	540	159.0	强健	一般	木荷、枫香、马尾松	用材/生态林	混交

（续）

序号	树种名称	经营单位（或个人）	地名	种源	起源	面积（hm^2）	林龄（a）	平均 胸径（cm）	平均 树高（m）	每公顷 株数（株）	每公顷 蓄积（m^3）	生长状况	结实状况	林分中主要混交树种名称	主要树种利用评价	备注
	樟树	赣州市于都县银坑镇	银坑村桐子窝	本地	天然	0.7	30	36.0	20	270	216.0	强健	良好		生态林	
	樟树	宜春市万载县鹅峰乡			天然	1.7	150	60.0	20	75	180.0	一般	一般		生态林	
	樟树	宜春市宜丰县桥西乡	龚家坪	本地	天然	26.7	1000	30.0	10	525	282.8	强健				
	樟树	宜春樟树市阁山分场		本地	人工	0.7	中龄	32.4	13.2	825	165.0	强健		马尾松		
	樟树	宜春樟树市试验林场	总场	本地	天然	1.5	7	9.7	7	1650	44.6	强健				
	樟树	上饶德兴市银城镇森林苗圃			人工	2.1	30	30.3	10.6	705	372.0	强健	良好		用材/生态林	
	樟树	上饶市广丰县塘边	坟山	本地	天然	3.3	40	24.1	13	1530	262.5	强健	一般	硬阔	用材/生态林	
	樟树	上饶市鄱阳县渡镇蔡家村		本地	天然	2.5	26	30.1	14.84	855	256.5	良好	一般	槠树		
	樟树	上饶市余干县	山角山	本地	天然	2.7	15	18.0	11.8	900	125.1	良好	良好		生态林	
	樟树	上饶市玉山县东方红林场	武安山（塔山）	本地	天然	2.4	35	19.3	22	1200	205.2	强健	良好	枫香、木荷	用材/生态林	
	樟树	吉安市安福县北华山林场	南边	本地	人工	0.7	31	17.3	11.3	600	70.8	良好	良好		用材/生态林	
	樟树	吉安市安福县枫田镇车田村		本地	天然	1.1	58	57.2	12	120	273.0	良好	600kg/hm^2	乌桕	用材/生态林	
	樟树	吉安市安福县枫田镇高步村		本地	天然	1.9	70	67.5	11.7	90	190.1	良好	750kg/hm^2	枫杨	用材/生态林	
	樟树	吉安市安福县枫田镇高步村	二组	本地	天然	0.3	65	67.3	12.3	75	255.0	良好	450kg/hm^2	榆树	用材/生态林	
	樟树	吉安市安福县枫田镇红花园村	红花园	本地	天然	0.7	60	53.8	12	90	167.7	良好	450kg/hm^2		用材/生态林	
	樟树	吉安市安福县寮塘乡塘下村		本地	天然	2.3	55	47.8	12.8	225	333.0	良好	600kg/hm^2		用材/生态林	
	樟树	吉安市遂川县五指峰林场	七岭分场黄草河	本地	人工	3.2	15	10.0	6.4	900	27.0		良好		采种母树林	
	樟树	吉安市遂川县五指峰林场	七岭分场黄草河	本地	人工	3.2	15	10.0	6	900	27.0		良好		采种母树林	

（续）

序号	树种名称	经营单位（或个人）	地名	种源	起源	面积（hm^2）	林龄（a）	平均		每公顷		生长状况	结实状况	林分中主要混交树种名称	主要树种利用评价	备注
								胸径（cm）	树高（m）	株数（株）	蓄积（m^3）					
	樟树	吉安市遂川县云岭林场	衙前小坑仔		人工	5.8	8	6.0	4.2	1800	15.5				用材/生态林	
	樟树	吉安市泰和县冠朝镇	冠朝油洲	本地	天然	1.8	300	79.1	20	135	442.0	良好	良好	枫香、木荷	绿化	
	樟树	吉安市泰和县沙村镇	洲上	本地	天然	12.7	250	62.0	18.9	135	360.0	良好	一般	杉木	用材林	
	樟树	吉安市泰和县塘洲朱家村		本地	天然	5.9	500	114.0	25	60	180.0	良好	良好		绿化	
	樟树	吉安市泰和县万合竹山	防洪堤	本地	天然	3.3	150	120.0	20	15	151.7	一般	一般		绿化/用材林	
	樟树	吉安市永丰县大坑口村		本地	天然	0.5	80	48.6	15	180	264.0	良好	良好	枫香、马尾松	生态林	
	樟树	吉安市永新县七溪岭林场	龙源口分场	本地	人工	20.0	15	12.2	7.3	1620	84.2	良好	一般		用材林	
	樟树	景德镇市枫树山塘坞分场	汪家桥		天然	3.3	60	35.0	20	375	391.5	良好	一般		用材林/绿化	
	浙江楠	上饶市婺源县太白镇朱村	本地	天然	0.3	45	34.0	14.5	300	201.0	良好	一般		生态林		
140	浙江楠	上饶市婺源县珍珠山山溪林场		本地	天然	2.2	35	21.3	12.4	1005	217.5	良好	良好		生态林	
	浙江楠	上饶市婺源县紫阳镇马家村委会	马家	本地	天然	0.3	48	33.5	17.5	345	196.5	良好	一般		生态林	
	竹柏	鹰潭市龙虎山镇龙虎村无蚊村	民俗文化村		天然	0.8	80	26.5	9	120	165.0	良好		木荷		
	竹柏	赣州市大余县烂泥迳林场	丫山工区	本地	天然	0.8	幼龄	13.2	6	495		强健	差	木荷、枫香	用材/生态林	
141	竹柏	赣州市龙南县九连山林场	润洞村上花露	本地	天然	16.1	24	15.3	13	885	81.0	强健	一般	青钩栲、丝栗栲、拟赤杨	用材/生态林	混交
	竹柏	赣州市铅厂镇石罗村	龙潭面	本地	天然	3.3	38	31.8	17.3	540	289.4	强健	一般	丝栗栲、苦槠、拟赤杨、木荷等	用材/生态林	
	竹柏	吉安市泰和县南车村	中朝	本地	天然	4.7	59	8.5	9	300	27.0	良好	一般	阔叶林	绿化	
	锥栗	九江市庐山茶场	修静庵		人工		35	24.4	8.8	600		强健		锥栗、杉木	生态林	
142	锥栗	九江市修水县黄坳乡	龙峰村	本地	天然	3.3	50	23.0	9.9	750		强健	良好		生态林	
	锥栗	九江市修水县黄沙港林场	朱家屋场	本地	天然	5.2	38	27.6	12.5	420		强健	良好		生态林	

（续）

序号	树种名称	经营单位（或个人）	地名	种源	起源	面积（hm^2）	林龄（a）	平均		每公顷		生长状况	结实状况	林分中主要混交树种名称	主要树种利用评价	备注
								胸径（cm）	树高（m）	株数（株）	蓄积（m^3）					
	锥栗	九江市永修县云山燕山林业公司	古来寺		人工	3.7	7			2700		良好				
	锥栗	赣州市大余县烂泥迳林场	三江口工区	本地	天然	1.0	中龄	18.6	13.2	795		强健	差	南岭栲、米槠	用材/生态林	
	锥栗	吉安市安福县武功山林场	横江分场上安林班	本地	人工	2.0	25	20.3	14.1	750	132.0	强健	差		生态林	
	锥栗	抚州市资溪县马头山镇	下阳村	本地	天然	1.0	35	29.5	13.5	315	82.5	良好	良好	丝栗栲	用材/生态林	
143	紫弹朴	九江市山南林场	黑凹		天然			14.8	9.3	1080		强健		白楠	生态林	
144	紫茎	上饶市武夷山自然保护区		本地	天然	2.1		21.0	8.4	1155		良好	一般		生态林	
145	紫荆	萍乡市上栗县鸡冠山鸡冠村	城坪	本地	天然	2.0	20	15.0	3.8	675	21.0	强健	一般	枫香、槠类	生态林	
146	紫树	赣州市龙南县九连山林场	大丘田枫树湾	本地	天然	8.4	18	14.5	12.3	930	49.5	强健	差	米槠、丝栗栲、枫香	用材/生态林	混交
	紫树	赣州市石城县横江镇赣江源村	七岭屋背	本地	天然	1.3	180	73.0	20	750	345.0	强健	一般	枫香	用材/生态林	
	紫树	赣州市九连山自然保护区	大丘田小河子	本地	天然	33.3	中龄	11.3	15.7	360	34.5	强健	一般	观光木、润楠、南酸枣、罗浮栲	用材/生态林	

表 4　主要用材(生态)树种优树汇总

序号	树种名称	经营单位（或个人）	地　名	种源	起源	选优方法	数量指标			形质指标								利用建议					备　注
							树龄（a）	树高（m）	胸径（cm）	冠型	圆满度	通直度	枝下高（m）	分枝角度（°）	树皮厚（cm）	生长势	结实情况	生态	用材	薪炭	抗逆	其他	
1	69 杨	九江市公路段	流泗棠山		人工林	五株优势木法	14	15.0	49.4	卵形	好	好	8.0	60	2.5	旺盛		√	√				
2	阿丁枫	赣州市大余县烂泥迳林场	三江口工区	本地	天然林	形质评定	30	30.0	42.0	圆形	好	好	18.0				一般	√					
	阿丁枫	赣州市大余县烂泥迳林场	三江口工区	本地	天然林	形质评定	28	29.0	35.8	圆形	好	好	16.0				一般						
	阿丁枫	赣州市大余县烂泥迳林场	三江口工区	本地	天然林	形质评定	35	27.0	40.5	圆柱形	好	好	13.6				一般						
	阿丁枫	赣州市罗珊乡	珊贝珠子坑	本地	天然林	五株优势木法	18	11.3	10.7	伞形	好	好	2.1			旺盛	旺盛	√	√				
3	矮冬青	赣州市桂峰林场		本地	天然林	五株优势木法	17	6.7	13.9	伞形	好	好	2.0			旺盛	旺盛	√	√				
4	桉树	南昌市进贤县前坊桂花	本省	贵溪	人工林	综合评定	14	18.0	41.4	伞形	好	好	6.0	70	0.5	旺盛	旺盛	√	√				
	桉树	赣州市赣县红金村	赣县稀土矿厂内小山坡	本地	天然林	形质评定	13	5.3	22.0	伞形	好	好							√				
	桉树	赣州市赣县	大埠村粮管所	本地	人工林	形质评定	30	15.5	26.5	伞形	好	好							√				
	桉树	赣州市赣县	大埠村象形组	本地	人工林	形质评定	30	14.6	24.6	伞形	好	好							√				
	桉树	赣州市赣县	横溪村横溪组	本地	人工林	形质评定	30	16.0	48.0	伞形	较好	好							√				
	桉树	赣州市赣县					28	26.0	56.0	伞形						旺盛		√	√				
	桉树	赣州市赤土乡虎岗村	虎岗组	本地	人工林	五株优势木法	18	13.5	22.5	伞形	好	好	6.0	锐角		旺盛			√				
	桉树	赣州市上犹县陡水电厂	陡水镇		人工林	五株优势木法	23	17.0	67.0	伞形								√	√				四旁优树
	桉树	赣州市上犹县陡水电厂					23	15.0	61.0	伞形						旺盛		√					
	桉树	赣州市横市新坑	桐背	本地	人工林	形质评定	20	12.8	18.5	伞形	好	好	3.6	锐角	2.0	旺盛	差		√				
	桉树	赣州市横寨乡小河村	小河村河庄上	本地	人工林	五株优势木法	18	12.5	16.0	塔形		好	8.0	锐角		旺盛		√	√				四旁优树
	桉树	赣州市横寨乡	寨里石窝孜	本地	人工林	五株优势木法	15	12.5	17.5	塔形	好	好	6.0	锐角		旺盛			√				四旁优树
	桉树	赣州市水泥厂	梅水窑下				26	14.0	45.0	伞形						旺盛		√	√				四旁优树
	桉树	赣州市太窝圆岭		本地	人工林	形质评定	36	19.2	25.4	伞形	好	好	11.4	锐角	2.0	旺盛	旺盛		√				

（续）

序号	树种名称	经营单位（或个人）	地名	种源	起源	选优方法	数量指标			形质指标								利用建议					备注
							树龄（a）	树高（m）	胸径（cm）	冠型	圆满度	通直度	枝下高（m）	分枝角度（°）	树皮厚（cm）	生长势	结实情况	生态	用材	薪炭	抗逆	其他	
	桉树	吉安市云岭林场		本地	人工林	形质评定	6	9.6	12.0	长卵形												√	
	桉树	吉安市云岭林场			人工林	形质评定	6	9.7	18.0	卵形												√	
5	凹叶厚朴	上饶市武夷山自然保护区		本地	天然林	形质评定	38	9.5	12.7	圆形	好	好	1.5			旺盛	一般	√	√				
6	八角枫	赣州市项山乡	桥头村	本地	天然林	五株优势木法	19	5.6	8.2	伞形	好	好	1.2			旺盛	旺盛	√					
7	八月桂	赣州市上犹县桂竹山庄	陡水镇				26	9.0	44.0	伞形						旺盛		√	√				
	八月桂	赣州市甲江林场	场部内	本地	人工林	五株优势木法	24	9.5	20.2	圆形	好	好	3.5	45	0.5	旺盛	良好	√					
8	巴东木莲	宜春市官山自然保护区	麻子山沟	本地		形质评定	80	30.0	63.0		较好	好	15.0		0.4	旺盛	旺盛	√					四旁及散生木
9	白桂木	赣州市坳背林场		本地	天然林	五株优势木法	23	12.1	21.0	圆柱形	好	好	2.8			旺盛	旺盛	√	√				
	白桂木	赣州市李云洲	河洞平乐组	本地	天然林	形质评定	30	12.0	47.8	伞形	好	好	6.5				旺盛						
	白桂木	赣州市永隆乡杨叶村	新屋组	本地	天然林	形质评定	80	37.5	72.0	圆形	好	好	4.0	30	0.8	旺盛	旺盛	√					
10	白荷树	赣州市清溪乡半岭村	半岭小组	本地	天然林	形质评定	80	21.0	52.2	伞形	好	较好	3.7	46	0.3	旺盛	良好	√	√				
11	白栎	赣州市寻乌县桂竹帽镇	华星村	本地	天然林	五株优势木法	9	7.2	8.2	伞形	好	好	1.5			旺盛	旺盛	√	√				
12	白玉兰	九江市花园乡南下村	乌山组	本地	人工林		40	19.0	52.0	圆形	好	较好	6.0	70	1.8	旺盛	良好		√				
	白玉兰	九江市九江县新塘乡岷山村一组	岷山大屋上屋	本地	天然林	形质评定	150	12.0	48.0	宽圆锥形	好	好	3.0	60	0.8	旺盛	旺盛	√					
	白玉兰	九江市九江县新塘乡岷山村六组	郭家冲	本地	天然林	形质评定	300	16.5	87.0	宽圆锥形	好	好	9.0	60	0.8	旺盛	旺盛	√					
	白玉兰	赣州市赣县	白鹭乡政府	本地	人工林	形质评定	20	9.5	27.5	伞形	好	好										√	
	白玉兰	赣州市上犹县陡水电厂	陡水电厂				21	14.0	39.0	伞形						旺盛		√	√				
	白玉兰	赣州市葛坳林场	林场院内	本地	人工林	五株优势木法	20	8.9	18.8	伞形	好	好	1.6	55	0.6	良好	旺盛	√					
	白玉兰	赣州市灵潭电站	营前镇灵潭电站				12	6.0	23.0	伞形						旺盛		√	√				四旁及散生木

（续）

序号	树种名称	经营单位（或个人）	地名	种源	起源	选优方法	数量指标			形质指标								利用建议					备注
							树龄（a）	树高（m）	胸径（cm）	冠型	圆满度	通直度	枝下高（m）	分枝角度（°）	树皮厚（cm）	生长势	结实情况	生态	用材	薪炭	抗逆	其他	
	白玉兰	赣州市赣县唐江	一糖厂	本地	人工林	形质评定	50	16.0	52.3	圆形	好	好		30	2.0	旺盛	旺盛	√					
	白玉兰	赣州市中村乡政府	乡政府院内	省外	人工林	形质评定	21	9.0	34.9	伞形	较好	好	2.0	60	0.5	旺盛		√	√				四旁优树
	白玉兰	宜春市城郊林场	永宁城郊林场	本地		绝对值评选法	30	8.0			较好	好	2.0	50	1.0	旺盛	旺盛	√	√			绿化	
	白玉兰	吉安市坳上林场	场部	本地	人工林	五株优势木法	22	12.0	22.4	卵形	好	好	2.5	40～50	1.0	良好	旺盛	√	√				
13	白珠树	赣州市项山乡	福中上村	本地	天然林	五株优势木法	5	2.4	6.0	伞形	好	好	0.3			旺盛	旺盛	√					
	柏木	景德镇市浮梁县蛟潭镇	万寿寺林场		天然林	五株优势木法	20	13.0	21.7		好	好	7.5		0.3	良好	差	√	√		√		
	柏木	赣州市赣县	湖江乡小良村坝上组	本地	人工林	形质评定	250	16.0	130.0	伞形	好	好										√	
	柏木	赣州市赣县	松树村猪屎坪	本地	人工林	形质评定	200	12.0	80.0	伞形	好	好										√	
	柏木	赣州市赣县	储潭村老棚下	本地	人工林	形质评定	100	11.0	100.0	尖塔形	好	好										√	
14	柏木	赣州市大山脑林场	观音山工区	本地	人工林	形质评定	20	12.0	31.4	尖塔形	好	好		锐角	1.5	旺盛	旺盛	√	√				
	柏木	赣州市右水乡田升村	田升小组	本地	人工林	形质评定	300	7.0	125.0	伞形	较好	好	3.0	25	1.0	旺盛	良好	√					四旁优树
	柏木	赣州市云峰山林场	场部	本地	人工林	五株优势木法	23	14.0	22.3	塔形	好	好	7.0	锐角		旺盛		√	√				
	柏木	赣州市站塘乡水照村小学	小学院内	本地	天然林	形质评定	40	12.0	23.2	伞形	好	好	2.0	75	1.0	一般	良好	√	√				四旁优树
	半枫荷	新余市大脊下林场	场部	本地	天然林	五株优势木法	80	35.5	32.0	伞形	好	好	12.0	40	0.3	良好	旺盛		√	√	√		
	半枫荷	赣州市赣县雁鹅村下坝组	许景茂老屋背	本地	人工林	形质评定	30	8.5	35.0	伞形	好	好						√					
15	半枫荷	赣州市赣县大田村岭背组	屋场坪	本地	人工林	形质评定	18	7.0	16.0	伞形	好	好						√					
	半枫荷	赣州市赣县横龙组枫树下	张人洋屋左前角	本地	人工林	形质评定	35	8.5	20.0	伞形	好	好						√					
	半枫荷	赣州市赣县长洛下晗村	龙脑廖展先屋旁	本地	人工林	形质评定	17	3.8	16.0	伞形	好	好						√					
	半枫荷	赣州市沙河龙村许泽泡	田心子	本地	人工林	形质评定	30	5.5	15.0	塔形	好	好	1.5			旺盛	差					√	

（续）

序号	树种名称	经营单位（或个人）	地　名	种源	起源	选优方法	数量指标			形质指标								利用建议					备　注
							树龄（a）	树高（m）	胸径（cm）	冠型	圆满度	通直度	枝下高（m）	分枝角度（°）	树皮厚（cm）	生长势	结实情况	生态	用材	薪炭	抗逆	其他	
	半枫荷	赣州市黄埠镇朱键堂	合溪村	本地			30	5.0	31.0	伞形						旺盛		√	√				
16	笔罗子	赣州市项山乡罗庚山	中坑	本地	天然林	五株优势木法	33	3.8	11.8	伞形	好	好	1.0			旺盛	旺盛	√	√				
17	薜荔	赣州市寻乌县桂竹帽镇	上坪村	本地	天然林	五株优势木法	24	3.0	8.0							旺盛	旺盛	√					
18	扁柏	赣州市上犹县陡水电厂		本地			30	9.0	43.0	伞形						旺盛		√					
	扁柏	赣州市陡水镇清湖村委会	清湖村	本地			5	7.0		圆形						旺盛		√					
	扁柏	赣州市沿湖初中		本地			12	3.5	19.0	圆锥形						旺盛		√					
19	变叶榕	赣州市桂峰林场		本地	天然林	五株优势木法	13	2.6	7.5	圆形	好	好	0.9			旺盛	差	√					
20	变叶树参	赣州市项山乡	聪坑下村	本地	天然林	五株优势木法	16	1.2	4.0	圆形	好	好	0.2			旺盛	旺盛	√					
21	波叶红果树	上饶市武夷山自然保护区		本地	天然林	形质评定	35	0.8			好	好				旺盛	一般	√				√	
	波叶红果树	上饶市武夷山自然保护区		本地	天然林	形质评定	50	0.8			好					旺盛	一般	√				√	
22	伯乐树	赣州市九连山自然保护区	虾蚣塘主沟	本地	天然林			27.6	29.0	卵形	较好	好	17.5	锐角		旺盛		√	√				
	伯乐树	赣州市九连山自然保护区	虾蚣塘主沟	本地	天然林			26.2	22.0	卵形	较好	好	12.0	锐角		旺盛		√	√				
	伯乐树	赣州市罗珊乡	珊贝珠子坑	本地	天然林	五株优势木法	18	6.9	26.0	伞形	好	好	4.2			旺盛	旺盛	√	√				
	伯乐树	上饶市武夷山自然保护区		本地	天然林	形质评定	25	5.5	28.0	圆形	好	好	6.0			旺盛	旺盛	√	√				
23	薄叶润楠	宜春市官山自然保护区	大西坑	本地		形质评定		6.5	20.0		好	较好	7.0			旺盛	旺盛	√					
24	沧桐	赣州市罗珊乡	下�竹	本地	天然林	五株优势木法	8	4.9	17.4	圆形	好	好	2.2			旺盛		√	√				
25	糙叶树	赣州市寻乌县桂竹帽镇	华星村	本地	天然林	五株优势木法	8	2.0	14.0	伞形	好	好	1.2			旺盛	旺盛	√	√				
	糙叶树	上饶市太白朱村	太白朱村	本地	天然林		60	12.0	75.0	圆形	好	好	6.0	35	2.0	旺盛	良好	√					

（续）

序号	树种名称	经营单位（或个人）	地名	种源	起源	选优方法	数量指标			形质指标								利用建议					备注
							树龄(a)	树高(m)	胸径(cm)	冠型	圆满度	通直度	枝下高(m)	分枝角度(°)	树皮厚(cm)	生长势	结实情况	生态	用材	薪炭	抗逆	其他	
26	草珊瑚	赣州市项山乡	项山村	本地	天然林	五株优势木法	25	0.6	3.0	圆形	好	好	0.3			旺盛	旺盛	√					散生木，可采种
27	侧柏	九江市修水县溪口镇		本地	天然林	五株优势木法	50	7.5	32.1	圆形	好	好	5.0			旺盛		√					
	侧柏	赣州市会昌一中	院内	本地	人工林	形质评定	30	2.5	15.0	伞形	好	好	1.0	25	0.6	旺盛	旺盛	√	√				
	侧柏	赣州市青龙山林场	园令工区李子坝	赣州	人工林	形质评定	22	6.6	28.0	伞形	好	好	2.3	70	1.1	旺盛	良好	√	√				
	侧柏	赣州市永隆乡亦联村打荣	打马岽	本地	人工林	形质评定	10	3.0	10.8	伞形	好	好	3.5	25	0.8	旺盛	旺盛	√		√			
28	茶花玉兰	赣州市甲江林场	场部内	广东	人工林	五株优势木法	21	5.4	29.5	圆形	好	好	2.7	45	0.6	旺盛	良好	√					
29	茶条果	上饶市武夷山自然保护区		本地	天然林	形质评定	65	1.6	13.0		好	好	0.4			旺盛	一般	√				√	四旁及散生木
30	檫木	鹰潭市耳口林场	九龙分场2－8－(2)小班	本地	天然林	五株优势木法	28	7.5	28.3	卵形	好	好	4.2	85	1.5	旺盛	良好	√	√				
	檫木	赣州市南亨乡东村	禾树下	本地	天然林	形质评定	20	5.0	38.0	圆形	好	好	1.8			旺盛	旺盛	√	√				
	檫木	赣州市万隆林场	柏枧工区	本地	天然林	形质评定	16	7.3	22.0	圆锥形	好	好	10.2	锐角	薄	旺盛	良好	√	√				
	檫木	赣州市万隆林场	柏枧工区	本地	天然林	形质评定	5	4.1	13.3	尖塔形	好	好	5.9	锐角	薄	旺盛	差	√	√				四旁树
	檫木	赣州市万隆林场	柏枧工区	本地	天然林	形质评定	5	4.1	12.9	尖塔形	好	好	5.8	锐角	薄	旺盛	差	√	√				四旁树
	檫木	赣州市小河镇联群村	马头坳组	本地	天然林	形质评定	26	6.3	24.0	伞形	好	好	6.0	锐角	薄	旺盛	良好	√	√				四旁树
	檫木	赣州市云峰山林场	场部	本地	人工林	五株优势木法	16	5.4	31.2	伞形	好	好	7.0	锐角		旺盛			√				四旁树
	檫木	宜春市永宁林中	校门口路边	本地		绝对值评选法	40	7.0	32.0		较好	好	3.0	60	1.0	旺盛	旺盛	√	√				四旁优树
31	长苞铁杉	赣州市思顺林场	十八垒	本地	天然林	五株优势木法	65	21.0	58.9	伞形	好	好	25.0	85	2.5	旺盛	旺盛	√	√				
32	长柄紫果槭	上饶市武夷山自然保护区		本地	天然林	形质评定	35	3.0	8.0	圆形	好	好	3.0			旺盛	旺盛	√	√				
33	沉水樟	吉安市陈山林场	寄岭分场水科里	本地	天然林	五株优势木法	35	7.6	49.8	长卵形	好	好	7.5	40～50	1.4	旺盛	差	√	√				

（续）

序号	树种名称	经营单位（或个人）	地名	种源	起源	选优方法	数量指标			形质指标								利用建议					备注
							树龄（a）	树高（m）	胸径（cm）	冠型	圆满度	通直度	枝下高（m）	分枝角度（°）	树皮厚（cm）	生长势	结实情况	生态	用材	薪炭	抗逆	其他	
34	称星树	赣州市寻乌县桂竹帽镇	上坪村	本地	天然林	五株优势木法	19	0.4	8.0	伞形	好	好	0.2			旺盛	旺盛	√					
35	池杉	南昌市南昌县武阳镇茬港村	村道旁	湖北	人工林	形质评定	20	10.0	43.0	塔形	好	好	8.0	80	2.0	旺盛	良好	√	√				
	池杉	南昌市南昌县森林苗圃	仓库东侧	湖北	人工林	形质评定	15	6.0	26.7	尖塔形	好	好	8.0	70	1.5	旺盛	良好	√	√				
	池杉	赣州市兴国县均福山林场		本地	人工林	五株优势木法	23	8.0	41.0	圆柱形	好	好	9.2	89	0.6	旺盛		√	√				
	池杉	赣州市兴国县均福山林场		本地	人工林	五株优势木法	23	8.0	39.0	圆柱形	好	好	8.7	87	0.6	旺盛		√	√				
	池杉	赣州市兴国县均福山林场		本地	人工林	五株优势木法	23	8.0	40.0	圆柱形	好	好	9.0	85	0.6	旺盛		√	√				
	池杉	赣州市左拔镇云山村其林组			人工林	形质评定	10	6.0	22.6	塔形	好	好	3.5				旺盛						
	池杉	赣州市左拔镇云山村其林组			人工林	形质评定	10	7.5	30.6	塔形	好	好	3.5				旺盛						
	池杉	吉安市井冈山自然保护区	三级站	本地	天然林	五株优势木法	150	13.0	44.6	伞形	好	好	2.2	55	0.2	旺盛	旺盛	√	√				
	池杉	吉安市武功山林场	樟树湾	湖北	人工林	五株优势木法	25	8.5	26.2	尖塔形	好	好	8.0	45	0.9	良好	差	√	√				
36	齿叶罩树	赣州市罗珊乡	珊贝珠子坑	本地	天然林	五株优势木法	24	8.4	24.1	伞形	好	好	4.8			旺盛	旺盛	√	√				
37	赤桉	赣州市会昌山林场		省外	人工林	形质评定	30	13.0	54.0	伞形	好	好	4.0	30	0.6	旺盛	旺盛	√	√				
38	臭椿	赣州市澄江林场	场部	本地	天然林	五株优势木法	20	9.0	24.0	圆柱形	好	好	4.0			旺盛	旺盛	√	√				
39	樗叶花椒	赣州市项山乡	聪坑村	本地	天然林	五株优势木法	25	6.0	25.0	圆形	好	好	1.6			旺盛	旺盛	√	√				
40	垂柳	赣州市长宁镇县气象站		本地	天然林	五株优势木法	26	4.8	18.0		好	好	1.8			旺盛	旺盛	√	√				
	垂柳	赣州市西街居委会	西河桥头	本地	人工林	形质评定	88	6.5	50.0	伞形	好	好	2.0	30	0.6	旺盛	旺盛	√					
	垂柳	赣州市中村中学	中学院内	本地	人工林	形质评定	43	6.5	64.0	伞形			2.0	85	1.5	一般	差	√	√				
41	春榆	赣州市坳背林场	尖峰壁	本地	天然林	五株优势木法	16	9.9	21.7	圆柱形	好	好	6.0			旺盛	旺盛	√	√				

（续）

序号	树种名称	经营单位（或个人）	地名	种源	起源	选优方法	数量指标			形质指标								利用建议					备注
							树龄（a）	树高（m）	胸径（cm）	冠型	圆满度	通直度	枝下高（m）	分枝角度（°）	树皮厚（cm）	生长势	结实情况	生态	用材	薪炭	抗逆	其他	
42	刺栲	赣州市赣县田面村	上横龙学校	本地	天然林	形质评定	95	11.0	63.0	伞形	好	好						√					
43	槐木	赣州市项山乡	聪坑下村	本地	天然林	五株优势木法	26	4.0	12.8	伞形	好	好	1.4			旺盛	旺盛	√					
44	大柄冬青	赣州市寻乌县桂竹帽林场	桂峰林场	本地	天然林	五株优势木法	17	5.6	23.0	圆柱形	好	好	3.6			旺盛	旺盛	√	√				
45	大果马蹄荷	赣州市大余县烂泥迳林场	三江口工区	本地	天然林	形质评定	40	14.0	45.0	伞形	好	好	15.0				一般						
	大果马蹄荷	赣州市大余县烂泥迳林场	三江口工区	本地	天然林	形质评定	30	13.2	39.8	圆形	好	好	15.3				一般						
	大果马蹄荷	赣州市大余县烂泥迳林场	三江口工区	本地	天然林	形质评定	30	9.0	35.0	圆柱形	好	好	10.0				一般						
	大果马蹄荷	赣州市项山乡	聪坑村	本地	天然林	五株优势木法	26	8.3	36.0	圆形	好	好	5.3			旺盛	旺盛	√	√				
46	大叶桉	赣州市赣县	白涧村小学旁	本地	人工林	形质评定	20	20.0	60.0	伞形	好	好						√					
	大叶桉	赣州市会昌山林场	老汽车站	省外	人工林	形质评定	52	11.0	61.0	伞形	好	好	4.0	30	0.8	旺盛	旺盛	√	√				
	大叶桉	赣州市赣县唐江	新边	本地	人工林	形质评定	21	7.0	32.4	圆形	好	好	8.0	30	2.0	旺盛	差	√	√				
	大叶桉	赣州市新城镇王屋岭村	彭屋		人工林	形质评定	30	4.3	35.8	伞形	好	好	2.5				旺盛						四旁优树
	大叶桉	赣州市新城镇王屋岭	彭屋		人工林	形质评定	20	7.5	43.0	圆柱形	好	好	3.5				旺盛						
	大叶桉	赣州市新城镇王屋岭	彭屋		人工林	形质评定	20	7.5	28.8	伞形	好	好	4.0				旺盛						
	大叶桉	赣州市新城镇王屋岭	彭屋		人工林	形质评定	20	5.5	33.8	伞形	好	好	3.0				旺盛						
	大叶桉	赣州市朱坊	胜利	本地	人工林	形质评定	40	8.8	35.1	圆形	好	一般	9.2	锐角	2.0	旺盛	旺盛		√				
47	大叶冬青	九江市九江县岷山乡金盘村	黄家岭	本地	天然林	形质评定	70	4.8	50.0	宽伞形	好	好	3.0	70	0.7	旺盛	旺盛	√					
	大叶冬青	吉安市塘洲东湖	国志组	本地	天然林	五株优势木法	120	12.5	50.0	伞形	好	好	6.0	70	1.0	良好	旺盛						
	大叶冬青	吉安市塘洲东湖	国志组	本地	天然林	五株优势木法	50	9.0	30.0	伞形	好	好	7.0	70	1.0	良好	旺盛						

（续）

序号	树种名称	经营单位（或个人）	地名	种源	起源	选优方法	数量指标			形质指标								利用建议					备注
							树龄（a）	树高（m）	胸径（cm）	冠型	圆满度	通直度	枝下高（m）	分枝角度（°）	树皮厚（cm）	生长势	结实情况	生态	用材	薪炭	抗逆	其他	
48	大叶杜英	赣州市赣县	龙角工区八公坑公路边	本地	天然林	形质评定	40	8.0	32.7	伞形	好	好						√					
49	大叶柯	赣州市寻乌县桂竹帽镇	华星大窝里	本地	天然林	五株优势木法	10	8.2	16.6	伞形	好	好	2.9			旺盛	旺盛	√	√				
50	大叶女贞	赣州市赣县湖江乡小良村		本地	人工林	形质评定	80	6.0	60.0	伞形	好	好										√	
	大叶女贞	赣州市赣县湖江乡街坪村	大码头	本地	人工林	形质评定	150	6.0	100.0	伞形	好	好										√	
51	大叶青冈	九江市修水县黄港镇	龙港集体		天然林	五株优势木法	35	6.0	26.9	圆形	好	好	5.0			旺盛		√					
52	大叶石楠	赣州市赣县	双龙村	本地	天然林	形质评定	30	3.9	12.0	伞形	好	好						√					
53	倒披针叶山矾	赣州市项山乡	项山村	本地	天然林	五株优势木法	20	4.2	19.6	伞形	好	好	1.8			旺盛	旺盛	√	√				
54	灯笼花	赣州市项山乡	聪坑下村	本地	天然林	五株优势木法	14	4.3	9.2	圆柱形	好	好	1.3			旺盛	旺盛	√	√				
	灯笼花	上饶市武夷山自然保护区		本地	天然林	形质评定	50	1.3			好		0.2			旺盛	一般	√				√	
55	吊钟花	赣州市项山乡	坪地村	本地	天然林	五株优势木法	25	2.6	8.6	伞形	好	好	0.6			旺盛	旺盛	√	√				
56	蝶斗青冈	赣州市九连山自然保护区	虾蚣塘主沟	本地	天然林			5.4	30.0	卵形	较好	好		锐角		旺盛		√	√				
57	东京白克木	赣州市九连山自然保护区	虾蚣塘主沟	本地	天然林			26.5	20.0	卵形	较好	好	8.0	锐角		旺盛		√	√				
	东京白克木	赣州市九连山自然保护区	虾蚣塘主沟	本地	天然林			11.2	18.0	卵形	较好	好	4.0	锐角		旺盛		√	√				
58	东京野茉莉	吉安市芦溪岭林场	大东山	本地	人工林	五株优势木法	16	6.8	24.5	卵形	好	好	9.6	70	2.0	良好	良好		√				
	东京野茉莉	吉安市芦溪岭林场	大东山	本地	人工林	五株优势木法	13	5.5	18.6	卵形	好	好	7.3	70	2.0	良好	良好		√				
	东京野茉莉	吉安市芦溪岭林场	大东山	本地	人工林	五株优势木法	15	6.5	24.0	卵形	好	好	8.6	70	2.0	良好	良好		√				
59	东南石栎	上饶市武夷山自然保护区		本地	天然林	五株优势木法	160	10.0	68.0	圆形	好	好	10.0			旺盛	旺盛	√	√				

（续）

序号	树种名称	经营单位（或个人）	地 名	种源	起源	选优方法	数量指标			形质指标								利用建议					备 注
							树龄（a）	树高（m）	胸径（cm）	冠型	圆满度	通直度	枝下高（m）	分枝角度（°）	树皮厚（cm）	生长势	结实情况	生态	用材	薪炭	抗逆	其他	
60	冬青	赣州市安西镇安芫村	切塘坑组屋背	本地	天然林	形质评定	20	8.6	26.0	伞形	好	好	8.3	锐角	中	旺盛	良好	√	√				
	冬青	赣州市崇仙乡芫坑村	老虎乘组	本地	天然林	形质评定	35	8.3	44.1	伞形	好	好	5.5	锐角	中	旺盛	旺盛	√	√				
	冬青	赣州市寻乌县桂竹帽镇	上坪村	本地	天然林	五株优势木法	19	7.0	23.3	圆柱形	好	好	3.8			旺盛	旺盛	√	√				四旁树
	冬青	赣州市虎山乡龙州村	坑口组河边	本地	天然林	形质评定	30	5.4	40.0	卵形	较好	较好	4.2	锐角	中	旺盛	旺盛	√	√				
	冬青	赣州市黄沙乡新华	老屋	本地	天然林	形质评定	120	9.8	54.1	长卵形	较好	好	6.0			旺盛	旺盛	√	√				四旁树
	冬青	赣州市黄沙乡新华	老屋	本地	天然林	形质评定	120	9.9	63.7	圆形	较好	好	1.0			旺盛	旺盛	√	√				
	冬青	赣州市罗坊村	六组公路边	本地	天然林	形质评定	65	36	127.3	圆形	好	好	5.0	86	0.6	旺盛	良好	√	√				
	冬青	赣州市南安镇建设村	岗头	本地	天然林	形质评定	60	12	60.0	伞形	好	好	6.5				旺盛						
	冬青	赣州市园明山林场	嶂背工区门前	本地	天然林	形质评定	40	7.4	52.2		好	好	3.8	30	0.4	一般	良好	√					
	冬青	上饶市太白曹门村		本地	天然林		60	8	75.0	圆形	好	较好	4.0	70	2.0	旺盛	旺盛	√					
61	冬青卫矛	赣州市长宁镇寻乌中学		本地	天然林	五株优势木法	12	0.4	4.0	圆形	好	好	0.1			旺盛		√					散生木，可采种
	冬青卫矛	赣州市寻乌县桂竹帽镇	龙归村	本地	天然林	五株优势木法	19	5.4	6.3	伞形	好	好	1.5			旺盛	旺盛	√					
62	冬桃	赣州市九连山自然保护区	虾蚣塘主沟	本地	天然林		成龄	35.4	12.0	卵形	较好	好	5.0	锐角		旺盛		√	√				
63	冻绿	赣州市罗珊乡	珊贝村	本地	天然林	五株优势木法	13	4.8	12.6	伞形	好	好	0.6			旺盛	旺盛	√					
64	杜英	赣州市安基山林场	上洞大	本地	天然林	形质评定	26	15	36.0	伞形	好	好	9.0	40	1.3	旺盛	旺盛	√	√				
	杜英	宜春市官山自然保护区	麻子山	本地		形质评定	20	13	22.0		好	好	7.0		0.3	旺盛	旺盛	√					四旁及散生木
	杜英	上饶市甲路乡湖山村		本地	天然林	五株优势木法	23	16	35.0	圆锥形	好	好	6.5	35	2.0	旺盛	旺盛	√	√				
	杜英	上饶市齐埠乡左畲村	文源	本地	天然林	形质评定	90	8	70.0				1.8		2.0	旺盛	旺盛	√					散生木，可采种
65	杜仲	九江市彭泽县园艺场		本地	人工林	形质评定	29	15.5	23.6	宽卵形	好	好	1.6	65	1.5	旺盛	旺盛	√					散生
	杜仲	九江市修水县溪口镇			天然林	五株优势木法	40	13	32.7	圆形	好	好	5.0			旺盛		√					

（续）

序号	树种名称	经营单位（或个人）	地名	种源	起源	选优方法	数量指标			形质指标								利用建议					备注
							树龄（a）	树高（m）	胸径（cm）	冠型	圆满度	通直度	枝下高（m）	分枝角度（°）	树皮厚（cm）	生长势	结实情况	生态	用材	薪炭	抗逆	其他	
	杜仲	赣州市赣县湖江乡湖江村	围里组老五神庙	省外	人工林	五株优势木法	10	10	18.0	伞形	好	好										√	
	杜仲	赣州市李舒月	黄埠镇				20	7	15.0	伞形						旺盛		√					
	杜仲	赣州市青龙山林场	太和工区坳下	本地	人工林	形质评定	23	14.8	37.6	卵形	好	好	3.1	60	1.2	旺盛	良好	√					
	杜仲	赣州市青龙山林场	太和工区坳下	本地	人工林	形质评定	23	14.1	32.6	卵形	好	好	2.2	60	1.2	旺盛	良好	√					
	杜仲	赣州市王太明	沙石火燃九池脑	本地	人工林	形质评定	25	8	31.0	塔形	好	好	2.0			旺盛		√				√	
	杜仲	赣州市肖作桢	沙石东风樟树坪	本地	人工林	平均标准木法	26	7.1	17.8	圆形	好	好	0.8			旺盛	旺盛	√				√	
	杜仲	吉安市七溪岭林场	深远山	本地	人工林		15	6.5	14.7		好	好	3.0		中	良好		√					
66	钝齿冬青	赣州市寻乌县桂竹帽镇	上坪村	本地	天然林	五株优势木法	20	6	12.0	伞形	好	好	2.0			旺盛	旺盛	√					
67	鹅草柳	上饶市林业科学研究所	渡口	本地	人工林	单株调查	45	25	46.0		好	好	6.5	20～40	薄	旺盛	良好		√				
68	鹅耳枥	宜春市水口乡青山村	拖扳仑	本地		形质评定	22	8.6	20.0		好	好	2.3	85	0.6	旺盛	旺盛	√	√				
69	鹅掌柴	赣州市文峰乡	图合村	本地	天然林	五株优势木法	16	0.9	21.0	圆柱形	好	好	0.2			旺盛	旺盛	√					
70	鹅掌楸	南昌市湾里区长岭林场	场部	本地	人工林	形质评定	20	28	58.0	卵形	好	好	6.5	65	1.0	旺盛	旺盛	√	√				
	鹅掌楸	九江市国营东牯山林场	归宗	本地	人工林	形质评定	26	17	28.0	圆塔形	好	好	2.0	85	1.0	旺盛	差	√	√				
	鹅掌楸	九江市黄乐林场	徐坞里	本地	人工林	形质评定	27	17	33.4	宽卵形	好	好	4.0	75	1.2	旺盛	旺盛	√	√				
	鹅掌楸	新余市长埠林场	年珠后山		人工林	五株优势木法	14	19	25.9	伞形	好	好	10.8	40	0.3	良好	旺盛	√	√				
	鹅掌楸	赣州市峰山处	狮子岩		人工林	五株优势木法	18	25.7	52.2	伞形			2.0		1.0	旺盛	旺盛	√					
	鹅掌楸	赣州市江西理工大学	红旗大道冶院门口左侧	本地	人工林	形质评定	23	14.5	24.0	卵形	好	好	2.5			旺盛		√	√				
	鹅掌楸	赣州市九连山自然保护区	虾蚣塘主沟	本地	天然林		30	39.7	21.0	卵形	较好	好	8.5	锐角		旺盛		√	√				
	鹅掌楸	宜春市养路队	赤岸山口村	本地		五株优势木法	15	14.5	18.2		好	好	5.8		0.5	良好		√					

（续）

序号	树种名称	经营单位（或个人）	地名	种源	起源	选优方法	数量指标			形质指标								利用建议					备注
							树龄（a）	树高（m）	胸径（cm）	冠型	圆满度	通直度	枝下高（m）	分枝角度（°）	树皮厚（cm）	生长势	结实情况	生态	用材	薪炭	抗逆	其他	
	鹅掌楸	上饶市武夷山自然保护区		本地	天然林	形质评定	100	21	69.8		好	好	9.0			旺盛	一般	√	√				
	鹅掌楸	吉安市七溪岭林场	大塘分场	本地	人工林		16	14.1	22.9	均匀	好	好	4.5		中	良好			√				
	鹅掌楸	吉安市五指峰林场	五指峰分场	本地	人工林	形质评定	20	15	26.0	伞形								√					
	鹅掌楸	吉安市五指峰林场	五指峰分场	本地	人工林	形质评定	17	16	30.0	伞形								√					
	鹅掌楸	吉安市五指峰林场	五指峰分场	本地	人工林	形质评定	17	15	22.0	伞形								√					
	鹅掌楸	吉安市五指峰林场	五指峰分场	本地	人工林	形质评定	18	17	31.0	伞形								√					
71	耳叶杜鹃	吉安市五指峰林场	五指峰分场	本地	天然林	形质评定	25	8	19.7	平顶								√					
72	饭甑青冈	赣州市赣县	黄沙分场	本地	天然林	形质评定	85	15.6	37.8	扁圆形	好	好						√					
73	方竹	赣州市赣县	白鹭乡龙裕村	本地	人工林	形质评定	10	4	2.5	伞形	好	好										√	
74	枫香	九江市白杨镇坛山村	三组	本地	天然林	五株优势木法	38	18	42.0	圆形	好	较好	6.5	75	2.0	旺盛	良好	√	√				
	枫香	九江市九江县岷山乡张七房	大塘村九组	本地	天然林	形质评定	100	20	55.0	宽塔形	好	好	8.0	75	0.8	旺盛	旺盛	√					
	枫香	九江市九江县岷山乡张七房	大塘村九组	本地	天然林	形质评定	250	17	105.0	宽塔形	好	好	10.0	75	0.8	旺盛	旺盛	√					
	枫香	九江市九江县新塘乡岷山村一组	岷山大屋上屋	本地	天然林	形质评定	200	22.5	96.0	宽圆锥形	好	好	9.5	70	0.7	旺盛	旺盛	√					
	枫香	九江市林泉乡大溪坂村六组	水库尾	本地	天然林	五株优势木法	20	16.8	46.6	圆形	好	好	8.0	75	1.2	旺盛	旺盛		√				
	枫香	九江市南义东升村四组		本地	天然林	五株优势木法	38	16	29.2	圆形	好	好	6.0	75	2.0	旺盛	良好	√	√				
	枫香	九江市上十岭垦殖场	华楼组	本地	天然林	形质评定	40	20	56.2	宽卵形	好	好	5.0	40	1.5	旺盛	旺盛	√	√				
	枫香	九江市双钟三里林场	南门分场	本地		五株优势木法	37	22	48.1	卵形	好	好	10.0	60	2.0	旺盛		√					
	枫香	九江市天红镇冯山村	季坞	本地	天然林	形质评定	35	16	55.0	塔形	好	好	3.0	60	1.0	旺盛	旺盛	√	√				

（续）

序号	树种名称	经营单位（或个人）	地　名	种源	起源	选优方法	数量指标			形质指标								利用建议					备　注
							树龄（a）	树高（m）	胸径（cm）	冠型	圆满度	通直度	枝下高（m）	分枝角度（°）	树皮厚（cm）	生长势	结实情况	生态	用材	薪炭	抗逆	其他	
	枫香	九江市修水县黄沙港林场	下棚		天然林	五株优势木法	44	15.7	48.4	圆形	较好	较好	7.2			旺盛		√					
	枫香	九江市修水县黄沙港林场	新棚下		天然林	五株优势木法	40	15.7	47.2	伞形	好	好	7.2			旺盛		√					
	枫香	景德镇市浮梁县峙滩乡	清沅江枫		天然林	五株优势木法	40	21	32.0		好	好			0.2	良好	差		√				
	枫香	新余市鹄山乡窝里村			天然林	五株优势木法	32	15	34.4		好	好	5.0		中	良好	良好		√	√	√		
	枫香	鹰潭市邓埠镇倪桂村	冯家	本地	天然林	五株优势木法	42	20	66.0	塔形	好	好	14.0	86	1.3	旺盛	良好	√	√				
	枫香	鹰潭市冷水林场	饶源新建	本地	人工林	五株优势木法	5	5.6	7.0		好	好	1.6	60	薄	旺盛	一般	√	√		√		
	枫香	鹰潭市马荃镇	阳岭周家	本地	天然林	形质评定	26	14.5	34.0	圆锥形	好	好	6.5	70	1.3	旺盛	良好	√	√				
	枫香	鹰潭市双圳林场	陆溪	本地	天然林	五株优势木法	52	17	52.0	圆形	好	好	10.0	90	0.3	旺盛	良好	√	√				
	枫香	赣州市赣县白鹭乡白鹭村	桥头	本地	天然林	形质评定	160	28	68.0	伞形	好	好						√					
	枫香	赣州市赣县白鹭乡	官村	本地	人工林	形质评定	60	32	85.0	伞形	好	好						√					
	枫香	赣州市赣县湖江乡松树村	旱田组	本地	天然林	形质评定	260	30	90.0	伞形	好	好						√					
	枫香	赣州市赣县里目村	里目沙官前	本地	天然林	形质评定	56	32	81.2	伞形	好	好						√					
	枫香	赣州市赣县	中街组	本地	天然林	形质评定	30	46	30.0	伞形	好	好						√					
	枫香	赣州市赣县	中街组	本地	天然林	形质评定	30	44	32.0	伞形	好	好						√					
	枫香	赣州市赣县横溪村	湾太口组	本地	天然林	形质评定	30	35	36.4	均匀	好	好						√					
	枫香	赣州市赣县杨西村	老屋下组	本地	天然林	形质评定	300	60	220.0	伞形	好	好						√					
	枫香	赣州市赣县下马石村	短坑组短坑口	本地	天然林	形质评定	220	15	150.0	伞形	好	好						√					
	枫香	赣州市赣县高良村	弯里下组	本地	天然林	形质评定	210	18.6	110.0	伞形	好	好						√					
	枫香	赣州市赣县杨西村	大龙山组	本地	天然林	形质评定	120	18.5	108.0	伞形	好	好						√					
	枫香	赣州市赣县下帮村	下帮组	本地	天然林	形质评定	80	18	77.0	伞形	好	好						√					

（续）

序号	树种名称	经营单位（或个人）	地名	种源	起源	选优方法	数量指标			形质指标								利用建议					备注
							树龄（a）	树高（m）	胸径（cm）	冠型	圆满度	通直度	枝下高（m）	分枝角度（°）	树皮厚（cm）	生长势	结实情况	生态	用材	薪炭	抗逆	其他	
	枫香	赣州市赣县枧溪村	付上	本地	天然林	形质评定	28	16	60.0	伞形	好	好						√					
	枫香	赣州市赣县梅街村	沙陂组	本地	天然林	形质评定	50	15	80.0	伞形	好	好						√					
	枫香	赣州市赣县梅街村	沙陂组	本地	天然林	形质评定	90	16	60.0	伞形	好	好						√					
	枫香	赣州市赣县大坪村	阳嶂下组	本地	天然林	形质评定	300	80	230.0	伞形	好	好						√					
	枫香	赣州市安基山林场	青茶工区	本地	天然林	形质评定	19	14	20.0	伞形	好	好	6.0	28	1.2	旺盛	旺盛	√	√				
	枫香	赣州市安基山林场	青茶工区野猪湖	本地	天然林	形质评定	20	18	24.0	伞形	好	好		28	1.2	旺盛		√	√				四旁及散生木
	枫香	赣州市安西镇大星村	车田高组屋背	本地	天然林	形质评定	20	15.9	22.8	伞形	好	好	10.1	锐角	中	旺盛	良好	√	√				四旁及散生木
	枫香	赣州市白鹅乡樟坑村	老屋背	本地	天然林	形质评定	110	17	114.3	塔形	好	好	6.0	65	2.0	旺盛	旺盛	√			√		
	枫香	赣州市白鹅乡樟坑村	老屋背	本地	天然林	形质评定	110	17	80.5	圆形	好	好	7.0	65	1.8	旺盛	旺盛	√			√		
	枫香	赣州市白鹅乡樟坑村	老屋背	本地	天然林	形质评定	105	15	80.9	圆形	好	好	4.0	80	1.8	旺盛	旺盛	√			√		
	枫香	赣州市白鹅乡樟坑村	老屋背	本地	天然林	形质评定	130	18	85.0	塔形	好	好	10.0	80	1.8	旺盛	旺盛	√			√		
	枫香	赣州市白鹅乡樟坑村	老屋背	本地	天然林	形质评定	150	20	104.1	塔形	好	好	10.0	80	1.8	旺盛	旺盛	√			√		
	枫香	赣州市白鹅乡樟坑村	老屋背	本地	天然林	形质评定	150	25	102.2	塔形	好	好	10.0	80	1.6	旺盛	旺盛	√			√		
	枫香	赣州市长河村		本地	天然林	五株优势木法	30	15.4	27.5	伞形	好	好	7.6	80	1.2	旺盛	旺盛	√					
	枫香	赣州市长河村	河坪	本地	天然林	五株优势木法	35	16.5	30.0	尖塔形	好	好	7.4	80	1.3	旺盛	旺盛		√				四旁散生优树
	枫香	赣州市大阿镇民主村	上南山	本地	天然林	形质评定	28	22	42.9	伞形	好	好	12.0	锐角	中	旺盛	良好	√	√				四旁散生优树
	枫香	赣州市大桥镇中段村	中段组河边上	本地	天然林	形质评定	30	14	38.0	伞形	好	好	8.0	锐角	中	旺盛	旺盛	√	√				四旁树
	枫香	赣州市大桥镇中段村	中段组河边上	本地	天然林	形质评定	30	15	40.0	伞形	好	好	8.0	锐角	中	旺盛	旺盛	√	√				四旁树
	枫香	赣州市大桥镇中段村	中段组河边上	本地	天然林	形质评定	30	17	45.0	伞形	好	好	9.5	锐角	中	旺盛	旺盛	√	√				四旁树
	枫香	赣州市大塘埠镇仓前村牛形下组	仓前小学背后	本地	天然林	形质评定	20	14.5	19.2	伞形	好	好	10.8	锐角	中	旺盛	旺盛	√	√				四旁树

（续）

序号	树种名称	经营单位（或个人）	地　名	种源	起源	选优方法	数量指标			形质指标								利用建议					备　注
							树龄(a)	树高(m)	胸径(cm)	冠型	圆满度	通直度	枝下高(m)	分枝角度(°)	树皮厚(cm)	生长势	结实情况	生态	用材	薪炭	抗逆	其他	
	枫香	赣州市段上	东坑镇均兴	本地	天然林	形质评定	100	27.3	101.9	圆锥形	好	好	4.2			旺盛	旺盛	√	√				四旁树
	枫香	赣州市横市镇大姑	高坝	本地	天然林	形质评定	28	9.8	24.8	伞形	好	好	3.5	锐角		旺盛	差	√					
	枫香	赣州市虎山乡隘高村	高屋组水口高	本地	天然林	形质评定	50	11.6	58.0	卵形	好	好	8.9	锐角	中	旺盛	旺盛	√	√				四旁优树
	枫香	赣州市虎山乡隘高村	李田组河边	本地	天然林	形质评定	40	9.9	47.0	伞形	好	好	7.9	锐角	中	旺盛	旺盛	√	√				四旁树
	枫香	赣州市嘉定镇十里村肖峰	下坊组沙角下	本地	天然林	形质评定	30	8.4	34.2	伞形	好	好	6.0	锐角	中	旺盛	良好	√	√				四旁树
	枫香	赣州市嘉定镇十里村肖峰	下坊组沙角下	本地	天然林	形质评定	18	8.1	24.4	伞形	好	好	6.7	锐角	中	旺盛	良好	√	√				四旁树
	枫香	赣州市嘉定镇十里村肖峰	下坊组沙角下	本地	天然林	形质评定	30	7.9	32.0	伞形	好	好	4.0	锐角	中	旺盛	良好	√	√				四旁树
	枫香	赣州市嘉定镇十里村肖峰	肖峰家门口	本地	天然林	形质评定	18	8.4	27.8	伞形	好	好	6.1	锐角	中	旺盛	良好	√	√				四旁树
	枫香	赣州市信丰县金盆山林场	大公桥工区长坑口	本地	天然林	形质评定	30	10.5	49.5	伞形	好	好		锐角	厚	旺盛	旺盛	√	√				四旁树
	枫香	赣州市信丰县金盆山林场	场部办公楼后面	本地	天然林	形质评定	27	11.5	42.3	圆形	好	好	7.6	锐角	中	旺盛	旺盛	√	√				
	枫香	赣州市九连山自然保护区	犀牛坑	本地	天然林			33.0	28.0	卵形	较好	好	16.0	锐角		旺盛		√	√				四旁树
	枫香	赣州市大余县烂泥迳林场	三江口工区	本地	天然林	形质评定	30	28.0	45.0	伞形	好	好	13.0				一般						
	枫香	赣州市大余县烂泥迳林场	三江口工区	本地	天然林	形质评定	35	18.0	51.0	伞形	好	好	10.0				一般						
	枫香	赣州市大余县烂泥迳林场	三江口工区	本地	天然林	形质评定	35	25.0	43.7	伞形	好	好	14.0				一般						
	枫香	赣州市龙南镇红岩	梅坑	本地	天然林		38	17.1	40.7	尖塔形	好	好	5.0		中	旺盛	旺盛	√	√				

（续）

序号	树种名称	经营单位（或个人）	地　名	种源	起源	选优方法	数量指标			形质指标								利用建议					备　注
							树龄（a）	树高（m）	胸径（cm）	冠型	圆满度	通直度	枝下高（m）	分枝角度（°）	树皮厚（cm）	生长势	结实情况	生态	用材	薪炭	抗逆	其他	
	枫香	赣州市罗坊村	长塘背	本地	天然林	形质评定	63	23.0	121.0	尖塔形	好	好	12.0	86	0.4	旺盛	良好	√	√				
	枫香	赣州市清溪乡半岭村	半岭小组	本地	天然林	形质评定	52	21.0	66.0	伞形	较好	较好	5.8	61	0.8	旺盛	良好	√					
	枫香	赣州市三标乡	三桐村	本地	天然林	五株优势木法	19	8.2	13.7	圆柱形	好	好	1.7			旺盛	旺盛	√	√				
	枫香	赣州市赣县唐江	章良	本地	人工林	形质评定	26	16.0	44.9	卵形	好	好	8.0	30	2.5	旺盛	差	√	√				
	枫香	赣州市赣县唐江	章良	本地	人工林	形质评定	20	14.0	38.8	卵形	好	好	9.0	30		旺盛	旺盛	√					四旁优树
	枫香	赣州市塘村村中流组	水口	本地	天然林	五株优势木法	50	21.0	61.5	伞形	好	好	5.0	80	1.2	良好	旺盛	√	√				四旁优树
	枫香	赣州市塘村村中流组	水口	本地	天然林	五株优势木法	50	22.7	62.3	伞形	好	好	5.0	80	1.2	良好	旺盛	√	√				四旁散生优树
	枫香	赣州市塘村村中流组	水口	本地	天然林	五株优势木法	53	23.0	105.7	伞形	好	好	15.0	80	1.2	良好	旺盛	√	√				四旁散生优树
	枫香	赣州市塘村村中流组	水口	本地	天然林	五株优势木法	49	19.6	65.3	伞形	好	好	12.5	80	1.2	良好	旺盛	√	√				四旁散生优树
	枫香	赣州市塘村村中流组	水口	本地	天然林	五株优势木法	45	22.0	74.8	伞形	好	好	16.0	80	1.2	良好	旺盛	√	√				四旁散生优树
	枫香	赣州市塘村村中流组	水口	本地	天然林	五株优势木法	52	24.0	105.1	伞形	好	好	16.0	80	1.2	良好	旺盛	√	√				四旁散生优树
	枫香	赣州市塘村村中流组	水口	本地	天然林	五株优势木法	53	24.0	114.6	伞形	好	好	10.0	85	1.2	良好	旺盛	√	√				四旁散生优树
	枫香	赣州市塘村村中流组	水口	本地	天然林	五株优势木法	55	28.0	117.8	伞形	好	好	8.0	80	1.2	良好	旺盛	√	√				四旁散生优树
	枫香	赣州市塘村村中流组	水口	本地	天然林	五株优势木法	45	24.0	47.8	伞形	好	好	13.0	80	1.2	良好	旺盛	√	√				四旁散生优树
	枫香	赣州市塘村村中流组	水口	本地	天然林	五株优势木法	45	23.0	48.5	伞形	好	好	12.5	80	1.2	良好	旺盛	√	√				四旁散生优树
	枫香	赣州市塘村村中流组	水口	本地	天然林	五株优势木法	45	25.3	58.2	伞形	好	好	13.5	80	1.2	良好	旺盛	√	√				四旁散生优树

（续）

序号	树种名称	经营单位（或个人）	地 名	种源	起源	选优方法	数量指标			形质指标								利用建议					备 注
							树龄（a）	树高（m）	胸径（cm）	冠型	圆满度	通直度	枝下高（m）	分枝角度（°）	树皮厚（cm）	生长势	结实情况	生态	用材	薪炭	抗逆	其他	
	枫香	赣州市塘村村中流组	水口	本地	天然林	五株优势木法	45	23.5	40.5	伞形	好	好	14.5	80	1.2	良好	旺盛	√	√				四旁散生优树
	枫香	赣州市铁石口镇高桥村马牯标组	高桥煤矿办公楼旁塘头上	本地	天然林	形质评定	36	13.5	42.0	伞形	好	好	5.5	锐角	中	旺盛	旺盛	√	√				四旁散生优树
	枫香	赣州市窝窑村		本地	人工林	形质评定	30	18.0	45.4	伞形	好	好	12.0	锐角	2.0	旺盛	旺盛	√	√				四旁树
	枫香	赣州市西江镇西江村	圩边坝	本地	天然林	形质评定	100	18.0	117.8	塔形	好	好	5.0	65	2.4	旺盛	旺盛	√			√		四旁优树
	枫香	赣州市西牛镇铺前村	康屋组对面山	本地	天然林	形质评定	23	16.2	31.0	圆柱形	好	好	1.6	锐角	中	旺盛	良好	√	√				
	枫香	赣州市下寨河边		本地	人工林	形质评定	60	18.0	50.0	圆形	较好	较好				旺盛	旺盛	√	√				
	枫香	赣州市小河镇十村村花塘坑组	桐林场	本地	天然林	形质评定	30	17.5	38.2	伞形	好	好	5.5	锐角	中	旺盛	旺盛	√	√				
	枫香	赣州市小河镇小河村	石桥下组屋背	本地	天然林	形质评定	21	13.3	27.6	伞形	好	好	6.8	锐角	中	旺盛	良好	√	√				四旁树
	枫香	赣州市小密乡小密村	下湾子组	本地	天然林	形质评定	70	17.0	81.5	塔形	好	好	7.0	70	1.6	旺盛	旺盛	√			√		
	枫香	赣州市新城镇王屋岭村	叶屋东边	本地	天然林	形质评定	28	14.0	28.0	圆柱形	好	好	1.5				旺盛						
	枫香	赣州市杨村镇蕉坡	周屋	本地	天然林		220	33.0	75.0	尖塔形	好	好	6.0		中	旺盛	旺盛	√	√				
	枫香	赣州市营场坝	关西镇程口	本地	人工林	形质评定	80	15.0	63.0	圆形	较好	较好	8.0			旺盛	旺盛		√				
	枫香	赣州市信丰县油山林场	中乐工区丫叉丘	本地	天然林	形质评定	22	16.2	49.4	伞形	好	好	1.8	锐角	厚	旺盛	旺盛	√	√				
	枫香	赣州市信丰县油山林场	小石工区牛栏坑	本地	天然林	形质评定	35	13.5	56.7	伞形	好	好	6.2	锐角	厚	旺盛	旺盛	√	√				
	枫香	赣州市于都县银坑镇	冷水村大塘面	本地	天然林	形质评定	26	12.0	18.0	塔形	好	好	5.0	80	2.0	旺盛	良好	√	√				
	枫香	赣州市园明山林场	中滩工区房前	本地	天然林	形质评定	15	13.5	18.6		好	较好	4.5	35	0.3	旺盛	良好	√					
	枫香	赣州市站塘乡水照村	山下组屋背	本地	天然林	形质评定	110	20.0	120.0	伞形	较好	较好	4.0	70	1.5	一般	良好	√	√				
	枫香	赣州市黄沙乡张屋	新华	本地	天然林	形质评定	120	23.4	95.5	圆形	较好	较好	5.5			旺盛	旺盛	√	√				
	枫香	赣州市周田镇中桂村	中一小组	本地	天然林	形质评定	96	24.1	186.0	伞形	较好	较好	3.9	61	1.0	旺盛	良好	√	√				

（续）

序号	树种名称	经营单位（或个人）	地名	种源	起源	选优方法	数量指标			形质指标								利用建议					备注
							树龄（a）	树高（m）	胸径（cm）	冠型	圆满度	通直度	枝下高（m）	分枝角度（°）	树皮厚（cm）	生长势	结实情况	生态	用材	薪炭	抗逆	其他	
	枫香	赣州市周田镇中桂村	中一小组	本地	天然林	形质评定	105	22.4	74.0	伞形	较好	较好	5.0	63	0.8	旺盛	良好	√					
	枫香	赣州市周田镇中桂村	中一小组	本地	天然林	形质评定	105	30.8	121.5	伞形	较好	较好	4.3	54	0.6	旺盛	良好	√					
	枫香	赣州市珠兰乡怀仁村		本地	天然林	形质评定	120	34.0	78.0	伞形	好	好	8.0	35	0.8	旺盛	旺盛	√	√				
	枫香	宜春市茶陵	房背禁山	本地		五株优势木法	26	23.0	23.0		好	好	13.0	55	0.3	良好	旺盛		√				
	枫香	宜春市大西林场		本地		五株优势木法	45	22.0	60.0		好	好	14.0	60	1.5	旺盛	一般	√	√				
	枫香	宜春市黄岗山	横败千口岭	本地		单株调查	60	28.0	85.0		好	较好	20.0	70	1.8	良好			√				
	枫香	宜春市龙家村		本地		五株优势木法	50	25.0	60.0		好	好	10.0	50	2.0	良好	旺盛		√				
	枫香	宜春市森林公园	永宁万勿朝天	本地		绝对值评选法	12	7.0	12.0		较好	好	1.0	60	1.0	旺盛	一般	√	√				
	枫香	宜春市森林公园	永宁万勿朝天	本地		绝对值评选法	12	7.0	11.0		较好	好	1.0	50	1.0	旺盛	一般	√	√				
	枫香	宜春市森林公园	永宁万勿朝天	本地		绝对值评选法	12	8.0	12.0		较好	好	1.0	60	1.0	旺盛		√	√				
	枫香	宜春市潭山	龙岗村	本地		单株调查	80	50.0	118.0		好	较好	18.0	60	2.0	良好		√					
	枫香	宜春市香田乡石马村	腮坑	本地		形质评定	30	17.0	33.0		好	好	6.0	85	1.5	旺盛	旺盛	√	√				
	枫香	宜春市带溪乡高岭村肖家组		本地		五株优势木法	100	28.0	113.9		好	好	7.0	60	2.0	旺盛	旺盛	√	√				
	枫香	宜春市带溪乡高岭村肖家组肖家组	上白马庙	本地		五株优势木法	100	25.0	104.8		好	好	7.0	50	2.0	旺盛	旺盛	√	√				
	枫香	上饶市岑源分场	场部	本地	天然林	五株优势木法	80	22.5	56.4		好	好	6.0	20~40	薄	旺盛	旺盛					√	
	枫香	上饶市大源镇荷溪村	大源里	本地	天然林	形质评定	45	20.0	50.0		好	好	12.0	80	1.3	旺盛	旺盛	√	√				
	枫香	上饶市东方红林场	武安山森林公园	本地	天然林	五株优势木法	40	16.0	33.6	伞形	好	好	6.0			旺盛	旺盛	√	√				散生
	枫香	上饶市佛村	门槛岭	本地	天然林	单株调查	80	23.0	47.0		好	好	6.5	20~40	薄	旺盛	良好		√				
	枫香	上饶市梨树坞林场	火炎培	本地	天然林	平均标准木法	35	20.0	37.0		好	好	13.0	80	1.5	旺盛	良好	√	√				
	枫香	上饶市李宅乡	方坑	本地	天然林	五株优势木法	45	20.2	34.5		好	好			2.0	旺盛	旺盛						
	枫香	上饶市林业科学研究所			人工林		40	24.0	32.8		好	好	18.0		0.9	旺盛			√				

（续）

序号	树种名称	经营单位（或个人）	地名	种源	起源	选优方法	数量指标			形质指标								利用建议					备注
							树龄（a）	树高（m）	胸径（cm）	冠型	圆满度	通直度	枝下高（m）	分枝角度（°）	树皮厚（cm）	生长势	结实情况	生态	用材	薪炭	抗逆	其他	
	枫香	上饶市太白曹门村		本地	天然林		55	18.0	59.0	圆形	好	好	6.0	50	2.5	旺盛	良好	√	√				
	枫香	上饶市五府山	金钟山	本地	天然林	五株优势木法	70	20.0	25.0		好	好	5.0		2.0								散生木，可采种
	枫香	上饶市五府山	金钟山	本地	天然林	五株优势木法	70	22.0	28.0		好	好	6.0		2.0								
	枫香	上饶市五府山	金钟山	本地	天然林	五株优势木法	75	25.0	35.0		好	好	5.0		2.0								
	枫香	上饶市五府山	金钟山	本地	天然林	五株优势木法	70	26.0	38.0		好	好	6.0		2.0								
	枫香	上饶市五府山	金钟山	本地	天然林	五株优势木法	72	28.0	40.0		好	好	6.0		2.0								
	枫香	上饶市五府山	金钟山	本地	天然林	五株优势木法	65	25.0	42.0		好	好	5.0		2.0								
	枫香	上饶市五府山	金钟山	本地	天然林	五株优势木法	65	28.0	48.0		好	好	6.0		2.0								
	枫香	上饶市武夷山自然保护区		本地	天然林	五株优势木法	80	19.5	63.7	圆形	好	好	20.0			旺盛	旺盛	√	√				
	枫香	上饶市玉亭镇	东山岭	本地	天然林	五株优势木法	57	9.0	32.0	伞形	好	好	7.0			旺盛		√					
	枫香	上饶市珠山乡社里村	前山	本地	天然林	形质评定	20	7.5	22.0		好	好	8.0	80	1.1	旺盛	旺盛	√	√				
	枫香	吉安市陈山林场	寄岭分场	本地	天然林	五株优势木法	50	9.8	66.7	圆柱形	好	好	8.2	20～40	1.6	旺盛	一般	√	√				散生
	枫香	吉安市横龙镇江背村	铁家	本地	天然林	五株优势木法	45	8.3	50.8	圆柱形	好	好	9.0	20～40	1.5	旺盛	旺盛	√	√				
	枫香	吉安市桥头店前	里南组	本地	天然林	五株优势木法	60	14.0	60.0	伞形	好	好	10.0	70	1.0	良好	旺盛						
	枫香	吉安市桥头店前	里南组	本地	天然林	五株优势木法	40	10.0	36.0	伞形	好	好	7.0	70	1.0	良好	旺盛						
	枫香	吉安市水浆林场	北坑	本地	天然林	五株优势木法	25	7.5	48.0	圆锥形	好	好	10.0		0.2	旺盛	旺盛	√	√				
75	枫杨	九江市九江县新塘乡岷山村一组	岷山大屋	本地	天然林	形质评定	200	11.5	126.0	宽圆锥形	好	好	8.0	70	0.7	旺盛	旺盛	√					
	枫杨	赣州市白鹅乡中心村	中心组	本地	天然林	形质评定	50	10.0	74.8	圆形	较好	好	8.0	70		一般	旺盛	√			√		
	枫杨	赣州市白鹅乡中心村	中心组	本地	天然林	形质评定	50	10.0	58.9	圆形	较好	好	10.0	70		旺盛	旺盛	√			√		
	枫杨	赣州市长宁镇	县森林苗圃	本地	天然林	五株优势木法	30	9.5	46.0	圆形	好	好	2.5			旺盛	旺盛	√	√				
	枫杨	赣州市共和村	禾仓仔	本地	天然林	五株优势木法	35	6.3	30.1	伞形	好	好	7.2	85	2.0	良好	旺盛		√				

（续）

序号	树种名称	经营单位（或个人）	地　名	种源	起源	选优方法	数量指标			形质指标								利用建议					备　注
							树龄（a）	树高（m）	胸径（cm）	冠型	圆满度	通直度	枝下高（m）	分枝角度（°）	树皮厚（cm）	生长势	结实情况	生态	用材	薪炭	抗逆	其他	
	枫杨	赣州市共和村	禾仓仔	本地	天然林	五株优势木法	35	7.1	32.0	伞形	好	好	7.3	85	2.0	良好	旺盛		√				四旁散生优树
	枫杨	赣州市共和村	大石脑	本地	天然林	五株优势木法	28	6.3	30.0	伞形	好	好	8.1	85	1.5	良好	旺盛		√				四旁散生优树
	枫杨	赣州市共和村	大石脑	本地	天然林	五株优势木法	28	6.6	30.0	伞形	好	好	8.0	85	1.5	良好	旺盛		√				四旁散生优树
	枫杨	赣州市共和村	大石脑	本地	天然林	五株优势木法	27	5.9	28.0	伞形	好	好	7.6	85	1.5	良好	旺盛		√				四旁散生优树
	枫杨	赣州市虎山乡樟树村	湖下组河边	本地	天然林	形质评定	35	10.3	42.0	伞形	好	好	7.8	锐角	中	旺盛	旺盛	√	√				四旁散生优树
	枫杨	赣州市三江新江		本地	天然林	形质评定	30	8.0	34.1	圆形	好	一般	8.4	锐角	2.0	旺盛	旺盛		√				四旁树
	枫杨	赣州市浮石村沙坪组	河边	本地	人工林	形质评定	30	6.5	47.5	圆形	好	好	4.5	锐角	2.0	旺盛	旺盛	√	√				
	枫杨	赣州市贤女村		本地	人工林	形质评定	20	6.0	28.8	伞形	好	好	8.0	锐角	2.0	旺盛	旺盛	√	√				四旁优树
	枫杨	赣州市晓龙乡晓龙村晓龙组	曹屋	本地	天然林	形质评定	50	7.0	6.0	伞形	好		6.0	70		一般	良好	√	√		√		
	枫杨	赣州市新城镇分水坳	分水坳	本地	人工林	形质评定	28	10.0	39.8	伞形	好	好	2.5				旺盛						
	枫杨	赣州市新城镇分水坳村	叶屋西边	本地	天然林	形质评定	35	5.0	43.0	伞形	好	好	2.6				旺盛						
	枫杨	赣州市新城镇王屋岭村	羊角下	本地	天然林	形质评定	26	6.0	32.1	伞形	好	好	3.5				旺盛						
	枫杨	赣州市东山镇沿河村委会					18	7.0	29.0	圆锥形						旺盛		√					
	枫杨	赣州市站塘乡水明村水口江组	茶厅边	本地	天然林	形质评定	160	10.0	64.0	圆形	好	较好	2.0	70	2.0	旺盛	良好	√					
	枫杨	赣州市周田镇河墩村	当坎	本地	天然林	形质评定	80	11.0	75.4	圆形	较好	较好	3.6	42		旺盛	良好	√					
	枫杨	赣州市周田镇河墩村	当坎	本地	天然林	形质评定	90	11.5	80.0	塔形	较好	好	4.2	48		旺盛	良好	√					
	枫杨	赣州市朱坊	胜利	本地	天然林	形质评定	30	8.2	31.5	圆形	好	一般	5.9	锐角	2.0	旺盛	旺盛		√				

（续）

序号	树种名称	经营单位（或个人）	地名	种源	起源	选优方法	数量指标			形质指标								利用建议					备注
							树龄（a）	树高（m）	胸径（cm）	冠型	圆满度	通直度	枝下高（m）	分枝角度（°）	树皮厚（cm）	生长势	结实情况	生态	用材	薪炭	抗逆	其他	
	枫杨	赣州市珠兰乡怀仁村	下仁组	本地	天然林	形质评定	120	11.0	52.0	圆形	好	好	8.0	30	0.8	旺盛	旺盛	√					
	枫杨	赣州市庄口镇下洛村	桑园坝组	本地	天然林	形质评定	50	7.0	57.0	伞形	好	好	8.0	70		旺盛	旺盛	√			√		
	枫杨	上饶市杨埠乡政府	乡政府边	本地	人工林	五株优势木法	14	8.0	41.0	伞形	好	好	8.0			旺盛			√				
	枫杨	上饶市紫阳镇香田	武口	本地	天然林	五株优势木法	60	9.0	82.8	伞形	好	好	6.0	60	2.5	旺盛	旺盛	√					
	枫杨	吉安市涧田村	坝西		人工林	五株优势木法	12	7.5	29.2	宽卵形	较好	较好		40	1.0	旺盛	旺盛	√					
76	福建柏	赣州市思顺林场	十八垒	本地	天然林	五株优势木法	28	15.5	31.3	伞形	好	好	12.0	50	2.0	旺盛	旺盛	√	√				
	福建柏	吉安市井冈山自然保护区	井冈山主峰	本地	天然林	五株优势木法	200	8.0	50.0	塔形	好	较好	2.2	45	0.3	旺盛	良好	√					
77	高山栲	赣州市珊贝林场	洽河工区	本地	天然林	五株优势木法	24	14.3	30.7	卵形	好	好	9.8			旺盛	旺盛	√	√				
78	珙桐	赣州市长宁镇寻乌中学	院内	本地	天然林	五株优势木法	18	7.4	16.0	伞形	好	好	3.1			旺盛	旺盛	√					
79	钩栲	赣州市赣县	樟坑分场	本地	天然林	形质评定	80	6.0	50.4	伞形	好	好						√					
	钩栲	赣州市富城乡粗石坝村	新村	本地	天然林	形质评定	32	7.0	62.0	伞形	好	好	4.0	35	0.8	旺盛	良好	√	√				
	钩栲	赣州市安远县孔田林场	李坑	本地	天然林	五株优势木法	28	8.5	48.2	卵形	好	好	5.1	45	0.5	旺盛	旺盛	√					
	钩栲	赣州市龙布林场	二工区对面	本地	天然林	五株优势木法	38	19.0	24.5	尖塔形	好	好	10.0	85	1.1	良好	旺盛	√					散生木
	钩栲	赣州市龙南县南亨三星	禾树岭	本地	天然林	形质评定	120	4.6	61.7	伞形	好		3.1	锐角		旺盛	良好	√	√				散生木
	钩栲	赣州市石城县高田胜江	江头组	本地	天然林	形质评定	100	7.5	50.0	卵形	好	好	4.3	85	1.3	旺盛	良好	√	√				
	钩栲	赣州市石城县岩岭	朱家伍寨	本地	天然林	形质评定	80	6.0	27.0	伞形	好	好	4.5	82	1.1	旺盛	良好	√	√				
	钩栲	赣州市水口组	黄坑下水口	本地	天然林	五株优势木法	45	8.0	60.0	伞形	好	好	9.0	45		旺盛	旺盛	√					
80	枸骨	赣州市寻乌县桂竹帽镇	蕉子坝	本地	天然林	五株优势木法	16	0.8	4.0	卵形	好	好	0.2			旺盛	旺盛	√					散生木
	枸骨	吉安市万合赤汲	严家	本地	天然林	五株优势木法	100	5.3	32.0	伞形	好	好		70	1.0	良好	旺盛						
	枸骨	吉安市万合赤汲	严家	本地	天然林	五株优势木法	100	5.0	30.0	伞形	好	好		70	1.0	良好	旺盛						
	枸骨	吉安市万合赤汲	严家	本地	天然林	五株优势木法	120	6.0	36.0	伞形	好	好		70	1.0	良好	旺盛						
81	枸桔	赣州市长宁镇	325村	本地	天然林	五株优势木法	18	0.9	6.0	圆柱形	好	好	0.4			旺盛	旺盛	√					

（续）

序号	树种名称	经营单位（或个人）	地名	种源	起源	选优方法	数量指标			形质指标								利用建议					备注
							树龄(a)	树高(m)	胸径(cm)	冠型	圆满度	通直度	枝下高(m)	分枝角度(°)	树皮厚(cm)	生长势	结实情况	生态	用材	薪炭	抗逆	其他	
82	构树	赣州市坳背林场		本地	天然林	五株优势木法	10	1.3	9.2	圆柱形	好	好	0.6			旺盛	差	√	√				
83	观光木	赣州市九连山自然保护区	虾蚣塘	本地	天然林			17.8	18.0	塔形	较好	好	2.0	锐角		旺盛		√	√				
	观光木	赣州市安远县孔田林场	岽背桥头	广东	人工林	五株优势木法	28	10.2	32.6	卵形	好	好	2.2	75	0.9	旺盛	旺盛	√					
	观光木	赣州市安远县牛犬山林场	禾顺坑	本地	人工林	五株优势木法	15	11.0	20.0	伞形	好	好	8.0	80	0.5	旺盛	旺盛		√				四旁散生优树
	观光木	吉安市青原区白云山林场	若龙坑工区		人工林		25	13.5	22.6	圆柱形	一般	好				旺盛	良好		√				散生木
84	管花青皮木	赣州市寻乌县桂竹帽镇	小龙归	本地	天然林	五株优势木法	12	4.9	3.0							旺盛	差	√					
	管花青皮木	赣州市项山乡	项山村	本地	天然林	五株优势木法	26	3.1	6.4	伞形	好	好	0.9			旺盛	旺盛	√					
85	光皮桦	鹰潭市双圳林场	上山陆溪	本地	天然林	综合评定	38	18.0	27.0	卵形	好	好	5.0	25	0.2	旺盛	良好	√	√				
86	光皮树	赣州市坳背	关西镇程口	本地	天然林	形质评定	30	11.5	28.0	圆形	较好	较好	2.5			旺盛	旺盛	√					散生木，可采种
	光皮树	赣州市粮管所	汶龙镇石莲	本地	天然林	形质评定	20	5.5	21.0	尖塔形	好	好	2.5			旺盛	旺盛	√					
	光皮树	赣州市粮管所	汶龙镇石莲	本地	天然林	形质评定	20	19.0	86.2	圆形	好	好	3.0			旺盛	旺盛	√	√				
	光皮树	赣州市于都县宽田乡	红星村牛婆寨	本地	天然林	形质评定	20	20.0	12.0	塔形	好	好	2.0	80	1.0	旺盛	旺盛	√					
87	光叶铁仔	赣州市项山乡	桥头村	本地	天然林	五株优势木法	20	2.6	4.0	圆柱形	好	好	0.3			旺盛	旺盛	√					
88	广东冬青	赣州市寻乌县桂竹帽镇	上坪村	本地	天然林	五株优势木法	17	10.0	16.0	圆柱形	好	好	4.0			旺盛	旺盛	√					
89	广玉兰	赣州市长宁镇	烈士馆	本地	天然林	五株优势木法	20	8.6	26.0	圆柱形	好	好	1.8			旺盛	旺盛	√					
	广玉兰	赣州市葛坳林场	院内	本地	人工林	五株优势木法	20	10.8	38.3	圆柱形	好	好	1.1	80	1.0	良好	旺盛	√					
	广玉兰	赣州市会昌县林业局	院内	本地	人工林	形质评定	27	10.0	34.0	伞形	好	好	3.0	30	0.6	旺盛	旺盛	√					四旁及散生木
	广玉兰	赣州市中村乡政府	院内	本地	人工林	形质评定	21	7.5	18.3	伞形	较好	较好	2.0	65	0.5	旺盛		√	√				
	广玉兰	宜春市	永宁校内	本省		绝对值评选法	30	6.0	31.0		较好	好	1.0	50	1.0	旺盛	旺盛	√	√			绿化	
	广玉兰	宜春市	永宁校内	本省		绝对值评选法	30	6.0	38.0		较好	好	1.0	60	1.0	旺盛	旺盛	√	√			绿化	

（续）

序号	树种名称	经营单位（或个人）	地 名	种源	起源	选优方法	数量指标			形质指标									利用建议					备 注
							树龄(a)	树高(m)	胸径(cm)	冠型	圆满度	通直度	枝下高(m)	分枝角度(°)	树皮厚(cm)	生长势	结实情况	生态	用材	薪炭	抗逆	其他	
	广玉兰	宜春市	永宁校内	本省		绝对值评选法	30	6.5	36.0		较好	好	1.0	50	1.0	旺盛	旺盛	√	√			绿化	
90	贵州泡花树	赣州市罗珊乡	�竹村	本地	天然林	五株优势木法	18	9.8	16.0	伞形	好	好	2.1			旺盛	旺盛	√	√				
91	桂花	九江市九江县新塘乡西河村八组	闵家洼	本地	天然林	形质评定	200	12.0	37.0	宽伞形	好	好	2.0	75	0.8	旺盛	旺盛	√					
	桂花	九江市九江县新塘乡紫荆村十组	魏垅陈	本地	天然林	形质评定	260	10.0	24.0	宽伞形	好	好	2.5	75	0.8	旺盛	旺盛	√					
	桂花	赣州市赣县白鹭乡白鹭村	后龙山	本地	人工林	形质评定	60	19.0	28.0	伞形	好	好										√	
	桂花	赣州市赣县湖江乡镇江村		本地	人工林	形质评定	100	14.0	50.0	伞形	好	好										√	
	桂花	赣州市赣县湖江乡街坪村	眉坑组	本地	人工林	形质评定	100	8.0	40.0	伞形	好	好										√	
	桂花	赣州市赣县湖江乡松树村	塘背弯组	本地	人工林	形质评定	230	11.0	110.0	伞形	好	好										√	
	桂花	赣州市赣县吉埠村	新厅下组	本地	人工林	形质评定	30	7.5	20.0	圆形	好	好										√	
	桂花	赣州市赣县广福村	中心组	本地	天然林	形质评定	30	8.0	42.9	伞形	好	好										√	
	桂花	赣州市赣县赣加稀土矿厂	红金工业园	本地	天然林	形质评定	10	2.2	8.0	伞形	好	好										√	
	桂花	赣州市赣县留田林场	院内	本地	人工林	形质评定	20	8.0	18.0	伞形	好	好										√	
	桂花	赣州市关西镇	坳下	本地	人工林	形质评定	30	7.5	29.5	圆形	较好	好	0.5			旺盛	旺盛	√					
	桂花	赣州市大余县丫山	灵岩寺	本地	人工林	形质评定	15	6.0		圆形	好	好	1.5										
	桂花	赣州市大余县丫山	灵岩寺	本地	人工林	形质评定	15	6.0		卵形	好	好	1.5										
	桂花	赣州市大余县丫山	灵岩寺	本地	人工林	形质评定	12	5.0		卵形	好	好	2.0										
	桂花	赣州市大余县丫山	灵岩寺	本地	人工林	形质评定	12	4.0		卵形	好	好	1.2										
	桂花	赣州市葛坳林场	林场院内	本地	人工林	五株优势木法	20	7.5	38.8	圆柱形	好	好	1.0	75	0.8	良好	旺盛	√					

（续）

序号	树种名称	经营单位（或个人）	地　名	种源	起源	选优方法	数量指标			形质指标								利用建议					备　注
							树龄（a）	树高（m）	胸径（cm）	冠型	圆满度	通直度	枝下高（m）	分枝角度（°）	树皮厚（cm）	生长势	结实情况	生态	用材	薪炭	抗逆	其他	
	桂花	赣州市黄龙镇敬老院内		本地	人工林	形质评定	26	6.3	19.0	圆形	好	好	2.0				旺盛						四旁及散生木
	桂花	赣州市信丰县金盆山林场	场部食堂院内	本地	人工林	形质评定	18	6.0	12.5	卵形	较好	较好	3.5	锐角	中	旺盛	差	√	√				
	桂花	赣州市安远县孔田林场	岽背桥头	广东	人工林	五株优势木法	21	9.3	28.0	伞形	好	好	1.9	75	0.7	旺盛	旺盛	√					四旁树
	桂花	赣州市赣县		本地	人工林	五株优势木法	15	5.5	8.0	圆形	好	好	1.0	80	0.5	旺盛	旺盛	√					四旁散生优树
	桂花	赣州市茅山林场	场部	本地	人工林	形质评定	38	6.1	21.5	伞形	好	好	2.0	25	0.3	旺盛	良好	√	√				四旁散生优树
	桂花	赣州市安远县牛犬山林场	场部	本地	人工林	五株优势木法	9	5.3	17.0	伞形	好	好	0.7	70	0.7	一般							
	桂花	赣州市坪市乡	垇屋边	本地	人工林	形质评定	10	5.7	18.6	伞形	好	好	1.8	锐角	2.2	旺盛	差	√					四旁及散生木
	桂花	赣州市赣县唐江	一糖厂	本地	人工林	形质评定	50	13.0	39.8	卵形	好	好	6.0	50	2.0	旺盛	旺盛	√	√				四旁优树
	桂花	赣州市赣县唐江	一糖厂	本地	人工林	形质评定	40	12.0	37.0	卵形	好	好	4.0	45	2.0	旺盛	旺盛	√	√				四旁优树
	桂花	赣州市上犹县陡水疗养院	院内				30	9.0	30.0	伞形						旺盛		√					四旁优树
	桂花	赣州市中村乡洋光村三孝子组	吴均喜屋角	本地	天然林	形质评定	130	7.0	31.7	卵形	好	较好	2.0	80	1.0	一般	良好	√	√				
	桂花	赣州市朱坊	荷树	本地	人工林	形质评定	30	11.4	18.5	伞形	好	好	1.5	锐角	1.0	旺盛		√	√				
	桂花	赣州市珠兰乡曾昭良	下照坪脑	本地	人工林	形质评定	96	9.0	34.5	圆形	好	好	2.6	35	0.8	旺盛	旺盛	√					
	桂花	宜春市大段林工站	院内	本地		绝对值评选法	12	6.0	12.0		较好	好	0.8	60	1.0	旺盛	旺盛	√				绿化	
	桂花	吉安市七溪岭林场	粑陂分场	本地	人工林		19	7.1	13.5	均匀	好	好	2.5		中	良好		√					
92	国槐	九江市洪下乡瓜山村	新物邓家组	本地	天然林		90	22.0	72.0	圆形	好	较好	13.0	70	2.5	旺盛	良好		√				
	含笑	赣州市长宁镇	烈士馆	本地	天然林	五株优势木法	30	2.8	16.0	圆形	好	好	1.1			旺盛	旺盛	√					

（续）

序号	树种名称	经营单位（或个人）	地名	种源	起源	选优方法	数量指标			形质指标								利用建议					备注
							树龄（a）	树高（m）	胸径（cm）	冠型	圆满度	通直度	枝下高（m）	分枝角度（°）	树皮厚（cm）	生长势	结实情况	生态	用材	薪炭	抗逆	其他	
	含笑	赣州市八一九村小组		本地	天然林	形质评定	40	16.0	60.0	圆形	好	好	0.6			旺盛	旺盛	√	√				
	含笑	赣州市沙河龙村许泽湖	回龙阁	本地	人工林	形质评定	30	6.5	18.0		好	好	2.0			旺盛	差	√					
94	荷花玉兰	赣州市葛坳林场	林场院内	本地	人工林	五株优势木法	20	10.5	28.3	尖塔形	好	好	1.2	80	0.8	良好	旺盛	√					
	荷花玉兰	赣州市信丰县金盆山林场	场部食堂院内	本地	人工林	形质评定	21	8.5	26.2	圆形	好	好		锐角	中	旺盛	良好	√	√				四旁及散生木
95	黑荆树	赣州市赣县红金村赣县稀土矿厂	厂内大坪岽	本地	人工林	形质评定	19	3.3	24.0	伞形	好	好										√	四旁树
	黑荆树	赣州市会昌一中	院内	省外	人工林	形质评定	25	15.0	32.0	伞形	好	好	2.6	30	0.8	旺盛	旺盛	√					
96	黑壳楠	赣州市安基山林场	下洞工区早禾段	本地	天然林	形质评定	16	18.0	22.0	伞形	好	好	13.0	30	1.2	旺盛		√	√				
97	红豆	赣州市赣县	周家水口	本地	天然林	形质评定	60	13.0	50.0	伞形	好	好						√					
98	红豆杉	景德镇市浮梁县鹅湖镇	桃岭		天然林	五株优势木法	300	30.0	46.0		好	好	2.0		0.2	良好	良好	√	√		√	药用	
	红豆杉	景德镇市林业科学研究所			人工林	五株优势木法	8	3.9	5.3	圆锥形	好	好	0.4		0.2	良好	旺盛	√	√		√	药用	
	红豆杉	新余市大砻下林场	北坑	本地	天然林	五株优势木法	90	31.5	20.6	塔形	好	好	8.0	40	0.3	良好	旺盛		√	√	√		
	红豆杉	上饶市王村分场	桃树坪	本地	天然林	单株调查	250	8.8	79.0		好	好	3.0	20～40	薄	旺盛	旺盛					√	
	红豆杉	吉安市五指峰林场	五指峰分场	本地	天然林	形质评定	220	9.0	63.5	伞形								√					
	红豆杉	吉安市五指峰林场	牛塘窝	本地	天然林	形质评定	270	9.0	68.0	伞形								√					
	红豆杉	吉安市五指峰林场	牛塘窝	本地	天然林	形质评定	280	9.5	66.0	伞形								√					
	红豆杉	吉安市五指峰林场	一指峰分场	本地	天然林	形质评定	540	9.0	110.0	伞形								√					
99	红钩栲	赣州市黄塘村上灶组	上灶村小组	本地	天然林	形质评定	60	8.0	40.7	伞形	好	好	6.0	40	0.7	旺盛	良好	√	√				
	红钩栲	赣州市岐山村塘仔组	塘仔村小组	本地	天然林	形质评定	30	11.4	33.1	伞形	好	好	4.2	32	0.9	旺盛	良好	√	√				
	红钩栲	赣州市清溪乡半岭村	半岭小组	本地	天然林	形质评定	60	9.5	76.0	伞形	较好	较好	3.6	53	0.3	旺盛	良好	√					

（续）

序号	树种名称	经营单位（或个人）	地　名	种源	起源	选优方法	数量指标			形质指标								利用建议					备　注
							树龄（a）	树高（m）	胸径（cm）	冠型	圆满度	通直度	枝下高（m）	分枝角度（°）	树皮厚（cm）	生长势	结实情况	生态	用材	薪炭	抗逆	其他	
	红钩栲	赣州市石城县岩岭龙下		本地	天然林	形质评定	80	8.0	35.0	伞形	好	好	4.0	86	1.2	旺盛	旺盛	√	√				
	红钩栲	赣州市永隆乡杨叶村	杨叶新屋	本地	天然林	形质评定	80	17.5	62.0	圆形	好	好	15.0	35	0.8	旺盛	旺盛	√	√				
	红钩栲	赣州市右水乡大华村	上排小组	本地	天然林	形质评定	58	18.0	64.0	圆形	好	好	3.7	51	0.4	旺盛	良好	√					
	红钩栲	吉安市陈山林场	寄岭分场牛角冲	本地	天然林	五株优势木法	45	16.0	56.3	卵形	好	好	8.0	40～50	1.3	良好	一般	√	√				
	红钩栲	吉安市	大窄		天然林		100	30.0	62.0	圆锥形	好	好		30	2.0	旺盛	旺盛	√					
100	红楝子	赣州市赣县	山口组水口公路旁	本地	天然林	形质评定	56	15.0	26.0	伞形	好	好						√					
101	红楠	宜春市官山林场	西河路边	本地		单株调查	35	24.0	34.0		较好	较好	13.0	70	0.8	良好			√				
	红楠	上饶市太白朱村		本地	天然林		40	18.0	48.0	圆形	好	好	5.0	40	2.0	旺盛	良好	√					
102	红皮树	赣州市赣县石芫村	阳上组三横杆	本地	天然林	形质评定	30	16.0	35.5	圆形	好	好						√					散生木，可采种
	红皮树	赣州市文峰乡	桃子园	本地	天然林	五株优势木法	20	13.8	14.0	伞形	好	好	1.8			旺盛	旺盛	√	√				
103	红枝柴	赣州市罗珊乡	珊贝珠子坑	本地	天然林	五株优势木法	18	19.4	26.0	伞形	好	好	3.2			旺盛	旺盛	√	√				
104	猴欢喜	赣州市赣县	樟坑分场	本地	天然林	形质评定	30	8.0	26.0	伞形	好	好						√					
	猴欢喜	赣州市罗珊乡	珊贝村	本地	天然林	五株优势木法	14	6.0	8.6	圆柱形	好	好	2.1			旺盛	旺盛	√					
105	厚皮香	赣州市赣县	樟坑分场	本地	天然林	形质评定	35	8.0	18.7	伞形	好	好						√					
106	厚朴	鹰潭市双圳林场	上山		人工林	五株优势木法	22	12.0	18.0	圆形	好	好	7.0	86	0.2	旺盛	一般	√	√				
107	胡杨	赣州市坪市乡	长埛	本地	天然林	形质评定	15	10.2	18.2	伞形	好	好	6.2	锐角	2.5	旺盛	差	√					
108	槲栎	赣州市寻乌县桂竹帽镇	坳背林场	本地	天然林	五株优势木法	19	12.8	19.0	伞形	好	好	6.0			旺盛	旺盛	√	√				四旁优树
109	华东野核桃	宜春市官山自然保护区	猪栏石	本地		形质评定	20	13.0	24.0		好	好	8.0		0.5	旺盛	旺盛	√					
110	槐树	赣州市赣县湖江乡古田村	西坑组	本地	人工林	形质评定	100	24.0	100.0	伞形	好	好										√	

（续）

序号	树种名称	经营单位（或个人）	地　名	种源	起源	选优方法	数量指标			形质指标									利用建议					备　注
							树龄（a）	树高（m）	胸径（cm）	冠型	圆满度	通直度	枝下高（m）	分枝角度（°）	树皮厚（cm）	生长势	结实情况	生态	用材	薪炭	抗逆	其他	
	槐树	赣州市赣县湖江乡湖田村	楼下组	本地	人工林	形质评定	300	17.0	250.0	伞形	好	好										√	
	槐树	赣州市洞头乡洞头村村双合坵背	高石坎	本地	天然林	形质评定	100	22.0	52.0	伞形	较好	较好	3.0	75	1.0	旺盛	差	√	√				
	槐树	赣州市罗坳镇	罗坳村中布组	本地	人工林	形质评定	21	9.0	18.0	圆柱形	好	一般	6.0			旺盛	良好		√				
	槐树	赣州市坪市乡	圩上	本地	人工林	形质评定	15	11.5	34.1	伞形	好	好	7.1	锐角	2.0	旺盛	差	√					
	槐树	赣州市石下村	武当石下	本地	人工林	形质评定	50	10.0	38.0	圆柱形	较好	较好	2.0			旺盛		√					四旁优树
	槐树	赣州市湘青居委会	湘青路	本地	人工林	形质评定	45	9.0	28.0	伞形	好	好	2.5	30	0.8	旺盛	旺盛	√	√				
	槐树	赣州市新城镇灌湖村	王屋孜组	本地	人工林	形质评定	12	6.0	13.8	伞形	好	好	1.2				旺盛						
	槐树	赣州市站塘乡官山村	南山下老屋角	本地	天然林	形质评定	110	15.0	92.0	伞形	较好		2.0	70	2.0	一般	良好	√	√				
111	黄荆	赣州市永隆乡永联村	打马岽	本地	天然林	形质评定	15	3.8		圆形	较好		0.5	25	0.6	旺盛	旺盛	√					
112	黄兰	赣州市赣县森林苗圃	湖边	本地	人工林	形质评定	20	15.0	33.3	卵形	好	好	2.2			旺盛		√	√				
113	黄连木	九江市九江县马回岭镇蔡桥村十一组	杨家嵌	本地	天然林	形质评定	400	20.0	98.0	宽圆锥形	好	好	6.0	70	0.7	旺盛	旺盛	√					
	黄连木	九江市九江县马回岭镇蔡桥村十一组	杨家嵌	本地	天然林	形质评定	400	19.5	115.0	宽圆锥形	好	好	3.5	70	0.8	旺盛	旺盛	√					
	黄连木	九江市九江县马回岭镇蔡桥村四组	田铺蔡	本地	天然林	形质评定	300	14.5	136.0	宽圆锥形	好	好	5.0	70	0.7	旺盛	旺盛	√					
	黄连木	九江市九江县马回岭镇铭山村一组	田家铺	本地	天然林	形质评定	300	15.0	117.0	宽圆锥形	好	好	3.5	70	0.8	旺盛	旺盛	√					
	黄连木	九江市九江县岷山乡大塘村九组	张七房	本地	天然林	形质评定	200	16.5	70.0	宽圆锥形	好	好	3.5	70	0.8	旺盛	旺盛	√					
	黄连木	九江市上十岭垦殖场	杨家滩	本地	天然林	形质评定	40	16.0	31.8	宽卵形	好	好	7.0	50	1.5	旺盛	旺盛	√	√				
	黄连木	赣州市赣县白涧村	天宫寺旁	本地	人工林	形质评定	100	8.5	50.0	伞形	好	好						√					
	黄连木	赣州市赣县枧溪村	付上	本地	天然林	形质评定	95	16.0	60.0	伞形	好	好						√					

（续）

序号	树种名称	经营单位（或个人）	地　名	种源	起源	选优方法	数量指标 树龄（a）	数量指标 树高（m）	数量指标 胸径（cm）	形质指标 冠型	形质指标 圆满度	形质指标 通直度	形质指标 枝下高（m）	形质指标 分枝角度（°）	形质指标 树皮厚（cm）	形质指标 生长势	形质指标 结实情况	利用建议 生态	利用建议 用材	利用建议 薪炭	利用建议 抗逆	利用建议 其他	备　注
	黄连木	赣州市三江镇	解胜	本地	人工林	形质评定	30	18.0	26.1	圆形	好	一般	7.0	锐角	1.5	旺盛	旺盛		√				
	黄连木	上饶市中云镇政府	院内	本地	天然林		160	31.0	101.0	圆形	好	好	11.0	60		一般	旺盛	√	√				
114	黄杞	赣州市珊贝林场	九马石工区	本地	天然林	五株优势木法	24	7.8	13.2	伞形	好	好	1.4			旺盛	旺盛	√	√				散生木，可采种
115	黄山松	九江市修水县黄沙港林场	杨家坪林场西港		天然林	五株优势木法	50	24.0	42.2	圆形	好	好	5.0			旺盛		√					
	黄山松	九江市修水县黄沙港林场	杨家坪林场		天然林	五株优势木法	40	14.0	46.2	圆形	好	好	5.0			旺盛		√					
	黄山松	上饶市大丰源	里坪溪	本地	天然林	五株优势木法	60	28.0	46.0	窄	好	好	18.0	90		旺盛	旺盛	√					
	黄山松	吉安市武功山林场	三天门观音岩	本地	人工林	五株优势木法	15	6.0	13.0	平顶	好	好	3.0	55	1.2	良好	差	√	√				
	黄山松	吉安市武功山林场	三天门观音岩	本地	人工林	五株优势木法	15	7.0	13.1	平顶	好	好	3.5	55	1.2	良好	差	√	√				
116	黄檀	赣州市赣县储潭村	老棚下	本地	人工林	形质评定	100	26.0	120.0	伞形	好	好						√					
	黄檀	赣州市洞头乡洞头村双合丘组	屋背	本地	天然林	形质评定	60	9.0	47.0	伞形	较好	较好	2.0	80	1.0	一般	一般	√	√				
	黄檀	赣州市高洲村		本地	人工林	形质评定	15	11.0	28.0	圆形	较好	较好	2.0	锐角	2.0	旺盛		√	√				
	黄檀	赣州市横寨乡	寨里石窝孜	本地	人工林	五株优势木法	25	14.0	26.4	伞形	好	一般	6.0	锐角		旺盛		√	√				四旁优树
	黄檀	赣州市茅山林场	场部	本地	人工林	形质评定	40	10.0	26.2	伞形	好	好	3.8		1.3	旺盛	良好	√	√				四旁优树
117	黄杨	赣州市长宁镇	325 村	本地	天然林	五株优势木法	9	0.6	8.0	圆形	好	好	0.2			旺盛	旺盛	√					
	黄杨	上饶市武夷山自然保护区		本地	天然林	形质评定	150	7.4	13.4		好	好	4.8			旺盛		√				√	
118	黄樟	赣州市龙南镇度假村	龙陂	本地	天然林	形质评定	42	13.0	24.0	圆柱形	好	好	3.0			旺盛	旺盛	√	√				
	黄樟	赣州市安远县孔田林场	岽背桥头	广东	人工林	五株优势木法	40	10.1	41.0	圆形	好	好	1.4	75	0.8	旺盛	旺盛	√					
119	灰背清风藤	赣州市罗珊乡	罗塘村寨脑	本地	天然林	五株优势木法	23									旺盛	旺盛	√					四旁散生优树
120	灰枝杉	宜春市城郊林场	永宁林中边	本地		绝对值评选法	24	14.0	24.5		较好	好	4.0	60	1.0	旺盛	旺盛	√	√		√		

（续）

序号	树种名称	经营单位（或个人）	地名	种源	起源	选优方法	数量指标			形质指标								利用建议					备注
							树龄（a）	树高（m）	胸径（cm）	冠型	圆满度	通直度	枝下高（m）	分枝角度（°）	树皮厚（cm）	生长势	结实情况	生态	用材	薪炭	抗逆	其他	
	灰枝杉	宜春市城郊林场	永宁林中侧对面	本地		绝对值评选法	12	11.0	14.0		较好	好	0.5	50	1.0	旺盛		√	√		√		
	灰枝杉	宜春市城郊林场	永宁林中侧对面	本地		绝对值评选法	12	11.0	14.0		较好	好	0.5	60	1.0	旺盛		√	√		√		
121	火灰树	赣州市文峰乡	桃子园	本地	天然林	五株优势木法	14	8.9	10.8	伞形	好	好	1.8			旺盛	旺盛	√	√				
122	火炬松	景德镇市浮梁县银坞林场			人工林	五株优势木法	16	12.4	20.1		好	好	6.0		0.5	良好	差		√		√		
	火炬松	萍乡市青溪林场	水窝里	美国	人工林	五株优势木法	24	8.0	24.0	塔形	好	好	4.6	80	1.5	旺盛	旺盛	√	√				
	火炬松	新余市百丈峰林场	石坑	本省	人工林	五株优势木法	19	12.0	23.7		好	好	8.0		中	良好	良好		√	√	√		
	火炬松	赣州市永隆林场	寨下墩	省外	人工林	形质评定	17	10.6	24.6	圆形	好	好	4.0	30	1.2	旺盛	旺盛	√	√				
	火炬松	上饶市绿野公司	潭埠梨树岭	美国	人工林	五株优势木法	14	9.3	17.8		好	好			2.0	旺盛							
	火炬松	上饶市秋口林场	黄源	本地	人工林	五株优势木法	25	9.8	40.0	尖塔形	好	好	3.0	45	2.0	良好	良好	√					
	火炬松	吉安市飞播林场	蒿阳		人工林	五株优势木法	14	15.0	25.8	圆锥形	好	好		60	1.2	旺盛	良好		√				
	火炬松	吉安市文竹林场	沙市基地	本地	人工林		18	11.5	23.3		好	好	4.5		中	良好			√				
	火炬松	吉安市武功山林场	社上垅上	美国	人工林	五株优势木法	31	20.0	40.0	卵形	好	好	11.0	50	1.1	良好	差		√				
	火炬松	吉安市云岭林场	巾石分场		人工林	形质评定	11	8.2	18.2									√					
	火炬松	吉安市云岭林场	巾石分场		人工林	形质评定	11	8.5	23.0									√					
123	火力楠	赣州市全南县小叶岽林场	祖湖	广西	人工林	形质评定	13	11.5	14.2	伞形	好	好	1.5		0.3	旺盛	良好	√	√				
124	鸡桑	赣州市长宁镇	325 村	本地	天然林	五株优势木法	12	0.6	4.0	伞形	好	好	0.2			旺盛	旺盛	√					
125	鸡爪槭	九江市修水县黄坳乡	丁桥村		天然林	五株优势木法	40	14.0	27.7	圆形	好	好	5.0			旺盛		√					
	鸡爪槭	赣州市安基山林场	下洞工区电站外	本地	天然林	形质评定	16	18.0	18.0	伞形	好	好	13.0	32	1.2	旺盛	旺盛	√	√				
126	檵木	赣州市赣县白鹭乡龙裕村	后龙山	本地	天然林	形质评定	60	6.0	25.0	伞形	好	好										√	

（续）

序号	树种名称	经营单位（或个人）	地 名	种源	起源	选优方法	数量指标			形质指标								利用建议					备 注
							树龄（a）	树高（m）	胸径（cm）	冠型	圆满度	通直度	枝下高（m）	分枝角度（°）	树皮厚（cm）	生长势	结实情况	生态	用材	薪炭	抗逆	其他	
127	夹竹桃	赣州市赣县双龙村	竹排高卓登伟家	本地	人工林	形质评定	23	2.7	18.0	圆形	好	好										√	
128	江南桤木	宜春市大杞山林场	当归湖	本地		形质评定	32	13.0	18.0		好	好	6.0	85	0.6	旺盛	旺盛	√	√				
	江南桤木	宜春市园林所	永宁三八路桥头	本地		绝对值评选法	20	12.0	18.0		较好	好	1.0	60	1.0	旺盛	旺盛	√	√				
129	金毛含笑	吉安市五指峰林场	七岭分场黄草河	本地	天然林	形质评定	60	16.0	28.0	圆形								√					
	金毛含笑	吉安市五指峰林场	七岭分场黄草河	本地	天然林	形质评定	60	18.0	30.0	圆形								√					
130	金毛青冈	赣州市赣县	黄沙分场	本地	天然林	形质评定	80	15.6	34.3	圆形	好	好						√					
131	金钱松	宜春市城郊林场	永宁镇城郊	本地		五株优势木法	20	9.5	20.0		较好	好	7.0	50	2.0	旺盛	旺盛	√	√			绿化	
132	金叶含笑	赣州市九连山自然保护区	虾蚣塘主沟	本地	天然林			11.6	12.0	卵形	较好	好	4.5	锐角		旺盛		√	√				
	金叶含笑	吉安市青原区白云山林场	若龙坑工区		人工林		25	9.5	14.3	圆形	一般	好				旺盛	良好					√	
133	巨叶桉	赣州市文武坝文下组		省外	人工林	形质评定	48	17.0	37.0	伞形	好	好	4.0	25	0.8	旺盛	旺盛	√	√				可作园林树种
134	君迁子	赣州市文峰乡	下坪村	本地	天然林	五株优势木法	26	13.6	10.6	伞形	好	好	1.6			旺盛	旺盛	√	√				
135	栲树	景德镇市浮梁县蛟潭镇	南村		天然林	五株优势木法	20	11.5	25.8		好	好	8.0		0.2	良好	良好	√	√		√		
	栲树	景德镇市浮梁县经公桥镇	东风林场		天然林	五株优势木法	25	14.7	36.4	圆形	好	好	8.5		0.2	良好	旺盛	√	√		√		
	栲树	景德镇市浮梁县勒功乡	查村杨林坑		天然林	五株优势木法	30	11.0	24.0	圆形	好	好	5.0		0.4	良好		√	√		√		
	栲树	景德镇市浮梁县兴田乡	锦里村左家		天然林	五株优势木法	31	12.0	36.0	圆形	好	好	5.0		0.3	良好	旺盛	√	√		√		
	栲树	景德镇市乐平洪岩	阳山岗	本地	天然林	五株优势木法	40	24.4	54.1	圆形	好	好	3.5	81		旺盛	良好	√			√		
	栲树	鹰潭市耳口林场	九龙分场2－73－1小班	本地	天然林	综合评定	53	23.0	46.3	卵形	好	好	4.0	60	2.5	旺盛	良好	√	√				

（续）

序号	树种名称	经营单位（或个人）	地名	种源	起源	选优方法	数量指标			形质指标								利用建议					备注
							树龄（a）	树高（m）	胸径（cm）	冠型	圆满度	通直度	枝下高（m）	分枝角度（°）	树皮厚（cm）	生长势	结实情况	生态	用材	薪炭	抗逆	其他	
	栲树	鹰潭贵溪市三县岭林场	小西坞	本地	天然林	五株优势木法	38	13.0	36.6	伞形	好	好	4.0	85	1.5	旺盛	旺盛	√	√				散生木，可采种
	栲树	赣州市晨光镇	溪尾村	本地	天然林	五株优势木法	14	7.0	8.8	圆柱形	好	好	2.2			旺盛	差	√	√				
	栲树	赣州市富城乡大洞村	侧欠组水口西面山	本地	天然林	形质评定	28	12.0	18.5	圆形	好	好	5.0	35	0.6	旺盛	旺盛		√				
	栲树	赣州市黄竹龙村	李山背	本地	天然林	形质评定	26	16.0	38.6	尖塔形	好	好		85	1.3	旺盛	良好	√	√				
	栲树	赣州市三标乡	富寨村	本地	天然林	五株优势木法	14	7.3	9.7	圆柱形	好	好	1.9			旺盛	差	√	√				
	栲树	赣州市三标乡	三桐樟畲	本地	天然林	五株优势木法	12	7.2	10.4	圆柱形	好	好	1.2			旺盛	旺盛	√	√				
	栲树	赣州市兴国龙山林场		本地	人工林	五株优势木法	39	17.8	63.0	塔形	好	好	12.0	40	0.8	旺盛		√	√				
	栲树	宜春市大段镇红苏村		本地		五株优势木法	500	10.0	150.0		好	好	3.0	60	2.0	旺盛	旺盛	√	√				
	栲树	上饶市畈大乡	分水村旁	本地	天然林	五株优势木法	70	9.7	28.2		好	好	4.5		2.0	旺盛							
	栲树	上饶市江湾镇汪口村		本地	天然林	五株优势木法	52	13.6	47.8	伞形	好	好		26		良好	良好	√					
	栲树	上饶市梨树坞林场	王中坑	本地	天然林	平均标准木法	25	19.0	32.0		好	好	10.0	80	1.5	旺盛	良好	√	√				
	栲树	上饶市梨树坞林场	王中坑	本地	天然林	平均标准木法	25	18.0	32.5		好	好	10.0	80	1.5	旺盛	良好	√	√				
	栲树	上饶市梨树坞林场	虎斑石	本地	天然林	平均标准木法	30	18.0	35.0		好	好	9.0	80	1.5	旺盛	良好	√	√				
	栲树	上饶市李宅乡	方坑	本地	天然林	五株优势木法	25	8.9	14.6		好	好	5.2		2.0	旺盛							
	栲树	上饶市李宅乡	方坑	本地	天然林	五株优势木法	25	9.2	18.1		好	好	5.8		2.0	旺盛							
	栲树	上饶市李宅乡	方坑	本地	天然林	五株优势木法	32	9.7	20.3		好	好	5.6		2.0	旺盛	良好						
	栲树	上饶市龙头山乡	双河口	本地	天然林	五株优势木法	18	7.6	12.1		好	好	4.5		2.0	旺盛	良好						
	栲树	上饶市秋口镇白石村		本地	天然林	五株优势木法	38	13.4	38.5	伞形	好	好	8.2	30		良好	良好	√					
	栲树	上饶市秋口镇	词坑	本地	天然林	五株优势木法	22	16.8	28.0	尖塔形	好	好		60	2.0	良好	良好	√					
	栲树	上饶市秋口镇	渔潭	本地	天然林	五株优势木法	21	12.0	24.0	伞形	好	好	1.0	50	1.0	良好	良好	√					
	栲树	上饶市绕二镇	老屋	本地	天然林	五株优势木法	20	7.6	10.1		好	好	4.8		2.0	旺盛	良好						

（续）

序号	树种名称	经营单位（或个人）	地　名	种源	起源	选优方法	数量指标			形质指标								利用建议					备　注
							树龄（a）	树高（m）	胸径（cm）	冠型	圆满度	通直度	枝下高（m）	分枝角度（°）	树皮厚（cm）	生长势	结实情况	生态	用材	薪炭	抗逆	其他	
	栲树	上饶市绕二镇	老屋	本地	天然林	五株优势木法	20	8.3	11.5		好	好	5.1		2.0	旺盛	良好						
	栲树	上饶市绕二镇	老屋	本地	天然林	五株优势木法	20	6.5	10.8		好	好	4.8		2.0	旺盛	良好						
	栲树	上饶市绕二镇	老屋	本地	天然林	五株优势木法	22	7.2	13.4		好	好	4.8		2.0	旺盛	良好						
	栲树	上饶市弋阳县三县岭林场	港王	本地	天然林	五株优势木法	70	9.7	28.2		好	好	4.5		2.0	旺盛							
	栲树	上饶市弋阳县三县岭林场	港王	本地	天然林	五株优势木法	25	8.9	14.6		好	好	5.2		2.0	旺盛							
	栲树	上饶市桐西分场	禁山边	本地	天然林	五株优势木法	60	25.0	45.8		好	好	5.0		2.0	旺盛	旺盛	√	√				
	栲树	上饶市桐西分场	禁山边	本地	天然林	五株优势木法	50	22.0	35.0		好	好	6.0		2.0	旺盛	旺盛	√	√				
	栲树	上饶市桐西分场	禁山边	本地	天然林	五株优势木法	50	21.0	36.3		好	好	8.0	80	2.2	旺盛	旺盛	√	√				
	栲树	上饶市桐西分场	禁山边	本地	天然林	五株优势木法	55	24.0	35.3		好	好	9.0	80	2.2	旺盛	旺盛	√	√				
	栲树	上饶市桐西分场	禁山边	本地	天然林	五株优势木法	50	20.0	34.0		好	好			2.5	旺盛	旺盛	√	√				
	栲树	上饶市溪头乡江岭村		本地	天然林	五株优势木法	53	14.4	37.8	伞形	好	好	7.0	20	2.0	良好	良好	√					
136	苦楝	赣州市赣县	双龙村	本地	人工林	形质评定	18	7.8	16.3	伞形	好	好						√					
	苦楝	赣州市长宁镇	寻乌中学	本地	天然林	五株优势木法	24	16.0	26.0	圆形	好	好	4.2			旺盛	旺盛	√	√				
	苦楝	赣州市赤土乡爱莲村	草坝孜组	本地	人工林	五株优势木法	18	12.0	27.5	伞形	好	好	8.0	锐角		旺盛			√				
	苦楝	赣州市赤土乡旗山村	坳头组	本地	人工林	五株优势木法	3	6.8	10.8	伞形	好	好	2.0	锐角		旺盛			√				四旁优树
	苦楝	赣州市赤土乡瓦岭村	窑背组上	本地	人工林	五株优势木法	3	6.5	9.8	伞形	好	好	3.0	锐角		旺盛			√				四旁优树
	苦楝	赣州市崇仙乡罗塘村	罗塘圩	本地	天然林	形质评定	40	13.3	45.6	伞形	好	好	5.5	锐角	中	旺盛	旺盛	√	√				四旁优树
	苦楝	赣州市崇仙乡罗塘村	石头坑组	本地	天然林	形质评定	20	14.5	34.3	伞形	好	较好	5.5	锐角	中	旺盛	良好	√	√				四旁树
	苦楝	赣州市大坪供销社	郊区	本地	人工林	形质评定	13	13.1	22.5	伞形	好	好	5.7	锐角	1.8	旺盛	旺盛		√				四旁树
	苦楝	赣州市浮石村		本地	人工林	形质评定	7	9.0	16.8	伞形	较好	较好	6.0	锐角	2.0	旺盛		√	√				四旁优树
	苦楝	赣州市赣南水泥厂	北区 16 栋 3 号门前	本地	人工林	形质评定	35	13.0	50.0	伞形	好	好	4.5	锐角	中	旺盛	旺盛	√	√				

（续）

序号	树种名称	经营单位（或个人）	地名	种源	起源	选优方法	数量指标			形质指标								利用建议					备注
							树龄（a）	树高（m）	胸径（cm）	冠型	圆满度	通直度	枝下高（m）	分枝角度（°）	树皮厚（cm）	生长势	结实情况	生态	用材	薪炭	抗逆	其他	
	苦楝	赣州市水岩乡高兴村委会					22	9.0	34.0	伞形						旺盛		√	√				四旁树
	苦楝	赣州市高洲村		本地	人工林	形质评定	10	13.0	27.1	伞形	好	好	7.0	锐角	2.0	旺盛	旺盛	√	√				
	苦楝	赣州市贡江镇古田村	白竹	本地	人工林	形质评定	12	11.0	20.0	伞形	好	好	6.0			旺盛	良好	√	√				四旁优树
	苦楝	赣州市贡江镇新地村	水角	本地	人工林	形质评定	10	10.0	14.0	伞形	好	好	4.5			旺盛	良好	√	√				
	苦楝	赣州市上犹县陡水镇	桂竹山庄				26	19.0	73.0	伞形						旺盛		√	√				
	苦楝	赣州市横寨乡寨里村	团岭上组	本地	人工林	五株优势木法	12	9.5	14.3	伞形	好	好	4.0	锐角		旺盛			√				
	苦楝	赣州市双溪芦阳村委会					16	11.0	22.8	伞形						旺盛		√	√				四旁优树
	苦楝	赣州市双溪芦阳村委会					18	12.0	30.9	伞形						旺盛		√	√				
	苦楝	赣州市双溪芦阳村委会					16	12.0	26.7	伞形						旺盛		√	√				
	苦楝	赣州市罗坳镇罗坳村	中布组	本地	人工林	形质评定	10	10.0	14.0	伞形	好	一般	4.5			旺盛	良好	√	√				
	苦楝	赣州市罗坳镇罗坳村	中布组	本地	人工林	形质评定	30	8.0	16.0	平顶	好	一般	4.0			旺盛	良好	√	√				
	苦楝	赣州市罗坳镇水段村	天子光	本地	人工林	形质评定	14	5.0	15.0	伞形	好	好	2.0			旺盛	良好	√					
	苦楝	赣州市南安镇建设村	叶屋排	本地	人工林	形质评定	20	13.0	30.0	伞形	好	好	4.0				旺盛						
	苦楝	赣州市青龙山林场	园令工区李子坝	本地	天然林	形质评定	26	13.3	53.1	卵形	好	较好	4.3	70	1.2	旺盛	良好	√	√				
	苦楝	赣州市青龙山林场	园令工区李子坝	本地	天然林	形质评定	25	14.5	53.3	卵形	好	较好	4.5	70	1.2	旺盛	良好	√	√				
	苦楝	赣州市三江解胜		本地	人工林	形质评定	30	16.9	27.5	伞形	好	一般	6.1	锐角	1.0	旺盛	旺盛		√				
	苦楝	赣州市梅水乡水陂村委会					13	9.0	28.0	伞形						旺盛		√	√				
	苦楝	赣州市梅水乡水迳村委会					10	12.0	22.0	伞形						旺盛		√	√				
	苦楝	赣州市双溪乡水头村委会	塘湾组				123	18.0	90.0	卵形						旺盛		√	√				

（续）

序号	树种名称	经营单位（或个人）	地名	种源	起源	选优方法	数量指标			形质指标								利用建议					备注
							树龄(a)	树高(m)	胸径(cm)	冠型	圆满度	通直度	枝下高(m)	分枝角度(°)	树皮厚(cm)	生长势	结实情况	生态	用材	薪炭	抗逆	其他	
	苦楝	赣州市天心中学	院内	本地	人工林	五株优势木法	17	13.5	35.0	平顶	较好	好	2.6	65	0.2	良好	良好	√	√				
	苦楝	赣州市万隆乡龙头村	下龙头组	本地	天然林	形质评定	7	12.3	16.9	圆锥形	好	好	8.6	锐角	中	旺盛	差	√	√				四旁散生优树
	苦楝	赣州市小江镇小江村	围高组	本地	人工林	形质评定	9	10.0	24.7	伞形	好	好	4.0	锐角	中	旺盛	良好	√	√				四旁树
	苦楝	赣州市小江镇小江村	围高组	本地	人工林	形质评定	8	11.5	23.9	伞形	好	好	5.5	锐角	中	旺盛	良好	√	√				四旁树
	苦楝	赣州市小江镇小江村	围高组	本地	人工林	形质评定	8	12.0	26.3	伞形	好	好	4.0	锐角	中	旺盛	良好	√	√				四旁树
	苦楝	赣州市小江镇小江村	围高组	本地	人工林	形质评定	9	12.0	29.1	伞形	好	好	6.0	锐角	中	旺盛	良好	√	√				四旁树
	苦楝	赣州市小江镇政府	政府院内	本地	人工林	形质评定	12	12.0	32.4	伞形	好	好	3.5	锐角	中	旺盛	旺盛	√	√				四旁树
	苦楝	赣州市东山镇沿河村委会					16	9.0	23.0	伞形						旺盛		√	√				四旁树
	苦楝	赣州市油山镇河背村老畦陈继昌	家门前公路边	本地	人工林	形质评定	14	14.5	50.3	圆形	好	好	3.6	锐角	中	旺盛	旺盛	√	√				
	苦楝	赣州市云峰山林场	场部	本地	人工林	五株优势木法	18	9.3	30.2	伞形	好	好	2.2	锐角	2.0	旺盛	旺盛		√				四旁树
	苦楝	赣州市章坑寨林场	矮岑	本地	人工林	形质评定	8	9.0	17.8	伞形	好	好	4.8	锐角	2.5	旺盛	旺盛		√				四旁优树
	苦楝	赣州市朱坊花树		本地	人工林	形质评定	30	16.5	31.4	伞形	好	一般	4.8	锐角	1.0	旺盛	旺盛		√				四旁优树
	苦楝	宜春市经委	永宁经委后面	本地		绝对值评选法	30	11.0	34.0		较好	好	2.0	60	1.0	旺盛	旺盛	√	√				
137	苦木	赣州市三标乡	黄坡高山村	本地	天然林	五株优势木法	25	14.2	16.0	圆柱形	好	好	3.5			旺盛	旺盛	√	√				
138	苦槠	九江市大洞畈上	黄沙后背山	本地	天然林	五株优势木法	35	14.0	28.9	圆锥形	好	好		77	0.4	旺盛		√	√				
	苦槠	九江市大港高塘村曹站组	西边垅	本地	天然林	形质评定	52	13.8	38.0	卵形	好	好	7.0	60	0.5	旺盛	旺盛	√					
	苦槠	九江市观音桥风景区	栖贤寺	本地	天然林	五株优势木法	50	15.0	37.0	圆形	好	好	5.0	88	2.0	旺盛	良好	√	√	√		√	
	苦槠	九江市花园乡红花村郑庄		本地	天然林	五株优势木法	32	14.0	21.6	圆形	好	好	5.0	80	2.0	旺盛	良好	√	√				

（续）

序号	树种名称	经营单位（或个人）	地　名	种源	起源	选优方法	数量指标			形质指标								利用建议					备　注
							树龄（a）	树高（m）	胸径（cm）	冠型	圆满度	通直度	枝下高（m）	分枝角度（°）	树皮厚（cm）	生长势	结实情况	生态	用材	薪炭	抗逆	其他	
	苦槠	九江市九江县新塘乡岷山村三组	岷山大屋下屋	本地	天然林	形质评定	300	12.0	137.0	宽圆锥形	好	好	6.0	70	1.0	旺盛	旺盛	√					
	苦槠	九江市九江县新塘乡岷山村六组	郭家冲	本地	天然林	形质评定	200	21.8	96.0	宽圆锥形	好	好	7.0	60	1.0	旺盛	旺盛	√					
	苦槠	九江市九江县新塘乡紫荆村二十一组	沐湖坝万家	本地	天然林	形质评定	250	14.5	150.0	宽圆锥形	好	好	5.5	70	1.0	旺盛	旺盛	√					
	苦槠	九江市武宁县澧溪坎上村	王家后背山	本地	天然林	五株优势木法	30	13.4	21.0	塔形	好	好		80	0.5	旺盛			√				
	苦槠	九江市林泉乡大溪坂村六组	水库尾	本地	天然林	五株优势木法	30	15.2	48.6	圆形	好	好	7.0	65	1.2	旺盛	旺盛	√					
	苦槠	九江市罗坪东边	下肖	本地	天然林	五株优势木法	24	11.7	52.0	圆锥形	好	好		52	2.1	旺盛		√	√				
	苦槠	九江市磨溪乡南田村二组	水库边	本地	天然林	五株优势木法	45	16.2	32.6	圆形	好	好	8.0	65	1.2	旺盛	旺盛	√					
	苦槠	九江市磨溪乡南田村四组	新开路边	本地	天然林	五株优势木法	26	14.5	25.5	圆形	好	好	8.0	65	1.2	旺盛	旺盛	√					
	苦槠	九江市磨溪乡曙光村五组	进组路边	本地	天然林	五株优势木法	30	10.5	29.5	圆形	好	好	6.0	65	1.2	旺盛	旺盛	√					
	苦槠	九江市上十岭垦殖场	芦丰大冲坞	本地	天然林	形质评定	40	16.0	46.2	宽卵形	好	好	4.0	45	1.5	旺盛	旺盛	√	√				
	苦槠	九江市宋溪坑口		本地	天然林	五株优势木法	35	12.9	21.2	圆锥形	好	好		75	2.0	旺盛		√	√				
	苦槠	九江市天红镇乌龙村	阳训山	本地	天然林	形质评定	45	13.4	25.4	宽卵形	好	好	5.0	60	1.2	旺盛	旺盛	√	√				
	苦槠	九江市新宁镇西良	罗子坑	本地	天然林	五株优势木法	38	16.0	32.5	圆锥形	好	好		69	1.7	旺盛			√				
	苦槠	九江市修水县黄沙港林场	乐家山		天然林	五株优势木法	45	13.5	38.6	圆形	较好	较好	5.0			旺盛		√					
	苦槠	九江市修水县山口镇	秀水村		天然林	五株优势木法	40	12.0	28.0	圆形	好	好	5.0			旺盛		√					
	苦槠	九江市修水县征村乡	潭坑村		天然林	五株优势木法	56	17.0	38.0	圆形	好	好	5.0			旺盛		√					
	苦槠	九江市洲上组	汪墩乡	本地	天然林	形质评定	25	14.0	26.0	卵形	好	好	8.0	80	0.6	旺盛	旺盛	√					

（续）

序号	树种名称	经营单位（或个人）	地名	种源	起源	选优方法	数量指标			形质指标								利用建议					备注
							树龄（a）	树高（m）	胸径（cm）	冠型	圆满度	通直度	枝下高（m）	分枝角度（°）	树皮厚（cm）	生长势	结实情况	生态	用材	薪炭	抗逆	其他	
	苦槠	新余市分宜镇站前村	香竹坑	本地	天然林	五株优势木法	28	21.0	38.2	伞形	好	好	9.0	45	0.3	良好	旺盛		√				
	苦槠	新余市九龙林场	绿坑口上	本地	天然林		65	21.0	73.6	伞形	好	好	12.4	40	0.6	旺盛	良好		√	√	√		
	苦槠	鹰潭市高公寨林场	杨家坞	本地	天然林	形质评定	32	11.8	30.0	卵形	好	好	6.5	65	中	良好	良好	√	√				
	苦槠	赣州市赣县里目村	里目沙官前	本地	天然林	形质评定	60	18.0	49.0	伞形	好	好						√					
	苦槠	赣州市洞头乡下东坑村放牛窝组	洞头岭下	本地	天然林	形质评定	80	19.0	60.0	伞形	较好	好	4.0	80	1.0	旺盛	一般	√					
	苦槠	赣州市寻乌县桂竹帽镇	华星村	本地	天然林	五株优势木法	17	14.4	25.4	伞形	好	好	4.0			旺盛	旺盛	√	√				
	苦槠	赣州市上屋	黄沙乡新岭	本地	天然林	形质评定	140	12.8	121.0		较好	较好	2.4			一般	良好		√				
	苦槠	赣州市塘头坳	黄沙乡新岭	本地	人工林	形质评定	130	23.5	108.3	圆形	较好	较好	8.1			旺盛	旺盛	√	√				
	苦槠	赣州市塘头坳	黄沙乡新岭	本地	人工林	形质评定	130	22.4	82.8	圆形	较好	较好	5.0			旺盛	旺盛	√	√				
	苦槠	赣州市塘头坳	黄沙乡新岭	本地	天然林	形质评定	130	12.5	101.9	圆形	较好		5.5			旺盛	良好	√	√				
	苦槠	赣州市塘头坳	黄沙乡新岭	本地	天然林	形质评定	120	17.2	58.8	圆柱形	较好	较好	2.0			旺盛	旺盛	√	√				
	苦槠	赣州市湾子	黄沙乡黄沙	本地	天然林	形质评定	120	14.5	156.1	圆形	较好	较好	3.0			旺盛	旺盛	√	√				
	苦槠	赣州市下迳	黄沙乡新华	本地	天然林	形质评定	150	24.5	82.8	圆形	较好	较好	2.0			旺盛	旺盛	√	√				
	苦槠	赣州市樟屋前组	背夫坑	本地	天然林	形质评定	27	12.5	8.4	伞形	好	好	3.5	90	0.5	旺盛	旺盛	√	√				
	苦槠	赣州市中坑村	大阳古屋背	本地	天然林	形质评定	60	13.0	98.7	伞形	好	好	5.0	86	1.2	旺盛	良好	√	√				
	苦槠	赣州市中坑村	漂坊社下	本地	天然林	形质评定	54	15.0	85.9	圆形	好	好	6.0	85	1.2	旺盛	良好	√	√				
	苦槠	赣州市中坑村	大阳古屋背	本地	天然林	形质评定	62	15.0	108.2	圆形	好	好	5.0	86	0.3	旺盛	良好	√	√				
	苦槠	上饶市朝阳乡十里村	下黄苦槠山		天然林		50	16.0	37.3		好	好	7.0		1.3	旺盛		√					
	苦槠	上饶市皈大乡	分水村旁	本地	天然林	五株优势木法	70	8.5	36.1		好	好	4.6		2.0	旺盛							
	苦槠	上饶市社后	灰山底	本地	天然林	五株优势木法	45	13.5	31.5		好	好	9.0	80		旺盛	旺盛	√					
	苦槠	上饶市新岗山镇	新建村	本地	天然林	五株优势木法	35	6.6	20.5		好	好	3.2		2.5	旺盛	旺盛						
	苦槠	上饶市新岗山镇	新建村	本地	天然林	五株优势木法	35	6.0	21.4		好	好	3.0		2.5	旺盛	旺盛						

（续）

序号	树种名称	经营单位（或个人）	地　名	种源	起源	选优方法	数量指标			形质指标								利用建议					备　注
							树龄（a）	树高（m）	胸径（cm）	冠型	圆满度	通直度	枝下高（m）	分枝角度（°）	树皮厚（cm）	生长势	结实情况	生态	用材	薪炭	抗逆	其他	
	苦槠	上饶市玉亭镇	东山岭	本地	天然林	五株优势木法	56	16.5	31.0	伞形	好	好	5.0			旺盛		√					
	苦槠	上饶市紫阳镇齐村	王家坦	本地	天然林	五株优势木法	70	18.0	79.6	长卵形	好	好	7.0	50	2.0	一般	旺盛	√	√				
	苦槠	吉安市曲江林场	龙源	本地	天然林		50	12.0	28.0	均匀	好	好	6.0		中	良好	旺盛	√	√				
	苦槠	吉安市珠山村	中龙		天然林	五株优势木法	40	16.0	38.8	宽卵形	好	好		30	0.8	旺盛	旺盛	√					
139	宽叶粗榧	上饶市武夷山自然保护区		本地	天然林	形质评定	100	8.0	20.5		好	好	5.0			旺盛	一般	√	√				
140	辣树	赣州市洞头乡洞头村双合丘组	高石坝	本地	天然林	形质评定	60	14.0	48.0	伞形	较好	较好	4.0	80	1.0	旺盛	一般	√					
141	蓝桉	赣州市赣县唐江	一糖厂	本地	人工林	形质评定	30	20.0	81.8	圆形	好	好	12.0	40	2.0	旺盛	旺盛	√	√				
142	蓝果树	赣州市寻乌县桂竹帽镇	小龙归	本地	天然林	五株优势木法	12	8.6	23.0	圆形	好	好	2.6			旺盛	差	√	√				四旁优树
	蓝果树	赣州市石城县洋地七岭		本地	天然林	形质评定	180	20.0	73.0	卵形	好	好	6.0	82	1.1	一般	差	√	√				
	蓝果树	赣州市水泥厂	梅水窑下				28	16.0	47.0	圆锥形						旺盛		√	√				
143	榔榆	赣州市赣县湖江乡	小良村	本地	人工林	形质评定	80	7.5	30.0	伞形	好	好						√					
	榔榆	赣州市寻乌县桂竹帽镇	园艺场	本地	天然林	五株优势木法	20	16.0	18.0	伞形	好	好	3.0			旺盛	旺盛	√	√				
144	乐昌含笑	新余市钤阳池塘村	村委院内	浙江	人工林		20	14.0	42.1	卵形	好	一般	2.4	40	0.5	旺盛	旺盛		√	√	√		
	乐昌含笑	赣州市赣县	樟坑分场	本地	天然林	形质评定	35	18.0	31.6	伞形	好	好						√					
	乐昌含笑	赣州市安基山林场	青茶工区野猪湖	本地	天然林	形质评定	27	24.0	42.0	伞形	好	好	2.3	37	1.4	旺盛	旺盛	√					
	乐昌含笑	赣州市上犹县陡水电厂					26	9.0	37.0	伞形						旺盛		√					四旁及散生木
	乐昌含笑	赣州市葛坳林场	林场院内	本地	人工林	五株优势木法	20	13.5	45.8	伞形	好	好	1.5	65	0.8	良好	旺盛	√					
	乐昌含笑	赣州市夹湖林场	箭白工屋马坳	本地	天然林		60	21.6	57.6	伞形	好	好	4.0		中	旺盛	旺盛	√	√				四旁及散生木
	乐昌含笑	赣州市夹湖林场	箭白工屋来路坑	本地	天然林		48	25.8	49.1	伞形	好	好			中	旺盛	旺盛	√	√				

（续）

序号	树种名称	经营单位（或个人）	地名	种源	起源	选优方法	数量指标			形质指标								利用建议					备注
							树龄（a）	树高（m）	胸径（cm）	冠型	圆满度	通直度	枝下高（m）	分枝角度（°）	树皮厚（cm）	生长势	结实情况	生态	用材	薪炭	抗逆	其他	
	乐昌含笑	赣州市九连山自然保护区	虾蚣塘主沟	本地	天然林			20.0	19.0	卵形	较好	好	9.0	锐角		旺盛		√	√				
	乐昌含笑	赣州市九连山自然保护区	虾蚣塘主沟	本地	天然林		65	30.0	31.0	卵形	较好	好	16.0	锐角		旺盛		√	√				
	乐昌含笑	赣州市九连山自然保护区	虾蚣塘主沟	本地	天然林		60	30.0	21.0	卵形	较好	好	12.0	锐角		旺盛		√	√				
	乐昌含笑	赣州市九连山自然保护区	虾蚣塘主沟	本地	天然林			31.5	23.0	卵形	较好	好	11.0	锐角		旺盛		√	√				
	乐昌含笑	赣州市九连山自然保护区	虾蚣塘主沟	本地	天然林			22.0	22.0	卵形	较好	好	15.0	锐角		旺盛		√	√				
	乐昌含笑	赣州市九连山自然保护区	虾蚣塘主沟	本地	天然林		50	25.0	28.0	卵形	较好	好	16.0	锐角		旺盛		√	√				
	乐昌含笑	赣州市安远县孔田林场	岽背桥头	广东	人工林	五株优势木法	28	7.9	46.2	卵形	好	好	2.7	75	0.8	旺盛	旺盛	√					
	乐昌含笑	赣州市安远县孔田林场	岽背桥头	广东	人工林	五株优势木法	28	4.3	45.5	圆形	好	好	1.2	75	0.8	旺盛	旺盛	√					四旁散生优树
	乐昌含笑	赣州市会昌县林业局	林业局院内	本地	人工林	形质评定	27	5.0	44.0	伞形	好	好	2.0	30	0.6	旺盛	旺盛	√					四旁散生优树
	乐昌含笑	赣州市寨仔林场	吃水坑	本地	天然林		45	7.4	46.2	尖塔形	好	好			中	旺盛	旺盛	√	√				
	乐昌含笑	宜春市官山自然保护区	芭蕉埚	本地		形质评定	40	13.0	49.0		好	好	15.0		0.4	旺盛	旺盛	√					
	乐昌含笑	吉安市青原区白云山林场			人工林		25	4.3	16.4	圆形	较好	好				旺盛	良好					√	
145	雷公藤	赣州市寻乌县桂竹帽镇	上坪村	本地	天然林	五株优势木法	17	1.5	8.9	圆柱形	好	好	0.6			旺盛	旺盛	√					可作园林树种
146	黧蒴栲	赣州市赣县	樟坑分场	本地	天然林	形质评定	30	9.0	26.0	伞形	好	好						√					
	黧蒴栲	赣州市九连山自然保护区	犀牛坑	本地	天然林			19.2	17.0	卵形	较好	好	9.0	锐角		旺盛		√	√				

（续）

序号	树种名称	经营单位（或个人）	地名	种源	起源	选优方法	数量指标			形质指标								利用建议					备注
							树龄（a）	树高（m）	胸径（cm）	冠型	圆满度	通直度	枝下高（m）	分枝角度（°）	树皮厚（cm）	生长势	结实情况	生态	用材	薪炭	抗逆	其他	
	黧蒴栲	赣州市九连山自然保护区	犀牛坑	本地	天然林			8.3	9.0	卵形	较好	好	14.0	锐角		旺盛		√	√				
	黧蒴栲	赣州市九连山自然保护区	犀牛坑	本地	天然林			14.6	15.0	卵形	较好	好	10.0	锐角		旺盛		√	√				
	黧蒴栲	赣州市九连山自然保护区	犀牛坑	本地	天然林			15.8	12.0	卵形	较好	好	5.0	锐角		旺盛		√	√				
	黧蒴栲	赣州市大余县烂泥迳林场	三江口工区	本地	天然林	形质评定	25	9.9	38.2	圆柱形	好	好	8.0				一般						
	黧蒴栲	赣州市安远县牛犬山林场	邹屋迳	本地	人工林	五株优势木法	12	5.9	16.2	圆锥形	好	好	6.0	65	1.2	旺盛	旺盛	√					
	黧蒴栲	赣州市罗珊乡	�	本地	天然林	五株优势木法	18	7.3	25.4	伞形	好	好	2.4			旺盛	旺盛	√	√				散生木
147	栎树	九江市修水县黄沙港林场	杨家坪林场朱家屋场		天然林	五株优势木法	38	7.5	40.0		好	好				旺盛		√					
	栎树	鹰潭市冷水林场	茶山龙潭	本地	人工林	五株优势木法	40	6.0	34.0		好	好	4.0	40	薄	旺盛	良好	√					
	栎树	赣州市三标乡	富寨林场	本地	天然林	五株优势木法	13	4.1	9.4	圆柱形	好	好	1.7			旺盛	旺盛	√	√				
	栎树	赣州市正平镇石坳村	上洞小组屋背	本地	天然林	形质评定	18	5.6	17.5	伞形	好	好	5.0	锐角	薄	旺盛	差	√	√				
	栎树	上饶市玉亭镇	东山岭	本地	天然林	五株优势木法	60	10.5	41.0	伞形	好	好	8.0			旺盛		√					
148	两广梭罗木	赣州市赣县	龙角分场荷树下屋背	本地	天然林	形质评定	80	8.0	51.9	伞形	好	好						√					
149	岭南柯	赣州市寻乌县桂竹帽镇	华星燕埠	本地	天然林	五株优势木法	19	4.6	14.1	伞形	好	好	3.0			旺盛	旺盛	√	√				
150	岭南青冈	赣州市寻乌县桂竹帽镇	坳背林场	本地	天然林	五株优势木法	19	6.4	19.0	伞形	好	好	4.0			旺盛	旺盛	√	√				
151	柳杉	九江市国营东牯山林场	五乳寺	本地	人工林	五株优势木法	30	8.5	35.0	塔形	好	好	3.0	50	0.8	旺盛	良好	√	√				
	柳杉	九江市国营东牯山林场	五乳寺	本地	人工林	五株优势木法	30	8.5	34.0	塔形	好	好	3.0	50	0.8	旺盛	良好	√	√				
	柳杉	九江市国营东牯山林场	五乳寺	本地	人工林	五株优势木法	30	8.5	33.8	塔形	好	好	3.0	50	0.8	旺盛	良好	√	√				
	柳杉	九江市国营东牯山林场	五乳寺	本地	人工林	五株优势木法	30	8.8	36.0	塔形	好	好	3.0	50	0.8	旺盛	良好	√	√				

（续）

序号	树种名称	经营单位（或个人）	地　名	种源	起源	选优方法	数量指标			形质指标								利用建议					备　注
							树龄（a）	树高（m）	胸径（cm）	冠型	圆满度	通直度	枝下高（m）	分枝角度（°）	树皮厚（cm）	生长势	结实情况	生态	用材	薪炭	抗逆	其他	
	柳杉	九江市国营东牯山林场	五乳寺	本地	人工林	五株优势木法	30	8.5	34.0	塔形	好	好	3.0	50	0.8	旺盛	良好	√	√				
	柳杉	九江市国营东牯山林场	五乳寺	本地	人工林	五株优势木法	30	8.0	36.0	塔形	好	好	3.0	50	1.8	旺盛	良好	√	√				
	柳杉	景德镇市浮梁县瑶里镇	白石塔		人工林	五株优势木法	24	3.5	10.0		好	好	4.0		0.3	良好	良好	√	√		√		
	柳杉	鹰潭市冷水林场	茶山		人工林	五株优势木法	30	8.5	78.4		好	好	3.0	80	薄	旺盛	良好	√					
	柳杉	赣州市赣县	双龙分场	本地	人工林	五株优势木法		10.8	31.6	尖塔形	好	好							√				
	柳杉	赣州市赣县	双龙分场	本地	人工林	五株优势木法	30	10.1	36.8	尖塔形	好	好							√				
	柳杉	赣州市赣县	双龙分场	本地	人工林	五株优势木法	30	9.9	32.2	尖塔形	好	好							√				
	柳杉	赣州市赣县	双龙分场	本地	人工林	五株优势木法	30	9.8	36.2	尖塔形	好	好							√				
	柳杉	赣州市赣县	双龙分场	本地	人工林	五株优势木法	30	11.8	37.9	尖塔形	好	好							√				
	柳杉	赣州市赣县	双龙分场	本地	人工林	五株优势木法	30	9.3	28.0	尖塔形	好	好							√				
	柳杉	赣州市赣县	下山寮林场	本地	人工林	形质评定	13	3.5	16.0	塔形	好	好							√				
	柳杉	赣州市洞头乡林业站	林业站院内	省外	人工林	形质评定	20	5.0	21.8	塔形	好	好	3.0	45	0.5	旺盛	一般	√					
	柳杉	赣州市茅山林场	场部	本地	人工林	形质评定	41	6.5	43.4	塔形	好	好	3.0	20	1.0	旺盛	良好	√	√				
	柳杉	赣州市兆坑林场	野猪坑	省外	人工林	形质评定	30	9.8	34.4	塔形	好	好	3.0		1.6	旺盛	良好	√	√				
	柳杉	上饶市怀玉乡	冷水坑林场	本地	人工林	五株优势木法	40	10.0	47.9	塔形	好	好	3.0			旺盛	旺盛	√	√				
	柳杉	上饶市武夷山自然保护区		本地	天然林	五株优势木法	100	15.0	89.8	圆形	好	好	20.0			旺盛	旺盛	√	√				
	柳杉	吉安市七溪岭林场	耙陂分场	本地	人工林		27	6.0	22.8	均匀	好	好	2.0		0.2	旺盛	旺盛	√	√		√		
	柳杉	吉安市珠江组	珠江	本地	天然林	五株优势木法	21	8.5	30.0	塔形	好	好	2.7		中	良好			√				
152	柳树	鹰潭市西窑林场	船槽	本地	人工林	五株优势木法	26	7.5	34.4	塔形	好	好	5.0	85	2.0	旺盛	旺盛	√					
	柳树	赣州市水岩乡爱联村委会					17	4.5	21.0	圆锥形						旺盛		√					
	柳树	赣州市赤土乡爱莲村杉树下组	爱莲树下	本地	人工林	五株优势木法	35	3.9	21.2	伞形	好	好	2.5	锐角		旺盛		√					

（续）

序号	树种名称	经营单位（或个人）	地 名	种源	起源	选优方法	数量指标			形质指标								利用建议					备 注
							树龄（a）	树高（m）	胸径（cm）	冠型	圆满度	通直度	枝下高（m）	分枝角度（°）	树皮厚（cm）	生长势	结实情况	生态	用材	薪炭	抗逆	其他	
	柳树	赣州市老围	东坑镇金莲	本地	天然林	形质评定	12	4.6	25.2	圆锥形	较好	较好	1.7			旺盛	良好	√					四旁优树
	柳树	赣州市上犹中学					26	6.5	38.0	伞形						旺盛		√					
153	龙柏	赣州市洞头林业站	林业站后院	省外	人工林	形质评定	26	3.5	15.4	塔形			1.0	75	0.5	旺盛	旺盛	√	√				
	龙柏	赣州市茅山林场	场部	本地	人工林	形质评定	40	3.1	18.9	塔形	好	好	0.5	20	1.4	旺盛	良好	√	√				
	龙柏	赣州市文武坝镇富东钟木生		省外	人工林	形质评定	23	5.0		塔形	好	好	0.5	25	0.8	旺盛	差	√	√				
154	龙丁树	赣州市洞头乡东坑村放牛窝组	洞头岭下	本地	天然林	形质评定	40	6.0	36.3	伞形	好	好	4.5	80	1.0	旺盛	一般	√					
155	窿缘桉	赣州市朱坊胜利		本地	人工林	形质评定	35	9.9	28.4	伞形	好	好	14.2	锐角	0.5	旺盛	旺盛		√				
156	庐山泡花树	赣州市项山乡	中坑罗庚山	本地	天然林	五株优势木法	25	2.4	13.4	圆形	好	好	1.2			旺盛	旺盛	√					
157	鹿角栲	赣州市信丰县隘高林场	牛口岩工区河对面	本地	天然林	形质评定	36	7.4	29.0	伞形	好	好	4.6	锐角	中	旺盛	良好	√	√				
	鹿角栲	赣州市信丰县金鸡林场	下竹迳工区猪婆垅	本地	天然林	形质评定	45	10.8	44.6	卵形	好	好	10.0	锐角	中	旺盛	良好	√	√				
	鹿角栲	赣州市信丰县金鸡林场	上坪工区对面石壁下	本地	天然林	形质评定	32	7.7	39.3	卵形	好	好	6.1	锐角	中	旺盛	旺盛	√	√				
	鹿角栲	赣州市九连山自然保护区	虾蚣塘主沟	本地	天然林			23.1	22.0	卵形	较好	好	14.0	锐角		旺盛		√	√				
	鹿角栲	赣州市新田镇下江村桥子背组	茶叶坑	本地	天然林	形质评定	30	7.8	30.4	卵形	好	好	9.5	锐角	中	旺盛	良好	√	√				
158	罗浮栲	赣州市九连山自然保护区	虾蚣塘主沟	本地	天然林			10.1	16.0	卵形	较好	好	10.0	锐角		旺盛		√	√				
	罗浮栲	赣州市大余县烂泥迳林场	三江口工区	本地	天然林	形质评定	35	9.0	40.7	圆柱形	好	好	10.0				一般						
	罗浮栲	赣州市罗珊乡	珊贝村珠子坑	本地	天然林	五株优势木法	18	11.2	23.6	伞形	好	好	7.0			旺盛	旺盛	√	√				

（续）

序号	树种名称	经营单位（或个人）	地名	种源	起源	选优方法	数量指标			形质指标								利用建议					备注
							树龄（a）	树高（m）	胸径（cm）	冠型	圆满度	通直度	枝下高（m）	分枝角度（°）	树皮厚（cm）	生长势	结实情况	生态	用材	薪炭	抗逆	其他	
159	罗浮柿	赣州市文武坝镇水西村刘满福	水西坝	本地	人工林	形质评定	92	5.5	47.0	伞形	好	好	3.8	30	0.6	旺盛	旺盛	√	√				
160	罗汉松	赣州市安远县牛犬山林场	院内	本地	人工林	五株优势木法	15	3.5	10.0	伞形	好	好	1.5	80	0.6	旺盛	旺盛	√					
	罗汉松	赣州市右水乡下寨村	下寨水口	本地	人工林	形质评定	52	6.5	52.0	圆形	较好	好	3.2	15	0.8	旺盛	旺盛	√					四旁散生优树
	罗汉松	赣州市周田镇半岗村	半岗小组	本地	天然林	形质评定	350	5.4	73.6	圆形	好		3.8	37	0.7	旺盛	良好	√					
	罗汉松	赣州市珠兰乡怀仁村下仁组		本地	天然林	形质评定	120	8.5	32.0	伞形	好	好	2.1	30	0.8	旺盛	旺盛	√					
	罗汉松	宜春市新居组	冯川镇赤角	本地		五株优势木法	95	7.6	33.4		好	好	3.4		1.0	良好	良好	√					
161	罗盘树	赣州市站塘乡水照村水口江组	茶厅边	本地	天然林	形质评定	150	9.0	60.0	伞形	较好		3.0	70	1.0	一般	良好	√	√				
162	椤木石楠	赣州市罗坊村	六组公路边	本地	天然林	形质评定	60	4.5	57.3	伞形	好	好	5.0	85	0.5	旺盛	良好	√	√				
	椤木石楠	赣州市石壁湖	桃江乡中源	本地	人工林	形质评定	50	6.3	68.4	圆柱形	好	好				旺盛	旺盛	√	√				
163	落羽杉	九江县马回岭镇秀峰村	私立学校后	省外	人工林	形质评定	43	6.8	45.0	圆锥形	好	好	4.0	80	0.7	旺盛	旺盛	√					
	落羽杉	九江市九江县马回岭镇秀峰村	加油站后	省外	人工林	形质评定	43	8.5	53.0	圆锥形	好	好	5.0	80	0.7	旺盛	旺盛	√					
	落羽杉	九江市九江县岷山乡东株岭村	村林场	省外	人工林	形质评定	25	6.9	17.0	圆锥形	好	好	3.0	80	0.7	旺盛	旺盛	√					
	落羽杉	赣州市甲江林场	场部内	本省	人工林	五株优势木法	28	8.3	55.4	塔形	好	好	7.2	55	0.6	旺盛	良好		√				
164	麻栎	九江市修水县漫江乡	漫江乡		天然林	五株优势木法	42	6.5	28.8	圆形	好	好	5.0			旺盛		√					四旁及散生木
	麻栎	宜春市官山自然保护区	大沙坪	本地		形质评定	300	12.0	60.0		较好	好	10.0		1.0	旺盛	旺盛	√					
	麻栎	宜春市官山自然保护区	李家屋场	本地		形质评定	300	10.5	60.0		好	好	13.0		0.7	旺盛	旺盛	√					
165	马甲子	赣州市文峰乡	长布村	本地	天然林	五株优势木法	20	6.0	18.0	倒卵形	好	好	2.0			旺盛	旺盛	√	√				

（续）

序号	树种名称	经营单位（或个人）	地名	种源	起源	选优方法	数量指标			形质指标								利用建议					备注
							树龄（a）	树高（m）	胸径（cm）	冠型	圆满度	通直度	枝下高（m）	分枝角度（°）	树皮厚（cm）	生长势	结实情况	生态	用材	薪炭	抗逆	其他	
166	马蹄荷	赣州市思顺林场	十八垒	本地	天然林	五株优势木法	32	13.0	41.7	伞形	好	好	11.0	50	1.8	旺盛	旺盛	√	√				
167	马尾松	南昌市进贤县前坊茅岗	焦家水塘	本地	天然林	综合评定	45	6.0	41.7	伞形	好	好	8.0	60	1.5	旺盛	旺盛	√	√				
	马尾松	南昌市新建县溪霞石咀	施家	本地	天然林	综合评定	35	6.4	18.7	圆锥形	好	好	4.5	70	2.0	旺盛	良好	√	√	√			
	马尾松	九江市观音桥风景区	观音桥	本地	天然林	五株优势木法	40	8.5	38.0	塔形	好	好	7.0	50	2.0	旺盛	良好	√	√	√	√	√	
	马尾松	九江市爱民乡红岩村岩泉桂	面前山	本地	天然林	五株优势木法	25	6.8	28.1	圆形	好	好	7.0	70	1.5	旺盛		√					
	马尾松	九江市白果组	徐埠镇	本地	天然林	形质评定	32	7.9	40.0	塔形	好	好	9.3	75	1.7	旺盛	旺盛		√				
	马尾松	九江市朝阳林场	绪垄洞颈	本地	天然林	形质评定	33	9.0	30.6	塔形	好	好	10.3	85	1.7	旺盛	旺盛	√					
	马尾松	九江市大港高塘村曹站组	西边垅	本地	天然林	形质评定	60	6.5	56.8	塔形	好	好	6.0	65	1.8	旺盛	旺盛	√					
	马尾松	九江市甫田林站	细沙岭	本地	天然林	五株优势木法	26	6.4	27.0	圆锥形	好	好		80	1.3	旺盛			√				
	马尾松	九江市工业园桐林村	屋后山	本地	天然林	五株优势木法	55	10.0	65.9	圆锥形	好	较好		71	0.5	旺盛			√				
	马尾松	九江市观音桥风景区	观音桥	本地	天然林	五株优势木法	40	8.5	36.0	塔形	好	好	6.0	50	2.0	旺盛	良好	√	√	√	√	√	
	马尾松	九江市观音桥风景区	观音桥	本地	天然林	五株优势木法	30	8.5	34.0	塔形	好	好	6.0	50	2.0	旺盛	良好	√	√	√	√	√	
	马尾松	九江市官莲官塘	周元	本地	天然林	五株优势木法	25	7.6	19.3	圆锥形	好	好		71	1.3	旺盛			√				
	马尾松	九江市海会师范	茶场	本地	天然林	五株优势木法	70	7.5	49.3	圆形	好	好	6.0			旺盛		√					
	马尾松	九江市横路上富	垅崽	本地	天然林	五株优势木法	20	6.5	26.7	塔形	好	好		65	2.0	旺盛			√				
	马尾松	九江市九江县马回岭镇马头村	陶渊明墓	本地	天然林	形质评定	260	12.0	52.5	塔形	好	好	12.0	70	1.5	旺盛	旺盛	√					
	马尾松	九江市九江县马回岭镇马头村	陶渊明墓	本地	天然林	形质评定	260	12.0	65.9	塔形	好	好	12.0	70	1.5	旺盛	旺盛	√					
	马尾松	九江市九江县马回岭镇马头村	陶渊明墓	本地	天然林	形质评定	260	10.0	70.7	塔形	好	好	9.5	70	1.5	旺盛	旺盛	√					
	马尾松	九江市九江县马回岭镇马头村	陶渊明墓	本地	天然林	形质评定	260	11.3	62.7	塔形	好	好	9.5	70	1.5	旺盛	旺盛	√					

（续）

序号	树种名称	经营单位（或个人）	地　名	种源	起源	选优方法	数量指标			形质指标								利用建议					备　注
							树龄（a）	树高（m）	胸径（cm）	冠型	圆满度	通直度	枝下高（m）	分枝角度（°）	树皮厚（cm）	生长势	结实情况	生态	用材	薪炭	抗逆	其他	
	马尾松	九江市九江县岷山乡大塘村九组	张七房	本地	天然林	形质评定	200	10.8	65.0	塔形	好	好	11.0	75	1.5	旺盛	旺盛	√	√				
	马尾松	九江市九江县岷山乡大塘村九组	张七房	本地	天然林	形质评定	100	7.8	43.0	塔形	好	好	7.0	75	1.5	旺盛	旺盛	√	√				
	马尾松	九江市武宁县澧溪乡临江村	方洞垅	本地	天然林	五株优势木法	28	7.3	31.4	圆锥形	好	好		80	2.2	旺盛			√				
	马尾松	九江市鲁溪南冲	一组	本地	天然林	五株优势木法	32	4.4	14.7	圆锥形	好	好		80	2.0	旺盛			√				
	马尾松	九江市罗溪村		本地	天然林	五株优势木法	35	6.5	30.2	圆锥形	好	好		76	1.5	旺盛			√				
	马尾松	九江市南义乐园村八组集体		本地	天然林	五株优势木法	36	7.5	23.8	圆形	好	好	7.0	70	1.8	旺盛	良好	√			√		
	马尾松	九江市南义美景村六组集体		本地	天然林	五株优势木法	33	7.0	27.6	圆形	好	好	7.0	70	2.1	旺盛	良好	√			√		
	马尾松	九江市南义美景村三组集体		本地	天然林	五株优势木法	35	7.0	28.4	圆形	好	好	7.0	70	2.3	旺盛	良好	√			√		
	马尾松	九江市泉口楼厦	南庄	本地	天然林	五株优势木法	20	6.0	26.5	塔形	好	好		60	2.3	旺盛			√				
	马尾松	九江市宋溪	田段	本地	天然林	五株优势木法	25	8.3	26.2	塔形	好	好		60	2.5	旺盛			√				
	马尾松	九江市修水县黄龙乡			天然林	五株优势木法	42	7.5	42.0	圆形	好	好	5.0			旺盛		√					
	马尾松	九江市修水县黄沙港林场	杨家坪林场牛形峨公岭		天然林	五株优势木法	35	9.5	30.0	圆形	好	好	5.0			旺盛			√				
	马尾松	九江市修水县黄沙镇	李村		天然林	五株优势木法	25	7.0	27.0	圆形	好	好	5.0			旺盛							
	马尾松	九江市修水县征村乡	黄荆洲村上艾		天然林	五株优势木法	26	10.5	37.3	圆形	好	好	5.0			旺盛							
	马尾松	九江市洲上组	汪墩乡	本地	天然林	形质评定	36	7.0	51.5	塔形	好	好	7.0	85	1.8	旺盛	旺盛	√					
	马尾松	景德镇市浮梁县兴田乡	兴二组查坑		天然林	五株优势木法	38	10.0	38.0		好	好	12.0		0.2	良好	差		√				
	马尾松	萍乡市赤山镇幕冲村	分店后面	本地	人工林	五株优势木法	30	6.0	29.4	圆锥形	好	好	6.0	80	1.6	旺盛	旺盛	√	√				
	马尾松	萍乡市良坊乡布口村		本地	天然林	五株优势木法	28	12.0	47.3	伞形	好	好	9.0	45	1.2	良好	旺盛		√				

（续）

序号	树种名称	经营单位（或个人）	地　名	种源	起源	选优方法	数量指标			形质指标								利用建议					备　注
							树龄（a）	树高（m）	胸径（cm）	冠型	圆满度	通直度	枝下高（m）	分枝角度（°）	树皮厚（cm）	生长势	结实情况	生态	用材	薪炭	抗逆	其他	
	马尾松	萍乡市良坊乡布口村		本地	天然林	五株优势木法	28	11.4	41.3	伞形	好	好	8.6	42	1.2	良好	旺盛		√				
	马尾松	萍乡市源并林场	水牛塘	本地	人工林	五株优势木法	130	11.3	200.0	尖塔形	好	好	7.8	45	1.5	旺盛	旺盛		√				
	马尾松	萍乡市源并林场	花果园	本地	人工林	五株优势木法	40	8.4	35.4	平顶	好	好	3.5	47	1.5	旺盛	旺盛		√				
	马尾松	新余市抱石公园	文化宫		天然林	五株优势木法	21	7.5	30.0		好	好	9.0		中	良好	良好		√	√	√		
	马尾松	新余市长埠林场	年珠后山		人工林	五株优势木法	14	8.3	27.0	塔形	好	好	5.5	35	0.3	良好	旺盛	√	√				
	马尾松	新余市高新区水西镇白沙桥村委	白沙桥村组	本地	天然林	形质评定	25	9.0	41.5	卵形	好	好	10.0	90	2.5	良好	旺盛		√	√	√		
	马尾松	新余市九龙林场	加水站	本地	天然林		80	17.6	76.1	圆柱形	好	好	18.4	40	0.5	旺盛	良好		√	√	√		
	马尾松	新余市罗坊竹山	新屋		天然林	五株优势木法	21	14.0	35.8	卵形	好	好	8.0		中	良好	良好		√	√	√		
	马尾松	新余市山下林场	松林巷		人工林	五株优势木法	13	11.3	15.6	塔形	好	好	7.5	35	0.3	良好	旺盛	√	√				
	马尾松	鹰潭市黄庄乡黄庄村	独山咀	本地	天然林	五株优势木法	18	12.5	21.6	塔形	好	好	5.8	70	中	良好	良好	√	√				
	马尾松	鹰潭市马荃镇	松山村松山	本地	天然林	五株优势木法	22	13.4	30.0	塔形	好	好	6.3	83	1.5	旺盛	旺盛	√	√				
	马尾松	赣州市赣县	坪内村板丰组坳上	本地	天然林	形质评定	40	20.0	50.0	伞形	好	好								√			
	马尾松	赣州市赣县新星村	新屋组棉花口	本地	天然林	五株优势木法	21	15.0	36.5	伞形	好	好								√			
	马尾松	赣州市赣县赣江村	上樟桥组塘子窖	本地	天然林	五株优势木法	20	17.0	20.0	伞形	好	好								√			
	马尾松	赣州市赣县	中街组	本地	天然林	五株优势木法	30	19.0	74.8	伞形	好	好								√			
	马尾松	赣州市赣县	枧田村庄屋组	本地	天然林	五株优势木法	30	14.5	36.0	伞形	好	好								√			
	马尾松	赣州市赣县	白涧村樟树下组变压器四边	本地	天然林	形质评定	80	30.0	80.0	伞形	好	好								√			
	马尾松	赣州市赣县	滩头村	本地	人工林	形质评定	17	6.0	14.0	尖塔形	好	好								√			
	马尾松	赣州市赣县	江口镇政府路边	本地	天然林	五株优势木法	20	15.0	33.0	圆形	好	好								√			

（续）

序号	树种名称	经营单位（或个人）	地名	种源	起源	选优方法	数量指标			形质指标								利用建议					备注
							树龄（a）	树高（m）	胸径（cm）	冠型	圆满度	通直度	枝下高（m）	分枝角度（°）	树皮厚（cm）	生长势	结实情况	生态	用材	薪炭	抗逆	其他	
	马尾松	赣州市赣县	山田村河山组	本地	天然林	五株优势木法	20	15.0	25.5	圆形	好	好								√			
	马尾松	赣州市赣县	龙脑水口	本地	天然林	五株优势木法	58	26.0	46.0	伞形	好	好								√			
	马尾松	赣州市赣县	枣子排	本地	天然林	五株优势木法	50	15.6	31.2	伞形	好	好								√			
	马尾松	赣州市赣县	金田村旱禾坑组	本地	天然林	五株优势木法	58	17.5	36.5	伞形	好	好								√			
	马尾松	赣州市赣县	夏汶村东瓜坑	本地	天然林	形质评定	110	20.5	180.0	伞形	好	好								√			
	马尾松	赣州市赣县	新兴村刘背坑组	本地	天然林	形质评定	40	20.0	48.0	伞形	好	好								√			
	马尾松	赣州市赣县	新兴村刘背坑组	本地	天然林	形质评定	35	24.0	40.0	伞形	好	好								√			
	马尾松	赣州市赣县	新兴村刘背坑组	本地	天然林	形质评定	38	19.0	42.0	伞形	好	好								√			
	马尾松	赣州市赣县	新兴村刘背坑组	本地	天然林	形质评定	36	24.0	40.0	伞形	好	好								√			
	马尾松	赣州市赣县	新兴村刘背坑组	本地	天然林	形质评定	50	18.0	52.0	伞形	好	好								√			
	马尾松	赣州市赣县	新兴村刘背坑组	本地	天然林	形质评定	48	19.0	46.0	伞形	好	好								√			
	马尾松	赣州市赣县	新兴村刘背坑组	本地	天然林	形质评定	55	21.0	60.0	伞形	好	好								√			
	马尾松	赣州市赣县	岐岭村岐岭下	本地	天然林	形质评定	20	18.0	22.0	伞形	较好	好								√			
	马尾松	赣州市赣县	寨下村上茺组	本地	天然林	形质评定	35	20.0	38.0	伞形	好	好								√			
	马尾松	赣州市赣县	寨下村上茺组	本地	天然林	形质评定	40	22.0	45.0	伞形	好	好								√			
	马尾松	赣州市赣县	寨下村上茺组	本地	天然林	形质评定	48	20.0	54.0	伞形	好	好								√			
	马尾松	赣州市赣县	寨下村上茺组	本地	天然林	形质评定	42	21.0	50.0	伞形	好	好								√			

（续）

序号	树种名称	经营单位（或个人）	地　名	种源	起源	选优方法	数量指标			形质指标								利用建议					备　注
							树龄（a）	树高（m）	胸径（cm）	冠型	圆满度	通直度	枝下高（m）	分枝角度（°）	树皮厚（cm）	生长势	结实情况	生态	用材	薪炭	抗逆	其他	
	马尾松	赣州市赣县	小坪村上坊组	本地	天然林	形质评定	250	26.0	75.0	不规则	好	好								√			
	马尾松	赣州市赣县	大坪村阳嶂下组	本地	天然林	形质评定	260	25.0	160.0	伞形	好	好								√			
	马尾松	赣州市赣县	大坪村阳嶂下组	本地	天然林	形质评定	360	35.0	180.0	伞形	好	好								√			
	马尾松	赣州市安子岽林场	山川潭	本地	人工林	五株优势木法	34	23.0	49.5	卵形	好	好	7.0	90	0.9	旺盛	一般	√					
	马尾松	赣州市陂头镇政府	镇政府背后	本地	天然林	五株优势木法	30	18.0	41.5	伞形	好	好	7.6	31		旺盛	良好	√	√				四旁及散生木
	马尾松	赣州市曹屋村小组	曹屋背	本地	天然林	五株优势木法	36	30.0	49.1	尖塔形	好	好	2.8	80		旺盛	良好		√				
	马尾松	赣州市长沙村	水车坝	本地	天然林	五株优势木法	65	23.0	57.8	尖塔形	好	好	8.5	30		旺盛	旺盛	√					
	马尾松	赣州市长沙村	禾营	本地	天然林	五株优势木法	28	9.5	37.2	尖塔形	好	好	5.4	25	2.0	旺盛	旺盛	√					四旁散生优树
	马尾松	赣州市赤土乡虎岗村	虎岗组	本地	人工林	五株优势木法	20	13.0	25.6	伞形	好	好	5.0	锐角		旺盛			√				四旁散生优树
	马尾松	赣州市赤土乡虎岗村	虎岗组	本地	人工林	五株优势木法	25	13.1	26.5	伞形	好	好	6.0	锐角		旺盛			√				四旁优树
	马尾松	赣州市定南县老城村	角了山	本地	人工林	五株优势木法	37	17.6	50.8	长卵形	好	好				旺盛	旺盛	√	√				四旁优树
	马尾松	赣州市定南县历市镇	钨矿背	本地	人工林	五株优势木法	30	14.0	33.9	长卵形	好	好				旺盛	良好	√	√				
	马尾松	赣州市渡江村	干坝	本地	天然林	五株优势木法	38	16.0	48.0	伞形	好	好	3.8	45		旺盛	旺盛	√					
	马尾松	赣州市渡江村	村上	本地	天然林	五株优势木法	45	18.0	41.3	伞形	好	好	7.5	25		旺盛	旺盛	√					四旁散生优树
	马尾松	赣州市渡江村	村上	本地	天然林	五株优势木法	38	21.0	38.7	伞形	好	好	12.0	30		旺盛	旺盛	√					四旁散生优树
	马尾松	赣州市富足村委会	寺下富足小学门口				51	13.0	58.7	圆形						旺盛		√	√				四旁散生优树
	马尾松	赣州市高墩村	芋子山	本地	人工林	五株优势木法	18	8.6	17.5	平顶	好	好	2.3	80	0.3	良好	差	√	√				

（续）

序号	树种名称	经营单位（或个人）	地名	种源	起源	选优方法	数量指标			形质指标								利用建议					备注
							树龄（a）	树高（m）	胸径（cm）	冠型	圆满度	通直度	枝下高（m）	分枝角度（°）	树皮厚（cm）	生长势	结实情况	生态	用材	薪炭	抗逆	其他	
	马尾松	赣州市高塅村	芋子山	本地	人工林	五株优势木法	18	7.5	17.1	平顶	好	好	2.4	80	0.3	良好	差	√	√				散生木
	马尾松	赣州市高排乡山口村	莲塘组	本地	天然林	形质评定	100	15.0	52.5	塔形	好	好	6.0	85	1.8	旺盛	良好	√	√		√		四旁散生优树
	马尾松	赣州市高排乡山口村	莲塘组	本地	天然林	形质评定	52	20.0	99.0	圆形	好	好	14.0	85	1.6	旺盛	旺盛	√	√		√		
	马尾松	赣州市高云山林场	竹蒿岽	本省	人工林	五株优势木法	15	12.0	19.8	伞形	好	好	6.0	85	0.6	良好	差	√	√				
	马尾松	赣州市葛坳林场	猫公发	本地	天然林	五株优势木法	21	10.6	27.5	伞形	好	好	5.0	80	1.5	良好	旺盛	√					散生木
	马尾松	赣州市	太坪埔	本地	人工林	五株优势木法	25	19.8	22.0	伞形	好	好	7.2	80	2.2	旺盛	旺盛	√					散生木
	马尾松	赣州市	围岽脑	本地	天然林	五株优势木法	30	12.8	28.9	塔形	好	好	7.0	90	1.2	旺盛	旺盛		√				散生木
	马尾松	赣州市	狮云岽	本地	天然林	五株优势木法	28	16.0	30.5	尖塔形	好	好	9.0	35	2.0	旺盛	旺盛	√					散生木
	马尾松	赣州市	新围村	本地	天然林	五株优势木法	36	14.0	39.0	塔形	好	好	10.0	65	2.0	良好	旺盛		√				散生木
	马尾松	赣州市	莲塘岗	本地	天然林	五株优势木法	37	17.0	41.0	塔形	好	好	10.0	60	2.0	良好	旺盛		√				四旁散生优树
	马尾松	赣州市	石口村	本地	人工林	五株优势木法	20	11.0	43.0	平顶	好	好	4.0	75		旺盛	旺盛		√				四旁散生优树
	马尾松	赣州市共和村	禾仓仔	本地	天然林	五株优势木法	28	15.3	26.0	伞形	好	好	7.2	88		良好	旺盛		√				四旁散生优树
	马尾松	赣州市共和村	大石脑	本地	天然林	五株优势木法	29	15.3	27.0	尖塔形	好	好	7.8	85		良好	旺盛		√				四旁散生优树
	马尾松	赣州市贡江镇	古田村白口	本地	人工林	形质评定	18	12.0	20.0	卵形	好	好	8.0			旺盛	良好		√				四旁散生优树
	马尾松	赣州市古坊组	半迳古坊小学	本地	天然林	五株优势木法	35	20.0	38.0	塔形	好	好	10.0	67		良好	旺盛	√	√				
	马尾松	赣州市古田村	五龙弟	本地	人工林	五株优势木法	28	18.0	29.3	伞形	好	好	3.5	80	0.8	旺盛	一般		√				四旁散生优树
	马尾松	赣州市古田村	五龙弟	本地	人工林	五株优势木法	28	18.0	29.4	伞形	好	好	3.0	85	0.8	旺盛	一般		√				四旁及散生木

（续）

序号	树种名称	经营单位（或个人）	地名	种源	起源	选优方法	数量指标			形质指标								利用建议					备注
							树龄（a）	树高（m）	胸径（cm）	冠型	圆满度	通直度	枝下高（m）	分枝角度（°）	树皮厚（cm）	生长势	结实情况	生态	用材	薪炭	抗逆	其他	
	马尾松	赣州市固营村	屋背	本地	人工林	五株优势木法	37	14.8	27.6	伞形	好	好	4.7	80	1.0	旺盛	良好		√				四旁及散生木
	马尾松	赣州市关田镇沙溪村	下岭背	本地	天然林	五株优势木法	40	23.5	42.3	塔形	好	好		75	2.5	旺盛	旺盛	√	√				四旁及散生木
	马尾松	赣州市河石村	小学屋背	本地	天然林	五株优势木法	32	16.5	48.0	尖塔形	好	好	8.6	76	1.5	旺盛	旺盛	√	√				
	马尾松	赣州市河石村	河石余屋	本地	天然林	五株优势木法	36	14.8	34.6	尖塔形	好	好	6.5	81	2.0	旺盛	旺盛		√				散生木
	马尾松	赣州市河石村	河石村	本地	天然林	五株优势木法	32	13.6	31.0	尖塔形	好	好	6.6	75	2.0	旺盛	旺盛		√				四旁散生优树
	马尾松	赣州市黄背村	黄洞坳头	本地	天然林	五株优势木法	21	15.3	20.1	伞形	好	好	10.3	87	2.3	旺盛	差	√					四旁散生优树
	马尾松	赣州市会昌山林场	会昌山	本地	天然林	形质评定	25	23.0	36.0	塔形	好	好	8.0	30	1.2	旺盛	良好	√	√		√		散生木
	马尾松	赣州市江背组	濂丰江背	本地	天然林	五株优势木法	12	12.0	22.0	伞形	好	好	8.0	35		旺盛	旺盛	√					
	马尾松	赣州市莲塘村	塘边	本地	人工林	五株优势木法	30	16.7	23.4	尖塔形	好	好	9.2	75	2.5	良好	旺盛		√				四旁散生优树
	马尾松	赣州市濂江村	马木坪茶亭	本地	天然林	五株优势木法	40	11.0	38.0	伞形	好	好	7.0	70	2.1	良好	一般	√	√				散生木
	马尾松	赣州市濂江村	马木坪	本地	天然林	五株优势木法	40	13.0	56.0	伞形	好	好		80	2.2	良好	一般	√	√				四旁散生优树
	马尾松	赣州市安远县牛犬山林场	果园	本地	人工林	五株优势木法	15	9.0	20.0	伞形	好	好	5.0	80	1.0	旺盛	旺盛		√				四旁散生优树
	马尾松	赣州市龙潭村委会	寺下乡龙潭村				17	13.0	26.9	伞形						旺盛		√	√				四旁散生优树
	马尾松	赣州市龙潭村委会	寺下乡龙潭村				20	14.0	31.3	伞形						旺盛		√	√				
	马尾松	赣州市龙源坝村田螺无组	屋背	本地	天然林	五株优势木法	34	20.0	39.1	伞形	好	好		36	2.0	旺盛	旺盛		√				
	马尾松	赣州市隆木樟村	中永脑	本地	天然林	形质评定	26	11.2	21.5	伞形	好	好	2.5	锐角		旺盛	良好		√				
	马尾松	赣州市隆木樟村	石岭脑	本地	人工林	形质评定	30	18.8	49.3	伞形	好	好	4.6	锐角	厚	旺盛	旺盛		√				四旁优树

（续）

序号	树种名称	经营单位（或个人）	地名	种源	起源	选优方法	数量指标			形质指标								利用建议					备注
							树龄(a)	树高(m)	胸径(cm)	冠型	圆满度	通直度	枝下高(m)	分枝角度(°)	树皮厚(cm)	生长势	结实情况	生态	用材	薪炭	抗逆	其他	
	马尾松	赣州市隆木樟村	中元	本地	天然林	形质评定	30	11.2	34.9	伞形	好	好	7.0	锐角		旺盛	良好		√				四旁优树
	马尾松	赣州市双溪芦阳村委会	年海屋背				110	23.0	92.0	伞形						旺盛		√	√				四旁优树
	马尾松	赣州市双溪芦阳村委会	加工厂对面				18	10.0	24.0	圆形						旺盛		√	√				
	马尾松	赣州市双溪芦阳村委会	加工厂对面				18	9.0	32.4	圆形						旺盛		√	√				
	马尾松	赣州市双溪芦阳村委会	蝉陂头				27	9.5	30.3	圆形						旺盛		√	√				
	马尾松	赣州市双溪芦阳村委会	蝉陂头				27	9.0	27.1	圆形						旺盛		√	√				
	马尾松	赣州市双溪芦阳村委会	蝉陂头				27	7.2	26.4	圆形						旺盛		√	√				
	马尾松	赣州市罗珊乡	罗塘村下湾	本地	天然林	五株优势木法	15	8.4	16.8	圆锥形	好	好	2.4			旺盛	差	√	√				
	马尾松	赣州市茅山林场	甘坑分场	本地	天然林	五株优势木法	21	15.6	28.0	塔形	好	好	3.0	35	1.5	旺盛	旺盛	√	√				
	马尾松	赣州市门岭镇元兴村	石潭组	本地	天然林	形质评定	802	33.0	92.4	圆形	好	较好	3.6	25	0.6	旺盛	良好	√	√				
	马尾松	赣州市门岭镇元兴村	过江坪小组	本地	天然林	形质评定	72	31.0	92.4	圆形	好	好	4.6	39	0.7	旺盛	良好	√	√				
	马尾松	赣州市门岭镇元兴村	过江坪小组	本地	天然林	形质评定	85	34.0	102.0	圆形	好	好	5.1	54	0.7	旺盛	良好	√	√		√		
	马尾松	赣州市庙角组		本地	人工林	五株优势木法	35	20.5	47.7	伞形	好	好	8.8	64	厚	良好	旺盛		√				
	马尾松	赣州市庙角组		本地	人工林	五株优势木法	35	21.1	41.4	伞形	好	好	9.1	78	厚	良好	旺盛		√				四旁散生优树
	马尾松	赣州市内良乡		本地	天然林	形质评定	26	16.0	44.3	圆锥形	好	好	6.0				旺盛						四旁散生优树
	马尾松	赣州市长富南坑组		本地	天然林	五株优势木法	成龄	12.3	29.2	伞形	好	好	6.3	75	2.0	良好	一般		√				
	马尾松	赣州市宁都县肖田乡	小岭村东池组	本地	天然林	五株优势木法	27	13.0	28.0	伞形	较好	好	3.6	72	1.4	旺盛	良好		√				散生木
	马尾松	赣州市牌坊下村小组	背夫	本地	天然林	五株优势木法	32	20.0	39.1	圆形	好	好		85		旺盛	良好		√				
	马尾松	赣州市碛角村	白塔水库	本地	天然林	五株优势木法	35	12.0	50.0	伞形	好	好	9.0	70	2.2	良好	一般	√	√				
	马尾松	赣州市碛角村	松树坝	本地	天然林	五株优势木法	40	16.0	82.0	伞形	好	好	10.0	80	2.2	良好	一般	√	√				四旁散生优树

（续）

序号	树种名称	经营单位（或个人）	地名	种源	起源	选优方法	数量指标			形质指标								利用建议					备注
							树龄（a）	树高（m）	胸径（cm）	冠型	圆满度	通直度	枝下高（m）	分枝角度（°）	树皮厚（cm）	生长势	结实情况	生态	用材	薪炭	抗逆	其他	
	马尾松	赣州市碛角村	松树坝	本地	天然林	五株优势木法	40	20.0	94.0	伞形	好	好	14.0	80	2.4	良好	一般	√	√				四旁散生优树
	马尾松	赣州市碛角村	松树坝	本地	天然林	五株优势木法	40	18.0	92.0	伞形	好	好		80	2.4	良好	一般	√	√				四旁散生优树
	马尾松	赣州市碛角组	碛角水库	本地	天然林	五株优势木法	40	18.0	32.0	伞形	好	好		55	1.5	良好	旺盛	√					四旁散生优树
	马尾松	赣州市铅厂镇关刀坪村	狗足岭	本地	人工林	五株优势木法	16	19.5	25.3	伞形	好	好	9.5	75	1.8	旺盛	良好	√	√				散生木
	马尾松	赣州市青龙山林场	潭口工区茶坑	本地	天然林	五株优势木法	23	14.5	22.3	塔形	好	好	6.9	80	0.7	旺盛	旺盛		√				
	马尾松	赣州市三标乡	上下坝村	本地	天然林	五株优势木法	15	4.2	8.9	圆锥形	好	好	1.1			旺盛	差	√	√				
	马尾松	赣州市三标乡	长安村	本地	天然林	五株优势木法	20	5.3	8.5	圆柱形	好	好	1.7			旺盛	旺盛	√	√				
	马尾松	赣州市三标乡	长安村	本地	天然林	五株优势木法	20	15.3	18.5	圆柱形	好	好	2.3			旺盛	旺盛	√	√				
	马尾松	赣州市上角组	县制药厂	本地	天然林	五株优势木法	30	15.0	42.0	伞形	好	好		60	1.5	良好	旺盛	√					
	马尾松	赣州市上圩组	上圩屋背	本地	天然林	五株优势木法	30	15.0	17.9	伞形	好	好	7.0	70		旺盛	旺盛	√	√				散生木
	马尾松	赣州市上屋组	大围上屋	本地	天然林	五株优势木法	成龄	15.9	30.2	伞形	好	好	8.2	75	2.2	良好	一般		√				
	马尾松	赣州市双芫村	屋背	本地	人工林	五株优势木法	31	17.1	48.6	伞形	好	好	6.5	91	1.3	旺盛	良好		√				散生木
	马尾松	赣州市水东组	水东坝对面	本地	天然林	五株优势木法	60	16.1	61.0	尖塔形	好	好	6.0	35		旺盛	旺盛	√					四旁及散生木
	马尾松	赣州市水东组	水东坝对面	本地	天然林	五株优势木法	58	16.0	45.0	尖塔形	好	好	6.0	25		旺盛	旺盛	√					四旁散生优树
	马尾松	赣州市赣县唐江	章良	本地	人工林	形质评定	30	16.0	35.8	圆形	好	好	10.0	40	2.5	旺盛	差	√	√				四旁散生优树
	马尾松	赣州市田背村	龙口围	本地	天然林	五株优势木法	25	20.0	48.8	塔形	好	好	6.0	75	2.0	旺盛	旺盛		√				四旁优树
	马尾松	赣州市窝窑村		本地	人工林	形质评定	30	18.0	45.8	伞形	好	好	8.0	锐角		旺盛	旺盛		√				
	马尾松	赣州市吴诗通	安和乡安和村免子上				82	27.0	86.0	伞形						旺盛		√	√				

（续）

序号	树种名称	经营单位（或个人）	地　名	种源	起源	选优方法	数量指标			形质指标								利用建议					备　注
							树龄（a）	树高（m）	胸径（cm）	冠型	圆满度	通直度	枝下高（m）	分枝角度（°）	树皮厚（cm）	生长势	结实情况	生态	用材	薪炭	抗逆	其他	
	马尾松	赣州市五岗场村小组	五岗场背	本地	天然林	五株优势木法	35	13.5	36.0	尖塔形	好	好	6.5	85		旺盛	良好		√				
	马尾松	赣州市五指山林场	石罗井工区细坝子	本地	天然林	五株优势木法	28	23.2	31.8	伞形	好	较好	12.0	85		旺盛	良好	√	√				
	马尾松	赣州市全南县小叶岽林场	坪山	本地	人工林	五株优势木法	13	11.0	18.4	伞形	好	好	3.0	40	0.3	旺盛	旺盛		√				
	马尾松	赣州市晓龙乡晓龙村曹屋小组	曹屋背	本地	天然林	形质评定	50	14.0	54.1	塔形	好	好		85	1.8	旺盛	良好	√	√		√		
	马尾松	赣州市晓龙乡晓龙村曹屋小组	曹屋背	本地	天然林	形质评定	80	20.0	50.9	塔形	好	好		85	1.8	旺盛	良好	√	√		√		
	马尾松	赣州市晓龙乡晓龙村曹屋小组	曹屋背	本地	天然林	形质评定	90	20.0	68.8	塔形	好	好	15.0	87	1.8	旺盛	良好	√	√		√		
	马尾松	赣州市晓龙乡晓龙村曹屋小组	曹屋背	本地	天然林	形质评定	85	20.0	54.1	塔形	好	好	10.0	85	1.6	旺盛	良好	√	√		√		
	马尾松	赣州市晓龙乡晓龙村曹屋小组	曹屋背	本地	天然林	形质评定	85	20.0	66.6	塔形	好	好	15.0	85	1.8	旺盛	良好	√	√		√		
	马尾松	赣州市晓龙乡晓龙村曹屋小组	曹屋背	本地	天然林	形质评定	80	18.0	87.9	塔形	好	好	10.0	80	1.8	旺盛	良好	√	√		√		
	马尾松	赣州市晓龙乡晓龙村曹屋小组	曹屋背	本地	天然林	形质评定	50	18.0	50.9	塔形	好	好	12.0	85	1.8	旺盛	良好	√	√		√		
	马尾松	赣州市新龙乡长坜村	莲塘垇	本省	人工林	五株优势木法	24	9.2	24.0	塔形	好	好	4.0	80		旺盛	旺盛	√					
	马尾松	赣州市新龙乡长坜村	莲塘垇	本地	天然林	五株优势木法	24	12.0	28.0	塔形	好	好	4.5	82		旺盛	旺盛	√					四旁散生优树
	马尾松	赣州市新龙乡长坜村	莲塘垇	本地	天然林	五株优势木法	24	14.0	32.0	塔形	好	好	5.0	75		旺盛	旺盛	√					四旁散生优树
	马尾松	赣州市新龙乡长坜村	莲塘垇	本地	天然林	五株优势木法	24	14.2	40.0	塔形	好	好	5.0	85		旺盛	旺盛	√					四旁散生优树

（续）

序号	树种名称	经营单位（或个人）	地名	种源	起源	选优方法	数量指标			形质指标								利用建议					备注
							树龄（a）	树高（m）	胸径（cm）	冠型	圆满度	通直度	枝下高（m）	分枝角度（°）	树皮厚（cm）	生长势	结实情况	生态	用材	薪炭	抗逆	其他	
	马尾松	赣州市兴国县城岗乡	增溪村王坑组	本地	天然林	五株优势木法	25	20.0	29.3	塔形	好	好		80	2.0	旺盛		√	√				四旁散生优树
	马尾松	赣州市兴国县鼎龙乡	杨村村岭背组	本地	人工林	五株优势木法	21	14.5	20.7	塔形	好	好		65	0.3	旺盛		√					
	马尾松	赣州市兴国县东村乡	齐心村公园组	本地	天然林	五株优势木法	22	20.0	21.2	伞形	好	好		62	2.1	旺盛		√					
	马尾松	赣州市兴国县樟木乡	源坑村坪源组	本地	天然林	五株优势木法	20	12.0	14.8	伞形	好	好		62	1.6	旺盛		√					
	马尾松	赣州市杨梅村委会	寺下杨梅茶淮岗				18	10.0	23.0	尖塔形						旺盛		√	√				
	马尾松	赣州市油料下组	松树窝	本地	天然林	五株优势木法	35	15.1	9.0	伞形	好	好	3.7	90		旺盛	旺盛	√	√				
	马尾松	赣州市右水乡右水村	背子石	本地	人工林	形质评定	35	28.0	87.4	圆形	好	好	3.8	56	0.8	旺盛	良好	√	√				
	马尾松	赣州市右水乡右水村	背子石	本地	天然林	形质评定	48	31.8	77.7	伞形	好	好	4.2	53	0.6	旺盛	良好	√	√				
	马尾松	赣州市右水乡右水村	背子石	本地	天然林	形质评定	100	28.0	94.2	伞形	好	好	4.5	46	0.9	旺盛	良好	√	√				
	马尾松	赣州市右溪村委会	双溪乡右溪云田组				143	23.0	110.0	圆形						旺盛		√	√				
	马尾松	赣州市右溪村委会	双溪乡右溪瑶前组				153	24.0	102.0	圆形						旺盛		√	√				
	马尾松	赣州市于都县银坑镇	银坑村栏观前	本地	天然林	五株优势木法	20	14.0	22.0	卵形	好	好	6.5	70	2.3	旺盛	良好		√				
	马尾松	赣州市园当村	黄庭脑	本地	天然林	五株优势木法	46	17.0	47.0	伞形	好	好	6.2	25		旺盛	旺盛	√					
	马尾松	赣州市寨了下	寨了下背	本地	天然林	五株优势木法	20	9.0	16.7	塔形	好	好	4.0	60	2.0	旺盛	良好	√	√				四旁散生优树
	马尾松	赣州市寨下组		本地	人工林	五株优势木法	21	13.5	26.1	伞形	好	好	7.2	82	0.7	良好	旺盛		√				
	马尾松	赣州市站塘乡官山村南山组	庙背	本地	天然林	形质评定	100	35.0	93.0	伞形	好	好	8.0	75	1.0	旺盛	旺盛	√	√				散生木
	马尾松	赣州市中坑村	中坑段	本地	天然林	五株优势木法	26	15.0	21.7	尖塔形	好	好		86	2.0	旺盛	旺盛	√	√				
	马尾松	赣州市周田镇中桂村	中三小组	本地	天然林	形质评定	40	30.8	51.7	伞形	较好	好	3.6	43	0.4	旺盛	良好	√	√				
	马尾松	赣州市周田镇中桂村	梅州大坝小组	本地	天然林	形质评定	204	35.6	114.6	伞形	较好	好	3.5	22	1.0	旺盛	良好	√	√				

（续）

序号	树种名称	经营单位（或个人）	地名	种源	起源	选优方法	数量指标			形质指标								利用建议					备注
							树龄（a）	树高（m）	胸径（cm）	冠型	圆满度	通直度	枝下高（m）	分枝角度（°）	树皮厚（cm）	生长势	结实情况	生态	用材	薪炭	抗逆	其他	
	马尾松	赣州市朱坊红心	石屋	本地	人工林	形质评定	40	18.6	34.1	伞形	好	好	5.6	锐角	1.5	旺盛	旺盛		√				
	马尾松	赣州市朱坊土石		本地	人工林	形质评定	38	19.9	29.5	伞形	好	好	6.7	锐角	1.5	旺盛	旺盛		√				
	马尾松	赣州市竹山村	大坳仔村小组	本地	天然林	五株优势木法	30	24.2	49.8	伞形	好	好	6.2	37		旺盛	良好	√	√				
	马尾松	赣州市庄埠乡庄埠村	屋背	本地	天然林	形质评定	50	15.0	34.2	塔形	好	好	9.0	65	1.6	旺盛	旺盛	√	√				
	马尾松	赣州市庄口镇下洛村	桑园坝组	本地	天然林	形质评定	35	15.0	82.8	塔形	好	好	5.0	75	2.0	旺盛	旺盛	√	√		√		
	马尾松	赣州市庄口镇下洛村	桑园坝组	本地	天然林	形质评定	60	14.0	56.7	塔形	好	好	5.0	75	1.6	旺盛	良好	√	√		√		
	马尾松	宜春市宝峰镇茅家	横岭	本地		五株优势木法	26	16.0	31.0		好	好	7.0	85	1.5	旺盛	旺盛	√	√				
	马尾松	宜春市林中	永宁林中校门口路边	本地		绝对值评选法	40	15.0	38.0		较好	好	3.0	50	1.0	旺盛	旺盛	√	√				
	马尾松	宜春市梅沙村	冷枯背山	本地		五株优势木法	23	15.0	18.3		好	好	8.0	65	0.3	良好	旺盛		√				
	马尾松	宜春市泉港村		本地		五株优势木法	30	15.0	35.0		好	好	4.0	30	2.0	良好	旺盛		√				
	马尾松	宜春市石脑菜田李家	后垅山	本地		五株优势木法	50	17.0	32.5		好	好	8.0	80	2.0	良好	良好		√				
	马尾松	宜春市试验林场	二分场			五株优势木法	25	14.0	30.0		好	好	8.0		薄	旺盛		√					
	马尾松	上饶市大源镇柳家村	芦家坞	本地	天然林	形质评定	60	18.0	55.0		好	好	9.0	80	2.2	旺盛	良好	√	√				
	马尾松	上饶市海口镇	杨家村	本地	天然林	五株优势木法	35	15.4	25.4		好	好			2.5	旺盛	旺盛						散生木
	马尾松	上饶市排山	西岩山	本地	人工林	五株优势木法	26	13.0	23.0		好	好	7.0	70		旺盛	旺盛		√				
	马尾松	上饶市裴梅镇汪家村	江头猫仂山	本地	天然林	平均标准木法	20	14.0	22.0		好	好	7.0	80	2.0	旺盛	良好	√	√				
	马尾松	上饶市石垅分场	王家山	本地	天然林	五株优势木法	58	16.0	39.6		好	好	6.5	20～40	薄	旺盛	旺盛		√				
	马尾松	上饶市杨埠乡牌坊村		本地	天然林	五株优势木法	25	14.0	24.0	伞形	好	好	9.0			旺盛			√				
	马尾松	上饶市珠山乡石鼓村	后山	本地	天然林	平均标准木法	25	16.0	20.0		好	好	8.0	80	2.0	旺盛	良好	√	√				
	马尾松	吉安市八都镇太山	林区马家组	本地	人工林	五株优势木法	35	14.0	33.0	圆形	好	好	8.0	70	2.0	良好	良好		√				
	马尾松	吉安市白水镇土岭村	院背		天然林	五株优势木法	60	14.0	60.5	圆形	好	好		65	1.5	旺盛	旺盛		√				

（续）

序号	树种名称	经营单位（或个人）	地名	种源	起源	选优方法	数量指标 树龄（a）	树高（m）	胸径（cm）	形质指标 冠型	圆满度	通直度	枝下高（m）	分枝角度（°）	树皮厚（cm）	生长势	结实情况	利用建议 生态	用材	薪炭	抗逆	其他	备注
	马尾松	吉安市高陂村	大门前		人工林	五株优势木法	45	30.0	54.0	卵形	好	好		80	1.2	旺盛	旺盛		√				
	马尾松	吉安市光明村	堪头		天然林	五株优势木法	40	22.0	30.0	长卵形	好	好	14.0	50～90	0.4	旺盛	旺盛	√	√				
	马尾松	吉安市横龙镇东谷村	除溪	本地	天然林	五株优势木法	60	16.7	48.8	卵形	好	好	10.0	50～90	1.2	旺盛	良好		√				
	马尾松	吉安市吉安县九龙林场			天然林	五株优势木法	21	24.0	52.0		好	好	8.0	70	2.0	良好	良好		√				
	马尾松	吉安市吉安县九龙林场			天然林	五株优势木法	21	21.0	29.5	圆锥形	好	好	11.0	70	2.0	良好	良好		√				飞播
	马尾松	吉安市枧头村	村背岭		天然林	五株优势木法	28	16.0	30.8	卵形	好	好	7.0	50～90	0.4	旺盛	一般	√	√				飞播
	马尾松	吉安市里田镇	成都村田心组	本地	天然林		26	15.0	31.4	尖塔形	好	好				旺盛		√	√				
	马尾松	吉安市龙尾村	敬老院		人工林	五株优势木法	45	22.0	32.0	长卵形	好	好		70	2.0	旺盛	旺盛		√				
	马尾松	吉安市盘谷镇上曾家	马鞍山		天然林	五株优势木法	25	8.5	22.7	圆形	好	好		70	2.0	良好	良好		√				
	马尾松	吉安市盘谷镇上曾家	马鞍山		天然林	五株优势木法	25	9.0	18.8	圆形	好	好		75	1.6	旺盛	旺盛		√				
	马尾松	吉安市水浆林场	北坑	本地	天然林	五株优势木法	25	14.0	30.0	圆锥形	好	好				旺盛		√	√				
	马尾松	吉安市水南镇毛家村	马鞍山	本地	人工林	五株优势木法	25	9.0	20.9	圆形	好	好		70	2.0	良好	良好		√				
	马尾松	吉安市水南镇毛家村	林家组	本地	人工林	五株优势木法	35	13.0	30.0	圆形	好	好	8.0	70	2.0	良好	良好		√				飞播
	马尾松	吉安市潭城蛔川	黑上	本地	天然林	五株优势木法	28	20.0	45.0	伞形	好	好	8.0		0.5	旺盛	旺盛	√	√				
	马尾松	吉安市沿陂水东	水东	本地	天然林	五株优势木法	15	9.0	25.0	菇状	好	好			中	良好			√				
168	满树星	赣州市长宁镇	325 村	本地	天然林	五株优势木法	14	1.2	10.0	伞形	好	好	0.2			旺盛	旺盛	√					
169	荞草	上饶市武夷山自然保护区		本地	天然林	形质评定	70	8.8	24.7		好	好	4.0			旺盛	一般	√	√				
170	猫耳刺	上饶市武夷山自然保护区		本地	天然林	形质评定	56	2.8			好		0.2			旺盛	一般	√				√	
171	毛红椿	赣州市赣县	龙角分场八公坑公路边	本地	天然林	形质评定	40	7.0	26.4	伞形	好	好						√					
	毛红椿	赣州市九连山自然保护区	虾蚣塘主沟	本地	天然林			24.6	18.0	卵形	较好	好	8.5	锐角		旺盛		√	√				

（续）

序号	树种名称	经营单位（或个人）	地名	种源	起源	选优方法	数量指标			形质指标								利用建议					备注
							树龄（a）	树高（m）	胸径（cm）	冠型	圆满度	通直度	枝下高（m）	分枝角度（°）	树皮厚（cm）	生长势	结实情况	生态	用材	薪炭	抗逆	其他	
	毛红椿	宜春市官山林场	西河路边	本地		单株调查	28	15.0	48.0		好	好	17.0	75	1.0	旺盛			√				
	毛红椿	宜春市官山自然保护区	大西坑	本地		形质评定	40	14.0	68.0		好	好	14.0		0.4	旺盛	旺盛	√					
172	毛葡萄	赣州市罗珊乡	下筠竹	本地	天然林	五株优势木法	8	3.2	6.0							旺盛	旺盛	√					
173	毛竹	九江市浩山乡小山村	牌楼组	本地	天然林	五株优势木法	8	9.0	14.0	卵形	好	好	8.0	45		旺盛	旺盛	√	√				
	毛竹	九江市天红镇武山村	危山	本地	天然林	五株优势木法	8	6.8	14.5	塔形	好	好	6.0	60		旺盛	旺盛	√	√				
	毛竹	景德镇市浮梁县湘湖	前程村		天然林	五株优势木法	1	7.5	15.0		好	好	4.0			良好			√				
	毛竹	赣州市三标乡	上下坝村	本地	天然林	五株优势木法	2									旺盛		√	√				
	毛竹	赣州市三标乡	上下坝村	本地	天然林	五株优势木法	4									旺盛		√	√				
	毛竹	赣州市小密乡小密村	下湾子组	本地	天然林	形质评定	5	5.0	9.4	塔形	好	好	5.0	70		旺盛		√	√		√		
	毛竹	赣州市庄口镇下洛村	小坝店子坝组	本地	天然林	形质评定	4	6.0	11.4	塔形	好	好	8.0	70		旺盛		√	√		√		
	毛竹	宜春市新坊乡	高富村	本地			4	4.5	8.0		好	好		78		旺盛			√				
	毛竹	吉安市大井林场	荆竹山		天然林	五株优势木法		6.0	14.0		好	好	8.0		中	良好			√				
	毛竹	吉安市大井林场	荆竹山		天然林	五株优势木法		6.0	13.8		好	好				良好			√				
	毛竹	吉安市曲江林场	曲白工区	本地	天然林		3	7.0	12.6	均匀	好	好	2.3	50	0.2	旺盛	旺盛	√					四旁
	毛竹	吉安市三湾乡三湾村	大湾组石冲	本地	天然林		4	7.0	13.0		好	好	4.0	65	1.0	良好	旺盛						
174	茅栗	九江市修水县黄坳乡	龙峰村		天然林	五株优势木法	35	5.5	22.5	圆形	好	好	5.0			旺盛		√					
	茅栗	九江市严阳烟溪	一组	本地	天然林	五株优势木法	34	6.0	23.9	圆锥形	好	较好		75	1.3	旺盛			√				
175	米老排	赣州市安基山林场	下洞工区上洞	本地	天然林	五株优势木法	18	12.0	24.5	伞形	好	好		25	1.2	旺盛	旺盛	√	√				
	米槠	赣州市赣县	樟坑分场	本地	天然林	形质评定	40	9.5	50.2	伞形	好	好						√					
	米槠	赣州市安基山林场	望居工区大陂角	本地	天然林	形质评定	48	12.5	76.0	伞形	好	好	18.0	35	1.2	旺盛		√	√				
	米槠	赣州市安基山林场	望居工区大陂角	本地	天然林	五株优势木法	35	11.0	43.1	伞形	好	好	2.5	28	1.2	旺盛	旺盛	√	√				四旁及散生木

（续）

序号	树种名称	经营单位（或个人）	地名	种源	起源	选优方法	数量指标			形质指标								利用建议					备注
							树龄（a）	树高（m）	胸径（cm）	冠型	圆满度	通直度	枝下高（m）	分枝角度（°）	树皮厚（cm）	生长势	结实情况	生态	用材	薪炭	抗逆	其他	
	米槠	赣州市安基山林场	望居工区大陂角	本地	天然林	五株优势木法	48	7.5	51.3	伞形	好	好	4.0	31	1.2	旺盛	旺盛	√	√				
	米槠	赣州市安九连山自然保护区	虾蚣塘主沟	本地	天然林			26.3	28.0	卵形	较好	好	20.0	锐角		旺盛		√	√				
	米槠	赣州市高云山林场	大拱桥	本地	天然林	五株优势木法	21	12.0	17.7	圆形	好	好	8.0	80	0.5	良好	差	√	√				
	米槠	赣州市甲江林场	场部屋背	本地	天然林	五株优势木法	46	13.5	40.0	圆形	好	好	5.6	46	0.8	旺盛	良好	√	√				散生木
	米槠	赣州市大余县烂泥迳林场	三江口工区	本地	天然林	形质评定	50	25.0	81.0	圆形	好	好	10.0				一般						散生木
	米槠	赣州市大余县烂泥迳林场	三江口工区	本地	天然林	形质评定	35	20.0	47.0	圆柱形	好	好	8.0				一般						
	米槠	赣州市大余县烂泥迳林场	三江口工区	本地	天然林	形质评定	25	30.0	30.3	圆形	好	好	21.0				一般						
	米槠	赣州市大余县烂泥迳林场	三江口工区	本地	天然林	形质评定	25	20.0	28.8	圆柱形	好	好	10.0				一般						
	米槠	赣州市大余县烂泥迳林场	三江口工区	本地	天然林	形质评定	30	14.0	19.7	圆形	好	好	15.0				一般						
	米槠	赣州市大余县烂泥迳林场	三江口工区	本地	天然林	形质评定	35	25.0	46.7	圆柱形	好	好	13.0				一般						
	米槠	赣州市阳岭自然保护区	石公背	本地	天然林	五株优势木法	58	23.5	46.8	伞形	好	好	11.0	65	2.0	旺盛	旺盛	√	√				
	米槠	宜春市官山自然保护区	寒西埚	本地		形质评定	50	18.0	48.0		好	好	10.0		0.5	旺盛	旺盛	√					
177	米仔兰	赣州市安长宁镇	中山街	本地	天然林	五株优势木法	12	4.8	10.0	伞形	好	好	1.8			旺盛	旺盛	√					
178	蜜枣	赣州市安隆木樟村	八斗	本地	人工林	形质评定	30	16.5	24.1	伞形	好	好	2.0	锐角	2.0	旺盛	良好					√	
179	闽楠	赣州市安安基山林场	坪坑工区大岭水坑	本地	天然林	五株优势木法	18	13.0	19.0	伞形	好	好	2.0	29	1.3	旺盛	旺盛	√	√				四旁优树
	闽楠	赣州市安安基山林场	下洞工区早禾段	本地	天然林	形质评定	28	18.0	48.0	伞形	好	好		31	1.2	旺盛	旺盛	√	√				

（续）

序号	树种名称	经营单位（或个人）	地　名	种源	起源	选优方法	数量指标			形质指标								利用建议					备　注
							树龄（a）	树高（m）	胸径（cm）	冠型	圆满度	通直度	枝下高（m）	分枝角度（°）	树皮厚（cm）	生长势	结实情况	生态	用材	薪炭	抗逆	其他	
	闽楠	宜春市官山自然保护区	麻子山沟	本地		形质评定	400	23.0	68.0		较好	好	12.0		0.3	旺盛	旺盛	√					
	闽楠	上饶市紫阳镇马家		本地	天然林		50	20.0	39.6	尖塔形	好	好	6.0	30	1.5	旺盛	旺盛	√	√				
	闽楠	上饶市紫阳镇马家		本地	天然林	五株优势木法	70	22.0	45.0	长卵形	好	好	7.0	40	1.5	旺盛	良好	√	√				散生木，可采种
	闽楠	吉安市井冈山自然保护区	行洲村	本地	天然林	五株优势木法	200	28.0	74.0	柱形	好	好	15.0	65	1.0	良好	旺盛						
	闽楠	吉安市桥头蕉坑	计坑	本地	天然林	五株优势木法	60	23.0	40.2	尖塔形	好	好	8.0		1.5	旺盛	旺盛	√	√				
	闽楠	吉安市桥头林场	元洲	本地	天然林	五株优势木法	45	25.0	35.3	尖塔形	好	好	9.0	65	1.0	良好	旺盛						
	闽楠	吉安市桥头水北村	园背	本地	天然林	五株优势木法	50	18.0	48.0	尖塔形									√				
180	母生	南昌市安义县新民乡刘洋	山上村	本地	天然林	单株调查	35	16.0	30.0	卵形	好	好	6.0	70	1.5	旺盛	旺盛	√				√	
181	木荷	南昌市新建县西山镇梅岗店前	店前自然村	本地	天然林	综合评定	35	12.3	43.0	圆锥形	好	好	2.5	60	1.5	旺盛	良好	√	√	√			
	木荷	景德镇市浮梁县寿溪村	西边组		天然林	五株优势木法	20	16.0	26.0		较好	好	8.0		0.3	良好	差	√	√		√		
	木荷	景德镇市浮梁县寿溪村	西边组		天然林	五株优势木法	20	18.0	36.3		好	好	7.0		0.3	良好	差	√	√		√		
	木荷	新余市高新区水西镇马洪村委	丰塘村组	本地	人工林	形质评定	15	9.0	24.5	伞形	好	好	2.0	70	1.5	良好	旺盛		√	√	√		
	木荷	新余市高新区水西镇马洪村委	丰塘村组	本地	人工林	形质评定	15	8.0	24.6	伞形	好	好	2.0	45	1.5	良好	旺盛		√	√	√		
	木荷	新余市山下林场	山下工区		人工林	五株优势木法	27	10.1	27.1	伞形	好	好	7.0	40	0.3	良好	旺盛	√	√				
	木荷	鹰潭市耳口林场	九龙分场2－208－（1）小班	本地	天然林	五株优势木法	35	12.5	27.2	卵形	好	好	3.5	60	1.5	旺盛	良好	√	√				
	木荷	鹰潭市耳口林场	九龙分场2－207－（1）小班	本地	天然林	五株优势木法	35	12.5	24.8	卵形	好	好	3.5	60	1.5	旺盛	良好	√	√				

（续）

序号	树种名称	经营单位（或个人）	地名	种源	起源	选优方法	数量指标			形质指标								利用建议					备注
							树龄(a)	树高(m)	胸径(cm)	冠型	圆满度	通直度	枝下高(m)	分枝角度(°)	树皮厚(cm)	生长势	结实情况	生态	用材	薪炭	抗逆	其他	
	木荷	鹰潭市画桥镇葛家店	亭子上	本地	天然林	形质评定	33	14.4	26.0	卵形	好	好	6.5	70	中	良好	良好	√	√				
	木荷	鹰潭市锦江镇	书院牛皮滩	本地	天然林	形质评定	23	18.6	48.0	卵形	好	好	11.0	85	1.5	旺盛	旺盛	√	√				
	木荷	鹰潭市冷水林场	茶山	本地	人工林	五株优势木法	35	17.0	26.2		好	好	6.0	60	薄	旺盛	旺盛		√				
	木荷	赣州市赣县	三溪村曾屋组	本地	天然林	五株优势木法	26	14.0	22.6	伞形	好	好						√					
	木荷	赣州市赣县	田面村上横龙学校	本地	天然林	形质评定	95	26.0	69.0	伞形	好	好						√					
	木荷	赣州市赣县	广教寺村潜伏组	本地	天然林	形质评定	30	20.0	60.5	圆形	好	好						√					
	木荷	赣州市赣县洋塘村	文溪组茶叶园边	本地	天然林	五株优势木法	38	13.0	48.2	伞形	好	好						√					
	木荷	赣州市上犹县犹江林场	47 林班 11 小班 4 细班				75	32.0	61.5	圆形						旺盛		√	√				
	木荷	赣州市上犹县犹江林场	65 林班 1 小班 1 细班				75	20.0	58.7	圆形						旺盛		√	√				
	木荷	赣州市晨光镇	民裕村	本地	天然林	五株优势木法	15	10.3	13.6	圆柱形	好	好	2.4			旺盛	差	√	√				
	木荷	赣州市赤土乡莲塘村	荷木山下	本地	人工林	五株优势木法	15	8.5	9.6	塔形	好	好	4.0	锐角		旺盛			√				
	木荷	赣州市崇仙乡桥头村	军营前屋背	本地	天然林	形质评定	40	24.6	75.2	伞形	好	好	15.3	锐角	厚	旺盛	旺盛	√	√				四旁优树
	木荷	赣州市大桥镇中段村中段组	河边上	本地	天然林	形质评定	25	14.0	30.0	伞形	好	好	8.8	锐角	中	旺盛	旺盛	√	√				四旁树
	木荷	赣州市大桥镇中段村中段组	河边上	本地	天然林	形质评定	25	14.0	32.0	伞形	好	好	9.0	锐角	中	旺盛	良好	√	√				
	木荷	赣州市大桥镇中段村中段组	河边上	本地	天然林	形质评定	25	16.0	36.0	伞形	好	好	9.0	锐角	中	旺盛	良好	√	√				
	木荷	赣州市大山脑林场	莲花坞工区	本地	人工林	形质评定	30	15.0	18.5	伞形	好	好	6.0	锐角	2.0	旺盛	旺盛	√	√				

（续）

序号	树种名称	经营单位（或个人）	地名	种源	起源	选优方法	数量指标			形质指标								利用建议					备注
							树龄（a）	树高（m）	胸径（cm）	冠型	圆满度	通直度	枝下高（m）	分枝角度（°）	树皮厚（cm）	生长势	结实情况	生态	用材	薪炭	抗逆	其他	
	木荷	赣州市浮石村		本地	人工林	形质评定	15	7.0	12.9	尖塔形	较好	好		锐角	1.5	旺盛		√	√				
	木荷	赣州市高墈村	窑前屋背	本地	人工林	五株优势木法	30	9.5	25.0	平顶	好	好	2.0	65	0.3	良好	良好	√	√				
	木荷	赣州市高排乡山口村莲塘组	老鸦树下	本地	天然林	形质评定	80	15.0	68.5	圆形	好	好	6.0	70	2.4	旺盛	旺盛	√	√		√		四旁散生优树
	木荷	赣州市高排乡山口村莲塘组	老鸦树下	本地	天然林	形质评定	120	15.0	79.3	圆形	好	较好				旺盛		√					
	木荷	赣州市高排乡山口村莲塘组	老鸦树下	本地	天然林	形质评定	100	15.0	68.8	圆形	好	好						√					
	木荷	赣州市高排乡山口村莲塘组	老鸦树下	本地	天然林	形质评定	100	15.0	63.0	圆形	较好	好						√					
	木荷	赣州市高排乡山口村莲塘组	老鸦树下	本地	天然林	形质评定	105	18.0	75.5	圆形	较好	好				旺盛							
	木荷	赣州市高兴村委会	水岩乡高兴村				30	14.0	67.0	伞形						旺盛		√	√				
	木荷	赣州市公路段	安定公路	本地	人工林	五株优势木法	15	14.5	36.0	卵形	好	好	3.8	60	2.5	旺盛	旺盛		√				
	木荷	赣州市贡江镇	古田村白竹	本地	人工林	形质评定	10	15.0	10.0	伞形	好	好	7.0			良好	良好	√	√				四旁散生优树
	木荷	赣州市贡江镇	新地村沙塘组	本地	人工林	形质评定	20	8.0	21.0	卵形	好	一般	4.0			旺盛	良好	√	√				
	木荷	赣州市河洞乡	长潭里林场	本地	天然林	形质评定	25	22.0	31.8	圆柱形	好	好	12.0				一般						
	木荷	赣州市河石村	新圩	本地	天然林	五株优势木法	48	15.9	36.0	伞形	好	好	7.8	82	1.5	旺盛	旺盛		√				
	木荷	赣州市横市	大姑	本地	天然林	形质评定	20	9.5	21.3	伞形	好	好	4.7	锐角	2.5	旺盛	差		√				四旁散生优树
	木荷	赣州市横市镇	平山	本地	天然林	形质评定	30	17.8	30.6	伞形	好	好	4.6	锐角	2.1	旺盛	差		√				四旁优树
	木荷	赣州市虎山乡中和村	刘屋组山塘尾	本地	天然林	形质评定	40	21.0	47.0	伞形	好	好	8.5	锐角	中	旺盛	旺盛	√	√				四旁优树
	木荷	赣州市基山林场	下洞工区三八塘	本地	天然林	形质评定	19	17.0	25.0	伞形	好	好		29	1.2	旺盛		√	√				四旁树

(续)

序号	树种名称	经营单位（或个人）	地　名	种源	起源	选优方法	数量指标			形质指标								利用建议					备　注
							树龄（a）	树高（m）	胸径（cm）	冠型	圆满度	通直度	枝下高（m）	分枝角度（°）	树皮厚（cm）	生长势	结实情况	生态	用材	薪炭	抗逆	其他	
	木荷	赣州市嘉定镇十里村下坊组肖峰	肖峰家门口	本地	天然林	形质评定	21	13.5	24.6	伞形	好	好		锐角	薄	旺盛	良好	√	√				四旁及散生木
	木荷	赣州市信丰县金盆山林场	打牛墩对面	本地	天然林	形质评定	35	22.1	44.0	卵形	好	好		锐角	厚	旺盛	旺盛	√	√				四旁树
	木荷	赣州市九连山自然保护区	虾蚣塘主沟	本地	天然林			12.5	15.0	卵形	较好	好	10.0	锐角		旺盛		√	√				
	木荷	赣州市大余县烂泥迳林场	三江口工区	本地	天然林	形质评定	35	21.0	46.0	圆形	好	好	13.0				一般						
	木荷	赣州市大余县烂泥迳林场	三江口工区	本地	天然林	形质评定	40	28.0	55.0	圆形	好	好	15.0				一般						
	木荷	赣州市大余县烂泥迳林场	三江口工区	本地	天然林	形质评定	40	22.0	61.0	圆形	好	好	15.0				一般						
	木荷	赣州市大余县烂泥迳林场	三江口工区	本地	天然林	形质评定	35	23.0	43.5	圆形	好	好	15.0				一般						
	木荷	赣州市大余县烂泥迳林场	三江口工区	本地	天然林	形质评定	30	21.0	36.6	圆形	好	好	13.0				一般						
	木荷	赣州市里仁镇冯湾	蕉头坑	本地	天然林		30	15.2	31.7	圆柱形	好	好	7.0		中	旺盛	旺盛	√	√				
	木荷	赣州市龙南县八一九林场	黄坑	本地	天然林	形质评定	14	12.4	15.3	圆锥形	好	好	6.4	锐角	1.0	旺盛	差	√	√				
	木荷	赣州市龙南县九连山林场	大丘田	本地	天然林	五株优势木法	24	18.7	29.3	卵形	好	好	5.2	82	1.5	旺盛	良好	√	√				
	木荷	赣州市龙南镇红岩	梅坑	本地	天然林		38	16.7	34.7	伞形	好	好	10.0		中	旺盛	旺盛	√	√				
	木荷	赣州市隆木樟村	石岭脑	本地	人工林	形质评定	28	14.6	27.2	伞形	好	好	5.0	锐角		旺盛	差		√				
	木荷	赣州市双溪芦阳村委会	加工厂对面				12	8.6	12.8	圆形						旺盛		√	√				四旁优树
	木荷	赣州市罗坳镇	岩背村杨屋组	本地	人工林	形质评定	14	7.0	13.0	伞形	好	好	3.0			旺盛	良好		√				
	木荷	赣州市门岭镇门岭村	门岭小组	本地	天然林	形质评定	49	28.0	86.6	圆形	好	好		40～50		旺盛							

（续）

序号	树种名称	经营单位（或个人）	地名	种源	起源	选优方法	数量指标			形质指标								利用建议					备注
							树龄（a）	树高（m）	胸径（cm）	冠型	圆满度	通直度	枝下高（m）	分枝角度（°）	树皮厚（cm）	生长势	结实情况	生态	用材	薪炭	抗逆	其他	
	木荷	赣州市门岭镇营坊村	王屋小组	本地	天然林	形质评定	140	24.0	153.0	圆形	好	好	4.3	46	1.0	旺盛	良好	√	√				
	木荷	赣州市门岭镇元兴村	石潭小组	本地	天然林	形质评定	60	28.0	33.0	圆形	好	好	3.6	56	0.3	旺盛	良好	√				√	
	木荷	赣州市三标乡	三标村	本地	天然林	五株优势木法	4	7.0	8.2	圆柱形	好	好	2.3			旺盛		√	√				
	木荷	赣州市珊贝林场	九马石工区	本地	天然林	五株优势木法	22	16.0	22.8	圆柱形	好	好	3.0			旺盛	旺盛	√	√				
	木荷	赣州市上告村王屋组	王屋背	本地	天然林	形质评定	210	25.0	45.0	圆形	好	好		38	1.0	旺盛	旺盛	√	√				
	木荷	赣州市石城县岩岭	柯家水口	本地	天然林	形质评定	70	14.0	38.0	卵形	好	好	4.6	80	1.5	旺盛	良好	√	√				
	木荷	赣州市寺下乡寺下村委会	寺下村周屋				16	13.0	24.8	圆形						旺盛		√	√				
	木荷	赣州市铁石口镇坝高村	李子树下组屋背大窝里石壁下	本地	天然林	形质评定	22	15.6	23.6	圆柱形	好	好	8.8	锐角	中	旺盛	良好	√	√				
	木荷	赣州市文武坝镇文士连	人民组	本地	天然林	形质评定	110	22.0	75.0	伞形	好	好	1.8	30	1.2	旺盛	旺盛	√	√		√		
	木荷	赣州市吴诗通	安和乡安和村免子上				73	18.0	33.5	伞形						旺盛		√	√				
	木荷	赣州市西牛镇甫前村曾屋组	屋背岭	本地	天然林	形质评定	26	12.3	24.6	卵形	好	好	8.9	锐角	中	旺盛	良好	√	√				
	木荷	赣州市小河镇联群村	马头坳组	本地	天然林	形质评定	22	13.5	24.0	伞形	好	好	4.5	锐角	薄	旺盛	良好	√	√				
	木荷	赣州市小河镇联群村	松山下组屋场前	本地	天然林	形质评定	47	21.3	50.1	伞形	好	好	3.9	锐角	中	旺盛	旺盛	√	√				四旁树
	木荷	赣州市小江镇新庄村	乌石下组屋背	本地	天然林	形质评定	20	16.0	28.9	伞形	好	好	11.0	锐角	中	旺盛	良好	√	√				四旁树
	木荷	赣州市小江镇新庄村	乌石下组屋背	本地	天然林	形质评定	20	15.0	22.5	伞形	好	好		锐角	中	旺盛	良好	√	√				
	木荷	赣州市新城镇灌湖村江下小组		本地	天然林	形质评定	40	12.0	57.0	伞形	好	好	5.0				旺盛						
	木荷	赣州市徐屋	汶龙镇里陂	本地	天然林	形质评定	20	8.0	24.0	圆形	好	好	2.5			旺盛	旺盛	√	√				
	木荷	赣州市阳岭自然保护区	阳岭	本地	天然林	五株优势木法	49	26.0	40.7	伞形	好	好	7.0	60	2.5	旺盛	旺盛	√	√				

（续）

序号	树种名称	经营单位（或个人）	地　名	种源	起源	选优方法	数量指标			形质指标								利用建议					备　注
							树龄（a）	树高（m）	胸径（cm）	冠型	圆满度	通直度	枝下高（m）	分枝角度（°）	树皮厚（cm）	生长势	结实情况	生态	用材	薪炭	抗逆	其他	
	木荷	赣州市杨梅村委会	寺下杨梅公坑				18	11.0	29.2	圆形						旺盛		√	√				
	木荷	赣州市信丰县油山林场	中乐工区石窝里	本地	天然林	形质评定	25	13.0	38.9	伞形	好	好	5.0	锐角	中	旺盛	旺盛	√	√				
	木荷	赣州市信丰县油山林场	小石工区牛栏坑	本地	天然林	形质评定	35	13.8	50.2	伞形	好	好	6.2	锐角	厚	旺盛	旺盛	√	√				
	木荷	赣州市信丰县油山林场	小石工区牛栏坑	本地	天然林	形质评定	25	13.5	39.6	伞形	好	好	6.0	锐角	中	旺盛	旺盛	√	√				
	木荷	赣州市油山镇长安村	迟迳组屋背	本地	天然林	形质评定	24	15.5	28.7	伞形	好	好	8.2	锐角	中	旺盛	良好	√	√				
	木荷	赣州市右水乡大华村	上排小组	本地	天然林	形质评定	80	22.0	92.0	圆形	好	好		40～50		旺盛							
	木荷	赣州市右水乡下寨村	水口组	本地	天然林	形质评定	110	19.0	106.0	圆形	好	好		40～50		旺盛							
	木荷	赣州市右水乡右水村	背子石	本地	天然林	形质评定	42	31.0	63.3	圆形	好	好		40～50		旺盛							
	木荷	赣州市曾屋组	曾屋背	本地	天然林	形质评定	30	13.4	16.3	伞形	好	好	8.0	65		旺盛	旺盛	√	√				
	木荷	赣州市站塘乡小昭村	山下组屋背	本地	天然林	形质评定	108	25.0	92.0	圆形	好	好		40～50									
	木荷	赣州市正平镇共和村	十字垅组屋背	本地	天然林	形质评定	24	15.4	33.8	圆柱形	好	好	4.5	锐角	中	旺盛	良好	√	√				
	木荷	赣州市周田镇中桂村	中三小组	本地	天然林	形质评定	52	15.3	57.2	圆形	较好	较好		40～50		旺盛							
	木荷	赣州市朱坊	花树杨校	本地	人工林	形质评定	25	14.5	21.6	伞形	好	好	7.2	锐角	1.0	旺盛	旺盛		√				
	木荷	赣州市庄埠乡庄埠村	老屋背	本地	天然林	形质评定	124	13.0	106.4	圆形	好	好	3.0	85		旺盛	旺盛	√	√		√		
	木荷	赣州市庄埠乡庄埠村	老屋背	本地	天然林	形质评定	70	13.0	56.0	圆形	好	好	9.0	80	2.0	旺盛	旺盛	√	√		√		
	木荷	赣州市梓山镇	永丰村方家口	本地	人工林	形质评定	24	12.0	30.0	卵形	好	一般	6.0			良好	良好	√	√				
	木荷	宜春市官元山林场	官元山	本地	天然林	五株优势木法	50	19.0	55.0		较好	较好	8.0	60	1.5	旺盛	一般	√	√				
	木荷	宜春市华林茶溪蕉源	焦源坑	本地		五株优势木法	50	17.5	67.0		好	好	10.0	87	2.0	良好	良好		√				
	木荷	宜春市森林公园	永宁万匆朝天	本地		绝对值评选法	12	6.0	12.0		较好	好	1.0	50	1.0	旺盛		√	√				
	木荷	宜春市水库管理局	大段水库大坝边	本地		绝对值评选法	9	6.0	10.0		较好	好	1.0	60	1.0	旺盛	旺盛	√	√				

（续）

序号	树种名称	经营单位（或个人）	地名	种源	起源	选优方法	数量指标			形质指标								利用建议					备注
							树龄（a）	树高（m）	胸径（cm）	冠型	圆满度	通直度	枝下高（m）	分枝角度（°）	树皮厚（cm）	生长势	结实情况	生态	用材	薪炭	抗逆	其他	
	木荷	宜春市香田乡石马村	彭家边水库边	本地		形质评定	31	19.0	36.0		好	好	8.0	85	1.0	旺盛	旺盛	√	√				
	木荷	上饶市林业科学研究所	刘家山	本地	人工林	五株优势木法	35	10.0	29.5		好	好	2.0	65		旺盛	旺盛	√	√				
	木荷	上饶市绿野公司	潭埠梨树岭	本地	人工林	五株优势木法	18	11.6	15.5		好	好			2.2	旺盛	旺盛	√	√				
	木荷	上饶市齐埠乡塘背村	程家源	本地	天然林	形质评定	40	12.5	31.0		好	好	6.0		2.0	旺盛	旺盛	√	√				
	木荷	上饶市弋阳县三县岭林场	港王	本地	天然林	五株优势木法	25	9.2	18.1		好	好	5.8		2.0	旺盛							散生
	木荷	上饶市弋阳县三县岭林场	港王	本地	天然林	五株优势木法	25	9.4	14.2		好	好	4.7		2.2	旺盛							
	木荷	上饶市武夷山自然保护区		本地	天然林	五株优势木法	90	19.0	17.0	圆形	好	好	7.0			旺盛	旺盛	√	√				
	木荷	上饶市玉亭镇	东山岭	本地	天然林	五株优势木法	30	18.0	32.0	伞形	好	好	10.0			旺盛		√					
	木荷	吉安市陈山林场	寮岭分场牛角冲	本地	天然林	形质评定	45	19.0	58.2	卵形	好	好	6.0	70	1.0	良好	旺盛						
	木荷	吉安市鹿冈林场	贯前分场	本地	天然林	五株优势木法	15	8.0	16.5	伞形	好	好		45	1.3	良好	差	√	√				
	木荷	吉安市塘洲坦湖	洋坑	本地	天然林	五株优势木法	40	35.0	30.0	伞形	好	好	2.8	45	0.3	旺盛	旺盛	√					
	木荷	吉安市塘洲樟溪	聂家	本地	天然林	五株优势木法	40	12.5	30.0	伞形	好	好	7.0		0.2	旺盛	旺盛	√					
	木荷	吉安市五指峰林场	五指峰分场	本地	天然林	形质评定	95	8.0	55.0	圆形	好	好	6.0	70	1.0	良好	旺盛						
182	木荚红豆	赣州市赣县	黄沙分场	本地	天然林	形质评定	75	7.4	42.5	圆形	好	好						√					
183	木蜡树	赣州市文峰乡	上坝村	本地	天然林	五株优势木法	23	2.3	10.5	圆形	好	好	0.8			旺盛	旺盛	√					
184	木莲	赣州市葛坳林场	林场院内	本地	人工林	五株优势木法	20	6.0	21.8	尖塔形	好	好	2.3	75	0.8	良好	旺盛	√					
	木莲	赣州市大余县烂泥迳林场	三江口工区	本地	天然林	形质评定	38	7.5	43.0	圆柱形	好	好	8.0				一般						四旁及散生木
	木莲	赣州市岐山村	佛岭背村小组	本地	天然林	形质评定	27	12.2	36.3	伞形	好	好	7.8	29	0.8	旺盛	良好	√	√				
	木莲	宜春市官山林场	两河	本地		单株调查	31	9.0	26.0		好	好	11.0	80	0.8	良好			√				

（续）

序号	树种名称	经营单位（或个人）	地名	种源	起源	选优方法	数量指标			形质指标								利用建议					备注
							树龄（a）	树高（m）	胸径（cm）	冠型	圆满度	通直度	枝下高（m）	分枝角度（°）	树皮厚（cm）	生长势	结实情况	生态	用材	薪炭	抗逆	其他	
185	南方红豆杉	九江市修水县黄沙镇	李村		天然林	五株优势木法	150	7.0	72.7	圆形	好	好	5.0			旺盛		√					
	南方红豆杉	九江市修水县茅竹山林场			天然林	五株优势木法	60	7.0	42.3	圆形	好	好	5.0			旺盛		√					
	南方红豆杉	上饶市武夷山自然保护区		本地	天然林	形质评定	75	8.8	79.0		好	好	2.3			旺盛	一般	√					
	南方红豆杉	吉安市井冈山自然保护区	大井村	本地	天然林	五株优势木法	300	9.0	90.0	塔形	好	好	10.0	20～40	1.5	旺盛	旺盛		√				
186	南方铁杉	上饶市武夷山自然保护区		本地	天然林	五株优势木法	250	12.5	89.2		好	好	18.0			旺盛	一般	√	√				
187	南岭黄檀	赣州市赣县	龙角分场八公坑公路边	本地	天然林	形质评定	45	9.0	31.3	伞形	好	好						√					
	南岭黄檀	赣州市吉潭镇	汉地村	本地	天然林	五株优势木法	23	4.3	23.6	圆形	好	好	1.6			旺盛	旺盛	√	√				
	南岭黄檀	赣州市文峰乡	长布村	本地	天然林	五株优势木法	15	3.4	26.0	圆形	好	好	1.4			旺盛	旺盛	√	√				
188	南岭栲	赣州市赣县	龙角分场八公坑公路边	本地	天然林	形质评定	56	7.5	36.0	伞形	好	好						√					
	南岭栲	赣州市信丰县金鸡林场	周坑工区黄土流	本地	天然林	形质评定	28	6.8	24.0	卵形	好	好	9.0	锐角	中	旺盛	良好	√	√				
	南岭栲	赣州市大余县烂泥迳林场	三江口工区	本地	天然林	形质评定	35	10.0	45.0	圆柱形	好	好	10.0				一般						
	南岭栲	赣州市大余县烂泥迳林场	三江口工区	本地	天然林	形质评定	45	9.0	52.0	圆柱形	好	好	8.0				一般						
	南岭栲	赣州市罗珊乡	筠竹村	本地	天然林	五株优势木法	18	8.2	25.4	伞形	好	好	3.0			旺盛	旺盛	√	√				
189	南蛇藤	赣州市寻乌县桂竹帽镇	上坪村	本地	天然林	五株优势木法	16	2.4			较好	较好				旺盛	旺盛	√					
190	南酸枣	九江市浩山乡新岭村	包家组	本地	天然林	形质评定	15	7.5	26.0	卵形	好	好	8.0	45	1.0	旺盛	旺盛	√	√				
	南酸枣	九江市上十岭垦殖场	杨家滩	本地	天然林	形质评定	20	9.0	28.1	宽卵形	好	好	8.0	50	1.5	旺盛	旺盛	√	√				
	南酸枣	赣州市安基山林场	下洞工区大燕	本地	天然林	五株优势木法	16	9.0	28.7	伞形	好	好	8.0	30	1.4	旺盛	旺盛	√	√				

（续）

序号	树种名称	经营单位（或个人）	地名	种源	起源	选优方法	数量指标			形质指标								利用建议					备注
							树龄（a）	树高（m）	胸径（cm）	冠型	圆满度	通直度	枝下高（m）	分枝角度（°）	树皮厚（cm）	生长势	结实情况	生态	用材	薪炭	抗逆	其他	
	南酸枣	赣州市安基山林场	青茶工区	本地	天然林	形质评定	35	8.0	38.0	伞形	好	好		30	1.4	旺盛	旺盛	√	√				
	南酸枣	赣州市安基山林场	青茶工区野猪湖	本地	天然林	形质评定	18	7.5	24.0	伞形	好	好	9.0	32	1.2	旺盛	旺盛	√	√				四旁及散生木
	南酸枣	赣州市高云山林场	油库	本地	人工林	五株优势木法	20	9.0	37.6		一般	一般	3.0	80	0.8	良好	一般		√				四旁及散生木
	南酸枣	赣州市高云山林场	竹白坑	本地	人工林	五株优势木法	20	8.0	51.0		一般	一般	3.0	80	0.8	良好	一般		√				四旁及散生木
	南酸枣	赣州市	油疗下坝	葛坳	人工林	五株优势木法	22	4.9	38.2	伞形	好	一般	2.5	70	0.4	旺盛			√				四旁及散生木
	南酸枣	赣州市	桥头坝	葛坳	人工林	五株优势木法	22	4.8	28.6	伞形	好	好	3.5	80	0.4	旺盛	良好		√				四旁散生优树
	南酸枣	赣州市古陂镇大屋村	王屋组屋背	本地	天然林	形质评定	30	9.0	35.7	伞形	好	好	9.0	锐角	中	旺盛	旺盛	√	√				四旁散生优树
	南酸枣	赣州市信丰县金盆山林场	上陂工区石口对面	本地	天然林	形质评定	38	11.5	43.3	卵形	好	好	12.5	锐角	中	旺盛	旺盛	√	√				
	南酸枣	赣州市信丰县金盆山林场	上陂工区石口	本地	天然林	形质评定	20	10.0	28.2	伞形	好	好	14.0	锐角	中	旺盛	良好	√	√				
	南酸枣	赣州市九连山自然保护区	虾蚣塘主沟	本地	天然林			31.5	23.0	卵形	较好	好	33.0	锐角		旺盛		√	√				
	南酸枣	赣州市大余县烂泥迳林场	加工厂	本地	人工林	形质评定	23	18.0	50.0	伞形	好	好	6.3										
	南酸枣	赣州市大余县烂泥迳林场	加工厂	本地	人工林	形质评定	22	16.0	42.0	伞形	好	好	3.0										
	南酸枣	赣州市老屋下	黄沙乡新华	本地	天然林	五株优势木法	15	12.9	29.3	长卵形	好	好	3.2			旺盛	旺盛	√	√				
	南酸枣	赣州市濂丰村	场坳	本地	天然林	五株优势木法	20	19.0	41.0	伞形	好	好	12.0	30		旺盛	旺盛	√					
	南酸枣	赣州市粮管所	武当镇大坝	本地	天然林	形质评定	15	11.0	34.0	长卵形	好	好	2.0			旺盛	旺盛	√	√				四旁散生优树

（续）

序号	树种名称	经营单位（或个人）	地名	种源	起源	选优方法	数量指标			形质指标								利用建议					备注
							树龄（a）	树高（m）	胸径（cm）	冠型	圆满度	通直度	枝下高（m）	分枝角度（°）	树皮厚（cm）	生长势	结实情况	生态	用材	薪炭	抗逆	其他	
	南酸枣	赣州市龙南县基地林场	余坑	本地	天然林	形质评定	28	24.7	38.5	伞形	好	好	7.0	锐角	2.0	旺盛	良好	√	√				
	南酸枣	赣州市龙南县基地林场	余坑	本地	天然林	形质评定	21	12.5	30.0	伞形	好	好	9.0	锐角	2.0	旺盛	良好	√	√				
	南酸枣	赣州市卢传锋	芋和坑	本地	人工林	五株优势木法	22	25.0	38.0	伞形	好	好	7.8	70		旺盛	旺盛	√					
	南酸枣	赣州市卢传锋	芋和坑	本地	天然林	五株优势木法	22	20.0	34.0	伞形	好	好	7.3	75		旺盛	旺盛	√					四旁散生优树
	南酸枣	赣州市卢传锋	芋和坑	本地	天然林	五株优势木法	22	25.0	49.0	伞形	好	好	8.0	80		旺盛	旺盛	√					四旁散生优树
	南酸枣	赣州市卢传锋	芋和坑	本地	天然林	五株优势木法	22	25.0	46.0	伞形	好	好	8.2	85		旺盛	旺盛	√					四旁散生优树
	南酸枣	赣州市内良乡尧扶村	杨梅坪	本地	天然林	形质评定	40	25.0	75.0	伞形	好	好	12.0				旺盛						四旁散生优树
	南酸枣	赣州市内良乡尧扶村	黄古冲	本地	天然林	形质评定	30	25.0	51.0	伞形	好	好	16.0				旺盛						
	南酸枣	赣州市内良中学	学校院内	本地	人工林	形质评定	16	13.0	38.2	伞形	好	好					差						
	南酸枣	赣州市南安镇建设村	耙泥脑	本地	人工林	形质评定	20	15.0	23.0	伞形	好	好	3.0				旺盛						
	南酸枣	赣州市芹子坑	东坑镇均兴	本地	天然林	形质评定	30	16.5	38.9	圆锥形	好	好	10.5			旺盛	旺盛	√	√				
	南酸枣	赣州市寺下村委会	寺下林管站门口				8	8.0	16.0	圆形						旺盛		√	√				
	南酸枣	赣州市铁石口镇新圩高张庆福	铁柳公路边张庆福家右侧	本地	人工林	形质评定	24	18.2	46.1	伞形	好	好	8.0	锐角	中	旺盛	旺盛	√	√				
	南酸枣	赣州市围坳	关西镇关东	本地	天然林	形质评定	13	21.5	45.2	圆柱形	好	好	2.2			旺盛	旺盛	√	√				四旁树
	南酸枣	赣州市文峰乡	鹅坪村	本地	天然林	五株优势木法	20	18.0	26.0	圆形	好	好	6.0			旺盛	旺盛	√	√				
	南酸枣	赣州市西牛镇政府	黄泥办事处院内	本地	人工林	形质评定	18	13.0	26.4	伞形	好	好	6.0	锐角	中	旺盛	良好	√	√				
	南酸枣	赣州市园明山林场	嶂背工区路边	本地	人工林	形质评定	12	16.6	30.1		好	较好	4.5	30	0.3	旺盛	良好	√	√				四旁树
	南酸枣	赣州市园明山林场	嶂背工区路旁	本地	人工林	形质评定	12	14.8	21.2		好	好	3.5	30	0.3	旺盛	良好	√	√				

（续）

序号	树种名称	经营单位（或个人）	地 名	种源	起源	选优方法	数量指标 树龄（a）	数量指标 树高（m）	数量指标 胸径（cm）	形质指标 冠型	形质指标 圆满度	形质指标 通直度	形质指标 枝下高（m）	形质指标 分枝角度（°）	形质指标 树皮厚（cm）	形质指标 生长势	形质指标 结实情况	利用建议 生态	利用建议 用材	利用建议 薪炭	利用建议 抗逆	利用建议 其他	备 注
	南酸枣	宜春市九龙垦殖场	高石坑	本地		五株优势木法	20	17.7	26.3		好	好	7.6	70	1.0	旺盛	一般		√				
	南酸枣	吉安市陈山林场	江北分场深坰岔	本地	天然林	五株优势木法	35	18.2	36.8	卵形	好	好	8.0	50～90	0.6	旺盛	良好	√					
	南酸枣	吉安市泗源林场	石人坑		人工林	五株优势木法	10	16.0	20.3	伞形	好	好	6.0		中	良好		√	√				
	南酸枣	吉安市武功山林场	横江上安	本地	人工林	五株优势木法	20	18.0	28.5	伞形	较好	较好		45	0.4	旺盛	良好	√					
191	南亚新木姜子	赣州市赣县	龙角分场荷树下屋背	本地	天然林	形质评定	60	14.0	42.0	伞形	好	好						√					
192	南烛	赣州市文峰乡	东团村	本地	天然林	五株优势木法	18	5.6	8.0	伞形	好	好	0.6			旺盛	旺盛	√					
	楠木	赣州市赣县白鹭乡白鹭村	后龙山	本地	天然林	形质评定	318	35.0	105.0	伞形	好	好						√	√				
	楠木	赣州市赣县白鹭乡白鹭村	后龙山	本地	天然林	形质评定	318	30.0	68.0	伞形	好	好						√	√				
193	楠木	赣州市安基山林场	下洞工区三八塘	本地	天然林	形质评定	18	13.0	23.0	伞形	好	好		34	1.2	旺盛		√	√				
	楠木	赣州市寻乌县桂竹帽镇	华星村	本地	天然林	五株优势木法	16	8.2	10.9	尖塔形	好	好	2.5			旺盛	旺盛	√	√				四旁及散生木
	楠木	吉安市坳南乡龙源	坳上	本地	人工林		200	20.0	70.0	均匀	好	好	7.0	50～90	1.2	良好	良好	√	√				
	楠木	吉安市严田镇山溪村	山溪	本地	天然林	五株优势木法	50	18.5	46.0	卵形	好	好	9.0		薄	良好			√				
	拟赤杨	九江市修水县黄沙港林场	杨家坪林场麦埚		天然林	五株优势木法	30	13.8	40.5	圆形	较好	较好	8.0			旺盛		√					四旁
	拟赤杨	景德镇市浮梁县王港乡	钢叉坞岐沅		天然林	五株优势木法	12	13.0	20.0		好	好	6.0		0.2	良好	旺盛	√	√		√		
	拟赤杨	鹰潭市冷水林场	茶山	本地	人工林	五株优势木法	5	9.0	7.0		好	好	3.0	40	薄	旺盛	良好	√	√				
	拟赤杨	赣州市赣县	双龙村	本地	天然林	形质评定	11	11.4	12.8	不规则	好	好						√					
	拟赤杨	赣州市安基山林场	青茶工区	本地	天然林	形质评定	12	12.0	17.7	伞形	好	好	9.0	33	1.2	旺盛		√	√				

（续）

序号	树种名称	经营单位（或个人）	地名	种源	起源	选优方法	数量指标			形质指标								利用建议					备注
							树龄(a)	树高(m)	胸径(cm)	冠型	圆满度	通直度	枝下高(m)	分枝角度(°)	树皮厚(cm)	生长势	结实情况	生态	用材	薪炭	抗逆	其他	
	拟赤杨	赣州市信丰县金盆山林场	上陂工区石口大坑	本地	天然林	形质评定	27	17.8	29.2	圆形	好	好	7.0	锐角	中	旺盛	良好	√	√				
	拟赤杨	赣州市九连山自然保护区	虾蚣塘主沟	本地	天然林			22.2	18.0	卵形	较好	好	16.0	锐角		旺盛		√	√				
	拟赤杨	赣州市大余县烂泥迳林场	三江口工区	本地	天然林	形质评定	35	25.0	42.1	伞形	好	好	17.9				一般						
	拟赤杨	赣州市罗珊乡	珊贝村上围	本地	天然林	五株优势木法	18	14.5	22.3	圆形	好	好	3.2			旺盛	旺盛	√	√				
	拟赤杨	赣州市五指山林场	石罗井工区程光坑	本地	天然林	形质评定	25	15.2	23.0	伞形	较好	较好	8.0	85	2.0	旺盛	良好	√	√				
	拟赤杨	宜春市九龙垦殖场	猴形	本地		五株优势木法	20	10.0	35.0		较好	好	5.0	60	1.0	旺盛	一般		√				
	拟赤杨	上饶市龙头山乡	大湾口	本地	天然林	五株优势木法	12	11.8	9.1		好	好	8.6		2.0	旺盛	差						
	拟赤杨	上饶市龙头山乡	双河口	本地	天然林	五株优势木法	12	7.5	9.8		好	好	3.5		1.8	旺盛	差						
	拟赤杨	上饶市绕二镇	老屋	本地	天然林	五株优势木法	22	8.7	12.1		好	好	3.8		2.0	旺盛	良好						
	拟赤杨	吉安市三湾采育林场	大湾工区邓家冲	本地	天然林		16	13.0	20.3		好	好			中	良好	旺盛	√	√				
195	牛筋树	赣州市小密乡小密村	下湾子组	本地	天然林	形质评定	90	16.0	111.1	圆形			6.0	80	1.4	旺盛	旺盛	√		√			
	牛筋树	赣州市庄口镇小坝村	小坝店子组	本地	天然林	形质评定	50	20.0	68.8	塔形		好	10.0	80	1.4	旺盛	旺盛	√		√			
	牛筋树	赣州市庄口镇小坝村	小坝店子组	本地	天然林	形质评定	50	18.0	76.4	塔形			6.0	76	1.4	旺盛	旺盛	√		√			
196	女贞	赣州市黄龙镇大龙村曾子丘陈屋		本地	天然林	形质评定	30	5.0	40.0	圆形	好	好	1.2				旺盛						
	女贞	赣州市隆木乡	政府院内	本地	人工林	形质评定	30	9.1	16.3	伞形	好	好	2.5	锐角	2.1	旺盛	旺盛	√					
	女贞	赣州市五里山煤矿	龙南镇金都街	本地	人工林	形质评定	35	6.0	22.0	圆柱形	好	好	2.5			旺盛	旺盛	√	√				四旁优树
197	泡花楠	赣州市赣县湖江乡古田村	古田组	本地	人工林	形质评定	100	18.0	60.0	伞形	好	好						√	√				
	泡花楠	吉安市坳上林场	方坑	本地	天然林	五株优势木法	20	12.0	25.0	卵形	好	好	5.0		中	良好		√	√				

（续）

序号	树种名称	经营单位（或个人）	地名	种源	起源	选优方法	数量指标			形质指标								利用建议					备注
							树龄（a）	树高（m）	胸径（cm）	冠型	圆满度	通直度	枝下高（m）	分枝角度（°）	树皮厚（cm）	生长势	结实情况	生态	用材	薪炭	抗逆	其他	
	泡花楠	吉安市曲江林场	黄梅工区	本地	天然林		100	26.0	58.0	均匀	好	好	4.0		中	良好	旺盛	√	√				
	泡花楠	吉安市曲江林场	龙源	本地	天然林		50	12.0	36.0	均匀	好	好	8.0		中	良好			√				
198	泡桐	赣州市赣县赣加稀土矿厂	红金工业园	本地	人工林	形质评定	25	9.4	26.0	伞形	好	好						√					四旁
	泡桐	赣州市赣县	双龙村	本地	天然林	形质评定	12	8.0	13.6	伞形	好	好						√					
	泡桐	赣州市浮江乡政府	政府大门前	本地	人工林	形质评定	15	16.0	30.0	圆柱形	好	好	3.5				差						
	泡桐	赣州市浮石村		本地	人工林	形质评定	7	10.5	23.9	伞形	好	好	7.0	锐角	2.0	旺盛		√	√				
	泡桐	赣州市赣南水泥厂	北区 12 栋 1 号门前	本地	人工林	形质评定	35	11.2	45.3	伞形	好	好	6.0	锐角	中	旺盛	旺盛	√	√				
	泡桐	赣州市隆木樟村	芭蕉坑	本地	人工林	形质评定	10	14.2	18.2	伞形	好	好	3.0	锐角	2.5	旺盛	旺盛		√				四旁树
	泡桐	赣州市隆木樟村	村里	本地	天然林	形质评定	10	10.2	15.6	伞形	好	好	5.1	锐角	2.0	旺盛	差		√				四旁优树
	泡桐	赣州市万隆乡柏枧村	下坑组	本地	天然林	形质评定	23	14.8	22.4	圆锥形	好	好	9.6	锐角	薄	旺盛	良好	√	√				四旁优树
	泡桐	赣州市万隆乡柏枧村	下坑组	本地	天然林	形质评定	20	14.2	25.3	圆锥形	好	好		锐角	中	旺盛	良好	√	√				四旁树
	泡桐	赣州市文武坝镇林业站	林业站院内	本地	天然林	形质评定	10	12.0	45.0	伞形	好	好	4.0	30	0.6	旺盛	旺盛	√	√				四旁树
	泡桐	赣州市窝窑村		本地	人工林	形质评定	18	16.0	32.2	伞形	好	好	10.0	锐角	2.0	旺盛	旺盛	√	√				
	泡桐	赣州市西江镇西江中学	西江中学院内	本地	天然林	形质评定	30	18.0	69.4	圆形	好	好	8.0	65	1.2	旺盛	旺盛	√	√		√		四旁优树
	泡桐	赣州市小密乡小密村	下湾子组	本地	天然林	形质评定	25	20.0	49.8	卵形	好	好	8.0	20	2.0	旺盛	旺盛	√	√		√		
	泡桐	赣州市欣山镇	濂江东路	本地	人工林	五株优势木法	32	18.0	60.8	卵形	好	好	5.0	80	1.0	旺盛	一般	√					
	泡桐	赣州市中村林场	家属区屋角边	本地	天然林	形质评定	30	13.0	29.8	卵形	好	好	3.0	70	1.0	一般	良好	√	√				四旁及散生木
	泡桐	赣州市朱坊	红心车头	本地	人工林	形质评定	15	18.4	27.6	伞形	好	好	3.2	锐角	1.0	旺盛	旺盛		√				
	泡桐	赣州市朱坊	桥头小塘	本地	人工林	形质评定	25	14.5	24.6	伞形	好	好	6.3	锐角	1.0	旺盛	旺盛		√				
	泡桐	宜春市城郊林场	永宁林中校门口路边	本地		绝对值评选法	30	12.0	30.0		较好	好	1.0	60	1.0	旺盛	旺盛	√	√				

（续）

序号	树种名称	经营单位（或个人）	地名	种源	起源	选优方法	数量指标			形质指标								利用建议					备注
							树龄（a）	树高（m）	胸径（cm）	冠型	圆满度	通直度	枝下高（m）	分枝角度（°）	树皮厚（cm）	生长势	结实情况	生态	用材	薪炭	抗逆	其他	
199	朴树	赣州市赣县石芫村	枫树潭	本地	天然林	形质评定	30	20.0	79.6	圆形	好	好						√					
	朴树	赣州市案上	东坑张古段	本地	天然林	形质评定	90	12.0	60.0	圆锥形	较好	较好	3.8			旺盛	旺盛	√	√				
	朴树	赣州市白沙	武当横岗	本地	人工林	形质评定	50	14.0	102.0	圆形	好	好	1.8			旺盛	旺盛	√	√				
	朴树	赣州市大瑞山	桃江乡中源	本地	天然林	形质评定	100	22.5	50.0	圆柱形	好	好	3.3			旺盛	旺盛	√	√				
	朴树	赣州市黄龙林站	林站院内	本地	人工林	形质评定	30	13.8	46.3	伞形	好	好	6.0				旺盛						
	朴树	赣州市击田镇岗昭村	村马路	本地	天然林	形质评定	85	12.0	95.0	圆形	较好	较好	3.6	39		旺盛	良好	√					
	朴树	赣州市临江圩	临塘乡临江	本地	天然林	形质评定	60	2.0	60.0	圆柱形	好	好				旺盛	旺盛	√	√				
	朴树	赣州市门岭镇门岭村	门岭村下水湾	本地	天然林	形质评定	70	25.0	123.4	圆形	较好	较好	3.7	49	1.1	旺盛	良好	√					
	朴树	赣州市南桥镇	满坑村	本地	天然林	五株优势木法	5	2.0	6.0	尖塔形	好	好	0.6			旺盛	差	√	√				
	朴树	赣州市青山	关西旱江	本地	人工林	形质评定	50	11.0	95.0	圆形	较好	较好	3.2			旺盛	旺盛	√	√				
	朴树	赣州市洒源圩	桃江乡中源	本地	人工林	形质评定	30	14.5	54.0	圆形	较好	较好	5.0			旺盛	旺盛	√	√				
	朴树	赣州市沙坝	里仁新里	本地	天然林	形质评定	80	11.0	70.0	圆形	好	好	2.0			旺盛	旺盛	√	√				
	朴树	赣州市沙坝	里仁新里	本地	天然林	形质评定	100	11.5	62.0	圆形	较好	较好	3.5			旺盛	旺盛	√	√				
	朴树	赣州市浮石村沙坪组		本地	人工林	形质评定	30	13.5	41.4	圆形	较好	好	4.5	锐角	2.0	旺盛	旺盛	√	√				
	朴树	赣州市下田心	临塘乡水口	本地	天然林	形质评定	30	15.0	60.0	圆形	较好	较好	1.5			旺盛	旺盛	√	√				四旁优树
	朴树	赣州市下左坑	桃江乡中源	本地	人工林	形质评定	100	25.0	80.0	圆形	好	好	1.4			旺盛	旺盛	√	√				
	朴树	赣州市南亨乡政府	乡政府院内	本地	天然林	形质评定	30	12.5	54.0	圆形	较好	较好	1.2			旺盛	旺盛	√	√				
	朴树	赣州市站塘乡站塘村芙容坝组	粮管所河坎	本地	天然林	形质评定	120	17.0	113.1	伞形	较好		4.0	70	0.8	一般	差	√					
	朴树	赣州市中心小学	黄沙乡黄沙	本地	天然林	形质评定	100	16.0	92.4	圆形	较好	好	7.5			旺盛	旺盛	√	√				
	朴树	赣州市周田镇岗昭村		本地	天然林	形质评定	88	12.0	118.8	伞形	较好	较好	2.8	42	1.0	旺盛	良好	√					
	朴树	赣州市周田镇中桂村	中桂村腊树下	本地	天然林	形质评定	43	17.0	56.0	圆形	好	较好	3.2	45	0.4	旺盛	良好	√					
	朴树	赣州市周田镇中桂村	河墩村河墩坎	本地	天然林	形质评定	43	14.0	88.0	伞形			4.6	53	0.6	旺盛	良好	√					

（续）

序号	树种名称	经营单位（或个人）	地名	种源	起源	选优方法	数量指标			形质指标								利用建议					备注
							树龄(a)	树高(m)	胸径(cm)	冠型	圆满度	通直度	枝下高(m)	分枝角度(°)	树皮厚(cm)	生长势	结实情况	生态	用材	薪炭	抗逆	其他	
	朴树	赣州市周田镇中桂村	河墩村河墩坎	本地	天然林	形质评定	72	25.0	113.7	伞形	较好	较好	5.2	47	0.8	旺盛	良好	√	√				
	朴树	赣州市珠兰乡怀仁村下仁组	怀仁	本地	天然林	形质评定	120	21.0	54.0	伞形	好	好	4.0	25	1.0	旺盛	旺盛	√	√				
200	桤木	新余市长埠林场	年珠后山		人工林	五株优势木法	13	23.6	22.6	伞形	好	好	7.5	40	0.3	良好	旺盛	√	√				
	桤木	赣州市寺下林场	茶坪作业区门口				24	14.0	40.2	尖塔形						旺盛		√	√				
201	漆树	赣州市罗珊乡	罗塘马料小组	本地	天然林	五株优势木法	25	16.4	18.6	圆柱形	好	好	2.4			旺盛	旺盛	√	√				
202	杞木	九江市修水县黄沙镇	岭斜村平天寺		天然林	五株优势木法	12	15.0	25.0	圆形	好	好	5.0			旺盛							
203	千年桐	赣州市大山脑林场	观音山工区	本地	人工林	形质评定	15	13.0	23.7	伞形	好	好	8.0	锐角	2.0	旺盛	旺盛	√	√				
	千年桐	赣州市门岭镇	水凉坑桥头	本地	人工林	形质评定	18	21.0	39.7	圆形	好	好	3.9	42	0.4	旺盛	良好	√					四旁优树
	千年桐	赣州市坪市乡	镜口	本地	天然林	形质评定	40	11.6	51.8	伞形	好	好	6.6	锐角		旺盛	差		√				
	千年桐	赣州市坪市乡	镜口	本地	天然林	形质评定	15	10.3	28.8	伞形	好	好	6.7	锐角		旺盛	良好					√	四旁优树
	千年桐	赣州市三江小坝		本地	人工林	形质评定	35	19.5	36.0	伞形	好	好	8.4	锐角	1.5	旺盛	旺盛		√				四旁优树
	千年桐	赣州市窝窑村		本地	人工林	形质评定	20	10.0	40.6	伞形	好	好	6.0	锐角	2.0	旺盛	旺盛	√	√				
	千年桐	赣州市朱坊天心	天心塞口坝	本地	人工林	形质评定	35	19.7	31.6	半圆形	好	一般	8.4	锐角	1.5	旺盛	旺盛		√				四旁优树
	千年桐	赣州市珠兰乡怀仁村钟荣发	下仁	本地	人工林	形质评定	15	18.0	58.0	伞形	好	好	2.0	30	0.8	旺盛	旺盛		√			√	
204	铅山槭	上饶市武夷山自然保护区		本地	天然林	形质评定	60	14.0	21.2	圆形	好	好	5.0			旺盛	旺盛	√	√				
205	琴叶榕	赣州市寻乌县桂竹帽镇	上坪村	本地	天然林	五株优势木法	24	8.6	31.2	圆形	好	好				旺盛	旺盛	√					
206	青冈	赣州市赣县	南田村老屋下组	本地	天然林	五株优势木法	30	22.0	30.0	伞形	好	好						√					
	青冈	赣州市安基山林场	望居工区茶仔斜	本地	天然林	五株优势木法	42	14.0	44.8	伞形	好	好	4.5	30	1.4	旺盛	旺盛	√	√				

（续）

序号	树种名称	经营单位（或个人）	地名	种源	起源	选优方法	数量指标			形质指标								利用建议					备注
							树龄（a）	树高（m）	胸径（cm）	冠型	圆满度	通直度	枝下高（m）	分枝角度（°）	树皮厚（cm）	生长势	结实情况	生态	用材	薪炭	抗逆	其他	
	青冈	赣州市安基山林场	下洞工区电站外出	本地	天然林	形质评定	18	18.0	26.0	伞形	好	好		34	1.4	旺盛		√	√				
	青冈	赣州市兴国县均村乡	坪源村石坝组	本地	天然林	五株优势木法	45	26.0	64.1	伞形	好	好	14.0	40	0.7	旺盛		√	√				
	青冈	赣州市兴国县均村乡	坪源村石坝组	本地	天然林	五株优势木法	45	19.1	41.5	伞形	好	好	13.0	35	0.6	旺盛		√	√				
	青冈	赣州市站塘乡官山村	南山下组老屋角	本地	天然林	形质评定	150	15.0	98.0	伞形		较好	3.0	70	0.5	一般	良好	√	√				
	青冈	宜春市白云组	柳溪乡双坝分场	本地		五株优势木法	85	18.0	62.7		好	好	4.2		1.0	良好	旺盛	√					
	青冈	宜春市双坝分场	柳溪乡双坝分场	本地		五株优势木法	78	17.8	53.2		好	好	3.5		1～2	良好	旺盛	√					
	青冈	宜春市水口乡桃源村	十里尖	本地		形质评定	30	14.0	22.0		好	好	5.6	85	1.0	旺盛	旺盛	√	√				
	青冈	上饶市李宅乡	方坑	本地	天然林	五株优势木法	25	9.4	14.2		好	好	4.7		2.2	旺盛							
	青冈	上饶市龙头山乡	双河口	本地	天然林	五株优势木法	25	6.1	9.8		好	好	2.6		2.0	旺盛	差						
	青冈	上饶市龙头山乡	双河口	本地	天然林	五株优势木法	25	6.7	8.7		好	好	3.8		2.0	旺盛	差						
207	青钩栲	赣州市赣县	梅街村彭屋组	本地	天然林	形质评定	35	15.0	42.1	伞形	好	好						√					
	青钩栲	赣州市大岳村	大小坑	本地	天然林	形质评定	45	28.0	107.5	伞形	好	好	3.5	85	1.0	旺盛	旺盛	√	√				
	青钩栲	赣州市大岳村	大小坑	本地	天然林	形质评定	50	30.0	74.1	伞形	好	好	4.0	90	1.0	旺盛	旺盛	√	√				
	青钩栲	赣州市寻乌县桂竹帽镇	华星村	本地	天然林	五株优势木法	16	12.1	15.5	伞形	好	好	4.2			旺盛	旺盛	√	√				
	青钩栲	赣州市信丰县金鸡林场	周坑工区屋背坑	本地	天然林	形质评定	40	20.4	61.6	伞形	好	好	14.5	锐角	中	旺盛	旺盛	√	√				
	青钩栲	赣州市信丰县金鸡林场	周坑工区屋背坑	本地	天然林	形质评定	28	15.2	44.7	卵形	好	好	8.0	锐角	中	旺盛	旺盛	√	√				
	青钩栲	赣州市信丰县金鸡林场	周坑工区酸枣排	本地	天然林	形质评定	30	13.8	38.4	卵形	好	好	8.0	锐角	中	旺盛	良好	√	√				

（续）

序号	树种名称	经营单位（或个人）	地名	种源	起源	选优方法	数量指标			形质指标								利用建议					备注
							树龄（a）	树高（m）	胸径（cm）	冠型	圆满度	通直度	枝下高（m）	分枝角度（°）	树皮厚（cm）	生长势	结实情况	生态	用材	薪炭	抗逆	其他	
	青钩栲	赣州市龙南县八一九林场	黄坑	本地	天然林	形质评定	25	12.8	28.0	圆形	好	好	5.2	锐角	2.0	旺盛	差	√	√				
	青钩栲	赣州市清溪乡半岭村	半岭小组	本地	天然林	形质评定	90	16.2	80.0	伞形	较好	较好	5.4	63	0.4	旺盛	良好	√	√				
	青钩栲	赣州市清溪乡半岭村	半岭小组	本地	天然林	形质评定	102	19.0	80.0	伞形	较好	较好	3.9	51	0.7	旺盛	一般	√	√				
	青钩栲	赣州市中村乡中联村下屋组	下屋屋背	本地	天然林	形质评定	120	22.0	72.0	伞形	好	好	5.0	80	1.0	一般	良好	√	√				
208	青荚叶	赣州市项山乡	中坑村	本地	天然林	五株优势木法	3	2.6	4.0	圆形	好	好	0.3			旺盛		√					
209	青皮木	赣州市寻乌县桂竹帽镇	龙归村三寨水	本地	天然林	五株优势木法	18	5.6	13.5	伞形	好	好	1.6			旺盛	旺盛	√					
210	青钱柳	九江市修水县黄坳乡	丁桥村		天然林	五株优势木法	40	13.0	28.0	圆形	好	好	5.0			旺盛		√					
	青钱柳	上饶市武夷山自然保护区		本地	天然林	形质评定	45	20.0	28.5	圆形	好	好	12.0			旺盛	旺盛	√	√				
211	青叶藤	赣州市项山乡	中坑村	本地	天然林	五株优势木法	18	16.8	16.0	圆柱形	好	好	3.2			旺盛	差	√					
212	青榨槭	上饶市武夷山自然保护区		本地	天然林	形质评定		14.0	17.0		好	好	8.0			旺盛	一般	√	√				
213	缺萼枫香	赣州市赣县	黄沙分场	本地	天然林	形质评定	60	22.0	50.2	半圆形	好	好						√					
	缺萼枫香	赣州市三标乡	湖桊村	本地	天然林	五株优势木法	23	15.4	17.7	圆形	好	好	3.2			旺盛	旺盛	√					
214	雀梅藤	赣州市罗珊乡	下增坑村	本地	天然林	五株优势木法	6	1.4	6.0	藤本						旺盛		√					
215	日本冷杉	宜春市永宁城郊林场	场部	本省		绝对值评选法	10	4.0	12.0		较好	好	1.0	60	1.0	旺盛	一般	√	√			绿化	
216	日本香柏	宜春市大段林工站	林工站院内	福建		绝对值评选法	12	7.0	12.0		较好	好	2.0	50	1.0	旺盛	旺盛	√	√			绿化	
217	榕树	赣州市赣县湖江乡中塘村	中塘组	本地	人工林	形质评定	100	23.0	170.0	伞形	好	好						√				√	
	榕树	赣州市赣县湖江乡中塘村	方村组	本地	人工林	形质评定	350	25.0	200.0	伞形	好	好						√				√	
	榕树	赣州市赣县枧田村	企石组	本地	天然林	形质评定	30	16.0	68.0	伞形	好	好						√				√	

（续）

序号	树种名称	经营单位（或个人）	地名	种源	起源	选优方法	数量指标			形质指标								利用建议					备注
							树龄（a）	树高（m）	胸径（cm）	冠型	圆满度	通直度	枝下高（m）	分枝角度（°）	树皮厚（cm）	生长势	结实情况	生态	用材	薪炭	抗逆	其他	
	榕树	赣州市白鹅乡中心村	肥猪树下	本地	人工林	形质评定	50	10.0	94.9	圆形			4.0	75	1.6	旺盛	良好	√			√		
	榕树	赣州市白鹅乡中心村	肥猪树下	本地	人工林	形质评定	50	10.0	172.3	圆形	好		3.0	75	1.6	旺盛	良好	√			√		
	榕树	赣州市白鹅乡中心村	肥猪树下	本地	人工林	形质评定	50	10.0	146.5	圆形	较好		3.0	75	1.6	旺盛	旺盛	√	√				
	榕树	赣州市长宁镇	中山街	广东	人工林	五株优势木法	8	5.0	12.0	伞形	好	好	1.5			旺盛		√					
	榕树	赣州市东门小学	西门校区院内	本地	人工林	形质评定	26	10.0	80.0	伞形	好	好	2.0				旺盛						
	榕树	赣州市门岭镇白埠村	新屋小组	本地	天然林	形质评定	110	32.0	176.4	伞形	较好	较好	6.2	50	0.6	旺盛	良好	√	√				
	榕树	赣州市门岭镇白埠村	新屋小组	本地	天然林	形质评定	180	25.0	264.0	伞形	较好	较好	3.9	18	1.3	旺盛	良好	√					
	榕树	赣州市门岭镇白埠村	新屋小组	本地	天然林	形质评定	250	31.7	26.0	伞形		较好	2.9	56	1.5	旺盛	良好	√					
	榕树	赣州市门岭镇白埠村	羊角村水古庙	本地	天然林	形质评定	100	25.0	85.0	塔形	好	好	5.0	37	2.0	旺盛	旺盛	√	√		√		
	榕树	赣州市南河电厂					26	11.0		伞形						旺盛		√					
	榕树	赣州市文武坝镇水西村下坝组	水西坝	本地	人工林	形质评定	580	30.0	150.0	伞形	好		3.8	35	0.8	旺盛	差	√	√				
	榕树	赣州市站塘乡横岭村岭背组	河坝边	本地	人工林	形质评定	150	16.0	235.0	圆形			0.5	60	0.5	旺盛	良好	√					
	榕树	赣州市中山桥头	龙南镇滨江大道	本地	人工林	形质评定	50	11.3	89.2	长卵形	较好	较好	2.6			旺盛	旺盛	√					
	榕树	赣州市周田镇中桂村	中三小组	本地	人工林	形质评定	90	20.0	82.8	伞形	较好		3.0	56	1.3	旺盛	良好	√					
	榕树	赣州市周田镇中桂村	新塘村宗田	本地	人工林	形质评定	110	18.0	243.0	伞形	较好	较好	6.0	35	1.2	旺盛	良好	√					
	榕树	赣州市周田镇中桂村	杨排村罗田门楼	本地	人工林	形质评定	100	14.0	70.0	伞形			5.0	42	0.8	旺盛	良好	√					
	榕树	赣州市周田镇中桂村	梅子村枝头	本地	天然林	形质评定	130	18.6	216.4	伞形	好	较好	4.0	36	0.4	旺盛	良好	√					
218	榕叶冬青	赣州市寻乌县桂竹帽镇	上坪村	本地	天然林	五株优势木法	30	3.0	12.0	圆柱形	好	好	2.0			旺盛	旺盛	√					
219	软枣猕猴桃	上饶市武夷山自然保护区		本地	天然林	形质评定	20	11.0	4.5		好		8.0			旺盛	旺盛	√				√	

（续）

序号	树种名称	经营单位（或个人）	地　名	种源	起源	选优方法	数量指标			形质指标								利用建议					备　注
							树龄（a）	树高（m）	胸径（cm）	冠型	圆满度	通直度	枝下高（m）	分枝角度（°）	树皮厚（cm）	生长势	结实情况	生态	用材	薪炭	抗逆	其他	
220	润楠	赣州市大余县烂泥迳林场	三江口工区	本地	天然林	形质评定	30	20.0	41.2	圆形	好	好	10.0				一般						
	润楠	赣州市内良乡尧扶村	黄古冲	本地	天然林	形质评定	30	20.0	32.0	圆柱形	好	好	12.0				一般						
	润楠	赣州市樟斗镇	跃进水库	本地	天然林	形质评定	30	23.0	41.8	圆柱形	好	好	12.0				一般						
221	三果柯	赣州市寻乌县桂竹帽镇	华星大窝里	本地	天然林	五株优势木法	10	14.1	14.3	伞形	好	好	4.8			旺盛	旺盛	√	√				
222	三花冬青	赣州市寻乌县桂竹帽镇	上坪村	本地	天然林	五株优势木法	18	4.6	7.2	伞形	好	好	0.9			旺盛	旺盛	√					
223	三尖杉	九江市修水县山口镇			天然林	五株优势木法	40	12.0	35.1	圆形	好	好	5.0			旺盛		√					
	三尖杉	赣州市赣县	留田林场水口	本地	天然林	形质评定	11	3.0	8.0	伞形	好	好						√				√	
	三尖杉	赣州市罗珊乡	珊贝村	本地	天然林	五株优势木法	30	14.0	12.5	圆柱形	好	好	5.0			旺盛	旺盛	√	√				
224	三角枫	九江市修水县黄坳乡	丁桥村		天然林	五株优势木法	40	13.0	28.1	圆形	好	好	5.0			旺盛		√					
225	三年桐	赣州市会昌山林场	会昌山	本地	人工林	形质评定	23	12.0	26.0	伞形	好	好	5.0	30	0.8	旺盛	旺盛	√	√				
226	三叶崖爬藤	赣州市罗珊乡	�竹村	本地	天然林	五株优势木法	8	4.8	8.4	圆柱形	好	好	0.6			旺盛	差	√					
227	桑树	赣州市长宁镇	325 村	本地	天然林	五株优势木法	10	5.2	12.0	圆柱形	好	好	0.4			旺盛	旺盛	√					
228	山杜英	赣州市寻乌县桂竹帽镇	华星村	本地	天然林	五株优势木法	17	6.3	11.1	圆柱形	好	好	2.8			旺盛	旺盛	√	√				
	山杜英	上饶市太白曹门村		本地	天然林	形质评定	50	13.0	52.0	长卵形	好	较好	4.0	45	1.5	旺盛	旺盛	√	√				
	山杜英	上饶市太白曹门村		本地	天然林		30	11.0	37.0	卵形	好	较好	3.5	50	1.5	旺盛	旺盛						散生木，可采种
	山杜英	吉安市曲江林场	龙源	本地	天然林		50	8.0	29.0	均匀	好	好		40	1.1	良好	一般		√				散生木，可采种
229	山合欢	赣州市珠兰乡下照村		本地	人工林	形质评定	90	18.0	55.0	圆形	好	好	3.0	30	0.8	旺盛	旺盛	√	√				
230	山桔	赣州市文峰乡	东团大牛畲	本地	天然林	五株优势木法	10	0.6	6.0	圆形	好	好	0.2			旺盛	旺盛	√					
231	山茉莉	赣州市赣县	樟坑分场	本地	天然林	形质评定	40	8.0	16.0	伞形	好	好						√					
232	山牡荆	赣州市赣县	樟坑分场	本地	天然林	形质评定	30	15.0	26.0	伞形	好	好						√					
233	山楠	新余市双林镇白水村	大坑	本地	天然林	五株优势木法	62	19.0	51.9	伞形	好	好		40	0.3	良好	旺盛		√	√	√		

（续）

序号	树种名称	经营单位（或个人）	地名	种源	起源	选优方法	数量指标			形质指标								利用建议					备注
							树龄（a）	树高（m）	胸径（cm）	冠型	圆满度	通直度	枝下高（m）	分枝角度（°）	树皮厚（cm）	生长势	结实情况	生态	用材	薪炭	抗逆	其他	
234	山乌桕	赣州市大山脑林场	观音山工区	本地	人工林	形质评定	25	13.0	31.2	伞形	好	好	6.0	锐角	2.0	旺盛	旺盛	√	√				
	山乌桕	赣州市新城镇廖小平	分水坳树排子上	本地	天然林	形质评定	28	13.5	46.0	伞形	好	好	3.5				旺盛						四旁优树
	山乌桕	赣州市内良中学	学校院内	本地	天然林	形质评定	28	12.0	36.9	圆锥形	好	好	4.0				一般						
	山乌桕	赣州市新城镇分水叶屋	叶屋西边	本地	天然林	形质评定	40	11.0	49.3	伞形	好	好	1.5				旺盛						
235	山香园	赣州市文峰乡	圳坡	本地	天然林	五株优势木法	20	3.6	12.0	伞形	好	好	0.4			旺盛	旺盛	√					
236	山油麻	赣州市寻乌县桂竹帽林场	园艺场	本地	天然林	五株优势木法	14	4.2	7.1	尖塔形	好	好	1.6			旺盛	旺盛	√					
237	杉木	南昌市新建县大塘林场	场部西南	本地	人工林	综合评定	31	13.1	30.9		好	好	6.5	70	2.0	旺盛	一般	√	√	√			
	杉木	九江市白鹿玉京村	黄纪坪	本地	人工林	五株优势木法	20	15.0	26.0	塔形	好	好	2.0	50	2.0	旺盛	旺盛	√	√				
	杉木	九江市白鹿玉京村	黄纪坪	本地	人工林	五株优势木法	18	15.0	24.0	塔形	好	好	2.0	50	2.0	旺盛	良好	√	√				
	杉木	九江市白鹿玉京村	黄纪坪	本地	人工林	五株优势木法	18	14.0	23.0	塔形	好	好	2.0	50	2.0	旺盛	良好	√	√				
	杉木	九江市东林茶畲村	龙安	本地	人工林	五株优势木法	24	12.4	22.3	圆锥形	好	好		77	1.2	旺盛		√	√				
	杉木	九江市甫田太平山村	天井埚	本地	人工林	五株优势木法	25	15.6	23.6	尖塔形	好	好		75	1.3	旺盛		√	√				
	杉木	九江市甫田外湖村	后背山	本地	人工林	五株优势木法	18	12.4	16.4	圆锥形	好	好		75	2.0	旺盛		√	√				
	杉木	九江市工业园桐林村	抓头岭	本地	人工林	五株优势木法	17	13.0	17.6	尖塔形	好	好		75	0.5	旺盛		√	√				
	杉木	九江市桂林东关六组		本地	人工林	五株优势木法	20	16.0	22.6	圆形	好	好	5.0	80	1.5	旺盛	良好	√					
	杉木	九江市国营东牯山林场	五乳寺	本地	人工林	五株优势木法	29	17.0	33.0	塔形	好	好	2.0	50	1.5	旺盛	旺盛	√	√				
	杉木	九江市花园乡油柿村林场		本地	人工林	五株优势木法	24	15.0	20.4	圆形	好	好	5.0	80	1.5	旺盛	良好	√					
	杉木	九江市黄段渡头	杨家坪	本地	人工林	五株优势木法	21	13.0	23.1	圆锥形	好	好		80	0.8	旺盛			√				
	杉木	九江市黄乐林场	老五百亩	本地	人工林	五株优势木法	26	10.0	38.6	塔形	好	好	3.0	75	0.9	旺盛	旺盛	√	√				
	杉木	九江市市口乡三山村	五组	本地	人工林	五株优势木法	18	8.5	16.2	圆锥形	好	好		70	1.2	旺盛		√	√				

（续）

序号	树种名称	经营单位（或个人）	地　名	种源	起源	选优方法	数量指标			形质指标								利用建议					备　注
							树龄（a）	树高（m）	胸径（cm）	冠型	圆满度	通直度	枝下高（m）	分枝角度（°）	树皮厚（cm）	生长势	结实情况	生态	用材	薪炭	抗逆	其他	
	杉木	九江市武宁县澧溪坎上村	歇坑	本地	天然林	五株优势木法	30	14.5	24.2	圆锥形	好	好		78	2.0	旺盛			√				
	杉木	九江市立新乡高山林场			人工林		26	16.0	33.1		好	好	12.0	85	0.5	旺盛	较差	√	√				
	杉木	九江市立新乡高山林场			人工林		26	17.0	33.9		好	好		85	0.5	旺盛	较差	√	√				
	杉木	九江市立新乡高山林场			人工林		26	19.0	36.6		好	好	11.0	85	0.5	旺盛	较差	√	√				
	杉木	九江市立新乡岭南林场			人工林		30	16.0	32.8		好	好	12.0	85	0.5	旺盛	较差	√	√				
	杉木	九江市立新乡岭南林场			人工林		30	16.0	28.0		好	好	10.0	85	0.5	旺盛	较差	√	√				
	杉木	九江市罗坪茶场		本地	人工林	五株优势木法	22	14.5	21.1	尖塔形	好	好		80	1.7	旺盛		√	√				
	杉木	九江市罗坪洞坪	大水平	本地	人工林	五株优势木法	21	15.2	19.6	尖塔形	好	好		78	2.0	旺盛		√	√				
	杉木	九江市罗坪漾都	公路边	本地	人工林	五株优势木法	26	14.2	21.3	尖塔形	好	好		79	2.2	旺盛		√	√				
	杉木	九江市罗溪长垅	芭蕉	本地	人工林	五株优势木法	21	11.6	17.5	尖塔形	好	好		70	1.2	旺盛			√				
	杉木	九江市罗溪乡	桂宝山	本地	人工林	五株优势木法	26	13.2	27.1	圆锥形	好	好		76	0.7	旺盛		√	√				
	杉木	九江市南阳乡林场		本地	人工林	五株优势木法	31	17.0	30.4	圆形	好	好	8.0	80	1.8	旺盛	良好	√					
	杉木	九江市清江清江村	泉塘	本地	人工林	五株优势木法	22	15.5	24.0	尖塔形	好	好		75	1.1	旺盛		√	√				
	杉木	九江市石渡丰年村	窄头埚	本地	人工林	五株优势木法	17	13.0	25.2	尖塔形	好	好		80	1.0	旺盛		√	√				
	杉木	九江市石渡丰年村	坳背	本地	人工林	五株优势木法	20	9.6	18.2	尖塔形	好	好		79	0.8	旺盛		√	√				
	杉木	九江市石门楼炉山	楼下垄	本地	人工林	五株优势木法	21	12.8	21.3	圆锥形	好	好		70	0.7	旺盛		√	√				
	杉木	九江市宋溪林场	田段	本地	人工林	五株优势木法	19	15.6	22.7	尖塔形	好	好		60	2.0	旺盛		√	√				
	杉木	九江市武山林场	十二道港	本地	人工林	五株优势木法	25	18.0	38.0	尖塔形	好	好	13.0	75	1.0	旺盛	旺盛		√				
	杉木	九江市武山林场	枫树洞	本地	人工林	五株优势木法	20	15.8	28.2	尖塔形	好	好	11.0	75	1.0	旺盛	旺盛		√				
	杉木	九江市武山林场	汪家源洞	本地	人工林	五株优势木法	20	14.5	30.0	尖塔形	好	好	8.0	80	1.2	旺盛	旺盛		√				
	杉木	九江市修水县复源乡	雅洋村		天然林	五株优势木法	30	15.0	39.0	圆形	好	好	5.0			旺盛			√				
	杉木	九江市修水县国营林场	黄沙分场泉源		人工林	五株优势木法	15	14.0	29.0	圆形	好	好	5.0			旺盛			√				

（续）

序号	树种名称	经营单位（或个人）	地名	种源	起源	选优方法	数量指标			形质指标								利用建议					备注
							树龄（a）	树高（m）	胸径（cm）	冠型	圆满度	通直度	枝下高（m）	分枝角度（°）	树皮厚（cm）	生长势	结实情况	生态	用材	薪炭	抗逆	其他	
	杉木	九江市修水县国营林场	汤桥分场		人工林	五株优势木法	22			圆形	好	好				旺盛			√				
	杉木	九江市修水县黄沙港林场	杨家坪林场杨家岭头		天然林	五株优势木法	40	16.0	20.6	圆形	好	好	5.0			旺盛			√				
	杉木	九江市修水县黄沙港林场	杨家坪林场大竹园		天然林	五株优势木法		17.0	27.8	圆形	好	好	5.0			旺盛			√				
	杉木	九江市修水县黄沙镇	下朗田村六组平家脑对面		天然林	五株优势木法	22	13.0	28.0	圆形	好	好	5.0			旺盛			√				
	杉木	九江市严阳石坪村	二组	本地	人工林	五株优势木法	20	14.0	21.2	尖塔形	好	好		80	0.5	旺盛			√				
	杉木	九江市杨洲经营站	方家垅	本地	人工林	五株优势木法	21	19.0	27.9	塔形	好	好		80	2.0	旺盛		√	√				
	杉木	九江市杨洲经营站	学堂边	本地	人工林	五株优势木法	60	26.0	48.0	塔形	好	好		80	2.0	旺盛		√	√				
	杉木	九江市杨洲经营站	学堂边	本地	人工林	五株优势木法	21	19.5	29.6	塔形	好	好		75	2.0	旺盛		√	√				
	杉木	九江市杨洲经营站	老董屋后	本地	人工林	五株优势木法	21	19.5	29.6	尖塔形	好	好		75	1.1	旺盛		√	√				
	杉木	九江市杨梓镇第二林场	梅树对面	本地	人工林	五株优势木法	17	16.0	19.6	塔形	好	好	3.0	75	0.8	旺盛	旺盛	√	√				
	杉木	景德镇市浮梁县江村乡	中洲三组		天然林	五株优势木法	18	13.0	24.0	窄		好	8.0		0.3				√		√		
	杉木	景德镇市浮梁县瑶里镇	白石塔		天然林	五株优势木法	23	11.7	18.5		好	好	6.3		0.5	良好	差						
	杉木	萍乡市安源村	盆形里	本地	人工林	五株优势木法	19	12.7	23.0	伞形	好	好	8.1	41	1.2	良好	旺盛	√					
	杉木	萍乡市白竺乡柘村村	梨咀壁里	本地	人工林	五株优势木法	25	12.6	23.3	尖塔形	好	好	4.6	46	1.2	旺盛	旺盛		√				
	杉木	萍乡市鹅湖山庄	开发区	本地	人工林	五株优势木法	12	12.6	22.8	塔形	好	好	5.0	40	0.3	旺盛	旺盛		√				
	杉木	萍乡市高坑村	虎塘	本地	人工林	五株优势木法	21	21.4	23.0	伞形	好	好	8.0	42	1.2	良好	旺盛	√					
	杉木	萍乡市六市乡西坑村		本地	人工林	五株优势木法	14	12.2	24.8	塔形	好	好	5.4	40	0.3	良好	旺盛		√				
	杉木	萍乡市青溪林场	坪子岭	本地	人工林	五株优势木法	20	8.0	26.0	塔形	好	好	5.0	79	1.3	旺盛	旺盛	√	√				
	杉木	萍乡市宣风镇	里山村	本地	人工林	五株优势木法	25	10.6	16.8	塔形	好	好	4.2	38	0.5	良好	旺盛		√				
	杉木	萍乡市张佳坊乡	瞿田村	本地	人工林	五株优势木法	18	12.6	18.2	塔形	好	好	5.1	42	0.3	良好	旺盛		√				
	杉木	新余市东坑林场东坑村	水源坑	本地	天然林		50	28.5	48.5	塔形	好	好	11.0	40	0.5	良好	良好		√	√	√		

（续）

序号	树种名称	经营单位（或个人）	地名	种源	起源	选优方法	数量指标			形质指标								利用建议					备注
							树龄（a）	树高（m）	胸径（cm）	冠型	圆满度	通直度	枝下高（m）	分枝角度（°）	树皮厚（cm）	生长势	结实情况	生态	用材	薪炭	抗逆	其他	
	杉木	新余市分宜镇林场	王八元	本地	人工林	五株优势木法	30	15.0	32.5	塔形	好	好	9.0	40	0.3	良好	旺盛		√	√	√		
	杉木	新余市河下镇花园林场	白鹭山庄	本地	人工林	五株优势木法	33	18.3	32.9	塔形	好	好	8.2	40	0.4	旺盛	旺盛		√	√	√		
	杉木	新余市钤北林场	黄家	广西	人工林	五株优势木法	17	14.5	26.5	塔形	好	好	8.0	40	0.3	良好	旺盛		√	√	√		
	杉木	新余市钤山镇檀溪村	张家坊	本地	天然林	五株优势木法	26	16.0	35.1	塔形	好	好	8.0	40	0.3	良好	旺盛		√	√	√		
	杉木	新余市沙土乡林场	场部旁	本地	人工林	五株优势木法	21	20.0	47.8		好	好	8.0		中	良好	良好		√	√	√		
	杉木	新余市山下林场	陂元工区		人工林	五株优势木法	23	12.2	23.7	塔形	好	好	8.5	35	0.3	良好	旺盛	√	√				
	杉木	新余市上村林场		本地	人工林	五株优势木法	22	15.5	18.0	塔形	好	好	8.5	35	0.3	良好	旺盛	√	√				
	杉木	新余市神山林业科学研究所			人工林	五株优势木法	26	16.0	30.5		好	好	11.0		中	良好	良好		√	√	√		
	杉木	鹰潭市高公寨林场	杨家坞	本地	人工林	五株优势木法	28	13.5	26.3	塔形	好	好	6.0	60	中	良好	良好	√	√				
	杉木	鹰潭贵溪市三县岭林场	小西坞	本地	人工林	五株优势木法	28	14.0	33.3	塔形	好	好	7.0	80	1.5	旺盛	旺盛	√	√				
	杉木	鹰潭贵溪市三县岭林场	小西坞	本地	人工林	五株优势木法	28	14.0	35.5	塔形	好	好	8.0	80	1.5	旺盛	旺盛	√	√				
	杉木	鹰潭市双圳林场	上山坪港	本地	天然林	五株优势木法	33	16.0	43.0	尖塔形	好	好		79	0.3	旺盛	良好	√	√				
	杉木	鹰潭市西窑林场	大风口	本地	人工林	五株优势木法	28	15.0	33.4	塔形	好	好	6.5	80	1.5	旺盛	旺盛	√	√				
	杉木	鹰潭市西窑林场	优麻窝	本地	人工林	五株优势木法	29	17.0	27.0	塔形	好	好	7.0	85	1.5	旺盛	良好	√	√				
	杉木	鹰潭市西窑林场	郑傍源	本地	天然林	综合评定	200	16.0	82.0	塔形	好	好	11.0	85	1.5	旺盛	良好	√	√				
	杉木	赣州市赣县马积军	鹅坊村桃溪组	本地	人工林	五株优势木法	20	8.0	12.3	伞形	好	好							√				散生木，可采种
	杉木	赣州市赣县王泽彬	鹅坊村横江鼻组	本地	人工林	五株优势木法	15	7.0	12.0	伞形	好	好							√				
	杉木	赣州市赣县	鹅坊村鹅坊组	本地	人工林	五株优势木法	18	8.0	14.2	伞形	好	好							√				
	杉木	赣州市赣县	鹅坊村鹅坊组	本地	人工林	五株优势木法	15	7.0	11.2	伞形	好	好							√				
	杉木	赣州市赣县	鹅坊村鹅坊组	本地	人工林	五株优势木法	20	9.0	12.0	伞形	好	好							√				
	杉木	赣州市赣县	鹅坊村鹅坊组	本地	人工林	五株优势木法	15	7.0	10.5	伞形	好	好							√				

（续）

序号	树种名称	经营单位（或个人）	地名	种源	起源	选优方法	数量指标			形质指标								利用建议					备注
							树龄（a）	树高（m）	胸径（cm）	冠型	圆满度	通直度	枝下高（m）	分枝角度（°）	树皮厚（cm）	生长势	结实情况	生态	用材	薪炭	抗逆	其他	
	杉木	赣州市赣县王忠埔	鹅坊村鹅坊组	本地	人工林	五株优势木法	8	5.0	9.0	伞形	好	好							√				
	杉木	赣州市赣县肖其生	洋塘村下坳子组，屋坪边	本地	人工林	五株优势木法	15	10.0	18.0	尖塔形	好	好							√				
	杉木	赣州市赣县肖祖龙	洋塘村下坳子组，屋下小路边	本地	人工林	五株优势木法	17	12.0	24.0	尖塔形	好	好							√				
	杉木	赣州市赣县陈家丰	竹芫村田寮组，杂屋旁	本地	人工林	五株优势木法	17	11.5	22.0	尖塔形	好	好							√				
	杉木	赣州市赣县	竹芫村田寮组，潭面高公路下	本地	人工林	五株优势木法	18	12.5	28.5	尖塔形	好	好							√				
	杉木	赣州市赣县曾光茂	万嵩村高塘组，院屋边	本地	人工林	五株优势木法	22	10.4	27.6	尖塔形	好	好						√	√				
	杉木	赣州市赣县	木哩下二坝哩	本地	人工林	形质评定	13	16.0	24.0	伞形	好	好							√				
	杉木	赣州市赣县	上横龙四小组公山	本地	人工林	形质评定	80	16.0	39.0	伞形	好	好							√				
	杉木	赣州市赣县	三溪村围上	本地	人工林	五株优势木法	21	12.0	22.0	伞形	好	好							√				
	杉木	赣州市赣县方才炳	下浓村新一组，家门口	本地	人工林	五株优势木法	19	15.0	21.0	伞形	好	好							√				
	杉木	赣州市赣县	新星村丰山组白竹坑	本地	人工林	五株优势木法	17	15.0	18.4	伞形	好	好							√				
	杉木	赣州市赣县张桂林	新星村新屋组，家门口	本地	人工林	五株优势木法	17	15.0	22.6	伞形	好	好							√				
	杉木	赣州市赣县王德跃	南塘镇鹅坊村鹅坊组	本地	人工林	五株优势木法	15	6.8	10.0	伞形	好	好							√				
	杉木	赣州市赣县谢兴明	南塘镇鹅坊村鹅坊组	本地	人工林	五株优势木法	8	5.0	8.6	伞形	好	好							√				

（续）

序号	树种名称	经营单位（或个人）	地名	种源	起源	选优方法	数量指标			形质指标								利用建议					备注
							树龄（a）	树高（m）	胸径（cm）	冠型	圆满度	通直度	枝下高（m）	分枝角度（°）	树皮厚（cm）	生长势	结实情况	生态	用材	薪炭	抗逆	其他	
	杉木	赣州市赣县谢兴华	南塘镇鹅坊村鹅坊组	本地	人工林	五株优势木法	15	7.0	12.0	伞形	好	好							√				
	杉木	赣州市赣县谢启发	南塘镇鹅坊村鹅坊组	本地	人工林	五株优势木法	8	7.0	10.0	伞形	好	好							√				
	杉木	赣州市赣县马富贤	南塘镇鹅坊村鹅坊组	本地	人工林	五株优势木法	20	8.0	12.5	伞形	好	好							√				
	杉木	赣州市赣县陈厚仁	南田村枫林组，屋背	本地	天然林	五株优势木法	10	16.0	20.0	伞形	好	好							√				
	杉木	赣州市赣县	周家工区垇背	本地	人工林	五株优势木法	15	16.0	18.0	伞形	好	好							√				
	杉木	赣州市赣县	大坑村赖屋组	本地	天然林	形质评定	65	18.5	120.0	伞形	好	好							√				
	杉木	赣州市赣县	黄沙分场	本地	天然林	形质评定	28	25.6	32.5	尖塔形	好	好							√				
	杉木	赣州市赣县	龙角分场荷树下林站	本地	人工林	五株优势木法	28	20.3	33.8	尖塔形	好	好							√				
	杉木	赣州市赣县	龙角分场夹溪口	本地	天然林	五株优势木法	32	22.8	39.0	尖塔形	好	好							√				
	杉木	赣州市赣县	双龙分场葫芦山林站	本地	天然林	五株优势木法	25	19.5	34.3	尖塔形	好	好							√				
	杉木	赣州市赣县	龙角分场歧山下林站拱桥边	本地	人工林	五株优势木法	26	17.6	26.4	尖塔形	好	好							√				
	杉木	赣州市赣县	龙角分场歧山下林站拱桥边	本地	人工林	五株优势木法	20	18.2	28.2	尖塔形	好	好							√				
	杉木	赣州市赣县	樟坑分场木梓下林站屋背	本地	人工林	五株优势木法	19	24.4	30.0	尖塔形	好	好							√				
	杉木	赣州市赣县	上岭村圩角组	本地	人工林	形质评定	15	18.0	35.0	伞形	好	好							√				
	杉木	赣州市赣县	小坪村城地组	本地	天然林	形质评定	150	22.0	56.0	伞形	好	好							√				
	杉木	赣州市赣县	樟坑分场屋角	本地	人工林	五株优势木法	14	22.4	23.0	伞形	好	好							√				

（续）

序号	树种名称	经营单位（或个人）	地名	种源	起源	选优方法	数量指标			形质指标								利用建议					备注
							树龄（a）	树高（m）	胸径（cm）	冠型	圆满度	通直度	枝下高（m）	分枝角度（°）	树皮厚（cm）	生长势	结实情况	生态	用材	薪炭	抗逆	其他	
	杉木	赣州市赣县	樟坑分场屋角	本地	人工林	五株优势木法	14	22.5	22.8	伞形	好	好							√				
	杉木	赣州市赣县	樟坑分场屋角	本地	人工林	五株优势木法	14	22.8	23.4	伞形	好	好							√				
	杉木	赣州市赣县	樟坑分场屋角	本地	人工林	五株优势木法	14	22.5	22.9	伞形	好	好							√				
	杉木	赣州市赣县	樟坑分场屋角	本地	人工林	五株优势木法	14	23.6	26.1	伞形	好	好							√				
	杉木	赣州市赣县	樟坑分场屋角	本地	人工林	五株优势木法	14	24.5	25.7	伞形	好	好							√				
	杉木	赣州市赣县	樟坑分场屋角	本地	人工林	五株优势木法	14	22.9	24.0	伞形	好	好							√				
	杉木	赣州市赣县	樟坑分场水坝坎上	本地	人工林	五株优势木法	14	19.5	24.4	伞形	好	好							√				
	杉木	赣州市赣县	樟坑分场水坝坎上	本地	人工林	五株优势木法	14	19.5	23.2	伞形	好	好							√				
	杉木	赣州市赣县	樟坑分场水坝坎上	本地	人工林	五株优势木法	14	14.5	21.1	伞形	好	好							√				
	杉木	赣州市赣县	樟坑分场屋角	本地	人工林	五株优势木法	14	16.5	21.5	伞形	好	好							√				
	杉木	赣州市赣县	下山寮林场夹溪口	本地	人工林	五株优势木法	16	15.7	25.4	伞形	好	好							√				
	杉木	赣州市赣县	下山寮林场夹溪口	本地	人工林	五株优势木法	16	15.8	23.6	伞形	好	好							√				
	杉木	赣州市赣县	留田林场周家工区高桥	本地	人工林	五株优势木法	15	10.4	18.2	伞形	好	好							√				
	杉木	赣州市赣县	留田林场周家工区高桥	本地	人工林	五株优势木法	15	10.4	19.9	伞形	好	好							√				
	杉木	赣州市安子岽林场	树木园工区	本地	人工林	五株优势木法	23	24.0	42.2	尖塔形	好	好	5.0	70	1.0	旺盛	一般	√					
	杉木	赣州市安子岽林场	树木园工区	本地	人工林	五株优势木法	23	26.0	35.5	尖塔形	好	好	6.5	70	1.0	旺盛	一般	√					散生木
	杉木	赣州市安子岽林场	树木园工区	本地	人工林	五株优势木法	20	17.0	29.0	尖塔形	好	好	3.0	80	0.3	旺盛	一般		√				散生木

（续）

序号	树种名称	经营单位（或个人）	地名	种源	起源	选优方法	数量指标			形质指标								利用建议					备注
							树龄（a）	树高（m）	胸径（cm）	冠型	圆满度	通直度	枝下高（m）	分枝角度（°）	树皮厚（cm）	生长势	结实情况	生态	用材	薪炭	抗逆	其他	
	杉木	赣州市安子岽林场	山川潭	本地	人工林	五株优势木法	28	22.0	39.8	尖塔形	好	好	4.0	85	0.5	旺盛	一般	√					四旁及散生木
	杉木	赣州市安子岽林场	山川潭	本地	人工林	五株优势木法	28	21.0	33.3	尖塔形	好	好	5.0	80	0.5	旺盛	一般	√					四旁及散生木
	杉木	赣州市蔡坊组	蔡坊坑尾	本地	天然林	五株优势木法	16	9.0	28.0	塔形	好	好	3.0	80	1.5	良好	良好	√	√				四旁及散生木
	杉木	赣州市车头村	社下湾	本地	人工林	五株优势木法	16	12.0	22.0	尖塔形	好	好	7.0	90	0.7	旺盛	旺盛	√	√				优良单株
	杉木	赣州市车头村	园迳口	本地	人工林	五株优势木法	15	9.0	21.0	尖塔形	好	好	5.0	90	0.6	旺盛	旺盛	√	√				四旁散生优树
	杉木	赣州市晨光镇	湖岽村丹水窝	本地	天然林	五株优势木法	14	6.7	9.5	圆锥形	好	好	1.4			旺盛	差	√	√				四旁散生优树
	杉木	赣州市刀坑村	屋背	本地	人工林	五株优势木法	21	12.5	28.7	尖塔形	好	好	7.6	74	1.2	旺盛	良好		√				
	杉木	赣州市刀坑村	桥头	本地	人工林	五株优势木法	26	14.7	32.5	尖塔形	好	好	8.9	86	1.1	旺盛	良好		√				四旁及散生木
	杉木	赣州市定南县鹅公镇	早禾村潘龙组	本地	人工林	五株优势木法	17	16.2	20.0		好	好				旺盛	旺盛	√	√				四旁及散生木
	杉木	赣州市定南县龙塘镇	白驹村围下组	本地	人工林	五株优势木法	24	16.9	30.0		好	好				旺盛	旺盛	√	√				
	杉木	赣州市定南县天九镇	大云田	本地	人工林	五株优势木法	21	19.0	27.4		好	好				旺盛	旺盛	√	√				
	杉木	赣州市符山村	古坑	本地	天然林	五株优势木法	21	9.6	14.0	伞形	好	好		85	1.8	旺盛			√				
	杉木	赣州市富城乡板坑村钟振照	山高排	本地	人工林	形质评定	18	9.0	18.3	塔形	好	好	4.0	25	0.5	旺盛	旺盛	√	√				散生木
	杉木	赣州市富城乡粗石坝村新村	新村	本地	人工林	形质评定	26	16.0	41.8	塔形	好	好	8.0	25	0.8	旺盛	旺盛	√	√				
	杉木	赣州市富足村委会	寺下富足小学门口				16	12.0	26.3	尖塔形						旺盛		√	√				
	杉木	赣州市高墩村	芋子山	本地	人工林	五株优势木法	22	8.6	26.5	尖塔形	好	好	3.5	80	1.0	良好	差	√					

（续）

序号	树种名称	经营单位（或个人）	地名	种源	起源	选优方法	数量指标			形质指标								利用建议					备注
							树龄（a）	树高（m）	胸径（cm）	冠型	圆满度	通直度	枝下高（m）	分枝角度（°）	树皮厚（cm）	生长势	结实情况	生态	用材	薪炭	抗逆	其他	
	杉木	赣州市高云山林场	大拱桥	本地	人工林	五株优势木法	17	13.5	28.5	塔形	好	一般	5.0	80	0.7	良好	一般		√				四旁散生优树
	杉木	赣州市葛坳林场	林业科学研究所	本地	人工林	五株优势木法	22	10.6	19.5	尖塔形	好	好	4.0	75	1.2	良好	旺盛	√					四旁及散生木
	杉木	赣州市安远县	猪牯岭	本地	人工林	五株优势木法	25	12.5	31.9	塔形	好	好	2.6	90	0.5	旺盛	良好		√				散生木
	杉木	赣州市安远县	大塆	本地	人工林	五株优势木法	25	11.0	22.8	塔形	好	好	3.9	90	0.4	旺盛	良好		√				散生木
	杉木	赣州市安远县	半迳村	本地	天然林	五株优势木法	16	18.0	32.0	尖塔形	好	好	8.0	65	1.5	良好	旺盛		√				优良单株
	杉木	赣州市安远县	明俊大门	本地	天然林	五株优势木法	20	22.0	36.0	尖塔形	好	好	8.0	65	1.5	良好	旺盛		√				四旁散生优树
	杉木	赣州市安远县	长富渠道边	本地	人工林	五株优势木法	近熟	12.9	19.9	尖塔形	好	好	8.5	80	1.2	一般	一般		√				四旁散生优树
	杉木	赣州市安远县	长富渠道边	本地	人工林	五株优势木法	近熟	10.2	19.3	尖塔形	好	好	7.0	80	1.1	一般	一般		√				四旁散生优树
	杉木	赣州市安远县	坳下河边	本地	人工林	五株优势木法	近熟	10.8	18.2	尖塔形	好	好	6.7	82	1.1	一般	一般		√				四旁散生优树
	杉木	赣州市安远县	坳下河边	本地	人工林	五株优势木法	近熟	13.2	21.5	尖塔形	好	好	8.2	82	1.2	一般	一般		√				四旁散生优树
	杉木	赣州市安远县	竹下湾渠道	本地	人工林	五株优势木法	近熟	15.8	26.0	尖塔形	好	好	5.9	82	1.1	一般	一般		√				四旁散生优树
	杉木	赣州市安远县	竹下李屋渠道	本地	人工林	五株优势木法	近熟	12.2	21.8	尖塔形	好	好	6.8	82	1.1	一般	一般		√				四旁散生优树
	杉木	赣州市安远县	古岭渠道	本地	人工林	五株优势木法	近熟	15.8	29.8	尖塔形	好	好	4.5	80	1.2	一般	一般		√				四旁散生优树
	杉木	赣州市安远县	古岭渠道	本地	人工林	五株优势木法	近熟	12.8	21.4	尖塔形	好	好	5.1	81	1.2	一般	一般		√				四旁散生优树
	杉木	赣州市安远县	上寨	本地	天然林	五株优势木法	20	18.0	30.0	伞形	好	好	6.0	70	0.8	旺盛	良好	√					四旁散生优树

（续）

序号	树种名称	经营单位（或个人）	地　名	种源	起源	选优方法	数量指标			形质指标								利用建议					备　注
							树龄（a）	树高（m）	胸径（cm）	冠型	圆满度	通直度	枝下高（m）	分枝角度（°）	树皮厚（cm）	生长势	结实情况	生态	用材	薪炭	抗逆	其他	
	杉木	赣州市安远县	上寨	本地	天然林	五株优势木法	20	20.0	35.0	伞形	好	好	8.0	80	1.2	旺盛	良好	√					四旁散生优树
	杉木	赣州市安远县	上寨	本地	天然林	五株优势木法	20	18.0	33.0	伞形	好	好	6.8	90	0.9	旺盛	良好	√					四旁散生优树
	杉木	赣州市安远县	上寨	本地	天然林	五株优势木法	20	22.0	40.0	伞形	好	好	8.0	85	1.3	旺盛	良好	√					四旁散生优树
	杉木	赣州市安远县	黎坑	本地	天然林	五株优势木法	20	25.0	45.0	伞形	好	好	10.0	87	1.1	旺盛	良好	√					四旁散生优树
	杉木	赣州市安远县	黎坑	本地	天然林	五株优势木法	20	20.0	38.0	伞形	好	好	8.5	76	0.8	旺盛	良好	√					四旁散生优树
	杉木	赣州市安远县	山廖背	本地	天然林	五株优势木法	20	21.0	40.0	伞形	好	好	9.0	83	0.9	旺盛	良好	√					四旁散生优树
	杉木	赣州市安远县	山廖背	本地	天然林	五株优势木法	20	18.0	35.0	伞形	好	好	7.0	89	1.0	旺盛	良好	√					四旁散生优树
	杉木	赣州市安远县	江头岗	本地	人工林	五株优势木法	6	10.4	14.1	伞形	好	好	4.5	45	2.1	旺盛	旺盛	√					四旁散生优树
	杉木	赣州市安远县	江头岗	本地	人工林	五株优势木法	20	10.5	19.0	尖塔形	好	好	3.5	30	2.1	旺盛	旺盛	√					四旁散生优树
	杉木	赣州市安远县	河迳屋背	本地	人工林	五株优势木法	16	11.2	18.0	尖塔形	好	好	1.6	35	2.1	旺盛	旺盛	√					四旁散生优树
	杉木	赣州市安远县	新河迳	本地	人工林	五株优势木法	20	13.2	18.0	尖塔形	好	好	1.3	35	2.1	旺盛	旺盛	√					四旁散生优树
	杉木	赣州市安远县	新河迳	本地	人工林	五株优势木法	16	11.0	16.2	尖塔形	好	好	2.2	35	2.1	旺盛	旺盛	√					四旁散生优树
	杉木	赣州市安远县	人口江	本地	人工林	五株优势木法	20	10.5	17.0	尖塔形	好	好	2.7	35	2.1	旺盛	旺盛	√					四旁散生优树
	杉木	赣州市安远县	凤山村	本地	人工林	五株优势木法	20	12.6	21.0	尖塔形	好	好	4.0	85	2.0	旺盛	旺盛		√				四旁散生优树

（续）

序号	树种名称	经营单位（或个人）	地 名	种源	起源	选优方法	数量指标			形质指标								利用建议					备 注
							树龄（a）	树高（m）	胸径（cm）	冠型	圆满度	通直度	枝下高（m）	分枝角度（°）	树皮厚（cm）	生长势	结实情况	生态	用材	薪炭	抗逆	其他	
	杉木	赣州市安远县	坝尾上	本地	人工林	五株优势木法	16	9.6	21.0	塔形	好	好	1.5	80	0.5	旺盛	旺盛		√				四旁散生优树
	杉木	赣州市安远县	秀垌	本地	人工林	五株优势木法	25	12.8	33.4	塔形	好	好	2.6	90	0.6	旺盛	旺盛		√				四旁散生优树
	杉木	赣州市安远县	细圩背	本地	人工林	五株优势木法	22	11.6	32.0	塔形	好	好	2.6	85	0.6	旺盛	旺盛		√				四旁散生优树
	杉木	赣州市安远县	电站	本地	人工林	五株优势木法	16	9.8	23.0	塔形	好	好	2.8	90	0.5	旺盛	旺盛		√				四旁散生优树
	杉木	赣州市安远县	桥头坝	本地	人工林	五株优势木法	22	10.8	31.6	塔形	好	好	4.2	90	0.5	旺盛	旺盛		√				四旁散生优树
	杉木	赣州市安远县	加油站	本地	人工林	五株优势木法	18	9.8	21.8	伞形	好	好	4.2	85	2.0	良好	旺盛		√				四旁散生优树
	杉木	赣州市安远县	加油站	本地	人工林	五株优势木法	19	14.2	24.3	伞形	好	好	5.8	89	2.0	良好	旺盛		√				四旁散生优树
	杉木	赣州市安远县	门前坑	本地	人工林	五株优势木法	18	9.9	22.9	伞形	好	好	3.8	78	2.0	良好	旺盛		√				四旁散生优树
	杉木	赣州市安远县	马迹塘	本地	人工林	五株优势木法	16	13.3	26.1	伞形	好	好	2.5	85	2.0	良好	旺盛		√				四旁散生优树
	杉木	赣州市安远县	马迹塘	本地	人工林	五株优势木法	19	13.8	23.2	伞形	好	好	4.2	92	2.0	良好	旺盛		√				四旁散生优树
	杉木	赣州市安远县	马迹塘	本地	人工林	五株优势木法	18	16.2	20.5	伞形	好	好	5.8	87	2.0	良好	旺盛		√				四旁散生优树
	杉木	赣州市安远县	半迳村	本地	天然林	五株优势木法	15	17.0	28.0	尖塔形	好	好	8.0	65	1.5	良好	旺盛		√				四旁散生优树
	杉木	赣州市安远县	油蔡敬老院	本地	天然林	五株优势木法	18	22.0	34.0	尖塔形	好	好	8.0	65	1.5	良好	旺盛	√	√				四旁散生优树
	杉木	赣州市安远县	蔡屋	本地	天然林	五株优势木法	16	17.0	28.0	尖塔形	好	好	8.0	65	1.5	良好	旺盛		√				四旁散生优树

（续）

序号	树种名称	经营单位（或个人）	地　名	种源	起源	选优方法	数量指标			形质指标								利用建议					备　注
							树龄（a）	树高（m）	胸径（cm）	冠型	圆满度	通直度	枝下高（m）	分枝角度（°）	树皮厚（cm）	生长势	结实情况	生态	用材	薪炭	抗逆	其他	
	杉木	赣州市安远县个体	红梅亭	本地	人工林	五株优势木法	20	20.0	20.0	尖塔形	好	好	3.0	85	2.0	旺盛	旺盛		√				四旁散生优树
	杉木	赣州市古田村	佛地坳	本地	人工林	五株优势木法	20	14.0	29.7	尖塔形	好	好	3.0	80	0.4	旺盛	一般		√				散生木
	杉木	赣州市古田村	佛地坳	本地	人工林	五株优势木法	20	19.0	29.7	尖塔形	好	好	3.0	75	0.4	旺盛	一般		√				四旁及散生木
	杉木	赣州市固营村	河边	本地	人工林	五株优势木法	28	16.7	29.4	尖塔形	好	好	3.1	89	0.9	旺盛	良好		√				四旁及散生木
	杉木	赣州市官卜村	官卜刘屋排	本地	人工林	五株优势木法	15	16.0	38.0	尖塔形	好	好	8.0	35		旺盛	旺盛	√	√				四旁及散生木
	杉木	赣州市横市镇	大姑	本地	人工林	形质评定	15	10.2	22.6	伞形	好	好	7.0	锐角	2.0	旺盛	差		√				四旁散生优树
	杉木	赣州市蕉坑林场	下子坑	本地	人工林	五株优势木法	25	17.5	21.8	塔形	好	好		78	0.2	旺盛			√				四旁优树
	杉木	赣州市九连山自然保护区	虾蚣塘2号堰主山脊	本地	天然林			14.0	24.0	卵形	较好	好	14.0	锐角		旺盛		√	√				
	杉木	赣州市咀下村	柏公窝	本地	天然林	五株优势木法	21	8.3	15.4	伞形	好	好		85	1.5	旺盛	差	√					
	杉木	赣州市安远县孔田林场	过桥垅	本地	天然林	五株优势木法	21	14.8	28.2	尖塔形	好	好	5.1	61	1.5	旺盛	旺盛		√				散生木
	杉木	赣州市老屋村	青龙山	本地	天然林	五株优势木法	30	7.6	11.0	伞形	好	好		65	2.0	旺盛	旺盛	√	√				散生木
	杉木	赣州市濂丰村	石湾	本地	人工林	五株优势木法	9	15.0	18.0	尖塔形	好	好		25		旺盛	旺盛	√					
	杉木	赣州市濂江村	马木坪	本地	天然林	五株优势木法	35	13.0	32.0	伞形	好	好		70	1.5	良好	一般	√	√				四旁散生优树
	杉木	赣州市廖隆文	下柏岗上	本地	人工林	五株优势木法	30	18.0	30.6	尖塔形	好	好	4.0	90	1.2	良好	旺盛		√				四旁散生优树
	杉木	赣州市安远县牛犬山林场	大迳	本地	人工林	五株优势木法	14	14.2	18.0	伞形	好	好	8.0	80	1.0	旺盛	旺盛	√					四旁及散生木
	杉木	赣州市安远县牛犬山林场	院内	本地	人工林	五株优势木法	15	10.0	12.0	伞形	好	好	5.0	80	1.0	旺盛	旺盛		√				散生木

（续）

序号	树种名称	经营单位（或个人）	地名	种源	起源	选优方法	数量指标			形质指标								利用建议					备注
							树龄（a）	树高（m）	胸径（cm）	冠型	圆满度	通直度	枝下高（m）	分枝角度（°）	树皮厚（cm）	生长势	结实情况	生态	用材	薪炭	抗逆	其他	
	杉木	赣州市龙布林场	二工区水口	本地	人工林	五株优势木法	33	15.0	28.1	尖塔形	好	好		80	1.2	良好	旺盛		√				四旁散生优树
	杉木	赣州市龙布林场	二工区斜对面	本地	人工林	五株优势木法	21	13.5	27.3	尖塔形	好	好		80	1.2	良好	旺盛		√				散生木
	杉木	赣州市龙潭村委会	寺下乡龙潭村				17	14.0	24.7	伞形						旺盛		√	√				散生木
	杉木	赣州市隆木樟村	芭蕉坑	本地	天然林	形质评定	7	11.6	15.8	伞形	好	好	2.1	锐角	2.0	旺盛	差		√				
	杉木	赣州市双溪芦阳村委会	庙下				21	9.0	31.8	尖塔形						旺盛		√	√				四旁优树
	杉木	赣州市罗坳镇	罗坳村中布组	本地	人工林	形质评定	31	9.0	18.0	圆柱形	好	好	5.0			旺盛	良好		√				
	杉木	赣州市罗坳镇	岩背村杨屋组	本地	人工林	形质评定	12	8.5	14.0	圆柱形	好	好	4.0			旺盛	良好		√				
	杉木	赣州市罗坳镇	水段村关子光	本地	人工林	形质评定	14	10.0	12.0	尖塔形	好	好	5.2			旺盛	良好		√				
	杉木	赣州市罗坳镇	水段村水段	本地	人工林	形质评定	17	8.0	16.0	尖塔形	好	好	4.0			旺盛	良好	√	√				
	杉木	赣州市罗珊乡	下寨村	本地	天然林	五株优势木法	14	8.4	15.0	圆锥形	好	好	2.5			旺盛	旺盛		√				
	杉木	赣州市罗珊乡	珊贝林场洽河	本地	天然林	五株优势木法	18	9.3	10.4	圆锥形	好	好	1.9			旺盛	旺盛		√				
	杉木	赣州市茅山林场	茅峰分场	本地	人工林	五株优势木法	14	14.0	23.0	伞形	好	好	3.0	35	1.0	旺盛	良好	√	√				
	杉木	赣州市宁都县横江林场	高华山工区	本地	人工林	五株优势木法	20	13.8	18.2	伞形	好	好	5.1	77	1.3	旺盛	良好		√				
	杉木	赣州市宁都县横江林场	小吟工区	本地	人工林	五株优势木法	15	11.7	12.2	伞形	好	好	5.2	76	1.1	旺盛	良好		√				
	杉木	赣州市宁都县肖田乡	小吟村小吟组隔前	本地	人工林	五株优势木法	20	11.0	26.0	尖塔形	好	好	4.8	78	1.2	旺盛	良好		√				
	杉木	赣州市欧汝青	下塘坑岽	本地	人工林	五株优势木法	24	13.0	25.4	尖塔形	好	好	1.5	85	1.0	良好	旺盛		√				
	杉木	赣州市岐山村营场仔组		本地	天然林	五株优势木法	28	18.6	32.2	尖塔形	好	好	3.2	28	1.1	旺盛	良好	√	√				四旁及散生木
	杉木	赣州市青龙山林场	太和工区桃树园	本地	天然林	五株优势木法	21	15.1	30.3	伞形	好	好		75	0.8	旺盛	良好		√				
	杉木	赣州市青龙山林场	岐山工区碛子脑	本地	人工林	五株优势木法	14	16.2	34.0	伞形	好	好	6.8	70	0.8	旺盛	差	√	√				

（续）

序号	树种名称	经营单位（或个人）	地名	种源	起源	选优方法	数量指标			形质指标								利用建议					备注
							树龄（a）	树高（m）	胸径（cm）	冠型	圆满度	通直度	枝下高（m）	分枝角度（°）	树皮厚（cm）	生长势	结实情况	生态	用材	薪炭	抗逆	其他	
	杉木	赣州市青龙山林场	岐山工区碛子脑	本地	人工林	五株优势木法	14	13.1	24.3	伞形	好	好	6.5	75	0.7	旺盛	良好		√				
	杉木	赣州市热水村	倒木山	本地	人工林	五株优势木法	19	12.0	18.6	塔形	好	好	6.0	56	1.5	旺盛	旺盛	√	√				
	杉木	赣州市三标乡	长安留福塘	本地	天然林	五株优势木法	13	6.4	9.0	圆锥形	好	好	1.4			旺盛	差	√	√				
	杉木	赣州市三标乡	图岭下石陂	本地	天然林	五株优势木法	14	6.8	10.3	圆锥形	好	好	1.0			旺盛	差	√	√				
	杉木	赣州市三标乡	富寨村	本地	天然林	五株优势木法	13	6.2	8.6	圆锥形	好	好	1.7			旺盛	差	√	√				
	杉木	赣州市三标乡	长排村	本地	天然林	五株优势木法	15	7.0	9.3	圆锥形	好	好	2.3			旺盛	差	√	√				
	杉木	赣州市三排村	坝脑	本地	人工林	五株优势木法	20	12.0	27.0	尖塔形	好	好	7.0	90	0.6	旺盛	旺盛	√	√				
	杉木	赣州市三排村	黎村	本地	人工林	五株优势木法	15	11.0	21.0	尖塔形	好	好	6.5	90	0.7	旺盛	旺盛	√	√				散生木
	杉木	赣州市三排村	杉山下	本地	人工林	五株优势木法	16	11.0	24.0	尖塔形	好	好	7.0	90	0.6	旺盛	旺盛	√	√				四旁散生优树
	杉木	赣州市三排村	老桥头	本地	人工林	五株优势木法	17	12.0	26.0	尖塔形	好	好	6.0	90	0.6	旺盛	旺盛	√	√				四旁散生优树
	杉木	赣州市三排村	白茅坑	本地	人工林	五株优势木法	17	13.0	25.0	尖塔形	好	好	7.0	90	0.6	旺盛	旺盛	√	√				四旁散生优树
	杉木	赣州市三排村	石排砖场	本地	人工林	五株优势木法	18	14.0	31.0	尖塔形	好	好	8.5	90	0.6	旺盛	旺盛	√	√				四旁散生优树
	杉木	赣州市三排村	龙安排	本地	人工林	五株优势木法	37	17.0	31.0	尖塔形	好	好	9.6	90	0.6	旺盛	旺盛	√	√				四旁散生优树
	杉木	赣州市沙含芦村		本地	人工林	五株优势木法	12	17.0	37.0	尖塔形	好	好	8.0	30		旺盛	旺盛	√					四旁散生优树
	杉木	赣州市上崇林场	坳上对面	本地	人工林	五株优势木法	11	11.5	18.2	尖塔形	好	好	7.6	40		旺盛	差	√	√				四旁散生优树
	杉木	赣州市上犹县寺下林场	双溪乡左溪村高坑子长窝子	本地	人工林	五株优势木法	30	18.2	35.4	塔形	好	好	5.0	80	1.3	旺盛	良好	√	√				
	杉木	赣州市双芫村	屋背水渠	本地	人工林	五株优势木法	27	15.2	31.6	尖塔形	好	好	5.8	86	1.5	旺盛	良好		√				

（续）

序号	树种名称	经营单位（或个人）	地名	种源	起源	选优方法	数量指标			形质指标								利用建议					备注
							树龄（a）	树高（m）	胸径（cm）	冠型	圆满度	通直度	枝下高（m）	分枝角度（°）	树皮厚（cm）	生长势	结实情况	生态	用材	薪炭	抗逆	其他	
	杉木	赣州市寺下乡寺下村委会	肖屋排				25	15.0	37.8	尖塔形						旺盛		√	√				四旁及散生木
	杉木	赣州市寺下乡寺下村委会	肖屋排				20	13.0	26.0	竖塔形						旺盛		√	√				
	杉木	赣州市寺下乡寺下村委会	砖厂边				18	11.0	25.2	尖塔形						旺盛		√	√				
	杉木	赣州市寺下乡寺下村委会	砖厂边				18	11.0	24.2	尖塔形						旺盛		√	√				
	杉木	赣州市唐桂林	旗宰形	本地	人工林	五株优势木法	16	14.5	24.0	尖塔形	好	好	8.9	86	1.8	旺盛	良好		√				
	杉木	赣州市赣县唐江	新边	本地	人工林	形质评定	20	12.0	20.7	圆形	好	好	9.0	70	2.0	旺盛	差		√				散生木
	杉木	赣州市赣县唐江	新边	本地	人工林	形质评定	22	12.0	23.3	圆形	好	好	8.0	60	2.0	旺盛	差		√				四旁优树
	杉木	赣州市塘村村中流组	中流水口	本地	天然林	五株优势木法	15	13.5	23.5	尖塔形	好	好	8.2	80	1.2	良好	旺盛	√	√				四旁优树
	杉木	赣州市圩岗乡	芋和坑	本地	人工林	五株优势木法	24	16.8	24.5	伞形	好	好	4.3	80	1.0	旺盛	良好		√				四旁散生优树
	杉木	赣州市窝窑村		本地	人工林	形质评定	20	15.0	27.3	尖塔形	好	好		锐角	2.0	旺盛	旺盛	√	√				散生木
	杉木	赣州市五丰村下柏组	长排路旁	本地	人工林	五株优势木法	24	12.5	26.0	尖塔形	好	好	2.0	85	1.2	良好	旺盛		√				四旁优树
	杉木	赣州市五指山林场	石罗井工区庙背坑	本地	人工林	五株优势木法	13	17.4	21.3	塔形	好	好	9.0	80	1.5	旺盛	差	√	√				四旁及散生木
	杉木	赣州市下坝组	下坝	本地	人工林	五株优势木法	15	18.2	24.1	伞形	好	好	9.7	75	0.6	良好	旺盛	√					
	杉木	赣州市下庄村	六渡庵	本地	人工林	五株优势木法	21	20.0	30.8	尖塔形	好	好	3.5	75	0.5	旺盛	一般		√				散生林
	杉木	赣州市下庄村	朱屋	本地	人工林	五株优势木法	18	16.0	26.1	尖塔形	好	好	5.0	75	0.4	旺盛	一般		√				四旁及散生木
	杉木	赣州市下佐村委会	紫阳下佐橱背				21	11.0	34.2	伞形						旺盛		√	√				四旁及散生木
	杉木	赣州市下佐村委会	紫阳下佐橱背				21	11.0	31.0	尖塔形						旺盛		√	√				

（续）

序号	树种名称	经营单位（或个人）	地名	种源	起源	选优方法	数量指标			形质指标								利用建议					备注
							树龄(a)	树高(m)	胸径(cm)	冠型	圆满度	通直度	枝下高(m)	分枝角度(°)	树皮厚(cm)	生长势	结实情况	生态	用材	薪炭	抗逆	其他	
	杉木	赣州市全南县小叶崇林场	坪山	本地	人工林	五株优势木法	13	11.0	21.8	伞形	好	好	4.0	40	0.3	旺盛	良好	√	√				
	杉木	赣州市全南县小叶崇林场	水尾山	本地	人工林	五株优势木法	90	25.0	86.0	伞形	好	好	3.0	40	0.4	旺盛	良好	√					
	杉木	赣州市信丰县林木良种场	老龙工区大容子	本地	人工林	五株优势木法	14	14.5	23.0	伞形	好	好	4.2	锐角	中	旺盛	差	√	√				
	杉木	赣州市兴国县樟木乡	源口村坑口组	本地	天然林	五株优势木法	20	13.5	14.8	塔形	好	好		60	0.5	旺盛			√				
	杉木	赣州市幸福村		本地	人工林	形质评定	15	10.0	21.0	尖塔形	好	好		锐角	2.0	旺盛	旺盛	√	√				
	杉木	赣州市阳光村场屋组	场屋路旁	本地	人工林	五株优势木法	25	15.5	36.6	尖塔形	好	好	3.5	85	1.5	良好	旺盛		√				
	杉木	赣州市阳光村场屋组	石湖排	本地	天然林	五株优势木法	21	12.0	24.5	尖塔形	好	好	3.2	85	0.7	良好	旺盛		√				散生木
	杉木	赣州市阳光村场屋组	场屋路旁	本地	人工林	五株优势木法	25	13.5	28.7	尖塔形	好	好	4.2	85	1.2	良好	旺盛		√				优良单株
	杉木	赣州市阳光村场屋组	屋旁	本地	人工林	五株优势木法	28	18.0	32.8	尖塔形	好	好	3.0	90	1.1	良好	旺盛		√				四旁及散生木
	杉木	赣州市阳光村场屋组	阳光坳背岽	本地	人工林	五株优势木法	26	15.5	29.5	尖塔形	好	好	2.6	85	1.0	良好	旺盛		√				四旁及散生木
	杉木	赣州市阳光村场屋组	坳脑排	本地	人工林	五株优势木法	25	12.5	26.6	尖塔形	好	好	2.6	85	1.0	良好	旺盛		√				四旁及散生木
	杉木	赣州市阳光村场屋组	金竹	本地	天然林	五株优势木法	30	14.0	30.8	尖塔形	好	好	3.7	90	1.0	良好	旺盛		√				四旁及散生木
	杉木	赣州市杨梅村委会	寺下杨梅茶准岗				16	10.0	21.0	尖塔形						旺盛		√	√				四旁及散生木
	杉木	赣州市杨梅村委会	寺下杨梅茶准岗				16	9.8	22.0	尖塔形						旺盛		√	√				
	杉木	赣州市杨梅村委会	寺下杨梅公坑				17	10.0	32.2	圆形						旺盛		√	√				
	杉木	赣州市杨梅村委会	寺下杨梅公坑				17	9.6	21.0	尖塔形						旺盛		√	√				
	杉木	赣州市杨梅村委会	寺下杨梅公坑				17	11.0	28.6	伞形						旺盛		√	√				

（续）

序号	树种名称	经营单位（或个人）	地名	种源	起源	选优方法	数量指标			形质指标								利用建议					备注
							树龄（a）	树高（m）	胸径（cm）	冠型	圆满度	通直度	枝下高（m）	分枝角度（°）	树皮厚（cm）	生长势	结实情况	生态	用材	薪炭	抗逆	其他	
	杉木	赣州市杨梅村委会	寺下杨梅庙背				16	9.0	25.4	竖塔形						旺盛		√	√				
	杉木	赣州市杨梅村委会	寺下杨梅电站边				15	9.0	23.2	竖塔形						旺盛		√	√				
	杉木	赣州市遥下村民	叶坪乡黄沙村遥下	本地	人工林		15	13.0	24.8	塔形	好	好	7.0	50	0.5	旺盛	良好		√				
	杉木	赣州市于都县仁风林场	山森工队旁	本省	人工林	五株优势木法	19	16.0	22.0	卵形	好	好	7.2	80	2.0	旺盛	旺盛		√				
	杉木	赣州市园明山林场	中滩工区	本地	人工林	五株优势木法	12	15.8	29.0		好	好	1.8	38	0.3	旺盛	良好	√	√				
	杉木	赣州市云峰山林场	场部	本地	人工林	五株优势木法	30	12.5	27.6	塔形	好	好	7.8	锐角		旺盛			√				
	杉木	赣州市云峰山林场	场部	本地	人工林	五株优势木法	30	13.5	28.9	塔形	好	好	8.0	锐角		旺盛			√				四旁优树
	杉木	赣州市兆坑林场	龙井坑	本地	人工林	五株优势木法	17	18.5	29.4	塔形	好	好	4.2	50	1.2	旺盛	良好	√	√				四旁优树
	杉木	赣州市中村乡中和村芦坑组	石壁下	本地	天然林	形质评定	25	18.0	34.6	塔形	好	好	3.0	70	0.5	旺盛	良好	√	√				
	杉木	赣州市钟作发	屋旁	本地	人工林	五株优势木法	23	16.2	33.4	尖塔形	好	好	6.1	90	1.2	旺盛	良好		√				
	杉木	赣州市朱坊	红心	本地	人工林	形质评定	20	15.6	23.4	尖塔形	好	好	3.0	锐角	1.5	旺盛	旺盛		√				四旁及散生木
	杉木	赣州市朱坊	红心	本地	人工林	形质评定	20	15.1	23.7	尖塔形	好	好	4.0	锐角	1.5	旺盛	旺盛		√				
	杉木	赣州市朱坊	红心	本地	人工林	形质评定	20	16.7	19.5	伞形	好	好	5.0	锐角	1.5	旺盛	旺盛		√				
	杉木	赣州市竹山村	大坳仔屋背	本地	天然林	五株优势木法	26	10.5	36.0	塔形	好	好		40	0.3	旺盛	良好	√	√				四旁优树
	杉木	赣州市梓山镇	永丰村方家口	本地	人工林	形质评定	12	8.0	13.0	卵形	好	好	4.0			旺盛	良好		√				
	杉木	赣州市双溪乡左溪村委会	下珠坑				18	17.0		伞形						旺盛		√	√				
	杉木	宜春市官山自然保护区	西河路边	本地		单株调查	48	30.0	40.0		好	好	16.0	60	1.0	旺盛			√				
	杉木	宜春市上高县镜山公园		本地		五株优势木法	32	15.0	32.0		好	好	8.0	45	2.0	良好	旺盛		√				
	杉木	宜春市上高县镜山公园		本地		五株优势木法	32	14.0	32.0		好	好	7.0	45	1.9	良好	旺盛		√				

（续）

序号	树种名称	经营单位（或个人）	地名	种源	起源	选优方法	数量指标			形质指标								利用建议					备注
							树龄（a）	树高（m）	胸径（cm）	冠型	圆满度	通直度	枝下高（m）	分枝角度（°）	树皮厚（cm）	生长势	结实情况	生态	用材	薪炭	抗逆	其他	
	杉木	宜春市上高县镜山公园		本地		五株优势木法	32	15.0	33.0		好	好	8.0	51	2.0	良好	旺盛		√				
	杉木	宜春市上高县镜山公园		本地		五株优势木法	32	16.0	33.0		好	好	8.0	48	2.0	良好	旺盛		√				
	杉木	宜春市上高县镜山公园		本地		五株优势木法	32	16.0	34.0		好	好	9.0	45	2.0	良好	旺盛		√				
	杉木	宜春市大段镇末中村	横坑组	本地		五株优势木法	18	13.0	18.0		好	好	7.0	40	2.0	旺盛	旺盛	√	√				
	杉木	宜春市洪塘镇	庄溪	本地			27	11.0	14.0		好	较好		27	0.5	旺盛			√				
	杉木	宜春市湖镜村	多石坑	本地		五株优势木法	28	14.0	28.0		好	好	5.0	40	2.0	良好	旺盛		√				
	杉木	宜春市花山林场	马吃水	本地		五株优势木法	14	16.8	17.5		好	好	7.0	40	2.0	旺盛	旺盛	√	√				
	杉木	宜春市花山林场	马吃水	本地		五株优势木法	14	15.6	16.8		好	好	7.0	60	2.0	旺盛	旺盛	√	√				
	杉木	宜春市花山林场	马吃水	本地		五株优势木法	14	16.0	17.5		好	好	7.0	50	2.0	旺盛	旺盛	√	√				
	杉木	宜春市花山林场	马吃水	本地		五株优势木法	14	16.0	16.6		好	好	7.0	40	2.0	旺盛	旺盛	√	√				
	杉木	宜春市华林李口源尾村	八百洞天	外地		五株优势木法	30	16.0	25.0		好	好	9.0	50	1.5	良好	差		√				
	杉木	宜春市锦源林场	锦源林场	本地		五株优势木法	35	18.6	32.1		好	好	10.0	30	1.0	旺盛	一般		√				
	杉木	宜春市炉湾村	棋坪镇炉湾村	本地		五株优势木法	31	16.0	28.6		好	好	7.0	40	2.0	旺盛	旺盛	√	√				
	杉木	宜春市梅沙村	娥坑	本地		五株优势木法	23	17.0	21.0		好	好	8.0	65	0.2	良好	旺盛		√				
	杉木	宜春市三爪仑林场	骆家坪	本地		五株优势木法	25	21.0	30.0		好	好	12.0	85	1.5	旺盛	旺盛	√	√				
	杉木	宜春市上甘山林场	樟树壁	本地		五株优势木法	30	18.0	30.0		好	好	7.5	50	2.0	良好	旺盛		√				
	杉木	宜春市上甘山林场	金坑分场	本地		五株优势木法	25	15.0	32.0		好	好	7.0	50	2.0	良好	旺盛		√				
	杉木	宜春市上甘山林场	金坑分场	本地		五株优势木法	25	17.0	28.0		好	好	7.5	60	2.0	良好	旺盛		√				
	杉木	宜春市上甘山林场	罗源分场	本地		五株优势木法	28	16.0	24.0		好	好	6.0	40	2.0	良好	旺盛		√				
	杉木	宜春市上甘山林场	铜古岭分场	本地		五株优势木法	27	16.0	20.0		好	好	6.0	40	2.0	良好	旺盛		√				
	杉木	宜春市田心村	老虎岭	本地		五株优势木法	31	14.0	29.0		好	好	5.0	50	2.0	良好	旺盛		√				
	杉木	宜春市王五彦	棋坪镇九丰村	本地		五株优势木法	27	17.0	26.5		好	好	7.0	50	2.0	旺盛	旺盛	√	√				
	杉木	宜春市正兴公司	温泉镇石桥村	本地		五株优势木法	11	11.0	14.7		好	好	7.0	60	2.0	旺盛	旺盛	√	√				

（续）

序号	树种名称	经营单位（或个人）	地名	种源	起源	选优方法	数量指标			形质指标								利用建议					备注
							树龄（a）	树高（m）	胸径（cm）	冠型	圆满度	通直度	枝下高（m）	分枝角度（°）	树皮厚（cm）	生长势	结实情况	生态	用材	薪炭	抗逆	其他	
	杉木	宜春市正兴公司	温泉镇光明村	本地		五株优势木法	11	11.8	13.4		好	好	7.0	50	2.0	旺盛	旺盛	√	√				
	杉木	宜春市正兴公司	温泉镇光明村	本地		五株优势木法	11	11.0	13.8		好	好	7.0	40	2.0	旺盛	旺盛	√	√				
	杉木	宜春市正兴公司	温泉镇光明村	本地		五株优势木法	11	11.0	13.6		好	好	7.0	60	2.0	旺盛	旺盛	√	√				
	杉木	上饶市绿野公司	潭埠梨树岭	本地	人工林	五株优势木法	18	12.0	20.2		好	好			2.0	旺盛	良好	√	√				
	杉木	上饶市绿野公司	潭埠梨树岭	本地	人工林	五株优势木法	18	13.0	20.5		好	好	9.6		2.0	旺盛	旺盛	√	√				
	杉木	上饶市绿野公司	潭埠梨树岭	本地	人工林	五株优势木法	18	12.1	18.9		好	好	8.8		2.2	旺盛	旺盛	√	√				
	杉木	上饶市排楼林场	排楼	湖南	人工林	综合评定	15	7.5	20.0	窄	好	好	3.1	90	0.5	旺盛	旺盛	√	√				
	杉木	上饶市排楼林场	排楼	湖南	人工林	综合评定	15	7.5	20.0	窄	好	好	3.2	90	0.5	旺盛	旺盛	√	√				
	杉木	上饶市秋口镇黄源	黄源	本地	人工林	五株优势木法	15	10.8	18.0	尖塔形	好	好	1.8	60		良好	良好		√				
	杉木	上饶市秋口镇王村	王村	本地	天然林	五株优势木法	22	13.4	32.3	尖塔形	好	好	3.6	45	2.0	良好	良好		√				
	杉木	上饶市太白林场	早坞林	本地	人工林	五株优势木法	20	12.0	24.1	尖塔形	好	好	7.0	50	2.0	旺盛	旺盛		√				
	杉木	上饶市太白林场	张大坞口	本地	人工林	五株优势木法	21	13.0	24.8	尖塔形	好	好	8.0	50	2.0	旺盛	旺盛		√				
	杉木	上饶市太白林场	张大坞口	本地	人工林	五株优势木法	21	13.0	24.5	尖塔形	好	好	7.0	40	2.0	旺盛	良好		√				
	杉木	上饶市旭光林场	铁沙	本地	人工林	五株优势木法	18	13.0	20.1		好	好	9.4		2.0	旺盛	良好	√	√				
	杉木	上饶市旭光林场	铁沙	本地	人工林	五株优势木法	18	13.0	20.5		好	好	9.6		2.0	旺盛	旺盛	√	√				
	杉木	上饶市玉田	朱家培	本地	人工林	五株优势木法	30	14.5	29.4	窄	好	好	5.0	70		旺盛	旺盛		√				
	杉木	上饶市紫阳镇齐村	王家坦	本地	人工林	五株优势木法	20	13.0	32.5	尖塔形	好	好	8.0	40	2.0	旺盛	旺盛		√				
	杉木	吉安市八都林场	金狮面	本地	人工林	五株优势木法	25	19.2	30.6	塔形	好	好	9.5	70	2.0	良好	良好		√				
	杉木	吉安市八都林场	金狮面	本地	人工林	五株优势木法	25	19.8	30.8	塔形	好	好	10.0	70	2.0	良好	良好		√				
	杉木	吉安市白沙林场	寨下	广西	人工林	五株优势木法	14	12.0	28.8	塔形	好	好	6.3	70	2.0	良好	良好		√				
	杉木	吉安市白水镇下东营	庵里	本地	天然林	五株优势木法	50	15.6	42.3	圆形									√				
	杉木	吉安市宝山林场	长龙坑		人工林	五株优势木法	14	15.5	23.5	尖塔形	好	好	11.0	20～40	0.2	旺盛	良好		√				
	杉木	吉安市北华山林场	泰山里	本地	人工林	五株优势木法	30	18.9	32.1	尖塔形	好	好	7.5	20～40	1.2	旺盛	一般		√				

（续）

序号	树种名称	经营单位（或个人）	地名	种源	起源	选优方法	数量指标			形质指标								利用建议					备注
							树龄（a）	树高（m）	胸径（cm）	冠型	圆满度	通直度	枝下高（m）	分枝角度（°）	树皮厚（cm）	生长势	结实情况	生态	用材	薪炭	抗逆	其他	
	杉木	吉安市北华山林场	洋鸡棚	本地	人工林	五株优势木法	31	16.7	29.6	尖塔形	好	好		70	2.0	良好	良好		√				
	杉木	吉安市陈山林场	寄岭分场烂柴坑	本地	人工林	五株优势木法	14	11.9	13.8	尖塔形	好	好		75	2.5	良好	良好		√				
	杉木	吉安市大井林场	荆竹山		人工林	五株优势木法	27	14.6	32.4	塔形									√				
	杉木	吉安市大井林场	荆竹山		人工林	五株优势木法	27	13.0	26.2	塔形									√				
	杉木	吉安市古县林场	贺家	本地	人工林	五株优势木法	23	16.0	30.6	塔形	好	好	8.5	40~50	0.8	良好	旺盛		√				
	杉木	吉安市官山林场	带源	广西	人工林	五株优势木法	15	17.1	26.2	塔形	好	好	8.0	70		良好	良好		√				
	杉木	吉安市官山林场	带源	广西	人工林	五株优势木法	15	16.0	24.8	塔形	好	好	6.0	70	2.0	良好	良好		√				
	杉木	吉安市官山林场	东毛坑	广西	人工林	五株优势木法	16	17.0	30.2	塔形	好	好	6.0	70	2.0	良好	良好		√				
	杉木	吉安市冠山林场	相思元	广西	人工林	五株优势木法	24	19.0	23.2	卵形	好	好	14.0	70	2.0	良好	良好		√				
	杉木	吉安市冠山林场	相思元	广西	人工林	五株优势木法	24	20.0	28.2	卵形	好	好	13.8	70	2.0	良好	良好		√				
	杉木	吉安市冠山林场	相思元	广西	人工林	五株优势木法	24	19.0	24.8	卵形	好	好		70	2.0	良好	良好		√				
	杉木	吉安市冠山林场	相思元	广西	人工林	五株优势木法	24	20.0	25.6	卵形	好	好	13.0	70	2.0	良好	良好		√				
	杉木	吉安市冠山林场	相思元	广西	人工林	五株优势木法	24	20.0	26.2	卵形	好	好	6.0		1.0	旺盛	较差		√				
	杉木	吉安市吉安县九龙林场			人工林	五株优势木法	15	17.0	18.6	圆锥形	好	好	6.0	75	2.0	良好	良好		√				
	杉木	吉安市吉安县九龙林场			人工林	五株优势木法	15	17.0	17.5		好	好		70	2.0	良好	良好		√				
	杉木	吉安市吉安县双江林场			人工林	五株优势木法	19	19.0	27.1	圆锥形	好	好	8.0	75	2.0	良好	良好		√				
	杉木	吉安市吉安县双江林场			人工林	五株优势木法	19	12.0	18.2	圆锥形	好	好	8.5	80	2.0	良好	良好		√				
	杉木	吉安市吉安县双江林场			人工林	五株优势木法	14	21.0	26.5	圆锥形	好	好	8.7	70	2.0	良好	良好		√				
	杉木	吉安市吉安县天河林场			人工林	五株优势木法	20	20.0	26.4	圆锥形	好	好	7.6	80	2.0	良好	良好		√				
	杉木	吉安市吉安县天河林场			人工林	五株优势木法	20	17.0	24.0	圆锥形	好	好	9.3	75	2.0	良好	良好		√				
	杉木	吉安市林业公司	大块		人工林	形质评定	30	28.9	35.6	尖塔形									√				
	杉木	吉安市林业公司	上土坑		人工林	形质评定	40	26.8	37.5	尖塔形									√				

（续）

序号	树种名称	经营单位（或个人）	地名	种源	起源	选优方法	数量指标			形质指标								利用建议					备注
							树龄（a）	树高（m）	胸径（cm）	冠型	圆满度	通直度	枝下高（m）	分枝角度（°）	树皮厚（cm）	生长势	结实情况	生态	用材	薪炭	抗逆	其他	
	杉木	吉安市林业公司	下土坑		人工林	形质评定	41	25.5	36.2	尖塔形									√				
	杉木	吉安市林业公司	洞上		人工林	形质评定	32	28.0	38.0	尖塔形	好	好	6.0	70	1.0	良好	旺盛						
	杉木	吉安市林业公司	对门坑		人工林	形质评定	28	18.2	30.2	尖塔形	好	好	7.0	80	2.0	良好	差						
	杉木	吉安市林业公司	大兰坑		人工林	形质评定	26	22.0	32.5	尖塔形	好	好		45	0.8	旺盛	旺盛		√				
	杉木	吉安市林业公司	大坑林场直坑		人工林	形质评定	29	22.5	34.2	尖塔形	好	好		70	1.0	旺盛	旺盛		√				
	杉木	吉安市林业公司	大坑林场大窝子		人工林	形质评定	19	18.1	28.5	尖塔形	好	好		80	1.0	旺盛	旺盛		√				
	杉木	吉安市林业公司	五江林场观音堂		人工林	形质评定	41	22.0	35.3	尖塔形	好	好		80	0.8	旺盛	旺盛		√				
	杉木	吉安市林业公司	五江林场占备潭		人工林	形质评定	25	19.7	27.8	尖塔形	好	好		85	1.0	旺盛	旺盛		√				
	杉木	吉安市林业公司	五江林场端木仚		人工林	形质评定	29	20.0	32.5	尖塔形	好	好	8.0		0.2	旺盛	差		√				
	杉木	吉安市林业公司	五江林场小羊坑		人工林	形质评定	30	21.4	34.5	尖塔形	好	好	10.0			良好	旺盛		√				
	杉木	吉安市林业公司	泥湖工区	本地	天然林	五株优势木法	24	19.0	24.0	伞形	好	好	9.0	20～40	0.2	旺盛	良好		√				
	杉木	吉安市林业公司	元洲工区	本地	天然林	五株优势木法	35	15.0	28.0	伞形	好	好	9.0	50～90	0.2	旺盛	一般		√				
	杉木	吉安市芦溪岭林场	水浒庵	本地	人工林	五株优势木法	25	16.0	26.5	圆锥形	好	好			0.7	旺盛	差	√	√				
	杉木	吉安市芦溪岭林场	水浒庵	本地	人工林	五株优势木法	28	17.0	33.7	圆锥形									√				
	杉木	吉安市芦溪岭林场	水浒庵	本地	人工林	五株优势木法	28	16.0	32.9	圆锥形									√				
	杉木	吉安市芦溪岭林场	般若庵	本地	人工林	五株优势木法	28	16.5	32.5	圆锥形									√				
	杉木	吉安市鹿冈林场	山垄分场	外地	人工林	五株优势木法	25	12.5	31.2	塔形	好	好		80	2.5	良好	良好		√				
	杉木	吉安市鹿冈林场	山垄分场	外地	人工林	五株优势木法	27	14.0	32.9	塔形	好	好	8.0	70		良好	良好		√				
	杉木	吉安市棉津林场	寨子背		人工林	五株优势木法	26	17.0	31.9	尖塔形	好	好	10.0		0.2	旺盛	良好		√				

（续）

序号	树种名称	经营单位（或个人）	地名	种源	起源	选优方法	数量指标			形质指标								利用建议					备注
							树龄（a）	树高（m）	胸径（cm）	冠型	圆满度	通直度	枝下高（m）	分枝角度（°）	树皮厚（cm）	生长势	结实情况	生态	用材	薪炭	抗逆	其他	
	杉木	吉安市曲江林场	黄梅工区	本地	人工林		20	15.0	36.8	均匀	好	好		45	1.3	良好	差		√				
	杉木	吉安市三湾林场	汗江工区石燕冲	本地	人工林		15	11.5	20.6		好	好		43	1.0	良好	一般		√				
	杉木	吉安市沙坪林站	牛角坑		人工林	五株优势木法	23	19.0	31.8	尖塔形	好	好	11.0		0.2	旺盛	良好		√				
	杉木	吉安市石马林场	竹园背	外地	人工林	五株优势木法	15	15.4	34.0	塔形	好	好	3.0		0.8	良好	良好	√	√				
	杉木	吉安市水南林场	龙湖壁	本地	人工林	五株优势木法	27	19.0	24.5	尖塔形	好	好		70	2.0	良好	良好		√				
	杉木	吉安市水南林场	龙湖壁	本地	人工林	五株优势木法	28	16.0	24.8	尖塔形	好	好	6.2	70	2.0	良好	良好		√				
	杉木	吉安市泗源林场	下坑		人工林	五株优势木法	23	17.0	29.2	圆锥形	好	好	9.5		0.2	旺盛	良好		√				
	杉木	吉安市泗源林场	勤坑		人工林	五株优势木法	25	16.0	31.8	尖塔形	好	好	11.4		0.2	旺盛	良好		√				
	杉木	吉安市万华山林场	场部附近	广西	人工林	五株优势木法	18	16.0	25.4	卵形	好	好	6.5		0.9	旺盛	较差		√				
	杉木	吉安市万华山林场	大字坑	广西	人工林	五株优势木法	18	14.5	29.2	卵形	好	好	6.3		1.0	旺盛	较差		√				
	杉木	吉安市乌江林场	老素庵	本地	人工林	五株优势木法	28	18.0	38.5	塔形	好	好	6.2	70	2.0	良好	良好		√				
	杉木	吉安市乌江林场	老素庵	本地	人工林	五株优势木法	28	19.0	33.4	塔形	好	好	6.2	70	2.0	良好	良好		√				
	杉木	吉安市乌江林场	老素庵	本地	人工林	五株优势木法	28	19.5	35.0	塔形	好	好	6.0	70	2.0	良好	良好		√				
	杉木	吉安市乌江林场	老素庵	本地	人工林	五株优势木法	28	17.0	28.0	塔形	好	好	6.1	70	2.0	良好	良好		√				
	杉木	吉安市乌江林场	老素庵	本地	人工林	五株优势木法	28	20.0	35.0	塔形	好	好	6.0	70	2.0	良好	良好		√				
	杉木	吉安市武功山林场	横江上安	本地	人工林	五株优势木法	27	17.0	38.8	圆锥形	好	好	8.5	20～40	0.7	良好	旺盛		√				
	杉木	吉安市武功山林场	洋溪种子园	本地	人工林	五株优势木法	29	18.0	40.7	尖塔形	好	好	8.5	20～40	0.7	良好	旺盛		√				
	杉木	吉安市	横川增坑	广西	人工林	五株优势木法	12	13.8	20.3	圆锥形	好	好			0.8	旺盛	差	√	√				
	杉木	吉安市沿陂水东	苦珠梗	广西	人工林	五株优势木法	15	15.5	34.2	塔形	好	好	9.2		0.8	良好	旺盛		√				
	杉木	吉安市云岭林场	龙团	本地	人工林	形质评定	15	13.0	24.9	圆形									√				
	杉木	吉安市云岭林场	大井	本地	人工林	形质评定	17	13.0	26.8	塔形									√				
	杉木	吉安市周岭林场	老源坑	本地	人工林	五株优势木法	13	13.7	15.8	圆锥形	好	好	9.5	70	2.0	良好	良好		√				

（续）

序号	树种名称	经营单位（或个人）	地　名	种源	起源	选优方法	数量指标			形质指标								利用建议					备　注
							树龄（a）	树高（m）	胸径（cm）	冠型	圆满度	通直度	枝下高（m）	分枝角度（°）	树皮厚（cm）	生长势	结实情况	生态	用材	薪炭	抗逆	其他	
	杉木	吉安市周岭林场	老源坑	本地	人工林	五株优势木法	13	13.7	16.2	圆锥形	好	好	10.0	70	2.0	良好	良好		√				
	杉木	吉安市周岭林场	老源坑	本地	人工林	五株优势木法	13	13.7	16.9	圆锥形	好	好	10.0	70	2.0	良好	良好		√				
	杉木	吉安市周岭林场	老源坑	本地	人工林	五株优势木法	14	12.5	14.9	圆锥形	好	好	6.0	70	2.0	良好	良好		√				
	杉木	吉安市周岭林场	老源坑	本地	人工林	五株优势木法	14	13.5	15.2	菱形	好	好	6.0	70	2.0	良好	良好		√				
	杉木	吉安市周岭林场	老源坑	本地	人工林	五株优势木法	15	12.5	14.9	菱形	好	好	5.0	70	2.0	良好	良好		√				
	杉木	吉安市周岭林场	燕山工区	本地	人工林	五株优势木法	15	12.8	15.3	卵形	好	好		70	2.0	良好	良好		√				
	杉木	吉安市朱砂冲林场	上泥湖	本地	人工林	五株优势木法	27	13.0	17.7										√				
	杉木	吉安市朱砂冲林场	高岗里	本地	人工林	五株优势木法	28	14.1	20.6										√				
	杉木	吉安市朱砂冲林场	上角洞	本地	人工林	五株优势木法	27	12.8	17.5										√				
238	蛇葡萄	赣州市罗珊乡	珊贝长坝村	本地	天然林	五株优势木法	20	7.4	16.2	圆柱形	好	好	1.6			旺盛	旺盛	√					
239	深山含笑	景德镇市林业科学研究所			人工林	五株优势木法	21	10.0	18.2	圆锥形	好	好	2.0			良好	良好	√	√		√		
	深山含笑	赣州市赣县	樟坑分场	本地	天然林	形质评定	30	9.0	18.5	伞形	好	好						√					
	深山含笑	赣州市章贡区森林苗圃	湖边	本地	人工林	形质评定	20	16.0	29.0	圆形	好	好	4.2			旺盛		√	√				
	深山含笑	赣州市站塘乡水照村小学	小学院内	本地	天然林	形质评定	15	3.5	10.5	卵形	好		0.5	80	0.5	旺盛		√	√				
	深山含笑	宜春高安市实验林场	含笑窝（小班号39－1）	外地		五株优势木法	20	14.0	22.0		好	好	3.5	75	1.5	良好	旺盛	√					
	深山含笑	宜春市大段镇卢冬生	红苏四组	本地		五株优势木法	200	19.0	77.0		好	好	3.0	50	2.0	旺盛	旺盛	√	√			绿化	
	深山含笑	吉安市坳上林场	场部	本地	人工林	五株优势木法	17	11.8	19.9	卵形	好	好	5.7	70	2.0	良好	良好		√				
240	省沽油	赣州市项山乡	桥头村	本地	天然林	五株优势木法	28	4.6	8.0	圆形	好	好	0.6			旺盛	旺盛	√					
241	湿地松	南昌市进贤县红旗林场	林场二队	美国	人工林	综合评定	33	19.0	42.3	伞形	好	好		60	1.5	旺盛	旺盛	√	√				
	湿地松	南昌市南昌县白虎岭林场	场部门口	美国	人工林	五株优势木法	28	16.0	42.9	塔形	好	好	5.0	80	2.3	旺盛	良好	√	√				

（续）

序号	树种名称	经营单位（或个人）	地　名	种源	起源	选优方法	数量指标			形质指标								利用建议					备　注
							树龄（a）	树高（m）	胸径（cm）	冠型	圆满度	通直度	枝下高（m）	分枝角度（°）	树皮厚（cm）	生长势	结实情况	生态	用材	薪炭	抗逆	其他	
	湿地松	九江市附坝林场松筠分场	阳门		人工林		18	12.5	18.2		好	好	8.0	80	1.0	旺盛	较差	√	√				
	湿地松	九江市附坝林场松筠分场	阳门		人工林		18	10.1	19.1		好	好		85	1.0	旺盛	较差	√	√				
	湿地松	九江市蓼南乡诸溪村	沙山	外地	人工林	五株优势木法	15	13.0	22.0	塔形	好	好	1.5	50	1.5	旺盛	差	√	√	√		√	
	湿地松	九江市蓼南乡诸溪村	沙山	外地	人工林	五株优势木法	15	13.0	21.3	塔形	好	好	1.5	50	1.8	旺盛	差	√	√	√		√	
	湿地松	九江市修水县国营林场	征村赤江国营林场		人工林	五株优势木法	15	12.0	21.2	圆形	好	好	5.0			旺盛							
	湿地松	九江市修水县林业集团公司	黄沙镇彭桥村彭桥林场		人工林	五株优势木法	15	8.0	14.3	圆形	好	好	2.6			旺盛			√				
	湿地松	九江市云山集团	背后山		人工林		27	20.0	36.6		好	好	14.0	85	2.0	旺盛	较差	√	√				
	湿地松	九江市云山燕山林业公司	南关头		人工林		18	18.0	24.8		好	好	11.0	80	1.0	旺盛	较差	√	√				
	湿地松	景德镇市浮梁县银坞林场	中村		人工林	五株优势木法	12	11.0	17.0		好	好	4.0		1.3	良好	差		√		√		
	湿地松	新余市山下林场	西门牛形里		人工林	五株优势木法	14	12.3	22.2	塔形	好	好	7.5	35	0.3	良好	旺盛	√	√				
	湿地松	鹰潭市春涛滩头洲上吴家	细明山	本省	人工林	五株优势木法	16	12.0	28.0	伞形	好	好	5.6	80	1.5	旺盛	良好	√	√				
	湿地松	鹰潭市高公寨	联营基地	本省	人工林	五株优势木法	18	10.8	22.0	塔形	好	好	5.5	70	中	良好	良好	√	√				
	湿地松	鹰潭市画桥镇葛家店	胜利组	本省	天然林	形质评定	29	24.0	58.0	伞形	好	好	7.0	80	1.6	旺盛	良好	√	√				
	湿地松	鹰潭市上清林场	洪源		人工林	五株优势木法	19	17.0	26.4		好	好	4.5	78	2.0	良好	良好		√				
	湿地松	鹰潭市月湖区四青办	上桂村下桂	本地	人工林	五株优势木法	18	16.0	26.2	塔形	好	好	4.5	85	1.5	旺盛	差	√	√				
	湿地松	鹰潭市月湖区四青办	上桂村下桂	本地	人工林	五株优势木法	18	16.0	24.4	塔形	好	好	4.5	85	1.5	旺盛	差	√	√				
	湿地松	赣州市赣县沙地镇堽上村	茶子堽	省外	人工林	五株优势木法	8	28.0	38.0	伞形	好	好							√				

（续）

序号	树种名称	经营单位（或个人）	地名	种源	起源	选优方法	数量指标			形质指标								利用建议					备注
							树龄（a）	树高（m）	胸径（cm）	冠型	圆满度	通直度	枝下高（m）	分枝角度（°）	树皮厚（cm）	生长势	结实情况	生态	用材	薪炭	抗逆	其他	
	湿地松	赣州市赣县新阳村	阳坑口上窝	本地	人工林	五株优势木法	18	12.0	14.0	伞形	好	好							√				
	湿地松	赣州市赤土乡爱莲村	黄鳅塘	本地	人工林	五株优势木法	14	8.0	10.8	塔形	好	好	2.5	锐角		旺盛	旺盛		√				
	湿地松	赣州市沙洲坝镇清水村大塘面村	屋背	本地	人工林		14	12.0	26.1	尖塔形	好	好	6.0	80	0.8	旺盛	良好		√				四旁优树
	湿地松	赣州市贡江镇	长岭村老屋	本地	人工林	形质评定	23	10.0	28.0	伞形	好	好	4.0			旺盛	良好	√	√				
	湿地松	赣州市贡江镇	长岭村田茶嵊	本地	人工林	形质评定	22	13.0	24.0	卵形	好	好	8.0			旺盛	良好		√				
	湿地松	赣州市贡江镇	新地村水角	本地	人工林	形质评定	15	11.0	30.0	卵形	好	好	8.0			旺盛	良好		√				
	湿地松	赣州市浮石村虎坝组	路边	本地	人工林	形质评定	10	8.0	18.4	尖塔形	好	好	6.0	锐角	2.0	旺盛		√	√				
	湿地松	赣州市安远县牛犬山林场	坳背	本地	人工林	五株优势木法	19	11.8	16.9	塔形	好	好	6.3	60	1.2	旺盛	旺盛		√				四旁优树
	湿地松	赣州市林业科学研究所	林业科学研究所	本地	人工林		24	14.0	25.5	尖塔形	好	好	7.0	80	0.7	旺盛	良好		√				散生木
	湿地松	赣州市炉坑村上新村小组	上新村屋背	省外	人工林	五株优势木法	14	14.5	18.3	尖塔形	好	好	9.2	34	2.0	旺盛	良好	√	√				
	湿地松	赣州市上岽林场	法坑	省外	人工林	五株优势木法	13	14.0	20.7	伞形	好	好	7.0	50	中	旺盛	差	√	√				
	湿地松	赣州市上圩组	暗上	省外	人工林	五株优势木法	13	6.7	6.9	伞形	好	好	2.0	90	1.0	旺盛	差	√	√				
	湿地松	赣州市生坑组		省外	人工林	五株优势木法	17	6.8	13.3	伞形	好	好	4.0	70		旺盛	差	√	√				
	湿地松	赣州市天心村	气站边	省外	人工林	五株优势木法	18	10.5	22.8	伞形	好	好	3.1	60	0.3	良好	差		√				
	湿地松	赣州市天心村	气站边	省外	人工林	五株优势木法	18	10.2	24.9	伞形	好	好	2.8	60	0.3	良好	差		√				四旁散生优树
	湿地松	赣州市五龙村	岽段	省外	人工林	五株优势木法	16	8.0	17.1	伞形	好	好	2.5	75	0.4	良好	差		√				四旁散生优树
	湿地松	赣州市五指山林场	石罗井工区大坑	本省	人工林	五株优势木法	13	11.4	14.7	伞形	好	好	5.0	85	2.0	旺盛	差	√	√				四旁散生优树
	湿地松	赣州市杨梅村委会	寺下杨梅庙背				17	11.0	38.1	圆形						旺盛		√	√				

（续）

序号	树种名称	经营单位（或个人）	地名	种源	起源	选优方法	数量指标			形质指标								利用建议					备注
							树龄（a）	树高（m）	胸径（cm）	冠型	圆满度	通直度	枝下高（m）	分枝角度（°）	树皮厚（cm）	生长势	结实情况	生态	用材	薪炭	抗逆	其他	
	湿地松	赣州市中村洋光村新荷组	新浇河坝边	省外	人工林	形质评定	18	24.0	41.8	伞形	好	好	10.0	80	1.0	旺盛	良好	√	√				
	湿地松	赣州市周田镇岗脑村	马古	省外	人工林	形质评定	17	13.0	34.0	伞形	好	好	4.2	38	0.5	旺盛	良好	√	√				
	湿地松	赣州市朱坊	胜利	本地	人工林	形质评定	16	13.2	17.8	伞形	好	好	7.6	锐角	1.5	旺盛	旺盛						
	湿地松	赣州市珠兰乡王连生	怀仁村	省外	人工林	形质评定	16	22.0	35.0	伞形	好	好	8.0	30	1.2	旺盛	旺盛	√	√				
	湿地松	赣州市梓山镇	圩上河堤背	本地	人工林	形质评定	18	12.0	24.0	卵形	好	好	6.0			一般	良好		√				
	湿地松	赣州市梓山镇	永丰村方家口	本地	人工林	形质评定	15	12.0	25.0	伞形	好	好	5.0			旺盛	良好	√	√				
	湿地松	宜春市金化林场	慈化镇石岭村	省外			21	9.0	16.0		较好	好		32	0.4	旺盛			√				
	湿地松	宜春市梅沙村	光光山	省外		五株优势木法	24	15.0	17.2		好	好	8.0	65	0.2	良好	旺盛		√				
	湿地松	宜春市南港庙前	坑背	省外		五株优势木法	20	17.0	20.2		好	好		65	0.2	良好	旺盛		√				
	湿地松	宜春市田心村	三中旁	本地		五株优势木法	21	15.5	30.5		好	好	4.0	65	2.0	良好	旺盛		√				
	湿地松	上饶市绿野公司	潭埠梨树岭	美国	人工林	五株优势木法	18	10.5	19.8		好	好	7.8		2.5	旺盛	旺盛	√	√				
	湿地松	上饶市三门岭林场	雪家	本地	天然林	五株优势木法	32	9.7	20.3		好	好	5.6		2.0	旺盛	良好						
	湿地松	上饶市三门岭林场	雪家	本地	天然林	五株优势木法	45	20.2	34.5		好	好			2.0	旺盛	旺盛						
	湿地松	上饶市银城镇	白茅洲	美国	人工林	五株优势木法	14	6.8	14.7		好	好	2.7		2.5	旺盛	差						
	湿地松	上饶市银城镇	白茅洲	美国	人工林	五株优势木法	18	8.7	14.9		好	好	3.0			旺盛	差						
	湿地松	上饶市银城镇	白茅洲	美国	人工林	五株优势木法	18	7.8	18.5		好	好	5.2		2.5	旺盛	差						
	湿地松	上饶市银城镇	吊钟朱家	美国	人工林	五株优势木法	18	7.7	18.1		好	好	5.0		2.5	旺盛	差						
	湿地松	上饶市银城镇	枫树岭	美国	人工林	五株优势木法	22	8.7	15.6		好	好	5.8		2.5	旺盛	差						
	湿地松	上饶市银城镇	新村一队	美国	人工林	五株优势木法	20	8.6	14.3		好	好	5.8		2.5	旺盛	差						
	湿地松	上饶市银城镇	新村一队	美国	人工林	五株优势木法	20	8.2	14.3		好	好	6.0		2.5	旺盛	差						
	湿地松	上饶市玉山县森林苗圃	山底	省外	人工林	五株优势木法	26	15.0	35.0	卵形	好	好	5.0			旺盛	旺盛	√	√				
	湿地松	吉安市八都镇	金牛甲	本地	人工林	五株优势木法	15	13.0	21.0	圆形	好	好	6.0		中	良好	旺盛	√	√				

（续）

序号	树种名称	经营单位（或个人）	地名	种源	起源	选优方法	数量指标			形质指标								利用建议					备注
							树龄（a）	树高（m）	胸径（cm）	冠型	圆满度	通直度	枝下高（m）	分枝角度（°）	树皮厚（cm）	生长势	结实情况	生态	用材	薪炭	抗逆	其他	
	湿地松	吉安市八都镇太山	镇办	本地	人工林	五株优势木法	14	11.0	20.0	圆形	好	好	7.0	50～90	0.4	旺盛	良好		√				
	湿地松	吉安市八都镇太山	镇办	本地	人工林	五株优势木法	14	11.0	21.0	圆形	好	好			中	良好			√				
	湿地松	吉安市八都镇太山	金牛甲	本地	人工林	五株优势木法	15	12.0	22.5	圆形	好	好	2.5		中	良好			√				
	湿地松	吉安市八都镇太山	金牛甲	本地	人工林	五株优势木法	15	12.0	22.5	圆形	好	好	6.2	40～50	0.3	旺盛	旺盛	√	√				
	湿地松	吉安市白沙林场	南坪	美国	人工林	五株优势木法	16	12.0	23.9	塔形	好	好	8.0	70	2.0	良好	良好		√				
	湿地松	吉安市白沙林场	南坪	美国	人工林	五株优势木法	16	12.0	22.4	塔形	好	好	8.0	70	2.0	良好	良好		√				
	湿地松	吉安市白沙林场	南坪	美国	人工林	五株优势木法	16	9.0	24.6	塔形	好	好		70	2.0	良好	良好		√				
	湿地松	吉安市北华山林场	总场门口	美国	人工林	五株优势木法	30	16.2	38.4	圆锥形	好	好	6.5	70	2.0	良好	良好		√				
	湿地松	吉安市北华山林场	商校	美国	人工林	五株优势木法	31	15.5	39.6	尖塔形	好	好	4.0	70	2.0	良好	良好		√				
	湿地松	吉安市飞播林场	示范水库		人工林	五株优势木法	15	15.0	22.9	圆锥形	好	好	6.5	40～50	1.5	旺盛	旺盛	√	√				
	湿地松	吉安市禾山林场	禾山工区	本地	人工林		13	9.2	16.6		好	好	5.4		中	良好			√				
	湿地松	吉安市浒岭村	刘家组	本地	人工林	五株优势木法	16	10.5	18.1		好	好		70	0.7	旺盛	良好		√				四旁优树
	湿地松	吉安市浒岭村	刘家组	本地	人工林	五株优势木法	16	11.5	18.3		好	好		70	1.2	旺盛	良好		√				
	湿地松	吉安市吉安县北源乡			人工林	五株优势木法	15	19.0	34.5		好	好	8.0	70	2.0	良好	良好		√				
	湿地松	吉安市吉安县九龙林场			人工林	五株优势木法	14	14.0	26.4		较好	好	8.0	70	2.0	良好	良好		√				
	湿地松	吉安市吉安县九龙林场			人工林	五株优势木法	14	19.0	35.3		好	好	10.0	70	2.0	良好	良好		√				
	湿地松	吉安市吉安县林业科学研究所			人工林	五株优势木法	37	16.0	22.0		较好	好		70	2.0	良好	良好		√				
	湿地松	吉安市吉安县马山林场			人工林	五株优势木法	16	12.0	19.3		较好	好	5.5	70	2.0	良好	良好		√				
	湿地松	吉安市醪桥镇黄家边	吉皇加油站	本地	人工林	五株优势木法	16	10.2	23.1		好	好		75	1.3	旺盛	旺盛		√				
	湿地松	吉安市鹿冈林场	辋川分场	美国	人工林	五株优势木法	13	11.0	18.3	伞形												√	
	湿地松	吉安市螺田林场	恭溪	美国	人工林	五株优势木法	13	13.0	24.0	圆锥形												√	
	湿地松	吉安市森林苗圃			人工林	五株优势木法	25	15.0	28.6	圆锥形	好	好	8.0	70	2.0	良好	良好		√				
	湿地松	吉安市双村林场	白云饭店后	美国	人工林	五株优势木法	17	9.0	14.7													√	

（续）

序号	树种名称	经营单位（或个人）	地名	种源	起源	选优方法	数量指标			形质指标								利用建议					备注
							树龄（a）	树高（m）	胸径（cm）	冠型	圆满度	通直度	枝下高（m）	分枝角度（°）	树皮厚（cm）	生长势	结实情况	生态	用材	薪炭	抗逆	其他	
	湿地松	吉安市水南林场	龙湖壁	本地	人工林	五株优势木法	28	16.0	36.7	圆锥形	好	好	8.5	70	2.0	良好	良好		√				
	湿地松	吉安市泗源林场	老场部		人工林	五株优势木法	40	21.0	40.0	圆锥形	好	好	7.0		1.5	旺盛	旺盛	√	√				
	湿地松	吉安市文峰镇东村村	青头土地	本地	人工林	五株优势木法	20	14.0	21.5	圆锥形	好	好		80	0.8	旺盛	良好		√				
	湿地松	吉安市文竹林场	沙市基地	本地	人工林		17	13.0	19.7		好	好	5.0		中	良好			√				
	湿地松	吉安市武功山林场	社上垅上	美国	人工林	五株优势木法	31	21.0	47.0	卵形	好	好	5.5	70	2.0	良好	良好		√				四旁优树
	湿地松	吉安市洋埠林场	潭背	本地	人工林		12	8.8	18.0	尖塔形	好	好		70	1.0	良好	旺盛						
	湿地松	吉安市云岭林场	高升		人工林	形质评定	13	8.5	19.0		好	好			1.2	旺盛	良好	√	√				
	湿地松	吉安市云岭林场	横岭		人工林	形质评定	14	11.0	19.8	塔形	好	好	4.2		薄	良好		√	√				
	湿地松	吉安市云岭林场	高升		人工林	形质评定	13	7.8	18.9		较好	较好	4.0	70	0.3	一般	旺盛	√	√				四旁优树
	湿地松	吉安市云岭林场	高升		人工林	形质评定	15	8.9	19.0		好	好				良好		√	√				
	湿地松	吉安市云岭林场	高升		人工林	形质评定	14	10.5	19.8		好	好	7.0	50～90	0.2	旺盛	一般	√	√				四旁优树
	湿地松	吉安市周岭林场	分场坪塘队	本地	人工林	五株优势木法	11	11.7	14.4	卵形												√	
	湿地松	吉安市周岭林场	分场坪塘队	本地	人工林	五株优势木法	11	11.5	13.7	卵形												√	
	湿地松	吉安市周岭林场	燕山工区寨下	本地	人工林	五株优势木法	15	13.0	16.9	卵形												√	
	湿地松	吉安市珠山村	龙岭		人工林	五株优势木法	13	13.0	26.2	圆锥形	好				薄	良好		√	√	√	√	√	
242	石斑树	赣州市洞头乡洞头村双合丘组	高石坝	本地	天然林	形质评定	100	25.0	62.0	伞形	好	较好	4.0	70	1.0	旺盛	一般	√					四旁优树
243	石栎	赣州市赣县	梅街村沙陂组	本地	天然林	形质评定	90	12.0	50.0	伞形	好	好						√					
	石栎	赣州市赣县	梅街村沙陂组	本地	天然林	形质评定	90	12.0	40.0	伞形	好	好						√					
244	石楠	九江市九江县岷山乡中岭村	山里饶家	本地	天然林	形质评定	110	8.8	62.0	宽伞形	好	好	3.0	80	0.7	旺盛	旺盛	√					
	石楠	九江市修水县新湾乡			天然林	五株优势木法	50	12.0	36.2	圆形	好	好	5.0			旺盛		√					
245	疏齿木荷	赣州市赣县	黄沙分场	本地	天然林	形质评定	28	10.5	12.4	扁圆形	好	好						√					
246	树参	赣州市项山乡	中坑罗庚山	本地	天然林	五株优势木法	24	4.8	8.6	圆形	好	好	0.4			旺盛	旺盛	√					

（续）

序号	树种名称	经营单位（或个人）	地名	种源	起源	选优方法	数量指标			形质指标								利用建议					备注
							树龄（a）	树高（m）	胸径（cm）	冠型	圆满度	通直度	枝下高（m）	分枝角度（°）	树皮厚（cm）	生长势	结实情况	生态	用材	薪炭	抗逆	其他	
247	栓皮栎	九江市浩山乡盘谷村	船仓	本地	天然林	形质评定	18	13.0	19.6	卵形	好	好	7.0	45	2.0	旺盛	旺盛	√	√				
	栓皮栎	九江市云山集团小里林场	南阳寺		天然林		40	18.0	41.2		一般	好	2.0	80	1.0	旺盛	一般	√	√				
	栓皮栎	景德镇市浮梁县瑶里镇	白石塔		天然林	五株优势木法	70	11.0	30.0		较好	好	1.4		0.2	良好	旺盛	√	√		√		
	栓皮栎	赣州市信丰县金盆山林场	夹水口工区甲水口	本地	天然林	形质评定	48	24.0	74.0	伞形	好	好	8.0	锐角	厚	旺盛	旺盛	√	√				
248	水青冈	九江市修水县黄港镇	龙港		天然林	五株优势木法	35	13.0	27.6	圆形	好	好	5.0			旺盛		√					
	水青冈	赣州市城厢镇	龙州	本地	天然林	形质评定	72	16.0	39.8	伞形	较好	一般	8.0	38	1.5	旺盛	良好	√					
	水青冈	上饶市武夷山自然保护区		本地	天然林	形质评定	50	22.0	51.1		好	好	8.0			旺盛	一般	√	√				
249	水杉	南昌市进贤县红旗林场	林场二队	省外	人工林	综合评定	33	22.0	42.7	塔形	好	好		75	0.5	旺盛	旺盛	√	√				
	水杉	南昌市南昌县南新乡林站	中心公路旁	湖北	人工林	五株优势木法	22	18.3	32.4	塔形	好	好	6.0	70	1.5	旺盛	差	√	√				
	水杉	鹰潭市双圳林场	上山	湖北	人工林	五株优势木法	38	19.0	54.0	圆形	好	好		88	0.8	旺盛		√	√				
	水杉	赣州市赣县	洋塘工业区院内派出所左侧对面	本地	人工林	五株优势木法	35	17.5	43.3	尖塔形	好	好							√				
	水杉	赣州市林业科学研究所	院内	本省	人工林	平均标准木法	28	40.0	48.2	尖塔形	好	好	10.2	82	1.3	旺盛	旺盛	√	√				
	水杉	赣州市洞头乡洞头村上湾组	河坎边	本地	天然林	形质评定	150	12.0	39.5	卵形	较好	较好	3.0	70	1.0	旺盛	差	√	√				
	水杉	赣州市凤山中学	凤山中学	本地	人工林	五株优势木法	25	21.0	65.0	尖塔形	好	好	6.0	45		旺盛	旺盛	√					
	水杉	赣州市葛坳林场	林场院内	本地	人工林	五株优势木法	20	19.6	52.8	尖塔形	好	好	2.3	80	0.6	良好	旺盛		√				四旁散生优树
	水杉	赣州市津槎村	小学旁	本地	人工林	五株优势木法	18	14.2	28.9	尖塔形	好	好	7.1	81	1.2	旺盛	良好		√				四旁及散生木

（续）

序号	树种名称	经营单位（或个人）	地名	种源	起源	选优方法	数量指标			形质指标								利用建议					备注
							树龄（a）	树高（m）	胸径（cm）	冠型	圆满度	通直度	枝下高（m）	分枝角度（°）	树皮厚（cm）	生长势	结实情况	生态	用材	薪炭	抗逆	其他	
	水杉	赣州市九龙林场	场部蓝球场边	本地	人工林	形质评定	21	19.5	50.8	卵形	好	好	4.6	锐角	中	旺盛	旺盛	√	√				四旁及散生木
	水杉	赣州市九龙林场	场部蓝球场边	本地	人工林	形质评定	21	17.5	44.7	卵形	好	好	4.2	锐角	中	旺盛	旺盛	√	√				四旁树
	水杉	赣州市灵潭电站	营前镇				12	13.0	20.0	尖塔形						旺盛		√	√				四旁树
	水杉	赣州市上犹中学					25	15.0	31.0	伞形						旺盛		√					
	水杉	赣州市市园林管理局	红旗大道西圆	本地	人工林	平均标准木法	34	18.0	31.2	尖塔形	好	好	3.5			旺盛		√	√				
	水杉	赣州市会昌县林业局	林业局院内	省外	人工林	形质评定	27	16.0	39.5	塔形	好	好	8.0	25	0.8	旺盛	旺盛	√	√				
	水杉	赣州市油山镇政府	政府办公楼后	本地	人工林	形质评定	16	15.3	30.9	伞形	较好	好	5.0	锐角	薄	旺盛	良好	√	√				
	水杉	赣州市油山中学		本地	人工林	形质评定	42	20.0	67.8	圆锥形	较好	较好	3.5	锐角	中	旺盛	旺盛	√	√				四旁树
	水杉	赣州市油山中学		本地	人工林	形质评定	42	20.0	60.5	圆锥形	较好	好	3.5	锐角	中	旺盛	旺盛	√	√				四旁树
	水杉	赣州市云峰山林场	场部	本地	人工林	五株优势木法	23	10.8	15.8	尖塔形	好	好	5.0	锐角		旺盛		√	√				四旁树
	水杉	宜春市林业局	永宁定江路林业局边	浙江		绝对值评选法	23	21.0	37.0		较好	好	4.0	50	1.0	旺盛		√	√				四旁优树
	水杉	宜春市旅游局	永宁定江路旅游局院内	浙江		绝对值评选法	23	18.0	38.0		较好	好	4.0	60	1.0	旺盛		√	√				
	水杉	上饶市县体校	体校内	本地	人工林	五株优势木法	21	16.0	29.4	伞形	好	好	8.0			旺盛			√				
	水杉	上饶市玉山县森林苗圃	山底	省外	人工林	五株优势木法	30	28.0	47.0	塔形	好	好	6.0			旺盛	旺盛	√	√				
	水杉	吉安市七溪岭林场	粑陂	本地	人工林		19	20.6	38.0	均匀	好	好	8.0	80	1.5	良好	一般						
250	水松	九江市九江县马回岭镇秀峰村	私立学校后	省外	人工林	形质评定	43	15.0	34.0	圆锥形	好	好	5.0	80	0.7	旺盛	旺盛	√					
	丝栗栲	赣州市信丰县隘高林场	牛口岩工区冷水坑口高	本地	天然林	形质评定	34	19.1	27.7	伞形	好	好	9.8	锐角	中	旺盛	良好	√	√				
	丝栗栲	赣州市安基山林场	青茶工区三角窝	本地	天然林	五株优势木法	28	13.0	31.1	伞形	好	好	4.5	28	1.4	旺盛	旺盛	√	√				
	丝栗栲	赣州市分水村	乌梅坑	本地	天然林	形质评定	30	16.0	36.0	圆形	好	好	9.0	80	2.0	旺盛	差	√	√				

(续)

序号	树种名称	经营单位(或个人)	地名	种源	起源	选优方法	数量指标			形质指标								利用建议					备注
							树龄(a)	树高(m)	胸径(cm)	冠型	圆满度	通直度	枝下高(m)	分枝角度(°)	树皮厚(cm)	生长势	结实情况	生态	用材	薪炭	抗逆	其他	
	丝栗栲	赣州市虎山乡虎山村	水疗组屋背	本地	天然林	形质评定	24	14.4	18.8	伞形	好	好	5.4	锐角	薄	旺盛	差	√	√				
	丝栗栲	赣州市信丰县金鸡林场	周坑工区酸枣排	本地	天然林	形质评定	30	13.3	25.7	卵形	好	好	8.0	锐角	中	旺盛	良好	√	√				
	丝栗栲	赣州市信丰县金鸡林场	下竹迳工区猪婆垅	本地	天然林	形质评定	45	20.0	45.6	卵形	好	好	8.3	锐角	中	旺盛	良好	√	√				
	丝栗栲	赣州市信丰县金鸡林场	周坑工区长潭脑	本地	天然林	形质评定	30	17.6	36.3	卵形	好	好	8.8	锐角	中	旺盛	旺盛	√	√				
	丝栗栲	赣州市信丰县金盆山林场	上陂工区石口对面	本地	天然林	形质评定	34	21.0	45.2	伞形	好	好		锐角	中	旺盛	旺盛	√	√				
	丝栗栲	赣州市信丰县金盆山林场	上陂工区石口对面	本地	天然林	形质评定	22	16.0	28.6	卵形	好	好	11.0	锐角	中	旺盛	良好	√	√				
	丝栗栲	赣州市信丰县金盆山林场	大公桥工区长坑口	本地	天然林	形质评定	30	17.0	46.1	伞形	好	好	11.3	锐角	厚	旺盛	旺盛	√	√				
	丝栗栲	赣州市信丰县金盆山林场	夹水口工区夹水口	本地	天然林	形质评定	27	17.3	35.5	卵形	好	好	11.9	锐角	中	旺盛	旺盛	√	√				
	丝栗栲	赣州市信丰县金盆山林场	夹水口工区夹水口	本地	天然林	形质评定	35	18.9	41.8	伞形	好	好	13.0	锐角	中	旺盛	旺盛	√	√				
	丝栗栲	赣州市信丰县金盆山林场	夹水口工区夹水口	本地	天然林	形质评定	29	16.9	41.8	卵形	好	好	8.0	锐角	厚	旺盛	良好	√	√				
	丝栗栲	赣州市信丰县金盆山林场	上陂工区石口对面	本地	天然林	形质评定	22	10.0	27.2	伞形	好	好		锐角	中	旺盛	良好	√	√				
	丝栗栲	赣州市信丰县金盆山林场	上陂工区石口对面	本地	天然林	形质评定	20	16.0	28.5	伞形	好	好	9.5	锐角	中	旺盛	良好	√	√				
	丝栗栲	赣州市信丰县金盆山林场	上陂工区石口对面	本地	天然林	形质评定	28	17.0	34.0	卵形	好	好	8.0	锐角	中	旺盛	旺盛	√	√				
	丝栗栲	赣州市信丰县金盆山林场	黄马埠工区黄马埠	本地	天然林	形质评定	25	17.5	31.5	伞形	好	好	12.0	锐角	中	旺盛	良好	√	√				

（续）

序号	树种名称	经营单位（或个人）	地名	种源	起源	选优方法	数量指标			形质指标								利用建议					备注
							树龄（a）	树高（m）	胸径（cm）	冠型	圆满度	通直度	枝下高（m）	分枝角度（°）	树皮厚（cm）	生长势	结实情况	生态	用材	薪炭	抗逆	其他	
	丝栗栲	赣州市九连山自然保护区	虾蚣塘主沟	本地	天然林			25.8	30.0	卵形	较好	好	20.0	锐角		旺盛		√	√				
	丝栗栲	赣州市大余县烂泥迳林场	三江口工区	本地	天然林	形质评定	30	20.0	35.7	圆柱形	好	好	12.0				一般						
	丝栗栲	赣州市罗珊乡	上�竹	本地	天然林	五株优势木法	10	7.0	10.6	伞形	好	好	1.8			旺盛	差	√	√				
	丝栗栲	赣州市新田镇下江村桥子背组	茶叶坑	本地	天然林	形质评定	30	15.6	31.6	卵形	好	好	10.0	锐角	中	旺盛	良好	√	√				
	丝栗栲	赣州市阳岭自然保护区	石公背	本地	天然林	五株优势木法	64	23.5	52.8	伞形	好	好	9.0	65	2.0	旺盛	旺盛	√	√				
	丝栗栲	赣州市信丰县油山林场	中乐工区丫叉丘	本地	天然林	形质评定	36	18.3	52.4	伞形	好	好	3.6	锐角	中	旺盛	良好	√	√				
	丝栗栲	赣州市信丰县油山林场	中乐工区丫叉丘	本地	天然林	形质评定	36	18.0	55.6	伞形	好	好	4.0	锐角	中	旺盛	良好	√	√				
	丝栗栲	赣州市信丰县油山林场	中乐工区石窝里	本地	天然林	形质评定	35	16.5	46.8	伞形	好	好	4.3	锐角	中	旺盛	良好	√	√				
	丝栗栲	赣州市信丰县油山林场	中乐工区石窝里	本地	天然林	形质评定	35	15.2	52.6	伞形	好	好	5.8	锐角	中	旺盛	良好	√	√				
	丝栗栲	吉安市曲江林场	龙源	本地	天然林		50	16.0	45.0	均匀	好	好	5.0	70	1.0	良好	旺盛						
	丝栗栲	吉安市水浆林场	北坑	本地	天然林	五株优势木法	20	15.0	40.0	菇状	好	好	4.0	80	1.0	良好	旺盛						
252	四川桤木	宜春市定江粮站	永宁定江粮站	四川		绝对值评选法	24	15.0	40.0		较好	好	1.0	60	1.0	旺盛	旺盛	√	√				
	四川桤木	宜春市试验林场	岭东乡南田村	本地		五株优势木法	15	24.0	36.0			好	14.0	35	0.5	旺盛	一般	√	√				
253	四季桂	赣州市洞头乡政府	乡政府院内	本地	人工林	形质评定	18	4.0	12.1	圆形	较好	较好	0.5	75	0.5	旺盛	一般	√					
254	苏铁	赣州市赣县	湖江乡湖新区政府	本地	人工林	形质评定	10	1.5		伞形	好	好						√				√	
	苏铁	赣州市赣县	双龙村竹排高卓登伟家	本地	人工林	形质评定	19	0.6	22.0	伞形	好	好										√	
	苏铁	赣州市长宁镇	烈士馆	本地	天然林	五株优势木法	60	2.3		圆形	好	好	0.6			旺盛	旺盛	√					

（续）

序号	树种名称	经营单位（或个人）	地名	种源	起源	选优方法	数量指标			形质指标								利用建议					备注
							树龄（a）	树高（m）	胸径（cm）	冠型	圆满度	通直度	枝下高（m）	分枝角度（°）	树皮厚（cm）	生长势	结实情况	生态	用材	薪炭	抗逆	其他	
255	酸枣	九江市云山燕山林业公司	坂上农场楮木坑		人工林		12	17.0	32.0		好	好		80	1.0	旺盛	较差	√	√				
	酸枣	赣州市赣县	樟坑分场小过桥坑口	本地	人工林	五株优势木法	19	20.5	39.0	圆形	好	好						√	√				
	酸枣	赣州市赣县	下山寮林场	本地	人工林	形质评定	25	15.0	32.0	伞形	好	好						√	√				
	酸枣	赣州市赤土乡爱莲村	镜里组	本地	人工林	五株优势木法	13	10.5	16.8	伞形	好	好	4.5	锐角		旺盛	旺盛	√	√				
	酸枣	赣州市赤土乡旗山村	坳头组	本地	人工林	五株优势木法	18	12.3	18.1	伞形	好	好	6.1	锐角		旺盛			√				四旁优树
	酸枣	赣州市大山脑林场	场部	本地	人工林	形质评定	6	10.0	25.3	伞形	好	好	3.0	锐角	1.5	旺盛		√	√				四旁优树
	酸枣	赣州市东山镇丰田村委会					12	12.0	27.0	伞形						旺盛		√	√				
	酸枣	赣州市横市大姑	高坝	本地	人工林	形质评定	10	11.0	18.7	伞形	好	好	6.5	锐角	2.5	旺盛	差		√				
	酸枣	赣州市陡水镇赖塘村委会					12	9.0	26.0	伞形						旺盛		√	√				四旁优树
	酸枣	赣州市隆木福田	古路坑	本地	人工林	形质评定	20	16.0	23.2	伞形	好	好	3.2	锐角	2.5	旺盛	良好		√				
	酸枣	赣州市念坑村委会	东山镇念坑村				17	10.0	23.0	伞形						旺盛		√	√				四旁优树
	酸枣	赣州市会昌县林业局	林业局院内	本地	人工林	形质评定	25	22.0	38.0	伞形	好	好	12.0	30	0.8	旺盛	良好	√	√				
	酸枣	赣州市云峰山林场	场部	本地	人工林	五株优势木法	16	14.0	46.0	伞形	好	好	6.5	锐角	2.0	旺盛	旺盛		√				
	酸枣	赣州市中村乡圩镇居委会	中村圩	本地	人工林	形质评定	17	15.0	44.0	卵形	好	较好	3.0	30	1.0	旺盛	旺盛	√	√				四旁优树
256	算盘子	上饶市武夷山自然保护区		本地	天然林	形质评定	75	10.8	30.7	圆形	好	好	2.0			旺盛	旺盛	√	√				
257	穗花杉	宜春市官山自然保护区		本地		形质评定		5.0	8.0		好	好	2.0		0.2	旺盛	差	√					
	穗花杉	宜春市官山自然保护区	大西坑	本地		形质评定		6.0	16.0		好	好	2.0		0.2	旺盛	差	√					
258	桃金娘	赣州市县敬老院	敬老院内	省外	人工林	形质评定	18	3.0		伞形	好	好	0.3	30	0.6	旺盛	旺盛	√	√				

（续）

序号	树种名称	经营单位（或个人）	地　名	种源	起源	选优方法	数量指标			形质指标								利用建议					备　注
							树龄（a）	树高（m）	胸径（cm）	冠型	圆满度	通直度	枝下高（m）	分枝角度（°）	树皮厚（cm）	生长势	结实情况	生态	用材	薪炭	抗逆	其他	
259	桃叶石楠	赣州市沙含组	沙含船形排	本地	天然林	五株优势木法	50	19.0	52.0	伞形	好	好	8.0	30		旺盛	旺盛	√					
260	天师板栗	鹰潭市龙虎山镇龙虎村金山组	易家源		人工林		5	3.0	5.0	圆形	好	好	0.8	55	1.0	良好	良好						散生木
261	天竺桂	赣州市关西镇	坳下	本地	人工林	形质评定	30	7.0	33.5	圆形	较好	较好	2.0			旺盛	旺盛	√					
	天竺桂	赣州市长宁镇	烈士馆	本地	天然林	五株优势木法	15	8.0	32.0	圆形	好	好	2.1			旺盛	旺盛	√	√				
	天竺桂	赣州市城厢镇	含江路	广东	人工林	形质评定	20	8.5	37.2	伞形	好	一般		30	1.0	旺盛	良好	√					
	天竺桂	赣州市赣州三江电子技校	沙石镇老镇政府	本地	人工林	形质评定	23	11.0	41.0	圆形	好	好	3.0			旺盛	旺盛	√					
	天竺桂	赣州市横市镇	镇政府	本地	人工林	形质评定	15	5.6	13.4	圆形	好	好	1.5	锐角	2.0	旺盛	良好	√					
	天竺桂	赣州市安远县孔田林场	岽背桥头	广东	人工林	五株优势木法	28	10.2	42.1	卵形	较好		1.1	75	1.0	旺盛	旺盛	√					四旁优树
	天竺桂	赣州市营前镇灵潭电站					12	7.0	29.0	伞形						旺盛		√	√				四旁散生优树
	天竺桂	赣州市茅山林场	场部	本地	人工林	形质评定	24	6.0	29.9	圆形	好	好	1.5	25	2.0	旺盛	良好	√	√				
	天竺桂	赣州市南安镇牡丹亭公园	公园内		人工林	形质评定	20	7.0	25.5	伞形	好	好	2.0				旺盛						
	天竺桂	赣州市南河电厂					15	11.0	41.0	伞形						旺盛		√	√				
	天竺桂	赣州市安远县牛犬山林场	场部	本地	人工林	五株优势木法	19	8.3	26.5	卵形	好	一般	0.8	70	0.8	旺盛	旺盛	√					
	天竺桂	赣州市安远县牛犬山林场	场部	本地	人工林	五株优势木法	19	5.8	26.5	伞形	好		1.2	70	0.8	旺盛	旺盛	√					四旁及散生木
	天竺桂	赣州市区森林苗圃	湖边	本地	人工林	形质评定	28	17.0	39.0	伞形	好	好	2.5			旺盛	旺盛	√					四旁及散生木
	天竺桂	赣州市水口	武当镇大坝	本地	天然林	形质评定	12	8.5	54.0	圆形	较好	好	1.1			旺盛	旺盛	√					
	天竺桂	赣州南康市唐江	一糖厂	本地	人工林	形质评定	20	13.0	32.3	伞形	好	好	6.0	45		旺盛	旺盛	√	√				
	天竺桂	赣州南康市唐江	糖厂	本地	人工林	形质评定	25	11.0	49.2	圆形	好	好	5.0	50	2.0	旺盛	差	√					四旁优树

（续）

序号	树种名称	经营单位（或个人）	地名	种源	起源	选优方法	数量指标			形质指标								利用建议					备注
							树龄(a)	树高(m)	胸径(cm)	冠型	圆满度	通直度	枝下高(m)	分枝角度(°)	树皮厚(cm)	生长势	结实情况	生态	用材	薪炭	抗逆	其他	
	天竺桂	赣州南康市唐江	糖厂	本地	人工林	形质评定	25	8.0	26.3	圆形	好	好	4.0	70	2.0	旺盛	差	√					四旁优树
	天竺桂	赣州市新城林站	林站院内		人工林	形质评定	18	13.0	39.8	伞形	好	好	2.0				旺盛						四旁优树
	天竺桂	赣州市新城林站	林站院内		人工林	形质评定	18	13.0	31.6	伞形	好	好	2.0				旺盛						
	天竺桂	赣州市新城林站	林站院内		人工林	形质评定	18	13.5	39.3	圆柱形	好	好	0.5				旺盛						
	天竺桂	赣州市中村林场	林场院内	本地	人工林	形质评定	28	12.0	34.2	伞形	较好	好	3.0	70	1.0	旺盛	一般	√					
262	甜槠	九江市修水县黄沙港林场	杨家坪林场下埚		天然林	五株优势木法	40	13.4	51.0		较好	较好	5.0			旺盛		√					
	甜槠	九江市修水县黄沙港林场	蛇柁		天然林	五株优势木法	35	12.4	42.0	圆形	好	好				旺盛		√					
	甜槠	九江市修水县黄沙港林场	上坑队部		天然林	五株优势木法	43	13.7	44.0	圆形	较好	较好	6.2			旺盛		√					
	甜槠	九江市修水县黄沙港林场	上坑队部以下		天然林	五株优势木法	35	12.4	34.6	圆形	较好	较好	6.0			旺盛		√					
	甜槠	九江市修水县黄沙港林场	西港		天然林	五株优势木法	40	14.5	52.0	圆形	较好	较好	6.0			旺盛		√					
	甜槠	赣州市安基山林场	下洞工区大燕	本地	天然林	五株优势木法	42	14.0	42.5	圆柱形	好	好	9.0	35	1.3	旺盛	旺盛	√	√				
	甜槠	赣州市长潭里林场电站	电站边	本地	天然林	形质评定	30	16.0	35.0	伞形	好	好	6.0				差						
	甜槠	赣州市信丰县金鸡林场	周坑工区长潭脑	本地	天然林	形质评定	40	18.6	35.1	卵形	好	好	12.0	锐角	中	旺盛	旺盛	√	√				
	甜槠	赣州市大余县烂泥迳林场	三江口工区	本地	天然林	形质评定	45	20.0	65.0	圆形	好	好	10.0				一般						
	甜槠	赣州市大余县烂泥迳林场	三江口工区	本地	天然林	形质评定	26	30.0	32.6	卵形	好	好	21.0				一般						
	甜槠	赣州市罗珊乡	珊贝长坝小组	本地	天然林	五株优势木法	20	16.1	18.9	伞形	好	好	3.4			旺盛	旺盛	√	√				
	甜槠	赣州市宁都县翠微峰森林公园	莲花山	本地	天然林	五株优势木法	52	19.2	31.6	伞形	好	好	6.9	75	1.5	旺盛	良好	√					

（续）

序号	树种名称	经营单位（或个人）	地名	种源	起源	选优方法	数量指标			形质指标								利用建议					备注
							树龄（a）	树高（m）	胸径（cm）	冠型	圆满度	通直度	枝下高（m）	分枝角度（°）	树皮厚（cm）	生长势	结实情况	生态	用材	薪炭	抗逆	其他	
263	铁椆	赣州市安基山林场	下洞工区中站	本地	天然林	五株优势木法	23	15.0	23.3	伞形	好	好	6.5	29	1.5	旺盛	旺盛	√	√				
	铁椆	赣州市寻乌县桂竹帽镇	华星村	本地	天然林	五株优势木法	10	7.7	9.5	伞形	好	好	1.8			旺盛	旺盛	√	√				
264	铁冬青	赣州市赣县	白涧村黄屋组胡太仙屋背	本地	天然林	形质评定	100	15.0	100.0	伞形	好	好						√					
	铁冬青	赣州市赣县	信江村长岭组公路边	本地	天然林	形质评定	25	8.0	22.0	伞形	好	好						√					
	铁冬青	赣州市赣县	樟坑分场	本地	天然林	形质评定	35	12.0	26.0	伞形	好	好						√					
	铁冬青	赣州市大布村委会	双溪大布村耙头组				113	18.0	88.0	伞形						旺盛		√	√				
	铁冬青	赣州市寻乌县桂竹帽镇	上坪村	本地	天然林	五株优势木法	17	7.0	10.5	圆柱形	好	好	1.5			旺盛	旺盛	√	√				
265	铁尖杉	九江市修水县山口镇	上桃村集体		天然林	五株优势木法	40	13.5	30.0	圆形	好	好	5.0			旺盛		√					
266	铜棉松	赣州市森林苗圃		省外	人工林		16	12.0	24.3	尖塔形	好	好	7.0	80	0.6	旺盛	良好		√				
267	头状四照花	赣州市赣县	樟坑分场	本地	天然林	形质评定	22	6.0	8.0	伞形	好	好						√					
	头状四照花	赣州市项山乡	卢屋村	本地	天然林	五株优势木法	8	3.1	6.2	伞形	好	好	0.4			旺盛	差	√	√				
268	秃瓣杜英	赣州市赣县	龙角分场八公坑公路边	本地	天然林	形质评定	60	24.0	48.2	伞形	好	好						√					
	秃瓣杜英	赣州市长宁镇	烈士馆	本地	天然林	五株优势木法	20	7.0	16.8		好	好	2.9			旺盛	旺盛	√	√				
269	晚松	新余市罗坊镇	茶叶地	国外	人工林	五株优势木法	20	7.0	20.4		好	好	4.0		中	良好	良好		√	√	√		
270	乌桕	赣州市赣县	湖江乡古田村东坑组	本地	人工林	形质评定	150	20.0	80.0	伞形	好	好										√	
	乌桕	赣州市杨村车田		本地	天然林	形质评定	40	16.0	54.0	圆形	较好	较好	2.5			旺盛	旺盛	√					
	乌桕	赣州市赤土乡爱莲村	杉树下组	本地	人工林	五株优势木法	28	9.0	15.7	伞形	一般	好	4.0	锐角		旺盛		√					
	乌桕	赣州市贡江镇	长岭村新屋	本地	人工林	形质评定	17	6.0	20.0	伞形	一般	一般	2.5			良好	良好	√					四旁优树

（续）

序号	树种名称	经营单位（或个人）	地　名	种源	起源	选优方法	数量指标			形质指标								利用建议					备　注
							树龄（a）	树高（m）	胸径（cm）	冠型	圆满度	通直度	枝下高（m）	分枝角度（°）	树皮厚（cm）	生长势	结实情况	生态	用材	薪炭	抗逆	其他	
	乌桕	赣州市上犹县陡水镇桂竹山庄					26	17.0	58.0	伞形						旺盛		√	√				
	乌桕	赣州市横市镇	高坝	本地	天然林	形质评定	30	16.2	36.5	伞形	好	好	3.0	锐角		旺盛	良好	√					
	乌桕	赣州市横寨乡小河村	河庄上	本地	人工林	五株优势木法	20	7.3	16.0	伞形	好	一般		锐角		旺盛		√					四旁优树
	乌桕	赣州市新城镇廖小平	分水坳树排子上	本地	天然林	形质评定	29	13.0	41.3	伞形	好	好	1.6				旺盛						四旁优树
	乌桕	赣州市南安镇牡丹亭公园	公园内		人工林	形质评定	30	12.0	38.6	伞形	好	好	3.5				旺盛						
	乌桕	赣州市安远县沙含村	芦村	本地	人工林	五株优势木法	27	14.0	36.0	尖塔形	好	好	9.0	45		旺盛	旺盛	√	√				
	乌桕	赣州市安远县沙含村	石街段	本地	人工林	五株优势木法	28	16.0	64.0	尖塔形	好	好	8.0	40		旺盛	旺盛	√	√				四旁散生优树
	乌桕	赣州市安远县沙含村	象鼻湾	本地	人工林	五株优势木法	37	25.0	62.0	尖塔形	好	好	10.0	40		旺盛	旺盛	√	√				四旁散生优树
	乌桕	赣州市梅水乡水迳村委会			人工林		12	11.0	27.0	伞形						旺盛		√	√				四旁散生优树
	乌桕	赣州市赣县唐江	糖厂	本地	人工林	形质评定	26	13.0	24.0	伞形	好	好	7.0	70	2.0	旺盛	差	√					
	乌桕	赣州市文武坝镇勤建村	禾坪背组	本地	天然林	形质评定	25	10.0	20.0	伞形	好	好	7.0	30	0.8	旺盛	旺盛	√	√				四旁优树
	乌桕	赣州市窝窑村		本地	人工林	形质评定	18	11.0	25.9	伞形	好	好	6.0	锐角	2.0	旺盛	旺盛	√	√				
	乌桕	赣州市下田心	临塘乡水口	本地	天然林	形质评定	30	7.5	28.0	长卵形	较好	较好	3.2			旺盛	旺盛	√					四旁优树
	乌桕	赣州市杨村中学	杨村镇大竖镇	本地	天然林	形质评定	25	12.0	32.0	圆形	较好	较好	3.0			旺盛	旺盛	√					
	乌桕	赣州市中村中学	中学院内	本地	人工林	形质评定	43	22.0	50.0	伞形	好		7.0	75	2.0	一般	良好	√	√				
	乌桕	宜春市永宁经委	经委后面	本地	人工林	绝对值评选法	30	13.0	38.0		较好	好	2.0	50	1.0	旺盛	旺盛	√	√				
	乌桕	宜春市永宁烟草公司		本地	人工林	绝对值评选法	50	13.0	42.0		较好	好	1.0	50	1.0	旺盛	旺盛	√	√				
	乌桕	宜春市永宁烟草公司		本地	人工林	绝对值评选法	40	9.0	30.0		较好	好	2.0	50	1.0	旺盛	旺盛	√	√				
	乌桕	宜春市养路队	赤岸城下	本地	人工林	五株优势木法	35	10.5	34.5		好	较好	4.2		1.0	良好	旺盛	√					

（续）

序号	树种名称	经营单位（或个人）	地名	种源	起源	选优方法	数量指标			形质指标								利用建议					备注
							树龄（a）	树高（m）	胸径（cm）	冠型	圆满度	通直度	枝下高（m）	分枝角度（°）	树皮厚（cm）	生长势	结实情况	生态	用材	薪炭	抗逆	其他	
	乌桕	宜春市养路队	赤岸城下	本地	人工林	五株优势木法	30	9.0	28.7		好	好	2.0		1.0	良好	旺盛	√					
	乌桕	宜春市养路队	会埠村头公路边	本地	人工林	五株优势木法	40	13.6	36.9		好	好	4.1		1.0	良好	旺盛	√					
	乌桕	宜春市养路队	会埠村头公路边	本地	人工林	五株优势木法	45	17.5	54.1		好	好	9.0		1.0	良好	旺盛	√					
271	乌楣栲	赣州市寻乌县桂竹帽镇	华星村	本地	天然林	五株优势木法	18	12.1	15.5	伞形	好	好	4.0			旺盛	旺盛	√	√				
	乌楣栲	赣州市信丰县金鸡林场	周坑工区酸枣排	本地	天然林	形质评定	25	15.3	26.9	卵形	好	好	10.3	锐角	中	旺盛	良好	√	√				
272	无柄卫矛	赣州市寻乌县桂竹帽镇	上坪村	本地	天然林	五株优势木法	27	5.1	5.5	圆柱形	好	好	1.6			旺盛	旺盛	√					
	无柄卫矛	赣州市寻乌县桂竹帽镇	龙归村细坑子	本地	天然林	五株优势木法	12	4.8	8.2	伞形			1.3			旺盛	旺盛	√					
273	无患子	九江市国营东牯山林场	归宗	本地	天然林	形质评定	30	17.0	38.0	圆柱形	较好	好	4.0	85	1.0	旺盛	旺盛	√	√		√		
	无患子	九江市天红镇武山村	危山	本地	天然林	形质评定	19	14.0	19.5	宽卵形	好	好	3.0	65	1.0	旺盛	旺盛	√	√				
	无患子	赣州市安基山林场	青茶工区野猪湖	本地	天然林	形质评定	18	8.0	22.0	伞形	好	好	5.0	30	1.3	旺盛		√					
	无患子	赣州市白鹅乡中心村	真君庙下	本地	天然林	形质评定	80	12.0	62.4	塔形		较好	5.0	75	1.6	旺盛	良好	√	√				四旁及散生木
	无患子	赣州市浮江乡竹木村	竹田公路边	本地	人工林	形质评定	20	10.0	32.0	伞形	好	好	2.5				旺盛						
	无患子	赣州市寻乌县桂竹帽镇	华星村	本地	天然林	五株优势木法	18	18.6	26.0	圆形	好	好	4.2			旺盛	差	√	√				
	无患子	赣州市南安镇牡丹亭公园	公园内	本地	人工林	形质评定	26	11.0	32.3	圆柱形	好	好	4.0				旺盛						
	无患子	赣州市中村乡中联村圩背组	老中联村委会门口	本地	人工林	形质评定	35	8.0	27.0	塔形		较好	2.0	85	1.0	旺盛	良好	√			√		
274	梧桐	赣州市高云山林场	大拱桥	省外	人工林	五株优势木法	24	24.0	39.6		好	好	13.0	85	0.8	良好	一般	√					
	梧桐	赣州市关西圩边	关西镇关东	本地	天然林	形质评定	33	14.5	43.0	圆形	好	好	3.0			旺盛	旺盛	√	√				四旁及散生木

（续）

序号	树种名称	经营单位（或个人）	地　名	种源	起源	选优方法	数量指标			形质指标								利用建议					备　注
							树龄（a）	树高（m）	胸径（cm）	冠型	圆满度	通直度	枝下高（m）	分枝角度（°）	树皮厚（cm）	生长势	结实情况	生态	用材	薪炭	抗逆	其他	
	梧桐	赣州市文武坝镇水西村下坝组	水西坝	本地	人工林	形质评定	25	21.0	24.0	伞形	好	好	4.0	30	0.8	旺盛	旺盛	√	√				
	梧桐	赣州市周田镇大坑村	礼屋前小组	本地	人工林	形质评定	32	13.0	78.0	伞形	好	好	4.5	36	0.6	旺盛	良好	√					
	梧桐	上饶市太白朱村		本地	天然林		25	13.0	31.5	圆形	好	好	5.0	45	2.5	旺盛	旺盛	√					
275	五加皮	赣州市长宁镇	325 村	本地	天然林	五株优势木法	8	2.8	8.0	圆形	好	好	0.4			旺盛	差	√					散生木，可采种
276	五裂槭	赣州市赣县	樟坑分场	本地	天然林	形质评定	45	7.0	18.0	伞形	好	好						√					
	五裂槭	赣州市项山乡	项山村	本地	天然林	五株优势木法	20	6.4	18.0	圆形	好	好	0.9			旺盛	旺盛		√				
	五裂槭	上饶市武夷山自然保护区		本地	天然林	形质评定	85	19.0	34.2		好	好	6.5			旺盛	一般	√	√				
277	武夷山花椒	上饶市武夷山自然保护区		本地	天然林	形质评定	70	5.0	19.7		好	好	1.5			旺盛	一般	√				√	
278	武夷山石楠	上饶市武夷山自然保护区		本地	天然林	形质评定	50	4.5	34.0		好	好	3.0			旺盛	一般	√				√	
279	西川朴	赣州市南桥镇	南龙坡	本地	天然林	五株优势木法	6	3.4	6.2	尖塔形	好	好	0.6			旺盛	差	√	√				
280	喜树	九江市横港镇红光村少坡山组		本地	天然林		50	28.0	67.0	圆形	好	较好	8.0	75	2.5	旺盛	良好	√	√				
	喜树	九江市九江县涌泉乡戴山村五组	寺山洼	本地	天然林	形质评定	25	16.0	24.0	宽圆锥形	好	好	7.0	70	0.8	旺盛	旺盛	√					
	喜树	九江市九江县涌泉乡戴山村五组	寺山洼	本地	天然林	形质评定	25	15.0	25.0	宽圆锥形	好	好	7.0	70	0.8	旺盛	旺盛	√					
	喜树	九江市修水县黄沙港林场	黄沙镇岭斜村箔竹片 56 组屋边		天然林	五株优势木法	30	15.0	30.8	圆形	好	好				旺盛		√					
	喜树	赣州市赣南水泥厂	北区 9 栋 1 号门前	本地	人工林	形质评定	35	12.0	41.0	伞形	好	好	4.5	锐角	中	旺盛	旺盛	√	√				

（续）

序号	树种名称	经营单位（或个人）	地名	种源	起源	选优方法	数量指标			形质指标								利用建议					备注
							树龄（a）	树高（m）	胸径（cm）	冠型	圆满度	通直度	枝下高（m）	分枝角度（°）	树皮厚（cm）	生长势	结实情况	生态	用材	薪炭	抗逆	其他	
	喜树	赣州市虎山乡虎山村	大竹园组上村	本地	天然林	形质评定	30	15.2	38.0	卵形	好	好	7.0	锐角	中	旺盛	旺盛	√	√				四旁树
	喜树	赣州市龙南县九连山林场	大丘田	本地	人工林	五株优势木法	37	25.8	68.2	卵形	好	好	8.3	80	1.5	旺盛	旺盛	√	√				四旁树
	喜树	赣州市南安镇建设村	小学旁	本地	人工林	形质评定	30	10.0	36.8	伞形	好	好	2.3				旺盛						
	喜树	赣州市南安镇牡丹亭公园	公园内	本地	人工林	形质评定	14	15.0	28.2	圆柱形	好	好	5.0				旺盛						
	喜树	赣州市南安镇牡丹亭公园	公园内	本地	人工林	形质评定	14	15.0	29.0	圆柱形	好	好	5.0				旺盛						
	喜树	赣州市南安镇牡丹亭公园	公园内	本地	人工林	形质评定	14	16.5	30.0	圆柱形	好	好	6.0				旺盛						
	喜树	赣州市赣县唐江	糖厂	本地	人工林	形质评定	30	17.0	43.8	圆形	好	好	10.0	70	2.0	旺盛	差	√	√				
281	细柄蕈树	赣州市罗珊乡	珊贝珠子坑	本地	天然林	五株优势木法	20	12.0	12.8	伞形	好	好	2.3			旺盛	旺盛	√	√				四旁优树
282	细花泡花	赣州市罗珊乡	增坑村	本地	天然林	五株优势木法	9	12.6	16.0	圆形	好	好	1.6			旺盛	旺盛	√	√				
283	细叶桉	赣州市会昌山林场	会昌山	省外	人工林	形质评定	37	25.0	59.0	伞形	好	好	4.0	30	0.6	旺盛	旺盛	√	√				
	细叶桉	赣州市青龙山林场	园令工区李子坝	本地	人工林	形质评定	22	24.3	51.0	卵形	好	好	5.7	50	0.6	旺盛	良好	√	√				
	细叶桉	赣州市五里山煤矿	龙南镇金都街	本地	人工林	形质评定	30	16.0	26.0	圆柱形	好	好	6.0			旺盛	旺盛	√	√				
284	细叶青冈	九江市修水县黄港镇	龙港		天然林	五株优势木法	35	12.0	24.4	圆形	好	好	5.0			旺盛		√					
285	香椿	赣州市澄江林场	场部	本地	天然林	五株优势木法	20	8.0	14.0	圆柱形	好	好	1.2			旺盛	旺盛	√	√				
	香椿	赣州市澄江林场	场部	本地	天然林	五株优势木法	20	26.0	24.0	圆柱形	好	好	1.6			旺盛	旺盛	√	√				
	香椿	赣州市黄竹陂	临塘乡临江	本地	天然林	形质评定	30	16.0	22.0	圆形	较好	较好	1.1			旺盛	旺盛	√	√				
	香椿	赣州市南安镇建设村	岗头	本地	天然林	形质评定	15	10.0	20.0	伞形	好	好	6.5				一般						
	香椿	赣州市南安镇建设村	叶屋排	本地	天然林	形质评定	20	7.5	24.0	伞形	好	好	1.0				旺盛						

（续）

序号	树种名称	经营单位（或个人）	地名	种源	起源	选优方法	数量指标			形质指标								利用建议					备注
							树龄（a）	树高（m）	胸径（cm）	冠型	圆满度	通直度	枝下高（m）	分枝角度（°）	树皮厚（cm）	生长势	结实情况	生态	用材	薪炭	抗逆	其他	
	香椿	赣州市赣县唐江	糖厂	本地	人工林	形质评定	20	16.0	27.5	尖塔形	好	好	2.0	90	2.0	旺盛	差	√					
	香椿	赣州市圩上	汶龙镇石莲	本地	天然林	形质评定	20	13.0	38.0	尖塔形	好	好	3.5			旺盛	旺盛	√	√				四旁优树
	香椿	上饶市林业科学研究所	渡口	本地	天然林	单株调查	65	28.0	56.0		好	好	12.0	20～40	薄	旺盛	旺盛					√	
	香椿	吉安市寮塘乡谷口村	谷山	本地	人工林	五株优势木法	16	11.2	27.4	卵形	好	好	6.0	45	1.3	良好	差	√					
	香椿	吉安市三湾采育林场	汗区工区	本地	人工林		5	7.2	8.8		好	好	1.8		中	良好			√				
286	香港四照花	赣州市项山乡	项山村	本地	天然林	五株优势木法	18	6.7	10.8	伞形	好	好	1.6			旺盛	旺盛	√	√				
287	香果树	上饶市武夷山自然保护区		本地	天然林	形质评定	110	35.0	93.0	圆形	好	好	22.0			旺盛	一般	√	√				
	香果树	吉安市冕山组		本地	天然林	五株优势木法	40	15.0	64.0	伞形													
288	香槐	赣州市珠兰乡怀仁村	下仁组	本地	天然林	形质评定	120	23.0	64.0	伞形	好	好	1.0	30	0.6	旺盛	旺盛	√				√	
289	香皮树	赣州市罗珊乡	下泊竹	本地	天然林	五株优势木法	23	7.8	16.0	圆形	好	好	1.4			旺盛	旺盛	√					
290	香叶树	赣州市赣县	白鹭乡龙裕村后龙山	本地	天然林	形质评定	50	20.0	45.0	伞形	好	好						√					
	香叶树	赣州市赣县	龙角分场八公坑公路边	本地	天然林	形质评定	40	11.0	31.0	伞形	好	好						√					
	香叶树	赣州市临江圩	临塘乡临江	本地	天然林	形质评定	60	17.0	40.0	圆柱形	较好	较好	5.0			旺盛	旺盛	√					
	香叶树	赣州市罗珊乡	珊贝村	本地	天然林	五株优势木法	12	7.0	12.6	圆柱形	好	好	2.8			旺盛	差	√					
	香叶树	赣州市沙坝	里仁新里	本地	人工林	形质评定	50	12.5	37.9	圆柱形	好	好	2.2			旺盛	旺盛	√					
	香叶树	赣州市沙江	关西镇程口	本地	人工林	形质评定	30	12.0	90.0	圆形	较好	较好	0.3			旺盛	旺盛	√					
	香叶树	赣州市新屋下	南亨乡主湖	本地	天然林	形质评定	30	12.5	32.0	圆形	较好	较好	5.5			旺盛	旺盛	√	√				
291	香油果	赣州市江口村		本地	人工林	形质评定	30	20.0	38.7	伞形	好	好	6.0	锐角	2.0	旺盛	旺盛	√	√				
292	湘楠	宜春市大桥村	磨上	本地		单株调查	90	32.0	55.0		好	好	20.0	60	1.0	旺盛			√				
293	小构树	赣州市坳背林场		本地	天然林	五株优势木法	10									旺盛	差	√	√				

（续）

序号	树种名称	经营单位（或个人）	地名	种源	起源	选优方法	数量指标			形质指标								利用建议					备注
							树龄（a）	树高（m）	胸径（cm）	冠型	圆满度	通直度	枝下高（m）	分枝角度（°）	树皮厚（cm）	生长势	结实情况	生态	用材	薪炭	抗逆	其他	
	小构树	赣州市寻乌县桂竹帽镇	龙归村	本地	天然林	五株优势木法	23	0.9	5.1	圆柱形	好	好	0.2			旺盛	旺盛	√	√				
294	小果石笔木	赣州市赣县	樟坑分场	本地	天然林	形质评定	80	6.0	19.7	伞形	好	好						√					
295	小红栲	赣州市罗珊乡	罗塘村	本地	天然林	五株优势木法	16	10.4	16.9	卵形	好	好	3.5			旺盛	旺盛	√	√				
296	小山竹	吉安市三湾林场	场部	本地	人工林		6	12.5	7.2		较好	好							√				
	小叶桉	新余市河下镇花园林场	场部	广东	人工林		14	16.8	30.4	圆柱形	好	好	9.5	40	0.4	旺盛			√	√	√		
	小叶桉	赣州市江口村		本地	人工林	形质评定	20	20.0	48.0	圆柱形	好	好	5.0	锐角	2.0	旺盛	旺盛	√	√				
	小叶桉	赣州市赣县唐江	新边	本地	人工林	形质评定	20	15.0	33.9	伞形	好	好	6.0	60	2.5	旺盛	差	√	√				
	小叶桉	赣州市赣县唐江	糖厂	本地	人工林	形质评定	25	15.0	34.7	圆形	好	好	7.0	30	2.5	旺盛	差	√	√				四旁优树
	小叶桉	赣州市赣县唐江	一糖厂	本地	人工林	形质评定	25	16.0	73.2	圆形	好	好	10.0	30	2.0	旺盛	旺盛	√	√				四旁优树
	小叶桉	赣州市赣县唐江	一糖厂	本地	人工林	形质评定	30	15.0	51.0	卵形	好	好	11.0	30	2.0	旺盛	旺盛	√	√				四旁优树
297	小叶桉	赣州市新城镇王屋岭村	彭屋		人工林	形质评定	20	10.0	26.0	伞形	好	好	2.0			旺盛	差	√	√				四旁优树
	小叶桉	赣州市新城镇灌湖村王屋孜组			人工林	形质评定	30	13.0	38.0	伞形	好	好					旺盛						
	小叶桉	赣州市新城镇王屋岭村	彭屋		人工林	形质评定	22	12.0	45.6	伞形	好	好					旺盛						
	小叶桉	赣州市新城镇王屋岭村	彭屋		人工林	形质评定	20	12.0	34.1	伞形	好	好	3.0				旺盛						
	小叶桉	赣州市新城镇王屋岭村	彭屋		人工林	形质评定	25	12.5	36.6	伞形	好	好	2.3				旺盛						
	小叶桉	赣州市新城镇王屋岭村	彭屋		人工林	形质评定	10	18.0	65.0	伞形	好	好	4.0				旺盛						
298	小叶蘗树	赣州市项山乡	聪坑上村	本地	天然林	五株优势木法	25	17.9	18.4	圆形	好	好	3.1			旺盛	旺盛	√	√				
	小叶栎	九江市九江县岷山乡大塘村九组	张七房	本地	天然林	形质评定	200	21.0	82.0	塔形	好	好	8.5	75	1.2	旺盛	旺盛	√	√				
299	小叶栎	上饶市中云镇政府	院内	本地	天然林		210	32.0	102.0	长卵形	好	好	15.0			一般	旺盛	√	√				
	小叶栎	吉安市潭城	来龙山	本地	天然林	五株优势木法	20	17.0	29.0	伞形	好	好							√				散生木，可采种
300	小叶朴	赣州市寻乌县桂竹帽镇	华星村	本地	天然林	五株优势木法	7	4.6	14.0	伞形	好	好	1.8			旺盛	旺盛	√	√				

（续）

序号	树种名称	经营单位（或个人）	地名	种源	起源	选优方法	数量指标			形质指标								利用建议					备注
							树龄（a）	树高（m）	胸径（cm）	冠型	圆满度	通直度	枝下高（m）	分枝角度（°）	树皮厚（cm）	生长势	结实情况	生态	用材	薪炭	抗逆	其他	
301	悬铃木	赣州市城厢镇	含江路	广东	人工林	形质评定	27	15.5	49.2	伞形	好	一般	6.0	40	1.0	旺盛	良好	√					
	悬铃木	赣州市上犹县陡水电厂	陡水镇		人工林	五株优势木法	24	14.0	40.0	伞形		好				旺盛		√	√				
	悬铃木	赣州市上犹县陡水电厂					24	14.0	40.0	伞形						旺盛		√					
	悬铃木	赣州市赣县唐江	糖厂	本地	人工林	形质评定	30	14.0	32.8	圆形	好	好	2.0	80	2.0	旺盛	差	√					
	悬铃木	赣州市西江镇西江村	宋屋桥下	本地	天然林	形质评定	40	17.0	39.5	塔形	好	好	10.0	60	1.4	旺盛	旺盛	√	√		√		四旁优树
	悬铃木	赣州市西江镇西江村	宋屋桥下	本地	天然林	形质评定	40	17.0	39.2	塔形	好	好	10.0	60	1.4	旺盛	旺盛	√	√		√		
	悬铃木	赣州市西江中学	中学院内	省外	人工林	形质评定	25	18.0	53.5	卵形	较好	较好	8.0	65	1.4	旺盛	旺盛	√					
	悬铃木	赣州市县职业中学	校内	省外	人工林	形质评定	30	28.0	50.0	伞形	好	好	4.0	30	0.8	旺盛	旺盛	√	√		√		
	悬铃木	赣州市中村中学	中学院内	省外	人工林	形质评定	43	13.0	55.0	卵形	好	好	3.0	75	1.0	旺盛	旺盛	√	√		√		
302	雪松	赣州市洞头乡政府	乡政府院内	省外	人工林	形质评定	18	9.0	29.8	塔形	好	好	1.0	75	1.0	旺盛		√					
	雪松	赣州市上犹县陡水电厂					24	16.0	29.0	伞形						旺盛		√					
	雪松	赣州市南河电厂					21	15.0	37.0	伞形						旺盛		√	√				
	雪松	赣州市安远县牛犬山林场	场部	本地	人工林	五株优势木法	9	4.8	19.0	尖塔形	好	好	1.4	70	0.7	一般		√					
	雪松	赣州市赣县唐江	一糖厂	本地	人工林	形质评定	30	18.0	36.0	尖塔形	好	好			2.0	旺盛	旺盛	√	√				四旁及散生木
	雪松	赣州市会昌县林业局	院内	省外	人工林	形质评定	27	11.5	41.6	塔形	好	好	6.0	30	0.6	旺盛	旺盛	√	√				四旁优树
	雪松	宜春市大段林工站	院内	福建		绝对值评选法	20	11.0	16.0		较好	好	1.0	50	1.0	旺盛		√	√			绿化	
	雪松	宜春市大段林工站	院内	福建		绝对值评选法	20	11.0	18.0		较好	好	1.0	60	1.0	旺盛		√	√			绿化	
303	鸦头梨	赣州市项山乡	中坑张天窝	本地	天然林	五株优势木法	16	1.6	24.0	圆形	好	好				旺盛	旺盛		√				
304	鸭公树	赣州市赣县	龙角分场八公坑公路边国有	本地	天然林	五株优势木法	30	18.0	18.0	伞形	好	好						√					
305	盐肤木	赣州市文峰乡	图合村	本地	天然林	五株优势木法	16	8.6	8.0	圆形	好	好	1.2			旺盛	旺盛	√					

（续）

序号	树种名称	经营单位（或个人）	地　名	种源	起源	选优方法	数量指标			形质指标								利用建议					备　注
							树龄（a）	树高（m）	胸径（cm）	冠型	圆满度	通直度	枝下高（m）	分枝角度（°）	树皮厚（cm）	生长势	结实情况	生态	用材	薪炭	抗逆	其他	
	杨梅	赣州市新城镇灌湖村王屋孜组		本地	人工林	形质评定	20	5.0	23.6	伞形	好	好	2.0				旺盛						
306	杨梅	赣州市新城镇灌湖村王屋孜组		本地	人工林	形质评定	20	6.0	20.6	伞形	好	好	2.2				旺盛						
	杨梅	吉安市三湾林场	汗江工区洪头湖	本地	人工林		11	4.5	8.1		好	好							√				
	杨树	赣州市赣县赣加稀土矿厂	红金工业园	本地	天然林	形质评定	23	7.9	24.0	伞形	好	好						√					
307	杨树	上饶市体校	校内	本地	人工林	五株优势木法	11	20.0	43.8	伞形	好	好	8.0			旺盛			√				
	杨树	吉安市文峰镇水南背	岭下	本省	人工林	五株优势木法	8	13.8	30.3	塔形	好	好							√				
308	野八角	赣州市中村乡中联村圩背组	老中联村委会门口	本地	天然林	形质评定	30	17.0	45.0	卵形	好	好	7.0	80	1.5	旺盛	良好	√	√				
309	野含笑	赣州市赣县	樟坑分场	本地	天然林	形质评定	8	4.0	6.0	伞形	好	好						√					
310	野茉莉	赣州市文峰乡	下坪村	本地	天然林	五株优势木法	15	9.6	19.4	伞形	好	好	1.8			旺盛	旺盛	√	√				
311	野柿	赣州市信丰县金盆山林场	场部食堂院内	本地	人工林	形质评定	18	9.5	13.2	卵形	好	好		锐角	中	旺盛	差	√	√				
312	野鸦椿	赣州市项山乡	中坑村	本地	天然林	五株优势木法	18	7.8	16.0	伞形	好	好	1.6			旺盛	旺盛	√					四旁树
	意杨	赣州市赣县沙地镇	105 国道	本地	人工林	五株优势木法	25	28.0	40.0	伞形	好	好							√				
	意杨	赣州市赤土乡爱莲村	草坝孜组	本地	人工林	五株优势木法	16	14.8	41.4		好	好	8.0	锐角		旺盛			√				
	意杨	赣州市	安定公路	本地	人工林	五株优势木法	10	14.0	46.0	伞形	好	好	3.2	65	2.1	旺盛	旺盛	√					四旁优树
313	意杨	赣州市公路段	公路边	本地	人工林	五株优势木法	15	14.0	41.0	卵形	好	好	4.0	50		旺盛	旺盛		√				四旁散生优树
	意杨	赣州市横寨乡草坵村草坵组	公路边	本地	人工林	五株优势木法	10	12.8	16.5	伞形	好	好	5.0	锐角		旺盛			√				四旁散生优树
	意杨	赣州市江口村		本地	人工林	形质评定	20	16.0	35.6	伞形	好	好	8.0	锐角	2.0	旺盛	旺盛	√	√				四旁优树
	意杨	赣州市镜坝	联民	本地	人工林	形质评定	25	18.7	32.6	伞形	好	好	6.0	锐角	2.5	旺盛		√	√				

（续）

序号	树种名称	经营单位（或个人）	地名	种源	起源	选优方法	数量指标			形质指标								利用建议					备注
							树龄（a）	树高（m）	胸径（cm）	冠型	圆满度	通直度	枝下高（m）	分枝角度（°）	树皮厚（cm）	生长势	结实情况	生态	用材	薪炭	抗逆	其他	
	意杨	赣州市濂江村	上角村	本地	天然林	五株优势木法	30	15.0	40.0	伞形	好	好	8.0	70	2.1	良好	一般	√	√				
	意杨	赣州市灵潭电站	营前镇				12	19.0	59.0	伞形						旺盛		√	√				四旁散生优树
	意杨	赣州市灵潭电站	营前镇				15	21.0	43.0	伞形						旺盛		√	√				
	意杨	赣州市坪市乡	长坍	本地	人工林	形质评定	15	13.5	29.1	伞形	好	好	5.5	锐角		旺盛	差	√					
	意杨	赣州市青龙山林场	太和工区中学	本地	人工林	形质评定	24	25.5	66.0	卵形	好	好	3.3	70	1.3	旺盛	良好	√	√				四旁优树
	意杨	赣州市青龙山林场	园令工区刁公坑	本地	人工林	形质评定	21	16.5	24.0	塔形	好	好	8.2	70	1.1	旺盛	良好	√	√				
	意杨	赣州市三江新江		本地	人工林	形质评定	25	18.4	24.5	伞形	好	好	5.0	锐角	2.0	旺盛		√	√				
	意杨	赣州市森林苗圃	森林苗圃	本地	人工林		11	14.0	37.0	塔形	好	好	10.0	60	0.2	旺盛	良好			√			
	意杨	赣州市水径村委会	梅水乡水径村				24	25.0	61.0	伞形						旺盛		√	√				
	意杨	赣州市水头迳	关西镇关东	本地	天然林	形质评定	12	16.0	36.0	圆柱形	好	好	3.2			旺盛	良好	√	√				
	意杨	赣州市寺下林场	茶坪作业区门口				30	13.0	62.5	圆形						旺盛		√	√				
	意杨	赣州市太窝圆岭	圆岭	本地	人工林	形质评定	25	18.6	34.5	伞形	好	好	5.2	锐角	2.5	旺盛		√	√				
	意杨	赣州市赣县唐江	一糖厂	本地	人工林	形质评定	20	16.0	68.8	伞形	好	好	10.0	45		旺盛	旺盛		√				
	意杨	赣州市西江中学	中学院内	省外	人工林	形质评定	25	18.0	62.4	卵形	好	好	7.0	20		旺盛	旺盛	√	√		√		四旁优树
	意杨	赣州市西江中学	中学院内	省外	人工林	形质评定	25	18.0	60.8	卵形	好	好	7.0	20		旺盛	旺盛	√	√		√		
	意杨	赣州市贤妇女村下街组		本地	人工林	形质评定	20	18.0	49.7	卵形	好	好	8.0	锐角	1.5	旺盛	旺盛	√	√				
	意杨	赣州市东山镇沿河村委会					21	16.0	47.0	伞形						旺盛		√	√				四旁优树
	意杨	赣州市双溪右溪村委会	张屋				23	10.0	50.6	伞形						旺盛		√	√				
	意杨	赣州市双溪右溪村委会	张屋				23	15.0	48.3	圆形						旺盛		√	√				
	意杨	赣州市双溪右溪村委会	张屋				23	13.0	47.6	圆形						旺盛		√	√				

（续）

序号	树种名称	经营单位（或个人）	地　名	种源	起源	选优方法	数量指标			形质指标								利用建议					备　注
							树龄（a）	树高（m）	胸径（cm）	冠型	圆满度	通直度	枝下高（m）	分枝角度（°）	树皮厚（cm）	生长势	结实情况	生态	用材	薪炭	抗逆	其他	
	意杨	赣州市中村乡政府	院内	省外	人工林	形质评定	21	18.0	65.0	伞形	好	好	3.0	70	1.0	旺盛	旺盛	√	√		√		
314	银桦	赣州市赣县洋塘工业区	院内派出所右侧	本地	人工林	五株优势木法	35	12.9	51.6	卵形	好	好						√					
	银桦	赣州市赣县红金村赣县稀土矿厂	厂内大坪紥	本地	人工林	形质评定	19	5.7	26.0	塔形	好	好						√					
	银桦	赣州市城厢镇	含江路	广东	人工林	形质评定	27	17.5	60.2	伞形	好	好	8.0	50	1.0	旺盛	良好	√					
	银桦	赣州市大山脑林场	场部	本地	人工林	形质评定	20	18.0	39.3	尖塔形	好	好	12.0	锐角	2.0	旺盛	旺盛	√	√				
	银桦	赣州市大余中学	校门口	省外	人工林	形质评定	26	12.0	40.0	伞形	好	好	5.0										四旁优树
	银桦	赣州市大余中学	校门口	省外	人工林	形质评定	26	10.0	44.0	伞形	好	好	4.0				旺盛						
	银桦	赣州市上犹县陡水电厂	陡水镇		人工林	五株优势木法	19	21.5	51.0	圆锥形		好			1.0	旺盛		√	√				
	银桦	赣州市上犹县陡水电厂					19	18.0	31.0	伞形						旺盛		√	√				
	银桦	赣州市南安镇牡丹亭公园	公园内	省外	人工林	形质评定	30	19.0	55.0	伞形	好	好	2.0										
	银桦	赣州市章贡区政府	阳明路	本地	人工林	平均标准木法	31	18.0	41.2	卵形	好	好	12.0			旺盛		√	√				
	银桦	赣州市全南中学	含江路	广东	人工林	形质评定	27	22.0	42.0	伞形	好	好	6.0	40	1.0	旺盛	良好	√					
	银桦	赣州市赣县唐江	一糖厂	本地	人工林	形质评定	36	17.0	46.4	圆形	好	好	10.0	25		旺盛	旺盛	√	√				
	银桦	赣州市温海龙	南安镇新珠村白石寺	省外	人工林	形质评定	20	13.0	28.0	圆柱形	好	好	6.0										四旁优树
	银桦	赣州市会昌县林业局	林业局院内	本地	人工林	形质评定	27	12.0	34.6	伞形	好	好	3.5	30	0.8	旺盛	旺盛	√	√				
315	银鹊树	宜春市官山林场	西河路边	本地		单株调查	28	30.0	50.0		好	好	18.0	70	1.0	旺盛			√				
	银鹊树	宜春市官山自然保护区	将军洞	本地		形质评定	25	26.0	38.0		好	好	14.0		0.4	旺盛	旺盛	√					
	银鹊树	上饶市武夷山自然保护区		本地	天然林	形质评定	80	15.0	46.8	圆形	好	好	10.0			旺盛	旺盛	√	√				
316	银杏	九江市国营东牯山林场	五乳寺	本地	人工林	形质评定	300	21.0	85.0	塔形	好	好	4.0	80	2.0	旺盛	旺盛	√	√			√	

（续）

序号	树种名称	经营单位（或个人）	地　名	种源	起源	选优方法	数量指标			形质指标								利用建议					备　注
							树龄（a）	树高（m）	胸径（cm）	冠型	圆满度	通直度	枝下高（m）	分枝角度（°）	树皮厚（cm）	生长势	结实情况	生态	用材	薪炭	抗逆	其他	
	银杏	景德镇市浮梁县勒功乡	白毛村胡村		天然林	五株优势木法	60	18.0	54.6	卵形	好	好	6.0		0.3			√	√		√	药用	
	银杏	赣州市	林场	本地	人工林	五株优势木法	9	7.0	25.0	尖塔形	好	好	1.2	70	0.6	旺盛		√					
	银杏	赣州市岭下	里仁正桂	本地	人工林	形质评定	30	17.0	36.0	圆柱形	好	好	3.0			旺盛	旺盛	√					四旁及散生木
	银杏	赣州市陡水镇曾宪红	长坑村				30	16.0	55.0	圆形						旺盛		√	√				
	银杏	宜春市旅游局	永宁定江路旅游局院内	本地		绝对值评选法	70	16.0	56.0		较好	好	3.0	50	1.0	旺盛	旺盛	√	√				
317	银钟花	上饶市武夷山自然保护区		本地	天然林	形质评定	60	11.0	38.7		好	好				旺盛	一般	√				√	
318	樱桃	赣州市水东马祖岩罗兴玲	真君庙	本地	人工林	平均标准木法	16	4.0	30.0	卵形	好	好	0.4			旺盛		√				√	
	樱桃	赣州市水东马祖岩罗兴祥	真君庙	本地	人工林	平均标准木法	15	4.0	10.0	卵形	好	好	1.2			旺盛		√				√	
319	硬斗柯	赣州市赣县	黄沙分场	本地	天然林	形质评定	65	16.1	32.6	卵形	好	好						√					
	硬斗柯	赣州市寻乌县桂竹帽镇	华星村	本地	天然林	五株优势木法	17	22.9	21.2	伞形	好	好	3.4			旺盛	旺盛	√	√				
320	油橄榄	赣州市长宁镇	县政府大院	外国	人工林	五株优势木法	34	28.0	24.0	圆形	好	好	2.4			旺盛	旺盛	√	√				
321	油桐	萍乡市新泉乡	东江村	本地	人工林	五株优势木法	15	10.6	18.6	伞形	好	好	3.8	40	0.8	良好	旺盛	√					
	油桐	赣州市赤土乡莲塘村	荷木山下	本地	人工林	五株优势木法	15	8.5	23.6	伞形	好	好	3.0	锐角		旺盛		√	√				
	油桐	赣州市安远县	刘屋背	本地	人工林	五株优势木法	7	16.3	19.3	伞形	好	好	7.6	85	2.0	旺盛	旺盛	√					四旁优树
	油桐	赣州市安远县	蔡坊村委会门口	本地	人工林	五株优势木法	18	7.5	39.0	伞形	好	一般	3.2	75	0.5	旺盛	旺盛	√	√				四旁散生优树
	油桐	赣州市横寨乡小河村	小河组	本地	人工林	五株优势木法	15	8.9	16.0	塔形	好	好	5.0	锐角		旺盛	旺盛		√				四旁散生优树
	油桐	赣州市隆木陈沅	陈沅坑	本地	人工林	形质评定	10	10.6	18.8	伞形	好	好	2.3	锐角	2.0	旺盛	旺盛					√	四旁优树
	油桐	赣州市万田村	赤竹岭	本地	人工林	五株优势木法	14	10.5	18.9	伞形	好	好	2.0	65	0.2	良好	旺盛	√	√				四旁优树

（续）

序号	树种名称	经营单位（或个人）	地名	种源	起源	选优方法	数量指标			形质指标								利用建议					备注
							树龄（a）	树高（m）	胸径（cm）	冠型	圆满度	通直度	枝下高（m）	分枝角度（°）	树皮厚（cm）	生长势	结实情况	生态	用材	薪炭	抗逆	其他	
	油桐	吉安市吉安县九龙林场					18	25.0	28.5		好	好							√				四旁散生优树
322	柚	赣州市长宁镇	325村	本地	天然林	五株优势木法	14	5.4	14.0	伞形	好	好	0.6			旺盛	旺盛	√					
323	榆树	赣州市安基山林场	总场招待所门口	本地	天然林	形质评定	16	8.0	24.0	伞形	好	好		32	1.2	旺盛		√					
	榆树	赣州市赣县唐江	新边	本地	人工林	形质评定	40	17.0	58.6	圆形	好	好	8.0	80	2.0	旺盛	差	√	√				四旁及散生木
	榆树	赣州市湾子	南亨乡新民	本地	天然林	形质评定	50	12.5	51.5	圆形	较好	好	3.0			旺盛	旺盛	√					四旁优树
324	玉兰	赣州市大余县烂泥迳林场	办公楼前	本地	人工林	形质评定	15	9.0	21.0	圆锥形	好	好	1.7				差						
325	郁香野茉莉	赣州市文峰乡	鹅坪村	本地	天然林	五株优势木法	21	9.4	8.2	伞形	好	好	2.3			旺盛	旺盛	√	√				
326	圆柏	赣州市赣县唐江	一糖厂	本地	人工林	形质评定	25	13.0	21.0	尖塔形	好	好	7.0		2.0	旺盛	旺盛	√					
327	粤桂柯	赣州市寻乌县桂竹帽镇	华星燕埠	本地	天然林	五株优势木法	19	13.3	20.3	伞形	好	好	3.5			旺盛	旺盛	√	√				四旁优树
328	越南鼠李	赣州市罗珊乡	珊贝村	本地	天然林	五株优势木法	20	2.8	6.2	圆柱形	好	好	0.7			旺盛	旺盛	√					
329	云锦杜鹃	赣州市项山乡	项山村	本地	天然林	五株优势木法	25	0.6		圆形	好	好	0.2			旺盛	旺盛	√					
	云锦杜鹃	宜春市官山自然保护区	石花尖	本地		形质评定	90	6.0			好		4.0		0.3	旺盛	旺盛	√					
	云锦杜鹃	上饶市武夷山自然保护区		本地	天然林	形质评定	70	10.5	31.7		好	好	5.6			旺盛		√				√	
330	云山椆	赣州市坳背林场		本地	天然林	五株优势木法	13	12.4	13.1	伞形	好	好	3.0			旺盛	旺盛	√	√				
331	枣树	赣州市赣县	洲坪村河边组	本地	人工林	形质评定	100	5.0	10.0	伞形	好	好										√	
	枣树	赣州市赣县	夏府村戚氏宗祠后屋角右侧	本地	人工林	形质评定	100	13.0	80.0	伞形	好	好										√	
	枣树	赣州市罗珊乡	上津村	本地	天然林	五株优势木法	14	5.8	8.0	伞形	好	好	0.9			旺盛		√					
332	皂荚	鹰潭市冷水林场	茶山加工厂	本地	天然林		30	8.0	20.0		好	好	4.0	40	薄	旺盛	良好	√					

（续）

序号	树种名称	经营单位（或个人）	地名	种源	起源	选优方法	数量指标			形质指标								利用建议					备注
							树龄（a）	树高（m）	胸径（cm）	冠型	圆满度	通直度	枝下高（m）	分枝角度（°）	树皮厚（cm）	生长势	结实情况	生态	用材	薪炭	抗逆	其他	
	皂荚	赣州市赣县	雁鹅村下坝组公路边	本地	天然林	形质评定	25	9.0	22.0	伞形	好	好										√	散生木，可采种
	皂荚	赣州市老围	东坑镇金莲	本地	天然林	形质评定	20	16.0	75.0	圆锥形	好	好	6.0	70	1.5	旺盛	旺盛	√	√				
	皂荚	赣州市粮管所	武当镇大坝	本地	天然林	形质评定	15	11.0	33.0	长卵形	较好	较好	1.8			旺盛	旺盛	√					
	皂荚	赣州市林业工作站	渡江镇新布	本地	天然林	形质评定	15	9.0	31.0	圆形	较好	较好	2.0			旺盛	旺盛	√					
	皂荚	上饶市紫阳马家	紫阳马家	本地	天然林		60	20.0	48.0	圆形	好	好			1.5	旺盛	旺盛	√					
333	樟树	九江市桂林庆丰村七组		本地	天然林	五株优势木法	45	17.0	34.0	圆形	好	较好	5.5	80	2.5	旺盛	良好		√				散生木，可采种
	樟树	九江市九江县城门乡四组	赵家	本地	天然林	形质评定	150	12.5	94.0	宽伞形	好	好	3.0	80	1.0	旺盛	旺盛	√					
	樟树	九江市九江县城门乡四组	赵家	本地	天然林	形质评定	100	16.5	78.0	宽伞形	好	好	4.5	80	0.8	旺盛	旺盛	√					
	樟树	九江市九江县马回岭镇蔡桥村十一组	杨家嵌	本地	天然林	形质评定	300	18.0	113.0		好	好	5.5	80	0.8	旺盛	旺盛	√					
	樟树	九江市九江县马回岭镇蔡桥村十一组	杨家嵌	本地	天然林	形质评定	250	17.0	108.0		好	好	5.0	80	0.8	旺盛	旺盛	√					
	樟树	九江市九江县马回岭镇蔡桥村三组	杨旧屋	本地	天然林	形质评定	300	13.0	102.0		好	好	4.5	85	0.8	旺盛	旺盛	√					
	樟树	九江市九江县马回岭镇蔡桥村三组	杨旧屋	本地	天然林	形质评定	300	15.0	121.0		好	好	4.8	80	0.8	旺盛	旺盛	√					
	樟树	九江市九江县岷山乡大塘村九组	龙王庙	本地	天然林	形质评定	200	18.5	116.0	卵形	好	好	5.5	80	0.8	旺盛	旺盛	√					
	樟树	九江市九江县岷山乡大塘村九组	龙王庙	本地	天然林	形质评定	200	17.0	98.0	卵形	好	好	4.5	80	0.8	旺盛	旺盛	√					
	樟树	九江市九江县新塘乡波峰村四组	下屋邓家	本地	天然林	形质评定	260	22.8	178.0	宽伞形	好	好	4.5	80	1.0	旺盛	旺盛	√					

（续）

序号	树种名称	经营单位（或个人）	地 名	种源	起源	选优方法	数量指标			形质指标								利用建议					备 注
							树龄（a）	树高（m）	胸径（cm）	冠型	圆满度	通直度	枝下高（m）	分枝角度（°）	树皮厚（cm）	生长势	结实情况	生态	用材	薪炭	抗逆	其他	
	樟树	九江市九江县新塘乡富源村十四组	垅岸上田家	本地	天然林	形质评定	150	19.0	107.0	宽伞形	好	好	3.5	80	0.8	旺盛	旺盛	√					
	樟树	九江市九江县新塘乡富源村十四组	垅岸上田家	本地	天然林	形质评定	150	21.5	100.0	宽伞形	好	好	4.0	80	0.8	旺盛	旺盛	√					
	樟树	九江市九江县新塘乡富源村十四组	垅岸上田家	本地	天然林	形质评定	250	24.6	166.0	宽伞形	好	好	5.8	80	0.8	旺盛	旺盛	√					
	樟树	九江市九江县新塘乡富源村九组	田家	本地	天然林	形质评定	180	16.0	116.0	宽伞形	好	好	3.5	80	0.8	旺盛	旺盛	√					
	樟树	九江市九江县新塘乡岷山村六组	郭家冲	本地	天然林	形质评定	300	16.0	137.0	宽伞形	好	好	7.0	80	1.0	旺盛	旺盛	√					
	樟树	九江市九江县新塘乡青山村十一组	邵家	本地	天然林	形质评定	300	24.0	148.0	宽伞形	好	好	6.0	80	1.0	旺盛	旺盛	√					
	樟树	九江市九江县新塘乡铜泉村四组	曾家上凼	本地	天然林	形质评定	100	15.5	72.0	宽伞形	好	好	3.5	85	0.8	旺盛	旺盛	√					
	樟树	九江市九江县新塘乡铜泉村四组	曾家上凼	本地	天然林	形质评定	150	17.0	97.0	宽伞形	好	好	3.0	85	0.8	旺盛	旺盛	√					
	樟树	九江市九江县涌泉乡戴山村五组	寺下	本地	天然林	形质评定	200	17.5	131.0	卵形	好	好	3.0	85	0.8	旺盛	旺盛	√					
	樟树	九江市九江县涌泉乡戴山村五组	寺下	本地	天然林	形质评定	150	16.8	75.0	卵形	好	好	3.0	85	0.8	旺盛	旺盛	√					
	樟树	九江市九江县涌泉乡锣鼓岭村十一组	大路冯家	本地	天然林	形质评定	450	23.0	220.0	卵形	好	好	6.0	70	0.8	旺盛	旺盛	√					
	樟树	九江市九江县涌泉乡锣鼓岭村十一组	冯家洼	本地	天然林	形质评定	250	19.5	126.0	卵形	好	好	5.0	75	0.8	旺盛	旺盛	√					
	樟树	九江市九江县涌泉乡锣鼓岭村五组	锣鼓岭戴家	本地	天然林	形质评定	200	18.5	103.0	卵形	好	好	4.5	80	0.8	旺盛	旺盛	√					
	樟树	九江市九江县涌泉乡铁炉村	李家榨	本地	天然林	形质评定	250	19.5	167.0	宽伞形	好	好	3.5	85	0.8	旺盛	旺盛	√					

（续）

序号	树种名称	经营单位（或个人）	地名	种源	起源	选优方法	数量指标			形质指标								利用建议					备注
							树龄（a）	树高（m）	胸径（cm）	冠型	圆满度	通直度	枝下高（m）	分枝角度（°）	树皮厚（cm）	生长势	结实情况	生态	用材	薪炭	抗逆	其他	
	樟树	九江市浪溪镇港下村	法洪岭	本地	天然林	形质评定	30	14.0	44.8	卵形	好	好	8.0	50	1.5	旺盛	旺盛	√	√				
	樟树	九江市莲花镇莲花村		本地	天然林	五株优势木法	40	14.0	38.6	圆形	好	好	4.0			旺盛		√					
	樟树	九江市蓼花镇幸福村	岭上程家	本地	天然林	五株优势木法	40	16.0	37.0	圆形	好	好	4.0	85	1.2	旺盛	旺盛	√	√			√	
	樟树	九江市林泉乡大溪坂村六组	水库尾	本地	天然林	五株优势木法	30	16.8	34.5	圆形	好	好	8.0	75	1.2	旺盛	旺盛	√					
	樟树	九江市修水县三都镇	杨梅渡村		天然林	五株优势木法	220	18.0	84.0	圆形	好	好	5.0			旺盛		√					
	樟树	九江市修水县征村乡	洲上村华家湾		天然林	五株优势木法	54	15.0	45.6	圆形	好	好	5.0			旺盛		√					
	樟树	景德镇市浮梁县峙滩乡	杨村		天然林	五株优势木法	30	23.0	26.0		好	好	13.0		0.3	良好	良好	√	√				
	樟树	萍乡市宣风镇	排楼村	本地	人工林	五株优势木法	20	13.6	22.0	伞形	好	好	6.1	50	1.6	良好	旺盛	√					
	樟树	萍乡市宣风镇	竹垣村	本地	人工林	五株优势木法	18	13.0	19.0	伞形	好	好	5.6	40	1.8	良好	旺盛	√					
	樟树	新余市百丈峰林场	江家	本地	人工林	五株优势木法	21	14.0	31.5		好	好	6.0		中	良好	良好		√	√	√		
	樟树	赣州市赣县	万嵩村高塘组公路边	本地	天然林	五株优势木法	60	14.7	48.0	伞形	好	好						√	√				
	樟树	赣州市赣县	湖江乡中塘村湾背组	本地	人工林	形质评定	300	20.0	127.4	伞形	好	好						√	√				
	樟树	赣州市赣县	湖江乡中塘村中塘组	本地	人工林	形质评定	300	25.0	127.4	伞形	好	好						√	√				
	樟树	赣州市赣县	湖江乡新富村中心组田螺面	本地	人工林	形质评定	200	18.0	150.0	伞形	好	好						√	√				
	樟树	赣州市赣县	田面村上横龙学校	本地	人工林	形质评定	70	16.0	63.0	伞形	好	好						√	√				
	樟树	赣州市赣县	中街组	本地	天然林	形质评定	30	20.0	75.0	伞形	好	好						√	√				
	樟树	赣州市赣县	枧田村庄屋组	本地	天然林	形质评定	30	12.0	39.8	伞形	好	好						√	√				
	樟树	赣州市赣县	吉埠村向阳组	本地	天然林	形质评定	30	15.0	47.8	伞形	好	好						√	√				
	樟树	赣州市赣县	石芫村太山组	本地	天然林	五株优势木法	30	19.0	73.2		好	好						√	√				

（续）

序号	树种名称	经营单位（或个人）	地名	种源	起源	选优方法	数量指标			形质指标								利用建议					备注
							树龄（a）	树高（m）	胸径（cm）	冠型	圆满度	通直度	枝下高（m）	分枝角度（°）	树皮厚（cm）	生长势	结实情况	生态	用材	薪炭	抗逆	其他	
	樟树	赣州市赣县	河埠村园林寺	本地	人工林	五株优势木法	25	20.0	35.0	圆形	好	好						√	√				
	樟树	赣州市赣县	旱塘村	本地	天然林	形质评定	30	14.0	30.0	圆形	好	好						√	√				
	樟树	赣州市赣县	旱塘村	本地	天然林	形质评定	30	17.0	31.0	圆形	好	好						√	√				
	樟树	赣州市赣县	江口村	本地	天然林	形质评定	30	16.0	30.0	圆形	好	好						√	√				
	樟树	赣州市赣县	江口村	本地	天然林	形质评定	30	17.0	30.0	圆形	好	好						√	√				
	樟树	赣州市赣县	江口村	本地	天然林	形质评定	30	16.0	32.0	伞形	好	好						√	√				
	樟树	赣州市赣县	江口村	本地	天然林	形质评定	30	16.0	38.0	圆形	好	好						√	√				
	樟树	赣州市赣县	江口村	本地	天然林	形质评定	29	13.0	32.0	圆形	好	好						√	√				
	樟树	赣州市赣县	江口镇政府路边	本地	天然林	形质评定	20	14.0	22.3	圆形	好	好						√	√				
	樟树	赣州市赣县	云洲村廖文学门口	本地	人工林	形质评定	30	17.0	35.0	伞形	好	好						√	√				
	樟树	赣州市赣县	下帮村下帮组	本地	天然林	形质评定	90	25.0	140.0	伞形	好	好						√	√				
	樟树	赣州市赣县	下帮村下帮组	本地	天然林	形质评定	90	24.0	130.0	伞形	好	好						√	√				
	樟树	赣州市赣县	长中村排脑组	本地	天然林	形质评定	40	11.0	81.0	伞形	好	好						√	√				
	樟树	赣州市赣县	长中村排脑组	本地	天然林	形质评定	30	9.0	30.0	伞形	好	好						√	√				
	樟树	赣州市赣县	梅街村沙陂组	本地	天然林	形质评定	80	15.0	52.0	伞形	好	好						√	√				
	樟树	赣州市赣县	大坪村桂竹山组	本地	天然林	形质评定	200	23.0	80.0	伞形	好	好						√	√				
	樟树	赣州市信丰县隘高林场	场部院内	本地	天然林	形质评定	28	16.5	72.9	卵形	好	好	1.8	锐角	中	旺盛	旺盛	√	√				
	樟树	赣州市安基山林场	下洞工区早禾段	本地	天然林	形质评定	46	17.0	68.0	伞形	好	好		32	1.4	旺盛	旺盛	√	√				四旁树
	樟树	赣州市白鹅乡樟坑村	大塘湖	本地	天然林	形质评定	50	16.0	73.9	塔形	好	较好	5.0	65	1.6	旺盛	旺盛	√			√		四旁及散生木

（续）

序号	树种名称	经营单位（或个人）	地　名	种源	起源	选优方法	数量指标			形质指标									利用建议					备　注
							树龄（a）	树高（m）	胸径（cm）	冠型	圆满度	通直度	枝下高（m）	分枝角度（°）	树皮厚（cm）	生长势	结实情况	生态	用材	薪炭	抗逆	其他	
	樟树	赣州市赤土乡爱莲村	草坝孜组	本地	人工林	五株优势木法	70	16.0	203.0	伞形	好	好	6.0	锐角		旺盛			√				
	樟树	赣州市崇仙乡芫坑村	白炮组	本地	天然林	形质评定	50	18.2	43.3	伞形	好	好	5.5	锐角	中	旺盛	旺盛	√	√				四旁优树
	樟树	赣州市崇仙乡芫坑村白炮组	塘湾仔	本地	天然林	形质评定	45	16.3	38.4	伞形	好	好	4.5	锐角	中	旺盛	旺盛	√	√				四旁树
	樟树	赣州市崇仙乡芫坑村白炮组	樟塘组	本地	天然林	形质评定	40	13.5	35.3	伞形	好	好	4.5	锐角	中	旺盛	良好	√	√				四旁树
	樟树	赣州市大阿镇大阿圩居委会		本地	天然林	形质评定	38	15.0	56.0	伞形	好	好	9.0	锐角	中	旺盛	旺盛	√	√				四旁树
	樟树	赣州市大阿镇民主村	民主村上南山组	本地	天然林	形质评定	35	19.0	62.0	伞形	好	好	8.0	锐角	厚	旺盛	旺盛	√	√				四旁树
	樟树	赣州市大桥镇中段村中段组	河边上	本地	天然林	形质评定	30	16.0	40.0	伞形	好	好	8.5	锐角	中	旺盛	旺盛	√	√				四旁树
	樟树	赣州市大桥镇中段村中段组	河边上	本地	天然林	形质评定	25	13.0	29.0	伞形	好	好	7.0	锐角	中	旺盛	良好	√	√				
	樟树	赣州市大桥镇中段村中段组	河边上	本地	天然林	形质评定	30	16.0	37.0	伞形	好	好	7.0	锐角	中	旺盛	良好	√	√				
	樟树	赣州市大塘埠镇仓前村牛形下组	仓前小学背后	本地	天然林	形质评定	20	20.2	25.5	伞形	好	好	12.5	锐角	中	旺盛	良好	√	√				
	樟树	赣州市大余县委	县委院内	本地	天然林	形质评定	30	14.0	32.0	圆形	好	好	3.5				旺盛						四旁树
	樟树	赣州市洞头初中	食堂屋角	省外	人工林	形质评定	22	8.0	22.2	伞形	好	较好	2.0	70	1.0	旺盛	良好	√				√	
	樟树	赣州市渡江中学	渡江镇新布	本地	天然林	形质评定	60	18.0	63.0	圆形	好	好	3.5			旺盛	旺盛	√	√				
	樟树	赣州市东山镇丰田村委会					26	14.0	38.0	伞形						旺盛		√	√				
	樟树	赣州市黄埠镇丰岗村委会					20	13.0	34.0	伞形						旺盛		√	√				
	樟树	赣州市浮江乡浮江村	耙形大河边	本地	天然林	形质评定	30	20.0	45.0	伞形	好	好	7.0				旺盛						

（续）

序号	树种名称	经营单位（或个人）	地　名	种源	起源	选优方法	数量指标			形质指标								利用建议					备　注
							树龄（a）	树高（m）	胸径（cm）	冠型	圆满度	通直度	枝下高（m）	分枝角度（°）	树皮厚（cm）	生长势	结实情况	生态	用材	薪炭	抗逆	其他	
	樟树	赣州市浮江乡政府	政府大门前	本地	天然林	形质评定	28	13.0	36.0	伞形	好	好	2.0				旺盛						
	樟树	赣州市浮江乡政府	政府大门前	本地	天然林	形质评定	26	13.0	24.0	伞形	好	好	4.0				差						
	樟树	赣州市浮江乡政府	政府大门前	本地	天然林	形质评定	26	13.0	22.0	伞形	好	好	6.5				差						
	樟树	赣州市浮江乡政府	政府大门前	本地	天然林	形质评定	18	12.0	24.0	伞形	好	好	6.0				一般						
	樟树	赣州市高云山林场	大拱桥	本地	天然林	五株优势木法	30	15.0	27.3		好	一般	8.0	80	1.0	良好	一般	√	√				
	樟树	赣州市共和村	禾仓仔	本地	天然林	五株优势木法	28	14.0	28.0	伞形	好	好	6.8	85	2.0	良好	旺盛		√				四旁及散生木
	樟树	赣州市河坑	武当镇大坝	本地	天然林	形质评定	150	14.3	63.0	圆形	好	较好	1.5			旺盛	旺盛	√	√				四旁散生优树
	樟树	赣州市虎山乡樟树村	湖下组河边	本地	天然林	形质评定	45	21.3	53.0	伞形	好	好	7.1	锐角	中	旺盛	旺盛	√	√				
	樟树	赣州市虎迢	龙南镇金虎	本地	人工林	形质评定	120	19.6	134.0	长卵形	较好		0.6			旺盛	旺盛	√	√				四旁树
	樟树	赣州市	梁下村小组	本地	天然林	形质评定	30	10.0	40.0	圆形	好	好	1.5			旺盛	旺盛	√	√				
	樟树	赣州市嘉定镇花园村	花园湾	本地	天然林	形质评定	50	16.5	56.0	伞形	好	较好	7.3	80～90	厚	旺盛	旺盛		√				
	樟树	赣州市结坝	东坑镇棠河	本地	天然林	形质评定	20	12.0	65.0	圆锥形	好	好	1.2			旺盛	旺盛	√	√				四旁树
	樟树	赣州市敬老院	汶龙镇里陂	本地	天然林	形质评定	50	8.5	64.0	圆形	较好	较好	1.4			旺盛	旺盛	√	√				
	樟树	赣州市赖香树	东山镇南塘村				200	15.0	69.0	圆形								√	√				
	樟树	赣州市老屋	黄沙乡新华	本地	天然林	形质评定	120	21.8	79.6	圆柱形	较好	较好	5.5			旺盛	旺盛	√	√				
	樟树	赣州市安远县牛犬山林场	力钩弯	本地	天然林	五株优势木法	15	12.5	45.0	圆形	好	好	7.0	80	1.0	旺盛	旺盛	√					
	樟树	赣州市林业科学研究所	院内	本地	人工林		30	12.0	52.5		好	好	4.0	80	0.5	旺盛	良好	√					四旁散生优树
	樟树	赣州市临塘乡临江圩		本地	天然林	形质评定	60	21.0	84.0	圆形	较好	好	1.8			旺盛	旺盛	√	√				
	樟树	赣州市隆木樟村	八斗	本地	人工林	形质评定	40	16.0	45.2	伞形	好	好	3.0	锐角		旺盛	良好	√					
	樟树	赣州市罗坳镇	岩背村杨屋组	本地	人工林	形质评定	16	7.0	13.0	伞形	好	一般				旺盛	良好	√	√				四旁优树

（续）

序号	树种名称	经营单位（或个人）	地名	种源	起源	选优方法	数量指标			形质指标								利用建议					备注
							树龄（a）	树高（m）	胸径（cm）	冠型	圆满度	通直度	枝下高（m）	分枝角度（°）	树皮厚（cm）	生长势	结实情况	生态	用材	薪炭	抗逆	其他	
	樟树	赣州市罗珊乡	上泊竹	本地	天然林	五株优势木法	24	10.6	16.3	伞形	好	好	3.0			旺盛	旺盛	√	√				
	樟树	赣州市罗珊乡	上筠竹	本地	天然林	五株优势木法	8	8.2	12.0	扁圆形	好	好	1.2			旺盛	旺盛	√					
	樟树	赣州市茅山林场	场部	本地	人工林	形质评定	34	10.2	36.4	塔形	好	好	2.5		0.7	旺盛	良好	√	√				
	樟树	赣州市门岭镇白埠村	白埠村新屋家小组	本地	天然林	形质评定	90	20.5	116.0	伞形	较好	较好	6.1	53									
	樟树	赣州市门岭镇白埠村	白埠村新屋家小组	本地	天然林	形质评定	120	22.0	133.0	伞形	较好	较好	5.6	46	1.1	旺盛	良好	√	√				
	樟树	赣州市门岭镇黄埔村	黄埔村上、下车	本地	天然林	形质评定	52	36.0	93.0	圆形	好	较好	4.6	51	0.9	旺盛	良好	√					
	樟树	赣州市门岭镇门岭村	下水湾	本地	天然林	形质评定	55	19.0	101.8	圆形	好	好	3.8	47	1.0	旺盛	良好	√					
	樟树	赣州市门岭镇营坊村	王屋小组	本地	天然林	形质评定	120	25.0	121.6	伞形	好	好	4.3	46	1.0	旺盛	良好	√					
	樟树	赣州市门岭镇营坊村	沙洲坝	本地	天然林	形质评定	150	19.0	140.0	伞形	好	较好	5.0	25	1.3	旺盛	良好	√					
	樟树	赣州市南安镇建设村	叶屋排	本地	天然林	形质评定	30	13.0	94.3	伞形	好	好	1.4				旺盛						
	樟树	赣州市南安镇建设村	叶屋排	本地	天然林	形质评定	30	13.0	84.0	伞形	好	好	2.5				旺盛						
	樟树	赣州市南安镇建设村	叶屋排	本地	天然林	形质评定	30	13.0	41.5	伞形	好	好	1.8				旺盛						
	樟树	赣州市南安镇建设村	叶屋排	本地	天然林	形质评定	30	13.0	37.6	伞形	好	好	1.6				旺盛						
	樟树	赣州市南安镇建设村	叶屋排	本地	天然林	形质评定	25	13.0	30.6	伞形	好	好	2.0				旺盛						
	樟树	赣州市南安镇建设村	叶屋排	本地	天然林	形质评定	30	16.0	45.0	伞形	好	好	3.5				旺盛						
	樟树	赣州市南安镇建设村	叶屋排	本地	天然林	形质评定	28	13.0	40.0	伞形	好	好	3.0				旺盛						
	樟树	赣州市南安镇建设村	叶屋排	本地	天然林	形质评定	15	8.0	36.0	伞形	好	好	1.5				旺盛						
	樟树	赣州市南安镇建设村	岗头	本地	天然林	形质评定	70	14.0	77.0	伞形	好	好	3.5				旺盛						
	樟树	赣州市南安镇建设村	塘角里	本地	天然林	形质评定	40	12.5	50.0	伞形	好	好	3.0				旺盛						
	樟树	赣州市南安镇建设村	塘角里	本地	天然林	形质评定	30	11.0	32.0	伞形	好	好	2.0				旺盛						
	樟树	赣州市南安镇建设村	叶屋排	本地	天然林	形质评定	30	10.0	28.0	伞形	好	好	1.8				旺盛						

（续）

序号	树种名称	经营单位（或个人）	地名	种源	起源	选优方法	数量指标			形质指标								利用建议					备注
							树龄（a）	树高（m）	胸径（cm）	冠型	圆满度	通直度	枝下高（m）	分枝角度（°）	树皮厚（cm）	生长势	结实情况	生态	用材	薪炭	抗逆	其他	
	樟树	赣州市南安镇建设村	叶屋排	本地	天然林	形质评定	10	7.5	12.0	伞形	好	好	1.5				差						
	樟树	赣州市南安镇牡丹亭公园	公园内	本地	天然林	形质评定	50	13.0	63.0	伞形	好	好	4.0				旺盛						
	樟树	赣州市南安镇牡丹亭公园	公园内	本地	天然林	形质评定	30	9.0	43.8	伞形	好	好	3.0										
	樟树	赣州市南安镇新民村	坝上路河边	本地	天然林	形质评定	30	9.0	40.0	伞形	好	好	2.0										
	樟树	赣州市盘古庙	临塘乡临江	本地	天然林	形质评定	30	18.0	58.0	圆形	较好	好	2.5			旺盛	旺盛	√	√				
	樟树	赣州市新城镇彭宏昌	王屋岭村王屋	本地	人工林	形质评定	30	9.0	56.0	伞形	好	好					旺盛	√	√				
	樟树	赣州市坪市乡	镜口	本地	天然林	形质评定	25	9.8	20.8	伞形	好	好	6.2	锐角	2.5	旺盛	差	√					
	樟树	赣州市芹子坑	里仁镇冯湾	本地	天然林	形质评定	30	15.0	29.6	圆形	好	好	9.5			旺盛	旺盛	√	√				四旁优树
	樟树	赣州市桃江乡洒口		本地	人工林	形质评定	40	15.0	86.0	圆柱形	较好	较好	2.1			旺盛	旺盛	√	√				
	樟树	赣州市三江伍村		本地	人工林	形质评定	38	18.1	37.6	伞形	好	好	4.0	锐角	2.0	旺盛	旺盛	√	√				
	樟树	赣州市浮石村沙坪组	河边	本地	人工林	形质评定	35	14.0	60.0	圆形	好	好	3.0	锐角	2.0	旺盛	旺盛	√	√				
	樟树	赣州市上犹中学					25	13.0	34.0	伞形						旺盛		√	√				四旁优树
	樟树	赣州市石壁湖	桃江乡中源	本地	人工林	形质评定	50	20.0	38.7	圆柱形	好	好	8.0			旺盛	旺盛	√	√				
	樟树	赣州市水泥厂	梅水窑下				28	14.0	41.0	圆形						旺盛		√	√				
	樟树	赣州市赣县唐江	糖厂	本地	人工林	形质评定	30	17.0	51.1	圆形	好	好	8.0	30	2.5	旺盛	差	√	√				
	樟树	赣州市塘头坳	黄沙乡新岭	本地	天然林	形质评定	40	16.5	34.0	长卵形	较好	较好	3.0			旺盛	旺盛	√	√				四旁优树
	樟树	赣州市万隆乡龙头村	下龙头组	本地	天然林	形质评定	16	12.9	15.0	圆锥形	好	好	9.2	锐角	中	旺盛	差	√	√				
	樟树	赣州市万隆乡龙头村	下龙头组	本地	天然林	形质评定	12	9.8	11.6	圆锥形	好	好	6.6	锐角	中	旺盛		√	√				四旁树

（续）

序号	树种名称	经营单位（或个人）	地　名	种源	起源	选优方法	数量指标			形质指标								利用建议					备　注
							树龄（a）	树高（m）	胸径（cm）	冠型	圆满度	通直度	枝下高（m）	分枝角度（°）	树皮厚（cm）	生长势	结实情况	生态	用材	薪炭	抗逆	其他	
	樟树	赣州市万隆乡龙头村	下龙头组	本地	天然林	形质评定	12	10.1	13.4	圆锥形	好	好	7.3	锐角	中	旺盛	差	√	√				四旁树
	樟树	赣州市万隆乡龙头村	下坑组	本地	天然林	形质评定	25	13.6	27.0	圆锥形	好	好	9.2	锐角	中	旺盛	差	√	√				四旁树
	樟树	赣州市万隆乡龙头村	鸭子嘴组屋背	本地	天然林	形质评定	18	14.4	21.8	伞形	好	好		锐角	中	旺盛	良好	√	√				四旁树
	樟树	赣州市文武坝镇勤建村	禾坪背组	本地	天然林	形质评定	20	5.0	40.0	伞形	好	好	1.3	30	0.8	旺盛	旺盛	√	√				
	樟树	赣州市双溪乡吴宏延	大石门村江上				110	30.0	105.0	圆形						旺盛		√	√				
	樟树	赣州市双溪乡吴氏族房	大石门村江上				105	7.0	95.0	伞形						旺盛		√	√				
	樟树	赣州市西江镇西江村	圩坝	本地	天然林	形质评定	300	20.0	181.5	圆形	好		3.4	70	2.0	旺盛	旺盛	√			√		
	樟树	赣州市西江镇西江村	下坝子路口	本地	天然林	形质评定	100	20.0	114.6	圆形	好		8.0	75	1.4	旺盛	旺盛	√			√		
	樟树	赣州市西牛镇铺前村曾屋组	屋背	本地	天然林	形质评定	26	17.5	47.5	卵形	好	好	11.2	锐角	厚	旺盛	旺盛	√	√				
	樟树	赣州市西牛镇铺前村曾屋组	曾屋组对面山	本地	天然林	形质评定	25	14.5	32.9	伞形	好	好	9.8	锐角	中	旺盛	良好	√	√				
	樟树	赣州市西牛镇铺前村曾屋组	曾屋组对面山	本地	天然林	形质评定	25	17.6	46.7	圆柱形	好	好	2.3	锐角	厚	旺盛	旺盛	√	√				
	樟树	赣州市西牛镇铺前村曾屋组	中村村大哇组后龙山	本地	天然林	形质评定	30	14.5	33.4	伞形	好	好	8.2	锐角	中	旺盛	良好	√	√				
	樟树	赣州市西牛镇铺前村曾屋组	屋场边	本地	天然林	形质评定	26	17.1	35.5	卵形	好	好	4.8	锐角	中	旺盛	旺盛	√	√				
	樟树	赣州市西牛镇铺前村曾屋组	犁头咀组屋背	本地	天然林	形质评定	18	14.0	47.8	伞形	好	好	8.5	锐角	中	旺盛	旺盛	√	√				四旁树
	樟树	赣州市西牛镇铺前村曾屋组	高排上组门口	本地	天然林	形质评定	17	13.1	32.7	伞形	好	好	7.0	锐角	中	旺盛	良好	√	√				四旁树

（续）

序号	树种名称	经营单位（或个人）	地　名	种源	起源	选优方法	数量指标			形质指标								利用建议					备　注
							树龄（a）	树高（m）	胸径（cm）	冠型	圆满度	通直度	枝下高（m）	分枝角度（°）	树皮厚（cm）	生长势	结实情况	生态	用材	薪炭	抗逆	其他	
	樟树	赣州市西牛镇铺前村曾屋组	万岑组河边	本地	天然林	形质评定	18	11.9	41.1	伞形	好	好	6.0	锐角	中	旺盛	旺盛	√	√				四旁树
	樟树	赣州市西牛镇铺前村曾屋组	赖屋组河边	本地	天然林	形质评定	18	12.1	39.2	伞形	好	好	5.5	锐角	中	旺盛	良好	√	√				四旁树
	樟树	赣州市西牛镇铺前村曾屋组	杨家组门口	本地	天然林	形质评定	18	13.9	52.2	伞形	好	好	8.0	锐角	中	旺盛	旺盛	√	√				四旁树
	樟树	赣州市下门陂	临塘乡水口	本地	天然林	形质评定	50	14.0	60.0	圆形	较好	较好	6.0			旺盛	旺盛	√					四旁树
	樟树	赣州市小河镇兰坳村大屋里组	大屋里背后	本地	天然林	形质评定	30	12.5	40.0	伞形	好	好	6.0	锐角	中	旺盛	良好	√	√				
	樟树	赣州市小河镇兰坳村大屋里组	马头坳	本地	天然林	形质评定	20	11.2	26.9	伞形	好	好	4.5	锐角	中	旺盛	良好	√	√				四旁树
	樟树	赣州市小河镇兰坳村大屋里组	松山下	本地	天然林	形质评定	29	13.7	32.0	圆柱形	好	好	4.5	锐角	中	旺盛	良好	√	√				四旁树
	樟树	赣州市小河镇兰坳村大屋里组	松山下	本地	天然林	形质评定	20	14.0	22.0	伞形	好	好	6.0	锐角	中	旺盛	良好	√	√				四旁树
	樟树	赣州市小河镇兰坳村大屋里组	新屋下	本地	天然林	形质评定	25	14.0	32.0	伞形	好	好	6.0	锐角	薄	旺盛	良好	√	√				四旁树
	樟树	赣州市小河镇兰坳村大屋里组	新屋下	本地	天然林	形质评定	20	12.0	28.0	伞形	好	好	4.0	锐角	中	旺盛	良好	√	√				四旁树
	樟树	赣州市小河镇旗塘村	旗塘组屋背	本地	天然林	形质评定	31	13.0	45.4	伞形	好	好	2.1	锐角	厚	旺盛	旺盛	√	√				四旁树
	樟树	赣州市小江镇莲青村	大路下组	本地	天然林	形质评定	50	15.0	62.0	伞形	好	好	3.0	锐角	中	旺盛	旺盛	√	√				
	樟树	赣州市小密乡小密村	下湾子	本地	天然林	形质评定	25	20.0	49.8	圆形	好		4.0	65	1.2	旺盛	旺盛	√			√		四旁树
	樟树	赣州市小密乡小密村	下湾子	本地	天然林	形质评定	20	18.0	41.0	圆形	好	好	8.0	67	1.2	旺盛	旺盛	√	√		√		
	樟树	赣州市小密乡小密村	下湾子	省外	人工林	形质评定	20	15.0	25.5	圆形	较好	较好	5.0	30	0.8	旺盛	旺盛					√	
	樟树	赣州市晓龙乡塘头村	曹屋	本地	天然林	形质评定	100	14.0	114.6	圆形	好	好	5.0	85				√	√				
	樟树	赣州市新城镇分水坳	叶屋西边	本地	天然林	形质评定	40	10.0	50.0	伞形	好	好	2.0				旺盛						

（续）

序号	树种名称	经营单位（或个人）	地 名	种源	起源	选优方法	数量指标			形质指标								利用建议					备 注
							树龄（a）	树高（m）	胸径（cm）	冠型	圆满度	通直度	枝下高（m）	分枝角度（°）	树皮厚（cm）	生长势	结实情况	生态	用材	薪炭	抗逆	其他	
	樟树	赣州市新城镇分水坳	叶屋西边	本地	天然林	形质评定	38	11.0	46.0	伞形	好	好	5.0				旺盛						
	樟树	赣州市新城镇王屋岭村	叶屋东边	本地	天然林	形质评定	19	8.0	23.0	伞形	好	好	3.5				旺盛						
	樟树	赣州市新都陂管站	龙南镇金都街	本地	天然林	形质评定	45	11.0	47.0	圆柱形	好	好	3.5			旺盛	旺盛	√	√				
	樟树	赣州市黄沙乡新岭		本地	天然林	形质评定	30	12.5	38.0	圆形	好	好	3.0			旺盛	旺盛	√	√				
	樟树	赣州市汶龙镇徐屋	里陂	本地	天然林	形质评定	30	7.8	32.0	圆形	好	好	3.5			旺盛	旺盛	√	√				
	樟树	赣州市黄埠镇岩坑村委会					20	14.0	32.0	伞形						旺盛		√	√				
	樟树	赣州市杨梅村委会	寺下杨梅庙背				60	11.0	51.0	圆形						旺盛		√	√				
	樟树	赣州市杨梅村委会	寺下杨梅庙背				16	11.0	28.2	竖塔形						旺盛		√	√				
	樟树	赣州市右水乡下寨村	水口小组	本地	天然林	形质评定	80	15.0	76.0	伞形	好	好	4.2	38									
	樟树	赣州市站塘乡水照村下组	山下组屋背	本地	天然林	形质评定	105	17.0	110.5	伞形	较好		2.0	80									
	樟树	赣州市中村中学	中学院内	本地	人工林	形质评定	43	25.0	68.0	伞形	较好	较好	8.0	70	1.5	一般	良好	√	√				
	樟树	赣州市周田镇当田村	当田坎	本地	天然林	形质评定	39	15.0	73.7	圆形	好	好	5.2	45									
	樟树	赣州市周田镇西园村	前屋小组	本地	天然林	形质评定	110	17.3	187.3	伞形	较好	较好	6.5	48				√	√				
	樟树	赣州市周田镇新圩村	下马安塘	本地	天然林	形质评定	102	28.0	142.6	圆形	好	较好	7.5	63									
	樟树	赣州市周田镇中桂村	中三小组	本地	天然林	形质评定	94	21.6	189.0	伞形	好	较好	3.8	56									
	樟树	赣州市周田镇中桂村	中三小组	本地	天然林	形质评定	94	19.2	164.0	伞形	好	较好	6.3	62									
	樟树	赣州市周田镇中桂村	井背小组	本地	天然林	形质评定	165	14.6	146.7	伞形	较好	较好	4.6	30									
	樟树	赣州市朱坊	红心车头	本地	人工林	形质评定	35	17.2	31.7	伞形	好	好	5.6	锐角	1.5	旺盛	旺盛	√	√				
	樟树	赣州市朱坊朱坊村	圩上	本地	人工林	形质评定	35	16.2	35.8	圆形	好	好	6.3	锐角	2.0	旺盛	旺盛	√	√				
	樟树	赣州市朱坊朱坊村	圩上	本地	人工林	形质评定	45	18.6	39.5	伞形	好	好	5.0	锐角	2.0	旺盛	旺盛	√	√				
	樟树	赣州市珠兰乡粮管所	粮站内	本地	人工林	形质评定	102	13.0	92.0	圆形	好	好	1.6	30	1.0	旺盛	旺盛	√	√				

（续）

序号	树种名称	经营单位（或个人）	地名	种源	起源	选优方法	数量指标			形质指标								利用建议					备注
							树龄（a）	树高（m）	胸径（cm）	冠型	圆满度	通直度	枝下高（m）	分枝角度（°）	树皮厚（cm）	生长势	结实情况	生态	用材	薪炭	抗逆	其他	
	樟树	赣州市庄口镇下洛村	小坝店子	本地	天然林	形质评定	65	17.0	61.8	塔形	好	好	6.0	70	1.6	旺盛	旺盛	√			√		
	樟树	赣州市梓山镇	梓山村圩上河堪	本地	人工林	形质评定	15	6.0	22.0	伞形	好	一般	2.1			良好	良好	√	√				
	樟树	宜春市阁山分场				五株优势木法	20	15.0	37.0		好	好	6.0		薄	旺盛		√					
	樟树	宜春市五脑峰林场				五株优势木法	18	15.0	33.0		好	好	4.1		薄	旺盛		√					
	樟树	宜春市五脑峰林场				五株优势木法	18	15.0	33.0		好	好	4.1		薄	旺盛		√					
	樟树	上饶市罗石村	渡口	本地	天然林	单株调查	80	21.0	36.5		好	好	1.8	50～90	薄	旺盛	旺盛					√	
	樟树	上饶市塘边村	坟山	本地	天然林	五株优势木法	40	14.0	33.3	窄	好	好	10.0	85		旺盛	旺盛	√	√				可作园林树种
	樟树	上饶市银城镇	苗圃	本地	人工林	五株优势木法	30	10.8	30.1		好	好	6.4		2.0	旺盛	旺盛						
	樟树	吉安市枫田镇红花园		本地	天然林	五株优势木法	55	13.4	60.0	卵形	好	好							√				
	樟树	吉安市横龙镇江背村	铁家	安福	天然林	五株优势木法	45	13.0	48.0	卵形	好	好							√				
	樟树	吉安市桥头林场	元洲工区	本地	天然林	五株优势木法	50	20.0	50.0	伞形	好	好							√				
	樟树	吉安市万合大鹏	宏石	本地	天然林	五株优势木法	80	26.0	115.0	菇状	好	好							√				
	樟树	吉安市云岭林场	衙前小坑仔		人工林	形质评定	8	6.5	10.7		好	好							√				
334	浙江楠	上饶市紫阳镇	马家	本地	天然林	五株优势木法	70	21.0	53.5	伞形	好	好	8.0	60	1.5	一般	旺盛	√	√				
335	桢楠	赣州市清溪乡半岭村	半岭小组	本地	天然林	形质评定	80	21.0	52.2	伞形	好	较好	4.2	53	0.4	旺盛	良好	√	√				
336	枳椇	赣州市富足村委会	寺下富足小学门口				24	12.0	42.3	圆形						旺盛		√	√				
	枳椇	赣州市寻乌县桂竹帽镇	龙归村	本地	天然林	五株优势木法	19	8.9	14.9	伞形	好	好	1.8			旺盛	旺盛	√	√				
	枳椇	赣州市八一九村小组		本地	天然林	形质评定	40	16.0	32.0	圆柱形	较好	较好	1.8			旺盛	旺盛	√	√				
	枳椇	赣州市安远县孔田林场	崇背桥头	广东	人工林	五株优势木法	28	10.6	38.6	圆形	好	好	2.4	75	1.0	旺盛	旺盛	√					
	枳椇	赣州市排上	东坑张古段	本地	天然林	形质评定	80	15.0	80.0	圆柱形	较好	较好	2.5			旺盛	旺盛	√	√				四旁散生优树

（续）

序号	树种名称	经营单位（或个人）	地名	种源	起源	选优方法	数量指标			形质指标								利用建议					备注
							树龄（a）	树高（m）	胸径（cm）	冠型	圆满度	通直度	枝下高（m）	分枝角度（°）	树皮厚（cm）	生长势	结实情况	生态	用材	薪炭	抗逆	其他	
	枳椇	赣州市万隆乡柏枧村	下坑组	本地	天然林	形质评定	30	15.4	21.6	圆锥形	好	好	10.2	锐角	中	旺盛	良好	√	√				
	枳椇	赣州市万隆乡柏枧村	下坑组	本地	天然林	形质评定	30	17.6	27.8	圆锥形	好	好	13.0	锐角	中	旺盛	良好	√	√				四旁树
	枳椇	赣州市文武坝镇勤建村	禾坪背组	本地	天然林	形质评定	22	7.0	24.0	伞形	好	好	1.7	30	0.8	旺盛	旺盛	√			√		四旁树
	枳椇	赣州市下佐村委会	紫阳下佐橱背				18	9.0	33.6	圆形						旺盛		√	√				
	枳椇	赣州市下佐村委会	紫阳下佐橱背				18	8.5	32.4	圆形						旺盛		√	√				
	枳椇	赣州市小江镇小江村	围高组	本地	人工林	形质评定	16	10.6	31.2	伞形	好	好	5.5	锐角	薄	旺盛	良好	√	√				
	枳椇	赣州市中村乡洋光村三孝子组	老村委会屋背	本地	天然林	形质评定	50	15.0	32.0	卵形	好	好	3.0	80	1.0	旺盛	旺盛	√			√		四旁树
337	枳壳	赣州市文武坝镇彭迳村	松山排组	本地	人工林	形质评定	23	4.5		伞形	好	好	1.5	25	0.6	旺盛	旺盛	√				√	
	重阳木	赣州市安远县孔田林场	崇背桥头	广东	人工林	五株优势木法	28	9.8	51.3	圆形	好	好	2.3	75	0.8	旺盛	旺盛	√					
	重阳木	赣州市汶龙镇李屋	水东	本地	天然林	形质评定	20	17.0	98.0	圆柱形	好	好	2.0			旺盛	旺盛	√	√				四旁散生优树
	重阳木	赣州市寺下林场	茶坪作业区门口对面				35	12.0	61.2	圆形						旺盛		√	√				
	重阳木	赣州市寺下林场	茶坪作业区对面				35	12.0	64.5	圆形						旺盛		√	√				
338	重阳木	赣州市小密乡小密村	下新屋河坎	本地	天然林	形质评定	65	20.0	72.0	圆形	好	好	8.0	70	2.4	旺盛	旺盛	√		√			
	重阳木	赣州市新塘	里仁叶兴	本地	人工林	形质评定	20	9.5	60.0	圆形	好	好	3.0			旺盛	旺盛	√	√				
	重阳木	赣州市杨村中学	中学院内	本地	人工林	形质评定	25	12.0	36.0	圆柱形	好	好	2.0			旺盛	旺盛	√	√				
	重阳木	赣州市杨梅村委会	寺下杨梅车埠下				18	12.0	38.6	圆形						旺盛		√	√				
	重阳木	赣州市油山镇油山圩居委会	油山圩	本地	人工林	形质评定	22	15.0	50.6	卵形	较好	较好	3.1	锐角	薄	旺盛	旺盛	√					
	重阳木	赣州市中村中学	中学院内	本地	人工林	形质评定	43	20.0	85.0	卵形	好	好	4.0	75	1.5	旺盛	旺盛	√	√				四旁树
	重阳木	赣州市庄口镇下洛组	下洛坝	本地	天然林	形质评定	70	15.0	85.0	圆形	好	好	3.0	70	2.4	旺盛	旺盛	√		√			

（续）

序号	树种名称	经营单位（或个人）	地名	种源	起源	选优方法	数量指标			形质指标								利用建议					备注
							树龄(a)	树高(m)	胸径(cm)	冠型	圆满度	通直度	枝下高(m)	分枝角度(°)	树皮厚(cm)	生长势	结实情况	生态	用材	薪炭	抗逆	其他	
	槠树	景德镇市浮梁县黄坛乡	南溪票西连		天然林	五株优势木法	15	8.0	7.9	窄	好	好	4.0		0.3	良好	旺盛	√	√		√		
	槠树	鹰潭市耳口林场	九龙分场2－207－（1）小班	本地	天然林	五株优势木法	45	12.0	31.4	卵形	好	好	4.0	85	2.5	旺盛	旺盛	√	√				
339	槠树	赣州市罗珊乡	上泊竹	本地	天然林	五株优势木法	24	36.0	56.5	圆形	好	好	12.0			旺盛	旺盛	√	√				
	槠树	赣州市罗珊乡	三桐村	本地	天然林	五株优势木法	13	6.2	8.0	伞形	好	好	1.8			旺盛	差	√	√				
	槠树	赣州市罗珊乡	三桐村大坳上	本地	天然林	五株优势木法	12	6.9	8.0	伞形	好	好	1.4			旺盛	差	√	√				
	槠树	赣州市清溪乡半岭村	新华小组	本地	天然林	形质评定	60	23.0	65.0	圆形	好	好	4.9	53	0.4	旺盛	良好	√	√				
	竹柏	鹰潭市龙虎山镇龙虎村无蚊村	民俗文化村		天然林	五株优势木法	150	9.0	31.0	圆形	好	好	2.4	70	1.0	良好	良好						
	竹柏	赣州市甲江林场	场部内	本地	人工林	五株优势木法	24	5.1	15.2	伞形	好	好	1.7	35	0.5	旺盛	旺盛	√					
340	竹柏	赣州市甲江林场	场部内	本地	人工林	五株优势木法	24	6.3	19.2	伞形	好	好	2.0	40	0.5	旺盛	差	√					四旁及散生木
	竹柏	赣州市全南中学	含江路	本地	人工林	形质评定	51	11.5	37.4	伞形	好	好	3.0	20	1.0	旺盛	良好	√					四旁及散生木
	竹柏	赣州市沙石王太明	火燃九池脑	本地	人工林	形质评定	25	2.5	19.0	圆形	好	好	1.6			旺盛		√					
	竹柏	赣州市上优县陡水疗养院	院内				30	8.0	27.0	伞形						旺盛		√					
	竹柏	吉安市南车林场	中朝	本地	天然林	五株优势木法	60	18.4	15.2	尖塔形	好	好							√				
	竹柏	吉安市桥头中坪	斜湾	本地	天然林	五株优势木法	50	12.0	24.0	伞形	好	好							√				
341	竹叶榕	赣州市寻乌县桂竹帽镇	上坪村	本地	天然林	五株优势木法	24	1.5	4.0	圆柱形						旺盛	旺盛	√					
	锥栗	九江市弥陀寺	寺内	本地	天然林	五株优势木法	50	20.0	57.1	尖塔形	好	好		79	0.5	旺盛			√				
342	锥栗	九江市修水县黄坳乡	龙峰村集体		天然林	五株优势木法	50	13.0	33.5	圆形	好	好	5.0			旺盛		√					
	锥栗	吉安市武功山林场	横江上安	本地	人工林	五株优势木法	25	17.0	28.8	伞形	较好	一般											
343	紫花槐	赣州市赣县唐江	一糖厂	本地	人工林	形质评定	30	16.0	49.1	圆形	好	好	10.0	30	2.0	旺盛	旺盛	√					

（续）

序号	树种名称	经营单位（或个人）	地 名	种源	起源	选优方法	数量指标			形质指标								利用建议					备 注
							树龄（a）	树高（m）	胸径（cm）	冠型	圆满度	通直度	枝下高（m）	分枝角度（°）	树皮厚（cm）	生长势	结实情况	生态	用材	薪炭	抗逆	其他	
	紫花槐	赣州市赣县唐江	一糖厂	本地	人工林	形质评定	40	15.0	51.9	圆形	好	好	7.0	45	2.0	旺盛	旺盛	√					四旁优树
344	紫茎	上饶市武夷山自然保护区		本地	天然林	形质评定	85	8.0	35.5		好	好	3.0			旺盛	一般	√	√				四旁优树
345	紫薇	赣州市赣县	大坪村石灰山	本地	天然林	形质评定	150	21.0	75.0		好	好						√					
346	紫玉兰	赣州市葛坳林场	林场院内	本地	人工林	五株优势木法	20	8.8	19.9	伞形	好	好	2.6	70	0.6	良好	旺盛	√					
	紫玉兰	吉安市七溪岭林场	粑陂分场	本地	人工林		18	3.0	5.8	均匀	好	好											四旁及散生木
347	棕榈	鹰潭市双圳林场	上山坪港		人工林	五株优势木法	21	4.5	26.0	圆形	好	好	3.0	85	0.5	旺盛	旺盛	√					
	棕榈	赣州市洞头乡林业站	院内	本地	人工林	形质评定	26	3.5	13.8	圆形	好	好	2.0	35	0.5	旺盛	一般	√					
348	钻天杨	赣州市珠兰乡怀仁村下仁组	怀仁	省外	人工林	形质评定	15	12.0	26.0	圆形	好	好	2.0	30	0.8	旺盛	旺盛	√					
349	醉香含笑	新余市昌山林场	庄边	本省	人工林	五株优势木法	18	11.1	17.9	伞形	好	好	6.0	41	0.3	良好	旺盛		√	√	√		

表 5　主要经济树种优树汇总

序号	树种名称	经营单位（或个人）	地　名	种　源	起源	选优方法	数量指标			形质指标						单株年平均产量(kg)				评价与建议
							树龄（a）	树高（m）	胸径（cm）	冠型	冠幅（m^2）	通直度	枝下高(m)	分枝角度（°）	生长势	产果	产种	产油	产脂	
1	八角	赣州市全南县兆坑林场	野猪湖	广西	人工林	绝对值产量评选法	27	15.4	25.5		9.3	好	1.8	30	旺盛	7.5	2			
	八角	赣州市会昌县清溪上村组	陈启寿屋背	本省	人工林	平均木产量比较法	13	4.3	10.5	圆形	2.0	好	2.0	35	良好	101.5				加强管理
2	白檀	宜春市宜丰县黄岗乡坳溪村	下月园	本地	天然林		70	15.0	69.0		87.0	较好	3.0	30	良好		30			
3	板栗	南昌市新建县流湖乡戴贞安	流湖乡程坊村	本地	人工林	优势木对比法	8	5.5	8.9	扇形	9.6	一般	1.0	40	旺盛	50				
	板栗	九江市九江县马回岭镇排山村夏光才	戴家山	本地	人工林	形质指标	200	16.0	87.0	广圆形	243.2	好	5.0	80	旺盛	40	22.5			
	板栗	鹰潭市余江县青山森苗圃	茶山	本地	人工林	平均木产量比较法	14	3.1	6.0	圆球形	12.6				旺盛	26	14			可作采条母树
	板栗	鹰潭市余江县邓埠镇	倪桂村冯家	本地	人工林	平均木产量比较法	32	7.0	46.0	圆球形	44.2	好	1.1	87	旺盛	33.5	17			可作采条母树
	板栗	赣州市大余县黄龙镇长胜村	竹子桥	本地	人工林	形质指标	18	8.5	45.0	圆球形	103.8	好	1.4	89	旺盛	32	18			可作采种母树
	板栗	赣州市会昌县站塘乡站塘村	饶得周屋背	本地	天然林	平均木产量比较法	35	16.0	75.0	伞形	113.0	较好	1.0	75	旺盛	100				加强管理
	板栗	赣州市会昌县文武坝乡勤建村	禾坪背	本地	人工林	平均木产量比较法	35	8.0	40.0	伞形	28.3	好	1.3	35	旺盛	60				加强管理
	板栗	宜春市杨圩板栗林场	总场场部西边	江苏	人工林		33	8.0	34（地径）	卵形	63.6	差	1.5	80	良好	22.5	12.5			可作采条母树
	板栗	宜春市靖安县仁首镇	九里岗	本地	人工林		20	7.5	17.0	圆球形	50.2	好	2.1	81	旺盛	33	19			可作采条母树
	板栗	宜春市奉新县邹盛权	罗市冶城	本地	人工林		95	17.5	71.0	圆形	113.0	较好	2.1		良好		20			可采种繁殖
	板栗	上饶市余干县玉亭镇	东山岭	本地	人工林	形质指标	27	21.0	32.0	伞形	226.9		8.0		旺盛	100				经济树
	板栗	上饶市万年县裴梅镇塘边村	界上	本地	人工林	形质指标	40	15.0	55.0	卵形	95.0				旺盛		12.5			
	板栗	上饶市万年县裴梅镇龙港村	塘丰		人工林	平均木产量比较法	11	4.0		卵形	38.5				旺盛		20			
	板栗	吉安市吉水县周岭林场	周岭分场	浙江	人工林	优势木对比法	28	13.2	32.5		11.3		0.5	65	旺盛	17	5			
	板栗	吉安市吉水县丁江朱坑	马家小组		人工林	优势木对比法	20	12.0	31.3	伞形	80.0		0.8	60	旺盛	9.5	3.5			
	板栗	吉安市吉水县白垦	二分场		人工林	优势木对比法	13	6.0	9.0	伞形	38.5		1.0		良好					

（续）

序号	树种名称	经营单位（或个人）	地　名	种　源	起源	选优方法	数量指标			形质指标						单株年平均产量(kg)				评价与建议
							树龄（a）	树高（m）	胸径（cm）	冠型	冠幅（m^2）	通直度	枝下高(m)	分枝角度（°）	生长势	产果	产种	产油	产脂	
	板栗	抚州市南城县龙湖镇竺由村	桐旱小组	福建	人工林	绝对值产量评选法	10	5.4	13.2	开心状	52.8	好	0.5	35	旺盛	7.55				食用品种
	板栗	抚州市南城县龙湖镇竺由村	桐旱小组	福建	人工林	绝对值产量评选法	10	6.0	10.8	开心状	52.8	好	0.5	40	旺盛	7.55				食用品种
	板栗	抚州市黎川县中田乡中田村		本地	人工林	平均木产量比较法	10	4.5	13.0	圆球形	21.2	好	2.0		旺盛	12.5	10			可作采条母树
	板栗	抚州市黎川县荷源乡熊圩村		本地	人工林	平均木产量比较法	8	3.5	10.0	圆球形	12.6	好	2.0		旺盛	11	9			可作采条母树
	板栗	抚州市东乡县王桥大塘		本地	天然林	平均木产量比较法	30	10.0	41.0		226.9		1.8	85	旺盛		30			
4	天师板栗	鹰潭市景区园艺研究所	金山	本地	人工林	优势木对比法	5	3.0	5.0	圆形	1.8	好	0.8	55	良好	46				
5	薄皮大毛栗	赣州市龙南县曾胜勤	渡江果园下社迳组	本地	人工林	平均木产量比较法	40	10.0	55.0	伞形	346.2	较好	0.5	70	旺盛	32.5				
6	薄皮浅刺油栗	赣州市龙南县	渡江象塘村	本地	人工林	平均木产量比较法	40	16.0	88.0	圆形	176.6	较好	1.3	80	旺盛	21				
	薄皮浅刺油栗	赣州市龙南县李海房	桃江乡春源村杉排下组	本地	人工林	平均木产量比较法	70	15.0	110.0	伞形	226.9	较好	2.5	60	旺盛	28				
	薄皮浅刺油栗	赣州市龙南县李海房	桃江乡春源村杉排下组	本地	人工林	平均木产量比较法	60	12.0	39.0	伞形	132.7	较好	1.1	60	旺盛	25				
7	金坪矮垂栗	吉安市峡江县金坪富兴果业良种场	移山	引进	人工林		5	2.0	5.0	倒披状	4.9		0.2		良好	168				
8	杜仲	宜春市铜鼓县黄溪村	排埠黄溪沙坝	本省	人工林		14	6.0	14.0	圆形	3.1	好	2.0	60	旺盛					可作采种母树
	杜仲	上饶市广丰县军潭	塘坞	湖南	人工林	优势木对比法	15	14.0	7.0	窄	7.1	好	7.0	40	旺盛					过密应间伐
	杜仲	上饶市广丰县红青坑	水沿坑	湖南	人工林	优势木对比法	11	7.0	6.9	窄	1.8	好	2.5	60	旺盛					
	杜仲	吉安市吉水县芦溪岭林场	猪栏坑		人工林	优势木对比法	10	4.0	4.0	圆锥形	6.2		3.8		良好	100				
	杜仲	吉安市吉水县丁江朱坑	朱坑小组		人工林	优势木对比法	8	4.5	10.0	圆塔形	12.0		0.7		良好	58				
9	厚朴	九江市武宁县石门、白桥	鹰嘴石	本地	人工林	优势木对比法	11	8.0	12.4		4.9	好	4.0	75	旺盛					
	厚朴	宜春樟树市阁山分场		本地	人工林		30	6.0	17.0	圆形	9.6	好	3.0		旺盛					
10	黄栀子	宜春樟树市临江姜磺	临江姜磺	本地	人工林		7	1.7			1.1		0.4		旺盛	1.15				

（续）

序号	树种名称	经营单位（或个人）	地名	种源	起源	选优方法	数量指标			形质指标						单株年平均产量(kg)				评价与建议
							树龄（a）	树高（m）	胸径（cm）	冠型	冠幅（m^2）	通直度	枝下高(m)	分枝角度（°）	生长势	产果	产种	产油	产脂	
	黄栀子	吉安市吉水县万石	棚下		人工林	优势木对比法	17	1.7		伞形	0.1		1.5		良好	54				
	黄栀子	抚州市崇仁县全小俊	石垦	本地	人工林	绝对值产量评选法	5	1.5			1.7	较好	0.3	60	良好	1.2				可作采种母树
	黄栀子	抚州市崇仁县全小俊	石垦	本地	人工林	绝对值产量评选法	5	1.4			1.7	较好	0.3	75	良好	1.1				可作采种母树
11	南方红豆杉	鹰潭市上清镇泥湾村孔家岭组	社祠	本地	天然林	优势木对比法	710	9.0	36.0	圆形	226.9	好	6.0	76	良好		30			
12	南酸枣	赣州市崇义县长龙镇新溪村	长龙镇千户所	本地	天然林	平均木产量比较法	52	32.0	59.3	伞形	274.5	好	6.5	68	旺盛	300	25			
13	人参果	吉安市吉水县黄桥	院前		人工林	优势木对比法	8	4.0	10.0	伞形	78.5		0.5		良好	70				
14	山杜英	鹰潭市上清镇通桥村方家组	方家	本地	天然林	优势木对比法	20	7.0	17.0	圆形	33.2	好	5.0	75	良好		25			
15	乌桕	宜春市万载县鹅峰多江		本地	天然林		50	14.0	45.0		122.7	一般	6.0	70	旺盛	100	60			
16	吴茱萸	赣州市全南县小叶岽	小叶岽	本省	人工林	绝对值产量评选法	5	2.8		伞形	4.5	较好	1.0	30	旺盛	0.35	0.2			
	吴茱萸	赣州市定南县试验林场	天九村羊角	引进	人工林	优势木对比法	8	1.3	5.8	伞形	1.8	一般	0.3	56	旺盛		2.5			
17	银杏	九江市星子县东牯山	五乳寺	本地	人工林	平均木产量比较法	300	21.0	85.0	塔形	23.7	好	4.0	80	旺盛	450	225			
18	茶	景德镇市浮梁县瑶里镇	汪胡村胡家		人工林	优势木对比法	30	0.9		椭圆形	1.4		0.2		良好					可采收茶叶
19	红花油茶	赣州市全南县寨头村小组		本地	人工林	绝对值产量评选法	47	7.0	16.7	圆形	95.0	好	0.5	25	旺盛	40	10			
	红花油茶	上饶德兴市新岗山镇	余村	本地	人工林	形质指标	40	2.8		卵形	24.6			45	良好		7	0.3		
	红花油茶	上饶德兴市花桥镇	大茅山	本地	人工林	形质指标	40	2.5		卵形	23.7			60	良好		7	0.3		
20	红皮中果油茶	宜春市宜丰县石市乡油茶林场		本地	人工林		27	2.4	6.0		13.8	较好	0.4	60	良好	4	1.5	0.5		
	红皮中果油茶	宜春市宜丰县石市乡何家村	石门村民小组	本地	天然林		50	2.0	5.0		4.9	较好	0.5	60	良好	2.5	1	0.3		
21	野山茶	景德镇市浮梁县西湖乡	合源村龙源			优势木对比法	30	3.7	7.0	椭圆形	16.8		0.2		良好	0.4				榨取茶油
22	油茶	南昌市新建县流湖乡邱天富	马尾山林场	本地	人工林	优势木对比法	23	2.5	3.0	塔形	3.5	一般	0.5	50	旺盛			0.5		
	油茶	南昌市进贤县观花岭林场	场内	本地	人工林	优势木对比法	45	4.7		伞形	26.4	好					35.5			
	油茶	九江市武宁县上汤、店前	塘家垅	本地	天然林	优势木对比法	30	3.0	8.0	圆形	8.0		1.5	80	旺盛					

（续）

序号	树种名称	经营单位（或个人）	地名	种源	起源	选优方法	数量指标			形质指标						单株年平均产量(kg)				评价与建议
							树龄(a)	树高(m)	胸径(cm)	冠型	冠幅(m^2)	通直度	枝下高(m)	分枝角度(°)	生长势	产果	产种	产油	产脂	
	油茶	赣州市章贡区市林业科学研究所沙石工区	沙石四管垅	本地	人工林	平均木产量比较法	38	3.1	18.0	圆形	10.2		1.5	45	旺盛	20.2	9	0.475		可作采种采穗
	油茶	赣州市上犹县紫阳乡高基坪村	塘屋组	本地	人工林	平均木产量比较法	25	2.6		圆球形	4.9		1.3			65				可作采条母树
	油茶	赣州市全南县	古坑	本地	人工林	绝对值产量评选法	15	5.4	7.5	圆形	3.5	好	1.6	38	旺盛	30	15			
	油茶	赣州市全南县	社迳乡炉迳圩	本地	人工林	绝对值产量评选法	35	4.0	7.1	伞形	13.8	差	2.0	60	旺盛	50	25			
	油茶	赣州市崇义县杰坝乡黄金村		本地	人工林	平均木产量比较法	18	4.0		卵形	52.8		1.0	55	旺盛	29				可作采条母树
	油茶	宜春市袁州区西村	分界油科所	本地	人工林		16	2.5			3.1		1.0	20	旺盛					
	油茶	宜春市袁州区渥江	社背	本地	人工林		3	0.9			0.1		0.3	18	旺盛					
	油茶	宜春市袁州区楠木	荷溪	本地	人工林		2	0.7			0.1		0.2	18	旺盛					
	油茶	宜春市袁州区辽市	西坑	本地	人工林		11	2.1			1.8		1.2	25	良好					
	油茶	宜春市万载县潭埠茵果		本地	天然林		25	3.0	12.0		8.0		1.0	60	旺盛	30	13.5			
	油茶	宜春市奉新县罗茶村组	罗市镇吾岗	本地	人工林		100多年	8.5		圆形	149.5	较好	3.5		良好		22.5			可采种繁殖
	油茶	宜春市铜鼓县上小王组	棋坪	本地	人工林		16	3.0			3.1		0.4	60	旺盛	15	1.5			可作采种母树
	油茶	宜春市上高县徐家渡麻塘	池下	本地	人工林		60	2.1	2.0	圆形	9.6	好	1.1	40	良好	11	2.5	0.4		
	油茶	宜春市上高县徐家渡敖山背	花园	本地	人工林		60	2.1	2.0	圆形	9.6	好	1.1	60	良好	12.5	3	0.4		
	油茶	宜春市上高县芦洲大垣	大垣	本地	人工林		60	2.0	2.0	圆形	7.1	好	1.0	60	良好	10	2	0.4		
	油茶	宜春高安市荷岭林场	河沙观分场(小班号16-1)	本省	人工林		15	2.5	7(地径)	半圆形	3.1	差	0.6	40	良好	40	28			可作采条母树
	油茶	上饶市玉山县怀玉乡	玉峰村	本地	人工林	形质指标	35	2.5		伞形	24.6		0.5		旺盛		10			
	油茶	上饶市上饶县汪村乡	童家源	本地	人工林	形质指标	40	3.0		卵形	28.3		0.5		旺盛		12.5			
	油茶	上饶市上饶县湖村乡	茶园	本地	人工林	形质指标	40	2.8		卵形	24.6		0.5		旺盛		15			

（续）

序号	树种名称	经营单位（或个人）	地名	种源	起源	选优方法	数量指标			形质指标						单株年平均产量(kg)				评价与建议
							树龄(a)	树高(m)	胸径(cm)	冠型	冠幅(m^2)	通直度	枝下高(m)	分枝角度(°)	生长势	产果	产种	产油	产脂	
	油茶	上饶德兴市新岗山镇	占才村、余村	本地	人工林	形质指标	40	3.0		卵形	28.3				良好		6	0.2		
	油茶	上饶市广丰县新篁乡	陈村湾村	本地	天然林	优势木对比法	30	2.3	3.0		10.2		0.7	40	良好		10			
	油茶	吉安市永丰县	龙冈	本地	人工林	优势木对比法	27	4.8	7.0	伞形	16.6		0.2		良好					
	油茶	吉安市万安县石龙五组	溪东		人工林	绝对值产量评选法	18	2.6		半圆形	3.8		0.6	45	旺盛			0.25		
	油茶	吉安市万安县石龙安下组	竹头窝		人工林	绝对值产量评选法	15	2.2		圆形	2.5		1.2	60	良好	45				可作种源
	油茶	吉安市遂川县东坑村	马岙		人工林	形质指标	27	2.1	5.0	塔形	2.8		1.2	60	良好	90				可作种源
	油茶	吉安市遂川县东坑村	龙形		人工林	形质指标	40	2.3	7.0	伞形	6.6		1.2	60	良好	50				可作种源
	油茶	吉安市吉水县周岭林场	分场老坑口		人工林	优势木对比法	19	3.5	4.0	椭圆形	4.9		1.1	60	良好	40				可作种源
	油茶	吉安市吉水县螺田梅南	分场老坑口		人工林	优势木对比法	40	2.5	5.0	伞形	8.4		1.2	60	良好	120				可作种源
	油茶	吉安市吉水县芦溪岭林场	山下村旁		人工林	优势木对比法	25	6.8	6.8	伞形	10.0		1.1	60	良好	120				可作种源
	油茶	抚州市东乡县孝岗河山		湖南	人工林	平均木产量比较法	25	2.8			16.6		0.7	90	良好			0.15		
	油茶	抚州市崇仁县巴山镇圩里村	邓家水库	本地	人工林	绝对值产量评选法	22	2.8		椭圆形	8.5	较好	0.8	60	良好	5.9	2.7	0.45		可作采种母树
	油茶	抚州市崇仁县巴山镇圩里村	邓家水库	本地	人工林	绝对值产量评选法	22	3.1		椭圆形	8.0	较好	0.6	60	良好	6.3	2.5	0.35		可作采种母树
23	油桐	吉安市吉安县油田镇河源村					18	25.0	28.5		28.3		3.0		良好					
	油桐	赣州市会昌县站塘乡社山坝村	半岭排	本地	天然林	平均木产量比较法	10	7.0	20.8	卵形	43.0	好	0.5	75	旺盛	80				加强管理
24	千年桐	赣州市会昌县中村林场	林场后院	本地	天然林	平均木产量比较法	27	11.0	31.1	卵形	63.6	好	1.0	75	旺盛	95				加强管理
	千年桐	宜春市万载县康乐联和		本地	天然林		25	12.0	38.0		78.5	好	5.0	75	旺盛	250	100			
	千年桐	宜春市奉新县罗市镇店前村		本地	人工林		10	12.8	14.0	圆形	113.0	较好	6.5		良好		7.5	0.5		可采种繁殖
25	枣	赣州市会昌县文武坝乡文武坝村	湘青	本地	人工林	平均木产量比较法	60	12.0	10.0	伞形	70.8		0.9	30	旺盛	40				加强管理
26	枳壳	宜春樟树市肖二芽	昌傅姜湖州	本地	人工林		25	8.0	25.0		19.6		2.0		旺盛	50				

表 6　林木良种基地种质资源统计

建设单位（个人）	地　点	面积（hm^2）	树种名称	收集区			采穗圃			种子园			母树林				测定林		示范林			母本园			供种范围	评价与建议	备注
				建成年份	无性系数量（个）	面积（hm^2）	建成年份	面积（hm^2）	累计产穗条（万株）	建成年份	家系无性系数量（个）	累计生产种子（kg）	建成年份	起源	面积（hm^2）	累计生产种子（kg）	建成年份	面积（hm^2）	建成年份	面积（hm^2）	长势	建成年份	面积（hm^2）	种源数量（个）			
全省总计		**1725.14**				**177.45**		**134.03**	**73500.10**			**450670.90**			**534.63**	**45419.5**		**156.34**		**354.47**			**41.20**				
南昌市合计		**109.93**				**27.90**		**3.37**							**13.27**			**0.53**		**64.87**							
南昌市林业科学研究所	进贤县前坊镇												2006	人工林	2.00		2006	0.47	2006	6.73							
南昌市林业科学研究所	进贤县前坊镇												2006	人工林	2.13												
南昌市林业科学研究所	进贤县前坊镇	17.33	香樟	2006		1.40							2006	人工林	0.47												
南昌市林业科学研究所	进贤县前坊镇												2006	人工林	0.80												
南昌市林业科学研究所	进贤县前坊镇												2006	人工林	3.33												
南昌市林业科学研究所	进贤县前坊镇	3.33	杨树	2006		0.53	2006	2.80																			
南昌市林业科学研究所	进贤县前坊镇	0.90	水杉	2006		0.33	2006	0.57																			
南昌市林业科学研究所	进贤县前坊镇	3.53	喜树	2006		0.67							2006	人工林	1.53		2006	0.07	2006	0.93							
南昌市林业科学研究所	进贤县前坊镇			2006									2006	人工林	0.33												
南昌市林业科学研究所	进贤县前坊镇	50.33	大叶樟	2006		1.40							2006	人工林	2.67				2006	46.27							
南昌市林业科学研究所	进贤县前坊镇	0.30	龙脑樟	2006		0.30																					
南昌市林业科学研究所	进贤县前坊镇	4.27	水紫树	2006															2006	4.27							

（续）

建设单位（个人）	地点	面积（hm^2）	树种名称	收集区			采穗圃			种子园			母树林				测定林		示范林			母本园			供种范围	评价与建议	备注
				建成年份	无性系数量（个）	面积（hm^2）	建成年份	面积（hm^2）	累计产穗条（万株）	建成年份	家系无性系数量（个）	累计生产种子（kg）	建成年份	起源	面积（hm^2）	累计生产种子（kg）	建成年份	面积（hm^2）	建成年份	面积（hm^2）	长势	建成年份	面积（hm^2）	种源数量（个）			
省林业科学院	南昌经济开发区蛟桥镇		山杜英	2002		2.41																					
省林业科学院	南昌经济开发区蛟桥镇		深山含笑	2002		8.05																					
省林业科学院	南昌经济开发区蛟桥镇	29.93	红花木莲	2003		2.67																					
省林业科学院	南昌经济开发区蛟桥镇		金叶含笑	2003		7.93																					
省林业科学院	南昌经济开发区蛟桥镇		乐昌含笑	2003		1.37																					
省林业科学院	南昌经济开发区蛟桥镇		乐东拟单性木兰	2003		0.83																					
省林业科学院	南昌经济开发区蛟桥镇		薄壳山核桃	2003															2003	6.67	良好						
九江市合计		**61.35**				**2.00**		**3.93**	**27600**			**4730**			**10.00**												
武宁县宋溪林场	田畔垅	1.27	杉木				1987	1.27	27600																本地	生长较好，供种子园穗条	
武宁县宋溪林场	桃花尖	36.88	杉木							1993	111	1500													本地	杉一代种子园，建成后未续管	
武宁县九一四林场	学堂边	10.00	杉木										1980	天然林	10.00										本地	建成后疏于管理	
武宁县宋溪林场	田畔垅	2.00	杉木	1986	65	2.00																			本地	收集瓜源杉优质品种	

（续）

建设单位（个人）	地点	面积（hm²）	树种名称	收集区			采穗圃			种子园			母树林				测定林		示范林			母本园			供种范围	评价与建议	备注
				建成年份	无性系数量（个）	面积（hm²）	建成年份	面积（hm²）	累计产穗条（万株）	建成年份	家系无性系数量（个）	累计生产种子（kg）	建成年份	起源	面积（hm²）	累计生产种子（kg）	建成年份	面积（hm²）	建成年份	面积（hm²）	长势	建成年份	面积（hm²）	种源数量（个）			
瑞昌市林业科学研究所		4.53	杉木							1976		3000													本地		
星子县东牯山林场	万杉	4.00	杉木							1985	6	230														发挥作用	
湖口县三里林场	南门分场	2.67	油茶				1989	2.67																	未供种	93 年后未管理	
景德镇市合计		**205.93**				**6.13**		**4.00**	**4**			**1400**			**21.00**			**9.00**		**27.90**							
景德镇市森林苗圃		20.10		2004	34																						新建
景德镇市森林苗圃		10.50	桂花	2005		2.00											2004	2.00	2004	6.50	良好						
景德镇市森林苗圃		7.90	红豆杉	2004		1.00											2004	2.40	2004	4.50	良好						新建
景德镇市森林苗圃		19.60	豹皮樟	2005		1.00							2004	人工林	9.60		2004	2.20	2004	9.00	差						
景德镇市森林苗圃		22.70	闽楠	2005		1.00							2004	人工林	11.40		2004	2.40	2004	7.90	良好						
枫树山林场	塘坞	1.00	火炬松	1986		1.00				1986	309															需加强管理	
枫树山林场	塘坞	0.13	F1 马褂木	1987		0.13																					
乐平市白土峰良种场	礼林镇	4.00	杉木				1975	4.00	4																本地	用材林	
乐平市白土峰良种场	礼林镇	10.00	杉木							1983	46	1400													全省	用材林	
银坞林场	浮梁县蛟潭镇		丝栗栲																								
银坞林场	浮梁县蛟潭镇	110.00	青冈栎	2004																							新建采种基地
银坞林场	浮梁县蛟潭镇		枫香																								
新余市合计		**34.62**						**15.60**	**45000**			**107.5**			**1.00**			**18.02**									

（续）

建设单位（个人）	地点	面积（hm^2）	树种名称	收集区			采穗圃			种子园			母树林				测定林		示范林			母本园			供种范围	评价与建议	备注
				建成年份	无性系数量（个）	面积（hm^2）	建成年份	面积（hm^2）	累计产穗条（万株）	建成年份	家系无性系数量（个）	累计生产种子（kg）	建成年份	起源	面积（hm^2）	累计生产种子（kg）	建成年份	面积（hm^2）	建成年份	面积（hm^2）	长势	建成年份	面积（hm^2）	种源数量（个）			
中国林业科学研究院亚热带林业实验中心	长埠林场	2.27	马尾松				1984	2.27	30000	1983	485																
中国林业科学研究院亚热带林业实验中心	长埠林场		楠木										2004	天然林	1.00												
中国林业科学研究院亚热带林业实验中心	山下林场	32.35	杉木				1992	13.33	15000	1992	155	107.5					1981	12.60									
中国林业科学研究院亚热带林业实验中心	山下林场																1993	1.80									
中国林业科学研究院亚热带林业实验中心	山下林场																1994	1.07									
中国林业科学研究院亚热带林业实验中心	山下林场		马褂木														1993	0.83									
中国林业科学研究院亚热带林业实验中心	山下林场		桤木														1999	1.36									
中国林业科学研究院亚热带林业实验中心	山下林场		秃杉														1993	0.36									
鹰潭市合计		**83.33**													**83.33**	**11500**				**7.00**							
双圳林场	朱坑	28.33	栲树、杜英	2000									2000	天然林	28.33	2500			2001	7.00							
双圳林场	狗垄	55.00	苦槠、猴欢喜	2000									2000	天然林	55.00	9000			2001								
赣州市合计		**576.97**				**69.85**		**20.66**	**376.0**			**234724.0**			**260.78**	**13150.0**		**40.95**		**53.50**			**41.20**				
市林业科学研究所	沙石四管垅	4.00	油茶							1984	60	15000													全国	加强管理	
市林业科学研究所	沙石四管垅	4.00	油茶				1985	4.00	300																江西、广东	加强管理	

（续）

建设单位（个人）	地　点	面积（hm^2）	树种名称	收集区			采穗圃			种子园			母树林				测定林		示范林			母本园			供种范围	评价与建议	备注
				建成年份	无性系数量（个）	面积（hm^2）	建成年份	面积（hm^2）	累计产穗条（万株）	建成年份	家系无性系数量（个）	累计生产种子（kg）	建成年份	起源	面积（hm^2）	累计生产种子（kg）	建成年份	面积（hm^2）	建成年份	面积（hm^2）	长势	建成年份	面积（hm^2）	种源数量（个）			
信丰县林木良种场	半坑工区	67.00	杉木							1985	28	202754													全省		
信丰县林木良种场	半坑工区	5.71	杉木							2000	44																
信丰县林木良种场	半坑工区	3.19	杉木							2000	1																
信丰县林木良种场	南坪工区	2.40	枫香										2001	人工林	2.40												
信丰县林木良种场	南坪工区	3.08	木荷										2001	人工林	3.08												
信丰县林木良种场	南坪工区	2.40	火力楠										2001	人工林	2.40												
信丰县林木良种场	南坪工区	2.40	深山含笑										2004	人工林	2.40												
信丰县林木良种场	南坪工区	1.75	红豆杉										2004	人工林	1.75												
信丰县林木良种场	南坪工区	2.40	喜树										2004	人工林	2.40												
信丰县林木良种场	南坪工区	3.05	香樟										2004	人工林	3.05												
信丰县林木良种场	南坪工区	2.40	楠木										2002	人工林	2.40												
信丰县林木良种场	南坪工区	2.09	观光木										2003	人工林	2.09												
信丰县林木良种场	南坪工区	3.67	乐昌含笑										2001	人工林	3.67												

（续）

建设单位（个人）	地　点	面积（hm^2）	树种名称	收集区			采穗圃			种子园			母树林				测定林		示范林			母本园			供种范围	评价与建议	备注
				建成年份	无性系数量（个）	面积（hm^2）	建成年份	面积（hm^2）	累计产穗条（万株）	建成年份	家系无性系数量（个）	累计生产种子（kg）	建成年份	起源	面积（hm^2）	累计生产种子（kg）	建成年份	面积（hm^2）	建成年份	面积（hm^2）	长势	建成年份	面积（hm^2）	种源数量（个）			
信丰县林木良种场	南坪工区	3.28	山杜英										2001	人工林	3.28												
信丰县林木良种场	南坪工区	2.07	山杜英										2002	人工林	2.07												
信丰县林木良种场	南坪工区	2.67	乐昌含笑										2002	人工林	2.67												
信丰县林木良种场	南坪工区	4.00	苦楝										2000	人工林	4.00												
信丰县林木良种场	南坪工区黄竹迳	4.93	湿地松																2004	4.93							
信丰县林木良种场	南坪工区黄竹迳	2.53	苦楝																2004	2.53							
信丰县林木良种场	南坪工区黄竹迳	2.09	南酸枣																2004	2.09							
信丰县林木良种场	南坪工区茶头坑	2.68	香樟																2004	2.68							
信丰县林木良种场	南坪工区茶头坑	1.27	喜树																2004	1.27							
信丰县林木良种场	半坑工区丝毛杭	0.67	国槐				2002	0.67																			
信丰县林木良种场	南坪工区茶头坑	1.39	深山含笑				2004	1.39																			
信丰县林木良种场	南坪工区茶头坑	0.67	罗汉松				2004	0.67																			
信丰县林木良种场	南坪工区茶头坑	2.00	樟树														2004	2.00									

（续）

建设单位（个人）	地点	面积（hm^2）	树种名称	收集区			采穗圃			种子园			母树林				测定林		示范林			母本园			供种范围	评价与建议	备注
				建成年份	无性系数量（个）	面积（hm^2）	建成年份	面积（hm^2）	累计产穗条（万株）	建成年份	家系无性系数量（个）	累计生产种子（kg）	建成年份	起源	面积（hm^2）	累计生产种子（kg）	建成年份	面积（hm^2）	建成年份	面积（hm^2）	长势	建成年份	面积（hm^2）	种源数量（个）			
信丰县林木良种场	南坪工区茶头坑	2.00	喜树														2004	2.00									
信丰县林木良种场	半坑工区丝毛杭	2.31	红心杉														2003	2.31									
信丰县林木良种场	半坑工区丝毛杭	2.37	木荷														2003	2.37									
信丰县林木良种场	半坑工区丝毛杭	2.27	山杜英														2003	2.27									
信丰县林木良种场	半坑工区丝毛杭	2.27	深山含笑														2003	2.27									
信丰县林木良种场	半坑工区丝毛杭	1.87	栲树														2002	1.87									
信丰县林木良种场	半坑工区丝毛杭	2.27	楠木														2002	2.27									
信丰县林木良种场	半坑工区丝毛杭	0.40	红心杉	2003	45	0.40																					
信丰县林木良种场	半坑工区丝毛杭	0.40	深山含笑	2002	14	0.40																					
信丰县林木良种场	半坑工区丝毛杭	0.40	木荷	2001	1	0.40																					
信丰县林木良种场	半坑工区丝毛杭	0.40	杜英	2001	1	0.40																					
信丰县林木良种场	南坪工区南坪坑	6.07	楠木	2002	1	6.07																					
信丰县林木良种场	南坪工区茶头坑	0.40	喜树	2003	1	0.40																					

（续）

建设单位（个人）	地点	面积（hm^2）	树种名称	收集区			采穗圃			种子园			母树林				测定林		示范林			母本园			供种范围	评价与建议	备注
				建成年份	无性系数量（个）	面积（hm^2）	建成年份	面积（hm^2）	累计产穗条（万株）	建成年份	家系无性系数量（个）	累计生产种子（kg）	建成年份	起源	面积（hm^2）	累计生产种子（kg）	建成年份	面积（hm^2）	建成年份	面积（hm^2）	长势	建成年份	面积（hm^2）	种源数量（个）			
信丰县林木良种场	南坪工区茶头坑	0.40	香樟	2003	1	0.40																					
信丰县林木良种场	南坪工区南坪坑	0.40	苦楝	2002	23	0.40																					
信丰县林木良种场	南坪工区南坪坑	10.00	杉木	1996	1	10.00																					
信丰县林木良种场	南坪工区桥子坑	10.00	杉木	1993	1	10.00																					
信丰县林木良种场	南坪工区牛头湾	10.00	杉木	1996	1	10.00																					
上犹县寺下林场	寺下乡新华村小坑子	1.72	油茶	2001		1.72	2000																		本地		
上犹县刘经贵	陡水镇	9.27	油茶	2001	10	9.27	2000	9.27	76																本市	高产	
赣州县犹江林场	长潭分场	3.67	杉木							1975	5	400															
崇义县高坌林场	林业科学研究所	6.40	杉木							1976	30	4200													本地		
崇义县高坌林场	林业科学研究所	2.33	杉木							1982	8	1085													本地		
崇义县林业技术推广站	葛藤坑	7.00	杉木							1989	10	1785													本地		
安远县牛犬山良种场		72.27	杉木							1993	412	7500		广东	51.73		1992	16.40							全省		
安远县牛犬山良种场		71.13	马尾松							1993	121		1986	广东	71.13										全省		

（续）

建设单位（个人）	地点	面积（hm^2）	树种名称	收集区			采穗圃			种子园			母树林				测定林		示范林			母本园			供种范围	评价与建议	备注
				建成年份	无性系数量（个）	面积（hm^2）	建成年份	面积（hm^2）	累计产穗条（万株）	建成年份	家系无性系数量（个）	累计生产种子（kg）	建成年份	起源	面积（hm^2）	累计生产种子（kg）	建成年份	面积（hm^2）	建成年份	面积（hm^2）	长势	建成年份	面积（hm^2）	种源数量（个）			
宁都县林业科学研究所	梅江镇新店	1.07	杉木							1977	1	2000													本地	改造	
宁都县赖村林场	水阁工区	8.00	湿地松										1983	人工	8.00	5500									本地	扩大规模	
于都县银坑林场	桥头工队	66.67	湿地松										1975	人工	66.67	6750									全国	林分渐衰，加强管理	
赣南树木园	西坑	60.00	100多个品种		1200	20.00													1988	40.00	旺盛						
赣南树木园	荷树窝	3.07	米老排														2003	3.07									
赣南树木园	荷树窝	1.80	厚皮香														2003	1.80									
赣南树木园	西坑	5.20	厚皮香										1987	人工	5.20	750						2004	5.20	5			
赣南树木园	西坑	0.40	八角										1987	人工	0.40	150											
赣南树木园	西坑	6.13	猴欢喜																			2004	6.13	5			
赣南树木园	西坑	5.07	阿丁枫																			2004	5.07	5			
赣南树木园	西坑	2.00	冬桃																			2004	2.00	5			
赣南树木园	洋坑	4.00	石笔木														2003	1.00				2004	3.00	5			
赣南树木园	洋坑	3.67	冬桃														2004	0.33				2004	3.33	5			
赣南树木园	洋坑	5.87	猴欢喜														2003	0.33				2004	5.53	5			
赣南树木园	洋坑	20.00	八角										2004	人工	20.00												
赣南树木园	洋坑	4.93	四季桂																			2004	4.93	5			
赣南树木园	洋坑	6.67	阿丁枫														2003	0.67				2004	6.00	5			
赣南树木园	场部	2.00	四季桂				2004	2.00																			
赣南树木园	场部	1.67	阿丁枫				2003	1.67																			
赣南树木园	场部	1.00	罗汉松				2003	1.00																			

（续）

建设单位（个人）	地 点	面积（hm^2）	树种名称	收集区			采穗圃			种子园			母树林				测定林		示范林			母本园			供种范围	评价与建议	备注
				建成年份	无性系数量（个）	面积（hm^2）	建成年份	面积（hm^2）	累计产穗条（万株）	建成年份	家系无性系数量（个）	累计生产种子（kg）	建成年份	起源	面积（hm^2）	累计生产种子（kg）	建成年份	面积（hm^2）	建成年份	面积（hm^2）	长势	建成年份	面积（hm^2）	种源数量（个）			
宜春市合计		**281.07**				**55.73**		**65.87**	**295**			**189000**			**56.00**	**6869.5**		**5.00**		**111.33**							
西村油科所		10.00	油茶	1991	18	10.00	1991	10.00	100																		
速丰林场	分界	6.67	油茶	2004	24	6.67	2004	6.67																			
柏木镇	桐边	10.80	油茶	2006	22	10.80	2006	10.80																			
新田新富林场		6.67	油茶	2006	11	6.67	2006	6.67																			
寨下院岭	谢家桥	6.67	油茶	2006	11	6.67	2006	6.67																			
油茶林场	张子岭	14.93	油茶	2006	20	14.93	2006	14.93																			
渥江镇	社背	55.67	油茶																2006	55.67	旺盛						
万载县双桥镇昌田村		11.87	桐棉松							1986																	
高安市杨圩板栗林场	幸家分场及总场场部	1.67	板栗				1979	1.67	50																全省	良好	
高安市森林苗圃	毫猪岭下	2.67	朱砂李				1990	2.67	5																本市	良好	
高安市森林苗圃	岭口路南	1.67	方柿				1984	1.67	5																本市	良好	
樟树试验林场	总场	3.33	毛红椿							2005																	
樟树试验林场	三分场	10.00	杉木							1985			1985	人工林	10.00	1500											
樟树试验林场	二分场	6.67	鹅掌楸							1982			1982	人工林	6.67	1110											
樟树试验林场	二分场	13.33	湿地松											人工林	13.33	518											
樟树市林业科学研究所	新基山	2.33	油茶				2006	2.33																			
樟树市绿野花卉公司	玉龙潭	0.80	丹桂				2007	0.80																			
宜丰县速生丰产林总站	澄塘镇黄坪村	36.00	闽楠				2007	1.00	135	2007	1	189000					2006	5.00	2006	5.00	良好						

（续）

建设单位（个人）	地点	面积（hm^2）	树种名称	收集区			采穗圃			种子园			母树林				测定林		示范林			母本园			供种范围	评价与建议	备注
				建成年份	无性系数量（个）	面积（hm^2）	建成年份	面积（hm^2）	累计产穗条（万株）	建成年份	家系无性系数量（个）	累计生产种子（kg）	建成年份	起源	面积（hm^2）	累计生产种子（kg）	建成年份	面积（hm^2）	建成年份	面积（hm^2）	长势	建成年份	面积（hm^2）	种源数量（个）			
官山自然保护区	芭蕉埚	13.33	乐昌含笑										1998	人工林	13.33	725					旺盛				华东、华中、华南以及华北北一些省市		
官山自然保护区	大坝洲	3.33	巴东木莲										1998	人工林	4.00	401.5										目前及今后几年内，银鹊、青钱柳、毛红椿、穗花杉、红翅槭、灯台树等苗木仍然受种苗市场欢迎。可适度发展大苗	
官山自然保护区	大坝洲	1.33	粉花陀螺果										1998	人工林	1.33	630											
官山自然保护区	李家屋场	1.33	银鹊										1998	天然林	1.33	825											适宜推广
官山自然保护区	李家屋场	1.33	乐昌含笑										1998	天然林	1.33	65					旺盛						
官山自然保护区	将军洞	1.33	银鹊										1998	天然林	1.33	745											
官山自然保护区	将军洞	1.33	青钱柳																		旺盛						发展前景尚好
官山自然保护区	龙坑	5.33	麻栎										1998	天然林	3.33	350											
官山自然保护区	麻子山沟	0.67	巴东木莲																1999	0.67	旺盛						
官山自然保护区	麻子山沟	5.33	闽楠																1999	5.33	旺盛						
官山自然保护区	猪栏石	6.67	华东野核桃																1998	6.67	旺盛						
官山自然保护区	大西坑	3.33	红楠																1998	3.33	旺盛						
官山自然保护区	大西坑	2.67	毛红椿																1998	2.67	旺盛						

（续）

建设单位（个人）	地点	面积（hm^2）	树种名称	收集区			采穗圃			种子园			母树林				测定林		示范林			母本园			供种范围	评价与建议	备注
				建成年份	无性系数量（个）	面积（hm^2）	建成年份	面积（hm^2）	累计产穗条（万株）	建成年份	家系无性系数量（个）	累计生产种子（kg）	建成年份	起源	面积（hm^2）	累计生产种子（kg）	建成年份	面积（hm^2）	建成年份	面积（hm^2）	长势	建成年份	面积（hm^2）	种源数量（个）			
官山自然保护区	大西坑	4.00	红翅槭																1998	4.00	旺盛						
官山自然保护区	大西坑	3.33	薄叶润楠																1998	3.33							
官山自然保护区	大西坑	3.33	穗花杉																1998	3.33							
官山自然保护区	麻子山	5.33	杜英																1998	5.33							
官山自然保护区	麻子山	8.00	灯台树																1998	8.00							
官山自然保护区	寒西埚	6.67	米槠																1998	6.67							
官山自然保护区	石花尖	1.33	南方红豆杉																1998	1.33							
上饶市总计		**75.33**																									
广丰县林业科学研究所	后山		广西棒槌	1993	1																						乌柏品种
广丰县林业科学研究所	后山		徽洲葡萄	1993	1																						乌柏品种
广丰县林业科学研究所	后山	8.67	广西疏果	1993	1																						乌柏品种
广丰县林业科学研究所	后山		广西蜈蚣	1993	1																						乌柏品种
广丰县林业科学研究所	后山		分水葡萄	1993	1																						乌柏品种

（续）

建设单位（个人）	地点	面积（hm²）	树种名称	收集区			采穗圃			种子园			母树林				测定林		示范林			母本园			供种范围	评价与建议	备注
				建成年份	无性系数量（个）	面积（hm²）	建成年份	面积（hm²）	累计产穗条（万株）	建成年份	家系无性系数量（个）	累计生产种子（kg）	建成年份	起源	面积（hm²）	累计生产种子（kg）	建成年份	面积（hm²）	建成年份	面积（hm²）	长势	建成年份	面积（hm²）	种源数量（个）			
广丰县林业科学研究所	后山		赣丰3号	1993	1																						乌柏品种
广丰县林业科学研究所	后山		浙江铜锤柏	1993	1																						乌柏品种
广丰县林业科学研究所	后山		云南铜锤	1993	1																						乌柏品种
广丰县林业科学研究所	后山		浙江寿桃	1993	1																						乌柏品种
广丰县林业科学研究所	后山		大粒铜锤	1993	1																						乌柏品种
广丰县林业科学研究所	后山		广丰大粒鸡爪	1993	1																						乌柏品种
广丰县林业科学研究所	后山		浙江鸡爪	1993	1																						乌柏品种
广丰县林业科学研究所	后山		浙江大粒葡萄	1993	1																						乌柏品种
广丰县林业科学研究所	后山		广西大鸡爪	1993	1																						乌柏品种
广丰县林业科学研究所	后山		管村红叶柏	1993	1																						乌柏品种
广丰县林业科学研究所	后山		赣丰1号	1993	1																						乌柏品种
横峰排楼林场		33.33	杉木							2005	2	50000															
横峰县新篁乡		33.33	油茶							2005	2	300000															
吉安市总计		**296.60**				**13.76**		**3.93**	**165.1**			**14231.9**			**75.93**	**13900**		**66.17**		**79.87**							

（续）

建设单位（个人）	地点	面积（hm^2）	树种名称	收集区			采穗圃			种子园			母树林				测定林		示范林			母本园			供种范围	评价与建议	备注
				建成年份	无性系数量（个）	面积（hm^2）	建成年份	面积（hm^2）	累计产穗条（万株）	建成年份	家系无性系数量（个）	累计生产种子（kg）	建成年份	起源	面积（hm^2）	累计生产种子（kg）	建成年份	面积（hm^2）	建成年份	面积（hm^2）	长势	建成年份	面积（hm^2）	种源数量（个）			
武功山林场		18.00	杉木				1990	1.33	10	1976	80	3000													本省		
武功山林场		13.33	火炬松										1984	人工林	13.33	2000									本省		
坳上林场		10.67	杉木				1987	0.67	1.6	1987	50	1000					1987	2.67							本省		
泗源林场	山塘	32.67	湿地松										1989	人工林	32.67	9400											
官山林场	东毛坑	26.40	杉木				1996	1.47	142								1997	16.93									
官山林场	东毛坑	16.13	马尾松																1992	16.13							
官山林场	东毛坑	13.33	木荷														2003	13.33									
白云山林场	李家坑、若龙坑	48.87	杉木	1995	257	2.00	1990	0.27	10	1994	185	2381.9					2003	20.13	2003	26.00	旺盛				闽、桂、赣、鄂、粤	营建二代种子园	
白云山林场	富田山场	8.67	湿地松				1992	0.20	1.5	1992	38						1990	8.67									
白云山林场	富田山场	2.00	火炬松														1990	2.00									
白云山林场	李家坑山场	12.93	乐昌含笑	2001	3	0.13							2001	人工林	6.07				2004	6.67	旺盛						优良种源
白云山林场	李家坑山场	7.17	山杜英	2001	2	0.43							2001	人工林	6.73												优良种源
白云山林场	李家坑山场	11.53	石笔木	2001	3	0.02							2001	人工林	4.47				2004	7.07	良好						优良种源
白云山林场	李家坑山场	20.27	乐昌含笑	2002	37	1.33							2001	人工林	5.33				2003	13.60	良好						优良种源
白云山林场	李家坑山场	7.17	锥栗	2004	8	1.83							2001		5.33												
白云山林场	李家坑山场	0.27	毛竹														2005	0.27									
白云山林场	李家坑、若龙坑	0.40	紫楠	2002	1	0.07											2002	0.33									

（续）

建设单位（个人）	地点	面积（hm^2）	树种名称	收集区			采穗圃			种子园			母树林				测定林		示范林			母本园			供种范围	评价与建议	备注
				建成年份	无性系数量（个）	面积（hm^2）	建成年份	面积（hm^2）	累计产穗条（万株）	建成年份	家系无性系数量（个）	累计生产种子（kg）	建成年份	起源	面积（hm^2）	累计生产种子（kg）	建成年份	面积（hm^2）	建成年份	面积（hm^2）	长势	建成年份	面积（hm^2）	种源数量（个）			
白云山林场	李家坑、若龙坑	1.24	闽楠	2002	28	0.07											2002	1.17									
白云山林场	李家坑、若龙坑	0.40	白楠	2002	1	0.07											2002	0.33									
白云山林场	李家坑、若龙坑	0.40	桢楠	2002	1	0.07											2000	0.33									
白云山林场	李家坑山场	6.07	银鹊																2002	6.07	良好						
白云山林场	李家坑山场	2.13	毛红楝																2004	2.13	良好						
白云山林场	李家坑山场	2.20	苦楝	2001	1	0.11													2004	2.20	良好						
白云山林场	李家坑山场	0.11	火力楠	2001	1	0.11																					
白云山林场	李家坑山场	0.11	鹅常楸	2001	1	0.11																					
白云山林场	李家坑山场	0.11	厚皮香	2001	1	0.11																					
白云山林场	李家坑山场	0.11	蓝果树	2001	1	0.11																					
白云山林场	李家坑山场	0.11	东京野茉莉	2001	1	0.04																					
白云山林场	李家坑山场	0.04	观光木	2002	1	0.04																					
白云山林场	李家坑山场	0.04	大叶樟	2002	1	0.04																					
白云山林场	李家坑山场	0.04	天竺桂	2002	1	0.04																					
白云山林场	李家坑山场	0.04	香叶树	2002	1	0.04																					
白云山林场	李家坑山场	0.04	黄山栾树	2002	1	0.04																					
白云山林场	李家坑山场	0.04	无患子	2002	1	0.04																					
白云山林场	李家坑山场	0.04	青榨槭	2002	1	0.04																					
白云山林场	李家坑山场	0.04	五角枫	2002	1	0.04																					
白云山林场	李家坑山场	0.04	香瓣杜英	2002	1	0.04																					

（续）

建设单位（个人）	地点	面积（hm^2）	树种名称	收集区			采穗圃			种子园			母树林				测定林		示范林			母本园			供种范围	评价与建议	备注
				建成年份	无性系数量（个）	面积（hm^2）	建成年份	面积（hm^2）	累计产穗条（万株）	建成年份	家系无性系数量（个）	累计生产种子（kg）	建成年份	起源	面积（hm^2）	累计生产种子（kg）	建成年份	面积（hm^2）	建成年份	面积（hm^2）	长势	建成年份	面积（hm^2）	种源数量（个）			
白云山林场	李家坑山场	0.04	华杜英	2002	1	0.04																					
白云山林场	李家坑山场	0.04	青冈	2002	1	0.04																					
白云山林场	李家坑山场	0.04	丝栗栲	2002	1	0.04																					
白云山林场	李家坑山场	0.04	甜槠	2002	1	0.04																					
白云山林场	李家坑山场	0.04	井冈山槠	2002	1	0.04																					
白云山林场	李家坑山场	0.04	虎皮楠	2002	1	0.04																					
白云山林场	李家坑山场	0.04	银杏	2002	1	0.04																					
白云山林场	李家坑山场	0.04	乳源木莲	2002	1	0.04																					
白云山林场	李家坑山场	0.04	银钟树	2002	1	0.04																					
白云山林场	李家坑山场	0.01	珙桐	2002	1	0.01																					
白云山林场	李家坑山场	0.03	野鸭椿	2002	1	0.03																					
白云山林场	李家坑山场	0.03	密花树	2002	1	0.03																					
白云山林场	李家坑山场	0.03	阿丁枫	2002	1	0.03																					
白云山林场	李家坑山场	0.03	金叶含笑	2002	1	0.03																					
白云山林场	李家坑山场	0.03	黄心夜合	2003	1	0.03																					
白云山林场	李家坑山场	0.07	桂南木莲	2003	1	0.07																					
白云山林场	李家坑山场	0.07	峨眉含笑	2003	1	0.07																					
白云山林场	李家坑山场	0.07	山玉兰	2003	1	0.07																					
白云山林场	李家坑山场	0.07	红花木莲	2003	1	0.07																					
白云山林场	李家坑山场	0.07	厚朴	2003	1	0.07																					
白云山林场	李家坑山场	0.07	四川含笑	2003	1	0.07																					
白云山林场	李家坑山场	0.07	红楠	2003	1	0.07																					
白云山林场	李家坑山场	0.07	华东楠	2003	1	0.07																					

（续）

建设单位（个人）	地　点	面积（hm^2）	树种名称	收集区			采穗圃			种子园			母树林				测定林		示范林			母本园			供种范围	评价与建议	备注
				建成年份	无性系数量（个）	面积（hm^2）	建成年份	面积（hm^2）	累计产穗条（万株）	建成年份	家系无性系数量（个）	累计生产种子（kg）	建成年份	起源	面积（hm^2）	累计生产种子（kg）	建成年份	面积（hm^2）	建成年份	面积（hm^2）	长势	建成年份	面积（hm^2）	种源数量（个）			
白云山林场	李家坑山场	0.07	刨花楠	2003	1	0.07																					
白云山林场	李家坑山场	0.07	华南厚皮香	2003	1	0.07																					
白云山林场	李家坑山场	0.07	七叶树	2003	1	0.07																					
白云山林场	李家坑山场	0.07	桤木	2003	1	0.07																					
白云山林场	李家坑山场	0.07	紫薇	2003	1	0.07																					
白云山林场	李家坑山场	0.07	伯乐树	2003	1	0.07																					
白云山林场	李家坑山场	0.07	桂花	2003	1	0.07																					
白云山林场	李家坑山场	0.07	香港四照花	2003	1	0.07																					
白云山林场	李家坑山场	0.07	竹柏	2003	1	0.07																					
白云山林场	李家坑山场	0.07	冬桃	2005	1	0.07																					
白云山林场	李家坑山场	0.07	秤锤树	2005	1	0.07																					
白云山林场	李家坑山场	0.07	陀螺果	2005	1	0.07																					
白云山林场	李家坑山场	0.07	杨桐	2005	1	0.07																					
白云山林场	李家坑山场	0.07	银鹊	2005	1	0.07																					
白云山林场	李家坑山场	0.07	红翅槭	2005	1	0.07																					
白云山林场	李家坑山场	0.07	猴欢喜	2005	1	0.07																					
白云山林场	李家坑山场	0.07	中华石楠	2005	1	0.07																					
白云山林场	李家坑山场	0.07	南方红豆杉	2005	1	0.07																					
白云山林场	李家坑山场	0.07	乐东拟单性木兰	2005	1	0.07																					
白云山林场	李家坑山场	0.07	银木樟	2005	1	0.07																					
白云山林场	李家坑山场	0.07	重阳木	2005	1	0.07																					
白云山林场	李家坑山场	0.07	青枫	2005	1	0.07																					

（续）

建设单位（个人）	地　点	面积（hm^2）	树种名称	收集区			采穗圃			种子园			母树林				测定林		示范林			母本园			供种范围	评价与建议	备注
				建成年份	无性系数量（个）	面积（hm^2）	建成年份	面积（hm^2）	累计产穗条（万株）	建成年份	家系无性系数量（个）	累计生产种子（kg）	建成年份	起源	面积（hm^2）	累计生产种子（kg）	建成年份	面积（hm^2）	建成年份	面积（hm^2）	长势	建成年份	面积（hm^2）	种源数量（个）			
白云山林场	李家坑山场	0.07	红枫	2005	1	0.07																					
白云山林场	李家坑山场	0.07	平伐含笑	2005	1	0.07																					
白云山林场	李家坑山场	0.07	罗汉松	2005	1	0.07																					
白云山林场	李家坑山场	0.07	广玉兰	2005	1	0.07																					
白云山林场	李家坑山场	0.07	猴樟	2005	1	0.07																					
白云山林场	李家坑山场	0.07	沉水樟	2005	1	0.07																					
白云山林场	李家坑山场	0.07	鸭头梨	2005	1	0.07																					
白云山林场	李家坑山场	0.07	灯台树	2005	1	0.07																					
白云山林场	李家坑山场	0.07	红花荷	2005	1	0.07																					
白云山林场	李家坑山场	0.07	半枫荷	2005	1	0.07																					
白云山林场	李家坑山场	0.07	木莲	2005	1	0.07																					
白云山林场	李家坑山场	0.07	黧蒴栲	2005	1	0.07																					
白云山林场	李家坑山场	0.07	米老排	2005	1	0.07																					
白云山林场	李家坑山场	0.07	白玉兰	2005	1	0.07																					
白云山林场	李家坑山场	0.07	黄玉兰	2005	1	0.07																					
白云山林场	李家坑山场	0.07	茶梅	2005	1	0.07																					
白云山林场	李家坑山场	0.07	茶花	2005	1	0.07																					
白云山林场	李家坑山场	0.07	椤木石楠	2005	1	0.07																					
白云山林场	李家坑山场	0.07	红花玉兰	2005	1	0.07																					
白云山林场	李家坑山场	0.07	伞房决明	2005	1	0.07																					
白云山林场	李家坑山场	0.07	月桂	2005	1	0.07																					
白云山林场	李家坑山场	0.07	紫果冬青	2005	1	0.07																					
白云山林场	李家坑山场	0.07	苦槠	2005	1	0.07																					

（续）

建设单位（个人）	地　点	面积（hm^2）	树种名称	收集区			采穗圃			种子园			母树林				测定林		示范林			母本园			供种范围	评价与建议	备注
				建成年份	无性系数量（个）	面积（hm^2）	建成年份	面积（hm^2）	累计产穗条（万株）	建成年份	家系无性系数量（个）	累计生产种子（kg）	建成年份	起源	面积（hm^2）	累计生产种子（kg）	建成年份	面积（hm^2）	建成年份	面积（hm^2）	长势	建成年份	面积（hm^2）	种源数量（个）			
白云山林场	李家坑山场	0.07	石斑木	2005	1	0.07																					
白云山林场	李家坑山场	0.07	日本杜英	2005	1	0.07																					
白云山林场	李家坑山场	0.07	花梨木	2005	1	0.07																					另外种子园面积56.5hm^2
白云山林场	李家坑山场	0.07	多花山竹子	2005	1	0.07																					
峡江县林木良种场	水边茅坪	6.67	马尾松							1979	75	350													全省		
峡江县林木良种场	水边茅坪	18.00	湿地松							1979	124	7500													全省		
峡江县林木良种场	水边茅坪	2.00	马褂木										1984	人工林	2.00	2500									全省		
峡江县林木良种场	水边茅坪	2.47	杉木	1983	442	2.47																			全省		
抚州市总计						**2.07**		**16.67**	**60**			**6477.5**			**13.32**			**16.66**		**10.00**							
市林业科学研究所	院内	100.35	马尾松				1984	3.33		2000	176	3258															
市林业科学研究所	院内		乐昌含笑				2003	10.00	60				2002		13.32												
市林业科学研究所	院内		火力楠														2000	3.33	2003	10.00	良好						
市林业科学研究所	院内		乐东拟单性木兰	2002		2.07																					
广昌县盱江林场		63.33	杉木				1984	3.33		1984	80	3219.5					1984	13.33									
广昌县盱江林场		66.67	马尾松							1984	165																

表 7　林木种质资源保存登记

序号	种质资源名称	保存单位	已保存林木种质资源				保存林(圃)地点	种植年份	原产地	保存株数	保存面积(hm^2)	保存现状		备注
			群体(种源)	家系	优树	无性系(个)						长势	管护	
1	F1 马褂木	景德镇市枫树山林场				15	种子园	1986	美国	1680	2.00	良好	一般	
2	白玉兰	吉安市安福县坳上林场			1		本场场部	1983				良好	场管	本地保存
3	板栗	峡江县金坪富兴果业农场	本地				采穗圃	1985		50		一般	好	金坪矮垂栗
	板栗	宜春高安市杨圩板栗林场				25	采穗圃	1979	江苏、浙江等地	520	1.73	旺盛	好	
4	沉水樟	吉安市安福县陈山林场	本地				本地采种基地				1.30	好	场管	
	沉水樟	吉安市泰和县桥头镇春和村	本地				子代林	1986		480	2.00	旺盛	好	
5	陈山红心杉	吉安市安福县陈山林场	本地				本地采种基地	1983			253.40	好	场管	
6	池杉	吉安市安福县坳上林场	本地					1985	湖北		2.00	良好	场管	谷口
7	大粒铜锤	上饶市广丰县林业科学研究所	本地				收集区	1993	广丰	2		一般	一般	乌桕品种
8	大叶红花油茶	吉安市武功山林场		1			本地					良好	场管	三天门
9	丹桂	宜春樟树市绿野花卉公司				1	本地	2006			0.80			
10	东京白克木	吉安市峡江县保护区	本地				原境保存			31	0.20	良好	重点保护	天然林
11	东京野茉莉	吉安市吉水县芦溪岭林场	本地	1				2002		6500	3.67	良好	良好	
	东京野茉莉	宜春市铜鼓县铜鼓正兴公司	本省				丰产林	2004	江西省林业科学院	7000	10.00	旺盛	良好	温泉荷塘坳
12	冬青	吉安市泰和县桥头镇东山村	本地				子代林	1986		60	0.67	旺盛	好	
	冬青	吉安市泰和县桥头镇东山村	本地				子代林	1981		10	0.07	旺盛	好	
13	杜英	吉安市永新县曲江林场	本地				采种基地			3150	30.00	良好	专人管护	
	杜英	鹰潭贵溪市双圳林场	本地				本地				80.00	良好	场管	天然林
14	分水葡萄	上饶市广丰县林业科学研究所	浙江				收集区	1993	浙江	1		一般	一般	乌桕品种
15	枫香	吉安市横龙镇江背			1		本地	1960				良好	村管	铁家
	枫香	吉安市泰和县塘洲镇坦湖村	本地				子代林	1946		188	0.89	旺盛	好	
	枫香	吉安市泰和县塘洲镇樟溪村	本地				子代林	1941		258	1.15	旺盛	好	

（续）

序号	种质资源名称	保存单位	已保存林木种质资源				保存林(圃)地点	种植年份	原产地	保存株数	保存面积(hm^2)	保存现状		备注
			群体(种源)	家系	优树	无性系(个)						长势	管护	
	枫香	吉安市永新县三湾乡	本地				原境保存			1		渐衰	建档管理	
16	枫杨	吉安市安福县枫田镇红花园	本地				本地				0.67	良好	村管	红花园
17	福建柏	吉安市峡江县保护区	本地				原境保存			30	0.33	良好	重点保护	天然林
18	赣丰1号	上饶市广丰县林业科学研究所	本地				收集区	1993		1		一般	一般	乌桕品种
19	赣丰3号	上饶市广丰县林业科学研究所	本地				收集区	1993		1		一般	一般	葡萄柏
20	管村红叶柏	上饶市广丰县林业科学研究所	本地				收集区	1993		2		一般	一般	乌桕品种
21	广丰大粒鸡爪	上饶市广丰县林业科学研究所	本地				收集区	1993		1		一般	一般	乌桕品种
22	广西棒槌	上饶市广丰县林业科学研究所	广西				收集区	1993	广西	1		一般	一般	乌桕品种
23	广西大鸡爪	上饶市广丰县林业科学研究所	广西				收集区	1993	广西	2		一般	一般	乌桕品种
24	广西疏果	上饶市广丰县林业科学研究所	广西				收集区	1993	广西	1		一般	一般	乌桕品种
25	广西蜈蚣	上饶市广丰县林业科学研究所	广西				收集区	1993	广西	2		一般	一般	乌桕品种
26	红豆杉	吉安市遂川县五指峰林场	本地		1									
	红豆杉	吉安市遂川县五指峰林场	本地		1									
27	红叶乌桕	南昌市林业科学研究所	本地				采穗圃	2006		4200	2.53	一般	好	
28	黄山松	吉安市安福县武功山林场	本地				本地	1980			2.00	好	场管	三天门
29	黄心夜合	吉安市永新县三湾乡	本地				原境保存			3		强健	建档管理	
30	徽州葡萄	上饶市广丰县林业科学研究所	安徽				收集区	1993	安徽	1		一般	一般	乌桕品种
31	火炬松	吉安市武功山林场	本地				种子园	1984	美国		13.33	好	场管	本地保存
	火炬松	吉安市新干县白云山林场	美国	11			种源林	1992	美国	900	2.00	良好	专人管护	
32	火炬松(嫁接)	景德镇市枫树山林场		108			种子园	1988	美国	4300	5.11	良好	一般	
33	火炬松(实生)	景德镇市枫树山林场		50			种子园	1986	美国	6200	5.53	良好	一般	
34	榜树	鹰潭贵溪市双圳林场	本地				本场场部				80.00	良好	场管	天然林
35	苦槠	吉安市遂川县五指峰林场	本地		1									

（续）

序号	种质资源名称	保存单位	已保存林木种质资源				保存林（圃）地点	种植年份	原产地	保存株数	保存面积（hm^2）	保存现状		备注
			群体（种源）	家系	优树	无性系（个）						长势	管护	
	苦槠	吉安市永新县曲江林场	本地				采种基地			3150	30.00	良好	专人管护	
	苦槠	鹰潭贵溪市双圳林场	本地				本场场部				80.00	良好	场管	天然林
36	乐昌含笑	吉安市新干县白云山林场	本地				收集区、母树林	2001～2004		3400	5.47	良好	专人管护	
37	栎类	吉安市安福县陈山林场	本地				本地采种基地				1.00	好	场管	
38	罗汉松	吉安市安福县严田镇龙云	本地	1			原境保存					良好	村管	树龄约1300a
	罗汉松	吉安市永新县坳南乡	本地				原境保存			1		渐衰	建档管理	
	罗汉松	吉安市永新县三湾乡	本地				原境保存			1		渐衰	建档管理	
39	马褂木	峡江县林木良种场					母树林	1979		30	66.67	一般	好	
	马褂木	吉安市武功山林场	本地				本场	1970	美国		2.33	好	场管	社上分场上脑
	马褂木	中国林业科学研究院亚热带林业实验中心	省内外				种源林	1993		1004	0.83	好		
40	马尾松	吉安市高陂镇高陂村	本地				原境保存	1959			2.20	旺盛	好	
	马尾松	吉安市安福县横龙镇东谷村	本地				本地	1985			2.67	好	村管	小学旁
	马尾松	吉安市吉安县	本地				本地	1986		34920	19.40	一般	好	吉安县油田镇
	马尾松	吉安市吉安县	本地				本地	1986		27600	15.33	一般	好	吉安县油田镇
	马尾松	吉安市吉安县马山林场	本地				本场场部	1989		111333	66.87	一般	好	
	马尾松	吉安市枧头镇下潞	本地				原境保存	1965			6.00	旺盛	好	
	马尾松	峡江县林木良种场	本省				种子园	1979		3000	6.67	一般	好	
	马尾松	宜春市铜鼓县铜鼓正兴公司	广西				丰产林	1994	广西	30000	20.67	旺盛	良好	温泉镇光明口对面山
41	毛红椿	鹰潭贵溪市双圳林场	本省				本地	2002	南昌		0.93	良好	场管	

（续）

序号	种质资源名称	保存单位	已保存林木种质资源				保存林（圃）地点	种植年份	原产地	保存株数	保存面积（hm^2）	保存现状		备注
			群体（种源）	家系	优树	无性系（个）						长势	管护	
42	毛竹	吉安市青原区白云山林场	本省				种源林	2005	井冈山、宜黄等	623	0.27			
	毛竹	吉安市峡江县大井林场	本地				保护区			385	12.20	良好	重点保护	
43	闽楠	吉安市泰和县桥头林场元洲工区	本地				本地			855	3.00	良好	一般	天然树龄30a
	闽楠	吉安市泰和县桥头林场	本地				子代林	1948		2535	8.33	一般	好	
	闽楠	吉安市泰和县桥头镇焦坑林场	本地				本地			1680	5.33	良好	一般	天然树龄50a
	闽楠	吉安市峡江县保护区	本地				原境保存			30	0.33	良好	重点保护	天然林
	闽楠	宜春市宜丰县黄岗乡	本地	1	60		原境保存			510	20.00	良好	好	天然林
44	木荷	吉安市泰和县老营盘林业工作站	本地				本地			3116	5.47	良好	一般	天然树龄17a
	木荷	吉安市安福县陈山林场	本地				本地采种基地				3.30	好	场管	
	木荷	吉安市遂川县五指峰林场	本地		1									
	木荷	吉安市泰和县塘洲镇子南塘村	本地				子代林	1981		163	0.49	旺盛	好	
	木荷	吉安市永丰县官山林场	本地	1			本场	2000		200	1.40	强健	良好	
45	南方红豆杉	吉安市峡江县自然保护区	本地				原境保存			60	1.33	良好	重点保护	天然林
46	南方铁杉	吉安市安福县武功山林场		1			本地					良好	场管	三天门
47	南酸枣	吉安市安福县陈山林场	本地				本地采种基地				23.33	好	场管	
	南酸枣	吉安市泗源林场	本地				原境保存	1995			4.00	一般	好	
48	楠木	吉安市安福县严田镇山溪			1		本地	1955				良好	村管	
	楠木	吉安市永新县坳南乡	本地				原境保存			9		渐衰	已挂牌建档	
	楠木	吉安市永新县三湾乡	本地				原境保存			9		渐衰	已挂牌建档	
49	拟赤杨	吉安市吉水县螺田林场		1							0.40	良好	良好	天然林

（续）

序号	种质资源名称	保存单位	已保存林木种质资源				保存林（圃）地点	种植年份	原产地	保存株数	保存面积（hm^2）	保存现状		备注
			群体（种源）	家系	优树	无性系（个）						长势	管护	
	拟赤杨	吉安市枧头镇龙头	本地				原境保存	1987		200	1.20	旺盛	一般	
	拟赤杨	吉安市永新县曲江林场	本地				采种基地			9450	90.00	良好	专人管护	
	拟赤杨	鹰潭贵溪市双圳林场	本地				本场场部				80.00	良好	场管	天然林
50	刨花楠	吉安市泰和县桥头镇东山村	本地				子代林	1946		24	0.20	旺盛	好	
	刨花楠	吉安市泰和县桥头镇水坑村	本地				子代林	1976		75	0.33	一般	好	
	刨花楠	吉安市泰和县中龙乡东合村	本地				子代林	1986		335	0.27	旺盛	好	
	刨花楠	吉安市泰和县中龙乡东合村	本地				子代林	1964		49	0.07	旺盛	好	
	刨花楠	吉安市坳上林场			1		本地	1985				良好	场管	方坑
	刨花楠	吉安市永新县曲江林场	本地				采种基地			3150	30.00	良好	专人管护	
51	桤木	中国林业科学研究院亚热带林业实验中心		17	30		收集区	1993	四川	408	1.36	好		桤木家系
	桤木	宜春市铜鼓县铜鼓正兴公司	四川				丰产林	1984	四川	1000	0.53	旺盛	良好	永宁江头公路边
52	青钱柳	吉安市武功山林场		1			本地					良好	场管	三天门
53	山杜英	吉安市青原区白云山林场	本省				收集区、母树林	2001	赣南	2150	7.17			
54	杉木	吉安市青原区白云山林场	省内外	257			基因库	1992～1995	四川、贵州、福建、江西	770	2.00	良好	专人管护	
	杉木	景德镇乐平市白土峰林场	本省		1	49	采穗圃	1975	上饶	3360	4.00	一般	一般	
	杉木	景德镇乐平市白土峰林场	本省		1	46	种子园	1983	上饶	8400	10.00	一般	一般	
	杉木	吉安市吉安县双江林场	本地				本场	1988		36000	20.00	一般	好	
	杉木	吉安市吉安县双江林场	本地				本场	1993		66000	20.00	一般	好	
	杉木	吉安市吉安县双江林场	本地				本场	1993		57200	17.33	一般	好	
	杉木	吉安市吉安县天河林场	本地				本场	1987		21760	10.67	一般	好	
	杉木	吉安市吉安县天河林场	本地				本场	1987		17920	9.33	一般	好	
	杉木	吉安市吉安县九龙林场	本地				本场场部	1992		32560	9.87	一般	好	

（续）

序号	种质资源名称	保存单位	已保存林木种质资源				保存林（圃）地点	种植年份	原产地	保存株数	保存面积（hm^2）	保存现状		备注
			群体（种源）	家系	优树	无性系（个）						长势	管护	
	杉木	吉安市吉安县九龙林场	本地				本场场部	1992		21560	6.53	一般	好	
	杉木	吉安市吉水县八都林场	本地	1				1982		6300	5.73	良好	良好	
	杉木	吉安市吉水县白沙林场	广西	1				1992		4500	17.00	良好	良好	
	杉木	吉安市吉水县白水林场	广西	1				1992		21000	7.87	良好	良好	
	杉木	吉安市吉水县冠山林场	本地	1				1983		5800	5.53	良好	良好	
	杉木	吉安市吉水县芦溪岭林场	本地	1				1985		28000	11.87	良好	良好	
	杉木	吉安市吉水县水南林场	本地	1				1980		7800	7.33	良好	良好	
	杉木	吉安市吉水县乌江林场	本地	1				1979		7200	7.27	良好	良好	
	杉木	吉安市吉水县周岭林场	本地	1				1993		12000	4.33	良好	良好	
	杉木	吉安市峡江县大井林场	本地				保护区	1980		173	27.33	良好	重点保护	
	杉木	吉安市峡江县朱砂冲林场	本地				保护区	1982		255	17.00	良好	重点保护	
	杉木	吉安市永丰县官山林场	广西	1			本场	1993	广西	6800	3.73	强健	良好	
	杉木	吉安市永丰县官山林场	广西			1	本场	1996	广西	4200	2.40	强健	良好	
	杉木	峡江县林木良种场	江西、福建、广东、湖南、广西、贵州、浙江、四川				收集区	1981	江西、福建、广东、湖南、广西、贵州、浙江、四川	1562	2.47	一般	好	
	杉木	中国林业科学研究院亚热带林业实验中心	省内外183个种源				种源林	1981		1092	12.20	好		
	杉木	中国林业科学研究院亚热带林业实验中心		100			基因库	1994		10000	4.00	好		
	杉木	赣州市信丰县林木良种场	本省			全小2	一代种子园		全南	30		一般	好	
	杉木	赣州市信丰县林木良种场	本省			全小33	一代种子园		全南	30		一般	好	
	杉木	赣州市信丰县林木良种场	本省			绵江4	一代种子园		瑞金	30		一般	好	
	杉木	赣州市信丰县林木良种场	本省			全小55	一代种子园		全南	30		一般	好	

（续）

序号	种质资源名称	保存单位	已保存林木种质资源				保存林(圃)地点	种植年份	原产地	保存株数	保存面积(hm^2)	保存现状		备注
			群体(种源)	家系	优树	无性系(个)						长势	管护	
	杉木	赣州市信丰县林木良种场	本省			全小 111	一代种子园		全南	30		一般	好	
	杉木	赣州市信丰县林木良种场	本省			全小 75	一代种子园		全南	50		一般	好	
	杉木	赣州市信丰县林木良种场	本省			全兆 2	一代种子园		全南	50		一般	好	
	杉木	赣州市信丰县林木良种场	本省			全兆 24	一代种子园		全南	50		一般	好	
	杉木	赣州市信丰县林木良种场	本省			全兆 3	一代种子园		全南	50		一般	好	
	杉木	赣州市信丰县林木良种场	本省			油山 48	一代种子园		信丰	40		一般	好	
	杉木	赣州市信丰县林木良种场	本省			全兆 36	一代种子园		全南	40		旺盛	好	
	杉木	赣州市信丰县林木良种场	本省			全兆 14	一代种子园		全南	40		一般	好	
	杉木	赣州市信丰县林木良种场	本省			程龙 3	一代种子园		龙南	40		一般	好	
	杉木	赣州市信丰县林木良种场	本省			全小 9	一代种子园		全南	40		一般	好	
	杉木	赣州市信丰县林木良种场	本省			全小 107	一代种子园		全南	40		一般	好	
	杉木	赣州市信丰县林木良种场	本省			棋堂山 3	一代种子园		龙南	40		一般	好	
	杉木	赣州市信丰县林木良种场	本省			高坌 25	一代种子园		崇义	40		一般	好	
	杉木	赣州市信丰县林木良种场	本省			全兆 5	一代种子园		全南	40		旺盛	好	
	杉木	赣州市信丰县林木良种场	本省			油山 47	一代种子园		信丰	40		一般	好	
	杉木	赣州市信丰县林木良种场	本省			全小 53	一代种子园		全南	40		一般	好	
	杉木	赣州市信丰县林木良种场	本省			全兆 6	一代种子园		全南	40		一般	好	
	杉木	赣州市信丰县林木良种场	本省			全兆 4	一代种子园		全南	40		一般	好	
	杉木	赣州市信丰县林木良种场	本省			全兆 18	一代种子园		全南	40		一般	好	
	杉木	赣州市信丰县林木良种场	本省			拔英 16	一代种子园		瑞金	40		一般	好	
	杉木	赣州市信丰县林木良种场	本省			全小 94	一代种子园		全南	40		一般	好	
	杉木	赣州市信丰县林木良种场	本省			全小 10	一代种子园		全南	40		旺盛	好	
	杉木	赣州市信丰县林木良种场	本省			全小 198	一代种子园		全南	40		一般	好	

（续）

序号	种质资源名称	保存单位	已保存林木种质资源				保存林（圃）地点	种植年份	原产地	保存株数	保存面积（hm^2）	保存现状		备注
			群体（种源）	家系	优树	无性系（个）						长势	管护	
	杉木	赣州市信丰县林木良种场	本省			全兆 32	一代种子园		全南	40		一般	好	
	杉木	赣州市信丰县林木良种场	本省			全兆 30	一代种子园		全南	40		一般	好	
	杉木	赣州市信丰县林木良种场	本省			全小 14	一代种子园		全南	40		一般	好	
	杉木	赣州市信丰县林木良种场	本省			全小 198	一代种子园		全南	40		一般	好	
	杉木	赣州市信丰县林木良种场	本省			夹湖 3	一代种子园		龙南	50		一般	好	
	杉木	赣州市信丰县林木良种场	本省			全小 3	一代种子园		全南	50		一般	好	
	杉木	赣州市信丰县林木良种场	本省			全小 25	一代种子园		全南	50		一般	好	
	杉木	赣州市信丰县林木良种场	本省			九连山 3	一代种子园		龙南	50		旺盛	好	
	杉木	赣州市信丰县林木良种场	本省			全小 10	一代种子园		全南	50		一般	好	
	杉木	赣州市信丰县林木良种场	本省			棋堂山 4	一代种子园		龙南	50		一般	好	
	杉木	赣州市信丰县林木良种场	本省			全兆 22	一代种子园		全南	50		一般	好	
	杉木	赣州市信丰县林木良种场	本省			全兆 49	一代种子园		全南	50		一般	好	
	杉木	赣州市信丰县林木良种场	本省			全兆 11	一代种子园		全南	40		一般	好	
	杉木	赣州市信丰县林木良种场	本省			九连山 2	一代种子园		龙南	40		一般	好	
	杉木	上饶市横峰县	本地				种子园	1990		30000	33.33	旺盛	好	
	杉木	吉安市泗源林场	本地				原境保存	1979	吉安		4.00	旺盛	好	
	杉木	吉安市遂川县五指峰林场	本地		1									
	杉木	吉安市遂川县五指峰林场	本地		1									
	杉木	吉安市遂川县五指峰林场	本地		1									
	杉木	吉安市遂川县五指峰林场	本地		1									
	杉木	吉安市遂川县五指峰林场	本地		1									
	杉木	吉安市遂川县五指峰林场	本地		1									
	杉木	九江市武宁林场宋溪分场	本省			全兆 2 号	采穗圃	1986、1987		27		旺盛	好	

（续）

序号	种质资源名称	保存单位	已保存林木种质资源				保存林（圃）地点	种植年份	原产地	保存株数	保存面积（hm^2）	保存现状		备注
			群体（种源）	家系	优树	无性系（个）						长势	管护	
	杉木	九江市武宁林场宋溪分场	本省			全兆 3 号	采穗圃	1986、1987		13		旺盛	好	
	杉木	九江市武宁林场宋溪分场	本省			全兆 7 号	采穗圃	1986、1987		30		旺盛	好	
	杉木	九江市武宁林场宋溪分场	本省			全兆 12 号	采穗圃	1986、1987		10		旺盛	好	
	杉木	九江市武宁林场宋溪分场	本省			全兆 14 号	采穗圃	1986、1987		30		旺盛	好	
	杉木	九江市武宁林场宋溪分场	本省			全兆 28 号	采穗圃	1986、1987		30		一般	好	
	杉木	九江市武宁林场宋溪分场	本省			全兆 31 号	采穗圃	1986、1987		10		一般	好	
	杉木	九江市武宁林场宋溪分场	本省			全兆 36 号	采穗圃	1986、1987		10		旺盛	好	
	杉木	九江市武宁林场宋溪分场	本省			全小 2 号	采穗圃	1986、1987		19		旺盛	好	
	杉木	九江市武宁林场宋溪分场	本省			全小 9 号	采穗圃	1986、1987		19		旺盛	好	
	杉木	九江市武宁林场宋溪分场	本省			全小 11 号	采穗圃	1986、1987		21		旺盛	好	
	杉木	九江市武宁林场宋溪分场	本省			全小 16 号	采穗圃	1986、1987		30		一般	好	
	杉木	九江市武宁林场宋溪分场	本省			全小 24 号	采穗圃	1986、1987		21		一般	好	
	杉木	九江市武宁林场宋溪分场	本省			全小 33 号	采穗圃	1986、1987		10		一般	好	
	杉木	九江市武宁林场宋溪分场	本省			全小 42 号	采穗圃	1986、1987		27		一般	好	
	杉木	九江市武宁林场宋溪分场	本省			全小 51 号	采穗圃	1986、1987		19		一般	好	
	杉木	九江市武宁林场宋溪分场	本省			全小 58 号	采穗圃	1986、1987		13		旺盛	好	
	杉木	九江市武宁林场宋溪分场	本省			全小 66 号	采穗圃	1986、1987		21		一般	好	
	杉木	九江市武宁林场宋溪分场	本省			全小 75 号	采穗圃	1986、1987		28		一般	好	
	杉木	九江市武宁林场宋溪分场	本省			全小 55 号	采穗圃	1986、1987		30		一般	好	
	杉木	九江市武宁林场宋溪分场	本省			全小 107 号	采穗圃	1986、1987		12		旺盛	好	
	杉木	九江市武宁林场宋溪分场	本省			全小 111 号	采穗圃	1986、1987		10		旺盛	好	
	杉木	九江市武宁林场宋溪分场	本省			瑞锦 4 号	采穗圃	1986		27		旺盛	好	
	杉木	九江市武宁林场宋溪分场	本省			程龙 1 号	采穗圃	1986		26		旺盛	好	

（续）

序号	种质资源名称	保存单位	已保存林木种质资源				保存林（圃）地点	种植年份	原产地	保存株数	保存面积（hm^2）	保存现状		备注
			群体（种源）	家系	优树	无性系（个）						长势	管护	
	杉木	九江市武宁林场宋溪分场	本省			程龙3号	采穗圃	1986		13		旺盛	好	
	杉木	九江市武宁林场宋溪分场	本省			棋棠山2号	采穗圃	1986		14		旺盛	好	
	杉木	九江市武宁林场宋溪分场	本省			崇高19号	采穗圃	1986		32		一般	好	
	杉木	九江市武宁林场宋溪分场	本省			信油48号	采穗圃	1986		24		一般	好	
	杉木	九江市武宁林场宋溪分场	本省			于祁12号	采穗圃	1986		16		旺盛	好	
	杉木	九江市武宁林场宋溪分场	本省			全兆5号	采穗圃	1986		8		旺盛	好	
	杉木	九江市武宁林场宋溪分场	本省			全小198号	采穗圃	1986		16		旺盛	好	
	杉木	九江市武宁林场宋溪分场	本省			崇高25号	采穗圃	1986		18		旺盛	好	
	杉木	九江市武宁林场宋溪分场	本省			龙爽3号	采穗圃	1986		24		一般	好	
	杉木	九江市武宁林场宋溪分场	本省			全小19号	采穗圃	1986		22		一般	好	
	杉木	九江市武宁林场宋溪分场	本省			全兆32号	采穗圃	1986		29		一般	好	
	杉木	九江市武宁林场宋溪分场	本省			九连山3号	采穗圃	1986		24		旺盛	好	
	杉木	九江市武宁林场宋溪分场	本省			全兆18号	采穗圃	1986		11		旺盛	好	
	杉木	九江市武宁林场宋溪分场	本省			全小94号	采穗圃	1986		16		旺盛	好	
	杉木	九江市武宁林场宋溪分场	本省			全兆4号	采穗圃	1986		20		旺盛	好	
	杉木	九江市武宁林场宋溪分场	本省			拔英16号	采穗圃	1986		20		一般	好	
	杉木	九江市武宁林场宋溪分场	本省			全兆10号	采穗圃	1986		18		一般	好	
	杉木	九江市武宁林场宋溪分场	本省			全小25号	采穗圃	1986		22		一般	好	
	杉木	九江市武宁林场宋溪分场	本省			信油47号	采穗圃	1986		24		旺盛	好	
	杉木	九江市武宁林场宋溪分场	本省			全小53号	采穗圃	1986		16		旺盛	好	
	杉木	九江市武宁林场宋溪分场	本省			全小10号	采穗圃	1986		30		旺盛	好	
	杉木	九江市武宁林场宋溪分场	本省			全小3号	采穗圃	1986		10		旺盛	好	
	杉木	九江市武宁林场宋溪分场	本省			棋棠山3号	采穗圃	1986		24		旺盛	好	

（续）

序号	种质资源名称	保存单位	已保存林木种质资源				保存林（圃）地点	种植年份	原产地	保存株数	保存面积（hm^2）	保存现状		备注
			群体（种源）	家系	优树	无性系（个）						长势	管护	
	杉木	九江市武宁林场宋溪分场	本省			全兆 22 号	采穗圃	1986		16		一般	好	
	杉木	九江市武宁林场宋溪分场	本省			九连山 2 号	采穗圃	1986		28		一般	好	
	杉木	九江市武宁林场宋溪分场	本省			全兆 6 号	采穗圃	1986		24		一般	好	
	杉木	九江市武宁林场宋溪分场	本省			棋棠山 4 号	采穗圃	1986		12		一般	好	
	杉木	九江市武宁林场宋溪分场	本省			天柱 41 号	采穗圃	1986		16		旺盛	好	
	杉木	九江市武宁林场宋溪分场	本省			天柱 31 号	采穗圃	1986		28		旺盛	好	
	杉木	九江市武宁林场宋溪分场	本省			天柱 30 号	采穗圃	1986		12		旺盛	好	
	杉木	九江市武宁林场宋溪分场	本省			天柱 33 号	采穗圃	1986		32		旺盛	好	
	杉木	九江市武宁林场宋溪分场	本省			天柱 25 号	采穗圃	1986		8		旺盛	好	
	杉木	九江市武宁林场宋溪分场	本省			锦屏 18 号	采穗圃	1986		24		一般	好	
	杉木	九江市武宁林场宋溪分场	本省			柳州 247 号	采穗圃	1986		25		一般	好	
	杉木	九江市武宁林场宋溪分场	本省			柳州 273 号	采穗圃	1986		24		一般	好	
	杉木	九江市武宁林场宋溪分场	广西			柳州 436 号	采穗圃	1988、1989	广西	16		一般	好	
	杉木	九江市武宁林场宋溪分场	广西			柳州 279 号	采穗圃	1988、1989	广西	15		旺盛	好	
	杉木	九江市武宁林场宋溪分场	广西			柳州 245 号	采穗圃	1988、1989	广西	14		一般	好	
	杉木	九江市武宁林场宋溪分场	广西			柳州 279 号	采穗圃	1988、1989	广西	16		一般	好	
	杉木	九江市武宁林场宋溪分场	广西			柳州 245 号	采穗圃	1988、1989	广西	26		旺盛	好	
	杉木	九江市武宁林场宋溪分场	广西			柳州 346 号	采穗圃	1988、1989	广西	28		旺盛	好	
	杉木	九江市武宁林场宋溪分场	广西			柳州 253 号	采穗圃	1988、1989	广西	31		旺盛	好	
	杉木	九江市武宁林场宋溪分场	广西			柳州 422 号	采穗圃	1988、1989	广西	12		旺盛	好	
	杉木	九江市武宁林场宋溪分场	广西			柳州 217 号	采穗圃	1988、1989	广西	19		一般	好	
	杉木	九江市武宁林场宋溪分场	广西			柳州 249 号	采穗圃	1988、1989	广西	30		一般	好	
	杉木	九江市武宁林场宋溪分场	广西			柳州 302 号	采穗圃	1988、1989	广西	29		一般	好	

（续）

序号	种质资源名称	保存单位	已保存林木种质资源				保存林(圃)地点	种植年份	原产地	保存株数	保存面积(hm^2)	保存现状		备注
			群体(种源)	家系	优树	无性系(个)						长势	管护	
	杉木	九江市武宁林场宋溪分场	广西			柳州266号	采穗圃	1988、1989	广西	18		一般	好	
	杉木	九江市武宁林场宋溪分场	广西			柳州304号	采穗圃	1988、1989	广西	27		一般	好	
	杉木	九江市武宁林场宋溪分场	广西			柳州235号	采穗圃	1988、1989	广西	24		一般	好	
	杉木	九江市武宁林场宋溪分场	广西			柳州356号	采穗圃	1988、1989	广西	8		旺盛	好	
	杉木	九江市武宁林场宋溪分场	广西			柳州471号	采穗圃	1988、1989	广西	22		旺盛	好	
	杉木	九江市武宁林场宋溪分场	广西			柳州299号	采穗圃	1988、1989	广西	11		旺盛	好	
	杉木	九江市武宁林场宋溪分场	广西			柳州332号	采穗圃	1988、1989	广西	13		旺盛	好	
	杉木	九江市武宁林场宋溪分场	广西			柳州280号	采穗圃	1988、1989	广西	16		旺盛	好	
	杉木	九江市武宁林场宋溪分场	广西			柳州292号	采穗圃	1988、1989	广西	35		旺盛	好	
	杉木	九江市武宁林场宋溪分场	广西			柳州281号	采穗圃	1988、1989	广西	24		一般	好	
	杉木	九江市武宁林场宋溪分场	广西			柳州313号	采穗圃	1988、1989	广西	8		一般	好	
	杉木	九江市武宁林场宋溪分场	广西			柳州225号	采穗圃	1988、1989	广西	20		一般	好	
	杉木	九江市武宁林场宋溪分场	广西			柳州36号	采穗圃	1988、1989	广西	32		旺盛	好	
	杉木	九江市武宁林场宋溪分场	广西			柳州34号	采穗圃	1988、1989	广西	5		旺盛	好	
	杉木	九江市武宁林场宋溪分场	广西			柳州38号	采穗圃	1988、1989	广西	16		旺盛	好	
	杉木	九江市武宁林场宋溪分场	广西			柳州2号	采穗圃	1988、1989	广西	20		一般	好	
	杉木	九江市武宁林场宋溪分场	广西			柳州246号	采穗圃	1988、1989	广西	18		一般	好	
	杉木	九江市武宁林场宋溪分场	广西			柳州446号	采穗圃	1988、1989	广西	24		一般	好	
	杉木	九江市武宁林场宋溪分场	广西			柳州469号	采穗圃	1988、1989	广西	27		旺盛	好	
	杉木	九江市武宁林场宋溪分场	福建			福建43号	采穗圃	1987	福建	18		旺盛	好	
	杉木	九江市武宁林场宋溪分场	福建			福建19号	采穗圃	1987	福建	16		旺盛	好	
	杉木	九江市武宁林场宋溪分场	福建			福建25号	采穗圃	1987	福建	15		旺盛	好	
	杉木	九江市武宁林场宋溪分场	福建			福建47号	采穗圃	1987	福建	24		旺盛	好	

（续）

序号	种质资源名称	保存单位	已保存林木种质资源				保存林（圃）地点	种植年份	原产地	保存株数	保存面积（hm^2）	保存现状		备注
			群体（种源）	家系	优树	无性系（个）						长势	管护	
	杉木	九江市武宁林场宋溪分场	福建			福建 3 号	采穗圃	1987	福建	28		旺盛	好	
	杉木	九江市武宁林场宋溪分场	福建			福建 5 号	采穗圃	1987	福建	12		一般	好	
	杉木	九江市武宁林场宋溪分场	福建			福建 2 号	采穗圃	1987	福建	25		一般	好	
	杉木	九江市武宁林场宋溪分场	福建			福建 32 号	采穗圃	1987	福建	16		一般	好	
	杉木	九江市武宁林场宋溪分场	福建			福建 4 号	采穗圃	1987	福建	24		一般	好	
	杉木	九江市武宁林场宋溪分场	福建			福建 28 号	采穗圃	1987	福建	22		旺盛	好	
	杉木	九江市武宁林场宋溪分场	福建			福建 29 号	采穗圃	1987	福建	13		旺盛	好	
	杉木	九江市武宁林场宋溪分场	福建			福建 36 号	采穗圃	1987	福建	16		旺盛	好	
	杉木	九江市武宁林场宋溪分场	福建			福建 35 号	采穗圃	1987	福建	22		旺盛	好	
	杉木	九江市武宁林场宋溪分场	福建			福建 15 号	采穗圃	1987	福建	31		一般	好	
	杉木	九江市武宁林场宋溪分场	福建			福建 27 号	采穗圃	1987	福建	21		旺盛	好	
	杉木	九江市武宁林场宋溪分场	福建			福建 45 号	采穗圃	1987	福建	22		旺盛	好	
	杉木	九江市武宁林场宋溪分场	福建			福建 13 号	采穗圃	1987	福建	25		旺盛	好	
	杉木	九江市武宁林场宋溪分场	福建			福建 23 号	采穗圃	1987	福建	30		旺盛	好	
	杉木	九江市武宁林场宋溪分场	福建			福建 33 号	采穗圃	1987	福建	28		一般	好	
	杉木	九江市武宁林场宋溪分场	福建			福建 44 号	采穗圃	1987	福建	10		一般	好	
	杉木	九江市武宁林场宋溪分场	福建			福建 39 号	采穗圃	1987	福建	15		一般	好	
	杉木	九江市武宁林场宋溪分场	福建			福建 26 号	采穗圃	1987	福建	9		一般	好	
	杉木	九江市武宁林场宋溪分场	福建			福建 14 号	采穗圃	1987	福建	19		旺盛	好	
	杉木	九江市武宁林场宋溪分场	福建			福建 37 号	采穗圃	1987	福建	18		旺盛	好	
55	深山含笑	吉安市安福县坳上林场	福建		1		本场场部	1988	本地			良好	场管	
	深山含笑	吉安市青原区白云山林场	本省		37		收集区、母树林	2002	赣南	2400	6.67			
56	湿地松	吉安市安福县北华山林场	本省				场部	1974	美国		3.00	好	场管	总场门口

（续）

序号	种质资源名称	保存单位	已保存林木种质资源				保存林（圃）地点	种植年份	原产地	保存株数	保存面积（hm^2）	保存现状		备　注
			群体（种源）	家系	优树	无性系（个）						长势	管护	
	湿地松	吉安市吉安县林业科学研究所	美国				异地	1970	美国	3200	6.67	一般	好	
	湿地松	吉安市吉安县马山林场	美国				异地	1991		9300	10.33	一般	好	
	湿地松	吉安市吉安县九龙林场	美国				异地	1993		20400	13.60	一般	好	
	湿地松	吉安市吉安县九龙林场	美国				异地	1993		14200	9.47	一般	好	
	湿地松	吉安市吉安县	美国				本地	1992		8000	6.67	一般	好	吉安县北源乡
	湿地松	吉安市吉水县白沙林场		1				1991	美国	7600	5.60	良好	良好	
	湿地松	吉安市吉水县白沙林场		1				1993	美国	9200	7.00	良好	良好	
	湿地松	吉安市青原区白云山林场		119			种源品系林	1992	美国	3160	8.67	良好	专人管护	
	湿地松	峡江县林木良种场				1	本场场部	1979	美国	1950	18.00	良好	场管	
	湿地松	宜春市铜鼓县铜鼓正兴公司	本省				丰产林	1993	吉安	5369	10.47	旺盛	良好	排埠黄溪小陂
	湿地松	吉安市新干县					大洲种子园	1975	美国		33.33	一般	良好	已采松脂
57	石笔木	吉安市青原区白云山林场	本省	3			收集区、母树林	2001	赣南	2820	4.49			
58	水杉	南昌市林业科学研究所	本地				采穗圃	2006		1500	0.90	一般	好	
59	丝栗栲	吉安市永新县曲江林场	本地				采种基地			12600	120.00	良好	专人管护	
60	秃杉	中国林业科学研究院亚热带林业实验中心	广西				基因库	1993	广西	900	0.36	好		
61	香椿	吉安市安福县寮塘乡谷口	本地	1				1989				良好	村管	本地保存
62	杨树	南昌市林业科学研究所	湖北				采穗圃	2006	湖北	960	3.33	一般	好	

（续）

序号	种质资源名称	保存单位	已保存林木种质资源				保存林（圃）地点	种植年份	原产地	保存株数	保存面积（hm^2）	保存现状		备注
			群体（种源）	家系	优树	无性系（个）						长势	管护	
63	油茶	抚州市林业科学研究所				赣无1、赣无2、赣无15、赣无16、赣无24、赣无14、赣15、赣275、赣18、赣9、赣10、赣11、赣12、赣26、赣27、赣28、赣147、赣737、赣185、赣275	示范林、采穗圃				0.80	良好		1990年嫁接
	油茶	赣州市林业科学研究所	本地			GLS赣州油1—12号	采穗圃	1984		402	2.67	一般		
	油茶	赣州市林业科学研究所	本地			GLR赣州油1—8号	采穗圃	1984		248	1.33	一般		
	油茶	吉安市永丰县油科所	本地	1			本所	1984		2900	3.33	差	差	病虫害严重
	油茶	宜春高安市荷岭林场				16	采穗圃	1992	本省	2530	2.27	旺盛	好	
	油茶	宜春市袁州区辽市				赣优系列1、7、8、12、16、18	示范林	1991	本省	250000	10.00	旺盛	良好	
	油茶	宜春市袁州区天台	本地			GLR长村系列1至18号	示范林	1991		1670000	666.67	旺盛	良好	
	油茶	宜春市袁州区天台				桂林34号	示范林	1991	广西	250000	10.00	旺盛	良好	
	油茶	宜春市袁州区温汤	本地				本地	1970		9000000	6666.67	一般	良好	
	油茶	宜春市袁州区西村				湘林系列13号、48号、98号	示范林	1991	湖南	250000	10.00	旺盛	良好	

（续）

序号	种质资源名称	保存单位	已保存林木种质资源				保存林（圃）地点	种植年份	原产地	保存株数	保存面积（hm^2）	保存现状		备　注
			群体（种源）	家系	优树	无性系（个）						长势	管护	
	油茶	宜春樟树市林业科学研究所				1	本地	2006			2.00			
64	油桐	吉安市吉安县	本地				本地	1989			1.33	一般	好	吉安县油田镇
65	云南铜锤	上饶市广丰县林业科学研究所	云南				收集区	1993	云南	1		一般	一般	乌桕品种
66	樟树	吉安市泰和县冠朝镇油潭村	本地				子代林	1706		243	1.80	旺盛	好	
	樟树	吉安市安福县寮塘乡塘下	本地				本地				2.33	好	村管	塘下
	樟树	吉安市遂川县五指峰林场	本地		1									
	樟树	吉安市遂川县五指峰林场	本地		1									
	樟树	吉安市泰和沙村镇沙村村	本地				子代林	1756		1710	12.67	旺盛	好	
	樟树	吉安市泰和县冠朝镇油潭村	本地				本地			243	1.80	良好	良好	天然树龄300a
	樟树	吉安市泰和县塘洲镇朱家村	本地				子代林	1508		352	5.87	一般	好	
	樟树	吉安市泰和县万合镇竹山村	本地				本地			50	3.33	良好	一般	天然树龄150a
	樟树	吉安市永新县三湾乡			1		原境保存			1		渐衰	已建档	
67	浙江大粒葡萄	上饶市广丰县林业科学研究所	浙江				收集区	1993	浙江	1		一般	一般	乌桕品种
68	浙江鸡爪	上饶市广丰县林业科学研究所	浙江				收集区	1993	浙江	4		一般	一般	乌桕品种
69	浙江寿桃	上饶市广丰县林业科学研究所	浙江				收集区	1993	浙江	2		一般	一般	乌桕品种
70	浙江铜锤柏	上饶市广丰县林业科学研究所	浙江				收集区	1993	浙江	1		一般	一般	乌桕品种
71	竹柏	吉安市泰和县桥头镇南车村	本地				子代林	1937		1400	4.67	旺盛	好	
72	锥栗	吉安市青原区白云山林场	福建			8	收集区、母树林	2004		4300	7.17			
	锥栗	吉安市武功山林场	本地				本地	1975			2.00	好	场管	横江上安

注：1. “保存林（圃）名称”分别‘群体’、‘家系’、‘优树’、‘无性系’填写保存形式，即‘原境保存’——包括‘本地’、‘保护区’等；‘异地保存’——包括‘测定林’、‘收集区’、‘种子园’、‘母本园’、‘示范林’、‘树木园’等。如还有‘离体保存’形式亦应填写。

2. 本表登记保存种质资源：群体（种源）139 个，家系 686 个，优树 147 株，无性系 385 个。

表 8　采种基地统计

建设单位	地　点	面积(hm²)	主要树种	建成年份	累计生产种子(kg)	其他树种								营造示范林															备注
						1		2		3		4		1			2			3			4			5			
						树种名称	累计采种(kg)	树种名称	累计采种(kg)	树种名称	累计采种(kg)	树种名称	累计采种(kg)	树种名称	面积(hm²)	造林年份	树种名称	面积(hm²)	造林年份	树种名称	面积(hm²)	造林年份	树种名称	面积(hm²)	造林年份	树种名称	面积(hm²)	造林年份	
全省总计		**3540.86**			**957507.5**		**34518.5**		**1835.0**		**520.0**		**625.0**		**43.30**			**21.28**			**9.61**			**7.29**			**0.03**		
九江市合计		**248.53**			**3850**		**2725.0**		**500**		**250**		**500**		**9.37**			**5.75**			**8.87**			**6.15**					
修水县采种基地	黄沙港国有林场	240.00	枫香	2004	1430	甜槠	1225.0	南酸枣	500	青钱柳	250	拟赤杨	500	枫香	9.37	2003	甜槠	5.75	2004	酸枣	8.87	2003	青钱柳	6.15	2003				
瑞昌林业科学研究所		4.53	杉木	1976	1500	杉木	1500.00																						
星子县东牯山林场	东牯山（万杉）	4.00	杉木	1985	920																								
景德镇市合计		**439.67**																											
市种苗站	乐平阳山岗	94.67	栲类	2000		枫香		木荷																					
景德镇市林业科学研究所		260.00	深山含笑	2002		细叶栲		槠类							14.90	2002			2003										
景德镇市森林苗圃		85.00	红豆杉	2004		闽楠		刨花楠		桂花						2004													
浮梁县枫树山林场	银坞林场		阔叶树	2004																									
鹰潭市合计		**28.33**					**2000.0**		**800.0**		**20.0**				**2.67**			**3.67**			**0.67**								
贵溪市双圳林场	朱坑	28.33	栲类、杜英、拟赤杨			栲树	2000.0	杜英	800.0	拟赤杨	20.0			苦槠	2.67	2001	杜英	3.67	2001	毛红椿	0.67	2001							

（续）

建设单位	地 点	面积（hm^2）	主要树种	建成年份	累计生产种子（kg）	其他树种								营造示范林															备注
						1		2		3		4		1			2			3			4			5			
						树种名称	累计采种（kg）	树种名称	累计采种（kg）	树种名称	累计采种（kg）	树种名称	累计采种（kg）	树种名称	面积（hm^2）	造林年份	树种名称	面积（hm^2）	造林年份	树种名称	面积（hm^2）	造林年份	树种名称	面积（hm^2）	造林年份	树种名称	面积（hm^2）	造林年份	
赣州市合计		**584.13**			**396456**		**3482.0**								**4.37**			**11.67**											
大余县烂泥迳林场	三江口工区	220.00	阿丁枫	2006	1650	米槠		大果马蹄荷		甜槠		丝栗栲		楠木		2005、2006	阿丁枫		2005、2006	山乌柏		2006	醉香含笑		2006	深山含笑等		2005、2006	
崇义县桐梓国有林场		88.93	楮栲	2003	40320	木荷	2688.0	南酸枣							0.90														
崇义县石罗国有林场			楮栲	2003		木荷	235.0	南酸枣							0.33														
崇义县采种基地	关田镇沙溪		马尾松	2003											1.90														
安远县孔田林场			南岭栲	2007	125	乐昌含笑	55.0							南岭栲	0.90	2005	光皮桦	5.53	2007										
安远县孔田林场			山乌柏	2007		黄樟	7.5							香港四照花	0.33		红豆杉	2.00											
安远县孔田林场			香港四照花	2007		香港四照花	2.5							山乌柏	1.90		黧蒴栲	0.33											
安远县孔田林场			光皮桦	2007		南岭栲	5.0							乐昌含笑			黄樟	3.80											
安远县孔田林场			黄樟	2007		厚皮香	10.0							猴欢喜			香港四照花												
安远县孔田林场						猴欢喜											山乌柏												

（续）

建设单位	地　点	面积 (hm^2)	主要树种	建成年份	累计生产种子 (kg)	其他树种								营造示范林															备注
						1		2		3		4		1			2			3			4			5			
						树种名称	累计采种 (kg)	树种名称	累计采种 (kg)	树种名称	累计采种 (kg)	树种名称	累计采种 (kg)	树种名称	面积 (hm^2)	造林年份	树种名称	面积 (hm^2)	造林年份	树种名称	面积 (hm^2)	造林年份	树种名称	面积 (hm^2)	造林年份	树种名称	面积 (hm^2)	造林年份	
安远县孔田林场						竹柏	30.0										乐昌含笑												
安远县孔田林场						乐东拟单性木兰																							
龙南县九边山国有林场		7.00	南方红豆杉	2001	1275	香港四照花		银杏		厚皮香		钩栲																	
龙南县九边山国有林场		22.53	木荷	2001	845	丝栗栲	325.0	枫香		拟赤杨		南酸枣																	
龙南县夹湖林场		10.10	栲类	2003	50																								
龙南县夹湖林场		13.20	丝栗栲	2003	871	拟赤杨	40.0																						
龙南县夹湖林场		15.40	栲类、木荷	2002	970	木荷	48.0																						
龙南县夹湖林场		13.40	拟赤杨、栲	2003	71	木荷	36.0	樟树																					
龙南县夹湖林场		9.00	栲类、木荷	2002	54	木荷																							
龙南县夹湖林场		18.00	栲类、木荷	2002	54	木荷																							
龙南县夹湖林场		10.80	栲类、木荷	2003	48	木荷																							

（续）

建设单位	地点	面积（hm²）	主要树种	建成年份	累计生产种子（kg）	其他树种								营造示范林															备注
						1		2		3		4		1			2			3			4			5			
						树种名称	累计采种（kg）	树种名称	累计采种（kg）	树种名称	累计采种（kg）	树种名称	累计采种（kg）	树种名称	面积（hm²）	造林年份	树种名称	面积（hm²）	造林年份	树种名称	面积（hm²）	造林年份	树种名称	面积（hm²）	造林年份	树种名称	面积（hm²）	造林年份	
龙南县夹湖林场		24.70	栲类、木荷	2003	146																								
龙南县夹湖林场		13.80	栲类	2003	41																								
龙南县夹湖林场			栲类	2002																									
龙南县夹湖林场		10.60	栲类	2002	61																								
九连山自然保护区	新开迳	106.67	栲类、含笑	2007	350000																								
宜春市合计		**543.60**			**551191.5**		**21711.5**								**12.00**			**0.20**			**0.07**			**1.13**			**0.03**		
袁州区西村分界油茶科学研究所	分界	10.00	油茶	1991	500000																								
高安市荷岭林场	河沙观	13.33	湿地松	1989																									
樟树市试验林场	二分场		鹅掌楸																										
樟树市试验林场	二分场		杉木																										
樟树市试验林场	二分场		湿地松																										
铜鼓县正兴公司	温泉荷塘坳		木荷、拟赤杨	2000										枫香	8.67	2000	桤木	0.13	2000	青榨槭	0.07	2000	榉木	1.00	2000	滇桂木莲	0.03	2000	

（续）

建设单位	地　点	面积（hm^2）	主要树种	建成年份	累计生产种子（kg）	其他树种								营造示范林															备注
						1		2		3		4		1			2			3			4			5			
						树种名称	累计采种（kg）	树种名称	累计采种（kg）	树种名称	累计采种（kg）	树种名称	累计采种（kg）	树种名称	面积（hm^2）	造林年份	树种名称	面积（hm^2）	造林年份	树种名称	面积（hm^2）	造林年份	树种名称	面积（hm^2）	造林年份	树种名称	面积（hm^2）	造林年份	
铜鼓县正兴公司	温泉荷塘坳													木荷	3.33	2000	红楠	0.07	2000	青钱柳	0.01	2000	薄壳山核桃	0.13	2000	华木莲		2000	
铜鼓县正兴公司	温泉荷塘坳													大叶樟		2000	杜英		2000	猴欢喜		2000	菱角山矾		2000	邓恩桉		2000	
铜鼓县正兴公司	温泉荷塘坳													白玉兰		2000	银雀树		2000	红叶乌桕		2000	乐昌含笑		2000	薯豆		2000	
铜鼓县正兴公司	温泉荷塘坳													红豆杉		2000	鹅掌楸		2000	红心杉		2000	金叶含笑		2000	醉香含笑		2000	
铜鼓县正兴公司	温泉荷塘坳													蓝果树		2000	东京野茉莉		2000	杂交马褂木		2000	红花木莲		2000			2000	
铜鼓县正兴公司	永宁何家洞	4.27	枫香、木荷	2000	5	拟赤杨	2.5																						
铜鼓县正兴公司	花山黄泥洞	89.20	枫香、木荷	2000	50	拟赤杨																							
铜鼓县毛竹林场	新开岭邓家坳	45.33	枫香、木荷	2000	34																								
铜鼓县龙门林场	大禾坑口	19.73	枫香、木荷	2000	25																								
铜鼓县龙门林场	场部下	17.80	枫香、木荷	2000	30	拟赤杨	15.0																						
铜鼓县龙门林场	双港口	9.73	枫香、木荷	2000	5																								
铜鼓县龙门林场	卫生院	23.40	枫香、木荷	2000	25	拟赤杨	7.5																						

（续）

建设单位	地点	面积（hm^2）	主要树种	建成年份	累计生产种子（kg）	其他树种								营造示范林															备注
						1		2		3		4		1			2			3			4			5			
						树种名称	累计采种（kg）	树种名称	累计采种（kg）	树种名称	累计采种（kg）	树种名称	累计采种（kg）	树种名称	面积（hm^2）	造林年份	树种名称	面积（hm^2）	造林年份	树种名称	面积（hm^2）	造林年份	树种名称	面积（hm^2）	造林年份	树种名称	面积（hm^2）	造林年份	
铜鼓县龙门林场	检查站	31.47	枫香、木荷	2000	30																								
宜丰县林业局	云峰尖林场	240.00	三角枫	2003	45400	含笑	10000.0	南酸枣		五角枫		拟赤杨		三角枫		2004	含笑		2004	五角枫		2004	南酸枣		2004	拟赤杨		2004	
官山自然保护区	芭蕉坰	13.33	乐昌含笑	1998	726	豹皮樟	238.0																						
官山自然保护区	将军洞、李家屋场、大小西坑、麻子山沟	2.67	银鹊	1998	1570	湘楠	461.0																						
官山自然保护区	大坝洲、麻子山沟	4.00	巴东木莲	1998	401.5	薯豆	1544.5																						
官山自然保护区	大西坑、将军洞、龙坑等	8.00	红润楠	1998	1415	红皮树	605.0																						
官山自然保护区	麻子山沟、麻子山等	10.00	薄叶润楠	1998	845	山杜英	1782.0																						
官山自然保护区	大坝洲	1.33	粉花陀螺果	1998	630	猴欢喜	1307.5																						
官山自然保护区	麻子山、李家屋场等		杜英	1998		穗花杉	108.5																						
官山自然保护区	大西坑		毛红椿	1998		山乌桕	945.0																						

（续）

建设单位	地点	面积（hm^2）	主要树种	建成年份	累计生产种子（kg）	其他树种								营造示范林															备注
						1		2		3		4		1			2			3			4			5			
						树种名称	累计采种（kg）	树种名称	累计采种（kg）	树种名称	累计采种（kg）	树种名称	累计采种（kg）	树种名称	面积（hm^2）	造林年份	树种名称	面积（hm^2）	造林年份	树种名称	面积（hm^2）	造林年份	树种名称	面积（hm^2）	造林年份	树种名称	面积（hm^2）	造林年份	
官山自然保护区	大西坑、麻子山沟等		红翅槭	1998		三峡槭	730.0																						
官山自然保护区	猪栏石、龙坑等		华东野核桃	1998		青榨槭	519.0																						
官山自然保护区						五裂槭	428.5																						
官山自然保护区						麻栎	640.0																						
官山自然保护区						椴树	342.5																						
官山自然保护区						伯乐树	17.5																						
官山自然保护区						伞花木	10.5																						
官山自然保护区						云锦杜鹃	1.5																						
官山自然保护区						浙江柿																							
官山自然保护区						香榧	968.0																						
官山自然保护区						交让木	143.5																						
官山自然保护区						虎皮楠	894.0																						

（续）

建设单位	地点	面积（hm^2）	主要树种	建成年份	累计生产种子（kg）	其他树种								营造示范林															备注
						1		2		3		4		1			2			3			4			5			
						树种名称	累计采种（kg）	树种名称	累计采种（kg）	树种名称	累计采种（kg）	树种名称	累计采种（kg）	树种名称	面积（hm^2）	造林年份	树种名称	面积（hm^2）	造林年份	树种名称	面积（hm^2）	造林年份	树种名称	面积（hm^2）	造林年份	树种名称	面积（hm^2）	造林年份	
上饶市合计		**586.67**																											
婺源县林业局	太白林场	320.00	丝栗栲	2004		南酸枣		青冈栎		苦槠		拟赤杨		杜英、樟树、南酸枣等混交林								2004							
德兴市	李宅、绕二	266.67	枫香、木荷、红豆杉、山乌柏、拟赤杨、南酸枣、山杜英	2004		青冈		栲		锥栗		苦槠		枫香、木荷、红豆杉、山乌柏、拟赤杨、南酸枣、山杜英		2002～2003													
吉安市合计		**1109.93**			**6010**		**4600.0**		**535.0**		**250.0**		**125.0**																
安福县陈山林场	彭坊乡	289.00	杉木	2001		南酸枣		栎类		沉水樟		木荷		杉木		2003	木荷		2003	麻栎		2003	南酸枣		2002				
吉水县白沙林场	南坪	5.33	湿地松	1999																									
吉水县水南林场	龙湖陂	3.87	湿地松	1977																									
吉水县乌江林场	罗坑	3.00	杉木	1976																									

（续）

建设单位	地　点	面积（hm^2）	主要树种	建成年份	累计生产种子（kg）	其他树种								营造示范林															备注
						1		2		3		4		1			2			3			4			5			
						树种名称	累计采种（kg）	树种名称	累计采种（kg）	树种名称	累计采种（kg）	树种名称	累计采种（kg）	树种名称	面积（hm^2）	造林年份	树种名称	面积（hm^2）	造林年份	树种名称	面积（hm^2）	造林年份	树种名称	面积（hm^2）	造林年份	树种名称	面积（hm^2）	造林年份	
吉水县八都林场	东岗坪	2.20	湿地松	1991																									
吉水县螺田林场	螺田工区	5.13	杉木	1997																									
吉水县冠山林场	下车工区	2.00	杉木	1981																									
吉水县万华山林场	留田工区	4.53	杉木	1986																									
吉水县白水森林苗圃	洲上	7.67	杉木	1997																									
吉水县双村林场	川桥	2.80	湿地松	1987																									
吉水县芦溪岭林场	大东山	5.07	杉木	1986																									
吉水县芦溪岭林场	黎洞	6.00	杉木	1986																									
吉水县文峰镇	董富		马尾松	天然																									
新干县林业局	沂江大洲村	33.33	湿地松	1975	500																								
水浆林场	北坑	300.00	丝栗栲	2004	5285	丝栗栲	4500.0	枫香	460.0	木荷	200.0	拟赤扬	125.0	丝栗栲		2006	枫香		2006	木荷		2006	拟赤扬		2006				

（续）

建设单位	地点	面积（hm^2）	主要树种	建成年份	累计生产种子（kg）	其他树种								营造示范林															备注
						1		2		3		4		1			2			3			4			5			
						树种名称	累计采种（kg）	树种名称	累计采种（kg）	树种名称	累计采种（kg）	树种名称	累计采种（kg）	树种名称	面积（hm^2）	造林年份	树种名称	面积（hm^2）	造林年份	树种名称	面积（hm^2）	造林年份	树种名称	面积（hm^2）	造林年份	树种名称	面积（hm^2）	造林年份	
永新县曲江林场	龙源	300.00	丝栗栲、苦槠、拟赤杨、山杜英、泡花楠		225	苦槠	100.0	山杜英	75.0	拟赤杨	50.0			丝栗栲		2007	苦槠		2007	拟赤杨		2007	山杜英		2007	刨花楠		2007	
吉安县林业科学研究所		20.00	湿地松																										
吉安县双江林场		120.00	刨花楠			拟赤杨		苦槠		大叶朴																			
抚州市合计																													
资溪县马头山林场	南港		红楠、丝栗栲等	2004		红楠		丝栗栲		罗浮栲		紫楠																	
资溪县马头山林场	南港红泥窟		木荷、丝栗栲等	2005		木荷		丝栗栲		甜槠																			
资溪县马头山林场	杨树坑		丝栗栲、拟赤杨等	2005		丝栗栲		拟赤杨																					
黎川县采种基地	岩泉林场		香榧	2004		南酸枣		红豆杉		乳源木莲		毛红椿		红豆杉		2005	毛红椿		2005	香榧		2005	南酸枣		2005	乳源木莲		2005	

表 9　林木良种审定情况统计(截至 2010 年)

序号	选育或生产单位名称	良种名称	编　号	树　种	类　别	通过类别	初审通过年份	品种特性	备　注
一	**国家审定**								
1	赣州市林业科学研究所	GLS 赣州油 1 号	国 S – SC – CO – 012 – 2002	油茶	无性系	国家审定	2002	生长快,结实早,树冠产果 2.35kg/m^2,鲜果出籽率 41%,种仁含油率 48.5%,果皮红色,皮薄,抗性强	原为省级审定良种
2	赣州市林业科学研究所	GLS 赣州油 2 号	国 S – SC – CO – 013 – 2002	油茶	无性系	国家审定	2002	生长快,结实早,树冠产果 1.50kg/m^2,鲜果出籽率 42%,种仁含油率 58.3%,果皮红色,皮薄,抗性强	原为省级审定良种
3	江西省林业科学院	赣石 84 – 8	国 S – SC – CO – 003 – 2007	油茶	无性系	国家审定	2007	树体生长旺盛,树冠紧凑。果皮红色,平均冠幅产果量 0.26kg/m^2,鲜果大小为 110 个/kg,鲜出籽率 56%,干籽出仁率 71.4%,干仁含油率 62.7%,鲜果含油率 17.2%,连续 4a 平均产油量达 1842kg/hm^2	
4	江西省林业科学院	赣抚 20	国 S – SC – CO – 004 – 2007	油茶	无性系	国家审定	2007	树体生长旺盛,树冠紧凑。果皮红色,平均冠幅产果量 0.17kg/m^2,鲜果大小为 88 个/kg,鲜出籽率 30.8%,干籽出仁率 60.1%,干仁含油率 62.7%,鲜果含油率 11.8%,连续 4a 平均产油量达 1188kg/hm^2	
5	江西省林业科学院	赣永 6	国 S – SC – CO – 005 – 2007	油茶	无性系	国家审定	2007	树体生长旺盛,树冠紧凑。果皮红色,平均冠幅产果量 0.12kg/m^2,鲜果大小为 124 个/kg,鲜出籽率 63%,干籽出仁率 35.7%,干仁含油率 44.1%,鲜果含油率 9.3%,连续 4a 平均产油量达 879kg/hm^2	
6	江西省林业科学院	赣兴 48	国 S – SC – CO – 006 – 2007	油茶	无性系	国家审定	2007	树体生长旺盛,树冠紧凑。果皮红色,平均冠幅产果量 0.16kg/m^2,鲜果大小为 128 个/kg,鲜出籽率 40.5%,干籽出仁率 26.6%,干仁含油率 56.7%,鲜果含油率 10.1%,连续 4a 平均产油量达 1089kg/hm^2	
7	江西省林业科学院	赣无 1 号	国 S – SC – CO – 007 – 2007	油茶	无性系	国家审定	2007	树体生长旺盛,树冠紧凑。果皮红色,平均冠幅产果量 0.13kg/m^2,鲜果大小为 88 个/kg,鲜出籽率 56%,干籽出仁率 37.7%,干仁含油率 54.4%,鲜果含油率 13.4%,连续 4a 平均产油量达 1009.5kg/hm^2	
8	赣州市林业科学研究所	GLS 赣州油 3 号	国 S – SC – CO – 008 – 2007	油茶	无性系	国家审定	2007	树冠开张,分枝均匀,栽植 10a 后进入盛果丰产期,产油 750kg/hm^2 以上,果皮红色,鲜果出籽率 49.2%,干出籽率 48.78%,种仁含油率 52.02%。用于食用植物油生产	原为省级审定良种
9	赣州市林业科学研究所	GLS 赣州油 4 号	国 S – SC – CO – 009 – 2007	油茶	无性系	国家审定	2007	树冠开张,分枝均匀,栽植 10a 后进入盛果丰产期,产油 750kg/hm^2 以上,果皮红色,鲜果出籽率 45.8%,干出籽率 52.4%,种仁含油率 50.66%。用于食用植物油生产	原为省级审定良种

（续）

序号	选育或生产单位名称	良种名称	编　　号	树　种	类　别	通过类别	初审通过年份	品种特性	备　　注
10	赣州市林业科学研究所	GLS 赣州油 5 号	国 S－SC－CO－010－2007	油茶	无性系	国家审定	2007	树冠开张，分枝均匀，栽植 10a 后进入盛果丰产期，产油 750kg/hm^2 以上，果皮红色，鲜果出籽率 45%，干出籽率 57.33%，种仁含油率 48.81%。用于食用植物油生产	原为省级审定良种
11	中国林业科学研究院亚热带林业实验中心	长林 3 号	国 S－SC－CO－005－2008	油茶	无性系	国家审定	2008	树体长势中等偏强，枝叶稍开张，枝条细长散生；叶近柳叶形；果桃形或近橄榄形，青偏黄。6a 生单株产果量 4kg 以上，产油可以超过 300kg/hm^2；盛产期产油可达 819kg/hm^2；干籽出仁率 24%，干仁含油率 46.8%；油酸含量 82.15%，亚油酸含量 6.7%。可作为食用油、化妆品原料	
12	中国林业科学研究院亚热带林业实验中心	长林 4 号	国 S－SC－CO－006－2008	油茶	无性系	国家审定	2008	长势旺，枝叶茂密；果桃形，青带红；叶宽卵形。6a 生单株产果量 5～6kg 以上，产油可以超过 525kg/hm^2；盛产期产油可达 900kg/hm^2；干籽出仁率 54%，干仁含油率 46%；油酸含量 83.09%，亚油酸含量7.07%。可作为食用油、化妆品原料	
13	中国林业科学研究院亚热带林业实验中心	长林 18 号	国 S－SC－CO－007－2008	油茶	无性系	国家审定	2008	长势旺，枝叶茂密；果球形至桔形，红色，俗称大红袍；叶面平，花有红斑。6a 生单株产果量 3kg 以上，产油可以超过 300kg/hm^2；盛产期产油能达到 624kg/hm^2；干籽出仁率 61.8%，干仁含油率 48.6%；油酸含量 85.51%，亚油酸含量 3.99%。可作为食用油、化妆品原料	
14	中国林业科学研究院亚热带林业实验中心	长林 21 号	国 S－SC－CO－008－2008	油茶	无性系	国家审定	2008	长势中等，枝叶茂密；果近桔形，黄绿色；叶背灰白。6a 生单株产果量 3kg 以上，产油可以超过 285kg/hm^2；盛产期产油可达 1063.5kg/hm^2；干籽出仁率 69.3%，干仁含油率 53.5%；油酸含量 82.88%，亚油酸含量 5.21%。可作为食用油、化妆品原料	
15	中国林业科学研究院亚热带林业实验中心	长林 23 号	国 S－SC－CO－009－2008	油茶	无性系	国家审定	2008	长势旺，枝叶茂密；果球形，黄带橙色，叶短矩形。6a 生单株产果量 3kg 以上，产油可以超过 450kg/hm^2；盛产期产油可达 924kg/hm^2；干籽出仁率 57.2%，干仁含油率 49.7%；油酸含量 85.24%，亚油酸含量 4.07%。可作为食用油、化妆品原料	
16	中国林业科学研究院亚热带林业实验中心	长林 27 号	国 S－SC－CO－010－2008	油茶	无性系	国家审定	2008	枝条粗壮直立，叶宽卵形；果球形，皮红色。平均冠幅产果量 1.33kg/m^2，鲜果大小为 74 个/kg，6a 生单株产果量 4kg 以上，产油可以超过 375kg/hm^2；盛产期产油能达到 1056kg/hm^2；鲜出籽率 63%，干籽出仁率 21.4%，干仁含油率 48.6%，鲜果含油率 9.3%；油酸含量 82.26%，亚油酸含量 7.29%。可作为食用油、化妆品原料	

（续）

序号	选育或生产单位名称	良种名称	编　号	树　种	类　别	通过类别	初审通过年份	品种特性	备　注
17	中国林业科学研究院亚热带林业实验中心	长林 40 号	国 S－SC－CO－011－2008	油茶	无性系	国家审定	2008	长势旺，枝叶茂密；果有棱，青色；叶矩卵形。6a 生单株产果量 8kg 以上，产油可以超过 600kg/hm^2；盛产期产油能达到 988.5kg/hm^2；干籽出仁率 63.1%，干仁含油率 50.3%；油酸含量 82.12%，亚油酸含量 7.34%。可作为食用油、化妆品原料	
18	中国林业科学研究院亚热带林业实验中心	长林 53 号	国 S－SC－CO－012－2008	油茶	无性系	国家审定	2008	树体矮壮，粗枝，枝条硬，叶子浓密；果梨形，黄带红。6a 生单株产果量 5kg 以上，产油可以超过 375kg/hm^2；盛产期产油能达到 1056kg/hm^2；干籽出仁率 59.2%，干仁含油率 45%；油酸含量 86.23%，亚油酸含量 3.18%；可作为食用油、化妆品原料	
19	中国林业科学研究院亚热带林业实验中心	长林 55 号	国 S－SC－CO－013－2008	油茶	无性系	国家审定	2008	长势较强，枝条细长密生；果桃形，青色为主，略带红；叶宽矩卵形。6a 生单株产果量 1.5kg 以上，产油可以超过 225kg/hm^2；盛产期产油能达到 883.5kg/hm^2；干籽出仁率 68.2%，干仁含油率 53.5%；油酸含量 84.33%，亚油酸含量 5.64%。可作为食用油、化妆品原料	
20	赣州市林业科学研究所	赣州油 1 号	国 S－SC－CO－014－2008	油茶	无性系	国家审定	2008	树冠开张，分枝均匀，果桃形，果皮青色，鲜果出籽率 35.15%，种仁含油率 49.67%。油酸含量 82.18%，亚油酸含量 8.99%。栽植 10a 后进入盛产期，产油 750kg/hm^2 左右。可用于食用植物油生产	原为省级审定良种
21	赣州市林业科学研究所	赣州油 2 号	国 S－SC－CO－015－2008	油茶	无性系	国家审定	2008	树冠开张，分枝均匀，果楔形，果皮红色，鲜果出籽率 37.51%，种仁含油率 48.45%。油酸含量 80.45%，亚油酸含量 7.62%。栽植 10a 后进入盛产期，产油 750kg/hm^2 左右，可用于食用植物油生产	原为省级审定良种
22	赣州市林业科学研究所	赣州油 6 号	国 S－SC－CO－016－2008	油茶	无性系	国家审定	2008	树冠开张，分枝均匀，果皮黄色，鲜果出籽率 44.02%，种仁含油率 49.75%。油酸含量 85.56%，亚油酸含量 4.54%。栽植 10a 后进入盛产期，产油 750kg/hm^2 左右。可用于食用植物油生产	原为省级审定良种
23	赣州市林业科学研究所	赣州油 7 号	国 S－SC－CO－017－2008	油茶	无性系	国家审定	2008	树冠开张，分枝均匀，果皮青色，鲜果出籽率 39.19%，种仁含油率 54.86%。油酸含量 81.3%，亚油酸含量 7.95%。栽植 10a 后进入盛产期，产油 750kg/hm^2 以上，可用于食用植物油生产	原为省级审定良种
24	赣州市林业科学研究所	赣州油 8 号	国 S－SC－CO－018－2008	油茶	无性系	国家审定	2008	树冠开张，分枝均匀，果球形，皮红色，鲜果出籽率 38.93%，种仁含油率 50.61%。油酸含量 82.73%，亚油酸含量 8.27%。栽植 10a 后进入盛产期，产油 750kg/hm^2 以上，可用于食用植物油生产	原为省级审定良种
25	赣州市林业科学研究所	赣州油 9 号	国 S－SC－CO－019－2008	油茶	无性系	国家审定	2008	树冠开张，分枝均匀，果桔形，皮红色，鲜果出籽率 40.57%，种仁含油率 49.41%。油酸含量 74%，亚油酸含量 13.21%。栽植 10a 后进入盛产期，产油 750kg/hm^2 左右，可用于食用植物油生产	原为省级审定良种

（续）

序号	选育或生产单位名称	良种名称	编　号	树　种	类　别	通过类别	初审通过年份	品种特性	备　注
26	江西省林业科学院	赣 8	国 S－SC－CO－020－2008	油茶	无性系	国家审定	2008	树体生长旺盛，树冠紧凑；果皮红色，平均冠幅产果量 0.16kg/m^2，鲜果大小为 70 个/kg，鲜出籽率 47.9%，干籽出仁率 57.5%，干仁含油率 53.9%，鲜果含油率 8.1%，盛产期连续 4a 平均产油量可达 1089kg/hm^2。可用于食用植物油生产	原为省级审定良种
27	江西省林业科学院	赣 190	国 S－SC－CO－021－2008	油茶	无性系	国家审定	2008	树体生长旺盛，树冠紧凑；果皮红色，平均冠幅产果量 0.11kg/m^2，鲜果大小为 94 个/kg，鲜出籽率 44.6%，干籽出仁率 55.6%，干仁含油率 49.1%，鲜果含油率 7.1%，盛产期连续 4a 平均产油量可达 811.5kg/hm^2。可用于食用植物油生产	原为省级审定良种
28	江西省林业科学院	赣 447	国 S－SC－CO－022－2008	油茶	无性系	国家审定	2008	树体生长旺盛，树冠紧凑；果皮青色，平均冠幅产果量 0.17kg/m^2，鲜果大小为 88 个/kg，鲜出籽率 46.7%，干籽出仁率 30.8%，干仁含油率 60.1%，鲜果含油率 11.8%，盛产期连续 4a 平均产油量可达 1188kg/hm^2。可用于食用植物油生产	原为省级审定良种
29	江西省林业科学院	赣石 84－3	国 S－SC－CO－023－2008	油茶	无性系	国家审定	2008	树体生长旺盛，树冠紧凑；果皮红色，平均冠幅产果量 0.13kg/m^2，鲜果大小为 98 个/kg，鲜出籽率 42.5%，干籽出仁率 67.5%，干仁含油率 55.7%，鲜果含油率 10.8%，盛产期连续 4a 平均产油量可达 913.5kg/hm^2。可用于食用植物油生产	原为省级审定良种
30	江西省林业科学院	赣石 83－1	国 S－SC－CO－024－2008	油茶	无性系	国家审定	2008	树体生长旺盛，树冠紧凑；果皮红色，平均冠幅产果量 0.13kg/m^2，鲜果大小为 72 个/kg，鲜出籽率 50.7%，干籽出仁率 32.4%，干仁含油率 52.3%，鲜果含油率 11.1%，盛产期连续 4a 平均产油量可达 945kg/hm^2。可用于食用植物油生产	原为省级审定良种
31	江西省林业科学院	赣石 83－4	国 S－SC－CO－025－2008	油茶	无性系	国家审定	2008	树体生长旺盛，树冠紧凑；果皮红色，平均冠幅产果量 0.11kg/m^2，鲜果大小为 88 个/kg，鲜出籽率 48.3%，干籽出仁率 65.6%，干仁含油率 59.6%，鲜果含油率 11.9%，盛产期连续 4a 平均产油量可达 820.5kg/hm^2。油酸含量 82.42%，亚油酸含量 8.31%。可用于食用植物油生产	原为省级审定良种
32	江西省林业科学院	赣无 2	国 S－SC－CO－026－2008	油茶	无性系	国家审定	2008	树体生长旺盛，树冠紧凑；果皮黄色，平均冠幅产果量 0.09kg/m^2，鲜果大小为 82 个/kg，鲜出籽率 48.1%，干籽出仁率 27.8%，干仁含油率 49.4%，鲜果含油率 8.1%，盛产期连续 4a 平均产油量可达 735kg/hm^2。油酸含量 85%，亚油酸含量 6.36%。可用于食用植物油生产	原为省级审定良种

（续）

序号	选育或生产单位名称	良种名称	编　号	树　种	类　别	通过类别	初审通过年份	品种特性	备　注
33	江西省林业科学院	赣无 11	国 S－SC－CO－027－2008	油茶	无性系	国家审定	2008	树体生长旺盛，树冠紧凑；果皮红色，平均冠幅产果量 0.18kg/m^2，鲜果大小为 72 个/kg，鲜出籽率 51.4%，干籽出仁率 30.5%，干仁含油率 57.8%，鲜果含油率 12.4%，盛产期连续 4a 平均产油量可达 1383kg/hm^2。油酸含量 78.73%，亚油酸含量 11.34%。可用于食用植物油生产	原为省级审定良种
34	江西省林业科学院	赣兴 46	国 S－SC－CO－028－2008	油茶	无性系	国家审定	2008	树体生长旺盛，树冠紧凑；果皮黄色，平均冠幅产果量 0.14kg/m^2，鲜果大小为 130 个/kg，鲜出籽率 52.1%，干籽出仁率 28.6%，干仁含油率 45.1%，鲜果含油率 8.1%，盛产期连续 4a 平均产油量可达 952.5kg/hm^2。油酸含量 79.24%，亚油酸含量 10.4%。可用于食用植物油生产	原为省级审定良种
35	江西省林业科学院	赣永 5	国 S－SC－CO－029－2008	油茶	无性系	国家审定	2008	树体生长旺盛，树冠紧凑；果皮青色，平均冠幅产果量 0.14kg/m^2，鲜果大小为 110 个/kg，鲜出籽率 50.1%，干籽出仁率 61.8%，干仁含油率 48.2%，鲜果含油率 7.4%，盛产期连续 4a 平均产油量可达 996kg/hm^2。油酸含量 82.7%，亚油酸含量 8.15%。可用于食用植物油生产	原为省级审定良种
36	江西省林业科学院	赣 70	国 S－SC－CO－025－2010	油茶	无性系	国家审定	2010	树体生长旺盛，树冠紧凑；鲜果大小为 56 个/kg，鲜出籽率 49.2%，干籽出仁率 29.1%，干仁含油率 65.1%，种仁含油率 50.5%，鲜果含油率 9.6%，连续 4a 产油量可达 792kg/hm^2。茶油油酸含量 82.53%，亚油酸含量 7.27%。可用于食用植物油生产	
37	江西省林业科学院	赣无 12	国 S－SC－CO－026－2010	油茶	无性系	国家审定	2010	树体生长旺盛，树冠紧凑；鲜果大小为 84 个/kg，鲜出籽率 40.3%，干籽出仁率 24.2%，干仁含油率 61.4%，种仁含油率 52.1%，鲜果含油率 7.8%，连续 4a 产油量可达 1033.5kg/hm^2。茶油油酸含量 80.1%，亚油酸含量 8.66%。可用于食用植物油生产	
38	江西省林业科学院	赣无 24	国 S－SC－CO－027－2010	油茶	无性系	国家审定	2010	树体生长旺盛，树冠紧凑；鲜果大小为 66 个/kg，鲜出籽率 51.9%，干籽出仁率 29.8%，干仁含油率 66.2%，种仁含油率 50.9%，鲜果含油率 10.1%，连续 4a 产油量可达 939kg/hm^2。茶油油酸含量 85%，亚油酸含量 6.36%。可用于食用植物油生产	
二	**国家认定**								
1	信丰县林木良种场	信丰杉木一代种子园	国 R－CSO(1)－CL－001－2002	杉木	种子园种子	国家认定(5a)	2002	种子品质好，出籽率 2.2%～3.3%，发芽率 45%～46%，净度 97% 以上，千粒重 7.54g，与一般种子相比发芽率提高 11%，千粒重提高 15%～20%，育苗播种量减少 50% 以上。苗期比对照增高 12.4%，幼苗期高生长增益 15.3%，抗逆性良好	认定期已过

（续）

序号	选育或生产单位名称	良种名称	编　号	树　种	类　别	通过类别	初审通过年份	品种特性	备　注
2	吉安市青原区白云山林场	白云山杉木种子园	国 R－CSO(1)－CL－002－2002	杉木	种子园种子	国家认定(5a)	2002	木材生长迅速,干形通直,树形圆满,成材期早。木材纹理通直,结构均匀,早晚材界限不明显,强度相差小,干缩率小,尖削度小,木质轻韧。无性繁殖能力强,造林成活率高。但种子产量大小年明显	认定期已过
3	安福县陈山林场	陈山林场红心杉母树林种子	国 R－SS－CL－001－2007	杉木	母树林	国家认定(5a)	2007	前期生长缓慢,后期生长快,8～31a 生林分的树高、胸径均超过国家速生丰产林标准。木材基本密度 0.324g/cm^3,纤维长 3602μm,心材比例占 50%,材色红润,香气浓。是民用实木和板材、装饰用材的优良材料	
4	吉安市青原区白云山林场	陈山林场红心杉初级无性系种子园种子	国 R－SC－CL－003－2009	杉木	种子园种子	国家认定(5a)	2009	树干通直,减削度小。木材密度大,抗压性强,不翘不裂,坚韧耐腐。木材纹理美观,色泽独特,边材少,红心材比例高。24a 生平均树高 15.2m,平均胸径 24.4cm,平均单株材积 0.3646m^3	
三	**省级审定**								
1	信丰县林木良种场	信丰杉木一代种子园	赣 S－CSO(1)－CL－001－2003	杉木	种子园种子	省级审定	1998	种子品质良好,比照一般杉木种子发芽率提高 11%,千粒重提高 15%～20%,播种量 120～150kg/hm^2,比一般杉木育苗播种量减少 50% 以上;苗木平均高达 40cm,比对照增高 12.4%	
2	安远县试验林场	安远杉木一代种子园	赣 S－CSO(1)－CL－002－2003	杉木	种子园种子	省级审定	1998		种子园已毁
3	安远县牛犬山林场	牛犬山杉一代种子园	赣 S－CSO(1)－CL－003－2003	杉木	种子园种子	省级审定	1998	种子平均出籽率 4.78%,净度 92%,千粒重 7.3g,发芽势 47%,发芽率 52%,该种子用于育种可减少播种量 50%,苗木出土整齐,长势旺盛,抗病虫能力较强,一级苗率高	
4	吉安市青原区白云山林场	白云山杉一代种子园	赣 S－CSO(1)－CL－004－2003	杉木	种子园种子	省级审定	1998	木材生长迅速,干形通直,树形圆满,成材期早。其后代群体效益在种源选择的基础上再提高 39.66%。无性繁殖能力强,造林成活率高。但种子产量大小年明显	
5	峡江县林木良种场	峡江湿地松种子园	赣 S－CSO(1)－PE－005－2003	湿地松	种子园种子	省级审定	1998	与其他松木品种试验,该品种具有明显的生长快、材质优良、抗性强等特性;1a 生苗与普通松苗相比,苗高超过 88.1%,地径超过 34.4%;本良种造林 28 个月后与普通苗造林对比,幼树高超过 64.04%,地径超过 113.16%	
6	永丰县油茶科研究所(永丰县学古县林场)	油茶观音桃	赣 S－SC－CO－006－2003	油茶	无性系	省级审定	1998	果皮粉红略带浅黄,似“观音”面色;着果率高,产量高;多年测定,平均鲜果出籽率 45.3%,平均种仁含油率 47.98%,平均产量比其它类型高 30%,产量变幅小于 20%	已毁

（续）

序号	选育或生产单位名称	良种名称	编　号	树　种	类　别	通过类别	初审通过年份	品种特性	备　注
7	赣州市林业科学研究所	赣州油1号	赣S－SC－CO－007－2003	油茶	无性系	省级审定	1998	生长快，结实早，树冠产果2.35kg/m^2，鲜果出籽率41%，种仁含油率48.5%，果皮红色，皮薄，抗性强	GLS赣州油1号，取消省级编号，见国S－SC－CO－014－2008
8	赣州市林业科学研究所	赣州油2号	赣S－SC－CO－008－2003	油茶	无性系	省级审定	1998	生长快，结实早，树冠产果1.50kg/m^2，鲜果出籽率42%，种仁含油率58.3%，果皮红色，皮薄，抗性强	GLS赣州油2号，取消省级编号，见国S－SC－CO－015－2008
9	赣州市林业科学研究所	赣州油3号	赣S－SC－CO－009－2003	油茶	无性系	省级审定	1998	生长快，结实早，树冠产果1.32kg/m^2，鲜果出籽率46%，种仁含油率52.6%，果皮红色，皮薄，抗性强	GLS赣州油3号
10	赣州市林业科学研究所	赣州油4号	赣S－SC－CO－010－2003	油茶	无性系	省级审定	1998	生长快，结实早，树冠产果1.42kg/m^2，鲜果出籽率37.8%，种仁含油率56.7%，果皮红色，皮薄，抗性强	GLS赣州油4号
11	赣州市林业科学研究所	赣州油5号	赣S－SC－CO－011－2003	油茶	无性系	省级审定	1998	生长快，结实早，树冠产果1.58kg/m^2，鲜果出籽率37%，种仁含油率54.9%，果皮红色，皮薄，抗性强	GLS赣州油5号
12	赣州市林业科学研究所	赣州油6号	赣S－SC－CO－012－2003	油茶	无性系	省级审定	1998	生长快，结实早，树冠产果1.58kg/m^2，鲜果出籽率44%，种仁含油率49.8%，果皮红色，皮薄，抗性强	GLS赣州油6号，取消省级编号，见国S－SC－CO－016－2008
13	赣州市林业科学研究所	赣州油7号	赣S－SC－CO－013－2003	油茶	无性系	省级审定	1998	生长快，结实早，树冠产果1.45kg/m^2，鲜果出籽率39%，种仁含油率54.8%，果皮红色，皮薄，抗性强	GLS赣州油7号，取消省级编号，见国S－SC－CO－017－2008
14	赣州市林业科学研究所	赣州油8号	赣S－SC－CO－014－2003	油茶	无性系	省级审定	1998	生长快，结实早，树冠产果1.59kg/m^2，鲜果出籽率38.9%，种仁含油率50.6%，果皮红色，皮薄，抗性强	GLS赣州油8号，取消省级编号，见国S－SC－CO－018－2008
15	赣州市林业科学研究所	赣州油9号	赣S－SC－CO－015－2003	油茶	无性系	省级审定	1998	生长快，结实早，树冠产果1.51kg/m^2，鲜果出籽率40.6%，种仁含油率49.4%，果皮红色，皮薄，抗性强	GLS赣州油9号，取消省级编号，见国S－SC－CO－019－2008
16	赣州市林业科学研究所	赣州油10号	赣S－SC－CO－016－2003	油茶	无性系	省级审定	1998	生长快，结实早，树冠产果1.18kg/m^2，鲜果出籽率42.7%，种仁含油率52.9%，果皮红色，皮薄，抗性强	GLS赣州油10号

（续）

序号	选育或生产单位名称	良种名称	编　号	树　种	类　别	通过类别	初审通过年份	品种特性	备　注
17	赣州市林业科学研究所	赣州油 11 号	赣 S－SC－CO－017－2003	油茶	无性系	省级审定	1998	生长快，结实早，树冠产果 0.87kg/m^2，鲜果出籽率 44.5%，种仁含油率 56.8%，果皮红色，皮薄，抗性强	GLS 赣州油 11 号
18	赣州市林业科学研究所	赣州油 12 号	赣 S－SC－CO－018－2003	油茶	无性系	省级审定	1998	生长快，结实早，树冠产果 1.22kg/m^2，鲜果出籽率 43.8%，种仁含油率 52.8%，果皮黄色，皮薄，抗性强	GLS 赣州油 12 号
19	安远县牛犬山林场	牛犬山杉木改良代（命名号：GLS 赣杉 4 号）		杉木	种子园种子	省级审定	1998		2003 年清理取消
20	安福县陈山林场	陈山林场红心杉母树林种子	赣 S－SS－CL－001－2008	杉木	母树林	省级审定	2008	前期生长缓慢，后期生长快，8～31a 生林分的树高、胸径均超过国家速生丰产林标准。木材基本密度 0.324g/cm^3，纤维长 3602μm，心材比例占 50%，材色红润，香气浓。是民用实木和板材、装饰用材的优良材料	
21	九江市林业科学研究所	乐东拟单性木兰九江大花	赣 S－ETS－PL－002－2008	乐东拟单性木兰	引种驯化品种	省级审定	2008	树干通直，材质优良，枝叶浓密、嫩叶淡紫红色，老叶亮绿色，花色美丽。抗性良好，稍耐旱，较耐寒，抗病虫害能力较强	
22	江西省林业科学院	赣石 83－1 油茶优良无性系	赣 S－SC－CO－003－2008	油茶	无性系	省级审定	2008	树体生长旺盛、树冠紧凑，分枝均匀，抗性强，结实早，产量高，丰产性能好。果皮薄，出籽率高。果实红皮，平均冠幅产果量 0.13kg/m^2，鲜果 72 个/kg，鲜出籽率 50.7%，干籽出仁率 32.4%，干仁含油率 52.3%，鲜果含油率 11.1%，连续 4a 平均产油量达 945kg/hm^2	2009 年取消省内命名和省级编号；见赣石 83－1（国 S－SC－CO－024－2008）
23	江西省林业科学院	赣石 84－3 油茶优良无性系	赣 S－SC－CO－004－2008	油茶	无性系	省级审定	2008	树体生长旺盛、树冠紧凑，分枝均匀，抗性强，结实早，产量高，丰产性能好。果皮薄，出籽率高。果实红皮，平均冠幅产果量 0.13kg/m^2，鲜果 98 个/kg，鲜出籽率 42.5%，干籽出仁率 67.5%，干仁含油率 55.7%，鲜果含油率 10.8%，连续 4a 平均产油量达 913.5kg/hm^2	2009 年取消省内命名和省级编号；见赣石 84－3（国 S－SC－CO－023－2008）
24	江西省林业科学院	赣石 83－4 油茶优良无性系	赣 S－SC－CO－005－2008	油茶	无性系	省级审定	2008	树体生长旺盛、树冠开张，分枝均匀，抗性强，结实早，产量高，丰产性能好。果皮薄，出籽率高。抗病性强。果实红皮，平均冠幅产果量 0.11kg/m^2，鲜果 88 个/kg，鲜出籽率 48.3%，干籽出仁率 65.6%，干仁含油率 59.6%，鲜果含油率 11.9%，连续 4a 平均产油量达 820.5kg/hm^2	2009 年取消省内命名和省级编号；见赣石 83－4（国 S－SC－CO－025－2008）
25	江西省林业科学院	赣兴 46 油茶优良无性系	赣 S－SC－CO－006－2008	油茶	无性系	省级审定	2008	树体生长旺盛、树冠紧凑，分枝均匀，抗性强，结实早，产量高，丰产性能好。果皮薄，出籽率高。果实黄皮，平均冠幅产果量 0.14kg/m^2，鲜果 130 个/kg，鲜出籽率 52.1%，干籽出仁率 28.6%，干仁含油率 45.1%，鲜果含油率 8.1%，连续 4a 平均产油量达 952.5kg/hm^2	2009 年取消省内命名和省级编号；见赣兴 46（国 S－SC－CO－028－2008）

（续）

序号	选育或生产单位名称	良种名称	编　　号	树　种	类　别	通过类别	初审通过年份	品种特性	备　　注
26	江西省林业科学院	赣无2油茶优良无性系	赣S－SC－CO－007－2008	油茶	无性系	省级审定	2008	树体生长旺盛、树冠紧凑，分枝均匀，抗性强，结实早，产量高，丰产性能好。果皮薄，出籽率高。果实黄皮，平均冠幅产果量0.09kg/m^2，鲜果82个/kg，鲜出籽率48.1%，干籽出仁率27.8%，干仁含油率49.4%，鲜果含油率8.1%，连续4a平均产油量达735kg/hm^2	2009年取消省内命名和省级编号；见赣无2（国S－SC－CO－026－2008）
27	江西省林业科学院	赣无11油茶优良无性系	赣S－SC－CO－008－2008	油茶	无性系	省级审定	2008	树体生长旺盛、树冠紧凑，分枝均匀，抗性强，结实早，产量高，丰产性能好。果皮中等，出籽率高。果实红皮，平均冠幅产果量0.18kg/m^2，鲜果72个/kg，鲜出籽率51.4%，干籽出仁率30.5%，干仁含油率57.8%，鲜果含油率12.4%，连续4a平均产油量达1383kg/hm^2	2009年取消省内命名和省级编号；见赣无11（国S－SC－CO－027－2008）
28	江西省林业科学院	赣8油茶优良无性系	赣S－SC－CO－009－2008	油茶	无性系	省级审定	2008	树体生长旺盛、树冠紧凑，分枝均匀，抗性强，结实早，产量高，丰产性能好。果皮薄，出籽率高。果实红皮，平均冠幅产果量0.16kg/m^2，鲜果70个/kg，鲜出籽率47.9%，干籽出仁率57.5%，干仁含油率53.9%，鲜果含油率8.5%，连续4a平均产油量达1089kg/hm^2	2009年取消省内命名和省级编号；见赣8（国S－SC－CO－020－2008）
29	江西省林业科学院	赣190油茶优良无性系	赣S－SC－CO－010－2008	油茶	无性系	省级审定	2008	树体生长旺盛、树冠紧凑，分枝均匀，抗性强，结实早，产量高，丰产性能好。果皮薄，出籽率高。果实红皮，平均冠幅产果量0.11kg/m^2，鲜果94个/kg，鲜出籽率44.6%，干籽出仁率55.6%，干仁含油率49.1%，鲜果含油率7.1%，连续4a平均产油量达820.5kg/hm^2	2009年取消省内命名和省级编号；见赣190（国S－SC－CO－021－2008）
30	江西省林业科学院	赣447油茶优良无性系	赣S－SC－CO－011－2008	油茶	无性系	省级审定	2008	树体生长旺盛、树冠紧凑，分枝均匀，抗性强，结实早，产量高，丰产性能好。果皮薄，出籽率高。果实青皮，平均冠幅产果量0.17kg/m^2，鲜果88个/kg，鲜出籽率46.7%，干籽出仁率30.8%，干仁含油率60.1%，鲜果含油率11.8%，连续4a平均产油量达1188kg/hm^2	2009年取消省内命名和省级编号；见赣447（国S－SC－CO－022－2008）
31	江西省林业科学院	赣永5油茶优良无性系	赣S－SC－CO－012－2008	油茶	无性系	省级审定	2008	树体生长旺盛、树冠紧凑，分枝均匀，抗性强，结实早，产量高，丰产性能好。果皮薄，出籽率高。果实青皮，平均冠幅产果量0.14kg/m^2，鲜果110个/kg，鲜出籽率50.1%，干籽出仁率61.8%，干仁含油率48.2%，鲜果含油率7.4%，连续4a平均产油量达996kg/hm^2	2009年取消省内命名和省级编号；见赣永5（国S－SC－CO－029－2008）
32	中国林业科学研究院亚热带林业实验中心	长林8号（亚油3号）	赣S－SC－CO－013－2008	油茶	无性系	省级审定	2008	早实丰产、稳产、出籽率高，含油率高，抗炭疽病能力强等特性。成熟期中，果椭圆形，浅红色，中果，鲜果46个/kg，鲜果出籽率46%，干出籽率27%，种仁含油率42.84%，平均产油量571.95kg/hm^2	2009年更名
33	中国林业科学研究院亚热带林业实验中心	长林17号（亚油4号）	赣S－SC－CO－014－2008	油茶	无性系	省级审定	2008	早实丰产、稳产、出籽率高，含油率高，抗炭疽病能力强等特性。成熟期特早，果球形，浅绿色，小果，鲜果94个/kg，鲜果出籽率49%，干出籽率27.4%，种仁含油率53.7%，平均产油量618.3kg/hm^2，果无炭疽病	2009年更名

（续）

序号	选育或生产单位名称	良种名称	编号	树种	类别	通过类别	初审通过年份	品种特性	备注
34	中国林业科学研究院亚热带林业实验中心	亚油5号	赣S－SC－CO－015－2008	油茶	无性系	省级审定	2008	早实丰产、稳产、出籽率高，含油率高，抗炭疽病能力强等特性。成熟期早，果球形，大红色，中果，鲜果66个/kg，鲜果出籽率46%，干出籽率27.6%，种仁含油率50.05%，平均产油量618.6kg/hm^2，果无炭疽病	2009年取消省内命名和省级编号；见长林18号(国S－SC－CO－007－2008)
35	中国林业科学研究院亚热带林业实验中心	长林20号(亚油6号)	赣S－SC－CO－016－2008	油茶	无性系	省级审定	2008	早实丰产、稳产、出籽率高，含油率高，抗炭疽病能力强等特性。成熟期早，果桔形，黄绿色，中果，鲜果48个/kg，鲜果出籽率53%，干出籽率31%，种仁含油率41.29%，平均产油量578.25kg/hm^2，果无炭疽病	2009年更名
36	中国林业科学研究院亚热带林业实验中心	亚油7号	赣S－SC－CO－017－2008	油茶	无性系	省级审定	2008	早实丰产、稳产、出籽率高，含油率高，抗炭疽病能力强等特性。成熟期早，果近桔形，黄红色，中果，鲜果56个/kg，鲜果出籽率49%，干出籽率32%，种仁含油率49.69%，平均产油量649.35kg/hm^2	2009年取消省内命名和省级编号；见长林21号(国S－SC－CO－008－2008)
37	中国林业科学研究院亚热带林业实验中心	长林22号(亚油8号)	赣S－SC－CO－018－2008	油茶	无性系	省级审定	2008	早实丰产、稳产、出籽率高，含油率高，抗炭疽病能力强等特性。成熟期早，果近球形，红绿色，中果，鲜果56个/kg，鲜果出籽率50%，干出籽率28.1%，种仁含油率41.1%，平均产油量804.45kg/hm^2	2009年更名
38	中国林业科学研究院亚热带林业实验中心	亚油9号	赣S－SC－CO－019－2008	油茶	无性系	省级审定	2008	早实丰产、稳产、出籽率高，含油率高，抗炭疽病能力强等特性。成熟期早，果球形，黄绿色，中果，鲜果66个/kg，鲜果出籽率45%，干出籽率25.5%，种仁含油率47.77%，平均产油量667.35kg/hm^2	2009年取消省内命名和省级编号；见长林23号(国S－SC－CO－009－2008)
39	中国林业科学研究院亚热带林业实验中心	长林26号(亚油10号)	赣S－SC－CO－020－2008	油茶	无性系	省级审定	2008	早实丰产、稳产、出籽率高，含油率高，抗炭疽病能力强等特性。成熟期早，果椭圆形，红绿色，中果，鲜果62个/kg，鲜果出籽率49%，干出籽率26.7%，种仁含油率40.7%，平均产油量608.4kg/hm^2	
40	中国林业科学研究院亚热带林业实验中心	亚油11号	赣S－SC－CO－021－2008	油茶	无性系	省级审定	2008	早实丰产、稳产、出籽率高，含油率高，抗炭疽病能力强等特性。成熟期早，果桃形，红色，中果，鲜果70个/kg，鲜果出籽率52%，干出籽率28.6%，种仁含油率41.18%，平均产油量728.25kg/hm^2	2009年取消省内命名和省级编号；见长林27号(国S－SC－CO－010－2008)
41	中国林业科学研究院亚热带林业实验中心	亚油12号	赣S－SC－CO－022－2008	油茶	无性系	省级审定	2008	早实丰产、稳产、出籽率高，含油率高，抗炭疽病能力强等特性。成熟期早，果椭圆形，黄绿色，中果，鲜果60个/kg，鲜果出籽率46%，干出籽率25.2%，种仁含油率39.32%，平均产油量673.2kg/hm^2，果无炭疽病	2009年取消省内命名和省级编号；见长林40号(国S－SC－CO－011－2008)

（续）

序号	选育或生产单位名称	良种名称	编号	树种	类别	通过类别	初审通过年份	品种特性	备注
42	中国林业科学研究院亚热带林业实验中心	亚油 13 号	赣 S－SC－CO－023－2008	油茶	无性系	省级审定	2008	早实丰产、稳产、出籽率高，含油率高，抗炭疽病能力强等特性。成熟期早，果葫芦形，红绿色，大果，鲜果 40 个/kg，鲜果出籽率 56%，干出籽率 32%，种仁含油率 43.58%，平均产油量 586.95kg/hm^2，果无炭疽病	2009 年取消省内命名和省级编号；见长林 53 号（国 S－SC－CO－012－2008）
43	中国林业科学研究院亚热带林业实验中心	亚油 14 号	赣 S－SC－CO－024－2008	油茶	无性系	省级审定	2008	早实丰产、稳产、出籽率高，含油率高，抗炭疽病能力强等特性。成熟期特早，果似球形，黄绿色，中果，鲜果 72 个/kg，鲜果出籽率 51%，干出籽率 26%，种仁含油率 53.36%，平均产油量 991.05kg/hm^2	2009 年取消省内命名和省级编号；见长林 55 号（国 S－SC－CO－013－2008）
44	中国林业科学研究院亚热带林业实验中心	长林 56 号（亚油 15 号）	赣 S－SC－CO－025－2008	油茶	无性系	省级审定	2008	早实丰产、稳产、出籽率高，含油率高，抗炭疽病能力强等特性。成熟期早，果似球形，红黄色，中果，鲜果 48 个/kg，鲜果出籽率 56%，干出籽率 33%，种仁含油率 42.96%，平均产油量 589.35kg/hm^2	2009 年更名
45	中国林业科学研究院亚热带林业实验中心	长林 59 号（亚油 16 号）	赣 S－SC－CO－026－2008	油茶	无性系	省级审定	2008	早实丰产、稳产、出籽率高，含油率高，抗炭疽病能力强等特性。成熟期早，果葫芦形，黄绿色，中果，鲜果 58 个/kg，鲜果出籽率 49%，干出籽率 25.7%，种仁含油率 39.96%，平均产油量 740.1kg/hm^2，果无炭疽病	2009 年更名
46	中国林业科学研究院亚热带林业实验中心	长林 61 号（亚油 17 号）	赣 S－SC－CO－027－2008	油茶	无性系	省级审定	2008	早实丰产、稳产、出籽率高，含油率高，抗炭疽病能力强等特性。成熟期早，果球形，红黄色，中果，鲜果 60 个/kg，鲜果出籽率 49%，干出籽率 26%，种仁含油率 52.03%，平均产油量 766.8kg/hm^2，果无炭疽病	2009 年更名
47	中国林业科学研究院亚热带林业实验中心	长林 65 号（亚油 18 号）	赣 S－SC－CO－028－2008	油茶	无性系	省级审定	2008	早实丰产、稳产、出籽率高，含油率高，抗炭疽病能力强等特性。成熟期特早，果桃形，果色黄绿色，小果，鲜果 108 个/kg，鲜果出籽率 46%，干出籽率 27.5%，种仁含油率 46.71%，平均产油量 669.3kg/hm^2，果无炭疽病	2009 年更名
48	中国林业科学研究院亚热带林业实验中心	长林 166 号（亚油 19 号）	赣 S－SC－CO－029－2008	油茶	无性系	省级审定	2008	早实丰产、稳产、出籽率高，含油率高，抗炭疽病能力强等特性。成熟期早，果似橄榄，果色鲜红，小果，鲜果 96 个/kg，鲜果出籽率 46.8%，干出籽率 17.2%，种仁含油率 51%，平均产油量 525.15kg/hm^2	2009 年更名
49	中国林科院亚林所、进贤县林木良种场	茅岗大果 2 号	赣 S－SC－CO－030－2008	油茶	无性系	省级审定	2008	树体生长旺盛，树冠紧凑，分枝均匀，抗性强，结实早，丰产性能好，出籽率高，果形球形，果大青黄色，单果重 18.1g，鲜果出籽率 40.2%，干仁含油率 57.3%。鲜果产量 1.08kg/株，比均值增产 21.35%，产油量 84.82g/株，比均值增产 37.47%，单位冠幅产油量 72.16g/m^2，比均值增产 14.06%，6a 生坐果率 31.7 ±3.5	

（续）

序号	选育或生产单位名称	良种名称	编　　号	树　种	类　别	通过类别	初审通过年份	品种特性	备　　注
50	中国林科院亚林所、进贤县林木良种场	茅岗大果 3 号	赣 S－SC－CO－031－2008	油茶	无性系	省级审定	2008	树体生长旺盛，树冠紧凑，分枝均匀，抗性强，结实早，丰产性能好。出籽率高，果形桃形，果大紫红色，单果重 24.5g，鲜果出籽率 40.3%，干仁含油率 53.9%。鲜果产量 1.32kg/株，比均值增产 48.32%，产油量 91.65g/株，比均值增产 48.54%，单位冠幅产油量 121.26g/m^2，比均值增产 97.1%，6a 生坐果率 32.2±3.1	
51	中国林科院亚林所、进贤县林木良种场	茅岗大果 7 号	赣 S－SC－CO－032－2008	油茶	无性系	省级审定	2008	树体生长旺盛，树冠紧凑，分枝均匀，抗性强，结实早，丰产性能好。出籽率高，果形桃形，果大紫红色，单果重 18.5g，鲜果出籽率 50.1%，干仁含油率 53.2%。鲜果产量 1.09kg/株，比均值增产 21.36%，产油量 96.62g/株，比均值增产 56%，单位冠幅产油量 65.87g/m^2，比均值增产 4.12%，6a 生坐果率 35.6±3.3	
52	吉安市林业科学研究所	龙脑樟优良家系水上 18 号	赣 S－SC－CC－033－2008	樟树	无性系	省级审定	2008	龙脑樟母树（水上 18 号）叶油含量 1.93%，油中主成分右旋龙脑（d～borneol）含量 81.78%。龙脑樟具生长快、寿命长、树冠和根系发达、萌发枝生长极速，叶油富含右旋龙脑等特性，可营建原料林基地采用矮林作业利用鲜枝叶提取生产天然冰片（右旋龙脑）。营建的原料林子代叶油平均含量 1.53%～2.0%，油中龙脑含量 67.06%～88.62%	
53	赣州市林业科学研究所	赣州油 16	赣 S－SC－CO－001－2009	油茶	无性系	省级审定	2009	生长快、结实早、产量高、抗性强。霜降种，果皮红色、果桃形、果上有棱，皮薄；叶长椭圆形、叶先端长渐尖；树冠开张，分枝均匀。花期在 11 月，自然坐果率高达 57.2%，树冠产果量 1.073kg/m^2，鲜果出籽率 41.57%，种仁含油率 56.203%，栽植 10a 后进入盛果丰产期，连续 4a 测定，平均产油量 771.45kg/hm^2	
54	赣州市林业科学研究所	赣州油 17	赣 S－SC－CO－002－2009	油茶	无性系	省级审定	2009	生长快、结实早、产量高、皮薄、抗性强。霜降种，果皮青色、果球形、果上有棱；叶宽椭圆形，树冠开张、分枝均匀。花期在 11 月上、中旬，自然着果率高达 47.0%，树冠产果量 1.599kg/m^2。鲜果出籽率 48.3%，种仁含油率 49.02%，栽植 10a 后进入盛果丰产期，连续 4a 测定，平均产油量 773.45kg/hm^2	
55	赣州市林业科学研究所	赣州油 18	赣 S－SC－CO－003－2009	油茶	无性系	省级审定	2009	生长快、结实早、产量高、抗性强。霜降种，果球形、皮薄、皮青色，叶椭圆形、叶缘宽锯齿。树冠开张、分枝均匀。花期在 11 月上、中旬，自然坐果率高达 55.2%，树冠产果量 1.351kg/m^2，鲜果出籽率 43.02%，种仁含油率 47.695%，栽植 10a 后进入盛果丰产期，连续 4a 测定，平均产油量 769.5kg/hm^2	

（续）

序号	选育或生产单位名称	良种名称	编　号	树　种	类　别	通过类别	初审通过年份	品种特性	备　注
56	赣州市林业科学研究所	赣州油 20	赣 S－SC－CO－004－2009	油茶	无性系	省级审定	2009	生长快、结实早、产量高、抗性强。霜降种，果皮黄色、果球形、果上有棱；叶椭圆形、叶片较宽；树冠开张、分枝均匀。花期在 11 月，自然坐果率高达 47.12%，树冠产果量 1.160kg/m^2。鲜果出籽率 43.50%，种仁含油率 49.733%，栽植 10a 后进入盛果丰产期，连续 4a 测定，平均产油量 761.55kg/hm^2	
57	赣州市林业科学研究所	赣州油 21	赣 S－SC－CO－005－2009	油茶	无性系	省级审定	2009	生长快、结实早、产量高、抗性强。霜降种，果皮黄色、果桃形、果上有棱，叶长椭圆形、叶较细；树冠开张、分枝均匀。花期在 11 月，自然坐果率高达 47.5%，树冠产果量 1.094kg/m^2，鲜果出籽率 41.65%，种仁含油率 49.915%，栽植 10a 后进入盛果丰产期，连续 4a 测定，平均产油量 750.9kg/hm^2	
58	赣州市林业科学研究所	赣州油 22	赣 S－SC－CO－006－2009	油茶	无性系	省级审定	2009	生长快、结实早、产量高、抗性强。霜降种，果皮红色、果球形，叶椭圆形、叶先端渐尖、叶片较小，树冠开张、分枝均匀。花期在 10 月下旬～11 月中旬，自然着果率高达 53.5%，树冠产果量 0.700kg/m^2，鲜果出籽率 52.84%，种仁含油率 48.337%，栽植 10a 后进入盛果丰产期，连续 4a 测定，平均产油量 753.35kg/hm^2	
59	赣州市林业科学研究所	赣州油 23	赣 S－SC－CO－007－2009	油茶	无性系	省级审定	2009	生长快、结实早、产量高、抗性强。霜降种，果皮红色、果球形、果大、果上有棱，叶椭圆形、中脉在叶背隆起，树冠开张、分枝均匀；花期在 11 月中旬～12 月中旬，自然着果率高达 52.4%，树冠产果量 1.181kg/m^2，鲜果出籽率 47.99%，种仁含油率 50.753%，栽植 10a 后进入盛果丰产期，连续 4a 测定，平均产油量 763.2kg/hm^2	
四	**省级认定**								
1	全南县小叶岽林场	全南杉木初级（命名号：GLR 全小杉 1 号）		杉木	种子园种子	省级认定(5a)	1998		2003 年清理取消
2	峡江县林木良种场	峡江杉木初级（命名号：GLR 峡杉 1 号）		杉木	种子园种子	省级认定(5a)	1998		2003 年清理取消
3	于都县银坑林场	银坑火炬松（命名号：GLR 赣火 2 号）		火炬松	母树林种子	省级认定(5a)	1998		2003 年清理取消

（续）

序号	选育或生产单位名称	良种名称	编号	树种	类别	通过类别	初审通过年份	品种特性	备注
4	安远县牛犬山林场	牛犬山马尾松种子园	赣 R－CSO(1)－PM－001－2003	马尾松	种子园种子	省级认定(5a)	1998		GLR 安马 1 号,认定期已过
5	安福县陈山林场	陈山杉木	赣 R－SP－CL－002－2003	杉木	优良种源种子	省级认定(5a)	1998	干形圆满通直,尖削度小,出材率高。边材小,心材比例达 90% 以上,红心芳香味浓。抗压性强,不翘不裂。与当地其他种源相比,高生长,胸径生长速度分别高 12.9% 和 25.6%	GLR 陈山杉 1 号,认定期已过
6	安福县武功山林场	武功山火炬松母树林	赣 R－SS－PT－003－2003	火炬松	母树林种子	省级认定(5a)	1998	17a 生林分胸径平均为 28.7cm,树高平均为 12.4m;材积绝对平均值为 0.4603m^3,遗传增益 10% 左右。生长速度大大超过本地马尾松,抗松毛虫能力超过马尾松,抗病虫能力高于同期引种的湿地松	GLR 赣火 1 号,认定期已过
7	中国林业科学研究院亚热带林业实验中心	长林 53 号	赣 R－SC－CO－004－2003	油茶	无性系	省级认定(5a)	1996	15a 生测定,平均产油 885.75kg/hm^2,鲜果 40 个/kg,果形椭圆,果色红绿色,中冠形;出籽率 32%,种仁含油 43.58%;抗性强,易加工,耐贮藏	GLR 长油 1 号,认定期已过
8	中国林业科学研究院亚热带林业实验中心	长林 59 号	赣 R－SC－CO－005－2003	油茶	无性系	省级认定(5a)	1996	15a 生测定,平均产油 815.55kg/hm^2,鲜果 70 个/kg,果形桃形,果色红色,中冠形;出籽率 28.6%,种仁含油 41.18%;抗性强,易加工,耐贮藏	GLR 长油 2 号,认定期已过
9	中国林业科学研究院亚热带林业实验中心	长林 27 号	赣 R－SC－CO－006－2003	油茶	无性系	省级认定(5a)	1996	15a 生测定,平均产油 828.6kg,鲜果 58 个/kg,果形葫芦形,果色黄绿色,树形高大;出籽率 25.7%,种仁含油 39.97%;抗性强,易加工,耐贮藏	GLR 长油 3 号,认定期已过
10	中国林业科学研究院亚热带林业实验中心	长林 21 号	赣 R－SC－CO－007－2003	油茶	无性系	省级认定(5a)	1996	15a 生测定,平均产油 802.35kg/hm^2,鲜果 56 个/kg,果形近橘形,果色黄色,树形高大;出籽率 32%,种仁含油 49.69%;抗性强,易加工,耐贮藏	GLR 长油 4 号,认定期已过
11	中国林业科学研究院亚热带林业实验中心	长林 40 号	赣 R－SC－CO－008－2003	油茶	无性系	省级认定(5a)	1996	15a 生测定,平均产油 679.5kg/hm^2,鲜果 60 个/kg,果形椭圆形,果色绿色,树形高大;出籽率 25.2%,种仁含油 39.32%;抗性强,易加工,耐贮藏	GLR 长油 5 号,认定期已过
12	中国林业科学研究院亚热带林业实验中心	长林 56 号	赣 R－SC－CO－009－2003	油茶	无性系	省级认定(5a)	1996	15a 生测定,平均产油 721.95kg/hm^2,鲜果 48 个/kg,果形桃形,果色黄绿色,树形高大;出籽率 33.0%,种仁含油 42.96%;抗性强,易加工,耐贮藏	GLR 长油 6 号,认定期已过
13	中国林业科学研究院亚热带林业实验中心	长林 26 号	赣 R－SC－CO－010－2003	油茶	无性系	省级认定(5a)	1996	15a 生测定,平均产油 679.05kg/hm^2,鲜果 62 个/kg,果形椭圆形,果色红绿色,中冠型;出籽率 26.7%,种仁含油 40.70%;抗性强,易加工,耐贮藏	GLR 长油 7 号,认定期已过

（续）

序号	选育或生产单位名称	良种名称	编号	树种	类别	通过类别	初审通过年份	品种特性	备注
14	中国林业科学研究院亚热带林业实验中心	长林4号	赣R－SC－CO－011－2003	油茶	无性系	省级认定(5a)	1996	15a生测定，平均产油728.1kg/hm^2，鲜果70个/kg，果形桃形，果色红绿色，中冠型；出籽率26.4%，种仁含油35.02%；抗性强，易加工，耐贮藏	GLR长油8号，认定期已过
15	中国林业科学研究院亚热带林业实验中心	长林55号	赣R－SC－CO－012－2003	油茶	无性系	省级认定(5a)	1996	15a生测定，平均产油675.6kg/hm^2，每公斤鲜果72个/kg，果形桃形，果色黄绿色，中冠型；出籽率26.0%，种仁含油53.36%；抗性强，易加工，耐贮藏	GLR长油9号，认定期已过
16	中国林业科学研究院亚热带林业实验中心	长林22号	赣R－SC－CO－013－2003	油茶	无性系	省级认定(5a)	1996	15a生测定，平均产油665.4kg/hm^2，鲜果56个/kg，果形球形，果色红绿色，矮冠型；出籽率28.1%，种仁含油41.0%；抗性强，易加工，耐贮藏	GLR长油10号，认定期已过
17	中国林业科学研究院亚热带林业实验中心	长林23号	赣R－SC－CO－014－2003	油茶	无性系	省级认定(5a)	1996	15a生测定，平均产油585.9kg/hm^2，每公斤鲜果66个/kg，果形球形，果色黄绿色，冠型高大；出籽率25.5%，种仁含油47.77%；抗性强，易加工，耐贮藏	GLR长油11号，认定期已过
18	中国林业科学研究院亚热带林业实验中心	长林20号	赣R－SC－CO－015－2003	油茶	无性系	省级认定(5a)	1996	15a生测定，平均产油657.3kg/hm^2，鲜果48个/kg，果形橘形，果色黄绿色，矮冠型；出籽率31.0%，种仁含油41.29%；抗性强，易加工，耐贮藏	GLR长油12号，认定期已过
19	中国林业科学研究院亚热带林业实验中心	长林61号	赣R－SC－CO－016－2003	油茶	无性系	省级认定(5a)	1996	15a生测定，平均产油592.65kg/hm^2，鲜果60个/kg，果形球形，果色黄绿色，大冠型；出籽率26.0%，种仁含油52.03%；抗性强，易加工，耐贮藏	GLR长油13号，认定期已过
20	中国林业科学研究院亚热带林业实验中心	长林3号	赣R－SC－CO－017－2003	油茶	无性系	省级认定(5a)	1996	15a生测定，平均产油646.5kg/hm^2，鲜果52个/kg，果形桃形，果色黄绿色，大冠型；出籽率31.3%，种仁含油35.37%；抗性强，易加工，耐贮藏	GLR长油14号，认定期已过
21	中国林业科学研究院亚热带林业实验中心	长林8号	赣R－SC－CO－018－2003	油茶	无性系	省级认定(5a)	1996	15a生测定，平均产油602.85kg/hm^2，鲜果46个/kg，果形椭圆形，果色红绿色，大冠型；出籽率27.0%，种仁含油42.84%；抗性强，易加工，耐贮藏	GLR长油15号，认定期已过
22	中国林业科学研究院亚热带林业实验中心	长林17号	赣R－SC－CO－019－2003	油茶	无性系	省级认定(5a)	1996	15a生测定，平均产油594.75kg/hm^2，鲜果94个/kg，果形球形，果色绿色，高冠型；出籽率27.4%，种仁含油53.70%；抗性强，易加工，耐贮藏	GLR长油16号，认定期已过

（续）

序号	选育或生产单位名称	良种名称	编　　号	树　种	类　别	通过类别	初审通过年份	品种特性	备　　注
23	中国林业科学研究院亚热带林业实验中心	长林 65 号	赣 R－SC－CO－020－2003	油茶	无性系	省级认定(5a)	1996	15a 生测定，平均产油 534.45kg/hm^2，鲜果 108 个/kg，果形桃形，果色黄绿色，中冠型；出籽率 27.5%，种仁含油 46.71%；抗性强，易加工，耐贮藏	GLR 长油 17 号，认定期已过
24	中国林业科学研究院亚热带林业实验中心	长林 18 号	赣 R－SC－CO－021－2003	油茶	无性系	省级认定(5a)	1996	15a 生测定，平均产油 512.85kg/hm^2，鲜果 66 个/kg，果形桃形，果色红色，矮冠型；出籽率 27.6%，种仁含油 50.05%；抗性强，易加工，耐贮藏	GLR 长油 18 号，认定期已过
25	赣州市林业科学研究所	赣州油 13 号	赣 R－SC－CO－022－2003	油茶	无性系	省级认定(5a)	1998	果色红色，皮薄，树冠形长，分枝均匀；连续 4a 测定，树冠投影产果 2.356kg/m^2，鲜果出籽率 41.09%，种仁含油率 48.470%，平均产油量 1007.22kg/hm^2；生长快，结实早，产量高，抗性强	GLR 赣州油 1 号，认定期已过
26	赣州市林业科学研究所	赣州油 14 号	赣 R－SC－CO－023－2003	油茶	无性系	省级认定(5a)	1998	果皮红色，球形，皮薄，树冠形长，分枝均匀；连续 4a 测定，树冠投影产果 1.501kg/m^2，鲜果出籽率 42.09%，种仁含油率 58.325%，平均产油量 966.69kg/hm^2；生长快，结实早，产量高，抗性强	GLR 赣州油 2 号，认定期已过
27	赣州市林业科学研究所	赣州油 15 号	赣 R－SC－CO－024－2003	油茶	无性系	省级认定(5a)	1998	果皮红色，皮薄，树冠形长，分枝均匀；连续 4a 测定，树冠投影产果 1.318kg/m^2，鲜果出籽率 40.33%，种仁含油率 52.023%，平均产油量 861.615kg/hm^2；生长快，结实早，产量高，抗性强	GLR 赣州油 3 号，认定期已过
28	赣州市林业科学研究所	赣州油 16 号	赣 R－SC－CO－025－2003	油茶	无性系	省级认定(5a)	1998	果皮红色，皮薄，树冠形长，分枝均匀；连续 4a 测定，树冠投影产果 1.417kg/m^2，鲜果出籽率 37.80%，种仁含油率 56.670%，平均产油量 812.58kg/hm^2；生长快，结实早，产量高，抗性强	GLR 赣州油 4 号，认定期已过
29	赣州市林业科学研究所	赣州油 17 号	赣 R－SC－CO－026－2003	油茶	无性系	省级认定(5a)	1998	果色红色，皮薄，树冠形长，分枝均匀；连续 4a 测定，树冠投影产果 1.581kg/m^2，鲜果出籽率 37.34%，种仁含油率 54.910%，平均产油量 791.565kg/hm^2；生长快，结实早，产量高，抗性强	GLR 赣州油 5 号，认定期已过
30	赣州市林业科学研究所	赣州油 18 号	赣 R－SC－CO－027－2003	油茶	无性系	省级认定(5a)	1998	果皮黄色，皮薄，树冠形长，分枝均匀；连续 4a 测定，树冠投影产果 1.579kg/m^2，鲜果出籽率 44.02%，种仁含油率 49.755%，平均产油量 728.52kg/hm^2；生长快，结实早，产量高，抗性强	GLR 赣州油 6 号，认定期已过
31	赣州市林业科学研究所	赣州油 19 号	赣 R－SC－CO－028－2003	油茶	无性系	省级认定(5a)	1998	果皮青色，皮薄，树冠形长，分枝均匀；连续 4a 测定，树冠投影产果 1.448kg/m^2，鲜果出籽率 39.19%，种仁含油率 54.855%，平均产油量 721.515kg/hm^2；生长快，结实早，产量高，抗性强	GLR 赣州油 7 号，认定期已过

（续）

序号	选育或生产单位名称	良种名称	编号	树种	类别	通过类别	初审通过年份	品种特性	备注
32	赣州市林业科学研究所	赣州油 20 号	赣 R－SC－CO－029－2003	油茶	无性系	省级认定(5a)	1998	果皮红色，皮薄，树冠形长，分枝均匀；连续 4a 测定，树冠投影产果 1.599kg/m^2，鲜果出籽率 38.93%，种仁含油率 50.610%，平均产油量 707.505kg/hm^2；生长快，结实早，产量高，抗性强	GLR 赣州油 8 号，认定期已过
33	赣州市林业科学研究所	赣州油 21 号	赣 R－SC－CO－030－2003	油茶	无性系	省级认定(5a)	1998	果色红色，皮薄，树冠形长，分枝均匀；连续 4a 测定，树冠投影产果 1.507kg/m^2，鲜果出籽率 40.57%，种仁含油率 49.413%，平均产油量 686.49kg/hm^2；生长快，结实早，产量高，抗性强	GLR 赣州油 9 号，认定期已过
34	赣州市林业科学研究所	赣州油 22 号	赣 R－SC－CO－031－2003	油茶	无性系	省级认定(5a)	1998	果色红色，皮薄，树冠形长，分枝均匀；连续 4a 测定，树冠投影产果 1.178kg/m^2，鲜果出籽率 42.69%，种仁含油率 52.953%，平均产油量 686.49kg/hm^2；生长快，结实早，产量高，抗性强	GLR 赣州油 10 号，认定期已过
35	赣州市林业科学研究所	赣州油 23 号	赣 R－SC－CO－032－2003	油茶	无性系	省级认定(5a)	1998	果色红色，皮薄，树冠形长，分枝均匀；连续 4a 测定，树冠投影产果 0.865kg/m^2，鲜果出籽率 44.46%，种仁含油率 56.82%，平均产油量 678.435kg/hm^2；生长快，结实早，产量高，抗性强	GLR 赣州油 11 号，认定期已过
36	抚州市林业科学研究所、江西省林业科学院	桐优 1	赣 R－SC－PT－001－2008(5)	泡桐	无性系	省级认定(5a)	2008	生长迅速，材性优良，木材基本密度 252kg/m^3，纤维长度 724μm，纤维宽度 48μm	
37	抚州市林业科学研究所、江西省林业科学院	桐优 2	赣 R－SC－PT－002－2008(5)	泡桐	无性系	省级认定(5a)	2008	生长迅速，材性优良，木材基本密度 246kg/m^3，纤维长度 803μm，纤维宽度 52μm	
38	抚州市林业科学研究所、江西省林业科学院	桐优 3	赣 R－SC－PT－003－2008(5)	泡桐	无性系	省级认定(5a)	2008	生长迅速，材性优良，木材基本密度 225kg/m^3，纤维长度 933μm，纤维宽度 62μm	
39	九江市林业科学研究所	灰毛含笑九园 1 号	赣 R－ETS－MF－004－2008(5)	含笑	引种驯化品种	省级认定(5a)	2008	速身树种，树形美观、材质优良、枝叶浓密。花色美丽，较耐寒，成龄植株可耐 －16℃低温；较耐高温，大苗能耐 40℃酷热；大树耐土壤干旱，吸尘能力强，对 SO2 等有毒气体抚州市林业科学研究所、江西省林业科学院有一定的抗性；抗病虫害能力亦较强	

（续）

序号	选育或生产单位名称	良种名称	编　号	树　种	类　别	通过类别	初审通过年份	品种特性	备　注
40	南昌市湾里区绿地苗圃、南昌林木良种管理站	柳叶金桂	赣 R－SV－OF－005－2008(5)	桂花	优良品种	省级认定(5a)	2008	植株生长旺盛，叶色浓绿，呈柳叶披针形，分枝均匀，树冠浓密，树势丰满、紧凑，株形近圆球形，姿态秀丽、四季翠绿。花期着花繁密、浓香致远，单株产花量高，树体繁花迸放景观价值高	
41	宜春市林业科学研究所	宜林科华木莲	赣 R－ETS－MD－006－2008(5)	华木莲	引种驯化品种	省级认定(5a)	2008	根系发达，主根明显，适生海拔 400～800m 的地区，阳性树种，中等喜光，幼年稍耐荫，喜凉爽湿润立地，且腐殖质含量丰富的土壤，早期速生，材质优良，树形、花色美观，结果量大小年明显	
42	中国林业科学研究院亚热带林业实验中心	亚油 1 号	赣 R－SC－CO－007－2008(5)	油茶	无性系	省级认定(5a)	2008	早实丰产、稳产、出籽率高，含油率高，抗炭疽病能力强等特性。成熟期早，果橄榄形，果黄绿色，中果，鲜果 52 个/kg，鲜果出籽率 48%，干出籽率 31.3%，种仁含油率 35.73%，平均产油量 634.8kg/hm^2	2009 年取消省内命名和省级编号；见长林 3 号（国 S－SC－CO－005－2008）
43	中国林业科学研究院亚热带林业实验中心	亚油 2 号	赣 R－SC－CO－008－2008(5)	油茶	无性系	省级认定(5a)	2008	早实丰产、稳产、出籽率高，含油率高，抗炭疽病能力强等特性。成熟期中，果桃形，红绿色，中果，鲜果 70 个/kg，鲜果出籽率 47%，干出籽率 26.4%，种仁含油率 35.02%，平均产油量 748.8kg/hm^2	2009 年取消省内命名和省级编号；见长林 4 号（国 S－SC－CO－006－2008）
44	鹰潭市龙虎山农业开发总公司	天师一号	赣 R－SC－CM－009－2008(5)	板栗	无性系	省级认定(5a)	2008	树种紧密，新梢短粗，节间短、总苞扁而薄，刺束稀而短，出籽率很高。坚果光泽中等，中等大小，平均重 16g，该品种适应性强，产量高而稳定	
45	吉安市青原区白云山林场、江西省林业科学院	陈山红心杉一代种子园种子	赣 R－CSO(1)－CL－001－2009(5)	杉木	种子园种子	省级认定(5a)	2009	该品种在形态学上与其他杉木种子相同，鲜果出籽率达 3.8%，千粒重 7.03%～8.42%，播种量为 45kg/hm^2。材色美观、材质优良、材性稳定。广义遗传力达 0.67～0.87；子代树红心比例 68%，平均材积生长量提高 18.7%。红心、具工艺价值高，硬度比其他杉木品种好	

注：截至 2010 年底，江西省共通过国家级审定 38 个、国家级认定 4 个、省级审定 59 个、省级认定 45 个，以上共计 146 个。
除已经取消的和认定过期的品种，目前还保留国家级审定 38 个，国家级认定 2 个，省级审定 33 个，省级认定 8 个，共计 81 个。

表 10　主要引进树种种质资源统计

序号	树种名称	引种年份	树龄(a)	引种单位	从何地引入	种植地点	种植面积(hm^2)	种植株数(株)	树高(m)		胸径(cm)		结实情况	立地情况				引种效果及评价	备注
									最高	平均	最大	平均		海拔(m)	土壤类别	土层厚度(cm)	pH 值		
1	黄山松	1964	42	九江市大德山林场	安徽	南坑分场	17.33	60000	15.0	8.0	38.0	21.0	差	780	红壤	60	6.0	引种成功生长良好，其他生理状况正常	
	火炬松	1989	18	南昌市安义县新华林场	美国		6.67	11000	14.0	11.0	30.0	20.0	差	56	黄红壤	80	5.5	适应本地环境，长势好，年生长量大	
	火炬松	1982	27	江西农业大学	美国	校园		100	25.0	20.0	45.0	38.0	一般	50	红壤	50～100	5.5～6.5	生长好	
	火炬松	1973	32	九江市都昌县朝阳林场	美国	杨岭阎王殿	0.27	130	9.4	6.5	19.3	12.6		154	红壤	50			
	火炬松	1990	16	九江市湖口县武山镇长岭	美国	横山	5.33		9.5	8.5	26.2	18.3		70	红壤	25		引种成功，生长量明显大于同类树种	
	火炬松	1992	14	九江市星子县东牯山	美国	鄱波湖村	2.40		15.0	13.0	18.0	16.0		40	红壤	100	5.6	生长良好，可作用材、生态优良树种	
	火炬松	1990	17	九江市修水县林业局	美国	征村乡横坑村	17.33	30000	11.0	10.0	25.0	21.0	良好	300	黄红壤	65	6.5	适合当地环境生长，引种成功	
2	火炬松	1982	23	景德镇市枫树山林场	美国	各分场	1475.77	3690000	15.0	12.0	28.0	24.0	一般	100～500	红壤	90	6.5	长势旺，引种成功	
	火炬松	1990	12	景德镇市浮梁县银坞林场	美国	王港乡坑口村	55.20	110000	11.0	8.0	18.0	11.7		120	红壤	80	5.5	长势旺，引种成功	全市推广
	火炬松	1990	15	萍乡市安源区高坑镇高坑村	美国	民主村	8.00		5.9		15.6		良好		红壤	73	6.5	引种成功并大面积推广	块状，萍乡市安源
	火炬松	1984	21	萍乡市林业科学研究所	美国	青溪林场	2.00	1800	8.2		22.0		旺盛	150～221	黄壤	90	5.0	引种成功并大面积推广	萍乡市上栗县
	火炬松	1987	19	新余市百丈峰林场	美国	石坑	20.00	30000		10.6		17.4	良好	87	红壤	100	6.5	引种成功，建议推广	
	火炬松	1978	28	赣州市安远县葛坳林场	美国	葛坳林场	0.01	2	15.0	14.0	26.4	26.0	旺盛	450	红壤	75	7.0	引种成功	

（续）

序号	树种名称	引种年份	树龄(a)	引种单位	从何地引入	种植地点	种植面积(hm²)	种植株数(株)	树高(m)		胸径(cm)		结实情况	立地情况				引种效果及评价	备注
									最高	平均	最大	平均		海拔(m)	土壤类别	土层厚度(cm)	pH值		
	火炬松	1997	9	赣州市大余县烂泥迳林场	美国	烂泥迳鬼子坑	20.00	30000	10.0	8.0	20.0	14.0		300	黄红壤	90	5.0	生长量基本达到预期目标，引种成功	
	火炬松	1990		赣州市赣县	美国	杀人迳	2.67	5000	13.0	9.0	16.0	12.0	差	280	红壤	88cm以上	7～7.5	观察中	
	火炬松	1991	15	赣州南康市章坑寨林场	美国	河坪	6.67	15000	9.1	6.1	14.5	8.2	差	350	红壤	100	6.0	生长良好，引种成功	
	火炬松	1991	15	赣州市信丰县隘高林场	美国	龙州工区	3.00		10.2	7.8	18.4	10.4	差	196～306	红壤	65	5.0	引种成功	
	火炬松	1992	14	赣州市信丰县金鸡林场	美国	罗丰头工区	56.67		16.5	7.7	28.9	10.8	差	363～428	红壤	65	5.0	引种成功	
	火炬松	1996	10	赣州市信丰县万隆林场	美国	柏枧工区	21.33		10.2	8.6	16.3	10.5	差	225～325	红壤	60	5.0	引种成功	
	火炬松	1996	10	赣州市信丰县小河镇兰坳村汀高组	美国	屋背	2.73		3.7	3.2	10.0	6.7	差	173～184	红壤	60	5.0	引种成功	
	火炬松	1993	13	赣州市信丰县油山林场	美国	中乐工区	10.00		10.1	9.2	22.3	18.6	差	351～408	红壤	70	5.0	引种成功	
	火炬松	1992	12	赣州市兴国县蕉坑林场	美国	水库脑上	0.03	118	14.1	12.1	20.9	14.6			红壤	85	5.5	引种成功，生长较好	
	火炬松	1979	28	赣州市于都县银坑林场	美国		6.67	400	11.0	9.0	36.0	32.0	良好	195	红壤	60	6.5	引种成功	
	火炬松	1988	19	宜春市上高县林化厂	美国	前进村	5.33	8800	15.0	10.0	21.6	18.3	旺盛	345	红壤	100	5.8	引种成功	
	火炬松	1993	14	宜春市铜鼓县林业局	美国	温泉	10.47	3000	8.0	6.0	15.0	14.0		260	黄壤	40	6.0	长势良好，可推广	
	火炬松	1992	15	宜春市万载县试验林场	美国	岭东乡蓝田村	3.33		10.0	8.5	28.0	14.0	差	180	红壤	50	6.5	引种成功	

（续）

序号	树种名称	引种年份	树龄(a)	引种单位	从何地引入	种植地点	种植面积(hm^2)	种植株数(株)	树高(m)		胸径(cm)		结实情况	立地情况				引种效果及评价	备注
									最高	平均	最大	平均		海拔(m)	土壤类别	土层厚度(cm)	pH值		
	火炬松	1991	15	上饶市德兴市	美国	各乡镇	33.33		11.5	11.0	18.0	16.5	良好	100～300	红壤	80	5.1		
	火炬松	1987	19	上饶市余干县	美国	杨埠乡牌坊林场	466.67		10.0	8.0	27.0	19.0	差		红壤		5.5		
	火炬松	1990	16	上饶市玉山县林业局	美国	紫湖大举	7.33	17000	9.0	8.0	19.0	13.5		270	红壤	60	5.5	生长良好	
	火炬松	1974	31	吉安市安福县武功山林场	美国	武功山林场社上分场	13.33		19.5	17.0	36.0	24.0	差	370	黄红壤	85	7.2	可作引种栽培区	
	火炬松	1989	15	吉安市吉水县白沙林场	美国	南坪	0.80		12.0	7.0	26.0	14.0	差		红壤	60	6.5	引种成功，适应性强	
	火炬松	1990	15	吉安市吉水县白水横川塘边	美国	塘边	2.13		12.0	7.0	30.0	12.0		120	红壤	70	6.5	引种成功，适应环境，性状稳定	
	火炬松	1993	14	吉安市遂川县云岭林场	美国	洪门	7.33	13530	8.5	5.7	23.0	9.2		115	红壤	75		引种成功	
	火炬松	1993	14	吉安市遂川县云岭林场	美国	洪门	7.33	14190	8.2	5.1	18.2	10.8		110	红壤	80		引种成功	
	火炬松	1992	15	抚州市资溪县	美国	高田乡	120.00		14.0	12.0	17.5	14.0	差	300	红壤	90	6.5	引种成功，但生长量没有预想大	
3	金钱松	2000	5	新余市抱石公园	湖南	公园内	零星	7		5.0		3.0		60	红壤	100	6.5	引种成功，建议推广	
	金钱松	1987	18	新余市县林业局	浙江	院内	零星	2		11.0		16.2	良好		红壤	73	6.5	引种成功	
	金钱松	1982	24	中国林业科学研究院亚热带林业实验中心	庐山	树木园	0.40	440	12.0	9.0	15.0	12.5	良好	200	黄红壤	80	5.8	引种成功	
4	黑松	1985	25	江西农业大学	日本	校园		2	8.0	8.0	17.0	17.0	差	50	红壤	50～100	5.5～6.5	生长好	
	黑松	1983	24	江西省林业科学院	广东	南昌市桐树坑		26	4.0	2.8	8.0	6.0		310	红壤	70	5.5	长势好	
	黑松	1978	27	赣州市赣南树木园		收集区		10	9.3	7.4	14.0	11.8		200～230	黄红壤	80～100	4.5～5.5	长势一般	从山东省林业科学研究所引入，原产地不详

（续）

序号	树种名称	引种年份	树龄(a)	引种单位	从何地引入	种植地点	种植面积(hm^2)	种植株数(株)	树高(m)		胸径(cm)		结实情况	立地情况				引种效果及评价	备注
									最高	平均	最大	平均		海拔(m)	土壤类别	土层厚度(cm)	pH 值		
	黑松	1985	20	赣州南康市十八塘马头村	日本			60	3.1	2.0	8.0	6.6		258	红壤	40	6.9	引种成功	
5	罗汉松	1936		庐山植物园		园内												生长缓慢	
	罗汉松	1984	23	九江市修水县林业局	湖南	义宁镇义宁村		8	7.0	6.0	14.0	11.0	良好	300	黄红壤	60	6.5	适合当地环境生长，引种成功	
	罗汉松	2001	4	萍乡市芦溪县宣风园艺场	湖南	场内	0.33	3000	1.5					153	黄红壤	80	6.1	引种成功并大面积推广	芦溪县
	罗汉松	1978	28	赣州市安远县葛坳林场	浙江	三百山公园	0.01	1		16.0		28.0	旺盛	860	红壤	70	7.0	引种成功	
6	白皮松	1984	23	江西省林业科学院	广东	南昌市桐树坑	0.07	50	3.0	2.6	6.0	5.1		280	红壤	60	5.5	长势较差	
7	大果松	1948		庐山植物园	加拿大	园内												生长一般	
8	短叶松	1948		庐山植物园	加拿大	园内												生长一般	
9	辐射松	2004	3	南昌市进贤县观花岭林场	青岛	场内	0.07	110	0.7	0.5				34	红壤	125	5.0	长势差，病害多，不宜本地生长	
10	刚松	1948		庐山植物园	美国	园内												生长良好	
11	广东松	1953		庐山植物园	广西	园内												生长良好	
12	杜松	1936		庐山植物园		园内												生长不良	
13	美国南方长叶松	2003	4	江西省林木种苗站	加拿大	鹰潭贵溪市上清林场	0.07	400						75	水稻土	30	6.5		
14	欧洲黑松	1948		庐山植物园	美国	园内												生长一般	
15	欧洲落叶松	1947		庐山植物园	加拿大	园内												生长缓慢	

（续）

序号	树种名称	引种年份	树龄(a)	引种单位	从何地引入	种植地点	种植面积(hm^2)	种植株数(株)	树高(m)		胸径(cm)		结实情况	立地情况				引种效果及评价	备注
									最高	平均	最大	平均		海拔(m)	土壤类别	土层厚度(cm)	pH值		
16	日本金松	1935		庐山植物园		园内												生长极好，引种成功	
17	日本五针松	2000	10	江西农业大学	日本	园内		2	1.5	1.5	3.0	3.0		50	红壤	50～100	5.5～6.5	生长好	
	日本五针松	1936		庐山植物园	日本	园内												生长良好	
18	湿地松	1991	16	南昌市安义县新华林场	美国	场内	13.33	22000	19.0	12.0	22.0	16.0		46	黄红壤	100	5.5	适应本地环境，长势好，年生长量大	
	湿地松	1982	27	江西农业大学	美国	园内		80	25.0	20.0	40.0	33.0	一般	50	红壤	50～100	5.5～6.5	生长好	
	湿地松	1982	25	江西省林业科学院	美国	南昌市桐树坑	0.53	800	11.0	9.0	22.0	16.0	差	280	红壤	70	5.5	长势好	
	湿地松	1993	12	九江市德安县森林苗圃	美国	高塘乡罗桥村林场		2500	8.6	8.2	17.7	12.6		30	红壤	70		能较好地适应本地环境，生长迅速、枝叶茂盛、杆形通直	
	湿地松	1975	30	九江市都昌县武山林场	美国	三机厂后	0.13	210	17.8	12.7	47.0	28.8	良好	115	红壤	60			
	湿地松	1989	17	九江市湖口县武垦天山林场	美国	场内	1.60		8.8	7.4	20.5	15.9		80	红壤	30		引种成功，前期生长较快	
	湿地松	1990	15	九江市武宁县罗坪经营站	美国	罗坪	333.33	167	10.3	8.7	16.2	12.2		147	红壤			生长良好，引种成功	
	湿地松	1988	17	九江市武宁县桐林苗圃	美国	新宁	320.00	167	8.5	7.0	18.3	12.6		151	红壤			生长良好，引种成功	
	湿地松	1990	15	九江市武宁县桐林苗圃	美国	石渡	680.00	167	10.0	8.0	18.0	12.6		96	红壤			生长良好，引种成功	
	湿地松	1991	16	九江市星子县东牯山	美国	沙山	1.07	1520	16.0	14.0	22.0	20.0		23	沙壤	200	6.0	生长良好，可作用材、生态优良树种	
	湿地松	1990	17	九江市修水县林业局	美国	征村乡横坑村	20.00	36000	12.0	9.0	27.0	22.0	良好	350	黄红壤	60	6.5	适合当地环境生长，引种成功	
	湿地松	1968	38	九江市林业科学研究所	美国	马回岭镇秀峰村	0.53	570	18.0	16.0	37.0	22.0	一般	75	红壤	50		引种成功，耐瘠薄，有推广价值	

（续）

序号	树种名称	引种年份	树龄(a)	引种单位	从何地引入	种植地点	种植面积(hm^2)	种植株数(株)	树高(m)		胸径(cm)		结实情况	立地情况				引种效果及评价	备注
									最高	平均	最大	平均		海拔(m)	土壤类别	土层厚度(cm)	pH值		
	湿地松	1984	22	九江市原九江县林业局实验林场	美国	岷山乡分水村铁门坎	3.33	2750	11.0	8.8	22.2	16.8		100	红壤	70		引种基本成功，但割松脂后生长缓慢	
	湿地松	1984	21	景德镇市枫树山林场	美国	各分场	2133.33	12400000	14.0	11.0	26.0	22.0	一般	100～500	红壤	100	6.5	林相整齐、速生，引种成功	全市推广
	湿地松	1994	16	景德镇市浮梁县银坞林场	美国	三龙乡芦田村	6.70	13300	12.0	10.6	20.7	14.1		190	红壤	80	5.5	长势旺，引种成功	
	湿地松	1987	18	萍乡市安源区青山镇温盘村	美国	水口山	18.00		8.4		17.0		良好		红壤	80	6.5	引种成功并大面积推广	块状，安源区
	湿地松	1991	14	萍乡市莲花县属林场	美国	场内	5040.53		8.0		15.0		良好		红壤	83	6.5	引种成功并大面积推广	块状、莲花县
	湿地松	1988	17	萍乡市林业科学研究所	美国	福田战山村	6.67	12000	4.6		16.0		旺盛	148～221	黄壤	85	5.0	引种成功并大面积推广	上栗县
	湿地松	1991	15	萍乡市国营玉女峰营林林场银河分场	美国	银河乌石嘴	4.00	6000	8.6		10.4			120	黄红壤	45	6.5	引种成功并大面积推广	芦溪县
	湿地松	1986	19	萍乡市源并林场	美国	青连山	635.20		9.8		13.1		旺盛	231	红壤	80	6.5	引种成功并大面积推广	湘东区
	湿地松	1983	22	新余市百丈峰林场	美国	百丈峰林场	33.33	50000		16.0		18.0	良好	80	红壤	100	6.5	引种成功，建议推广	
	湿地松	1967	14	新余市芳山林场	美国	全县	4139.00			13.0		22.0	良好		红壤	83	6.5	引种成功，积极推广	块状
	湿地松	1995	12	鹰潭贵溪市耳口林场	美国	场内	0.01	35	14.1	9.8	21.0	10.5	差	109	红壤	65	5.0	引种成功	
	湿地松	1990	17	鹰潭贵溪市冷水林场饶源	美国	熊坑	0.23	385	10.5	9.8	20.5	19.8		520	黄红壤	80			
	湿地松	1990	16	鹰潭市余江县林业局	美国	平定乡	4.00	6000	10.2	9.3	24.5	19.1		46	红壤	120	6.3	引种成功	
	湿地松	1988	18	鹰潭市月湖区农林局	美国	四青上桂	43.33	60000	16.0	9.0	26.2	16.0	差	54	黄红壤	80	6.5	引种成功，建议大量引进	
	湿地松	1993	13	赣州市安远县葛坳林场	美国	石仔头工区	0.57	1419	6.6	6.3	9.2	8.8	旺盛	270	红壤	80	7.0	引种成功	

（续）

序号	树种名称	引种年份	树龄(a)	引种单位	从何地引入	种植地点	种植面积(hm^2)	种植株数(株)	树高(m)		胸径(cm)		结实情况	立地情况				引种效果及评价	备注
									最高	平均	最大	平均		海拔(m)	土壤类别	土层厚度(cm)	pH值		
	湿地松	1988		赣州市赣县	美国	遇龙	133.33	330000	13.0	8.0	16.0	12.0	差	280	红壤	87cm以上	7～7.5	引种失败	
	湿地松	1991		赣州市九连山自然保护区	美国	上湖	6.67		16.5	14.0	32.9	26.5	一般	720	稻田土	40	5.5	生长正常，已开花结实，引种成功	
	湿地松	1975	32	赣州市宁都县林业局	美国	赖村林场	200.10	37900	22.0	16.0	41.0	22.0	良好	280	红壤	85	5.8	引种成功	
	湿地松	1990	15	赣州市全南县林业局	美国	金龙含江直迳	6.33	7885	14.0	7.7	20.5	10.4		312	红壤			引种成功	
	湿地松	1990	13	赣州市全南县林业局	美国	社迳乡生坑	13.33	154	11.0	6.8	21.6	13.3	差	250	红壤、黄壤	80		引种成功	有肖氏松茎蝝危害
	湿地松	1990	14	赣州市全南县林业局	美国	龙源坝	2.00	6000	11.0	7.5	20.8	12.6			红壤、黄壤	80		引种成功	
	湿地松	1991	13	赣州市全南县林业局	美国	龙下下乡龙下村暗上	2.00	3930	8.6	6.7	14.0	6.7	差	80	红壤	80	6.5	引种成功	
	湿地松	1990	19	赣州市全南县茅山林场	美国	大水坑林场	1.00	2000	8.1	7.4	19.7	13.3	差	600	黄红壤	80	6.0	引种成功	
	湿地松	1990	13	赣州市全南县上崇林场	美国	坳上工区	37.20	93353	14.0	10.4	20.7	12.5	差	230～550	红壤	80～100	6.5	引种成功	
	湿地松	1990	13	赣州市全南县五指山林场	美国	大坑	2.40	6336	16.0	9.3	18.2	11.1		590	黄红壤	80	5.6	引种成功	
	湿地松	1990	14	赣州市全南县小叶岽林场	美国	水尾山	10.67	33752	11.0	10.5	17.3	11.6	良好	450	红壤、黄壤	100	6.5	引种成功	
	湿地松	1990	11	赣州市全南县园明山林场	美国	中滩工区大坑	43.00	134000	11.8	7.0	16.7	8.9	差	480	红壤	95	6.5	引种成功	
	湿地松	1990	12	赣州市全南县园明山林场	美国	大坑工区巩桥下	122.70	372000	12.4	7.3	18.4	9.7	差	500	红壤	95	6.0	引种成功	

（续）

序号	树种名称	引种年份	树龄(a)	引种单位	从何地引入	种植地点	种植面积(hm²)	种植株数(株)	树高(m)		胸径(cm)		结实情况	立地情况				引种效果及评价	备注
									最高	平均	最大	平均		海拔(m)	土壤类别	土层厚度(cm)	pH值		
	湿地松	1980	25	赣州瑞金市林业科学研究所	美国	院内		400	9.0	7.0	14.0	10.0		190	红壤	100		已大面积推广	
	湿地松		16	赣州市上犹县寺下乡	美国	杨梅茶滩岗	15.33		9.0	7.2	15.2	10.8						引种失败，萧氏松茎象严重危害	
	湿地松	1981	24	赣州市上犹县犹江林场	美国	上坑子	2.90		16.0	12.0	28.9	16.2		210	黄红壤			引种成功	
	湿地松	1991	15	赣州市信丰县隘高林场	美国	龙州工区	282.00		11.3	7.6	19.6	10.1	差	196～490	红壤	65	5.0	引种成功	
	湿地松	1992	14	赣州市信丰县大桥镇大桥村	美国	大桥圩背后	21.20		7.2	6.5	14.0	8.8	差	186～245	红壤	55	6.0	引种成功	
	湿地松	1991	15	赣州市信丰县虎山乡中和村	美国		6.67		10.4	7.4	16.8	10.3	差	200～400	红壤	65	6.0	引种成功	
	湿地松	1989	17	赣州市信丰县金鸡林场	美国	周坑工区	23.33		13.8	10.5	25.0	15.3	差	245～410	红壤	60	5.0	引种成功	
	湿地松	1975	31	赣州市信丰县金盆山林场	美国	上陂工区坳背水库尾		50	15.0	14.0	50.7	24.8	旺盛	283～286	红壤	65	5.0	引种成功	
	湿地松	1990	16	赣州市信丰县铁石口镇极富村	美国	茶亭仔	7.47		12.2	9.0	23.2	14.6	差	180～270	红壤	60	5.0	引种成功	
	湿地松	1995	11	赣州市信丰县万隆林场	美国	柏枧工区	166.67		8.8	8.3	14.4	9.8	差	200～381	红壤	60	5.0	引种成功	
	湿地松	1990	16	赣州市信丰县油山镇新水塘村	美国	长坑	17.33		9.0	7.8	14.0	10.3	差	215～293	红壤	60	5.0	引种成功	
	湿地松	1972	32	赣州市兴国县圆林林场	美国	林场场区	1412.80	1483440	12.3	8.4	21.8	12.8			红壤	70	5.5	引种成功，生长较好	
	湿地松	2003	4	赣州市寻乌县林业局	美国	三标乡	15.40	23100	2.1	1.7				770	红壤	100	7.0	引种效果极佳，可大面积推广	

(续)

序号	树种名称	引种年份	树龄(a)	引种单位	从何地引入	种植地点	种植面积(hm^2)	种植株数(株)	树高(m)		胸径(cm)		结实情况	立地情况				引种效果及评价	备注
									最高	平均	最大	平均		海拔(m)	土壤类别	土层厚度(cm)	pH值		
	湿地松	1981	25	赣州市寻乌县林业局	美国	澄江镇	1.13	1360	14.0	9.8	24.0	16.0	较差	360	红壤	100	7.0	引种效果极佳，可大面积推广	
	湿地松	1974	32	赣州市于都县银坑林场	美国	场内	26.67	11200	14.0	11.0	36.0	32.0	良好	194	红壤	60	6.5	引种成功	
	湿地松	1970	35	赣州市章贡区森林苗圃	美国	苗圃后山	1.00	1000	17.0	13.0	33.6	26.0	良好	145	红壤	50		初期生长快，后期慢，引种成功	
	湿地松	1981	26	宜春市奉新县联合纸厂	美洲	茶头山	2.67	4400	9.6	8.2	26.4	14.9		91	红壤	105	5.8	引进成功	
	湿地松	1981	23	宜春市奉新县联合纸厂	美洲	鹅公山	3.00	2880	13.7	11.8	19.7	13.5		128	红壤	95	5.8	引进成功	
	湿地松	1977	31	宜春高安市荷岭林场	美国	河沙观林场	8.00	8880	15.0	9.6	38.8	27.7	良好	80	红壤	120	6.5	作为用材树种推广	
	湿地松	1985	23	宜春高安市建山镇云堆村	美国	亭溪组等	20.00	26800	13.0	8.0	26.0	14.0	一般	56	红壤	80	6.5	作为用材树种推广	
	湿地松	1982	24	宜春市靖安县林业局	美国	仁首石上	6.67	10000	10.1	9.0	23.0	17.0		70	红壤	60	5~6	生长正常	
	湿地松	1990	16	宜春市上高县枧头村	美国	秋湖里	13.33	22200	15.0	13.0	28.0	20.0	旺盛	150	红壤	90	5.8	引种成功	
	湿地松	1985	21	宜春市上高县林化厂	美国	野市	20.00	33300	15.0	10.4	30.0	22.0	旺盛	136	红壤	80	5.8	引种成功	
	湿地松	1985	21	宜春市上高县林化厂	美国	敖阳镇	7.00	11655	15.0	10.6	31.0	24.0	旺盛	124	红壤	80	5.8	引种成功	
	湿地松	1985	21	宜春市上高县林化厂	美国	泗溪中宅	5.00	8325	15.0	10.5	32.0	25.0	旺盛	108	红壤	80	5.8	引种成功	
	湿地松	1985	21	宜春市上高县林化厂	美国	泗溪胡家	13.33	22200	15.0	10.5	31.0	23.0	旺盛	110	红壤	80	5.8	引种成功	

（续）

序号	树种名称	引种年份	树龄(a)	引种单位	从何地引入	种植地点	种植面积(hm^2)	种植株数(株)	树高(m)		胸径(cm)		结实情况	立地情况				引种效果及评价	备注
									最高	平均	最大	平均		海拔(m)	土壤类别	土层厚度(cm)	pH值		
	湿地松	1985	21	宜春市上高县林化厂	美国	敖山	18.67	31080	16.0	10.8	32.0	24.0	旺盛	105	红壤	80	5.8	引种成功	
	湿地松	1987	20	宜春市上高县林化厂	美国	梅沙村	3.33	5800	15.0	10.0	19.5	17.2	旺盛	265	红壤	100	5.8	引种成功	
	湿地松	1987	20	宜春市上高县林化厂	美国	庙前村	3.33	5800	17.0	12.0	22.5	17.3	旺盛	263	红壤	100	5.8	引种成功	
	湿地松	1987	18	宜春市上高县林化厂	美国	南港村	4.00	6800	19.0	15.0	18.7	15.2	旺盛	289	红壤	90	5.8	引种成功	
	湿地松	1987	19	宜春市上高县林化厂	美国	前进村	8.00	13600	20.0	16.5	18.6	15.4	旺盛	245	红壤	100	5.8	引种成功	
	湿地松	1984	23	宜春市上高县林化厂	美国	界埠堆峰	4.00	6660	9.0	8.0	32.0	20.1	旺盛	107	红壤	80	5.8	引种成功	
	湿地松	1986	21	宜春市上高县林化厂	美国	界埠桐山	3.33	4500	9.0	8.0	27.0	19.0	旺盛	98	红壤	80	5.8	引种成功	
	湿地松	1986	21	宜春市上高县林化厂	美国	界埠三星	6.67	8000	10.0	8.0	28.0	20.0	旺盛	110	红壤	80	5.8	引种成功	
	湿地松	1986	21	宜春市上高县林化厂	美国	界埠林场	4.33	6000	9.0	8.0	27.0	18.3	旺盛	98	红壤	80	5.8	引种成功	
	湿地松	1985	22	宜春市上高县林化厂	美国	界埠林场	3.33	4500	10.0	7.8	25.0	18.6	旺盛	87	红壤	80	5.8	引种成功	
	湿地松	1990	16	宜春市上高县南江村	美国	茶花塘	5.33	8880	14.0	12.0	28.0	20.0	旺盛	160	红壤	90	5.8	引种成功	
	湿地松	1983	23	宜春市上高县田心村	美国	大陂口	3.33	5550	15.0	13.0	30.0	24.0	旺盛	300	红壤	90	5.8	引种成功	
	湿地松	1979	27	宜春市上高县田心村	美国	新塘北	8.13	13542	15.0	13.0	32.0	27.0	旺盛	142	红壤	90	5.8	引种成功	

（续）

序号	树种名称	引种年份	树龄(a)	引种单位	从何地引入	种植地点	种植面积(hm^2)	种植株数(株)	树高(m)		胸径(cm)		结实情况	立地情况				引种效果及评价	备注
									最高	平均	最大	平均		海拔(m)	土壤类别	土层厚度(cm)	pH值		
	湿地松	1985	21	宜春市上高县田心三中	美国	三中旁	5.80	9657	15.5	10.5	30.8	24.5	旺盛	119	红壤	90	5.8	引种成功	
	湿地松	1993	14	宜春市铜鼓县林业局	美国	排埠黄溪小陂	10.47	5369	13.0	10.0	14.0	10.0		280	黄红壤	50	6.0	长势良好，可推广	
	湿地松	1992	15	宜春市万载县试验林场	美国	岭东乡蓝田村	3.33		9.0	7.0	20.0	11.0	差	180	红壤	50	6.5	引种成功	
	湿地松	1987		宜春市宜丰县森林苗圃	美国	石市、新庄等乡镇	5333.33		15.0	11.6	22.0	15.8		90～200		80	5.6	生长良好	
	湿地松	1986	21	宜春市袁州区金化林场	美国	慈化石岭	16.00	26400	15.0	12.0	34.0	16.0		178～223	红壤	70	6.8	生长良好	
	湿地松	1991	15	上饶市德兴市	美国	各乡镇	666.67		12.0	10.8	20.8	10.5	良好	100～300	红壤	80	5.1		
	湿地松	1993	14	上饶市广丰县林业局	美国	排楼林场	66.67		6.8	6.0	28.0	26.0	差	450	黄壤	80	7.0	速生、优质、高产	
	湿地松	1988	20	上饶市鄱阳县林业局	美国	鄱阳镇	4.87	5800	19.0	15.0	22.0	16.0	良好	46	红壤	120	6～7	生长快，耐瘠薄，引种成功	
	湿地松	1975	30	上饶市万年县马家林场	美国	古塘	20.00		15.0	9.0	44.0	30.0	差	70	红壤	80	6.5		
	湿地松	1989	17	上饶市余干县	美国	杨埠乡牌坊林场	1333.33		9.0	8.0	25.0	18.0	差		红壤		5.5		
	湿地松	1989	17	上饶市玉山县林业局	美国	仙岩竹川	3.00	5000	15.0	11.0	22.2	13.5		150	红壤	80	6.0	引种成功	
	湿地松	1974	32	吉安市安福县北华山林场	美国	总场门口	2.00	3300	16.9	14.5	39.6	25.6	良好	110	红壤	100	7.5	引种成功	
	湿地松	1990	17	吉安市吉水县八都	美国	下白沙	2.00	2500	12.0	10.0	21.5	15.9		75	红壤	70	6.5	引种成功，适应环境，性状稳定	
	湿地松	1991	14	吉安市吉水县八都林场	美国	东岗坪	2.20		10.8	8.4	21.0	13.3	良好		红壤	60	6.5	引种成功，适应性强	

（续）

序号	树种名称	引种年份	树龄(a)	引种单位	从何地引入	种植地点	种植面积(hm^2)	种植株数(株)	树高(m)		胸径(cm)		结实情况	立地情况				引种效果及评价	备注
									最高	平均	最大	平均		海拔(m)	土壤类别	土层厚度(cm)	pH 值		
	湿地松	1992	13	吉安市吉水县白垦三分场	美国	场内	26.67		10.0	8.5	22.0	14.0		125	红壤	70	6.5	引种成功，适应环境，性状稳定	
	湿地松	1990	16	吉安市吉水县丁江镇丁江村	美国	龙华山	4.00	6000	12.5	8.5	23.4	12.4	旺盛	83	红壤	70	6.5	引种成功，适应环境，性状稳定	
	湿地松	1990	15	吉安市吉水县阜田	美国	留田	13.93		9.0	8.1	20.0	14.0		182	红壤	70	6.5	引种成功，适应环境，性状稳定	
	湿地松	1996	9	吉安市吉水县冠山林场	美国	老虎坑	3.60		6.0	4.5	17.1	10.5	良好		红壤	60	6.5	引种成功，适应性强	
	湿地松	1970	15	吉安市吉水县黄家边	美国	加油站	2.13		12.0	9.0	23.1	18.0		110	红壤	70	6.5	引种成功，适应环境，性状稳定	
	湿地松	1987	18	吉安市吉水县双村林场	美国	林场屋背	7.07		14.7	13.5	24.9	19.5	良好	90	红壤	60	6.5	引种成功，适应环境，性状稳定	
	湿地松	1976	29	吉安市吉水县水南林场	美国	龙湖壁	3.87		16.0	10.7	36.7	20.5	良好	155	红壤	60	6.5	引种成功适应性强生长快结实量大	
	湿地松	1989	17	吉安市吉水县万华山林场	美国	北坑新垄上	9.13		12.5	10.5	22.6	13.3	一般	229	红壤	60	6.5	引种成功，适应环境，性状稳定	
	湿地松	1982	22	吉安市吉水县文峰东村	美国	青头土地	4.00		15.0	14.0	24.1			120	红壤	70	6.5	引种成功，适应环境，性状稳定	
	湿地松	1990	15	吉安市吉水县西团	美国	板桥		1	12.0		27.0			75	红壤	70	6.5	引种成功，适应环境，性状稳定	
	湿地松	1989	16	吉安市吉水县森林苗圃	美国	泮坑	13.90		9.5	7.2	16.8	12.5	差		黄红壤	60	6.5	引种成功，适应环境，性状稳定	
	湿地松	1990	14	吉安市遂川县云岭林场	美国	高升	1.07	1360	10.5	6.7	19.8	13.2		140	红壤	75		引种成功	
	湿地松	1990	15	吉安市遂川县云岭林场	美国	高升	1.13	1241	8.9	6.8	19.0	14.3		155	红壤	75		引种成功	

（续）

序号	树种名称	引种年份	树龄(a)	引种单位	从何地引入	种植地点	种植面积(hm^2)	种植株数(株)	树高(m)		胸径(cm)		结实情况	立地情况				引种效果及评价	备注
									最高	平均	最大	平均		海拔(m)	土壤类别	土层厚度(cm)	pH 值		
	湿地松	1991	13	吉安市遂川县云岭林场	美国	高升	1.20	1512	7.8	6.5	18.9	15.6		120	红壤	75		引种成功	
	湿地松	1992	14	吉安市遂川县云岭林场	美国	安村	7.33	9240	13.0	9.1	18.9	12.7		210	红壤	80		引种成功	
	湿地松	1991	13	吉安市遂川县云岭林场	美国	高升	1.00	1290	8.5	6.7	19.0	15.7		130	红壤	80		引种成功	
	湿地松	1988	18	吉安市泰和县天马山林场	美国	场内	3.20	3456	15.0	11.0	27.2	17.6		104	红壤	80	5.0	引种成功	
	湿地松	1986	20	吉安市泰和县天马山林场	美国	场内	6.50	10584	14.0	10.2	24.4	19.7	一般	143	红壤	80	5.0	引种成功	
	湿地松	1986	20	吉安市泰和县天马山林场	美国	场内	4.15	4960	9.6	8.6	17.5	13.1	一般	139	红壤	80	5.0	引种成功	
	湿地松	1986	20	吉安市泰和县天马山林场	美国	场内	6.50	7215	11.0	9.6	23.6	17.5	一般	143	红壤	80	5.0	引种成功	
	湿地松	1990	17	吉安市泰和县天马山林场	美国	场内	8.24	1033	11.0	9.3	19.5	13.4		119	红壤	80	5.0	引种成功	
	湿地松	1984	20	吉安市永丰县林业局	美国	永丰县	37.33							126	黄红壤	65	6.4	适应本地环境	
	湿地松	1980	24	抚州市南城县上唐镇德溪村	美国	村内	5.00	500	14.0	11.0	28.0	20.0		122	红壤	100	6.0	引种成功，建议大面积引种	
	湿地松	1992	15	抚州市资溪县	美国	高阜镇	38.00		14.5	12.3	18.3	15.1	差	280～350	红壤	90	6.5	引种成功，但生长量没有平地生长量大	
19	水松	1986	20	赣州市赣南树木园	广西	收集区		4						200～230	黄红壤	80～100	4.5～5.5	长势一般	
20	丝茅松	1979	26	赣州市赣南树木园		收集区		10	7.5	6.7	12.0	9.6		200～230	黄红壤	80～100	4.5～5.5	长势差	从云南省林业科学研究院引入，原产地不详

（续）

序号	树种名称	引种年份	树龄(a)	引种单位	从何地引入	种植地点	种植面积(hm^2)	种植株数(株)	树高(m)		胸径(cm)		结实情况	立地情况				引种效果及评价	备 注
									最高	平均	最大	平均		海拔(m)	土壤类别	土层厚度(cm)	pH值		
21	桐棉松	1990	17	九江市修水县林业局	广西	征村乡横坑村	26.67	50000	11.0	8.0	26.0	20.0	良好	300	黄红壤	60	6.5	适合当地环境生长，引种成功	
	桐棉松			赣州市上犹县寺下乡	广西													引种失败	
	桐棉松	1990	16	赣州瑞金市林业局	广西	市森林苗圃		7	12.0	9.0	24.3	14.5		210	红壤	100		可作为园林树种	
	桐棉松	1986	20	宜春市万载县双桥昌田村	广西	村内	11.87		11.0	10.0	28.0	17.1	较差	200	红壤	80	6.5	引种成功	
	桐棉松	1994	12	宜春市铜鼓县正兴公司	广西铜棉	温泉镇光明口对面山	20.67	30000	11.6	9.0	17.0	7.1		208	黄红壤	60	6.0	长势良好，可推广	
22	晚松	2004	6	江西农业大学	美国	园内		1		2.5		4.0		50	红壤	50～100	5.5～6.5	生长好	
23	雪松	1935		庐山植物园	印度	园内												生长一般	
	雪松	1985	20	新余市分宜县森林苗圃	南京	县公安局	零星	1		9.5		26.3	良好		红壤	80	6.5	引种成功，积极推广	
	雪松	1984	24	新余市渝水区林业局	南京	局院内	零星	1		13.0		20.5	差	50	红壤	100	6.5	引种成功，建议推广	
	雪松	1982	26	赣州市安远县安子岽林场	浙江	场部		15	18.0	15.0	20.0	16.0	旺盛	310	红壤	100	5.5	引种成功	零星栽植，庭院绿化
	雪松	1987	19	赣州市于都县银坑林场	浙江	场内		1		7.0		28.0	良好	190	红壤	60	6.5	引种成功	
24	硬叶松	1948		庐山植物园	美国	园内												生长极好，引种成功	
25	云南松	1953		庐山植物园	昆明	园内												不适应本地	
26	池杉	1978	35	江西农业大学	美国	园内		55	20.0	17.0	40.0	33.0	一般	50	红壤	50～100	5.5～6.5	生长好	
	池杉	1982	1	南昌市南昌县林业局	湖北	县森林苗圃	1.33	3000										培育苗木，造林后效果较好	

（续）

序号	树种名称	引种年份	树龄(a)	引种单位	从何地引入	种植地点	种植面积(hm^2)	种植株数(株)	树高(m)		胸径(cm)		结实情况	立地情况				引种效果及评价	备注
									最高	平均	最大	平均		海拔(m)	土壤类别	土层厚度(cm)	pH值		
	池杉	1984	23	九江市修水县林业局	湖北	黄坳乡九都村	2.67	5000	11.0	10.0	30.0	26.0	良好	300	黄红壤	60	6.5	适合当地环境生长，引种成功	
	池杉	1986	25	新余市神山林业科学研究所	湖北	院内	0.07	150		8.0		15.0	良好	65	红壤	100	6.5	引种成功，建议推广	
	池杉	1999	6	新余市县公路段	庐山	公路边	7.33	块状		5.0		6.0	良好		红壤	75	6.5	引种成功，积极推广	
	池杉	1984	22	中国林业科学研究院亚热带林业实验中心	美国	树木园	0.15	163	9.0	7.5	13.0	9.0	良好	120	黄红壤	90	6.2	引种成功	
	池杉	1991	16	宜春高安市兰坊镇坑上村	江苏	坑上组	16.00	3600	14.0	9.0	26.0	16.0	良好	26	水稻土	120	7.0	生态防护林	
	池杉	1990	17	宜春高安市龙潭镇南炉村	江苏	山背组	10.67	2600	13.0	8.5	24.0	14.0	良好	45	水稻土	120	7.0	生态防护林	
	池杉	1971	21	宜春樟树市试验林场	湖北	二分场	1.00	1000	13.0	11.0	30.0	23.3	良好	65	红壤	50		引种成功，生长快，现已推广	
	池杉	1985	20	吉安市安福县武功山林场	湖北	场内	1.00		18.0	13.7	26.2	15.4	差	150	黄红壤	85	7.2	引种较成功	
27	华东黄杉	1988	16	中国林业科学研究院亚热带林业实验中心	安徽	树木园	0.11	120						250	黄红壤	80	5.8	引种成功	
28	北美红杉	1982	25	江西省林业科学院		南昌市桐树坑		1	11.0			18.0	差	310	红壤	70	5.5	长势好	
29	美洲云杉	1955		庐山植物园		园内												生长良好	
30	欧洲云杉	1936		庐山植物园		园内												生长良好	
31	日本云杉	1936		庐山植物园		园内												生长良好	
	红豆杉	1936		庐山植物园		园内												生长缓慢	
32	红豆杉	2004	2	新余市张炳生	福建	水西施家	0.80	3000	0.4	0.3				51	红壤	80	5.0	观察中	
	红豆杉	1978	28	赣州市安远县葛坳林场	福建	荃湾宾馆	0.01	2	13.2	12.6	22.6	22.0	旺盛	280	红壤	70	7.0	引种成功	

（续）

序号	树种名称	引种年份	树龄(a)	引种单位	从何地引入	种植地点	种植面积(hm^2)	种植株数(株)	树高(m)		胸径(cm)		结实情况	立地情况				引种效果及评价	备注
									最高	平均	最大	平均		海拔(m)	土壤类别	土层厚度(cm)	pH值		
33	虎尾杉	1936		庐山植物园		园内												生长良好	
34	落羽杉	1936		庐山植物园		园内												生长良好	
	落羽杉	1999	12	江西农业大学	美国	校园内		20	15.0	8.0	25.0	15.0		50	红壤	50～100	5.5～6.5	生长好	
35	墨西哥落羽杉	1984	22	赣州市赣南树木园		收集区		1		7.2		6.7		200～230	黄红壤	80～100	4.5～5.5	长势差	从中国林科院引入，原产地不详
36	南洋杉	1981	25	赣州市定南县林业局	广东	县委招待所		1	8.5		21.6		良好	350	黄红壤	30	5.7	引种成功	
	南洋杉	2000	10	江西农业大学	大洋洲	校园内		10	2.5	1.8	4.0	3.0		50	红壤	50～100	5.5～6.5	生长一般	
37	冷杉	1985	20	新余市分宜县森林苗圃	浙江	院内	零星	1		8.0		12.0	良好		红壤	85	6.5	引种成功	
38	苍山冷杉	1936		庐山植物园	云南	园内												长势较弱	
39	朝鲜冷杉	1936		庐山植物园	法国	园内												生长良好	
40	欧洲银叶冷杉	50年		庐山植物园		园内												生长一般	
41	日本冷杉	1934		庐山植物园	法国	园内												生长良好，种子发芽力不强	
	日本冷杉	1986	20	宜春市铜鼓县林业局	广西	永宁太阳岭何家洞	0.20	200	10.0	6.5	20.0	18.0		350	黄红壤	50	6.0	长势良好，可推广	
	日本冷杉	1983	23	赣州市赣南树木园		收集区		5	9.3	8.2	10.0	8.5		200～230	黄红壤	80～100	4.5～5.5	长势差	从中国科学院引入，原产地不详
42	中甸冷杉	1936		庐山植物园	云南	园内												生长不良	
43	柳杉	1982	24	中国林业科学研究院亚热带林业实验中心	日本	树木园	0.32	353	14.0	11.5	20.0	16.4	良好	300	黄红壤	70	5.7	引种成功	
44	日本柳杉	1982	27	江西农业大学	日本	校园内		200	16.0	14.0	35.0	24.0	一般	50	红壤	50～100	5.5～6.5	长势差	

（续）

序号	树种名称	引种年份	树龄(a)	引种单位	从何地引入	种植地点	种植面积(hm^2)	种植株数(株)	树高(m)		胸径(cm)		结实情况	立地情况				引种效果及评价	备注
									最高	平均	最大	平均		海拔(m)	土壤类别	土层厚度(cm)	pH值		
	日本柳杉	1987	18	新余市分宜县林业局	浙江	院内	零星	5		8.0		11.0	良好		红壤	73	6.5	引种成功	
45	三尖杉	1984	23	江西省林业科学院	湖南	南昌市桐树坑	0.33	300	12.0	10.8	20.0	16.0	差	280	红壤	80	5.5	长势好	
	三尖杉	1982	23	赣州市安远县安子岽林场	浙江	树木园工区	0.01	4	13.0	12.0	14.0	14.0	良好	360	红壤	90	5.5	引种成功	
46	杉木	1990	15	上饶市广丰县林业局	湖南	排楼林场	133.33		8.5	7.6	25.0	20.0	旺盛	450	黄壤	80	7.0	速生、优质、高产	
	杉木	1980	25	九江市都昌县朝阳林场		门口		3	24.0	22.0	40.0	34.0		95	红壤	50			
47	水杉	2006	1	南昌市林业科学研究所		省耐水湿良种基地	0.90	1500	4.0	3.8	3.5	3.2		32	红壤	65	5.5	长势较好	
	水杉	1982	1	南昌市南昌县林业局	湖北	南昌县苗圃	1.67	6000										培育苗木，造林后效果较好	
	水杉	1976	33	九江市林业科学研究所	湖北	九江市林业科学研究所基地	0.30	100	17.0	16.0	42.0	40.0	一般	105～150	黄红壤	80～120	5～6.2	生长良好，引种成功	
	水杉	1984	23	九江市修水县林业局	安徽	修水县黄坳乡九都村	6.67	12000	12.0	11.0	31.0	25.0	良好	300	黄红壤	63	6.5	适合当地环境生长，引种成功	
	水杉	1984	23	新余市百丈峰林场	湖南	场部	0.27	200		17.0		25.3		80	红壤	100	6.5	引种成功，建议推广	
	水杉	1982	23	新余市大畲下林场	江苏	全县	43.33			16.0		26.0	良好		红壤	75	6.5	引种成功，积极推广	块状
	水杉	1981	25	中国林业科学研究院亚热带林业实验中心	湖北	树木园	0.17	191	19.6	16.5	32.0	28.0		80	黄红壤	100	6.3	引种成功	
	水杉	1983	23	赣州瑞金市林业局	福建	老林业局院内		12	20.0	18.0	42.0	36.5		170	黄壤	100		可作为园林树种	
	水杉	1986	20	赣州市于都县银坑林场	浙江	场内		1		11.0		35.0	良好	193	红壤	60	6.5	引种成功	
	水杉	1978	29	宜春高安市实验林场	湖南	场部旁	宅旁	26	25.0	20.0	57.0	47.0	良好	84	红壤	90	5.5	庭园绿化兼用材	

(续)

序号	树种名称	引种年份	树龄(a)	引种单位	从何地引入	种植地点	种植面积(hm^2)	种植株数(株)	树高(m)		胸径(cm)		结实情况	立地情况				引种效果及评价	备注
									最高	平均	最大	平均		海拔(m)	土壤类别	土层厚度(cm)	pH值		
	水杉	1975	31	宜春市靖安县林业科学研究所	江苏	况钟园林	1.00		29.0	25.3	38.6	31.2		60	水稻土	100	6.0	生长正常	
	水杉	1988	19	宜春市上高县田心	江苏	河龙田边	0.13	150	17.0	15.0	29.0	24.0	旺盛	89	红壤	80	5.8	引种成功	
	水杉	1984	23	宜春市铜鼓县城效林场	湖北	永宁万勿朝天山脚	0.13	29	30.0	16.0	30.0	17.5		208	黄红壤	50	6.0	长势良好，可推广	
	水杉	1975		宜春市宜丰县林业局	浙江	四旁		50	28.0	24.0	50.0	36.0		100		100	6.0	引种成功	
	水杉	1976	28	吉安市永丰县官山林场	武汉	场部		30	19.0	15.4	29.3	21.8	旺盛	58	黄红壤	75	6.2	适应阴湿环境生长	
48	穗花杉	1983	24	江西省林业科学院	湖南	南昌市桐树坑	0.07	50	5.0	4.2	7.5	5.8		310		60	5.5	长势差	
	穗花杉	1982	23	赣州市安远县安子岽林场	浙江	树木园工区	0.01	6	6.0	5.0	10.0	9.0	良好	360	红壤	100	5.5	引种成功	
49	台湾杉	1983	23	中国林业科学研究院亚热带林业实验中心	云南	树木园	0.16	178	17.0	15.0	28.0	25.0		80	黄红壤	100	6.2	引种成功	
50	台湾秃杉	1982	23	赣州市安远县安子岽林场	浙江	树木园工区	0.01	1		13.0		14.0	良好	330	红壤	90	5.5	引种成功	
51	秃杉	1984	26	九江市林业科学研究所	湖南	研究所基地	0.11	36	8.6	8.4	25.0	23.0		105~150	黄红壤	80~120	5~6.2	生长良好，引种成功	
	秃杉	1984	22	九江市原黄老门乡林场	贵州	岷山乡黄老门林场	0.01	40	13.5	10.0	19.2	11.8		100	红壤	70		引种基本成功，生长迅速，有推广价值	
52	铁坚杉	1983	24	江西省林业科学院	湖南	南昌市桐树坑	0.40	450	11.0	9.0	22.0	16.0	差	280	红壤	75	5.5	长势好	
53	铁坚油杉	1953		庐山植物园	云南	园内												生长一般	
54	江南油杉	1983	24	江西省林业科学院	湖南	南昌市桐树坑	0.40	450	11.0	9.5	20.0	14.0	差	300	红壤	75	5.5	长势好	
55	油杉	1982	23	赣州市安远县安子岽林场	浙江	树木园工区	0.01	2	4.0	4.0	7.0	7.0	良好	360	红壤	100	5.5	引种成功	

（续）

序号	树种名称	引种年份	树龄(a)	引种单位	从何地引入	种植地点	种植面积(hm^2)	种植株数(株)	树高(m)		胸径(cm)		结实情况	立地情况				引种效果及评价	备注
									最高	平均	最大	平均		海拔(m)	土壤类别	土层厚度(cm)	pH值		
56	粗榧	1983	24	江西省林业科学院	广东	南昌市桐树坑		20	8.0	6.0	12.0	10.0		300	红壤	80	5.5	长势一般	
57	冠柱粗榧	1936		庐山植物园		园内												生长一般	
58	香榧	1983	24	江西省林业科学院	广西	南昌市桐树坑	0.07	50	6.0	5.5	10.0	8.5		300	红壤	75	5.5	长势一般	
59	光丽柏	1979	26	赣州市赣南树木园		收集区		10	11.2	9.7	10.0	9.7		200～230	黄红壤	80～100	4.5～5.5	长势差	从中国科学院引入，原产地不详
60	侧柏	1936		庐山植物园		庐山植物园内												不适应本地	
	侧柏	1965	40	九江市星子县秀峰		秀峰		59	17.0	15.0	25.0	22.0	良好	60	红壤	100	5.6	生长良好，开花结实正常，生态树种	
61	龙柏	2001	4	萍乡市芦溪县宣风园艺场	湖南	宣风园艺场	3.33	10000	2.0		4.0			153	黄红壤	80	6.1	引种成功并大面积推广	芦溪县
	龙柏	1986	20	中国林业科学研究院亚热带林业实验中心		树木园	0.11	123	6.5	4.8	5.0	3.4	良好	80	黄红壤	100	6.2	引种成功	
62	罗汉柏	1935		庐山植物园		园内												生长良好	
63	绿干柏	1936		庐山植物园		园内												生长良好	
	绿干柏	1986	20	中国林业科学研究院亚热带林业实验中心	美洲	树木园	0.24	260	13.8	11.5	23.0	15.0	良好	80	黄红壤	100	6.2	引种不太成功	
64	福建柏	1984	23	九江市修水县林业局	福建	黄坳乡九都村	0.67	1000	11.0	9.0	20.0	15.0	良好	300	黄红壤	66	6.5	适合当地环境生长，引种成功	
	福建柏	1982	23	新余市大砻下林场	福建	场内	1.87			13.0		17.8	良好		红壤	75	6.5	引种成功，积极推广	块状
	福建柏	1982	24	中国林业科学研究院亚热带林业实验中心	福建	树木园	0.16	174	15.0	13.5	25.0	18.0	良好	120	黄红壤	90	6.0	引种成功	
65	北美香柏	1936		庐山植物园		园内												生长良好	
	北美香柏	1992	16	江西农业大学	美国	校园内		3	4.0	2.0	7.0	4.0	差	50	红壤	50～100	5.5～6.5	生长好	
66	地中海柏	1988	16	中国林业科学研究院亚热带林业实验中心	欧洲	树木园	0.02	30	9.0	6.3	8.5	5.8	良好	200	黄红壤	80	5.8	引种不太成功	

（续）

序号	树种名称	引种年份	树龄(a)	引种单位	从何地引入	种植地点	种植面积(hm^2)	种植株数(株)	树高(m)		胸径(cm)		结实情况	立地情况				引种效果及评价	备注
									最高	平均	最大	平均		海拔(m)	土壤类别	土层厚度(cm)	pH值		
67	美国花柏	1952		庐山植物园	荷兰	园内												生长良好	
68	川柏	1982	23	景德镇乐平市礼林白土峰	四川	白土峰	4.00	12000	0.4	0.3				60	红壤	100	5.6	管理不善，已淘汰	
69	猴掌柏	1988	16	中国林业科学研究院亚热带林业实验中心	美国	树木园	0.12	130	8.5	6.5	8.0	6.0	良好	250	黄红壤	70	5.8	引种成功	
70	美国柏木	1948		庐山植物园	印度	园内												生长良好，但畏寒	
71	云南柏木	1948		庐山植物园	印度	园内												生长良好	
72	美国尖叶扁柏	1936		庐山植物园		园内												生长良好	
73	欧洲刺柏	1977	28	赣州市赣南树木园		收集区		4	13.4	10.6	14.0	12.3	一般	200～230	黄红壤	80～100	4.5～5.5	生长良好	从福州树木园引入，原产地不详
74	铺地柏	1936		庐山植物园		园内												生长良好	
75	铅笔柏	1986	20	中国林业科学研究院亚热带林业实验中心	美国	树木园	0.14	156	18.0	16.7	15.0	12.0	良好	80	黄红壤	100	6.2	引种成功	
76	日本扁柏	1935		庐山植物园		园内												生长极好，引种成功	
	日本扁柏	1982	24	中国林业科学研究院亚热带林业实验中心	日本	树木园	0.42	464	15.6	11.3	20.0	16.0	良好	205	黄红壤	80	5.8	引种成功	
77	日本花柏	1985	25	江西农业大学	日本	校园内		5	8.0	7.0	12.0	10.0		50	红壤	50～100	5.5～6.5	生长一般	
	日本花柏	1983	24	江西省林业科学院	庐山	南昌市桐树坑	0.33	310	12.0	10.0	30.0	22.0	差	280～310	红壤	60～70	5.5	适宜推广	
	日本花柏	1935		庐山植物园		园内												生长极好，引种成功	
	日本花柏	1986	20	中国林业科学研究院亚热带林业实验中心	日本	树木园	0.22	244	15.0	12.4	26.0	22.0	良好	100	黄红壤	90	6.0	引种成功	
78	日本香柏	1936		庐山植物园		园内												生长极好，引种成功	
79	绒柏	1936		庐山植物园		园内												生长良好	
80	细叶花柏	1980	25	赣州市赣南树木园		收集区		2	6.3	4.7	8.0	6.6	一般	200～230	黄红壤	80～100	4.5～5.5	长势一般	从庐山植物园引入，原产地不详

（续）

序号	树种名称	引种年份	树龄(a)	引种单位	从何地引入	种植地点	种植面积(hm^2)	种植株数(株)	树高(m)		胸径(cm)		结实情况	立地情况				引种效果及评价	备注
									最高	平均	最大	平均		海拔(m)	土壤类别	土层厚度(cm)	pH值		
81	圆柏	1936		庐山植物园		园内												生长不良	
82	银杏	2001	6	南昌市南昌梅岭银杏生态园	山东	湾里区向阳林场	8.67	5014	4.5	1.8	20.0	5.0	差	220	红壤	76	5.0	长势良好	
83	黄山木兰	1989	19	九江市林业科学研究所	湖南	研究所基地	0.02	20	5.8	5.4	14.0	12.0	一般	105～150	黄红壤	80～120	5～6.2	生长良好，引种成功	
	黄山木兰	1936		庐山植物园		园内												生长良好	
84	天目木兰	1984	26	九江市林业科学研究所		研究所基地	0.05	50	6.0	5.5	14.0	13.0	一般	105～150	黄红壤	80～120	5～6.2	生长良好，引种成功	从杭州植物园引入，原产地不详
	天目木兰	1936		庐山植物园		园内												生长良好	
85	云南拟单性木兰	1985	26	九江市林业科学研究所	湖南	研究所基地内	0.04	30	7.6	7.3	17.0	16.0	一般	105～150	黄红壤	80～120	5～6.2	生长良好，引种成功	
	云南拟单性木兰	1988	16	中国林业科学研究院亚热带林业实验中心	云南	树木园	0.07	78	10.0	8.0	12.0	9.5		200	黄红壤	80	6.0	引种不太成功	
86	乐东拟单性木兰	1984	27	九江市林业科学研究所	湖南	研究所基地内	0.08	50	7.5	7.2	23.0	21.0	一般	105～150	黄红壤	80～120	5～6.2	生长良好，引种成功	
	乐东拟单性木兰	1984	22	赣州市赣南树木园	湖南	收集区		2						200～230	黄红壤	80～100	4.5～5.5	生长良好	
87	垂果木莲	1979	26	赣州市赣南树木园	湖南	收集区		10					一般	200～230	黄红壤	80～100	4.5～5.5	生长良好	
88	巴东木莲	1983	24	江西省林业科学院	广西	南昌市桐树坑	0.07	50	11.0	8.0	22.0	16.0	差	300	红壤	75	5.5	适宜推广	
89	广西木莲	1988	16	中国林业科学研究院亚热带林业实验中心		树木园	0.16	180	14.6	12.1	18.0	15.0	良好	200	黄红壤	80	5.8	引种成功	
90	桂南木莲	1983	24	江西省林业科学院	广西	南昌市桐树坑	0.33	250	10.0	8.0	22.0	18.0	差	310	红壤	80	5.5	适宜推广	
	桂南木莲	1985	23	九江市林业科学研究所	湖南	研究所基地	0.05	72	7.2	7.0	22.0	20.0	一般	105～150	黄红壤	80～120	5～6.2	生长良好，引种成功	
	桂南木莲	1988	16	中国林业科学研究院亚热带林业实验中心	广西	树木园	0.12	133	12.0	10.5	15.0	8.0	良好	200	黄红壤	80	6.0	引种成功	

（续）

序号	树种名称	引种年份	树龄(a)	引种单位	从何地引入	种植地点	种植面积(hm^2)	种植株数(株)	树高(m)		胸径(cm)		结实情况	立地情况				引种效果及评价	备注
									最高	平均	最大	平均		海拔(m)	土壤类别	土层厚度(cm)	pH值		
91	红花木莲	1984	26	九江市林业科学研究所	湖南	研究所基地	0.07	40	4.5	4.3	10.0	8.0	一般	105～150	黄红壤	80～120	5～6.2	生长良好，引种成功	
92	乳源木莲	1983	24	江西省林业科学院	广东	南昌市桐树坑	0.07	60	11.0	9.0	22.0	18.0	差	300	红壤	75	5.5	适宜推广	
93	毛桃木莲	2001	6	赣州市九连山自然保护区	广东	东江	0.07	100	4.5	3.2	3.2	1.5		260	稻田土	40	5.5	生长良好，引种成功	
	毛桃木莲	1983	24	江西省林业科学院	广西	南昌市桐树坑	0.07	50	11.0	9.0	24.0	18.0	差	280	红壤	80	5.5	适宜推广	
94	木莲	1983	24	江西省林业科学院	广东	南昌市桐树坑	1.33	1500	11.0	8.0	22.0	16.0	差	280～310	红壤	75～80	5.5	适宜推广	
95	白兰花	2000	10	江西农业大学	马来西亚	校园内		11	1.5	1.0	4.0	3.0		50	红壤	50～100	5.5～6.5	生长好	
96	黄心夜合	2001	6	赣州市九连山自然保护区	湖南	东江	0.07	400	4.5	3.5	9.2	3.2		260	稻田土	40	5.5	生长正常，引种成功	
	黄心夜合	1983	24	江西省林业科学院	广西	南昌市桐树坑	0.07	50	9.0	7.0	18.0	14.0	差	300	红壤	80	5.5	长势好	
97	黄兰	1985	18	赣州瑞金市林业局	云南	市森林苗圃		1		5.0		16.0		210	红壤	100		可作为园林树种	
98	矮玉兰	1936		庐山植物园		园内												生长良好	
99	黄玉兰	1982	24	赣州市赣南树木园		收集区		9						200～230	黄红壤	80～100	4.5～5.5	长势一般	从厦门植物园引入，原产地不详
100	白玉兰	1979	26	赣州市赣南树木园	四川	收集区		3						200～230	黄红壤	80～100	4.5～5.5	长势一般	
	白玉兰	1996	11	赣州市龙南县林业局		局院内		10	8.0	6.5	18.0	14.0	旺盛	210	黄红壤	80		基本成功，但叶子泛黄	
101	广玉兰	1985	25	江西农业大学	美国	校园内		45	14.0	12.0	26.0	24.0	一般	50	红壤	50～100	5.5～6.5	生长一般	
	广玉兰	1952		庐山植物园	江苏	园内												生长极好，引种成功	
	广玉兰	1980	27	九江市修水县林业局	湖南	义宁镇义宁村		20	12.0	9.0	26.0	22.0	良好	125	黄红壤	70	6.5	适合当地环境生长，引种成功	

（续）

序号	树种名称	引种年份	树龄(a)	引种单位	从何地引入	种植地点	种植面积(hm^2)	种植株数(株)	树高(m)		胸径(cm)		结实情况	立地情况				引种效果及评价	备注
									最高	平均	最大	平均		海拔(m)	土壤类别	土层厚度(cm)	pH值		
	广玉兰	1999	6	萍乡市开发区光丰村	浙江		零星	1	4.5		5.5		良好	110	红壤	65	6.5	引种成功并大面积推广	开发区
	广玉兰	1993	12	萍乡市莲花县林业局	浙江	林业局院内	零星	5	7.0		10.6		良好		红壤	73	6.5	引种成功并大面积推广	莲花县
	广玉兰	2001	4	萍乡市芦溪县宣风园艺场	湖南	园艺场内	2.67	10000	2.0		3.5			153	黄红壤	80	6.1	引种成功并大面积推广	芦溪县
	广玉兰	1901	104	萍乡市政府	浙江	市政府大门口	零星	1	13.0		50.9		良好		红壤	120	6.5	引种成功并大面积推广	安源区
	广玉兰	1981	24	萍乡市湘东区麻山镇政府	浙江	政府大院	零星	3	7.0		22.0		旺盛	90	红壤	80	6.5	引种成功并大面积推广	湘东区
	广玉兰	1993	12	新余市分宜县林业局	浙江	县林业局院内	零星	5		7.0		10.6	良好		红壤	73	6.5	引种成功	
	广玉兰	2000	6	赣州市定南县林业局	广东	京九大道		1	4.0	3.1	9.5	6.9	良好	355	黄红壤	30	5.1	引种成功	
	广玉兰	1985	21	赣州市于都县银坑林场	浙江	场内		1		8.0		21.0	良好	191	红壤	60	6.5	引种成功	
	广玉兰	1989	18	宜春市上高县林业局	江苏	县林业局园内		9	9.0	8.0	38.0	27.0	旺盛	90	红壤	80	5.8	引种成功	
	广玉兰	1973		宜春市宜丰县林业局	浙江	四旁		25	12.0	8.0	20.0	14.0		100		100	6.0	生长良好	
102	紫玉兰	1980	27	九江市修水县林业局	湖南	义宁镇义宁村		15	11.0	8.0	25.0	23.0	良好	125	黄红壤	70	6.5	适合当地环境生长，引种成功	
103	天女花	1985	23	九江市林业科学研究所	湖南	研究所基地	0.03	30	7.5	7.3	13.0	12.0	一般	105 ~ 150	黄红壤	80 ~ 120	5 ~ 6.2	生长良好,引种成功	
104	荷花玉兰	1978	28	赣州市安远县葛坳林场	广东	林业局内	0.01	2	7.0	7.0	26.4	25.2	旺盛	284	红壤	75	7.0	引种成功	

（续）

序号	树种名称	引种年份	树龄(a)	引种单位	从何地引入	种植地点	种植面积(hm^2)	种植株数(株)	树高(m)		胸径(cm)		结实情况	立地情况				引种效果及评价	备注
									最高	平均	最大	平均		海拔(m)	土壤类别	土层厚度(cm)	pH值		
105	二乔玉兰	1983	24	江西省林业科学院	湖南	南昌市桐树坑	0.40	400	9.0	7.0	16.0	12.0	良好	320	红壤	75	5.5	适宜推广	
106	宝华玉兰	1984	22	赣州市赣南树木园	湖南	收集区		5						200~230	黄红壤	80~100	4.5~5.5	长势一般	
	宝华玉兰	1985	25	九江市林业科学研究所	湖南	研究所基地	0.04	30	7.0	6.5	13.0	11.0	一般	105~150	黄红壤	80~120	5~6.2	生长良好，引种成功	
107	山玉兰	1980	25	赣州市赣南树木园		收集区		4						200~230	黄红壤	80~100	4.5~5.5	长势较差	从浙江亚林所引入，原产地不详
108	大叶含笑	1984	23	江西省林业科学院	湖南	南昌市桐树坑	0.20	210	11.0	9.0	24.0	18.0	差	300	红壤	75	5.5	长势好	
109	多花含笑	1985	24	九江市林业科学研究所	湖南	研究所基地	0.64	826	7.8	7.5	19.0	17.0	一般	105~150	黄红壤	80~120	5~6.2	生长良好，引种成功	
110	峨眉含笑	1984	25	九江市林业科学研究所	湖南	研究所基地	0.05	50	7.8	7.2	18.0	17.0	一般	105~150	黄红壤	80~120	5~6.2	生长良好，引种成功	
111	乐昌含笑	1980	26	新余市新纺	湖南	生活区	零星	10		15.0		25.0	良好	65	红壤	100	6.5	引种成功，作绿化树种大力推广	
112	金叶含笑	1983	24	江西省林业科学院	广东	南昌市桐树坑	0.67	500	9.0	7.0	20.0	16.0	差	300	红壤	80	5.5	长势好	
	金叶含笑	1986	23	九江市林业科学研究所	湖南	研究所基地	0.03	28	5.6	5.5	18.0	17.0	一般	105~150	黄红壤	80~120	5~6.2	生长良好，引种成功	
	金叶含笑	1985	20	赣州市安远县葛坳林场	美国	场部	0.01	3	11.7	11.0	24.9	23.1	旺盛	240	红壤	85	7.0	引种成功	
113	阔瓣含笑	1985	23	九江市林业科学研究所	湖南	研究所基地	0.13	132	8.7	8.5	33.0	30.0	一般	105~150	黄红壤	80~120	5~6.2	生长良好，引种成功	
	阔瓣含笑	1983	24	江西省林业科学院	湖南	南昌市桐树坑	0.33	350	9.0	7.0	20.0	14.0	差	300	红壤	70	5.5	长势好	
113	乐昌含笑	1976	28	赣州市安远县安子岽林场	广东	树木园工区	0.02	18	22.0	20.0	75.0	65.0	旺盛	361	黄壤	100	7.0	引种成功	
	乐昌含笑	2002	3	九江市永修县燕坊	广东	金畈村	0.05	800						35	红壤			引种成功，适应发展推广	
	乐昌含笑	1983	24	江西省林业科学院	湖南	南昌市桐树坑	0.33	450	13.0	11.0	30.0	20.0	差	280~310	红壤	60~80	5.5	适宜推广	

（续）

序号	树种名称	引种年份	树龄(a)	引种单位	从何地引入	种植地点	种植面积(hm^2)	种植株数(株)	树高(m)		胸径(cm)		结实情况	立地情况				引种效果及评价	备注
									最高	平均	最大	平均		海拔(m)	土壤类别	土层厚度(cm)	pH值		
	乐昌含笑	1980	25	新余市分宜县森林苗圃	浙江	县林业局	零星	25		13.0		32.0	良好		红壤	82	6.5	引种成功,积极推广	
114	亮叶含笑	1984	23	江西省林业科学院	广西	南昌市桐树坑	0.13	110	9.0	7.0	18.0	14.0	差	310	红壤	70	5.5	长势好	
115	深山含笑	2001	4	萍乡市芦溪县宣风园艺场	湖南	场内	2.00	10000	1.5		3.0			153	黄红壤	75	6.1	引种成功并大面积推广	芦溪县
116	四川含笑	1986	23	九江市林业科学研究所	湖南	研究所基地	0.05	35	8.6	8.4	17.0	16.0	一般	105～150	黄红壤	80～120	5～6.2	生长良好,引种成功	
117	无量含笑	1984	23	江西省林业科学院	广西	南昌市桐树坑		30	8.0	7.0	18.0	16.0	差	300	红壤	60	5.5	长势好	
118	延平含笑	1984	23	江西省林业科学院	广西	南昌市桐树坑		30	8.0	7.0	18.0	14.0	差	310	红壤	80	5.5	长势好	
119	云南含笑	1983	24	江西省林业科学院	广西	南昌市桐树坑		15	5.0	4.0	6.0		差	320	红壤	60	5.5	长势一般	
120	浙江含笑	1984	23	江西省林业科学院	湖南	南昌市桐树坑	0.33	350	12.0	10.0	24.0	20.0	差	300	红壤	75	5.5	长势好	
121	壮丽含笑	1984	23	江西省林业科学院	广西	南昌市桐树坑	0.13	110	9.0	7.0	18.0	14.0	差	320	红壤	60	5.5	长势好	
122	醉香含笑	1985	24	九江市林业科学研究所	湖南	研究所基地	0.07	56	9.6	9.2	32.0	31.0	一般	105～150	黄红壤	80～120	5～6.2	生长良好,引种成功	
123	火力楠	1983	24	江西省林业科学院	湖南	南昌市桐树坑	0.20	150	11.0	8.0	18.0	14.0	差	300	红壤	80	5.5	长势好	
	火力楠	1982	24	中国林业科学研究院亚热带林业实验中心	广西	树木园	0.27	300	20.5	18.0	36.0	30.0	良好	80	黄红壤	100	6.2	引种成功	
	火力楠	1981	25	赣州市赣南树木园		收集区		15						200～230	黄红壤	80～100	4.5～5.5	长势较差	从桂林植物园引入,原产地不详
	火力楠	1990		赣州市九连山自然保护区	广西	保护局大院		2	11.0	10.0	14.2	14.2	一般	340	稻田土	40	5.5	引自广西玉林,现已开花结实,生长正常,引种成功,可推广	
	火力楠	1993	14	赣州市全南县小叶岽林场	广西	祖湖	21.80	77172	11.5	6.1	14.2	8.7	良好	450	红壤、黄壤	100	6.5	引种成功	
	火力楠	1993	10	赣州市全南县园明山林场	广西	大坑工区	0.80	2000	7.5	5.4	9.4	7.6	差	460	红壤	95	6.5	引种成功	

（续）

序号	树种名称	引种年份	树龄(a)	引种单位	从何地引入	种植地点	种植面积(hm^2)	种植株数(株)	树高(m)		胸径(cm)		结实情况	立地情况				引种效果及评价	备注
									最高	平均	最大	平均		海拔(m)	土壤类别	土层厚度(cm)	pH值		
124	观光木	1982	24	九江市原黄老门乡林场	广东	岷山乡黄老门林场	0.01	13	4.8	4.2	8.3	6.5		100	红壤	70		生长慢，无推广意义	
	观光木	1997	7	赣州市安远县安子岽林场	浙江	树木园工区	0.01	2	8.0	8.0	12.0	12.0	良好	360	红壤	80	7.0	引种成功	
125	云山白兰花	1979	27	赣州市赣南树木园		收集区		10						200～230	黄红壤	80～100	4.5～5.5	长势一般	从南岳树木园引入，原产地不详
126	云山伯乐	1984	22	赣州市赣南树木园		收集区		15	8.3	6.6	13.0	11.2	一般	200～230	黄红壤	80～100	4.5～5.5	生长良好	从南岳树木园引入，原产地不详
127	马褂木	1964	42	九江市瑞昌县青山林场	浙江	场区周围		200	25.0	16.0	46.0	28.0	旺盛	580	红壤	80	6.0	引种成功生长良好，其他生理状况正常	
	马褂木	1984	21	吉安市安福县坳上林场	美国	严田镇横屋	2.00		18.0	14.0	26.0	18.6	差	150	黄红壤	90	7.2	引种成功	
128	杂交马褂木	1987	20	江西省林业科学院	江苏	南昌市桐树坑	0.13	140	12.0	10.0	22.0	18.0	差	300	红壤	70	5.5	适宜推广，表现好	
128	马褂木	1996	10	赣州南康市蓉江生佛寺	广东	寺内	0.33	500	5.8	4.3	10.3	7.5	旺盛	140	红壤	70	6.0	生长正常，引种成功	
	马褂木	1905.6	24	新余市大砻下林场	江苏	大砻下林场	10.67			21.0		22.4	良好		红壤	75	6.5	引种成功，积极推广	块状
129	北美鹅掌楸	1979	27	赣州市赣南树木园		收集区		3						200～230	黄红壤	80～100	4.5～5.5	生长良好	从浙江亚林所引入，原产地不详
	北美鹅掌楸	1978	35	江西农业大学	美国	校园内		4	25.0	24.0	45.0	40.0	一般	50	红壤	50～100	5.5～6.5	生长好	
130	214杨	1996	8	吉安市吉水县水南背		南门大桥	8.00		13.5	12.0	30.3	21.0		46	红壤	70	6.5	引种成功，适应环境，性状稳定	
	214杨	1979	1	南昌市南昌县林业局	江苏	四旁												培育苗木、造林后效果一般	
131	63杨	1979	1	南昌市南昌县林业局	江苏	四旁												培育苗木、造林后效果一般	

（续）

序号	树种名称	引种年份	树龄(a)	引种单位	从何地引入	种植地点	种植面积(hm^2)	种植株数(株)	树高(m)		胸径(cm)		结实情况	立地情况				引种效果及评价	备注
									最高	平均	最大	平均		海拔(m)	土壤类别	土层厚度(cm)	pH值		
132	69杨	1979	1	南昌市南昌县林业局	江苏	四旁												培育苗木,造林后效果较好	
133	72杨	1979	1	南昌市南昌县林业局	江苏	四旁												培育苗木,造林后效果较好	
134	加杨	1992	17	江西农业大学	北美洲	校园内		61	28.0	24.0	40.0	35.0	良好	50	红壤	50~100	5.5~6.5	生长好	
135	美国黑杨	2003	3	赣州市水西镇政府	江苏	水西罗边	8.67	1400	6.5	3.5	9.2			110	紫色土	50		目前长势一般	
136	欧美常绿杨	2002	4	赣州市林业科学研究所	江苏	研究所山场		150	6.7	5.8	6.2	5.9		220	红壤			生长量大,抗病虫能力较强,主干通直,可推广种植	
137	欧美杨	1984	23	九江市修水县林业局	江苏	义宁镇义宁村	3.33	4000	15.0	10.0	35.0	25.0	良好	110	黄红壤	65	6.5	适合当地环境生长,引种成功	
138	欧美杂交杨	1999	15	上饶市鄱阳县林业局	湖北	古南	34.00	31000	30.0	21.0	36.0	20.0		19	冲积土	200	7~8	生长快,引种成功	
139	三倍体毛白杨	2002	3	吉安市青原区林业局	山东	值夏	8.00	7680	7.0	6.0	13.0	10.4		120	沙壤	30	6.9	虫害较多	
140	四季杨	2001	2	吉安市永丰县森林苗圃	上海	古县西岭	7.67	6600	8.2	6.4	8.6	7.9		45	沙壤	96	6.5	适应本地环境	
141	杨树	2003	3	赣州南康市境坝洋江村	澳大利亚		3.33	8350	5.1	3.8	6.0	4.2		156	沙壤	60	7.2	引种成功	
	杨树	2006	1	南昌市林业科学研究所	湖北	省耐水湿良种基地	3.33	2470	4.0		3.0			32	红壤	65	5.5	大部分品种不适合本地生长	
142	意杨	1984	23	九江市修水县林业局	江苏	义宁镇义宁村	3.33	4000	14.0	10.0	30.0	22.0	良好	110	黄红壤	65	6.5	适合当地环境生长,引种成功	
	意杨	1990	15	萍乡市安源区高坑镇路段	浏阳	公路边	1.00		21.0		48.4		良好		红壤	89	6.5	引种成功并大面积推广	行状

（续）

序号	树种名称	引种年份	树龄(a)	引种单位	从何地引入	种植地点	种植面积(hm^2)	种植株数(株)	树高(m)		胸径(cm)		结实情况	立地情况				引种效果及评价	备注
									最高	平均	最大	平均		海拔(m)	土壤类别	土层厚度(cm)	pH值		
	意杨	1995	14	赣州市定南县林业局	广东	黄沙口		6	7.7	7.1	14.5	12.1	良好	340	黄红壤	30	5.6	引种成功	
	意杨	1995	13	赣州市定南县林业局	广东	老城丁坊		25	8.6		12.6			340	黄红壤	80	6.1	引种成功	
	意杨	1995	12	赣州市定南县林业局	广东	老城丁坊		1		17.2		42.5		290	红壤	100	6.3	引种成功	
	桉树	2005	2	南昌市进贤县石灰岭林场		林场内	3.33	6000	0.6	0.6				25	红壤	120	5.0	生长良好	从赣州引入
	桉树	1984	21	萍乡市林业科学研究所		青溪义龙洞	0.01	20	8.4		25.6		旺盛	285	黄壤	100	5.0	引种成功并大面积推广	省种苗站引入，上栗县推广
	桉树	1975	31	鹰潭市余江县林业局		春涛乡	0.13	150	19.5	13.5	42.6	25.1	旺盛	47	红壤	100	6.3	基本成功	
143	桉树	2000	4	赣州市定南县林业局	广东	遥西迳	100.00	13500	5.0	4.5	12.0	8.0	良好	370	黄红壤	30	5.7	引种失败，怕霜冻	
	桉树	1996	10	赣州市定南县林业局	广东	试验林场场部		1		4.0		7.2	差	285	红壤	110	6.5	引种成功	
	桉树	1977	30	赣州市定南县林业局	广东	历市政府桥边		1		16.0		26.9	良好	310	红壤	90	6.5	引种成功	
	桉树	1980		赣州市赣县		储潭白涧村	0.20	15	23.0	20.0	80.0	65.0	良好	110	黄红壤	86cm以上	7～7.5	引种成功	
	桉树	1975	27	赣州市上犹县公路局		梅水公路两旁		6	64.0	16.0	56.0	48.0		184	黄红壤			引种成功	
	桉树	2004	2	抚州市崇仁县郭圩乡	广东	崇仁县农科所	14.00	35000						80	红壤	80	4.5	全部冻死，引种失败	

（续）

序号	树种名称	引种年份	树龄(a)	引种单位	从何地引入	种植地点	种植面积(hm^2)	种植株数(株)	树高(m)		胸径(cm)		结实情况	立地情况				引种效果及评价	备注
									最高	平均	最大	平均		海拔(m)	土壤类别	土层厚度(cm)	pH值		
	桉树	1985	20	上饶市信州区铁路林场	澳大利亚	沙溪油麻坞	0.67	40	21.0	17.0	70.0	60.0		128	红壤	150	6.0	引种成功，树木材质较硬	
	桉树	2000	5	吉安市吉水县八都林场		东岗坪	1.40		9.8	9.3	13.6	9.3	良好		红壤	60	6.5	引种成功，适应性强	
	桉树	1990	15	吉安市万安县林业局	广东	武术	零星	30	20.0	16.0	56.0	43.0	良好	110	红壤	80	6.0	引种成功	
144	尾巨桉	2002	5	赣州市崇义县林木种苗站		扬眉镇	73.33	183700	15.6	13.6	12.4	8.8	良好	261	红壤	90	6.5	生长一般	从中国林业科学研究院热带林业研究所引入，原产地不详
	尾巨桉	2006	1	南昌市进贤县外资公司	美国	进贤县七里乡	0.13	400	6.8	6.0	6.4	6.2		24	红壤	110	4.5	适应本地环境，长势好，年生长量大	
145	尾叶桉	2002	4	赣州市信丰县金鸡林场	广东	铜锣丘工区	333.00		5.3	2.9	10.6	4.7		235～322	红壤	60	6.0	冻害严重，全部冻死	
	尾叶桉	2002	4	赣州市信丰县九龙林场	广东	隘背工区	214.27		5.9	3.3	11.2	5.6		210～448	红壤	60	6.0	部分有冻害	
	尾叶桉	2002	5	赣州市信丰县油山林场	广东	小石工区	108.47		13.1	10.5	12.0	10.2		362～496	红壤	55	6.0	冻害严重，部分冻死	
146	大叶桉	1930		赣州南康市太窝乡	澳大利亚	太窝中学	零星	16	17.0	10.0	80.0	50.0	旺盛	130	红壤	100	6.0		
	大叶桉	1999	5	赣州市全南县林业局		乌桕坝	66.67	2000	6.0	2.0	9.5	4.0		407	红壤	60		引种失败	省项目办引进
	大叶桉	1986	24	江西农业大学	大洋洲	校园内		1		16.0		20.0	一般	50	红壤	50～100	5.5～6.5	生长一般	
	大叶桉	1990	15	新余市昌山林场	广东	林场内	0.73			13.0		15.0	良好		红壤	85	6.5	引种成功	块状
	大叶桉	1990	16	新余市渝水区林业局	广东	百丈峰林场	零星	200		14.0		18.0	差	80	红壤	100	6.5	引种成功	
147	赤桉	1984	22	上饶市玉山县林业局	广西	金交工区	零星	200					一般	100	红壤	80	6.0	生长良好	

（续）

序号	树种名称	引种年份	树龄(a)	引种单位	从何地引入	种植地点	种植面积(hm^2)	种植株数(株)	树高(m)		胸径(cm)		结实情况	立地情况				引种效果及评价	备注
									最高	平均	最大	平均		海拔(m)	土壤类别	土层厚度(cm)	pH值		
148	赤桉	1990	16	吉安市安福县林业局	广东	全县		5000	17.0	13.0	38.3	24.0	差	150	红壤	80	7.3	安福县东南乡片可作引种栽培区	
	赤桉	2006	1	南昌市进贤县外资公司	美国	进贤县七里乡	0.13	400	6.8	6.0	6.3	6.1		24	红壤	110	4.5	适应本地环境，长势好，年生长量大	
	巨桉	2004	2	赣州市林业科学研究所	福建	大坑子	20.00	33000	8.0	6.5	8.0	5.8	.	280	红壤			生长量大，抗冻能力强，可作为我市工业原料林首选树种	
	巨桉	2003	3	赣州市信丰县大阿镇阿南村	四川	下罗屋	20.67		8.9	6.5	12.0	6.0		154～160	红壤	80	7.0	有冻害	
	巨桉	2004	3	赣州市信丰县虎山乡公路段	四川	安虎公路中和段	1.33		2.9	1.6	4.0	2.6		200～300	红壤	75	7.0	有冻害	
	巨桉	2004	2	赣州市信丰县万隆林场	四川	柏枧工区逕里	34.40		3.2	1.9	2.4	1.3		250～408	红壤	60	7.0	有冻害	
	巨桉	2004	2	赣州市信丰县油山镇公路段	四川	信池公路长安段	0.50		3.5	3.1	7.0	3.2		230～242	红壤	85	7.0	有冻害	
149	小叶桉	1930		赣州南康市太窝乡	澳大利亚	太窝中学	零星	50	18.0	10.0	90.0	60.0	旺盛	130	红壤	100	6.0		
150	白花杜鹃	1936		庐山植物园		园内												生长一般	
151	黄山杜鹃	1936		庐山植物园	安徽	园内												生长一般	
152	大字杜鹃	1936		庐山植物园		园内												生长一般	
153	日本杜鹃	1936		庐山植物园	日本	园内												生长良好	
154	赤杨	1936		庐山植物园		园内												生长良好	
	赤杨	1936		庐山植物园		园内												生长良好	
155	欧洲赤杨	1937		庐山植物园		园内												生长一般	
156	矮桦	1955		庐山植物园	乌克兰	园内												生长一般	
157	白桦	1987	19	赣州市赣南树木园	黑龙江	收集区		5	10.3	8.4	10.0	7.9	一般	200～230	黄红壤	80～100	4.5～5.5	生长良好	

（续）

序号	树种名称	引种年份	树龄(a)	引种单位	从何地引入	种植地点	种植面积(hm^2)	种植株数(株)	树高(m)		胸径(cm)		结实情况	立地情况				引种效果及评价	备注
									最高	平均	最大	平均		海拔(m)	土壤类别	土层厚度(cm)	pH值		
158	北美白桦	1951		庐山植物园	加拿大	园内												生长一般	
159	华北白桦	1936		庐山植物园		园内												生长一般	
160	欧洲白桦	1955		庐山植物园	南斯拉夫	园内												生长一般	
161	东北桦	1936		庐山植物园		园内												生长良好	
162	光皮桦	1936		庐山植物园		园内												生长一般	
163	红桦	1951		庐山植物园	法国	园内												生长一般	
164	黄皮桦	1955		庐山植物园	乌克兰	园内												生长一般	
165	蓝桦	1951		庐山植物园	加拿大	园内												生长一般	
166	毛叶桦	1951		庐山植物园	法国	园内												生长一般	
167	日本桦	1955		庐山植物园		园内												生长一般	
168	杨叶桦	1951		庐山植物园	加拿大	园内												生长一般	
169	银桦	1972	27	赣州市全南县政府	广东	含江路	1.33	3000	17.5	13.0	60.0	35.0	差					引种成功	
	银桦	1981	25	赣州市于都县林业局	福建	院内		7	23.0	20.0	22.0	18.0	良好	130	红壤	80	6.8	引种成功	
170	榛叶桦	1936		庐山植物园		园内												生长一般	
171	白楠	1983	24	江西省林业科学院	湖南	南昌市桐树坑	0.13	50	9.0	7.5	18.0	12.0	差	310	红壤	70	5.5	长势差	
172	大叶楠	1983	24	江西省林业科学院	湖南	南昌市桐树坑	0.07	30	11.0	8.0	24.0	16.0	差	290	红壤	70	5.5	长势差	
173	华东楠	1983	24	江西省林业科学院	广东	南昌市桐树坑	0.13	70	12.0	9.0	24.0	16.0	差	290	红壤	70	5.5	长势差	
174	椤木石楠	1984	23	江西省林业科学院		南昌市桐树坑	0.07	35	10.0	8.5			差	280	红壤	80以上	5.5	长势较好	
175	桃叶石楠	1984	23	江西省林业科学院		南昌市桐树坑		5	8.0	7.0	12.0	8.0	差	280	红壤	80以上	5.5	生长一般	
176	春花石楠	1955		庐山植物园		园内												生长一般	
177	红叶石楠	2003	3	赣州市大余县白石寺森林苗圃	浙江	南安镇建设村	0.13	780	1.5	1.2				120	黄红壤	100	5.0	能正常越冬越夏，引种基本成功	

（续）

序号	树种名称	引种年份	树龄(a)	引种单位	从何地引入	种植地点	种植面积(hm^2)	种植株数(株)	树高(m)		胸径(cm)		结实情况	立地情况				引种效果及评价	备注
									最高	平均	最大	平均		海拔(m)	土壤类别	土层厚度(cm)	pH值		
178	朝天樱	1989	19	中国林业科学研究院亚热带林业实验中心		树木园	0.15	170	15.0	13.7	18.0	13.5	良好	200	黄红壤	80	6.0	引种成功	
179	桂樱	1936		庐山植物园	爱尔兰	园内												生长良好	
180	檫木	1983	24	江西省林业科学院		南昌市桐树坑	0.67	1200	16.0	12.0	56.0	36.0	良好	300~330	红壤	60~80	5.5	长势好	
181	闽楠	1986	23	九江市林业科学研究所	浙江	研究所基地	0.43	250	9.5	8.8	26.0	23.0	一般	105~150	黄红壤	80~120	5~6.2	生长良好，引种成功	
182	浙江楠	1986	22	九江市林业科学研究所	浙江	研究所基地	0.32	180	5.7	5.4	16.0	14.0	一般	105~150	黄红壤	80~120	5~6.2	生长良好，引种成功	
183	大叶樟	2006	1	南昌市林业科学研究所	湖南	省耐水湿良种基地	50.40	84000	3.7	3.3	4.0	3.5		32	红壤	65	5.5	适应本地环境，长势较好	
	大叶樟	1984	23	江西省林业科学院	湖南	南昌市桐树坑	1.00	1050	8.0	6.5	16.0	12.0	差	300~320	红壤	60~80	5.5	1991年冻害重萌	
184	豹皮樟	1983	24	江西省林业科学院	广西	南昌市桐树坑	0.07	26	9.0	6.5	18.0	14.0	差	280	红壤	80	5.5	长势差	
185	猴樟	1983	24	江西省林业科学院	广西	南昌市桐树坑	0.07	50	9.0	7.5	24.0	16.0	差	310	红壤	80	5.5	长势好	
186	肉桂	1982	11	赣州市九连山自然保护区	广西	保护局大院		5	5.0	4.0	5.5	3.5			沙壤	40	5.5	引种失败，在林地上育苗，种植都被冻死	
187	竹柏	1997	7	赣州市安远县安子岽林场	浙江	树木园工区	0.01	2	3.0	3.0	7.0	7.0	良好	330	黄壤	90	5.5	引种成功	
	竹柏	1984	23	九江市修水县林业局	湖南	义宁镇义宁村		10	7.0	6.0	14.0	11.0	良好	300	黄红壤	55	6.5	适合当地环境生长，引种成功	
188	新木姜子	1983	24	江西省林业科学院	湖南	南昌市桐树坑	0.07	36	11.0	8.0	20.0	14.0	差	290	红壤	70	5.5	长势差	
189	天目木姜子	1990	18	九江市林业科学研究所	浙江	研究所基地	0.03	20	5.6	5.3	12.0	10.0		105~150	黄红壤	80~120	5~6.2	生长良好，引种成功	
190	舟山新木姜子	1990	19	九江市林业科学研究所	湖南	研究所基地	0.17	45	4.8	4.6	9.0	8.0	一般	105~150	黄红壤	80~120	5~6.2	生长良好，引种成功	
	舟山新木姜子	2004	3	九江市永修县燕坊	上海奉贤	金畈村	0.07	400						35	红壤			引种成功，适应发展推广	

（续）

序号	树种名称	引种年份	树龄(a)	引种单位	从何地引入	种植地点	种植面积(hm^2)	种植株数(株)	树高(m)		胸径(cm)		结实情况	立地情况				引种效果及评价	备注
									最高	平均	最大	平均		海拔(m)	土壤类别	土层厚度(cm)	pH值		
	舟山新木姜子	2004	2	九江市永修县燕坊	上海	金畈村	0.01	50						40	红壤			苗期受低、高温影响较大,受冻、日灼较严重,在永修县推广值得考虑	
191	天竺桂	1984	23	江西省林业科学院	广西	南昌市桐树坑	0.07	26	9.0	6.5	16.0	12.0	差	310	红壤	70	5.5	长势差	
	天竺桂	1985	20	赣州市安远县葛坳林场	美国	石仔头工区	0.01	5	9.5	8.6	26.0	24.3	旺盛	240	红壤	85	7.0	引种成功	
	天竺桂	1996	11	赣州市龙南县林业局	南康	林业局院内		7	12.3	12.0	54.0	37.0	旺盛	210	黄红壤	80		生长良好,可以引种	
192	山月桂	1936		庐山植物园	爱尔兰	园内												生长极好,引种成功	
193	丹桂	2003	5	赣州市兴国县樟木乡	湖南	塘埠村	0.09	400	2.5	1.9	2.2	1.0		254	红壤	90	5.5	引种成功	
194	杜仲	1936		庐山植物园		园内												生长良好	
	杜仲	1992	13	新余市昌山林场	贵州	场内	23.33			7.9		8.6	良好		红壤	85	6.5	引种成功,积极推广	块状
	杜仲	1994	12	中国林业科学研究院亚热带林业实验中心		树木园	0.11	127	7.0	5.5	12.0	7.3	良好	80	黄红壤	90	6.2	引种成功	
	杜仲	1995	10	赣州市安远县葛坳林场	河南	场部	0.01	6	8.8	8.1	19.8	18.9	旺盛	240	红壤	85	7.0	引种成功	
	杜仲	1974	31	赣州市九连山自然保护区	贵州	虾蚣塘	0.67	300	18.0	17.0	41.8	18.7	一般	650	山地黄壤	40	5.5	引自贵州,第二代植株现已开花结实,可推广种植	
	杜仲	1976	31	宜春高安市荷岭林场	四川	共青分场场部	宅旁	3	9.0	8.0	41.0	27.5	良好	51	红壤	90	7.0	药用兼材用	
	杜仲	2001		宜春市宜丰县车上乡港口	浙江	四旁		20	7.0	6.5	13.0	10.0		150		100	6.0	生长良好	
	杜仲	1994	11	上饶市广丰县嵩峰乡里洋村	湖南	水烟坑	2.67	8000	7.0	3.5	6.9	3.5	一般	500	黄壤		8.0	引种成功可推广	

（续）

序号	树种名称	引种年份	树龄(a)	引种单位	从何地引入	种植地点	种植面积(hm^2)	种植株数(株)	树高(m)		胸径(cm)		结实情况	立地情况				引种效果及评价	备注
									最高	平均	最大	平均		海拔(m)	土壤类别	土层厚度(cm)	pH值		
195	杜仲洛阳1号		12	赣州市九连山自然保护区	河南	保护局大院		1		8.0		12.2	一般	340	稻田土	40	5.5	从洛阳林业科学研究所引进优良单株，生长快，目前已开花结实，引种成功	
196	杜仲洛阳2号			赣州市九连山自然保护区	河南	保护局大院		1	8.5		9.0		一般	340	稻田土	40	5.5	从洛阳林业科学研究所引种的光皮型优良单株，生长快，已开花结实，引种成功	
197	杜仲密叶型	1995	12	赣州市九连山自然保护区	河南	保护局大院		1		4.0		6.0		340		40	5.5	该种为选育的密叶型品种，产叶量较一般单株高50%，生长正常，引种成功	
198	黄叶山梅花	1951		庐山植物园		园内												生长一般	
199	鄂西山梅花	1951		庐山植物园	荷兰	园内												生长一般	
200	北美山梅花	1955		庐山植物园		园内												生长一般	
201	芳香山梅花	1951		庐山植物园	荷兰	园内												生长一般	
202	福氏山梅花	1955		庐山植物园	南斯拉夫	园内												生长一般	
203	聚头山梅花	1951		庐山植物园	荷兰	园内												生长一般	
204	梅花	2005	2	南昌市南昌梅岭银杏生态园	江苏	湾里区向阳林场	2.67	1178	1.6	1.4	4.0	3.0		220	红壤	76	5.0	长势良好	
205	远东山梅花	1951		庐山植物园	荷兰	园内												生长一般	
206	碧玉间黄金竹	2001		九江市永修县云山		军山	0.01	20						50	红壤			引种成功，可以推广	从南昌引入
207	哺鸡竹	1989		新余市分宜县森林苗圃	浙江		2.67	块状					良好		红壤	85	6.5	引种成功，积极推广	
	哺鸡竹	1989	17	新余市珠珊林场	福建	场部	1.67	1300		5.0		3.0		65	红壤	100	6.5	引种成功，建议推广	
208	黄枚乌哺鸡竹	2002		九江市永修县云山	浙江	军山	0.01	18						50	红壤			引种成功，可以推广	

（续）

序号	树种名称	引种年份	树龄(a)	引种单位	从何地引入	种植地点	种植面积(hm^2)	种植株数(株)	树高(m)		胸径(cm)		结实情况	立地情况				引种效果及评价	备注
									最高	平均	最大	平均		海拔(m)	土壤类别	土层厚度(cm)	pH值		
209	撑绿竹	2002	5	赣州市崇义县林木种苗站	广西	扬眉镇	40.00	183700	15.6	13.6	12.4	8.8	良好	261	红壤	90	6.5	生长一般	
	撑绿竹	2004	1	赣州市上犹县黄埠镇	广西					1.8	2.8				红壤、黄壤			过伏天会落叶	
	撑绿竹	2001	5	赣州市章贡区林业局	广西	水西黄沙敬老院	0.67	550	10.0	6.0	6.4	5.0		130	红壤	80		易受冻害	
210	高节竹	1989		新余市分宜县森林苗圃	浙江		2.67						良好		红壤	85	6.5	引种成功，积极推广	块状
211	观音竹	2002		九江市永修县云山	浙江	军山	0.01	350						50	红壤			引种成功，可以推广	
212	雷竹	1990	15	九江市瑞昌下畈镇		镇林场	4.67	7000						95	红壤	80	6.0	引种成功，竹林繁殖快，生长良好，其他生理状况正常	从上饶市引入
	雷竹	1998	7	九江市武宁县	浙江	罗坪	1.00	110	6.1	5.5	4.8	2.4		152	红壤			生长良好，引种成功	
	雷竹	1989		新余市分宜县森林苗圃	浙江		2.67						良好		红壤	85	6.5	引种成功，积极推广	块状
	雷竹	1989	17	新余市鹄山乡简育林	福建	桐村	1.33	1000		5.0		3.0		60	红壤	100	6.5	引种成功，建议推广	
	雷竹	1999	8	赣州市定南县林业局	浙江	蔡阳林场	2.33	2000	7.5		3.8			375	红壤	90	6.6	引种成功	
	雷竹	1996	8	赣州市兴国县经济林场	浙江	养猪场后面	2.67							156	红壤	80	5.5	引种成功，但管理差	
	雷竹	1990	16	赣州市章贡区林业技术推广站	浙江	水西石莆岩船坑	0.27	600	8.0	7.0	5.7	4.5		127	红壤	80～100		引种成功	
	雷竹	2003	2	宜春高安市荷岭林场	铜鼓	总场场部旁	0.27	1000	6.0	4.0	4.0	2.0	良好	80	红壤	120	6.5	笋用林	

（续）

序号	树种名称	引种年份	树龄(a)	引种单位	从何地引入	种植地点	种植面积(hm^2)	种植株数(株)	树高(m)		胸径(cm)		结实情况	立地情况				引种效果及评价	备注
									最高	平均	最大	平均		海拔(m)	土壤类别	土层厚度(cm)	pH值		
213	绿竹	2000		九江市永修县云山		军山	0.01	2						50	红壤			易受冻不耐寒，不宜推广	从宜春市引入
214	罗汉竹	2001		九江市永修县云山	浙江	军山	0.03							50	红壤			引种成功，可以推广	
215	麻竹	1993	14	赣州市定南县林业局	广西	天九羊角	0.40	150	12.8		9.5			325	红壤	75	6.3	引种成功	
	麻竹	1994	10	赣州市龙南县林业局	广东	林业局院内		3						210	黄红壤	80		基本成功，种植需避风向阳	
	麻竹	1998	8	上饶市广丰县湖丰镇槐芳村	福建		3.33	5000						75	沙壤			经济效益好，可推广	
216	毛竹	1981		赣州市林业科学研究所	广西		0.01	300	9.0	6.5	10.7	7.8		110	红壤	82cm以上	7~7.5	引种成功	
217	笋用竹	1987		宜春市宜丰县林业局	浙江	新庄、石市、新昌等	233.33	14000	6.0	4.5	8.0	4.0		100		100	5.6	管理粗放	
218	甜竹笋	1997	8	赣州市上犹县林业局	广东	黄沙村								157	红壤、黄壤			引种失败，怕霜冻	
219	小琴丝竹	2002		九江市永修县云山	浙江	军山		1						50	红壤			引种成功，可以推广	
220	杂交竹	2001		赣州市林业科学研究所	广西		5.33	4000	4.0	3.0	4.5	3.5		110	红壤	83cm以上	7~7.5	观察中	
221	夹竹桃	1980	27	九江市修水县林业局	湖南	义宁镇义宁村		30	6.0	5.0	9.0	8.0	良好	125	黄红壤	60	6.5	适合当地环境生长，引种成功	
	夹竹桃	1980	25	萍乡市铁路局	浙江	路旁	零星						旺盛	72	红壤	85	6.5	引种成功并大面积推广	萍乡市湘东区
	夹竹桃	2002	3	赣州市定南县林业局	广东	老城塘上		250	3.1	2.2	3.0	2.5	良好	340	黄红壤	30	5.1	引种成功	
	夹竹桃	1996	11	赣州市龙南县林业局		林业局院内		10	7.0	5.5	11.0	9.6	旺盛	210	黄红壤	80		长势好，基本成功	从南康市引入
222	鞑靼槭	1953		庐山植物园	北京	园内												生长一般	

（续）

序号	树种名称	引种年份	树龄(a)	引种单位	从何地引入	种植地点	种植面积(hm^2)	种植株数(株)	树高(m)		胸径(cm)		结实情况	立地情况				引种效果及评价	备注
									最高	平均	最大	平均		海拔(m)	土壤类别	土层厚度(cm)	pH值		
223	红翅槭	2002	3	九江市永修县燕坊	湖南	金畈村	0.01	50	0.8	0.5	0.6	0.3		35	红壤			引种成功,可以推广	
224	鸡爪槭	1984	23	江西省林业科学院		南昌市桐树坑	0.07	20	7.0	6.0	16.0	10.0	差	310	红壤	70	5.5	生长一般	
	鸡爪槭	1988	17	赣州市赣南树木园		收集区		4	2.4	1.7	6.0	5.0		200～230	黄红壤	80～100	4.5～5.5	长势一般	从厦门植物园引入
225	岭南槭	1984	23	江西省林业科学院		南昌市桐树坑	0.13	100	9.0	7.0	20.0	16.0	良好	310	红壤	80	5.5	生长一般	
226	糖槭	1948		庐山植物园	加拿大	园内												生长良好	
227	小青皮槭	1990	16	赣州市赣南树木园		收集区		8	6.6	5.7	7.0	5.9		200～230	黄红壤	80～100	4.5～5.5	长势一般	从昆明植物园引入
228	绣丽槭	2002	3	九江市永修县燕坊	浙江	金畈村	0.30	1000	1.0	0.8	0.8	0.5		35	红壤			引种成功,可以推广	
229	元宝槭	2003	3	九江市永修县燕坊	陕西	金畈村	0.13	500	0.8	0.5	0.5	0.3		40	红壤			引种成功,可以推广	
	元宝槭	1983	23	中国林业科学研究院亚热带林业实验中心	陕西	树木园	0.34	378	15.0	13.2	17.0	15.0	良好	200	黄红壤	80	5.8	引种成功	
230	毛八角枫	1989	17	赣州市赣南树木园		收集区		3	7.3	4.8	7.0	5.4		200～230	黄红壤	80～100	4.5～5.5	长势一般	从杭州植物园引入
231	红枫	2004	1	九江市永修县燕坊	上海	金畈村	0.13	400						35	红壤				
	红枫	2004	3	九江市永修县燕坊	上海	金畈村	0.09	300	0.7	0.5	0.3	0.2		40	红壤			引种成功,可以推广	
232	四川桤木	1986	18	吉安市安福县坳上林场	四川	严田镇龙云		20	20.0	17.0	34.0	28.0	旺盛	160	红壤	100	7.1	引种成功	
	四川桤木	2000	5	吉安市永丰县林业局	四川	石马林场	0.27	28	7.8	6.4	9.2	6.2	一般	250	黄红壤	75	6.1	适应阴湿环境生长	
	四川桤木	2001	5	抚州市资溪县	四川	高阜镇	4.00	2400	13.0	11.0	12.6	10.3	差	260	红壤	100	6.5	生长速度快,但受天牛危害严重	

（续）

序号	树种名称	引种年份	树龄(a)	引种单位	从何地引入	种植地点	种植面积(hm^2)	种植株数(株)	树高(m)		胸径(cm)		结实情况	立地情况				引种效果及评价	备注
									最高	平均	最大	平均		海拔(m)	土壤类别	土层厚度(cm)	pH值		
	四川桤木	1991	14	新余市林业公司	四川	下陂林场	1402.40			15.0		16.0	良好		红壤	85	6.5	引种成功，积极推广	块状
	四川桤木	1984	23	宜春市铜鼓县正兴公司	四川	永宁江头公路边	0.53	1000	30.0	14.0	30.0	15.3	旺盛	208	黄红壤	70	6.0	长势良好，可推广	
	四川桤木	1992	15	宜春市万载县试验林场	四川	岭东乡蓝田村	0.33		24.0	18.0	36.0	26.0	良好	190	红壤	80	6.5	引种成功	
233	川楝	2003	3	赣州市林业科学研究所	四川	研究所山场	2.00	3000	3.4	2.7	4.1	3.5		220	红壤			速生，病虫少，成活率高，可作工业原料林	
234	苦楝	1990	17	九江市修水县林业局	湖南	石坳乡石坳村	3.33	5000	10.0	8.0	16.0	12.0	良好	300	黄红壤	60	6.5	适合当地环境生长，引种成功	
235	毛红楝	1982	23	赣州市安远县安子岽林场	广东	树木园工区	0.01	1		18.0		25.0	旺盛	310	红壤	80	7.0	引种成功	
236	黑核桃	2002	5	宜春市靖安县林业局	美国	烟竹林场	0.33		5.5	4.0	5.6	5.1		70	红壤	80	5.8	生长正常	
237	美国核桃	1996	10	鹰潭贵溪市双圳林场	美国	黄沙分场	0.80	130	6.5	2.5	3.1	1.8		302	黄红壤	90		引种不成功，长势差，成活率低	
238	美国山核桃	1954		庐山植物园		园内												生长良好	
239	欧洲七叶树	1936		庐山植物园		园内												生长不良	
240	七叶树	1936		庐山植物园		园内												生长不良	
	七叶树	2001	3.5	九江市永修县燕坊	湖北	金畈村	0.53	2500	0.4	0.3				40	红壤			引种基本成功，育苗及造林前三年需遮阴，有条件可以推广	
	七叶树	1999	7	赣州市安远县葛坳林场	河南	石仔头工区	0.81	508	4.8	4.3	6.0	4.1		280	红壤	80	7.0	引种成功	
241	青皮梧桐	1982	23	赣州市安远县安子岽林场	浙江	树木园工区	1.20	800	15.0	13.0	14.0	11.0	良好	360	红壤	100	6.5	引种成功	

（续）

序号	树种名称	引种年份	树龄(a)	引种单位	从何地引入	种植地点	种植面积(hm^2)	种植株数(株)	树高(m)		胸径(cm)		结实情况	立地情况				引种效果及评价	备注
									最高	平均	最大	平均		海拔(m)	土壤类别	土层厚度(cm)	pH值		
242	悬铃木	1970	40	江西农业大学	欧洲	校园内		16	27.0	22.0	61.0	45.0	良好	50	红壤	50～100	5.5～6.5	生长一般	
	悬铃木	1984	23	九江市修水县林业局	浙江	义宁镇义宁村		200	15.0	12.0	40.0	35.0	良好	130	黄红壤	65	6.5	适合当地环境生长，引种成功	
	悬铃木	1982	23	新余市公路段	浏阳	县公路段	零星	5		14.0		38.0	良好		红壤	89	6.5	引种成功	
	悬铃木	1978	27	萍乡市安源区坑高镇	浏阳	高坑镇街道上	零星	14	18.5		73.2		良好		红壤	83	6.5	引种成功并大面积推广	萍乡市安源区
243	博白大果油茶	1986	20	赣州市赣南树木园		收集区		2	8.4	6.7	9.0	8.3	一般	200～230	黄红壤	80～100	4.5～5.5	长势一般	从广西林业科学研究所引入，原产地不详
244	长瓣短柱茶	1984	23	江西省林业科学院		南昌市桐树坑	2.00		2.0	1.5			差	310	红壤	80以上	5.5	长势较弱	
245	广宁白花茶	1985	21	赣州市赣南树木园		收集区		6	7.3	5.1	8.0	6.3	一般	200～230	黄红壤	80～100	4.5～5.5	长势一般	从广西林业科学研究所引入，原产地不详
246	红花油茶	1954	50	赣州市定南县林业局	广西	彭华塘	0.33	5	8.6	6.1	5.5	4.1	一般	330	黄红壤	80	5.5	引种成功	
	红花油茶	1965	41	赣州市信丰县西牛林场		吊钟山工区桐子窝	1.33	70	5.5	4.1	20.0	16.0	旺盛	275～295	红壤	80	7.0	引种成功	从赣州市林业科学研究所引入，原产地不详
247	红皮糙果茶	1990	18	九江市林业科学研究所	湖南	研究所基地	0.05	20	4.3	4.0	13.0	12.0	一般	105～150	黄红壤	80～120	5～6.2	生长良好，引种成功	
248	南山茶	1952		庐山植物园		园内												温室栽培	
249	宛田红花油茶	1980	26	赣州市赣南树木园		收集区		2	8.1	6.6	13.0	10.6	一般	200～230	黄红壤	80～100	4.5～5.5	生长良好	从桂林植物园引入，原产地不详
250	石笔木	1984	23	江西省林业科学院	广西	南昌市桐树坑	0.33	300	5.0	4.0			良好	310	红壤	70	5.5	生长一般	

（续）

序号	树种名称	引种年份	树龄(a)	引种单位	从何地引入	种植地点	种植面积(hm^2)	种植株数(株)	树高(m)		胸径(cm)		结实情况	立地情况				引种效果及评价	备注
									最高	平均	最大	平均		海拔(m)	土壤类别	土层厚度(cm)	pH值		
251	日本厚皮香	1989	17	赣州市赣南树木园		收集区		4	4.6	4.3	7.0	5.7	一般	200～230	黄红壤	80～100	4.5～5.5	生长良好	从杭州植物园引入，原产地不详
252	杜英	1985	22	江西省林业科学院		南昌市桐树坑	0.67	700	12.0	9.0	24.0	18.0	良好	350	红壤	60	5.5	长势较好	
	杜英	2001	4	萍乡市芦溪县宜风园艺场	湖南	园艺场内	3.33	10000	2.5		5.0			153	黄红壤	80	6.1	引种成功并大面积推广	
253	秃瓣杜英	1988	18	中国林业科学研究院亚热带林业实验中心	湖南	树木园	0.09	104	20.0	15.0	23.0	20.0	良好	200	黄红壤	80	6.0	引种成功	
254	锡兰杜英	1980	26	赣州市赣南树木园	广西	收集区		6	12.3	8.3	13.0	11.8	一般	200～230	黄红壤	80～100	4.5～5.5	生长良好	
254	竹柏	1984	23	九江市修水县林业局	湖南	义宁镇义宁村		10	7.0	6.0	14.0	11.0	良好	300	黄红壤	55	6.5	适合当地环境生长，引种成功	
	竹柏	1997	7	赣州市安远县安子岽林场	浙江	树木园工区	0.01	2	3.0	3.0	7.0	7.0	良好	330	黄壤	90	5.5	引种成功	
255	大梨枣	2005	2	上饶市铅山县汪二	山东	下程	0.40	220	0.5	0.3				110	黄红壤	80	6.8	观察中	
256	冬枣	2002	3	新余市王静	山东	水西施家	10.00	25000	2.3	2.1	8.0	6.5	良好	42	红壤	80	5.0	引种成功，取得很好的经济效益	
	冬枣	2004	3	宜春市袁州区江西袁州绿豪生态公司	山东	西村社台	5.67	9435	2.5	1.7	8.0	5.0	差	119～124	红壤	80	6.6	生长正常	
257	伊拉克蜜枣	1966	40	赣州瑞金市林业局	伊拉克	老林业局院内		1		8.0		50.0		170	黄壤	100		引种不成功	
258	刺槐	1978	35	江西农业大学	美国	校园内		14	22.0	18.0	35.0	30.0	一般	50	红壤	50～100	5.5～6.5	生长好	
	刺槐	1990	17	九江市修水县林业局	山东	石坳乡石坳村	13.33	50000	6.0	4.0	6.0	4.0	良好	300	黄红壤	50	6.5	适合当地生长环境，引种成功	

（续）

序号	树种名称	引种年份	树龄(a)	引种单位	从何地引入	种植地点	种植面积(hm^2)	种植株数(株)	树高(m)		胸径(cm)		结实情况	立地情况				引种效果及评价	备注
									最高	平均	最大	平均		海拔(m)	土壤类别	土层厚度(cm)	pH 值		
	刺槐	1970	35	赣州南康市唐江糖厂	印度	厂内	零星	10	18.0	10.0	60.0	30.0		128		100	7.0		
259	槐树	1982	24	中国林业科学研究院亚热带林业实验中心	广西	树木园	0.21	233	12.0	10.5	18.0	13.5	良好	120	黄红壤	90	6.0	引种不太成功	
260	黄花槐	1999	8	赣州南康市潭口村	广东			50	4.0	2.8	8.5	6.8		186	红壤	80	7.0	引种成功	
261	紫穗槐	1990	17	九江市修水县林业局	山东	石坳乡石坳村	6.67	15000	6.0	5.0	6.0	5.0	良好	300	黄红壤	50	6.5	适合当地环境生长，引种成功	
	紫穗槐	1990	18	江西农业大学	美国	校园内		3	2.0	1.0	2.0	2.0		50	红壤	50～100	5.5～6.5	生长好	
262	八角	1982	25	赣州市九连山自然保护区	广西	古坑三队		5	14.3	13.5	19.1	17.5	一般	360	红壤	40	5.5	引种成功，该树种经过1～3年适应期后，生长正常，已结实。	
	八角	1977	27	赣州市全南县兆坑林场	广西	野猪湖	2.13	1376	15.4	11.8	25.5	14.1	良好	390	黄红壤	90	6.4	引种成功	
	八角	1959	42	赣州市上犹县犹江林场场	广西	陡水场部	0.53	213	15.0	11.0	28.0	18.0		160	黄红壤			引种成功	
263	黄檗	1990	19	九江市林业科学研究所	湖南	研究所基地	0.02	30	3.6	3.3	7.5	7.2		105～150	黄红壤	80～120	5～6.2	生长良好，引种成功	
264	亨氏小檗	1938		庐山植物园		园内												生长一般	
265	吉氏小檗	1936		庐山植物园		园内												生长良好	
266	聚果小檗	1936		庐山植物园		园内												生长良好	
267	芒刺小檗	1955		庐山植物园		园内												生长一般	
268	芮氏小檗	1936		庐山植物园		园内												生长一般	
269	珊瑚小檗	1955		庐山植物园		园内												生长一般	
270	四川小檗	1955		庐山植物园	四川	园内												生长一般	

（续）

序号	树种名称	引种年份	树龄(a)	引种单位	从何地引入	种植地点	种植面积(hm^2)	种植株数(株)	树高(m)		胸径(cm)		结实情况	立地情况				引种效果及评价	备注
									最高	平均	最大	平均		海拔(m)	土壤类别	土层厚度(cm)	pH值		
271	威氏小檗	1936		庐山植物园		园内												生长一般	
	黄檗	1990	19	九江市林业科学研究所	湖南	研究所基地	0.02	30	3.6	3.3	7.5	7.2		105～150	黄红壤	80～120	5～6.2	生长良好，引种成功	
272	臭椿	1982	24	中国林业科学研究院亚热带林业实验中心		树木园	0.34	380	11.0	9.4	18.0	14.0	良好	120	黄红壤	80	6.0	引种不太成功	
273	毛红椿	1981	25	中国林业科学研究院亚热带林业实验中心	湖南	树木园	0.12	113	13.0	11.0	33.0	27.0	良好	80	黄红壤	100	6.2	引种成功	
274	南亚红椿	1980	26	赣州市赣南树木园		收集区		12	9.7	8.4	12.0	10.1		200～230	黄红壤	80～100	4.5～5.5	生长良好	从北京林业科学研究所引入，原产地不详
275	香椿	1978	28	赣州市安远县葛坳林场	浙江	安子寨林场	0.01	10	8.0	7.0	32.2	30.0	旺盛	360	红壤	80	7.0	引种成功	
	香椿	20世纪70年代中期		赣州市九连山自然保护区	山东	保护局大院		25			5.9		一般	340	稻田土	40	5.5	复叶较一般香椿长，幼叶紫红色，生长迅速，已开花结果，引种成功，可推广种植	
276	黑荆树	1987		赣州市赣县	澳大利亚	红金村变电站	6.67	16670	4.5	3.6	7.6	4.8	良好	110	红壤	85cm以上	7～7.5	引种失败	
	黑荆树	2001	5	赣州市林业科学研究所	澳大利亚	研究所山场			5.7	4.3	5.7	4.5		180	红壤			生长极好，有较强的耐瘠薄，抗旱能力强，可做工业原料林推广种植	
	黑荆树	2002	4	赣州市全南县青龙山林场	广西	太和工区	26.00	39000	3.7	1.7	5.6	3.2		310	黄红壤	60	6.5	引种成功	
	黑荆树	1981	23	赣州市兴国县经济林场		佛子岭	0.87							156	红壤	75	5.5	易受冻害	从赣州市林业科学研究所引入，原产地不详

（续）

序号	树种名称	引种年份	树龄(a)	引种单位	从何地引入	种植地点	种植面积(hm^2)	种植株数(株)	树高(m)		胸径(cm)		结实情况	立地情况				引种效果及评价	备注
									最高	平均	最大	平均		海拔(m)	土壤类别	土层厚度(cm)	pH值		
	黑荆树	2001	3	赣州南康市浮石幸福村	地中海		13.87	67184	3.6	2.5	10.8	8.6		325	红壤	80	6.8	引种成功	
	黑荆树	1992	13	吉安市万安县宝山林场	广东	涧田乡	80.00	60000	15.0	9.0	40.0	31.3	良好	130	红壤	80	5.0	引种失败	
277	银荆	2004	10	江西农业大学	大洋洲	校园内		30	10.0	8.0	15.0	12.0		50	红壤	50～100	5.5～6.5	生长好	
278	阿丁枫	1984	23	江西省林业科学院		南昌市桐树坑	0.13	100	9.0	8.0	18.0	16.0	良好	280	红壤	80	5.5	长势较好	
279	北美枫香	2002	8	江西农业大学	美国	校园内		25	4.0	3.5	5.0	4.0		50	红壤	50～100	5.5～6.5	生长好	
280	北美金缕梅	1950		庐山植物园	荷兰	园内												生长良好	
281	日本金缕梅	1950		庐山植物园	荷兰	园内												生长良好	
282	东京野茉莉	2004	3	宜春市铜鼓县林业局		温泉荷塘坳	10.00	7000	7.5	6.0	7.0	5.6	一般	340	黄红壤	60	6.0	长势良好，可推广	从江西省林科院引入，原产地不详
283	滇贵野茉莉	1983	23	中国林业科学研究院亚热带林业实验中心	湖南	树木园	0.19	206	11.0	9.5	14.0	12.6	良好	200	黄红壤	80	5.7	引种成功	
284	白辛树	1991	18	九江市林业科学研究所	贵州	研究所基地	0.03	5	9.2	8.6	14.0	13.0	一般	105～150	黄红壤	80～120	5～6.2	生长良好，引种成功	
285	中华安息香	1985	21	赣州市赣南树木园		收集区		5	9.3	7.4	11.0	8.4	一般	200～230	黄红壤	80～100	4.5～5.5	生长良好	从南宁树木园引入，原产地不详
286	加拿利海枣	2003	100	新余市北湖公园	广东	公园内	零星	1		7.0		30.5		50	红壤	100	6.5	引种成功，建议推广	
	加拿利海枣	2004	10	江西农业大学	加拿大	校园内		4	4.0	4.0	20.0	20.0		50	红壤	50～100	5.5～6.5	生长一般	
287	南酸枣	1984	23	江西省林业科学院		南昌市桐树坑		30	11.0	8.0	22.0	18.0	良好	310	红壤	70	5.5	长势较好	
288	东魁杨梅	1995	11	赣州市安远县葛坳林场	浙江	树木园工区	1.33	1000	3.5	3.5	10.2	10.0	旺盛	380	红壤	90	7.0	引种成功	

（续）

序号	树种名称	引种年份	树龄(a)	引种单位	从何地引入	种植地点	种植面积(hm^2)	种植株数(株)	树高(m)		胸径(cm)		结实情况	立地情况				引种效果及评价	备注
									最高	平均	最大	平均		海拔(m)	土壤类别	土层厚度(cm)	pH值		
289	杨梅	1993	14	上饶市铅山县长寿林场	浙江	场部	0.80	410	3.4	2.2	21.0	16.0		95	黄红壤	80	6.8	引进成功，可以推广	
290	白蜡树	1986	21	江西省林业科学院		南昌市桐树坑	0.07	50	6.0	4.0	8.0	6.0		280	红壤	80cm以上	5.5	长势差	
291	北美榆	1948		庐山植物园	美国	园内												生长极好，引种成功	
292	扁担木	1984	22	赣州市赣南树木园		收集区		6						200～230	黄红壤	80～100	4.5～5.5	长势一般	从北京植物园引入，原产地不详
293	糙叶树	1984	23	江西省林业科学院		南昌市桐树坑		30	11.0	8.0	20.0	16.0	良好	310	红壤	75	5.5	生长一般	
294	大果马蹄莲	1983	24	江西省林业科学院	广西	南昌市桐树坑		2	8.0	8.0	14.0	14.0		310	红壤	80	5.5	生长一般	
295	大头典	2002	5	赣州市林业技术推广站	广东	横江敬老院	2.00	1000	12.0	7.0	9.9	5.6		180	红壤	50		嫩梢、枝叶有冻害	两用
296	大叶黄杨			江西农业大学	日本	校园内		1000	2.0	1.0	4.0	2.0	良好	50	红壤	50～100	5.5～6.5		
	大叶黄杨	1980	27	九江市修水县林业局	湖南	义宁镇义宁村		5	2.0	2.0	8.0	8.0	良好	125	黄红壤	65	6.5	适合当地环境生长，引种成功	
297	大叶年棕	1982	23	赣州市安远县安子崇林场	广东	树木园工区		20	8.0	7.0	20.0	18.0	旺盛	360	黄壤	100	5.5	引种成功	
298	灯笼树	1936		庐山植物园		园内												生长良好	
299	灯台树	1983	24	江西省林业科学院		南昌市桐树坑	0.13	60	11.0	9.0	20.0	18.0	良好	280	红壤	70	5.5	长势较好	
	灯台树	1978	27	赣州市赣南树木园	四川	收集区		20						200～230	黄红壤	80～100	4.5～5.5	长势一般	
300	多花蓝果树	2004	6	江西农业大学	美国	校园内		2	4.5	4.5	5.0	4.5		50	红壤	50～100	5.5～6.5	生长一般	
301	福建紫薇	1989	17	赣州市赣南树木园		收集区		10	4.7	3.6	5.0	4.2		200～230	黄红壤	80～100	4.5～5.5	长势较差	从杭州植物园引入，原产地不详
302	珙桐	1954		庐山植物园	武汉	园内												生长极好，引种成功	
303	枸杞	1980	27	九江市修水县林业局	四川	古市镇苏区村	3.33	4000	6.0	4.0	10.0	7.0	良好	300	黄红壤	60	6.5	适合当地环境生长，引种成功	

（续）

序号	树种名称	引种年份	树龄(a)	引种单位	从何地引入	种植地点	种植面积(hm^2)	种植株数(株)	树高(m)		胸径(cm)		结实情况	立地情况				引种效果及评价	备注
									最高	平均	最大	平均		海拔(m)	土壤类别	土层厚度(cm)	pH值		
304	官溪密柚	2003	4	上饶市铅山县汪二火田村	福建	火田	1.80	1200	2.5	0.6				65	黄红壤	80	6.8	引进失败，不宜推广	
305	光皮树	1980	26	赣州市龙南县安基山林场	江苏	安基山下洞		3	13.0	11.0	47.8	45.0	旺盛	360	黄红壤	60		生长慢，适宜生长，引种成功。建议多采集种子育苗	
306	海棠	1978	28	赣州市安远县葛坳林场	福建	林业局院内	0.01	2	4.5	4.5	24.5	24.0	旺盛	284	红壤	75	7.0	引种成功	
307	海桐	1984	23	九江市修水县林业局	湖南	义宁镇义宁村		2	2.0	1.5	8.0	8.0	良好	150	黄红壤	65	6.5	适合当地环境生长，引种成功	
308	豪猪刺	1936		庐山植物园		园内												生长良好	
309	黑木相思	2001	5	赣州市林业科学研究所	澳大利亚	下丰李屋湾	0.07	50	3.3	2.8	2.9	2.5		180	红壤			树冠生长量大，树形美观，颜色独特，很适合作庭院观赏树种	
310	灰木相思	2001	5	赣州市林业科学研究所	澳大利亚	下丰李屋湾	0.33	500	4.9	3.5	4.4	3.7		180	红壤			耐干旱瘠薄，适应性和抗逆能力强，适合作用材、纸浆、中纤板与工业原料林树种	
311	茴香	2001	6	赣州市龙南县夹湖乡新城	广东	新城	0.07	36	4.6	3.2	10.0	4.0	较差	450/430	黄红壤	90		生长极好，适应性强，引种成功	
312	红茴香	1983	24	江西省林业科学院	广西	南昌市桐树坑	0.33	280	9.0	7.0	24.0	16.0	良好	310	红壤	50	5.5	适宜推广	
313	红千层	2003	3	赣州市于都县城建局	广州	贡江镇滨江大道		500	3.2	2.8	7.0	5.8	良好	125	红壤	80	6.5	引种成功	
314	红丁香	1987	18	赣州市赣南树木园	黑龙江	收集区		3	4.3	3.1	6.0	5.0		200～230	黄红壤	80～100	4.5～5.5	长势一般	
315	红花荷	2006	2	赣州市九连山自然保护区	广东	东江	0.01	30								40	5.5	苗期基本上能适应本地气候，畏强阳光，需继续观测	

（续）

序号	树种名称	引种年份	树龄(a)	引种单位	从何地引入	种植地点	种植面积(hm^2)	种植株数(株)	树高(m)		胸径(cm)		结实情况	立地情况				引种效果及评价	备注
									最高	平均	最大	平均		海拔(m)	土壤类别	土层厚度(cm)	pH值		
316	红花紫葳	1979	26	赣州市赣南树木园		收集区		10						200～230	黄红壤	80～100	4.5～5.5	长势一般	从中国林科院引入，原产地不详
317	红瑞木	1936		庐山植物园		园内												生长极好，引种成功	
318	猴欢喜	1984	23	江西省林业科学院	广西	南昌市桐树坑		15	7.0	5.0				280	红壤	80以上	5.5	长势较弱	
319	厚叶杨桐	1983	24	江西省林业科学院	湖南	南昌市桐树坑	0.13	80	5.0	3.5				280～330	红壤	80以上	5.5	生长一般	
320	湖北枫杨	1983	23	中国林业科学研究院亚热带林业研究中心	湖南	树木园	0.15	160	28.0	25.0	45.0	38.0	良好	80	黄红壤	90	6.2	引种成功	
321	花椒	1980	27	九江市修水县林业局	四川	古市镇苏区村	13.33	12000	6.0	4.0	12.0	8.0	良好	300	黄红壤	55	6.5	适合当地环境生长，引种成功	
322	华北卫矛	1952		庐山植物园	荷兰	园内												生长一般	
323	美国卫矛	1952		庐山植物园	荷兰	园内												生长良好	
324	栓翅卫矛	1952		庐山植物园	荷兰	园内												生长良好	
325	棱角山矾	1989	16	赣州市赣南树木园		收集区		2	8.1	6.9	10.0	8.2		200～230	黄红壤	80～100	4.5～5.5	生长良好	从杭州植物园引入，原产地不详
326	黄蝉	1987	19	赣州市赣南树木园		收集区		2	5.1	3.7	9.0	6.5		200～230	黄红壤	80～100	4.5～5.5	长势一般	从华南植物园引入，原产地不详
327	黄牛木	1987	18	赣州市赣南树木园		收集区		10	4.8	3.0	8.0	7.1		200～230	黄红壤	80～100	4.5～5.5	生长良好	从华南植物园引入，原产地不详
328	尖叶木犀榄	1977	29	赣州市赣南树木园		收集区		10	7.6	6.8	9.0	8.3		200～230	黄红壤	80～100	4.5～5.5	长势一般	从广西植物园引入，原产地不详
329	孔雀豆	1976	30	赣州市赣南树木园	广东	收集区		9	13.1	9.2	7.0	5.0	一般	200～230	黄红壤	80～100	4.5～5.5	长势较差	从广东热带林业科学研究所引入，原产地不详

（续）

序号	树种名称	引种年份	树龄(a)	引种单位	从何地引入	种植地点	种植面积(hm^2)	种植株数(株)	树高(m)		胸径(cm)		结实情况	立地情况				引种效果及评价	备 注
									最高	平均	最大	平均		海拔(m)	土壤类别	土层厚度(cm)	pH 值		
330	栾树	2001	4	萍乡市芦溪县宣风园艺场	湖南	宣风园艺场	1.33	10000	3.0		6.0			153	黄红壤	80	6.1	芦溪县成功推广	
331	茶条木	1981	25	赣州市赣南树木园		收集区		15	4.2	3.3	8.0	6.4		200～230	黄红壤	80～100	4.5～5.5	长势一般	从南宁树木园引入，原产地不详
332	轮生冬青	1951		庐山植物园	荷兰	园内												生长一般	
333	波绿冬青	1936		庐山植物园	福建	园内												生长良好	
334	小果冬青	1936		庐山植物园		园内												生长良好	
335	黄花忍冬	1955		庐山植物园		园内												生长一般	
336	麦氏忍冬	1936		庐山植物园		园内												生长一般	
337	欧氏忍冬	1953		庐山植物园		园内												生长一般	
338	越桔忍冬	1955		庐山植物园		园内												生长一般	
339	猫儿刺	1936		庐山植物园		园内												生长良好	
340	毛枳椇	1951		庐山植物园	江苏	园内												生长一般	
341	美洲白蜡树	1978	30	赣州市赣南树木园	广东	收集区		4	6.8	5.8	12.0	9.7		200～230	黄红壤	80～100	4.5～5.5	生长良好	从广东林业科学研究所引入，原产地不详
342	猕猴桃	1989	16	上饶市广丰县铜钹山场大丰源林场	浙江	西坑	18.00	3000					旺盛	850	黄红壤			引种成功，但管理未到位	
343	米老排	1984	23	江西省林业科学院	广西	南昌市桐树坑	0.13	80	9.0	7.0	14.0	12.0		280	红壤	80cm 以上	5.5	生长一般	
	米老排	1987	18	赣州市龙南县安基山林场	江苏	安基山上洞	0.33	1000	31.0	15.0	28.0	15.0	旺盛	495	黄红壤	70		较本地种源生长慢，常年绿色，路旁绿化好，引种成功	
	米老排	1993	11	赣州市全南县园明山林场	广西	中滩工区	0.40	1000	8.4	7.3	11.2	8.5	差	390	红壤	95	6.5	引种成功	

（续）

序号	树种名称	引种年份	树龄(a)	引种单位	从何地引入	种植地点	种植面积(hm^2)	种植株数(株)	树高(m)		胸径(cm)		结实情况	立地情况				引种效果及评价	备注
									最高	平均	最大	平均		海拔(m)	土壤类别	土层厚度(cm)	pH值		
344	南京椴	1983	24	江西省林业科学院		南昌市桐树坑	0.67	600	13.0	10.0	22.0	18.0	差	340	红壤	60	5.5	长势较好	
345	日本椴	1955		庐山植物园		园内												生长一般	
346	南岭黄檀	2002	26	赣州市寻乌县林业局	福建	丹溪乡	6.67	6000	15.0	13.0	24.0	18.0	较差	460	红壤	100	7.0	引种效果极佳，可大面积推广	
347	牛尾树	1982	24	赣州市赣南树木园		收集区		3						200～230	黄红壤	80～100	4.5～5.5	长势一般	从福州树木园引入，原产地不详
348	欧榛	1948		庐山植物园	荷兰	园内												生长良好	
349	普陀鹅耳枥	1990	20	九江市林业科学研究所	浙江	研究所基地	0.03	21	5.2	4.5	9.0	7.0		105～150	黄红壤	80～120	5～6.2	生长良好，引种成功	
350	栓皮栎	1982	26	宜春樟树市试验林场	湖北	树木园		30	7.0	6.5	20.0	18.0	良好	68	红壤	50		引种成功，优良的经济用材树种	
351	紫叶水青冈	1936		庐山植物园	爱尔兰	园内												生长良好	
352	泡桐	2006	1	南昌市进贤县外资公司	美国	七里乡	0.27	300	7.5	7.4	11.6	11.2		24	红壤	110	4.5	适应本地环境，长势好，年生长量大	
	泡桐	1986	21	九江市修水县林业局	福建	义宁镇义宁村	3.33	3000	15.0	12.0	41.0	30.0	良好	125	黄红壤	60	6.5	适合当地环境生长，引种成功	
353	青杆	1936		庐山植物园		园内												生长良好	
354	青檀	1990	20	九江市林业科学研究所	江苏	研究所基地	0.06	50	6.5	6.0	18.0	15.0	一般	105～150	黄红壤	80～120	5～6.2	生长良好，引种成功	
355	日本晚樱	1985	25	江西农业大学	日本	校园内		45	5.0	4.0	18.0	14.0		50	红壤	50～100	5.5～6.5	生长好	
356	日本茱萸	1981	25	赣州市赣南树木园		收集区		9						200～230	黄红壤	80～100	4.5～5.5	长势一般	从杭州植物园引入，原产地不详
357	梾木	1982	24	中国林业科学研究院亚热带林业实验中心		树木园	0.10	107	7.3	6.2	9.5	6.8	良好	120	黄红壤	80	6.2	引种成功	

（续）

序号	树种名称	引种年份	树龄(a)	引种单位	从何地引入	种植地点	种植面积(hm^2)	种植株数(株)	树高(m)		胸径(cm)		结实情况	立地情况				引种效果及评价	备注
									最高	平均	最大	平均		海拔(m)	土壤类别	土层厚度(cm)	pH值		
358	绒毛皂荚	1990	20	九江市林业科学研究所	湖南	研究所基地	0.05	40	5.8	5.6	13.0	11.0	一般	105～150	黄红壤	80～120	5～6.2	生长良好，引种成功	
359	榕树	1880	120	赣州市寻乌县大田村	福建	龙廷乡		1		15.0		616.0	差	260	红壤	100	7.0	引种效果极佳，可大面积推广	
360	洒金桃叶珊瑚	2004	5	江西农业大学	日本	校园内		500	1.0	0.8	1.0	1.0		50	红壤	50～100	5.5～6.5	生长好	
361	省沽油	1989	17	赣州市赣南树木园		收集区		10	6.6	5.3	8.0	6.4		200～230	黄红壤	80～100	4.5～5.5	长势一般	从杭州植物园引入，原产地不详
362	石榴	1983	24	江西省林业科学院		南昌市桐树坑							差	310	红壤	70	5.5	长势好	
363	薯豆	1984	23	江西省林业科学院		南昌市桐树坑		20	8.0	6.5	12.0	10.0	差	310	红壤	70	5.5	长势较弱	
364	水紫树	2006	1	南昌市林业科学研究所	美国	省耐水湿良种基地	3.33	5700	2.5	1.5	3.0	2.3		32	红壤	65	5.5	长势较好	
365	苏合香	1936		庐山植物园		园内												生长缓慢	
366	梭椤树	1953		庐山植物园	江苏	园内												生长良好	
367	太白六道木	1936		庐山植物园		园内												生长一般	
368	藤漆	1955		庐山植物园	美洲	园内												生长一般	
369	文冠果	1978	28	赣州市赣南树木园	陕西	收集区		2						200～230	黄红壤	80～100	4.5～5.5	长势一般	
370	云南朴	1951		庐山植物园	云南	园内												生长良好	
371	西欧朴	1951		庐山植物园	荷兰	园内												生长良好	
372	高加索朴树	1953		庐山植物园	北京	园内												生长良好	
373	小花溲疏	1951		庐山植物园	荷兰	园内												生长良好	
374	重瓣溲疏	1936		庐山植物园	荷兰	园内												生长良好	
375	壮丽溲疏	1951		庐山植物园	荷兰	园内												生长良好	
376	毛叶溲疏	1951		庐山植物园	荷兰	园内												生长极好，引种成功	

（续）

序号	树种名称	引种年份	树龄(a)	引种单位	从何地引入	种植地点	种植面积（hm^2）	种植株数(株)	树高(m)		胸径(cm)		结实情况	立地情况				引种效果及评价	备注
									最高	平均	最大	平均		海拔(m)	土壤类别	土层厚度(cm)	pH值		
377	小叶女贞	1977	29	赣州市赣南树木园		收集区		20	3.4	3.2	6.0	3.5	一般	200～230	黄红壤	80～100	4.5～5.5	生长良好	从中山植物园引入,原产地不详
378	野漆树	1997	10	江西省林业科学院		南昌市桐树坑	0.67	800	7.0	5.0	12.0	7.0	良好	330	红壤	80以上	5.5	长势较好	
379	银合欢	1952		庐山植物园	广西	园内												温室栽培	
380	银木荷	2002	5	赣州市九连山自然保护区	四川	东江	0.10	3000	4.4	3.2		5.8		260	稻田土	40	5.5	在风口低温处易受冻害,在背风向阳处生长迅速,选用本地引种,单株结实种子继续引种驯化	
381	银钟花	1990	19	九江市林业科学研究所		研究所基地	0.03	12	4.2	4.0	11.0	9.0	一般	105～150	黄红壤	80～120	5～6.2	生长良好,引种成功	从德兴市引入,原产地不详
382	油橄榄	1981	26	上饶市信州区市林业科学研究所	阿尔巴尼亚	盘石村长山岭	13.33		2.4	1.5	10.0	6.0		95	红壤	120	6.0	失败,不宜在本地种植	
	油橄榄	1982	24	中国林业科学研究院亚热带林业实验中心	阿尔巴尼亚	树木园	0.30	337	8.0	6.7	8.0	6.9		100	黄红壤	90	6.2	引种不成功	
383	云南鸭脚树	1947		庐山植物园	云南													温室栽培	
384	云山伯乐	1984	22	赣州市赣南树木园		收集区		15	8.3	6.6	13.0	11.2	一般	200～230	黄红壤	80～100	4.5～5.5	生长良好	从南岳树木园引入,原产地不详
385	浙江蜡梅	1989	17	赣州市赣南树木园		收集区		1		5.8		4.7		200～230	黄红壤	80～100	4.5～5.5	长势一般	从杭州植物园引入,原产地不详
386	重阳木	1954	51	赣州市定南县林业局	广东	京九大道		1	8.0		81.0		良好	350	黄红壤	30	5.7	引种成功	
	重阳木	1980	26	赣州市龙南县安基山林场	江苏	安基山总场	0.07	30	23.2	21.0	80.5	36.0	旺盛	360	黄红壤	60		生长快,冠幅较宽广,引种成功	
387	梓树	1978	28	赣州市赣南树木园		收集区		17	11.3	8.5	15.0	12.2	一般	200～230	黄红壤	80～100	4.5～5.5	生长良好	从云南植物所引入,原产地不详

表 11　珍稀、濒危、古树调查统计

序号	中文名	树龄(a)	地　名	株数(株)	分布状况		平　均			生长状况	目前管护情况及建议
					零星	块状	树高(m)	胸径(cm)	冠幅(m^2)		
1	阿丁枫	20	赣州市龙南县斜营工区园墩子	6	√		11	12.4	5	旺盛	制订禁牌，指定专人管护
	阿丁枫	270	赣州市上犹县五指峰乡黄沙坑村	1			18	86.5			
	阿丁枫	25	吉安市青原区安乐岛	1		√	19.3	21.4	9.66	旺盛	三天门分场管护
2	凹叶厚朴	200	九江市庐山自然保护区庐山三宝树		√		25	82.0	180	较差	
	凹叶厚朴	200	九江市庐山自然保护区庐山上中路空疗宿舍前				23	78.5	80	旺盛	
	凹叶厚朴	20	九江市修水县黄港月山	1	√		6	14.0	7.1	旺盛	
	凹叶厚朴	27	赣州市赣南树木园标本区	10		√	11	12.0	28.3	良好	管护好
3	凹叶木兰	260	吉安市井冈山自然保护区白银湖	1	√		15	66.5	132.7	良好	三天门分场管护
4	八角枫	18	赣州市石城县横江镇桃花村店下组溪子下		√		7.0	6.0	23.7	旺盛	加强保护和充分利用
5	白豆杉	30	上饶市三清山	3	√		7.5	8.5	较差		
6	白桂木	26	赣州市崇义县思顺林场	1	√		7.5	17.9	18	旺盛	护林员管护且已挂牌
	白桂木	80	赣州市龙南县夹湖乡新城金形	1	√		12.6	53.5	24	一般	村民集体管护，加设古树禁牌
	白桂木	60	赣州市龙南县夹湖乡新城坪山	1	√		12.1	49.6	38	良好	村民集体管护，加设古树禁牌
	白桂木	20	赣州市全南县茅山林场大水坑兰山子口	1	√		16.5	18.5	7.1	旺盛	设置禁牌，专人管护，采种
	白桂木	22	赣州市全南县青龙山林场园岭工区李子坝	1	√		8.2	20.6	44.2	旺盛	加强管护与保护工作
	白桂木	31	赣州市寻乌县珊贝林场大坝工区	23		√	13.4	32.0	72.3	旺盛	村委会管护，建议挂牌并落实到人
7	白蜡树	203	宜春市靖安县罗湾乡南村中村组	2			12	74.0	49	旺盛	挂牌
	白蜡树	760	上饶市德兴县泗洲立新上洛	1	√		36	445.0	378	旺盛	
8	白兰花	500	上饶市上饶县茗洋西龙岗下苏组	1	√		18	129.0	20	旺盛	挂牌管护
9	白栎	200	九江市彭泽县东升镇东升村	1	√		14	99.0	80	旺盛	村委会管护，建议挂牌并落实到人
	白栎	200	九江市彭泽县芙蓉农场二分场	1	√		8	60.5	80	旺盛	村委会管护，建议挂牌并落实到人
	白栎	286	赣州市寻乌县项山乡中坑村	1	√		25.8	243.0	248.7	较差	村委会管护，建议挂牌并落实到人
	白栎	350	上饶市德兴县李宅汪家公路	1	√		26	330.0	210	旺盛	

（续）

序号	中文名	树龄（a）	地　名	株数（株）	分布状况		平　均			生长状况	目前管护情况及建议
					零星	块状	树高（m）	胸径（cm）	冠幅（m^2）		
	白栎	700	上饶市武夷山新篁乡村马道	1	√		28	163.4	314.0	良好	加强保护
	白栎	550	吉安市安福县章庄乡留田村坪埠	50	√		26	280.0	201.0	良好	三天门分场管护
	白栎	420	吉安市吉水县高家村	1			25	149.7	637.6		三天门分场管护
10	白辛树	16	赣州市赣南树木园示范林	1500		√	8.3	6.0	9	良好	赣南树木园管护
11	白玉兰	300	九江市九江县新塘乡岷山村六组	1	√		16.5	87.0	103.8	旺盛	村小组管护
	白玉兰	200	九江市星子县观音桥景区栖贤寺东面	1	√		15	70.0	38.5	旺盛	观音桥风景区管护
	白玉兰	300	九江市星子县归宗鹅池宾馆北水沟坎上	1	√		20	81.0	28.3	旺盛	东牯山林场管护
	白玉兰	200	景德镇市昌江区浮梁县鹅湖桃岭	1	√		24	120.0	56	旺盛	
	白玉兰	300	吉安市永丰县上桃	1	√		30	130.0	23	旺盛	三天门分场管护
	白玉兰	240	抚州市黎川县西城长兰水口	1	√		27.2	134.0	76.9	旺盛	建议挂牌并落实到人
	白玉兰	360	抚州市宜黄县黄陂镇西源村白石边	3	√		14	59.0		旺盛	挂牌保护
	白玉兰	280	抚州市资溪县马头山镇竹延山村江家	1	√		18	159.2	113.0	旺盛	建议挂牌并落实到人
12	柏木	500	南昌市安义县长埠镇大路村	1	√		22.0	79.6	19.6	良好	村民管护
	柏木	500	南昌市安义县黄洲乡口下村	1	√		12.0	79.6	78.5	良好	村民管护
	柏木	1000	南昌市安义县乔乐乡前泽村	1	√		15.0	31.8	12.6	良好	村民管护
	柏木	800	南昌市安义县石鼻镇凌上村	1	√		14.0	79.6	86.5	良好	村民管护
	柏木	1000	南昌市安义县石鼻镇石鼻村雷家组	1	√		11.0	127.4	50.2	良好	村民管护
	柏木	800	南昌市安义县石鼻镇石鼻村面前组	1	√		10.0	89.2	36.3	良好	村民管护
	柏木	800	南昌市安义县石鼻镇石鼻村面前组	1	√		15.0	47.8	86.5	良好	村民管护
	柏木	700	南昌市安义县万埠镇平源德园	1	√		9.0	63.7	7.1	良好	村民管护
	柏木	500	南昌市安义县新民乡庙前村	1	√		25.0	79.6	19.6	良好	村民管护
	柏木	550	南昌市新建县西山镇西山村万寿宫	1	√		23	124.2	165.0	良好	村民小组管护

（续）

序号	中文名	树龄(a)	地　名	株数(株)	分布状况		平　均			生长状况	目前管护情况及建议
					零星	块状	树高(m)	胸径(cm)	冠幅(m^2)		
	柏木	350	南昌市新建县西山镇西山村万寿宫	1	√		20	56.7	78.5	良好	村民小组管护
	柏木	420	南昌市新建县西山镇西山村万寿宫	1	√		21	73.2	98.5	良好	村民小组管护
	柏木	320	南昌市新建县西山镇西山村万寿宫	1	√		20	54.1	56.7	良好	村民小组管护
	柏木	520	南昌市新建县西山镇西山村万寿宫	1	√		17	97.1	62.2	良好	村民小组管护
	柏木	1200	南昌市新建县西山镇西山村万寿宫	1	√		17	127.4	78.5	良好	村民小组管护
	柏木	800	九江市永修县云山凤凰山农场用谦队	1			12	95.5	12	旺盛	农场管护
	柏木	900	九江市永修县云山黄邵农场	1			12	89.2	19.6	旺盛	农场管护
	柏木	600	九江市永修县云山黄邵农场	1			10	65.3	19.6	旺盛	农场管护
	柏木	550	赣州市定南县岭北镇枧下村丰田坑	1	√		21.0	154.4	46.5	旺盛	挂牌，专人管护
	柏木	500	赣州市信丰县小江镇老圩村西围	1	√		18.6	78.0	103.8	旺盛	西围小组管护，建议挂牌并落实到人
	柏木	860	宜春市靖安县宝峰镇宝峰寺	9		√	19.7	71.0	27.04	良好	挂牌，由宝峰寺管护
	柏木	353	宜春市靖安县宝峰镇梓源村坳下组	1			30	110.0	400	旺盛	县人民政府统一挂牌
	柏木	360	宜春市靖安县水口乡来堡村龙井组	1			19	83.0	36	旺盛	县人民政府统一挂牌
	柏木	380	宜春市靖安县水口乡青山村槐树组	1			22	79.0	36	旺盛	县人民政府统一挂牌
	柏木	303	宜春市靖安县水口乡水口村贺家组	1			20	70.0	36	旺盛	县人民政府统一挂牌
	柏木	300	宜春市靖安县水口乡桃源村东风组	1			16	88.0	25	旺盛	县人民政府统一挂牌
	柏木	550	宜春市靖安县水口乡桃源村杨家组	1			23	107.0	36	旺盛	县人民政府统一挂牌
	柏木	330	宜春市靖安县水口乡哲里村罗家组	1			15	70.0	25	旺盛	县人民政府统一挂牌
	柏木	330	宜春市靖安县水口乡哲里村罗家组	1			12	69.0	16	旺盛	县人民政府统一挂牌
	柏木	320	宜春樟树市温泉镇石桥村	1	√		14	73.0	78.5	良好	挂牌管护
	柏木	760	上饶市德兴县占才丁村	1	√		15	90.8	119	旺盛	
	柏木	1000	吉安市遂川县石坑柏树下	1	√		25	220.0	132.7	旺盛	村民集体管护

（续）

序号	中文名	树龄(a)	地　名	株数(株)	分布状况		平　均			生长状况	目前管护情况及建议
					零星	块状	树高(m)	胸径(cm)	冠幅(m^2)		
	柏木	380	吉安市遂川县潭溪村洋庄组	1	√		15	193.0	78.5	旺盛	村民集体管护
	柏木	300	吉安市万安县甘棠	1		√	20	95.0	38.5	旺盛	村民集体管护
	柏木	500	吉安市万安县甘棠	1	√		16	100.0	63.6	旺盛	村民集体管护
	柏木	500	吉安市万安县九贤	1	√	√	20	92.0	132.7	旺盛	村民集体管护
	柏木	500	吉安市万安县罗田镇桂林组下边	1	√		11	180.0			村民集体管护
	柏木	500	吉安市万安县罗田镇桂林组下边	1	√		18	237.0			村民集体管护
	柏木	320	吉安市万安县象形	1		√	35	80.0	63.6	良好	村民集体管护
13	柏树	400	九江市德安县丰林镇白云村六组	1			11	51.0	19.63	旺盛	
	柏树	400	九江市德安县丰林镇白云村六组	1			11	54.1	19.63	旺盛	
	柏树	500	赣州市安远县长富村柏树下	1	√		9.3	136.0	16.0	旺盛	设置禁牌
	柏树	300	赣州市安远县大路坑路旁	1	√		13.0	85.3	159.6	旺盛	设置围栏和禁牌
	柏树	500	赣州市安远县大营	1	√		11.0	111.0	36.7	良好	设置围栏和禁牌
	柏树	600	赣州市安远县虎岗万福山	1	√		24.0	100.0	80.0	旺盛	设置禁牌
	柏树	350	赣州市安远县敬老院	1	√		28.0	218.0	56.2	旺盛	挂牌管护
	柏树	439	赣州市安远县老围水口	1	√		13.6	64.0	48.0	旺盛	加强管护，延长树龄
	柏树	500	赣州市安远县罗山村	1	√	√	4.3	68.0	12.6	良好	加强管护以延长树龄
	柏树	405	赣州市安远县碛角村	1	√		18.0	163.0	450.0	旺盛	村民自行管护
	柏树	500	赣州市安远县石下	1	√		14.0	48.0	20.2	旺盛	未落实管护人员，设禁牌
	柏树	350	赣州市安远县棠棣崇水口	1	√		22.0	85.0	108.0	旺盛	设置围栏和禁牌
	柏树	300	赣州市安远县塘村圩	1	√		12.0	92.4	64.0	旺盛	建议挂牌
	柏树	455	赣州市安远县下迳水口	1	√		20.3	77.1	76.4	旺盛	加强管护，延长树龄
	柏树	480	赣州市安远县下龙村	1	√		11.0	73.0	72.3	旺盛	设置禁牌
	柏树	510	赣州市安远县欣山镇	1	√		22.0	84.0	56.0	旺盛	村民自行管护
	柏树	650	赣州市安远县新塘村	1	√		18.8	88.0	60.8	旺盛	设置禁牌
	柏树	400	赣州市安远县涌水村刘屋	1	√	√	11.0	298.0	529.0	良好	加强管护以延长树龄
	柏树	400	宜春市奉新县新街镇景贤村贾家组	1	√		17	81.5	113.0	一般	专人管护
	柏树	300	宜春市靖安县阁山王家巷兰家	1	√		12	58.0	6.3	旺盛	尚无管护

（续）

序号	中文名	树龄(a)	地　名	株数(株)	分布状况		平　均			生长状况	目前管护情况及建议
					零星	块状	树高(m)	胸径(cm)	冠幅(m^2)		
	柏树	300	宜春市上高县湖井村	1	√		16	300.0	9	良好	挂牌管护
	柏树	300	宜春市上高县岭上自然村	1	√		14	270.0	6	良好	挂牌管护
	柏树	300	宜春市上高县岭上自然村	1	√		15	243.0	7	良好	挂牌管护
	柏树	300	宜春市上高县前进村	1	√		15	119.7	28.3	良好	挂牌管护
	柏树	300	宜春市上高县前进村	1	√		20	100.0	78.5	良好	挂牌管护
	柏树	350	宜春市上高县塔下茶十	1	√		17	150.0	20	良好	挂牌管护
	柏树	300	宜春市上高县塔下茶十	1	√		16	150.0	20	良好	挂牌管护
	柏树	300	宜春市上高县塔下茶十	1	√		16	150.0	20	良好	挂牌管护
	柏树	300	宜春市上高县塔下茶十	1	√		16	150.0	20	良好	挂牌管护
	柏树	300	宜春市上高县塔下茶十	4		√	15	180.0	20	良好	挂牌管护
	柏树	300	宜春市上高县塔下茶十	1	√		12	120.0	20	良好	挂牌管护
	柏树	300	宜春市上高县塔下茶十	4		√	17	120.0	20	良好	挂牌管护
	柏树	320	宜春市上高县塔下茶十	4		√	17	180.0	30	良好	挂牌管护
	柏树	300	宜春市上高县塔下天山	1	√		11	240.0	20	良好	挂牌管护
	柏树	300	宜春市上高县塔下天山	1	√		18	300.0	20	良好	挂牌管护
	柏树	300	宜春市上高县塔下天山	1	√		15	180.0	15	良好	挂牌管护
	柏树	300	宜春市上高县塔下天山	1	√		17	220.0	20	良好	挂牌管护
	柏树	300	宜春市上高县塔下天山	1	√		17	240.0	20	良好	挂牌管护
	柏树	300	宜春市上高县塔下天山	1	√		16	210.0	15	良好	挂牌管护
	柏树	300	宜春市上高县塔下天山	1	√		16	180.0	15	良好	挂牌管护
	柏树	300	宜春市上高县塔下天山	1	√		17	240.0	20	良好	挂牌管护
	柏树	300	宜春市上高县塔下天山	1	√		13	150.0	15	良好	挂牌管护
	柏树	300	宜春市上高县塔下天山	1	√		13	101.9	20	良好	挂牌管护
	柏树	300	宜春市上高县塔下天山	1	√		14	180.0	20	良好	挂牌管护
	柏树	300	宜春市上高县塔下天山	1	√		17	270.0	30	良好	挂牌管护
	柏树	300	宜春市上高县塔下天山	1	√		17	240.0	20	良好	挂牌管护
	柏树	300	宜春市上高县塔下天山	1	√		13	180.0	20	良好	挂牌管护
	柏树	310	宜春市上高县塔下天山	1	√		16	210.0	20	良好	挂牌管护
	柏树	350	宜春市上高县塔下天山	1	√		14	300.0	20	良好	挂牌管护
	柏树	350	宜春市上高县塔下天山	1	√		17	143.3	20	良好	挂牌管护
	柏树	500	宜春樟树市排埠镇华联村高田组大屋里	1	√		20	85.0	20	良好	挂牌管护
	柏树	800	宜春樟树市排埠镇排埠村长洞组柏树下	1	√		18	95.0	18	良好	挂牌管护
	柏树	400	宜春樟树市三都东浒北山灌脑上	1	√		18	31.0	15	良好	挂牌管护

（续）

序号	中文名	树龄（a）	地名	株数（株）	分布状况		平均			生长状况	目前管护情况及建议
					零星	块状	树高（m）	胸径（cm）	冠幅（m^2）		
	柏树	300	宜春樟树市三都东浒黄芓祠堂屋背	1	√		20	39.0	15	良好	挂牌管护
	柏树	300	宜春樟树市温泉镇	1	√		17	60.0	9	良好	挂牌管护
	柏树	760	上饶市德兴县李宅中村九龙山	1	√		30	285.0	72	旺盛	
	柏树	300	吉安市吉水县黄桥院前	1	√		7	64.0	12	良好	挂牌管护
	柏树	300	吉安市吉水县黄桥院前	1	√		7	41.0	12	良好	挂牌管护
	柏树	300	吉安市吉水县黄桥院前	48	√		7.5	38.0	12	良好	挂牌管护
	柏树	350	吉安市吉水县南边老居	1	√		10	67.0	8	良好	挂牌管护
	柏树	400	吉安市吉水县南边老居	1	√		10	170.0	135	良好	挂牌管护
	柏树	500	吉安市青原区文陂乡小水村小水自然村	2	√		8	35.0	12	良好	挂牌管护
14	板栗	250	九江市九江县马回岭镇排山村	1	√		16	87.0	243.2	旺盛	村民管护
	板栗	230	赣州市安远县鹤仔村黎屋	1	√		13.0	90.0	225.0	良好	注意防火
	板栗	250	赣州市全南县兆坑林场	1	√		20	103.5	100	旺盛	建议挂牌并落实到人
	板栗	650	赣州市上犹县水岩乡蕉坑村下蕉坑	1			23	156.0	283.4	旺盛	未进行保护，建议挂牌
	板栗	650	赣州市上犹县水岩乡蕉坑村下蕉坑	1			16	141.0	153.9	旺盛	未进行保护，建议挂牌
	板栗	650	赣州市上犹县水岩乡蕉坑村下蕉坑	1			18	141.0	754.4	旺盛	未进行保护，建议挂牌
	板栗	200	抚州市东乡县慈眉里曾	1	√		16	290.0	314.0	旺盛	建议挂牌并落实到人
15	半枫荷	30	赣州市上犹县黄埠镇合溪村金田排	1			10	31.0	28.3	旺盛	未进行保护，建议挂牌
	半枫荷	38	赣州市兴国县城岗乡严坑村	1	√		7.5	32.9	90.24	旺盛	集体管护，以供观赏
	半枫荷	49	赣州市寻乌县吉潭镇团船村	1	√		21.5	11.8	88.2	旺盛	村委会管护，建议挂牌并落实到人
	半枫荷	36	赣州市寻乌县罗珊珊贝蕉坑	1	√		16.7	38.6	84.9	旺盛	村委会管护，建议挂牌并落实到人
	半枫荷	200	赣州市寻乌县文峰乡图合村	1	√		23.6	186.0	206.0	旺盛	村委会管护，建议挂牌并落实到人
	半枫荷	300	赣州市章贡区沙河龙村回龙阁2号	1	√		20	30.0	28.3	较差	村民管护
	半枫荷	40	赣州市章贡区沙河龙村螺丝岭	1	√		6	13.5	2	旺盛	村民管护
	半枫荷	30	赣州市章贡区沙河龙村田心子	1	√		11	15.0	12	旺盛	村民管护

（续）

序号	中文名	树龄（a）	地 名	株数（株）	分布状况		平 均			生长状况	目前管护情况及建议
					零星	块状	树高（m）	胸径（cm）	冠幅（m^2）		
	半枫荷	20	上饶市广丰县铜钹山场大丰源篮里	1	√		10	16.0	5	旺盛	加强管护
	半枫荷	30	吉安市永新县曲白乡院下村	1	√		16	78.0	60	较差	挂牌管护
16	篦子三尖杉	100	九江市修水县黄港	1	√		4	7.0	3	旺盛	尚无管护和利用
	篦子三尖杉	57	宜春市万载县大港林场	25	√		3	4.0	12	良好	县人民政府统一挂牌
	篦子三尖杉	15	宜春市宜丰县大桥村槽上	1	√		1.5	8.0	2	良好	重点保护
	扁柏	300	赣州市赣县长洛乡长洛村	零星	√		20	90.0	19.6	良好	专人管护，设立禁牌和围栏
	扁柏	400	赣州市赣县韩坊乡南坑村	零星	√		15	110.0	132.7	良好	无管护，建议设置围栏
	扁柏	220	赣州市赣县田村镇田面村	1	√		32	63.0	28.3	旺盛	专人管护，建议设立禁牌
	扁柏	210	宜春市奉新县灰埠镇钧山三村学校东侧	1	√		14	65.0	19.6	一般	挂牌
	扁柏	350	吉安市安福县严田乡横屋村横屋组	1	√		8	12.5	15	旺盛	挂牌管护
18	伯乐树	300	九江市修水县黄港黎家岭	1	√		15	37.0	28.3	旺盛	尚无管护和利用
	伯乐树	22	鹰潭贵溪市双圳林场荷树岭	1	√		16	27.0	95.0	旺盛	挂牌
	伯乐树	22	鹰潭贵溪市双圳林场西排	1	√		17	36.0	38.5	旺盛	挂牌
	伯乐树	22	鹰潭贵溪市双圳林场西排	1	√		16	38.0	38.5	旺盛	挂牌
	伯乐树	26	赣州市崇义县思顺林场	1	√		22.5	17.7	22	旺盛	护林员管护且已挂牌
	伯乐树	27、24	赣州市赣南树木园标本区，示范林	735	√	√	11.3	10.0	8	良好	赣南树木园管护
	伯乐树	50	赣州市赣县荫掌山林场龙角分场	零星	√		8	12.6	12.6	良好	专人管护，建议设置围栏予以保护
	伯乐树	平均28年	宜春市官山将军洞	3	√		8	16.0	6.3		宜丰县横败林场管护
	伯乐树	35	宜春樟树市花山林场上四坊	1	√		14	38.0	6	良好	挂牌管护
	伯乐树	70	抚州市资溪县马头山林场龙井林班	3	√		15	22.5	28.3	旺盛	建议挂牌并落实到人
	伯乐树	55	抚州市资溪县马头山镇昌坪村	10		√	20	28.0	38.5	旺盛	建议挂牌并落实到人
19	薄壳山核桃	28	鹰潭贵溪市双圳林场上山	1	√		12	26.0	38.5	旺盛	挂牌

（续）

序号	中文名	树龄(a)	地　名	株数(株)	分布状况		平　均			生长状况	目前管护情况及建议
					零星	块状	树高(m)	胸径(cm)	冠幅(m^2)		
20	糙叶树	600	九江市庐山自然保护区庐山区东林寺刘家村	3	√		35	145.0	196	旺盛	
	糙叶树	500	九江市庐山区海会五洲村陈家涧	1	√		20.6	144.9	737.4	良好	
	糙叶树	250	赣州市崇义县横水镇中营村石巷组	1	√		23.5	108.3	268	旺盛	村小组管护，建议落实到人管护
	糙叶树	312	赣州市寻乌县项山乡聪坑村	1	√		23.4	286.0	216.3	较差	村委会管护，建议挂牌并落实到人
	糙叶树	350	上饶市万年县梨树坞乡东源村	1	√		17	146.5	298.5	一般	
	糙叶树	250	上饶市婺源县清华镇长林村横停村	1	√		24	89.1	314.0	较差	挂牌
	糙叶树	390	上饶市婺源县思口镇龙腾村下村	1	√		26	136.9	153.9	较差	挂牌
	糙叶树	350	上饶市婺源县思口镇西源村朱家后山	1	√		32	121.0	379.9	旺盛	挂牌
	糙叶树	270	上饶市婺源县沱川乡河东村	1	√		26	95.5	50.2	较差	挂牌
	糙叶树	600	抚州市黎川县岩泉麦溪洲	1	√		25.4	110.0	47.8	旺盛	村委会管护，挂牌并落实到人
	糙叶树	350	抚州市资溪县高阜镇港口村里叶源	1	√		27	140.1	283.4	旺盛	加强管护
	糙叶树	280	抚州市资溪县高阜镇高阜村阪上	1	√		32	118.8	314.0	旺盛	加强管护
	糙叶树	700	抚州市资溪县高阜镇务农村余家	1	√		20	207.0	113.0	旺盛	加强管护
	糙叶树	280	抚州市资溪县榨树村翁家	1	√		26	133.8	132.7	旺盛	加强管护
21	草珊瑚	5	宜春市靖安县宝峰镇华坊村			√	1.1		0.15	旺盛	
	草珊瑚	2	宜春市上高县九峰林场	40		√	1.3	2.0	0.6	良好	挂牌管护
22	侧柏	280	九江市都昌县和合双峰庵前	1			8.5	35.0	63.6	较差	
	侧柏	300	九江市武宁县八组	1	√		20	76.4	56	一般	
	侧柏	500	九江市武宁县柏树下	1		√	25	127.3	49	一般	
	侧柏	500	九江市武宁县柏树下	1		√	12	73.2	30	一般	
	侧柏	500	九江市武宁县柏树下	1		√	19	111.5	70	一般	
	侧柏	300	九江市武宁县柏树下	1		√	20	105.1	46	一般	
	侧柏	400	九江市武宁县二组	1	√		7	41.4	12	一般	
	侧柏	500	九江市武宁县龙石村一组	1	√		15	97.1	12	一般	
	侧柏	300	九江市武宁县三组	1	√		21	101.9	72	一般	

（续）

序号	中文名	树龄（a）	地　名	株数（株）	分布状况		平　均			生长状况	目前管护情况及建议
					零星	块状	树高（m）	胸径（cm）	冠幅（m^2）		
	侧柏	500	九江市武宁县一、二组	1	√		23	127.4	56	旺盛	
	侧柏	800	九江市修水县古市镇冷水井村	1	√		20	67.0	12	旺盛	
	侧柏	500	九江市修水县上奉镇麻洞村小湾里	1	√		20	83.0	63.6	旺盛	
	侧柏	260	萍乡市莲花县高洲乡高滩村	1		√	19	92.0	95.0	良好	村民小组管护，防止人为破坏
	侧柏	1700	萍乡市上栗县蕉元村小学内	1	√		22	130.0	122.4	良好	管护较好，应加强病虫害防治
	侧柏	1750	萍乡市上栗县上栗镇杨岐寺	1	√		23	175.0	90	良好	管护较好，应加强病虫害防治
	侧柏	300	萍乡市湘东区柘村窑丘	1	√		20	230.0		旺盛	受到当地政府保护
	侧柏	300	萍乡市湘东区柘村窑丘	1	√		24	180.0		旺盛	受到当地政府保护
	侧柏	360	赣州市龙南县渡江乡店下	1		√	17.5	127.4	224.75	旺盛	尚无管护，建议设禁牌
	侧柏	250	赣州市龙南县南亨乡三星	1	√		30.3	33.0	226.44	旺盛	尚无管护，建议设禁牌
	侧柏	250	赣州市龙南县南亨乡三星	1	√		26.4	14.0	16.8	旺盛	尚无管护，建议设禁牌
	侧柏	250	赣州市龙南县南亨乡三星	1	√		30.6	35.0	231.84	旺盛	尚无管护，建议设禁牌
	侧柏	300	赣州市龙南县武当镇大坝	1	√		27	116.4	15	较差	尚无管护，建议设禁牌
	侧柏	300	赣州市龙南县武当镇大坝	1	√		24	87.2	12	较差	尚无管护，建议设禁牌
	侧柏	300	赣州市全南县江口村上坑组水圳边	1	√		20	93.7	113.0	旺盛	集体管护
	侧柏	400	赣州市信丰县小江镇罗结村樟下尾组柏树蔸下	1	√		18.6	68.5	17.3	较差	村民管护，建议挂牌
	侧柏	400	赣州市信丰县小江镇新店村黄沙龙组油疗下	1	√		23.5	74.8	63.6	较差	黄沙龙小组管护，建议挂牌并落实到人
	侧柏	400	赣州市信丰县小江镇新店村邱屋围	1	√		19.5	71.6	30.2	旺盛	邱屋围小组管护，建议挂牌并落实到人
	侧柏	333	宜春市靖安县中源乡古竹村土库组	1			23	105.0	64	旺盛	县人民政府统一挂牌
	侧柏	800	吉安市吉水县枫江栋下	1	√		6.5	32.0	4	旺盛	挂牌管护
	侧柏	1000	吉安市吉水县枫江栋下	1	√		14	102.0	8	良好	挂牌管护
	侧柏	500	吉安市吉水县阜田石莲洞	1	√		18	105.0	21	旺盛	挂牌管护
	侧柏	500	吉安市吉水县阜田石莲洞	1	√		20	93.3	17	良好	挂牌管护

（续）

序号	中文名	树龄(a)	地　名	株数(株)	分布状况		平　均			生长状况	目前管护情况及建议
					零星	块状	树高(m)	胸径(cm)	冠幅(m^2)		
	侧柏	400	吉安市吉水县石莲路下村	1	√		21	111.5	8	良好	挂牌管护
	侧柏	350	吉安市青原区天玉镇平湖村	1	√		10	38.0	5	良好	挂牌管护
	侧柏	305	吉安市永新县三湾乡三湾村	1	√		26.5	145.0	110	良好	挂牌管护
	侧柏	305	吉安市永新县三湾乡三湾村	1	√		28.5	89.1	51	良好	挂牌管护
	侧柏	305	吉安市永新县三湾乡三湾村	1	√		29	92.3	82	良好	挂牌管护
	侧柏	305	吉安市永新县三湾乡三湾村	1	√		28.5	82.1	42	良好	挂牌管护
23	茶花	160	赣州南康市唐江镇唐东路居委会	1	√		6.0	30.0	19.6	旺盛	村委会管护,挂牌并落实到责任人
	茶花	160	赣州南康市唐江镇唐东路居委会	1	√		5.7	20.0	9.6	旺盛	村委会管护,挂牌并落实到责任人
	茶花	160	赣州市上犹县黄埠镇黄沙村沙湾组	1			4.7		5.7	旺盛	未进行保护,建议挂牌
	茶花	160	吉安市遂川县五江村三溪组	1	√		14.2	76.4	36	较差	挂牌管护
	茶花	80	吉安市泰和县桥头春和	1	√		3	24.0	3	旺盛	挂牌管护
24	茶梨	23	赣州市寻乌县罗珊泊竹村	6		√	6.9	18.2	8.0	旺盛	村委会管护,建议挂牌并落实到人
25	檫木	200	九江市庐山自然保护区庐山黄龙寺		√		30	79.6	120	旺盛	
26	豺皮樟	16	赣州市寻乌县项山乡罗庚山	7		√	4.3	12.8	2.0	旺盛	村委会管护,建议挂牌并落实到人
27	长苞铁杉	135	赣州市大余县内良石溪大排里	1		√	31	74.2	63.6	旺盛	
	长苞铁杉	150	赣州市大余县内良石溪大排里	1		√	35	88.5	28.3	旺盛	
	长苞铁杉	130	赣州市大余县内良石溪大排里	1		√	26	60.0	132.7	旺盛	
	长苞铁杉	180	赣州市大余县内良石溪大排里	1		√	36	99.0	153.9	旺盛	
	长苞铁杉	173	赣州市大余县内良石溪石公前	1		√	45.3	163.0	113.0	旺盛	
	长苞铁杉	158	赣州市大余县内良石溪石公前	1		√	44.5	133.8	63.6	旺盛	
	长苞铁杉	173	赣州市大余县内良石溪石公前	1		√	47.5	151.6	113.0	较差	
	长苞铁杉	163	赣州市大余县内良石溪石公前	1		√	45.9	113.1	113.0	较差	

（续）

序号	中文名	树龄（a）	地　名	株数（株）	分布状况		平　均			生长状况	目前管护情况及建议
					零星	块状	树高（m）	胸径（cm）	冠幅（m^2）		
	长苞铁杉	50	赣州市大余县内良乡石溪石公前	1		√	13	31.6	33.2	旺盛	
	长苞铁杉	50	赣州市大余县内良乡石溪石公前	1		√	12	28.3	28.3	旺盛	
	长苞铁杉	60	赣州市大余县内良乡石溪石公前	1		√	15	46.0	38.5	旺盛	
	长苞铁杉	80	赣州市大余县内良乡石溪石公前	1		√	12	44.9	28.3	旺盛	
	长苞铁杉	70	赣州市大余县内良乡石溪石公前	1		√	14	40.6	28.3	旺盛	
	长苞铁杉	70	赣州市大余县内良乡石溪石公前	1		√	16	38.0	28.3	旺盛	
	长苞铁杉	60	赣州市大余县内良乡石溪石公前	1		√	16	38.9	28.3	旺盛	
	长苞铁杉	65	赣州市大余县内良乡石溪石公前	1		√	19	37.6	19.6	旺盛	
28	长柄双花木	12	江西农业大学	1	√		3.0	4.0	3.8	旺盛	人工栽种属校园绿化管理
29	长序榆	10	江西农业大学	2	√		2.0	4.0	3.8	旺盛	人工栽种属校园绿化管理
30	长叶榧	120	抚州市资溪县马头山林场龙井林班		√		10	20.0	28.3	旺盛	建议挂牌并落实到人
	长叶榧	145	抚州市资溪县马头山镇昌坪村			√	6	18.2	12.6	旺盛	建议挂牌并落实到人
31	长叶竹柏	19、16	赣州市赣南树木园标本区，示范林	210	√	√	9.3	8.0	6	良好	赣南树木园管护
32	沉水樟	10	赣州市全南县茅山林场大水坑兰山子	1	√		8.6	17.3	7.1	旺盛	设置禁牌，专人管护，采种
	沉水樟	16	赣州市全南县茅山林场大水坑兰山子	1	√		11	19.0	6.2	旺盛	设置禁牌，专人管护，采种
33	秤锤树	8	江西农业大学	4	√		2.0	3.0	8.0	旺盛	属校园绿化管理
34	赤楠	50	鹰潭贵溪市双圳林场黄沙	1	√		13	18.8	12.6	旺盛	列入生态公益林保护
	赤楠	1000	宜春市宜丰县新田公路旁	1			7	56.0	48	良好	重点保护
	赤楠	1000	宜春市宜丰县新田公路旁	1			7	56.0	48	良好	重点保护
35	赤皮青冈	300	九江市彭泽县浩山乡海形村	1	√		20	108.0	48	旺盛	村委会管护，建议挂牌并落实到人
	赤皮青冈	350	景德镇市昌江区浮梁县经公桥柳溪	1	√		11	89.0	60	旺盛	
	赤皮青冈	400	景德镇市昌江区浮梁县勒功乡查村	1	√		22	26.0	437		

（续）

序号	中文名	树龄（a）	地　名	株数（株）	分布状况		平　均			生长状况	目前管护情况及建议
					零星	块状	树高（m）	胸径（cm）	冠幅（m^2）		
	赤皮青冈	150	宜春市奉新县建山镇兴民村上屋组	1	√		10	84.4	63.6	一般	挂牌
36	翅荚香槐	200	宜春市上高县九峰林场	1	√		17	40.0	6	良好	挂牌管护
37	臭椿	250	九江市庐山自然保护区归宗寺后围墙边		√		7	86.0	256	旺盛	
38	刺柏	200	九江市德安县高塘乡长垅村四组	1			8	41.4	12.56	较差	
	刺柏	250	吉安市吉水县枫江下花园上南山	1	√		18	45.0	8	良好	挂牌管护
39	刺楸	150	九江市修水县黄港月山	1	√		15	55.0	50.2	旺盛	尚无管护和利用
	刺楸	300	宜春市万载县官元山	1	√		16	84.0	9	良好	挂牌
40	刺桐	200	九江市都昌县大港繁荣石安	1			17	77.0	12.2	旺盛	
41	粗榧	15	赣州市全南县小叶岽林场	1	√		2.8	10.0	1.1	旺盛	建议重点管护
	粗榧	30	赣州市全南县小叶岽林场	1	√		3.5	16.0	7.1	旺盛	建议重点管护
	粗榧	25	赣州市全南县小叶岽林场	1	√		4	20.1	9.6	旺盛	建议重点管护
	粗榧	26	赣州市寻乌县珊贝林场治河工区	26		√	5.6	16.8	2.0	旺盛	村委会管护，建议挂牌并落实到人
	粗榧	50	宜春市宜丰县官山林场大西坑	1		√	17	41.5	良好	保护	
42	大果马蹄荷	120	赣州市安远县福敖塘	1	√		19.5	45.2	60.8	旺盛	划入自然保护区
	大果马蹄荷	26	赣州市会昌县清溪乡半岭村新华组	1	√		16	99.0	15.9	旺盛	户主管护，建议设立保护区
	大果马蹄荷	18	赣州市龙南县斜营工区将军坑口	26		√	14	21.6	8	旺盛	制订禁牌，指定专人管护
43	大血藤	16	赣州市寻乌县三标乡长安村	1	√		12.6	8.0	0.6	旺盛	村委会管护，建议挂牌并落实到人
44	大叶冬青	100	赣州南康市潭口镇坳上村	1	√		14.2	102.0	214.0	旺盛	村委会管护，挂牌并落实到责任人
45	苦丁茶	70	九江市九江县岷山乡金盘村黄家岭	1	√		9.5	50.0	56.7	旺盛	村小组管护
46	大叶榉	200	赣州市龙南县南亨乡新民	1	√		21	28.0	56	旺盛	尚无管护，建议设禁牌
47	大叶榜	300	上饶市上饶县高洲乡船坑村横溪组	1	√		16	47.1	28.3	旺盛	挂牌管护
48	大叶楠	20	宜春市靖安县五脑峰林场	1	√		6.5	24.0	6	旺盛	尚无管护
49	大叶青冈	140	宜春市奉新县新街镇杨桥村后村组	1	√		25	152.9	254.3	一般	专人管护

（续）

序号	中文名	树龄（a）	地　名	株数（株）	分布状况		平　均			生长状况	目前管护情况及建议
					零星	块状	树高（m）	胸径（cm）	冠幅（m^2）		
	大叶青冈	50	宜春市官山土墙败至大坝洲的公路边	1	√		12	30.0	11	旺盛	宜丰县官山林场管护，建议挂牌保护
50	丹桂	200	吉安市永新县曲白乡院下村	1	√		6	9.7	7.1	较差	挂牌管护
51	滇楠	28	赣州市赣南树木园标本区	10	√		15.6	12.0	38.5	良好	赣南树木园管护
52	东方古柯	18	赣州市寻乌县三标乡湖峯村	1	√		4.8	12.0	2.0	旺盛	村委会管护，建议挂牌并落实到人
53	冬青	460	九江市永修县柘林镇司马村五组	1			8	76.4	28.3	旺盛	村民小组管护
54	杜梨	200	九江市星子县华林镇吉山村柿树张家坝头上	1	√		13	45.0	201.0	旺盛	柿树张家管护
55	杜英	200	九江市庐山自然保护区威家方竹庵		√		25	70.1	400	旺盛	
	杜英	300	九江市星子县白鹿镇秀峰村张家环山公路右侧	1	√		22	70.0	201.0	旺盛	秀峰村保护
	杜英	260	九江市星子县白鹿镇秀峰村张家环山公路右侧	1	√		23	60.0	95.0	旺盛	秀峰村保护
	杜英	80	吉安市永新县三湾乡三湾村井头组	1	√		4	6.0	4.9	较差	挂牌管护
56	杜仲	20	江西农业大学	20	√		8.0	15.0	20.4	旺盛	人工栽种属校园绿化管理
	杜仲	22	萍乡市莲花县六市乡大沙村	1		√	7	18.1	19.6	良好	村民小组管护，防止人为破坏
	杜仲	20	萍乡市莲花县六市乡竹山里	1		√	9.5	22.5	50.2	良好	村民小组管护，防止人为破坏
	杜仲	28	赣州市安远县三联排仔上	1	√		6.3	18.0	16.0	旺盛	建议挂牌
	杜仲	30	赣州市安远县三联排仔上	1	√		11.0	26.0	28.0	旺盛	建议挂牌
	杜仲	40	赣州市会昌县清溪乡清溪村	3	√		11	18.6	19.6	旺盛	户主管护，建议设立保护区
	杜仲	27	赣州市会昌县文武坝镇文武坝村人民组	1	√		5	12.0	28.3	旺盛	户主管护，建议设立保护区
	杜仲	23	赣州市全南县青龙山林场太和工区坳下	1	√		13.1	31.6	41.8	旺盛	加强管护与保护工作
	杜仲	23	赣州市全南县青龙山林场太和工区坳下	1	√		14.8	37.6	52.8	旺盛	加强管护与保护工作
	杜仲	23	赣州市全南县青龙山林场太和工区坳下	1	√		13.6	38.5	95.0	旺盛	加强管护与保护工作
	杜仲	25	赣州市全南县小叶崬林场	2	√		5	17.4	5.7	旺盛	建议重点管护

（续）

序号	中文名	树龄(a)	地　名	株数(株)	分布状况		平　均			生长状况	目前管护情况及建议
					零星	块状	树高(m)	胸径(cm)	冠幅(m^2)		
	杜仲	25	赣州市全南县小叶岽林场	2	√		8	26.2	4.2	旺盛	建议重点管护
	杜仲	25	赣州市全南县小叶岽林场	1	√		7	17.8	4.2	旺盛	建议重点管护
	杜仲	25	赣州市全南县小叶岽林场	1	√		7	18.3	4.9	旺盛	建议重点管护
	杜仲	20	赣州市上犹县黄埠镇感坑村	8			7	15.0	7.1	旺盛	未进行保护，建议挂牌
	杜仲	35	赣州市寻乌县珊贝林场大坝工区	123		√	21.2	46.0	98.5	旺盛	村委会管护，建议挂牌并落实到人
	杜仲	20	赣州市章贡区沙河龙村赖屋	1	√		6	25.0	12	旺盛	村民管护
	杜仲	20	赣州市章贡区沙河龙村赖屋	1	√		5	14.0	9	旺盛	村民管护
	杜仲	26	赣州市章贡区沙石东风樟树坪	7		√	6.4	18.0	16	旺盛	村民管护
	杜仲	25	赣州市章贡区沙石火燃九池脑	1	√		8	31.0	23	旺盛	村民管护
	杜仲	12	宜春市靖安县宝峰镇华坊村	500		√	10	11.3	20	旺盛	
57	短叶罗汉松	1000	宜春市靖安县宝峰镇太平山庄	1			6	98.0	64	良好	县人民政府统一挂牌
	短叶罗汉松	800	宜春市靖安县仁首镇雷家村	1			16	121.0	196	旺盛	县人民政府统一挂牌
	短叶罗汉松	400	宜春市靖安县水口乡来堡村下街组	1			8	62.5	16	旺盛	县人民政府统一挂牌
	短叶罗汉松	800	宜春市靖安县水口乡周家村洞里组	1			12	130.0	25	旺盛	县人民政府统一挂牌
	短叶罗汉松	1003	宜春市靖安县中源乡古竹村梭罗组	1			18	140.0	64	旺盛	县人民政府统一挂牌
58	多花山竹子	10	赣州市大余县烂泥迳三江口	1	√		5	7.0	4.9	旺盛	
	多花山竹子	15	赣州市龙南县下中坪进上、下中坪叉路口	2	√		6	10.0	7.1	旺盛	制订禁牌，指定专人管护
	多花山竹子	9	赣州市信丰县金盆山林场夹水口工区	1	√		4.5	16.0	8.0	旺盛	金盆山林场管护，建议挂牌并落实到人
	多花山竹子	24	赣州市寻乌县文峰乡东团村	1	√		8.3	21.6	19.6	旺盛	村委会管护，建议挂牌并落实到人
59	峨眉含笑	8	江西农业大学	1	√		2.0	4.0	3.1	旺盛	人工栽种属校园绿化管理
60	鹅耳枥	200	九江市永修县燕坊镇坪塘村刘家组	1			16	111.5	201.0	旺盛	村民小组管护

（续）

序号	中文名	树龄（a）	地　名	株数（株）	分布状况		平　均			生长状况	目前管护情况及建议
					零星	块状	树高（m）	胸径（cm）	冠幅（m^2）		
	鹅耳枥	310	九江市永修县柘林镇司马村五组	1			17	51.0	28.3	旺盛	村民小组管护
	鹅耳枥	40	鹰潭贵溪市双圳林场黄沙	1	√		6	14.0	9.6	旺盛	列入生态公益林保护
61	鹅掌楸	40	江西农业大学	80	√		10.0	15.0	13.8	旺盛	人工栽种属校园绿化管理
	鹅掌楸	600	九江市庐山自然保护区庐山河东路别墅村大门前		√		35	207.0	841	较差	
	鹅掌楸	250	九江市庐山自然保护区庐山河东路庐疗桥边		√		30		289	旺盛	
	鹅掌楸	32	赣州市全南县青龙山林场陂头	1	√		10.2	30.4	28.3	旺盛	加强管护与保护工作
	鹅掌楸	32	赣州市全南县青龙山林场岐山工区三队	1	√		16.2	36.4	33.2	旺盛	加强管护与保护工作
	鹅掌楸	32	赣州市全南县青龙山林场岐山工区三队	1	√		15.5	39.1	36.3	旺盛	加强管护与保护工作
	鹅掌楸	32	赣州市全南县青龙山林场岐山工区三队	1	√		16.3	42.1	41.8	旺盛	加强管护与保护工作
	鹅掌楸	32	赣州市寻乌县珊贝林场蕉子坝工区	39		√	26.7	48.0	72.3	旺盛	村委会管护，建议挂牌并落实到人
62	方柿	120	宜春市高安市荷岭镇茜塘村喻家组	1	√		9	15.9	1884.8	一般	挂牌
63	方竹	140	赣州市会昌县清溪乡青峰村七姑坑	1		√	4		2	旺盛	户主管护，建议设立保护区
64	榧树	22	江西农业大学	4	√		4.0	8.0	8.0	旺盛	人工栽种属校园绿化管理
	榧树	603	宜春市靖安县躁都镇	1			17	240.0	169	旺盛	县人民政府统一挂牌
	榧树	523	宜春市靖安县中源乡船湾村南垅组	1			30	146.5	256	旺盛	县人民政府统一挂牌
	榧树	200	宜春市靖安县中源乡古竹村郭家	1			20	64.0	144	旺盛	县人民政府统一挂牌
	榧树	203	宜春市靖安县中源乡古竹村郭家	1			8	64.0	64	旺盛	县人民政府统一挂牌
	榧树	600	宜春市靖安县中源乡龙邱村沙段组	1			30	159.2	196	旺盛	县人民政府统一挂牌
	榧树	403	宜春市靖安县中源乡邱家村	1			35	102.0	225	旺盛	县人民政府统一挂牌
	榧树	303	宜春市靖安县中源乡邱家村洞桥	1			27	96.0	121	旺盛	县人民政府统一挂牌
	榧树	1000	宜春市靖安县中源乡西岭村老屋组	1			32	162.3	256	旺盛	县人民政府统一挂牌

（续）

序号	中文名	树龄（a）	地　名	株数（株）	分布状况		平　均			生长状况	目前管护情况及建议
					零星	块状	树高（m）	胸径（cm）	冠幅（m^2）		
	榧树	510	宜春市靖安县中源乡西岭村老屋组	1			25	162.3	196	旺盛	县人民政府统一挂牌
	榧树	230	宜春市万载县罗市镇兰田村赵家组	1	√		24	128.0	78.5	良好	县人民政府统一挂牌
65	粉叶柿	200	九江市庐山自然保护区河西路河沟边		√		26	55.1	120	旺盛	
66	枫香	800	南昌市安义县长埠镇大路村	1	√		30.0	101.9	132.7	良好	村民管护
	枫香	1000	南昌市安义县乔乐乡乔乐村	1	√		25.0	127.4	113.0	良好	村民管护
	枫香	1000	南昌市安义县乔乐乡社坑村	1	√		26.0	159.2	254.3	良好	村民管护
	枫香	500	南昌市安义县万埠镇平源村	1	√		18.0	191.1	103.8	良好	村民管护
	枫香	500	南昌市安义县新民乡吊中小学	1	√		25.0	216.6	50.2	良好	村民管护
	枫香	350	南昌市进贤县七里裕坊后斛	1	√		9	82.0	111.2	一般	未落实管护
	枫香	380	南昌市进贤县下埠柯溪何树陂	1	√		15	152.0	186.2	一般	未落实管护
	枫香	500	南昌市南昌县冈上镇蚕石村	1	√		21.0	121.0	408.1	良好	村民小组管护
	枫香	400	南昌市南昌县冈上镇蚕石村	1	√		25.0	101.9	201.0	良好	村民小组管护
	枫香	450	南昌市南昌县冈上镇蚕石村	1	√		36.0	108.3	176.6	良好	村民小组管护
	枫香	400	南昌市南昌县冈上镇蚕石村	1	√		25.0	76.4	240.4	良好	村民小组管护
	枫香	350	南昌市南昌县冈上镇蚕石村	1	√		24.0	73.2	91.6	良好	村民小组管护
	枫香	500	南昌市南昌县泾口乡北山村	1	√		23.0	76.4	122.7	良好	村民小组管护
	枫香	550	南昌市南昌县泾口乡北山村	1	√		23.0	91.1	240.4	良好	村民小组管护
	枫香	650	南昌市南昌县泾口乡北山村	1	√		16.5	97.1	122.7	良好	村民小组管护
	枫香	700	南昌市南昌县塔城乡胡陂村	1	√		17.0	270.0	113.0	良好	村民小组管护
	枫香	370	南昌市湾里区招贤镇南岭村周家	1	√		27.0	133.0	254.3	旺盛	村委会管护
	枫香	600	南昌市新建县红林林场东源村	1	√		25.0	162.2	132.7	良好	无管护，建议设围栏

（续）

序号	中文名	树龄(a)	地　名	株数(株)	分布状况		平　均			生长状况	目前管护情况及建议
					零星	块状	树高(m)	胸径(cm)	冠幅(m^2)		
	枫香	350	南昌市新建县溪霞镇赤海村	1	√		32.0	103.8	183.8	良好	村民小组管护
	枫香	400	九江市都昌县蔡岭宝山后屋	1			21	133.8	255		
	枫香	350	九江市都昌县徐埠马矶刘闰咀	1			15	162.0	225	旺盛	
	枫香	600	九江市庐山自然保护区海会寺		√		30	138.2	900	旺盛	
	枫香	400	九江市彭泽县黄花乡裕丰村	1	√		16	72.5	706.5	旺盛	村委会管护，建议挂牌并落实到人
	枫香	350	九江市彭泽县天红镇先锋村	1	√		16	117.8	240	旺盛	村委会管护，建议挂牌并落实到人
	枫香	400	九江瑞昌市横立山芦糖村			√	28	116.0	226.9	良好	集体管护
	枫香	400	九江市武宁县二组	1	√		16	146.5	112	一般	
	枫香	500	九江市星子县观音桥栖贤寺东北	1	√		35	112.0	314.0	旺盛	观音桥风景区管护，建议挂牌保护
	枫香	360	九江市星子县栖贤寺东南角	1	√		20	121.0	176.6	旺盛	观音桥风景区管护，挂牌保护，为旅游景点
	枫香	400	九江市星子县栖贤寺偏东方向	1	√		30	134.0	314.0	旺盛	观音桥风景区管护，挂牌保护，为旅游景点
	枫香	380	九江市星子县栖贤寺正前方	1	√		22	130.0	314.0	旺盛	观音桥风景区管护，挂牌保护，为旅游景点
	枫香	600	九江市修水县余段余段村四组	1	√		28	236.0	29	旺盛	
	枫香	420	九江市永修县白槎镇龙井村郭家组	1			22	155.0	78.5	旺盛	村民小组管护
	枫香	360	萍乡市莲花县荷塘乡安泉村	1	√		25	74.0	132.7	良好	村民小组管护，防止人为破坏
	枫香	350	萍乡市莲花县湖上乡凡家村	1		√	14	61.8	1194.0	良好	村民小组管护，防止人为破坏
	枫香	400	萍乡市湘东区炉前福主祠	1		√	22	146.5		旺盛	受到当地政府保护
	枫香	803	鹰潭市龙虎山上清镇泉源村	1	√		21	92.0	44.2	旺盛	挂牌
	枫香	360	赣州市安远县柏坑水口	1	√		19.0	92.4	46.1	旺盛	加强管护，延长树龄
	枫香	350	赣州市赣县吉埠镇建节村	零星	√		21	84.7	283.4	旺盛	无管护，设禁牌和围栏，建议委派专人管护

（续）

序号	中文名	树龄（a）	地名	株数（株）	分布状况		平均			生长状况	目前管护情况及建议
					零星	块状	树高（m）	胸径（cm）	冠幅（m^2）		
	枫香	350	赣州南康市赤土乡富田村	1	√		19.0	89.2	624.0	旺盛	村委会管护，挂牌并落实到责任人
	枫香	350	赣州南康市龙华乡赤江村	1	√		27.3	62.4	415.3	旺盛	村委会管护，挂牌并落实到责任人
	枫香	350	赣州南康市龙回镇石滩村	1	√		23.3	137.6	491.0	旺盛	村委会管护，挂牌并落实到责任人
	枫香	350	赣州市上犹县五指峰乡鹅形村汤下组	1			21	61.8			
	枫香	450	赣州市石城县高田郑里村黄柏洋小组		√		20.0	130.0	33.2	旺盛	加强保护
	枫香	350	赣州市信丰县正平镇中坝村刘老岗组	1	√		15.0	110.0	637.6	旺盛	老刘屋小组管护，建议挂牌并落实到人
	枫香	350	赣州市兴国县城岗乡瓦溪村	1		√	28.2	100.1	109.4	旺盛	集体管护，保持水土
	枫香	360	赣州市兴国县均村乡东方村	1	√		18	75.0	130	旺盛	村组共管，暂无利用，加强管理，以供观赏
	枫香	350	赣州市兴国县均村乡东方村	1	√		16	57.0	130	旺盛	村组共管，暂无利用，加强管理，以供观赏
	枫香	350	赣州市兴国县均村乡东方村	1	√		18	78.0	130	旺盛	村组共管，暂无利用，加强管理，以供观赏
	枫香	350	宜春市奉新县汪家圩乡燕溪村清水桥组	1	√		25	100.0	190	一般	挂牌
	枫香	380	宜春市奉新县伍桥镇洋沅村新部组	1	√		27	129.9	201.0	一般	专人管护
	枫香	383	宜春市靖安县中源乡三坪村寺下组	1			25	128.0	169	旺盛	县人民政府统一挂牌
	枫香	400	宜春市上高县小坪1队	1	√		25	129.9	379.9	良好	挂牌管护
	枫香	350	宜春樟树市排埠镇永庆村兰源组枫树下	1	√		18	117.0	226.9	良好	挂牌管护
	枫香	360	上饶市德兴县海口杜村小学	1	√		32	89.2		旺盛	
	枫香	390	上饶市德兴县海口舒湾井坞	1	√		28	176.8	437	旺盛	
	枫香	540	上饶市德兴县李宅中村枫林	1	√		27	136.9	528	旺盛	
	枫香	360	上饶市德兴县占才叶小余村	1	√		25	89.2		旺盛	
	枫香	390	上饶市德兴县张村子坑	1	√		21	175.2	80	旺盛	
	枫香	520	上饶市广丰县嵩峰乡石岩村	1	√		23	173.0	153.9	一般	管护良好

（续）

序号	中文名	树龄（a）	地　名	株数（株）	分布状况		平　均			生长状况	目前管护情况及建议
					零星	块状	树高（m）	胸径（cm）	冠幅（m^2）		
	枫香	400	上饶市铅山县石塘村委会	1	√		23	127.0	25.2	旺盛	
	枫香	743	上饶市上饶县高洲乡船坑村横溪组	1	√		28	110.2	95.0	旺盛	挂牌管护
	枫香	662	上饶市上饶县高洲乡船坑村横溪组	1	√		28	98.1	132.7	旺盛	挂牌管护
	枫香	527	上饶市上饶县湖村双港里庄王家	4		√	21	78.0		旺盛	挂牌管护
	枫香	743	上饶市上饶县湖村乡大畈村潘家	1	√		24	109.9	254.3	旺盛	挂牌管护
	枫香	800	上饶市上饶县湖村乡石嘴王家	1	√		30	101.0	143.1	旺盛	挂牌管护
	枫香	453	上饶市上饶县茗洋乡高塍村大湾组	1	√		21	66.9	201.0	旺盛	挂牌管护
	枫香	730	上饶市上饶县茗洋乡高塍村祝花组	1	√		30	108.3	452.2	旺盛	挂牌管护
	枫香	601	上饶市上饶县田墩镇湖潭村	1	√		30	89.2	132.7	旺盛	挂牌管护
	枫香	750	上饶市上饶县铁山乡西岩村高塘组	1	√		35	111.5	38.5	旺盛	挂牌管护
	枫香	858	上饶市上饶县铁山乡小溪村上小溪组	1	√		30	127.4	490.6	旺盛	挂牌管护
	枫香	587	上饶市上饶县五府山坂心村	6		√	18	86.0		旺盛	挂牌管护
	枫香	804	上饶市上饶县五府山坂心村村口	1	√		18	119.1	314.0	旺盛	挂牌管护
	枫香	689	上饶市上饶县五府山金钟山	1	√		27	101.9	226.9	旺盛	挂牌管护
	枫香	649	上饶市上饶县五府山金钟山	1	√		18	95.5	283.4	旺盛	挂牌管护
	枫香	500	上饶市上饶县五府山金钟山	9		√	21	92.4		旺盛	挂牌管护
	枫香	838	上饶市上饶县五府山金钟山大新界	1	√		22	124.2	283.4	旺盛	挂牌管护
	枫香	838	上饶市上饶县五府山金钟山富家	1	√		20	124.2	283.4	旺盛	挂牌管护
	枫香	561	上饶市上饶县五府山金钟山徐家	1	√		17	82.8	176.6	旺盛	挂牌管护
	枫香	514	上饶市上饶县五府山姚家村	8		√	20	76.4		旺盛	挂牌管护
	枫香	400	上饶市武夷山葛源镇关田村	1	√		30	127.4	176.6	良好	加强保护

（续）

序号	中文名	树龄(a)	地名	株数(株)	分布状况		平均			生长状况	目前管护情况及建议
					零星	块状	树高(m)	胸径(cm)	冠幅(m^2)		
	枫香	520	上饶市婺源县大鄣山乡车田村车田段	1	√		31	148.0	38.5	旺盛	挂牌
	枫香	410	上饶市婺源县大鄣山乡上村河坑口	1	√		31	108.2	153.9	旺盛	挂牌
	枫香	400	吉安市永丰县门前山	1	√		30	110.0	113.0	良好	村小组管护
	枫香	700	抚州市东乡县甘坑慈眉谢坊	1	√		20	127.4	213.7	良好	挂牌管护并负责落实到人
	枫香	600	抚州市东乡县虎形山下位	1	√		16	380.0		良好	挂牌管护并负责落实到人
	枫香	350	抚州市金溪县何源峡山	1	√		35	132.0	34.2	旺盛	加强管护
67	枫杨	280	九江市德安县宝塔乡东山村十二组	1			14	133.8	132.67	旺盛	
	枫杨	600	九江市都昌县大港大田高山口曹家	1			15	132.0	226.9	较差	
	枫杨	350	九江市都昌县左里源树上涂	1			12	136.0	220	较差	
	枫杨	260	九江市修水县征村征村二组	1	√		24	163.0	24	旺盛	
	枫杨	260	九江市修水县征村征村三组	1	√		21	163.0	24	旺盛	
	枫杨	350	赣州市安远县老好	1	√		23.2	152.5	81.0	较差	未落实管护人员，设禁牌
	枫杨	250	赣州市安远县老好	1	√		18.5	103.8	376.4	旺盛	未落实管护人员，设禁牌
	枫杨	250	赣州市安远县龙头周木坝	1	√		17.5	184.7	49.0	旺盛	挂牌管护
	枫杨	300	赣州市安远县峡背	1	√		27.0	126.0	169.0	旺盛	未落实管护人员，设禁牌
	枫杨	250	赣州市龙南县渡江乡新大	1		√	9	70.0	24.75	旺盛	尚无管护，建议设禁牌
	枫杨	250	赣州市龙南县渡江乡新大	1		√	12	110.0	90	旺盛	尚无管护，建议设禁牌
	枫杨	250	赣州市龙南县渡江乡新大	1		√	18	105.0	240	旺盛	尚无管护，建议设禁牌
	枫杨	360	赣州市信丰县虎山乡樟树村湖下组坝高	1	√		27.0	160.0	314.0	较差	湖下小组管护，建议挂牌并落实到人
	枫杨	250	宜春樟树市高桥乡中肖村中肖	5	√		17	116.0	32	良好	挂牌管护
	枫杨	500	抚州市乐安县牛田镇水南村	1	√		37	107.0	165.0	较差	村委会负责管护，建议挂牌管护并负责落实到人
68	福建柏	80	赣州市大余县烂泥迳三江口	1	√		22	41.0	143.1	旺盛	

（续）

序号	中文名	树龄（a）	地 名	株数（株）	分布状况		平 均			生长状况	目前管护情况及建议
					零星	块状	树高（m）	胸径（cm）	冠幅（m^2）		
	福建柏	22	赣州市赣南树木园示范林	1000		√	14.8	20.0	6	旺盛	赣南树木园管护
	福建柏	140	赣州市上犹县五指峰乡黄竹头村龙井组	1			15	45.2			
	福建柏	26	赣州市寻乌县寻乌中学	1	√		14.6	18.7	10.2	旺盛	村委会管护，建议挂牌并落实到人
	福建柏	300	上饶市三清山三叠泉	1	√		11	50.5	10	较差	
	福建柏	90	抚州市资溪县马头山林场龙井林班			√	15	20.8	28.3	旺盛	建议挂牌并落实到人
69	钩栲	201	赣州市安远县白土迳	1	√		11.5	61.0	39.6	旺盛	加强管护，延长树龄
	钩栲	500	赣州市安远县濂丰孙屋背	1	√		12.0	50.0	36.0	旺盛	设置围栏和禁牌
	钩栲	225	赣州市安远县天龙山	1	√		17.0	129.3	1024.0	旺盛	加强管护，防止砍伐
	钩栲	250	赣州市安远县涌水村	1	√	√	10.0	125.0	49.0	旺盛	加强管护以延长树龄
	钩栲	280	赣州市安远县樟溪村	1	√	√	9.5	105.0	25.0	良好	加强管护以延长树龄
	钩栲	200	赣州市安远县种子园	1	√		18.0	105.0	204.0	旺盛	加强管护，延长树龄
	钩栲	200	赣州市安远县种子园	1	√		16.0	58.0	187.0	旺盛	加强管护，延长树龄
	钩栲	200	赣州市安远县种子园	1	√		17.0	55.0	300.0	旺盛	加强管护，延长树龄
	钩栲	200	赣州市安远县种子园工区	1	√		19.0	61.0	360.0	旺盛	加强管护，延长树龄
	钩栲	210	赣州市定南县历市镇下庄村新屋组社官下	1	√		13.5	69.7	40.7	较差	挂牌，专人管护
	钩栲	320	赣州市定南县历市镇新丰村湖口小水口	11		√	20.5	75.1		旺盛	挂牌，专人管护
	钩栲	300	上饶市婺源县大鄣山乡考源村云塘村	1	√		18	70.0	176.6	旺盛	挂牌
	钩栲	200	抚州市黎川县岩泉麦溪洲	1	√		23.2	140.0	60.8	旺盛	村委会管护，挂牌并落实到人
	钩栲	200	抚州市资溪县高阜镇溪南村西源组	1	√		20	128.0	176.6	旺盛	建议挂牌并落实到人
	钩栲	320	抚州市资溪县嵩市镇法水村营前	1	√		18	176.1	63.6	旺盛	建议挂牌并落实到人
70	枸骨	600	九江市彭泽县马当镇南垄村	1	√		10	57.0	20	旺盛	村委会管护，建议挂牌并落实到人
	枸骨	300	九江市永修县艾城鹊湖村	1			7	14.0	3.1	旺盛	村民小组管护
71	观光木	50	鹰潭贵溪市双圳林场火烧关	1	√		12.3	21.7	107.5	旺盛	规划为生态公益林
	观光木	26	赣州市安远县林场院内	1	√		9.5	33.1	57.8	旺盛	建议挂牌

（续）

序号	中文名	树龄（a）	地　名	株数（株）	分布状况		平　均			生长状况	目前管护情况及建议
					零星	块状	树高（m）	胸径（cm）	冠幅（m^2）		
	观光木	35	赣州市崇义县聂都乡河口村	1	√		16.9	31.8	38.5	旺盛	护林员管护且已挂牌
	观光木	15	赣州市大余县长潭里林场	1	√		12	17.6	38.5	旺盛	
	观光木	133	赣州市大余县长潭里林场	1	√		28	101.6	226.9	旺盛	
	观光木	28、22	赣州市赣南树木园标本区，示范林	600		√	10.5	10.0	8	良好	赣南树木园管护
	观光木	25	赣州市全南县兆坑林场	1	√		16	33.7	90	旺盛	建议挂牌并落实到人
	观光木	31	赣州市信丰县金鸡林场周坑工区酸枣排公路边	1	√		13.0	29.5	33.2	旺盛	金鸡林场负责管护，建议挂牌并落实到人
	观光木	31	赣州市信丰县金盆山林场夹水口工区	10		√	11.5	43.1	23.7	旺盛	金盆山林场管护，建议挂牌并落实到人
	观光木	45	赣州市寻乌县罗珊珊贝兰塘坳	5		√	17.8	36.0	88.2	旺盛	村委会管护，建议挂牌并落实到人
72	光皮桦	38	鹰潭贵溪市双圳林场上山	1	√		17	42.0	63.6	旺盛	挂牌
	光皮桦	60	鹰潭贵溪市双圳林场上山	1	√		17	32.0	38.5	旺盛	挂牌
	光皮桦	58	鹰潭贵溪市双圳林场上山	1	√		22	36.0	50.2	旺盛	挂牌
73	光皮树	150	宜春市上高县九峰林场	1	√		18	60.0	8	良好	挂牌管护
73	光皮桦	40	赣州市安远县福敖塘	1	√		12.5	25.2	25.0	旺盛	划入自然保护区
74	光叶石楠	300	赣州市安远县林场院内	1	√		8.5	14.3	54.8	旺盛	建议挂牌
	光叶石楠	210	赣州市赣县长洛乡均沅村	零星	√		30	140.0	113.0	良好	专人管护，设立禁牌和围栏
75	广东冬青	210	赣州市安远县阳佳村土田	1	√		30.0	140.0	900.0	旺盛	防火、防虫
76	广西木莲	100	赣州市寻乌县文峰乡图合村	1	√		16.7	123.0	158.3	旺盛	村委会管护，建议挂牌并落实到人
	广西木莲	29	赣州市寻乌县项山乡项山村	1	√		11.6	26.5	5.6	旺盛	村委会管护，建议挂牌并落实到人
77	桂花	300	南昌市安义县长均乡观岁村上方	1	√		5.4	29.3	15.9	良好	村民小组管护
	桂花	200	南昌市湾里区梅岭镇团结村邓家	1	√		8.6	37.3	28.3	良好	村委会管护
	桂花	500	九江市德安县宝塔乡东山村十二组	1			11	95.5	78.5	旺盛	
	桂花	300	九江市德安县宝塔乡团山村大明寺前	1			14	122.6	113.04	旺盛	

（续）

序号	中文名	树龄(a)	地　名	株数(株)	分布状况		平　均			生长状况	目前管护情况及建议
					零星	块状	树高(m)	胸径(cm)	冠幅(m^2)		
	桂花	420	九江市都昌县西源长溪曹四	1			9	52.0	96	旺盛	
	桂花	280	九江市九江县新塘乡紫荆村十组	1	√		10	24.0	63.6	旺盛	村小组管护
	桂花	400	九江市庐山自然保护区莲花何家桥		√		15	117.8	144	旺盛	
	桂花	200	九江市彭泽县浩山乡同升村	1	√		7	56.0	42	较差	村委会管护，建议挂牌并落实到人
	桂花	260	九江市彭泽县太平关乡永乐村	1	√		14	22.3	180	旺盛	村委会管护，建议挂牌并落实到人
	桂花	200	九江市彭泽县天红镇武山村	1	√		10	63.7	49	旺盛	村委会管护，建议挂牌并落实到人
	桂花	200	九江市彭泽县天红镇武山村	1	√		13	60.5	160	旺盛	村委会管护，建议挂牌并落实到人
	桂花	200	九江市彭泽县杨梓镇西峰村	1	√		10.2	17.4	220	旺盛	村委会管护，建议挂牌并落实到人
	桂花	200	九江市武宁县二组	1	√		13	47.8	56	一般	
	桂花	200	九江市武宁县四组	1	√		8	54.1	20	一般	
	桂花	200	九江市武宁县一、二组	3		√	8	47.1	42	一般	
	桂花	200	九江市武宁县一组	1	√		7	97.1	144	一般	
	桂花	200	九江市武宁县一组	1	√		13	79.6	132	一般	
	桂花	1300	九江市星子县东牯山林场七贤林区项家坳房前	1	√		18	91.0	132.7	旺盛	项家坳村管护，保护良好
	桂花	400	九江市星子县南康镇派出所院内	1	√		12	60.0	176.6	旺盛	南康镇已立碑保护
	桂花	400	九江市星子县南康镇派出所院内	1	√		10	64.0	95.0	旺盛	南康镇已立碑保护
	桂花	250	九江市修水县义宁镇洪段村十九组	1	√		13	23.0	122.7	旺盛	
	桂花	300	九江市永修县三溪桥镇横山村林山组	1			15	45.2	38.5	旺盛	村民小组管护
	桂花	380	九江市永修县三溪桥镇黄岭村马鞍组	1			11	63.7	63.6	旺盛	村民小组管护
	桂花	230	景德镇市昌江区昌江区荷塘	1	√		8	69.0	48	较差	保护差
	桂花	300	景德镇市昌江区浮梁黄坛板坑	1	√		6	51.0	99	旺盛	
	桂花	200	萍乡市安源区五陂镇园艺场	1	√		11	90.0	153.9	良好	村民小组管护，防止人为破坏
	桂花	200	萍乡市安源区五陂镇园艺村	1	√		11	80.0	153.9	良好	村民小组管护，防止人为破坏

（续）

序号	中文名	树龄(a)	地　名	株数（株）	分布状况		平　均			生长状况	目前管护情况及建议
					零星	块状	树高（m）	胸径（cm）	冠幅（m^2）		
	桂花	300	萍乡市上栗县长平乡流江村	1	√		8.2	44.5	71.2	良好	管护较好，应加强病虫害防治
	桂花	500	萍乡市上栗县长平乡石塘村	1	√		13.5	54.1	270	良好	管护较好，应加强病虫害防治
	桂花	230	鹰潭贵溪市双圳林场操场	1	√		10	65.0	67.9	旺盛	挂牌
	桂花	180	鹰潭贵溪市文坊镇东际张家组	1	√		11	38.0	63.6	旺盛	村小组管护，建议挂牌并落实到个人
	桂花	250	赣州市安远县大碛坑	1	√		8.2	54.0	20.2	旺盛	周屋村委会管护
	桂花	250	赣州市安远县虎岗万福山	1	√		12.0	60.0	110.0	旺盛	设置禁牌
	桂花	500	赣州市安远县龙庄凤日山	1	√		6.0	17.5	14.4	旺盛	建议挂牌
	桂花	250	赣州市安远县下田坑水南岽	1	√		25.0	160.0	625.0	良好	防火、防虫
	桂花	800	赣州市崇义县乐洞乡青木村瓦子坪组周屋	1	√		8.5	58.9	132	旺盛	村小组管护，建议落实到人管护
	桂花	853	赣州市大余县河洞乡河洞村内洞	1	√		16.5	93.3	56.7	旺盛	
	桂花	200	赣州市大余县黄龙叶敦荆源坑	1	√		10	79.0	78.5	较差	
	桂花	300	赣州市大余县青龙河南留地河边高屋	1	√		7.6	61.5	100.2	旺盛	
	桂花	273	赣州市大余县青龙响塘	1	√		7	80.6	95.0	较差	
	桂花	230	赣州市大余县新城合江里家山	1	√		9	32.0	21.2	较差	
	桂花	318	赣州市赣县白鹭乡白鹭村	1	√		22	53.0	7.1	旺盛	专人管护，设立禁牌
	桂花	200	赣州市赣县湖江乡古田村	1	√		15	40.0	176.6	旺盛	无管护，建议设置围栏
	桂花	200	赣州市全南县陂头潭口猪坑	1	√		22	68.0	288	旺盛	村小组管护，挂牌
	桂花	200	赣州市全南县金龙镇黄金村下僚	1	√		5	38.8	30.2	较差	管护较好，建议挂牌
	桂花	212	赣州市上犹县双溪乡芦阳小学	1			8	50.0	78.5	旺盛	挂牌，村委会管护
	桂花	220	赣州市上犹县五指峰乡鹅形村横河洞组	1			11.5	42.9	44.2	旺盛	
	桂花	204	赣州市上犹县紫阳乡下佐村千秋段	1			8.4	46.0	132.7	旺盛	挂牌，村委会管护
	桂花	500	赣州市信丰县虎山乡虎山村虎山组	1	√		7.8	50.0	15.9	较差	虎山小组管护，建议挂牌并落实到人

（续）

序号	中文名	树龄(a)	地　名	株数(株)	分布状况		平　均			生长状况	目前管护情况及建议
					零星	块状	树高(m)	胸径(cm)	冠幅(m^2)		
	桂花	300	赣州市兴国县均村乡坪源村	1	√		16	61.5	156	旺盛	村组共管，暂无利用，加强管理，以供观赏
	桂花	326	赣州市寻乌县澄江镇桂岭村	1	√		18.3	79.3	248.7	较差	村委会管护，建议挂牌并落实到人
	桂花	320	赣州市寻乌县澄江镇桂岭村	1	√		19.7	79.6	339.6	较差	村委会管护，建议挂牌并落实到人
	桂花	360	赣州市寻乌县文峰乡图合村	1	√		13.8	194.0	124.6	旺盛	村委会管护，建议挂牌并落实到人
	桂花	310	赣州市于都县银坑乡窑前村柳木组老屋下	1	√		15	51.0	153.9	旺盛	村委会负责管护，建议挂牌并落实到人
	桂花	600	宜春市靖安县宝峰镇宝峰寺	2			7	36.2	16	良好	挂牌，由宝峰寺管护
	桂花	203	宜春市靖安县宝峰镇周坊村周二组	1			9	62.0	25	旺盛	县人民政府统一挂牌
	桂花	600	宜春市靖安县宝峰镇周郎村	1			7	172.0	25	良好	县人民政府统一挂牌
	桂花	2000	宜春市靖安县店下大汗水口洲	1	√		15	130.6	314.0	旺盛	尚无管护
	桂花	300	宜春市万载县仰山乡大源村南坪组	1	√		6	95.6	132.6	良好	县人民政府统一挂牌
	桂花	210	宜春市袁州区柏木石湖上石湖	1	√		13	192.0	13.4	旺盛	挂牌
	桂花	200	宜春樟树市排埠镇排埠村潭头	1	√		12	85.0	17	良好	挂牌管护
	桂花	310	宜春樟树市棋坪村庙下组	1	√		13	79.0	13	良好	挂牌管护
	桂花	270	宜春樟树市永宁镇	4	√		5	70.0	17	良好	挂牌管护
	桂花	760	上饶市德兴县李宅中村九龙山	1	√		18	62.1	132	旺盛	
	桂花	580	上饶市德兴县李宅中村九龙山	1	√		18	150.0	72	旺盛	
	桂花	270	上饶市德兴县银城镇新营二村	1	√		8	260.0	70	旺盛	
	桂花	640	上饶市德兴县占才浅港	1	√		11	165.0	56	旺盛	
	桂花	740	上饶市德兴县占才叶小余村	1	√		14	60.5	100	旺盛	
	桂花	520	上饶市广丰县洋口镇壶山村	1	√		9	52.0	10	旺盛	管护良好
	桂花	780	上饶市上饶县田墩镇波阳村水牛塘	1	√		18	63.7	314.0	旺盛	挂牌管护
	桂花	350	上饶市万年县石镇镇珠砂村	1	√		10.6	132.2	183.8	一般	

（续）

序号	中文名	树龄(a)	地名	株数(株)	分布状况		平均			生长状况	目前管护情况及建议
					零星	块状	树高(m)	胸径(cm)	冠幅(m^2)		
	桂花	350	上饶市万年县石镇镇珠砂村	1	√		13.2	173.6	240.4	一般	
	桂花	300	上饶市万年县汪家乡新华村	1	√		14.4	89.2	165.0	一般	
	桂花	500	上饶市武夷山上坑源大岑岗	1	√		8	110.0	7.1	良好	加强保护
	桂花	300	上饶市武夷山新篁乡篁村济头	1	√		20	86.3	5	良好	加强保护
	桂花	300	上饶市武夷山新篁乡山田村陈圩脊	1	√		22	138.9	78.5	良好	加强保护
	桂花	700	上饶市婺源县大鄣山乡上村湖丘村	1	√		15	57.3	176.6	较差	挂牌
	桂花	250	上饶市婺源县赋春镇巡检司村石桥角	1	√		5	20.7	19.6	较差	挂牌
	桂花	680	上饶市婺源县赋春镇巡检司村庄头田边	1	√		9	55.7	44.2	旺盛	挂牌
	桂花	390	上饶市婺源县清华镇大坞村东碣上村	1	√		21	63.7	13	较差	挂牌
	桂花	300	上饶市婺源县清华镇金村九号农家院内	1	√		18	49.3	38.5	较差	挂牌
	桂花	520	上饶市婺源县思口镇龙腾村上村	1	√		18	65.3	16	较差	挂牌
	桂花	800	上饶市婺源县浙源乡沱口村沱溪村	1	√		12	73.2	20	较差	
	桂花	200	吉安市遂川县蕉湖村各雨坑	1	√		6	130.0	28.3	旺盛	村小组管护
	桂花	440	吉安市遂川县石坑柏树下	1	√		10	256.0	14	旺盛	村小组管护
	桂花	300	吉安市万安县巴邱镇下东坑组祠堂边	1	√		11	65.0	95.0	较差	村小组管护
	桂花	200	吉安市万安县罗田镇沛中组老祠堂门口	1	√		11	55.4	110	良好	村小组管护
	桂花	300	吉安市万安县星田背	1	√		12	49.0	113.0	旺盛	村小组管护
	桂花	200	吉安市永新县坳南乡龙源村坳上组	1	√		8	43.0	72	旺盛	村小组管护
	桂花	200	吉安市永新县曲白乡曲江村	1	√		8	51.0	64	较差	村小组管护
	桂花	210	吉安市永新县三湾林场沙坪工区	1	√		58	46.0	42	较差	村小组管护
	桂花	700	抚州市东乡县上坊周坊	1	√		9	172.0	44.2	旺盛	建议挂牌并落实到人
	桂花	570	抚州市广昌县赤水镇大和村	1	√		15	31.8	19.6	旺盛	挂牌，设兼职护林员管护

（续）

序号	中文名	树龄(a)	地　名	株数(株)	分布状况		平　均			生长状况	目前管护情况及建议
					零星	块状	树高(m)	胸径(cm)	冠幅(m^2)		
	桂花	400	抚州市金溪县陈坊润湖	1	√		12	46.0	12.6	旺盛	加强管护
	桂花	300	抚州市金溪县琉璃东源	1	√		15	48.0	12.6	旺盛	加强管护
	桂花	300	抚州市金溪县琉璃东源	1	√		15	56.0	9.6	旺盛	加强管护
	桂花	200	抚州市金溪县琉璃下宋	1	√		18	48.0	5.3	较差	加强管护
	桂花	550	抚州市资溪县榨树村梨山	1	√		16	93.9	201.0	旺盛	建议挂牌并落实到人
78	含笑花	250	九江市修水县黄沙港林场	1	√		13	75.0	19.6	旺盛	
	含笑花	13	赣州市寻乌县三标乡湖岽村	1	√		4.8	8.2	2.0	旺盛	村委会管护，建议挂牌并落实到人
	含笑花	30	赣州市章贡区沙河龙村回龙阁	1	√		6.5	180.0	5	旺盛	村民管护
79	黑弹朴	300	九江市星子县泽泉乡花园村大屋潘村大桥南侧	1	√		14	112.0	132.7	旺盛	大屋潘村管护
80	红椆树	17	赣州市寻乌县珊贝林场大坝工区	12		√	13.8	21.3	16.6	旺盛	村委会管护，建议挂牌并落实到人
81	红豆杉	300	九江市武宁县七组	1	√		8	63.7	25	一般	
	红豆杉	200	九江市武宁县三组	1		√	13	76.4	81	一般	
	红豆杉	500	九江市武宁县四组	1	√		14	130.6	130	一般	
	红豆杉	350	九江市修水县黄港镇双溪村四组	1	√		14	102.0	254.3	旺盛	
	红豆杉	500	景德镇市昌江区浮梁县鹅湖桃岭	3	√		16	88.0	90	旺盛	挂牌，需加强管护
	红豆杉	240	景德镇市昌江区浮梁县江村儒林	1	√		15	127.0	10	较差	
	红豆杉	570	景德镇市昌江区浮梁县蛟潭勤坑	3	√		20	150.0	210	旺盛	挂牌，需加强管护
	红豆杉	1000	景德镇市昌江区浮梁县经公桥新源	2	√		16	140.0	168	旺盛	挂牌
	红豆杉	500	景德镇市昌江区浮梁县王港金山	2	√		22	86.0	72	旺盛	挂牌，需加强管护
	红豆杉	470	景德镇市昌江区浮梁县西湖乡外北	1	√		15	51.0	195	旺盛	挂牌
	红豆杉	300	景德镇市昌江区浮梁县兴田锦里	5	√		18	72.1	60	旺盛	挂牌，需加强管护
	红豆杉	350	景德镇市昌江区浮梁县峙滩流口	1	√		13	50.3	120	旺盛	挂牌，需加强管护
	红豆杉	200	景德镇市枫树山孙家	1	√		17	75.0	221	良好	挂牌管护
	红豆杉	300	景德镇市乐平洪岩历居寺	1	√		22	70.0	99	较差	村委挂牌保护
	红豆杉	100	鹰潭贵溪市九龙分场干坑	1	√		13	27.4	103.8	旺盛	分场管护，建议挂牌并落实到人

（续）

序号	中文名	树龄(a)	地　名	株数（株）	分布状况		平　均			生长状况	目前管护情况及建议
					零星	块状	树高(m)	胸径(cm)	冠幅(m^2)		
	红豆杉	100	鹰潭贵溪市九龙分场干坑	1	√		15	23.7	86.5	旺盛	分场管护，建议挂牌并落实到人
	红豆杉	140	鹰潭贵溪市九龙分场干坑	1	√		16	25.9	78.5	旺盛	分场管护，建议挂牌并落实到人
	红豆杉	120	鹰潭贵溪市九龙分场干坑	1	√		16	22.2	95.0	旺盛	分场管护，建议挂牌并落实到人
	红豆杉	160	鹰潭贵溪市九龙分场干坑	1	√		15	33.6	95.0	旺盛	分场管护，建议挂牌并落实到人
	红豆杉	100	鹰潭贵溪市冷水林场白果树	1	√		11	24.0	38.5	旺盛	禁伐
	红豆杉	200	鹰潭贵溪市冷水林场笔架山	1	√		14	34.0	50.2	旺盛	挂牌管护
	红豆杉	200	鹰潭贵溪市冷水林场笔架山	1	√		14	36.0	50.2	旺盛	挂牌管护
	红豆杉	120	鹰潭贵溪市冷水林场笔架山	1	√		7	16.0	12.6	旺盛	挂牌管护
	红豆杉	120	鹰潭贵溪市冷水林场笔架山	1	√		12	26.0	50.2	旺盛	挂牌管护
	红豆杉	260	鹰潭贵溪市冷水林场桂港	1	√		17	46.0	63.6	旺盛	挂牌管护
	红豆杉	260	鹰潭贵溪市冷水林场李家	1	√		17	42.0	50.2	旺盛	挂牌管护
	红豆杉	200	鹰潭贵溪市冷水林场早茶坑	1	√		14	32.0	38.5	旺盛	禁伐
	红豆杉	300	鹰潭贵溪市冷水林场早茶坑	1	√		22	46.0	63.6	旺盛	禁伐
	红豆杉	100	鹰潭贵溪市冷水林场早茶坑	1	√		14	28.0	38.5	旺盛	禁伐
	红豆杉	100	鹰潭贵溪市冷水林场早茶坑	1	√		9	26.0	38.5	旺盛	禁伐
	红豆杉	100	鹰潭贵溪市冷水林场早茶坑	1	√		13	26.0	38.5	旺盛	禁伐
	红豆杉	100	鹰潭贵溪市冷水林场早茶坑	1	√		13	26.0	63.6	旺盛	禁伐
	红豆杉	100	鹰潭贵溪市冷水林场早茶坑	1	√		9	27.0	28.3	旺盛	禁伐
	红豆杉	100	鹰潭贵溪市冷水林场早茶坑	1	√		12	30.0	63.6	旺盛	禁伐
	红豆杉	100	鹰潭贵溪市冷水林场早茶坑	1	√		12	22.0	63.6	旺盛	禁伐
	红豆杉	180	鹰潭贵溪市冷水林场早茶坑	1	√		11	26.0	38.5	旺盛	禁伐

（续）

序号	中文名	树龄（a）	地　名	株数（株）	分布状况		平　均			生长状况	目前管护情况及建议
					零星	块状	树高（m）	胸径（cm）	冠幅（m^2）		
	红豆杉	200	鹰潭贵溪市冷水林场曾家排	1	√		14	36.0	63.6	旺盛	禁伐
	红豆杉	140	鹰潭贵溪市冷水林场曾家排	1	√		11	34.0	38.5	旺盛	挂牌管护
	红豆杉	100	鹰潭贵溪市冷水林场猪浆坑	1	√		14	26.0	50.2	旺盛	挂牌管护
	红豆杉	120	鹰潭贵溪市冷水林场猪浆坑	1	√		14	30.0	50.2	旺盛	禁伐
	红豆杉	300	鹰潭贵溪市冷水林场紫岭	1	√		10	42.0	153.9	旺盛	挂牌
	红豆杉	200	鹰潭贵溪市文坊镇东际张家组	1	√		7	20.0	63.6	旺盛	村小组管护，建议挂牌并落实到个人
	红豆杉	200	鹰潭贵溪市文坊镇东际张家组	1	√		9	42.0	50.2	旺盛	村小组管护，建议挂牌并落实到个人
	红豆杉	280	鹰潭贵溪市文坊镇沙垅村白源组	1	√		9	94.0	78.5	旺盛	村小组管护，建议挂牌并落实到个人
	红豆杉	210	鹰潭贵溪市文坊镇沙垅村白源组	1	√		15	38.0	113.0	旺盛	村小组管护，建议挂牌并落实到个人
	红豆杉	180	鹰潭贵溪市文坊镇沙垅村白源组	1	√		13	47.5	38.5	旺盛	村小组管护，建议挂牌并落实到个人
	红豆杉	180	鹰潭贵溪市文坊镇沙垅村白源组	1	√		11	48.0	78.5	旺盛	村小组管护，建议挂牌并落实到个人
	红豆杉	120	鹰潭贵溪市文坊镇西窑车村外	1	√		13	32.0	19.6	旺盛	村小组管护，建议挂牌并落实到个人
	红豆杉	120	鹰潭贵溪市文坊镇西窑车村外	1	√		11	34.0	28.3	旺盛	村小组管护，建议挂牌并落实到个人
	红豆杉	100	鹰潭贵溪市文坊镇西窑车村外	1	√		12	32.0	28.3	旺盛	村小组管护，建议挂牌并落实到个人
	红豆杉	140	鹰潭贵溪市文坊镇西窑车村外	1	√		10	36.0	38.5	旺盛	村小组管护，建议挂牌并落实到个人
	红豆杉	180	鹰潭贵溪市文坊镇西窑车村外	1	√		12	40.0	19.6	旺盛	村小组管护，建议挂牌并落实到个人
	红豆杉	100	鹰潭贵溪市文坊镇西窑车村外	1	√		7	26.0	50.2	旺盛	村小组管护，建议挂牌并落实到个人
	红豆杉	200	鹰潭贵溪市文坊镇西窑古岭组	1	√		11	56.0	63.6	旺盛	村小组管护，建议挂牌并落实到个人
	红豆杉	150	鹰潭贵溪市文坊镇西窑古岭组	1	√		9	68.0	15.9	旺盛	村小组管护，建议挂牌并落实到个人
	红豆杉	190	鹰潭贵溪市文坊镇西窑古岭组	1	√		11	48.0	63.6	旺盛	村小组管护，建议挂牌并落实到个人
	红豆杉	240	鹰潭贵溪市文坊镇西窑上角组	1	√		14	51.0	63.6	旺盛	村小组管护，建议挂牌并落实到个人

（续）

序号	中文名	树龄(a)	地名	株数(株)	分布状况		平均			生长状况	目前管护情况及建议
					零星	块状	树高(m)	胸径(cm)	冠幅(m^2)		
	红豆杉	240	鹰潭贵溪市文坊镇西窑上角组	1	√		10	62.0	50.2	旺盛	村小组管护,建议挂牌并落实到个人
	红豆杉	200	鹰潭贵溪市文坊镇西窑上角组	1	√		13	48.0	50.2	旺盛	村小组管护,建议挂牌并落实到个人
	红豆杉	160	鹰潭贵溪市文坊镇西窑上角组	1	√		30	85.2	113.0	旺盛	村小组管护,建议挂牌并落实到个人
	红豆杉	120	鹰潭贵溪市文坊镇西窑上角组	1	√		16	40.0	38.5	旺盛	村小组管护,建议挂牌并落实到个人
	红豆杉	180	鹰潭贵溪市文坊镇西窑上角组	1	√		10	48.0	28.3	旺盛	村小组管护,建议挂牌并落实到个人
	红豆杉	150	鹰潭贵溪市文坊镇西窑上角组	1	√		15	30.0	12.6	旺盛	村小组管护,建议挂牌并落实到个人
	红豆杉	150	鹰潭贵溪市文坊镇西窑上角组	1	√		15	32.0	12.6	旺盛	村小组管护,建议挂牌并落实到个人
	红豆杉	160	鹰潭贵溪市文坊镇西窑上角组	1	√		10	42.0	63.6	旺盛	村小组管护,建议挂牌并落实到个人
	红豆杉	180	鹰潭贵溪市文坊镇西窑塔前组	1	√		8	48.0	50.2	旺盛	村小组管护,建议挂牌并落实到个人
	红豆杉	300	鹰潭贵溪市文坊镇西窑汪家组	1	√		11	110.0	28.3	旺盛	村小组管护,建议挂牌并落实到个人
	红豆杉	180	鹰潭贵溪市文坊镇西窑汪家组	1	√		7	46.0	38.5	旺盛	村小组管护,建议挂牌并落实到个人
	红豆杉	180	鹰潭贵溪市文坊镇西窑汪家组	1	√		11	56.0	7.1	旺盛	村小组管护,建议挂牌并落实到个人
	红豆杉	200	鹰潭贵溪市文坊镇西窑小际组	1	√		19	76.0	113.0	旺盛	村小组管护,建议挂牌并落实到个人
	红豆杉	260	鹰潭贵溪市文坊镇西窑新村组	1	√		9	83.0	78.5	旺盛	村小组管护,建议挂牌并落实到个人
	红豆杉	280	鹰潭贵溪市文坊镇西窑余坊曾家组	1	√		13	78.0	113.0	旺盛	村小组管护,建议挂牌并落实到个人
	红豆杉	300	鹰潭贵溪市文坊镇西窑余坊曾家组	1	√		13	96.0	38.5	旺盛	村小组管护,建议挂牌并落实到个人
	红豆杉	210	赣州市崇义县丰州乡白石村上新屋组	1	√		12	47.1	109	旺盛	村小组管护,建议落实到人管护
	红豆杉	200	赣州市崇义县关田镇沙溪村村里组	1	√		15	121.0	38	旺盛	村小组管护,建议落实到人管护
	红豆杉	350	赣州市崇义县乐洞乡陈洞村下陈洞组	1	√		22.5	120.6	200	旺盛	村小组管护,建议落实到人管护
	红豆杉	500	赣州市崇义县乐洞乡高洞村高奢下湾组	1	√		24	82.4	452	旺盛	村小组管护,建议落实到人管护
	红豆杉	300	赣州市崇义县乐洞乡乐洞村白茅坪组	1	√		15	73.2	283	旺盛	村小组管护,建议落实到人管护

（续）

序号	中文名	树龄（a）	地　名	株数（株）	分布状况		平　均			生长状况	目前管护情况及建议
					零星	块状	树高（m）	胸径（cm）	冠幅（m^2）		
	红豆杉	460	赣州市崇义县乐洞乡龙归村东坑头组	1	√		25.5	89.1	346	旺盛	村小组管护，建议落实到人管护
	红豆杉	460	赣州市崇义县乐洞乡龙归村东坑头组	1	√		22.5	80.2	306	旺盛	村小组管护，建议落实到人管护
	红豆杉	354	赣州市崇义县乐洞乡龙归村廖屋组	1	√		19	68.4	314	旺盛	村小组管护，建议落实到人管护
	红豆杉	350	赣州市崇义县乐洞乡龙归村马鞍寨组	1	√		18	77.3	593	旺盛	村小组管护，建议落实到人管护
	红豆杉	700	赣州市崇义县乐洞乡龙归村榕树坝组	1	√		11	92.3	117	旺盛	村小组管护，建议落实到人管护
	红豆杉	305	赣州市崇义县文英乡水头村杨梅坑组大林山	1	√		13	51.9	99	旺盛	村小组管护，建议落实到人管护
	红豆杉	404	赣州市崇义县文英乡水头村杨梅坑组大林山	1	√		25	138.5	340	旺盛	村小组管护，建议落实到人管护
	红豆杉	253	赣州市大余县内良尧扶南坑水	1	√		24.6	93.0	153.9	旺盛	
	红豆杉	400	赣州市会昌县洞头乡下东坑村水口	200		√	17	69.0	153.9	旺盛	户主管护，建议设立保护区
	红豆杉	130	赣州市会昌县清溪乡青峰村七姑坑	20	√		18	53.7	130.6	旺盛	户主管护，建议设立保护区
	红豆杉	150	赣州市宁都县宁都县田埠镇洋斜葛坳	1	√		18.4	103.0	136.8	旺盛	林管站管护，建议指定专人管护
	红豆杉	450	赣州市宁都县小布镇树陂村湾里组小学后背	1	√		15.6	99.0	234.9	旺盛	林管站管护，建议指定专人管护
	红豆杉	260	赣州市上犹县陡水镇长坑村学堂坑	1			6		95.0	旺盛	未进行保护，建议挂牌
	红豆杉	125	赣州市上犹县寺下乡富足村蕉坑	1			7.5	36.0	24.6	旺盛	未进行保护，建议挂牌
	红豆杉	100	赣州市上犹县寺下乡珍珠村电站旁	1			3.8		40.7	旺盛	分叉，未进行保护，建议挂牌
	红豆杉	310	赣州市上犹县五指峰乡鹅形村上山组	1			18	56.2			
	红豆杉	220	赣州市上犹县五指峰乡高峰村老因组	1			7	64.1			
	红豆杉	260	赣州市上犹县五指峰乡高峰村老因组	1			7	47.0			
	红豆杉	230	赣州市上犹县五指峰乡象形村苏州坳小组	1				42.6	63.6	旺盛	
	红豆杉	500	赣州市石城县高田镇礼地老屋下		√		11.0	169.0	240.4	旺盛	加强保护和充分利用
	红豆杉	450	赣州市石城县高田镇礼地老屋下		√		12.0	133.0	113.0	旺盛	加强保护和充分利用

(续)

序号	中文名	树龄(a)	地 名	株数(株)	分布状况		平 均			生长状况	目前管护情况及建议
					零星	块状	树高(m)	胸径(cm)	冠幅(m^2)		
	红豆杉	100	赣州市信丰县金盆山林场夹水口工区石壁下	200		√	10.3	50.2	30.2	旺盛	金盆山林场管护,建议挂牌并落实到人
	红豆杉	500	宜春市万载县赵家村	1	√		23	187.0	283	良好	县人民政府统一挂牌
	红豆杉	250	宜春樟树市高桥乡古湾	5	√		15	75.0	176.6	良好	挂牌管护
	红豆杉	300	宜春樟树市高桥乡上肖组邱家	5	√		20	115.0	21	良好	挂牌管护
	红豆杉	120	宜春樟树市永宁镇八亩村罗带组	1	√		20	69.0	18	良好	挂牌管护
	红豆杉	480	上饶市德兴县海口杜村	1	√		27	240.0	256	旺盛	
	红豆杉	490	上饶市德兴县海口黄村湾	1	√		24	245.0	49	旺盛	
	红豆杉	380	上饶市德兴县海口江田电站	1	√		16	190.0	113.0	旺盛	
	红豆杉	420	上饶市德兴县海口舒湾井坞	1	√		13	212.0	30	旺盛	
	红豆杉	420	上饶市德兴县海口舒湾井坞	1	√		18	210.0	42	旺盛	
	红豆杉	560	上饶市德兴县海口舒湾练家庄	1	√		7.5	280.0	24	旺盛	
	红豆杉	520	上饶市德兴县海口舒湾岭背	1	√		19	260.0	360	旺盛	
	红豆杉	500	上饶市德兴县海口舒湾岭背	1	√		18	250.0	306	旺盛	
	红豆杉	460	上饶市德兴县海口舒湾麻家	1	√		23	230.0	224	旺盛	
	红豆杉	440	上饶市德兴县海口舒湾祝家	1	√		13	220.0	45	旺盛	
	红豆杉	520	上饶市德兴县李宅粮管所	1	√		16	260.0	42	旺盛	
	红豆杉	480	上饶市德兴县李宅石源坑	1	√		18	240.0	56	旺盛	
	红豆杉	320	上饶市德兴县龙头山桂湖董叶家	1	√		14	159.0		旺盛	
	红豆杉	325	上饶市德兴县龙头山兰溪下呈	1	√		16	163.0	30	旺盛	
	红豆杉	460	上饶市德兴县龙头山暖水张家坞	1	√		25	230.0	160	旺盛	
	红豆杉	400	上饶市德兴县绕二花林红家湾	1	√		14	198.0	340	旺盛	
	红豆杉	370	上饶市德兴县绕二水口大坞口	1	√		19	185.0	490.6	旺盛	

（续）

序号	中文名	树龄(a)	地　名	株数(株)	分布状况		平　均			生长状况	目前管护情况及建议
					零星	块状	树高(m)	胸径(cm)	冠幅(m^2)		
	红豆杉	520	上饶市德兴县绕二徐家坛董家	1	√		17	250.0	63	旺盛	
	红豆杉	460	上饶市德兴县双溪水库	1	√		20	230.0	224	旺盛	
	红豆杉	440	上饶市德兴县泗洲立新上洛潘家	1	√		17.5	220.0	57	旺盛	
	红豆杉	270	上饶市德兴县新建板桥董家坞	1	√		10	135.0	50	旺盛	
	红豆杉	230	上饶市德兴县张村瑶畈郎树底	1	√		15	115.0	201.0	旺盛	
	红豆杉	215	上饶市广丰县七星村下庄坑	1	√		22	152.0	132.7	良好	管护良好
	红豆杉	200	上饶市广丰县七星村下庄坑	1	√		20	98.0	70.8	良好	管护良好
	红豆杉	500	上饶市横峰县上坑源大岑岗	1	√		7	150.0	4.9	良好	加强保护
	红豆杉	300	上饶市横峰县上坑源徐家坦	1	√		8	200.0	1	良好	加强保护
	红豆杉	400	上饶市横峰县上坑源祝家垅	1	√		12	280.0	23.7	良好	加强保护
	红豆杉	300	上饶市横峰县新篁乡槎源村西边	1	√		17	178.0	12.6	良好	加强保护
	红豆杉	200	上饶市横峰县新篁乡槎源村西边	1	√		16	110.0	7.1	良好	加强保护
	红豆杉	200	上饶市横峰县新篁乡槎源村西边	1	√		11	76.0	3.1	良好	加强保护
	红豆杉	200	上饶市横峰县新篁乡槎源村西边	1	√		16	161.0	7.1	良好	加强保护
	红豆杉	200	上饶市横峰县新篁乡槎源村下村湾	1	√		15	50.0	12.6	良好	加强保护
	红豆杉	300	上饶市横峰县新篁乡山田村本港	1	√		20	286.0	78.5	良好	加强保护
	红豆杉	200	上饶市横峰县新篁乡山田村本港	1	√		17	217.0	50.2	良好	加强保护
	红豆杉	860	上饶市鄱阳县莲花山乡潘村明水墩	21	√		27	110.0	36	旺盛	
	红豆杉	200	上饶市铅山县篁碧乡中村村	1	√		12.5	60.0	33.6	旺盛	
	红豆杉	200	上饶市铅山县天柱山港口村	1	√		14	51.0	226.9	旺盛	
	红豆杉	600	上饶市铅山县武夷山王村	1	√		25	120.0	25.2	旺盛	
	红豆杉	250	上饶市铅山县武夷山王村	1	√		13	80.0	240.4	旺盛	

（续）

序号	中文名	树龄(a)	地　名	株数(株)	分布状况		平　均			生长状况	目前管护情况及建议
					零星	块状	树高(m)	胸径(cm)	冠幅(m^2)		
	红豆杉	300	上饶市三清山三清乡岭头山村	1	√		10	90.0		良好	
	红豆杉	151	上饶市上饶县高洲乡毛楼村作坑	1	√		17	23.9	19.6	旺盛	挂牌管护
	红豆杉	836	上饶市上饶县高洲乡毛楼村作坑	1	√		21	133.8	132.7	旺盛	挂牌管护
	红豆杉	333	上饶市上饶县高洲乡毛楼村作坑组	1	√		18	53.5	25	旺盛	挂牌管护
	红豆杉	623	上饶市上饶县华坛山革坂村	1	√		16	98.7	33.2	旺盛	挂牌管护
	红豆杉	365	上饶市上饶县华坛山桐西村外火烧坂	1	√		14	58.0	56.7	旺盛	挂牌管护
	红豆杉	855	上饶市上饶县华坛山桐西分场苦竹塘	1	√		16	136.0	56.7	旺盛	挂牌管护
	红豆杉	450	上饶市上饶县华坛山小东坞村	1	√		13	70.1	56.7	旺盛	挂牌管护
	红豆杉	761	上饶市上饶县华坛山小东坞村甘岭	1	√		22	121.0	56.7	旺盛	挂牌管护
	红豆杉	648	上饶市上饶县华坛山小东坞村上平阳	1	√		14	103.5	50.2	旺盛	挂牌管护
	红豆杉	239	上饶市上饶县华坛山郑坑村河坞	12		√	14	37.9		旺盛	挂牌管护
	红豆杉	478	上饶市上饶县茗洋乡白石场圩石组	1	√		13	76.4	132.7	旺盛	挂牌管护
	红豆杉	421	上饶市上饶县茗洋乡白石场圩石组	1	√		13	66.9	113.0	旺盛	挂牌管护
	红豆杉	623	上饶市上饶县望仙乡葛路村黄柏洋	1	√		15	98.7	132.7	旺盛	挂牌管护
	红豆杉	591	上饶市上饶县望仙乡葛路村黄柏洋	1	√		15	93.9	132.7	旺盛	挂牌管护
	红豆杉	610	上饶市上饶县望仙乡葛路村黄柏洋	1	√		17	97.1	95.0	旺盛	挂牌管护
	红豆杉	748	上饶市上饶县望仙乡葛路村唐家	1	√		22	119.4	95.0	旺盛	挂牌管护
	红豆杉	730	上饶市上饶县望仙乡葛路村王家	1	√		21	100.3	38.5	旺盛	挂牌管护
	红豆杉	572	上饶市上饶县望仙乡葛路村坞里	1	√		22	90.8	78.5	旺盛	挂牌管护
	红豆杉	748	上饶市上饶县望仙乡葛路村徐家	1	√		22	119.4	95.0	旺盛	挂牌管护
	红豆杉	730	上饶市上饶县望仙乡西坑林场	1	√		18	116.2	44.2	旺盛	挂牌管护

（续）

序号	中文名	树龄(a)	地　名	株数(株)	分布状况		平　均			生长状况	目前管护情况及建议
					零星	块状	树高(m)	胸径(cm)	冠幅(m^2)		
	红豆杉	201	上饶市上饶县望仙乡祝家村上南峰大坪地	15		√	22	73.2		旺盛	挂牌管护
	红豆杉	811	上饶市上饶县望仙乡祝狮村后山	1	√		23	129.0	452.2	旺盛	挂牌管护
	红豆杉	604	上饶市上饶县五府山金钟山里湾	1	√		24	95.5	226.9	旺盛	挂牌管护
	红豆杉	560	上饶市上饶县五府山金钟山里湾	1	√		22	89.2	176.6	旺盛	挂牌管护
	红豆杉	540	上饶市婺源县大鄣山乡白石源村白山组	1	√		10	85.9	50.2	较差	挂牌管护
	红豆杉	240	上饶市婺源县大鄣山乡和村角子尖	1	√		16	38.2	38.5	旺盛	挂牌
	红豆杉	720	上饶市婺源县大鄣山乡黄村大坑村	1	√		26	114.6	113.0	较差	挂牌
	红豆杉	700	上饶市婺源县大鄣山乡上村岑脚村	1	√		26	111.4	226.9	较差	挂牌
	红豆杉	420	上饶市婺源县大鄣山乡上村河坑口	1	√		13	66.8	28.3	旺盛	挂牌
	红豆杉	470	上饶市婺源县大鄣山乡上村河坑口	1	√		22	74.8	28.3	旺盛	挂牌
	红豆杉	520	上饶市婺源县大鄣山乡下村大坞村	1	√		19	82.8	113.0	较差	挂牌
	红豆杉	600	上饶市婺源县大鄣山乡下村庄家村	1	√		14	95.5	63.6	较差	挂牌
	红豆杉	560	上饶市婺源县赋春镇东溪村上菜园	1	√		10	89.1	78.5	较差	挂牌
	红豆杉	230	上饶市婺源县赋春镇洪家村福田村	1	√		17	60.5	70.8	旺盛	挂牌
	红豆杉	440	上饶市婺源县赋春镇游汀村西立溪村边	1	√		14	70.0	63.6	较差	挂牌
	红豆杉	320	上饶市婺源县赋春镇臧坑村庙基地	1	√		15	50.9	38.5	较差	挂牌
	红豆杉	840	上饶市婺源县思口镇西源村上汪村	1	√		18	133.7	379.9	较差	挂牌
	红豆杉	600	上饶市婺源县思口镇西源村坞头村	1	√		24	95.5	38.5	旺盛	挂牌
	红豆杉	680	上饶市婺源县思口镇西源村坞头村	1	√		22	108.2	132.7	旺盛	挂牌
	红豆杉	1100	上饶市婺源县思口镇西源村朱家庙底	1	√		22	175.0	530.7	较差	挂牌
	红豆杉	500	上饶市婺源县沱川乡河西村篁村	1	√		26	54.1	63.6	较差	挂牌

（续）

序号	中文名	树龄（a）	地名	株数（株）	分布状况		平均			生长状况	目前管护情况及建议
					零星	块状	树高（m）	胸径（cm）	冠幅（m^2）		
	红豆杉	400	上饶市婺源县沱川乡河西村金元村金刚岭	50	√		25.2	66.8	50.2	旺盛	
	红豆杉	420	上饶市婺源县浙源乡虹关村什堡村	1	√		14	66.8	78.5	旺盛	
	红豆杉	250	上饶市余干县大溪乡青林村	1	√		12	70.0	70.8	旺盛	
	红豆杉	680	上饶市玉山县紫湖镇干坑村	1	√		13	62.0	45	旺盛	
	红豆杉	450	吉安市遂川县滁洲岭下村	1	√		23	286.0	153.9	旺盛	村小组管护
	红豆杉	200	吉安市遂川县大下村石下组	1	√		11	276.0	153.9	旺盛	村小组管护
	红豆杉	160	吉安市遂川县戴家埔上湾	1	√		14	190.0	78.5	旺盛	村小组管护
	红豆杉	100	吉安市遂川县福龙村龙潭	1	√		10	293.0	50.2	旺盛	村小组管护
	红豆杉	200	吉安市遂川县阡陌村阡陌组	1	√		13	215.0	113.0	旺盛	村小组管护
	红豆杉	103	吉安市遂川县阡陌村唐坑	1	√		26	260.0	26	旺盛	村小组管护
	红豆杉	350	吉安市遂川县阡陌村下湾	1	√		15	275.0	132.7	旺盛	村小组管护
	红豆杉	1300	吉安市遂川县水口村水口组	1	√		26	270.0	63.6	旺盛	村小组管护
	红豆杉	110	吉安市遂川县云龙村云调组	1	√		15	200.0	38.5	旺盛	村小组管护
	红豆杉	120	吉安市新干县黎山村东彭小组	1	√		17.5	85.0	118.8	旺盛	村小组管护
	红豆杉	150	吉安市永丰县茶园	1	√		14	83.0	104	旺盛	村小组管护
	红豆杉	300	吉安市永丰县梨树	1	√		7.6	95.5	64	较差	村小组管护
	红豆杉	200	吉安市永丰县龙头	1	√		16	106.7	254.3	良好	村小组管护
	红豆杉	700	吉安市永丰县芒坳	1	√		18	120.0	153.9	良好	村小组管护
	红豆杉	300	吉安市永丰县芒坳	1	√		17	63.1	153.9	良好	村小组管护
	红豆杉	300	吉安市永丰县丝茅坪	1	√		18	64.0	78.5	旺盛	村小组管护
	红豆杉	600	吉安市永丰县义溪	1	√		11.3	14.5	20.4	旺盛	村小组管护
	红豆杉	250	抚州市黎川县湖坊大排	1	√		23.5	89.9	111.2	旺盛	村委会管护，挂牌并落实到人
	红豆杉	280	抚州市黎川县湖坊大排殿背	1	√		29.8	96.8	75.4	旺盛	村委会管护，挂牌并落实到人
	红豆杉	310	抚州市黎川县湖坊大排水溪旁	1	√		24.6	118.5	156.1	旺盛	村委会管护，挂牌并落实到人

（续）

序号	中文名	树龄（a）	地　名	株数（株）	分布状况		平　均			生长状况	目前管护情况及建议
					零星	块状	树高（m）	胸径（cm）	冠幅（m^2）		
	红豆杉	310	抚州市黎川县湖坊大排水溪旁	1	√		26.5	129.4	55.4	旺盛	村委会管护，挂牌并落实到人
	红豆杉	280	抚州市黎川县湖坊大排水溪旁	1	√		25.5	108.9	54.1	旺盛	村委会管护，挂牌并落实到人
	红豆杉	210	抚州市黎川县湖坊大排水溪旁	1	√		23.6	90.0	50.2	旺盛	村委会管护，挂牌并落实到人
	红豆杉	240	抚州市黎川县湖坊大排水溪旁	1	√		21.5	96.8	83.3	旺盛	村委会管护，挂牌并落实到人
	红豆杉	400	抚州市黎川县西城五通邱家堡	1	√		24	108.0	34.2	旺盛	村委会管护，挂牌并落实到人
	红豆杉	220	抚州市资溪县梁家村桃树坪	1	√		16	82.8	113.0	旺盛	建议挂牌并落实到人
	红豆杉	240	抚州市资溪县马头山镇梁家村	1	√		15	89.5	153.9	旺盛	建议挂牌并落实到人
	红豆杉	220	抚州市资溪县马头山镇梁家村	1	√		16	65.3	95.0	旺盛	建议挂牌并落实到人
	红豆杉	200	抚州市资溪县马头山镇梁家村	1	√		16	58.0	95.0	旺盛	建议挂牌并落实到人
	红豆杉	240	抚州市资溪县马头山镇梁家村	1	√		14	65.9	153.9	旺盛	建议挂牌并落实到人
82	红勾栲	263	赣州市大余县青龙同盟西坑	1	√		12	127.0	452.2	较差	
	红勾栲	203	赣州市大余县左拔云山村云坑子	1	√		29	117.2	415.3	旺盛	
	红勾栲	303	赣州市大余县左拔左拔村云山奄	1	√		29.4	138.5	226.9	旺盛	
	红勾栲	303	赣州市大余县左拔左拔村云山奄	1	√		23	109.8	226.9	旺盛	
	红勾栲	303	赣州市大余县左拔左拔村云山奄	1	√		28	110.8	243.2	旺盛	
	红勾栲	284	赣州市寻乌县桂竹帽坳背林场	1	√		32.3	134.1	237.7	较差	村委会管护，建议挂牌并落实到人
	红勾栲	220	赣州市寻乌县桂竹帽坳背林场	1	√		38.9	129.9	265.8	旺盛	村委会管护，建议挂牌并落实到人
83	红果罗浮槭	18	赣州市龙南县烟坑仔	12	√		4	12.0	6.5	旺盛	制订禁牌，指定专人监护，建议收集种子育苗
84	红花檵木	1900	萍乡市上栗县金山镇白合村	1	√		12	64.0	104	良好	管护较好，严防过分抽枝
85	红花木莲	38	赣州市寻乌县项山乡项山村	1	√		10.6	18.6	3.6	旺盛	村委会管护，建议挂牌并落实到人
86	红花油茶	17	鹰潭贵溪市双圳林场上山	1	√		3		3.1	旺盛	挂牌

（续）

序号	中文名	树龄(a)	地　名	株数(株)	分布状况		平　均			生长状况	目前管护情况及建议
					零星	块状	树高(m)	胸径(cm)	冠幅(m^2)		
	红花油茶	17	鹰潭贵溪市双圳林场上山平岗	1	√		3.2		6.2	旺盛	列入生态保护工程
	红花油茶	100	赣州市寻乌县文峰乡鹅坪村	1	√		8.3	23.0	75.4	旺盛	村委会管护，建议挂牌并落实到人
	红花油茶	35	赣州市章贡区803办公楼	1	√		6	12.0	35	旺盛	803厂
	红花油茶	35	赣州市章贡区804办公楼	1	√		6.5	16.5	22	旺盛	803厂
	红花油茶	160	宜春市奉新县黄沙岗镇古塘村野鸡窝组	1	√		5	31.8	20	一般	挂牌，自家看护
	红花油茶	100	宜春樟树市永宁镇上源村窑背	4	√		3	50.0	3	良好	挂牌管护
87	红楝子（红椿）	400	赣州市赣县韩坊乡大屋村	零星	√		17	130.0	314.0	良好	无管护，建议设置围栏
	红楝子（红椿）	150	赣州市赣县荫掌山林场黄沙分场	零星	√		15	52.1	65.0	旺盛	护林员管护，前些年已采种，继续加强管护
	红楝子（红椿）	100	赣州市宁都县宁都县石上镇石上村砍柴岗组	1	√		18.5	114.6	158.3	旺盛	林管站管护，建议指定专人管护
88	红楠	60	九江市修水县黄港黎家岭	1	√		8	21.0	19.6	旺盛	尚无管护和利用
	红楠	400	九江市修水县上奉镇湖山村	1	√		13	136.0	95.0	旺盛	
	红楠	500	景德镇市昌江区浮梁县瑶里白石塔	1	√		14	79.6	96	旺盛	
	红楠	50	赣州市石城县横江镇赣江源村		√		12.0	22.0	17.7	旺盛	加强保护和充分利用
	红楠	26	赣州市寻乌县罗珊乡下�竹村	1	√		14.8	5.1	30.2	旺盛	村委会管护，建议挂牌并落实到人
	红楠	400	上饶市德兴县海口杜村小学	1	√		6	180.0	196	旺盛	
89	红枣树	200	赣州市全南县老屋村青龙山庙中	1	√		9.5	44.9	78.5	旺盛	集体管护
90	红锥	70	鹰潭贵溪市双圳林场火烧关	1	√		7.2	11.3	46.5	旺盛	规划为生态公益林
91	猴欢喜	39	鹰潭贵溪市双圳林场狗垅	1	√		6	14.0	19.6	旺盛	列入生态公益林保护
	猴欢喜	39	鹰潭贵溪市双圳林场楼棚	1	√		7	9.6	12.6	旺盛	挂牌
	猴欢喜	20	赣州市大余县樟斗东坑钟屋	1	√		13	15.0	28.3	旺盛	
	猴欢喜	18	赣州市龙南县青茶工区	2	√		6	16.0	12.6	旺盛	制订禁牌，指定专人管护

（续）

序号	中文名	树龄（a）	地名	株数（株）	分布状况		平均			生长状况	目前管护情况及建议
					零星	块状	树高（m）	胸径（cm）	冠幅（m^2）		
	猴欢喜	20	赣州市信丰县金盆山林场夹水口工区	50		√	6.0	19.3	23.7	旺盛	金盆山林场管护，建议挂牌并落实到人
	猴欢喜	28	赣州市寻乌县桂竹帽华星村	1	√		13.8	7.7	30.2	较差	村委会管护，建议挂牌并落实到人
92	厚壳树	210	赣州市龙南县龙南镇金都街	1	√		16	56.0	153.9	旺盛	尚无管护，建议设禁牌
	厚壳树	200	赣州市龙南县龙南镇金都街	1	√		17	64.0	56.7	旺盛	尚无管护，建议设禁牌
	厚壳树	200	赣州市龙南县桃江乡窑头村	1	√		16	62.0	38.5	旺盛	尚无管护，建议设禁牌
93	厚皮毛竹	1－5	宜春市万载县锦源	1	√		7	7.0	1.6	良好	挂牌
94	厚皮香	21	赣州市寻乌县文峰乡长岭村	1	√		8.3	14.6	10.2	旺盛	村委会管护，建议挂牌并落实到人
95	厚朴	21	赣州市会昌县清溪乡象洞小组	1	√		11	27.2	6.4	旺盛	户主管护，建议设立保护区
	厚朴	16	赣州市会昌县文武坝镇文武坝村人民组	1	√		11	27.0	4	旺盛	户主管护，建议设立保护区
	厚朴	28	赣州市寻乌县吉潭镇汉地村	1	√		17.8	9.1	58.1	旺盛	村委会管护，建议挂牌并落实到人
96	槲栎	300	九江市永修县梅棠镇杨岭村甘背垅组	1			20	96.0	113.0	旺盛	村民小组管护
	槲栎	310	九江市永修县梅棠镇杨岭村童家湾组	1			14	92.0	113.0	旺盛	村民小组管护
	槲栎	192	赣州市寻乌县项山乡中坑村	1	√		21.7	123.0	191.0	旺盛	村委会管护，建议挂牌并落实到人
97	虎皮楠	400	赣州市安远县栋仔脑	1	√		25.0	41.0	110.2	旺盛	村民管护
98	花榈木	38	鹰潭贵溪市双圳林场黄沙桥头	1	√		1.8		1.2	旺盛	挂牌
	花榈木	26	赣州市寻乌县罗珊珊贝粪其窝	1	√		8.2	18.0	13.8	旺盛	村委会管护，建议挂牌并落实到人
	花榈木	29	宜春市靖安县试验林场	1			7	19.0	10		专人管护
	花榈木	30	吉安市青原区下珍潭	1	√		9	75.0	9	较差	村小组管护
	花榈木	320	抚州市黎川县洵口皮边胡家排	1	√		23.4	97.5	349.5	旺盛	村委会管护，挂牌并落实到人
	花榈木	360	抚州市黎川县洵口皮边胡家排	1	√		21.2	142.7	138.9	较差	村委会管护，挂牌并落实到人
	花榈木	200	抚州市黎川县洵口皮边康家	1	√		18.5	65.0	122.7	旺盛	村委会管护，挂牌并落实到人
	花榈木	80	抚州市资溪县马头山镇昌坪村	1	√		21	37.2	78.5	良好	建议挂牌并落实到人
99	华东黄杉	300	上饶市三清山塔湾	1	√		17	70.0	10	良好	

（续）

序号	中文名	树龄(a)	地　名	株数(株)	分布状况		平　均			生长状况	目前管护情况及建议
					零星	块状	树高(m)	胸径(cm)	冠幅(m^2)		
100	华东润楠	15	赣州市石城县横江镇赣江源村		√		8.0	20.0	19.6	旺盛	加强保护和繁殖
101	华东铁杉	40	鹰潭贵溪市双圳林场鲁水坑	1	√		16	56.0	147.3	旺盛	列入生态公益林保护
102	华东野核桃	14	宜春市靖安县北港林场河边	800		√	5	7.0	25	旺盛	
103	华木莲	13	江西农业大学	500		√	6.0	4.0	3.1	旺盛	人工栽种，校园绿化管理
104	华南厚皮香	26	赣州市寻乌县文峰乡上坝村	1	√		8.9	19.3	16.6	旺盛	村委会管护，建议挂牌并落实到人
105	华南苏铁	350	赣州市安远县古田村	1	√		3.0	34.0	35.0	旺盛	村民自行管护
	华南苏铁	350	赣州市安远县古田村	1	√		2.7	56.0	42.0	旺盛	村民自行管护
106	华檀梨	50	赣州市石城县横江镇赣江源村		√		7.0	16.0	17.7	旺盛	加强保护和充分利用
107	槐树	1000	南昌市安义县长埠镇大路村	1	√		12.0	79.6	165.0	良好	村民管护
	槐树	300	南昌市安义县黄洲乡高峰塔村	1	√		10.0	63.7	379.9	良好	村民管护
	槐树	1000	南昌市安义县石鼻镇石鼻村老屋组	1	√		8.0	127.4	50.2	良好	村民管护
	槐树	300	南昌市南昌县冈上镇安仁村大塘湖	1	√		17.0	73.2	122.7	良好	村民小组管护
	槐树	280	九江市湖口县武山三房舍村	1	√		7	119.4	50	较差	注意大风刮倒，欠保护
	槐树	280	九江市湖口县武山三房舍村	1	√		9	124.2	240	较差	注意大风刮倒，欠保护
	槐树	350	九江市彭泽县定山镇东明村	1	√		9	82.2	54	旺盛	村委会管护，建议挂牌并落实到人
	槐树	500	九江市彭泽县定山镇东明村	1	√		12	108.3	200	旺盛	村委会管护，建议挂牌并落实到人
	槐树	350	九江市彭泽县定山镇日光村	1	√		10	88.9	120	旺盛	村委会管护，建议挂牌并落实到人
	槐树	450	九江瑞昌市黄金乡林兴村		√		28	102.0	314.0	良好	集体管护
	槐树	400	九江市武宁县七组	1	√		19	183.1	64	一般	
	槐树	500	九江市修水县黄港月山	1	√		18	180.0	78.5	较差	尚无管护
	槐树	600	九江市修水县上奉镇麻洞村小湾里	1	√		18	123.0	132.7	旺盛	
	槐树	300	九江市永修县滩溪镇东山村弯头组	1			11	92.4	78.5	较差	村民小组管护
	槐树	280	赣州市崇义县乐洞乡龙归村马鞍寨	1	√		24.3	94.5	201	旺盛	村小组管护，建议落实到人管护

（续）

序号	中文名	树龄（a）	地　名	株数（株）	分布状况		平　均			生长状况	目前管护情况及建议
					零星	块状	树高（m）	胸径（cm）	冠幅（m^2）		
	槐树	300	上饶市德兴县龙头山兰溪龙门路	1	√		13	250.0	24	旺盛	
108	黄丹木姜子	26	赣州市寻乌县项山乡聪坑村	1	√		11.8	28.0	32.2	旺盛	村委会管护，建议挂牌并落实到人
109	黄荆	500	吉安市吉水县阜田石莲洞	1			19	165.6	314.0	旺盛	村小组管护
	黄荆	300	吉安市吉水县石莲洞	1	√		18	110.0	201.0	旺盛	村小组管护
	黄荆	300	吉安市万安县五斗坑	1	√		19	76.0	11	旺盛	村小组管护
	黄荆	550	吉安市永丰县光明	1	√		10	210.0			村小组管护
110	黄连木	500	南昌市进贤县观花岭林场东河垄	1	√		21	111.0	105.6	良好	未落实管护
	黄连木	400	南昌市进贤县观花岭林场东河垄	1	√		15	80.0	98.5	一般	未落实管护
	黄连木	400	南昌市进贤县七里苍下岭下	1	√		18	80.0	111.2	良好	未落实管护
	黄连木	300	九江市德安县车桥镇白水村二组	1			20	111.5	254.34	旺盛	
	黄连木	460	九江市都昌县北山余铺邵家山村	1			22	136.0	25	旺盛	
	黄连木	320	九江市都昌县春桥老山马家塘	1			16	85.0	50	较差	
	黄连木	860	九江市都昌县多宝枫树付超灵	1			18	178.0	240		
	黄连木	500	九江市都昌县多宝枫树付超灵	1			17	280.0	306		
	黄连木	320	九江市都昌县阳峰株桥垄里汪家	1			14	84.0	56	较差	
	黄连木	305	九江市湖口县城山王御湾	1	√		12	115.0	48	较差	培土保护
	黄连木	300	九江市湖口县城山王御湾	1	√		12.6	102.2	72	旺盛	培土保护
	黄连木	305	九江市湖口县张青沈余村	1	√		26	147.0	360	较差	培土保护
	黄连木	400	九江市九江县马回岭镇蔡桥村十一组	1	√		20	98.0	265.8	旺盛	村小组管护
	黄连木	450	九江市九江县马回岭镇蔡桥村十一组	1	√		19.5	115.0	240.4	旺盛	村小组管护
	黄连木	400	九江市九江县马回岭镇铭山村一组	1	√		15	117.0	186.2	良好	村小组管护
	黄连木	300	九江市庐山自然保护区归宗寺		√		25	79.6	210	旺盛	
	黄连木	500	九江市庐山区海会五洲村下裴家畈	1	√		13.3	106.7	213.7	良好	

（续）

序号	中文名	树龄（a）	地　名	株数（株）	分布状况		平　均			生长状况	目前管护情况及建议
					零星	块状	树高（m）	胸径（cm）	冠幅（m^2）		
	黄连木	500	九江市彭泽县芙蓉镇凤凰村	1	√		30	97.5	80	旺盛	村委会管护，建议挂牌并落实到人
	黄连木	500	九江市彭泽县芙蓉镇凤凰村	1	√		30	102.5	56	旺盛	村委会管护，建议挂牌并落实到人
	黄连木	430	九江市彭泽县芙蓉镇湖西村	1	√		20	102.5	240	旺盛	村委会管护，建议挂牌并落实到人
	黄连木	360	九江市彭泽县芙蓉镇柘林村	1	√		18	112.5	140	旺盛	村委会管护，建议挂牌并落实到人
	黄连木	300	九江市彭泽县黄花乡新民村	1	√		30	110.0	360	旺盛	村委会管护，建议挂牌并落实到人
	黄连木	600	九江市彭泽县马当镇莲花村	1	√		16	113.0	50	旺盛	村委会管护，建议挂牌并落实到人
	黄连木	600	九江市彭泽县马当镇阳榜村	1	√		16	86.0	40	旺盛	村委会管护，建议挂牌并落实到人
	黄连木	300	九江市武宁县八组	1	√		13	57.3	56	一般	
	黄连木	300	九江市武宁县七组	1	√		20	111.5	144	一般	
	黄连木	300	九江市武宁县十三组	1	√		17	124.2	110	一般	
	黄连木	300	九江市武宁县一组	1		√	23	150.0	132	一般	
	黄连木	300	九江市星子县东牯山林场小学校门西侧	1	√		30	90.0	78.5	旺盛	东牯山林场管护
	黄连木	300	赣州市信丰县嘉定镇山塘村瑶家组马兰背	1	√		23.0	114.6	59.4	旺盛	瑶家小组管护，建议挂牌并落实到人
	黄连木	310	赣州市于都县宽田乡石含村桥背组屋背	1	√		18	108.3	153.9	较差	村委会负责管护，建议挂牌并落实到人
	黄连木	350	赣州市章贡区沙石新圩宋屋组	1	√		9	139.0	130	较差	宋屋众家
	黄连木	310	赣州市章贡区水西白田樟树排	1	√		20	158.0	225	旺盛	白田樟树排组
	黄连木	400	上饶市德兴县皈大港首新村	1	√		25	280.0		旺盛	
	黄连木	320	上饶市德兴县皈大早禾田	1	√		25	180.0		旺盛	
	黄连木	580	上饶市德兴县万村大田童家	1	√		20	325.0	182	旺盛	
	黄连木	300	吉安市安福县寮塘乡思塘村肖家组	1	√		20	62.0	168	旺盛	村小组管护
	黄连木	300	吉安市万安县麻源	1	√		25	110.0	103.8	旺盛	村民小组管护
	黄连木	600	吉安市永丰县济民	1	√		9.5	27.0	379.9	良好	村民小组管护
	黄连木	350	吉安市永丰县吕家	1	√		27	85.0	213.7	旺盛	村民小组管护
	黄连木	510	抚州市乐安县牛田镇流坑村	1	√		31	136.0	346.2	较差	村委会负责管护，建议挂牌管护并负责落实到人

（续）

序号	中文名	树龄（a）	地　名	株数（株）	分布状况		平　均			生长状况	目前管护情况及建议
					零星	块状	树高（m）	胸径（cm）	冠幅（m^2）		
111	黄山松	800	九江市庐山自然保护区庐山龙首崖		√		8	42.0	35	较差	
	黄山松	1000	九江市庐山自然保护区庐山五老峰		√		3	80.0	30	较差	
	黄山松	253	鹰潭市龙虎山上清镇浙浦村	1	√		25	86.0	9.6	旺盛	挂牌
	黄山松	253	鹰潭市龙虎山上清镇浙浦村	1	√		24	108.0	19.6	旺盛	挂牌
	黄山松	400	上饶市玉山县怀玉玉峰村	1		√	31	82.8	40	旺盛	
112	黄檀	300	南昌市安义县乔乐乡马溪村	1	√		25.0	95.5	38.5	良好	村民管护
	黄檀	600	南昌市新建县西山镇合上村姜家	1	√		15.0	82.8	78.5	良好	村民小组管护
	黄檀	520	南昌市新建县西山镇合上村姜家	1	√		11.0	117.8	103.8	良好	村民小组管护
	黄檀	300	九江市德安县车桥镇白羊村一组	1			19	41.4	283.39	较差	
	黄檀	600	九江市德安县丰林镇丰林村四组	1			12	98.7	38.47	旺盛	
	黄檀	800	九江市庐山自然保护区东林寺		√		16	68.2	20	旺盛	
	黄檀	300	九江市庐山自然保护区东林寺刘家		√		20	41.4		旺盛	
	黄檀	250	九江市庐山自然保护区剪刀峡中段		√		20	46.2	70	旺盛	
	黄檀	400	九江市彭泽县芙蓉镇白莲村	1	√		25	62.5	36	较差	村委会管护，建议挂牌并落实到人
	黄檀	300	九江市彭泽县浩山乡梅岭村	1	√		14	98.0	60	旺盛	村委会管护，建议挂牌并落实到人
	黄檀	280	九江瑞昌市横港远景村		√		21	94.0	56.7	良好	集体管护
	黄檀	500	九江瑞昌市黄金乡林兴村		√		28	121.0	530.7	良好	集体管护
	黄檀	300	九江市永修县立新乡贩上村井头组	1			11	70.0	63.6	较差	村民小组管护
	黄檀	300	九江市永修县梅棠镇祥林村	1			16	86.0	78.5	旺盛	村民小组管护
	黄檀	510	九江市永修县三溪桥镇旭光村陶家组	1			14	168.8	113.0	旺盛	村民小组管护
	黄檀	300	九江市永修县三溪桥镇杨垅村坑组	1			23	70.1	176.6	旺盛	村民小组管护
	黄檀	500	九江市永修县滩溪镇下弯村义家组	1			9	89.2	95.0	旺盛	村民小组管护

（续）

序号	中文名	树龄(a)	地名	株数(株)	分布状况		平均			生长状况	目前管护情况及建议
					零星	块状	树高(m)	胸径(cm)	冠幅(m^2)		
	黄檀	300	九江市永修县燕坊镇燕坊村老屋刘家组	1			8	55.7	28.3	旺盛	村民小组管护
	黄檀	300	九江市永修县云居山真如寺	1			12	47.7	50.2	旺盛	寺庙管护
	黄檀	500	景德镇市昌江区昌江区丽阳	1	√		12	87.0	160	旺盛	
	黄檀	400	宜春市奉新县太阳镇文家村泉塘组	1	√		16	111.5	153.9	旺盛	挂牌
	黄檀	280	宜春市高安市华林富楼村冷家组	1	√		15	79.6	38.5	一般	挂牌，建议培土
	黄檀	550	宜春市靖安县仁首镇石上村港下组	1			16	86.0	121	旺盛	县人民政府统一挂牌
	黄檀	280	宜春市万载县罗城	1	√		16	100.0	12	良好	挂牌
	黄檀	400	上饶市德兴县花桥杨村粮管所	1	√		27	315.0	72	旺盛	
	黄檀	450	上饶市德兴县界田前泽	1	√		15	250.0	16	旺盛	
	黄檀	400	上饶市婺源县沱川乡河西村	1	√		12	57.3	33.2	旺盛	挂牌
	黄檀	500	吉安市万安县坑尾	1	√		8	127.4	283.4	旺盛	村民小组管护
	黄檀	500	吉安市万安县茅坪	1	√		9.7	25.1	706.5	良好	村民小组管护
	黄檀	300	吉安市永丰县回陂	1	√		13.5	24.8	1194.0	良好	村民小组管护
	黄檀	300	吉安市永丰县回陂	1	√		17.5	27.4	961.6	良好	村民小组管护
	黄檀	350	抚州市东乡县龙山岗	1	√		16	101.9	113.0	良好	建议挂牌并落实到人
	黄檀	300	抚州市乐安县敖溪镇召尾村	1	√		34	143.0	153.9	旺盛	村委会负责管护，建议挂牌管护并负责落实到人
	黄檀	300	抚州市乐安县牛田镇流坑村	1	√		12	41.0	38.5	较差	村委会负责管护，建议挂牌管护并负责落实到人
	黄檀	300	抚州市乐安县牛田镇流坑村	1	√		32	54.0	19.6	较差	村委会负责管护，建议挂牌管护并负责落实到人
	黄檀	290	抚州市乐安县牛田镇流坑村	1	√		29	38.0	33.2	较差	村委会负责管护，建议挂牌管护并负责落实到人
113	黄杨木	400	上饶市上饶县田墩镇屏门张家	1	√		2	31.8	4	旺盛	挂牌管护
114	黄樟	200	赣州市龙南县夹湖乡新城	1	√		28	204.0	440	旺盛	尚无管护，建议设禁牌
	黄樟	200	赣州市全南县陂头黄塘大河背	1	√		30	89.2	720	旺盛	村小组管护，挂牌

（续）

序号	中文名	树龄（a）	地　名	株数（株）	分布状况		平　均			生长状况	目前管护情况及建议
					零星	块状	树高（m）	胸径（cm）	冠幅（m^2）		
	黄樟	250	赣州市全南县陂头岐山岗上村小组	1	√		33	486.6	1040	旺盛	村小组管护，挂牌
	黄樟	210	赣州市全南县陂头星光山下	1	√		15	80.0	60	较差	村小组管护，挂牌
	黄樟	350	赣州市全南县老屋村曾屋大屋下组	1	√		16	135.0	518.5	旺盛	集体管护
	黄樟	220	赣州市全南县塔下村新屋下组	1	√		21	133.0	660.2	旺盛	集体管护
115	鸡爪槭	200	九江市庐山自然保护区庐山松树路口		√		20	62.1	300	较差	
	鸡爪槭	300	九江市庐山自然保护区植物园杜鹃园河沟边		√		20	95.5	76	较差	
116	檵木	1200	赣州市赣县人民广场	零星	√		2	10.0	1	较差	游人较多无专人管护，建议城建局设围栏保护
	檵木	300	赣州市全南县陂头岐山刁公坑	1	√		31	153.0	208	旺盛	村小组管护，挂牌
	檵木	300	赣州市全南县陂头岐山刁公坑	1	√		29	111.0	195	旺盛	村小组管护，挂牌
	檵木	200	赣州市全南县陂头周布月光坝村小组	1	√		20	137.0	660	较差	村小组管护，挂牌
	檵木	200	赣州市全南县陂头周布月光坝村小组	1	√		18	90.0	252	较差	村小组管护，挂牌
	檵木	180	赣州市兴国县兴江乡大岭村	1	√		6.5	34.5	16	旺盛	村组共管，暂无利用。建议挂牌并落实到人
	檵木	600	赣州市兴国县兴莲乡长塘村	1			9	32.0	12	旺盛	村组共管，暂无利用。建议挂牌并落实到人
	檵木	1000	吉安市永丰县西坑	1	√		18	120.0	13	良好	村民小组管护
	檵木	600	抚州市东乡县慈眉里曾	1	√		15	127.4	153.9	旺盛	建议挂牌并落实到人
117	建润楠	300	赣州南康市麻双乡圩下村	1	√		23.6	130.6	298.5	旺盛	村委会管护，挂牌并落实到责任人
118	江南油杉	250	赣州市安远县沙含芦村	1	√		28.0	145.0	150.0	旺盛	设置围栏和禁牌
	江南油杉	450	赣州市安远县沙含中学旁	1	√		25.0	102.0	187.0	旺盛	设置围栏和禁牌
	江南油杉	110	赣州市大余县黄龙大龙村木梓园凹	1	√		30	65.3	72.3	旺盛	
	江南油杉	123	赣州市大余县内良南州独石坝	1		√	23.9	60.8	113.0	旺盛	
	江南油杉	100	赣州市大余县内良南州独石坝	1		√	16	48.4	63.6	旺盛	

（续）

序号	中文名	树龄(a)	地　名	株数(株)	分布状况		平　均			生长状况	目前管护情况及建议
					零星	块状	树高(m)	胸径(cm)	冠幅(m^2)		
	江南油杉	113	赣州市大余县内良南州独石坝	1		√	23.1	71.0	63.6	旺盛	
	江南油杉	123	赣州市大余县内良南州独石坝	1		√	24.2	67.8	78.5	旺盛	
	江南油杉	139	赣州市大余县内良南州独石坝	1		√	32	82.8	103.8	旺盛	
	江南油杉	113	赣州市大余县内良南州独石坝	1		√	24.7	68.8	176.6	旺盛	
	江南油杉	100	赣州市大余县内良南州独石坝	1		√	21	58.9	78.5	旺盛	
	江南油杉	120	赣州市寻乌县三标乡富寨塘坑	1	√		18.7	146.0	145.2	较差	村委会管护，建议挂牌并落实到人
	江南油杉	120	抚州市南丰县株溪林场	1	√		15	22.0	19.6	良好	
119	降香黄檀	16	赣州市赣南树木园示范林	300		√	6.8	8.0	38.5	一般	赣南树木园管护
120	金桂	600	宜春市靖安县阁山分场	1	√		12	35.0	11.5	旺盛	管护一般
121	金钱松	50	江西农业大学	60	√		23.0	30.0	8.6	旺盛	人工栽种属校园绿化管理
	金钱松	400	九江市庐山自然保护区美庐		√		25	98.7	400	旺盛	
	金钱松	300	九江市星子县温泉板桥山潭家棚	1	√		30	59.0	12.6		板桥山村管护
	金钱松	100	宜春市万载县高村	1	√		21	60.0	7	良好	挂牌
	金钱松	230	宜春樟树市双溪村三源茶皮坑	1	√		20	63.0	22	良好	挂牌管护
	金钱松	230	上饶市德兴县占才浅港	1	√		6	230.0	42	旺盛	
	金钱松	200	吉安市永新县耙陂分场院内	1	√		16	58.0	15	旺盛	村民小组管护
122	金叶含笑	400	九江市修水县黄沙港林场	1	√		12	86.0	63.6	旺盛	
	金叶含笑	12	赣州市大余县烂泥迳三江口	1	√		6	8.0	9.6	旺盛	
123	榉树	302	上饶市上饶县湖村余家下熊家	1	√		23	159.9	213.7	旺盛	挂牌管护
	榉树	270	上饶市上饶县田墩镇东坑村长洲组	1	√		30	143.3	35	旺盛	挂牌管护
	榉树	336	上饶市上饶县田墩镇符家村外荷组	1	√		30	178.3	35	旺盛	挂牌管护
124	绢毛稠李	150	九江市庐山自然保护区威家方竹庵		√		25	50.9	625	旺盛	
125	栲树	250	鹰潭贵溪市九龙分场干坑	1	√		18	63.5	551.3	旺盛	分场管护，建议挂牌并落实到人

（续）

序号	中文名	树龄（a）	地　名	株数（株）	分布状况		平　均			生长状况	目前管护情况及建议
					零星	块状	树高（m）	胸径（cm）	冠幅（m^2）		
	栲树	230	鹰潭贵溪市九龙分场干坑	1	√		22	54.7	530.7	旺盛	分场管护，建议挂牌并落实到人
	栲树	230	鹰潭贵溪市九龙分场干坑	1	√		16	50.0	226.9	旺盛	分场管护，建议挂牌并落实到人
	栲树	240	鹰潭贵溪市文坊镇西窑上角组	1	√		12	87.0	132.7	旺盛	村小组管护，建议挂牌并落实到个人
126	珂楠	250	上饶市横峰县	1	√		28	191.0	12	良好	加强管护
127	苦楝	260	赣州市全南县陂头岐山老屋场	1	√		23	210.0	1000	较差	村小组管护，挂牌
	苦楝	1200	赣州市全南县黄竹龙村傅屋背	1	√		13	216.5	63.6	较差	村委会管护，建议挂牌
	苦楝	700	赣州市全南县黄竹龙村傅屋背	1	√		14	100.0	38.5	较差	村委会管护，建议挂牌
	苦楝	800	赣州市全南县黄竹龙村傅屋背	1	√		15	102.1	38.5	较差	村委会管护，建议挂牌
	苦楝	400	赣州市全南县田心村	1	√		25	180.0	440	旺盛	管护较好，建议挂牌
128	苦木	500	赣州市安远县固营桥头	1	√		28.0	89.0	240.2	旺盛	未落实管护人员，设禁牌
129	苦槠	1000	南昌市安义县长均乡白沙村下湾	1	√		20.0	159.2	530.7	良好	村民管护
	苦槠	1000	南昌市安义县石鼻镇燕坊村	1	√		12.0	127.4	26.4	良好	村民管护
	苦槠	1000	南昌市安义县石鼻镇燕坊村	1	√		17.0	111.5	132.7	良好	村民管护
	苦槠	1000	南昌市安义县石鼻镇邹家村	1	√		20.0	127.4	21.2	良好	村民管护
	苦槠	450	南昌市进贤县七里东红百姓	1	√		9	132.0	158.3	良好	未落实管护
	苦槠	520	南昌市新建县西山镇合上村姜家	1	√		12.0	140.1	95.0	良好	村民小组管护
	苦槠	510	南昌市新建县西山镇合上村姜家	1	√		14.0	140.1	153.9	良好	村民小组管护
	苦槠	700	九江市德安县车桥镇潘坊村六组	1			20	194.3	283.39	旺盛	
	苦槠	700	九江市都昌县南峰白水湾里	1			12	160.0	248		
	苦槠	700	九江市都昌县土塘莲蓬咀下	1			14.5	160.0	85	较差	
	苦槠	500	九江市彭泽县浩山乡柳树村	1	√		13	172.0	48	较差	村委会管护，建议挂牌并落实到人
	苦槠	500	九江市彭泽县浩山乡梅岭村	1	√		13	118.0	40	旺盛	村委会管护，建议挂牌并落实到人

（续）

序号	中文名	树龄(a)	地　名	株数(株)	分布状况		平　均			生长状况	目前管护情况及建议
					零星	块状	树高(m)	胸径(cm)	冠幅(m^2)		
	苦槠	500	九江市彭泽县浩山乡梅岭村	1	√		13	112.0	68	较差	村委会管护，建议挂牌并落实到人
	苦槠	700	九江市彭泽县浪溪镇港下村	1	√		15	137.0	140	较差	村委会管护，建议挂牌并落实到人
	苦槠	700	九江市彭泽县浪溪镇港下村	1	√		16	140.0	100	较差	村委会管护，建议挂牌并落实到人
	苦槠	700	九江瑞昌市肇陈大禾塘村		√		26	112.0	153.9	良好	集体管护
	苦槠	500	九江市星子县苏家垱乡香山村蛤蟆头殷家坟山嘴	1	√		17	122.0	226.9	旺盛	殷家村管护，建议挂牌保护
	苦槠	500	九江市永修县江上乡南坑村后八洞组	1			30	121.0	254.3	旺盛	村民小组管护
	苦槠	520	九江市永修县江上乡南坑村秋里坪组	1			25	103.5	78.5	旺盛	村民小组管护
	苦槠	610	九江市永修县江上乡南坑村秋里坪组	1			34	140.0	314.0	旺盛	村民小组管护
	苦槠	800	九江市永修县梅棠镇祥林村	1			22	207.0	201.0	旺盛	村民小组管护
	苦槠	500	九江市永修县梅棠镇新庄村月塘组	1			12	127.0	78.5	旺盛	村民小组管护
	苦槠	500	九江市永修县三溪桥镇河桥村楼花组	1			16	109.8	176.6	较差	村民小组管护
	苦槠	600	九江市永修县永丰场长兴村凤凰组	1			8	111.5	63.6	较差	村民小组管护
	苦槠	460	九江市永修县柘林镇司马村	1			20	73.0	113.0	旺盛	村民小组管护
	苦槠	470	九江市永修县柘林镇司马村三组	1			23	75.0	113.0	旺盛	村民小组管护
	苦槠	456	九江市永修县柘林镇司马村三组	1			21	80.0	78.5	旺盛	村民小组管护
	苦槠	570	九江市永修县柘林镇司马村五组	1			18	107.0	132.7	旺盛	村民小组管护
	苦槠	640	九江市永修县柘林镇易家河村	1			28	118.0	176.6	旺盛	村民小组管护
	苦槠	540	九江市永修县柘林镇易家河村	1			25	102.0	113.0	旺盛	村民小组管护
	苦槠	500	萍乡市莲花县荷塘乡安泉村	1	√		22	148.0	1319.6	良好	村民小组管护，防止人为破坏
	苦槠	500	赣州市安远县敬老院	1	√		13.0	222.9	529.0	旺盛	挂牌管护
	苦槠	603	赣州市大余县吉村沙村桥岭	1	√		17	229.0	551.3	较差	

（续）

序号	中文名	树龄(a)	地　名	株数(株)	分布状况		平　均			生长状况	目前管护情况及建议
					零星	块状	树高(m)	胸径(cm)	冠幅(m^2)		
	苦槠	603	赣州市大余县吉村沙村桥岭	1	√		13	111.5	346.2	较差	
	苦槠	603	赣州市大余县吉村沙村桥岭	1	√		14	203.8	254.3	较差	
	苦槠	603	赣州市大余县吉村沙村桥岭	1	√		16	156.0	113.0	较差	
	苦槠	700	赣州市龙南县程龙镇杨梅	60		√	30	168.0	254.3	旺盛	开发生态旅游
	苦槠	450	赣州市上犹县五指峰乡鹅形村洋坑组水口	1			12	71.0	63.6	较差	
	苦槠	550	宜春市奉新县伍桥镇未元村蔡家老居	1	√		21	44.0	50.2	旺盛	
	苦槠	550	宜春市靖安县宝峰镇宝峰村茅家组	1			15	158.0	100	良好	县人民政府统一挂牌
	苦槠	600	宜春市靖安县高湖镇西头村干滩组	1			22	185.0	144	旺盛	县人民政府统一挂牌
	苦槠	503	宜春市靖安县罗湾乡楼前村	1			17	175.0	441	旺盛	挂牌
	苦槠	470	宜春市靖安县仁首镇周口村岩头组	1			15	143.0	324	旺盛	县人民政府统一挂牌
	苦槠	523	宜春市靖安县水口乡沙港村上铺组	1			14	230.0	64	旺盛	县人民政府统一挂牌
	苦槠	523	宜春市靖安县中源乡公路段养路队	1			35	140.0	196	旺盛	县人民政府统一挂牌
	苦槠	513	宜春市靖安县中源乡邱家村潭组	1				169.0	196	旺盛	县人民政府统一挂牌
	苦槠	600	宜春市上高县枧田村	1	√		15	200.0	153.9	良好	挂牌管护
	苦槠	550	宜春市上高县上棠陂村	1	√		16	273.9	113.0	良好	挂牌管护
	苦槠	510	宜春市万载县赤兴	1	√		10	133.0	15	良好	挂牌
	苦槠	600	宜春樟树市排埠镇排埠村潭头	1	√		17	160.0	25	良好	挂牌管护
	苦槠	1004	上饶市上饶县华坛山高坂村五组	1	√		19	149.7	132.7	旺盛	挂牌管护
	苦槠	524	上饶市上饶县华坛山高坂分场银岭脚	1	√		15	76.4	86.5	旺盛	挂牌管护
	苦槠	517	上饶市上饶县华坛山高坂分场银岭脚	1	√		13	74.8	78.5	旺盛	挂牌管护
	苦槠	1006	上饶市上饶县华坛山双溪分场甘岭	1	√		23	146.5	415.3	旺盛	挂牌管护
	苦槠	683	上饶市上饶县华坛山小东坞村	1	√		22	98.7	471.2	旺盛	挂牌管护
	苦槠	731	上饶市上饶县茗洋乡东灵村姜田姐	1	√		20	106.1	122.7	旺盛	挂牌管护

（续）

序号	中文名	树龄（a）	地　名	株数（株）	分布状况		平　均			生长状况	目前管护情况及建议
					零星	块状	树高（m）	胸径（cm）	冠幅（m^2）		
	苦槠	703	上饶市上饶县茗洋乡东灵村姜田姐	7		√	23	101.9		旺盛	挂牌管护
	苦槠	480	上饶市万年县上坊乡港下村	1	√		8	115.0	83.3	一般	挂牌，由相关村委会看护，建议落实专人管护
	苦槠	480	上饶市万年县上坊乡胜利村	1	√		13	117.8	188.6	一般	
	苦槠	1000	上饶市万年县苏桥乡苏家村	1	√		10	149.7	67.9	一般	
	苦槠	800	上饶市玉山县怀玉玉峰村	1	√		28	110.0	130	旺盛	
	苦槠	1000	吉安市井冈山自然保护区行洲村	1	√		12	142.7	95.0	旺盛	村民小组管护
	苦槠	500	吉安市遂川县新江横石高家	1	√		18	310.0			村民小组管护
	苦槠	800	抚州市东乡县慈眉龙山岗	1	√		12	168.8	56.7	良好	挂牌保护
	苦槠	750	抚州市东乡县甘坑松林下位	1	√		14	127.4	103.8	良好	挂牌保护
	苦槠	500	抚州市乐安县谷岗乡堌下村	1	√		17	159.0	28.3	较差	村委会负责管护，建议挂牌管护并负责落实到人
	苦槠	600	抚州市资溪县高阜镇樟溪村	1	√		13	166.2	176.6		挂牌保护
	苦槠	600	抚州市资溪县乌石镇陈坊村彭家窠组	1	√		17	184.7	254.3		挂牌保护
	苦槠	480	抚州市资溪县乌石镇贻坊村胡源	1	√		19	159.2	176.6		挂牌保护
130	蓝果树	200	九江市德安县丰林镇丰林村六组	1			13	76.4	28.26	旺盛	
	蓝果树	300	九江市庐山自然保护区威家龙泉寺前池塘边		√		25	73.2	100	较差	
	蓝果树	30	宜春市奉新县华林东溪村若坪组	1	√		8	33.0	38.5	旺盛	
131	榔榆	350	南昌市进贤县观花岭林场东河垄	1	√		21	83.0	100.2	一般	未落实管护
	榔榆	300	南昌市进贤县观花岭林场东河垄	1	√		16	80.0	95.0	一般	未落实管护
	榔榆	760	南昌市湾里区太平乡合水分场	1	√		20.3	135.0	314.0	良好	村委会管护
	榔榆	200	九江市彭泽县上十岭垦殖场芦峰分场	1	√		22	71.0	80	旺盛	村委会管护，建议挂牌并落实到人

（续）

序号	中文名	树龄(a)	地　名	株数(株)	分布状况		平　均			生长状况	目前管护情况及建议
					零星	块状	树高(m)	胸径(cm)	冠幅(m^2)		
	榔榆	300	九江市星子县白鹿镇波湖村桂家村中间水稻田埂上	1	√		20	57.0	50.2	旺盛	桂家村管护
	榔榆	300	九江市星子县白鹿镇波湖村潭燚宾家门口	1	√		20	66.0	314.0	旺盛	潭家村管护，保护良好
	榔榆	200	九江市星子县泽泉乡中垅村樟树魏村西侧	1	√		15	51.0	78.5	旺盛	魏家村管护，建议挂牌保护
	榔榆	310	吉安市遂川县界溪	1	√		13	110.0	38.5	旺盛	村民小组管护
	榔榆	400	抚州市东乡县上坊王家源	1	√		12	200.0	70.8	旺盛	建议挂牌并落实到人
	榔榆	200	抚州市东乡县瑶圩吴塘	1	√		9	210.0	78.5	旺盛	建议挂牌并落实到人
	榔榆	200	抚州市南城县株良镇株良村	1	√		13.0	66.9	153.9	旺盛	无管护，建议委派专人管护
132	乐昌含笑	260	赣州市崇义县石罗林场船坑	2	√		28	92.7	471	旺盛	护林员管护且已挂牌
	乐昌含笑	210	赣州市赣县荫掌山林场樟坑分场		√		12	19.2	19.6	良好	专人管护
	乐昌含笑	100	赣州市寻乌县烈士馆	1	√		32.2	130.0	102.0	旺盛	村委会管护，建议挂牌并落实到人
	乐昌含笑	100	赣州市寻乌县烈士馆	1	√		31.6	135.0	91.6	旺盛	村委会管护，建议挂牌并落实到人
	乐昌含笑	100	赣州市寻乌县烈士馆	1	√		30.3	126.0	78.5	旺盛	村委会管护，建议挂牌并落实到人
	乐昌含笑	100	吉安市吉水县大东山招待所	1			16	133.8	78.5		村民小组管护
	乐昌含笑	200	吉安市永新县龙源口电站	1	√		20	70.0	176.6	良好	村民小组管护
133	乐东拟单性木兰	110	赣州市安远县福敖塘	1	√		16.1	41.6	67.2	旺盛	划入自然保护区
	乐东拟单性木兰	400	赣州市赣县荫掌山林场黄沙分场		√		24.2	96.2	208.6	旺盛	护林员管护，前些年已采种，继续加强管护
	乐东拟单性木兰	500	赣州市赣县荫掌山林场黄沙分场		√		26	112.2	240.4	旺盛	护林员管护，前些年已采种，继续加强管护
	乐东拟单性木兰	140	抚州市黎川县岩泉层坪	1	√		16.5	101.0	11.3	旺盛	村委会管护，挂牌并落实到人
	乐东拟单性木兰	140	抚州市黎川县岩泉层坪	1	√		15.4	85.0	11.3	旺盛	村委会管护，挂牌并落实到人
	乐东拟单性木兰	150	抚州市黎川县岩泉层坪	1	√		30	90.0	317.1	旺盛	村委会管护，挂牌并落实到人

（续）

序号	中文名	树龄（a）	地　名	株数（株）	分布状况		平　均			生长状况	目前管护情况及建议
					零星	块状	树高（m）	胸径（cm）	冠幅（m^2）		
	乐东拟单性木兰	140	抚州市黎川县岩泉层坪	1	√		20	70.0	19.6	旺盛	村委会管护，挂牌并落实到人
134	雷公鹅耳枥	400	九江市庐山自然保护区大天池文殊台边		√		30	111.5	1225	旺盛	
	雷公鹅耳枥	300	九江市庐山自然保护区剪刀峡		√		30	77.0	441	较差	
135	棱角山矾	150	新余市分宜县石门寨森林公园	1		√	18	103.0	35.2	旺盛	村民小组管护，防止人为破坏
	棱角山矾	32	宜春市万载县马步	1	√		18	32.0	6	良好	挂牌
136	冷杉	30	吉安市永新县三湾采育林场	1	√		15	156.1	15	良好	村民小组管护
137	黧蒴栲	200	赣州市安远县茶头岗	1		√	18.9	86.0	50.2	旺盛	设置围栏保护
	黧蒴栲	200	赣州市安远县茶头岗	1		√	19.5	85.4	56.7	旺盛	设置围栏保护
	黧蒴栲	200	赣州市安远县茶头岗	1		√	18.0	71.5	240.4	旺盛	设置围栏保护
	黧蒴栲	200	赣州市安远县茶头岗	1		√	18.5	70.6	256.0	旺盛	设置围栏保护
	黧蒴栲	205	赣州市安远县迎排工区	1	√		20.0	143.3	1600.0	旺盛	加强管护，防止砍伐
138	连香树	400	九江市庐山自然保护区星子县百药潭		√		10	156.0	40	较差	
139	楝叶吴茱萸	26	宜春市靖安县试验林场场部	2			16	80.0	150	良好	专人管护
140	岭南青冈	100	赣州市寻乌县罗珊乡罗塘村	1	√		18.3	78.0	248.7	旺盛	村委会管护，建议挂牌并落实到人
	岭南青冈	100	赣州市寻乌县罗珊乡罗塘村	1	√		17.4	73.2	216.3	旺盛	村委会管护，建议挂牌并落实到人
	岭南青冈	100	赣州市寻乌县罗珊乡罗塘村马料	1	√		17.4	73.2	216.3	旺盛	村委会管护，建议挂牌并落实到人
	岭南青冈	243	赣州市寻乌县项山乡中坑村	1	√		17.3	148.0	145.2	较差	村委会管护，建议挂牌并落实到人
141	流苏树	200	赣州市全南县南迳镇罗田村陈屋组		√		30	90.4	201.0	旺盛	村委会管护，建议挂牌
142	柳杉	300	九江市庐山自然保护区海会木瓜洞		√		28	121.0	90	较差	
	柳杉	700	九江市庐山自然保护区庐山三宝树	2	√		41	191.0	289	旺盛	
	柳杉	500	九江市武宁县四组	1	√		20	172.0	63	旺盛	
	柳杉	200	宜春市靖安县北港桥头	3			17	76.0	65.61	旺盛	县人民政府统一挂牌
	柳杉	200	上饶市广丰县岭底乡七星村记塘坞	1	√		35	130.0	10	旺盛	加强管护
	柳杉	300	上饶市广丰县嵩峰乡红青坑村	1	√		19	74.0	7	旺盛	管护良好

（续）

序号	中文名	树龄（a）	地名	株数（株）	分布状况		平均			生长状况	目前管护情况及建议
					零星	块状	树高（m）	胸径（cm）	冠幅（m^2）		
	柳杉	300	上饶市广丰县嵩峰乡红青坑村	1	√		15	58.0	5	旺盛	管护良好
	柳杉	1500	上饶市横峰县	1	√		26	170.0	17	良好	加强管护
	柳杉	500	上饶市上饶县高洲乡毛楼村东坑	1	√		25	119.7	8	旺盛	挂牌管护
	柳杉	450	上饶市上饶县高洲乡毛楼村上禹组	5		√	21	73.2		旺盛	挂牌管护
143	柳树（垂柳）	330	九江市修水县漫江乡大源村十二组	1	√		5	50.0	50.2	旺盛	
144	龙柏	300	鹰潭贵溪市冷水林场方家	1	√		9	43.0	11	旺盛	挂牌
	龙柏	200	鹰潭贵溪市冷水林场桂港	1	√		14	52.0	8	旺盛	挂牌管护
	龙柏	260	赣州市全南县金龙镇木金村老村子	1	√		18	61.3	176.6	较差	管护较好，建议挂牌
	龙柏	260	赣州市全南县金龙镇木金村老村子	1	√		17	58.9	165.0	较差	管护较好，建议挂牌
	龙柏	260	赣州市全南县金龙镇木金村老村子	1	√		15	45.7	107.5	较差	管护较好，建议挂牌
	龙柏	260	赣州市全南县金龙镇木金村老村子	1	√		20	75.0	213.7	较差	管护一般，建议挂牌
145	罗浮栲（罗浮锥）	220	赣州市安远县排仔	1	√		20.0	55.0	225.0	旺盛	村民管护
	罗浮栲（罗浮锥）	300	赣州市安远县排仔	1	√		25.0	115.0	100.0	旺盛	村民管护
	罗浮栲（罗浮锥）	310	赣州市定南县天九镇天花村定田屋背	1	√		16.8	90.1	147.3	旺盛	挂牌，专人管护
	罗浮栲（罗浮锥）	200	赣州市寻乌县桂竹帽坳背林场	1	√		16.3	91.1	208.6	旺盛	村委会管护，建议挂牌并落实到人
146	罗汉松	315	南昌市进贤县民和县人民医院	1	√		8	41.0	58.1	良好	未落实管护
	罗汉松	400	南昌市青云谱区青云谱路259号	1	√		12.0	90.8	50.2	良好	八大山人纪念馆
	罗汉松	400	九江市都昌县大港繁荣石安	1			14	50.0	18.1	旺盛	
	罗汉松	1500	九江市庐山自然保护区星子詹家岩		√		18	189.5	289	旺盛	
	罗汉松	500	九江市彭泽县定山镇响山村	1	√		9	54.1	24	旺盛	村委会管护，建议挂牌并落实到人
	罗汉松	1500	九江市星子县东牯山林场万寿林区	1	√		20	131.0	78.5		东牯山林场保护，建议挂牌保护
	罗汉松	300	九江市星子县温泉镇东山村郭家	3		√	13	41.0			郭家村保护，建议挂牌设立围栏保护

（续）

序号	中文名	树龄（a）	地　名	株数（株）	分布状况		平　均			生长状况	目前管护情况及建议
					零星	块状	树高（m）	胸径（cm）	冠幅（m^2）		
	罗汉松	700	九江市修水县征村征村神仙岭	1	√		9	63.0	12.6	旺盛	
	罗汉松	850	九江市永修县柘林镇司马村二组	1			18	140.0	28.3	旺盛	村民小组管护
	罗汉松	850	九江市永修县柘林镇司马村二组	1			19	102.0	38.5	旺盛	村民小组管护
	罗汉松	1100	景德镇市昌江区昌江区鱼山镇	1	√		13	110.0	120	较差	
	罗汉松	800	景德镇市昌江区浮梁县蛟潭万寿寺	2	√		6	75.0	28	旺盛	
	罗汉松	480	景德镇市昌江区浮梁县三龙双蓬	1	√		4	34.0	12	较差	无管护
	罗汉松	360	景德镇市昌江区浮梁县兴田村	1	√		9	114.0	24	旺盛	
	罗汉松	300	景德镇乐平市涌山上程村	1	√		7.5	63.0	117	较差	村委挂牌保护
	罗汉松	300	萍乡市上栗县赤山镇观泉村	1	√		19.1	76.4	90	良好	加强病虫害防治
	罗汉松	800	萍乡市上栗县丹桂杨家屋场	1	√		11	64.0	56	良好	管护较好，应加强病虫害防治
	罗汉松	400	萍乡市上栗县福田镇清泉村	1	√		10	66.0	53.7	良好	防病虫害
	罗汉松	1000	萍乡市上栗县金山镇白合村	1	√		13	86.0	120	良好	管护较好
	罗汉松	1300	萍乡市上栗县金山镇金山村	1	√		10	57.0	72	良好	管护较好，应加强病虫害防治
	罗汉松	350	萍乡市湘东区腊市圣忠庵	1	√		3	111.5		旺盛	受到当地政府保护
	罗汉松	650	新余市分宜县凤阳乡雁塘村雁塘村小组	1	√		13	92.0	50.2	旺盛	村民小组管护，防止人为破坏
	罗汉松	700	鹰潭贵溪市大禾源分场	1	√		5	98.0	7.1	旺盛	村小组管护，建议挂牌并落实到个人
	罗汉松	400	鹰潭贵溪市耳口分场	1	√		15	43.6	22	旺盛	分场管护，建议挂牌并落实到人
	罗汉松	903	鹰潭市龙虎山上清镇城门村	1	√		9	97.0	12.6	旺盛	挂牌
	罗汉松	1003	鹰潭市龙虎山上清镇汉浦村	1	√		7	100.0	44.2	旺盛	挂牌
	罗汉松	1003	鹰潭市龙虎山上清镇沙湾村	1	√		12	130.0	38.5	旺盛	挂牌
	罗汉松	313	鹰潭市龙虎山上清镇上清村	1	√		17	82.0	14.5	旺盛	挂牌

（续）

序号	中文名	树龄(a)	地　名	株数(株)	分布状况		平　均			生长状况	目前管护情况及建议
					零星	块状	树高(m)	胸径(cm)	冠幅(m^2)		
	罗汉松	813	鹰潭市龙虎山上清镇上清村	1	√		24	97.0	176.6	旺盛	挂牌
	罗汉松	300	鹰潭市余江县邓埠镇三宋村上宋家	1	√		10.5	83.0	78.5	旺盛	村小组管护，建议管护落实到人
	罗汉松	460	赣州市安远县长富村柏树下	1	√		3.0	31.0	15.8	较差	设置禁牌
	罗汉松	1500	赣州市安远县龙庄凤日山	1	√		6.0	111.1	25.0	旺盛	建议挂牌
	罗汉松	500	赣州市崇义县文英乡古选村黄家洞	1	√		13	83.4	346	旺盛	村小组管护，建议落实到人管护
	罗汉松	330	赣州市定南县历市镇樟田村上围上周坑	1	√		8.7	125.1	51.5	较差	挂牌，专人管护
	罗汉松	318	赣州市赣县白鹭乡白鹭村	2	√		7	30.0	7.1	旺盛	专人管护，供游客参观
	罗汉松	318	赣州市赣县白鹭乡白鹭村	2	√		13	67.0	19.6	旺盛	专人管护，供游客参观
	罗汉松	360	赣州市龙南县渡江乡店下	1		√	23.5	117.8	108	旺盛	尚无管护，建议设禁牌
	罗汉松	510	赣州市龙南县汶龙镇茶园村	1	√		18	92.4	18.1	较差	尚无管护，建议设禁牌
	罗汉松	500	赣州市宁都县肖田乡肖田村街上玉龙山	1	√		6.8	87.0	43.0	旺盛	林管站管护，建议指定专人管护
	罗汉松	503	赣州市上犹县安和乡陶珠村	1			11	95.0	38.5	旺盛	挂牌，村委会管护
	罗汉松	500	赣州市信丰县安西镇热水村大东坑组围岽高	1	√		13.0	168.7（地径）	29.2	较差	大东坑小组管护，建议挂牌并落实到人
	罗汉松	500	赣州市信丰县崇仙乡山坝村洞背龙组	1	√		10.0	75.0	30.2	旺盛	洞背龙小组管护，建议挂牌并落实到人
	罗汉松	300	赣州市信丰县古陂镇天光村杨梅坑组	1	√		4.5	46.9	5.7	较差	杨梅坑小组管护，建议挂牌并落实到人
	罗汉松	300	赣州市信丰县古陂镇天光村杨梅坑组	1	√		6.5	52.5	12.6	较差	杨梅坑小组管护，建议挂牌并落实到人
	罗汉松	500	赣州市信丰县小江镇老圩村西围	1	√		18.0	64.3	38.5	较差	西围小组管护，建议挂牌并落实到人
	罗汉松	500	赣州市信丰县小江镇内江村邓屋	1	√		12.5	81.5	15.9	较差	邓屋小组管护，建议挂牌并落实到人
	罗汉松	300	赣州市兴国县均村乡中坊村	1	√		18	43.0	40	旺盛	村组共管，暂无利用，加强管理，以供观赏
	罗汉松	300	赣州市兴国县均村乡中坊村	1	√		15	124.0	168	旺盛	村组共管，暂无利用，加强管理，以供观赏

（续）

序号	中文名	树龄（a）	地　名	株数（株）	分布状况		平　均			生长状况	目前管护情况及建议
					零星	块状	树高（m）	胸径（cm）	冠幅（m^2）		
	罗汉松	500	宜春市奉新县独城镇安塘村内屋组	1	√		10	210.0	63.6	一般	挂牌
	罗汉松	310	宜春市奉新县灰埠镇钓山二村村庄中	1	√		8	55.7	50.2	旺盛	挂牌
	罗汉松	400	宜春市奉新县建山镇龙城村新屋组	1	√		14	78.0	50.2	一般	挂牌
	罗汉松	523	宜春市靖安县高湖镇岭下村河南组	1			9	121.0	36	较差	县人民政府统一挂牌
	罗汉松	500	宜春市靖安县高湖镇中港村李家组	1			14	115.0	36	旺盛	县人民政府统一挂牌
	罗汉松	300	宜春市万载县冯川镇路口村杉田组	1	√		8	113.1	50.2	良好	县人民政府统一挂牌
	罗汉松	390	宜春市万载县康乐	1	√		9	58.0	7.5	良好	挂牌
	罗汉松	500	宜春市万载县路口村	1	√		11	129.0	153	良好	县人民政府统一挂牌
	罗汉松	300	宜春市万载县罗市镇北岭村棚下组	1	√		7	85.9	45.3	良好	县人民政府统一挂牌
	罗汉松	800	宜春市袁州区彬江集镇文化中心旁	1	√		19	170.0	42.4	旺盛	挂牌
	罗汉松	600	宜春樟树市阁山分场	2	√		8	31.0	33.2	旺盛	管护一般
	罗汉松	650	上饶市德兴县皈大港首新村	1	√		12	275.0	20	旺盛	
	罗汉松	410	上饶市德兴县皈大两边	1	√		15	173.0	30	旺盛	
	罗汉松	670	上饶市德兴县李宅中村滴滴燕	1	√		9	285.0	72	旺盛	
	罗汉松	590	上饶市德兴县李宅中村杨村	1	√		23	250.0	132	旺盛	
	罗汉松	670	上饶市德兴县绕二横港	1	√		9	284.0	63	旺盛	
	罗汉松	730	上饶市德兴县泗洲中洲湾头	1	√		14	310.0	62	旺盛	
	罗汉松	620	上饶市德兴县泗洲中洲湾头	1	√		14.8	260.0	90	旺盛	
	罗汉松	440	上饶市德兴县香屯镇五星村	1	√		4	60.0	28.3	旺盛	
	罗汉松	700	上饶市德兴县张村梅溪祠堂	1	√		11	300.0	77	旺盛	
	罗汉松	500	上饶市横峰县葛源镇考坑村	1	√		16	146.5	86.5	良好	加强保护
	罗汉松	500	上饶市横峰县山黄场山黄	1	√		10	143.0	70.8	良好	加强保护

（续）

序号	中文名	树龄(a)	地　名	株数(株)	分布状况		平　均			生长状况	目前管护情况及建议
					零星	块状	树高(m)	胸径(cm)	冠幅(m^2)		
	罗汉松	500	上饶市横峰县上坑源徐家坦	1	√		5	280.0	2.5	良好	加强保护
	罗汉松	500	上饶市横峰县上坑源徐家坦	1	√		19	136.9	50.2	良好	加强保护
	罗汉松	320	上饶市铅山县湖坊镇桥北村	1	√		20	168.0	32.8	旺盛	
	罗汉松	400	上饶市铅山县石塘镇十一都	1	√		12	79.0	16.8	旺盛	
	罗汉松	500	上饶市铅山县汪二镇荷田村	1	√		18	65.0	32.2	旺盛	
	罗汉松	500	上饶市铅山县汪二镇荷田村	1	√		18	63.0	32	旺盛	
	罗汉松	350	上饶市铅山县永平镇永平村	1	√		12	44.5	30	旺盛	
	罗汉松	400	上饶市铅山县永平镇永平村	1	√		8	81.2	56.7	旺盛	
	罗汉松	500	上饶市万年县珠田乡三源村	1	√		11	74.8	44.2	一般	
	罗汉松	540	上饶市婺源县赋春镇岩前村石桥边	1	√		12	73.2	63.6	旺盛	
	罗汉松	520	上饶市婺源县清华镇大坞村东碣上村	1	√		20	70.0	113.0	较差	挂牌
	罗汉松	882	上饶市婺源县沱川乡河西村篁村	1	√		13.5	146.4	132.7	旺盛	挂牌
	罗汉松	883	上饶市婺源县沱川乡篁村	1	√		13.5	146.4	13	较差	
	罗汉松	400	上饶市婺源县浙源乡虹关村什堡村	1	√		10	50.9	12.6	较差	
	罗汉松	500	上饶市婺源县浙源乡虹关村什堡村	1	√		15	66.8	50.2	较差	
	罗汉松	550	上饶市弋阳县	1	√		6	270.0	62	旺盛	
	罗汉松	710	上饶市玉山县怀玉后叶村王家	1	√		9.5	95.5	65	旺盛	
	罗汉松	710	上饶市玉山县怀玉后叶村王家	1	√		14	127.0	68	旺盛	
	罗汉松	495	上饶市玉山县岩瑞镇白云寺	1	√		20	70.0	36	旺盛	挂牌，由相关村委会管护，建议筹资保护
	罗汉松	495	上饶市玉山县岩瑞镇白云寺	1	√		18	58.0	27	旺盛	
	罗汉松	500	吉安市安福县泰山乡新水村城	1	√		12	155.0	38.5	旺盛	村民小组管护
	罗汉松	1300	吉安市安福县严田镇龙云村	1	√		12	101.0	226.9	旺盛	村民小组管护

（续）

序号	中文名	树龄（a）	地　名	株数（株）	分布状况		平　均			生长状况	目前管护情况及建议
					零星	块状	树高（m）	胸径（cm）	冠幅（m^2）		
	罗汉松	1000	吉安市吉水县阜田石莲洞	1	√		14.5	65.0	78.5	良好	村民小组管护
	罗汉松	400	吉安井冈山市东上乡瑶前村	1	√		20	80.0	50.2	良好	
	罗汉松	500	吉安市遂川县段尾村老屋组	1	√		95	36.5	38.5	良好	村民小组管护
	罗汉松	700	吉安市遂川县高楠村腊树下	1	√		11	94.0	50.2	旺盛	村民小组管护
	罗汉松	400	吉安市遂川县新江村石子头组	1	√		8	100.0	14	旺盛	村民小组管护
	罗汉松	900	吉安市泰和县中龙乡元八斗	1	√		8	102.0	24	良好	村民小组管护
	罗汉松	900	吉安市泰和县中龙乡元八斗	1	√		8	108.0	48	旺盛	村民小组管护
	罗汉松	500	吉安市万安县坑尾	1	√		10	62.0	38.5	良好	村民小组管护
	罗汉松	500	吉安市万安县里龙	1	√		10	73.0	38.5	良好	村民小组管护
	罗汉松	300	吉安市永丰县西坑	1	√		14	47.0	12.6	旺盛	村民小组管护
	罗汉松	1500	抚州市东乡县杨桥秋源	1	√		13	156.1	213.7	旺盛	建议挂牌并落实到人
	罗汉松	1200	抚州市东乡县瑶圩吴塘	1	√		12	143.3	283.4	旺盛	建议挂牌并落实到人
	罗汉松	570	抚州市广昌县驿前镇坪背村	1	√		15	116.2	50.2	旺盛	挂牌，设兼职护林员管护
	罗汉松	700	抚州市金溪县陈坊润湖	1	√		12	65.0	29.2	旺盛	加强管护
	罗汉松	400	抚州市金溪县何源孔坊	1	√		12	62.0	9.1	旺盛	加强管护
	罗汉松	550	抚州市金溪县琅琚苏口	1	√		23	56.0	26.4	旺盛	加强管护
	罗汉松	1200	抚州市金溪县琉璃蒲塘	1	√		12.4	158.0	19.6	旺盛	加强管护
	罗汉松	800	抚州市金溪县琉璃下宋	1	√		11	80.0	15.9	旺盛	加强管护
	罗汉松	600	抚州市金溪县双塘竹桥	1	√		18	119.0	28.3	旺盛	加强管护
	罗汉松	350	抚州市乐安县戴坊镇社坑村	1	√		17	64.0	9.5	较差	村委会负责管护，建议挂牌管护并负责落实到人
	罗汉松	340	抚州市黎川县宏村孔洲长生寨	1	√		64.5	15.5	12	旺盛	建议挂牌并落实到人
	罗汉松	600	抚州市资溪县高田乡里木村里木组	1	√		7	80.6	38.5	旺盛	建议挂牌并落实到人
	罗汉松	550	抚州市资溪县嵩市镇法水村法水	1	√		13	93.0	13	旺盛	建议挂牌并落实到人
	罗汉松	420	抚州市资溪县嵩市镇抚地村陈斜	1	√		18	74.2	16	旺盛	建议挂牌并落实到人
	罗汉松	530	抚州市资溪县永胜村余家	1	√		12	104.1	50.2	旺盛	建议挂牌并落实到人

（续）

序号	中文名	树龄(a)	地名	株数(株)	分布状况		平均			生长状况	目前管护情况及建议
					零星	块状	树高(m)	胸径(cm)	冠幅(m^2)		
147	椤木石楠	444	赣州市崇义县乐洞乡乐洞村河背组	1	√		19	89.1	95.0	旺盛	村小组管护，建议落实到人管护
	椤木石楠	203	赣州市大余县新城分水坳生龙里	1	√		15	92.0	143.1	旺盛	
	椤木石楠	263	赣州市大余县樟斗牛岭炸药库	1	√		12.6	143.3	113.0	旺盛	
	椤木石楠	210	赣州市定南县岿美山镇三亨村坪地水石埂	1	√		16.5	71.6	54.1	较差	挂牌，专人管护
	椤木石楠	330	赣州市定南县岿美山镇左拔村丰城中沙坑	1	√		17.8	69.7	95.0	旺盛	挂牌，专人管护
	椤木石楠	330	赣州市定南县老城镇圳头村上禾坵	1	√		16.8	81.2	83.3	较差	挂牌，专人管护
	椤木石楠	210	赣州市定南县老城镇水西村江下	1	√		12.6	81.8	55.4	旺盛	挂牌，专人管护
	椤木石楠	210	赣州市定南县老城镇为建村小黄坝屋基	1	√		11.2	63.0	38.5	旺盛	挂牌，专人管护
	椤木石楠	270	赣州市定南县老城镇中段村火夹水组	1	√		18.7	86.9	47.8	较差	挂牌，专人管护
	椤木石楠	250	赣州市定南县老城镇中段村火夹水组	1	√		8.9	44.2	38.5	较差	挂牌，专人管护
	椤木石楠	210	赣州市定南县历市镇楼背村石下组	1	√		17.4	90.7	66.4	旺盛	挂牌，专人管护
	椤木石楠	220	赣州市定南县历市镇太阳村楼下组上坝	1	√		11.6	50.9	44.2	旺盛	挂牌，专人管护
	椤木石楠	405	赣州市定南县历市镇寨上村寨口组	1	√		16.5	91.7	149.5	旺盛	挂牌，专人管护
	椤木石楠	450	赣州市定南县历市镇寨上村寨口组	1	√		17.8	126.1	73.9	旺盛	挂牌，专人管护
	椤木石楠	310	赣州市定南县历市镇寨上村寨尾组社官下	1	√		16.3	95.5	95.0	较差	挂牌，专人管护
	椤木石楠	250	赣州市定南县历市镇寨上村寨尾组社官下	1	√		15.6	69.4	22.9	旺盛	挂牌，专人管护
	椤木石楠	280	赣州市定南县历市镇寨上村寨尾组社官下	1	√		13.4	74.5	36.3	旺盛	挂牌，专人管护
	椤木石楠	350	赣州市定南县岭北镇长隆村城门上村	1	√		13.5	137.5	84.9	旺盛	挂牌，专人管护
	椤木石楠	250	赣州市定南县天九镇九曲村新围	1	√		27.5	62.7	128.6	旺盛	挂牌，专人管护
	椤木石楠	300	赣州市赣县韩坊乡长中村		√		12	80.0	78.5	良好	无管护，设置围栏
	椤木石楠	200	赣州市龙南县东坑镇金莲村	7		√	13	44.0	26.4	旺盛	尚无管护，建议设禁牌

（续）

序号	中文名	树龄(a)	地　名	株数(株)	分布状况		平　均			生长状况	目前管护情况及建议
					零星	块状	树高(m)	胸径(cm)	冠幅(m^2)		
	椤木石楠	200	赣州市龙南县东坑镇金莲村	5		√	21	55.0	122.7	旺盛	尚无管护，建议设禁牌
	椤木石楠	300	赣州市龙南县东坑镇棠河村	1	√		20.5	108.3	122.7	旺盛	尚无管护，建议设禁牌，有观赏和采种价值
	椤木石楠	250	赣州市龙南县东坑镇张古段	1	√		16.5	16.5	40.7	旺盛	尚无管护，建议设禁牌及培土养护
	椤木石楠	200	赣州市龙南县东坑镇张古段	1	√		13.5	69.0	36.3	旺盛	尚无管护，建议设禁牌
	椤木石楠	200	赣州市龙南县关西镇程口村	4			12.5	30.0	44.2	较差	尚无管护，建议设禁牌
	椤木石楠	200	赣州市龙南县关西镇关东村	9			18.9	54.1	38.5	较差	尚无管护，建议设禁牌
	椤木石楠	200	赣州市龙南县关西镇关西村	1	√		15	76.0	38.5	旺盛	尚无管护，建议设禁牌
	椤木石楠	200	赣州市龙南县黄沙乡黄沙村	1	√		12.1	86.0	50.2	旺盛	尚无管护，建议设禁牌
	椤木石楠	200	赣州市龙南县黄沙乡新岭村	1	√		13.2	114.1	58.1	较差	尚无管护，建议设禁牌
	椤木石楠	200	赣州市龙南县夹湖乡新城	1	√		22	105.1	161.28	较差	尚无管护，建议设禁牌
	椤木石楠	200	赣州市龙南县武当镇横岗	1	√		16.3	95.5	116.55	旺盛	尚无管护，建议设禁牌
	椤木石楠	200	赣州市龙南县武当镇横岗	1	√		16	70.1	40.32	旺盛	尚无管护，建议设禁牌
	椤木石楠	200	赣州市龙南县武当镇石下村	1	√		8	63.7	19.6	较差	尚无管护，建议设禁牌
	椤木石楠	200	赣州市龙南县杨村镇新陂村	1	√		13	58.0	56	旺盛	尚无管护，建议设禁牌
	椤木石楠	300	赣州南康市大坪乡桥庄村	1	√		15.0	134.0	63.6	较差	村委会管护，挂牌并落实到责任人
	椤木石楠	400	赣州南康市大坪乡中垒村	1	√		28.0	111.0	153.9	旺盛	村委会管护，挂牌并落实到责任人
	椤木石楠	260	赣州市全南县陂头岐山老屋场	1	√		20	149.0	70	较差	村小组管护，挂牌
	椤木石楠	280	赣州市全南县陂头竹山大坳仔	1	√		20	96.0	80	较差	村小组管护，挂牌
	椤木石楠	200	赣州市全南县枫杵村下塔仔屋背	6			18	55.0	60	旺盛	尚无管护，建议挂牌管护
	椤木石楠	250	赣州市全南县上洞	1	√		15	150.0	254.3	旺盛	建议挂牌并落实到人
	椤木石楠	350	赣州市全南县小慕村上龙井组	1	√		14.5	66.9	105.2	旺盛	管护较好，建议挂牌

（续）

序号	中文名	树龄（a）	地名	株数（株）	分布状况		平均			生长状况	目前管护情况及建议
					零星	块状	树高（m）	胸径（cm）	冠幅（m^2）		
	椤木石楠	210	赣州市上犹县安和乡安和村大众组	1			15	64.5	72.3	旺盛	未进行保护，建议挂牌
	椤木石楠	210	赣州市上犹县安和乡安和村坑尾	1			18	52.3	78.5	旺盛	未进行保护，建议挂牌
	椤木石楠	210	赣州市上犹县东山镇黄竹村黄竹组	1			19	123.0	346.2	旺盛	未进行保护，建议挂牌
	椤木石楠	340	赣州市上犹县东山镇黄竹村坑口组	1			9.8	87.0	176.6	旺盛	未进行保护，建议挂牌
	椤木石楠	341	赣州市上犹县东山镇黄竹村坑口组	1			9	93.0	38.5	旺盛	未进行保护，建议挂牌
	椤木石楠	260	赣州市上犹县东山镇黄竹村坑口组	1			21	86.0	226.9	旺盛	未进行保护，建议挂牌
	椤木石楠	200	赣州市上犹县东山镇元鱼村上管坪	1			15	56.0	50.2	旺盛	未进行保护，建议挂牌
	椤木石楠	200	赣州市上犹县东山镇元鱼村太坑	1			12	71.0	132.7	旺盛	挂牌，村委会管护
	椤木石楠	280	赣州市上犹县梅水联群安子代屋	1			9	72.0	38.5	较差	未进行保护，建议挂牌
	椤木石楠	200	赣州市上犹县梅水乡联群笠山组	1			13	53.0	113.0	旺盛	未进行保护，建议挂牌
	椤木石楠	260	赣州市上犹县社溪镇乌溪村长坑组	3			14	86.0	45.3	旺盛	未进行保护，建议挂牌
	椤木石楠	260	赣州市上犹县双溪乡芦阳村	1			24	74.0	153.9	旺盛	未进行保护，建议挂牌
	椤木石楠	230	赣州市上犹县双溪乡左溪村坳子下	2			30	125.0	254.3	旺盛	挂牌，村委会管护
	椤木石楠	285	赣州市上犹县双溪乡左溪村坳子下	1			14	116.0	201.0	旺盛	未进行保护，建议挂牌
	椤木石楠	232	赣州市上犹县双溪乡左溪村下珠坑	1			16	67.0	50.2	旺盛	未进行保护，建议挂牌
	椤木石楠	210	赣州市上犹县双溪乡左溪村下珠坑	1			14	77.0	78.5	旺盛	未进行保护，建议挂牌
	椤木石楠	225	赣州市上犹县双溪乡左溪思茅芬	11			27	92.0	153.9	旺盛	挂牌，村委会管护
	椤木石楠	300	赣州市上犹县水岩乡崇坑村	1			15	129.0	226.9	旺盛	未进行保护，建议挂牌
	椤木石楠	200	赣州市上犹县水岩乡蕉坑村下格	1			21	76.0	153.9	较差	未进行保护，建议挂牌
	椤木石楠	230	赣州市上犹县水岩乡蕉坑村下蕉坑李屋	1			19	74.0		旺盛	未进行保护，建议挂牌
	椤木石楠	240	赣州市上犹县五指峰乡象形村神上组牛塘子	1			13	101.9	78.5	较差	

（续）

序号	中文名	树龄(a)	地　名	株数(株)	分布状况		平　均			生长状况	目前管护情况及建议
					零星	块状	树高(m)	胸径(cm)	冠幅(m^2)		
	椤木石楠	260	赣州市上犹县五指峰乡象形村苏州坳小组	1			15	95.2	132.7	旺盛	
	椤木石楠	230	赣州市上犹县紫阳乡下佐村中太洞	1			14	48.4	113.0	旺盛	未进行保护，建议挂牌
	椤木石楠	210	赣州市信丰县安西镇禾星村坪观脑组	1	√		15.0	95.5	15.9	旺盛	坪观脑小组管护，建议挂牌并落实到人
	椤木石楠	210	赣州市信丰县安西镇热水村瓦屋下组	1	√		12.0	64.9	298.5	旺盛	瓦屋下小组管护，建议挂牌并落实到人
	椤木石楠	600	赣州市信丰县虎山乡虎山村高排路边	3	√		11.5	35.0	22.9	旺盛	高排小组管护，建议挂牌并落实到人
	椤木石楠	200	赣州市信丰县铁石口镇坝高村下屋组	1	√		11.2	50.9	65.0	较差	下屋小组管护，建议挂牌并落实到人
	椤木石楠	300	赣州市信丰县小江镇甫下村甫下圩	1	√		17.0	84.7	132.7	旺盛	甫下小组管护，建议挂牌并落实到人
	椤木石楠	200	赣州市信丰县正平镇芫庙村高松树下组路边	1	√		8.5	75.0	15.9	旺盛	高松树下小组管护，建议挂牌并落实到人
	椤木石楠	300	宜春市袁州区柏木石湖上石湖	1	√		18	64.0	122.7	旺盛	挂牌
	椤木石楠	300	宜春市袁州区柏木石湖上石湖	1	√		21	81.2	176.6	旺盛	挂牌
	椤木石楠	500	宜春樟树市棋坪镇优居村优居组	1	√		18	95.0	113.0	良好	挂牌管护
	椤木石楠	200	吉安市泰和县老云盘	1	√		18	89.2			村民小组管护
	椤木石楠	200	吉安市泰和县上模坪田	1	√		15	65.3			村民小组管护
	椤木石楠	220	吉安市万安县黄竹姜窝	1	√		27	51.6	201.0	良好	村民小组管护
	椤木石楠	200	吉安市万安县五斗坑	1	√		12.5	37.0	24	良好	村民小组管护
	椤木石楠	1000	吉安市永丰县尺坑	1	√		15	143.3	63.6	旺盛	村民小组管护
	椤木石楠	400	吉安市永丰县梅林	1	√		17	86.6	113.0	旺盛	村民小组管护
	椤木石楠	300	吉安市永丰县杨梅坑	1	√		18	70.0	78.5	良好	村民小组管护
	椤木石楠	300	吉安市永新县三湾乡三湾村	1	√		20	95.5	50.2	旺盛	村民小组管护
	椤木石楠	280	抚州市资溪县高阜镇樟溪村	1	√		17	100.0	63.6	旺盛	建议挂牌并落实到人
	椤木石楠	320	抚州市资溪县泉坑村元头村旁	1	√		16	99.7	132.7	旺盛	建议挂牌并落实到人
	椤木石楠	280	抚州市资溪县株溪林场王石坑	1	√		13	125.8	176.6	旺盛	建议挂牌并落实到人
148	麻栎	305	南昌市进贤县下埠柯溪西陈	1	√		15	64.0	81.7	良好	未落实管护
	麻栎	800	九江市彭泽县浪溪镇浪溪村	1	√		13	96.0	120	较差	村委会管护，建议挂牌并落实到人

（续）

序号	中文名	树龄(a)	地名	株数(株)	分布状况		平均			生长状况	目前管护情况及建议
					零星	块状	树高(m)	胸径(cm)	冠幅(m^2)		
	麻栎	200	九江市武宁县九组	1	√		16	76.4	132	一般	
	麻栎	200	九江市武宁县烈士陵园	1		√	16	101.9	63	一般	
	麻栎	250	九江市修水县东港乡黄荆村九组	1	√		27	113.0	15	旺盛	
	麻栎	260	九江市修水县新湾乡板坑村一组	1	√		43	126.0	961.6	旺盛	
	麻栎	260	九江市修水县新湾乡板坑村一组	1	√		42	66.0	314.0	旺盛	
	麻栎	360	九江市永修县艾城镇青山村棱上组	1			22	74.8	153.9	较差	村民小组管护
	麻栎	250	宜春市上高县乌塘村	1	√		18	130.0	16	良好	挂牌管护
149	麻栎(栎)	300	赣州市赣县韩坊乡梅街村		√		15	50.0	63.6	旺盛	无管护，建议设置围栏
150	马褂木	101	宜春市靖安县竹蒿林	3			17	55.3	121	旺盛	县人民政府统一挂牌
151	马蹄荷	240	赣州市上犹县五指峰乡鹅形村横河洞组	1			25	73.5	113.0	旺盛	
	马蹄荷	200	赣州市上犹县五指峰乡象形村苏州坳小组	1			16	58.0	50.2	较差	
152	马尾松	460	九江市永修县柘林镇下城林场	4			26	73.2	28.3	旺盛	林场管护
	马尾松	800	景德镇乐平市洪岩阳山岗	1	√		24	121.0	600	旺盛	村委挂牌保护
	马尾松	550	萍乡市湘东区柘村大龙台	1		√	26	290.0		旺盛	受到当地政府保护
	马尾松	500	赣州市安远县峡背	1	√		36.0	154.0	262.4	旺盛	未落实管护人员，设禁牌
	马尾松	350	赣州市崇义县乐洞乡高洞村洞角组	1	√		21.5	121.3	165	旺盛	村小组管护，建议落实到人管护
	马尾松	360	赣州市定南县历市镇寨上村墩背背夫	1	√		24.4	81.5	91.6	较差	挂牌，专人管护
	马尾松	360	赣州市定南县历市镇寨上村墩背背夫	1	√		22.7	78.0	27.3	较差	挂牌，专人管护
	马尾松	360	赣州市赣县韩坊乡大坪村		√		29	160.0	113.0	旺盛	无管护，建议挂牌委派专人管护
	马尾松	400	赣州市赣县韩坊乡樟坑村		√		13	120.0	113.0	旺盛	无管护，建议设置围栏
	马尾松	400	赣州市赣县韩坊乡樟坑村		√		13	130.0	176.6	旺盛	无管护，建议设置围栏
	马尾松	400	赣州市赣县韩坊乡樟坑村		√		13	140.0	78.5	旺盛	无管护，建议设置围栏
	马尾松	470	赣州市上犹县水岩乡古田组社内	1			27	92.0	63.6	旺盛	未进行保护，建议挂牌

（续）

序号	中文名	树龄（a）	地名	株数（株）	分布状况		平均			生长状况	目前管护情况及建议
					零星	块状	树高（m）	胸径（cm）	冠幅（m^2）		
	马尾松	350	赣州市上犹县五指峰乡晓水村蒲芦洞组	1			25	69.2			
	马尾松	350	赣州市兴国县城岗乡瓦溪村	1		√	16.5	87.2	202.5	旺盛	集体管护，保持水土
	马尾松	386	赣州市寻乌县三标乡香木坑水口	1	√		38.2	183.0	102.0	较差	村委会管护，建议挂牌并落实到人
	马尾松	379	赣州市寻乌县三标乡香木坑水口	1	√		35.6	178.0	91.6	较差	村委会管护，建议挂牌并落实到人
	马尾松	372	赣州市寻乌县三标乡香木坑水口	1	√		34.8	173.0	84.9	较差	村委会管护，建议挂牌并落实到人
	马尾松	400	宜春市万载县官元山	1	√		15	130.0	38.5	良好	挂牌
	马尾松	350	宜春樟树市排埠镇梅洞村松坳组兰家	1	√		25	90.0	32	良好	挂牌管护
	马尾松	400	宜春樟树市排埠镇南溪村社前组东坑	1	√		25	135.0	26	良好	挂牌管护
	马尾松	350	宜春樟树市排埠镇永丰村蕉坜组曾军老屋背	1	√		25	118.0	20	良好	挂牌管护
	马尾松	400	吉安市永丰县双岭	1	√		21	103.0	78.5	良好	村民小组管护
	马尾松	600	抚州市资溪县长兴村炭山	1	√		29	130.9	226.9	旺盛	加强管护
153	毛豹皮樟	400	九江市庐山自然保护区东林寺刘家		√		9	57.3	113.0	旺盛	
154	毛红椿	35	江西农业大学	200	√		4.0	4.0	3.8	旺盛	人工栽种属校园绿化管理
	毛红椿	400	九江市修水县黄港黎家岭	1	√		16	71.0	28.3	旺盛	尚无管护和利用
	毛红椿	50	抚州市黎川县岩泉麦溪洲	1	√		13.4	54.0	29.2	旺盛	村委会管护，挂牌并落实到人
	毛红椿	45	抚州市黎川县岩泉麦溪洲	1	√		13.4	45.0	11.3	旺盛	村委会管护，挂牌并落实到人
	毛红椿	80	抚州市资溪县马头山林场东港林班	2	√		15	35.0	50.2	良好	建议挂牌并落实到人
	毛红椿	130	抚州市资溪县马头山林场东港林班	1	√		17	46.0	50.2	良好	建议挂牌并落实到人
	毛红椿	120	抚州市资溪县马头山林场东港林班	80		√	20	38.0	50.2	良好	建议挂牌并落实到人
155	毛丝桢楠	18	赣州市寻乌县项山乡中坑村	2		√	12.8	16.2	24.6	旺盛	村委会管护，建议挂牌并落实到人
156	茅栗	200	赣州市全南县陂头岐山小茹	1	√		18	103.0	120	旺盛	村小组管护，挂牌
157	美毛含笑	45	抚州市资溪县马头山林场龙井林班			√	13	18.0	19.6	旺盛	建议挂牌并落实到人
158	米槠	200	赣州市安远县道堂	1	√		21.0	111.7	301.0	旺盛	设置围栏和禁牌

（续）

序号	中文名	树龄(a)	地　名	株数(株)	分布状况		平　均			生长状况	目前管护情况及建议
					零星	块状	树高(m)	胸径(cm)	冠幅(m^2)		
	米槠	200	赣州市安远县道堂	1	√		8.0	91.0	18.8	旺盛	设置围栏和禁牌
	米槠	300	赣州市安远县河秋岽背	1	√		14.0	82.0	95.0	旺盛	专人管护
	米槠	500	赣州市安远县濂丰孙屋背	1	√		13.0	56.0	63.0	旺盛	设置围栏和禁牌
	米槠	310	赣州市安远县片山公路边	1	√		9.5	72.6	140.0	旺盛	加强管护，延长树龄
	米槠	250	赣州市安远县狮桐坪	1	√		18.0	60.0	81.0	旺盛	村民管护
	米槠	220	赣州市安远县狮桐坪排仔	1	√		40.0	69.0	169.0	旺盛	村民管护
	米槠	230	赣州市安远县余屋桥坎上	1	√		13.2	88.0	103.0	旺盛	专人管护
	米槠	200	赣州市安远县种子园	1	√		15.0	49.0	120.0	旺盛	加强管护，延长树龄
	米槠	210	赣州市全南县青龙山林场园岭工区老虎口	1	√		26	86.6	415.3	旺盛	加强管护与保护工作
159	闽楠	110	新余市渝水区人和乡西村村小组	3		√	23	46.5		旺盛	村民小组管护，防止人为破坏
	闽楠	200	新余市渝水区人和乡西村村小组	1	√		15.2	47.0	38.5	旺盛	村民小组管护，防止人为破坏
	闽楠	360	赣州市安远县柏坑水口	1	√		16.2	110.0	34.3	旺盛	加强管护，延长树龄
	闽楠	250	赣州市安远县欣山民主村	1	√		20.0	100.0	75.0	较差	管护较好
	闽楠	220	赣州市安远县欣山民主村	3	√		15.0	70.0	66.0	较差	管护较好
	闽楠	303	赣州市上犹县安和乡车田村小学	1			21	112.0	201.0	旺盛	挂牌，由学校管护
	闽楠	320	赣州市上犹县双溪乡水头村祠堂背	23			25	160.0	254.3	旺盛	挂牌，村委会管护
	闽楠	204	赣州市上犹县双溪乡水头村祠堂背	1			16.5	46.0	226.9	旺盛	未进行保护，建议挂牌
	闽楠	173	赣州市上犹县双溪乡左溪村坳子下	4			25	82.0	706.5	旺盛	挂牌，村委会管护
	闽楠	210	赣州市上犹县双溪乡左溪村塘背	1			31	130.0	1017.4	旺盛	未进行保护，建议挂牌
	闽楠	263	赣州市上犹县双溪乡左溪珠坑组	10			16	37.0	226.9	旺盛	未进行保护，建议挂牌
	闽楠	300	赣州市上犹县寺下乡寺下村	1			17.8	75.0	113.0	旺盛	未进行保护，建议挂牌
	闽楠	203	赣州市上犹县寺下乡寺下村大屋场	1			24	86.0	63.6	旺盛	挂牌，村委会管护
	闽楠	250	赣州市兴国县方太乡方太村	1		√	12	79.0	143	旺盛	村组共管，暂无利用，加强管理，以供观赏

（续）

序号	中文名	树龄（a）	地　名	株数（株）	分布状况		平　均			生长状况	目前管护情况及建议
					零星	块状	树高（m）	胸径（cm）	冠幅（m^2）		
	闽楠	250	赣州市兴国县方太乡方太村	1		√	13.2	63.0	120	旺盛	村组共管，暂无利用，加强管理，以供观赏
	闽楠	280～500	宜春市官山麻子山沟	6	√		23	59.0	13	旺盛	西河保护管理站管护，建议挂牌保护
	闽楠	203	宜春市靖安县高湖镇高湖村亘田组	1			20	65.0	49	旺盛	县人民政府统一挂牌
	闽楠	30	宜春市靖安县高湖镇山口村	6	√		30	26.0	143	旺盛	
	闽楠	380	宜春市靖安县中源乡洞下村茶坪组	1			20	70.0	64	旺盛	县人民政府统一挂牌
	闽楠	100	宜春市上高县九峰林场	50		√	12	25.0	10	良好	挂牌管护
	闽楠	120	宜春市万载县甘坊镇横桥村横桥组	1	√		30	80.0	120	良好	县人民政府统一挂牌
	闽楠	300	宜春市万载县横桥	6		√	31	82.2	86.5	良好	县人民政府统一挂牌
	闽楠	150	宜春市万载县横桥	1	√		28.6	74.8	82.4	良好	县人民政府统一挂牌
	闽楠	120	宜春市万载县上富镇港口村楠木坑组	1	√		25	73.3	132.6	良好	县人民政府统一挂牌
	闽楠	200	宜春市万载县上富镇坑口村坑口组	1	√		34	90.8	95	良好	县人民政府统一挂牌
	闽楠	107	宜春樟树市温泉镇温泉村	1	√		12	85.0	15	良好	挂牌管护
	闽楠	340	上饶市德兴县新建西坑江家畔	1	√		22	175.0	49	旺盛	
	闽楠	500	上饶市婺源县浙源乡庐坑村中村	1	√		32	184.6	490.6	较差	
	闽楠	230	上饶市婺源县珍珠山乡塘尾村	1	√		26	82.8	132.7	旺盛	挂牌
	闽楠	300	上饶市婺源县珍珠山乡塘尾村	1	√		28	101.9	132.7	较差	挂牌
	闽楠	200	吉安市井冈山市东上乡瑶前村	1		√	25	99.0	132.7	良好	
	闽楠	200	抚州市资溪县马头山镇昌坪村		√		20	25.0	19.6	旺盛	建议挂牌并落实到人
	木荷	385	南昌市进贤县衙前共大校内	1	√		14	91.0	86.5	良好	未落实管护
160	木荷	400	南昌市新建县溪霞镇赤海村	1	√		23.0	86.0	208.6	良好	村民小组管护
	木荷	650	新余市分宜县钤山镇大岗山村坳背村小组	1	√		20	127.0	22.1	旺盛	村民小组管护，防止人为破坏

（续）

序号	中文名	树龄（a）	地　名	株数（株）	分布状况		平　均			生长状况	目前管护情况及建议
					零星	块状	树高（m）	胸径（cm）	冠幅（m^2）		
	木荷	310	鹰潭市余江县画桥镇葛家店蟠象组	1	√		18	120.0	379.9	良好	村小组管护，建议管护落实到人
	木荷	360	赣州市安远县柏坑水口	1	√		18.0	108.3	31.2	旺盛	加强管护，延长树龄
	木荷	350	赣州市安远县登丰村大面岭	1	√		15.0	85.0	42.0	旺盛	设置围栏和禁牌
	木荷	300	赣州市安远县登丰村罗岽	1	√		17.0	80.0	63.0	旺盛	设置围栏和禁牌
	木荷	300	赣州市安远县河仔背	1	√		20.0	84.0	252.0	旺盛	设置围栏和禁牌
	木荷	300	赣州市安远县河仔背	1	√		20.0	119.7	209.0	旺盛	设置围栏和禁牌
	木荷	350	赣州市安远县黄洞村	1	√	√	8.0	209.0	121.0	良好	加强管护以延长树龄
	木荷	300	赣州市安远县黄珠潭庙前	1	√		14.0	108.2	94.3	旺盛	设置围栏和禁牌
	木荷	350	赣州市安远县碛面水口	1	√		18.0	115.9	150.0	旺盛	设置围栏和禁牌
	木荷	323	赣州市大余县黄龙壕塘下架岭	1	√		13	127.4	295.4	旺盛	
	木荷	323	赣州市大余县黄龙壕塘下架岭	1	√		18	127.4	201.0	旺盛	
	木荷	303	赣州市大余县新城分水坳石坑子	1	√		20	89.0	147.3	旺盛	
	木荷	403	赣州市大余县新城王屋岭天相如	1	√		17	79.3	120.7	旺盛	
	木荷	360	赣州市定南县老城镇乐德村荷树下	1	√		15.5	96.1	89.9	旺盛	挂牌，专人管护
	木荷	315	赣州市定南县历市镇楼背村石下	9		√	18.5	65.3		旺盛	挂牌，专人管护
	木荷	300	赣州市赣县韩坊乡樟坑村		√		13	105.0	254.3	良好	无管护，建议设置围栏
	木荷	320	赣州市全南县小慕村上龙井组	1	√		28.5	116.0	148.5	旺盛	管护较好，建议挂牌
	木荷	310	赣州市上犹县五指峰乡双宵村	1			25	82.6			
	木荷	400	赣州市上犹县营前镇象牙村九仔寨	1			21	138.0	283.4	旺盛	未进行保护，建议挂牌
	木荷	300	赣州市上犹县营前镇象牙村九仔寨	1			21	106.0	63.6	旺盛	未进行保护，建议挂牌
	木荷	300	赣州市上犹县营前镇珠岭村烈士塔	1			21	115.0		旺盛	挂牌，村委会管护，有白蚁
	木荷	320	赣州市兴国县均村乡茂段村	1	√		18	97.0	192	旺盛	村组共管，暂无利用，加强管理，以供观赏
	木荷	300	赣州市兴国县永丰村茶石村	1	√		12	68.0	120	旺盛	加强管护，可作采种母树

（续）

序号	中文名	树龄(a)	地　名	株数(株)	分布状况		平　均			生长状况	目前管护情况及建议
					零星	块状	树高(m)	胸径(cm)	冠幅(m^2)		
	木荷	300	赣州市兴国县永丰村茶石村	1	√		26	105.0	140	旺盛	村组共管，暂无利用，加强管理，以供观赏
	木荷	300	赣州市兴国县永丰村旗岭村	1	√		18	225.0	360	旺盛	村组共管，暂无利用，加强管理，以供观赏
	木荷	300	赣州市兴国县永丰村西江村	1	√		26	112.0	300	旺盛	村组共管，暂无利用，加强管理，以供观赏
	木荷	300	赣州市寻乌县文峰乡图合村	1	√		23	300.0	314.0	旺盛	村委会管护，建议挂牌并落实到人
	木荷	320	宜春市奉新县汪家圩乡浮桥村章家组	1	√		10	100.0	706.5	旺盛	挂牌
	木荷	320	宜春市奉新县汪家圩乡官田村孙家组	1	√		12	120.0	126	旺盛	挂牌
	木荷	300	宜春市上高县塔下天山	1	√		18	200.0	40	良好	挂牌管护
	木荷	500	宜春樟树市排埠镇南溪村社前组秧田排	1	√		27	110.0	42	良好	挂牌管护
	木荷	310	宜春樟树市温泉镇新塘村	1	√		14	97.0	17	良好	挂牌管护
	木荷	400	上饶市万年县上坊乡黄营村	1	√		19	108.3	143.1	一般	
	木荷	300	吉安井冈山市东上乡瑶前村	1		√	7	76.0	56.7	良好	
	木荷	415	吉安市遂川县新江三联王家	1	√		26	242.0			村民小组管护
	木荷	300	吉安市万安县巴邱镇张家壁组后龙山	1	√		15	260.0			村小组管护
	木荷	300	吉安市万安县巴邱镇张家壁组后龙山	1	√		13	328.0			村小组管护
	木荷	300	吉安市万安县堪头	1	√		26	90.0	50.2	良好	村民小组管护
161	木槿	100	九江市庐山自然保护区剪刀峡		√		10	46.7	9	较差	
162	木莲	27	鹰潭贵溪市双圳林场黄沙	1	√		7	18.0	12.6	旺盛	管护好，列入生态保护
	木莲	27	鹰潭贵溪市双圳林场朱坑	1	√		9	21.7	19.6	旺盛	规划为母树林基地
	木莲	80	鹰潭贵溪市西窑林场桃树坞	1	√		10	55.0	38.5	旺盛	村小组管护，建议挂牌并落实到个人
	木莲	203	赣州市安远县烂泥塘	1	√		19.0	220.0	256.0	旺盛	加强管护，防止砍伐
	木莲	18	赣州市大余县烂泥迳三江口	1	√		13	15.0	15.2	旺盛	

（续）

序号	中文名	树龄（a）	地　名	株数（株）	分布状况		平　均			生长状况	目前管护情况及建议
					零星	块状	树高（m）	胸径（cm）	冠幅（m^2）		
	木莲	17	赣州市全南县青龙山林场岐山工区碛子脑	2	√		9.5	24.0	44.2	旺盛	加强采种工作管理
	木莲	19	赣州市全南县青龙山林场岐山工区水尾坝	1	√		10.3	24.7	22.9	旺盛	加强采种工作管理
	木莲	15	赣州市全南县小叶岽林场	1	√		4	12.6	1.8	旺盛	建议重点管护
	木莲	50	赣州市石城县横江镇赣江源村		√		12.0	15.0	15.9	旺盛	加强保护和充分利用
	木莲	26	上饶市广丰县大丰源封禁山口	1	√		8	10.0	4	旺盛	加强管护
163	木犀	280	赣州市定南县岭北镇含水村湾仔	1	√		13.9	89.1	103.8	旺盛	挂牌，专人管护
164	南方红豆杉	270	南昌市湾里区太平乡团山村路口	2	√		20.0	60.0	78.5	良好	村委会管护
	南方红豆杉	540	南昌市湾里区太平乡团山村路口	1	√		22.0	129.9	95.0	良好	村委会管护
	南方红豆杉	460	南昌市湾里区太平乡团山村路口	1	√		18.0	111.5	50.2	良好	村委会管护
	南方红豆杉	230	南昌市湾里区招贤镇南岭村胡家	1	√		17.0	27.1	95.0	旺盛	村委会管护
	南方红豆杉	600	南昌市新建县溪霞镇赤海村	1	√		19.5	114.6	145.2	良好	村民小组管护
	南方红豆杉	200	九江市庐山自然保护区星子县栖贤寺		√		25	44.6	100	旺盛	
	南方红豆杉	120	九江瑞昌市花园乡田畈村		√		15	85.0	153.9	旺盛	集体管护
	南方红豆杉	400	九江瑞昌市肇陈大禾塘村			√	17	65.0	201.0	良好	集体管护
	南方红豆杉	600	九江瑞昌市肇陈大禾塘村			√	18	86.0	103.8	良好	集体管护
	南方红豆杉	800	九江瑞昌市肇陈大禾塘村			√	17	96.0	113.0	良好	集体管护
	南方红豆杉	400	九江瑞昌市肇陈大禾塘村			√	16	66.0	95.0	良好	集体管护
	南方红豆杉	800	九江瑞昌市肇陈大禾塘村			√	18	110.0	176.6	良好	集体管护
	南方红豆杉	200	九江市星子县栖贤寺山涧左岸斜坡上	2	√		16	45.0	28.3	旺盛	观音桥风景区管护
	南方红豆杉	150	九江市修水县黄港月山	1	√		12	55.0	28.3	旺盛	尚无管护和利用
	南方红豆杉	310	九江市永修县柘林镇下城林场	1			11	50.9	28.3	旺盛	林场管护

（续）

序号	中文名	树龄(a)	地　名	株数(株)	分布状况		平　均			生长状况	目前管护情况及建议
					零星	块状	树高(m)	胸径(cm)	冠幅(m^2)		
	南方红豆杉	360	九江市永修县柘林镇下城林场	12			10	57.3	19.6	旺盛	林场管护
	南方红豆杉	360	九江市永修县柘林镇下城林场	12			17	76.4	78.5	旺盛	林场管护
	南方红豆杉	200	萍乡市莲花县六市乡探家坊村	1	√		16	56.0	153.9	良好	村民小组管护，防止人为破坏
	南方红豆杉	600	萍乡市湘东区白竺长坑村店里	1	√		23	108.3		旺盛	受到当地政府保护
	南方红豆杉	850	萍乡市湘东区柘村大龙台	1	√		24	290.0		旺盛	受到当地政府保护
	南方红豆杉	500	萍乡市湘东区柘村大龙台	1	√		25	220.0		旺盛	受到当地政府保护
	南方红豆杉	850	萍乡市湘东区柘村大龙台	1	√		26	200.0		旺盛	受到当地政府保护
	南方红豆杉	800	新余市分宜县钤山镇大岗山村坳背村小组	1	√		18	146.0	44.2	旺盛	村民小组管护，防止人为破坏
	南方红豆杉	710	鹰潭市龙虎山上清镇泥湾村	1	√		9	36.0	23.7	旺盛	挂牌
	南方红豆杉	230	赣州市龙南县九连山林场墩头坪坑白羽山	1	√		25	111.9	86.5	较差	尚无管护，建议挂牌并委派专人管护
	南方红豆杉	270	赣州市龙南县九连山林场墩头坪坑白羽山	1	√		22	100.3	265.8	较差	尚无管护，建议挂牌并委派专人管护
	南方红豆杉	270	赣州市龙南县九连山林场墩头坪坑白羽山	1	√		19.4	130.9	268.7	较差	尚无管护，建议挂牌并委派专人管护
	南方红豆杉	350	赣州市宁都县大沽乡上淮村上店组桥边	1	√		17.8	60.9	81.7	旺盛	林管站管护，建议指定专人管护
	南方红豆杉	400	赣州市宁都县大沽乡阳斋村阳斋组	8	√		18.1	76.8	56.2	旺盛	林管站管护，建议指定专人管护
	南方红豆杉	120	赣州市章贡区峰山村大足坑	1	1		22	67.0		良好	挂牌，并设置围栏
	南方红豆杉	120	赣州市章贡区峰山村径里	1	1		23	75.0		良好	挂牌，并设置围栏
	南方红豆杉	100	宜春市奉新县华林柏树村安子里组	1	√		18	170.0	63.6	一般	挂牌，建议培土
	南方红豆杉	200	宜春市奉新县华林苏家村店前组	1	√		17	160（地径）	28.3	一般	挂牌，建议培土
	南方红豆杉	200	宜春市奉新县华林苏家村苏家组	1	√		12	31.8	28.3	一般	挂牌，建议培土
	南方红豆杉	206	宜春市靖安县北港桥头	2			18	88.0	148.84	旺盛	县人民政府统一挂牌
	南方红豆杉	363	宜春市靖安县罗湾乡芦田村刘家组	1			18	118.0	49	旺盛	挂牌

（续）

序号	中文名	树龄（a）	地　名	株数（株）	分布状况		平　均			生长状况	目前管护情况及建议
					零星	块状	树高（m）	胸径（cm）	冠幅（m^2）		
	南方红豆杉	203	宜春市靖安县罗湾乡沙洲村下辅组	1			16	87.0	201.0	旺盛	挂牌
	南方红豆杉	300	宜春市靖安县水口乡双岭村下烟竹组	1			30	86.0	256	旺盛	县人民政府统一挂牌
	南方红豆杉	200	宜春市靖安县烟竹林场北坑组	1			20	123.0	225	较差	县人民政府统一挂牌
	南方红豆杉	423	宜春市靖安县躁都镇朱坪村朱坪组	1			18	116.0	324	旺盛	县人民政府统一挂牌
	南方红豆杉	403	宜春市靖安县中源乡船湾村南垅组	1			25	105.0	169	旺盛	县人民政府统一挂牌
	南方红豆杉	533	宜春市靖安县中源乡船湾村南垅组	1			25	133.7	225	旺盛	县人民政府统一挂牌
	南方红豆杉	213	宜春市靖安县中源乡洞下村茶坪组	1			15	60.5	81	旺盛	县人民政府统一挂牌
	南方红豆杉	200	宜春市靖安县中源乡洞下村茶坪组	1			20	63.7	144	旺盛	县人民政府统一挂牌
	南方红豆杉	603	宜春市靖安县中源乡古竹村土库组	1			32	14.3	196	旺盛	县人民政府统一挂牌
	南方红豆杉	600	宜春市靖安县中源乡龙邱村沙段组	1			27	159.2	169	旺盛	县人民政府统一挂牌
	南方红豆杉	253	宜春市靖安县中源乡龙邱村下沙组	1			15	83.0	64	旺盛	县人民政府统一挂牌
	南方红豆杉	200	宜春市靖安县中源乡龙邱村叶家组	1			16	83.0	81	旺盛	县人民政府统一挂牌
	南方红豆杉	253	宜春市靖安县中源乡龙邱村曾家组	1			22	96.0	144	旺盛	县人民政府统一挂牌
	南方红豆杉	363	宜春市靖安县中源乡龙邱村曾家组	1			20	93.0	121	旺盛	县人民政府统一挂牌
	南方红豆杉	303	宜春市靖安县中源乡龙邱村曾家组	1			21	90.0	121	旺盛	县人民政府统一挂牌
	南方红豆杉	220	宜春市靖安县中源乡埫上村	1			15	89.0	81	旺盛	县人民政府统一挂牌
	南方红豆杉	503	宜春市靖安县中源乡坪上村	1			27	144.0	256	旺盛	县人民政府统一挂牌
	南方红豆杉	203	宜春市靖安县中源乡邱家村龙潭组	1			25	57.5	144	旺盛	县人民政府统一挂牌
	南方红豆杉	303	宜春市靖安县中源乡三坪村新屋组	1			25	86.0	196	旺盛	县人民政府统一挂牌
	南方红豆杉	203	宜春市靖安县中源乡山下村源里组	1			25	64.0	144	旺盛	县人民政府统一挂牌
	南方红豆杉	900	宜春市靖安县中源乡西岭村老屋组	1			27	159.2	256	旺盛	县人民政府统一挂牌

（续）

序号	中文名	树龄(a)	地　名	株数（株）	分布状况		平　均			生长状况	目前管护情况及建议
					零星	块状	树高（m）	胸径（cm）	冠幅（m^2）		
	南方红豆杉	800	宜春市靖安县中源乡西岭村老屋组	1			32	168.7	196	旺盛	县人民政府统一挂牌
	南方红豆杉	270	宜春市万载县柳溪乡仰坪村厂下组	1	√		25	104.1	78.5	良好	县人民政府统一挂牌
	南方红豆杉	130	宜春市万载县罗市镇兰田村赵家组	1	√		19	89.2	45	良好	县人民政府统一挂牌
	南方红豆杉	350	宜春市万载县西塔乡西塔村先烈冈	1	√		21	128.3	126	良好	县人民政府统一挂牌
	南方红豆杉	450	宜春市万载县西塔乡新厂村大丰组	1	√		23	146.2	168	良好	县人民政府统一挂牌
	南方红豆杉	400	宜春市万载县潵溪乡下坳村江岭组	1	√		18	175.2	379.9	良好	县人民政府统一挂牌
	南方红豆杉	100	宜春市宜丰县龟脑村	1	√		22	100.0	320	良好	重点保护
	南方红豆杉	120	宜春市宜丰县横败林场、斜港村	1	√		25	1.3	1050	良好	重点保护
	南方红豆杉	300	宜春樟树市棋坪镇柏树村里坳组	1	√		15	101.0	23	良好	挂牌管护
	南方红豆杉	100	宜春樟树市三都大槽龚家坳埚	1	√		12	35.0	176.6	良好	挂牌管护
	南方红豆杉	150	宜春樟树市三都战坑龟形庙前	1	√		13	31.0	176.6	良好	挂牌管护
	南方红豆杉	200	宜春樟树市温泉镇光明村	1	√		16	45.0	28.3	良好	挂牌管护
	南方红豆杉	200	宜春樟树市温泉镇新开村	1	√		18	45.0	132.7	良好	挂牌管护
	南方红豆杉	380	宜春樟树市温泉镇新开村	1	√		25	76.0	22	良好	挂牌管护
	南方红豆杉	940	上饶市德兴县龙头山浆源	1	√		31	154.8	342	旺盛	
	南方红豆杉	530	上饶市德兴县万村社上	1	√		22	105.1	372	旺盛	
	南方红豆杉	690	上饶市德兴县占才叶小余村	1	√		33	109.9	210	旺盛	
	南方红豆杉	700	上饶市德兴县张村瑶畈关家	1	√		21	111.5	256	旺盛	
	南方红豆杉	300	上饶市横峰县	1	√		13.2	52.4	113.0	良好	加强管护
	南方红豆杉	500	上饶市横峰县葛源镇石桥村	1	√		18	111.5	23.7	良好	加强保护
	南方红豆杉	300	上饶市横峰县葛源镇石桥村	1	√		16	105.1	38.5	良好	加强保护
	南方红豆杉	500	上饶市横峰县上坑源徐家坑	1	√		18	131.5	28.3	良好	加强保护

（续）

序号	中文名	树龄（a）	地　名	株数（株）	分布状况		平　均			生长状况	目前管护情况及建议
					零星	块状	树高（m）	胸径（cm）	冠幅（m^2）		
	南方红豆杉	500	上饶市横峰县新篁乡槎源坑源头	1	√		25	100.6	38.5	良好	加强保护
	南方红豆杉	500	上饶市横峰县新篁乡崇山村半山源	1	√		25	259.9	314.0	良好	加强保护
	南方红豆杉	500	上饶市横峰县新篁乡崇山村半山源	1	√		25	259.9	314.0	良好	加强保护
	南方红豆杉	300	上饶市横峰县新篁乡崇山村半山源	1	√		25	259.9	314.0	良好	加强保护
	南方红豆杉	200	上饶市横峰县新篁乡山田村陈圩脊	1	√		22	127.4	78.5	良好	加强保护
	南方红豆杉	280	上饶市弋阳县	1	√		12	111.5	57	旺盛	
	南方红豆杉	1100	吉安市安福县章庄乡龙回村龙回组	1	√		15	367.0			村小组管护
	南方红豆杉	990	吉安市安福县章庄乡龙回村龙回组	1	√		22	330.0			村小组管护
	南方红豆杉	300	吉安市井冈山自然保护区大井村	1	√		14	86.0	15.9	良好	村民小组管护
	南方红豆杉	500	吉安市井冈山自然保护区下角洞	1	√		13	91.0	143.1	良好	村民小组管护
	南方红豆杉	600	吉安市遂川县长隆太坪组	1	√		42	136.9	63.6	旺盛	村小组管护
	南方红豆杉	400	吉安市遂川县滁洲岭下村	1	√		22	99.4	314.0	旺盛	村小组管护
	南方红豆杉	220	吉安市遂川县大下村周尾组	1	√		16	119.7	283.4	旺盛	村小组管护
	南方红豆杉	200	吉安市遂川县大下村周尾组	1	√		16	117.8	254.3	旺盛	村小组管护
	南方红豆杉	250	抚州市乐安县谷岗乡坰下村	1	√		18	70.0	44.2	旺盛	村委会负责管护，建议挂牌管护并负责落实到人
	南方红豆杉	300	抚州市乐安县谷岗乡火嵊村	1	√		19	76.0	103.8	旺盛	村委会负责管护，建议挂牌管护并负责落实到人
	南方红豆杉	300	抚州市乐安县谷岗乡火嵊村	1	√		8	102.0	38.5	旺盛	村委会负责管护，建议挂牌管护并负责落实到人
	南方红豆杉	300	抚州市乐安县万崇镇坪背村	1	√		22	143.0	63.6	较差	村委会负责管护，建议挂牌管护并负责落实到人
	南方红豆杉	250	抚州市黎川县社苹竹山白	1	√		25.5	102.0	3.1	旺盛	
	南方红豆杉	350	抚州市黎川县洵口下寨	1	√		19.5	102.0	147.3	旺盛	村委会管护，挂牌并落实到人

（续）

序号	中文名	树龄（a）	地名	株数（株）	分布状况		平均			生长状况	目前管护情况及建议
					零星	块状	树高（m）	胸径（cm）	冠幅（m^2）		
	南方红豆杉	260	抚州市黎川县岩泉层坪	1	√		18.5	55.0	13.2	旺盛	村委会管护，挂牌并落实到人
	南方红豆杉	510	抚州市黎川县岩泉层坪	1	√		12.3	93.0	100.2	旺盛	村委会管护，挂牌并落实到人
	南方红豆杉	600	抚州市黎川县岩泉麦溪洲	1	√		25.2	117.0	32.2	旺盛	村委会管护，挂牌并落实到人
	南方红豆杉	600	抚州市南城县里塔镇徐兰村小竹	1	√		18.0	98.0	19.6	旺盛	挂牌由村委会管护
	南方红豆杉	350	抚州市南城县浔溪乡太坪村里坪	5		√	9.0	54.0	314.0	旺盛	无管护，建议挂牌委派专人管护
	南方红豆杉	120	抚州市宜黄县二都镇云峰村	1	√		15.0	65.0		旺盛	挂牌保护
	南方红豆杉	400	抚州市宜黄县黄陂镇邓湖村苦咀坋边	3	√		13	45.0		旺盛	挂牌保护
	南方红豆杉	800	抚州市宜黄县黄陂镇固名村大龙山寺旁	1	√		13	180.0		旺盛	挂牌保护
	南方红豆杉	110	抚州市宜黄县黄陂镇霍源村际上村边	10	√		12	70.0		旺盛	挂牌保护
	南方红豆杉	400	抚州市宜黄县黄陂镇龙溪村坳头边	2	√		15	49.0		旺盛	挂牌保护
	南方红豆杉	400	抚州市宜黄县黄陂镇龙溪村上村边	1	√		16	58.0		旺盛	挂牌保护
	南方红豆杉	400	抚州市宜黄县黄陂镇龙溪村上村边	2	√		15	58.0		旺盛	挂牌保护
	南方红豆杉	180	抚州市宜黄县黄陂镇拿山村路口	1	√		16	68.9		旺盛	挂牌保护
	南方红豆杉	180	抚州市宜黄县黄陂镇拿山村路口	1	√		14	52.5		旺盛	挂牌保护
	南方红豆杉	180	抚州市宜黄县黄陂镇拿山村路口	1	√		13	48.8		旺盛	挂牌保护
	南方红豆杉	180	抚州市宜黄县黄陂镇拿山村正斜村庄路口	1	√		15	58.2		旺盛	挂牌保护
	南方红豆杉	360	抚州市宜黄县黄陂镇西源村白石边	3	√		14	59.0		旺盛	挂牌保护
	南方红豆杉	110	抚州市宜黄县南源乡下坪村刁钟嵊	1	√		17.5	41.0		旺盛	挂牌保护
	南方红豆杉	240	抚州市宜黄县宜黄县神岗乡大山口村封家山	3	√		15	74.0		旺盛	挂牌保护
	南方红豆杉	120	抚州市宜黄县中港乡店下村下坪水口上	1	√		14	90.0		旺盛	挂牌保护
	南方红豆杉	280	抚州市资溪县高阜镇莒洲村上莒洲组	1	√		25	101.6	113.0		建议挂牌并落实到人

（续）

序号	中文名	树龄（a）	地　名	株数（株）	分布状况		平　均			生长状况	目前管护情况及建议
					零星	块状	树高（m）	胸径（cm）	冠幅（m^2）		
	南方红豆杉	260	抚州市资溪县高阜镇孔坑村南源组	1	√		17	71.3	28.3		建议挂牌并落实到人
	南方红豆杉	200	抚州市资溪县高阜镇孔坑村南源组	1	√		14	47.8	50.2		建议挂牌并落实到人
	南方红豆杉	260	抚州市资溪县高阜镇孔坑村南源组	1	√		15	73.9	78.5		建议挂牌并落实到人
	南方红豆杉	280	抚州市资溪县高阜镇孔坑村南源组	1	√		18	84.4	78.5		建议挂牌并落实到人
	南方红豆杉	280	抚州市资溪县高阜镇溪南村	1	√		17	93.6	283.4		建议挂牌并落实到人
	南方红豆杉	350	抚州市资溪县横山村演坪	1	√		18	103.8	113.0		建议挂牌并落实到人
	南方红豆杉	380	抚州市资溪县马头山镇昌坪村油榨窠	1	√		28	117.8	254.3		建议挂牌并落实到人
	南方红豆杉	260	抚州市资溪县马头山镇昌坪村油榨窠	1	√		16	78.7	153.9		建议挂牌并落实到人
	南方红豆杉	380	抚州市资溪县马头山镇港东村平地源村前	1	√		18	114.6	254.3		建议挂牌并落实到人
	南方红豆杉	380	抚州市资溪县马头山镇港东村平地源村前	1	√		20	111.5	490.6		建议挂牌并落实到人
	南方红豆杉	420	抚州市资溪县马头山镇港东村平地源村前	1	√		20	130.6	201.0		建议挂牌并落实到人
	南方红豆杉	400	抚州市资溪县马头山镇港东村平地源村前	1	√		20	124.2	176.6		建议挂牌并落实到人
	南方红豆杉	280	抚州市资溪县马头山镇港东村平地源村前	1	√		13	86.0	153.9		建议挂牌并落实到人
	南方红豆杉	310	抚州市资溪县马头山镇梁家村	1	√		15	117.2	63.6	旺盛	建议挂牌并落实到人
	南方红豆杉	260	抚州市资溪县马头山镇竹延山村江家	1	√		22	76.1	226.9		建议挂牌并落实到人
	南方红豆杉	320	抚州市资溪县乌石镇陈坊村彭家窠组	1	√		18	88.9	153.9		建议挂牌并落实到人
	南方红豆杉	320	抚州市资溪县乌石镇陈坊村王坑	1	√		13	81.5	38.5		建议挂牌并落实到人
	南方红豆杉	550	抚州市资溪县乌石镇关刀山村聚良	1	√		25	182.8	226.9		建议挂牌并落实到人
	南方红豆杉	260	抚州市资溪县乌石镇关刀山村聚良	1	√		17	71.0	113.0		建议挂牌并落实到人
	南方红豆杉	260	抚州市资溪县乌石镇贻坊村贻坊	1	√		10	73.2	50.2		建议挂牌并落实到人
165	南岭黄檀	400	赣州市安远县栋仔脑	1	√		30.0	78.0	272.2	旺盛	村民管护
	南岭黄檀	400	吉安市新干县金川文家唐家村	1	√		20	79.0	226.9	旺盛	村民小组管护

（续）

序号	中文名	树龄(a)	地　名	株数(株)	分布状况		平　均			生长状况	目前管护情况及建议
					零星	块状	树高(m)	胸径(cm)	冠幅(m^2)		
	南岭黄檀	300	吉安市新干县沂江痕头村	1	√		9	49.3	19.6	较差	村民小组管护
166	南岭栲(毛锥)	220	赣州市全南县兆坑林场	1	√		16	105.0	190	旺盛	建议挂牌并落实到人
	南岭栲(毛锥)	360	赣州市寻乌县桂竹帽华星村	1	√		32.6	82.8	232.2	较差	村委会管护，建议挂牌并落实到人
167	南酸枣	300	宜春市上高县塔下茶十	1	√		17	340.0	50	良好	挂牌管护
	南酸枣	280	宜春市万载县罗城	1	√		29	150.0	26	良好	挂牌
	南酸枣	300	宜春市万载县三兴	1	√		15	166.0	8	良好	挂牌
	南酸枣	350	宜春市万载县三兴	1	√		17	183.0	10	良好	挂牌
	南酸枣	320	宜春市万载县潭埠	1	√		12	180.0	16	良好	挂牌
168	南天竹(南天竺)	14	赣州市寻乌县文峰乡图合村	1	√		1.6	6.0	0.4	旺盛	村委会管护，建议挂牌并落实到人
169	南紫薇	520	上饶市婺源县清华镇里村外诗春	1	√		12	82.8	14	旺盛	挂牌
170	楠木	300	南昌市安义县石鼻林场	1	√		17.0	47.8	153.9	良好	村民管护
	楠木	300	南昌市安义县石鼻林场	1	√		15.0	47.8	63.6	良好	村民管护
	楠木	300	萍乡市湘东区白竺长坑村上屋里	1		√	26	170.0		旺盛	受到当地政府保护
	楠木	200	萍乡市湘东区大丰村大湾	1	√		30	98.7		旺盛	受到当地政府保护
	楠木	300	萍乡市湘东区大丰村大湾	1	√		26	111.5		旺盛	受到当地政府保护
	楠木	150	新余市仙女湖区九龙山乡塔前分场花桥村	1	√		30	60.0	113.0	旺盛	村民小组管护，防止人为破坏
	楠木	350	赣州市崇义县聂都乡小岭村观音脑	1	√		23	109.8	298	旺盛	村小组管护，建议落实到人管护
	楠木	318	赣州市赣县白鹭乡白鹭村	1	√		36	75.0	28.3	旺盛	专人管护，设立禁牌和围栏，并禁止任何人打枝采果
	楠木	210	赣州市赣县田村镇里目村	1	√		32	132.0	28.3	旺盛	专人管护，建议设立禁牌
	楠木	200	赣州市龙南县里仁镇东升村	1	√		25	101.9	62.2	旺盛	尚无管护，建议设禁牌
	楠木	160	赣州市上犹县茶滩分场	5			25	91.0	153.9		
	楠木	300	赣州市上犹县五指峰林场三门坑姜麻土	1			13.5	75.2		旺盛	
	楠木	300	赣州市兴国县均村乡坪源村	1	√		17	56.0	63	旺盛	村组共管，暂无利用，加强管理，以供观赏

（续）

序号	中文名	树龄（a）	地　名	株数（株）	分布状况		平　均			生长状况	目前管护情况及建议
					零星	块状	树高（m）	胸径（cm）	冠幅（m^2）		
	楠木	300	赣州市兴国县隆坪乡牛迳村	1	√		17	62.0	120	旺盛	加强管护，可作采种母树
	楠木	168	赣州市寻乌县三标乡长安村	1	√		23.6	59.2	72.3	旺盛	村委会管护，建议挂牌并落实到人
	楠木	960	上饶市德兴县龙头山桂湖董家	1	√		28	430.0	156	旺盛	
	楠木	500	上饶市横峰县新篁乡崇山村公社	1	√		28	110.2	176.6	良好	加强保护
	楠木	310	吉安市安福县章庄乡留田村留田	1	√		24	86.0	63.6	良好	村民小组管护
	楠木	210	吉安井冈山市东上乡浆山村圣帝殿	1	√		35	130.0	153.9	良好	
	楠木	280	吉安井冈山市东上乡瑶前村	1		√	6.5	106.0	28.3	良好	
	楠木	260	吉安井冈山市东上乡瑶前村	1		√	30	105.0	254.3	良好	
	楠木	300	吉安市遂川县长隆南洲	1	√		38	161.8	572.3	旺盛	村民小组管护
	楠木	260	吉安市遂川县马埠村轩潭组	1	√		22	190.0	12	旺盛	村民小组管护
	楠木	415	吉安市遂川县石坑柏树下	1	√		39	117.8	113.0	旺盛	村民小组管护
	楠木	425	吉安市遂川县石坑柏树下	1	√		24	300.0	254.3	旺盛	村民小组管护
	楠木	600	吉安市遂川县石坑柏树下	1	√		16	179.9	63.6	旺盛	村民小组管护
	楠木	480	吉安市遂川县双溪村冯家组	1		√	14	70.0		旺盛	村民小组管护
	楠木	160	吉安市遂川县湾洲村荆潭组	1			20～25	50.0			村民小组管护
	楠木	415	吉安市遂川县新江三联王家	1	√		30	98.7	283.4	旺盛	村民小组管护
	楠木	160	吉安市遂川县永坑村江口组	1	√		13	255.0	113.0	旺盛	村民小组管护
	楠木	240	吉安市遂川县永坑村江口组	1	√		18	290.0	63.6	旺盛	村民小组管护
	楠木	200	吉安市万安县广坑	1		√	22	84.0	254.3	旺盛	村民小组管护
	楠木	500	吉安市万安县良境	1	√		18	119.7	153.9	旺盛	村民小组管护
	楠木	200	吉安市永新县坳南乡公益村刘家组	1	√		16	45.5	120	良好	村民小组管护
	楠木	200	吉安市永新县坳南乡龙源村坳上组	1	√		18	76.0	96	旺盛	村民小组管护
	楠木	200	吉安市永新县坳南乡龙源村坳上组	1	√		16	48.0	30	旺盛	村民小组管护

（续）

序号	中文名	树龄（a）	地　名	株数（株）	分布状况		平　均			生长状况	目前管护情况及建议
					零星	块状	树高（m）	胸径（cm）	冠幅（m^2）		
	楠木	200	吉安市永新县坳南乡龙源村坳上组	1	√		14	47.3	64	旺盛	村民小组管护
	楠木	200	吉安市永新县坳南乡龙源村坳上组	1	√		18	72.0	95	较差	农资公司培训中心管护
	楠木	200	吉安市永新县坳南乡龙源村坳上组	1	√		18	61.0	95	较差	芦溪岭林场
	楠木	200	吉安市永新县坳南乡龙源村坳上组	1	√		20	67.0	12	较差	加强管护
	楠木	200	吉安市永新县坳南乡龙源村坳上组	1	√		16	44.0	64	旺盛	加强管护
	楠木	200	吉安市永新县坳南乡龙源村坳上组	1	√		18	55.0	38	旺盛	加强管护
	楠木	200	吉安市永新县坳南乡龙源村坳上组	1	√		20	60.0	64	较差	加强管护
	楠木	200	吉安市永新县坳南乡龙源村坳上组	1	√		20	62.0	64	旺盛	管护较好,要重点保护
	楠木	200	吉安市永新县坳南乡龙源村坳上组	1	√		20	59.0	64	旺盛	管护较好,要重点保护
	楠木	200	吉安市永新县坳南乡龙源村坳上组	1	√		20	58.0	24	旺盛	管护较好,要重点保护
	楠木	200	吉安市永新县坳南乡龙源村乡坳上组	1	√		20	56.0	80	旺盛	村民小组管护
	楠木	200	吉安市永新县坳南乡龙源村乡坳上组	1	√		25	95.0	96	旺盛	村民小组管护
	楠木	200	吉安市永新县坳南乡龙源村乡坳上组	1	√		18	72.0	96	较差	村民小组管护
	楠木	200	吉安市永新县坳南乡小湾村	1	√		23	65.0	113.0	旺盛	村民小组管护
	楠木	500	抚州临川市荣山镇旨荣村	1	√		22.0	98.7	254.3	旺盛	设置围栏
	楠木	500	抚州临川市荣山镇旨荣村	1	√		22.0	98.7	254.3	旺盛	设置围栏
	楠木	400	抚州市南城县浔溪乡太坪村万家	1	√		17.0	100.0	615.4	旺盛	无管护,建议挂牌委派专人管护
	楠木	400	抚州市南城县浔溪乡太坪村万家	1	√		17.0	100.0	615.4	旺盛	无管护,建议挂牌委派专人管护
	楠木	200	抚州市宜黄县中港乡高山村后坑村房屋边	1	√		20	110.7		旺盛	挂牌保护
	楠木	200	抚州市宜黄县中港乡高山村后坑村房屋边	1	√		20.0	68.0		旺盛	挂牌保护
	楠木	200	抚州市宜黄县中港乡高山村后坑村房屋边	1	√		20	83.5		旺盛	挂牌保护

（续）

序号	中文名	树龄（a）	地　名	株数（株）	分布状况		平　均			生长状况	目前管护情况及建议
					零星	块状	树高（m）	胸径（cm）	冠幅（m^2）		
	楠木	200	抚州市宜黄县中港乡高山村后坑村房屋边	1	√		20	110.7		旺盛	挂牌保护
	楠木	200	抚州市宜黄县中港乡高山村后坑村房屋边	1	√		20.0	68.0		旺盛	挂牌保护
	楠木	200	抚州市宜黄县中港乡高山村后坑村房屋边	1	√		20	83.5		旺盛	挂牌保护
171	拟赤杨	270	赣州市上犹县五指峰林场三门坑	1			22	65.8		旺盛	
172	女贞	300	九江市彭泽县上十岭垦殖场秋林分场	1	√		8	48.0	42	旺盛	村委会管护，建议挂牌并落实到人
	女贞	500	九江市武宁县柏树下	1	√		17	95.5	120	一般	
	女贞	300	九江市武宁县三组	1	√		18	114.7	72	旺盛	
	女贞	300	九江市武宁县三组	1	√		18	175.2	255	一般	
	女贞	300	九江市武宁县三组	1	√		7	76.4	30	一般	
	女贞	263	赣州市大余县浮江乡下南河边组	1	√		12	84.4	188.6	较差	
	女贞	420	赣州市定南县岿美山镇左拔村老屋	1	√		13.5	116.2	40.7	较差	挂牌，专人管护
	女贞	310	赣州市定南县老城镇垇头村老屋	3		√	18.8	108.9		较差	挂牌，专人管护
	女贞	260	赣州市上犹县梅水联群安子代屋	1			12	78.0	63.6	较差	未进行保护，建议挂牌
	女贞	250	赣州市上犹县寺下乡寺下村水南	1			14.2	109.0	65.0	旺盛	未进行保护，建议挂牌
	女贞	270	赣州市上犹县五指峰乡晓水村杉树排组	1			12	46.2			
	女贞	350	宜春樟树市排埠镇梅洞村松坳组兰家新屋场坪	1	√		15	78.0	28	良好	挂牌管护
	女贞	260	宜春樟树市温泉镇石桥村	2	√		15	87.0	12	良好	挂牌管护
	女贞	270	上饶市德兴县张村子坑	1	√		13	300.0	15	旺盛	
	女贞	330	上饶市广丰县嵩峰乡石岩村	1	√		16	118.0	95.0	一般	管护良好
	女贞	260	上饶市婺源县沱川乡河东村	1	√		18	89.1	50.2	较差	挂牌
	女贞	300	吉安市万安县罗田镇沛中组戴坡里	1	√		15	49.0	452.2	旺盛	管护较好，要重点保护
	女贞	350	吉安市永丰县梅林	1	√		17	280.0			管护较好，要重点保护
	女贞	350	抚州市东乡县上坊王家源	1	√		16	98.7	44.2	良好	加强管护

（续）

序号	中文名	树龄(a)	地名	株数(株)	分布状况		平均			生长状况	目前管护情况及建议
					零星	块状	树高(m)	胸径(cm)	冠幅(m^2)		
173	刨花楠	200	吉安市永新县坳南乡公益村刘家组	1	√		13	42.0		旺盛	管护较好，要重点保护
174	朴树	760	南昌市湾里区太平乡合水分场	1	√		18.0	98.7	254.3	良好	村委会管护
	朴树	400	九江市德安县宝塔乡梅桥村九组	1			19	70.1	63.59	较差	
	朴树	300	九江市庐山自然保护区庐山大厦路口下30米处	9		√	25	98.5	900	旺盛	
	朴树	300	九江市彭泽县东升镇郭桥村	1	√		6	75.0	180	旺盛	村委会管护，建议挂牌并落实到人
	朴树	300	九江市彭泽县浩山乡盘谷村	1	√		14	94.0	60	旺盛	村委会管护，建议挂牌并落实到人
	朴树	350	九江市彭泽县马当镇莲花村	1	√		18	70.0	50	旺盛	村委会管护，建议挂牌并落实到人
	朴树	500	九江市彭泽县马当镇茅湾村	1	√		14	82.0	24	旺盛	村委会管护，建议挂牌并落实到人
	朴树	500	九江市彭泽县马当镇南山村	1	√		15	101.0	60	旺盛	村委会管护，建议挂牌并落实到人
	朴树	300	九江市永修县立新乡岐山村邓家组	1			16	81.2	113.0	旺盛	村民小组管护
	朴树	310	九江市永修县三溪桥镇河桥村贩上组	1			28	76.4	78.5	旺盛	村民小组管护
	朴树	320	赣州市安远县共和村禾仓仔	1	√		20.0	31.3	256.0	旺盛	加强管护
	朴树	422	赣州市安远县柿坑水口	1	√		16.2	100.3	108.0	旺盛	加强管护，延长树龄
	朴树	422	赣州市安远县柿坑水口	1	√		15.0	97.1	52.7	旺盛	加强管护，延长树龄
	朴树	300	赣州市安远县萱头坑	1	√		25.0	120.0	192.0	旺盛	管护较好
	朴树	303	赣州市大余县内良白井村凹下河边	1	√		27.7	108.0	201.0	旺盛	
175	七瓣含笑	35	赣州市龙南县里仁冯湾蕉头坑	1	√		8.7	21.8	37	良好	村民集体管护，加设古树禁牌
	七瓣含笑	24	赣州市信丰县金盆山林场夹水口工区	80		√	19.0	49.2	50.2	旺盛	金盆山林场管护，建议挂牌并落实到人
176	漆树	200	赣州市龙南县东坑镇金莲村	1	√		19.1	92.4	245.9	旺盛	尚无管护，建议设禁牌，有观赏和采种价值
	漆树	280	抚州市黎川县西城长兰水口	1	√		25.5	104.0	19.6	旺盛	建议挂牌并落实到人
177	青冈	300	九江市武宁县二组	3		√	25	95.5	56	一般	
	青冈	300	九江市武宁县六组	1	√		15	81.2	56	一般	
	青冈	300	九江市武宁县十三组	1	√		16	95.5	156	一般	

（续）

序号	中文名	树龄(a)	地　名	株数(株)	分布状况		平　均			生长状况	目前管护情况及建议
					零星	块状	树高(m)	胸径(cm)	冠幅(m^2)		
	青冈	500	九江市修水县东港乡黄荆村三组	1	√		26	96.0	16		
	青冈	300	九江市修水县黄沙港林场	1	√		15	120.0	12.6	旺盛	
	青冈	300	九江市永修县三溪桥镇旭光村白洋贩组	1			34	95.5	113.0	旺盛	村民小组管护
	青冈	260	九江市永修县三溪桥镇旭光村白洋贩组	1			35	81.5	50.2	旺盛	村民小组管护
	青冈	300	景德镇市昌江区昌江区荷塘	1	√		16	110.0	208	良好	
	青冈	550	景德镇市昌江区浮梁县鹅湖金竹山	1	√		238	176.0	120	旺盛	专人管护
	青冈	300	新余市渝水区东边乡龚塘村龚塘村小组	1	√		16	99.0	168	旺盛	村民小组管护,防止人为破坏
	青冈	300	赣州市兴国县均村乡东方村	1	√		10	72.0	110	旺盛	村组共管,暂无利用,加强管理,以供观赏
	青冈	250	赣州市兴国县永丰村茶石村	1	√		19	226.0	170	旺盛	村组共管,暂无利用,加强管理,以供观赏
	青冈	383	宜春市靖安县躁都镇朱坪村茶坑组	1			14	123.0	196	旺盛	县人民政府统一挂牌
	青冈	250	宜春市铜鼓县永宁镇坪田村罗家组	4	√		21	100.0	26	良好	挂牌管护
	青冈	350	上饶市德兴县万村大田苏家	1	√		15	210.0	180	旺盛	
	青冈	418	吉安市遂川县新江金溪中坑	1	√		21	59.0	176.6	旺盛	管护较好,要重点保护
	青冈	305	吉安市永新县三湾乡三湾村	1	√		16	55.0	48	旺盛	管护较好,要重点保护
178	青钩栲	150	赣州南康市赤土乡爱莲村	1	√		16.0	92.4	80.0	旺盛	村委会管护,挂牌并落实到责任人
	青钩栲	150	赣州南康市赤土乡爱莲村	1	√		14.0	106.7	48.0	旺盛	村委会管护,挂牌并落实到责任人
	青钩栲	150	赣州南康市赤土乡爱莲村	1	√		10.0	109.9	452.2	旺盛	村委会管护,挂牌并落实到责任人
	青钩栲	150	赣州南康市赤土乡爱莲村	1	√		9.0	63.7	72.0	较差	村委会管护,挂牌并落实到责任人
	青钩栲	150	赣州南康市赤土乡爱莲村	1	√		8.0	74.8	56.0	较差	村委会管护,挂牌并落实到责任人
	青钩栲	150	赣州南康市赤土乡爱莲村	1	√		9.0	92.4	88.0	旺盛	村委会管护,挂牌并落实到责任人

（续）

序号	中文名	树龄（a）	地　名	株数（株）	分布状况		平　均			生长状况	目前管护情况及建议
					零星	块状	树高（m）	胸径（cm）	冠幅（m^2）		
	青钩栲	200	赣州市全南县兆坑林场	1	√		20.5	93.6	120	旺盛	建议挂牌并落实到人
	青钩栲	200	赣州市全南县兆坑林场	1	√		22.7	78.7	220	旺盛	建议挂牌并落实到人
	青钩栲	200	赣州市全南县兆坑林场	1	√		22	95.5	280	旺盛	建议挂牌并落实到人
	青钩栲	200	赣州市信丰县虎山乡虎山村水疗组枧楠坡	1	√		19.2	65.0	78.5	旺盛	水疗小组管护，建议挂牌并落实到人
	青钩栲	310	赣州市寻乌县桂竹帽华星村	1	√		29.6	101.9	248.7	较差	村委会管护，建议挂牌并落实到人
	青钱柳	300	九江市庐山自然保护区金竹坪		√		37	76.5	529	旺盛	
	青钱柳	102	宜春市靖安县三爪仑骆家坪	1			16	60.8	196	良好	县人民政府统一挂牌
	青钱柳	105	宜春市靖安县竹蒿林	1			18	58.0	169	旺盛	县人民政府统一挂牌
179	青钱柳	150	宜春市万载县官元山	1	√		30	70.0	12	良好	挂牌
	青钱柳	100	上饶市三清山三清乡风门	1	√		14	38.0	38.5	良好	
	青钱柳	150	抚州市资溪县马头山林场白沙坑林班	5	√		20	40.0	50.2	良好	建议挂牌并落实到人
	青钱柳	130	抚州市资溪县马头山林场龙井林班	3	√		15	27.0	50.2	良好	建议挂牌并落实到人
	青钱柳	180	抚州市资溪县马头山镇昌坪村			√	20	26.0	50.2	良好	建议挂牌并落实到人
	青钱柳	130	抚州市资溪县马头山镇昌坪村	1	√		20	46.2	95.0	良好	建议挂牌并落实到人
	青檀	60	九江市湖口县石钟山	1	√		9	21.0	48	旺盛	禁伐，人工繁殖，保护较好
	青檀	500	九江市庐山自然保护区海会镇高垅莲峰陈家		√		30	113.0	400	较差	
	青檀	400	九江市庐山自然保护区通远报国寺		√		25	95.5	400	较差	
180	青檀	300	九江市庐山区海会光明村崔家湾	1	√		12	87.6	73.9	良好	
	青檀	200	九江市修水县黄庭坚纪念馆	1	√		11	40.0	28.3	旺盛	
	青檀	900	九江市修水县义宁镇	1	√		10	50.0	38.5	旺盛	
181	荛花	6	赣州市寻乌县三标乡鸭子乌	1	√		0.9	3.0	0.3	旺盛	村委会管护，建议挂牌并落实到人
182	任豆	16	赣州市赣南树木园标本区	2	√		5.3	6.0	7.1	一般	赣南树木园管护

（续）

序号	中文名	树龄（a）	地　名	株数（株）	分布状况		平　均			生长状况	目前管护情况及建议
					零星	块状	树高（m）	胸径（cm）	冠幅（m^2）		
183	日本冷杉	100	九江市庐山自然保护区庐山植物园		√		35	131.0	500	旺盛	
184	绒毛皂荚	16	赣州市赣南树木园示范区	150		√	5.7	6.0	28.3	一般	赣南树木园管护
	绒毛皂荚	320	赣州市上犹县过埠镇长春村小梅坑	1			26	102.0	314.0		
185	榕树	500	南昌市安义县县招待所	1	√		30.0	127.4	346.2	良好	村民管护
	榕树	400	赣州市安远县上魏河边	1	√		20.0	250.0	840.0	旺盛	设置禁牌
	榕树	503	赣州市大余县池江长江健上	1	√		16	235.0	201.0	较差	
	榕树	353	赣州市大余县池江庄下朱屋	1	√		14	156.7	415.3	旺盛	
	榕树	503	赣州市大余县池江左下村夏屋	1	√		20	343.0	1017.4	旺盛	
	榕树	433	赣州市大余县青龙联合中心岗	1	√		17.8	237.3	1098.0	旺盛	
	榕树	403	赣州市大余县青龙联合中心岗	1	√		17.5	167.2	1017.4	旺盛	
	榕树	400	赣州市大余县新城巷口芙蓉围	1	√		12	180.0	452.2	旺盛	
	榕树	650	赣州市赣县大田乡大坳村		√		31	242.0	530.7	旺盛	无专人管护，建议设立禁牌
	榕树	650	赣州市赣县大田乡大坳村		√		21	286.0	615.4	旺盛	无专人管护，建议设立禁牌
	榕树	350	赣州市赣县大田乡大坳村		√		23	295.0	415.3	旺盛	无专人管护，建议设立禁牌
	榕树	400	赣州市赣县韩坊乡大坪村		√		6.8	235.0	32.2	旺盛	无管护，建议挂牌委派专人管护
	榕树	400	赣州市赣县韩坊乡大屋村		√		15	240.0	490.6	良好	无管护，建议设置围栏
	榕树	560	赣州市赣县湖江乡洲坪村	1	√		15	300.0	854.9	旺盛	无管护，建议设置围栏，可采种
	榕树	510	赣州市赣县南塘镇南塘村	1	√		17	115.0	452.2	旺盛	专人管护，设立禁牌和围栏
	榕树	370	赣州市赣县王母渡镇潭埠村		√		20	190.0	1589.6	旺盛	专人管护，设立禁牌和围栏
	榕树	690	赣州市赣县王母渡镇潭埠村			√	30	330.0	1319.6	旺盛	专人管护，设立禁牌和围栏
	榕树	500	赣州市赣县五云镇赣江村	1	√		25	400.0	1256.0	旺盛	专人管护，设立禁牌和围栏
	榕树	500	赣州市龙南县渡江乡新大	1		√	24	382.2	1080	旺盛	尚无管护，建议设禁牌

（续）

序号	中文名	树龄(a)	地　名	株数(株)	分布状况		平　均			生长状况	目前管护情况及建议
					零星	块状	树高(m)	胸径(cm)	冠幅(m^2)		
	榕树	360	赣州南康市三江乡解胜村	1	√		19.0	163.0	593.7	旺盛	村委会管护，挂牌并落实到责任人
	榕树	350	赣州南康市三江乡伍岭村	1	√		29.0	177.0	510.4	旺盛	村委会管护，挂牌并落实到责任人
	榕树	350	赣州南康市唐江镇庄稼村	1	√		20.0	229.0	961.6	旺盛	村委会管护，挂牌并落实到责任人
	榕树	500	赣州市信丰县安西镇崇墩村大屋组路边	1	√		28.0	337.4	1485.4	旺盛	大屋小组管护，建议挂牌并落实到人
	榕树	500	赣州市信丰县安西镇老圩高榕树下	1	√		16.0	245.1	754.4	旺盛	安西圩居委会管护，建议挂牌并落实到人
	榕树	500	赣州市信丰县大阿镇禾西村庙前组	1	√		12.0	300.0	1023.0	较差	庙前小组管护，建议挂牌并落实到人
	榕树	350	赣州市信丰县大阿镇西江村坑子里	1	√		11.0	318.0	467.4	旺盛	村民管护，建议挂牌
	榕树	350	赣州市信丰县大塘埠镇长塘村老庄下	1	√		24.6	262.0	433.5	旺盛	老庄下小组管护，建议挂牌并落实到人
	榕树	360	赣州市信丰县大塘埠镇大塘村下街子	1	√		18.5	229.2	774.0	旺盛	大塘村委会管护，建议挂牌并落实到人
	榕树	410	赣州市信丰县大塘埠镇牛口村松山下组榕树下	1	√		19.0	187.8	452.2	旺盛	松山下小组管护，建议挂牌并落实到人
	榕树	560	赣州市信丰县大塘埠镇沛东村马头高组	1	√		22.0	374.6	1793.6	旺盛	马头高小组管护，建议挂牌并落实到人
	榕树	350	赣州市信丰县大塘埠镇万星村岔河背组	1	√		23.0	208.5	490.6	旺盛	岔河背小组管护，建议挂牌并落实到人
	榕树	510	赣州市信丰县大塘埠镇万星村岭子上组	1	√		21.0	408.4	824.1	旺盛	岭子上小组管护，建议挂牌并落实到人
	榕树	500	赣州市信丰县嘉定镇人民街塔下巷	1	√		34.0	240.3	346.2	旺盛	人民街居委会管护，建议挂牌并落实到人
	榕树	360	赣州市信丰县嘉定镇游洲村坝上组	1	√		21.0	210.0	572.3	旺盛	坝上小组管护，建议挂牌并落实到人
	榕树	700	赣州市信丰县嘉定镇镇江村谷口坝组	1	√		18.0	432.3	778.9	旺盛	谷口坝小组管护，建议挂牌并落实到人
	榕树	350	赣州市信丰县嘉定镇镇江村黄泥塘榕树下	1	√		22.0	207.8	490.6	旺盛	黄泥塘小组管护，建议挂牌并落实到人
	榕树	400	赣州市信丰县西牛镇东甫村排子上组	1	√		16.0	305.6	1224.8	旺盛	排子上小组管护，建议挂牌并落实到人
	榕树	500	赣州市信丰县西牛镇双溪村岭仔背组	1	√		17.2	156.0	422.5	旺盛	岭仔背小组管护，建议挂牌并落实到人
	榕树	400	赣州市信丰县西牛镇新建村黄竹塘组	1	√		13.5	235.6	216.3	较差	黄竹塘组管护，建议挂牌并落实到人
	榕树	500	赣州市信丰县正平镇球狮村背村组	1	√		14.0	327.8	1103.9	旺盛	背村小组管护，建议挂牌并落实到人

（续）

序号	中文名	树龄（a）	地　名	株数（株）	分布状况		平　均			生长状况	目前管护情况及建议
					零星	块状	树高（m）	胸径（cm）	冠幅（m^2）		
	榕树	500以上	赣州市兴国县隆坪乡隆坪村	1	√		15.6	168.0	960	旺盛	村组共管，暂无利用，加强管理，以供观赏
	榕树	384	赣州市寻乌县三标乡香木坑水口	1	√		32.8	362.0	1218.6	较差	村委会管护，建议挂牌并落实到人
	榕树	1000	赣州市于都县贡江镇东方红县政府院内	1	√		25	321.7	1017.4	较差	村委会负责管护，建议挂牌并落实到人
	榕树	380	赣州市于都县仙下乡观背村西片组观背	1	√		20	248.4	803.8	较差	村委会负责管护，建议挂牌并落实到人
	榕树	400	赣州市于都县新陂乡庙背村祠堂组祠堂门口	1	√		23	318.5	1194.0	旺盛	村委会负责管护，建议挂牌并落实到人
	榕树	520	赣州市章贡区沙石新圩	1	√		15	305.0	756	旺盛	谢屋众家
	榕树	400	赣州市章贡区水东水东七里招待所河边	1	√		14	290.0	660	较差	七里居委会
	榕树	360	赣州市章贡区水西黄沙	1	√		16	191.0	728	较差	村民管护
	榕树	410	赣州市章贡区西郊路汶码头一号	1	√		26	430.0	2256	旺盛	园林局管护
186	肉桂	20	赣州市龙南县下洞	2	√		14	24.0	14	旺盛	制订禁牌，指定专人管护
	肉桂	40	赣州市寻乌县珊贝林场大坝工区	1	√		12.8	28.3	40.7	旺盛	村委会管护，建议挂牌并落实到人
	肉桂	100	赣州市寻乌县文峰乡图合村	1	√		18.2	173.0	232.2	旺盛	村委会管护，建议挂牌并落实到人
	肉桂	20	宜春市靖安县五脑峰林场	1	√		11	37.0	8	旺盛	尚无管护
187	乳源木莲	250	九江市庐山自然保护区庐山碧龙潭小寨口		√		16	66.9	100	较差	
	乳源木莲	30	抚州市资溪县马头山镇下阳村		√		14	20.0	28.3	旺盛	建议挂牌并落实到人
188	软荚红豆	5	赣州市大余县烂泥迳三江口	1	√		2.5	1.5	0.8	旺盛	
189	润楠	20	赣州市寻乌县罗珊珊贝村	1	√		7.8	11.6	5.3	旺盛	村委会管护，建议挂牌并落实到人
190	三尖杉	60	九江市修水县黄港黎家岭	1	√		6	16.0	7.1	旺盛	尚无管护和利用
	三尖杉	25	新余市分宜县钤山镇大岗山村赵家村小组	1		√	12	12.8	4.2	旺盛	村民小组管护，防止人为破坏
	三尖杉	28	鹰潭贵溪市双圳林场平岗	1	√		7.9	31.0	22.1	旺盛	列入生态公益林保护
	三尖杉	28	鹰潭贵溪市双圳林场上山	1	√		9	14.0	12.6	旺盛	挂牌
	三尖杉	28	鹰潭贵溪市双圳林场西排分场	1	√		9	22.0	28.3	旺盛	挂牌

（续）

序号	中文名	树龄（a）	地　名	株数（株）	分布状况		平　均			生长状况	目前管护情况及建议
					零星	块状	树高（m）	胸径（cm）	冠幅（m^2）		
	三尖杉	210	赣州市龙南县九连山林场润洞村湾子	1	√		4.2	28.2	54.1	良好	尚无管护，建议挂牌并委派专人管护
	三尖杉	36	赣州市寻乌县项山乡书坪村	4		√	18.9	28.6	5.6	旺盛	村委会管护，建议挂牌并落实到人
	三尖杉	60	吉安市泰和县南车水库乐居山	1	√		14	200.0	13	旺盛	管护较好，要重点保护
	三尖杉	120	抚州市资溪县横山村演坪	1	√		9	52.5	28.3	旺盛	建议挂牌并落实到人
191	三角枫	300	九江市庐山自然保护区栖贤寺		√		30	73.2	225	旺盛	
	三角枫	300	九江市庐山自然保护区西林寺		√		30	66.9	64	较差	
	三角枫	280	九江市彭泽县芙蓉镇湖山村	1	√		30	48.7	160	旺盛	村委会管护，建议挂牌并落实到人
	三角枫	250	九江市彭泽县浩山乡柳树村	1	√		16	83.0	35	旺盛	村委会管护，建议挂牌并落实到人
	三角枫	400	九江市彭泽县黄花乡新民村	1	√		17	83.5	48	旺盛	村委会管护，建议挂牌并落实到人
	三角枫	400	九江市彭泽县黄花乡新民村	1	√		17	62.5	314.0	旺盛	村委会管护，建议挂牌并落实到人
	三角枫	320	九江市彭泽县浪溪镇港下村	1	√		15	70.0	50	旺盛	村委会管护，建议挂牌并落实到人
	三角枫	500	九江市彭泽县马当镇莲花村	1	√		18	57.0	30	旺盛	村委会管护，建议挂牌并落实到人
	三角枫	300	九江市彭泽县马当镇莲花村	1	√		8	54.0	24	旺盛	村委会管护，建议挂牌并落实到人
	三角枫	300	九江市星子县栖贤寺正前方	1	√		22	70.0	201.0	旺盛	观音桥风景区管护，挂牌保护，为旅游景点
	三角枫	500	九江市永修县三溪桥镇三溪桥村金垅组	1			19	105.0	28.3	旺盛	村民小组管护
	三角枫	360	九江市永修县柘林镇下城林场	1			28	57.3	113.0	旺盛	林场管护
	三角枫	260	宜春市奉新县相垦反泉村	1	√		14	45.0	113	一般	为市（县）三级保护古树，设置围栏
192	伞花木	16	赣州市赣南树木园标本区	1	√		6.4	8.0	7	良好	赣南树木园管护
	伞花木	15	赣州市龙南县烟坑仔	6	√		8	8.0	6.5	旺盛	制订禁牌，指定专人管护，
	伞花木	平均37年	宜春市官山麻子山沟	7	√		11.3	13.0	7.8		江西省官山自然保护区西河保护管理管护

（续）

序号	中文名	树龄(a)	地　名	株数(株)	分布状况		平　均			生长状况	目前管护情况及建议
					零星	块状	树高(m)	胸径(cm)	冠幅(m^2)		
193	山茶	150	赣州市章贡区湖边永安新屋里	1	√		8	52.0	22	较差	村民管护
194	山杜英	19	赣州市寻乌县文峰乡长岭村	1	√		9.1	18.7	11.3	旺盛	村委会管护，建议挂牌并落实到人
	山杜英	200	抚州市资溪县高阜镇港口村白果树	1	√		18	105.7	254.3	旺盛	建议挂牌并落实到人
195	山牡荆	450	宜春市奉新县华林李口村源尾陈家组	3		√	16	173.0		一般	挂牌，建议培土
	山牡荆	250	宜春市奉新县伍桥镇南岭村林场组	1	√		10	52.0	50.2	一般	专人管护
196	山楠	200	新余市分宜县钤山镇桥边村桥边村小组	1	√		23	98.7	38.5	旺盛	村民小组管护，防止人为破坏
197	山檀	12	赣州市寻乌县项山乡桥头村	1	√		6.9	10.8	3.6	旺盛	村委会管护，建议挂牌并落实到人
198	杉木	250	南昌市湾里区太平乡太平村	1	√		32.0	90.1	23.7	良好	村委会管护
	杉木	400	景德镇市昌江区浮梁县西湖桃木	1	√		37.6	281.0	65	较差	设置围栏
	杉木	380	萍乡市莲花县六市乡六市村	1	√		28.5	110.0	201.0	良好	村民小组管护，防止人为破坏
	杉木	300	赣州市安远县大枩茶亭	1	√		20.0	80.0	49.0	良好	防火、防虫
	杉木	700	赣州市安远县虎岗温泉	1	√		20.0	145.0	180.0	旺盛	设置禁牌
	杉木	250	赣州市安远县江头村柏长坑	1	√		16.5	67.0	72.5	较差	设置围栏和禁牌
	杉木	560	赣州市安远县罗山村	1	√	√	11.0	195.0	81.0	旺盛	加强管护以延长树龄
	杉木	550	赣州市安远县罗山村	1	√	√	11.0	175.0	64.0	旺盛	加强管护以延长树龄
	杉木	300	赣州市安远县梅屋桥头	1	√		20.0	80.0	150.0	较差	设置禁牌
	杉木	300	赣州市安远县上垅村路长青	1	√		18.0	65.0	56.2	旺盛	建议挂牌
	杉木	300	赣州市安远县瓦口	1	√		20.0	64.0	56.2	旺盛	村民管护
	杉木	304	赣州市崇义县文英乡茅花村荆竹排组	1	√		23	94.2	95	旺盛	村小组管护，建议落实到人管护
	杉木	359	赣州市大余县河洞高坪村屋背	1	√		16	55.1	34.2	较差	
	杉木	365	赣州市大余县河洞高坪村屋背	1	√		16	89.0	50.2	较差	
	杉木	365	赣州市大余县河洞高坪村屋背	1	√		22	96.5	95.0	较差	
	杉木	360	赣州市大余县河洞高坪村屋背	1	√		24	79.0	38.5	较差	

（续）

序号	中文名	树龄(a)	地名	株数(株)	分布状况		平均			生长状况	目前管护情况及建议
					零星	块状	树高(m)	胸径(cm)	冠幅(m^2)		
	杉木	300	赣州市赣县长洛乡长洛村	5	√		16	100.0	19.6	良好	专人管护，设立禁牌和围栏
	杉木	350	赣州市赣县韩坊乡大坪村		√		15.2	210.0	5.3	旺盛	无管护，建议挂牌委派专人管护
	杉木	350	赣州市赣县韩坊乡大坪村		√		12.2	180.0	4.5	旺盛	无管护，建议挂牌委派专人管护
	杉木	250	赣州市龙南县龙南县基地林场	1	√		15.2	64.0	33.55	旺盛	村民集体管护
	杉木	280	赣州南康市潭口镇三观村	1	√		32.4	87.0	143.0	旺盛	村委会管护，挂牌并落实到责任人
	杉木	500	赣州市宁都县田埠镇东龙村祠堂	1	√			115.0	153.9	旺盛	林管站管护，建议指定专人管护
	杉木	260	赣州市上犹县东山镇群英村桂蓝坑	1			35	79.0	201.0	旺盛	未进行保护，建议挂牌
	杉木	260	赣州市上犹县梅水乡联群笠山组	1			23	72.0	17	旺盛	未进行保护，建议挂牌
	杉木	500	赣州市上犹县水岩乡蕉坑村鹅岭	1			27	138.0	63.6	旺盛	未进行保护，建议挂牌
	杉木	270	赣州市上犹县紫阳乡下佐村中太洞	1			14	58.0	38.5	旺盛	未进行保护，建议挂牌
	杉木	301	赣州市兴国县城岗乡长保村	1		√	15	25.5	40.15	较差	集体管护，以供观赏
	杉木	280	上饶市德兴县绕二炉里捉马岭	1	√		20	184.0	50	旺盛	
	杉木	800	上饶市婺源县中云镇晓林村文公山	16	√		30	90.0	50.2	较差	
	杉木	500	吉安市永丰县梨树	1		√	19	61.0	19.6	较差	管护较好，要重点保护
	杉木	500	吉安市永丰县双岭	1		√	19	77.0	28.3	较差	管护较好，要重点保护
	杉木	320	抚州市东乡县小璜余家缪前	1	√		17	230.0	50.2	旺盛	建议挂牌并落实到人
	杉木	400	抚州市广昌县尖峰乡沙背村	1	√		30	162.4	113.0	旺盛	挂牌，设兼职护林员管护
199	少叶黄杞	300	赣州市安远县莲花岩	1	√		18.0	235.0	361.0	旺盛	挂牌管护
	深山含笑	30	赣州市大余县烂泥迳三江口	1	√		15	23.0	153.9	旺盛	
200	深山含笑	30	赣州市全南县上崇林场昂天龙神	1	√		19	47.5	19.6	旺盛	管护较好，建议挂牌
	深山含笑	30	赣州市信丰县金盆山林场夹水口工区石壁下	50		√	13.0	33.8	21.2	旺盛	金盆山林场林木良种场管护，建议挂牌并落实到人

（续）

序号	中文名	树龄（a）	地 名	株数（株）	分布状况		平 均			生长状况	目前管护情况及建议
					零星	块状	树高（m）	胸径（cm）	冠幅（m^2）		
	深山含笑	100	赣州市寻乌县长宁镇327村	1	√		21.3	58.6	216.3	旺盛	村委会管护，建议挂牌并落实到人
	深山含笑	34	赣州市寻乌县项山乡聪坑村	1	√		18.9	26.8	40.7	旺盛	村委会管护，建议挂牌并落实到人
201	湿地松	200	萍乡市泸溪县新泉乡上冲村	1	√		20	60.0	3.1	旺盛	村民小组管护，防止人为破坏
202	石灰花楸	20	宜春市奉新县华林垦殖场（华林寨）		√		9	16.7	28.3	一般	
203	石栎	263	宜春市靖安县高湖镇永丰村马家组	1			32	99.0	100	旺盛	县人民政府统一挂牌
204	石楠	500	九江市武宁县柏树下	1		√	18	74.8	80	一般	
	石楠	300	九江市武宁县柏树下	1		√	20	71.0	42	一般	
	石楠	300	九江市武宁县柏树下	1	√		28	178.3	240	一般	
	石楠	300	九江市武宁县柏树下	1	√		19	86.0	90	一般	
	石楠	300	九江市武宁县三组	1		√	16	84.4	99	一般	
	石楠	200	九江市武宁县四组	1	√		18	124.2	120	一般	
	石楠	250	九江市修水县山口镇桃坪村八组	1	√		15	71.0	78.5	旺盛	
	石楠	215	九江市修水县新湾乡噪里村三组	1	√		21	80.0	78.5	旺盛	
	石楠	400	宜春市奉新县华林富楼村富楼组	1	√		30	260.0	50.2	一般	挂牌，建议培土
	石楠	200	宜春市奉新县建山镇英岭村鹿门组	1	√		10	101.9	28.3	一般	挂牌
	石楠	300	吉安市永丰县丁背	1	√		20	93.0	153.9	良好	管护较好，要重点保护
	石楠	200	吉安市永新县曲白乡浆坑村	1	√		9.5	29.5	55	良好	管护较好，要重点保护
	石楠	260	抚州市黎川县洵口皮边康家	1	√		15.5	95.5	52.8	较差	村委会管护，挂牌并落实到人
	石楠	300	抚州市黎川县洵口渠源、中堡	1	√		13	95.0	40.7	旺盛	村委会管护，挂牌并落实到人
	石楠	310	抚州市黎川县洵口渠源、中堡	1	√		13	92.0	26.4	较差	村委会管护，挂牌并落实到人
	石楠	360	抚州市黎川县洵口渠源、中堡	1	√		18.2	98.0	114.9	旺盛	村委会管护，挂牌并落实到人
	石楠	360	抚州市黎川县洵口渠源芭蕉林	1	√		16	68.0	40.7	较差	村委会管护，挂牌并落实到人
	石楠	400	抚州市黎川县洵口渠源芭蕉林	1	√		16	95.0	122.7	较差	村委会管护，挂牌并落实到人
205	柿树	200	赣州市全南县南迳镇黄云村劣头坝组		√		32	89.2	201.0	旺盛	专人管护，建议挂牌

（续）

序号	中文名	树龄(a)	地名	株数(株)	分布状况		平均			生长状况	目前管护情况及建议
					零星	块状	树高(m)	胸径(cm)	冠幅(m^2)		
	柿树	207	赣州市上犹县紫阳乡高基坪村元溪组	1			12	83.0	201.0	旺盛	未进行保护，建议挂牌
	柿树	250	吉安市永丰县上桃	1	√		12	46.0	113.0	旺盛	管护较好，要重点保护
	柿树	210	吉安市永新县三湾乡三湾村井头组	1	√		15	60.0	1808.6	较差	管护较好，要重点保护
	柿树	210	吉安市永新县三湾乡三湾村井头组	1	√		16	80.0	122.7	良好	管护较好，要重点保护
	柿树	250	抚州市黎川县洵口渠源廖家坑	1	√		17.5	64.0	165.0	旺盛	村委会管护，挂牌并落实到人
206	水青冈	60	宜春市宜丰县黄柏村	40			√	10	18.0	良好	保护
207	水杉	30	江西农业大学	100	√		24.0	30.0	6.5	旺盛	人工栽种，校园绿化管理
	水杉	100	鹰潭贵溪市九龙分场干坑	1	√		16	26.5	19	旺盛	分场管护，建议挂牌并落实到人
	水杉	120	鹰潭贵溪市九龙分场干坑	1	√		13	33.5	24.5	旺盛	分场管护，建议挂牌并落实到人
	水杉	33	鹰潭贵溪市双圳林场	1		√	22	58.0	28.3	旺盛	挂牌
	水杉	33	鹰潭贵溪市双圳林场	1		√	18	43.0	28.3	旺盛	挂牌
	水杉	33	鹰潭贵溪市双圳林场	1		√	18	36.0	7.1	旺盛	挂牌
	水杉	33	鹰潭贵溪市双圳林场上山	1		√	22	56.0	28.3	旺盛	挂牌
	水杉	28	赣州市章贡区赣州市林业科学研究所院内	20	√		29.5	33.6	6	旺盛	市林业科学研究所管护，作教学、观赏树种
	水杉	34	赣州市章贡区西园花坛	1	√		18	31.0	16	旺盛	园林局管护
	水杉	30	宜春市靖安县况钟园林	16			23	40.0	75	旺盛	
	水杉	30	吉安市永新县三湾采育林场	1	√		26	125.0	130	良好	管护较好，要重点保护
208	水丝梨	15	赣州市信丰县金盆山林场夹水口工区大竹园	110		√	7.0	15.6	12.6	旺盛	金盆山林场管护，建议挂牌并落实到人
209	水松	100	鹰潭市余江县中童镇乘龙丘四塘艾家	1	√		16	28.7	38.5	较差	丘四塘艾家组管护，建议挂牌
	水松	100	鹰潭市余江县中童镇乘龙丘四塘艾家	1	√		18	43.0	28.3	较差	丘四塘艾家组管护，建议挂牌
	水松	100	鹰潭市余江县中童镇乘龙丘四塘艾家	1	√		14	38.2	38.5	较差	丘四塘艾家组管护，建议挂牌
	水松	100	鹰潭市余江县中童镇乘龙丘四塘艾家	1	√		14	23.9	78.5	旺盛	丘四塘艾家组管护，建议挂牌
	水松	28	赣州市章贡区赣州市林业科学研究所院内	2	√		22	33.5	4	旺盛	市林业科学研究所管护，作教学、观赏树种

（续）

序号	中文名	树龄（a）	地　名	株数（株）	分布状况		平　均			生长状况	目前管护情况及建议
					零星	块状	树高（m）	胸径（cm）	冠幅（m^2）		
	水松	600	上饶市铅山县湖坊镇安兰村	1	√		21	105.0	34.3	一般	
210	丝栗栲	220	赣州市定南县天九镇樟联村老屋下	1	√		23.7	90.1	145.2	旺盛	挂牌，专人管护
	丝栗栲	200	赣州市龙南县东坑镇村	1	√		19	58.0	132.7	旺盛	尚无管护，建议设禁牌
211	四川红榔	26	赣州市寻乌县罗珊泊竹村	1	√		3.2	8.4	2.0	旺盛	村委会管护，建议挂牌并落实到人
212	四川朴	100	赣州市寻乌县文峰乡图合村	1	√		21.5	97.0	167.3	旺盛	村委会管护，建议挂牌并落实到人
213	四川桤木	16	宜春市靖安县水口乡水口村	1000		√	22	17.3	50	旺盛	
214	四照花	300	景德镇市浮梁县瑶里汪家	1	√		7.6	50.9	10	旺盛	
215	苏铁	1520	南昌市人民公园	1	√		5.5	240.6	3.7	良好	市人民公园
	苏铁	1430	南昌市人民公园	1	√		2.1	150.6	4.6	良好	市人民公园
	苏铁	800	南昌市安义县石鼻镇凌上村	1	√		25.0	57.3	4.5	良好	村民管护
	苏铁	800	九江市修水县义宁镇	1	√		2	31.0	7	旺盛	
	苏铁	600	新余市高新区水西镇丁下村委	1	√		3.2	113.0	7.1	旺盛	村委会负责管护，已挂牌建议落实到人
	苏铁	200	赣州市赣县人民广场		√		2.2	27.0	2.8	旺盛	游人较多，无专人管护，建议城建局隔栏保护
	苏铁	200	赣州市龙南县武当镇大坝	1	√		3.2	63.7	2.4	较差	尚无管护，建议设禁牌
	苏铁	150	赣州南康市赤土乡河坝村	1	√		5.0	30.3	45.0	旺盛	村委会管护，挂牌并落实到责任人
	苏铁	1500	赣州市全南县罗坊村长塘围	1	√		3.5	28.6	3.5	旺盛	村委会管护，建议挂牌
	苏铁	202	赣州市上犹县水岩乡高兴村西坑	1			2	18.0	3.1	较差	未进行保护，建议挂牌
	苏铁	100	赣州市寻乌县长宁镇325村	1	√		5	33.4	8	旺盛	村委会管护，建议挂牌并落实到人
	苏铁	360	赣州市于都县仙下乡富坑村上中组中屋方北斗屋边	1	√		5	41.4		较差	村委会负责管护，建议挂牌并落实到人
	苏铁	200	赣州市章贡区赣州公园	1	√		4	10.0	10	旺盛	赣州公园
	苏铁	580	宜春高安市杨圩镇新建村白泉组	1	√		3.64	114.0	28.3	一般	挂牌，专人管护，防人畜为害，防病虫害
	苏铁	650	宜春市袁州区新田谢鹏村	1	√		4.9	41.0		旺盛	挂牌

（续）

序号	中文名	树龄(a)	地　名	株数(株)	分布状况		平　均			生长状况	目前管护情况及建议
					零星	块状	树高(m)	胸径(cm)	冠幅(m^2)		
	苏铁	450	上饶市德兴县泗洲中洲湾头	1	√		2.2	160.0	10	旺盛	
	苏铁	1200	上饶市铅山县林业科学研究所	1	√		4.5	95.0	14	旺盛	
	苏铁	1400	上饶市上饶县黄市乡七峰岩	1	√		3		3	旺盛	挂牌管护
	苏铁	312	吉安市遂川县大汾中学	1	√		20	55.2	82	良好	管护较好，要重点保护
	苏铁	800	吉安市万安县罗田镇老的组上里	1	√		20	80.0	12	旺盛	管护较好，要重点保护
216	酸枣树	200	萍乡市上栗县上栗镇石枧村	1	√		35	178.0	1250	良好	管护较好，应加强病虫害防治
217	穗花杉	22	九江市修水县黄沙港林场	1	√		3	5.0	7.1	旺盛	
	穗花杉	60	宜春市宜丰县官山林场大小西坑		√		3	4.0		良好	重点保护
218	塔柏	300	赣州市上犹县东山镇元鱼村上管坪	1			27	74.0	9	旺盛	未进行保护，建议挂牌
	塔柏	300	赣州市上犹县水岩乡崇坑村	1			19	81.0	8	旺盛	未进行保护，建议挂牌
219	台湾杉	10	赣州市章贡区赣州市林业科学研究所院内	1	√		5	6.0	1.35	旺盛	市林业科学研究所管护，作观赏树种
220	桃叶石楠	270	赣州市安远县圩岗黄坑水口	1	√		12.0	50.0	71.0	旺盛	设置围栏和禁牌
221	天料木	26	赣州市寻乌县珊贝林场九马石工区	40		√	8.9	16.3	19.6	旺盛	村委会管护，建议挂牌并落实到人
222	天竺桂	18	赣州市全南县小叶岽林场	1	√		6.5	18.0	15.9	旺盛	建议重点管护
	天竺桂	20	赣州市全南县小叶岽林场	2	√		3.8	10.9	5.7	旺盛	建议重点管护
	天竺桂	15	赣州市全南县小叶岽林场	1	√		4.5	10.1	7.1	旺盛	建议重点管护
	天竺桂	18	赣州市全南县小叶岽林场	1	√		6	17.2	15.9	旺盛	建议重点管护
	天竺桂	18	赣州市全南县小叶岽林场	1	√		4.2	12.1	9.6	旺盛	建议重点管护
	天竺桂	18	赣州市全南县小叶岽林场	2	√		3	11.4	5.7	旺盛	建议重点管护
	天竺桂	18	赣州市全南县小叶岽林场	2	√		4	14.9	10.7	旺盛	建议重点管护
	天竺桂	18	赣州市全南县小叶岽林场	1	√		5.5	16.3	11.3	旺盛	建议重点管护

（续）

序号	中文名	树龄（a）	地　名	株数（株）	分布状况		平　均			生长状况	目前管护情况及建议
					零星	块状	树高（m）	胸径（cm）	冠幅（m^2）		
	天竺桂	18	赣州市全南县小叶岽林场	1	√		3.8	11.4	6.2	旺盛	建议重点管护
	天竺桂	18	赣州市全南县小叶岽林场	5	√		4	9.3	3.1	旺盛	建议重点管护
	天竺桂	100	赣州市寻乌县文峰乡图合村	1	√		18.3	189.0	221.6	旺盛	村委会管护，建议挂牌并落实到人
	天竺桂	30	赣州市章贡区赣州市林业科学研究所老办公楼前	9	√		16.5	46.0	12	旺盛	市林业科学研究所管护，作观赏树种
	天竺桂	24	赣州市章贡区森林苗圃	1	√		15	39.0	120	较差	区森林苗圃
	天竺桂	24	赣州市章贡区森林苗圃	1	√		16	23.0	58	旺盛	区森林苗圃
	天竺桂	25	赣州市章贡区沙河敬老院	1	√		8.5	80.0	86	旺盛	沙河敬老院
	天竺桂	23	赣州市章贡区沙石老镇政府内	1	√		10	33.0	44	旺盛	三江技校
	天竺桂	23	赣州市章贡区沙石老镇政府内	1	√		11	41.0	89	旺盛	三江技校
223	甜槠	520	南昌市新建县西山镇合上村余家	1	√		14.0	101.9	128.6	良好	村民小组管护
	甜槠	530	九江瑞昌市肇陈华坊村		√		16	131.0	132.7	良好	集体管护
	甜槠	360	九江市修水县东港乡东港村十七组	1	√		20	166.0	30	旺盛	
	甜槠	250	九江市修水县黄坳乡塘排村五组	1	√		15	96.0	78.5	旺盛	
	甜槠	300	九江市修水县全丰镇南源村	1	√		27	140.0	153.9	旺盛	
	甜槠	260	九江市修水县新湾乡板坑村一组	1	√		28	106.0	254.3	旺盛	
	甜槠	250	赣州市兴国县南坑乡南坑村	1	√		23	88.5	420	旺盛	村组共管，暂无利用，加强管理，以供观赏
	甜槠	250	赣州市兴国县南坑乡南坑村	1	√		21	76.0	409.5	旺盛	村组共管，暂无利用，加强管理，以供观赏
	甜槠	250	赣州市兴国县南坑乡南坑村	1	√		24	81.5	418	旺盛	村组共管，暂无利用，加强管理，以供观赏
	甜槠	500	赣州市兴国县兴江乡大岭村	1	√		32	156.0	233.8	旺盛	曾遭雷击，建议加强管护
	甜槠	500	赣州市兴国县兴江乡大岭村	1			25.5	120.0	156	旺盛	加强管护
	甜槠	300	宜春市奉新县柳溪乡港尾村港尾组	1	√		24.5	53.0	387	良好	县人民政府统一挂牌

（续）

序号	中文名	树龄（a）	地　名	株数（株）	分布状况		平　均			生长状况	目前管护情况及建议
					零星	块状	树高（m）	胸径（cm）	冠幅（m^2）		
	甜槠	380	宜春市奉新县柳溪乡港尾村内滩组	1	√		15	50.7	63.6	良好	县人民政府统一挂牌
	甜槠	250	宜春市万载县赤兴	1	√		16	101.0	17	良好	挂牌
	甜槠	400	宜春市万载县双桥	1	√		10	70.0	20	良好	挂牌
	甜槠	250	上饶市婺源县思口镇高枧村外宋呈	1	√		23	101.9	254.3	旺盛	挂牌
	甜槠	400	吉安市永丰县梨树	1	√		2.1	145.0			管护较好，要重点保护
	甜槠	250	吉安市永丰县梨树	1	√	√	14	23.4	213.7	旺盛	管护较好，要重点保护
224	铁冬青	300	赣州市安远县老围背	4	√		7.5	53.0	56.2	良好	加强管护以延长树龄
	铁冬青	220	赣州市安远县狮桐坪排仔	1	√		30.0	44.0	64.0	旺盛	村民管护
	铁冬青	250	赣州市安远县石口田龙	1	√		7.0	68.0	16.0	旺盛	加强管护以延长树龄
	铁冬青	300	赣州市安远县新塘村潭屋	3	√		20.3	124.0	676.0	旺盛	设置禁牌
	铁冬青	300	赣州市上犹县黄埠镇丰岗村	1			13	85.0	95.0	旺盛	挂牌，村委会管护
	铁冬青	200	赣州市上犹县黄埠镇岩坑村狮姑坪组	1			10	59.0	12.6	旺盛	挂牌，村委会管护
225	铁坚油杉	22	九江市修水县黄沙港林场	1	√		11	21.0	12.6	旺盛	
	铁坚油杉	300	九江市修水县山口镇杨坑	1	√		21	67.0	78.5	旺盛	
226	秃杉	6	江西农业大学	3	√		2.0	3.0	1.8	旺盛	人工栽种属校园绿化管理
	秃杉	20、25	赣州市赣南树木园标本区、示范林	6000	√	√	15.6	14.0	6	旺盛	赣南树木园管护
	秃杉	14	吉安市永新县七溪岭林场	1	√		6	50.0	0.9	良好	管护较好，要重点保护
227	乌桕	250	九江市庐山自然保护区通远报国寺		√		12	66.9	225	较差	
	乌桕	200	九江市武宁县二组	1	√		18	70.1	49	一般	
	乌桕	200	九江市武宁县九组	3		√	19	94.3	187	一般	
	乌桕	200	九江市武宁县三组	1	√		14	130.6	108	一般	
	乌桕	200	九江市星子县华林镇吉山村柿树郭家坝口	1	√		15	46.0	153.9	较差	柿树张家管护
	乌桕	350	赣州市安远县符山过桥垅	1	√		20.0	90.0	100.0	旺盛	设置禁牌

（续）

序号	中文名	树龄（a）	地名	株数（株）	分布状况		平均			生长状况	目前管护情况及建议
					零星	块状	树高（m）	胸径（cm）	冠幅（m^2）		
	乌桕	300	赣州市安远县古岭小学边	1	√		14.3	62.0	38.4	良好	设置禁牌
	乌桕	250	赣州市安远县过桥垅	1	√		14.8	108.2	276.0	较差	建议挂牌
	乌桕	200	赣州市龙南县程龙镇杨梅	1	√		13	52.0	78.5	旺盛	尚无管护，建议设禁牌
	乌桕	200	赣州市龙南县里仁镇冯湾村	1	√		11	44.0	18.1	旺盛	尚无管护，建议设禁牌
	乌桕	250	宜春市万载县罗城	1	√		16	107.0	10	良好	挂牌
	乌桕	300	宜春市万载县双桥	1	√		14	80.0	12	良好	挂牌
	乌桕	380	宜春市万载县双桥	1	√		18	103.0	16	良好	挂牌
228	乌榈楞	398	赣州市寻乌县桂竹帽华星村	1	√		29.1	92.0	248.7	较差	村委会管护，建议挂牌并落实到人
	乌榈楞	330	赣州市章贡区沙河华林廖屋祠堂	1	√		24	172.0	360	较差	老屋下
229	无患子	90	九江市星子县东牯山林场占进喜家门前	1	√		20	66.0	176.6	旺盛	东牯山林场管护，保护较好
	无患子	200	赣州市大余县新城分水坳烂泥垅	1	√		15	46.0	132.7	较差	
	无患子	140	赣州市定南县鹅公镇早禾村岗上铁扇关门	1	√		14.3	85.6	39.6	较差	挂牌，专人管护
	无患子	200	赣州市全南县金龙镇黄金村黄屋排	1	√		30	52.2	254.3	旺盛	管护较好，建议挂牌
	无患子	80	赣州市章贡区龙岗村大坑口	1	1		28	72.0		良好	
230	梧桐	36	赣州市寻乌县寻乌中学	1	√		14.2	23.4	10.2	旺盛	村委会管护，建议挂牌并落实到人
231	五角枫（色木槭）	200	九江市湖口县石钟山	1	√		10	53.8	108	较差	保护较好
	五角枫（色木槭）	40	宜春高安市华林垦殖场（华林寨）	1	√		13	38.5	50.2	一般	
232	五色茶花	500	吉安市万安县罗田镇桂林组垅的上	1	√		16	98.7	132.7	旺盛	管护较好，要重点保护
233	喜树	200	九江市庐山自然保护区栖贤寺		√		35	73.2	156	旺盛	
	喜树	200	赣州市安远县三联排仔上	1	√		6.0	34.0	25.0	旺盛	建议挂牌
	喜树	250	吉安市永丰县梨树	1	√		22	83.0	95.0	旺盛	管护较好，要重点保护
234	细柄蕈树	100	赣州市定南县天九镇天花村吉坑坑尾	1	√		20.2	71.9	52.8	旺盛	挂牌，专人管护
	细柄蕈树	360	抚州市资溪县岩村朱溪林场山背	1	√		30	140.1	379.9	旺盛	建议挂牌并落实到人

（续）

序号	中文名	树龄(a)	地　名	株数(株)	分布状况		平　均			生长状况	目前管护情况及建议
					零星	块状	树高(m)	胸径(cm)	冠幅(m^2)		
	细柄蕈树	220	抚州市资溪县株溪林场茶坑	1	√		15	103.5	63.6	旺盛	建议挂牌并落实到人
235	细叶香桂	26	赣州市寻乌县三标乡湖岽村	1	√		14.8	24.0	24.6	旺盛	村委会管护，建议挂牌并落实到人
236	狭叶杜英（披针叶杜英）	27	赣州市寻乌县文峰乡长岭村	1	√		13.9	27.1	11.3	旺盛	村委会管护，建议挂牌并落实到人
237	狭叶石笔木（小果石笔木）	26	赣州市寻乌县文峰乡东团村	1	√		8.3	18.1	16.6	旺盛	村委会管护，建议挂牌并落实到人
238	显脉新木姜子	26	赣州市寻乌县罗珊泊竹村	8		√	5.9	28.7	9.1	旺盛	村委会管护，建议挂牌并落实到人
239	香椿	250	南昌市安义县长埠镇车田村袁家组	1	√		16.0	95.5	88.2	良好	村民管护
	香椿	700	南昌市安义县乔乐乡乔乐村	1	√		15.0	79.6	153.9	良好	村民管护
	香椿	500	南昌市安义县石鼻镇京台村	1	√		30.0	111.5	23.7	良好	村民管护
	香椿	320	景德镇市昌江区浮梁县洪源西冲	1	√		12	175.0	50	较差	
240	香榧	300	九江市修水县东港乡清林村一组	1	√		11	123.0	14	旺盛	
	香榧	400	景德镇市浮梁瑶里榧土坦	14		√	11	79.0	80	旺盛	管护较好
	香榧	110	宜春市靖安县大杞连队	1			25	109.0	272.25	旺盛	县人民政府统一挂牌
	香榧	420	宜春市铜鼓县港口乡英朝村下坪组	1	√		18	127.0	20	良好	挂牌管护
	香榧	150	宜春市铜鼓县花山林场黄沙铜钱坝	2	√		15	76.0	23	良好	挂牌管护
	香榧	240	宜春市铜鼓县花山林场黄沙铜钱坝	2	√		25	146.0	20	良好	挂牌管护
	香榧	350	宜春市铜鼓县棋坪镇优居村夏家坊	1	√		29	98.0	226.9	良好	挂牌管护
	香榧	106	宜春市铜鼓县温泉镇新开村	1	√		17	71.0	9	良好	挂牌管护
	香榧	300	宜春市铜鼓县温泉镇新开村	1	√		30	98.0	25	良好	挂牌管护
	香榧	300	上饶市广丰县嵩峰乡石岩村	1	√		20	131.0	95.0	一般	管护良好
	香榧	300	上饶市广丰县嵩峰乡石岩村	1	√		25	171.0	176.6	一般	管护良好

（续）

序号	中文名	树龄(a)	地　名	株数（株）	分布状况		平　均			生长状况	目前管护情况及建议
					零星	块状	树高(m)	胸径(cm)	冠幅(m^2)		
	香榧	200	上饶市广丰县嵩峰乡石岩村	1	√		26	75.0	50.2	旺盛	管护良好
	香榧	280	上饶市广丰县嵩峰乡石岩村	1	√		25	124.0	176.6	旺盛	管护良好
	香榧	480	上饶市上饶县高洲乡毛楼村东坑	1	√		21	39.2	12.6	旺盛	挂牌管护
	香榧	400	上饶市婺源县大鄣山鄣山顶村	1	√		12	63.7	63.6	旺盛	挂牌
	香榧	320	上饶市婺源县大鄣山鄣山顶村	1	√		22	56.7	28.3	旺盛	挂牌
	香榧	220	上饶市婺源县大鄣山鄣山顶村	1	√		14	44.6	19.6	旺盛	挂牌
	香榧	220	上饶市婺源县大鄣山鄣山顶村	1	√		12	41.4	7.1	旺盛	挂牌
	香榧	300	上饶市婺源县大鄣山鄣山顶村	1	√		12	47.8	12.6	旺盛	挂牌
	香榧	620	抚州市黎川县岩泉	1	√		14.2	89.0	49.0	旺盛	村委会管护，挂牌并落实到人
	香榧	600	抚州市黎川县岩泉	1	√		15.4	100.0	49.0	较差	村委会管护，挂牌并落实到人
	香榧	650	抚州市黎川县岩泉	1	√		14.5	90.0	40.7	旺盛	村委会管护，挂牌并落实到人
	香榧	260	抚州市黎川县岩泉、老岩泉屋背	1	√		17.4	73.2	52.8	旺盛	村委会管护，挂牌并落实到人
	香榧	270	抚州市黎川县岩泉、老岩泉屋背	1	√		13.5	109.0	22.1	旺盛	村委会管护，挂牌并落实到人
	香榧	680	抚州市黎川县岩泉、老岩泉屋背	1	√		18.3	118.0	100.2	旺盛	村委会管护，挂牌并落实到人
	香榧	1000	抚州市黎川县岩泉老麦溪洲	1	√		25.2	174.0	14.5	旺盛	村委会管护，挂牌并落实到人
241	香桂	20	宜春市靖安县宝峰镇毗炉村	2	√		6	8.3	7.5	旺盛	
242	香果树	300	九江市庐山自然保护区黄龙寺		√		34	89.2	460	旺盛	
	香果树	200	九江市庐山自然保护区剪刀峡		√		25	49.7	210	旺盛	
	香果树	100	九江市修水县黄港月山	1	√		15	43.0	38.5	旺盛	尚无管护和利用
	香果树	100	九江市修水县黄港月山	1	√		15	43.0	38.5	旺盛	尚无管护和利用
	香果树	52	鹰潭贵溪市九龙分场干坑	1	√		10	17.8	78.5	旺盛	分场管护，建议挂牌并落实到人
	香果树	57	鹰潭贵溪市双圳林场鲁水坑	1	√		5		1384.7	旺盛	规划为生态公益林

（续）

序号	中文名	树龄(a)	地　名	株数(株)	分布状况		平　均			生长状况	目前管护情况及建议
					零星	块状	树高(m)	胸径(cm)	冠幅(m^2)		
	香果树	186	赣州市寻乌县罗珊珊贝增坑	1	√		32.4	84.1	216.3	旺盛	村委会管护，建议挂牌并落实到人
	香果树	120	宜春市靖安县狮子岩	1			18	58.5	324	旺盛	县人民政府统一挂牌
	香果树	50	吉安市永丰县冕山	1	√		4.5	105.0			建议重点保护
	香果树	120	抚州市资溪县马头山林场白沙坑林班			√	18	28.0	28.3	旺盛	建议挂牌并落实到人
243	香叶树	360	赣州市安远县柏坑水口	1	√		13.6	58.0	56.0	旺盛	加强管护，延长树龄
	香叶树	250	赣州市安远县富长村	1	√	√	5.0	37.0	63.6	旺盛	加强管护以延长树龄
	香叶树	250	赣州市安远县涌水村	1	√	√	6.0	36.0	10.9	旺盛	加强管护以延长树龄
	香叶树	205	赣州市安远县重石小水	1	√		11.3	150.0	51.8	旺盛	加强管护，防止砍伐
	香叶树	200	赣州市龙南县关西镇关西村	1	√		75	56.0	23.7	旺盛	尚无管护，建议设禁牌
	香叶树	200	赣州市龙南县关西镇关西村	1	√		13	68.0	38.5	旺盛	尚无管护，建议设禁牌
	香叶树	200	赣州市石城县横江镇洋地村下村		√		15.0	80.0	47.1	旺盛	可作采种母树
	香叶树	200	赣州市石城县横江镇洋地村下村		√		15.0	80.0	47.1	旺盛	可作采种母树
244	香油果	100	赣州南康市赤土乡花园村	1	√		12.0	47.8	15.0	较差	村委会管护，挂牌并落实到责任人
	香油果	150	赣州南康市龙回镇龙东村	1	√		12.6	61.0	176.0	旺盛	村委会管护，挂牌并落实到责任人
	香油果	100	赣州南康市龙回镇石滩村	1	√		15.0	44.6	78.0	旺盛	村委会管护，挂牌并落实到责任人
245	小果冬青	250	赣州市安远县鹤仔村黎屋	1	√		15.0	90.0	225.0	良好	注意防火
	小果冬青	230	赣州市安远县杨功村杨功堉	1	√		25.0	124.0	625.0	良好	防火、防虫
	小果冬青	350	赣州市安远县重石小水	1	√		8.2	101.3	171.6	旺盛	加强管护，防止砍伐
	小果冬青	200	赣州市龙南县龙南镇水东村	1	√		11	24.0	19.6	旺盛	尚无管护，建议设禁牌
246	小红栲	250	九江市星子县东牯山林场七贤林区房后东侧	1	√		20	56.0	38.5	旺盛	七贤林区管护，保护良好
	小红栲	210	赣州市龙南县夹湖乡新城	1	√		13	96.0	156	较差	尚无管护，建议设禁牌
	小红栲	200	赣州市龙南县夹湖乡新城	20		√	12	63.7	42	旺盛	尚无管护，建议设禁牌
	小红栲	200	赣州市龙南县夹湖乡新城	1	√		19	70.1	160.6	旺盛	尚无管护，建议设禁牌

（续）

序号	中文名	树龄(a)	地　名	株数(株)	分布状况		平　均			生长状况	目前管护情况及建议
					零星	块状	树高(m)	胸径(cm)	冠幅(m^2)		
	小红楞	200	赣州市龙南县夹湖乡新城	1	√		24	168.8	168	旺盛	尚无管护，建议设禁牌
	小红楞	220	赣州市龙南县夹湖乡新城	1	√		16.5	58.5	182	旺盛	尚无管护，建议设禁牌
	小红楞	200	赣州市龙南县夹湖乡新城	1	√		16.5	58.3	168	旺盛	尚无管护，建议设禁牌
	小红楞	200	赣州市龙南县夹湖乡新城	1	√		17.3	82.0	272	旺盛	尚无管护，建议设禁牌
247	小叶白辛	250	九江市庐山自然保护区含鄱口		√		25	90.8	140	旺盛	
	小叶白辛	200	九江市庐山自然保护区河西路会址		√		8	62.7	150	旺盛	
	小叶白辛	300	九江市庐山自然保护区植物园		√		25	122.6	300	旺盛	
248	小叶栎	1100	南昌市南昌县塔城乡北洲村	1	√		18.0	130.6	17.5	良好	村民小组管护
	小叶栎	300	九江市九江县岷山乡大塘村九组	1	√		21	82.0	15.6	旺盛	村小组管护
	小叶栎	300	吉安市万安县巴邱镇胡姚家门口	1	√		20	44.6	25	良好	设置围栏
	小叶栎	300	吉安市万安县巴邱镇胡姚家门口	1	√		23	51.0	24	良好	设置围栏
	小叶栎	300	吉安市万安县巴邱镇汪家组大园仔	1	√		25	95.5	14	良好	设置围栏
	小叶栎	210	吉安市万安县桐林乡江背丁田组周牛根菜园	1		√	16	42.0	5.5	旺盛	设置围栏
	小叶栎	200	吉安市永丰县沿陂	1	√		25	100.3	26	良好	设置围栏
	小叶栎	300	抚州市金溪县琉璃下宋	1	√		25	99.0	2.5	旺盛	加强管护
	小叶栎	350	抚州市金溪县左坊彭家	1	√		19.4	111.0	15.9	较差	加强管护
	小叶栎	500	抚州市乐安县敖溪镇召尾村	1	√		30	89.0	15	较差	村委会负责管护，建议挂牌管护并负责落实到人
	小叶栎	500	抚州市乐安县敖溪镇召尾村	1	√		25	89.0	10.5	较差	村委会负责管护，建议挂牌管护并负责落实到人
	小叶栎	350	抚州市资溪县高阜镇初居村	1	√		28	124.2	14	旺盛	加强管护
	小叶栎	350	抚州市资溪县鹤城镇三江村	1	√		20	122.0	16	旺盛	加强管护
249	小叶青冈	300	九江市庐山自然保护区莲花何家村		√		30	94.0	225	旺盛	
	小叶青冈	300	九江市庐山自然保护区庐山宾馆前		√		20	87.5	324	较差	

（续）

序号	中文名	树龄(a)	地　名	株数(株)	分布状况		平　均			生长状况	目前管护情况及建议
					零星	块状	树高(m)	胸径(cm)	冠幅(m^2)		
	小叶青冈	250	宜春高安市华林苏家村店前组	1	√		21	98.7	176.6	一般	挂牌，建议培土
250	新木姜子	12	赣州市寻乌县罗珊珊贝村	1	√		7.6	12.6	2.0	旺盛	村委会管护，建议挂牌并落实到人
251	雪柳	300	九江市庐山自然保护区庐林饭店		√		8	52.2	80	旺盛	
252	杨桐(红淡比)	26	赣州市寻乌县珊贝林场大坝工区	36		√	7.9	19.6	16.6	旺盛	村委会管护，建议挂牌并落实到人
253	野槟榔	500	景德镇市浮梁县鹅湖曹村	1	√		17	146.0	1400	旺盛	
254	野桂花	146	赣州市寻乌县文峰乡东团村	1	√		18.3	136.0	237.7	旺盛	村委会管护，建议挂牌并落实到人
255	野山茶	34	赣州市寻乌县罗珊珊贝村	1	√		3.8	14.0	8.0	旺盛	村委会管护，建议挂牌并落实到人
256	野梧桐	100	赣州市寻乌县文峰乡长溪村	1	√		5.7	38.0	45.3	旺盛	村委会管护，建议挂牌并落实到人
257	银桂	600	宜春市靖安县阁山分场	1	√		9	42.0	9	旺盛	管护一般
258	银木荷	100	赣州南康市龙回镇李村	1	√		20.5	91.7	133.0	旺盛	村委会管护，挂牌并落实到责任人
	银木荷	120	赣州市寻乌县罗珊乡筠竹村	1	√		33.6	89.2	393.9	旺盛	村委会管护，建议挂牌并落实到人
	银木荷	26	赣州市寻乌县文峰乡长岭村	1	√		23.6	20.2	24.6	旺盛	村委会管护，建议挂牌并落实到人
259	银鹊树	300	九江市庐山自然保护区庐山垅		√		14	98.6	40	旺盛	
	银鹊树	400	九江市修水县黄沙港林场	1	√		11	32.0	78.5	旺盛	
	银鹊树	17	赣州市赣南树木园示范林	3000		√	9.2	8.0	7	良好	赣南树木园管护
	银鹊树	110	抚州市资溪县马头山林场白沙坑林班			√	18	30.0	38.5	旺盛	建议挂牌并落实到人
	银鹊树	150	抚州市资溪县马头山林场白沙坑林班			√	22	40.0	50.2	旺盛	建议挂牌并落实到人
260	银杏	800	南昌市安义县长埠镇罗田村	1	√		7.8	81.5	33.2	良好	村民管护
	银杏	1200	南昌市安义县丁湖镇安塘村	1	√		15.0	120.1	38.5	良好	村民小组管护
	银杏	810	南昌市进贤县张公牛溪柳家	1	√		14	96.0	75.4	良好	未落实管护
	银杏	1200	南昌市南昌县蒋巷镇山尾村	1	√		15.0	132.8	81.7	良好	村民小组管护
	银杏	1100	南昌市南昌县向塘镇新村小学	1	√		19.0	133.8	176.6	良好	村民小组管护

（续）

序号	中文名	树龄(a)	地　名	株数(株)	分布状况		平　均			生长状况	目前管护情况及建议
					零星	块状	树高(m)	胸径(cm)	冠幅(m^2)		
	银杏	1410	南昌市湾里区太平乡太平村	1	√		34.0	237.3	490.6	一般	设置围栏
	银杏	1000	南昌市西湖区三眼井街办友竹花园25号	1	√		20.0	89.2	132.7	良好	三眼井街办
	银杏	1000	九江市德安县林泉乡清塘村一组	1			24	219.7	200.96	旺盛	
	银杏	1100	九江市庐山自然保护区马尾水九峰寺		√		32	109.9	210	较差	
	银杏	1200	九江市庐山自然保护区木瓜洞		√		35	194.0	437	较差	
	银杏	1700	九江市彭泽县龙城镇南岭居委会	1	√		30	178.3	180	较差	西山庙管护,建议挂牌并落实到人
	银杏	800	九江市彭泽县上十岭垦殖场芦峰分场	1	√		22	108.0	240	旺盛	村委会管护,建议挂牌并落实到人
	银杏	>1000	九江市修水县黄港镇金盆	1	√		11	40.0	19.6	旺盛	
	银杏	700	九江市永修县江上乡南坑村后八洞组	1			30	101.9	254.3	旺盛	村民小组管护
	银杏	800	九江市永修县云居山真如寺	1			28	151.3	226.9	旺盛	寺庙管护
	银杏	1360	九江市永修县云居山真如寺	1			30	207.0	314.0	旺盛	寺庙管护
	银杏	1000	九江市永修县云居山真如寺	1			26	181.0	201.0	旺盛	寺庙管护
	银杏	930	景德镇市昌江区荷塘	3	√		16	100.0	182	良好	村委挂牌保护
	银杏	900	景德镇市昌江区西郊	2	√		4.1	200.0	1344	良好	
	银杏	1000	景德镇市昌江区鱼山镇	1	√		19	280.0	1040	较差	
	银杏	900	景德镇市浮梁黄坛东港	4	√		26	140.0	187	旺盛	村委挂牌保护
	银杏	850	景德镇市浮梁三龙双蓬	1	√		16	168.0	180	较差	无管护,需加强
	银杏	800	景德镇市浮梁县经公桥港口	1	√		35	36.9	221	旺盛	村委挂牌保护
	银杏	800	景德镇市浮梁县勒功乡	2	√		26	63.7	750	旺盛	专人管护,还需加强管护力度
	银杏	1000	景德镇市浮梁峙滩流口	3	√		20	74.8	135	较差	专人管护
	银杏	700	景德镇市乐平礼林八甲村	1		√	7.6	242.0	72	较差	村委挂牌保护
	银杏	700	景德镇市乐平临港后段村	1	√		13	182.0	180	较差	村委挂牌保护
	银杏	800	景德镇市乐平临港上堡村	2	√		7	170.0	25	较差	村委挂牌保护
	银杏	1000	景德镇市乐平塔山天济村	1	√		9.5	145.0	112	较差	

（续）

序号	中文名	树龄(a)	地名	株数(株)	分布状况		平均			生长状况	目前管护情况及建议
					零星	块状	树高(m)	胸径(cm)	冠幅(m^2)		
	银杏	800	景德镇市乐平涌山渡头村	1	√		24	158.0	288	旺盛	村委挂牌保护
	银杏	800	景德镇市乐平涌山上程村	2	√		18	187.0	320	旺盛	村委挂牌保护
	银杏	800	景德镇市乐平涌山源村	2	√		30	203.0	450	旺盛	村委挂牌保护
	银杏	800	景德镇市乐平镇桥樟树下	1	√		6.5	180.0	482	较差	
	银杏	700	萍乡市莲花县六市乡大沙村	1	√		27	210.0	660.2	良好	村民小组管护，防止人为破坏
	银杏	1800	萍乡市上栗县蕉元村大屋场	1			24	267.0	104.5	良好	管护较好，应加强病虫害防治
	银杏	900	萍乡市上栗县金山镇高山村	1	√		38	101.0	567	良好	管护较好，应加强病虫害防治
	银杏	1000	鹰潭贵溪市冷水林场白果树	1	√		20	78.0	113.0	旺盛	挂牌
	银杏	650	赣州南康市坪市乡坪市村	1	√		20.0	180.0	226.9	旺盛	村委会管护，挂牌并落实到责任人
	银杏	660	宜春市铜鼓县温泉镇石桥村	1	√		18	120.0	23	良好	挂牌管护
	银杏	660	宜春市铜鼓县温泉镇石桥村	3	√		17	73.0	20	良好	挂牌管护
	银杏	700	宜春市万载县仙源	1	√		25	271.0	22.5	良好	挂牌
	银杏	1500	宜春市袁州区柏木石湖江家窝	1	√		33	143.3	148.4	旺盛	挂牌
	银杏	800	宜春樟树市阁山分场	1	√		15	80.0	13	旺盛	尚无管护
	银杏	700	上饶市德兴县皈大港首	1	√		23	101.9	314.0	旺盛	
	银杏	1450	上饶市德兴县皈大港首港前	1	√		25	211.8	255	旺盛	
	银杏	1000	上饶市德兴县皈大早禾田	1	√		23	149.7	210	旺盛	
	银杏	700	上饶市德兴县花桥黄柏洋	1	√		21	101.9	78.5	旺盛	
	银杏	980	上饶市德兴县花桥杨村粮管所	1	√		27	143.3	90	旺盛	
	银杏	1300	上饶市德兴县花桥杨村粮管所	1	√		24	191.1	72	旺盛	
	银杏	830	上饶市德兴县花桥昭林白毛港	1	√		31	121.0	113.0	旺盛	
	银杏	700	上饶市德兴县李宅上田东坞	1	√		22	101.9	168	旺盛	
	银杏	940	上饶市德兴县李宅石源坑	1	√		32	136.9	224	旺盛	

（续）

序号	中文名	树龄(a)	地　名	株数(株)	分布状况		平　均			生长状况	目前管护情况及建议
					零星	块状	树高(m)	胸径(cm)	冠幅(m^2)		
	银杏	930	上饶市德兴县李宅石源坑	1	√		32	135.4	182	旺盛	
	银杏	890	上饶市德兴县李宅中村祝岭头	1	√		25	130.6	120	旺盛	
	银杏	785	上饶市德兴县龙头山暖水张家坞	1	√		25	114.6	360	旺盛	
	银杏	720	上饶市德兴县泗洲立新水东	1	√		28	105.1	135	旺盛	
	银杏	720	上饶市德兴县香屯镇柏垣村	1	√		19	175.2	140	旺盛	
	银杏	1380	上饶市德兴县新建公路边	1	√		33	202.2	650	旺盛	
	银杏	700	上饶市德兴县占才叶小余村	1	√		29	101.9	272	旺盛	
	银杏	800	上饶市德兴县占才叶小余村	1	√		30	117.8	306	旺盛	
	银杏	700	上饶市横峰县新篁乡崇山村半山源	1	√		25	259.9	314.0	良好	加强保护
	银杏	700	上饶市横峰县新篁乡崇山村小学	1	√		25	259.9	314.0	良好	加强保护
	银杏	1200	上饶市万年县万年峰林场	1	√		24.5	140.1	128.6	一般	
	银杏	660	上饶市婺源县清华镇洪村白果树底	1	√		30	162.3	314.0	较差	挂牌
	银杏	690	上饶市婺源县沱川乡河东村	1	√		32	168.7	56.7	较差	挂牌
	银杏	3000	上饶市弋阳县	1	√		26	310.0	400	旺盛	
	银杏	1000	上饶市弋阳县	1	√		20	300.0	452.2	旺盛	
	银杏	800	上饶市玉山县冰溪镇人民医院	1	√		22	124.2	706.5	较差	
	银杏	800	上饶市玉山县冰溪镇人民医院	1	√		20	82.8	754.4	旺盛	
	银杏	760	上饶市玉山县怀玉后叶村王家	1	√		28	114.6	102	旺盛	挂牌，由相关村委会管护，建议筹资保护
	银杏	1200	吉安市安福县武功山三天门	1	√		18	117.8	530.7	旺盛	设置围栏
	银杏	1000	吉安市井冈山自然保护区老井冈山	1	√		14	300.0	226.9	旺盛	设置围栏
	银杏	700	吉安市遂川县巾石村离尾	1	√		19	101.9	201.0	旺盛	加强管理
	银杏	700	吉安市万安县竹林	1	√		12	108.3	50.2	旺盛	加强管护
	银杏	1000	吉安市永新县高市乡下洲上	1	√		12	108.3	132.7	旺盛	设置围栏

（续）

序号	中文名	树龄(a)	地名	株数(株)	分布状况		平均			生长状况	目前管护情况及建议
					零星	块状	树高(m)	胸径(cm)	冠幅(m^2)		
	银杏	1000	吉安市永新县七溪岭林场	1	√		12	108.3	19.6	旺盛	重点保护
	银杏	1200	抚州市东乡县邓家汉源刘家	1	√		20	143.3	203.5	良好	建议挂牌并落实到人
	银杏	700	抚州市金溪县何源剡坑	1	√		29.1	201.0	70.8	旺盛	加强管护
	银杏	700	抚州市金溪县左坊后车	1	√		29	280.0	28.3	旺盛	加强管护
	银杏	1000	抚州市乐安县敖溪镇东坑村	1	√		23	82.0	56.7	较差	村委会负责管护，建议挂牌管护并负责落实到人
	银杏	800	抚州市宜黄县黄陂镇固名村大龙山寺旁	1	√		13	180.0		旺盛	挂牌保护
	银杏	800	抚州市资溪县高阜镇水东村水东	1	√		17	221.3	201.0		建议挂牌并落实到人
261	银钟花	29	赣州市崇义县思顺林场	6		√	12.5	19.6	6	旺盛	护林员管护且已挂牌
	银钟花	22	赣州市赣南树木园示范区	200		√	8.4	14.0	10	良好	赣南树木园管护
	银钟花	90	抚州市资溪县马头山林场白沙坑林班	4	√		19	27.1	38.5	旺盛	建议挂牌并落实到人
262	油杉	300	赣州市崇义县关田镇沙溪村杉木坑	1	√		26	117.8	177	旺盛	村小组管护，建议落实到人管护
	油杉	353	赣州市大余县河洞长岭罕塘	1		√	12	40.0	28.3	旺盛	
	油杉	300	赣州市大余县河洞长岭罕塘	1		√	26	74.0	63.6	旺盛	
	油杉	300	赣州市大余县河洞长岭罕塘	1		√	26	107.6	78.5	旺盛	
	油杉	300	赣州市大余县河洞长岭罕塘	1		√	24	75.8	38.5	旺盛	
	油杉	300	赣州市大余县河洞长岭罕塘	1		√	28	141.0	254.3	旺盛	
	油杉	300	赣州市大余县河洞长岭罕塘	1		√	20	71.0	113.0	旺盛	
	油杉	300	赣州市大余县河洞长岭罕塘	1		√	28	109.0	254.3	旺盛	
	油杉	300	赣州市大余县河洞长岭罕塘	1		√	20	114.0	132.7	旺盛	
	油杉	300	赣州市大余县河洞长岭罕塘	1		√	25	88.1	153.9	旺盛	
	油杉	300	赣州市大余县河洞长岭罕塘	1		√	27	75.0	132.7	旺盛	
263	油椎	120	赣州市上犹县五指峰乡高峰村老因组	1			8	36.7			

（续）

序号	中文名	树龄（a）	地　名	株数（株）	分布状况		平　均			生长状况	目前管护情况及建议
					零星	块状	树高（m）	胸径（cm）	冠幅（m^2）		
264	柚树	210	吉安市永新县里田镇双江口村重谭组	1	√		16	165.6	379.9	旺盛	设置围栏
265	榆树	250	九江市修水县黄沙港林场	1	√		14	145.0	19.6	旺盛	
	榆树	300	上饶市德兴县皈大两边	1	√		20	160.0		旺盛	
	榆树	400	上饶市德兴县皈大早禾田	1	√		24	250.0		旺盛	
	榆树	750	上饶市德兴县黄柏港西西阳	1	√		30	660.0	660	旺盛	
	榆树	340	上饶市德兴县李宅乡政府	1	√		17	300.0	240	旺盛	
	榆树	500	上饶市德兴县龙头山兰溪吕家	1	√		25	440.0	380	旺盛	
	榆树	340	上饶市德兴县绕二炉里排前	1	√		24	300.0	72	旺盛	
	榆树	430	上饶市德兴县泗洲立新水东	1	√		27	380.0	160	旺盛	
	榆树	340	上饶市德兴县张村梅溪	1	√		25	300.0		旺盛	
	榆树	300	上饶市玉山县冰溪镇沿河路	1	√		18	66.9	75	旺盛	
266	玉兰	300	九江市庐山自然保护区“美庐”别墅		√		25	98.7	270	旺盛	
	玉兰	150	九江市庐山自然保护区庐山东谷柏树路124别墅		√		25	60.5	80	较差	
	玉兰	500	九江市庐山自然保护区通远报国寺		√		35	101.2	400	较差	
	玉兰	310	九江市永修县柘林镇黄荆场	15			28	51.0	38.5	旺盛	林场管护
	玉兰	310	九江市永修县柘林镇黄荆场	15			28	54.1	38.5	旺盛	林场管护
	玉兰	300	九江市永修县柘林镇黄荆场	13			32	48.0	38.5	旺盛	林场管护
	玉兰	60	宜春高安市华林东溪村若坪组	1	√		23	70.0	63.6	旺盛	
267	圆柏	400	赣州南康市大坪乡中垄村	1	√		26.0	108.0	132.7	较差	村委会管护，挂牌并落实到责任人
	圆柏	400	赣州南康市坪市乡小陂村	1	√		20.0	100.0	10.0	旺盛	村委会管护，挂牌并落实到责任人
	圆柏	300	宜春市铜鼓县排埠镇曾溪村塔溪组大桥赖家	1	√		17	95.0	18	良好	挂牌管护
	圆柏	400	抚州市东乡县甘坑慈眉外曾	1	√		10	200.0	7	旺盛	建议挂牌并落实到人

（续）

序号	中文名	树龄(a)	地名	株数(株)	分布状况		平均			生长状况	目前管护情况及建议
					零星	块状	树高(m)	胸径(cm)	冠幅(m^2)		
	圆柏	400	抚州市东乡县甘坑慈眉外曾	1	√		8	200.0	8.5	旺盛	建议挂牌并落实到人
	圆柏	600	抚州市东乡县甘坑慈眉谢坊	1	√		8	220.0	8.5	旺盛	建议挂牌并落实到人
	圆柏	600	抚州市东乡县甘坑慈眉谢坊	1	√		7	200.0	8.0	旺盛	建议挂牌并落实到人
	圆柏	800	抚州市东乡县甘坑松林后立	1	√		10.5	240.0	7.7	旺盛	建议挂牌并落实到人
	圆柏	800	抚州市东乡县甘坑松林下位	1	√		10	220.0	6.2	旺盛	建议挂牌并落实到人
	圆柏	260	抚州市黎川县西城长兰水口	1	√		25.5	98.0	4.5	旺盛	建议挂牌并落实到人
	圆柏	260	抚州市黎川县西城长兰伍佰段	1	√		25.5	110.0	2.5	旺盛	建议挂牌并落实到人
268	月桂	800	上饶市婺源县清华镇长林村横停村	1	√		8	89.0	12	较差	挂牌
269	粤桂柯	136	赣州市寻乌县项山乡罗庚山	1	√		19.3	98.0	72.3	旺盛	村委会管护，建议挂牌并落实到人
270	云锦杜鹃	300	九江市庐山自然保护区植物园温室前		√		30	22.0	225	旺盛	
271	云山八角枫	7	赣州市章贡区赣州市林业科学研究所院内	1	√		3.5	6.0	2.2	旺盛	市林业科学研究所管护，作观赏树种及母树
272	云山青冈	250	赣州市兴国县杰村乡梓山村	1		√	16	48.0	78.72	旺盛	村组共管，暂无利用，加强管理，以供观赏
	云山青冈	300	赣州市寻乌县项山乡聪坑村	1	√		25.1	94.9	226.9	较差	村委会管护，建议挂牌并落实到人
273	枣树	200	九江市德安县林泉乡林泉村一组	1			11	9.6	28.26	旺盛	
	枣树	210	赣州市信丰县油山镇坑口村黄坑口组河边	1	√		4.2	30.9	50.2	较差	黄坑口小组管护，建议挂牌并落实到人
274	皂荚	400	南昌市东湖区省政协	1	√		23.0	129.9	56.7	良好	省政协
	皂荚	250	九江市德安县车桥镇九井村七组	1			18	119.4	113.04	较差	
	皂荚	270	九江市都昌县大港大田排上	1			26	105.0	271.6	较差	
	皂荚	300	九江市庐山自然保护区西林寺		√		35	75.8	100	旺盛	
	皂荚	280	赣州南康市大坪乡清江村	1	√		21.0	105.0	132.7	旺盛	村委会管护，挂牌并落实到责任人
	皂荚	304	赣州市上犹县紫阳乡胜利村马中组	1			14	82.6	95.0	旺盛	挂牌，村委会管护

（续）

序号	中文名	树龄(a)	地名	株数(株)	分布状况		平均			生长状况	目前管护情况及建议
					零星	块状	树高(m)	胸径(cm)	冠幅(m^2)		
275	樟树	575	南昌市安义县长埠镇长埠村	1	√		20.0	133.8	379.9	良好	村民管护
	樟树	1235	南昌市安义县长埠镇长埠村木马组	1	√		12.0	286.6	153.9	良好	村民管护
	樟树	550	南昌市安义县长埠镇长埠村木马组	1	√		25.0	127.4	490.6	良好	村民管护
	樟树	550	南昌市安义县长埠镇长埠村木马组	1	√		20.0	127.4	615.4	良好	村民管护
	樟树	550	南昌市安义县长埠镇长埠村木马组	1	√		15.0	127.4	95.0	良好	村民管护
	樟树	550	南昌市安义县长埠镇长埠村七房组	1	√		20.0	127.4	160.5	良好	村民管护
	樟树	620	南昌市安义县长埠镇长埠村七房组	1	√		8.0	143.3	201.0	良好	村民管护
	樟树	550	南昌市安义县长埠镇长埠村四房组	1	√		30.0	127.4	706.5	良好	村民管护
	樟树	550	南昌市安义县长埠镇大路村	1	√		14.0	127.4	314.0	良好	村民管护
	樟树	550	南昌市安义县长埠镇江下村	1	√		15.0	127.4	226.9	良好	村民管护
	樟树	685	南昌市安义县长埠镇江下村	1	√		17.0	159.2	86.5	良好	村民管护
	樟树	580	南昌市安义县长埠镇江下村	1	√		15.0	133.8	221.6	良好	村民管护
	樟树	1300	南昌市安义县长埠镇罗田村	1	√		30.0	302.5	530.7	良好	村民管护
	樟树	550	南昌市安义县长埠镇上桥村八组	1	√		10.0	127.4	95.0	良好	村民管护
	樟树	755	南昌市安义县长埠镇下桥村四组	1	√		30.0	175.2	254.3	良好	村民管护
	樟树	755	南昌市安义县长埠镇下桥村四组	1	√		30.0	175.2	254.3	良好	村民管护
	樟树	830	南昌市安义县长均乡长均村	1	√		13.0	191.1	78.5	良好	村民管护
	樟树	1030	南昌市安义县长均乡观岁村墨山	1	√		25.0	238.9	572.3	良好	村民小组管护
	樟树	755	南昌市安义县长均乡观岁村墨山	1	√		22.0	175.2	314.0	良好	村民小组管护
	樟树	1160	南昌市安义县长均乡观岁村墨山	1	√		27.0	267.5	490.6	良好	村民小组管护
	樟树	685	南昌市安义县长均乡六溪村赤刚	1	√		12.0	159.2	113.0	良好	村民管护

（续）

序号	中文名	树龄（a）	地　名	株数（株）	分布状况		平　均			生长状况	目前管护情况及建议
					零星	块状	树高（m）	胸径（cm）	冠幅（m^2）		
	樟树	550	南昌市安义县长均乡六溪村谢二	1	√		12.0	127.4	122.7	良好	村民管护
	樟树	620	南昌市安义县长均乡天坪村	1	√		20.0	143.3	176.6	良好	村民管护
	樟树	550	南昌市安义县东阳镇东阳村	1	√		12.0	127.4	240.4	良好	村民管护
	樟树	690	南昌市安义县东阳镇马源村	1	√		16.0	159.2	706.5	良好	村民管护
	樟树	550	南昌市安义县黄洲乡苷基村	2	√		35.0	127.4	490.6	良好	村民管护
	樟树	550	南昌市安义县黄洲乡河口村	2	√		30.0	127.4	706.5	良好	村民管护
	樟树	620	南昌市安义县黄洲乡湖上村	1	√		20.0	143.3	415.3	良好	村民小组管护
	樟树	620	南昌市安义县黄洲乡街口	2	√		20.0	143.3	176.6	良好	村民管护
	樟树	620	南昌市安义县黄洲乡街口	1	√		20.0	143.3	176.6	良好	村民管护
	樟树	1030	南昌市安义县黄洲乡口下村	1	√		30.0	238.9	452.2	良好	村民管护
	樟树	820	南昌市安义县黄洲乡况家村	1	√		25.0	191.1	615.4	良好	村民管护
	樟树	620	南昌市安义县黄洲乡雷家村	1	√		24.0	143.3	226.9	良好	村民管护
	樟树	550	南昌市安义县黄洲乡刘家村	2	√		30.0	127.4	615.4	良好	村民小组管护
	樟树	690	南昌市安义县黄洲乡牛福村	1	√		25.0	159.2	283.4	良好	村民管护
	樟树	550	南昌市安义县黄洲乡山下村	1	√		35.0	127.4	283.4	良好	村民管护
	樟树	825	南昌市安义县黄洲乡四坊高家村	1	√		25.0	191.1	490.6	良好	村民小组管护
	樟树	690	南昌市安义县黄洲乡塔前村	2	√		18.0	159.2	153.9	良好	村民管护
	樟树	750	南昌市安义县黄洲乡西门寺村	1	√		25.0	127.4	346.2	良好	村民管护
	樟树	620	南昌市安义县黄洲乡下塘村	1	√		20.0	143.3	415.3	良好	村民管护
	樟树	825	南昌市安义县黄洲乡小屋王家村	2	√		20.0	191.1	1589.6	良好	村民管护
	樟树	685	南昌市安义县黄洲乡勇家村	3	√		13.0	159.2	1589.6	良好	村民管护

（续）

序号	中文名	树龄(a)	地　名	株数(株)	分布状况		平　均			生长状况	目前管护情况及建议
					零星	块状	树高(m)	胸径(cm)	冠幅(m^2)		
	樟树	825	南昌市安义县黄洲乡佘家村	1	√		10.0	191.1	132.7	良好	村民管护
	樟树	550	南昌市安义县黄洲乡袁家村	1	√		25.0	127.4	153.9	良好	村民管护
	樟树	755	南昌市安义县黄洲乡樟灵岗村	1	√		30.0	175.2	452.2	良好	村民管护
	樟树	550	南昌市安义县黄洲乡真君山村	1	√		30.0	127.4	346.2	良好	村民管护
	樟树	690	南昌市安义县黄洲乡圳溪村院前	2	√		18.0	159.2	153.9	良好	村民管护
	樟树	620	南昌市安义县乔乐乡马溪村	1	√		20.0	143.3	165.0	良好	村民管护
	樟树	690	南昌市安义县乔乐乡马溪村	1	√		18.0	159.2	254.3	良好	村民管护
	樟树	755	南昌市安义县乔乐乡前泽村	1	√		30.0	175.2	615.4	良好	村民管护
	樟树	685	南昌市安义县乔乐乡前泽村	1	√		30.0	159.2	201.0	良好	村民管护
	樟树	620	南昌市安义县乔乐乡乔乐村	1	√		16.0	143.3	95.0	良好	村民管护
	樟树	620	南昌市安义县乔乐乡乔乐村	1	√		16.0	143.3	201.0	良好	村民管护
	樟树	755	南昌市安义县乔乐乡乔乐村	1	√		20.0	175.2	213.7	良好	村民管护
	樟树	685	南昌市安义县乔乐乡乔乐村	1	√		15.0	159.2	201.0	良好	村民管护
	樟树	825	南昌市安义县乔乐乡乔乐村	1	√		20.0	191.1	346.2	良好	村民管护
	樟树	550	南昌市安义县乔乐乡社坑村	1	√		20.0	127.4	201.0	良好	村民管护
	樟树	825	南昌市安义县乔乐乡石湖村	1	√		18.0	191.1	471.2	良好	村民管护
	樟树	580	南昌市安义县乔乐乡石湖村	1	√		20.0	133.8	642.1	良好	村民管护
	樟树	620	南昌市安义县乔乐乡石湖村	1	√		12.0	143.3	95.0	良好	村民管护
	樟树	525	南昌市安义县乔乐乡石湖村	1	√		15.0	121.0	132.7	良好	村民管护
	樟树	690	南昌市安义县石鼻镇赤岗村	1	√		15.0	159.2	122.7	良好	村民管护
	樟树	820	南昌市安义县石鼻镇对门村	1	√		13.0	191.1	122.7	良好	村民管护

（续）

序号	中文名	树龄（a）	地　名	株数（株）	分布状况		平　均			生长状况	目前管护情况及建议
					零星	块状	树高（m）	胸径（cm）	冠幅（m^2）		
	樟树	685	南昌市安义县石鼻镇对门村	1	√		15.0	159.2	103.8	良好	村民管护
	樟树	890	南昌市安义县石鼻镇京台村	1	√		22.0	207.0	176.6	良好	村民管护
	樟树	820	南昌市安义县石鼻镇京台村	1	√		25.0	191.1	113.0	良好	村民管护
	樟树	620	南昌市安义县石鼻镇京台村	1	√		18.0	143.3	254.3	良好	村民管护
	樟树	550	南昌市安义县石鼻镇凌上村	1	√		26.0	127.4	153.9	良好	村民管护
	樟树	685	南昌市安义县石鼻镇凌上村	1	√		6.0	159.2	91.6	良好	村民管护
	樟树	685	南昌市安义县石鼻镇凌上村	1	√		18.0	159.2	415.3	良好	村民管护
	樟树	620	南昌市安义县石鼻镇向坊村	1	√		15.0	143.3	78.5	良好	村民管护
	樟树	960	南昌市安义县石鼻镇燕坊村	1	√		25.0	222.9	346.2	良好	村民管护
	樟树	890	南昌市安义县石鼻镇燕坊村	1	√		27.0	207.0	254.3	良好	村民管护
	樟树	825	南昌市安义县石鼻镇燕坊村	1	√		18.0	191.1	153.9	良好	村民管护
	樟树	580	南昌市安义县石鼻镇燕坊村	1	√		20.0	133.8	95.0	良好	村民管护
	樟树	990	南昌市安义县石鼻镇燕坊村	1	√		20.0	229.3	153.9	良好	村民管护
	樟树	895	南昌市安义县石鼻镇燕坊村	1	√		17.0	207.0	113.0	良好	村民管护
	樟树	825	南昌市安义县石鼻镇邹家村	1	√		20.0	191.1	122.7	良好	村民管护
	樟树	550	南昌市安义县万埠镇平源村	1	√		16.0	127.4	78.5	良好	村民小组管护
	樟树	825	南昌市安义县万埠镇前岸村	1	√		23.0	191.1	201.0	良好	村民管护
	樟树	550	南昌市安义县万埠镇前岸村	1	√		15.0	127.4	113.0	良好	村民小组管护
	樟树	685	南昌市安义县万埠镇前岸村	1	√		14.0	159.2	95.0	良好	村民管护
	樟树	755	南昌市安义县万埠镇桃一村	1	√		18.0	175.2	153.9	良好	村民小组管护
	樟树	960	南昌市安义县万埠镇桃一村	1	√		10.0	222.9	78.5	良好	村民小组管护

（续）

序号	中文名	树龄(a)	地　名	株数(株)	分布状况		平　均			生长状况	目前管护情况及建议
					零星	块状	树高(m)	胸径(cm)	冠幅(m^2)		
	樟树	550	南昌市安义县万埠镇桃一村毛家	1	√		9.0	127.4	103.8	良好	村民小组管护
	樟树	550	南昌市安义县万埠镇团北村	1	√		10.0	127.4	153.9	良好	村民管护
	樟树	1165	南昌市安义县新民乡刘家村	1	√		23.0	270.7	490.6	良好	村民管护
	樟树	895	南昌市安义县新民乡杨坊村	1	√		25.0	207.0	490.6	良好	村民管护
	樟树	670	南昌市东湖区区佑民寺	1	√		24.0	162.4	176.6	良好	区佑民寺
	樟树	590	南昌市进贤县白圩金山河山头	1	√		18	137.0	149.5	良好	未落实管护
	樟树	630	南昌市进贤县李渡东南操雨坊	1	√		14	146.0	167.3	良好	未落实管护
	樟树	1120	南昌市进贤县民和御坊上陈	1	√		11	260.0	191.0	良好	未落实管护
	樟树	820	南昌市进贤县民和御坊赵家	1	√		9	190.0	128.6	良好	未落实管护
	樟树	710	南昌市进贤县下埠柯溪西陈	1	√		12	165.0	213.7	良好	未落实管护
	樟树	800	南昌市进贤县张公张王庙上街	1	√		16	186.0	116.8	良好	未落实管护
	樟树	510	南昌市南昌县富山乡滩上村	1	√		12.0	117.8	78.5	良好	村民小组管护
	樟树	620	南昌市南昌县富山乡滩上村	1	√		16.0	143.3	179.0	良好	村民小组管护
	樟树	680	南昌市南昌县富山乡滩上村	1	√		13.0	156.1	132.7	良好	村民小组管护
	樟树	780	南昌市南昌县富山乡雄溪村	1	√		14.0	178.3	169.6	良好	村民小组管护
	樟树	830	南昌市南昌县冈上镇安仁村	1	√		15.0	191.1	156.1	良好	村民小组管护
	樟树	540	南昌市南昌县冈上镇安仁村	1	√		14.0	124.2	283.4	良好	村民小组管护
	樟树	510	南昌市南昌县冈上镇安仁村	1	√		15.0	117.8	95.0	良好	村民小组管护
	樟树	650	南昌市南昌县冈上镇蚕石村	1	√		15.0	149.7	183.8	良好	接引寺
	樟树	1000	南昌市南昌县冈上镇蚕石村	1	√		16.0	229.3	181.4	良好	村民小组管护
	樟树	660	南昌市南昌县冈上镇蚕石村	1	√		15.0	152.9	165.0	良好	村民小组管护

（续）

序号	中文名	树龄(a)	地名	株数(株)	分布状况		平均			生长状况	目前管护情况及建议
					零星	块状	树高(m)	胸径(cm)	冠幅(m^2)		
	樟树	620	南昌市南昌县冈上镇蚕石村	1	√		13.0	143.3	132.7	良好	村民小组管护
	樟树	700	南昌市南昌县冈上镇蚕石村	1	√		14.0	162.4	143.1	良好	村民小组管护
	樟树	525	南昌市南昌县冈上镇蚕石村	1	√		15.0	121.0	100.2	良好	村民小组管护
	樟树	500	南昌市南昌县冈上镇蚕石村	1	√		15.0	114.6	165.0	良好	村民小组管护
	樟树	610	南昌市南昌县冈上镇蚕石村	1	√		17.0	140.1	226.9	良好	村民小组管护
	樟树	1100	南昌市南昌县广福镇广福村	1	√		17.0	238.9	234.9	良好	村民小组管护
	樟树	980	南昌市南昌县泾口乡北山村	1	√		10.5	226.8	113.0	良好	村民小组管护
	樟树	820	南昌市南昌县泾口乡北山村	1	√		19.5	189.5	362.9	良好	村民小组管护
	樟树	760	南昌市南昌县南新乡西江村	1	√		12.5	175.2	143.1	良好	村民小组管护
	樟树	620	南昌市南昌县塔城乡北洲村	1	√		14.0	143.3	143.1	良好	村民小组管护
	樟树	525	南昌市南昌县向塘镇丁坊村	1	√		19.0	121.0	213.7	良好	村民小组管护
	樟树	570	南昌市南昌县向塘镇高田村	1	√		12.0	130.6	132.7	良好	村民小组管护
	樟树	530	南昌市南昌县向塘镇高田村	1	√		12.0	121.0	188.6	良好	村民小组管护
	樟树	730	南昌市南昌县向塘镇高田村	1	√		19.0	168.8	201.0	良好	村民小组管护
	樟树	540	南昌市南昌县幽兰镇黄坊村	1	√		15.0	124.2	78.5	良好	龙华寺
	樟树	550	南昌市南昌县幽兰镇黄坊村	1	√		9.0	127.4	143.1	良好	村民小组管护
	樟树	665	南昌市青云谱区青云谱路259号	1	√		12.0	154.5	132.7	良好	八大山人纪念馆
	樟树	1440	南昌市湾里区罗亭镇罗亭村李家	1	√		28.0	334.0	1256.0	旺盛	村委会管护
	樟树	800	南昌市湾里区罗亭镇罗亭村李家	1	√		23.0	185.0	490.6	旺盛	村委会管护
	樟树	560	南昌市湾里区罗亭镇罗亭村铁下	1	√		25.0	130.0	415.3	旺盛	村委会管护
	樟树	760	南昌市湾里区罗亭镇义坪村何坪	1	√		28.0	174.8	490.6	旺盛	村委会管护
	樟树	590	南昌市湾里区区翠岩路	1	√		12.9	129.9	95.0	良好	区园林所

（续）

序号	中文名	树龄（a）	地　名	株数（株）	分布状况		平　均			生长状况	目前管护情况及建议
					零星	块状	树高（m）	胸径（cm）	冠幅（m^2）		
	樟树	730	南昌市湾里区太平乡太平村	1	√		10.2	169.4	143.1	良好	村委会管护
	樟树	690	南昌市湾里区招贤东源村肖店路边	1	√		22.0	160.0	490.6	旺盛	村委会管护
	樟树	610	南昌市湾里区招贤镇凌上村边	1	√		25.0	140.1	961.6	旺盛	村委会管护
	樟树	520	南昌市湾里区招贤镇南堡村	1	√		13.2	120.1	229.5	良好	村委员会、区园林所管护
	樟树	775	南昌市湾里区招贤镇霞麦村邓家	1	√		20.0	180.0	706.5	旺盛	村委会管护
	樟树	990	南昌市湾里区招贤镇霞麦村邓家	1	√		15.0	229.9	314.0	旺盛	村委会管护
	樟树	680	南昌市湾里区招贤镇下泽村陈家	1	√		12.2	158.0	113.0	旺盛	村委会管护
	樟树	670	南昌市湾里区招贤镇招贤村山口	1	√		22.0	155.0	961.6	旺盛	村委会管护
	樟树	735	南昌市湾里区招贤镇招贤村下禹	1	√		12.0	170.1	961.6	旺盛	村委会管护
	樟树	770	南昌市新建县红林林场东源村	1	√		23.0	178.3	160.5	良好	无管护，建议设围栏
	樟树	710	南昌市新建县乐化镇新庄小学	1	√		13.5	164.0	86.5	良好	无管护，建议设围栏
	樟树	850	南昌市新建县石埠镇华山村陈家	1	√		10	197.4	78.5	良好	无管护，建议设围栏
	樟树	500	南昌市新建县石埠镇珂里村符家	1	√		13.0	114.6	186.2	良好	村民小组管护
	樟树	510	南昌市新建县石埠镇珂里村符家	1	√		14.5	117.8	143.1	良好	村民小组管护
	樟树	810	南昌市新建县石岗鸡鸣洲	1	√		21.0	187.2	366.2	良好	无管护，建议设围栏
	樟树	760	南昌市新建县石岗界坛	1	√		18.0	175.1	283.4	良好	无管护，建议设围栏
	樟树	600	南昌市新建县松湖璜坊	1	√		25.0	137.3	224.2	良好	无管护，建议设围栏
	樟树	660	南昌市新建县西山镇合上村菊花垄	1	√		15.0	152.9	98.5	良好	村民小组管护
	樟树	590	南昌市新建县西山镇红桥村丁家	1	√		25.0	136.9	188.6	良好	村民小组管护
	樟树	950	南昌市新建县西山镇红桥村丁家	1	√		17.0	219.7	254.3	良好	村民小组管护
	樟树	550	南昌市新建县西山镇红桥村周家	1	√		18.0	127.4	122.7	良好	村民小组管护
	樟树	900	南昌市新建县西山镇群力村王家	1	√		15.0	210.2	186.2	良好	村民小组管护

（续）

序号	中文名	树龄（a）	地　名	株数（株）	分布状况		平　均			生长状况	目前管护情况及建议
					零星	块状	树高（m）	胸径（cm）	冠幅（m^2）		
	樟树	720	南昌市新建县西山镇双蛹村胡家	1	√		14.0	165.6	103.8	良好	村民小组管护
	樟树	685	南昌市新建县西山镇西山村茂桐	1	√		18.0	159.2	593.7	良好	村民小组管护
	樟树	730	南昌市新建县西山镇西山村茂桐	1	√		16.5	168.8	298.5	良好	村民小组管护
	·樟树	725	南昌市新建县西山镇西山村茂桶	1	√		22.4	168.7	165.0	良好	无管护，建议设围栏
	樟树	860	南昌市新建县西山镇西山村周家	1	√		17.0	197.5	298.5	良好	村民小组管护
	樟树	600	九江市德安县爱民乡一字园寺后	1			18	124.2	78.5	旺盛	
	樟树	500	九江市德安县宝塔乡东山村十组	1			16	150.0	200.96	旺盛	
	樟树	500	九江市德安县车桥镇白水村十二组	1			20	127.4	254.34	旺盛	
	樟树	500	九江市德安县车桥镇潘坊村一组	1			20	159.2	415.27	旺盛	
	樟树	610	九江市德安县车桥镇潘坊村六组	1			20	143.3	346.19	旺盛	
	樟树	500	九江市德安县丰林镇白云村八组	1			6	124.2	19.63	旺盛	
	樟树	700	九江市德安县丰林镇大板村四组	1			16	101.9	94.99	旺盛	
	樟树	800	九江市德安县丰林镇丰林村三组	1			15	194.3	490.63	旺盛	
	樟树	500	九江市德安县丰林镇桥头村六组	1			10	101.9	94.99	旺盛	
	樟树	500	九江市德安县高塘罗桥三组	1			7	159.2	78.5	旺盛	
	樟树	500	九江市德安县高塘乡高塘村长岭戴家	1			13	149.7	132.67	旺盛	
	樟树	500	九江市德安县林泉乡林泉村十组	1			16	127.4	78.5	旺盛	
	樟树	500	九江市德安县林泉乡清塘村一组	1			18	160.8	38.47	旺盛	
	樟树	500	九江市德安县林泉乡清塘村一组	1			20	167.2	50.24	旺盛	
	樟树	1000	九江市德安县磨溪新田五组	1			15	210.2	78.5	旺盛	
	樟树	700	九江市德安县磨溪新田五组	1			16	127.4	63.59	旺盛	

（续）

序号	中文名	树龄(a)	地　名	株数(株)	分布状况		平　均			生长状况	目前管护情况及建议
					零星	块状	树高(m)	胸径(cm)	冠幅(m^2)		
	樟树	1050	九江市都昌县春桥十方上十方	1			20	226.0	540	旺盛	
	樟树	510	九江市都昌县大港万年占家	1			19	150.0	283.4	旺盛	
	樟树	530	九江市都昌县大沙敬老院	1			16	152.0	288	旺盛	
	樟树	580	九江市都昌县大沙起风组上起风湾	1			18	127.0	224	旺盛	
	樟树	600	九江市都昌县都镇城郊张家湾村	1			32	215.0	1050	旺盛	
	樟树	850	九江市都昌县和合双峰庵前	1			18	157.0	620	旺盛	
	樟树	750	九江市都昌县苏山尖山北上袁	1			15	164.0	204	旺盛	
	樟树	820	九江市都昌县土塘潭湖洲上	1			25	202.0	210	旺盛	
	樟树	800	九江市都昌县汪墩茶铺桑家山村	1			23	226.0	320	旺盛	
	樟树	760	九江市都昌县西源长溪塘里组	1			13.5	146.0	160	旺盛	
	樟树	630	九江市都昌县西源中塘迭儒堑	1			16	132.0	220	旺盛	
	樟树	720	九江市都昌县西源中塘迭儒堑	1			15	137.0	169	旺盛	
	樟树	560	九江市都昌县西源中塘吕家	1			13	113.0	220	旺盛	
	樟树	620	九江市都昌县阳峰黄梅楼下	1			19	231.0	420	旺盛	
	樟树	1000	九江市都昌县阳峰金星咀下罗家	1			16	230.0	500	旺盛	
	樟树	600	九江市都昌县阳峰株桥垄里汪家	1			17	187.0	140	旺盛	
	樟树	500	九江市都昌县阳峰株桥垄里汪家	1			17	143.0	180	旺盛	
	樟树	1100	九江市都昌县周溪沙岭林九	1			19	199.0	480	旺盛	
	樟树	580	九江市都昌县左里秦家圈	1			16	143.0	240	旺盛	
	樟树	680	九江市都昌县左里谭边周家	1			17	136.0	306	旺盛	
	樟树	500	九江市湖口县武山杨家山	1	√		12	112.0	238	旺盛	谨防人畜为害

（续）

序号	中文名	树龄（a）	地名	株数（株）	分布状况		平均			生长状况	目前管护情况及建议
					零星	块状	树高（m）	胸径（cm）	冠幅（m^2）		
	樟树	600	九江市九江县狮子乡鸡岭村十二组	1	√		18	197.0	367.9	良好	村小组管护
	樟树	500	九江市九江县新塘乡西河村八组	1	√		18	138.0	226.9	旺盛	村小组管护
	樟树	500	九江市九江县涌泉乡锣鼓岭村十一组	1	√		23	220.0	514.5	旺盛	村小组管护
	樟树	1500	九江市庐山自然保护区高垅莲峰山陈家		√		25	205.0	900	旺盛	
	樟树	500	九江瑞昌市范缜樟树村		√		20	224.0	188.6	良好	集体管护
	樟树	750	九江瑞昌市南阳乡排砂村		√		21	114.0	201.0	良好	集体管护
	樟树	650	九江瑞昌市南阳乡排砂村		√		25	108.0	143.1	良好	集体管护
	樟树	500	九江瑞昌市南阳乡上畈村		√		19	95.0	201.0	良好	集体管护
	樟树	530	九江瑞昌市肇陈华坊村		√		24	150.0	314.0	良好	集体管护
	樟树	1100	九江市星子县白鹿镇波湖村谢司潭村旁	1	√		25	182.0	961.6	旺盛	谢司塘村管护
	樟树	1000	九江市星子县白鹿镇秀峰蔡家湾村旁	1	√		20	166.0	201.0	旺盛	秀峰村保护
	樟树	500	九江市星子县白鹿镇玉京村石上李村边	1	√		16	153.0	314.0	旺盛	石上李村管护
	樟树	1200	九江市星子县归宗中学办公楼右侧	1	√		19	156.0	283.4	旺盛	学校管护
	樟树	1600	九江市星子县归宗中学办公楼左侧	1	√		30	204.0	452.2	旺盛	学校管护，建议挂牌保护
	樟树	1600	九江市星子县归宗中学大门右侧	1	√		25	210.0	490.6	旺盛	学校管护
	樟树	1000	九江市星子县归宗中学下操场右侧	1	√		20	139.0	254.3	旺盛	学校管护
	樟树	1000	九江市星子县蛟塘镇芙蓉村官人门熊家村背头	1	√		20	197.0	314.0	旺盛	熊家村管护
	樟树	1000	九江市星子县蛟塘镇深耕村深耕垄永积桥旁	1	√		13	191.0	153.9	旺盛	大屋郭村管护
	樟树	1000	九江市星子县蛟塘镇西庙村湖下李家东侧	1	√		21	175.0	283.4	旺盛	湖下李村管护
	樟树	1000	九江市星子县蛟塘镇新宁村罗家垅姜家塘边	1	√		21	223.0	379.9	旺盛	姜家村管护
	樟树	600	九江市星子县泽泉乡中垅村超士熊自然村	1	√		17	137.0	314.0	旺盛	熊家村管护，建议挂牌保护
	樟树	600	九江市星子县泽泉乡中垅村甘泉熊村下坝上	1	√		16	172.0	201.0	旺盛	甘泉熊村管护，建议挂牌保护

（续）

序号	中文名	树龄(a)	地　名	株数(株)	分布状况		平　均			生长状况	目前管护情况及建议
					零星	块状	树高(m)	胸径(cm)	冠幅(m^2)		
	樟树	500	九江市星子县泽泉乡中垅村樟树魏村景家山北下坡	1	√		21	178.0	572.3	旺盛	魏家村管护，建议挂牌保护
	樟树	500	九江市修水县港口镇卢坊村一组	1	√		25	233.0	40	旺盛	
	樟树	500	九江市修水县杭口镇杭口村九组	1	√		30	213.0	14	旺盛	
	樟树	870	九江市修水县上奉镇观前村五组	1	√		20	163.0	314.0	旺盛	
	樟树	500	九江市修水县渣津镇西堰村二十一组	1	√		21	166.0	615.4	旺盛	
	樟树	800	九江市修水县征村檀坑村七组	1	√		23	220.0	34	旺盛	
	樟树	500	九江市修水县征村五组	1	√		20	150.0	24	旺盛	
	樟树	900	九江市修水县竹坪乡双峰村一组	1	√		18	263.0	27	旺盛	
	樟树	900	九江市修水县竹坪乡竹坪村四组	1	√		18	216.0	42	旺盛	
	樟树	500	九江市永修县江上乡大屋村	1			34	159.2	572.3	旺盛	村民小组管护
	樟树	1000	九江市永修县江上乡大屋村花园组	1			25	207.0	254.3	旺盛	村民小组管护
	樟树	950	九江市永修县江上乡耕源村梅花组	1			26	194.3	660.2	旺盛	村民小组管护
	樟树	550	九江市永修县江上乡焦冲村	1			18	172.0	201.0	旺盛	村民小组管护
	樟树	550	九江市永修县江上乡南坑村后八洞组	1			35	173.5	283.4	旺盛	村民小组管护
	樟树	500	九江市永修县立新乡竹岭村北罗丘组	1			21	159.2	415.3	旺盛	村民小组管护
	樟树	500	九江市永修县立新乡竹岭村北罗丘组	1			13	159.2	113.0	旺盛	村民小组管护
	樟树	500	九江市永修县立新乡竹岭村桃家组	1			16	152.9	346.2	旺盛	村民小组管护
	樟树	700	九江市永修县梅棠镇祥林村	1			16	194.0	176.6	旺盛	村民小组管护
	樟树	800	九江市永修县梅棠镇新庄村	1			11	194.0	113.0	旺盛	村民小组管护
	樟树	600	九江市永修县梅棠镇新庄村下彭家组	1			14	185.0	113.0	旺盛	村民小组管护
	樟树	500	九江市永修县梅棠镇中心村	1			18	170.0	176.6	旺盛	村民小组管护

（续）

序号	中文名	树龄（a）	地名	株数（株）	分布状况		平均			生长状况	目前管护情况及建议
					零星	块状	树高（m）	胸径（cm）	冠幅（m^2）		
	樟树	550	九江市永修县虬津镇郗贩村王家组	1			16	167.0	226.9	旺盛	村民小组管护
	樟树	510	九江市永修县虬津镇张公渡村大屋场组	1			16	182.0	283.4	旺盛	村民小组管护
	樟树	500	九江市永修县虬津镇张公渡村大屋场组	1			12	159.0	201.0	旺盛	村民小组管护
	樟树	1000	九江市永修县三溪桥镇黄岭村彭家组	1			20	238.8	314.0	旺盛	
	樟树	550	九江市永修县滩溪镇花桥村罗滩组	1			9	165.6	113.0	旺盛	村民小组管护
	樟树	500	九江市永修县燕坊镇金畈村余家组	1			20	152.8	153.9	旺盛	村民小组管护
	樟树	560	九江市永修县燕坊镇坪塘村蔡家组	1			23	195.9	113.0	旺盛	村民小组管护
	樟树	580	九江市永修县云山大源农场太平桥组	1			23	179.9	415.3	旺盛	农场管护
	樟树	900	九江市永修县云山农贸公司军建农场上坊队	1			16	222.9	379.9	旺盛	农场管护
	樟树	680	九江市永修县云山农贸公司军建农场周家队	1			12	187.9	95.0	旺盛	农场管护
	樟树	500	九江市永修县云山农贸公司军山农场	1			13	156.1	113.0	旺盛	农场管护
	樟树	500	九江市永修县云山峡坪农场	1			14	146.5	379.9	旺盛	农场管护
	樟树	600	九江市永修县云山瑶田农场	1			22	175.2	201.0	旺盛	农场管护
	樟树	1100	萍乡市安源区高坑镇茶亭村九组	1	√		21	213.0	2122.6	良好	村民小组管护，防止人为破坏
	樟树	838	萍乡市安源区郊区野村泰石寺	1	√		28	240.0	615.4	良好	村民小组管护，防止人为破坏
	樟树	600	萍乡市莲花县闪石乡太源村	1	√		27	194.0	1384.7	良好	村民小组管护，防止人为破坏
	樟树	1000	萍乡市上栗县蕉元村小学旁	1	√		20	178.0	1280	良好	管护较好，应加强病虫害防治
	樟树	500	萍乡市上栗县金山镇南华村	1	√		22	191.0	1050	良好	管护较好，预防雷击，加强病虫害防治
	樟树	500	萍乡市上栗县金山镇南华村	1	√		25	160.0	520	良好	预防病虫害
	樟树	500	萍乡市上栗县上栗镇卯田村	1	√		31	185.0	1010	良好	管护较好，应加强病虫害防治
	樟树	600	新余市分宜县凤阳乡上村小组	1	√		20	213.0	706.5	旺盛	村民小组管护，防止人为破坏

（续）

序号	中文名	树龄（a）	地 名	株数（株）	分布状况		平 均			生长状况	目前管护情况及建议
					零星	块状	树高（m）	胸径（cm）	冠幅（m^2）		
	樟树	600	新余市分宜县钤山镇大岗山村坊上村小组	1	√		27	207.0	518.5	旺盛	村民小组管护，防止人为破坏
	樟树	700	新余市分宜县钤山镇防里村后岭村小组	1	√		18	299.0	972.6	旺盛	村民小组管护，防止人为破坏
	樟树	800	新余市分宜县钤山镇防里村山弯村小组	1	√		20	191.0	143.1	旺盛	村民小组管护，防止人为破坏
	樟树	800	新余市分宜县钤山镇防里村山弯村小组	1	√		20	172.0	615.4	旺盛	村民小组管护，防止人为破坏
	樟树	1100	新余市分宜县山下林场石陂村	1	√		15	119.7	460	旺盛	村民集体管护，村委监护
	樟树	1200	新余市分宜县山下林场石陂村	1	√		20	149.7		旺盛	村民集体管护，村委监护
	樟树	540	新余市仙女湖区东坑林场东坑村委江背村	1	√		30	167.0	490.6	旺盛	村民小组管护，防止人为破坏
	樟树	550	新余市仙女湖区河下镇平川村委平川村	1	√		20	121.0	490.6	旺盛	村民小组管护，防止人为破坏
	樟树	700	新余市仙女湖区九龙山乡后元村委坑里村	1	√		35	162.0	452.2	旺盛	村民小组管护，防止人为破坏
	樟树	600	新余市渝水区城北办毛家村蛤蟆山村小组	1	√		31.2	270.0	603.2	旺盛	村民小组管护，防止人为破坏
	樟树	600	新余市渝水区良山镇白沙村天水江村小组	1	√		19	266.0	1287	旺盛	村民小组管护，防止人为破坏
	樟树	500	新余市渝水区南安乡东洛村东洛村小组	1	√		14	198.0	240	旺盛	村民小组管护，防止人为破坏
	樟树	1140	鹰潭贵溪市黄源组	1			14	118.0	415.3	旺盛	空心残枝，已由村民小组管理，建议挂牌并落实到个人
	樟树	1150	鹰潭贵溪市老裴源	1		√	23	120.0	400	旺盛	村小组管护，建议挂牌并落实到个人
	樟树	1803	鹰潭市龙虎山上清林场	1	√		17	164.0	113.0	旺盛	挂牌
	樟树	1203	鹰潭市龙虎山上清镇城门村	1	√		21	185.0	615.4	旺盛	挂牌
	樟树	813	鹰潭市龙虎山上清镇上清村	1	√		20	119.0	132.7	旺盛	挂牌
	樟树	713	鹰潭市龙虎山上清镇上清村	1	√		18	126.0	132.7	旺盛	挂牌
	樟树	503	鹰潭市龙虎山镇龙虎村	1	√		17	147.0	188.6	旺盛	挂牌
	樟树	503	鹰潭市龙虎山镇舒家村	1	√		15	143.0	113.0	旺盛	挂牌
	樟树	800	赣州市安远县古岭小学边	1	√		18.5	148.0	676.0	旺盛	设置禁牌
	樟树	600	赣州市安远县龙安村马仔坝	1	√	√	18.0	178.3	484.0	旺盛	加强管护以延长树龄

（续）

序号	中文名	树龄（a）	地　名	株数（株）	分布状况		平　均			生长状况	目前管护情况及建议
					零星	块状	树高（m）	胸径（cm）	冠幅（m^2）		
	樟树	500	赣州市安远县湾点	1	√		21.0	132.0	148.8	旺盛	未落实管护人员，设禁牌
	樟树	700	赣州市安远县下塘塘边	1	√		24.0	189.0	353.4	旺盛	未落实管护人员，设禁牌
	樟树	503	赣州市大余县池江团结杉背上	1	√		18	117.0	452.2	旺盛	
	樟树	600	赣州市大余县新城坝里村坝里	1	√		22	161.0	422.5	旺盛	
	樟树	903	赣州市大余县新城分水坳生龙里	1	√		23	188.0	551.3	旺盛	
	樟树	510	赣州市赣县南塘镇船埠村	1	√		21	57.0	706.5	旺盛	专人管护，设立禁牌和围栏
	樟树	530	赣州市赣县南塘镇船埠村	1	√		21	86.0	1017.4	旺盛	专人管护，设立禁牌和围栏
	樟树	500	赣州市赣县沙地镇马口村	1	√		25	150.0	379.9	旺盛	专人管护，建议设立禁牌
	樟树	500	赣州市赣县沙地镇马口村	1	√		25	150.0	314.0	旺盛	专人管护，建议设立禁牌
	樟树	500	赣州市赣县沙地镇马口村	1	√		28	120.0	314.0	旺盛	专人管护，建议设立禁牌
	樟树	500	赣州市赣县沙地镇马口村	1	√		28	200.0	490.6	旺盛	专人管护，建议设立禁牌
	樟树	500	赣州市赣县王母渡镇岐岭		√		16	180.0	1133.5	旺盛	专人管护，设立禁牌和围栏
	樟树	500	赣州市赣县王母渡镇潭埠村			√	17	168.0	803.8	旺盛	专人管护，设立禁牌和围栏
	樟树	690	赣州市赣县王母渡镇潭埠村		√		25	225.0	660.2	旺盛	专人管护，设立禁牌和围栏
	樟树	820	赣州市赣县王母渡镇下邦村		√		23	97.1	1256.0	旺盛	专人管护，设立禁牌和围栏
	樟树	560	赣州市赣县王母渡镇下邦村		√		22	180.0	615.4	旺盛	专人管护，设立禁牌和围栏
	樟树	620	赣州市赣县王母渡镇下邦村		√		20	200.0	706.5	旺盛	专人管护，设立禁牌和围栏
	樟树	510	赣州市赣县王母镇枧溪村			√	19	210.0	379.9	旺盛	专人管护，设立禁牌和围栏
	樟树	600	赣州市赣县五云镇赣江村	1	√		30	300.0	1256.0	旺盛	专人管护，设立禁牌和围栏
	樟树	500	赣州市宁都县长胜镇青树村下窑	1	√		19.0	258.0	143.1	旺盛	林管站管护，建议指定专人管护
	樟树	550	赣州市宁都县东韶乡村政府院内	1	√		36.8	200.8	844.5	旺盛	林管站管护，建议指定专人管护

（续）

序号	中文名	树龄(a)	地　名	株数(株)	分布状况		平　均			生长状况	目前管护情况及建议
					零星	块状	树高(m)	胸径(cm)	冠幅(m^2)		
	樟树	1300	赣州市宁都县赖村镇赖村	1	√		16.3	627.0	317.1	旺盛	林管站管护，建议指定专人管护
	樟树	575	赣州市宁都县宁都县洛口镇南云村	3	√		20.1	168.2	276.5	旺盛	林管站管护，建议指定专人管护
	樟树	600	赣州市上犹县东山镇石坑村上坑	1			19	178.0	854.9	旺盛	未进行保护，建议挂牌
	樟树	504	赣州市上犹县社溪镇龙埠村河头	1			17	256.0	201.0	旺盛	挂牌，村委会管护
	樟树	504	赣州市上犹县社溪镇龙埠村河头	1			19.6	204.0	1017.4	旺盛	未进行保护，建议挂牌
	樟树	504	赣州市上犹县社溪镇麻田村辉兴组	1			14	161.0	415.3	旺盛	挂牌，村委会管护
	樟树	504	赣州市上犹县社溪镇麻田村辉兴组	1			13.6	159.0	254.3	旺盛	挂牌，村委会管护
	樟树	504	赣州市上犹县社溪镇乌溪村长坑组	1			19	153.0	1256.0	旺盛	挂牌，村委会管护
	樟树	502	赣州市上犹县营前镇焦里村钟屋坑	1			23	262.0	615.4	旺盛	挂牌，村委会管护
	樟树	1004	赣州市上犹县油石乡花园村鲤鱼头组	1			18	356.0	778.9	旺盛	挂牌，村委会管护
	樟树	600	赣州市石城县丰山乡大琴村		√		25.0	155.0	1122.6	旺盛	加强保护和充分利用
	樟树	500	赣州市石城县丰山乡大琴村		√		15.0	120.0	1256.0	旺盛	加强保护和充分利用
	樟树	700	赣州市石城县高田湖坑村湖坑小组		√		14.0	180.0	362.9	旺盛	加强保护和充分利用
	樟树	500	赣州市石城县高田湖坑庙背		√		15.0	136.0	593.7	旺盛	加强保护和充分利用
	樟树	500	赣州市石城县高田湖坑庙背		√		21.0	127.0	1485.4	旺盛	加强保护和充分利用
	樟树	510	赣州市信丰县大塘埠镇牛口村松山下组屋背	1	√		19.0	159.2	660.2	旺盛	松山下组管护，建议挂牌并落实到人
	樟树	510	赣州市信丰县大塘埠镇牛口村松山下组屋背	1	√		20.0	206.9	778.9	旺盛	松山下组管护，建议挂牌并落实到人
	樟树	550	赣州市信丰县嘉定镇镇江村黄泥塘组河边	1	√		20.0	262.6	1103.9	旺盛	黄泥塘小组管护，建议挂牌并落实到人
	樟树	550	赣州市兴国县长岗乡椰木村	1	√		18	207.0	99	旺盛	集体管护，以供观赏
	樟树	600	赣州市兴国县长岗乡椰木村	1	√		26	216.6	960	旺盛	集体管护，以供观赏
	樟树	700	赣州市兴国县长岗乡椰木村	1	√		26	218.1	458.72	旺盛	集体管护，以供观赏
	樟树	510	赣州市兴国县长岗乡椰木村	1	√		13	171.0	62	旺盛	集体管护，以供观赏

（续）

序号	中文名	树龄（a）	地　名	株数（株）	分布状况		平　均			生长状况	目前管护情况及建议
					零星	块状	树高（m）	胸径（cm）	冠幅（m^2）		
	樟树	561	赣州市兴国县长岗乡椰木村	1	√		28	216.6	1106.87	旺盛	集体管护，以供观赏
	樟树	552	赣州市兴国县良村镇良村村	1		√	30	124.0	196	旺盛	村组共管，暂无利用，加强管理，以供观赏
	樟树	502	赣州市兴国县良村镇良村村	1		√	28.5	145.0	246	旺盛	村组共管，暂无利用，加强管理，以供观赏
	樟树	1500	赣州市兴国县隆坪乡高园村	1	√		27.3	272.0	1400	旺盛	村组共管，暂无利用，加强管理，以供观赏
	樟树	500	赣州市寻乌县南桥镇	1	√		13	175.2	379.9	旺盛	村委会管护，建议挂牌并落实到人
	樟树	500	宜春市奉新县甘坊林场	1	√		11	126.0	346.2	良好	县人民政府统一挂牌
	樟树	500	宜春高安市独城镇和溪村东坑组	1	√		30	197.5	283.4	旺盛	挂牌
	樟树	500	宜春高安市独城镇新华村李家组	1	√		28	216.6	572.3	旺盛	挂牌
	樟树	550	宜春高安市筠阳办左桥村邹家组	1	√		24	200.0	413	旺盛	挂牌
	樟树	500	宜春高安市太阳镇西阳村西阳组	1	√		25	222.9	153.9	旺盛	挂牌
	樟树	500	宜春高安市太阳镇西阳村西阳组	1	√		19	156.1	346.2	旺盛	挂牌
	樟树	500	宜春高安市田南镇陈村茂江组	1	√		27	220.7	530.7	旺盛	挂牌，建议加强责任管理
	樟树	500	宜春高安市田南镇广城龙光童家组	1	√		25	153.0	254.3	旺盛	挂牌，建议加强责任管理，防止挖卖
	樟树	500	宜春高安市田南镇桥头村石下组	1	√		30	70.8	452.2	旺盛	挂牌，建议加强责任管理
	樟树	600	宜春高安市汪家圩乡大族村彭家组	1	√		25	220.0	408	旺盛	挂牌
	樟树	550	宜春高安市伍桥镇龙山村龙山组	1	√		26	65.0	254.3	旺盛	
	樟树	500	宜春高安市伍桥镇学山村庙山组	1	√		26	66.0	379.9	旺盛	
	樟树	500	宜春市靖安县宝峰镇宝峰村刘家组	1			20	153.0	441	旺盛	县人民政府统一挂牌
	樟树	600	宜春市靖安县高湖镇下观村茶子山组	1			25	175.0	121	旺盛	县人民政府统一挂牌
	樟树	800	宜春市靖安县仁首镇石上村张家组	1			20	208.0	729	旺盛	县人民政府统一挂牌

（续）

序号	中文名	树龄（a）	地　名	株数（株）	分布状况		平　均			生长状况	目前管护情况及建议
					零星	块状	树高（m）	胸径（cm）	冠幅（m^2）		
	樟树	800	宜春市靖安县仁首镇石上村州上组	1			16	191.0	1225	旺盛	县人民政府统一挂牌
	樟树	600	宜春市靖安县仁首镇周口村周源组	1			20	207.0	841	旺盛	县人民政府统一挂牌
	樟树	560	宜春市靖安县双溪镇曹山村叶家组	1			18	223.0	144	旺盛	县人民政府统一挂牌
	樟树	550	宜春市靖安县双溪镇马尾山林场熊家组	1			19	194.0	324	旺盛	县人民政府统一挂牌
	樟树	600	宜春市靖安县水口乡沙港村上铺组	1			39	205.0	256	旺盛	县人民政府统一挂牌
	樟树	600	宜春市靖安县水口乡周家村周家组	1			22	201.0	225	旺盛	县人民政府统一挂牌
	樟树	750	宜春市靖安县香田乡白露村胡家组	1			16	220.0	225	旺盛	县人民政府统一挂牌
	樟树	700	宜春市靖安县香田乡白露村余家组	1			13	207.0	81	旺盛	县人民政府统一挂牌
	樟树	623	宜春市靖安县躁都镇茶子山村下店组	2			12	220.0	256	良好	县人民政府统一挂牌
	樟树	500	宜春市上高县枧田村	1	√		14	136.9	254.3	良好	挂牌管护
	樟树	650	宜春市上高县枧田村	1	√		14	269.7	176.6	良好	挂牌管护
	樟树	950	宜春市上高县历头村	1	√		12	250.0	314.0	良好	挂牌管护
	樟树	500	宜春市上高县历头村	1	√		18	250.0	452.2	良好	挂牌管护
	樟树	600	宜春市上高县历头村	1	√		18	250.0	490.6	良好	挂牌管护
	樟树	650	宜春市上高县陇塘村	1	√		20	213.4	490.6	良好	挂牌管护
	樟树	500	宜春市上高县前进村	1	√		12	300.0	78.5	良好	挂牌管护
	樟树	550	宜春市上高县上棠陂村	1	√		22	245.2	379.9	良好	挂牌管护
	樟树	550	宜春市上高县上棠陂村	1	√		20	203.8	530.7	良好	挂牌管护
	樟树	550	宜春市上高县上棠陂村	1	√		22	245.2	490.6	良好	挂牌管护
	樟树	550	宜春市上高县王塘下	1	√		15	172.0	314.0	良好	挂牌管护
	樟树	600	宜春市上高县乌塘组	1	√		17	251.6	254.3	良好	挂牌管护
	樟树	550	宜春市上高县小坪一队	1	√		25	278.3	379.9	良好	挂牌管护
	樟树	600	宜春市上高县小坪一队	1	√		10	130.6	490.6	良好	挂牌管护
	樟树	650	宜春市上高县斜田组	1	√		25	200.6	572.3	良好	挂牌管护
	樟树	1000	宜春市上高县员山村	1	√		24	100.0	379.9	良好	挂牌管护
	樟树	600	宜春市上高县院山组	1	√		18	232.5	314.0	良好	挂牌管护
	樟树	700	宜春市上高县院山组	1	√		17	245.2	176.6	良好	挂牌管护
	樟树	550	宜春市上高县中村	1	√		9	114.6	201.0	良好	挂牌管护
	樟树	550	宜春市上高县中源村	1	√		20	248.4	78.5	良好	挂牌管护
	樟树	500	宜春市铜鼓县温泉镇石桥村	1	√		25	159.0	45	良好	挂牌管护

（续）

序号	中文名	树龄（a）	地名	株数（株）	分布状况		平均			生长状况	目前管护情况及建议
					零星	块状	树高（m）	胸径（cm）	冠幅（m^2）		
	樟树	500	宜春市铜鼓县永宁江头村石湾组	4	√		22	184.0	42	良好	挂牌管护
	樟树	620	宜春市万载县白良	1	√		12	233.0	25	良好	挂牌
	樟树	790	宜春市万载县白良	1	√		32	280.0	25	良好	挂牌
	樟树	750	宜春市万载县鹅峰	1	√		24	266.0	16	良好	挂牌
	樟树	620	宜春市万载县鹅峰	1	√		16	227.0	15	良好	挂牌
	樟树	520	宜春市万载县高城	1	√		18.	225.0	25	良好	挂牌
	樟树	530	宜春市万载县高城	1	√		21	200.0	15	良好	挂牌
	樟树	620	宜春市万载县罗城	1	√		18	223.0	18	良好	挂牌
	樟树	620	宜春市万载县罗城	1	√		25	280.0	22	良好	挂牌
	樟树	800	宜春市宜丰县龚家坪	1	√		30	417.0	1457	良好	重点保护
	樟树	700	宜春市宜丰县黄沙村村民小组	1	√		45	342.0	702	良好	保护
	樟树	530	宜春市袁州区彬江霞塘高洲上	1	√		21	200.6	289.4	旺盛	挂牌
	樟树	500	宜春市袁州区洪塘连塘林家樟树坪	1	√		25	207.0	226.9	旺盛	挂牌
	樟树	500	宜春市袁州区水江上洞梓木	1	√		18	218.2	530.7	旺盛	挂牌
	樟树	560	宜春市袁州区温汤田心东岭下社公潭里	1	√		23	127.4	471.2	旺盛	挂牌
	樟树	545	上饶市德兴县海口杜村石墩关	1	√		33	685.0	380	旺盛	
	樟树	510	上饶市德兴县海口古山	1	√		21	640.0	750	旺盛	
	樟树	980	上饶市德兴县海口上街头	1	√		19	1235.0	1190	旺盛	
	樟树	560	上饶市德兴县海口上街头	1	√		22	700.0	576	旺盛	
	樟树	525	上饶市德兴县花桥黄柏洋	1	√		24	660.0	480	旺盛	
	樟树	530	上饶市德兴县花桥杨村	1	√		27	670.0	840	旺盛	
	樟树	640	上饶市德兴县花桥占村	1	√		23	295.0	42	旺盛	
	樟树	520	上饶市德兴县黄柏宋家土地公	1	√		27	650.0	480	旺盛	
	樟树	525	上饶市德兴县李宅粮管所	1	√		24	680.0	180	旺盛	
	樟树	530	上饶市德兴县龙头山兰溪古圳头	1	√		20	670.0	168	旺盛	
	樟树	510	上饶市德兴县泗洲铜矿北区	1	√		26	350.0	140	旺盛	

（续）

序号	中文名	树龄（a）	地　名	株数（株）	分布状况		平　均			生长状况	目前管护情况及建议
					零星	块状	树高（m）	胸径（cm）	冠幅（m^2）		
	樟树	510	上饶市德兴县泗洲铜矿北区	1	√		22	640.0	240	旺盛	
	樟树	610	上饶市德兴县万村墩上蔡家	1	√		19	640.0	506	旺盛	
	樟树	640	上饶市德兴县万村墩上李村	1	√		21	800.0	255	旺盛	
	樟树	680	上饶市德兴县万村沙畈	1	√		20	860.0	399	旺盛	
	樟树	500	上饶市德兴县香屯镇南墩村	1	√		24	670.0	255	旺盛	
	樟树	525	上饶市德兴县香屯镇五星村	1	√		35	660.0	462	旺盛	
	樟树	680	上饶市德兴县香屯镇五星村	1	√		26	860.0	480	旺盛	
	樟树	680	上饶市德兴县香屯镇香屯村	1	√		23	860.0	672	旺盛	
	樟树	645	上饶市德兴县香屯镇香屯村	1	√		26	810.0	676	旺盛	
	樟树	670	上饶市德兴县香屯镇杨家湾	1	√		15	840.0	348	旺盛	
	樟树	525	上饶市德兴县新建板桥石塘口	1	√		19	660.0	300	旺盛	
	樟树	560	上饶市德兴县银城女儿田供应站	1	√		28	700.0	432	旺盛	
	樟树	500	上饶市德兴县银城三村东瓜洲	1	√		21	630.0	736	旺盛	
	樟树	550	上饶市德兴县银城镇新营二村	1	√		26	910.0	528	旺盛	
	樟树	500	上饶市德兴县占才大港船	1	√		23	625.0	529	旺盛	
	樟树	510	上饶市广丰县大南镇大南村	1	√		25	248.0	40	旺盛	管护良好
	樟树	600	上饶市横峰县港边乡何家村王家桥	1	√		19	280.0	18	旺盛	加强保护
	樟树	500	上饶市横峰县葛源镇枫林村	1	√		26	293.0	490.6	良好	加强保护
	樟树	500	上饶市横峰县葛源镇关田村	1	√		22	184.7	572.3	良好	加强保护
	樟树	500	上饶市横峰县葛源镇水口	1	√		20	159.2	346.2	良好	加强保护
	樟树	800	上饶市横峰县司铺乡官塘村高坞	1	√		19	470.0	30	旺盛	加强保护
	樟树	800	上饶市横峰县司铺乡毛家屋背	1	√		18	156.1	415.3	旺盛	加强保护

（续）

序号	中文名	树龄（a）	地　名	株数（株）	分布状况		平　均			生长状况	目前管护情况及建议
					零星	块状	树高（m）	胸径（cm）	冠幅（m^2）		
	樟树	600	上饶市横峰县司铺乡南庄路边	1	√		11	136.9	452.2	旺盛	加强保护
	樟树	600	上饶市横峰县司铺乡南庄社公山	1	√		13	121.0	379.9	旺盛	加强保护
	樟树	800	上饶市横峰县司铺乡牛桥梨耕石	1	√		14	117.8	490.6	旺盛	加强保护
	樟树	900	上饶市横峰县司铺乡下付塘边	1	√		9	184.7	113.0	旺盛	加强保护
	樟树	800	上饶市横峰县司铺乡下付塘边	1	√		14	194.3	530.7	旺盛	加强保护
	樟树	700	上饶市横峰县新篁乡槎源村西边	1	√		25	308.3	153.9	良好	加强保护
	樟树	500	上饶市横峰县新篁乡陈村湾刘家圩	1	√		21	121.0	95.0	良好	加强保护
	樟树	500	上饶市横峰县新篁乡篁村付家村头	1	√		23	165.6	176.6	良好	加强保护
	樟树	680	上饶市铅山县河口镇柴家村	1	√		25.6	195.0	23.9	旺盛	
	樟树	650	上饶市铅山县河口镇柴家村	1	√		21.4	748.0	41.3	旺盛	
	樟树	500	上饶市铅山县汪二镇艾家村	1	√		26	102.0	504	旺盛	
	樟树	500	上饶市铅山县杨林乡中洲村	1	√		19	189.0	928.9	旺盛	
	樟树	500	上饶市铅山县杨林乡中洲村	1	√		21	185.0	254.3	旺盛	
	樟树	500	上饶市铅山县永平八水源村	1	√		20	196.0	400.9	旺盛	
	樟树	500	上饶市铅山县永平镇排上村	1	√		18.5	200.0	399	旺盛	
	樟树	800	上饶市上饶县湖村乡石嘴王家	1	√		18	129.9	314.0	旺盛	挂牌管护
	樟树	700	上饶市上饶县湖村乡石嘴王家	1	√		23	109.9	254.3	旺盛	挂牌管护
	樟树	820	上饶市婺源县大鄣山乡车田村	1	√		22	162.3	1017.4	旺盛	挂牌
	樟树	510	上饶市婺源县赋春镇甲路村头	1	√		25	254.6	226.9	旺盛	挂牌
	樟树	1000	上饶市婺源县赋春镇严田村下严田村头	1	√		26	401.1	1384.7	旺盛	挂牌
	樟树	500	上饶市信州区灵溪全家坞庙沿				18	175.0	507	旺盛	加固树体基部

（续）

序号	中文名	树龄（a）	地　名	株数（株）	分布状况		平　均			生长状况	目前管护情况及建议
					零星	块状	树高（m）	胸径（cm）	冠幅（m^2）		
	樟树	600	上饶市信州区沙溪李家村				26	182.0	483	旺盛	设置围栏
	樟树	500	上饶市信州区沙溪镇沙溪村				18	141.0	238	旺盛	设置围栏
	樟树	550	上饶市弋阳县	1	√		13	550.0	580	旺盛	
	樟树	600	上饶市弋阳县	1	√		28	680.0	676	旺盛	
	樟树	900	上饶市玉山县南山乡双桂村	1	√		21	213.0	130	旺盛	
	樟树	1000	上饶市玉山县双明镇大徐村	1	√		26	207.0	720	旺盛	
	樟树	700	上饶市玉山县文成镇十里山村	1	√		20	180.0	400	旺盛	
	樟树	560	吉安市安福县泰山乡文家村	1	√		24	188.0	283.4	旺盛	挂牌
	樟树	600	吉安市安福县严田乡土桥村小学旁	1	√		25	180.0	254.3	旺盛	挂牌
	樟树	800	吉安市安福县严田镇邵家	1	√		25	410.8	803.8	旺盛	挂牌
	樟树	500	吉安市吉水县白沙木口	1	√		12	120.0	153.9	良好	挂牌管护，定期复查
	樟树	500	吉安市吉水县白水街上	1	√		15	173.0	397.4	良好	挂牌管护，定期复查
	樟树	550	吉安市吉水县冠山林场	1	√		18	134.0		良好	建议挂牌
	樟树	500	吉安市吉水县汉坑官田组	1	√		20	145.0	490.6	良好	挂牌
	樟树	620	吉安市吉水县江口小组	1	√		24	140.0	良好	挂牌	
	樟树	500	吉安市吉水县金滩白浒村	1	√		14	100.0	113.0	良好	尚无管护，建议登记挂牌
	樟树	500	吉安市吉水县金滩白浒村	50	√		7	120.0	153.9	良好	尚无管护，建议登记挂牌
	樟树	500	吉安市吉水县醪桥元石村塘边组	1	√		8	136.0		旺盛	建议挂牌
	樟树	600	吉安市吉水县龙田螺田组	1	√		15	70.0	107.5	良好	尚无管护，建议登记挂牌
	樟树	500	吉安市吉水县芦村村头	1	√		26	79.6	314.0	良好	尚无管护，建议登记挂牌
	樟树	2500	吉安市吉水县樟山镇	1			12	191.1	314.0	旺盛	挂牌，加强管护
	樟树	500	吉安市吉水县樟山镇	1			12	270.7	346.2	旺盛	挂牌，加强管护
	樟树	500	吉安市吉水县樟山镇	1			8	248.4	283.4	旺盛	挂牌，加强管护
	樟树	500	吉安市吉水县樟山镇	1			18	254.8	314.0	旺盛	挂牌，加强管护
	樟树	500	吉安市吉水县樟山镇	1			18	229.3	379.9	旺盛	挂牌，加强管护
	樟树	500	吉安井冈山市柏露乡上坊	1		√	17	198.0	490.6	良好	

（续）

序号	中文名	树龄(a)	地名	株数(株)	分布状况		平均			生长状况	目前管护情况及建议
					零星	块状	树高(m)	胸径(cm)	冠幅(m^2)		
	樟树	500	吉安井冈山市柏露乡上坊	1		√	22	201.0	452.2	良好	
	樟树	500	吉安井冈山市柏露乡砚台村	1		√	19	271.0	530.7	良好	
	樟树	550	吉安市遂川县林业公司河过	2	√		22	112.0	30	旺盛	加强管护
	樟树	500	吉安市遂川县枚江部溪	1	√		20	163.0	270	良好	严禁砍伐,加强管护
	樟树	700	吉安市遂川县双溪村冯家组	1	√		17	105.1	452.2	旺盛	加强管护
	樟树	560	吉安市遂川县湾洲村木敦组	1	√		18	152.9	572.3	旺盛	设置围栏
	樟树	650	吉安市遂川县湾洲村湾洲组	1	√		18	136.9	226.9	旺盛	加强管护
	樟树	560	吉安市遂川县湾洲村湾洲组	1	√		19	121.0	572.3	旺盛	加强管护
	樟树	560	吉安市遂川县湾洲村湾洲组	1	√		15	122.6	254.3	旺盛	加强管护
	樟树	650	吉安市遂川县永坑村江口组	1	√		14	162.4	201.0	旺盛	加强管护
	樟树	500	吉安市泰和县万合大鹏邓家	1	√		18	110.0	78.5	良好	建议挂牌
	樟树	500	吉安市泰和县万合大鹏岭上	1	√		19	110.0	78.5	良好	加强管护
	樟树	550	吉安市泰和县万合大鹏楼下	1	√		20	130.0	113.0	良好	加强管护
	樟树	500	吉安市泰和县万合大鹏马岭	1	√		20	115.0	78.5	良好	建议挂牌
	樟树	500	吉安市泰和县万合大鹏南玄	1	√		20	110.0	78.5	良好	加强管护
	樟树	550	吉安市泰和县万合大鹏扑田	1	√		21	120.0	78.5	良好	建议挂牌
	樟树	500	吉安市泰和县万合大鹏石棚	1	√		18	115.0	78.5	良好	加强管护
	樟树	500	吉安市泰和县万合铜山村前,中步江边	1	√		19	115.0	78.5	良好	加强管护
	樟树	700	吉安市万安县接官亭	1	√		14	65.0	300	旺盛	村民小组管护
	樟树	600	吉安市万安县李家背	1	√		14	141.0	190	旺盛	管护较好
	樟树	500	吉安市万安县廖家巷	1	√		17	132.0	180	旺盛	管护较好
	樟树	800	吉安市万安县梅坑	1	√		16	153.0	230	良好	村小组管护
	樟树	500	吉安市万安县石富	1	√		20	186.0	374	良好	村小组管护
	樟树	800	吉安市万安县水口阁	1	√		18	95.0	110	良好	村小组管护
	樟树	750	吉安市万安县下木塘	1	√		13	102.0	81	旺盛	村民小组管护

（续）

序号	中文名	树龄(a)	地　名	株数(株)	分布状况		平　均			生长状况	目前管护情况及建议
					零星	块状	树高(m)	胸径(cm)	冠幅(m^2)		
	樟树	500	吉安市万安县学背头	1	√		16	137.0	200	旺盛	管护较好
	樟树	525	吉安市万安县雁塔	1	√		13	72.0	90	旺盛	管护较好
	樟树	525	吉安市万安县中南坪	1	√		16	120.0	300	旺盛	村小组管护
	樟树	500	吉安市新干县三湖山里廖家村	1	√		16	89.0	177	旺盛	建档，当地管护，加强管护
	樟树	600	吉安市永丰县佐龙	7	√		26	127.0	188.6	旺盛	
	樟树	600	吉安市永丰县佐龙	5	√		17	175.0	188.6	旺盛	
	樟树	600	吉安市永丰县佐龙	1	√		28	184.0	778.9	旺盛	
	樟树	500	吉安市永新县埠前汶水岑富村	1	√		18	95.5	283.4	良好	管护较好
	樟树	560	吉安市永新县埠前汶水新居村	1	√		12	80.0	78.5	良好	管护较好
	樟树	600	吉安市永新县高桥镇栗溪村	1			17	300.0	283.4	旺盛	
	樟树	500	吉安市永新县高市乡甲洲村老屋组	1	√		21	124.0	638	旺盛	建档，当地管护，加强管护
	樟树	500	吉安市永新县沙市珠塘村	1	√		22	196.8	176.6	旺盛	建档，当地管护，加强管护
	樟树	700	抚州市东乡县上坊周坊	1	√		15	222.9	143.1	良好	
	樟树	1500	抚州市东乡县小璜西鲁	1	√		18	210.2	415.3	良好	
	樟树	800	抚州市东乡县杨桥秋源	1	√		13	191.1	268.7	良好	
	樟树	1200	抚州市东乡县杨桥秋源	1	√		16	210.2	298.5	良好	
	樟树	550	抚州市广昌县甘竹镇俄龙村	1	√		25	222.9	452.2	旺盛	挂牌，设兼职护林员管护
	樟树	500	抚州市广昌县甘竹镇罗家堡	1	√		23	191.1	379.9	旺盛	挂牌，设兼职护林员管护
	樟树	1000	抚州市金溪县琅琚陈河	1	√		18	185.0	130.6	旺盛	加强管护
	樟树	1000	抚州市金溪县琅琚陈河	1	√		16	195.0	444.7	旺盛	加强管护
	樟树	1100	抚州市金溪县左坊清江	1	√		23.2	197.0	78.5	旺盛	加强管护
	樟树	1000	抚州市乐安县敖溪镇东坑村	1	√		28	271.0	593.7	旺盛	村委会负责管护，建议挂牌管护并负责落实到人
	樟树	570	抚州市乐安县谷岗乡谷岗村	1	√		27	204.0	165.0	旺盛	村委会负责管护，建议挂牌管护并负责落实到人
	樟树	510	抚州市乐安县牛田镇水南村	1	√		32	129.0	433.5	旺盛	村委会负责管护，建议挂牌管护并负责落实到人
	樟树	500	抚州市乐安县牛田镇水南村	1	√		38	183.0	433.5	旺盛	村委会负责管护，建议挂牌管护并负责落实到人

（续）

序号	中文名	树龄（a）	地 名	株数（株）	分布状况		平 均			生长状况	目前管护情况及建议
					零星	块状	树高（m）	胸径（cm）	冠幅（m^2）		
	樟树	510	抚州市乐安县牛田镇水南村	1	√		40	116.0	397.4	旺盛	村委会负责管护，建议挂牌管护并负责落实到人
	樟树	510	抚州市乐安县牛田镇水南村	1	√		40	117.0	397.4	旺盛	村委会负责管护，建议挂牌管护并负责落实到人
	樟树	500	抚州市乐安县牛田镇水南村	1	√		36	107.0	490.6	旺盛	村委会负责管护，建议挂牌管护并负责落实到人
	樟树	500	抚州市乐安县万崇镇池头村	1	√		22	197.0	706.5	旺盛	村委会负责管护，建议挂牌管护并负责落实到人
	樟树	650	抚州市黎川县日峰王府街道	1	√		26.5	200.0	314.0	旺盛	村委会管护，挂牌并落实到人
	樟树	650	抚州市黎川县洵口皮边皮边	1	√		31.5	172.0	3326.8	旺盛	村委会管护，挂牌并落实到人
	樟树	600	抚州市黎川县洵口渠源、中堡	1	√		16.5	181.0	107.5	旺盛	村委会管护，挂牌并落实到人
	樟树	510	抚州市黎川县洵口下寨香炉山	1	√		24.5	136.0	1051.6	旺盛	村委会管护，挂牌并落实到人
	樟树	500	抚州市南城县里塔镇水南村	1	√		14.0	110.0	346.2	旺盛	挂牌由村委会管护
	樟树	600	抚州市南城县上唐镇上舍村	1	√		16.0	178.0	254.3	旺盛	专人管护，建议加强管护力度
	樟树	500	抚州市南城县天井源乡南源村吴家排	1	√		19.0	192.0	1133.5	旺盛	无管护，建议挂牌委派专人管护
	樟树	500	抚州市南城县天井源乡南源村皱家	1	√		18.0	129.0	186.2	旺盛	无管护，建议挂牌委派专人管护
	樟树	500	抚州市南城县天井源乡南源村皱家	1	√		18.0	153.0	186.2	旺盛	无管护，建议挂牌委派专人管护
	樟树	500	抚州市南城县新丰街镇梅溪村梅溪	1	√		18.0	156.0	176.6	旺盛	加强管理
	樟树	610	抚州市南城县徐家乡五帝村快塘	1	√		15.2	194.3	86.5	旺盛	加强管理
	樟树	580	抚州市南城县株良镇田南村	1	√		13.0	184.7	415.3	旺盛	无管护，建议委派专人管护
	樟树	570	抚州市南城县株良镇株良村	1	√		12.0	150.0	379.9	旺盛	无管护，建议委派专人管护
	樟树	500	抚州市南丰县莱溪乡莱溪村	1	√		26	220.0		旺盛	村委会管护，建议挂牌并落实到人
	樟树	500	抚州市南丰县市山镇西村村	1	√		14	191.0		旺盛	村委会管护，建议挂牌并落实到人
	樟树	500	抚州市南丰县市山镇竹源村	1	√		25	242.0		旺盛	村委会管护，建议挂牌并落实到人

（续）

序号	中文名	树龄（a）	地　名	株数（株）	分布状况		平　均			生长状况	目前管护情况及建议
					零星	块状	树高（m）	胸径（cm）	冠幅（m^2）		
	樟树	500	抚州市南丰县太源乡太源村	1	√		28	220.0		旺盛	村委会管护，建议挂牌并落实到人
	樟树	500	抚州市南丰县紫霄镇黄龙坑村	1	√		16	156.0		旺盛	村委会管护，建议挂牌并落实到人
	樟树	500	抚州市南丰县紫霄镇罗坊村	1	√		14	188.0		旺盛	村委会管护，建议挂牌并落实到人
	樟树	550	抚州市南丰县紫霄镇明阳村	1	√		15	191.0		旺盛	村委会管护，建议挂牌并落实到人
276	柘树	210	吉安市遂川县联桥杖大杏组	1	√		17	30.6	33	旺盛	管护较好，要重点保护
277	浙江楠	5	江西农业大学	1	√		0.6	2.0	0.6	旺盛	人工栽种属校园绿化管理
	浙江楠	210	上饶市婺源县思口镇西源村坞头村	1	√		26	98.7	201.0	旺盛	挂牌
	浙江楠	25	抚州市资溪县马头山林场南港林班	1	√		8	12.4	12.6	旺盛	建议挂牌并落实到人
278	桢楠	240	新余市分宜县长埠年珠村焦坑组	1	√		26	89.0	80	旺盛	年珠村焦坑组村民管护
	桢楠	113	赣州市大余县内良南州独石坝	1	√		25.3	75.8	95.0	旺盛	
	桢楠	113	赣州市大余县内良南州独石坝	1	√		25	74.2	50.2	旺盛	
	桢楠	113	赣州市大余县内良南州独石坝	1	√		20	64.0	50.2	旺盛	
279	枳椇	300	九江市庐山自然保护区白鹿洞书院		√		30	70.1	400	旺盛	
	枳椇	200	九江市庐山自然保护区黄龙寺		√		40	66.9	500	旺盛	
	枳椇	400	赣州市安远县栋仔脑	1	√		26.0	107.0	324.0	旺盛	村民管护
	枳椇	203	赣州市安远县上垅村中坳	1	√		15.0	92.0	49.0	旺盛	建议挂牌
	枳椇	201	赣州市安远县水头廖屋	1	√		13.0	285.0	1024.0	旺盛	加强管护，防止砍伐
	枳椇	313	赣州市大余县樟斗东坑钟屋	1	√		24.2	113.4	240.4	旺盛	
	枳椇	313	赣州市大余县樟斗东坑钟屋	1	√		24.6	86.0	176.6	旺盛	
	枳椇	280	赣州市定南县岿美山镇羊陂村石陂张屋	1	√		19.2	95.5	134.7	旺盛	挂牌，专人管护
	枳椇	210	赣州市龙南县黄沙乡新岭村	4		√	16	98.7	122.7	旺盛	尚无管护，建议设禁牌
	枳椇	200	赣州市龙南县临塘乡水口	1	√		25.9	57.3	113.0	旺盛	尚无管护，建议设禁牌

（续）

序号	中文名	树龄（a）	地　名	株数（株）	分布状况		平　均			生长状况	目前管护情况及建议
					零星	块状	树高（m）	胸径（cm）	冠幅（m^2）		
	枳椇	200	赣州市龙南县武当镇河口	10		√	22	63.0	42	旺盛	尚无管护，建议设禁牌
	枳椇	200	赣州市全南县山石村亚山组	1	√		24	65.0	132.7	旺盛	设置保护标志，集体管护
	枳椇	300	赣州市全南县塔下村新屋场组	1	√		16	98.0	314.0	旺盛	集体管护
	枳椇	210	赣州市全南县圳坳村坑头组	1	√		28	82.0	660.2	旺盛	设置保护标志，集体管护
	枳椇	210	赣州市上犹县梅水联群安子余屋	1			22	85.0	226.9	旺盛	未进行保护，建议挂牌
	枳椇	210	赣州市于都县宽田乡李屋村松石组下山背	1	√		20	105.1	132.7	较差	村委会负责管护，建议挂牌并落实到人
	枳椇	200	吉安市万安县五斗坑	1		√	22	117.8	530.7	良好	村民小组管护
	枳椇	500	抚州市金溪县何源剡坑	1	√		30.6	159.0	28.3	旺盛	加强管护
	枳椇	300	抚州市金溪县何源峡山	1	√		26	111.0	32.2	旺盛	加强管护
	枳椇	300	赣州市赣县韩坊乡南坑村		√		16	110.0	254.3	良好	无管护，建议设置围栏
280	中华杜英	9	赣州市信丰县金盆山林场夹水口工区	150		√	7.0	19.5	3.1	旺盛	金盆山林场管护，建议挂牌并落实到人
281	中华槭	36	宜春市靖安县北港林场竹篙林			√	11	12.0	64	旺盛	
282	重阳木	355	九江市湖口县文桥崔卓所村	1	√		8	165.6	24	较差	停止拴牛，培土盖根
	重阳木	355	九江市湖口县文桥崔卓所村	1	√		10	185.0	80	较差	停止拴牛，培土盖根
	重阳木	700	九江市彭泽县浪溪镇浪溪村	1	√		13	121.0	120	较差	村委会管护，建议挂牌并落实到人
	重阳木	360	九江瑞昌市高丰镇乐丰村		√		23	175.0	240.4	良好	集体管护
	重阳木	900	九江市修水县义宁镇	1	√		12	96.0	95.0	旺盛	
	重阳木	900	九江市修水县义宁镇	1	√		12	100.0	113.0	旺盛	
	重阳木	900	九江市修水县义宁镇南门村	1	√		16	140.0	226.9	旺盛	
	重阳木	900	九江市修水县义宁镇石家桥村	1	√		14	126.0	165.0	旺盛	
	重阳木	300	九江市修水县渣津镇店前村十五组	1	√		30	113.0	35	旺盛	
	重阳木	300	九江市修水县渣津镇店前村十五组	1	√		34	116.0	40	旺盛	
	重阳木	820	萍乡市莲花县荷塘乡文塘村	1	√		28	270.0	1133.5	良好	村民小组管护，防止人为破坏

（续）

序号	中文名	树龄(a)	地　名	株数(株)	分布状况		平　均			生长状况	目前管护情况及建议
					零星	块状	树高(m)	胸径(cm)	冠幅(m^2)		
	重阳木	200	赣州市上犹县双溪乡石桥村	1			22.3	21.5	706.5	旺盛	挂牌，村委会管护
	重阳木	350	赣州市上犹县双溪乡水头村油槽下	1			25	205.0	283.4	旺盛	未进行保护，建议挂牌
	重阳木	350	宜春市上高县梅沙村	1	√		25	200.0	283.4	良好	挂牌管护
	重阳木	280	宜春市上高县三王下村	1	√		20	275.0	17	良好	挂牌管护
	重阳木	500	宜春市万载县黄茅	1	√		15	160.0	13.5	良好	挂牌
	重阳木	400	上饶市德兴县绕二横港	1	√		14	360.0	272	旺盛	
	重阳木	330	上饶市德兴县绕二横港	1	√		15	300.0	81	旺盛	
	重阳木	500	上饶市弋阳县	1	√		31	548.0	440	旺盛	
	重阳木	300	吉安市万安县黄塘	1	√		22	150.0	314.0	旺盛	
	重阳木	250	吉安市永丰县梁家	2	√		20	113.0	188.6	旺盛	
283	楮树	500	九江市武宁县八组	1	√		14	152.9	40	一般	
	楮树	300	九江市武宁县二组	1	√		18	184.7	90	一般	
	楮树	300	九江市武宁县二组	1	√		19	152.9	132	一般	
	楮树	300	九江市武宁县二组	1	√		18	97.1	99	一般	
	楮树	300	九江市武宁县二组	1	√		20	152.9	72	一般	
	楮树	300	九江市武宁县南岳中学	1	√		18	130.6	192	一般	
	楮树	300	九江市武宁县七组	1	√		18	132.2	56	一般	
	楮树	400	九江市武宁县七组	1	√		9	105.1	35	一般	
	楮树	300	九江市武宁县七组	1		√	16	79.6	56	一般	
	楮树	300	九江市武宁县七组	1		√	19	111.5	110	一般	
	楮树	300	九江市武宁县七组	1		√	16	90.8	120	一般	
	楮树	300	九江市武宁县十九组	1	√		13	162.4	240	一般	
	楮树	300	九江市武宁县十组	1	√		16	108.3	90	一般	
	楮树	300	九江市武宁县四组	1	√		9	94.1	42	一般	
	楮树	300	九江市武宁县四组	1	√		8	86.0	30	一般	
	楮树	300	九江市武宁县一组	1	√		16	117.8	120	一般	
	楮树	300	九江市修水县溪口镇义坑村	1	√		15	186.0	379.9	旺盛	
	楮树	400	九江市修水县溪口镇义坑村九组	1	√		15	200.0	379.9	旺盛	
	楮树	1000	景德镇市浮梁县黄坛东港	1	√		17	267.0	255	旺盛	
	楮树	500	景德镇市浮梁县鹅湖小源	1	√		17	146.0	210	旺盛	
	楮树	400	景德镇市浮梁县勒功乡沧溪	1	√		20	51.0	288	旺盛	设置围栏
	楮树	1803	鹰潭市龙虎山上清林场	1	√		12	72.0	28.3	旺盛	挂牌

（续）

序号	中文名	树龄（a）	地　名	株数（株）	分布状况		平　均			生长状况	目前管护情况及建议
					零星	块状	树高（m）	胸径（cm）	冠幅（m^2）		
	楮树	350	上饶市鄱阳县古南乡蔡家	2	√		18	137.0	216	旺盛	
	楮树	380	上饶市鄱阳县古县渡镇龙燕	3	√		17	160.0	121	旺盛	
	楮树	410	上饶市鄱阳县芦田乡孤山村	6	√		16	100.0	64	旺盛	
284	竹柏	210	鹰潭市龙虎山镇龙虎村	1	√		8	22.0	33.2	旺盛	挂牌
	竹柏	100	赣州市大余县黄龙丫山庙	1	√		13	52.2	160.5	旺盛	
	竹柏	80	赣州市大余县黄龙丫山庙	1	√		13	41.3	56.7	旺盛	
	竹柏	120	赣州市全南县黄泥水村上西坑庙背	1	√		15	47.7	78.5	旺盛	村委会管护，建议挂牌
	竹柏	160	赣州市全南县金龙镇岗背村下队	1	√		10	34.0	86.5	旺盛	管护较好，建议挂牌
	竹柏	55	赣州市全南县小溪村黄屋组	1	√		8	25.7	12.6	旺盛	集体管护，挂牌保护
	竹柏	55	赣州市全南县小溪村黄屋组	1	√		12	37.4	19.6	旺盛	集体管护，挂牌保护
	竹柏	55	赣州市全南县小溪村黄屋组	1	√		12	16.0	7.1	旺盛	集体管护，挂牌保护
	竹柏	55	赣州市全南县小溪村黄屋组	1	√		14	36.2	12.6	旺盛	集体管护，挂牌保护
	竹柏	230	赣州市全南县兆坑林场	1	√		14	63.0	75	旺盛	建议挂牌并落实到人
	竹柏	300	赣州市上犹县茶滩分场照水面	1			24	73.0	314.0		
	竹柏	100	赣州市石城县高田胜江		√		12.0	32.0	122.7	旺盛	加强保护和充分利用
	竹柏	349	赣州市寻乌县澄江镇团丰村	1	√		24.6	78.3	248.7	较差	村委会管护，建议挂牌并落实到人
	竹柏	310	赣州市于都县靖石乡任头村水头组钟可发屋后	1	√		18	74.8	226.9	旺盛	村委会负责管护，建议挂牌并落实到人
	竹柏	70	宜春市宜丰县大畲茜港			√	4.5	8.0		良好	重点保护
	竹柏	850	吉安市安福县山庄乡秀水村水祇寺	1	√		18	106.0	12	旺盛	重点保护监测，树立保护牌
	竹柏	200	抚州市资溪县马头山镇梁家村	1	√		10	71.0	19.6	旺盛	建议挂牌并落实到人
	竹柏	200	抚州市资溪县马头山镇榨树村梅源组	1	√		20	62.1	50.2	旺盛	建议挂牌并落实到人
	竹柏	280	抚州市资溪县榨树村何家	1	√		20	84.4	153.9	旺盛	建议挂牌并落实到人

（续）

序号	中文名	树龄(a)	地　名	株数(株)	分布状况		平　均			生长状况	目前管护情况及建议
					零星	块状	树高(m)	胸径(cm)	冠幅(m^2)		
	竹柏	200	抚州市资溪县榨树村梨山	1	√		18	63.7	201.0	旺盛	建议挂牌并落实到人
285	锥栗	400	九江市庐山自然保护区东林寺刘家村		√		35	116.8	1225	旺盛	
	锥栗	445	上饶市德兴县黄柏长田上村	1	√		33	360.0	529	旺盛	
	锥栗	200	吉安市永新县曲江林场	50	√		12	91.0	452.2	较差	重点保护监测，树立保护牌
286	紫弹树	210	赣州市上犹县东山镇中稍中学院内	1			17	94.0	232.2	旺盛	挂牌，学校管护
287	紫茎	300	九江市庐山自然保护区含鄱口		√		20	76.4	360	旺盛	
	紫茎	170	抚州市南丰县马头山林场白沙坑林班	1	√		13.6	36.6	28.3	旺盛	
	紫茎	155	抚州市南丰县马头山林场白沙坑林班	1	√		16	25.1	23.7	旺盛	
	紫茎	70	抚州市南丰县石峡乡石峡村田坑村小组	1		√	12	18.0	19.6	旺盛	
288	紫穗槐	200	萍乡市上栗县东源乡田心村	1	√		15	70.0	90	良好	加强病虫害防治
289	紫檀	310	九江市永修县三溪桥镇黄岭村刘家窝组	1			28	111.5	153.9	旺盛	村民小组管护
290	紫薇	500	九江市湖口县流泗仓前潘家	1	√		8	52.0	36	旺盛	尚无管护
	紫薇	160	九江市湖口县石钟山	1	√		9	24.3	42	旺盛	作为风景树
	紫薇	106	宜春市靖安县狮子岩	1			20	68.0	110.25	旺盛	县人民政府统一挂牌
291	紫竹	5	吉安市泰和县桥头西池	1		√	4	3.0	1	良好	重点保护监测，树立保护牌
292	棕榈	350	赣州市大余县新城村头东边	1	√		15	177.0	490.6	旺盛	
293	柞木	520	南昌市南昌县幽兰镇黄坊村	1	√		10.0	76.4	78.5	良好	龙华寺
	柞木	360	九江市都昌县大树瓦塘上竹峦	1			9.5	53.0	60	旺盛	
	柞木	200	九江市星子县归宗中学上操场西面	1	√		10	41.0	19.6	旺盛	学校管护
	柞木	200	九江市星子县华林镇吉山村石洞王家水塘北侧	1	√		3	54.0	0.8	较差	石洞王家村管护
	柞木	200	九江市星子县温泉镇新塘坂村熊家洲桥头边	1	√		9	35.0	28.3	旺盛	熊家洲村管护
	柞木	800	抚州市金溪县黄通畲田	1	√		13.1	240.0	1.5	较差	加强管护

（续）

序号	中文名	树龄（a）	地　名	株数（株）	分布状况		平　均			生长状况	目前管护情况及建议
					零星	块状	树高（m）	胸径（cm）	冠幅（m^2）		
294	柞树	300	南昌市南昌县幽兰镇黄坊村	1	√		9.0	63.7	66.4	良好	龙华寺
	柞树	200	萍乡市莲花县荷塘乡安泉村	1	√		27	129.0	754.4	良好	村民小组管护，防止人为破坏
	柞树	210	赣州市兴国县城岗乡中任村	1	√		11.7	88.7	102.6	较差	集体管护，保持水土
	柞树	300	赣州市兴国县南坑乡富宝村	1	√		27.5	66.5	225.45	旺盛	加强管护，可作采种母树

表 12　江西省主要树种种质资源调查工作人员名单

所在市	人数	工作人员名单
省级	9	沈彩周 张玉英 游环宇 徐志文 陈建华 胡晓健 罗晓春 游松涛 王小玲
南昌市	59	樊三宝 宗才友 涂传建 胡岳峰 罗美英 欧小青 李昌阳 万承永 熊冬平 刘颖 周海 杨修文 杨家林 胡松竹 连芳青 邓光华 裘利洪 季春峰 汪维 杜强 万仁辉 黄功彪 黎舍根 欧阳冬萍 许晓红 喻才员 江作文 熊华英 胡林辉 万小皇 张修桃 刘鲁平 喻进贤 邓超 李猛 熊宇萍 熊建 程坤 苏宁 张守才 刘毅 涂景华 吴文龙 王国权 章冬川 吴雨盛 徐大进 叶玉梅 曾德庆 袁旭 陈滨 刘春 胡明清 刘红剑 杨慧琴 王辉 雷序贤 祝先坤 罗嗣件
九江市	174	赵平南 张育慧 淦南平 宋祖祥 刘丽萍 张春美 唐伯平 朱爱军 李立新 温英发 刘浔建 李明 徐加方 冷清林 赖三喜 瞿小明 方恒明 余绪俊 肖龙雨 吴立忠 林世武 周庆林 刘义富 袁喻华 张小耕 李恩 叶蓬 叶茂森 袁喻民 冷绪江 潘世礼 曾大鹏 袁应生 龚春斌 方诗银 黄明 黄林 马松宁 柯海林 朱澄林 胡平 汤麒麟 熊自柱 蒋志权 夏红云 章立红 熊育凤 李陈胜 陈胜 苏承刚 李志云 蔡振华 蔡斌 吴平 付经华 刘志高 彭守林 淦家发 周曙光 葛斌 杨文 王金泉 余业盛 谭策铭 李晓彬 杜文 邹立荣 桂家火 江德龙 凌仕炎 李俊程 黄显清 李广进 周平选 戴洪周 陈和清 熊道夏 沈家阳 陶军 张闻奖 黄修普 吴从军 刘礼彬 饶思中 蔡火林 干学文 陈训标 张光全 费仲林 赵金标 詹立辉 易本明 曹大勇 聂颜波 雷鸣声 汪德娥 张礼玲 汪泉 琚立锋 朱建泉 蔡明 姜国平 刘勇兴 袁明 段本红 夏立中 曹木水 徐建生 沈新喜 蔡芳 刘恩锡 彭南寿 熊正尧 何晓林 王世国 季乘风 叶险峰 沈胜 吴建平 程亮 刘相武 邵胜江 王保强 许剑峰 石兴国 江蕃扣 聂泽松 王琅 喻光炎 胡少昌 徐俊 杨欢 叶芳菲 凌家慧 陈志跃 张琳 冯艳 邓水生 宗道生 邹芹 赵为旗 尹敏 凌文胜 周晓红 张毅 李鸿儒 李金元 沈家贵 万金苟 许仕 严锋 郭庆山 居芳芳 徐上铣 邵树立 万媛媛 周旭生 沈玲 罗汉林 黄勤坤 潘琴 徐伟 左炜 黄丽华 殷金水 万正启 李水华 郭锐 王隽 庐俊 章义 刘杏泉 龚德海 陈英
景德镇市	72	张秧田 李忠华 江爱国 许立新 朱高潮 王丽华 周欣 邹茂源 汪文林 黄跃平 程金炎 张新学 夏梅成 谭建平 韩春梅 王科魁 钟斌 胡元平 李炳茶 吴杰辉 孙加林 邹雪静 徐春明 朱锦良 王水文 李丹 杨优兰 汪均贵 吴运和 张荣生 郑阳生 李海华 章旺发 胡有顺 余双华 陵来松 曾旭山 桃尖龙 汪文林 潘有生 郑云峰 张立中 黎和保 孙楠芳 徐卫华 李献春 汪国良 付志坚 郑巍 李新宝 胡世才 黄干劲 王世锁 雷良晨 徐承鑫 汪建华 林景春 耿业林 蒋祥英 陈吉全 江芒 华乔贵 杨少林 邓铁军 陈萍萍 万小金 程小东 吴小明 陈贤浩 王益民 李建友 彭政
萍乡市	73	刘文萍 徐京萍 李德明 熊江萍 邓志明 周建清 邓继民 欧书丹 汤祥金 陈铃英 彭芳检 邓莎 杨永兴 张丽 王丽敏 刘四环 邹建春 刘文锋 彭正根 房建辉 李召 潘光华 旋庚国 廖玉春 龙泉萍 文慧 钟建周 陈星 曾繁华 钟寒梅 杜湘萍 钟薇 刘霞 彭鑫 颜春华 成煜 敖霜 刘会萍 彭厚福 江家贵 周维华 李建斌 吴成 杨波 赖卫萍 李海明 肖忠清 周程群 王竹益 李江 刘晓斌 李桂林 刘江华 陈小兰 李剑萍 朱志标 刘航 周泽民 朱天文 邬秋元 吴志标 文明生 刘景春 王志中 李斌 黄小林 黄金华 尹昔明 郭琪 方亮 胡建军 彭婷婷 王运军
新余市	58	赖笋芽 胡小卫 易美英 李先华 付成华 桂金勇 各乡镇林业工作站站长 吴喜昌 袁俊飞 严嘉平 陈建平 郭和平 何小平 高荣 戴芬祥 钟志斌 王国平 习传军 彭宁科 谢文辉 苏水根 张春生 李初华 袁小平 宋余告 陈忠 朱有牙 黄荣 郭建平 邓宗付 刘国龙 赖树华 黄维华 黎永生 凌成星 张效林 钟文斌 夏晨 黄团生 黄拯 曹德春 曾平生 卢园生 任春根 袁小平 黄平基 陈建军 陈志勇 鄢清华 梁振军 严小华 熊春生 黎小军 彭金文 张宏阳 姚海峰 付梅根 杨林智 龚少荣
鹰潭市	31	李发凯 叶德福 刘小林 何忠华 桂国栋 王细胜 刘春生 李志龙 林坚 邹春荣 蔡东民 黄从权 黄道炉 晏玉和 张科宝 项卫明 高海珍 朱裕煌 邱冬生 洪福平 李林海 丁才明 项国栋 夏吉林 徐国华 陆云飞 杜骏 刘锐勇 汤有华 许月福 杨水源
赣州市	412	黄茂棣 卢毓松 屠先慧 谢元菊 曾健 朱剑 李胜春 欧克湖 王治装 刘开照 曾维萱 付建强 彭发禄 赖道祥 叶建明 毛振兴 吴建福 谢再成 宋禅兰 叶坚 黎晓宇 刘筱玲 刘晖 肖山 谢清华 谭华 叶长梯 谢雨露 曾宪祥 徐才生 谢英华 温儒波 朱昌俊 曾功财 林贵明 吴永忠 李江伟 周逸芳 刘春兰 吴立新 郭礼林 钟荣凌 王存荣 刘华军 曹纪祯 叶景阳 上官恩华 许庚连 肖运佩 彭同盟 谢楚平 邱善辉 袁长洪 蔡善鹏 黄绍平 王先怀 郭小忠 杨毅祺 罗诗炎 郭贤豪 李干兰 刘学松 何华明 饶优山 李鉴平 曾明洪 王冬玲 赖道文 曹源烈 曾传伟 谢良 刘武阳

（续）

所在市	人数	工作人员名单
赣州市	412	杨清昱 王建彪 谢星财 邱建勋 朱恒润 龚利忠 陈玉林 赖建斌 殷贤章 王小龙 兰天 王珏 梅开玲 刘金生 邱全生 李祥贵 周康宣 肖鹏 陈旭涛 顾贤荣 陈建明 朱小毛 胡志华 林金贤 郑文宾 李忠国 杨森林 曹石生 刘一忠 俞传德 曾勇 徐文有 曹镐德 邵小菲 赖伟旺 夏琛星 王国华 刘二生 王雪明 李兴富 朱良 刘春云 阳可照 刘志华 刘孟仪 袁忠生 郭二生 朱尚华 黄小华 肖厚涛 林根生 刘名燕 许斌 赵良明 陈学义 赖弥源 黄翠红 赵奕敏 孔凡芸 刘京蓉 张际学 曾德平 赵尚奎 胡家彬 王祥军 吴建生 胡显锋 舒宇 邹杨坤 郭荣 肖永有 谢建华 黄锦程 叶惠林 唐清海 徐伟红 欧阳旭东 魏启亮 杜菊清 郭仲钦 陈彩庭 黄明海 彭海威 钟庆辉 肖光 刘开林 唐永生 李华明 唐旺添 陈荣东 肖兴茂 杜洪 叶权新 刘洪彬 谢文安 谢良荣 叶红斌 钟传寿 刘体庭 孙声鹿 郑隆斌 张鸿伟 钟志诚 郑志勇 李保基 石阳珍 黄敬文 陈华 卢强生 徐四海 钟明炎 李中波 冯起才 余福良 徐延斌 邱水平 黄悦桥 叶晓鑫 唐晓东 李家昌 陈日样 刘洪斌 李绍春 王建华 黄真宁 肖奎珍 刘浪普 林云峰 夏小勤 汤正华 陈杏慈 钟传桂 赖余贤 廖爱民 廖彩芳 刘有林 兰祝全 刘庆红 刘国来 兰康生 黄志高 廖晓峰 钟显月 赖石发 黄祖桥 刘文辉 钟海泗 宋万山 宋日成 刘有恕 罗龙兴 刘永明 许景平 廖智群 赖智锋 林榕 赖晓敏 杨桢 江军 陈国平 谌九太 张希华 钟本娣 姚世兰 李石华 陈太平 袁恢富 何振好 曾庆华 张瑞清 张新桥 刘建胜 陈金荣 罗坤元 刘春炎 陈茂敏 江民 李祥杰 韩织林 刘星清 黄荣光 刘青山 刘林英 刘守洪 夏兴旺 廖永华 易光明 初建山 罗金平 钟思善 黄国辉 雷召平 邱苗苗 李石昌 卜全标 李运年 李道贤 张国斌 黄剑峰 邹远明 廖振春 谭宗乐 钟元樟 谢春明 陈林茂 陈伟庆 陈日生 黄过房 罗光元 钟涛 吴永平 曾泽敏 钟元璋 胡楚宁 李小林 陈泽民 肖承德 谢春明 雷石铙 利元民 童永超 钟本添 李先鸿 李启平 钟国生 曹献明 肖承春 郭诗元 黄榜春 魏珍全 郭诗春 陈运房 叶燕华 钟勇颖 钟明 张平 陈伟平 陈亮 刘伟东 罗诗义 兰善忠 张春全 刘拥军 刘伟军 董小平 谌伟东 谌永生 何新生 陈家龙 陈富 李少波 曹建全 陈思东 李吉生 邱新华 曾鹏 曾海平 吴国强 何春荣 邱小礼 曹小鹏 李燕 黎海明 温敏 何智武 邱奎生 杨东海 杨亮 徐洪剑 王国群 刘新荣 邱金生 李平 黄小明 张菊莲 钟志强 钟起银 宋幼瑞 王建成 邹小红 王小龙 王文华 黄国伟 匡玲 王熙钱 王长权 吕华兴 高建明 廖伟 吴祖光 刘水平 杨荣萍 曾以林 邹华 刘达生 周汉锋 王旭东 陈诚冰 曾德堂 汪溅生 谢福生 肖传连 邓群 邱学斌 温天敌 沈建生 钟康鸿 吴均彬 郑昌兴 黄检发 陈圣有 张林峰 林春生 李金华 刘荣光 何学发 潘国鑫 付伟芳 邱海华 单晓松 温晓东 龚飞云 曹海燕 熊彩林 段九东 刘道波 黄管垣 蔡清平 吴晓清 李干荣 罗娟 宋崇犹 梁跃龙 叶龙娟 唐培荣 廖承开 廖海红 孔小丽 高友英 陈志高
宜春市	143	杨刚华 郑庆衍 陈卫权 黄荣刚 李苏荣 袁军福 刘细毛 彭亮 付小根 黄建林 程连荣 易满瑞 吴炜 胡晓东 徐小江 江建平 龙紧跟 王萃俊 李国耀 张志鹏 邬根圣 郭建平 邓治耕 闵耀柏 喻遗标 洪小春 高道良 方湖江 李仲华 杨友珍 刘群 黄凡梨 袁斌 邓小荣 胡光荣 张爱生 童四和 黄漓锋 吴建华 胡益明 胡双林 宋美泉 况梯生 况庆任 刘军平 刘团结 何高明 黄生根 陈志刚 涂胜光 袁俊涛 雷燕生 聂新民 刘宣传 徐炳清 晏摇泉 邓人保 王银新 谌少荣 胡西明 余武生 邓小勇 付洪根 罗水元 徐勇军 徐六华 陈秋荣 胡庆国 熊国辉 曾健生 张朝晖 张小明 吴海勇 熊力群 陈兆华 张华菊 谌青 张远萍 廖瑜 兰龙根 欧阳喜林 杨凤生 陈青见 宣本俊 南建军 杨云清 胡道辉 邹林生 谢新根 陈友根 唐均成 易孟生 袁慧萍 曾日辉 黄斌 李荷云 李跃进 龚考文 胡兵 王少武 徐英杰 余细华 李金龙 江捷 梅志强 叶艳明 卢志洪 鄢水生 刘洪发 曹冬根 陈忠 肖雪群 郭军才 熊华平 李文武 黎坚利 王忠根 胡卫星 王国勇 邱寒芳 陈祥发 范怀清 胡宜柏 章来发 李平安 李明华 郑中校 黄启明 余泽平 陈琳 庞晋洪 周雪莲 左文波 汪宏 王正球 张智明 周传宝 邬淑萍 熊莺 李干明 周志申 唐永峰 王晋丰
上饶市	116	刘建 乐饶生 谢贤君 楼志文 赵文 龙云英 徐振宇 骆任欢 张健 吴殷华 黄国爱 占沛丰 周斌 郑少峰 周益见 程志华 曹国强 叶金香 胡子正 林贻定 郑国雄 付国鑫 黄发水 张建军 夏琦义 周莉莉 郑黎明 邵仕平 苏斌 张琛 龚加辉 曾智福 程同春 藤金勇 潘志强 汪开鸿 洪元华 朱元龙 程新法 张前进 张凤莺 潘华旺 詹荣达 余培欣 俞文胜 詹进伟 詹淦锋 左平辉 艾海恩 张国涛 钟星华 吴彦亮 杨建华 周小山 过元清 吴继伟 王月亮 王善坤 姜大忠 柯诗斌 陈琳 李党山 曹中道 凌镇 蒋祥炎 桂俊生 吕斌 朱谱馥 郑行希 刘秉华 罗柏玲 徐鹏 王琴 张华军 费承松 韩云峰 李洪春 王庭先 程琳 钟志宇 程义杰 方毅 赵贞伟 陈志忠 刘家洪 杨高祖 刘康生 刘宝华 陈锋 周志坚 潘淑芳 林少勇 段月清 陈光华 余庆福 刘发照 饶金银 李春成 胡建平 杨文生 兰玉剑 孔小卿 黄金炼 姜云飞 王城辉 余忠东 方华 宋国良 张有根 孔启仁 桂饶泉 胡征平 屈孟仁 祝群欢 余华涛 汪黎建 方发根

（续）

所在市	人数	工作人员名单
吉安市	223	许先平 吴晟 曾建国 肖小林 吴凯 刘志云 彭兵才 李万和 黄朝勃 刘伟芳 刘子英 姚求斌 彭晓民 陈小毛 尹斌开 王胜亮 陈红兴 王卫军 彭正庆 杨晓凤 朱益桃 肖庆武 贺昌武 邱诗高 易东林 彭文树 康忠桂 朱钦华 肖晓峰 曾春辉 刘学信 罗小明 严华 王期相 张双武 刘根才 彭木苟 郭建军 王鹤 谢茂华 曾智浪 焦玉华 高小青 杨义林 叶茂 王和腾 李明 易光辉 刘志军 李锋铭 胡扬武 曾会平 黄小明 刁利群 叶宏修 吴涛 周小平 朱小军 赖仁财 郭永年 许小军 袁小松 欧阳秋桂 肖丽丁 王小军 王正根 鄢宝国 毛建华 赵正保 胡俊明 刘信义 刘小军 朱建新 韦信光 郭小春 施小红 王斌 肖秋龙 曾文辉 许虎 王伟春 肖纲波 杨爱生 曾春苟 罗军华 张复勇 李武 曾扬群 张小明 秦亮 胡水平 朱三根 刘永平 廖小根 邓孝华 胡志龙 邓增胜 罗春平 郭柏刚 陈志勇 欧雄生 周小军 刘军平 郭燕红 刘冬古 曾利华 邹家峰 肖小春 冯眈昭 李余生 叶诗猛 黎明生 五智华 李志坚 归裕民 冯春毛 刘月明 薛朝荣 刘礼平 五卫军 冯晓光 李其华 归小军 梅继泉 梁霖 肖文华 肖樟英 刘昌术 郭桂生 蒋拥军 李华彦 刘永生 严承光 邓恢皇 宋明敏 王财盛 谢子球 樊国作 刘晨明 廖三腊 黄建明 雷波 兰雪辉 谢小劲 聂玉刚 王芮 邓冬如 徐春根 徐战如 甘春林 朱军根 肖东京 张才根 蔡润玉 连升 张永绵 章冬秋 符长文 郭德芳 金文卫 谢永永 周发胜 李朝栋 龙浩亮 罗生安 曾胜祥 李明龙 王剑华 曾宪德 彭庆先 旷一林 罗章兴 贺利中 龙小玲 贺再光 刘义虎 何庚长 何新财 刘志开 罗厚珍 罗文通 曾宪佑 庞金苟 刘银苟 钟逸群 刘正茂 欧伟军 欧长生 周康先 黄昌述 袁自强 王明方 肖晓东 梁作郁 罗晰 陈小华 肖良成 康国华 刘有林 唐志峰 谢嵘 章国荣 万春 郑发辉 黄子发 曾祥铭 杨衍辉 邹志勇 陈逸泉 章文华 李贵平 范付强 李喜华 潘素珍 尹志良 邱茂祥 艾建华 疗建宁 刘发云 罗流生 王求木 李小平 张余华
抚州市	129	付明 付家科 范强勇 皮宝珍 张国圣 张卫栋 尧兴华 章爱华 周炉茂 方胜 吴可生 陈水安 吴育林 吴平 过资中 陈策明 王小琴 罗进挺 李乐辉 代继平 彭国康 胡清才 黄乐伟 黄勇 蔡建中 王化玲 周乐英 戴进辉 连雷龙 周跃华 周勇 罗贤义 何国华 吴建辉 黄仇孙 李晓芳 黄云长 黄全孙 袁仇才 王保全 刘卫国 吴斌 缪连金 唐洪平 崔德耀 周海仁 章然 曾红娜 周党发 黄其昌 黄华群 汤玉鑫 范健 陈星高 乐教明 王清华 李国平 杨高华 杜斌 罗进 余永泉 蔡文经 杨荣华 黄云波 黄金泉 邹贵明 何正和 何广东 翁有贵 徐小宾 艾邦义 易里安 付翠菁 陈卫 李文 蔡芳 张堂仁 何广武 赖建仁 陈坚 曾建平 林新 刘江山 朱思湘 杨逸琴 孙星伟 丁憩康 周恩义 陶远胜 刘洪寿 万德辉 周辉 陈小锋 何建高 吴仕杰 黄模华 付南强 李春富 黄琳 詹向平 胥璟 邹细福 周勇明 王琳琳 章建青 吴国彬 曾国祥 卢治平 李桂文 孙英 陈建国 陈建良 高金星 李国平 万凌华 朱应龙 范建华 严朝胜 胡金良 陈应荣 朱小平 潘开宇 黄应生 官忠民 丁国旺 吴永林 苏卫文 罗小林 何国华

第3部分 附 录

附录1　珍稀濒危保护植物名录(第一批)

（木本部分）

1984年7月24日——国务院环境保护委员会[1984]国环字第002号

一　级		
序号	中　名	拉　丁　名
1	金花茶	*Camellia chrysantha*
2	银杉	*Cathaya argyrophylla*
3	桫椤	*Alsophila spinulosa*
4	珙桐	*Davidia involucrata*
5	水杉	*Metasequoia glyptostroboides*
6	望天树	*Parashorea chinensis*
7	秃 杉	*Taiwania flousiana*

二　级		
序号	中　名	拉　丁　名
1	百山祖冷杉	*Abies beshanzuensis*
2	梵净山冷杉	*Abies fanjingshanensis*
3	元宝山冷杉	*Abies yuanbaoshanensis*
4	资源冷杉	*Abies ziyuanensis*
5	长蕊木兰	*Alcimandra cathcartii*
6	皱皮油丹	*Alseodaphne rugosa*
7	云南穗花杉	*Amentotaxus yunnanensis*
8	矮沙冬青	*Ammopiptanthus nanus*
9	喙核桃	*Annamocarya sinensis*
10	圆籽荷	*Apterosperma oblata*
11	小勾儿茶	*Berchemiella wilsonii*
12	盐桦	*Betula halophila*
13	膝柄木	*Bhesa sinensis*
14	伯乐树	*Bretschneidera sinensis*
15	柄翅果	*Burretiodendron esquirolii*
16	蚬木	*Burretiodendron hsienmu*
17	夏蜡梅	*Calycanthus chinensis*
18	萼翅藤	*Calycopteris floribunda*
19	红皮糙果茶	*Camellia crapnelliana*
20	显脉金花茶	*Camellia euphlebia*
21	大苞白山茶	*Camellia granthamiana*

（续）

二　级		
序号	中　名	拉　丁　名
22	长瓣短柱茶	*Camellia grijsii*
23	苹果金花茶	*Camellia pinggaoensis*
24	毛瓣金花茶	*Camellia pubipetala*
25	云南山茶花	*Camellia reticulata*
26	野茶树	*Camellia sinensis* var. *assamica*
27	东兴金花茶	*Camellia tunghinensis*
28	普陀鹅耳枥	*Carpinus putoensis*
29	董 棕	*Caryota urens*
30	海南粗榧	*Cephalotaxus hainanensis*
31	贡山三尖杉	*Cephalotaxus lanceolata*
32	长篦子三尖杉	*Cephalotaxus oliveri*
33	连香树	*Cercidiphyllum japonicum*
34	红桧	*Chamaecyparis formosensis*
35	山桐树	*Chunia bucklandiodes*
36	琼棕	*Chuniophoenix hainanensis*
37	短琼棕	*Chuniophoenix humilis*
38	滇桐	*Craigia yunnanensis*
39	岷江柏木	*Cupressus chengiana*
40	巨柏	*Cupressus gigantea*
41	叉叶苏铁	*Cycas micholitzii*
42	攀枝花苏铁	*Cycas panzhihuaensis*
43	光叶珙桐	*Davidia involucrata* var. *vilmoriniana*
44	东京桐	*Deutzianthus tonkinensis*
45	十齿花	*Dipentodon sinicus*
46	马蹄参	*Diplopanax stachyanthus*
47	云南金钱槭	*Dipteronia dyerana*
48	长柄双花木	*Disanthus cercidifolius*var. *longipes*
49	翅果油树	*Elaeagnus mollis*
50	苦枣	*Eleutharrhena macrocarpa*
51	香果树	*Emmenopterys henryi*
52	东北岩高兰	*Empetrum nigrum* var. *japonicum*
53	格木	*Erythrophleum fordii*
54	杜仲	*Eucommia ulmoides*
55	伞花木	*Eurycorymbus cavaleriei*

（续）

二　　级		
序号	中　名	拉　丁　名
56	猪血木	*Euryodendron excelsum*
57	云南梧桐	*Firmiana major*
58	福建柏	*Fokienia hodginsii*
59	金丝李	*Garcinia paucinervia*
60	银杏	*Ginkgo biloba*
61	水松	*Glyptostrobus pensilis*
62	云南石梓	*Gmelina arborea*
63	裸果木	*Gymnocarpos przewalskii*
64	掌叶木	*Handeliodendron bodinieri*
65	半日花	*Helianthemum songaricum*
66	七子花	*Heptacodium miconioides*
67	狭叶坡垒	*Hopea chinensis*
68	坡垒	*Hopea hainanensis*
69	毛叶坡垒	*Hopea mollissima*
70	大叶龙角	*Hydnocarpus annamensis*
71	胡桃	*Juglans regia*
72	海南油杉	*Keteleeria hainanensis*
73	太白红杉	*Larix chinensis*
74	四川红杉	*Larix mastersiana*
75	鹅掌楸	*Liriodendron chinense*
76	荔枝	*Litchi chinensis*
77	红榄李	*Lumnitzera littorea*
78	紫荆木	*Madhuca pasquieri*
79	蒜头果	*Malania oleifera*
80	山楂海棠	*Malus komarovii*
81	新疆野苹果	*Malus sieversii*
82	香木莲	*Manglietia aromatica*
83	巴东木莲	*Manglietia patungensis*
84	华盖木	*Manglietiastrum sinicum*
85	峨嵋含笑	*Michelia wilsoniiwilsomii*
86	永瓣藤	*Monimopetalum chinense*
87	舟山新木姜子	*Neolitsea sericea*
88	栌菊木	*Nouelia insignis*
89	蕉木	*Oncodostigma hainanensis*

（续）

二　级		
序号	中　名	拉　丁　名
90	天目铁木	*Ostrya rehderiana*
91	四川牡丹	*Paeonia szechuanica*
92	海南假韶子	*Paranephelium hainanensis*
93	白皮云杉	*Picea aurantiaca*
94	康定云杉	*Picea montigena*
95	大果青扦	*Picea neoveitchii*
96	大别山五针松	*Pinus dabeshanensis*
97	雅加松	*Pinus massoniana* var. *hainanensis*
98	毛枝五针松	*Pinus wangii*
99	锦刺	*Potaninia mongolica*
100	金钱松	*Pseudolarixamabilis*
101	白豆杉	*Pseudotaxus chienii*
102	短叶黄杉	*Pseudotsuga brevifolia*
103	澜沧黄杉	*Pseudotsuga forrestii*
104	华东黄杉	*Pseudotsuga gaussenii*
105	木瓜红	*Rehderodendron macrocarpum*
106	大树杜鹃	*Rhododendron protistum* var. *giganteum*
107	马尾树	*Rhoiptelea chiliantha*
108	囊瓣木	*Saccopetalum prolificum*
109	婆罗双	*Shorea assamica*
110	合柱金莲木	*Sinia rhodoleuca*
111	长果秤锤树	*Sinojackia dolichocarpa*
112	秤锤树	*Sinojackia xylocarpa*
113	山白树	*Sinowilsonia henryi*
114	海南海桑	*Sonneratia hainanensis*
115	笔筒树	*Sphaeropteris lepifera*
116	台湾杉	*Taiwania cryptomerioides*
117	水青树	*Tetracentron sinense*
118	四合木	*Tetraena mongolica*
119	四数木	*Tetrameles nudiflora*
120	崖柏	*Thuja sutchuenensis*
121	长叶榧树	*Torreya jackii*
122	龙棕	*Trachycarpus nana*
123	三棱栎	*Trigonobalanus doichangensis*

（续）

二级		
序号	中　名	拉　丁　名
124	昆栏树	*Trochodendron aralioides*
125	观光木	*Tsoongiodendron odorum*
126	革苞菊	*Tugarinovia mongolica*
127	广西青梅	*Vatica guangxiensis*
128	版纳青梅	*Vatica xishuangbannaensis*

三级		
编号	中　名	拉　丁　名
1	秦岭冷杉	*Abies chensiensis*
2	长苞冷杉	*Abies georgei*
3	西伯利亚冷杉	*Abies sibirica*
4	刺五加	*Acanthopanax senticosus*
5	梓叶槭	*Acer catalpifolium*
6	庙台槭	*Acer miaotaiense*
7	羊角槭	*Acer yangjuechi*
8	顶果木	*Acrocarpus fraxinifolius*
9	云南七叶树	*Aesculus wangii*
10	油丹	*Alseodaphne hainanensis*
11	穗花杉	*Amentotaxus argotaenia*
12	田林细子龙	*Amesiodendron tienlinense*
13	沙冬青	*Ammopiptanthus mongolicus*
14	粗枝木楝(粗枝崖摩)	*Amoora dasyclada*
15	榆绿木	*Anogeissus acuminata* var. *lanceolata*
16	见血封喉	*Antiaris texioaria*
17	土沉香	*Aquilaria sinensis*
18	白桂木	*Artocarpus hypargyreus*
19	滇波罗蜜	*Artocarpus lakoocha*
20	短穗竹	*Brachystachyum densiflorum*
21	翠柏	*Calocedrus macrolepis*
22	锯叶竹节树	*Carallia diplopetala*
23	华南锥	*Castanopsis concinna*
24	吊皮锥	*Castanopsis kawakamii*
25	油朴	*Celtis wightii*
26	肥牛木	*Cephalomappa sinensis*
27	钻天柳	*Chosenia arbutifolia*

（续）

三级		
序号	中名	拉丁名
28	天竺桂	*Cinnamomum japonicum*
29	银叶桂	*Cinnamomum mairei*
30	沉水樟	*Cinnamomum micranthum*
31	蝴蝶果	*Cleidiocarpon cavaleriei*
32	华榛	*Corylus chinensis*
33	桂滇桐	*Craigia kwangsiensis*
34	海南巴豆	*Croton laui*
35	隐翼木	*Crypteronia paniculata*
36	德昌杉木	*Cunninghamia unicanaliculata*
37	蓖齿苏铁	*Cycas pectinata*
38	云南苏铁	*Cycas siamensis*
39	台湾苏铁	*Cycas taiwaniana*
40	大果青冈	*Cyclobalanopsis rex*
41	陆均松	*Dacrydium pierrei*
42	版纳黄檀	*Dalbergia fusca pierre* var. *enneandra*
43	降香黄檀	*Dalbergia odorifera*
75	火麻树	*Dendrocnide urentissima*
44	龙眼	*Dimocarpus longan*
45	盈江龙脑香	*Dipterocarpus retusus*
46	金钱槭	*Dipteronia sinensis*
47	小花龙血树	*Draeaena cambodiana*
48	绣球茜草	*Dunnia sinensis*
49	领春木	*Euptelea pleiospermum*
50	台湾水青冈	*Fagus hayatae*
51	海南梧桐	*Firmiana hainanensis*
52	水曲柳	*Fraxinus mandshurica*
53	绒毛皂荚	*Gleditsia japonica* var. *velutina*
54	苦梓	*Gmelina hainanensis*
55	银钟花	*Halesia macgregorii*
56	梭梭	*Haloxylon ammodendron*
57	白梭梭	*Haloxylon persicum*
58	瑞丽山龙眼	*Helicia shweliensis*
59	假山龙眼	*Heliciopsis henryi*
60	蝴蝶树	*Heritiera parvifolia*

（续）

三　级		
序号	中　名	拉　丁　名
61	光叶天料木	*Homalium lacticum* var. *glabratum*
62	无翼坡垒	*Hopea exalata*
63	琴叶风吹楠	*Horsfieldia pandurifolia*
64	滇南风吹楠	*Horsfieldia tetratepala*
65	海南大风子	*Hydnocarpus hainanesis*
66	黏木	*Ixonanthes chinensis*
67	云南黏木	*Ixonanthes cochinchinensis*
68	核桃楸	*Juglans mandshurica*
71	油杉	*Keleleeria fortunei*
70	黄枝油杉	*Keteleeria calcarea*
72	柔毛油杉	*Keteleeria pubescens*
73	旱地油杉	*Keteleeria xerophila*
69	蝟实	*Kolkwitzia amabilis*
74	云南紫薇	*Lagerstroemia intermedia*
76	白菊木	*Leucomeris decora*(*Gochnatia decora*)
77	天目木姜子	*Litsea auriculata*
78	五桠果叶木姜子	*Litsea dilleniifolia*
79	思茅木姜子	*Litsea pierrei* var. *szemois*
80	海南紫荆木	*Madhuca hainanensis*
81	天目木兰	*Magnolia amoena*
82	黄山木兰	*Magnolia cylindrica*
83	大叶木兰(大叶玉兰)	*Magnolia henryi*
84	厚朴	*Magnolia officinalis*
85	凹叶厚朴	*Magnolia officinalis* subsp. *biloba*
86	长喙厚朴	*Magnolia rostrata*
87	小花木兰(天女木兰)	*Magnolia sieboldii*
88	圆叶玉兰	*Magnolia sinensis*
89	西康玉兰	*Magnolia wilsonii*
90	宝华玉兰	*Magnolia zenii*
91	锡金海棠	*Malus sikkimensis*
92	林生杧果	*Mangifera sylvatica*
93	大果木莲	*Manglietia grandis*
94	红花木莲	*Manglietia insignis*
95	大叶木莲	*Manglietia magaphylla*

（续）

三　级		
序号	中　名	拉　丁　名
96	香籽含笑	*Micholia hedyesperma*
97	云南肉豆蔻	*Myristica yunnanensis*
98	水椰	*Nypa fructicans*
99	毛叶紫树(云南蓝果树)	*Nyssa yunnanensis*
100	红豆树	*Ormosia hosiei*
101	缘毛红豆	*Ormosia howii*
102	爪耳木	*Otophora unilocularis*
103	黄牡丹	*Paeonia delavayi* var. *lutea*
104	紫斑牡丹	*Paeonia suffruticosa* var. *papaveracea*
105	矮牡丹	*Paeonia suffruticosa* var. *spontanea*
106	乐东拟单性木兰	*Parakmeria lotungensis*
107	蛾嵋拟单性木兰	*Parakmeria omeiensis*
108	云南拟单性木兰	*Parakmeria yunnanensis*
109	合果木	*Paramichelia bailonii*
110	山红树	*Pellacalyx yunnanensis*
111	黄檗	*Phellodendron amurense*
112	闽楠	*Phoebe bournei*
113	浙江楠	*Phoebe chekiangensis*
115	滇楠	*Phoebe nanmu*
114	楠木	*Phoebe zhennan*
116	松毛翠	*Phyllodoce caerulea*
117	麦吊云杉	*Picea brachytyla*
118	西伯利亚云杉	*Picea obovata*
119	长叶云杉	*Picea smithiana*
120	华南五针松	*Pinus kwangtungensis*
121	喜马拉雅长叶松	*Pinus roxburghii*
122	西伯利亚红松	*Pinus sibirica*
123	樟子松	*Pinus sylvestris* var. *mongolica*
124	长白松	*Pinus sylvestris* var. *sylvestriformis*
125	兴凯湖松	*Pinus takahasii*
126	海南罗汉松	*Podocarpus annamiensis*
127	长叶竹柏	*Podocarpus fleuryi*
128	鸡毛松	*Podocarpus imbricatus*
129	绒毛番龙眼	*Pometia tomentosa*

（续）

三　　级		
序号	中　名	拉　丁　名
130	胡杨	*Populus euphratica*
131	灰胡杨	*Populus pruinosa*
132	思茅豆腐柴	*Premna szemaoensis*
133	蒙古扁桃	*Prunus mongolica*(*Amygdalus mongolica*)
134	黄杉	*Pseudotsuga sinensis*
135	台湾黄杉	*Pseudotsuga wilsoniana*
136	青檀	*Pteroceltis tatarinowii*
137	景东翅子树	*Pterospermum kingtungense*
138	勐仑翅子树	*Pterospermum menglunense*
139	云南翅子树	*Pterospermum yunnanense*
140	白辛树	*Pterostyrax psilophyllus*
141	筇竹	*Qiongzhuea tumidinoda*
142	粗齿梭罗	*Reevesia rotundifolia*
143	牛皮杜鹃	*Rhododendron chrysanthum*(*Rhododendron aureum*)
144	蓝果杜鹃	*Rhododendron cyanocarpum*
146	似血杜鹃	*Rhododendron haematodes*
147	和蔼杜鹃	*Rhododendron jucundum*
148	苞叶杜鹃	*Rhododendron redowskianum*
149	大王杜鹃	*Rhododendron rex*
151	硫黄杜鹃	*Rhododendron sulphureum*
145	棕背杜鹃	*Rhododendron alutaceum*
150	大树杜鹃	*Rhododendron protistum* var. *giganteum*
152	香水月季	*Rosa odorata*
153	玫瑰	*Rosa rugosa*
154	大叶柳	*Salix magnifica*
155	长白柳	*Salix polyaderia* var. *tschangbaischanica*
156	半枫荷	*Semiliquidambar cathayensis*
157	黄山花楸	*Sorbus amabilis*
158	紫茎	*Stewartia sinensis*
159	羽叶丁香	*Syringa pinnatifolia*
160	贺兰山丁香	*Syringa pinnatifolia* var. *alashanica*
161	沙生柽柳	*Tamarix taklamakanensis*
162	银鹊树	*Tapiscia sinensis*
163	喜马拉雅红豆杉	*Taxus wallichiana*

（续）

三　级		
序号	中　名	拉　丁　名
164	千果榄仁	*Terminalia myriocarpa*
165	朝鲜崖柏	*Thuja koraiensis*
166	红椿	*Toona oiliata*
167	云南榧树	*Torreya yunnanensis*
168	南方铁杉	*Tsuga chinensis* var. *tchekiangensis*
169	丽江铁杉	*Tsuga forrestii*
170	长苞铁杉	*Tsuga longibracteata*
171	琅琊榆	*Ulmus chenmoui*
172	长序榆	*Ulmus elongata*
173	醉翁榆	*Ulmus gaussenii*
174	青梅	*Vatiea mangachapoi*
175	干果木	*Xerospermum bonii*
176	任木	*Zenia insignis*

附录2 国家珍贵树种名录(第一批)

(1992年10月1日 林业部)

一级			
序号	树种名称	拉 丁 名	分 布
1	海南粗榧	*Cephalotaxus hainqnensts*	海南、广东、广西、西藏
2	巨柏	*Cupressus gigantea*	西藏
3	银杏(原生种)	*Ginkuo biloba*	浙江
4	百祖山冷杉	*Abies beshanzuensis*	浙江
5	梵净山冷杉	*Abies fanjingshanensis*	贵州
6	元宝山冷杉	*Abies yuanbaoshanensis*	广西
7	资源冷杉	*Abies ziyuanensis*	广西
8	银杉	*Cathaya argyrophylla*	广西、湖南、四川、贵州
9	白皮云杉	*Picea aurantiaca*	四川
10	康定云杉	*Picea montigena*	四川
11	南方红豆杉	*Taxus mairei*	华南、西南、及陕西
12	喜马拉雅红豆杉	*Taxus wallichiana*	西藏
13	水松	*Glyptostrobus pensilis*	广东、广西、福建、云南
14	水杉(原生种)	*Metasequoia glyptostroboides*	湖北、四川、湖南
15	秃杉	*Taiwania flousiana*	云南、湖北、贵州
16	普陀鹅耳枥	*Carpinus putoensis*	浙江
17	天目铁木	*Ostrya rehderiana*	浙江
18	伯乐树(钟萼木)	*Bretschneidera sinensis*	浙江、江西、湖南、湖北、广东、广西、贵州、云南、四川
19	膝柄木	*Bhesa sinensis*	广西
20	狭叶坡垒	*Hopea chinensis*	广西
21	坡垒	*Hopea hainanensis*	海南
22	毛叶坡垒	*Hopea mollissima*	云南
23	望天树	*Parashorea chinensis*	云南、广西
24	铁力木	*Mesua ferrea*	云南
25	大树杜鹃	*Rhododendron protistum*	云南
26	金丝李	*Garcinia paucinervis*	广西、云南
27	银叶桂	*Cinnamomum mairei*	四川、云南
28	降香黄檀	*Dalbergia odorifera*	海南
29	格木	*Erythrophleum fordii*	广西、广东、台湾
30	绒毛皂荚	*Gleditsiajaponica* var. *velutina*	湖南

（续）

序号	树种名称	拉　丁　名	分　布
		一　级	
31	珙桐	*Davidia involucrata*	陕西、湖北、湖南、贵州、四川、云南
32	光叶珙桐	*Davidia involucrata* var. *vilmoriniana*	陕西、湖北、湖南、贵州、四川、云南
33	香果树	*Emmenopterys henryi*	东南、华中、华南及陕西、河南、甘肃
34	黄波罗(黄檗)	*Phellodendron amurense*	大、小兴安岭，长白山，完达山，千山等山区
35	海南紫荆木	*Madhuca hainanensis*	海南
36	猪血木	*Eurydendron excelsum*	广西
37	蚬木	*Burretiodendron hsienmu*	广西、云南
		二　级	
序号	树种名称	拉　丁　名	分　布
1	篦子三尖杉	*Cephalotaxus oliveri*	江西、广东、广西、湖南、湖北、贵州、四川、云南
2	岷江柏木	*Cupressus chengiana*	四川、甘肃
3	福建柏	*Fokienia hodginsii*	浙江、福建、江西、广西、贵州、四川、云南
4	秦岭冷杉	*Abies chensiensis*	河南、湖北、陕西、甘肃
5	大院冷杉	*Abies dayuanensis*	湖南
6	长苞冷杉	*Abies georgei*	四川、云南、西藏
7	西伯利亚冷杉	*Abies sibirica*	新疆
8	黄枝油杉	*Keteleeria calcarea*	广西、湖南、贵州
9	海南油杉	*Keteleeria hainanensis*	海南
10	矩鳞油杉	*Keteleeria oblonga*	广西
11	柔毛油杉	*Keteleeria pubescens*	广西
12	太白红杉	*Larix chinensis*	陕西
13	四川红杉	*Larix mastersiana*	四川
14	麦吊云杉	*Picea brachytyla*	河南、湖北、甘肃、四川
15	大果青杆	*Picea neoveitchii*	河南、湖北、陕西、甘肃
16	西伯利亚云杉	*Picea obovata*	新疆
17	长叶云杉	*Picea smithiana*	西藏
18	大别山五针松	*Pinus dabeshanensis*	安徽、河南
19	红松(原生种)	*Pinus koraiensis*	黑龙江、吉林
20	雅加松	*Pinus massoniana* var. *hainanensis*	海南
21	喜马拉雅长叶松	*Pinus roxburghii*	西藏
22	西伯利亚红松	*Pinus sibirica*	新疆

（续）

二 级			
序号	树种名称	拉 丁 名	分 布
23	樟子松	*Pinus sylvestris* var. *mongolica*	大小兴安岭、内蒙古
24	长白松	*Pinus sylvestris* var. *sylvestriformis*	吉林
25	兴凯湖松	*Pinus takahasii*	黑龙江
26	毛枝五针松	*Pinus wangii*	云南
27	澜沧黄杉	*Pseudotsuga forrestii*	云南、西藏
28	黄杉	*Pseudotsuga sinensis*	湖南、湖北、四川、云南、贵州
29	长苞铁杉	*Tsuga longibracteata*	福建、广东、广西、湖南、贵州
30	陆均松	*Dacrydium pierrei*	海南
31	海南罗汉松	*Podocarpus annamiensis*	海南
32	台湾穗花杉	*Amentotaxus formosana*	台湾
33	云南穗花杉	*Amentotaxus yunnanensis*	云南
34	白豆杉	*Pseudotaxus chienii*	浙江、江西、湖南、广东、广西
35	东北红豆杉	*Taxus cuspidata*	黑龙江、吉林、辽宁
36	长叶榧树	*Tooreya jackii*	浙江、福建
37	羊角槭	*Acer yangjuechi*	浙江
38	云南金钱槭	*Dipteronia dyerana*	云南
39	蕉木	*Oncodostigma hainanense*	海南、广西
40	刺楸	*Kalopanax septemlobus*	东北、华北、华中、华南、西南
41	连香树	*Cercidiphyllum japonicum*	华北、西北、中南、西南
42	榆绿木	*Anogeissus acuminata* var. *lanceolata*	云南
43	四数木	*Tetrameles nudiflora*	云南
44	青皮	*Vatica mangachapoi*	海南
45	广西青梅	*Vatica guangxiensis*	广西
46	版纳青梅	*Vatica xishuangbannaensis*	云南
47	缙云猴欢喜	*Sloanea tsinyunensis*	四川
48	杜仲	*Eucommia ulmoides*	河南、陕西、甘肃、四川、贵州、湖南、湖北
49	东京桐	*Deutzianthus tonkinensis*	云南
50	台湾水青冈	*Fagus hayatae*	台湾
51	华南锥	*Castanopsis concinna*	广西、广东
52	蒙古栎	*Quercus mongolica*	河北、山西、内蒙古、东北
53	长柄双花木	*Disanthus cercidifolius* var. *longipes*	湖南、江西、浙江
54	喙核桃	*Annamocarya sinensis*	广西、贵州、云南
55	核桃楸	*Juglans mandshurica*	东北、华北

（续）

二 级			
序号	树种名称	拉 丁 名	分 布
56	云南樟	*Cinnamomum glanduliferum*	华中、华南、西南
57	思茅木姜子	*Litsea pierrei* var. *szemois*	云南
58	闽楠	*Phoebe bournei*	华东、华南、贵州
59	浙江楠	*Phoebe chekiangensis*	浙江、江西、福建
60	滇楠	*Phoebe nanmu*	云南、西藏
61	楠木	*Phoebe zhennan*	四川、贵州、湖北、湖南
62	版纳黑檀	*Dalbergia fusca* var. *enneandra*	云南
63	花榈木	*Ormosia henryi*	华东、华中、西南
64	山槐(原生种)	*Maackia amurensis*	东北、华中、华南、陕西
65	红豆树	*Ormasia hosiei*	华东、华中、西南、陕西
66	长蕊木兰	*Alcimandra cathcartii*	云南、西藏
67	鹅掌楸	*Liriodendron chinense*	江南各省
68	厚朴	*Magnolia officinalis*	甘肃、陕西、湖北、四川、贵州、广西
69	长喙厚朴	*Magnolia rostrata*	云南、西藏
70	香木莲	*Manglietia aromatica*	云南
71	大果木莲	*Manglietia grandis*	云南
72	大叶木莲	*Manglietia megaphylla*	云南
73	巴东木莲	*Manglietia patungensis*	湖北、湖南、四川
74	华盖木	*Manglietiastrum sinicum*	云南
75	香籽含笑	*Michelia hedyosperma*	广西、云南
76	水青树	*Tetracentron sinense*	华中、西北、西南
77	观光木	*Tsoogiodendron odorum*	华南、西南
78	麻楝	*Chukrasia tabularis*	广东、广西、云南、贵州
79	红椿	*Toona ciliata*	华南、西南
80	见血封喉	*Antiaris toxicaria*	云南、广东、广西、海南
81	云南肉豆蔻	*Myristica yunnanensis*	云南
82	水曲柳(原生种)	*Fraxinus mandschurica*	东北、华北
83	锯叶竹节树	*Carallia diplopetala*	广西
84	马尾树	*Rhoiptelea chiliantha*	贵州、广西、云南
85	钻天柳(原生种)	*Chosenia arbutifolia*	东北
86	野荔枝	*Litchi chinensis*	洋南、广东
87	紫荆木	*Madhuca pasquieri*	广东，广西、云南
88	蝴蝶树	*Heritiera parvifolia*	海南
89	野茶树	*Camellia sinensis* var. *assamica*	海南、贵州、广西、福建、广东、海南

（续）

二级			
序号	树种名称	拉丁名	分布
90	土沉香	*Aquilaria sinensis*	广东、海南、广西、云南
91	滇桐	*Craigia yunnanensis*	云南、贵州
92	椴木(原生种)	*Tilia tuan*	四川、湖北、贵州、广西、湖南、江西
93	榉木(原生种)	*Zelkova schneiderana*	秦岭、黄河流域至华南、西南
94	云南石梓	*Gmelina arborea*	云南
95	石梓	*Gmelina chinesis*	云南、海南

附录3　国家重点保护野生植物名录(第一批)

(国务院1999年8月4日批准　1999年9月9日发布施行)

序号	科　名	物种中文名	拉　丁　名	保护级别
1	三尖杉科	贡山三尖杉	*Cephalotaxus lanceolata*	Ⅱ
2	三尖杉科	篦子三尖杉	*Cephalotaxus oliveri*	Ⅱ
3	柏科	翠柏	*Calocedurs macrolepis*	Ⅱ
4	柏科	红桧	*Chamaecyparis formosensis*	Ⅱ
5	柏科	岷江柏木	*Cupressus chengiana*	Ⅱ
6	柏科	巨柏	*Cupressus gigantea*	Ⅰ
7	柏科	福建柏	*Fokienia hodginsii*	Ⅱ
8	柏科	朝鲜崖柏	*Thuja koraiensis*	Ⅱ
9	苏铁科	苏铁属(所有种)	*Cycas* spp.	Ⅰ
10	银杏科	银杏	*Ginkgo biloba*	Ⅰ
11	松科	百山祖冷杉	*Abies beshanzuensis*	Ⅰ
12	松科	秦岭冷杉	*Abies chensiensis*	Ⅱ
13	松科	梵净山冷杉	*Abies fanjingshanensis*	Ⅰ
14	松科	元宝山冷杉	*Abies yuanbaoshanensis*	Ⅰ
15	松科	资源冷杉(大院冷杉)	*Abies ziyuanensis*	Ⅰ
16	松科	银杉	*Cathaya argyrophylla*	Ⅰ
17	松科	台湾油杉	*Keteleeria davidiana* var. *formosana*	Ⅱ
18	松科	海南油杉	*Keteleeria hainanensis*	Ⅱ
19	松科	柔毛油杉	*Keteleeria pubescens*	Ⅱ
20	松科	太白红杉	*Larix chinensis*	Ⅱ
21	松科	四川红杉	*Larix mastersiana*	Ⅱ
22	松科	油麦吊云杉	*Picea brachytyla* var. *complanata*	Ⅱ
23	松科	大果青杆	*Picea neoveitchii*	Ⅱ
24	松科	兴凯赤松	*Pinus densiflora* var. *ussuriensis*	Ⅱ
25	松科	大别山五针松	*Pinus fenzeliana* var. *dabeshanensis*	Ⅱ
26	松科	红松	*Pinus koraiensis*	Ⅱ
27	松科	华南五针松(广东松)	*Pinus kwangtungensis*	Ⅱ
28	松科	巧家五针松	*Pinus spuamata*	Ⅰ
29	松科	长白松	*Pinus sylvestris* var. *sylvestriformis*	Ⅰ
30	松科	毛枝五针松	*Pinus wangii*	Ⅱ
31	松科	金钱松	*Pseudolarix amabilis*	Ⅱ
32	松科	黄杉属(所有种)	*Pseudotsuga* spp.	Ⅱ
33	红豆杉科	台湾穗花杉	*Amentotaxus formosana*	Ⅰ

（续）

序号	科　名	物种中文名	拉　丁　名	保护级别
34	红豆杉科	云南穗花杉	*Amentotaxus yunnanensis*	Ⅰ
35	红豆杉科	白豆杉	*Pseudotaxus chienii*	Ⅱ
36	红豆杉科	红豆杉属(所有种)	*Taxus* spp.	Ⅰ
37	红豆杉科	榧属(所有种)	*Torreya* spp.	Ⅱ
38	杉科	水松	*Glyptostrobus pensilis*	Ⅰ
39	杉科	水杉	*Metasequoia glyptostroboides*	Ⅰ
40	杉科	台湾杉	*Taiwania cryptomerioides*	Ⅱ
41	芒苞草科	芒苞草	*Acanthochlamys bracteata*	Ⅱ
42	槭树科	梓叶槭	*Acer catalpifolium*	Ⅱ
43	槭树科	羊角槭	*Acer yangjuechi*	Ⅱ
44	槭树科	云南金钱槭	*Dipteronia dyerana*	Ⅱ
45	夹竹桃科	富宁藤	*Parepigynum funingense*	Ⅱ
46	夹竹桃科	蛇根木	*Rauvolfia serpentina*	Ⅱ
47	萝藦科	驼峰藤	*Merrillanthus hainanensis*	Ⅱ
48	桦木科	盐桦	*Betula halophila*	Ⅱ
49	桦木科	金平桦	*Betula jinpingensis*	Ⅱ
50	桦木科	普陀鹅耳枥	*Carpinus putoensis*	Ⅰ
51	桦木科	天台鹅耳枥	*Carpinus tientaiensis*	Ⅱ
52	桦木科	天目铁木	*Ostrya rehderiana*	Ⅰ
53	伯乐树科	伯乐树(钟萼木)	*Bretschneidera sinensis*	Ⅰ
54	忍冬科	七子花	*Heptacodium miconioides*	Ⅱ
55	石竹科	金铁锁	*Psammosilene tunicoides*	Ⅱ
56	卫矛科	膝柄木	*Bhesa sinensis*	Ⅰ
57	卫矛科	十齿花	*Dipentodon sinicus*	Ⅱ
58	卫矛科	永瓣藤	*Monimopetalum chinense*	Ⅱ
59	连香树科	连香树	*Cercidiphyllum japonicum*	Ⅱ
60	使君子科	萼翅藤	*Calycopteris floribunda*	Ⅰ
61	使君子科	千果榄仁	*Erminalia myriocarpa*	Ⅱ
62	四数木科	四数木	*Etrameles nudiflora*	Ⅱ
63	龙脑香科	东京龙脑香	*Dipterocarpus retusus*	Ⅰ
64	龙脑香科	狭叶坡垒	*Hopea chinensis*	Ⅰ
65	龙脑香科	无翼坡垒(铁凌)	*Hopea exalata*	Ⅱ
66	龙脑香科	坡垒	*Hopea hainanensis*	Ⅰ
67	龙脑香科	多毛坡垒	*Hopea mollissima*	Ⅰ
68	龙脑香科	望天树	*Parashorea chinensis*	Ⅰ

（续）

序号	科 名	物种中文名	拉 丁 名	保护级别
69	龙脑香科	广西青梅	*Vatica guangxiensis*	Ⅱ
70	龙脑香科	青皮（青梅）	*Vatica mangachapoi*	Ⅱ
71	胡颓子科	翅果油树	*Elaeagnus mollis*	Ⅱ
72	大戟科	东京桐	*Deutzianthus tonkinensis*	Ⅱ
73	壳斗科	华南椎	*Castanopsis concinna*	Ⅱ
74	壳斗科	台湾水青冈	*Fagus hayatae*	Ⅱ
75	壳斗科	三棱栎	*Trigonobalanus doichangensis*	Ⅱ
76	苦苣苔科	瑶山苣苔	*Dayaoshania cotinifolia*	Ⅰ
77	苦苣苔科	单座苣苔	*Metabriggsia ovalifolia*	Ⅰ
78	苦苣苔科	秦岭石蝴蝶	*Petrocosmea qinlingensis*	Ⅱ
79	苦苣苔科	报春苣苔	*Primulina tabacum*	Ⅰ
80	苦苣苔科	辐花苣苔	*Thamnocharis esquirolii*	Ⅰ
81	禾本科	酸竹	*Acidosasa chinensis*	Ⅱ
82	金缕梅科	山铜材	*Chunia bucklandioides*	Ⅱ
83	金缕梅科	长柄双花木	*Disanthus cercidifolius* var. *longipes*	Ⅱ
84	金缕梅科	半枫荷	*Semiliquidambar cathayensis*	Ⅱ
85	金缕梅科	银缕梅	*Shaniodendron subaequalium*	Ⅰ
86	金缕梅科	四药门花	*Tetrathyrium subcordatum*	Ⅱ
87	唇形科	子宫草	*Skapanthus oreophilus*	Ⅱ
88	樟科	油丹	*Alseodaphne hainanensis*	Ⅱ
89	樟科	樟树（香樟）	*Cinnamomum camphora*	Ⅱ
90	樟科	普陀樟	*Cinnamomum japonicum*	Ⅱ
91	樟科	油樟	*Cinnamomum longepaniculatum*	Ⅱ
92	樟科	卵叶桂	*Cinnamomum rigidissimum*	Ⅱ
93	樟科	润楠	*Machilus nanmu*	Ⅱ
94	樟科	舟山新木姜子	*Neolitsea sericea*	Ⅱ
95	樟科	闽楠	*Phoebe bournei*	Ⅱ
96	樟科	浙江楠	*Phoebe chekiangensis*	Ⅱ
97	樟科	楠木	*Phoebe zhennan*	Ⅱ
98	豆科	黑黄檀（版纳黑檀）	*Dalbergia fusca*	Ⅱ
99	豆科	降香（降香檀）	*Dalbergia odorifera*	Ⅱ
100	豆科	格木	*Erythrophleum fordii*	Ⅱ
101	豆科	山豆根（胡豆莲）	*Euchresta japonica*	Ⅱ
102	豆科	绒毛皂荚	*Gleditsia japonica* var. *velutina*	Ⅱ
103	豆科	花榈木（花梨木）	*Ormosia henryi*	Ⅱ

（续）

序号	科　名	物种中文名	拉　　丁　　名	保护级别
104	豆科	红豆树	*Ormosia hosiei*	Ⅱ
105	豆科	缘毛红豆	*Ormosia howii*	Ⅱ
106	豆科	紫檀(青龙木)	*Pterocarpus indicus*	Ⅱ
107	豆科	油楠(蚌壳树)	*Sindora glabra*	Ⅱ
108	豆科	任豆(任木)	*Zenia insignis*	Ⅱ
109	木兰科	长蕊木兰	*Alcimandra cathcartii*	Ⅰ
110	木兰科	地枫皮	*Illicium difengpi*	Ⅱ
111	木兰科	单性木兰	*Kmeria septentrionalia*	Ⅰ
112	木兰科	鹅掌楸	*Liriodendron chinense*	Ⅱ
113	木兰科	大叶木兰	*Magnolia henryi*	Ⅱ
114	木兰科	馨香玉兰	*Magnolia odoratissima*	Ⅱ
115	木兰科	厚朴	*Magnolia ofifcinalis*	Ⅱ
116	木兰科	凹叶厚朴	*Magnolia officinalis* subsp. *biloba*	Ⅱ
117	木兰科	长喙厚朴	*Magnolia rostrata*	Ⅱ
118	木兰科	圆叶玉兰	*Magnolia sinensis*	Ⅱ
119	木兰科	西康玉兰	*Magnolia wilsonii*	Ⅱ
120	木兰科	宝华玉兰	*Magnolia zenii*	Ⅱ
121	木兰科	香木莲	*Manglietia aromatica*	Ⅱ
122	木兰科	落叶木莲	*Manglietia decidua*	Ⅰ
123	木兰科	大果木莲	*Manglietia grandis*	Ⅱ
124	木兰科	毛果木莲	*Manglietia hebecarpa*	Ⅱ
125	木兰科	大叶木莲	*Manglietia megaphylla*	Ⅱ
126	木兰科	厚叶木莲	*Manglietia pachyphylla*	Ⅱ
127	木兰科	华盖木	*Manglietiastrum sinicum*	Ⅰ
128	木兰科	石碌含笑	*Michelia shiluensis*	Ⅱ
129	木兰科	峨眉含笑	*Michelia wilsonii*	Ⅱ
130	木兰科	峨眉拟单性木兰	*Parakmeria omeiensis*	Ⅰ
131	木兰科	云南拟单性木兰	*Parakmeria yunnanensis*	Ⅱ
132	木兰科	合果木	*Paramichelia baillonii*	Ⅱ
133	木兰科	水青树	*Tetracentron sinense*	Ⅱ
134	楝科	粗枝崖摩	*Amoora dasyclada*	Ⅱ
135	楝科	红椿	*Toona ciliata*	Ⅱ
136	楝科	毛红椿	*Toona ciliata* var. *pubescens*	Ⅱ
137	防己科	藤枣	*Eleutharrhena macrocarpa*	Ⅰ
138	肉豆蔻科	海南风吹楠	*Horsfieldia hainanensis*	Ⅱ

（续）

序号	科　名	物种中文名	拉　丁　名	保护级别
139	肉豆蔻科	滇南风吹楠	*Horsfieldia tetratepala*	Ⅱ
140	肉豆蔻科	云南肉豆蔻	*Myristica yunnanensis*	Ⅱ
141	蓝果树科	喜树(旱莲木)	*Camptotheca acuminata*	Ⅱ
142	蓝果树科	珙桐	*Davidia involucrata*	Ⅰ
143	蓝果树科	光叶珙桐	*Davidia involucrata* var. *vilmoriniana*	Ⅰ
144	蓝果树科	云南蓝果树	*Nyssa yunnanensis*	Ⅰ
145	金莲木科	合柱金莲木	*Sinia rhodoleuca*	Ⅰ
146	铁青树科	蒜头果	*Malania oleifera*	Ⅱ
147	木犀科	水曲柳	*Fraxinus mandshurica*	Ⅱ
148	棕榈科	董棕	*Caryota urens*	Ⅱ
149	棕榈科	小钩叶藤	*Plectocomia microstachys*	Ⅱ
150	棕榈科	龙棕	*Trachycarpus nana*	Ⅱ
151	斜翼科	斜翼	*Plagiopteron suaveolens*	Ⅱ
152	毛茛科	粉背叶人字果	*Dichocarpum hypoglaucum*	Ⅱ
153	毛茛科	独叶草	*Kingdonia uniflora*	Ⅰ
154	马尾树科	马尾树	*Rhoiptelea chiliantha*	Ⅱ
155	茜草科	绣球茜(草)	*Dunnia sinensis*	Ⅱ
156	茜草科	香果树	*Emmenopterys henryi*	Ⅱ
157	茜草科	异形玉叶金花	*Mussaenda anomala*	Ⅰ
158	茜草科	丁茜	*Trailliaedoxa gracilis*	Ⅱ
159	芸香科	黄檗(黄波罗)	*Phellodendron amurense*	Ⅱ
160	芸香科	川黄檗(黄皮树)	*Phellodendron chinense*	Ⅱ
161	杨柳科	钻天柳	*Chosenia arbutifolia*	Ⅱ
162	无患子科	伞花木	*Eurycorymbus cavaleriei*	Ⅱ
163	无患子科	掌叶木	*Handeliodendron bodinieri*	Ⅰ
164	山榄科	海南紫荆木	*Madhuca hainanensis*	Ⅱ
165	山榄科	紫荆木	*Madhuca pasquieri*	Ⅱ
166	虎耳草科	黄山梅	*Kirengeshoma palmata*	Ⅱ
167	虎耳草科	蛛网萼	*Platycrater arguta*	Ⅱ
168	玄参科	呆白菜(崖白菜)	*Triaenophora rupestris*	Ⅱ
169	梧桐科	广西火桐	*Erythropsis kwangsiensis*	Ⅱ
170	梧桐科	丹霞梧桐	*Firmiana danxiaensis*	Ⅱ
171	梧桐科	海南梧桐	*Firmiana hainanensis*	Ⅱ
172	梧桐科	蝴蝶树	*Heritiera parvifolia*	Ⅱ
173	梧桐科	平当树	*Paradombeya sinensis*	Ⅱ

（续）

序号	科　名	物种中文名	拉　丁　名	保护级别
174	梧桐科	景东翅子树	*Pterospermum kingtungense*	Ⅱ
175	梧桐科	勐仑翅子树	*Pterospermum menglunense*	Ⅱ
176	安息香科	长果安息香	*Changiostyrax dolichocarpa*	Ⅱ
177	安息香科	秤锤树	*Sinojackia xylocarpa*	Ⅱ
178	瑞香科	土沉香	*Aquilaria sinensis*	Ⅱ
179	椴树科	柄翅果	*Burretiodendron esquirolii*	Ⅱ
180	椴树科	蚬木	*Burretiodendron hsienmu*	Ⅱ
181	椴树科	滇桐	*Craigia yunnanensis*	Ⅱ
182	椴树科	海南椴	*Hainania trichosperma*	Ⅱ
183	椴树科	紫椴	*Tilia amurensis*	Ⅱ
184	榆科	长序榆	*Ulmus elongata*	Ⅱ
185	榆科	榉树	*Zelkova schneideriana*	Ⅱ
186	马鞭草科	海南石梓(苦梓)	*Gmelina hainanensis*	Ⅱ
187	姜科	茴香砂仁	*Etlingera yunnanense*	Ⅱ
188	姜科	拟豆蔻	*Paramomum petaloideum*	Ⅱ
189	姜科	长果姜	*Siliquamomum tonkinense*	Ⅱ
190	口蘑科	松口蘑(松草)	*Tricholoma matsutake*	Ⅱ

注：本名录(第一批)不含蕨类植物，不含农业或渔业行政主管部门主管的裸子植物、被子植物、蓝藻与真菌。

附录4　江西省重点保护野生植物名录

（2005年8月31日公布——江西省林业厅）

序号	科　名	物种中文名	拉　丁　名	保护级别
1	紫金牛科	虎舌红	*Ardisia mamillata*	Ⅰ
2	兰科	所有兰科植物种	*Orchidaceae* spp.	Ⅰ
3	芸香科	山金柑（山橘）	*Fortunella hindsii*	Ⅰ
4	芸香科	金豆	*Fortunella hindsii* var. *chintou*	Ⅰ
5	瓶儿小草科	狭叶瓶儿小草	*Ophioglossum thermadle*	Ⅱ
6	松科	南方铁杉	*Tsugachinensis* var. *tchekiangensis*	Ⅱ
7	松科	长苞铁杉	*Tsuga longibracteata*	Ⅱ
8	罗汉松科	罗汉松	*Podocarpus macrophyllus*	Ⅱ
9	红豆杉科	穗花杉	*Amentotaxus argotaenia*	Ⅱ
10	槭树科	天目槭	*Acer sinopurpurascens*	Ⅱ
11	冬青科	大叶冬青	*Ilex latifolia*	Ⅱ
12	五加科	刺楸	*Kalopanax septemlobus*	Ⅱ
13	小檗科	八角莲	*Dysosma versipellis*	Ⅱ
14	杜英科	杜英属所有种	*Elaeocarpus* spp.	Ⅱ
15	杜仲科	杜仲	*Eucommia ulmoides*	Ⅱ
16	领春木科	领春木	*Euptelea pleiospermum*	Ⅱ
17	壳斗科	青钩栲	*Castanopsis kawakamii*	Ⅱ
18	樟科	沉水樟	*Cinnamomun micanthum*	Ⅱ
19	千屈菜科	紫薇属所有种	*Lagerstroemia* spp.	Ⅱ
20	木兰科	玉兰	*Magnolia denudata*	Ⅱ
21	木兰科	乐昌含笑	*Michelia chapensis*	Ⅱ
22	木兰科	观光木	*Tsoongiodendron odorum*	Ⅱ
23	桑科	白桂木	*Artocarpus hypargyreus*	Ⅱ
24	紫金牛科	血党（九管血）	*Ardisia brevicaulis*	Ⅱ
25	木犀科	桂花	*Osmanthus fragrans*	Ⅱ
26	毛茛科	短萼黄连	*Coptis chinensis* var. *brevisepala*	Ⅱ
27	安息香科	银钟花	*Halesia macgragorii*	Ⅱ
28	山茶科	山茶	*Camellia japonica*	Ⅱ
29	山茶科	长瓣短柱茶	*Camellia grijsii*	Ⅱ
30	山茶科	野茶树	*Camellia sinensis* var. *assamica*	Ⅱ
31	伞形科	明党参	*Changium smyrnioides*	Ⅱ
32	观音座莲科	福建观音座莲	*Angiopteris fakiensis*	Ⅲ

（续）

序号	科 名	物种中文名	拉 丁 名	保护级别
33	紫萁科	华南紫萁	*Osmunda vachellii*	Ⅲ
34	三尖杉科	三尖杉	*Cephalotaxus fortunei*	Ⅲ
35	三尖杉科	粗榧	*Cephalotaxus sinensis*	Ⅲ
36	买麻藤科	小叶买麻藤	*Gnetum parvifolium*	Ⅲ
37	松科	江南油杉	*Keteleeria cyclolepis*	Ⅲ
38	松科	铁坚油杉	*Keteleeria davidiana*	Ⅲ
39	松科	油杉	*Keteleeria fortunei*	Ⅲ
40	松科	铁杉	*Tsuga chinensis*	Ⅲ
41	罗汉松科	竹柏	*Podocarpus nagi*	Ⅲ
42	杉科	柳杉	*Cryptomeria fortunei*	Ⅲ
43	槭树科	三角槭	*Acer buergerianum*	Ⅲ
44	槭树科	樟叶槭	*Acer cinnamomifolium*	Ⅲ
45	槭树科	江西槭	*Acer kiangsiense*	Ⅲ
46	槭树科	色木槭(五角槭)	*Acer mono*	Ⅲ
47	槭树科	五裂槭	*Acer oliverianum*	Ⅲ
48	槭树科	鸡爪槭	*Acer palmatum*	Ⅲ
49	漆树科	黄连木	*Pistacia chinensis*	Ⅲ
50	冬青科	枸骨	*Ilex cornuta*	Ⅲ
51	冬青科	铁冬青	*Ilex rotunda*	Ⅲ
52	五加科	竹节人参	*Panax japonicus*	Ⅲ
53	桦木科	亮叶桦	*Betula luminifera*	Ⅲ
54	黄杨科	黄杨	*Buxus sinica*	Ⅲ
55	蜡梅科	柳叶蜡梅	*Chimonanthus salicifolius*	Ⅲ
56	金粟兰科	草珊瑚	*Sarcandra glabra*	Ⅲ
57	山竹子科	多花山竹子	*Garcinia multiflora*	Ⅲ
58	山茱萸科	山茱萸	*Cornus officinalis*	Ⅲ
59	杜英科	猴欢喜	*Sloanea sinensis*	Ⅲ
60	杜鹃花科	云锦杜鹃	*Rhododendron fortunei*	Ⅲ
61	杜鹃花科	背绒杜鹃	*Rhododendron hypoblematosum*	Ⅲ
62	杜鹃花科	井冈山杜鹃	*Rhododendron jingangshanicum*	Ⅲ
63	杜鹃花科	江西杜鹃	*Rhododendron kiangsiensis*	Ⅲ
64	杜鹃花科	红毛杜鹃	*Rhododendron rubrasthigosum*	Ⅲ
65	杜鹃花科	长蕊杜鹃	*Rhododendron stamineum*	Ⅲ
66	古柯科	东方古柯	*Erythroxylum kunthianum*	Ⅲ
67	大戟科	重阳木	*Bischofia polycarpa*	Ⅲ

（续）

序号	科 名	物种中文名	拉 丁 名	保护级别
68	壳斗科	红锥	*Castanopsis hystrix*	Ⅲ
69	壳斗科	岭南青冈	*Cyclobalanopsis championii*	Ⅲ
70	壳斗科	饭甑椆（青冈）	*Cyclobalanopsis fleuryi*	Ⅲ
71	壳斗科	赤皮椆（青冈）	*Cyclobalanopsis gilva*	Ⅲ
72	壳斗科	大叶青冈	*Cyclobalanopsis jenseniana*	Ⅲ
73	壳斗科	多穗柯	*Lithocarpus polystachyus*	Ⅲ
74	壳斗科	青檀	*Pteroceltis tatarinowii*	Ⅲ
75	壳斗科	青皮木	*Schoepfia jasminodora*	Ⅲ
76	龙胆科	条叶龙胆	*Gentiana manshurica*	Ⅲ
77	龙胆科	龙胆	*Gentiana scabra*	Ⅲ
78	金缕梅科	阿丁枫	*Altingia chinensis*	Ⅲ
79	金缕梅科	细柄阿丁枫	*Altingia gracilipes*	Ⅲ
80	金缕梅科	东京白克木（大果马蹄荷）	*Exbucklandia tonkinensis*	Ⅲ
81	金缕梅科	牛鼻栓	*Fortunearia sinensis*	Ⅲ
82	金缕梅科	长红檵木	*Loropetalum chinense* var. *semper-rubrum*	Ⅲ
83	金缕梅科	水丝梨	*Sycopsis sinensis*	Ⅲ
84	七叶树科	天师栗	*Aesculus wilsonii*	Ⅲ
85	胡桃科	青钱柳	*Cyclocarya paliurus*	Ⅲ
86	胡桃科	野核桃	*Juglans cathayensis*	Ⅲ
87	木通科	猫儿屎	*Decaisnea fargesii*	Ⅲ
88	樟科	华南桂	*Cinnamomum austrosinense*	Ⅲ
89	樟科	阴香	*Cinnamomum burmannii*	Ⅲ
90	樟科	肉桂	*Cinnamomum cassia*	Ⅲ
91	樟科	细叶香桂	*Cinnamomum chingii*	Ⅲ
92	樟科	香桂	*Cinnamomum subavenium*	Ⅲ
93	樟科	黑壳楠	*Lindera megaphylla*	Ⅲ
94	樟科	豹皮樟	*Litsea coreana* var. *sinensis*	Ⅲ
95	樟科	华东润楠（薄叶润楠）	*Machilus leptophylla*	Ⅲ
96	樟科	红楠	*Machilus thunbergii*	Ⅲ
97	樟科	湘楠	*Phoebe hunanensis*	Ⅲ
98	豆科	紫荆	*Cercis chinensis*	Ⅲ
99	豆科	香槐	*Cladrastis wilsonii*	Ⅲ
100	豆科	黄檀	*Dalbergia hupeana*	Ⅲ
101	豆科	软荚红豆	*Ormosia semicastrata*	Ⅲ
102	豆科	木荚红豆	*Ormosia xylocarpa*	Ⅲ

（续）

序号	科　名	物种中文名	拉　丁　名	保护级别
103	豆科	紫藤	*Wisteria sinensis*	Ⅲ
104	木兰科	天目木兰	*Magnolia amoena*	Ⅲ
105	木兰科	黄山木兰	*Magnolia cylindrica*	Ⅲ
106	木兰科	玉兰	*Magnolia denudata*	Ⅲ
107	木兰科	紫玉兰	*Magnolia liliflora*	Ⅲ
108	木兰科	小花木兰(天女木兰)	*Magnolia sieboldii*	Ⅲ
109	木兰科	仁昌木莲(桂南木莲)	*Manglietia chingii*	Ⅲ
110	木兰科	木莲	*Manglietia fordiana*	Ⅲ
111	木兰科	红花木莲	*Manglietia insignis*	Ⅲ
112	木兰科	乳源木莲	*Manglietia yuynanensis*	Ⅲ
113	木兰科	美毛含笑	*Michelia caloptila*	Ⅲ
114	木兰科	紫花含笑	*Michelia crassipes*	Ⅲ
115	木兰科	含笑花	*Michelia figo*	Ⅲ
116	木兰科	金叶含笑	*Michelia foveolata*	Ⅲ
117	木兰科	亮叶含笑	*Michelia fulgens*	Ⅲ
118	木兰科	深山含笑	*Michelia maudiae*	Ⅲ
119	木兰科	阔瓣含笑	*Michelia platypetala*	Ⅲ
120	木兰科	垂花含笑	*Michelia skinneriana*	Ⅲ
121	木兰科	乐东拟单性木兰	*Parakmeria lotungensis*	Ⅲ
122	桃金娘科	赤楠	*Syzygium buxifolium*	Ⅲ
123	桃金娘科	三叶赤楠	*Syzygium grijsii*	Ⅲ
124	蓝果树科	紫树(蓝果树)	*Nyssa sinensis*	Ⅲ
125	木犀科	连翘	*Forsythia suspensa*	Ⅲ
126	蔷薇科	尖咀林檎	*Malus melliana*	Ⅲ
127	蔷薇科	黄山花楸	*Sorbus amabilis*	Ⅲ
128	茜草科	巴戟天	*Morinda officinalis*	Ⅲ
129	天料木科	天料木	*Homalium cochinchinense*	Ⅲ
130	檀香科	华檀梨	*Pyrularia sinensis*	Ⅲ
131	无患子科	无患子	*Sapindus mukorossi*	Ⅲ
132	五味子科	五味子	*Schisandra chinensis*	Ⅲ
133	五味子科	华中五味子	*Schisandra sphaenanthera*	Ⅲ
134	省沽油科	省沽油	*Staphylea bumalda*	Ⅲ
135	省沽油科	银鹊树(瘿椒树)	*Tapiscia sinensis*	Ⅲ
136	梧桐科	密花梭罗树	*Reevesia pycnantha*	Ⅲ
137	山茶科	红花油茶	*Camellia chekiangoleasa*	Ⅲ

（续）

序号	科　名	物种中文名	拉　丁　名	保护级别
138	山茶科	全缘红花山茶	*Camellia subintegra*	Ⅲ
139	山茶科	杨桐	*Cleyera japonica*	Ⅲ
140	山茶科	天目紫茎	*Stewartia gemmata*	Ⅲ
141	山茶科	紫茎	*Stewartia sinensis*	Ⅲ
142	山茶科	厚皮香	*Ternstroemia gymnanthera*	Ⅲ
143	山茶科	小果石笔木	*Tutcheria microcarpa*	Ⅲ
144	伞形科	白花前胡	*Peucedanum praeruptorum*	Ⅲ
145	马鞭草科	单叶蔓荆	*Vitex trifolia* var. *simplicifolia*	Ⅲ
146	禾本科	实心竹	*Dendrocalamus striclus*	Ⅲ
147	禾本科	井冈寒竹	*Gelidocalamus stellatus*	Ⅲ
148	禾本科	厚壁毛竹	*Phyllostachys edulis* ‘Pachyloen’	Ⅲ
149	百合科	天门冬	*Asparagus cochinchinensis*	Ⅲ
150	百合科	七叶一枝花	*Paris polyphylla*	Ⅲ
151	百合科	延龄草	*Trillium tschonoskii*	Ⅲ

附录5 江西珍贵稀有濒危树种

摘自《江西森林》. 1986.

序号	中文名	学　名	生　境	分　布	等级
1	银杏	*Ginkgo biloba*	海拔 1000m 以下，地形平缓，土层深厚、湿润肥沃	多为寺庙、庭园栽培，彭泽有小片半天然林，全省有大树残存	Ⅱ
2	江南油杉	*Keteleeria davidiana*	生长在海拔 400 ~ 800m 常绿阔叶林内	大余县雷公陡有胸径 1m 高、30m 的大树，九连山有零星分布	Ⅱ
3	铁坚油杉	*Keteleeria davidiana*	多生长在海拔 600 ~ 1000m 的半阳坡	修水县桃坪有小片零星分布，有胸径 73cm、高 19m 的大树	Ⅱ
4	油杉	*Keteleeria davidiana*	生长在海拔 500 ~ 700m 低山丘陵常绿阔叶林	龙南、安远、南岭山地北坡零星分布	Ⅱ
5	冷杉一种	*Abies* sp.	生长在海拔 1600m 山谷溪旁落叶阔叶林中	井冈山主峰坪水山胡杨塔残留 4 株	Ⅱ
6	华东黄杉	*Pesudotsuga gaussenii*	生长在海拔 1200 ~ 1400m 南方铁杉华东黄杉混交林	三清山有半原始小片纯林，怀玉山玉京峰残留有天然林	Ⅱ
7	南方铁杉	*Tsuga chinensis* var. *tchekiangensis*	生长在海拔 1000 ~ 2000m 山坡、溪旁针叶林中	武功山、井冈山、黄冈山及怀玉山玉京峰有针阔混交林，武夷山自然保护区有 66.67hm^2 原始林	Ⅲ
8	长苞铁杉	*Tsuga longibracteata*	生长在海拔 400 ~ 700m 常绿阔叶林缘	上犹县五指峰、龙南县九连山、大余县内良石溪有小片天然林	Ⅱ
9	铁杉	*Txuga chinensis*	生长在海拔 1600 ~ 1900m 山坡和溪边	武夷山自然保护区有天然林	Ⅲ
10	金钱松	*Pseudolarix amabilis*	生长在海拔 500 ~ 1000m 平缓山谷湿润处	庐山、修水县残留极少自然单株，现多栽培	Ⅱ
11	华南五针松	*Pinus kwangtungensis*	生长在海拔 800 ~ 1400m 针阔混交林中	寻乌项山有零星分布	Ⅲ
12	水松	*Glyptostrobus pensilis*	生长在海拔 500m 以下田埂、溪旁、池塘水湿处	贵溪、弋阳、横峰等县（市）有自然单株分布，余江县有大树残存	Ⅰ
13	柳杉	*Cryptomeria fortunei*	海拔 800 ~ 1400m 山坡平缓处柳杉、铁杉混交林中	庐山、武夷山自然保护区有残留古树或半天然林	Ⅲ
14	福建柏	*Fokienia hodginsii*	生长在海拔 800 ~ 1200m 常绿阔叶林或山地针叶林中	井冈山五指峰有混交林，德兴三清山、上犹寺下有零星分布	Ⅰ
15	竹柏	*Podocarpus nagi*	生长在海拔 500m 以下河谷两岸沙地或常绿阔叶林中	泰和、大余、贵溪、弋阳、安福、赣县、龙南等县（市）有大树残留，宜丰县桥西大畲、井冈山下溪、靖安县周坊有小片天然林	Ⅱ
16	罗汉松	*Podocarpus macrophyllus*	生长在海拔 500m 以下庙宇、祠堂、村庄附近	贵溪、吉安、庐山、东乡等县（市）有千年以上古树	Ⅱ
17	粗榧	*Cephalotaxus sinensis*	生长在海拔 800 ~ 1000m 的落叶阔叶林或山地针叶林中	庐山、幕阜山、井冈山有零散分布	Ⅲ
18	三尖杉	*Cephalotaxus fortunei*	生长在海拔 800 ~ 1000m 的落叶阔叶林或山地矮曲林内	普遍零星分布，泰和县天湖山有小片混交的天然林	

（续）

序号	中文名	学　名	生　境	分　布	等级
19	篦子三尖杉	*Cephalotaxus oliveri*	生长在海拔400～1000m山地沟谷常绿林或针叶林中	武夷山、九岭山、铜鼓大沩山、宜丰大港山有零星分布	Ⅱ
20	南方红豆杉	*Taxus chinensis* var. *mairei*	生长在海拔500～1000m沟谷缓坡常绿或落叶阔叶林	全省有零散分布，九连山坪坑、井冈山下角岽有小片天然林	Ⅲ
21	白豆杉	*Pseudotaxus chienii*	生长在海拔1200～1400m杜鹃矮林或山地针叶林中	井冈山五指峰、武功山、怀玉山玉京峰有极少分布	Ⅰ
22	穗花杉	*Amentotaxus argotaenia*	生长在海拔500m左右的阴湿溪谷常绿阔叶林内	宜丰、铜鼓、永新县等地，武功山、官山自然保护区有20hm^{2}天然林	Ⅱ
23	香榧	*Torreya grandis*	生长在海拔500～1000m河谷两岸或村庄附近	赣东北山地有零星分布，现多栽培；黎川县德胜关岩前林场有小片残林分布	Ⅱ
24	野核桃	*Juglans cathayensis*	多生长在海拔500～1000m的落叶阔叶林中	官山、井冈山、武夷山自然保护区内有小片天然混交林	Ⅲ
25	青钱柳	*Cyclocarya paliurus*	生长在海拔800～1200m阔叶林内	全省普遍零星分布	Ⅱ
26	亮叶桦（光皮桦）	*Betula luminifera*	多生长在海拔600～1200m阔叶林内	山地零星分布，武夷山有混交林	Ⅲ
27	红椎	*Castanopsis hystrix*	生长在海拔350～1000m沟谷常绿阔叶林内	九连山、项山有天然林，其余为零星分布	Ⅲ
28	赤皮椆（赤皮青冈）	*Cyclobalanopsis gilva*	生长在海拔500m左右以苦槠、青冈为主的常绿阔叶林	彭泽、广昌、万载等县有残留大树	Ⅱ
29	饭甑椆（井冈山槠）	*Cyclobalanopsis fleuryi*	生长在海拔500～800m的常绿阔叶林中	井冈山、大余零星分布和有小片天然林	Ⅲ
30	岭南青冈	*Cyclobalanopsis championii*	多生长在海拔100～1000m的山地林中	永丰县龙岗高车有天然林分布	Ⅲ
31	青钩栲（吊皮锥）	*Castanopsis kawakamii*	生长在海拔200～1000m的山地林中	全南、井冈山有分布	Ⅱ
32	青檀	*Pteroceltis tatarinowii*	多生长在海拔500m以下石灰岩丘陵地	九江、武宁、瑞昌、彭泽、婺源、万载、庐山、铜鼓有零星分布	Ⅱ
33	白桂木（将军树）	*Artocarpus hypargyraua*	生长在海拔500m左右常绿阔叶林中	安福、吉安、永丰、兴国、龙南、寻乌、井冈山有零星分布，吉安县河岗庙有胸径1.5m大树	Ⅱ
34	青皮木	*Sehoepfia jasminodora*	多生长在海拔500～1000m的疏林灌丛中	山地有极零星分布，永新、莲花等县分布较集中常在阔叶林中与毛竹混交	Ⅲ
35	华檀梨（油葫芦）	*Pyrularia sinensis*	生长在海拔500m左右常绿阔叶林中	大余内良雷公陡、井冈山、德兴、泰和、玉山等地有极少分布。常在阔叶林中与毛竹混交	Ⅱ
36	领春木	*Euptelea pleiospermum*	生长在海拔900m左右溪边落叶阔叶林中	仅在武夷山发现有少量零星分布	Ⅱ
37	连香树	*Cercidiphyllum japonicum*	多生长在海拔700～1000m的落叶阔叶林中	武夷山、庐山、宜春、婺源等地有单株分布，全省仅发现10株，萌生枝较多	Ⅱ
38	猫儿屎	*Decaisnea insignis*	生长在海拔500～1000m阴坡或阔叶混交林中	鄣公山及九岭山地有极少分布	Ⅲ
39	鹅掌楸	*Liriodendron chinense*	生长于海拔800～1400m山坡混交林中	武夷山、九岭山、庐山有自然分布，修水五梅山、庐山东谷有大树残留	Ⅱ

（续）

序号	中文名	学　名	生　境	分　布	等级
40	天目木兰	*Magnolia amoena*	生长在海拔700～1000m苦槠青冈林或甜槠枫香林中	婺源鄣公山、德兴三清山、高安华林山、宜丰洞山有零星分布	Ⅱ
41	黄山木兰	*Magnolia cylindrica*	多生长在海拔1500m山地阔叶林中	井冈山坪水山、怀玉山、武夷山有零星分布	Ⅲ
42	凹叶厚朴	*Magnolia officinalis* subsp. *biloba*	生长在海拔1000m左右落叶阔叶林中	全省山地都有零星分布	Ⅲ
43	玉兰	*Magnolia denudata*	生长在海拔300～1000m沟谷溪岸，常绿或落叶林中	全省山地都有零星分布	Ⅲ
44	小花木兰（天女木兰）	*Magnolia sieboldii*	生长在海拔1000～1500m阴坡落叶阔叶林中	武夷山、武功山、怀玉山玉京峰有零星分布	Ⅲ
45	红花木莲	*Manglietia insignis*	生长在海拔1300m以下常绿阔叶林中	九岭山、井冈山五指峰有零星分布，官山自然保护区有小片天然林	Ⅱ
46	木莲	*Manglietia fordiana*	生长在海拔300～1000m沟谷溪旁常绿阔叶林缘	赣中、赣南山地有零星分布，玉山有小片天然林	Ⅲ
47	美毛含笑	*Michelia caloptila*	生长在海拔500m左右的常绿阔叶林中	贵溪浪岗、资溪马头山有极少分布	Ⅱ
48	深山含笑	*Michelia maudiae*	生长在海拔300～700m常绿阔叶林边或溪谷旁	九连山、井冈山、武夷山、大余天华山等地有零星分布	Ⅲ
49	乐昌含笑	*Michelia chapensis*	生长在海拔500m左右常绿林内	九连山、项山有分布。井冈山自然保护区有天然林	Ⅲ
50	紫花含笑	*Michelia crassipes*	生长在海拔700m左右常绿阔叶林下或沟谷溪旁	井冈山、莲花六市、德兴大茅山、宜丰官山有零星分布	Ⅱ
51	锈毛含笑	*Michelia skinneriana*	生长在海拔600m以下常绿阔叶林中及沟谷溪旁	井冈山、遂川、全南、寻乌有零星分布	Ⅲ
52	亮叶含笑	*Michelia fulgens*	生长在海拔500m左右常绿阔叶林中	九连山、井冈山、武夷山有零星分布	Ⅱ
53	乐东拟单性木兰	*Parakmeria lotungensis*	生长在海拔500～900m的山谷常绿阔叶林内	安远、崇义、黎川、大余、井冈山等地有少量分布	Ⅱ
54	观光木	*Tsoongiodendron odorum*	生长在海拔300～500m沟谷常绿阔叶林内	–	Ⅰ
55	柳叶蜡梅	*Chimonanthus salicifolius*	生长在海拔500～800m河谷两岸常绿林下或林缘	广丰、修水个别地方有极少分布	Ⅲ
56	沉水樟	*Cinnamomum micranthum*	生长在海拔500m以下常绿阔叶林中	赣州、吉安市有分布，以安福县陈山林场和遂川县新江林场较为集中	Ⅱ
57	细叶香桂	*Cinnamomum subavenium*	生长在海拔500～800m常绿林内	赣中、赣南有零星分布	Ⅲ
58	天竺桂	*Cinnamomum japonicum*	生长在海拔800m以下常绿阔叶林中	全省山地都有零星分布，井冈山岩林嶂分布较集中	Ⅲ
59	毛桂	*Cinnamomum appelianum*	生长在海拔500m以下常绿林中	南岭山地有零星分布	Ⅲ
60	华南樟（华南桂）	*Cinnamomum austrosinense*	生长在海拔500m左右的常绿阔叶林中	江西中部以南山地有零星分布	Ⅲ

（续）

序号	中文名	学　　名	生　　境	分　　布	等级
61	阴香	*Cinnamomum burmannii*	生长在海拔800m以下常绿林中	武功山山地有零星分布	Ⅲ
62	黑壳楠	*Lindera megaphylla*	生长在海拔500m左右常绿阔叶林中	全省山地都有零星分布	Ⅲ
63	红楠	*Machilus thunbergii*	生长在海拔1000m以下常绿林或针阔混交林中	全省分布，九连山、井冈山有天然林和大树残留	Ⅲ
64	闽楠	*Phoebe bournei*	生长在海拔800m以下常绿阔叶林中	赣中、赣南山地有零星分布，井冈山、九连山有天然林	Ⅲ
65	湘楠	*Phoebe hunanensis*	生长在海拔500m以下常绿阔叶林中	永丰、泰和、宜丰有小片天然林分布和大树残留	Ⅲ
66	天目木姜子	*Litsea auriculata*	生长于海拔800～1000m的混交林中	分布于武宁、靖安交界的九岭山地	Ⅲ
67	伯乐树（钟萼木）	*Bretschneidera sinensis*	生长在海拔800m左右的山地阔叶林中	零星分布，井冈山大垭口有小片天然林，靖安北港竹篙岭有20余株，官山有胸径1.2m大树	Ⅰ
68	蛛网萼	*Platycrater arguta*	生长在海拔300～800m的常绿阔叶林林下阴湿处	资溪马头山有多重分布，贵溪浪岗、上饶五府山、资溪天华山等地有零星分布	Ⅱ
69	蕈树（阿丁枫）	*Altingia chinensis*	生长在海拔400～800m的常绿阔叶林中	赣中、赣南有残存的小片天然林	Ⅲ
70	细柄蕈树	*Altingia gracilipes*	生于海拔500m左右阔叶林中或林缘	九连山、安远、贵溪残存小片次生林	Ⅲ
71	长柄双花木	*Disanthus cercidifolius* var. *longipes*	生长于海拔500m左右常绿阔叶林中	江西中部的军峰山、官山、武夷山有零星分布，宁冈县山东有成片分布	Ⅰ
72	东京白克木（大果马蹄荷）	*Exbucklandia tonkinensis*	生长在海拔700～1000m常绿阔叶林中	赣中、赣南山地有零星分布，井冈山有小片天然林	Ⅱ
73	牛鼻栓	*Fortunearia sinensis*	生长在海拔1000m左右的落叶阔叶林中	赣北山地有零星分布	Ⅲ
74	半枫荷	*Semiliquidambar cathayensis*	生长在海拔400～800m的常绿阔叶林中	崇义、信丰、大余、龙南、安远、井冈山、贵溪山地有零星分布	Ⅱ
75	杜仲	*Eucommia ulmoides*	生长在海拔1000m的落叶阔叶林中	仅在武宁、庐山有残留单株，现多人工栽培	Ⅱ
76	水丝梨	*Sycopsis sinensis*	生长在海拔500～700m常绿林中	南岭山地有零星分布	Ⅲ
77	紫荆	*Cercis chinensis*			Ⅲ
78	胡豆莲（山豆根）	*Euchresta japonica*	生长于海拔500m以下的沟谷溪旁	靖安、遂川、崇义、龙南、寻乌、井冈山等地有零星分布	Ⅲ
79	花榈木	*Ormosia henryi*	生长于海拔800m以下，山地杂木林中或山坡灌丛中		Ⅲ
80	红豆树	*Ormosia hosiei*	生长于海拔500～800m沟谷溪流两旁山地	资溪、广昌、南丰等县有分布	Ⅲ

（续）

序号	中文名	学　名	生　境	分　布	等级
81	软荚红豆	*Ormosia semicastrata*	海拔500m以下常绿阔叶林中	九连山自然保护区、井冈山下溪洪坪有零星分布	Ⅱ
82	木荚红豆	*Ormosia xylocarpa*	海拔500m以下常绿阔叶林中	赣中、赣南山地有零星分布	Ⅱ
83	香槐	*Cladrastis wilsonii*	生长在海拔800～1000m左右落叶阔叶林中	幕阜山、武功山稀有零星分布	Ⅲ
84	黄皮树	*Phellodendron chinense*	生长在海拔800～1400m常绿落叶阔叶混交林内	武功山、九岭山一带有少数零星分布	Ⅱ
85	东方古柯	*Erythroxylum kunthianum*	生长在海拔900m左右的山坡林边	赣中以南山地分布，九连山有胸径10cm，高9m的小乔木	Ⅲ
86	毛红椿	*Toona ciliate* var. *pubescens*	生长在海拔500～800m的沟谷常绿林或落叶阔叶林	武夷山、官山、井冈山自然保护区有零星分布	Ⅱ
87	黄杨（黄杨木）	*Buxus sinica*	生长在海拔1700～1900m山地矮曲林内	武夷山自然保护区内有小片天然林分布	Ⅲ
88	伞花木	*Eurycorymbus cavaleriei*	生长在海拔800m左右阴湿沟谷林中	安福明月山、陈山、莲花、崇义、大余、井冈山等地有极少零星分布	Ⅰ
89	永瓣藤	*Monimopetalum chinense*	多生长在低山阔叶林下或溪谷旁石上	省境东北部及西部有极少零星分布	Ⅰ
90	省沽油	*Staphylea bumalba*	生于海拔500～1000m阔叶混交林中	江西北部山地有零星分布	Ⅲ
91	银鹊树（瘿椒树）	*Tapiscia sinensis*	生于海拔800m左右针阔混交林中	分布于庐山、九岭山、武夷山，官山自然保护区有天然林	Ⅱ
92	江西槭	*Acer kiangsiense*	多生长在海拔500～1000m疏林中	南丰军峰山、安福武功山有零星分布	Ⅲ
93	天师栗	*Aesculus wilsonii*	生长在海拔700～1000m稀疏的阔叶混交林中	自然分布极少，仅武宁、宜丰、萍乡偶见单株，井冈山有小片天然林	Ⅱ
94	密花梭罗树	*Reevesia pycnantha*	多生于海拔700m左右的常绿阔叶林中	江西中南部山地有零星分布	Ⅲ
95	猴欢喜	*Sloanea sinensis*	生长在海拔700m以下溪谷两岸常绿阔叶林中	全省山地有零星分布	Ⅲ
96	中华猕猴桃	*Actinidia chinensis*	生于海拔500～1000m次生灌丛或林缘	全省山地有小片或零散分布	Ⅲ
97	毛花猕猴桃	*Actinidia eriantha*	多生于海拔250～1100m的山谷、溪边或林缘灌丛	井冈山、寻乌、南岭山地有零星分布	Ⅲ
98	茶梨	*Anneslea fragrans*	生长在海拔500m左右常绿阔叶林中	九连山、井冈山等地有零星分布	Ⅲ
99	长瓣短柱茶	*Camellia grijsii*	多生长在海拔1300m左右山地林间	武夷山、井冈山、黎川有零星分布	Ⅱ
100	红花油茶	*Camellia chekiangoleasa*	生长于海拔800～1200m针叶林或溪谷两岸	怀玉山有小片天然林，现多为栽培	Ⅲ

（续）

序号	中文名	学　名	生　境	分　布	等级
101	全缘红山茶（全缘叶山茶）	*Camellia subintegra*	生于海拔700～1100m毛竹或常绿阔叶林林缘	武功山及其余脉明月山有单株或小片分布	Ⅱ
102	舟柄茶	*Hartia sinensis*	生于海拔500m左右常绿阔叶林中	江西中部以南山地有分布	Ⅲ
103	井冈山厚皮香	*Ternstroemia subrotundifolia*	生于海拔500～1000m常绿林内	井冈山、武夷山有零星分布	Ⅲ
104	银木荷	*Schima argentea*	生长在海拔500～900m常绿阔叶林或混交林中	罗霄山地（遂川、井冈山）、九岭山地西部有分布	Ⅲ
105	紫茎	*Stewartia sinensis*	多生长在海拔1100～2200m的山谷或溪旁阔叶林中	庐山、九岭山、武夷山等地有零星分布	Ⅲ
106	小果石笔木	*Tutcheria microcarpa*	生长在海拔500m左右常绿阔叶林中	江西中部以南山地有零散分布	Ⅲ
107	多花山竹子	*Garcinia multiflora*	生长在海拔500m左右常绿阔叶林中	江西中部吉安、泰和以南山地有零散分布	Ⅲ
108	天料木	*Homalium cochinchinense*	生长在海拔500m左右常绿阔叶林中	赣中以南山地有零星分布	Ⅲ
109	山拐枣	*Poliothyrsis sinensis*	多生于海拔700m以上的阔叶林中	庐山、贵溪、怀玉山、井冈山有零星分布	Ⅱ
110	翻白叶树	*Pterospermum heterophyllum*	生长在海拔500m左右常绿阔叶林中	龙南九连山、信丰油山、泰和桥头、井冈山偶见分布	Ⅲ
111	紫树	*Nyssa sinensis*	多生于海拔800～1400m阔叶林中	普遍零星分布，井冈山、庐山有大树残留	Ⅲ
112	岗松	*Baeckea frutescens*	生于海拔500以下马尾松林内	永丰古县、潭城，乐安金竹以南有天然分布	Ⅲ
113	短梗幌伞枫	*Heteropanax brevipedicellatus*	生于海拔500m左右常绿林内	九连山、武夷山南端有零星分布	Ⅲ
114	光皮树（光皮梾木）	*Swida wilsoniana*	生于海拔500m左右山谷缓坡常绿林内	于都、兴国、大余等县有小片半人工林	Ⅲ
115	山茱萸	*Cornus officinalis*	生于海拔800m左右的阔叶混交林中	分布极为稀少，仅兴国、贵溪有个别单株	Ⅱ
116	江西山柳	*Clethra kiangsiensis*	生于海拔1000m左右山地灌丛中	九岭山南坡零星分布	Ⅲ
117	江西杜鹃	*Rhododendron kiangsiense*	生于海拔1200m以上山地灌丛或林缘	武夷山、井冈山、武功山零星分布	Ⅱ
118	井冈山杜鹃	*Rhododendron jingangshanicum*	生长在海拔1000m以上山地灌丛中或林缘	井冈山零星分布	Ⅱ
119	厚叶照山白（毛果杜鹃）	*Rhododendron seniavinii* var. *crassifolium*	生于海拔500～1000m山地灌丛中	井冈山、遂川零散分布	Ⅲ
120	云锦杜鹃	*Rhododendron fortunei*	生长在海拔1000m以上山地灌丛中或阔叶林下	庐山、武夷山有零星分布，井冈山坪水山有较集中分布	Ⅲ

（续）

序号	中文名	学　名	生　境	分　布	等级
121	背绒杜鹃	*Rhododendron hypoblematosum*	多分布于海拔 600 ~ 1000m 山地灌丛中	遂川、井冈山等地有零星分布	Ⅲ
122	长蕊杜鹃	*Rhododendron stamineum*	多生长在低山灌丛或疏林中	井冈山、遂川、宁冈等有零星分布	Ⅲ
123	黄山杜鹃	*Rhododendron maculiferum* subsp. *anhweiense*	生于海拔 1000m 以上山地灌丛中或阔叶林下	怀玉山、鄣公山、武夷山有零星分布	Ⅱ
124	银钟花	*Halesia macgregorii*	生于海拔 700 ~ 1000m 常绿或落叶阔叶林中	武夷山、井冈山、官山、九连山有零星分布	Ⅱ
125	苦梓	*Gmelina hainanensis*	多生于山地阔叶林中	赣南山地有零星分布	Ⅱ
126	厚壳树	*Ehretia thyrsiflora*	生长在海拔 800m 以下低山丘陵常绿林或混交林中	九岭山、庐山有零星分布。赣州市有残存大树	Ⅲ
127	单叶蔓荆	*Vitex trifolia* var. *simplicifolia*	生于湖滨砂地	都昌、星子鄱阳湖滨有分布	Ⅲ
128	山牡荆	*Vitex quinata*	多生于低山溪谷和山坡阔叶林边	万安棉津、永丰石马、靖安周坊有大树残留	Ⅱ
129	香果树	*Emmenopterys henryi*	生于海拔 500 ~ 1000m 山地落叶林或针阔混交林中	全省山地零星分布，庐山黄龙寺、靖安北港南排分布较集中	Ⅰ
130	方竹	*Chimonobambusa quadrangularis*	生于海拔 700m 以下低山阔叶林林缘或林下	江西南部及西部有分布，面积狭小	Ⅲ
131	实心竹	*Phyllostachys heteroclada* f. *solida*	多生于海拔 800m 以下丘陵沟谷针阔混交林中	九岭山、九连山有零星分布	Ⅲ
132	厚皮毛竹（厚壁毛竹）	*Phyllostachys edulis* f. *pachyloen*	生长在海拔 500m 左右常绿落叶阔叶混交林中	宜丰石花尖林区东斜坑仅残存 13 株	Ⅱ
133	花冈毛竹	*Phyllostachys bambusoides* var. *castill*	生于海拔 700m 左右针阔混交林中	井冈山、大茅山有极少分布，宜丰罗汉塞西庵分布 $2hm^2$ 多亩	Ⅱ
134	人面竹	*Phyllostachys aurea*	生于海拔 800m 以下山腰、山脚或房前屋后栽培	九岭山、井冈山有小量块状分布，崇义有胸围 45cm 的大竹分布，大多为人工栽培	Ⅲ
135	紫竹	*Phyllostachys nigra*	生于海拔 400m 以下针阔混交林中	各地有零星分布，多栽庭园、庙宇、村庄前后	Ⅲ
136	寻乌藤竹（火筒竹）	*Schizostachyum xinwuense*	生于海拔 500m 以下沟谷常绿阔叶林缘	寻乌南部神光乡有极少分布	Ⅱ
137	井冈寒竹	*Gelidocalamus stellatus*	生于海拔 400 ~ 700m 林下，溪边密集生长	井冈山下庄、行洲、寻乌小龙归均有分布	Ⅲ
138	油苦竹	*Pleioblastus oleosus*	生于海拔 600 ~ 800m 阔叶林内	兴国县均福山有分布	Ⅲ
139	河边竹（毛凤凰竹）	*Bambusa strigosa*	生于海拔 500m 左右的溪流河边	见于寻乌县鹅坪坪山村	Ⅱ

参考文献

1. 江西省林业志编辑委员会 . 1999. 江西省林业志[M]. 合肥：黄山书社.
2. 江西森林编委会 . 1986. 江西森林[M]. 北京：中国林业出版社.
3. 祁承经，林亲众 . 2001. 湖南树木志[M]. 长沙：湖南科技出版社.
4. 潘志刚，游应天等 . 1994. 中国主要外来树种引种栽培[M]. 北京：北京科学技术出版社.
5. 顾万春，王棋等 . 1998. 森林遗传资源概论[M]. 北京：中国科学技术出版社.
6. 涂忠虞，沈熙环 . 1993. 中国林木遗传育种进展[M]. 北京：科学技术文献出版社.
7. 中国树木志编委会 . 1981. 中国主要树种造林技术[M]. 北京：中国林业出版社.
8. 涂忠虞，黄敏仁 . 1991. 阔叶树遗传改良[M]. 北京：科学技术文献出版社.
9. 潘志刚 . 1992. 湿地松、火炬松种源试验研究[M]. 北京：北京科学技术出版社，
10. 江西省上饶地区林业科学研究所 . 1979. 优良速生珍贵树种[M]. 南昌：江西人民出版社.
11. 江西省上饶地区林业科学研究所 . 1983. 优良速生珍贵树种续集[M]. 南昌：江西人民出版社.
12. 周家骏，高林 . 1985. 优良阔叶树种造林技术[M]. 杭州：浙江科学技术出版社.
13. 孙时轩等 . 1987. 林木种苗手册(下)[M]. 北京：中国林业出版社.
14. 游松涛，钟丽等 . 2006. 林木良种基地是保存和利用种质资源的有效途径[J]. 江西林业科技(5)：48 –50.
15. 顾万春 . 2001. 中国种植业大观・林业卷[M]. 北京：中国农业科技出版社.
16. 丁思统，李霞和夏小兰 . 2004. 江西古树资源要致力于多维开发[J]. 江西林业科技(3)：44 –45.
17. 国家林业局公告 . 2002 年第 2 号(政府公文).
18. 潘志刚，游应天 . 1991. 湿地松、火炬松、加勒比松引种栽培[M]. 北京：北京科技出版社.
19. 王明庥 . 1989. 林木育种学概论[M]. 北京：中国林业出版社.
20. 潘志刚 . 1991. 外来树种引种研究[M]. 北京：中国林业出版社.

21. 林富荣，顾万春.2002. 植物种质资源设施保存研究进展[C]. 全国种质资源调查培训班.
22. 詹有生等.2001. 薄壳山核桃高产培育技术[J]. 江西林业科技(1)：16－18.
23. 胡松竹，姜云飞等.2001. 拟赤杨的栽培技术[J]. 江西林业科技.(6)：7－9.
24. 阮梓材.2003. 杉木遗传改良[M]. 广州：广东科技出版社.
25. 杜天真等.2006. 速生工业原料林培育技术[M]. 南昌：江西科学技术出版社.
26. 杜天真等.2006. 主要阔叶用材林培育技术[M]. 南昌：江西科学技术出版社.
27. 杜天真等.2006. 主要经济林培育技术[M]. 南昌：江西科学技术出版社.
28. 杜天真等.2006. 主要园林绿化观赏树种培育技术[M]. 南昌：江西科学技术出版社.
29. 游环宇.1992. 林木良种繁育策略－杉木、湿地松良种基地的稳产与高产[M]. 成都：四川科学技术出版社.
30. 全国绿化委员会办公室.2005. 全国古树名木保护现状与对策[N]. 中国绿色时报.
31. 罗勤，丁思统等.2004. 江西古树资源系统研究报告[J]. 江西林业科技(3)：1－33.
32. 刘信中，方福生.2001. 江西武夷山自然保护区科学考察集[M]. 北京：中国林业出版社.
33. 陈双溪等.1998. 合理利用气候资源，发展江西农业[M]. 北京：气象出版社.
34. 陈友根，易孟生.2003. 大力推广桤木，促进经营产业化[J]. 江西林业科技(4)：38－38，45.
35. 刘信中，姚振生等.2001. 江西夷山自然保护区种子植物名录[M]. 北京：中国林业出版社.
36. 刘仁林，欧斌等.2005. 野生园林树种原色图谱与繁育技术[M]. 沈阳：辽宁大学出版社.
37. 江西省农林垦殖局.1975. 造林手册[M]. 北京：中国农业出版社.
38. 中国树木志编委会编.1981. 中国主要树种造林技术[M]. 北京：中国林业出版社.